HANDBUCH DER WISSENSCHAFTLICHEN UND ANGEWANDTEN PHOTOGRAPHIE

HERAUSGEGEBEN VON
ALFRED HAY †

WEITERGEFÜHRT VON
M. v. ROHR

BAND VI

WISSENSCHAFTLICHE ANWENDUNGEN DER PHOTOGRAPHIE

ZWEITER TEIL

MIKROPHOTOGRAPHIE

SPRINGER-VERLAG WIEN GMBH
1933

WISSENSCHAFTLICHE ANWENDUNGEN DER PHOTOGRAPHIE

ZWEITER TEIL

MIKROPHOTOGRAPHIE

BEARBEITET VON

T. PÉTERFI

BERLIN

MIT 242 ABBILDUNGEN

SPRINGER-VERLAG WIEN GMBH
1933

ISBN 978-3-7091-5186-0   ISBN 978-3-7091-5334-5 (eBook)
DOI 10.1007/978-3-7091-5334-5

Inhaltsverzeichnis.

Allgemeiner Teil.

Spezieller Teil.

Inhaltsverzeichnis.

Allgemeiner Teil.

(Zusammenfassende Darstellungen bei: J. E. BARNARD u. Fr. V. WELCH [1], C. KAISERLING [1, 2], A. KÖHLER [6, 8, 9], K. LAUBENHEIMER [1], P. METZNER [4], R. NEUHAUSS [1], G. H. RODMANN [1], B. ROMEIS [1] und W. SCHEFFER [3].)

I. Die geschichtliche Entwicklung der Mikrophotographie[1].

Der erste, welcher mikroskopische Bilder auf eine lichtempfindliche Schicht projiziert hat, war HUMPHREY DAVY (1802). Er hat nach dem Verfahren von A. H. SCHULTZE (1727 in Halle a. d. S.) und J. WEDGWOOD (gestorben 1795) ein mit salpetersaurem Silber durchtränktes Papier benutzt, worauf das Objekt mittels eines Sonnenmikroskops abgebildet wurde. Es gelang jedoch nicht, das so erhaltene Bild zu fixieren, und erst 1840, nachdem das Verfahren von DAGUERRE bekannt wurde (ARAGO 1839), konnte A. DONNÉ die ersten von seinem Laboranten FOUCAULD angefertigten Daguerreotypien mikroskopischer Objekte der Akademie der Wissenschaften in Paris vorlegen. Fast gleichzeitig mit DONNÉ haben DANCER, J. B. READE (1837) und FOX TALBOT über Versuche berichtet, in denen es gelungen war, Mikrophotographien auf Papier zu erzeugen. Während bei allen diesen Versuchen das mikroskopische Bild in einem verdunkelten Raum auf die (weiße) Wand projiziert und von da abphotographiert wurde, hat 1844 der Apotheker MAYER in Frankfurt a. M. den ersten mikrophotographischen Apparat gebaut, wo eine Kamera mit einer lichtempfindlichen Schicht unmittelbar dem Mikroskop aufgesetzt wurde (Abb. 1). Mit diesem mikrophotographischen Apparat von MAYER beginnt eigentlich die Geschichte der Mikrophotographie.

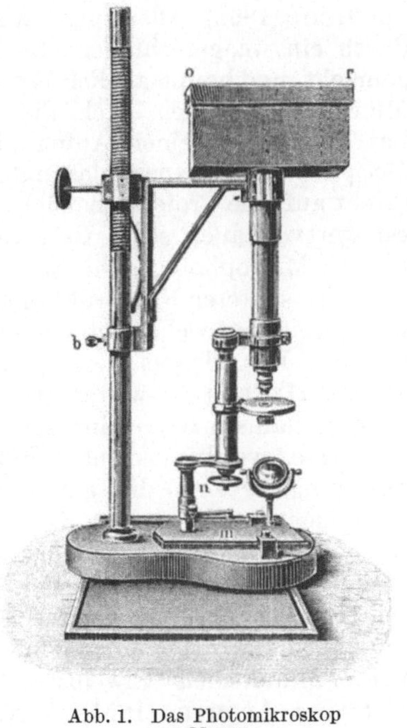

Abb. 1. Das Photomikroskop von MAYER.

o, r = Einstellebene für Mattscheibe und Platte; b = Gleitstange mit Klemmschraube; n = Einstellschraube des Mikroskops; m = Fußplatte.
(Aus R. NEUHAUSS [1].)

In der weiteren Entwicklung bis auf unsere Tage lassen sich drei größere Abschnitte unterscheiden. Im ersten Abschnitt, welcher von den vierziger bis Ende der sechziger Jahre des vorigen Jahrhunderts dauerte, werden die verschiedenen Versuche durchgeführt, die eine handlichere und den mikrosko-

---

[1] Nach Angaben aus ST. V. APÁTHY (1), J. M. EDER (1), L. DIPPEL (1), P. HARTING (1), C. NÄGELI u. S. SCHWENDENER (1) und R. NEUHAUSS (1) zusammengestellt. Bei APÁTHY (1) fehlen leider die Literaturangaben.

pischen Forderungen angepaßtere Form der Vorrichtung anstrebten. In dieser Zeit erfolgte auch die Einführung von lichtempfindlichen photographischen Glasplatten an Stelle der Daguerreotypien oder der präparierten Papiere von TALBOT. Was die Konstruktion der mikrophotographischen Einrichtung anbelangt, so hat die von MAYER getroffene ursprüngliche Konstruktion sich auch später als die beste erwiesen. Die bis zu den sechziger Jahren eingeführten neueren Apparate (POHL und WESSELSKY [1], ROOD [1], MADDOX, GERLACH [1]) zeigen keine wesentlichen Vorteile dem MAYERschen Apparat gegenüber; in mancher Hinsicht sind sie sogar ungeeigneter als dieser. Immerhin stammen auch aus dieser Zeit Neuerungen, die bei der Konstruktion der späteren Apparate Verwendung gefunden haben. So haben POHL und WESSELSKY als erste den Lichtschutz zwischen Mikroskop und Kamera durch einen schwarzen Tuchärmel hergestellt (1852). Ihre Einrichtung bestand aus einem senkrecht stehenden Mikroskop und einer waagerecht gestellten Kamera. Das mikroskopische Bild wurde durch ein rechtwinkliges Prisma (geknicktes Okular) auf die Mattscheibe oder auf die lichtempfindliche Schicht geworfen. Dieses Prinzip wurde später bei vielen Apparaten für senkrecht stehende Mikroskope verwertet. Die erste Einrichtung für die Mikrophotographie bei waagerecht gestelltem Mikroskop stammt von ROOD (1862). Allerdings hat schon WENHAM (1) das Prinzip der Bildprojektion durch ein waagerecht gestelltes Mikroskop für die Mikrophotographie nutzbar gemacht, und hauptsächlich WOODWARD war es, der seine zu ihrer Zeit berühmten Mikrophotographien nach dieser Methode aufgenommen hatte. WOODWARD hat jedoch bei seinen Aufnahmen keine Kamera benutzt, sondern nach dem Beispiel von WENHAM das mikroskopische Bild in einem verdunkelten Raum direkt auf eine Projektionsfläche oder auf die lichtempfindliche Schicht geworfen. So wertvoll auch seine Erfahrungen für die weitere Entwicklung der theoretischen Mikrophotographie waren (s. weiter unten), so wenig hat seine Einrichtung die späteren Konstruktionen beeinflußt[1]. Diese haben sich auf den Grundlagen weiterentwickelt, die in den Apparaten von ROOD oder MADDOX gegeben waren. Der Typus des aufrecht stehenden Apparats wurde 1865 von H. VAN HEURCK (2) weiterentwickelt, indem VAN HEURCK eine recht handliche und mechanisch besser durchgearbeitete Einrichtung getroffen hat. Er war auch der erste, welcher versucht hatte, ohne Okular Aufnahmen zu machen (vgl. aus jüngster Zeit die ähnlichen Versuche von K. SCHAUM [1], S. 46). Die Hauptschwierigkeit, mit der die Bahnbrecher der Mikrophotographie Mitte des vorigen Jahrhunderts zu kämpfen hatten, war nicht so sehr optischer als vielmehr photochemischer Natur. Es war noch kein photographisches Plattenmaterial bekannt, das eine rasche und sichere Arbeit gestattet hätte[2]. Weder die im Jahre 1847 von NIÉPCE DE ST. VICTOR eingeführten Glasplatten mit einer lichtempfindlichen Eiweißschicht noch das nasse Kollodiumverfahren von F. SCOTT ARCHER (1851) waren geeignet, dem mikrophotographischen Verfahren in der Biologie eine allgemeine Verbreitung zu sichern. Nicht nur, daß die rein photographisch-technische Herstellung und Behandlung solcher Platten unverhältnismäßig mehr Zeit, Arbeit und Geduld erfordert hat als eine gute zeichnerische Wiedergabe des Präparats: auch mit den damals bekannten besten Platten war das Ergebnis nicht sicher. Fast 30 Jahre lang war das nasse Kollodiumverfahren, welches die mit Eiweiß bestrichenen Glasplatten in kurzer Zeit verdrängt hat, in der Photographie allgemein verbreitet. Die Herstellung, Aufbewahrung und Weiterbehandlung solcher Platten war jedoch begreiflicherweise

---

[1] Erst in neuester Zeit haben KATZNELSON (1) und MEISSNER (1) das WENHAMsche Prinzip wieder nutzbar zu machen versucht.

[2] Vgl. dieses Handbuch Bd. V, I.

eine schwere Belastung für die Biologen, denen die Mikrophotographie nur ein technisches Hilfsmittel bedeutet hat. Es wurden zwar schon 1854/55 auch trockene Kollodiumplatten eingeführt (TAUPENOT, ROBIQUET und DUBOSCQ); diese waren jedoch noch weniger lichtempfindlich als die nassen Kollodiumplatten, woran weder die Vorschläge von GAUDIN (Herstellung von Trockenplatten mit einer Jodsilberkollodiumschicht, 1861) noch die von C. RUSSELL (Sensibilisierung mit 4proz. Tanninlösung, 1862) Wesentliches geändert haben. Die geringe Lichtempfindlichkeit der Platten hat einen entscheidenden Einfluß auf die Art der Beleuchtung und der Aufstellung der Apparate ausgeübt. Die Forderung war, ein möglichst intensives Licht durch das Mikroskop so zu werfen, daß von diesem Licht so wenig als möglich unterwegs verloren gehe. Bei dem Stand der Beleuchtungstechnik in den fünfziger und sechziger Jahren des vorigen Jahrhunderts war die einzige einwandfrei brauchbare Lichtquelle das Sonnenlicht. So wurde die Beleuchtung der mikrophotographischen Apparate hauptsächlich durch Heliostaten besorgt, was sowohl die Konstruktion komplizierter gestaltet als auch die Arbeit auf die Zeit eingeschränkt hat, wo Sonnenlicht vorhanden war. Trockene Kollodiumplatten konnten bei ihrer geringen Lichtempfindlichkeit nur mit direktem Sonnenlicht beleuchtet werden; mit künstlichem Licht, d. h bei Petroleumlampe oder Kalklicht, konnten Aufnahmen nur mit nassen Kollodiumplatten vorgenommen werden, und auch so nur bei mittelstarken Vergrößerungen.

Aus all diesen Schwierigkeiten technischer Natur erklärt es sich, daß bis zum Ende der sechziger Jahre des vorigen Jahrhunderts die Mikrophotographie nur von einigen Spezialisten ausgeübt wurde, deren Leistungen auch heute noch unsere Bewunderung verdienen. Gute Mikrophotographien haben jedoch in jener Epoche zu den Seltenheiten gehört, die in besonderen Atlanten herausgegeben wurden und, obwohl sie großes Aufsehen erregten, auf die mikrobiologische Forschung ohne besonderen Einfluß blieben.

Der zweite Abschnitt umfaßt etwa 25 Jahre, welche zwischen dem Erscheinen des Lehrbuchs von A. MOITESSIER (*1*, 1866) und dem Bau des großen mikrophotographischen Apparats von ZEISS (1888) verstrichen sind. Während im vorangegangenen Vierteljahrhundert die Methode in ihren Grundzügen entdeckt und begründet wurde, hat man in dem darauffolgenden Zeitabschnitt die allgemeine Einführung der Mikrophotographie in die biologische Forschung vorbereitet. Schon 1863 ist das Lehrbuch von J. GERLACH (*1*) über die Mikrophotographie erschienen und hat zur Bekanntmachung des Verfahrens wesentlich beigetragen. Der darin beschriebene und abgebildete Apparat von GERLACH[1] ist zwar bedeutend schwerfälliger und umständlicher als die älteren von MEYER oder POHL und WESSELSKY. Die Zusammenfassung der bisherigen Erfahrungen war jedoch für die weitere Entwicklung der Mikrophotographie recht willkommen. Den entscheidenden Einfluß auf die allgemeinere Einführung der Methode hat immerhin nicht das Buch von GERLACH, sondern das drei Jahre später erschienene von MOITESSIER ausgeübt. MOITESSIER war einer der erfahrensten Mikrophotographen seiner Zeit, der sowohl eine senkrecht stehende wie auch eine horizontale Einrichtung gebaut und verschiedene Verfahren zu Aufnahmen bei schwächeren und stärkeren Vergrößerungen ausgearbeitet hat. Die Abbildungen, welche er als Belege seiner Methodik beigegeben hat, waren überzeugend für deren Brauchbarkeit. So ist auch seine Methode von VAN HEURCK und BENECKE übernommen worden. BENECKE (*1*) hat 1868 eine deutsche Übersetzung des Buchs von MOITESSIER herausgegeben, das zu seiner Zeit zu den verbreitetsten

---

[1] Abgebildet und genau beschrieben auch bei DIPPEL (*1*).

Lehrbüchern der Mikrophotographie gehört hat. Er hat auch selbst eingehende Studien angestellt, um die Methodik weiter zu vervollständigen; seine Konstruktionen haben sich jedoch nicht bewährt. Die Namen, an welche die wichtigsten Fortschritte in dieser Entwicklungsperiode geknüpft sind, sind die von WOODWARD, MADDOX, HARTING (*1*) in Amerika, England und Holland, NACHET in Frankreich und G. FRITSCH, R. KOCH und R. ZEISS in Deutschland. WOODWARD, MADDOX und HARTING haben weniger den Apparatebau als eher die Bedingungen verbessert, unter denen die Aufnahmen bei recht einfacher Vorkehrung (verdunkeltem Raum nach WENHAM) erfolgen können. So stammt die Methode der Scharfstellung der Bilder mittels der Spiegelglasscheibe und Lupe von WOODWARD und ebenso die Einführung des sog. Amplifiers, einer achromatischen Konkavlinse, welche bessere Aufnahmen ermöglicht hat als die bis dahin benutzten Okularlinsen. Der Amplifier von WOODWARD wurde später zu den sog. Homalen der Firma ZEISS weiterentwickelt. Bedeutungsvoll waren auch die Versuche, in denen WOODWARD, MADDOX, READE, CASTRACANE u. a. die Verwendung von künstlichem Licht für mikrophotographische Zwecke geprüft haben. Es wurde festgestellt, daß diese künstlichen Lichtquellen das Sonnenlicht auch bei Aufnahmen mit starken Vergrößerungen zu ersetzen imstande sind. Immerhin blieb bei der Beschaffenheit des Plattenmaterials auch weiterhin noch lange Zeit die Belichtung mit Heliostaten für Aufnahmen mit starken Vergrößerungen die Methode der Wahl (WOODWARD, 1871). WOODWARD hat auch die ersten Kollektorlinsen in die Mikrophotographie eingeführt, welche zwischen Lichtquelle und Mikroskopspiegel in Form einer achromatischen Sammellinse aufgestellt wurden und dadurch eine gleichmäßige Beleuchtung der Bildfläche ermöglicht haben. Mit dieser Einrichtung gelang es dann, die Belichtungszeit wesentlich zu verkürzen. Um die Leistungsfähigkeit der Mikroskope zu fördern, deren optische Teile damals ein sehr starkes sekundäres Spektrum gezeigt haben, hat CASTRACANE (1864) den Einfluß kurzwelliger monochromatischer Strahlen auf das Auflösungsvermögen des Mikroskops untersucht. Auch WOODWARD und CURTIS haben unabhängig von CASTRACANE ähnliche Untersuchungen vorgenommen. Während CASTRACANE (*1*), von AMICI angeregt, zu seinen monochromatischen Versuchen Spektrallicht benutzt hat, haben WOODWARD und CURTIS einen flüssigen Lichtfilter aus Kupfersulfat-Ammoniaklösung hergestellt und so ein violettes monochromatisches Licht erzielt. Da alle diese Versuche mehr aus theoretischen als aus praktischen Gesichtspunkten mit einer Vorkehrung ausgeführt wurden, die für die biologischen Laboratorien nicht in Betracht kam (verdunkelter Raum nach WENHAM), haben sie auch eher auf die theoretischoptischen Grundlagen der Methodik gewirkt als auf den Apparatebau und die mikrophotographische Praxis. Hier hat vor allem das mikrophotographische Verfahren von G. FRITSCH (*1*) einen bedeutenden Fortschritt herbeigeführt. Der Apparat von FRITSCH, eine horizontale Kamera bei waagerecht gestelltem Mikroskop, war die erste Einrichtung jener Art, wo die Kamera und das Mikroskop gesondert auf eigenen Gestellen untergebracht waren und nur durch einen lichtdichten Ärmel miteinander in Verbindung standen. Damit war für die erschütterungsfreie Aufstellung der Kamera weitgehend gesorgt. Man konnte am Mikroskop und an der Kamera bequem arbeiten, ohne daß Erschütterungen vom Mikroskop auf die Kamera oder umgekehrt übertragen wurden. Ein wesentlicher Vorteil war auch beim Apparat von FRITSCH seine Ferneinstellung. Viele Schwierigkeiten früherer Mikrophotographen waren durch die Ermöglichung der Ferneinstellung mit dem HOOKEschen Schlüssel beseitigt. An dieser Stelle sei auch eine sinnreiche Erfindung von BOUMANS (1869) erwähnt, welche die erste Konstruktion für die Beobachtung des Bildes während der photographischen

Aufnahme darstellt. BOUMANS (*1*) hat einen leicht versilberten Spiegel benutzt, welcher unter 45° in den Tubus eingesetzt, einen (kleineren) Teil der Lichtstrahlen durch das Okular in das Auge des Beobachters durchgelassen hat, den Hauptteil des wirksamen Lichts aber durch ein seitlich angebrachtes Rohr in die Einstellebene der Kamera geworfen hat. Später (1886) wurde dieses Prinzip bei der Horizontalkamera von NACHET weiterentwickelt[1], der Spiegel durch ein total reflektierendes Prisma ersetzt, dabei aber die ganze Vorkehrung durch Kombination eines waagerecht gestellten Mikroskops mit einem senkrecht stehenden und durch Ausrüstung des letzteren mit einem Nebentubus und Prisma unnötigerweise kompliziert. Immerhin war der mikrophotographische Apparat von NACHET der erste, mit dem man Momentaufnahmen von beweglichen mikroskopischen Objekten erzielen konnte. Auch sonst war der Apparat von NACHET in französischen und englischen Biologenkreisen rühmlich bekannt, obzwar der neuere, von der Firma SEIBERT und KRAFFT im Jahre 1882 angefertigte Apparat von FRITSCH in mehreren Beziehungen weit zweckmäßiger gebaut war. Für die Entwicklung der mikrophotographischen Apparate wie auch für die allgemeine Verbreitung der Mikrophotographie war der Apparat von FRITSCH schon deshalb von entscheidender Bedeutung, weil R. KOCH bei seinen berühmten Bakterienaufnahmen sich dieses Apparates bedient hat. Die Wirkung von KOCH als Mikrophotograph bildet in vielerlei Hinsicht einen Wendepunkt in der Geschichte der Mikrophotographie. Seine Aufnahmen, mit denen er die Leistungsfähigkeit der Methode bei so schwierigen Objekten wie Bakterien in bester Weise vor Augen führen konnte, mußten in hohem Maße auf die Mikrobiologen wirken und sie zur Aneignung der Methode anfeuern. Die allgemeine Einführung der Mikrophotographie in die mikroskopischen Forschungslaboratorien ist zum wesentlichen Teil auf das Beispiel und die Propaganda von R. KOCH zurückzuführen, der schon 1877 den Bakteriologen die mikrophotographische Abbildung ihrer Objekte eindringlichst empfohlen hat. KOCH(*1*) hat jedoch nicht nur als überzeugter Anhänger der Methodik, sondern auch als hervorragender Kenner des Mikroskops fördernd auf die Mikrophotographie gewirkt. Er konnte die verläßlichsten Angaben machen für Aufnahmen mit starken (500—700fach) Vergrößerungen. Von ihm stammt auch die sehr bewährte Verbesserung am Apparat von FRITSCH, daß die Kamera durch einen Zwischenbalg mit dem Mikroskop verbunden wird, wodurch die subjektive Beobachtung des Bildes bei Aufnahmen mit großen Balgauszügen wesentlich erleichtert wird. Die große Horizontalkamera der Firma ZEISS (Dr. RODERICH ZEISS) ist im wesentlichen nach den Erfahrungen aufgebaut, die R. KOCH mit diesem etwas modifizierten Apparat von G. FRITSCH gesammelt hatte.

In den siebziger und achtziger Jahren des vorigen Jahrhunderts waren neben den schon erwähnten Apparaten von FRITSCH und NACHET eine ganze Reihe brauchbarer mikrophotographischer Einrichtungen bekannt, die, selbst vom heutigen Standpunkt aus beurteilt, gute Dienste leisten. In erster Reihe trifft das auf eine kleine Vertikalkamera von VAN HEURCK zu (ein Vorläufer der modernen Aufsatzkameras, vgl. S. 180), dann zum Teil auch auf die in England verbreitete Einrichtung von HARTING (*1*), die sich jedoch nur für schwache Vergrößerungen geeignet hat. Ebenfalls für ganz schwache Vergrößerungen hat W. HIS (*1*) eine Einrichtung angegeben (1887), die an die Methode von WENHAM erinnert und hauptsächlich für embryologische Aufnahmen bestimmt war. Allen diesen und ähnlichen Konstruktionen (MÖLLER und EMMERICH[2], BOUMANS, CH. FAYEL, O. REICHARD u. STURENBERG [*1*], M. HAUER [*1*] usw.)

---

[1] Zuerst beschrieben in Journ. Roy. Microsc. Soc., Ser. II **6** (1886).
[2] Zitiert nach DIPPEL (*1*) jedoch nur in der 1. Aufl. von 1866.

kommt nur eine geringe Bedeutung zu, zum Teil deshalb, weil sie nichts prinzipiell Neues und Besseres geboten haben, als was schon bei den älteren Apparaten zu finden war, zum Teil deshalb, weil mit der Einführung der mikrophotographischen Apparate der Firma Zeiss alle Vorteile früherer Typen, mit den neueren Errungenschaften im Mikroskopbau ergänzt, weit besser ausgenutzt werden konnten. Mit dem Erscheinen der mikrophotographischen Apparate von Zeiss (gleichzeitig mit der großen Horizontalkamera ist auch ein kleinerer Apparat für senkrecht gestellte Mikroskope nach Francotte gebaut worden) beginnt der dritte Abschnitt in der Geschichte der Mikrophotographie und reicht bis zu unseren Tagen.

Trotz der großen Vorzüge der modernen Konstruktionen, denen man bei den mikrophotographischen Apparaten der optischen Werke von Zeiss, Leitz, Reichert, Winkel, Watson usw. begegnet, wäre die Mikrophotographie kaum das vielbenutzte Forschungsmittel geworden, wenn nicht auch auf den Gebieten der mikroskopischen Optik, der photographischen Technik und der Beleuchtungsindustrie Fortschritte erzielt worden wären, welche die mikrophotographische Arbeit wesentlich vereinfachen und erleichtern. Mit der Herstellung der achromatischen und apochromatischen Linsensysteme (Ernst Abbe) hat die Mikrophotographie eine ebenso gewaltige Förderung erfahren wie die Mikroskopie überhaupt. Durch die sphärisch und chromatisch korrigierten Linsen war eine Reihe von Fehlerquellen ausgeschaltet worden, die früher, besonders bei stärkeren Vergrößerungen, die Anwendung der Methode nur auf ein kleines und spezielles Gebiet (Bakterien, Diatomeen, anorganische Objekte) eingeschränkt hat. Auch die moderne Mikrotechnik hat mit ihren dünnen, elektiv gefärbten Schnittpräparaten in dieser Richtung stark fördernd gewirkt. Einen ähnlichen entscheidenden Einfluß muß man auch der Entwicklung der künstlichen Beleuchtung zuschreiben, welche nach den sechziger Jahren erfolgt ist. Schon Woodward und Maddox haben mit dem Magnesium- und Kalklicht günstige Erfahrungen gemacht, und Jeserich, der 1888 ein Lehrbuch für Mikrophotographie herausgegeben hat, ist schon ein überzeugter Anhänger der Beleuchtung mit Kalklicht geworden. Die umständlichen und kostspieligen Beleuchtungsapparate der genannten Forscher wurden jedoch bald überflügelt, als im Laufe der achtziger und neunziger Jahre des vorigen Jahrhunderts das Auer-Gaslicht und das elektrische Bogenlicht allgemeiner bekannt wurden[1]. So waren im wesentlichen die Hauptbedingungen erfüllt, welche man einem brauchbaren mikrophotographischen Apparat gegenüber zu stellen pflegt. Selbstredend war die einwandfreie Beleuchtung im heutigen Sinn erst dann erreicht, als die Mikroskope nach dem Vorschlag von Abbe mit den nach ihm genannten Kondensoren gebaut wurden und als später (1893) A. Köhler (1) die bis heute gültige Vorschrift zur richtigen Beleuchtung veröffentlicht hat. So war die Mikrophotographie bei der verfeinerten Konstruktion des Apparats, der vervollkommneten Optik der Mikroskope und der Güte der Lichtquellen schon im letzten Jahrzehnt des vorigen Jahrhunderts zu Leistungen befähigt, von denen die Mikrophotographien von E. van Beneden und A. Neyt (1887, Eier von Ascaris meg.), Fränkel und Pfeiffer (1), E. B. Wilson (1895, Aufnahmen über die Befruchtung und Furchung der Seeigeleier) oder diejenigen von P. Francotte (1898, Furchung der Polycladeneier) ein beredtes Zeugnis abgeben[2].

---

[1] van Heurck (1) war der erste, welcher schon 1880 das elektrische Licht für mikrophotographische Aufnahmen angewandt hat.

[2] Eine gute Zusammenstellung der in den Jahren 1840—1895 hergestellten mikrophotographischen Aufnahmen — namentlich derjenigen von deutschen Forschern — findet man bei R. Neuhauss [1].

Die Vorzüge der Vorrichtung und das technische Können der Mikrophotographen bei diesen und ähnlichen, aus den letzten Jahrzehnten des vorigen Jahrhunderts stammenden Aufnahmen muß man um so höher schätzen, als ihr Plattenmaterial mit dem heute erhältlichen keinen Vergleich verträgt. Immerhin waren die siebziger und achtziger Jahre auch für die Plattenindustrie von entscheidender Bedeutung. Nach zahlreichen Versuchen ist es 1871 R. L. MADDOX gelungen, mit der Bromsilber-Gelatine-Emulsion Trockenplatten herzustellen, welche lichtempfindlicher und weit handlicher waren als die nassen Kollodiumplatten. Es brauchte allerdings einige Zeit, bis die Bromsilber-Gelatine-Platten in die allgemeine Praxis übergingen; im Laufe der achtziger Jahre haben sie jedoch die Kollodiumplatten aus der Mikrophotographie schon fast gänzlich verdrängt. Nun wurde das Plattenmaterial noch dadurch wesentlich verbessert, daß man Methoden erfunden hat, die lichtempfindliche Schicht auch für andere Lichtstrahlen zu sensibilisieren als auf die ausgesprochen aktinischen Strahlen des Spektrums. So wurden auch die Schwierigkeiten behoben, welche durch die sog. chemische Fokusdifferenz in der Mikrophotographie bisher eine große Rolle gespielt haben (s. S. 129). Die Mikrophotographie verdankt vor allem ZETTNOW eine ganze Anzahl grundlegender Feststellungen, und zwar sowohl, was die Sensibilisierung der Platten als auch was die Belichtung mit Lichtstrahlen von bestimmten Wellenlängen anbelangt (Lichtfilter, s. S. 133). Nachdem so die Bedingungen zur Herstellung stark lichtempfindlicher iso- oder orthochromatischer Platten bekannt wurde, hat die industrielle Herstellung des Plattenmaterials einen raschen Aufschwung genommen und eine Höhe erreicht, bei der die Ausübung der Mikrophotographie in jedem biologischen Laboratorium ohne besondere Kosten und Schwierigkeiten möglich ist.

Zur Zeit, als Ende der achtziger Jahre die mikrophotographischen Apparate ihre bis heute gültige Form erhalten haben, war die Methodik noch die Kunst weniger Spezialisten. Das allmähliche Eindringen in die biologische Forschung und den Unterricht erfolgte erst im Lauf der darauffolgenden 30—40 Jahre. Trotz der geschilderten Verbesserungen war die Bedeutung der Methodik für die mikroskopischen Wissenschaften, insbesondere für die histologische Forschung, noch lange Zeit umstritten. Von einzelnen überzeugten Anhängern, wie R. KOCH, W. HIS, FR. NISSL, E. HOLMGREN, J. SOBOTTA, O. GROSSER und anderen, abgesehen, stand die Mehrheit der Zytologen und Histologen, wie z. B. auch FLEMMING und APÁTHY, noch skeptisch oder verständnislos den Bestrebungen der Mikrophotographen gegenüber. Die Forschergeneration, welche in einer strengen Schule des mikroskopischen Zeichnens aufgewachsen war und gerade im Zeichnen mikroskopischer Präparate einen wesentlichen Teil der Forschung erblickt hatte, konnte lange Zeit die richtige Bedeutung der Mikrophotographie nicht erkennen und hat deshalb, von einigen speziellen Fällen abgesehen, der Zeichnung den Vorrang gegeben. Das man je nach dem Zweck, den man mit der Abbildung verfolgt, in der Wahl des Verfahrens vorgehen soll, daß es Fälle gibt, wo nur die Zeichnung, andere, wo nur die Mikrophotographie am Platze ist, und schließlich, daß bei einer ganzen Anzahl von Untersuchungen das Festhalten der Resultate einfacher und richtiger durch die Mikrophotographie als durch die Zeichnung erfolgen kann, ist den Forschern erst allmählich in den letzten Jahrzehnten bewußt geworden[1].

Die allgemeine Verwendung der Mikrophotographie in der biologischen Forschung war zum Teil die natürliche Folge der eben geschilderten Entwicklung im Apparatebau und in der Photochemie. Es sind auch seit der Jahrhundert-

---

[1] Vgl. K. BÉLAŘ (4).

wende wesentliche Verbesserungen im Apparatebau vorgenommen worden, welche die Handhabung der Apparate bequemer gestaltet und die scharfe Abbildung des Objekts in vollkommenerer Form ermöglicht haben. Neben den großen, teuren und bei all ihren Vorzügen immerhin schwerfälligen Horizontalkammern wurden von den Firmen ZEISS, LEITZ, REICHERT, WINKEL, BUSCH u. a. auch Vertikalkammern moderner Form gebaut, dazu noch als Zwischenform die sog. Horizontalvertikalapparate, welche die Vorteile beider Formen vereinigen (s. S. 161). Eine der bedeutendsten Errungenschaften der letzten Jahre auf dem Gebiet des Apparatebaues war die Einführung der sog. Aufsatzkammern (*Phoku*, ZEISS 1922; *Maccam*, LEITZ 1924; *Mikrokamera* nach CERNY, REICHERT; *Aufsatzkamera* der Firma BUSCH u. a.).

In den letzten Jahren haben gerade die Aufsatzkammern am meisten zur Verbreitung der Mikrophotographie in den biologischen Laboratorien beigetragen, da man mit ihnen die photographische Abbildung des Objekts während der mikroskopischen Untersuchung bequem vornehmen kann (s. S. 166).

Die optische Ausrüstung des Mikroskops für die mikrophotographische Arbeit wurde durch achromatische und zentrierbare Kondensoren von hoher Apertur, durch spezielle Linsensysteme für Aufnahmen bei schwachen Vergrößerungen (s. S. 184) und durch Einführung von besonderen Okularsystemen noch weiter vervollkommnet. Nicht gering ist auch der Vorteil einzuschätzen, den die großen optischen Werkstätten mit ihren vorzüglich ausgearbeiteten Vorschriften geboten haben, indem sie die Anwendung ihrer Linsen je nach dem Zweck der Aufnahme richtig angegeben und dadurch das Erlernen und die Ausübung der Methode sehr erleichtert haben.

Vielleicht noch entscheidender als die neuen Apparate haben die neuen Lichtquellen zur Verbreitung der Mikrophotographie stark beigetragen. An Stelle der AUER-Lampen und schwerfälligen Bogenlampen mit hoher Stromstärke sind im dritten Abschnitt der Entwicklung nach und nach die NERNST-Lampen, die regulierbaren Handbogenlampen, die Projektionsröhrenlampen, die Punktlichtlampen und die Niedervoltlampen getreten. Seit Anfang des Jahrhunderts war die Beleuchtungsfrage, welche in früheren Abschnitten das schwierigste Problem war, und welche den Aufbau der Apparate am meisten belastet hat, in der Mikrophotographie fast in idealer Weise gelöst. In einfacher und zweckmäßiger Form stand für mikrophotographische Zwecke eine gleichmäßig leuchtende, an aktinischen Strahlen reiche Lichtquelle mit einer solchen Lichtintensität zur Verfügung, daß man selbst bei stärksten Vergrößerungen mit einem Überfluß an Licht arbeiten konnte. Wer erst in den letzten Jahrzehnten die Mikrophotographie erlernt hat, kann sich schwerlich eine richtige Vorstellung davon machen, wie schwierig und umständlich es selbst noch am Ende des vorigen Jahrhunderts war, mit den damaligen AUER-Lampen oder Bogenlampen bei starken Vergrößerungen die Bildfläche gleichmäßig lichtstark zu beleuchten.

Alle diese kurz geschilderten Errungenschaften der Technik und Industrie hätten zweifellos allein schon genügt, um der Mikrophotographie als Abbildungsverfahren eine hervorragende Stellung in den mikroskopischen Wissenschaften zu sichern. Der Grund jedoch, warum die Mikrophotographie nicht nur als Abbildungs-, sondern auch als Forschungsverfahren in die Laboratorien allgemein eingeführt wurde, liegt tiefer, und zwar darin, daß seit Anfang des Jahrhunderts neue Forschungsrichtungen aufgeblüht sind, welche bei dem Festhalten ihrer Ergebnisse auf die Mikrophotographie angewiesen sind. Es genügt, hier nur kurz auf die Ultramikroskopie oder Dunkelfeldmikroskopie zu verweisen, welche eine der wichtigsten Methoden der Bakteriologie und Zytologie geworden ist. Hier, wie übrigens auch bei der Polarisationsmikroskopie, die seit einigen Jahren eine immer größere Bedeutung gewinnt, ist die Mikrophotographie das einzige Mittel, einwandfreie Belege zu erhalten. Fast ebenso wichtig ist jedoch die Mikrophotographie geworden für alle experimentellen Arbeiten in der Mikrobiologie, und gerade diese experimentelle Richtung beherrscht in jüngster Zeit die meisten mikroskopischen Wissenschaften. Stationäre Zustände, wie in den Dauerpräparaten, lassen sich auch zeichnerisch einwandfrei festhalten; die charakteristischen Erscheinungen am lebenden Objekt, besonders wenn sie einem ständigen Wechsel unterworfen sind, können jedoch nur photographisch naturgetreu wiedergegeben werden. Oft kommt es bei den heutigen Fragen und Methoden der Mikrobiologie gerade auf feine Form- und Strukturveränderungen an, deren beste zeichnerische Wiedergabe nicht so überzeugend wirken kann als die momentane Festhaltung durch die unparteiische photographische Linse. Bei zahlreichen Forschungsarbeiten der Bakteriologie, Gewebezüchtung, experimentellen Embryologie oder Pathologie hat heute nur mehr die Mikrophotographie als Abbildungsverfahren eine wissenschaftlich überzeugende Beweiskraft. In vielen Fällen solcher experimentellen Arbeiten befriedigt selbst die Mikrophotographie nicht restlos, da der feine Form- und Strukturwechsel sich nur bei fortlaufenden Serienaufnahmen, d. h. nur mikrokinematographisch, naturgetreu wiedergeben läßt. Schon in der zweiten Periode weist die Geschichte der Mikrophotographie Versuche auf, die als Vorläufer der Mikrokinematographie gelten können. Im Jahre 1888 hat St. Capranica (1) Serien von Momentaufnahmen mit dem mikrophotographischen Apparat von Nachet (mit seitlicher Beobachtung) gemacht, seine Versuche wurden jedoch lange Zeit nicht wiederholt, bis Anfang des Jahrhunderts dann Commandon und Siedentopf die ersten richtigen mikrokinematographischen Aufnahmen vorgeführt haben. Trotz der in den letzten Jahren von verschiedenen Firmen (Pathé, Gaumont, Zeiss-Ikon u. a.) in den Handelsbetrieb gebrachten kleinen mikrokinematographischen Apparate (s. S. 364) ist die Methode nicht so allgemein verbreitet, wie sie bei ihrem großen Wert für Lehr- und Forschungszwecke verdienen würde. Der heutige Stand der Mikrokinematographie ähnelt vielfach dem Stand der Mikrophotographie in den achtziger Jahren des vorigen Jahrhunderts, wo es schon vorzügliche Apparate gegeben hat, diese jedoch viel zu teuer und umständlich waren. Auch die mikrokinematographische Einrichtung, soll sie einem ständigen Gebrauch im wissenschaftlichen Betrieb dienen, muß dieselbe gründliche Durcharbeitung erfahren und den Forderungen der Laboratoriumspraxis ebenso angepaßt werden, wie es mit den mikrophotographischen Apparaten im Laufe der letzten 40 Jahre geschehen ist. Viele Anzeichen sind dafür vorhanden, daß die Entwicklung in dieser Richtung auch für die Mikrokinematographie schon begonnen hat (vgl. S. 352).

II. Das mikroskopische Bild.

1. Einleitung. Der grundsätzliche Unterschied zwischen einer makrophotographischen und einer mikrophotographischen Einrichtung ist darin zu erblicken, daß bei der letzteren das Abbildungssystem des Mikroskops die Rolle des photographischen Objektivs übernimmt. Das greifbare Zwischenbild, das man vom Objekt auf der Mattscheibe oder der photographischen Platte erzeugt, entsteht also nach den Gesetzen der mikroskopischen Optik durch Zusammenwirken der Objektiv- und der Okularlinse (bei Aufnahmen mit dem zusammengesetzten Mikroskop), oder auch öfters durch Abbildung mit dem Objektiv allein (bei Aufnahmen mit dem einfachen Mikroskop). Das so erzeugte Bild kann man gleichermaßen im Mikroskop subjektiv als scheinbares Bild betrachten und als greifbares Bild mit einer photographischen Kamera auffangen. Das abbildende optische System, welches das Bild zur photographischen Aufnahme liefert, stellt also hier — wie übrigens auch in der Astrophotographie (vgl. dieses Handbuch VI 1, S. 102) — ein selbständiges optisches Gerät dar, welches gelegentlich mit einer photographischen Kamera verkoppelt wird, dessen Aufbau jedoch nach eigenen Gesetzen von den übrigen Bestandteilen der Einrichtung unabhängig erfolgt. Das Mikroskop ist als verdeutlichendes optisches Gerät in erster Reihe für subjektive Beobachtungen bestimmt. Seine Verwendung zur Mikrophotographie und die Eingliederung in einen mikrophotographischen Apparat erfolgt ohne grundsätzliche Änderungen an der optischen Ausrüstung, die man sonst bei subjektiven Beobachtungen zu benutzen pflegt. Fast alle Formen der üblichen Mikroskopstative lassen sich auch zu mikrophotographischen Zwecken verwenden, am besten eignen sich allerdings dazu die sog. großen monokularen und monobjektiven Stative mit einem breiten Tubus (mikrophotographische Stative), mit einem vollständigen Beleuchtungsapparat (Spiegel, Kondensor und Irisblende), ferner mit einem großen zentrierbaren Kreuztisch oder einem mikrophotographischen Objektführer (Abb. 2 u. 3).

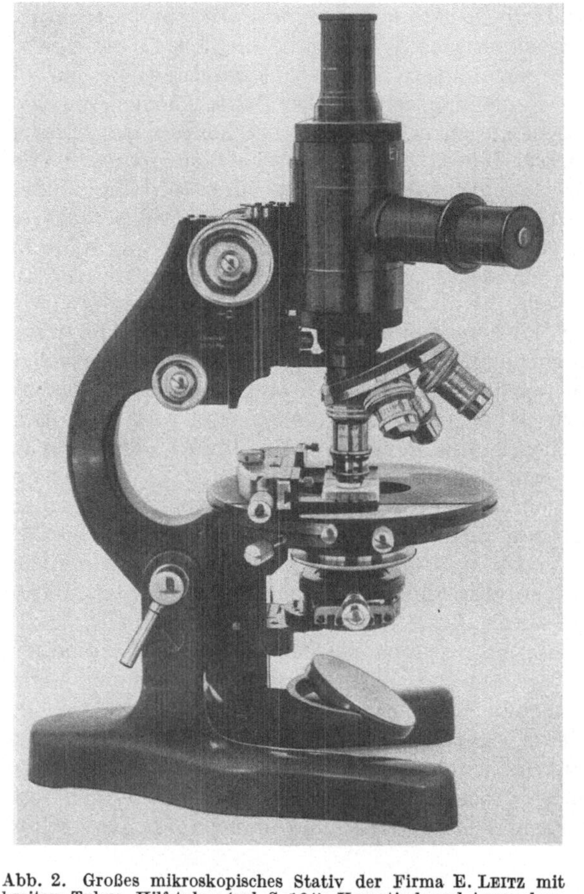

Der breite Tubus bietet den doppelten Vorteil, daß man damit jegliche Spiegelung im Innern des Tubus (Innenlicht) verhindern und bei Aufnahmen mit ganz schwachen Vergrößerungen (s. S. 184) das zusammengesetzte Mikroskop

Abb. 2. Großes mikroskopisches Stativ der Firma E. LEITZ mit breitem Tubus, Hilfstubus (vgl. S. 164), Kreuztisch und ABBEschem Beleuchtungsapparat.

zu einem einfachen in bequemster Form umgestalten kann. Daß solche großen mikrophotographischen Stative auch in ihren feinmechanischen Teilen am gründlichsten durchgearbeitet und daher am besten geeignet sind, eine genaue und sich mit der Zeit nicht ändernde Einstellung zu erzielen, versteht sich von selbst. Es sei jedoch hier noch erwähnt, daß das Gelenk, in welchem der Oberteil des Stativs (Säule und Objekttisch) auf dem Unterteil (Fußstück) umgekippt werden kann, bei den großen Stativen besonders verläßlich gestaltet ist, so daß bei längerem Verweilen in der waagerechten Lage die Schwere des Oberteiles von diesem Gelenk ohne die geringste Überdrehung getragen wird, was selbstverständlich bei Aufnahmen mit umgekipptem Stativ (waagerechte

Anordnung) von entscheidender Bedeutung ist. In dieser Hinsicht zeichnet sich vor allen anderen Formen die sog. Zweckform (Abb. 3) durch ihre günstige

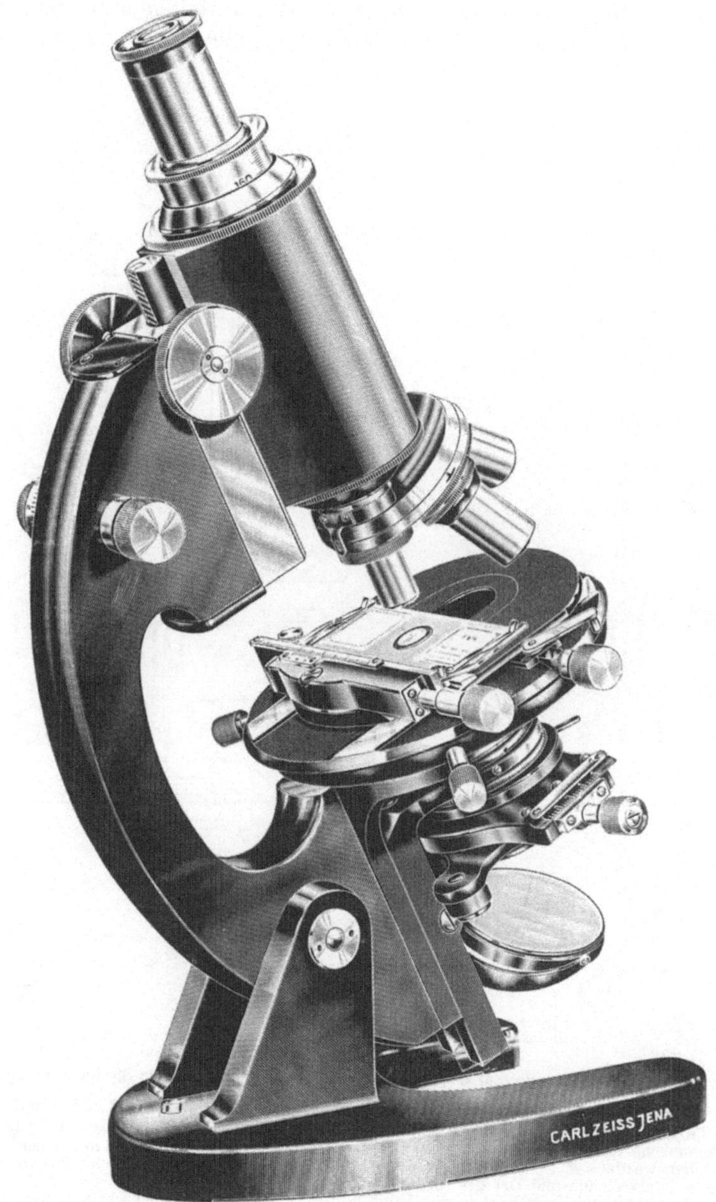

Abb. 3. Großes Mikroskop der Firma C. ZEISS mit weitem Tubus (GCE), großem, zentrierbarem Kreuztisch und ABBEschem Beleuchtungsapparat. Zweckform des Stativs.

Schwereverteilung aus, dank welcher beim Umkippen der Oberteil und der Unterteil miteinander in vollkommenem Gleichgewicht bleiben.

Ist ein solches Stativ mit den entsprechenden Objektiv- und Okularlinsen ausgerüstet, so erhält man bekannterweise das gewünschte vergrößerte Bild so, daß man das Objekt in einer zur Untersuchung geeigneten Form — meistens in der Form eines zwischen Tragglas (Objektträger) und Deckglas eingeschlossenen durchsichtigen Präparates — auf den Objekttisch stellt, aus einer lichtstarken Lichtquelle mit Hilfe des Beleuchtungsapparates durchleuchtet (Beleuchtung in durchfallendem Licht) und die von der Lichtquelle durch das Objekt in das

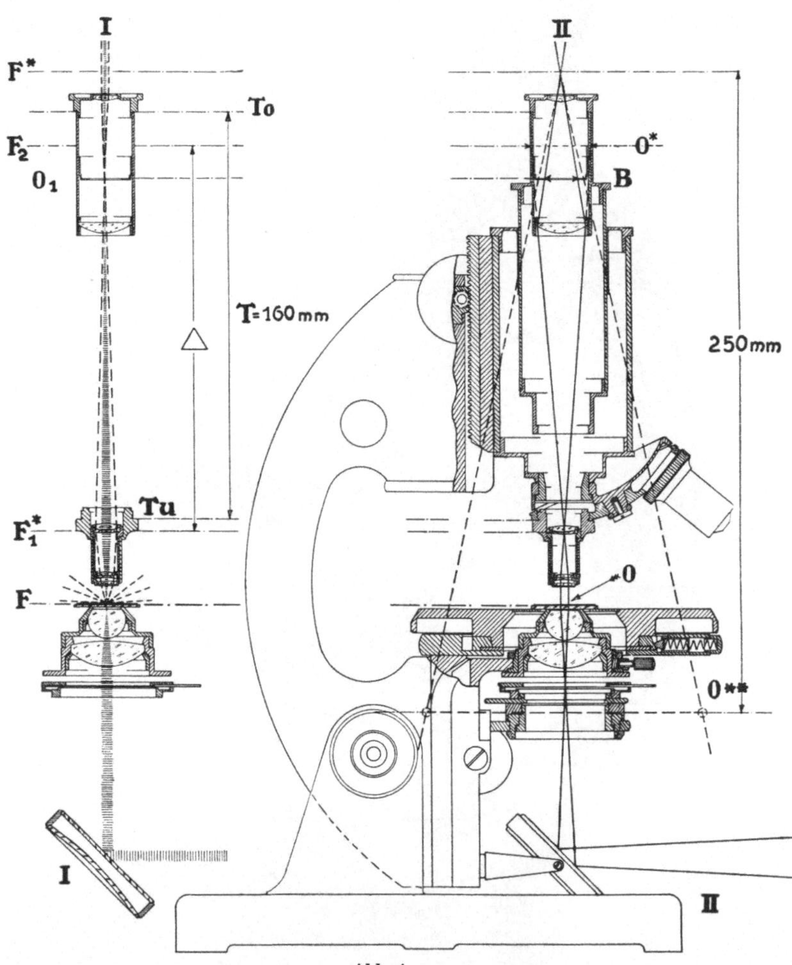

Abb. 4.

I Strahlengang für die Abbildung eines Objektivpunktes. II Strahlengang für die Begrenzung des Sehfeldes.

F_1^* = hintere Brennebene des Objektivs; F_2 = vordere Brennebene des Okulars = O^*; F^* = hintere Brennebene des ganzen Mikroskopes; $\triangle$ = optische Tubuslänge; T = mechanische Tubuslänge; O = Objekt (in F, der vorderen Brennebene des ganzen Mikroskopes); O^* = Ebene in der das Einzelbild des Objektivs allein ohne Okular entstehen würde = F_2; O^{**} = Projektion des mikroskopischen Bildes in die Entfernung der deutlichen Sehweite; B = Okularblende und Ort des reellen Zwischenbildes O_1; O_1 = Ort des reellen Zwischenbildes B; Der RAMSDENsche Kreis liegt in der Höhe von F^*. (Aus ZEISS-Druckschrift: Mikro 400.)

Abbildungssystem übermittelten Strahlen erst mit der Objektlinse zum sog. Zwischenbild vereinigt, dann dieses mit der Okularlinse noch weiter vergrößert (Abb. 4). So erhält man schließlich als Endergebnis der Strahlungsvermittelung und Strahlenvereinigung (Abb. 7) das mikroskopische Bild, dessen photographische Wiedergabe die besondere Aufgabe der Mikrophotographie bedeutet.

Die eigentlichen Handlungen des Mikrophotographen beginnen erst, wenn das mikroskopische Bild subjektiv scharf eingestellt und richtig beleuchtet ist. Nach welchen Gesetzen und unter welchen Bedingungen dies erfolgt, soll hier in den auf das mikrophotographische Verfahren begrenzten Abschnitten nicht näher untersucht werden. Über diese Fragen, d. h. über die Einzelheiten im Aufbau des Mikroskops und bei der Entstehung des mikroskopischen Bildes erhält man die nötigen Kenntnisse am besten aus den zusammenfassenden Darstellungen der mikroskopischen Optik[1], von denen hier in erster Reihe auf die klassischen Werke von A. Köhler (6, 9) hingewiesen sei.

In den folgenden Ausführungen werden also die optischen Gesetze und Begriffe, welche beim Abbildungsvorgang im Mikroskop und bei der Bilderzeugung im Sinne der Abbeschen Theorie maßgebend sind, als bekannt vorausgesetzt. Wir wollen das vom Mikroskop gelieferte Bild aus dem Gesichtspunkt des Mikrophotographen als etwas Gegebenes betrachten und uns nur auf die Untersuchung der Bedingungen beschränken, bei denen dieses Bild auf der photographischen Platte in günstigster Weise, d. h. so festgehalten werden kann, daß man vom Objekt denselben Eindruck gewinnt, den man von ihm bei einer subjektiven Beobachtung im Mikroskop gewinnen würde.

Dieser Forderung kann verständlicherweise nur in den seltensten Fällen restlos entsprochen werden, da die Lichtwirkungen, die man vom Objekt bei subjektiver Beobachtung unmittelbar mit dem Auge empfängt, unvergleichlich wirkungsvoller sind als die Helligkeitsunterschiede, die man nach einem photochemischen Vorgang im Lichtbild erblickt. Die optische Wirkung des mikroskopischen Bildes läßt sich auf photographischem Wege noch am getreuesten mit Glasbildern (Diapositiven) wiedergeben, wo die Strahlenvermittelung im großen und ganzen ähnlich erfolgt wie bei einer subjektiven Beobachtung in durchfallendem Licht.

Eine weitere und grundsätzliche Schwierigkeit bei der photographischen Wiedergabe des mikroskopischen Bildes liegt darin, daß die photographische Platte die unvermeidlichen Abweichungen von der idealen (punktuellen) Abbildung weit stärker zum Ausdruck bringt, als man sie subjektiv bei einer einwandfreien Optik im Mikroskop wahrzunehmen gewöhnt ist. Bei der subjektiven Betrachtung des Bildes im Mikroskop wirken nämlich physiologische und psychische Faktoren auf die Wahrnehmung ein (Rekonstruktion des scharfen Bildes im Geiste aus mehreren Einstellungsebenen, Konzentration der Aufmerksamkeit auf die Stelle der schärfsten Einstellung, Akkommodation), die natürlicherweise bei der Abbildung auf der lichtempfindlichen Schicht wegfallen. Allerdings hat die strenge Unparteilichkeit und die im Vergleich zum Auge höhere Empfindlichkeit der photographischen Platte den kurzwelligen Strahlen gegenüber besondere Vorteile (s. S. 129). Bei einwandfreier Optik und Beleuchtung bekommt man im Lichtbild oft Einzelheiten aus dem Feingefüge des Objekts zu Gesicht, die man subjektiv überhaupt nicht oder nicht so deutlich wahrgenommen hat. Im allgemeinen erscheint jedoch das subjektiv beobachtete mikroskopische Bild stets schärfer als sein Lichtbild, namentlich bei Aufnahmen mit starken Vergrößerungen.

Schließlich sei auch hier schon erwähnt, worauf des weiteren noch öfters hingewiesen wird (s. S. 130 und 390), daß das meist benützte schwarz-weiße Verfahren eine der charakteristischsten Eigenschaften der Objekte, nämlich ihre Farben, nicht naturgetreu wiederzugeben vermag. Soweit man also keine Licht-

---

[1] Z. B. H. Boegehold (1) im Sammelwerk von Czapski u. Eppenstein (1), L. Dippel (1), Hager-Tobler (1), P. Metzner (4) und M. v. Rohr (2).

bilder in natürlichen Farben erzeugt, wird das Lichtbild gefärbter Objekte nur das sog. Strukturbild vollständig wiedergeben, während das Farbenbild mehr oder weniger tonrichtig aber nur durch Abtönung und daher stets unvollkommen im Schwarz-Weiß zum Ausdruck gelangt.

Aus diesen allgemeinen Betrachtungen dürfte schon einleuchten, daß die Bedingungen für die Erzeugung eines Lichtbildes von einem mikroskopischen Objekt vielfach ungünstiger sind als bei der Erzeugung des mikroskopischen Bildes für die subjektive Beobachtung. Das Streben des Mikrophotographen muß daher in der Hauptsache darauf gerichtet sein, daß das im Mikroskop subjektiv eingestellte Bild bei den spezifischen mikrophotographischen Handlungen, während man aus dem scheinbaren Bild das greifbare Bild in der Mattscheibenebene erzeugt, an Güte nichts einbüßt und in einer graphisch wirksamen Form festgehalten wird.

Welche Grundeigenschaften des mikroskopischen Bildes sind es nun, welche dabei zu berücksichtigen sind? Man pflegt im einzelnen das mikroskopische Bild zu beurteilen nach seinem Abbildungsmaß oder der Vergrößerung, nach der Abbildungsschärfe, der Lichtstärke, der optischen Auflösung und schließlich nach seiner Kontrastwirkung. Sind alle diese Eigenschaften in der erzielbaren besten Form vorhanden, so spricht man von einem deutlichen oder gut definierten mikroskopischen Bild (s. Faktorendiagramm, S. 24).

2. Der Abbildungsmaßstab (vgl. Tabelle 1). Die Vergrößerung ist das Produkt der Objektiv- und der Okularvergrößerung bei 160 mm Tubuslänge nach der Gleichung:

$$V_m = -\frac{\varDelta}{f_1} \cdot \frac{250}{f_2}, \tag{1}$$

wo das erste Glied auf der rechten Seite der Gleichung die Einzelvergrößerung des Objektivs, das zweite Glied die Okularvergrößerung[1] (angulare Vergrößerung), $\varDelta$ die optische Tubuslänge, f_1 und f_2 die Brennweiten darstellen. Aus der Gleichung ist ersichtlich, daß das Vergrößerungsvermögen des Mikroskops bei gleichbleibender Tubuslänge von den Brennweiten der am abbildenden System beteiligten Linsen abhängig ist, und zwar in umgekehrtem Verhältnis zu diesen. Bei subjektiver Beobachtung, wo das scheinbare Bild durch die Austrittspupille des Mikroskops (Augenpunkt, RAMSDENschen Kreis) hindurch mit dem Auge aufgefangen wird, hängt der Abbildungsmaßstab nur von den in Gl. 1 enthaltenen Faktoren ab; bei der mikrophotographischen Aufnahme jedoch, wo das greifbare Bild bald näher zur Austrittspupille, bald weiter davon aufgefangen wird, tritt noch ein weiterer Faktor, nämlich die Vergrößerung durch den Abstand, d. h. durch die Kameralänge, dazu. Ferner sei daran erinnert, daß das Vergrößerungsmaß des scheinbaren (subjektiven) Bildes sich aus der vom Objektiv gelieferten linearen und aus der vom Okular erzeugten angularen Vergrößerung ergibt, während dasjenige des greifbaren Bildes in der Mattscheibenebene eine reine lineare, nach Längeneinheiten meßbare Vergrößerung darstellt.

3. Die Abbildungsschärfe. Als Abbildungsschärfe bezeichnet man die Eigenschaft, bei welcher die aus den einzelnen Dingpunkten ausgesandten Strahlen in der Bildebene wieder in einzelne Punkte vereinigt werden (punktuelle Strahlenvereinigung). Je vollkommener die Lichtenergie (Lichtstrom, Lichtbündel), welche aus den Dingpunkten in die Eintrittspupille des Mikroskops gelangt, von den Linsenfolgen zu koordinierten oder kollinearen Bildpunkten vereinigt wird, um so größer ist die Abbildungsschärfe und um so eher entspricht sie den Forderungen einer idealen Abbildung. Diese für jede Art

---

[1] Nach A. KÖHLER [9, S. 246, Gl. (93)] der Lupenvergrößerung des Okulars.

Tabelle 1. Vergrößerungstabelle für die Mikroskopobjektive und Okulare der ZEISS-Werke.

Achromatische Objektive	Bezeichnung Einzelvergrößerung	Numerische Apertur	HUYGENSsche Okulare 4×	5×	7×	10×	15×	Orthoskopische Okulare 12,5×	17×	28×	Kompensationsokulare 3×	5×	7×	10×	15×	20×	30×
Trockensysteme	1—1,5		4—6	5—7,5	7-10,5	10—15	15-22,5	12,5-19	17-25	28-42							
	1—1,5		6—8	7,5-10	10,5-14	15—20	22,5-30	19—25	25-34	42-56							
	1,2—2,4		4,8-9,6	6—12	8,5-17	12—24	18—36	15—30	20-40	34-68							
	2		8	10	14	20	45	25	34	56							
	3		12	15	21	30	45	37,5	51	84							
	5		20	25	35	50	75	62,5	85	140							
	6	0,17	24	30	42	60	90	75	102	168							
	8	0,20	32	40	56	80	120	100	136	224							
	10	0,30	40	50	70	100	150	125	170	280							
	20	0,40	80	100	140	200	300	250	340	560							
	40	0,65	160	200	280	400	600	500	680	1120							
	40	0,85	160	200	280	400	600	500	680	1120	120	200	280	400	600	800	1200
	60	0,90	240	300	420	600	900	750	1020	1680	180	300	420	600	900	1200	1800
	90	0,90	360	450	630	900	1350	1125	1530	2520	270	450	630	900	1350	1800	2700
Wasserimmersionen	6	0,11	24	30	42	60	90	75	102	168							
	40	0,75	160	200	280	400	600	500	680	1120	120	200	280	400	600	800	1200
	90	1,18	360	450	630	900	1350	1125	1530	2520	270	450	630	900	1350	1800	2700
Homogene Ölimmers.	50	0,90	200	250	350	500	750	625	850	1400	150	250	350	500	750	1000	1500
	90	1,25	360	450	630	900	1350	1125	1530	2520	270	450	630	900	1350	1800	2700
	100	1,30	400	500	700	1000	1500	1250	1700	2800	300	500	700	1000	1500	2000	3000

Apochromatische Objektive	Einzelvergrößerung	Numerische Apertur	Kompensationsokulare 3×	5×	7×	10×	15×	20×	30×
Trockensysteme	5	0,15	15	25	35	50	75	100	150
	10	0,3	30	50	70	100	150	200	300
	20	0,65	60	100	140	200	300	400	600
	40	0,95	120	200	280	400	600	800	1200
	60	0,95	180	300	420	600	900	1200	1800
Wasserimmersion	70	1,25	210	350	490	700	1050	1400	2100
Homogene Ölimmersionen	60	1,0	180	300	420	600	900	1200	1800
	60	1,3	180	300	420	600	900	1200	1800
	60	1,4	180	300	420	600	900	1200	1800
	90	1,3	270	450	630	900	1350	1800	2700
	90	1,4	270	450	630	900	1350	1800	2700
	120	1,3	360	600	840	1200	1800	2400	3600

optischer Abbildung entscheidende Eigenschaft ist allein und unmittelbar davon abhängig, wie weit die Abweichungen von einer idealen Abbildung: der Farbenfehler der Vergrößerung, der monochromatische Kugelgestaltfehler und die chromatische Differenz des Kugelgestaltfehlers; ferner der Astigmatismus der schiefen Lichtbündel und die Bildfeldkrümmung im abbildenden optischen System durch entsprechende (korrigierte) Linsenfolgen und durch eine richtig bemessene Strahlenbegrenzung auf das Mindestmaß beschränkt sind (vgl. dieses Handbuch I).

Die Menge des Lichtstroms, der in das optische System des Mikroskops gelangt und aus dem das Bild entsteht, ist bestimmt durch die Öffnung der Objektivlinse ($a = $ Größe der Eintrittspupille, Apertur der Abbildung, *sin* des halben Öffnungswinkels u), ferner durch die Brechungszahl des Mittels zwischen Objekt und Objektivlinse (n im Zwischenraum). Das Produkt dieser zwei Faktoren ergibt die Öffnungszahl oder die numerische Apertur (num. Ap.): $n \cdot \sin u$. Abbe hat festgestellt, daß die Bedingungen einer fehlerfreien Abbildung im Mikroskop dann erfüllt sind, wenn die Menge des Lichtstroms zwischen der Eintritts- und der Austrittspupille die gleiche bleibt, d. h. innerhalb des abbildenden Systems kein Verlust an Strahlen auftritt. Dieses als Sinusbedingung bekannte Grundgesetz, welches den ganzen Aufbau des Mikroskops und die Zusammensetzung der Linsenfolgen beherrscht, ist in der Gleichung ausgedrückt:

$$n \cdot \sin u = N \sin u_1 . \tag{2}^1$$

Gl. 2 weist klar darauf hin, daß die num. Ap. für die Leistungsfähigkeit des ganzen Mikroskops von entscheidender Bedeutung ist[2]. Aus der Größe des Zahlenwertes, den man bei verschiedenen Linsenfolgen als Öffnungszahl erhält, kann man also auf den geringeren oder höheren Grad der Korrektion und demnach auch auf die Abbildungsschärfe schließen, die man mit der betreffenden Linsenfolge erzielen wird.

Verständlicherweise ist die num. Ap. in der Hauptsache von der Beschaffenheit der Objektivlinse abhängig, denn die Eintrittspupille des Objektivs liefert ja die Eintrittspupille des ganzen Mikroskops und bestimmt dadurch, zusammen mit der Brechungszahl im Zwischenraum, den zur Bilderzeugung zugelassenen Lichtstrom. Da jedoch die Austrittspupille des Mikroskops von der Austrittspupille des Okulars geliefert wird, kann die an den Objektivlinsen angegebene num. Ap. nur dann als Maßstab für den Korrektionszustand und die scharfe Abbildung gelten, wenn die Sinusbedingung [Gl. (2)] im ganzen abbildenden System tatsächlich erfüllt ist und bei der Okularvergrößerung durch Abweichungen kein Verlust an Strahlen erfolgt. Von entscheidendem Einfluß auf die Abbildungsschärfe ist es deshalb, daß man zu den Objektivlinsen, namentlich zu den Apochromaten von höheren Aperturen, nur passende Okularlinsen benützt, welche die im Zwischenbild etwa noch vorhandenen Fehler der Abbildung (Bildfeldkrümmung, Farbenfehler der Apochromate) auszugleichen vermögen (Kompensationsokulare, periplanatische Okulare, Homale).

4. Die Tiefenschärfe. Besondere Schwierigkeiten bietet bekanntlich die scharfe Abbildung körperlicher Objekte. Obzwar die Objekte der Mikroskopie hierfür noch die günstigsten Bedingungen bieten, da sie im allgemeinen dünne planparallele Schichten bilden, wirkt ihre Tiefenausdehnung bei stärkeren Vergrößerungen doch recht störend, was bei subjektiver Beobachtung, wo die Möglichkeit der stufenweisen Einstellung gegeben ist, weniger auffällt als bei der

---

[1] Köhler, A. [6, S. 217, Gl. (45)]. n bedeutet hier die Brechungszahl im Objektraum, N die lineare Vergrößerung des Zwischenbildes.

[2] Ihre Beziehung zur relativen Öffnung der photographischen Objektive s. S. 22.

mikrophotographischen Aufnahme mit einer einzigen Einstellung. Es sei deshalb aus der mikroskopischen Optik daran erinnert, daß die Tiefenschärfe (Fokustiefe, Penetrationsfähigkeit), d. h. die Fähigkeit, mehrere aufeinanderfolgende optische Querschnitte des Objektes bei einer und derselben Einstellung scharf abzubilden, in der Hauptsache von der num. Ap. des Objektivs bestimmt wird, und zwar steht sie mit dieser in umgekehrtem Verhältnis.

Nach M. BEREK[1] erhält man die Tiefenschärfe (T_f) beim zusammengesetzten Mikroskop nach folgender Gleichung:

$$T_f = \frac{n \cdot z}{a \cdot V} \, . \tag{3}$$

In der Gl. (3) bedeuten a die Apertur des abbildenden Systems, V die Gesamtvergrößerung, n die Brechungszahl im Zwischenraum und z den Durchmesser des aus der deutlichen Sehweite noch punktförmig erscheinenden Zerstreuungskreises. Sind die Werte für n, a und V bekannt, und setzt man für $z = 0{,}25$ mm ein, so läßt sich die Tiefenausdehnung berechnen, bei welcher die Linsenfolge noch ein für das normalsichtige Auge scharfes Bild zu liefern vermag. Man erhält z. B. als Tiefenschärfe bei einem Wasserimmersionsobjektiv ($a = 1{,}20$, $n = 1{,}33$) und einem mittelstarken Okular ($V = 725$) den Wert: $T_f = 0{,}38\,\mu$, während ein schwaches Trockensystem ($a = 0{,}25$, $n = 1$) mit demselben Okular ($V = 82$) den Wert: $T_f = 12{,}2\,\mu$ ergibt. Beim Trockensystem erhält man also von einer $12{,}2\,\mu$ dicken Schicht noch ein scharfes Bild, während bei der Wasserimmersionslinse die Schicht $0{,}38\,\mu$ dünn sein muß, um sie in ihrer ganzen Tiefenausdehnung scharf abbilden zu können.

Die Tiefenschärfe der aplanatischen Lupen wird nach A. KÖHLER[2] durch die Gleichung bestimmt:

$$T_f = \frac{18{,}7}{p_a \cdot V^2} \cdot \cos u \ \text{mm} \, , \tag{4}$$

wo p_a den Halbmesser der Austrittspupille und V die Vergrößerung bedeutet. Man entnimmt daraus, daß die Tiefenschärfe mit dem Quadrat der Vergrößerung (V) abnimmt. Je kleiner die Brennweite des Objektivs und je stärker also die Vergrößerung ist, um so kleiner ist die Tiefenausdehnung, bei welcher das Auge aus der normalen Sehweite akkommodationsfrei das Abbild noch scharf wahrnimmt.

In den Gl. (3) und (4) ist das Verhältnis festgelegt, in welchem Objektdicke, Eintrittspupille und Brennweite der Linse zueinander stehen müssen, damit man von der ganzen Tiefenausdehnung des körperlichen Objekts eine ausreichend scharfe zweidimensionale Abbildung erhalte.

Die besondere Bedeutung der Tiefenschärfe bei der scharfen Einstellung des Mattscheibenbildes wird auf S. 89, der Einfluß der Wellenlänge des Lichtes auf S. 129 eingehend erörtert.

5. Die Helligkeit oder die Lichtstärke. Die Helligkeit des Bildes, von der seine Wirkung auf das Auge oder auf die photographische Platte abhängt, wird als Flächenhelligkeit (Φ) bei leuchtenden Flächen in HEFNER-Kerzen, bei beleuchteten Flächen in LUX-Einheiten ausgedrückt nach der Gleichung:

$$\Phi = \pi J \cdot \sin^2 u \cdot ds \, , \tag{5}$$

Wo Φ die Beleuchtungsstärke oder Flächenhelligkeit des Flächenelements ds, J die Leuchtkraft (Intensität) der Lichtquelle und $\sin^2 u$ die Öffnung des

---

[1] Vgl. M. BEREK (1) und P. METZNER (4, S. 21).
[2] Vgl. KÖHLER [9, S. 235, Gl. (71)].

Lichtstroms bedeuten. Aus Gl. (5) entnehmen wir, daß die Helligkeit des Bildes von der Leuchtkraft und der Flächengröße des Strahlers (Leuchtfläche), ferner von der Apertur des Abbildungssystems abhängt, und zwar steht sie mit dem Quadrat der letzteren in geradem Verhältnis.

Da im Sinne der Sinusbedingung die Menge des Lichtstroms innerhalb eines fehlerfreien Abbildungssystems die gleiche bleibt, so wird die Flächenhelligkeit des Bildes in der Austrittspupille (Φ') dieselbe sein, wie sie in der Eintrittspupille war (Φ), falls die Sinusbedingung bei der Abbildung erfüllt ist.

$$\Phi = \Phi'.$$

$$\pi J \cdot \sin^2 u \cdot ds = \pi J \cdot \sin^2 u' \cdot ds'. \tag{6)[1]}$$

J, die Leuchtkraft des Strahlers, ist als konstant zu betrachten, Gl. (6) kann also geschrieben werden:

$$\sin^2 u \cdot ds = \sin^2 u' \cdot ds',$$

woraus folgt, daß

$$\frac{\sin^2 u}{\sin^2 u'} = \frac{ds'}{ds}. \tag{7}$$

ds bedeutet hier ein Flächenelement der Eintrittspupille, ds' das ihm koordinierte Flächenelement in der Austrittspupille. Ihr Verhältnis zueinander drückt also die durch das optische System bewirkte Flächenvergrößerung N^2 aus:

$$\frac{\sin^2 u}{\sin^2 u_1} = N^2. \tag{8}$$

Zieht man auf beiden Seiten der Gleichung die Wurzel, so erhält man die Beziehungen zwischen den Sinuswerten der halben Öffnungswinkel (Apertur des Lichtstroms im Dingraum $= \sin u$, Apertur des Lichtstroms im Bildraum $= \sin u'$) und der linearen Vergrößerung N [s. S. 16 (2)].

Aus den Gl. 7 und 8 entnehmen wir, daß die Lichtstärke oder Flächenhelligkeit des Bildes mit dem Quadrat der num. Ap. in geradem[2], mit dem Quadrat der linearen Vergrößerung, d. h. mit der Flächenvergrößerung jedoch in umgekehrtem Verhältnis steht.

Bei subjektiver Beobachtung, wo die Strahlen in der Austrittspupille mit dem Auge aufgefangen werden, genügen die in den Gl. (5) bis (8) enthaltenen Faktoren restlos zur Bestimmung der Flächenhelligkeit des vergrößerten scheinbaren Bildes. In der Mikrophotographie jedoch wird das greifbare Bild in einem wechselnden Abstand zur Austrittspupille des Mikroskops aufgefangen, hier muß daher noch die Entfernung der Mattscheibenebene von der Eintrittspupille oder von der Einstellebene des Mikroskops berücksichtigt werden. Die Flächenhelligkeit des Bildes steht dann nach bekannten optischen Gesetzen (LAMBERTschem Grundgesetz) mit dem Quadrat der Entfernung in umgekehrtem Verhältnis.

Zusammenfassend sei also festgestellt, daß die Helligkeit des Bildes bei der mikrophotographischen Aufnahme von 3 Faktoren bedingt ist; diese sind:

1. Die Beleuchtung, d. h. die Leuchtkraft der Lichtquelle und die Art, mit welcher die Strahlen durch die Beleuchtungsvorrichtung zum Objekt übermittelt werden.

2. Die num. Ap. der Objektivlinse.

3. Die Kammerlänge oder der Objektiv-Bild-Abstand.

---

[1] Vgl. A. KÖHLER [9, S. 219, Gl. (23) und (24)].

[2] Genau genommen nur mit dem Quadrat der Apertur der Abbildung, deren Wert aber in der num. Apertur ($n \cdot \sin u$) restlos enthalten ist.

Über die Bedeutung der Helligkeit für die Kontrastwirkung des Bildes und die Beziehungen zwischen den Strahlen der Beleuchtung und der Abbildung s. S. 22 ff.

6. Die optische Auflösung. Die Fähigkeit des optischen Systems, zwei benachbarte Dingpunkte so abzubilden, daß man sie im Bilde noch als zwei getrennte Bildpunkte wahrnimmt, nennt man das optische Auflösungsvermögen. Von dieser Eigenschaft hängt es ab, wie weit die Einzelheiten und Feinheiten im Gefüge des Objekts in seinem Abbild enthalten sind. Bekanntlich enthält ein mit fehlerfreier Optik erzeugtes Lichtbild schon bei der kleinsten Bildfläche alle Formelemente des aufgenommenen Gegenstandes. Wird das Bild weiter vergrößert, so treten die Einzelheiten deutlich hervor, und man erblickt im vergrößerten Bild Feinheiten, die man ursprünglich in der Aufnahme nicht wahrnehmen konnte. Bei einer bestimmten Grenze hört dieser Vorteil der Bildvergrößerung auf. Die weitere Vergrößerung bringt keine weiteren Einzelheiten mehr zum Vorschein, dagegen wird die Zeichnung des Bildes unscharf, und die Kontraste in der Lichtverteilung (graphische Kontraste) erscheinen flau. Man spricht dann von einer leeren Vergrößerung im Gegensatz zur förderlichen oder nutzbaren Vergrößerung, welche die im Abbild enthaltenen Einzelheiten scharf und deutlich zum Vorschein bringt.

Die optische Auflösung hat begreiflicherweise eine entscheidende Bedeutung in der Mikroskopie, deren Ziel gerade die Verdeutlichung feinster Strukturelemente ist. Der Abbildungsmaßstab und die Objektähnlichkeit sind im Sinne der ABBEschen Theorie streng davon abhängig, wie weit das abbildende System die Formelemente im Gefüge des Objekts noch aufzulösen, d. h. für die Beobachtung sichtbar zu gestalten vermag. Je kleiner der Zwischenraum oder der Abstand (e) zwischen zwei Formelementen, z. B. zwei Körnchen oder Fädchen, ist, um so höher muß das Auflösungsvermögen des Mikroskops sein, um diese im Bilde als zwei getrennte Punkte oder Linien deutlich darzustellen. Welche physikalischen Vorgänge dabei mitspielen und in welchem Zusammenhang die Objektähnlichkeit mit der optischen Auflösung, diese aber mit der an der Objektstruktur erfolgten Beugung der Lichtstrahlen steht, braucht hier nicht näher erörtert zu werden[1]. Es genügt, die Gleichung auszuführen, welche die maßgebenden Faktoren und ihre Beziehungen zueinander aufweist:

$$e = \frac{n\,\lambda}{2\,n\sin u} = \frac{\lambda_0}{2\,a}. \tag{9}^2$$

Man entnimmt daraus, daß die Größe von e mit der Wellenlänge der Lichtstrahlen in geradem, mit der Apertur des Abbildungssystems a aber in umgekehrtem Verhältnis steht, was soviel bedeutet, daß je größer die Apertur der Objektivlinse ist und je kürzer die Wellenlänge der Strahlen, welche von den Formelementen des Objekts in die Eintrittspupille gelangen, um so kleiner kann der Abstand e zwischen den Formelementen sein, die das optische System noch aufzulösen vermag.

Die num. Ap. ist also auch für das Auflösungsvermögen ausschlaggebend, und zwar wird laut Gl. (9) die Auflösung bei einer gegebenen Apertur dann die

---

[1] Vgl. E. ABBE (*1*), LUMMER u. REICHE (*1*), H. BOEGEHOLD (*1*) und A. KÖHLER (*9*), ferner die Erörterung dieser Fragen in der neueren Literatur bei M. A. AINSLIE (*1*), C. BECK (*1*), M. BEREK (*4, 5*), H. BOAS (*1*), A. S. BURGESS (*1*), J. W. GORDON (*1*), F. JENTZSCH (*2, 3*), B. K. JOHNSON (*1*), H. MOORE (*1, 2*), W. A. PORTER (*1*), J. RHEINBERG (*1*), W. FR. SHURLOCK (*1*), H. J. W. SIEDENTOPF (*5, 7, 8*), E. SPENKE (*1, 2*).

[2] Vgl. A. KÖHLER [*9*, S. 341, Gl. (141)].

größte sein, wenn der ganze, vom Objekt übermittelte Lichtstrom in der Öffnung des Mikroskops aufgenommen wird ($2n \cdot \sin u = 2a$). Das ist bei der einseitig oder allseitig schiefen Beleuchtung der Fall, weshalb diese Art von Beleuchtung, wie sie in der Ultramikroskopie und Dunkelfeldmikroskopie angewandt wird (s. S. 199), den höchsten Grad der optischen Auflösung liefert. Wie aus Gl. (9) aber ebenfalls hervorgeht, läßt sich die optische Auflösung wesentlich steigern, wenn man das Objekt mit kurzwelligen Strahlen beleuchtet, was in der Mikrophotographie um so wertvoller ist, weil die photographische Schicht für solche Strahlen besonders empfindlich ist. So läßt sich mit ultraviolettem Licht das Auflösungsvermögen fast auf das Doppelte dessen steigern, was man bei normaler Beleuchtung mit weißem Licht bei einer Linsenfolge von derselben Apertur erzielen kann (s. S. 293).

Die optische Auflösung, von der das tiefere Eindringen in den strukturellen Aufbau der Untersuchungsgegenstände bedingt ist, hat auch in der Mikrophotographie den entscheidenden Einfluß auf das Vergrößerungsmaß des Lichtbildes. Nach den Feststellungen von ABBE erhält man bei einer subjektiven Beobachtung die förderliche Vergrößerung des mikroskopischen Bildes, wenn die Gesamtvergrößerung [vgl. Gl. (1)] das 500—1000fache der num. Ap. des Objektivs erreicht. Wird also das Zwischenbild im Mikroskop z. B. von einer Objektivlinse mit der num. Ap. 0,65 geliefert, so kann dieses Bild durch die Okularlinse (angulare Vergrößerung) bis auf 325fach ($0{,}65 \times 500$) oder 650fach ($0{,}65 \times 1000$) vergrößert werden. Oberhalb dieser Abbildungsmaße beginnt die leere Vergrößerung, und das stärker vergrößerte Bild erscheint weniger scharf und weniger deutlich.

Das 500fache der num. Ap. bedeutet die untere, das 1000fache die obere Grenze der förderlichen Vergrößerung. Die obere Grenze kann nur dann erreicht werden, wenn tatsächlich der volle Lichtstrom in der Eintrittspupille aufgenommen ist ($2n \cdot \sin u$), oder aber bei einer Beleuchtung mit kurzwelligen, z. B. ultravioletten Strahlen. Sonst empfiehlt es sich, die untere Grenze der förderlichen Vergrößerung nicht zu überschreiten. Bei der subjektiven Beobachtung macht es allerdings keinen wesentlichen Unterschied, ob man auch bei einer zentralen Beleuchtung mit weißem Licht die untere oder die obere Grenze der förderlichen Vergrößerung erzeugt. Bei mikrophotographischen Aufnahmen jedoch, wo aus schon erwähnten Gründen die Abweichungen von der idealen Abbildung deutlicher hervortreten und der Vergrößerung gemäß im Bilde stärker ausgeprägt erscheinen, soll bei einer zentralen Beleuchtung mit weißem Licht die untere Grenze der förderlichen Vergrößerung nie überschritten werden. Die Art, mit welcher die förderliche Vergrößerung in der Mikrophotographie erzielt wird, wo außer der Okularvergrößerung auch die Vergrößerung durch den Abstand (Kammerlänge) berücksichtigt werden muß, ist auf S. 80 ausführlich beschrieben.

7. Die Kontrastwirkung. Wie bei der Wahrnehmung aller Sinneseindrücke sind auch bei der optischen Wahrnehmung die Unterschiede in der Stärke und Qualität, d. h. die Kontraste zwischen den auf das Sinnesorgan wirkenden Reize maßgebend. Die psycho-physiologische Wirkung des betrachteten mikroskopischen Bildes oder seines Lichtbildes wird also letzten Endes davon abhängen, wieweit die optisch aufgelösten und scharf abgebildeten Formelemente sich im Bilde vom strukturlosen Hintergrund abheben und voneinander durch Lichtstärke oder Färbung unterscheiden. Es muß also hier etwas eingehender untersucht werden, wie solche Kontraste, von denen die graphische Wirkung des Lichtbildes unmittelbar hervorgerufen wird, im mikroskopischen Bild entstehen, und durch welche Faktoren sie gestaltet, gesteigert oder gemildert werden können.

Das mikroskopische Objekt besteht aus einem Gefüge von gefärbten oder ungefärbten Formelementen, welches in eine optisch homogene Substanz (Zwischensubstanz) eingebettet und in die Einstellebene des Dingraums, in das sog. Gesichtsfeld, eingeordnet ist. Die Formelemente beeinflussen nun das auffallende oder durchfallende Licht in zweierlei Weise, indem sie das Licht teilweise oder vollständig verschlucken (Lichtabsorption) und ferner durch Brechung oder Beugung die Fortpflanzung der einzelnen Strahlen in verschiedener Weise abändern. Demzufolge ist der vom Objekt in die Eintrittspupille des Abbildungssystems übermittelte Lichtstrom in seiner Zusammensetzung verschieden von jenem, mit welchem das Objekt beleuchtet wurde. Er enthält einerseits Strahlen, welche unbeeinflußt das Gefüge des Objekts durchsetzt haben, andrerseits solche, welche in ihrer Fortpflanzung charakteristische Änderungen erfahren haben und in der Periodizität ihrer Wellenbewegung Verzögerungen von halben oder ganzen Wellenlängen aufweisen. Außerdem fehlen natürlich die Lichtstrahlen von sämtlichen oder nur von bestimmten Spektralbereichen, die im Gefüge des Objekts verschluckt wurden.

Die Strahlen des so zusammengesetzten Lichtstroms werden dann vom Abbildungssystem zum Bilde vereinigt, wobei die aus verschiedenen Flächenelementen der Lichtquelle stammenden heterozentrischen oder inkohärenten Strahlen die optisch homogene Beleuchtung des Gesichtsfeldes liefern (Sehfeldbeleuchtung), während die an den Dingpunkten durch Brechung oder Beugung beeinflußten Strahlen eines und desselben Lichtbündels (aus demselben Flächenelement stammende homoiozentrische oder kohärente Strahlen) — je nachdem ob sie mit der gleichen oder der entgegengesetzten Wellenphase zusammentreffen —, Interferenz-Maxima und -Minima erzeugen, welche die den Formelementen des Objekts koordinierten Bildelemente: die Punkte, Punktreihen und Grenzlinien im Bilde darstellen. Die Helligkeit der Flächen zwischen den Grenzlinien hängt einerseits von der Lichtabsorption in der Substanz des Objektgefüges ab, andrerseits von der Stärke der Sehfeldbeleuchtung. Werden im Objektgefüge seiner Färbung entsprechend bestimmte Spektralbereiche des weißen Lichtes verschluckt, so erhält man farbige Flächen zwischen den Grenzlinien. Das mikroskopische Bild solcher gefärbten Objekte besteht also aus zwei Komponenten: aus dem durch Lichtabsorption erzeugten Farbenbild und aus dem Strukturbild (Interferenzbild) oder der Zeichnung, welche die durch Lichtinterferenz erzeugten Grenzlinien enthält (Abb. 5).

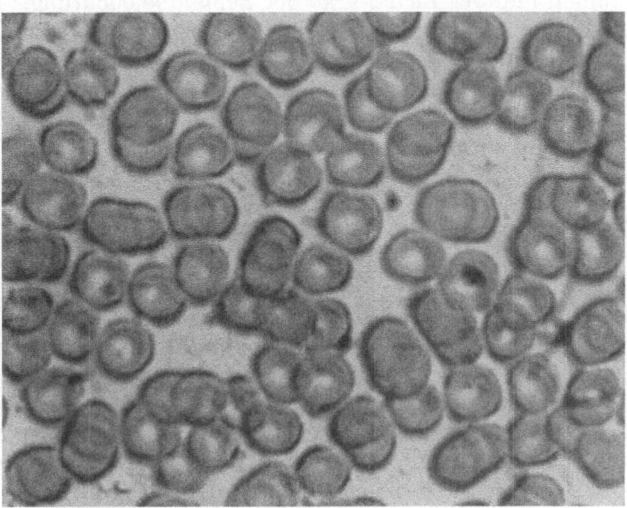

Abb. 5. Strukturbild mit deutlich abgebildeten Grenzlinien. Menschliches Blut, Ausstrichpräparat in Luft eingeschlossen.
Linsenfolge: Wasserimmersionslinse 70fach, n. A. 1,25, Homal IV. Kammerlänge: 43 cm, aplanat. Kond., Irisblende bei Teilstr. 5, Kollektorblende bei Teilstr. 50, Vergr. 920fach. Nachträgliche Bildvergrößerung 1:1. Lichtquelle: Punktlichtlampe 2 W, Belichtungszeit 8″.

Für die graphische Wirkung des mikroskopischen Bildes ist in erster Reihe das Strukturbild maßgebend, denn die Schärfe, mit welcher die interferierenden kohärenten Strahlen (Abbildungsstrahlen) zu Bildpunkten vereinigt werden, und die Schärfe, mit welcher die so erzeugten Bildelemente vom Hintergrund sich abheben, bestimmt die Klarheit und die Deutlichkeit der Zeichnung. Vor allem ist die klare Zeichnung für die graphische Wirkung des schwarz-weißen Lichtbildes entscheidend, wo die Farbenunterschiede nicht zum Ausdruck gelangen.

Die Abbildungsschärfe des Strukturbildes ist allein von den Faktoren der Abbildung abhängig, welche auf S. 14 schon im allgemeinen gekennzeichnet wurden. Der Kontrast jedoch, mit welchem die Grenzlinien sich vom Hintergrund abheben, und wodurch sie graphisch wirksam werden, ist von zwei verschiedenen Faktoren bedingt, nämlich von der Lichtstärke der Abbildungsstrahlen und der Lichtstärke der Sehfeldbeleuchtung. Bekanntlich ist die Lichtstärke der Abbildung durch die num. Ap. der Objektivlinse bestimmt (s. S. 18). Die Lichtstärke der Sehfeldbeleuchtung hängt ihrerseits von der Apertur des beleuchtenden Lichtstroms oder Lichtkegels ab, denn offenkundig werden um so mehr Lichtbündel aus verschiedenen Flächenelementen des Strahlers in diesem Lichtstrom enthalten sein, je breiter unter sonst gleichen Umständen die Öffnung ist, durch welche die strahlende Fläche Licht auf das Objekt sendet.

Die Apertur der Beleuchtung wird vom Beleuchtungsapparat geregelt. Bei einer gegebenen Größe der strahlenden Fläche oder der Leuchtfläche erhält man eine geringere oder größere Apertur, je nachdem, ob man die Leuchtfläche einfach mit dem Plan- oder dem Hohlspiegel in die Einstellebene des Mikroskops einspiegelt, oder sie mit einer Linsenfolge, dem Kondensor, in der Nähe des Objekts abbildet. Leichtverständlicherweise wird im letzteren Fall die Apertur der Beleuchtung größer sein als im Falle der einfachen Einspiegelung, da so die ganze Leuchtfläche in dem passenden Abbildungsmaßstab in nächster Nähe des Objekts zu liegen kommt und die von hier aus einfallenden Strahlen die Dingpunkte unter größeren Winkeln treffen werden (s. Abb. 18). Auch beim Gebrauch des Kondensors wird die Apertur der Beleuchtung je nach der Brennweite der Kondensorlinse und der Einstellung des Kondensors zum Objekt verschieden sein. Ebenso ist der Korrektionszustand der Linsenfolge, aus welcher der Kondensor aufgebaut ist, für die Apertur des Kondensors und demzufolge auch für die Apertur der Beleuchtung maßgebend (vgl. S. 51). Man kann also mit Kondensoren von verschiedenen Brennweiten und verschiedenen Aperturen die Stärke der Beleuchtung regeln, bei einem und demselben Kondensor aber durch Änderungen des Objekt-Kondensor-Abstandes das Bild der Leuchtfläche (die stellvertretende Lichtquelle) bald näher am Objekt, bald weiter davon entwerfen.

Am einfachsten und bequemsten wird jedoch die Apertur der Beleuchtung durch die Irisblende geregelt, welche knapp vor dem Unterteil des Kondensors die Aperturblende der Beleuchtung darstellt (vgl. S. 53). Bei einer gegebenen Leuchtfläche und einer bestimmten Stellung des Kondensors kann man also durch Schließen oder Öffnen der Irisblende die Menge der beleuchtenden Lichtstrahlen der Lichtstärke der Abbildung fein abgestuft anpassen[1]. Dabei ist

---

[1] In der Makrophotographie erfolgt dasselbe durch Regelung der relativen Öffnung mit der Irisblende des photographischen Objektivs, welche gleichzeitig und gemeinsam die Apertur der Abbildung und der Beleuchtung regelt. Man erzielt also in der Photographie durch Abblendung oder Aufblendung mit dieser Blende allein die sog. förderliche Beleuchtung, welche in der Mikrophotographie von zwei getrennten Faktoren, nämlich von der Apertur der Objektivlinse und der Öffnung der Irisblende abhängig ist. Der Begriff der relativen Öffnung in der Photographie entspricht also dem Begriff der förderlichen Beleuchtung in der Mikrophotographie.

zunächst zu berücksichtigen, daß die Helligkeitsunterschiede zwischen den Maxima und Minima der Interferenzerscheinungen im allgemeinen nicht besonders stark ausgeprägt sind, da die Interferenzstreifen verhältnismäßig nahe aneinanderliegen und von der 2. Ordnung aufwärts sehr lichtschwach sind. Je weniger hell der Hintergrund beleuchtet ist, um so besser werden sie sichtbar, woraus folgt, daß zur Darstellung der Interferenzstreifen eine geringe Menge der Beleuchtungsstrahlen, d. h. eine Beleuchtung mit einem engen Lichtkegel günstiger ist als umgekehrt. Ist jedoch der Beleuchtungskegel zu schmal, d. h. die Öffnung der Irisblende zu eng, so werden im Bilde auch die Interferenzstreifen höherer Ordnungen sichtbar, und man erhält statt einer Grenzlinie ein ganzes Liniensystem um die Bildelemente herum, was dem Bild ein unruhiges Gepräge verleiht und seine Deutung wesentlich erschwert (Abb. 6). Ebenso

ungünstig ist es wiederum, wenn die Sehfeldbeleuchtung allzu lichtstark ist und die Kontraste zwischen den Interferenz-Maxima und -Minima überstrahlt, denn hier erscheint dann trotz einer sonst einwandfreien Abbildung die Zeichnung schwach ausgeprägt, und man erhält den Eindruck eines verschwommenen, flauen Bildes. Solche Bilder erhält man meistens, wenn die Apertur der Beleuchtung im Verhältnis zur Apertur der Abbildung viel zu groß ist und die Wirkung der beleuchtenden inkohärenten Strahlen die Wirkung der am Objektgefüge gebrochenen und gebeugten kohärenten Strahlen (Abbildungsstrahlen) verdeckt.

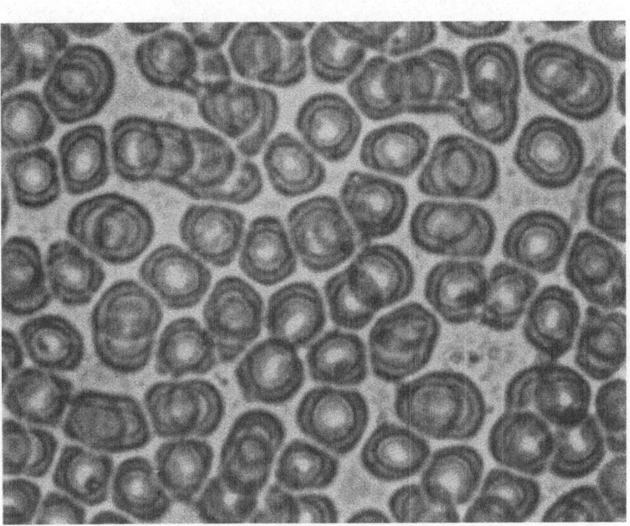

Abb. 6. Strukturbild mit störenden Beugungsinterferenzen.
Präparat, optische Ausrüstung und Vergrößerungsmaß wie bei Abb. 5, Irisblende bei Teilstr. 1, Kollektorblende bei Teilstr. 40. Belichtungszeit bei derselben Lichtquelle wie bei Abb. 5 = 15″.

Am schönsten und am reinsten kommt das am Objektgefüge gebrochene oder gebeugte Licht im Bilde zur Erscheinung, wenn man die Strahlen der Sehfeldbeleuchtung aus der Bilderzeugung vollkommen ausschaltet, indem man durch eine extreme einseitig-schiefe Beleuchtung (Spaltultramikroskop) oder durch besondere, in ihrem Mittelteil abgeschirmte Dunkelfeldkondensoren das unmittelbare Eindringen der Beleuchtungsstrahlen in die Öffnung des Mikroskops verhindert (Abb. 104). Bei einer solchen Beleuchtungseinrichtung, wie man sie in der Ultramikroskopie und Dunkelfeldmikroskopie benützt, kann nur das an der Objektstruktur gebeugte oder gespiegelte Licht in die Öffnung des Mikroskops gelangen, und man erhält im Bilde leuchtende Bildelemente auf einem dunklen Hintergrund. Die Kontrastwirkung eines solchen Dunkelfeldbildes, wo die Lichtwirkung von den Bildelementen selbst und allein von diesen ausgeübt wird (Bilderzeugung durch die Maxima, positives Bild), ist aus bekannten physiologischen Gründen bedeutend größer als die des Hellfeldbildes, bei welchem die Bildelemente der Zeichnung nur danach wahrgenommen werden, wieweit ihre Grenzlinien dunkler sind als der Hintergrund (Bilderzeugung durch die Minima, negatives Bild)[1] (vgl. Abb. 215).

Sowohl im Hellfeld- wie im Dunkelfeldbild ist die Kontrastwirkung zwischen den Bildelementen und dem hellen oder dunklen Hintergrund vom Verhältnis der Apertur der Beleuchtung zur Apertur der Abbildung abhängig. Bei der Erzeugung eines deutlichen Dunkelfeldbildes muß die Apertur der Beleuchtung wesentlich größer sein als die der Abbildung, beim Hellfeldbild erhält man aber

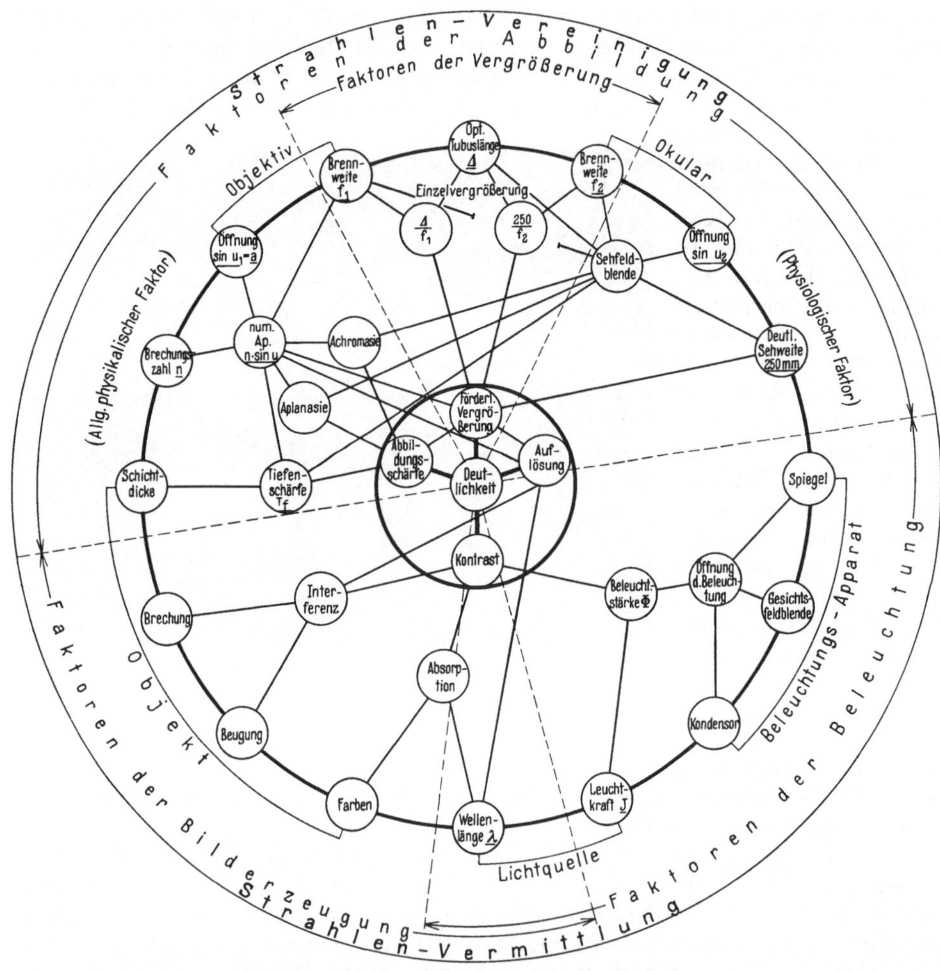

Abb. 7. Faktorendiagramm des mikroskopischen Bildes.
Mit „Sehfeldblende" ist kurz die Ebene bezeichnet, wo das Zwischenbild liegt (O_1 und B in Abb. 4).

gerade umgekehrt das deutlichste Bild dann, wenn die Apertur der Abbildung größer ist als die der Beleuchtung. Soll das mikroskopische Bild z. B. mit einer Objektivlinse von der num. Ap. 0,85 im Dunkelfeld eingestellt werden, so erhält man die günstige Kontrastwirkung mit Dunkelfeldkondensoren von der Apertur 1,05—1,2, wo der ganze zentrale Teil des Beleuchtungskegels, dessen Öffnung der Objektivapertur von 0,85 entspricht, abgeschirmt ist und nur die Strahlen

---

[1] Vgl. H. SIEDENTOPF (6).

aus höheren Aperturbereichen infolge der Brechung und Beugung am Objektgefüge in die Öffnung des Mikroskops gelangen können (Abb. 104c und d). Wünscht
man aber ein Hellfeldbild mit demselben Objektiv, so wird man zwar auch hier
einen Hellfeldkondensor von hoher Apertur, z. B. den aplanatischen Kondensor
Ap. 1,4 vorteilhaft verwenden, die Öffnung des Beleuchtungskegels jedoch mit
der Irisblende so weit einengen, daß die Apertur der Beleuchtung schließlich
ungefähr dem Wert von 0,85 entspricht oder einen noch geringeren Wert darstellt (Abb. 104a).

So wie es beim Abbildungsmaß eine förderliche Vergrößerung gibt, so gibt
es auch eine förderliche Beleuchtung, bei welcher die Helligkeitsunterschiede
im Bilde am wirkungsvollsten in Erscheinung treten. Für das Strukturbild ist
diese förderliche Beleuchtung erzielt, wenn die Aperturen der Abbildung und
der Beleuchtung in der geschilderten Weise einander angepaßt sind. Für das
Farbenbild muß man außerdem noch die Zusammensetzung des beleuchtenden
Lichtstroms aus den verschiedenen Spektralbereichen beachten und diese mit
geeigneten Lichtquellen und Lichtfiltern so gestalten, daß der Effekt der Lichtabsorption im mikroskopischen Bilde durch die Farben- oder die denen entsprechenden Helligkeitskontraste am deutlichsten in Erscheinung trete.

In der Dunkelfeldmikroskopie ist das Verhältnis der Aperturen im voraus
schon genau feststellbar, da ein Dunkelfeldbild überhaupt nur dann erzielbar
ist, wenn die Apertur des Dunkelfeldkondensors größer ist als die der Objektivlinse. In der Hellfeldmikroskopie sind jedoch die Bedingungen der förderlichen
Beleuchtung nie so genau im voraus feststellbar, denn die Entstehung des Hellfeldbildes ist von der Apertur der Beleuchtung in ziemlich weiten Grenzen
unabhängig, und nur die Wirkung der Kontraste kann durch die Beleuchtung
mehr oder weniger günstig gestaltet werden. Das letztere muß aber während
der Einstellung des Bildes von Fall zu Fall empirisch durch Hebung oder Senkung
des Kondensors, sowie durch Öffnen oder Schließen der Irisblende erfolgen.
Ein wesentlicher Faktor, die Lichtstärke des Interferenzbildes, hängt nämlich
von der physikalischen Beschaffenheit des Objekts in dem gleichen
Maße ab wie von den Aperturen der Abbildung und der Beleuchtung. Je kleiner
die Formelemente oder die Zwischenräume des Objektgefüges im Vergleich zur
Wellenlänge der beleuchtenden Strahlen sind, und je größer der Brechungsunterschied ist zwischen der Substanz des Objektgefüges und der Zwischensubstanz, in welcher sie eingebettet ist, um so stärker wird der Helligkeitsunterschied zwischen den Maxima und Minima des am Gefüge gebeugten Lichtes
sein bei einer bestimmten und gleichbleibenden Beleuchtung. Diese für das
Strukturbild maßgebenden Eigenschaften des Objekts sind naturgemäß sehr
verschieden in den verschiedenen Objekten der mikroskopischen Forschung. Sie
lassen sich auch bei einem und demselben Objekt durch besondere Vorbehandlung
und Vorbereitung für den Zweck der Untersuchung günstiger gestalten, wie das
in den Lehr- und Handbüchern der Mikrotechnik eingehend geschildert wird[1].
Während der mikrotechnischen Behandlung erhalten die Objekte[2] ihre für die

---

[1] Vgl. P. Mayer (1), B. Romeis (2): Encyklopädie der mikroskopischen Technik (1),
Methodik der wissenschaftlichen Biologie 1 (1) und Handbook of microscopical
technique (1).

[2] Hier, wie in den weiteren Ausführungen, werden in erster Reihe die biologischen
Objekte der mikroskopischen Forschung berücksichtigt. Derzeit sind die Mikroskopie und die Mikrophotographie in den nichtbiologischen Naturwissenschaften ebenfalls stark verbreitet als Forschungs- und Abbildungsmethoden. Die geschichtliche Entwicklung ist jedoch gemeinsam mit der biologischen Forschung erfolgt,
und so wurde die Methodik in ihren Hauptzügen den biologischen, vor allem
den zytologischen und histologischen Objekten angepaßt. Die so gewonnenen Er-

Beleuchtung im durchfallenden Licht geeignete Schichtdicke (Einbetten, Schneiden), ihre elektiven Färbungen und schließlich bei der Durchtränkung mit Einschlußmitteln von hoher Lichtbrechung (Kanadabalsam, Dammarlack, Zedernöl, Lävulose, Glyzerin) ihre Durchsichtigkeit. Es besteht daher ein wesentlicher Unterschied zwischen den Kontrasten, die man von einem unbeeinflußten, d. h. in seinem natürlichen Zustand eingestellten Objekt (frischen oder nativen Präparat) oder von einem mikrotechnisch in günstigster Weise vorbereiteten, fixierten, gefärbten und in Kanadabalsam eingeschlossenen sog. Dauerpräparat erhalten kann (vgl. S. 111 und 388). Die förderliche Beleuchtung und damit auch die ganze Optik der mikrophotographischen Einrichtung muß deshalb stets dem Objekt angepaßt sein, wobei naturgemäß die Objekte, die ein kontrastarmes Bild liefern, wie z. B. die meisten lebensfrischen Zellen und Gewebe, bedeutend größere Schwierigkeiten bereiten werden als die mikrophotographische Abbildung der gefärbten Dauerpräparate mit ihren günstigen graphischen Kontrasten.

III. Die allgemeinen Bedingungen
der mikrophotographischen Aufnahme.

Man kann die Bedingungen, unter denen eine mikrophotographische Aufnahme regelrecht erfolgt, in allgemeine und spezielle einteilen. Die allgemeinen Bedingungen sind für jede Art von Mikrophotographie gültig, die speziellen je nach der besonderen Art des Objekts und des mikroskopischen Bildes. Besonderen Regeln werden wir also begegnen bei der mikrophotographischen Abbildung im Dunkelfeld, im polarisierten Licht oder im auffallenden Licht; ebenso werden wir spezielle Verfahren kennenlernen für Übersichtsbilder bei schwachen Vergrößerungen und andere für Abbildungen bei stärkerer Auflösung der abzubildenden Struktur. Schließlich werden wir noch die Unterschiede hervorheben, welche zu beachten sind, wenn man Lichtbilder von ungefärbten lebenden oder gefärbten fixierten Objekten erhalten will. Bei sämtlichen Arten der mikrophotographischen Aufnahmen gibt es jedoch Regeln, welche für alle gemeinsam sind. Sie betreffen 1. die Beleuchtung des Objekts, 2. die Zusammenstellung der Einrichtung und schließlich 3. die förderliche Vergrößerung des photographischen Bildes.

Die Aufstellung der mikrophotographischen Einrichtung muß vollkommen erschütterungsfrei sein, und die Verbindung zwischen Aufnahmekamera und Mikroskop soll derart beschaffen sein, daß während der Aufnahme keine Erschütterungen auf das Mikroskop übertragen werden[1]. Die Verbindung wird in zweckmäßiger Form mit einer Lichtschutzmanschette hergestellt (Abb. 8), welche das Eintreten von Nebenlicht in die Kamera verhindert. Schließlich verlangt man von einem mikrophotographischen Apparat, daß man bequem zum Mikroskop und zum Präparat gelangen kann, und daß die Einstellung des Präparats mit dem Mikroskop wie auch die Scharfstellung des mikroskopischen Bildes auf der Mattscheibe in bequemer und einfacher Weise erfolge.

---

fahrungen im optischen und mechanischen Aufbau konnten ohne wesentliche Änderungen auch für die Zwecke der Kristallographie, Metallurgie, Faserstoffchemie und physikalischen Chemie nutzbar gemacht werden. Im allgemeinen gelten daher die für die biologischen Objekte abgeleiteten Regeln auch für jedes andere Objekt der Mikrophotographie. Spezielle Fälle, wo die besondere Art der Objekte besondere Einrichtungen erfordert, werden in eigenen Abschnitten zu behandeln sein (s. S. 249).

[1] Eine gut bewährte Anordnung zur erschütterungsfreien Aufstellung des mikrophotographischen Apparates ist neuerdings von HOCHSTÄTTER (1) angegeben worden.

Was die Bedingungen der Beleuchtung betrifft, erfordert die mikrophotographische Aufnahme im allgemeinen ein intensiveres Licht als die subjektive Beobachtung, und zwar hauptsächlich deshalb, weil man verhältnismäßig kurze Belichtungszeiten braucht. Je länger die Belichtung dauert, um so leichter können störende Einflüsse, wie Erschütterung der Einrichtung, Änderungen in der scharfen Einstellung, Verschiebungen des Präparats oder Schädigungen des Objekts durch das konzentrierte Licht, die Aufnahme gefährden. Selbst bei einem gut sensibilisierten empfindlichen Plattenmaterial genügt die Helligkeit des subjektiv beobachteten mikroskopischen Bildes nur zu längeren Belichtungszeiten, und zwar sind diese um so länger, je stärker die Vergrößerung ist. Dabei kommt noch ein für die Belichtung entscheidender Umstand in Betracht, nämlich das Verhältnis der Flächenhelligkeit des Mattscheibenbildes zum Quadrat der Entfernung. Da bei jeder mikrophotographischen Aufnahme das greifbare Bild in einer zur Austrittspupille des Mikroskops bedeutenden Entfernung aufgefangen wird, ist die Flächenhelligkeit in der Mattscheibenebene stets geringer als die des subjektiv beobachteten mikroskopischen Bildes bei derselben Beleuchtung. Man soll deshalb bei mikrophotographischen Aufnahmen die Intensität der Beleuchtung so weit steigern, daß das Mattscheibenbild so hell erscheint, wie bei subjektiver Beobachtung ein gut ausgeleuchtetes Sehfeld. Je stärker die Mikroskopvergrößerung und je länger der Kammerauszug ist, desto mehr Licht wird erforderlich sein, um dieses Ziel zu erreichen. Man muß daher die mikrophotographischen Einrichtungen mit Lichtquellen von großer Helligkeit ausrüsten und alles Licht in die Eintrittspupille des Mikroskops konzentrieren.

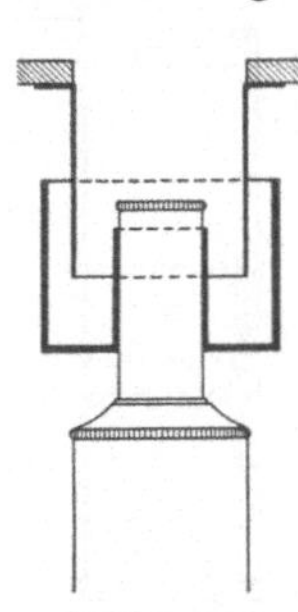

Abb. 8.
Schematischer Durchschnitt von einem lichtdichten Abschluß zwischen Mikroskop und Kamera (Lichtschutzmanschette). (Aus HEIM u. SKELL [1, S. 34].)

Die Erzielung der förderlichen Vergrößerung erfolgt in der Mikrophotographie außer dem aus der mikroskopischen Optik bekannten Verfahren auch durch einen größeren oder kleineren Kammerauszug, falls der mikrophotographische Apparat eine Balgkamera besitzt. Die Bildvergrößerung mit dem Kammerauszug hat verschiedene und wesentliche Vorteile (s. S. 80), weshalb es ratsam erscheint, die mikrophotographischen Apparate mit Balgkammern auszurüsten.

Nach einer langen historischen Entwicklung sind derzeit die Grundlagen des Apparatebaues in allen Werkstätten für mikrophotographische Einrichtungen dieselben, und alle mikrophotographischen Einrichtungen werden aus drei Hauptbestandteilen: dem Mikroskop, der photographischen Kamera und der Beleuchtungsvorrichtung auf einer gemeinsamen optischen Bank oder auf zwei getrennten optischen Gestellen bzw. ohne solche Gestelle aufgebaut. Es sind hauptsächlich 3 Grundformen allgemein verbreitet; diese sind: 1. die kleinen Vertikalkammern, 2. die großen mikrophotographischen Apparate und 3. die Aufsatzkammern.

So verschieden auch die Form und der Aufbau der einzelnen Apparate sein mögen, bleibt ihre optische Ausrüstung, welche die Abbildung liefert und für die Abbildungsschärfe und die optische Auflösung des Bildes allein maßgebend ist, stets die gleiche: nämlich die Objektiv- und die Okularlinsen des zur Aufnahme benutzten Mikroskops. Auch der Beleuchtungsapparat des Mikroskops bildet naturgemäß einen wesentlichen Teil der Beleuchtungsvorrichtung des mikrophotographischen Apparats, wenn auch bei der mikrophotographischen Aufnahme diese öfters mit besonderen Linsen, Spiegeln und Blenden ergänzt werden muß. Bevor also die einzelnen Formen der mikrophotographischen Apparate geschildert werden, wollen wir die verschiedenen Arten der Objektiv- und Okularlinsen, ferner die Bestandteile des Beleuchtungsapparates des Mikroskops beschreiben.

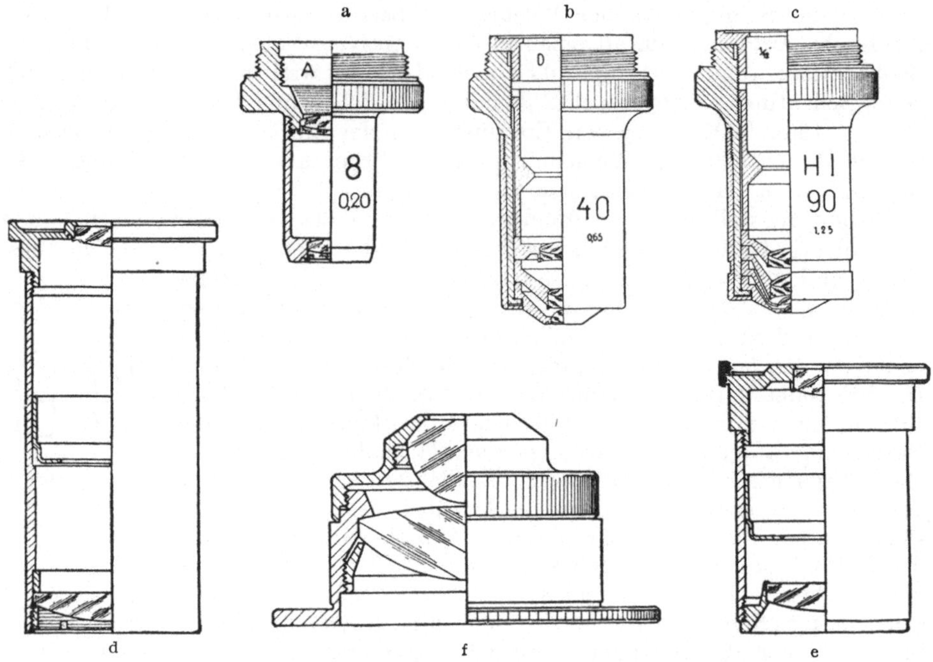

Abb. 9. Schematischer Durchschnitt von Objektiven, Okularen und Kondensoren.
(Aus ZEISS-Druckschrift: Mikro 400.)

IV. Die Objektivlinsen.

8. Einteilung. Man unterscheidet nach dem Vergrößerungsvermögen schwache, mittelstarke und starke Objektive. Die schwachen Mikroskopobjektive besitzen ein Vergrößerungsvermögen von 1—10facher Vergrößerung (Eigen- oder Einzelvergrößerung), die mittelstarken eine solche von 10—40fach und die starken von 40 bis etwa 100fach. In der Mikrophotographie kommen außerdem Objektive vor, welche eigens zu Aufnahmen bei ganz schwachen Vergrößerungen gebaut werden (s. S. 184 und 191) und ein geringeres Vergrößerungsvermögen besitzen als die schwachen Mikroskopobjektive im allgemeinen.

Nach dem Grad ihres aplanatischen Abbildungsvermögens unterscheidet man achromatische, anastigmatische und apochromatische Objektive. Die Achromate sind bis auf das sekundäre Spektrum, die Apochromate aber auch auf das sekundäre Spektrum (bis auf das tertiäre Spektrum) korrigiert; bei ihnen hatte schon ABBE außerdem für zwei genügend entfernte Stellen des Spektrums die chromatische Differenz der sphärischen Aberration gehoben. Eine besondere Art stellen die Fluoritsysteme (Halbapochromate) dar, welche aus achromatischen Gliedern und Fluoritlinsen zusammengestellt sind. Sie sind dadurch auch auf das sekundäre Spektrum korrigiert, jedoch nicht so vollkommen wie die aus den Jenaer Borat- und Phosphatgläsern hergestellten Apochromate. Die Anastigmate stellen schwache Objektive dar mit einem sehr hohen, etwa dem der Fluoritsysteme entsprechenden Grad von Korrektion. Bei allen diesen Objektivsystemen werden die Linsen ausschließlich oder in der Hauptsache aus optischen Glassorten (Kronglas, Flintglas, Jenaer optisches Glas) geschliffen (s. Tabelle 2). Für die Abbildung mit ultravioletten Strahlen benötigt man solche aus optischem Quarz (s. S. 298). Diese bilden die Gruppe der sphärisch fast vollkommen korrigierten Quarzmonochromate.

Tabelle 2. Brechungsexponenten optischer Gläser. (Aus Chemiker-Kalender 1930. Bd. 3, S. 239.)

Nr.	Gläser des Glaswerks SCHOTT in Jena	Vol.-Gew.	A_4 $\lambda\,768\cdot1$	C $\lambda\,656\cdot3$	D $\lambda\,589\cdot3$	F $\lambda\,486\cdot1$	G_1 $\lambda\,431\cdot0$
03258	Kron m.schwächst.n_D	2,23	1,47335	1,47601	1,47820	1,47327	1,48727
02388	Kron für Objektive	2,85	1,51991	1,52290	1,52540	1,53142	1,53626
0203	Gewöhnl. Silikat Kron	2,54	1,51187	1,51489	1,51750	1,52366	1,52865
0608	Kron, starke Dispers.	2,60	1,50895	1,51213	1,51490	1,52156	1,52699
02001	Flint für Brillen .	2,50	1,51471	1,51813	1,52110	1,52820	1,53397
0276	Gewöhnl. leicht. Flint	3,22	1,57154	1,57604	1,58000	1,58977	1,59804
0118	Gewöhnl. Silik. Flint	3,58	1,60284	1,60814	1,61290	1,62474	1,63482
0198	Schweres Silik. Flint	4,99	1,76101	1,76999	1,77820	1,79940	1,81808
0228	Schwerst. Silik. Flint	5,92	1,88046	1,89289	1,90440	1,93463	1,96189

Ferner unterscheidet man die Trockensysteme und die Immersionssysteme, je nachdem ob das Medium im Zwischenraum Luft oder eine Flüssigkeit von höherer Brechungszahl ist.

Daß die Immersion einen entscheidenden Einfluß auf die num. Ap. der Objektivlinse und demzufolge auf sämtliche Eigenschaften der Abbildung ausübt, ist aus der mikroskopischen Optik bekannt (s. Abb. 13). Es gibt sowohl schwache wie starke, achromatische wie apochromatische Trockensysteme. Eine besondere Form der starken Trockenapochromate stellen die Objektive mit Korrektionsfassung dar (s. S. 33). Die Immersionssysteme sind — soweit sie für die Mikrophotographie in Betracht kommen — ausschließlich Apochromate oder Halbapochromate (Fluoritsysteme). Im allgemeinen benützt man die Immersionssysteme zu starken Vergrößerungen; bei ihrer Verwendung spielt jedoch weniger ihr Vergrößerungsvermögen als ihre von der Immersion bedingte höhere num. Ap. die entscheidende Rolle. Es gibt auch unter den Trockensystemen solche, die ein gleich großes oder noch größeres Vergrößerungsvermögen aufweisen als die Immersionslinsen. Auch gibt es Immersionslinsen für schwache Vergrößerungen.

9. Die Art der Zusammenstellung. Je nach der erstrebten Leistungsfähigkeit wird beim Aufbau des Objektivs die Art und die Zahl der Glieder bestimmt. Schwächere Objektive enthalten eine geringere, stärkere eine größere Anzahl von Gliedern (s. Abb. 9a, b, c). Die Form, der Krümmungsgrad, die Brechungszahl und die Dispersitätskonstante der Linsen, ferner die Zahl der Flächen, aus denen die einzelnen Glieder hergestellt werden, entscheiden über das aplanatische Abbildungsvermögen und die num. Ap. des Objektivs. Die Linsen werden mit optischem Kanadabalsam, dessen Brechungszahl bis auf die zweite Größenordnung der der Glassorten entspricht, zu einzelnen Gliedern zusammengekittet, was bei der Reinigung der Objektive genau berücksichtigt werden soll (s. S. 31). Es genügt im allgemeinen, wenn nur das hinterste Glied oder die hinteren Glieder solche Korrektionsglieder sind. Je höher die Ansprüche an eine aplanatische Abbildung sind, um so mehr Korrektionsglieder mit spezieller Leistungsfähigkeit werden eingesetzt. Dementsprechend weisen die Trockensysteme mit Korrektionsfassung und die Immersionssysteme die größte Anzahl und auch die größte Mannigfaltigkeit in der Zusammenstellung ihrer Glieder auf. Das Vergrößerungsvermögen hängt in der Hauptsache von der Stärke der Frontlinse ab, welche aus diesem Grunde meistens aus einer einzigen Linse gebildet wird. Die Leistungen eines Objektivs werden also auf die Linsenfolge so verteilt, daß die Vergrößerung in der Hauptsache eine Leistung der Frontlinse oder der vordersten Glieder, die aplanatische Abbildung aber in der Hauptsache eine Leistung der hinteren Glieder ist.

Mit den Gliedern zusammen werden auch die **Blenden** in die Linsenfolge eingesetzt, welche den Strahlengang begrenzen und die **Pupillen** des Abbildungssystems erzeugen. Je nach ihrer Lage im Verhältnis zur Frontlinse findet man Objektive mit einer **Vorderblende** und solche mit **Hinter-** oder **Zwischenblenden** (Innenblende). Zumeist steht die körperliche Blende hinter dem letzten Glied der Linsenfolge, in manchen Fällen ist es jedoch vorteilhaft, auch zwischen den Gliedern eine Blende zur Regelung der Apertur einzusetzen. Sehr bewährt hat sich dafür eine Innenblende mit veränderlicher Öffnung (Irisblende).

10. Die Objektivfassung. Glieder und Blenden werden in der streng ausgerichteten Folge auf einer gemeinsamen optischen Achse und in den vorgeschriebenen Abständen durch die Fassung zusammengehalten. Die verschiedenen Arten der Linsenfassung, denen man bei Objektiven verschiedener Herkunft begegnet, lassen sich alle auf zwei Hauptformen zurückführen, die sind: die **Gewindefassung** und die **Zylinderfassung** oder **Füllfassung**. Die geschichtlich ältere und auch heute noch sehr verbreitete Form der Gewindefassung besteht aus kürzeren oder längeren Messingröhrchen, in denen die einzelnen Glieder eingefaßt sind, und die dann miteinander fest zusammengeschraubt werden. Die Länge der Röhrchen bestimmt die Abstände zwischen den einzelnen Gliedern (vgl. die Objektivlinsen bei der Abb. 2). Bei der Zylinderfassung werden die Glieder in genau zylindrisch abgedrehten Fassungsstücken untergebracht und dann gemeinsam in ein Metallrohr, das den Fassungsstücken entsprechend innen genau zylindrisch ausgedreht ist, eingepaßt (vgl. die Objektivlinsen bei der Abb. 3). Über die Korrektionsfassung s. S. 33.

Die Fassungen werden allgemein aus blankpoliertem Messing hergestellt, außen vernickelt und lackiert. Bei Immersionslinsen pflegt man die Frontlinse in Neusilber einzufassen. Zur Fassung von Wasserimmersionslinsen eignet sich am besten rostfreier Stahl (s. S. 38).

11. Die Kennzeichen. An der Fassung jeden Objektivs befinden sich die Kennzeichen in Form von Zahlen oder Buchstaben, welche in einfachster Weise über die Leistungsfähigkeit des Objektivs Aufschluß geben. In früheren Zeiten hat man dafür mehr oder weniger willkürlich (und bei verschiedenen optischen Werken nach verschiedenen Schlüsseln) kleine oder große Buchstaben, römische oder arabische Zahlen gewählt, die der Reihenfolge entsprechend die Stärke des Objektivs angezeigt haben (A < B, I < II usw.). Einwandfreier und eindeutiger ist es, die Stärke des Linsensystems einheitlich in Zahlenwerten, und zwar entweder mit der Brennweite oder mit dem Vergrößerungsvermögen (Eigenvergrößerung oder Einzelvergrößerung[1]) auf der Fassung anzugeben. Das richtigste ist jedoch, sowohl das Vergrößerungsvermögen (z. B. Vergrößerung 20 ×) wie auch die Brennweite anzugeben, denn aus dem Wert der letzteren kann dann auch auf den **Arbeitsabstand**[2] des Objektivs geschlossen werden, was bei Objektiven von gleichem Vergrößerungsvermögen ganz verschieden sein kann (vgl. Tabellen 3—6). Schließlich wird bei Objektiven aus größeren optischen Werkstätten die Zahl der num. Ap. nicht fehlen. Aus dieser Zahl allein läßt sich schon die Leistungsfähigkeit des Objektivs, nämlich das Auflösungsvermögen (s. S. 19), die Lichtstärke der Abbildung (s. S. 16) und die Tiefenschärfe (s. S. 17) eindeutig ermitteln, wenn man berücksichtigt, daß das Auflösungsvermögen mit der num. Ap. und die Lichtstärke mit dem Quadrat der num. Ap. in geradem Verhältnis steht. Auch die vom Auflösungsvermögen

---

[1] Vgl. A. KÖHLER (*9*, S. 246—251).

[2] Er wird auch freier Objektabstand genannt und entspricht dem Raum zwischen der Frontlinse des Objektivs und der Oberfläche des Objekts. Er ist meist um einige Millimeter kleiner als die Brennweite.

abhängige förderliche Vergrößerung (s. S. 20) läßt sich am einfachsten aus der Zahl der num. Apertur ermitteln (500 × oder 1000 × a).

12. Die Trockensysteme. Die schwächeren (s. Tabelle 3) werden als sog. Satzobjektive aus zwei oder drei achromatischen Gliedern so zusammengestellt, daß jedes Glied allein ein achromatisches Bild zu liefern vermag (Abb. 9a). Die Frontlinse kann also hier abgeschraubt werden (z. B. bei Obj. ZEISS 8 ×), und dementsprechend erhält man von dem hinteren Glied (oder den hinteren Gliedern) eine geringere Vergrößerung. Die schwächsten Vertreter dieser Reihe haben insofern einen von jedem anderen Objektiv abweichenden Bau, als die achromatische Linse in der Fassung verstellbar ist (Abb. 10). Durch Verstellung der Linse wird dem geänderten Brennpunkt-Objekt-Abstand gemäß auch das Abbildungsmaß geändert.

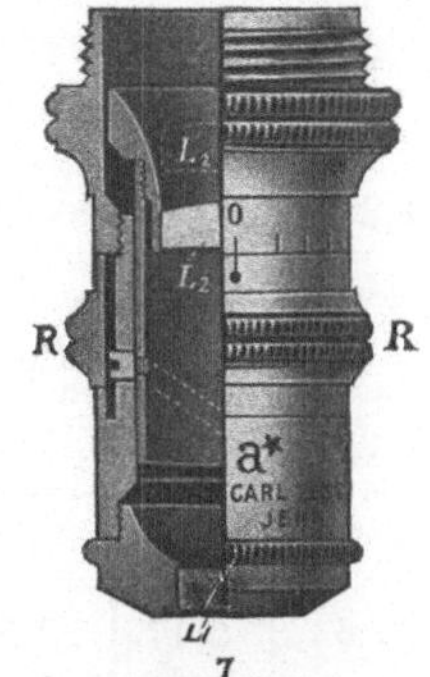

Abb. 10. Schwaches Objektiv (ZEISS Obj. a*) mit veränderlicher Vergrößerung.
L_1 = Unterteil;
L_2 = Oberteil;
R = Anschraubring.
(Aus A. KÖHLER [9, S. 270].)

Die mittelstarken und starken Trockenlinsen (s. Tabelle 3 u. 4) sind nach einem anderen Grundsatz aufgebaut (Abb. 9b). Hier sind die Glieder zu zwei Gruppen vereinigt, von denen die untere mit der Frontlinse den Unterteil und die andere den Oberteil der Linsenfolge bildet. Bei den starken Objektiven dieser Reihe stehen den geringeren Brennweiten entsprechend Unterteil und Oberteil mehr zusammengedrängt, weshalb hier die hinterste Linse tief in der Fassung liegt und nur mit feinen weichen Pinseln gereinigt werden kann[1].

Der Oberteil ist sphärisch oft etwas überkorrigiert, der Unterteil dementsprechend unterkorrigiert. In einem bestimmten (durch Rechnung festgestellten) Abstand wird die Überkorrektion des Oberteils durch die Unterkorrektion des Unterteils ausgeglichen. Man erhält dadurch auch bei Trockenachromaten eine für viele Zwecke ausreichend vollkommene Abbildung. Allerdings bleibt das sekundäre Spektrum bestehen, und die Abbildungsschärfe reicht nicht aus, um z. B. aus mikrophotographischen Aufnahmen, welche mit Trockenachromaten erzielt wurden, vergrößerte Abzüge herzustellen. Zu solchen Zwecken, wie allgemein zu einwandfreier scharfer Abbildung und weitgehender

---

[1] Die Reinigung der Linsen erfolgt am besten mit einem weichen Tuch aus gutem Leinen. Seidentücher oder Waschleder, wie vielfach üblich, eignen sich nur für optische Werkstätten, nicht aber für Laboratoriumszwecke. Im Laboratoriumsbetrieb kommen die Frontlinsen häufig mit den Objekten oder mit dem Präparat in Berührung und werden dadurch verunreinigt. Die Reinigung erfolgt dann mit einem Mittel, das die verunreinigende Substanz löst. Am häufigsten wird das Einschlußmittel des Präparats (Kanadabalsam, Lävulose usw., s. S. 25) von der Frontlinse zu entfernen sein. Zur Entfernung von Kanadabalsam eignet sich am besten Chloroform, weniger das allgemein verbreitete Xylol. Wasserlösliche Spuren von fremden Substanzen oder solche von Einschlußmitteln müssen mit Wasser von der Frontlinse entfernt werden, keinesfalls mit Xylol oder Chloroform, mit denen solche Verunreinigungen fest an die Frontlinse haftende Niederschläge bilden. Auch dann, wenn die Frontlinse durch das Objekt nicht verunreinigt wird, muß sie von Zeit zu Zeit von den aus der Luft sich ansammelnden Staubteilchen gereinigt werden. Zu diesem Zweck verwendet man zweckmäßig Äther-Alkohol (das trockene Abwischen nützt gewöhnlich nichts). Die Reinheit der vorderen Linsenfläche prüft man am besten mit einer schwachen Lupe oder durch ein schwaches Okular, das man in umgekehrter Richtung (mit der Augenlinse nach vorne) gegen die Frontlinse kehrt.
Steht das Mikroskop oder das Objektiv ungeschützt in der Luft, so sammeln sich Staubteilchen auch im Innern des Objektivs auf der hintersten Linsenfläche. Zur Reinigung benutzt man hier, wie schon erwähnt, einen weichen mit Äther oder Äther-Alkohol (keineswegs mit Xylol!) befeuchteten Pinsel. Das Zweckmäßigste ist allerdings, das Mikroskop, sofern es nicht in seinem Kasten aufbewahrt wird, mit einem Glassturz oder einem Tuch vor Staub zu schützen.

Tabelle 3.
Die schwachen und mittelstarken Trockenachromate (ZEISS, Jena[1]).

| Bezeichnung | | Brenn-weite | Freier Objekt-abstand | Alte Be-zeich-nung | Bemerkungen |
Einzel-vergrö-ßerung	Nume-rische Apertur	mm	mm		
1—1,5		55	64/47	a_0	Die Linse ist in der Fassung verstellbar. Dadurch ändert sich die Einzelvergrößerung stetig zwischen den angegebenen Werten. Am Revolver sind diese Objektive nur mit der stärksten Vergröße-rung zu benutzen.
1,5—2		45	32/25	a_1	
1,2-2,4			33/7	a^1	Oberes Glied ähnlich wie bei einer Korrektions-fassung verstellbar. Dadurch verändert sich die Einzelvergrößerung im Verhältnis 1 : 2.
2		50	60		
3		36	29	a_2	Am Revolver nicht abzugleichen.
5		25	19	a_3	
6	0,17	23,5	11	aa	
8	0,20	18	9	A	
10	0,30	15,6	7,5	AA	Am Revolver mit den stärkeren Trockensystemen abgeglichen.
20	0,40	8,3	1,6	C	

Tabelle 4. Die starken Trockenachromate und Fluoritsysteme (ZEISS, Jena).

| | Bezeichnung | | Brenn-weite | Freier Objekt-abstand | Alte Be-zeich-nung | Bemerkungen |
	Einzel-vergrö-ßerung	Nume-rische Apertur	mm	mm		
Trocken-systeme	40	0,65	4,4	0,55	D	Stärkstes Trockensystem, das gegen Schwankungen der Deckglasdicke inner-halb der üblichen Grenzen wenig emp-findlich ist.
	40	0,85	4,4	0,32	DD	Fluoritsysteme, auch gegen geringe Schwankungen der Deckglasdicke ($\pm$ 0,01 mm) empfindlich. Daher ist auf richtige Deckglasdicke (0,17 mm) zu achten.
	60	0,90	2,9	0,12	E	
	40 mit Korr.	0,85	4,4	0,32	DD	Vorzuziehen: Objektive mit Korrek-tionsfassung, womit das Objektiv für die Dicke des vorliegenden Deckglases eingestellt werden kann.
	60 mit Korr.	0,90	2,9	0,12	E	
	90 mit Korr.	0,90	2,0	0,09	F	

[1] Die Anführung solcher und ähnlicher Zusammenstellungen aus Druckschriften der großen optischen Werke soll keineswegs als Werturteil für bestimmte Erzeugnisse bestimmter Firmen aufgefaßt werden. Sie sollen nur die hier wünschenswerte Über-sicht bieten, zu der sie sich in bester Form eignen.

optischer Auflösung von feinsten Formelementen, eignen sich unter den Trockensystemen die Fluoritsysteme und die Apochromate am besten (s. Tabellen 4 u. 5).

13. Objektive mit Korrektionsfassung (s. Abb. 11 u. 12). Ist der Unterteil mit dem Oberteil so zusammengefaßt, daß durch Drehung an einem Ringstück ihr Abstand verkürzt oder verlängert werden kann, so spricht man von einer Korrektionsfassung. Trockenobjektive, mit einer solchen Fassung bieten den Vorteil, daß man die vom Objekt verursachten Fehler der Abbildung durch Verstellung der Glieder korrigieren kann.

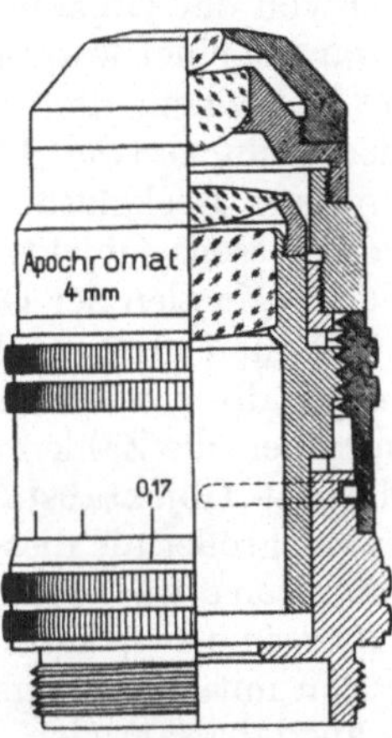

Hier sei daran erinnert, daß bei jeder Brechung, gleichgültig ob sie durch ein Prisma, eine Linse oder eine planparallele Schicht erfolgt, die Strahlen von verschiedenen Wellenlängen verschieden stark gebrochen werden. Es findet also eine Dispersion des Lichtes und eine chromatische Differenz des Strahlenganges auch im Präparat statt, wenn dieses, wie in der Mikroskopie allgemein üblich, ein Objekt zwischen zwei planparallelen Glasplatten darstellt und die Strahlen erst durch die planparallelen Objektschichten (die Glasschichten und die dazwischenliegende Schicht des Einschlußmittels) in das Abbildungssystem gelangen. Die Größe der vom Objekt bedingten chromatischen Differenz hängt von 4 Faktoren ab, die sind: 1. die Brechungszahl des Mittels zwischen Objekt und Abbildungssystem, 2. die Brechungszahl des Einschlußmittels, 3. die Schichthöhe des Einschlußmittels (der eigentlichen **Objektschicht**) und 4. die Schichthöhe oder **Dicke des Deckglases**. Am stärksten wirkt die so erzeugte chromatische Differenz auf die aplanatische Abbildung,

Abb. 11. Trockenapochromat der Firma E. LEITZ mit Korrektionsfassung (schematischer Durchschnitt).

wenn das Medium im Zwischenraum und in der Objektschicht Luft ist und das Deckglas dicker ist als 0,17 mm (die normale Deckglasdicke). In solchen Fällen muß die Höhe der Objektschicht, d. h. die Entfernung des in Luft liegenden Objekts von der unteren Deckglasfläche, genau in Rechnung gestellt werden. Weit geringer ist diese Wirkung, falls das Einschlußmittel eine höhere Brechung hat als Luft (Wasser, Glyzerin, Lävulose usw.), und am geringsten ist sie, wenn die Objektschicht ungefähr dieselbe Brechung hat, wie Glas (z. B. Kanadabalsam, opt. Zedernöl). Bei einer homogenen Immersion wird leicht erklärlicherweise überhaupt keine chromatische Differenz in der Objektschicht hervorgerufen. Ist jedoch das Einschlußmittel

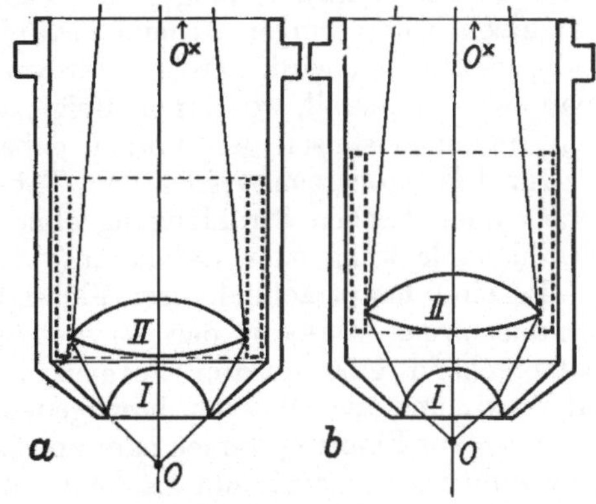

Abb. 12. Schematische Darstellung einer Korrektionsfassung.

Die bewegliche Fassung ist gestrichelt dargestellt. a Oberteil (II) zum Unterteil (I) stärker genähert, b Oberteil vom Unterteil mehr entfernt. O = Dingpunkt, O^* = Richtung zum Bildpunkt. (Aus A. KÖHLER [*9*, S. 262].)

nicht von derselben Brechung wie das Deckglas (z. B. bei in Luft, Wasser, Glyzerin usw. eingeschlossenen Präparaten), so wird trotz einer Ölimmersion die Objektschicht die scharfe Abbildung ungünstig beeinflussen. Allerdings liegt in solchen Fällen auch keine homogene Immersion vor (vgl. S. 39). Die Behebung der vom Präparat verursachten chromatischen Diffe renz erfolgt mit Hilfe der Korrektionsfassung folgendermaßen. Das Objektivsystem ist unter der Annahme berechnet, daß das Mittel im Zwischenraum und in der Objektschicht Luft ist. Es ist dementsprechend der Abstand festgelegt, bei welchem Unterteil und Oberteil die Krümmungsfehler im Linsensystem mit der von der Objektschicht herrührenden chromatischen Differenz beheben, und zwar bei einer festgesetzten Deckglasdicke (0,17 mm). Die so ermittelte Stellung ist auf einem drehbaren Ringstück mit Teilung ablesbar (Abb. 11). Man stellt den Teilungsstrich 17 mit dem Index auf gleiche Höhe und erhält so die auf die normale Deckglasdicke korrigierte Einstellung des Objektivs (für in Luft eingeschlossene Objekte). Die Zahlen der Teilungsstriche sind so gewählt, daß sie den Dezimalen der Deckglasdicke entsprechen. Bei einem Deckglas von 0,18 mm stellt man also auf 18 usw. So lassen sich Unterschiede in der Deckglasdicke innerhalb von 0,1 mm ausgleichen. Bei Präparaten mit Kanadabalsam entsprechen die Zahlen nicht mehr genau der Schichthöhe des Präparats (Deckglasdicke + Objektabstand von der unteren Deckglasfläche), sondern sie sind etwas größer als diese (z. B. die Einstellung auf 18 entspricht nur einer Schichthöhe von etwa 0,175 mm). Bei Präparaten mit anderen Einschlußmitteln (Wasser, Glyzerin usw.) kann die Korrektion auf die „Deckglasdicke" nicht im voraus schon mit dem Ringstück eingestellt werden, wie dies bei Objekten in Luft oder Kanadabalsam der Fall ist, sondern wird während der scharfen Einstellung empirisch erzielt. Selbstverständlich sind die Bedingungen der aplanatischen Abbildung auch sonst im Aufbau der Linsenfolge im höchsten Grade berücksichtigt (Fluoritsysteme und Apochromate). Die Objektive mit Korrektionsfassung liefern deshalb unter den Trockensystemen das schärfste Bild mit der größten Auflösung und haben dementsprechend die stärkste num. Ap. Beim Linsenwechsel muß aber berücksichtigt werden, daß die Länge ihrer Fassung denen der übrigen Objektive nicht angeglichen wurde, sondern infolge der Korrektionseinrichtung länger ist. Für ihr Vergrößerungsvermögen haben sie nur einen sehr geringen Arbeitsabstand, was bei ihrem Gebrauch oft als nachteilig empfunden wird. Trotz ihrer vorzüglichen optischen Eigenschaften wird man deshalb überall, wo dies zulässig[1], auch solchen Trockensystemen gegenüber den Immersionslinsen den Vorzug geben.

14. Die Immersionssysteme (s. Tabellen 5 u. 6). Sie gewähren am besten einen aplanatischen Strahlengang ohne Verlust an abbildenden Strahlen durch Strahlenablenkung oder Reflexion (vgl. Abb. 13).

Es sind hauptsächlich drei Flüssigkeiten, die zur Immersion in Betracht kommen: das Wasser, das Glyzerin und das sog. Immersionsöl. Dementsprechend gibt es drei Formen von Immersionslinsen: die Wasser-, die Glyzerin- und die Öl- oder homogenen Immersionsobjektive. Alle drei Arten bestehen aus Fluoritsystemen oder apochromatischen Linsenfolgen, deren Apertur gewöhnlich zwischen 1 und 1,4 liegt. Während Trockensysteme nicht über eine num. Ap. von 0,95 hergestellt werden können, steigert die Immersion die num. Ap. der Linsen wesentlich über diese Zahl hinaus. Es gibt allerdings auch Immersionsobjektive von geringer Apertur (0,11—0,85), bei denen die Vorteile der Immersion aus besonderen Gründen mit einer geringeren Apertur und einer größeren Brennweite verbunden sind (z. B. für Planktonuntersuchungen und Dunkelfeldmikroskopie). Auch eine stärkere Apertur als die angegebene läßt sich noch erreichen (num. Ap. 1,60), wenn man statt Zedernöl als Immersionsflüssigkeit Monobromnaphthalin verwendet. Da jedoch die Benutzung der Monobromnaphthalin-

---

[1] In der Mikrophotographie ist das fast immer der Fall. Gewisse Vorteile bieten die Trockensysteme den Immersionslinsen gegenüber hauptsächlich dort, wo das Objekt in Luft eingeschlossen ist.

immersion besondere Deckgläser und Objektträger erfordert (aus stark brechendem Flintglas), die dementsprechend weit teurer sind — und da die Objekte

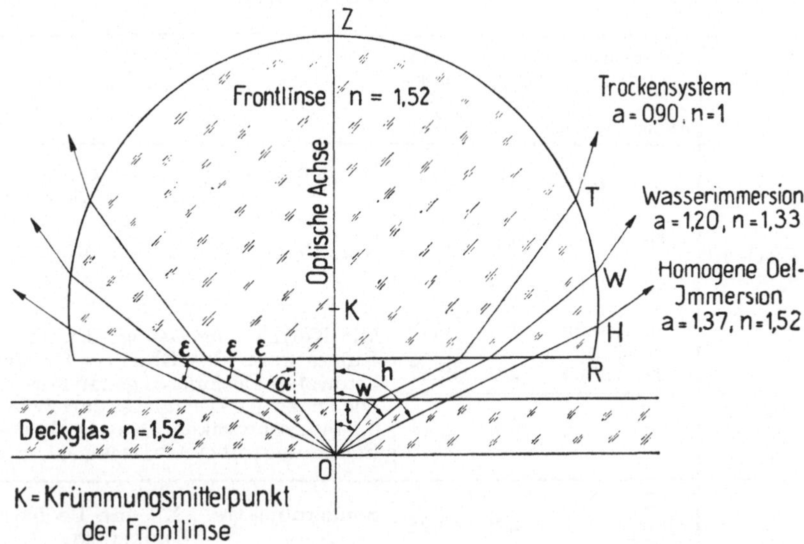

Abb. 13. Schematische Darstellung des Strahlenverlaufes von einem mit Deckglas versehenen Objekt bis über die Frontlinse hinaus, u. z. bei einem Trockensystem, bei Wasser- und bei homogener Ölimmersion.
ε = Neigungswinkel des Strahls gegen die Frontfläche; α = Öffnungswinkel (t beim Trockensystem, w bei der Wasserimmersion, h bei der homogenen Ölimmersion). (Aus der WINKEL-Druckschrift Nr. 208.)

Tabelle 5. Immersionsachromate und Fluoritsysteme (C. ZEISS, Jena).

Bezeichnung		Brenn-weite mm	Freier Objekt-abstand mm	Alte Be-zeich-nung	Bemerkungen
Einzel-vergrö-ßerung	Nume-rische Apertur				
Wasser-immer-sionen					
6	0,11	24,7	36	Pl	Für Untersuchungen von Objekten unter Wasser. Großer Objektabstand. Für 6 sind daher genügend tiefe Gefäße zu benutzen[1].
40	0,75	4,3	1,9	D[1]	
90 mit Korr.	1,18	2,0	0,07	I	Mit Korrektionsfassung für Deckglasdicken zwischen 0,1 und 0,2 mm.
Homo-gene Öl-immer-sionen					
50	0,85	3,5	0,40	$^1/_7$	Für Dunkelfeldbeobachtung mit Paraboloid- und Wechselkondensor; auch für bakteriologische Arbeiten.
90	1,25	2,0	0,15	$^1/_{12}$	Arbeitssysteme für Kurse und für die laufenden Arbeiten; nur mit Irisblende auch für Dunkelfeldbeobachtungen.
90 mit Irisbl.	1,25	2,0	0,16	$^1/_{12}$	
100	1,30	1,8	0,10	$^1/_{12}$ Fl.	Fluoritsystem (Halbapochromat) mit besonders guter Farbenkorrektion.

[1] Glasgefäß für Wasserimmersion 6 num. Ap. 0,11 (für Stative F, G, X).

Tabelle 6. Apochromate verschiedener Herkunft.

I. C. Zeiss, Jena.

| | Bezeichnung | | Brenn-weite | Freier Objekt-abstand | Bemerkungen |
	Einzel-vergrö-ßerung	Nume-rische Apertur	mm	mm	
	5	0,15	30	13	Mit den anderen Trockensystemen am Revolver nicht abzugleichen.
Trocken-systeme	10	0,3	16,2	5	Am Revolver mit den stärkeren Trockensystemen abgeglichen.
	20	0,65	8,3	0,7	
	40	0,95	4,3	0,12	Mit Korrektionsfassung. Durch Drehen ihres Ringes kann das Objektiv für die Dicke des benutzten Deckglases genau korrigiert werden. Die Dicke des Deckglases darf zwischen 0,1 und 0,2 mm schwanken. Das Deckglas ist vor der Benutzung mit einem Deckglastaster zu messen.
	60	0,95	2,9	0,07	
Wasser-immer-sion	70	1,25	2,5	0,11	
	60 mit Irisbl.	1,0	2,9	0,22	Sonderobjektiv „X" für Beobachtungen im Dunkelfeld.
	60	1,3	2,9	0,15	Objektive, die infolge ihrer geringen Einzelvergrößerung durch Wechseln der Okulare einen weiten Spielraum der Gesamtvergrößerung gewähren.
Homo-gene Öl-immer-sionen	60	1,4	2,9	0,13	
	90	1,3	2	0,11	Arbeitsobjektiv.
	90	1,4	2	0,05	Sonderobjektiv für Forschungen, bei denen hohe Vergrößerung und möglichst gesteigertes Auflösungsvermögen erforderlich sind. Frontlinse sehr empfindlich gegen Stoß.
	120	1,3	1,5	0,08	Sonderobjektiv mit besonders hoher Einzelvergrößerung zum Messen, Zählen oder Zeichnen bei sehr starker Vergrößerung.

II. E. Leitz, Wetzlar.

Bezeichnung		Num. Apertur	Eigenvergrößerung	$\dfrac{1000 \times \text{Apertur}}{\text{Eigenvergrößerung}}$
Trocken-systeme[1]	16 mm	0,30	11,5	26,1
	8 mm	0,65	23,0	28,3
	4 mm	0,95	46,0	20,7
	3 mm	0,95	66,0	14,4
Homogene Ölimmersion	2 mm	1,32	92	14,4
	2 mm	1,40	92	15,2

[1] Die Apochromate 4 und 3 mm haben Deckglaskorrektion.

III. C. Reichert, Wien.

Objektivbezeichnung		Num. Ap-	Brennweite in mm	Mikrometerwerte mit Ok. II in μ [3]	Freier Objektabstand in mm[4]	Bemerkungen
Nummer	Eigenvergrößerung[2]					
Trockensysteme						
16 mm	11,5	0,32	16	16,5	4,9	Histolog. Übersichtsobjektiv
8 mm	20	0,60	8	9,7	0,74	
4 mm	45[1]	0,90	4	4,4	0,21	Deckglaskorrektion
3 mm	61,5[1]	0,95	3	3,17	0,16	
Ölimmersion						
2 mm	96	1,33	2	2,04	0,11	Frontlinse gegen Stoß empfindlich
2 mm	96	1,40	2	2,04	0,11	
1,5 mm	124	1,30	1,5	1,58	0,12	

[1] Mit Deckglaskorrektionsfassung. Objektive 6a+, 8 und 10 mit Korrektionsfassung Mehrpreis . . . . Kennwort: Korek.

[2] $\text{Eigenvergrößerung der Objektive} = \dfrac{\text{Optische Tubuslänge}}{\text{Objektivbrennweite}} = \dfrac{\triangle}{\text{F Obj}}.$

$\text{Eigenvergrößerung der Okulare} = \dfrac{\text{Deutliche Sehweite}}{\text{Brennweite der Okulare}} = \dfrac{250}{\text{F Ok}}.$

[3] Gemessen bei Achromaten mit Mikrometerokular II, bei Apochromaten mit Kompensationsmikrometerokular 6.

[4] Unter Berücksichtigung einer Deckglasdicke von 0,18 mm Dicke.

IV. W. Watson & Sons, Ltd., London.

(Die sog. holoskopischen und apochromatischen Objektive nach dem Katalog 1926, S. 18.)

Objective		Eyepieces.—Holoscopic and Compensating Diameters								
Mm.	Inches	5		7		10		14		20	
*24	1	**34**	*50*	**47**	*70*	**68**	*100*	**95**	*140*	**136**	*200*
*16	2/3	**51**	*75*	**71**	*105*	**102**	*150*	**142**	*210*	**204**	*300*
12	1/2	**68**	*100*	**95**	*140*	**136**	*200*	**190**	*280*	**272**	*400*
6	1/3	**102**	*150*	**142**	*210*	**204**	*300*	**285**	*420*	**408**	*600*
4	1/6	**204**	*300*	**285**	*420*	**408**	*600*	**571**	*840*	**816**	*1200*
Oil Immersion 2	1/12	**408**	*600*	**571**	*840*	**816**	*1200*	**1142**	*1680*	**1632**	*2400*

The figures in heavy type represent the 170 mm. tube length.
The figures in italics represent the 250 mm. tube length.

With a shorter or longer tube the magnification can be ascertained by making the tube length employed the numerator and *170* or *250* the denominator, and multiplying the above figures by this fraction. Thus, to ascertain the magnification at *200* m/metres of a 1/6-in. objective, *80* N.A. and No. *2* Eyepiece, the following would be the method, $390 \times {}^{200}/_{250} = 312$ diameters.

V. Spencer Lens Comp., Buffalo NY.

Equiv. foc.-mm.	Initial Magnification	Type	Num. Aperture	Working Distance mm.	Diam. of real field mm.	Mic. Value[1]
				With 160 mm. tube length and 10× eyepiece		
16	10,0	dry	0,30	4,5	1,35	0,013
8	20,0	dry	0,65	0,24	0,62	0,00625
4	44,0	dry	0,95	0,20	0,29	0,00285
3	60,0	dry	0,95	0,16	0,21	0,00205
2	90,0	Oil imm.	1,30	0,14	0,145	0,00145
2	90,0	Oil imm.	1,40	0,14	0,140	0,00145
1,5	113,0	Oil imm.	1,30	0,08	0,10	0,0009
3	60,0	Oil imm.	1,30	0,20	0,21	0,00205
3	60,0	Oil imm.	1,40	0,17	0,21	0,00205

[1] Ist nahezu $^1/_{100}$ von „Diam. of real field mm."

in Monobromnaphthalin eingeschlossen werden müssen, was für das Präparat oft von Schaden ist, so hat die Monobromnaphthalinimmersion keine allgemeine Verbreitung gefunden, und nur in den letzten Jahren ist sie, in Verbindung mit dem **Vertikalilluminator** (s. S. 229), bei metallmikroskopischen Untersuchungen mit Erfolg angewandt worden.

Die **Wasser-Immersionslinsen** sind überall dort von Vorteil, wo das Objekt in Wasser oder in wäßrigen Flüssigkeiten liegt, deren Brechung der des Wassers (1,25) nahesteht. Als Immersionsflüssigkeit dient staubfreies destilliertes Wasser. Gewöhnliches Leitungs- oder Brunnenwasser schadet der Abbildung nicht, hinterläßt jedoch beim Verdunsten Niederschläge auf der Linse oder am Deckglas. Die Apertur der Wasser-Immersionslinsen ist geringer (0,11—1,25) als die der entsprechenden Ölimmersion; das Vergrößerungsvermögen kann dabei so stark oder noch stärker sein als jenes der Öl-Immersionslinsen. Hat man also Objekte, welche in wäßrigen Lösungen untersucht oder abgebildet werden sollen, so ist die Verwendung einer Wasserimmersion zweckmäßiger, als einer Ölimmersion. Die Korrektion auf die Deckglasdicke muß allerdings im Unterschied zu den Öl-Immersionslinsen mit einer Korrektionsfassung, wie bei den Trockensystemen, hergestellt werden. Am meisten haben sich bisher die Wasser-Immersionslinsen eingebürgert, welche zur Untersuchung von Wasserorganismen in ihren Glasbehältern dienen. Sie eignen sich dafür hauptsächlich infolge ihres größeren Objektabstandes, verbunden mit einer verhältnismäßig hohen Apertur und einer Korrektion, welche diese Systeme der Schichtdicke gegenüber unempfindlich macht. Sie können daher sowohl zur Untersuchung der in ihren Behältern frei liegenden Objekte wie auch für Präparate verwendet werden, bei denen das Objekt in einer höheren Schicht (**Mikrokammer**) oder in einem hängenden Tropfen liegt (vgl. S. 320).

Werden geringere Vergrößerungen und ein größeres Gesichtsfeld gewünscht, so bieten dafür die sog. **Planktonsucher** große Vorteile. Diese Vorteile bestehen darin, daß man mit einer sehr guten Strahlenvereinigung arbeiten kann (fast wie bei Apochromaten) und diese nicht im geringsten beeinflußt wird, wenn man die Linse ins Wasser taucht. Bei ihrer großen Brennweite (25 mm) ermöglichen sie das Aufsuchen und Beobachten von Objekten in den Kulturgefäßen. Das von der schwachen Linse (Eigenvergrößerung 6fach) gebotene große Sehfeld ist für eine rasche Orientierung besonders günstig.

Die Fassung der Wasser-Immersionslinsen ist schon bei den älteren Formen insofern rostfrei, als die polierten, häufig auch vernickelten Fassungen aus Messingstahl außen noch von einer feinen Schicht Lack überzogen sind. Diese Fassung — und ebenso die ähnliche Fassung der übrigen Objektivlinsen — ist gegenüber Schädigungen durch reines Wasser oder Wasserdämpfe geschützt, wenn das Metall nicht allzu lange mit dem Wasser in Berührung steht, die Lackschicht intakt ist und die salzhaltigen wäßrigen Lösungen (z. B. Seewasser) nicht an der Fassung antrocknen. Sie sind trotzdem zum Eintauchen in tiefere Wasserschichten (Kulturgefäße) aus zwei Gründen nicht vollkommen geeignet. Zunächst muß die Linse möglichst sofort nach der Untersuchung gereinigt und ganz trocken abgerieben werden, was bei ständigem Gebrauch unvermeidlich zur Schädigung der Lackschicht führen muß. Ist die Lackschicht aber schadhaft, so ist die Fassung nicht mehr rostfrei. Ferner muß stets berücksichtigt werden, daß von der metallischen Fassung schädliche Einflüsse auf das Objekt ausgeübt werden (**oligodynamische Wirkungen**), wenn die Fassung längere Zeit mit der Kulturflüssigkeit in Berührung steht. Alle diese Nachteile können behoben werden, wenn die Fassung aus rostfreiem Stahl hergestellt wird, welcher von außen noch mit schwarzem Lack überzogen wird (nach H. Fitting, *1*).

Die **Öl-Immersionssysteme** zeichnen sich den Wasser-Immersionslinsen gegenüber dadurch aus, daß man mit ihnen die stärksten Aperturen (bis 1,4) und damit auch die stärkste förderliche Vergrößerung (bis etwa 2000fach) bei bester Korrektion erreichen kann. Die Vorbedingung dafür ist, daß das Einschlußmedium, das Deckglas und die Immersionsflüssigkeit dieselbe Brechung haben, d. h. daß die Lichtstrahlen vom Objekt in die Frontlinse des Objektivs durch optisch homogene Schichten gelangen (homogene Immersion). Diese Bedingung ist erfüllt, wenn das Objekt zwischen Deckglas und Objektträger in Kanadabalsam, Dammarharz oder optischem Zedernöl eingeschlossen ist und als Immersionsflüssigkeit optisches Zedernöl benützt wird.

15. Das optische Zedernöl. Man erhält durch besondere Verfahren ein so weit eingedicktes und verharztes Zedernöl, daß seine Brechzahl $n_\mathrm{D} = 1{,}515$—$1{,}52$ beträgt und also derjenigen des Deckglases ($n_\mathrm{D} = 1{,}51$ oder ein ähnlicher Wert) sehr nahe liegt. Eine optisch besonders wertvolle Eigenschaft dieses Immersionsöls ist dabei, daß auch seine Dispersion für die verschiedenen Spektralfarben annähernd dieselbe ist, wie die des Glases; jedenfalls sind die Unterschiede für die Brechzahlen der roten, gelben, blauen und violetten Strahlen im Vergleich zum Glase geringer als bei anderen Immersionsflüssigkeiten. Bei diesen gleich weiter unten näher gekennzeichneten Immersionsflüssigkeiten stimmt zwar die Brechzahl für die gelben Strahlen (Natriumlicht) mit der des Glases überein, für die roten, blauen und violetten Strahlen haben sie jedoch merklich andere Brechzahlen. Neben diesen optisch sehr wertvollen Eigenschaften hat jedoch das optische Zedernöl auch vielerlei Mängel, welche seinen Gebrauch zum Teil umständlich gestalten. Der praktisch wichtigste von diesen ist der Umstand, daß die optimale Brechung des Zedernöls von seinem physikalischen Zustand (Dichte, Viskosität) stark abhängig und durch äußere Einflüsse leicht beeinflußbar ist. Sobald das Zedernöl länger an der Luft steht, wird es stärker eingedickt und erhält dementsprechend auch eine höhere Brechung, wobei die Bedingung einer homogenen Immersion nicht eingehalten wird. Beim Eindicken an der Luft wird aber das Öl auch zähflüssiger und klebriger, was die Einstellung mit der Mikrometerschraube erschwert. Die störenden optischen Eigenschaften beim Eindicken des Öls an der Luft rühren zunächst von feinen Inhomogenitäten her, welche von der ungleichmäßigen Verharzung des Öls bedingt sind. Die Oberflächenschicht des Öltropfens an der Grenze Öl-Luft wird nämlich oxydiert, und dies führt zu einer stärkeren Verharzung dieser Grenzschicht. Stellt man nun das Objektiv etwas tiefer in den Tropfen hinein, so werden stärker verharzte Teile mit weniger verharzten vermischt und so mikroskopisch feine Schlieren erzeugt, was zu einer sehr feinen, bei den stärksten Apochromaten jedoch störenden Trübung der Bilder führt. Gesteigert wird diese Erscheinung dadurch, daß außer der stärkeren Verharzung auch noch eine Kondensation von feinsten Wassertröpfchen aus der Luft an der Oberflächenschicht erfolgen kann. Da das Immersionsöl mit Wasser überhaupt nicht vermischbar ist, genügen schon ganz geringe Spuren von Wasser, um das Öl zu verunreinigen. Arbeitet man also längere Zeit mit Immersionen in einem feuchten Raum, so merkt man bald, daß die Bilder, welche im Moment der Einstellung klar und scharf waren, mit der Zeit trüber erscheinen, und diese Trübung weder durch Änderung der Einstellung noch durch die der Beleuchtung sich beheben läßt. Die Trübung rührt in solchen Fällen davon, daß die wasserhaltige und stärker verharzte Oberflächenschicht des Öltropfens beim Fokussieren mitbewegt und mit den tieferen, reineren Schichten vermischt wurde. Man soll das Immersionsöl in besonderen **Behältern** aufbewahren, in denen die Grenzfläche zwischen Öl und Luft auf ein Mindestmaß eingeschränkt ist. Ist das Öl trotzdem etwas eingedickt, da der Verschluß solcher Behälter aus Rücksicht auf eine rasche Arbeit nicht luftdicht ist, so eignet sich zum Auflösen der Verharzung der Oberflächenschicht das gewöhnliche chemisch reine Zedernöl am besten (GRÜBLER, MERCK), das man tropfenweise zum eingedickten Immersionsöl zusetzt; die Wirkung mit dem Refraktometer kontrolliert. Statt des etwas umständlichen Verfahrens mit dem Refraktometer eignet sich zum Prüfen des Öls vorzüglich das Verfahren von A. KÖHLER (4) mit einem Probeplättchen ($n_D = 1,515$) und einer Spaltblende von 3 mm Breite zum Einlegen in den Blendenträger des ABBESCHEN Beleuchtungsapparats[1].

Nach beendeter Arbeit müssen Linse und Präparat gereinigt werden (s. auch S. 31). Am besten reinigt man die Linsen, indem man erst das Öl mit einem trockenen Tuch abwischt, dann das Tuch mit Xylol, Chloroform oder Äther-Alkohol befeuchtet und damit auch die letzten Reste des Öls entfernt. So verfährt man auch mit dem Präparat, wenn das Objekt zwischen Deckglas und Objektträger fest eingeschlossen ist (bei Kanadabalsam- oder bei umrandeten Präparaten). Bei Präparaten, die nicht in festen Einschlußmitteln untergebracht sind (Immersionsöl, Terpineol und ähnlichen), oder wo das Einschlußmittel noch nicht fest geworden ist (frischen Kanadabalsampräparaten), verfährt man am besten so, daß man einen mit Chloroform durchtränkten Fließpapierstreifen auf das Deckglas legt und dieses mit einem zweiten, dritten usw. abtupft, bis auf dem Fließpapier keine Ölspuren mehr sichtbar sind. Dieses Verfahren sei übrigens auch allgemein für die Reinigung der Kanadabalsampräparate empfohlen, da es die beste Gewähr für eine einwandfreie Reinigung bietet. Beim Abwischen mit benutzten Leintüchern und ähnlichem werden nur zu oft an Stelle des Immersionsöls Verunreinigungen anderer Art verwischt. Die Entfernung des Immersionsöls soll möglichst gleich nach Erledigung der Arbeit erfolgen, solange das Öl noch nicht stark eingedickt ist. An und für sich schadet eingedicktes Öl den Linsen ebensowenig wie den unter Deckglas eingeschlossenen Objekten. Da jedoch mit der Zeit das Öl harte, schwerlösliche Harzschichten bildet, braucht man zum Entfernen später ein energischeres Reiben und mehr Lösungsmittel, was für Linse und Präparat gleich schädlich ist.

Das Immersionsöl wird bei einem längeren Stehen an der Luft nicht nur in seinem physikalischen Zustand, sondern auch in seiner chemischen Konstitution beeinflußt. Es wurde schon erwähnt, daß bei der Verharzung der Oberflächenschicht Oxydationsvorgänge mitspielen. Bei stärkerer Verharzung nimmt das Öl dann auch eine saure Reaktion an, welche für das Objektiv zwar ohne Bedeutung bleibt, für das Präparat jedoch schädlich sein kann, wenn man das Objekt ohne Deckglas einstellt. Bei der homogenen Immersion ist es für die Optik der Abbildung gleichgültig, ob das Objekt mit Deckglas bedeckt ist oder in unbedecktem Zustande beobachtet wird. Diese letztere Art ist sogar optisch vorteilhafter, da die Brechung des Deckglases nicht vollkommen mit derjenigen des Immersionsöls übereinstimmt. Dort, wo die Natur des Objekts es zuläßt, ist es also ratsam, die Immersionslinse ohne Deckglas auf das Objekt einzustellen. Dieses Verfahren ist bisher hauptsächlich bei den Ausstrichpräparaten (Blut- und Bakterienausstrichen) angewandt worden. Kommen jedoch die Objekte mit dem Immersionsöl unmittelbar in Berührung, so kann die saure Reaktion des Öls der Färbung des Präparates schaden[2]. Bleibt also das Immersionsöl auf einem gefärbten Ausstrichpräparat länger liegen, so bleicht die Färbung unterhalb der verharzten Ölschicht aus.

Zahlreiche Versuche wurden schon angestellt, um an Stelle des Zedernöls andere geeignetere (und billigere) Immersionsflüssigkeiten in die Mikroskopie

---

[1] Siehe ZEISS-Druckschrift: Mikro 371 (F 72).

[2] Die saure Reaktion des Immersionsöls kann nach HOLLBORN (zit. nach KÖHLER, A. [9, S. 268]) mittels angefeuchteter blauer oder violetter Lackmuspapierstreifen geprüft werden. Man feuchtet das Papier mit destilliertem Wasser an und gibt einen Tropfen Öl auf die feuchte Stelle. Ist das Öl sauer, so wird die Stelle rot. Trockenes Papier zeigt keine Färbungsreaktion.

einzuführen. Man hat versucht, Paraffinöl mit Naphthalin (Wasicky), 50%
Glyzerin mit Jodkali gesättigt (Hartridge) oder Anisol bzw. Methylbenzoat (S. Becher [1]) zu benutzen[1]. Die letzterwähnten haben den Vorteil,
daß sie noch auf dem Deckglas, innerhalb einiger Minuten restlos verdunsten. Alle
diese und ähnliche neue Immersionsflüssigkeiten haben dem optischen Zedernöl
gegenüber den grundsätzlichen Nachteil, daß ihre Brechung zwar für gelbes
Licht (n_D) dieselbe Höhe zeigt wie das Zedernöl, für rot und orange gefärbtes
Licht jedoch kleiner, für blaues und violettes Licht aber größer ist. Wie
A. Köhler (9, S. 267) es betont, ist zur Zeit keine Flüssigkeit bekannt,
die als einwandfreier vollwertiger Ersatz für das Zedernöl angesprochen werden kann.

16. Der Aufbau der Objektive für homog. Immersion (s. Abb. 9c u. 14). Während
sonst bei allen übrigen Objektiven die Frontlinse aus einer einzigen plankonvexen
Linse oder einem achromatischen Linsenpaar gebildet wird, muß man bei den Öl-
Immersionslinsen, um die durch die homogene Immersion gebotene große
Apertur voll auszunützen, die Frontlinse aus zwei Linsen zu-
sammenbauen, von denen die vordere eine dicke plankonvexe
Sammellinse, die hintere aber ein Sammelmeniskus mit zwei
neuen Flächen ist (Duplexfront). Weiter nach oben bzw.
nach hinten folgen dann bei den Fluoritsystemen zwei Glieder
aus Zwillingslinsen, bei den apochromatischen Systemen drei
Glieder, von denen das erste eine Zwillingslinse, die übrigen
Drillingslinsen sind. Auch die Fassung der Frontlinse zeigt
eine Besonderheit, welche bei der Einstellung und Reinigung
der starken Immersionsapochromate beachtet werden muß.
Bei den Fluoritsystemen liegt die Fassung am Äquator der
Linse (halbkugelförmige Frontlinse), bei den starken Apochro-

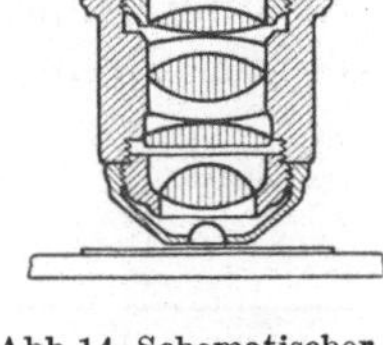

Abb.14. Schematischer
Durchschnitt
eines Immersionsapo-
chromates.(Aus A.Ber-
liner [1, Abb. 637,
S. 577].)

maten etwas über dem Linsenäquator (überhalbkugelige Frontlinse). Solche
überhalbkugelförmigen Linsen der starken Apochromate (Ap. 1,4) sind daher
gegen mechanischen Druck sehr empfindlich, da sie „wie ein Ei im Eierbecher
in der Fassung sitzen" (A. Köhler [9, S. 268]).

Weit seltener als die Homogen- oder die Wasser-Immersionslinsen werden
Glyzerin-Immersionssysteme benützt, was hauptsächlich mit dem immer
selteneren Gebrauch des Glyzerins als Einschlußmittel zusammenhängt. In
Wirklichkeit sind die Störungen der sphärischen Korrektion auch dann recht
unscheinbar, wenn man Glyzerinpräparate mit Ölimmersion einstellt. Dort aber,
wo das Auflösungsvermögen des Mikroskops bis auf die Grenze der Leistungsfähigkeit ausgenützt werden muß, wie z. B. bei der Auflösung ultramikroskopischer
Strukturen, ist es doch von Vorteil, statt Öl Glyzerin als Immersionsflüssigkeit
zu wählen, wenn das Objekt in einem Medium eingeschlossen ist, dessen Brechung
näher derjenigen des Glyzerins als des Immersionsöls liegt. Für solche besonderen
Zwecke eignen sich daher die Glyzerin-Immersionslinsen (wie z. B. das Zeiss-
Obj. spez. V, für Dunkelfelduntersuchungen) besser. Es sei dabei noch bemerkt,
daß selbstverständlich auch die als Öl-Immersionslinsen bezeichneten Objektive
ohne weiteres mit Glyzerinimmersion benutzt werden können. Sie büßen dann
entsprechend etwas von der an der Fassung für eine Homogenimmersion angegebenen Apertur ein. Optisch ist es jedenfalls einwandfreier und gerade für
Mikroaufnahmen zweckmäßiger, Präparate, die in Glyzerin, Lävulose oder in
einem Einschlußmittel von ähnlicher Brechung eingebettet sind, statt mit Öl-
mit einer Glyzerinimmersion einzustellen.

---

[1] Vgl. P. Slonimski (1).

V. Die Okularlinsen (s. Tabelle 7).

17. Einteilung und Aufbau. Sie stellen ebenfalls zusammengesetzte, in Metallfassungen befindliche Linsensysteme dar, die einfacher gebaut sind als die Objektive. Man steckt sie in die obere Öffnung des Tubus hinein, in die sie genau hineinpassen. Sie bestehen aus zwei Gliedern und einer in der Fassung liegenden Blende (Sehfeldblende). Die Glieder sind entweder aus einfachen Linsen (gewöhnliche Okulare) oder aus zusammengekitteten Linsenpaaren (KELLNERsche Okulare, periplanatische und Korrektionsokulare) hergestellt (s. Abb. 9c u. e). Die Zusammenstellung der Glieder erfolgt entweder nach dem HUYGENSschen oder nach dem RAMSDENschen Plan.

In den HUYGENSschen Okularen sind zwei plankonvexe Linsen, mit ihren ebenen Flächen dem Beobachter zugewandt, so einander zugeordnet, daß das vom Objektiv gelieferte Zwischenbild von der unteren Linse des Systems in den Brennpunkt der oberen Linse abgebildet wird. Von diesem letzteren gelangen dann parallel gerichtete Strahlen in das Auge des Beobachters (s. Abb. 4, I). Die untere Linse wird, da sie die vom Objektiv herkommenden Strahlen in dem vorderen Brennpunkt der oberen Linie sammelt, als Kollektorlinse bezeichnet,

Tabelle 7. Okulare verschiedener Art und verschiedener Herkunft.

HUYGENSsche Okulare (E. LEITZ).

Bezeichnung	0	1	2	3	4	5
Eigenvergrößerung . .	4 ×	5 ×	6 ×	8 ×	10 ×	12 ×

Periplanatische Okulare (E. LEITZ).

Bezeichnung nach der Eigenvergrößerung	P. O. 4 ×	P. O. 5 ×	P. O. 6 ×	P. O. 8 ×	P. O. 10 ×	P. O. 12 ×	P. O. 15 ×	P. O. 20 ×	P. O. 25 ×

HUYGENSsche und orthoskopische Okulare (C. ZEISS).

	HUYGENSsche Okulare (= H.)					Orthoskopische Okulare		
Einzelvergrößerung	4 ×	5 ×	7 ×	10 ×	15 ×	12,5 ×	17 ×	28 ×
Brennweite in mm	63	50	36	25	17	20	15	9
Sehfeldzahl[1]	24	23	18	14	8	16	13	6,5

	Kompensationsokulare (= K.)						
Einzelvergrößerung	3 ×	5 ×	7 ×	10 ×	15 ×	20 ×	30 ×
Brennweite in mm	83	50	36	25	17	12,5	8,4
Sehfeldzahl[1]	23	23	18	13	11	8	5,7

Okulare der Firma C. REICHERT.

	HUYGENS-Okulare					Orthoskopische Okulare		Kompensations-Okulare					
Brennweite in mm	63	50	36	28	19	17	11	83	50	31	19	15	10
Sehfeldzahl[1] . . .	20	21	18	17	14,5	13,5	11,5	20	22	16	10	9,7	7

[1] Sehfeldzahl: Sehfeldzahl durch die Eigenvergrößerung der Objektive ergibt den Durchmesser des überblickten Objektfeldes (bei 160 mm Tubuslänge); Sehfeldzahl mal Eigenvergrößerung des Okulars den Durchmesser des auf 250 mm (= deutliche Sehweite) bezogenen virtuellen Bildes.

die obere als Augenlinse. Bei den Huygensschen Okularen hat die Kollektorlinse eine etwa dreimal so große Brennweite als die Augenlinse. Die gesamte Brennweite des ganzen Okulars ist etwa gleich der halben Kollektorbrennweite und das Einundeinhalbfache der Brennweite der Augenlinse. In der Ebene, wo der vordere Brennpunkt der Augenlinse liegt, ist die Sehfeldblende untergebracht und begrenzt also hier den in die Augenlinse fallenden Lichtstrom. Das Zwischenbild der Eintrittspupille wird von der Augenlinse je nach der Okularbrennweite bald näher, bald weiter abgebildet (Austrittspupille des ganzen Mikroskops, s. Abb. 4,F*). Hier bei dieser Austrittspupille liegt auch der Punkt, an den man das Auge bringen muß, damit die Austrittspupille von der Augenpupille des Beobachters vollständig aufgenommen wird (Augenpunkt). An Okularen, bei denen die Austrittspupille von der Augenlinse etwas mehr entfernt liegt, ist eine besondere Blende aus Metall auf die Augenlinse aufgesetzt, um das bequemere Aufsuchen der Austrittspupille mit dem Auge zu ermöglichen.

Während das vom Objektiv erzeugte reelle Bild (Zwischenbild) bei dem Huygensschen System zwischen Kollektor- und Augenlinse liegt, befindet es sich bei den Ramsdenschen Okularen vor der Kollektorlinse. Auch diese Okulare bestehen aus zwei plankonvexen Linsen: der Augen- und der Kollektorlinse, welche mit ihren konvexen Flächen zueinandergekehrt sind. Die Brennweiten der zwei Linsen sind gleich, das Zwischenbild liegt nahe der Planfläche der Kollektorlinse und wird durch beide Linsen betrachtet. Darin liegt auch der Grund, warum man die Ramsdenschen Systeme hauptsächlich für Meßokulare verwendet. Die Sehfeldblende ist bei diesen Systemen vor der Kollektorlinse in der Ebene des Zwischenbildes angebracht. Legt man also einen Okularmikrometer auf diese Blende, so wird er genau mit derselben angularen Vergrößerung abgebildet wie das Zwischenbild, im Gegensatz zu den Huygensschen Okularen, wo das Zwischenbild zwar ebenfalls von beiden Linsen des Okulars, der Okularmikrometer jedoch nur von der Augenlinse vergrößert wird. Ein Nachteil der Ramsdenschen Okulare ist, daß das Zwischenbild zu nahe der unteren Linse und daß außerdem die Austrittspupille des Mikroskops knapp oberhalb der Augenlinse, also in einer für länger dauernde Untersuchungen ungünstigen Lage liegt. Das ist allerdings nur bei den schwächeren Okularen der Fall, bei den stärkeren nicht. Hier liegt die Austrittspupille des Mikroskops, d. h. der Augenpunkt, günstiger als bei den starken Huygensschen Okularen, namentlich wenn man sie mit schwachen Objektiven benützt. Solche starken Ramsdenschen Okulare sind z. B. die sog. Kellnerschen Okulare mit einem achromatischen Linsenpaar als Augenlinse.

Schon die gewöhnlichen Okulare, besonders solche mit stärkerer Vergrößerung, sind auf die Farbenfehler (Farbenfehler der Vergrößerung, primäres Spektrum) korrigiert. Die Sehfeldblende, deren Öffnung der num. Ap. der Objektive angepaßt und deren Abstand vor oder zwischen den Gliedern des Okulars dementsprechend genau festgelegt ist, hat einen entscheidenden Einfluß auf die Korrektion des Astigmatismus der schiefen Strahlenbündel und auf die Verzeichnung. Die Bildfeldkrümmung bleibt jedoch bei Verwendung der gewöhnlichen Okularsysteme bestehen. Um die Wölbung des Zwischenbildes zu mindern, hat man also solche Okulare gebaut, deren Augenlinse ein Bild mit entgegengesetzter Wölbung erzeugt und das Zwischenbild also für das Auge des Beobachters oder auf einem Projektionsschirm annähernd in einer Ebene abbildet. Solche auf die Bildfeldkrümmung korrigierten Okulare nennt man wölbungsmindernde, wie solche z. B. die periplanatischen (Leitz), die periskopischen und komplanatischen (Winkel) oder die orthoskopischen (Zeiss) Okulare sind. Die Augenlinse ist hier aus zwei Linsen verkittet; sie sind also, wie die Kellnerschen Okulare, chromatisch weitgehend korrigiert (besser als die Kompensationsokulare) und sind deshalb zu Achromaten und Fluoritsystemen die geeignetsten Okulare. Da jedoch die Bildfeldkrümmung je nach Apertur und Brennweite des Objektivs verschieden groß ist, können die Okulare einer dieser Arten nicht beliebig mit den verschiedenen Objektiven benutzt werden, da sie nicht bei allen den gleichen Vorteil zeigen. Das best geebnete Gesichtsfeld erhält man bei schwächeren Objektiven, wo die Sehfeldkrümmung geringer ist; bei hohen und höchsten Aperturen muß man stets die Vorschriften der Werkstätte bei der Auswahl solcher wölbungsmindernden Okulare befolgen[1]. Bei apochromatischen Objektiven ersetzen die derartig gebauten Okulare die Kompensationsokulare nicht (s. S. 16), wenn auch der Unterschied bei Apochromaten niederer Apertur (bis 0,95) kaum merkbar ist.

18. Die Kompensationsokulare. Sie sind eigens zu den Apochromaten gebaute Okularlinsen, welche die Strahlen der verschiedenen Spektralbereiche in demselben Betrage, aber in entgegengesetzter Richtung brechen wie die Apochromate. Das Kompensationsokular zerstreut also am wenigsten diejenigen Farbenstrahlen, welche vom Objektiv am stärksten zerstreut werden, und umgekehrt. Mit anderen Worten: Vergrößert das Objektiv das blaue Bild am stärksten und das rote am geringsten, so vergrößert das Okular das rote am stärksten und das blaue am geringsten. Die schwächeren Kompensationsokulare sind nach dem HUYGENSschen, die stärkeren, mit einer Sehfeldblende vor der Kollektorlinse, nach dem RAMSDENschen Grundplan gebaut. So wie schwächere Apochromate auch mit gewöhnlichen und periplanatischen Okularen benützt werden, kann man auch Kompensationsokulare mit stärkeren (über 0,65 Ap.) Achromaten und Fluoritlinsen verwenden. Bei schwächeren Achromaten sind Kompensationsokulare nicht zu empfehlen, da ihre besondere chromatische Korrektion hier das vom Objektiv farbenfrei erzeugte Bild ungünstig beeinflußt und am Rande des Bildes Farbensäume erzeugt[2]. Die Bildkrümmung wird durch die Kompensationsokulare nicht behoben.

19. Die Homale (Abb. 15). Diese eigens zu mikrophotographischen Zwecken gebauten Linsen (aus den ZEISS-Werken von H. BOEGEHOLD und A. KÖHLER [1]) können insofern nicht als Okularlinsen bezeichnet werden, als sie Zerstreuungslinsen sind, welche für sich benutzt von greifbaren Gegenständen kein auffangbares Bild liefern. Für das auf die richtige Stelle geworfene Zwischenbild erhält man mit den Homalen eine dem Apochromaten angepaßte Über- und Unterkorrektion und eine vollkommene Ebenung des Bildfeldes. Zu verschiedenen Objektiven passen verschiedene Homale, so Homal I für schwache Apochromate und Achromate bis Ap. 0,4, Homal III für stärkere Trockensysteme und Homal IV für Halbapochromate und apochromatische Immersions-

Abb. 15. Homal (b) mit Paßstück (a) und Zwischenstück (c) mit aufgesetztem Okular. (Aus ZEISS-Druckschrift: Mikro 401.)

---

[1] So ist z. B. für mikrophotographische Aufnahmen mit starken Achromaten und Fluoritlinsen das periplanatische Okular 8 der Firma LEITZ am besten geeignet.

[2] Die Farbensäume, die bei stärkeren Kompensationsokularen auch in Verbindung mit Apochromaten um das Bild herum oft sichtbar werden, rühren ebenfalls von der besonderen chromatischen Korrektion des Okulars her. Hier wird jedoch nicht das Zwischenbild vom Korrektionsokular beeinflußt, sondern nur das Bild der Sehfeldblende, die bei diesen starken Okularen vor der Kollektivlinse liegt. So zeigt dann der Rand des Sehfeldes einen deutlichen roten Saum, während das Bild der Objekte vollkommen farbenfrei bleibt. An dieser Erscheinung kann man die Eigenheit der Kompensationsokulare am besten vorführen.

linsen. Ihre besondere Bauart aus Zerstreuungslinsen bedingt eine besondere
Art der Unterbringung im Mikroskoptubus, d. h. weit näher zur Objektivlinse,
als das bei den Okularen der Fall ist. Dazu wird die Auszugsvorrichtung entfernt und das Homal an deren Stelle mit einem Paßstück in den weiten Tubus
hineingesetzt. Zur subjektiven Beobachtung hebt man die Homale aus diesem
Paßstück heraus und setzt mittels eines Zwischenstücks gewöhnliche Okulare bzw.
Kompensationsokulare ein. Wie schon gesagt, erzeugen die Homale allein kein
reelles Bild. Die Wirkung, welche sie auf die Gesamtvergrößerung des Bildes
ausüben, kann also nur rechnerisch bestimmt werden. Dafür muß man den
Abstand vom oberen Fassungsrand des Homals bis zur Projektionsfläche (Mattscheibe, lichtempfindlichen Platte) in Zentimetern
messen, dazu 3,5 cm addieren und durch 2 divi-
dieren. Multipliziert man mit der so erhaltenen
Zahl die Einzelvergrößerung des Objektivs, so erhält man die Gesamtvergrößerung des Bildes an
der Projektionsfläche. Die Zahl, welche angibt,
wieviel mal die Einzelvergrößerung des Objektivs
multipliziert werden muß, ist auch an der Fassung
der Homale angegeben. Bei den Homalen des Phoku
(s. S. 166) beträgt sie z. B. 4,7—5,2, entsprechend einer
Okularvergrößerung fünffach, bei den Homalen
zu den großen mikrophotographischen Apparaten
(s. S. 149) entspricht das Vergrößerungsvermögen
(Einzelvergrößerung) einem Okular von zwölffacher
Vergrößerung.

20. Die Projektionsokulare (Abb. 16). Bei subjektiver Beobachtung fällt das vom Objektiv entworfene Zwischenbild, wie schon erwähnt, in den
Brennpunkt der Augenlinse der HUYGENSschen Okulare. Von der Augenlinse werden also die von hierher stammenden Strahlen parallel gerichtet und erzeugen ein virtuelles Bild. Ein reelles Bild kann man
bei gleichbleibenden Verhältnissen nur dann erhalten, wenn man zwischen Okular und Projektionsfläche eine Sammellinse aufstellt, welche die aus
der Augenlinse parallel austretenden Strahlen kon-

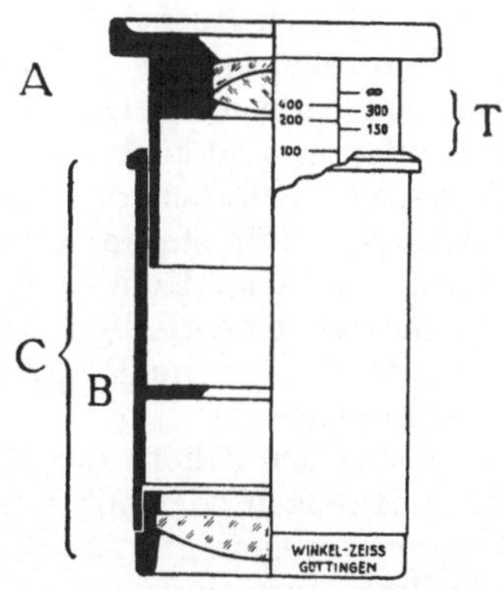

Abb. 16. Photographisches Okular der
Firma WINKEL-ZEISS (Beschreibung
ohne Abbildung in WINKEL-Druckschrift Nr. 208).

A = Auszug der Augenlinse; T = Entfernungsteilung (links: Auszug der
Augenlinse, rechts: Kammerlänge in
Millimeter. Die Kammerlänge muß von
dem oberen Fassungsrand der Augenlinse gemessen werden.) B = Blende;
C = eigentliches Okularrohr. Sein oberer
Rand dient zur Einstellmarke der
Entfernungsteilung.

vergent macht und auf dem Aufnahmeschirm zu Bildpunkten vereinigt. Einfacher
erzielt man dasselbe, wenn man die optische Tubuslänge derart verändert, daß das
Zwischenbild nicht in den Brennpunkt des Okulars, sondern vor diesem und ausreichend nahe am Brennpunkt entsteht. Das kann man auf zweierlei Weise
erreichen. Die eine in der Mikrophotographie allgemein verbreitete Methode
(nach A. KÖHLER [8, S. 1708]) ist die, daß man das Okular im Tubus um einige
Millimeter verschiebt, bis auf dem Bildschirm ein reelles und scharfes Bild
erscheint[1]. Durch eine so geringe Veränderung der optischen Tubuslänge wird
die Korrektion der Abbildung nicht merklich beeinflußt, solange man gewöhnliche
oder wölbungsmindernde Okulare und keine Kompensationsokulare benützt.
Bei diesen letzteren jedoch, wo die Farbenkorrektion der Apochromaten von
der Lage der Okularlinsen weitgehend abhängig ist, wird die Farbenkorrektion

---

[1] Man kann die optische Tubuslänge, d. h. die Lage des Zwischenbildes, auch
durch Höher- oder Tieferstellung der Objektivlinse beeinflussen und durch Verschiebung des Brennpunktobjektabstandes im Dingraum das reelle mikroskopische
Bild erzeugen. Darüber s. S. 83.

schon bei geringen Änderungen der optischen Tubuslänge verschlechtert. Will man also die Vorteile der Apochromate auch bei der Mikroprojektion nutzbar machen, so muß man besonders konstruierte Kompensationsokulare verwenden, bei denen die Augenlinse (ein Anastigmat aus drei Linsen verkittet) in Schneckengangfassung so angebracht ist, daß man sie dem Zwischenbild näher einstellen oder von diesem entfernen kann. Das Zwischenbild bleibt also hier genau in der Ebene, für welche die Korrektion des Okulars berechnet ist. Nur der Abstand zwischen Augenlinse und Zwischenbild ist veränderlich (für subjektive Beobachtung kürzer, für objektive Beobachtung, d. h. Projektion, länger). Die Güte und Schärfe der Abbildung bleibt bei der Projektion unbeeinflußt. Die Bildfeldkrümmung wird jedoch mit den Projektionsokularen nicht behoben. (Über die photographischen Okulare der Firma WINKEL s. S. 83.)

21. Die Bezeichnung. Auch hier begegnet man bei älteren Formen willkürlich gewählten Buchstaben oder Ziffern, bei neueren eine Zahl, welche entweder die Vergrößerung des Okulars (Lupen- oder Einzelvergrößerung) bei konstanter optischer Tubuslänge (ZEISS) oder ein bestimmtes Verhältnis zur Brennweite und dementsprechend auch zur angularen Vergrößerung ausdrückt (LEITZ, REICHERT, WATSON). Schwächere Okulare als mit einer Vergrößerung 3 × werden selten gebraucht. Für starke Apochromate hat man jedoch mit den Ziffern 1 und 2 eigene schwache Kompensationsokulare gebaut, welche ein großes Gesamtbild[1] des ganzen eingestellten Gesichtsfeldes liefern und daher zum Aufsuchen bestimmter Stellen im Präparat mit starken Objektiven besonders geeignet sind (Sucherlinsen).

Neben den Ziffern für die Vergrößerung wird auf der Fassung der zu besonderen Zwecken oder mit besonderen Eigenschaften hergestellten Systeme diese Eigenheit angezeigt. So bedeutet z. B. K. oder Komp. Kompensationsokulare, PO Projektionsokulare usw.[2]

VI. Der Beleuchtungsapparat des Mikroskops (s. Tabelle 8).

22. Einteilung und Aufbau. Im allgemeinen unterscheidet man in der Mikroskopie zwei Arten von Beleuchtung: die Beleuchtung mit auffallendem und die mit durchfallendem Licht. Die letztere Art wird am häufigsten benützt, weshalb hier nur die Einrichtung zur Beleuchtung mit durchfallendem Licht geschildert werden soll, während die Methodik für das auffallende Licht (Auflicht) auf S. 218 beschrieben wird.

Im durchfallenden Licht erfolgt die Beleuchtung des mikroskopischen Objekts aus einer geeigneten Lichtquelle (s. S. 60) mit dem Beleuchtungsapparat (Abb. 17). Dieser besteht aus einem Spiegel mit einer ebenen (planen) und einer hohlen Spiegelfläche, aus einem Linsensystem, dem Kondensor und aus der Irisblende.

Der Kondensor wird in einer Schiebehülse und der Spiegel in einem allseitig drehbaren halbkreisförmigen Halter an einem gemeinsamen Gestell befestigt, welches durch Zahn und Trieb mit dem Unterteil des Stativs bewegbar verbunden ist. Ein Triebknopf besorgt die Höhenverstellung des Kondensors, während der Spiegel (falls dafür keine speziellen Einrichtungen getroffen sind) am unteren Ende des Gestelles zwar drehbar, aber nicht hebbar angebracht ist. Zwischen Kondensor und Spiegel befindet sich auf einem besonderen aus-

---

[1] Die Okularvergrößerung entspricht etwa der dreifachen.

[2] Man kann mikrophotographische Bilder auch ohne Okularlinsen erhalten, wenn man mit einer kleinen photographischen Platte im Tubus das Zwischenbild auffängt. Von einem solchen Verfahren hat K. SCHAUM (1) besondere Vorteile gehabt bei der Abbildung schwach doppelbrechender Kolloidstrukturen.

und einklappbaren Halter die Irisblende. An den großen Beleuchtungsapparaten besteht der Blendenhalter aus einem unteren und einem oberen, die Irisblende umfassenden Teil, die gegeneinander durch Zahn und Trieb in der horizontalen Ebene verschiebbar und dabei um die vertikale Achse drehbar sind. Ist der Blendenträger unterhalb des Kondensors in die optische Achse des Mikroskops eingeklappt, so kann man mittels des Triebknopfes am Blendenträger die Irisblende exzentrisch stellen, wie das für die einseitige schiefe Beleuchtung erforderlich ist. Die Fassung der Irisblende trägt oben eine Teilungsskala, auf der die Stellung des kleinen Hebels, mit welchem die Iris geöffnet oder zusammengezogen wird, ablesbar ist.

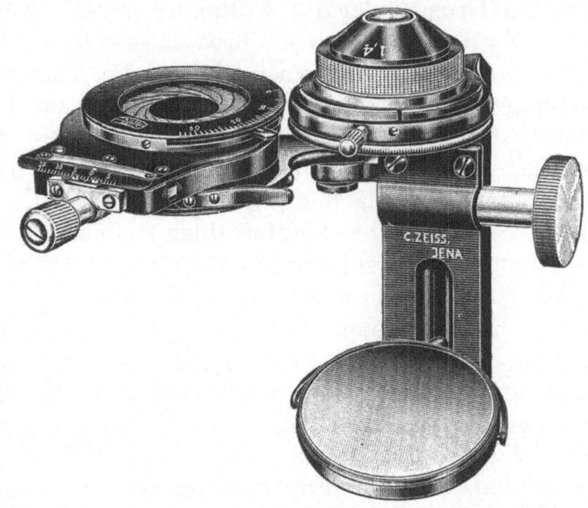

Abb. 17. ABBEscher Beleuchtungsapparat mit ausgeklapptem dreh- und verschiebbarem Blendenträger. (Aus A. KÖHLER [9, Abb. 230, S. 287].)

Tabelle 8. Bestandteile eines großen ABBEschen Beleuchtungsapparates (aus der REICHERT-Druckschrift: Mikro 114 d).

Nr.	Vertikalstellung	Kondensor	Irisblende	Einrichtung	Verwendungszweck
133	durch Zahn und Trieb	2 linsig num. Ap. 1,20	seitlich verstellbar durch Zahn und Trieb	Mit Ausklappvorrichtung für den Kondensor. Nach Ausklappen des Kondensors wirkt die Irisblende als Aperturblende	für alle Arten gerader und schiefer Beleuchtung
134	,,	3 linsig num. Ap. 1,40	,,	,,	,,
137	,,	aplanatisch num. Ap. 1,40 sphärisch und chromatisch korrigiert	,,	,,	wie 133 sowie Mikrophotographie und Projektion
113	,,	2 linsig num. Ap. 1,20	,,	Kondensor nicht ausklappbar	für alle Arten gerader und schiefer Beleuchtung
114	,,	3 linsig num. Ap. 1,40	,,	,,	,,
117	,,	aplanatisch num. Ap. 1,40 sphärisch und chromatisch korrigiert	,,	,,	wie 113 sowie Mikrophotographie und Projektion

23. Der Planspiegel. Der Öffnungswinkel des Beleuchtungskegels hängt hier von der Strahlenbegrenzung ab, die man entweder ohne Blenden durch die Tischöffnung oder durch Blenden erzielt, welche man in die Tischöffnung einsetzt (Zylinderblenden) bzw. unterhalb der Tischöffnung aufstellt (Gesichtsfeldblenden). Weiter aber hängt die Apertur der Beleuchtung von der Entfernung der Lichtquelle oder des Spiegels zur Tischöffnung ab. Nehmen wir den einfachsten Fall, daß man keine besonderen Blenden zur Strahlenbegrenzung benützt und das Mikroskop mit einem Planspiegel beleuchtet. Wenn man dabei von der Flächengröße der Lichtquelle absieht und annimmt, daß die ganze Spiegelfläche Lichtstrahlen reflektiert, so ist leicht festzustellen, daß, je näher der Spiegel zur Tischöffnung steht, um so breiter der Lichtkegel wird, welcher auf die Tischöffnung geworfen wird. Über einen bestimmten Abstand hinaus hat es keinen Sinn mehr, den Spiegel noch weiter der Tischöffnung zu nähern, da diese nur einen zentralen Teil des Lichtstromes aufnehmen kann. In diesem Fall stellt also die Tischöffnung die Eintrittsöffnung der Beleuchtungsstrahlen dar (Eintrittsluke). Stellt man Blenden zwischen Tischöffnung und Spiegel (oder Lichtquelle) auf, deren Öffnung kleiner als die des Tisches ist, so werden diese die Funktion der Eintrittsluke übernehmen.

Wie ändert sich aber die Apertur der Beleuchtung nach der Flächengröße der Lichtquelle? Unsere frühere Annahme war, daß die lichtspendende Spiegelfläche in ihrer ganzen Ausdehnung von der Lichtquelle aus Strahlen erhält, d. h. vollkommen und gleichmäßig ausgeleuchtet ist. Das ist nur dann der Fall, wenn man eine sehr große leuchtende Fläche, wie z. B. den wolkenlosen bestrahlten Himmel, als Lichtquelle benützt oder einen großen Leuchtkörper in nächster Nähe des Spiegels (nötigenfalls mit entsprechenden Reflektoren oder Sammellinsen ausgerüstet) aufstellt. Bei solchen großen leuchtenden Flächen wirft die ganze Spiegelfläche Strahlen in die Tischöffnung, und die Apertur der Beleuchtung hängt tatsächlich nur von der Größe der Gesichtsfeldblende und von der Entfernung des Spiegels ab. Aus praktischen Gründen ist sowohl das Ausmaß der Tischöffnung wie auch der Abstand des Spiegels von dieser Öffnung festgesetzt. Man kann also bei den heutigen Formen der Stative die Apertur der Beleuchtung weder durch Vergrößerung der Tischöffnung noch durch Verringerung des Spiegelabstands beeinflussen. Bei diesen festgesetzten Verhältnissen im Stativenbau gelangt aber von einem Planspiegel, selbst wenn seine ganze Fläche ausgeleuchtet ist, nur ein zentraler achsennaher Teil des Beleuchtungskegels zum Objekt, denn die Tischöffnung kann nur diesen Teil des Beleuchtungskegels durchlassen, während der übrige Teil der reflektierten Strahlen von der Tischplatte aufgefangen wird. So groß auch die Lichtquelle bzw. ihr Bild oder die ausgeleuchtete Spiegelfläche sein mag, nur ein geringer Teil der lichtspendenden Fläche wird mit dem Planspiegel zur Beleuchtung nutzbar gemacht, und man erhält also eine recht geringe Apertur der Beleuchtung. Dieselbe Wirkung erhält man, wenn das Spiegelbild (die stellvertretende Lichtquelle) nur so groß ist, als die Tischöffnung Strahlen vom Spiegel aufnehmen kann. Ist jedoch der beleuchtete zentrale Teil des Planspiegels kleiner und entwirft er einen engeren Lichtkegel als die Tischöffnung oder die Gesichtsfeldblende aufnehmen kann, so wird die Apertur der Beleuchtung von der Flächengröße der Lichtquelle abhängig, und die beleuchtete Fläche des Spiegels übernimmt die Funktion der Gesichtsfeldblende. Wie groß die beleuchtete Spiegelfläche ist, hängt von der Größe der Lichtquelle und von ihrer Entfernung ab[1]. Die

---

[1] Diese Abhängigkeit von der Lichtquelle drückt die Gleichung: $a = \dfrac{L}{2\,D}$ aus, wo a die Apertur der Beleuchtung, L den Durchmesser der Leuchtfläche und D die Entfernung der Lichtquelle vom Objekt bedeutet (vgl. P. METZNER [4, S. 100].)

meisten künstlichen Lichtquellen haben in ihrer heutigen Form und bei der Entfernung, in der man sie auf dem Arbeitstisch aufzustellen pflegt, eine so große leuchtende Fläche, daß man den Planspiegel in dem erforderlichen Maße gut ausleuchten kann. Der Fall also, wo die Spiegelfläche selbst die Apertur der Beleuchtung bestimmt, hat heutzutage mehr eine theoretische Bedeutung.

Sieht man auch von solchen seltenen Fällen ab, so bleibt die Apertur bei einer Beleuchtung mit dem Planspiegel allein stets sehr gering und reicht für stärkere Vergrößerungen nicht mehr aus. Es ist also wünschenswert, die Strahlen aus der Lichtquelle so zusammenzudrängen, daß aus allen Punkten der Lichtquelle Strahlen zum Objekt gelangen. Man erreicht dieses Ziel entweder durch den Hohlspiegel oder durch den Kondensor. Grundsätzlich leisten beide dasselbe: sie entwerfen ein verkleinertes Bild der Lichtquelle, welches durch die Tischöffnung Strahlen aus der ganzen Lichtquelle zum Objekt übermittelt.

24. Der Hohlspiegel. Beim Hohlspiegel erhält man von der Lichtquelle oder deren Leuchtfläche ein reelles, umgekehrtes und verkleinertes Bild. Wie bei den Linsen, so ist auch beim Hohlspiegel die Abbildung des Objekts von seinem Orte abhängig. Je mehr sich das Objekt der doppelten Brennweite nähert, um so größer wird sein reelles, verkleinertes Bild. Bei Benützung des Hohlspiegels ist daher die Entfernung der Lichtquelle vom Spiegel strenger zu berücksichtigen, als das beim Planspiegel der Fall ist. Der Abstand muß so gewählt werden, daß alle vom Spiegelbild in die Tischöffnung entsandten Strahlen von dieser aufgenommen werden und die Öffnung ganz ausfüllen. Bei dem Vorteil, den man dadurch erhält, daß man so die ganze Leuchtfläche in die Tischöffnung einspiegelt, entstehen aber auch verschiedene Nachteile, und zwar hauptsächlich infolge des Astigmatismus des Hohlspiegels.

Die Hohlspiegel reflektieren nämlich das Licht nicht in allen Ebenen gleichmäßig, sondern in der Sagittalebene anders als senkrecht dazu. Das Bild der Lichtquelle wird also verzerrt, und man erhält das eine Mal einen länglich verzerrten, das andere Mal einen in die Breite ausgezogenen Spalt als Bild der Lichtquelle. Die Verzerrung des Bildes wird um so auffälliger, je schiefer die Strahlen auf den Hohlspiegel einfallen. Der Astigmatismus wird wesentlich geringer, wenn die Lichtquelle zum Spiegel genau zentriert ist und die Strahlen möglichst in die Mitte der Spiegelfläche einfallen. Er ist aber stets vorhanden, und das verzerrte Bild der Lichtquelle wirkt auch auf die Beleuchtung des Objekts. Man merkt nämlich beim Heben und Senken des Mikroskoptubus, daß sich Teile des Gesichtsfeldes gegeneinander verschieben. Nur in einer bestimmten Einstellebene stört der Astigmatismus der Beleuchtung nicht, und zwar dann, wenn das Mikroskop auf die Ebene eingestellt ist, wo das Präparat entweder nur aus der Sagittal- oder nur aus der Tangentialebene zurückgeworfene Strahlen erhält. Besonders bei der subjektiven Beobachtung dickerer Präparate, wo man abwechselnd in die Höhe und in die Tiefe fokussieren muß, stört der Astigmatismus die Beleuchtung erheblich.

25. Der Kondensor (vgl. Abb. 9f u. 17). Alle Vorteile einer Beleuchtung mit konzentriertem Licht können ohne die Nachteile des Hohlspiegels erreicht werden, wenn man die Beleuchtungsstrahlen durch die Sammellinsen des Kondensors auf das Objekt entwirft. Im allgemeinen stellen die Kondensoren Linsensysteme dar, welche aus zwei Gliedern, einem Ober- und einem Unterteil, zusammengesetzt sind[1]. Der Unterteil besteht aus einer einfachen Sammellinse von großem Durchmesser und langer Brennweite, der Oberteil aus einer plankonvexen Linse oder aus

---

[1] Man kann aber auch eine einzige Sammellinse als Kondensor benutzen, z. B. wenn man den Oberteil des aplanatischen Kondensors entfernt und nur mit dem Unterteil beleuchtet.

einem verkitteten achromatischen Linsenpaar als Frontlinse und dabei noch
aus einem Meniskus. Der Oberteil hat eine wesentlich kleinere Brennweite
als der Unterteil. Das System ist nun so zusammengestellt, daß der Unterteil,
die Kollektorlinse, zunächst die vom Spiegel reflektierten Strahlen zum Oberteil ablenkt und dieser letztere sie dann zu Bildpunkten vereinigt (Abb. 18).
Die Brennweite des ganzen Systems ist 10,5—12 mm, der Brennpunkt und die
Strahlenvereinigungsstelle liegt also bei der normalen Stellung des Kondensors

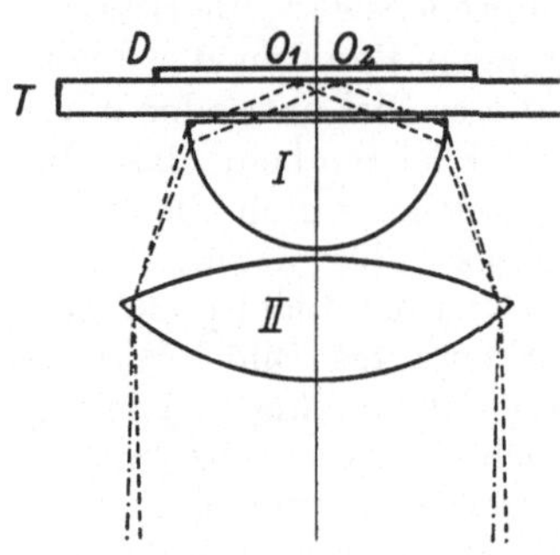

Abb. 18. Beleuchtung eines Präparats
durch ein Kondensorsystem.

so hoch oberhalb der Tischöffnung, daß die Beleuchtungsstrahlen in nächster Nähe des Objekts
vereinigt werden. Die Einstellung des Objekts unmittelbar in der Brennebene des Kondensors ist
aber für die Beleuchtung nicht immer günstig. Oft
erweist es sich vorteilhafter, das Präparat etwas
unter- oder oberhalb der Ebene der Strahlenvereinigung zu stellen, denn der Kondensor liefert ein so
reichliches Licht (falls die übrigen Faktoren der
Beleuchtung, Lichtquelle und Blendenöffnung,
richtig gewählt sind), daß man auch hier eine
vollkommen ausreichende und sogar noch günstigere Beleuchtung erzielen kann. Beleuchtet
man aber mit zerstreutem Licht (z. B. durch
eine Mattscheibe), so erhält man am Ort der strengen Strahlenvereinigung
das günstigste Licht.

Der Kondensor bedeutet ein Objektiv, d. h. ein abbildendes Linsensystem,
in größerem Maßstab (Abb. 19). Er wird also die Lichtquelle, ähnlich wie sonst die Objektive ein beliebiges Objekt, nach den bekannten geometrisch-optischen Gesetzen

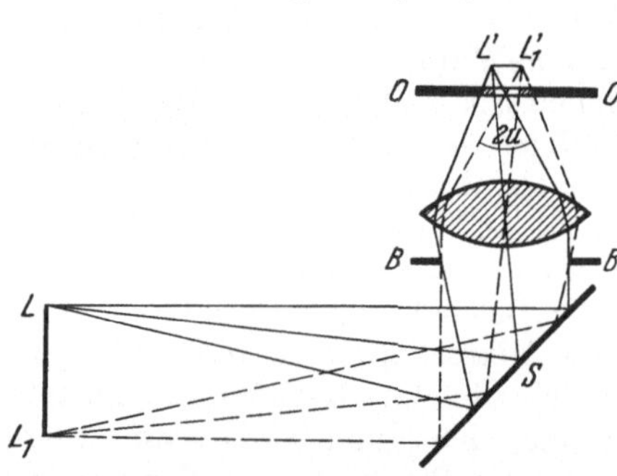

Abb. 19. Strahlengang bei einer Beleuchtung mit
dem Kondensor.

$L\,L_1$ = Leuchtfläche; S = Spiegel; $B\,B$ = Blende;
$O\,O$ = Objektschicht, $L'L'_1$ = Abbild der Leuchtfläche. (Aus P. METZNER [4, S. 104].)

abbilden. Je nach der Entfernung, in welcher die Lichtquelle oder ihr Spiegelbild
zum Kondensor steht, erhält man von ihr
ein vom Kondensor entworfenes Bild.
Beim Planspiegel fällt dieses Bild stets
so weit oberhalb der Tischebene, daß man
das Bild der Lichtquelle nur bei sehr
stark gesenktem Kondensor in die Tischebene projizieren kann. Werden jedoch
die Lichtstrahlen von einem Hohlspiegel
in den Kondensor eingespiegelt, so ist die
Möglichkeit leichter gegeben, daß man
in der Einstellebene mit dem Bild des
Präparats auch das Bild der Lichtquelle
erblickt. Der Hohlspiegel hat, wie wir
schon gesehen haben, ebenfalls einen

Brennpunkt und entwirft ebenfalls ein reelles Bild. Fällt nun dieses Spiegelbild so in einem bestimmten Abstand vom Brennpunkt des Kondensors, daß
die diesem Brennpunktabstand konjugierte Bildebene gerade mit der Objektebene zusammenfällt, so erhält man im Mikroskop gleichzeitig das Bild des
Objekts und der Lichtquelle. Bei mikrophotographischen Aufnahmen spielt
dieser Umstand deshalb eine gewisse Rolle (und zwar nicht nur bei der Anwendung des Hohlspiegels, sondern auch bei Planspiegeln), weil die Bildebene
des Kondensors in den Fällen, wo man eine intensiv leuchtende Lichtquelle
benützt, die gleichmäßige Belichtung der photographischen Platte beeinflussen
kann. Das vom Kondensor entworfene Bild der Lichtquelle braucht dabei gar nicht

in die Einstellebene zu fallen. Es genügt, wenn es dieser Einstellebene nahe liegt: dann erhält man schon auf der lichtempfindlichen Schicht dem Bild der Lichtquelle entsprechend eine stärkere Belichtung als anderswo. Bei subjektiver Beobachtung wird der Unterschied in der Beleuchtung vielleicht gar nicht zu bemerken sein, auf der photographischen Platte wird er aber sichtbar.

Es genügt meistens eine geringe Senkung des Kondensors, um Störungen solcher Art zu beheben.

Die Apertur des Lichtkegels, den man mit dem Kondensor auf das Objekt wirft, hängt von drei Faktoren ab; diese sind: 1. die Apertur des Kondensors selbst, 2. die Stellung des Kondensors zum Objekt und 3. die Flächengröße der Lichtquelle. Über 1 steigt die Apertur (ähnlich wie bei den Objektiven) nur dann, wenn man zwischen Objekt und Kondensor Wasser, Glyzerin, Xylol oder Immersionsöl einschaltet (untere Immersion, s. S. 52). Die maximale Apertur bei ein und demselben Kondensor erhält man in der Ebene der Strahlenvereinigung (Brennebene oder Schnittebene des Kondensors), d. h. einige Millimeter oberhalb der Tischöffnung, wenn der Kondensor bis in die Tischöffnung hinaufgehoben ist. Stellt man ihn niedriger, so wird die Tischebene oberhalb bzw. hinter dieser Ebene liegen, und die Objektebene schneidet nicht mehr den zum Brennpunkt des Kondensors gerichteten Strahlenkegel aus konvergenten Strahlen, sondern den von hier aus sich fortpflanzenden Lichtstrom aus divergenten Strahlen. Je weiter man von der Brennpunktebene des Kondensors diesen Strahlenkegel schneidet, um so größer wird sein Querschnitt, d. h. das beleuchtete Feld des Objekts (Objekt-Leuchtfeld[1]), die Helligkeit der beleuchteten Fläche wird jedoch um so geringer. Einige Millimeter oberhalb (hinter) der Strahlenvereinigungsstelle oder Schnittweite[2] des Kondensors ist der Unterschied in der Helligkeit kaum bemerkbar, die Lichtverteilung im Objekt-Leuchtfeld aber gleichmäßiger.

26. Die Kondensoren mit Korrektion. In den meisten Fällen, wo man nicht an der Grenze der Leistungsfähigkeit des Mikroskops arbeitet, kommt man mit den aplanatischen Kondensoren vollkommen aus. Äußerlich unterscheiden sie sich wenig von den gewöhnlichen Kondensoren (Abb. 17). Ihr Unterteil besteht jedoch nicht aus einer Linse mit Kugelflächen, sondern aus einer solchen mit einer allgemeineren Rotationsfläche. Dieser Unterteil kann allein schon einen weit entfernten Punkt oder eine kleine Fläche in seiner Brennpunktebene aplanatisch abbilden. Der Oberteil wird erst von einem Meniskus und darauf folgend aus einer überhalbkugligen Frontlinse (mit der planen Fläche dem Objekt zugewendet) gebildet, wobei die Strahlen vom Unterteil aus den aplanatischen Punkten auf die Kugelflächen des Oberteiles einfallen. Die Strahlenvereinigung erfolgt daher aberrationsfrei bei einer hohen Apertur (1,4). Ein besonderer Vorteil dieser Kondensoren besteht darin, daß der Unterteil auch allein eine gute aplanatische Strahlenvereinigung bei geringerer Apertur und größerem Objektfeld liefert. Für mikrophotographische Aufnahmen mit schwachen Vergrößerungen eignet sich die Beleuchtung mit dem Unterteil des aplanatischen Kondensors am besten (s. S. 78).

Der aplanatische Kondensor ist auf den Farbenfehler nicht korrigiert, die Bilder der verschiedenen Farben liegen daher an verschiedenen Stellen. Arbeitet

---

[1] Die Bezeichnung Objekt-Leuchtfeld oder kurz: Leuchtfeld entspricht dem Begriff des Gesichtsfeldes in der allgemeinen geometrischen Optik. Es entsteht durch Projektion der Leuchtfläche in die Objektebene. In der mikroskopischen Optik bezeichnet man als Gesichtsfeld oder Sehfeld sein Bild, welches von den Linsenfolgen des Mikroskops erzeugt und von der Sehfeldblende abgegrenzt wird (s. auch S. 54 ff.).

[2] Bei Beleuchtung mit parallelen Lichtstrahlen ist sie mit dem hinteren Brennpunktabstand identisch.

man also mit farbigem Licht (Farbenfilter), so muß diesem Umstand durch entsprechendes Heben und Senken des Kondensors Rechnung getragen werden. Meistens sind die Farbenfehler der Beleuchtung kaum bemerkbar. Untersucht man jedoch äußerst feine Strukturen (Diatomeenschalen, Bakterien, Elementarfibrillen und Körnchen der Zelle), so erweist es sich als vorteilhafter, selbst diesen von der chromatischen Abweichung der Beleuchtung abhängigen Lichtverlust zu vermeiden. Man bedient sich dafür des achromatischen Kondensors (Abb. 20). Dieser stellt ein mittelstarkes Objektivsystem in größerem Maßstabe dar, mit einer langen Brennweite (10,5—12 mm). Die achromatischen Kondensoren bestehen aus verkitteten Linsenpaaren, aus denen ein über-

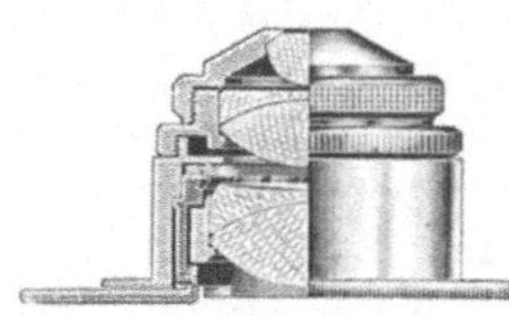

Abb. 20. Der achromatische Kondensor. (Aus ZEISS-Druckschrift: Mikro 400.)

korrigierter Oberteil mit der Frontlinse und ein unterkorrigierter Unterteil zusammengestellt wird. Wie bei den Objektiven hebt die Überkorrektion des Oberteils die Unterkorrektion des Unterteils und damit auch die sphärische Aberration im System auf. Wie bei den mittelstarken Trockensystemen bleiben auch hier Reste von Kugelgestaltsfehlern unkompensiert. Die Irisblende befindet sich innerhalb des Kondensors zwischen Ober- und Unterteil. Durch diese Konstruktion erhält man die gleichmäßigste Beleuchtung des Sehfeldes bei optimaler Helligkeit. Die volle Apertur und die Vorzüge der Korrektion kommen jedoch nur bei Gebrauch einer unteren Immersion zur Geltung. Auch bei den aplanatischen Kondensoren wirkt die untere Immersion recht günstig auf die Beleuchtung; sie ist jedoch nicht unbedingt erforderlich. Bei den achromatischen Kondensoren ist aber die Korrektion für eine homogene (untere) Immersion berechnet, man muß sie also stets mit einer solchen benützen. Als Immersionsflüssigkeiten kommen auch hier Immersionsöl, Methylbenzoat, Terpineol oder

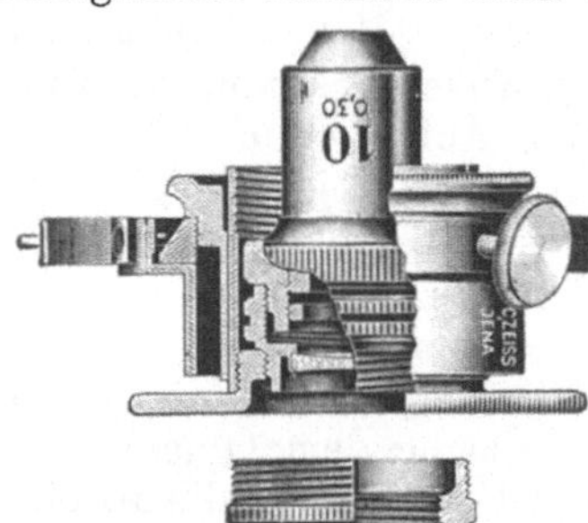

Abb. 21. Beleuchtungsobjektiv mit Zentriervorrichtung. (Aus ZEISS-Druckschrift: Mikro 400.)

Xylol in Betracht. Da man zur unteren Immersion viel Immersionsflüssigkeit braucht, um den Kondensor auch tiefer stellen zu können, empfiehlt es sich, eher Xylol, Methylbenzoat oder Terpineol als das visköse und teure optische Zedernöl zu benützen.

Eine weitere Form der Kondensoren liefern mittelstarke Objektive (Apochromate), die man an Stelle von aplanatischen und achromatischen Kondensoren mit Vorteil verwenden kann. Es kommen dafür nur Objektive in Betracht, deren Brennweite so groß ist, daß die Beleuchtungsstrahlen trotz der Dicke des Objektträgers in der Objektebene vereinigt werden können. Die Befestigung solcher Beleuchtungsobjektive erfordert besondere Einrichtungen, und zwar eine Zentriervorrichtung, mit welcher sie in die Schiebhülse des ABBEschen Apparats eingepaßt werden. Die Zentriervorrichtung (Abb. 21) hält das Objektiv an der Stelle des Kondensors mit zwei verstellbaren Schrauben fest, und durch diese Schrauben läßt sich die optische Achse des Kondensors in zwei senkrecht aufeinandergestellten Richtungen verschieben. Die Zentriervorrichtung am ABBEschen Apparat ermöglicht natürlich auch die Zentrierung anderer Kondensoren, falls diese in die Zentriervorrichtung hineinpassen. Das ist z. B. der Fall bei achromatischen Kondensoren (dem zentrierbaren achromatischen Kondensor nach R. ZEISS). Die Zentrierung erfolgt so, daß man zunächst ein Präparat bei schwacher Vergrößerung einstellt und dann die Irisblende eng zusammenzieht. Hebt man dann den Tubus, so erscheint in einer bestimmten Entfernung oberhalb des Präparats das vom Mikroskop entworfene Bild der Irisblende in der Austrittspupille des Okulars. Nun kann man diese Öffnung mit den Zentrierschrauben zur Okularblende (Sehfeldblende des Mikroskops) konzentrisch richten und dann wieder das Objektiv auf das Präparat einstellen. Erscheint das Sehfeld noch nicht vollkommen zentrisch beleuchtet, so muß man jetzt die Beleuchtung mit dem Spiegel auf die Mitte des Sehfeldes stellen; keineswegs sind dazu die Zentrierschrauben weiter zu verwenden. Die Zentrierung der Beleuchtung bietet in manchen Fällen große Vorteile, im allgemeinen ist sie jedoch nicht unbedingt erforderlich. Die für die Mikrophotographie in Betracht kommenden großen Stative mit ihren Beleuchtungsapparaten sind genügend ausgerichtet, man braucht daher in den meisten Fällen keine weitere Zentrierung des Kondensors. In früheren Zeiten hat der zentrierbare Kondensor in der Mikrophotographie eine große Rolle gespielt, denn man konnte dadurch die Beleuchtung bei waagerecht gestellten Mikroskopen, wo kein Spiegel vorhanden ist, mit der Zentriervorrichtung genau in die Mitte des Sehfeldes stellen. Heutzutage benützt man dafür lieber Zentrierlinsen, die außerhalb des Mikroskops auf der optischen Bank aufgestellt sind (s. S. 158), da der Gebrauch des zentrierbaren Kondensors zu umständlich ist. Die Zentrierung ist jedoch unerläßlich, falls man Beleuchtungsobjektive benützt. Der Hauptvorteil dieser letzteren besteht darin, daß sie eine sehr scharfe Begrenzung des Gesichtsfeldes liefern. Das Sehfeld, das man mit ihnen erzielt, ist dabei gleichmäßig hell und von chromatischen und sphärischen Abweichungen frei. Die Objektive aber, welche sich zu solchen Zwecken eignen, weisen nur eine geringe Apertur auf (etwa bis 0,4). Stellt man Beleuchtungsobjektive mit höherer Apertur ein, so wird zunächst die Dicke des Objektträgers auf die Korrektur des Linsensystems ungünstig einwirken, da dieses für die normale Deckglasdicke berechnet ist. Dadurch fällt auch ein wesentlicher Vorteil solcher Kondensoren im Vergleich zu den aplanatischen fort. Noch wesentlicher ist aber, daß man die Irisblende bei stärkeren Beleuchtungsobjektiven als Aperturblende nicht gut verwenden kann, und zwar gerade bei mikrophotographischen Arbeiten nicht, wo man bei der Beleuchtung eine besondere Leuchtfeldblende (Kollektorblende) benützt (s. S. 79). Die starken Beleuchtungsobjektive bilden nämlich die Öffnung der Leuchtfeldblende und diejenige der als Aperturblende funktionierenden Irisblende so nahe aneinander ab, daß das Bild der etwas enger zusammengezogenen Irisblende einen Teil des Leuchtfeldes abschatten wird. Arbeitet man mit Objektiven von hoher Apertur, wo man also auch eine hohe Apertur der Beleuchtung anstreben muß, so benützt man am besten den aplanatischen oder den achromatischen Kondensor. Bei schwachen und mittelstarken Vergrößerungen dagegen, wo das abbildende System eine geringere Apertur hat, liefern die Beleuchtungsobjektive entschieden die günstigste Beleuchtung und sind gerade für mikrophotographische Zwecke geeigneter als der Unterteil eines aplanatischen Kondensors allein, den man, falls keine Zentriervorrichtung vorhanden ist, in solchen Fällen sonst zu benützen pflegt.

27. Die Irisblende (Abb. 17). Sie ist unterhalb des Kondensors in seiner vorderen (unteren) Brennebene so eingestellt, daß ihr Bild nicht in der Objektebene erscheinen kann. Sie stellt die Eintrittspupille des Kondensors dar und hat deshalb die doppelte Bedeutung, daß sie die Aperturblende der Beleuchtung und die Gesichtsfeldblende oder die Eintrittsluke der Abbildung ist.

Ohne Kondensor benützt hat sie meistens nur die Funktion einer Luke. Die Apertur der Beleuchtung ist in solchen Fällen in erster Reihe von der Größe und dem Abstand der Lichtquelle abhängig. Da die Apertur der Beleuchtung mit einem Planspiegel allein selbst dann sehr gering ist, wenn die Leuchtfläche verhältnismäßig ausgedehnt ist und nahe zum Spiegel steht, so kann die Irisblende auf die Apertur der Beleuchtung nur dann verringernd wirken, wenn sie sehr eng zusammengezogen ist[1]. Da die Lage der Irisblende am Stativ veränderlich ist und die Blende mit dem Zahntrieb gesenkt oder gehoben werden kann, ist außer der Öffnung auch ihre Lage für die Apertur von Bedeutung. Je tiefer die Blende unterhalb der Tischöffnung steht, um so stärker wirkt sie bei ein und derselben Öffnung auf die Apertur. Wenn sie bis zum Anschlag gehoben und vollkommen geöffnet ist, hat sie eine größere Öffnung als der Tisch. Diese breitere Öffnung hat keine weitere Bedeutung für die Strahlenbegrenzung, solange man keinen Kondensor benützt, denn die Größe des beleuchteten Objektfelds wird hier von der Tischöffnung bestimmt. Man kann die Irisblende in solchen Fällen also sehr stark zusammenziehen, bevor eine engere Begrenzung des Objektfeldes und eine Verringerung der Apertur der Beleuchtung erfolgt. Die Gesichtsfeldbegrenzung, die man unter solchen Umständen mit der Irisblende erzielen kann, ist nicht scharf genug, da die Blende in einer verhältnismäßig großen Entfernung von der Objektebene liegt, und der Rand des Gesichtsfeldes deshalb abgeschattet ist. Eine scharfe Gesichtsfeldbegrenzung kann man bei einer Beleuchtung mit dem Spiegel allein nur mit Scheiben- oder Zylinderblenden erzielen, die man in die Tischöffnung einlegt. Die Irisblende ist eben in erster Reihe dafür bestimmt, mit dem Kondensor zusammen benützt zu werden.

Bei der Beleuchtung mit einem Kondensor übt die Irisblende auf die Strahlenbegrenzung einen starken Einfluß aus, und schon geringe Änderungen ihrer Öffnung beeinflussen die Apertur der Beleuchtung beträchtlich (Abb. 22). Die Ausmaße des Objekt-Leuchtfelds, des Sehfelds und der Apertur der Beleuchtung werden jedoch nicht von der Irisblende allein, sondern durch die Zusammenwirkung von 4 Faktorenpaaren bestimmt, diese sind: 1. die Größe und die Entfernung der Lichtquelle; 2. die Apertur und Stellung des Kondensors; 3. die Öffnung und Stellung der Irisblende und schließlich 4. die Apertur des Objektivs. Die Verhältnisse sind also wesentlich verwickelter als bei der Beleuchtung ohne Kondensor, dafür bieten sie jedoch auch die Möglichkeit, die Beleuchtung den jeweils gegebenen Vergrößerungen anzupassen.

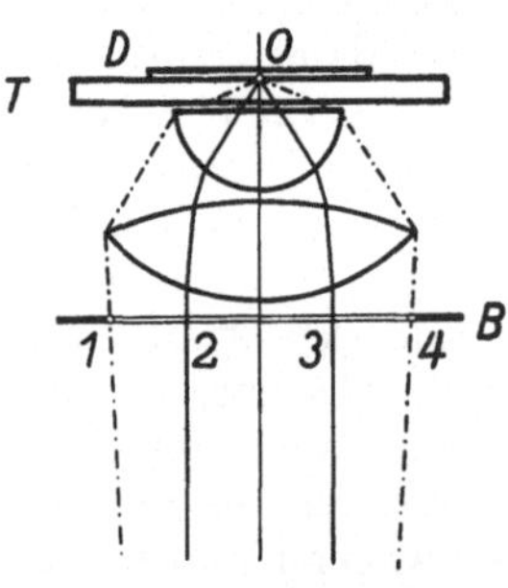

Abb. 22. Der Einfluß der Aperturblende des Kondensors.

Bei einer Beleuchtung mit dem Planspiegel allein ist das Objekt-Leuchtfeld so groß und die Apertur der Beleuchtung so klein, daß die Größe des Objekt-Leuchtfeldes auch für Objektive mit sehr großem Sehfeld ausreicht (vgl. auch S. 48), und die Apertur des Beleuchtungskegels von der Eintrittspupille der Objektivlinse vollständig aufgenommen wird. Diese haben nämlich in den meisten Fällen so hohe oder noch höhere Aperturen, als man sie selbst mit dem Hohlspiegel für die Beleuchtung erreichen kann. Mit dem Kondensor erhält man dagegen eine variable Größe des Objekt-Leuchtfeldes und ebenso eine variable Apertur der Beleuchtung, je nachdem, wie weit vom hinteren Brennpunkt des Kondensors das Objekt in den Strahlengang einschneidet. Wir haben gesehen, daß die größte Apertur der Beleuchtung und das kleinste Objekt-Leuchtfeld in der Strahlenvereinigungsstelle des Kondensors liegen. Fällt diese Stelle mit der Objektebene zusammen,

---

[1] Bei einer $2^1/_2$ cm breiten und 5 cm hohen Glasglühlampe ist die Apertur der Beleuchtung $0,025 \div 0,05$, beim Hohlspiegel etwa $0,34$, wenn die Lampe 50 cm entfernt vom Spiegel steht (vgl. METZNER 4, S. 101 u. 102).

so wird nur ein kleiner zentraler Fleck des Präparats beleuchtet, dieser aber mit dem intensivsten Licht, das die Lichtquelle zu entsenden vermag. Bei geringer Senkung des Kondensors wird der zentrale Lichtfleck, den wir als Objekt-Leuchtfeld bezeichnen, etwas größer, ohne daß die Intensität der Beleuchtung merkbar abnehmen würde. Wie groß wird aber das Gesichtsfeld und wie hell die Beleuchtung sein, wenn man das so mit voller Apertur beleuchtete Objekt-Leuchtfeld durch ein schwaches Objektiv betrachtet? Man wird nur in der Mitte des mikroskopischen Sehfelds ein intensiv beleuchtetes Bild sehen, das rings herum von einem breiten dunklen Rand umgeben ist (Abb. 37). Die Randteile sind noch so weit beleuchtet, daß man die Größe des Sehfelds beurteilen kann, welches man mit demselben Objektiv bei einer Beleuchtung ohne Kondensor mit dem Planspiegel voll ausgeleuchtet erhalten würde. Offenkundig sind hier zwei Faktoren der Sehfeldbegrenzung nicht einander angepaßt, nämlich die Größe des Leuchtfeldes und die Öffnung der Sehfeldblende. Das Zwischenbild, welches das schwache Objektiv vom Objekt-Leuchtfeld in der Öffnung der Sehfeldblende entwirft, ist zu klein, um diese ganz auszufüllen. Würden nur vom Objekt-Leuchtfeld Strahlen ins Mikroskop gelangen, so würde man nur diesen zentralen Teil sehen und den dunklen Randteil des Sehfelds nicht wahrnehmen. Bei der intensiven Beleuchtung des Objekt-Leuchtfeldes mit dem Kondensor strahlt jedoch etwas Licht auch in die Nachbarschaft aus, und dieses diffuse Licht bewirkt, daß man auch die Randteile des eigentlichen Sehfeldes wahrnehmen kann. Um diesem Nachteil abzuhelfen, muß man also den Kondensor senken, bis das Objekt den Beleuchtungskegel so weit schneidet, daß das Objekt-Leuchtfeld, vom Objektiv abgebildet, die ganze Öffnung der Sehfeldblende ausfüllen kann. Eine ähnliche Wirkung, d. h. ein größeres Objekt-Leuchtfeld, erhält man auch so, daß man den Oberteil des Kondensors abschraubt und nur mit dem Unterteil beleuchtet. Das Bild, welches man dadurch erhält, leuchtet keineswegs so hell, wie das frühere kleine Sehfeld; es wirkt jedoch gerade deshalb auf das Auge günstiger. Senkt man den Kondensor noch tiefer, oder entfernt man ihn und benützt den Planspiegel allein, so wird die Bildhelligkeit wesentlich herabgesetzt, wobei das Bild gröber gezeichnet und unruhiger wirken wird. Eine größere Helligkeit erhält das Bild wieder, wenn man mit dem Hohlspiegel beleuchtet; das Bild bleibt jedoch auch weiter unruhig, nicht so gleichmäßig und ausgeglichen, wie man es früher beim etwas gesenkten Kondensor (und Planspiegel) erhalten hatte. Die ausgeglichene, gleichmäßige, für die Beobachtung günstige Helligkeit des Bildes ist die Folge des richtigen Verhältnisses zwischen der Apertur der Beleuchtung und der Abbildung. Stand das Objekt in der Strahlenvereinigungsstelle des Kondensors, so haben die einzelnen Objektpunkte Lichtbündel von großer Apertur (etwa num. Ap. 1) erhalten. Das schwache Objektiv hat aber eine wesentlich kleinere Apertur, z. B. 0,2. Ein bedeutender Teil des vom Objekt in die Eintrittspupille gesandten Lichtstroms kann daher überhaupt nicht zur Bilderzeugung verwendet werden, und die in das Mikroskop gelangten Strahlen werden bei der geringen Stärke der Linse auf ein so kleines Bildfeld konzentriert, daß ihre Wirkung viel stärker in Erscheinung treten wird, als wenn sie sich auf eine dem Vergrößerungsvermögen des Objektivs adäquate Bildfeldgröße verteilen. Ein solches intensives, konzentriertes Licht empfindet das Auge als unruhig oder grell.

Nach den Erfahrungen mit dem schwachen Objektiv ist es nun leicht verständlich, daß bei starken Objektiven die volle Apertur der Beleuchtung oder wenigstens wesentliche Teile davon für die Bilderzeugung ausgenützt werden können, ohne die Nachteile eines kleinen grell beleuchteten Sehfeldes. Konzentriert man alles Licht auf das Objekt und stellt das Präparat in die Strahlenvereinigungsstelle des Kondensors, so erhält man auch hier ein kleines Objekt-Leuchtfeld. Das darauf eingestellte starke Objektiv wird aber dieses Feld dermaßen vergrößern, daß sein Bild als Zwischenbild die ganze Sehfeldblende ausfüllen wird. Die in den Objektpunkten konzentrierte Lichtenergie verteilt sich dann der Vergrößerung gemäß auf ein weites Sehfeld und wirkt günstig auf das Auge, solange die Lichtquelle keine allzu hohe Helligkeit besitzt (wie z. B. das Bogenlampenlicht). Ist jedoch die Beleuchtung genau auf das Objekt konzentriert, so bemerkt man oft selbst bei Objektiven von höchsten Aperturen, daß die Beleuchtung stärker ist als erwünscht. Das Bild, das man in solchen Fällen erhält, erscheint verschleiert, als ob ein feiner Nebel die Zeichnung des Präparats bedecken würde. Dieser Lichtnebel rührt von zerstreutem Licht her, welches von den intensiv leuchtenden Objektpunkten nach allen Richtungen hin ausstrahlt, zum Teil aber von der unteren Deckglasfläche in das Präparat zurückgeworfen wird. Senkt man den Kondensor, damit die Lichtbündel etwas steiler auf die Objektpunkte einfallen, so wird die Apertur der Beleuchtung nur um eine Kleinigkeit geringer, der von der Überstrahlung bedingte Lichtnebel verschwindet aber, und das Bild wird gleichmäßig hell und klar.

Wir sehen also, daß beim Gebrauch des Kondensors sowohl das Objekt-Leuchtfeld als auch die Apertur der Beleuchtung allein durch die Stellung des Kondensors geregelt werden können. Daß dabei auch die Flächengröße und die Stellung der Lichtquelle mitspielen, ist aus früheren Erörterungen (s. S. 48) schon bekannt. Die Apertur läßt sich dann durch die Irisblende noch feiner regeln. Bei schwachen Vergrößerungen, wo der Kondensor tief unterhalb des Objekts steht, hat das Schließen der Irisblende nur eine geringe Wirkung, solange man sie nicht sehr stark einengt, denn die Apertur der Beleuchtung ist an und für sich schon sehr gering. Auch bei starken Vergrößerungen wirkt das Schließen der Irisblende nur nach einem bestimmten Grad der Einengung auf die förderliche Beleuchtung. Wie groß die Blendenöffnung sein muß, damit sie einen merkbaren Einfluß auf die förderliche Beleuchtung ausübe, hängt einerseits vom Abstand der Blende zum Objekt, andererseits von der Apertur des benützten Objektivs ab. Bei dem Trockensystem ZEISS 40fach, Ap. 0,65, kann z. B. bei ganz gehobenem Kondensor die Blendenöffnung bis zum Teilstrich 5 (an der Einteilung der Blendenfassung) zusammengezogen werden, ohne daß man eine Verengerung der Beleuchtungsapertur im Bild bemerken würde. Bis zu dieser Mittelstellung wirkt also bei dem erwähnten Objektiv die Blende als Gesichtsfeldblende. Senkt man aber den Beleuchtungsapparat, so wird bei derselben Blendenöffnung die Apertur verringert, teils durch die Senkung des Kondensors, teils aber auch durch den größeren Abstand der Blendenöffnung vom Objekt. Ebenso wirkt das Zusammenziehen der Blendenöffnung bis zum Teilstrich 5 — was bei einem Objektiv mit der Apertur 0,65 noch unwirksam war — verringernd auf die Apertur der Beleuchtung, sobald man Objektive von höheren Aperturen (z. B. 0,95 oder 1,3 usw.) benützt.

Die speziellen Kondensoren zur Dunkelfeldbeleuchtung werden im Zusammenhange mit den Dunkelfeldaufnahmen auf S. 202 geschildert.

Die mikrophotographischen Apparate.

VII. Die kleinen Vertikalkammern.

Zur Einführung in die Handhabung mikrophotographischer Apparate eignen sich am besten die einfachen Einrichtungen, wie man solche bei den kleinen Vertikalkammern vorfindet. Unter den kleinen Vertikalkammern wählen wir wiederum als Beispiel den in jüngster Zeit von B. ROMEIS angegebenen

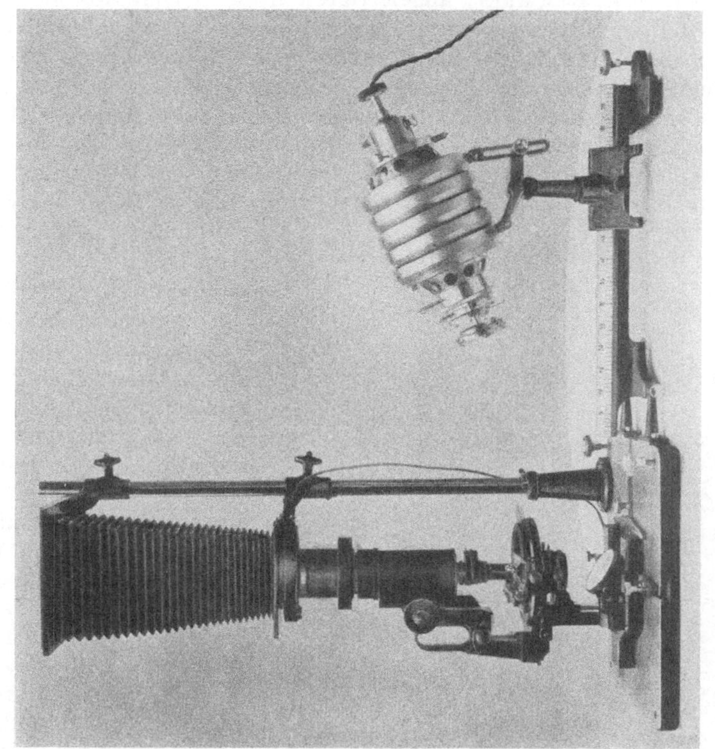

b

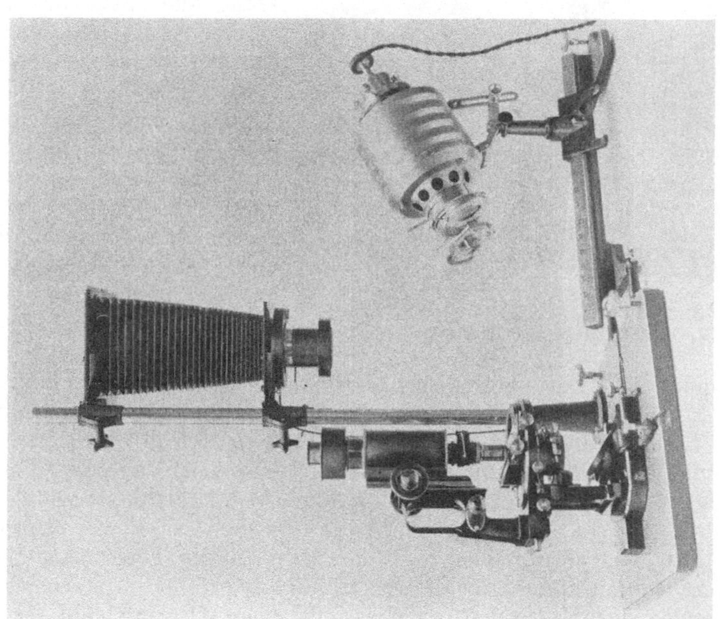

a

Abb. 23. Kleine Vertikalkamera der Firma C. REICHERT nach ROMEIS. a in Beobachtungsstellung; b in Aufnahmestellung. (Aus B. ROMEIS [1, Abb. 111, S. 414].)

und von der Firma C. REICHERT, angefertigten Apparat deshalb, weil dieser
alle Errungenschaften früherer Konstruktionen (kleiner mikrophotographischer
Apparat [der Firma WINKEL, Vertikalkamera der Firma ZEISS nach HEGENER
[Abb. 24], Vertikalkamera der Firmen E. LEITZ, BUSCH, und ähnliche) in
einer zeitgemäßen, praktischen und den verschiedenen Forderungen recht an-
passungsfähigen Form vereinigt. Die Gesichtspunkte, welche bei der Konstruktion maßgebend waren und die schlechthin auch für jede mikrophotographische Arbeit gültig sind, faßt ROMEIS (*1*, S. 412) in folgenden Sätzen
zusammen: „1. Die einmal ermittelten richtigen Aufnahmebedingungen müssen sich ohne Schwierigkeiten immer wieder herstellen lassen. Alle Entfernungen, Blendendurchmesser usw. müssen genau ablesbar sein. 2. Die Herstellung einer Aufnahme darf nicht viel Zeit kosten. Der Übergang von Beobachtung zur Aufnahme und umgekehrt muß ohne Zeitverlust möglich sein. Die Aufnahme muß also ohne Austausch von Mikroskop oder Lichtquelle und ohne Veränderung des Präparats erfolgen können. 3. Der Apparat muß in gleicher Weise die Aufnahmemöglichkeit bei schwächster wie bei stärkster Vergrößerung gewähren. 4. Der Apparat muß für jedes gute Mikroskopmodell verwendbar sein; er darf nicht viel Raum beanspruchen, so daß er sich auf jedem Arbeitstisch leicht unterbringen läßt. Endlich darf er nicht kostspielig sein.“

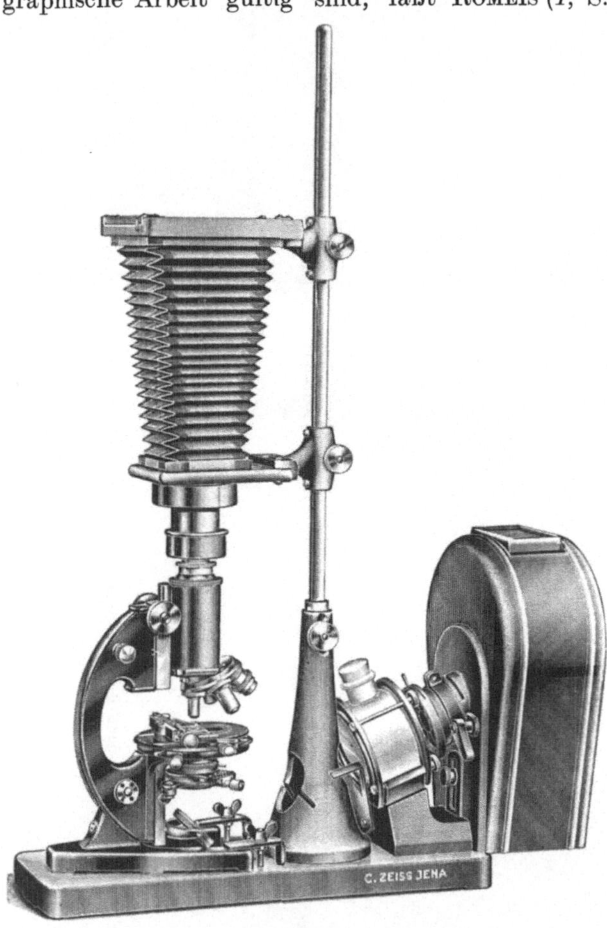

Abb. 24. Vertikalkamera nach HEGENER.

28. Die Grundplatte. Der nach diesen Grundsätzen aufgebaute Apparat
(Abb. 23) besteht, wie auch sonst die meisten Vertikalkammern, aus drei Hauptteilen, die sind: 1. die Grundplatte, 2. die Aufnahmekamera mit einem mechanischen Gestell und 3. die Beleuchtungseinrichtung. Die Grundplatte, welche
die erschütterungsfreie, streng senkrechte Aufstellung des Mikroskops und seine
Fixierung in der optischen Achse des Apparats gewährt, ist eine gußeiserne
rechtwinklige Platte, welche mit vier Stellschrauben in die horizontale Lage
genau einnivelliert werden kann. Auf dieser Grundplatte stehen in starrer Verbindung miteinander das Mikroskop, welches mit zwei Klemmbügeln festgeklemmt wird, dann die Aufnahmekamera auf einer Laufstange, die in einer

niedrigen Säule auf die Grundplatte aufgestellt ist, und die kurze optische Bank für die Beleuchtungseinrichtung. Die richtige Stellung des Mikroskopstativs auf der Grundplatte ist durch eine Anschlagsleiste angezeigt. Das Fußstück des Stativs muß genau dieser Anschlagsleiste glatt anliegen; dann fallen die optischen Achsen des Mikroskops und der über ihm befindlichen Kamera genau zusammen. Beim Apparat von ROMEIS sind sowohl die Klemmbügel als auch die Anschlagsleiste verstellbar. Man kann also verschiedene Typen der Mikroskopstative unter die Kamera stellen.

Links vorne befindet sich die Säule, in welcher die Laufstange der Kamera mit einer Klemmschraube befestigt ist. Löst man die Klemmschraube, so kann man die Laufstange und die darauf befindliche Kamera um 180° drehen, d. h. aus der optischen Achse des Mikroskops nach vorne schwenken, was beim Aufsuchen und bei der Einstellung der zur Aufnahme geeigneten Stellen sehr vorteilhaft ist. An der Laufstange wird die Aufnahmekamera von zwei Gleithülsen getragen, von denen die untere mit dem Vorderrahmen, die obere mit dem Hinterrahmen der Kamera fest verbunden ist. Beide Gleithülsen sind mit Keilstücken in die Nute der Laufstange eingepaßt, so daß sie in der Längsrichtung glatt verschoben, seitlich aber nicht gedreht werden können. Durch

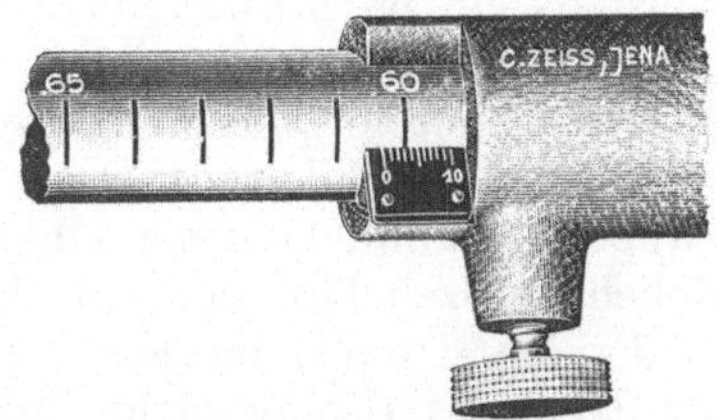

Abb. 25. Teilung der Laufstange.
(Aus ZEISS-Druckschrift: Mikro 401.)

entsprechende Klemmschrauben werden sie in jeder gewünschten Höhe festgehalten. Die Stellung der Gleithülsen ist an einer Zentimetereinteilung der Laufstange ablesbar, und die so erhaltenen Zahlen ergeben das Maß des Kammerauszuges. Millimeterteilungen (Noniuseinstellung) an jeder Gleithülse gestatten noch eine genauere Ablesung des Kammerauszuges (Abb. 25).

29. Die Kamera. Als Kamera wird eine kleinere Balgkamera für das Plattenformat 9 × 12 gewählt. Ihr Lederbalg ist auf 50—60 cm ausziehbar und leicht konisch gestaltet. Der Hinterrahmen ist aus Metall für Auflegekassetten angefertigt. Eine gut federnde Sperrvorrichtung mit Greifern sorgt für das rasche Wechseln von Mattscheibe und Kassette wie auch für das Festhalten der Kassette in der Mattscheibenebene. Die Kassetten sind leichte Metallkassetten für das Format 9 × 12; mit entsprechenden Einlagen können natürlich auch kleinere Plattenformen benützt werden.

30. Die Kassetten. Bei anderen Apparaten begegnet man oft Aufnahmekammern mit Schiebekassetten aus Holz. Die metallenen Auflegekassetten haben gegenüber solchen Schiebekassetten mancherlei Vorteile, da sie 1. leichter sind, 2. sich rascher und glatter auswechseln lassen, 3. billiger sind und daher in größerer Anzahl vorrätig gehalten werden können. Es ist jedoch genau darauf zu achten, daß die Sperrvorrichtung, welche sie in der Mattscheibenebene festhält, vollkommen sicher und verläßlich sei. Solange die Federn stark genug sind, um die aufgelegte Kassette genau in einer und derselben optischen Ebene fest zu halten, bewähren sich die Auflegekassetten besser als die Schiebekassetten. Werden aber mit der Zeit die Federn der Sperrvorrichtung locker — was leider bei billigeren Apparaten öfters vorzukommen pflegt —, so können in der Lage der photographischen Platte Unterschiede entstehen, welche trotz sorgfältigster Einstellung jede scharfe Aufnahme vereiteln. Auf diese Fehlerquelle werden wir auch bei den Aufsatzkammern, die ebenfalls Auflegekassetten haben, noch zurückkommen (s. S. 173). Schon hier sei hervorgehoben, daß bei den mikrophotographischen Aufnahmen, wo schon ganz geringe Abweichungen von der Ebene der scharfen Einstellung (Mattscheibenebene) auf die Bildschärfe höchst ungünstig einwirken, der einwandfreie Zustand der Sperrvorrichtung stets die Vorbedingung für die Verwendung von Auflagekassetten ist. Bei sauber gearbeiteten Kammern mit hölzernen Schiebekassetten (z. B. der HEGENERschen Kamera der Firma ZEISS) ist die genaue Einstellung der photographischen Platte in der Ebene der scharfen Abbildung in jedem Fall besser gesichert. Nur ist das Wechseln der Kassetten bzw. der Mattscheibe etwas umständlicher und nicht immer erschütterungsfrei.

31. Der Verschluß. Der Vorderrahmen oder das Frontstück (Stirnbrett) der Aufnahmekammer ist beim ROMEISschen Apparat mit einem Sektorenverschluß für Zeit- und Momentaufnahmen ausgerüstet, der durch einen Drahtauslöser betätigt wird. Andere Apparate werden oft mit Kammern ausgerüstet, welche keine Verschlußvorrichtung haben; bei diesen kann eine solche — und zwar meistens ein Kompurverschluß — auf der optischen Bank zwischen Lichtquelle und Mikroskop aufgestellt werden. Ein feinmechanischer Verschluß ist bei mikrophotographischen Aufnahmen hauptsächlich für die Momentaufnahmen erforderlich. Bei Zeitaufnahmen genügt es, wenn man mit einem Stück schwarzer Pappe und ähnlichem das Objekt vor und nach der Belichtung abschirmt. Die Belichtungszeit läßt sich jedoch genauer bemessen, wenn man mit der Stoppuhr in der Hand einen mechanischen Verschluß betätigt. Dabei sei bemerkt, daß die Drahtauslöser nicht immer verläßlich sind, besonders wenn sie schon öfters gebraucht wurden. Vor jeder mikrophotographischen Arbeit sind deshalb Verschluß und Drahtauslöser auf ihre Verläßlichkeit zu prüfen.

32. Lichtschutzmanschette. Beim Apparat von ROMEIS sitzt vor dem Verschluß ein mit einem Schneckengang ausgestattetes Verbindungsstück, welches zur lichtdichten Verbindung mit dem Mikroskop dient. Dem Tubus ist nämlich eine Lichtschutzmanschette aus einer doppelwandigen Messinghülse aufgesetzt in der Form, wie Abb. 23 zeigt. Das Rohr des Verbindungsstücks greift genau in diese ein, wenn man es bei Betätigung des Hebels im Schneckengang heruntersenkt. Auch bei anderen Kameras erfolgt die lichtdichte Verbindung mit dem Mikroskop in ähnlicher Weise (vgl. Abb. 24), nur wird das Rohrstück nicht in einem Schneckengang, sondern mit dem ganzen Vorderteil der Kamera heruntergesenkt bzw. nach oben gehoben.

VIII. Die künstlichen Lichtquellen.

(Vgl. dieses Handbuch Bd. IV, Beiträge von H. LUX und F. FORMSTECHER, ferner Bd. III, Beitrag von A. COEHN u. G. JUNG.)

Bei dem geschilderten kleinen Vertikalapparat besteht die Beleuchtungseinrichtung allein aus einer Punktlichtlampe (OSRAM), deren Gehäuse nach den Angaben von ROMEIS mit einem Kollektor, einer Kollektorblende und außerdem noch mit einem Ansatzstück ausgerüstet ist, welches zwei ausklappbare Filterscheiben und zwei Vorsatzlinsen trägt (Abb. 25). Im Gehäuse befindet sich eine Wolframbogenlampe (OSRAM-Punktlichtlampe) für Gleichstrom (Type 2 G, 2 Amp.), zu der ein Vorschaltwiderstand gehört (bei 110 Volt 2,7 Amp. 26 Ohm, bei 220 Volt 2,2 Amp. 82 Ohm). Ebenso und mit dem gleichen Widerstand kann man auch eine Wolframbogenlampe für Wechselstrom (Type 2 W) einschalten.

33. Die Punktlichtlampen (Abb. 26 und Tabelle 9). Die Punktlichtlampen gehören zu den geeignetsten Lichtquellen, und zwar sowohl für die subjektive mikroskopische Beobachtung als auch für die mikrophotographische Aufnahme. Ihre leichte und saubere Handhabung, die Möglichkeit, sie in geeigneten Gehäusen auf einem verhältnismäßig kleinen Raum unterzubringen, bietet mannigfaltige Vorteile allen früheren künstlichen Lichtquellen gegenüber. Sie spenden dabei ein intensives Licht, welches, von speziellen Fällen abgesehen, selbst für Momentaufnahmen reichlich genügt,. Die Helligkeit der Gleichstromlampe Type 2 G ist

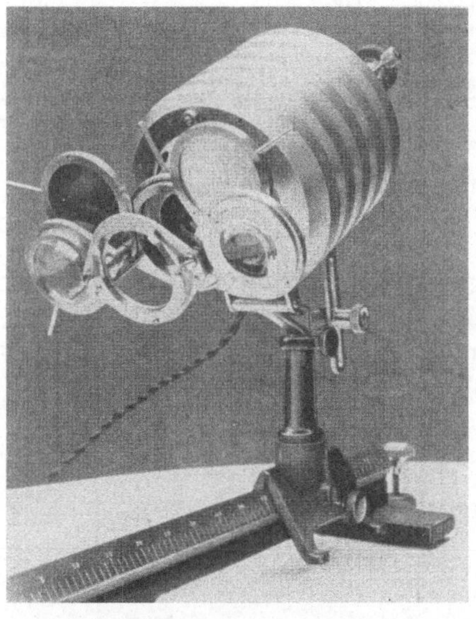

a   b

Abb. 26. Universal-Mikroskopierlampe „Lux S" nach ROMEIS.

a das Gehäuse von vorne mit dem Linsen- und Filtergestänge; b das Gehäuse von rückwärts mit den Zentrierschrauben und dem Fiberknopf. (Aus B. ROMEIS [1, Abb. 113, S. 416].)

an der Anode 150 HEFNER-Kerzen (HK), die der Wechselstromlampe Type 2 W, wo beide Elektroden leuchten, je 100 HK. Das Licht der Lampe ist vollkommen ruhig und gleichmäßig von etwas gelblicher Färbung[1]. Der Lichtstrom enthält reichlich aktinische Strahlen, aber nur sehr wenig Wärmestrahlen. Obwohl die Lampe beim Glühen viel Wärme entwickelt, wodurch die Glasbirne und das Gehäuse mit der Zeit sehr heiß werden, gelangt auf den Spiegel bzw. zum Objekt nur kaltes Licht, so daß man ohne Kühlküvette gut auskommen kann. Bei etwas gesenktem Kondensor (s. S. 56) ist die Temperatur in der Objektebene nur 2—3⁰ höher als die Zimmertemperatur. Für die subjektive Beobachtung ist das volle Licht der Lampe viel zu grell. Das Lampengehäuse ist deshalb so gebaut, daß man hintereinander mehrere Matt- oder Kobaltglasscheiben

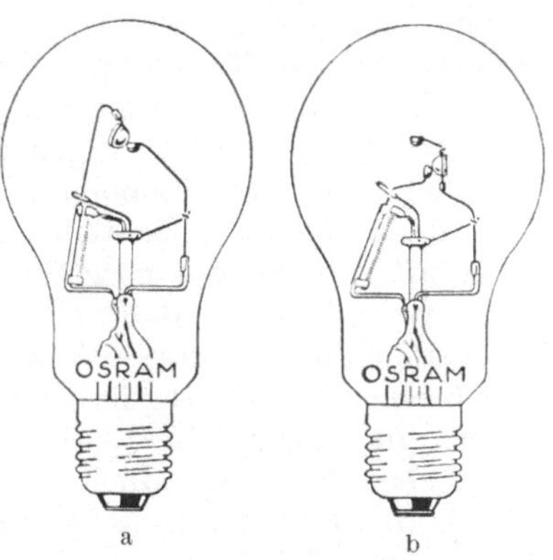

a   b

Abb. 27. Punktlicht-Lampen.
a Gleichstrom-, b Wechselstrom-Lampe.
(Aus Osram-Liste 19.)

einschalten und die Helligkeit der Beleuchtung je nach der Art der Untersuchung bzw. der Vergrößerung regeln kann.

***

[1] Neu eingeschaltete Lampen spenden ein fast farbloses Licht, das nach öfterer Benutzung der Lampe gelblich wird.

Tabelle 9.
Daten der OSRAM-Punktlichtlampen und Vorschaltwiderstände.
(Aus SCHEMINZKY u. SCHEMINZKY [2].)

| Bezeichnung der Lampe | Stromverbrauch Amp. | Stromart | Lichtstärke bezogen auf 1 Elektrode HK | Maße | | | Vorschaltwiderstand | | | | Anmerkung |
| | | | | Anodendurchmesser mm | Glaskolbendurchmesser mm | Länge der Lampe mm | 110 V | | 220 V | | |
							belastbar bis Amp.	Ohm	belastbar bis Amp.	Ohm	
2 G	2	Gleichstrom	150	3,4	70	135	2,2	26	2,1	82	für den Widerstand ist ein Gestell nötig
2 W		Wechselstrom	100	2,8							
4 G	4	Gleichstrom	350	5,2	100	170	5	15	5	43	—
4 W		Wechselstrom	200	4							
7,5 G	7,5	Gleichstrom	1000	6,8	120	180	10	7,3	8	21	—
7,5 W		Wechselstrom	450	5,2							

a) Die Gleichstrom-Punktlichtlampen[1] bestehen aus kugelförmigen gasgefüllten Glaskolben, in welchen die halbkugelförmigen Wolframleuchtelektroden luftdicht eingeschlossen sind. Zwischen diesen Elektroden wird bei den erforderlichen hohen Spannungen (110 bzw. 220 Volt) der Lichtbogen erzeugt, welcher, durch fliegende Elektronen gebildet, als solcher unsichtbar bleibt. Nur die durch den Elektronenaufprall glühend gewordenen Elektroden (bei Gleichstromlampen nur die Anode) senden Licht aus[2]. Die Gasfüllung, welche bei den Wechselstromlampen aus Argon oder Neon, bei den Gleichstromlampen aus verdünntem Stickstoff besteht, verhindert eine zu rasche Abnützung der Elektroden durch Zerstäubung. Immerhin ist die Lebensdauer der Lampen begrenzt, und zwar beträgt sie im allgemeinen bei sorgfältiger Behandlung durchschnittlich 200—300 Brennstunden (bei der Type 7,5 G 150 Brennstunden). Wie aus diesen Zahlen ersichtlich, sind die Wolframbogenlampen mindestens so dauerhaft wie andere gasgefüllte Glühbirnen. Die Lebensdauer der Lampe hängt vor allem von der Belastung ab. Langdauerndes Brennen verkürzt die Lebensdauer infolge starker Erwärmung. Man darf also die Lampe nicht stundenlang brennen lassen, sondern nur für die Zeit der Untersuchung bzw. der Aufnahme (im Höchstfall $1/_2$—1 Stunde). Jede Überlastung der Lampe ist für ihre Lebensdauer schädlich; umgekehrt wird diese bei einer Unterbelastung erhöht. Bei richtiger Einschaltung der den Lampen beigegebenen Normalwiderstände (vgl. Tabelle 9) erzielt man eine konstante, für den normalen Betrieb

---

[1] Die Eigenschaften der Punktlichtlampe sind in gut übersichtlicher Form geschildert bei FERDINAND SCHEMINZKY und FRIEDERIKE SCHEMINZKY (2), denen die hier angeführten Angaben größtenteils entnommen sind. Vgl. ferner E. LEHMANN (1, 2).

[2] Die bekanntesten Formen der Punktlichtlampen werden von den Firmen EDISWAN (Pointolitelampen), PHILIPS (Wolframbogenlampen) und OSRAM (Punktlichtlampen) erzeugt. Die Erzeugnisse der verschiedenen Firmen unterscheiden sich hauptsächlich in der Art der Zündung. Die hier gebotene Schilderung bezieht sich auf die OSRAM-Punktlichtlampe.

berechnete Belastung. Wie SCHEMINZKY und SCHEMINZKY (2) es empfehlen, erweist es sich noch vorteilhafter, zu diesen Normalwiderständen einen Zusatzwiderstand zu benützen für die Zeit, während der man mit geringerer Helligkeit auskommen kann (z. B. beim Aufsuchen geeigneter Stellen in dem Präparat und bei der subjektiven Beobachtung überhaupt). Will man dann zur photographischen Aufnahme schreiten, so wird der Zusatzwiderstand in einfacher Weise durch Überbrückung mittels eines Kurzschlußschlüssels außer Betrieb gesetzt. Dabei sei betont, daß auch eine zu niedrige Belastung für die Wolframbogenlampe schädlich ist, da die Elektroden unterhalb einer bestimmten Spannung in stärkerem Maße zerstäuben, was an der Schwärzung der Glaswand erkennbar wird. Auch die richtige Aufstellung der Lampe ist für die Lebensdauer von Bedeutung. Nach SCHEMINZKY darf die Lampe nicht hängend aufgebracht werden, und auch bei der Neigung des Gehäuses ist zu beachten, daß der Lichtbogen nicht unter dem Lampensockel bzw. tiefer als die Metallstreifen (s. weiter unten) liegen soll.

Wie schon erwähnt, werden die Lampen in zwei etwas verschiedenen Ausführungen (Abb. 27), als Gleichstrom- und als Wechselstromlampen, hergestellt, und jede Konstruktion weist derzeit drei Typen auf, welche sich in der Hauptsache in ihrem Stromverbrauch und in der Größe der Glaskolben unterscheiden (Gleichstromlampe: 2 G, 4 G, 7,5 G; Wechselstromlampe: 2 W, 4 W, 7,5 W; vgl. Tafel 9). Bei den Gleichstromlampen findet man zwei Wolframelektroden, von denen die positive (Anode) mit der EDISON-Fassung verbunden ist. Ist kein Strom vorhanden, so berühren sich die Elektroden (Kontaktstellung). Um sie zur Erzeugung des Lichtbogens auseinanderzuziehen, enthalten die Lampen eine besondere Zündvorrichtung.

Die eine Elektrode ist nämlich auf einem Bimetallstreifen befestigt, während die andere von einem gewöhnlichen Leitungsdraht getragen wird. Der Bimetallstreifen besteht, wie der Name auch angibt, aus zwei Metallstreifen von verschiedenen Ausdehnungskoeffizienten, welche von der einen Seite her durch eine stromdurchflossene Heizspirale erwärmt werden. Schaltet man Strom ein, so wird bei der Kontaktstellung der Elektroden zunächst ein Kurzschlußstrom erzeugt, der die Heizspirale zum Glühen bringt, und die hier erzeugte Wärme zwingt den Bimetallstreifen zur Krümmung. Durch diese Krümmung wird dann die an dem Bimetallstreifen befestigte Elektrode von der anderen entfernt. Da die Wärmeentwicklung innerhalb der Lampe ziemlich konstant ist, bleibt auch der Lichtbogen ohne weitere Regulierung fast vollkommen konstant. Beim Ausschalten des Stromes nähern sich die Elektroden erst dann wieder, wenn das Innere der Lampe so weit abgekühlt ist, daß der gekrümmte Bimetallstreifen sich wieder gerade ausgestreckt hat. Ist das noch nicht erfolgt und berühren sich also die Elektroden noch nicht, so nützt das Einschalten des Stromes nichts, allerdings schadet es auch nichts. Die wiederholte Zündung der Lampe kostet also unter Umständen längere Zeit, worin vielleicht der einzige Nachteil der Punktlichtlampe zu erblicken ist. Je stärker der Stromverbrauch der Lampe ist, und je länger man sie brennen läßt, um so stärker erwärmt sich der Glaskolben wie auch das ganze Gehäuse. Desto länger dauert dann auch die Abkühlung und die neuerliche Zündung. Bei einer Gleichstromlampe von der Type 2 G kann man nach halbstündigem Brennen bei richtiger Stromspannung etwa auf 2 Minuten rechnen, bis die Zündung mit Sicherheit erfolgt. Das Gehäuse, das ROMEIS für seine Lampe anfertigen ließ (Abb. 26), hat den großen Vorteil, daß es aus fünf übereinandergreifenden Ringen besteht, was in Verbindung mit den zahlreichen Luftlöchern an der Lampe eine gute und rasche Abkühlung des Innenraumes gestattet. Bei den sonstigen Gehäusen empfiehlt es sich, nach Ausschalten der Lampe das Gehäuse mit einem gut ausgewrungenen feuchten Tuch zu umhüllen, damit die Abkühlung rascher erfolgt. Sehr vorteilhaft ist es bei längerer Arbeit, zwei Glühbirnen abwechselnd zu benützen.

Alle derzeit benützten Gehäuse zu den Punktlichtlampen sind so gebaut, daß man ihre Rückwand mit einem Handgriff leicht abheben und die Lampen auswechseln oder auf ihre Zündung kontrollieren kann. Da bei den meisten

Gehäusen vorn eine schwache Kollektorlinse (bei den von Zeiss gelieferten Lampen eine Linse von der Apertur 0,4 und mit der Brennweite 60 mm) eingebaut ist, werden die Gehäuse mit einem Mechanismus ausgerüstet, der die Einstellung der Leuchtelektrode in den richtigen Brennpunktsabstand der Kollektorlinse ermöglicht. Das Gehäuse ist auf seinem Gestell in allen Hauptachsen des Raumes bewegbar. Man kann das Licht also schon aus freier Hand auf die Spiegelfläche zentrieren. Die Punktlichtlampe der Firma Reichert nach Romeis ist dazu noch mit einer feineren Zentriervorrichtung ausgerüstet, welche eine ganz genaue Ausrichtung des Lichtes gestattet.

Was die Spannungsverhältnisse anbelangt, sei hier bemerkt, daß beim Einschalten der Lampe die volle Spannung des Netzstroms wirksam ist, unabhängig von der Größe des Vorschaltwiderstandes. Die kleinste Spannung, die zum Zünden der Gleichstrom-Punktlichtlampen noch ausreicht, beträgt 100 Volt. Bei früheren Modellen der Wechselstromlampen, wo die Zündung durch Glimmlichtentladung erfolgte, war eine weit höhere Spannung, etwa von 170 Volt, erforderlich. Die neueren Wechselstromlampen zünden aber ebenfalls schon bei 100—110 Volt. Nach erfolgter Zündung sinkt die Spannung auf die normale Betriebsspannung der Lampe herab, welche bei den meisten Typen 50—55 Volt beträgt. Erst einige Sekunden nach der Zündung glüht die Anode in ihrer vollen Helligkeit, und auch die konstante Lage der Anode wird erst kurz nach der Zündung erreicht. In den ersten Sekunden, bis der Bimetallstreifen seine maximale Biegung ausgeführt hat, wandert die leuchtende Anode von der Kathode weg, was bei der Ausrichung der Beleuchtung zu berücksichtigen ist.

Die absolute Lichtstärke ist von der Stromstärke und der Größe der leuchtenden Fläche, in diesem Fall also vom Durchmesser der halbkugelförmigen Anode, abhängig. Bei der Type 2 G, wo der Anodendurchmesser 3,4 mm und die Stromstärke 2 Amp. ist, bedeutet die spezifische Flächenhelligkeit der Lampe, in Hefner-Kerzen pro qmm ausgedrückt, 20,0, die absolute Lichtstärke 150 HK. Bei stärkeren Typen mit größeren Elektroden ist sie entsprechend höher (s. Tab. 9). Diese Lichtstärke genügt bei den meisten mikrophotographischen Aufnahmen, ist jedoch für Dunkelfeldaufnahmen bei starken Vergrößerungen etwas schwach. Zu solchen Zwecken eignet sich vor allem die stärkere Punktlichtlampe der Type 4 G oder 7,5 G. Leider sind bei den letzteren die Glühbirnen viel zu groß, als daß sie in das für die 2 G- oder 2 W-Lampen gebaute Gehäuse passen würden, und man muß sie daher auf besonderen Gestellen befestigen.

b) Der Bau der Wechselstromlampen ist grundsätzlich derselbe wie der der Gleichstromlampen. Die Konstruktion wird etwas komplizierter dadurch, daß die Lampe hier drei Elektroden enthält, von denen zwei mit der gleichen Lichtstärke brennen und die dritte als Hilfselektrode die Zündung besorgt (Abb. 27 b). Beim Einschalten des Stromes wird der Lichtbogen zunächst zwischen dieser Hilfselektrode und einer Leuchtelektrode gebildet und springt dann während des Abhebens auf die zweite Leuchtelektrode über. Durch dieses Überspringen des Lichtbogens gestaltet sich der Zündvorgang bei Wechselstromlampen etwas unsicherer als bei Gleichstromlampen. Auch die wiederholte Zündung erfolgt langsamer. Kleben die Elektroden aneinander — was nach längerem Gebrauch öfters vorzukommen pflegt — so muß man an das Gehäuse oder auf den Glaskolben klopfen, damit die Abhebung erfolgt. Auch in anderen Beziehungen weist die Wechselstromlampe der Gleichstromlampe gegenüber Nachteile auf. Die Lichtstärke verteilt sich auf zwei Flächen, von denen aber nur die eine (die mit dem Bimetallstreifen verbundene und intensiver leuchtende) für die Beleuchtung in Betracht kommt. So ist die effektive Lichtstärke der Wechselstromlampe stets geringer als die der Gleichstromlampen, bei denen der ganze Strom für das Leuchten einer einzigen Elektrode benützt wird. Infolge der doppelten Leuchtflächen muß die Zentrierung des Lichts auf der Spiegelfläche so erfolgen, daß nur die eine leuchtende Elektrode in die optische Achse des Mikroskops fällt. Stehen aber beide Elektroden sehr nahe zueinander im Mittelfeld des Spiegels, so erhält man eine doppelseitige Beleuchtung mit allen Nachteilen einer solchen. Aus diesen Gründen ist es ratsam, möglichst nur Gleichstromlampen zu verwenden.

Tabelle 10. Lichtausbeute bei Wechselstrom- und Gleichstrombogen-lampen. (Aus FR. KÖHLER [1, S. 1136].)

	10	15	20	30	40	50
			Amp.			
Lichtstärke in HK bei Gleichstrom	2600	5000	7500	12300	17000	22000
Lichtstärke in HK bei Wechselstrom . . .	—	1600	2300	4000	5500	7000

Die Zahlen beziehen sich auf eine Elektrode (bei Gleichstrom auf die positive).

Tabelle 11. Durchmesser von Bogenlampenkohlen.
(Nach P. SCHROTT, aus F. SCHEMINZKY [3, S. 369].)

Stromstärke Amp.	Durchmesser von Normalkohlen in mm		Durchmesser von GOERZ-Kohlen in mm	
	+ (Docht)	— (Homogen)	+ (Docht)	— (Docht)
10	10	8	—	—
15	13	12	3	3
20	14	13	4	4
25	16	14	5	5
30	17	14	6	6
40	20	18	7	7
50	24	20	8	8

34. Die Kohlenbogenlampen (s. Tabelle 10 u. 11). Erfordert die photographische Aufnahme eine höhere Lichtstärke als 1200 HK, so muß man zur Beleuchtung eine Kohlenbogenlampe benützen, denn die Höchstleistung, die man mit den Punktlichtlampen erreichen kann, beträgt etwa 1000 HK (s. Tab. 9). Die Kohlenbogenlampen, unsere lichtstärksten künstlichen Lichtquellen, haben eine spezifische Flächenhelligkeit von 130—500 HK für die Flächeneinheit. Auch unter den Kohlenbogenlampen unterscheidet man zwischen Gleichstrom- und Wechselstromlampen. Bei den Gleichstromlampen wird die Leuchtfläche von der Kohle des positiven Pols (der Anode) gebildet. Beim Brennen der Lampe bildet sich hier an der Anode ein Krater von elliptischer Form, welcher das sehr intensive, an aktinischen Strahlen reiche Licht ausstrahlt. Die Größe der Leuchtfläche hängt vom Durchmesser der benützten Kohlen ab. Gewöhnlich gebraucht man Kohlenstifte von 5 mm Durchmesser (Homogenkohlen), in manchen Fällen erweisen sich aber dünnere Kohlenstifte als vorteilhafter. Die zu den Bogenlampen geeigneten Kohlen werden in zwei bzw. drei Arten erzeugt, und zwar benützt man allgemein bei geringeren Stromstärken (4—5 Amp.) die Homogenkohlen, welche aus einer sorgfältig gereinigten, gleichmäßig vorbereiteten Kohlensubstanz bestehen. Für stärkeren Strom eignen sich die sog. Dochtkohlen, die in einer zentralen Bohrung ein Gemisch von Kohle und Salzen enthalten. Dieser Docht dient in der Hauptsache dafür, daß der

Krater der Starkstromlampen in ein und derselben Stellung verbleiben und nicht hin und her wandern soll. Bei sehr hohen Stromstärken (über 15 Amp.) benützt man dann die Mantelkohlen, welche in einer Metallhülse eingefaßt sind. Die zwei Kohlen, zwischen denen der Lichtbogen sich bildet, werden in der Mehrzahl der Fälle rechtwinklig zueinander gestellt; es gibt aber auch Konstruktionen, bei denen sie einen spitzen Winkel miteinander bilden. Die Regulierung des Lichtbogens erfolgt am einfachsten, wenn die Anode waagerecht und in der optischen Achse der Kollektorlinse steht. Das Gehäuse zeigt verschiedene Formen und wird in verschiedenen Größen angefertigt. Es enthält die Kohlenbehälter mit ihren Metallhülsen, welche durch einen mehr oder weniger verwickelten Mechanismus einander genähert oder voneinander entfernt werden können. Dann findet man an den Gehäusen einen kürzeren oder längeren Rohraufsatz mit oder ohne Kollektorlinse, der das Licht auf die Spiegelfläche lenkt. Entweder ist das ganze Gehäuse verstellbar wie bei den kleinen Handbogenlampen, wo die Lampen auf einem Fußgestell gehoben, gesenkt und geneigt werden können, oder aber ist der Rohraufsatz neigbar, um das Licht nach unten auf den Spiegel zu werfen.

Beim Zünden der Lampe müssen die Kohlen sich zuerst berühren (Kontaktstellung, Kurzschlußstellung). Werden die Kohlen kurz nach Einschalten des Stromes langsam voneinander entfernt, so entsteht dann der Lichtbogen zwischen den Kohlenelektroden. Der Lichtbogen ist bei gut brennenden Lampen fast unsichtbar. Ist aber die Kohle nicht ganz homogen, oder wird die Lampe überlastet, so tritt ein sichtbarer Lichtbogen auf, wobei das Licht unruhig und zur Beleuchtung ungeeignet wird. Auch kurz bevor der Lichtbogen abreißt, d. h. bei zu großem Abstand der Kohlen, wird der Lichtbogen auf kurze Zeit leuchtend sichtbar. Bei richtigem Abstand der Kohlen erhält man nur eine intensiv weiß glühende Anode, deren Krater die eigentliche Lichtquelle darstellt (Gleichstromlampen). Hier wird auch die größte Wärme entwickelt (etwa 3500⁰ C), weshalb die positive Kohle rascher abzubrennen pflegt als die senkrecht dazu gestellte negative Kohle. Diese letzte wird während des Verbrennens mehr oder weniger zugespitzt. Bei Gleichstromlampen glüht sie schwächer (bei etwa 2900⁰ C) und rötlicher als die positive. Während und infolge des Glühens werden die Enden der Kohlen abgenützt, der Abstand zwischen den Elektroden wird dadurch immer größer, bis schließlich, falls kein Nachschub erfolgt, der Lichtbogen abreißt und das Licht erlischt. Um also ein konstantes Licht zu erhalten, müssen die Kohlen immer wieder einander genähert werden, was entweder aus freier Hand oder mittels eines Uhrwerks geschehen kann. Je nachdem, mit welchem Mechanismus die Regulierung der Kohlen erfolgt, unterscheidet man Handregulierlampen und Uhrwerklampen.

a) Die Handregulierlampen (Abb. 28). Hier werden die Kohlen auf einer Rolle mit einem Zahntrieb oder mit Kettenübertragung bewegt. Kurz nach Einschalten des Stromes müssen sie aus ihrer Kontaktstellung so weit auseinandergezogen werden, daß ein Lichtbogen entstehen kann. Alle 1—2 Minuten werden sie dann wieder nachgestellt, und zwar, bevor sie sich noch allzu stark voneinander entfernt haben. Für kurze Belichtungen genügt auch die Zeit von 1—2 Minuten, während die Lampe gleichmäßig brennt. Braucht man aber zum Aufsuchen oder für die Einstellung des Präparats mehr Zeit, so wird die Arbeit mit den Handregulierlampen unbequem. Für subjektive Beobachtungen eignen sich die Handregulierlampen nur bei Dunkelfelduntersuchungen. Da die Handbogenlampen billig sind und vor dem Mikroskop leicht untergebracht werden können, haben sie, seit C. Kaiserling das erste, von der Firma Leitz ausgeführte Modell angegeben hatte, eine rasche Verbreitung gefunden und sind auch heute noch die meistbenutzte Form der Kohlenbogenlampen. Man kann tatsächlich recht gut mit ihnen auskommen, falls man zur subjektiven Beobachtung und zur Vorbereitung der Aufnahme nach dem Vorschlag von A. Köhler (*8*, S. 1819) eine Hilfslichtquelle parallel schaltet. Als solche Hilfslichtquellen benützt man am besten eine Glühlampe mit matter Birne. Geht kein Strom durch die Kohlen, so brennt die Glühlampe hell; ist aber ein Lichtbogen zwischen den Kohlen entstanden, so wird das Licht der Glühlampe kaum bemerkbar. Die Handregulierung der Kohlen hat den Vorteil, daß man das Licht vor der Aufnahme stets genau regulieren kann. Die ständige Beschäftigung mit den Kohlen stört jedoch, wie bereits gesagt, bei länger dauernder Arbeit sehr, weshalb in solchen Fällen die Uhrwerklampen vorzuziehen sind.

b) Die Uhrwerklampen. Unter diesen findet man wiederum zwei verschiedene Typen: solche mit einem einfachen

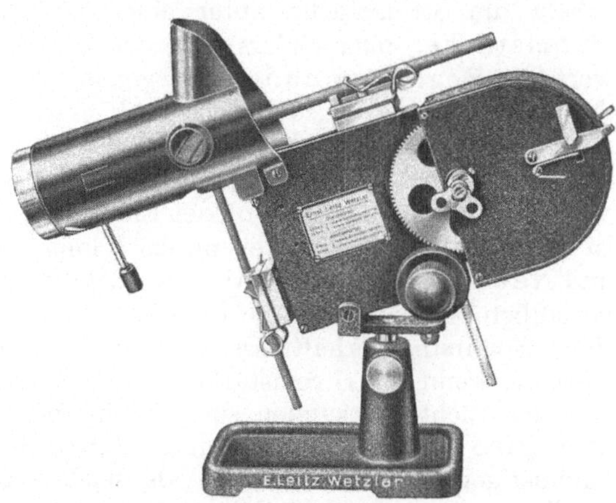

Abb. 28. Liliputbogenlampe der Firma E. Leitz mit Hand- und Uhrwerkregulierung (neue Ausführung).

Uhrwerk und solche mit Selbstregulierung. Die ersteren werden einfach als Uhrwerklampen bezeichnet (Abb. 122). Ihr Uhrwerk wird mit einem Schlüssel aufgezogen und durch Lösen der Arretiervorrichtung in Gang gesetzt. Nach Ausschalten des Stroms wird das Uhrwerk wieder arretiert. Der Nachteil der Uhrwerklampen besteht darin, daß das Tempo des Nachschubs unabhängig vom Abbrennen der Kohlen rein vom Uhrwerk abhängt[1]. Die Kohlenstifte sind jedoch nur selten vollkommen gleichartig. So wird es stets vorkommen, daß eine Kohle rascher abbrennt als eine andere, und zwar werden besonders störende Unterschiede auftreten bei der Benützung verschiedener Kohlenpaare. Für solche Unterschiede ist das Uhr-

Abb. 29. Die Kandem-Mikroprojektionsbogenlampe für Wechselstrom mit automatischem Kohlenvorschub (Körting & Mathiesen, Preisblatt Nr. 8665).

werk nicht anpassungsfähig genug, so daß man öfters trotz des Uhrwerks die Kohlen doch noch mit der Hand nachregulieren muß. Wo also Kohlenbogenlampen längere Zeit brennen müssen, eignet sich am besten der zweite Typ der Uhrwerklampen: die selbstregulierenden Kohlenbogenlampen oder die

---

[1] Bei den Uhrwerklampen der Firma Zeiss wird die positive Kohle etwa doppelt so rasch nachgeschoben als die negative.

Uhrwerklampen mit Regelspannung (Abb. 29). Hier setzt die regulierende Tätigkeit des Uhrwerks erst dann automatisch ein, wenn die Kohlen bis zu einem bestimmten Abstand schon abgenutzt sind und die Spannung zwischen den Elektroden dementsprechend einen Grenzwert erreicht hat. Das Uhrwerk wird nämlich durch einen Elektromagneten gehemmt, der ausgeschaltet wird, sobald die Stromstärke unter einen bestimmten Wert gefallen (die Regelstromstärke), oder anders ausgedrückt, die Klemmspannung über den Grenzwert (die Regelspannung) gestiegen ist. Tritt dieser Fall während des Brennens der Lampe immer wieder periodisch ein, so wird das Uhrwerk in Bewegung gesetzt, und seine Tätigkeit dauert so lange, bis die Kohlen sich so weit genähert haben, daß die vorschriftsmäßige Stromstärke und Klemmspannung wieder erreicht sind. Je nachdem, ob der Elektromagnet in den Hauptkreis eingeschaltet ist oder für sich einen Nebenkreis bildet, unterscheidet man Hauptschluß und Nebenschlußlampen[1]. Die Regulierung solcher Lampen ist vollkommen verläßlich, solange man die für die Lampen vorgeschriebenen Kohlen bei richtigen Spannungsverhältnissen benützt. Da jedoch die Regulierung erst dann einsetzt, wenn die Stromstärke und in Zusammenhang damit auch die Helligkeit des Lichtes gesunken sind, bleibt die Beleuchtung trotz des Regulierens nicht ganz gleichmäßig. Vor und während des Regulierens hat man wesentlich ungünstigere Lichtverhältnisse als nach erfolgter Regulierung, weshalb man zur Belichtung gerade die Zeitspanne zwischen zwei Regelungen ausnützen soll.

In welcher Weise auch der Nachschub der Kohlen erfolgt, ist die Güte der Beleuchtung von der Stellung der Kohlen stark abhängig. Hierbei spielt nicht allein der Abstand der Enden eine Rolle, sondern auch die Lage des leuchtenden Kraters. Daß die Helligkeit der Beleuchtung stark abnehmen wird, wenn der Krater an der Anode von der langsamer brennenden negativen Kohle nach und nach verdeckt wird, versteht sich von selbst. Ein ebenso ungünstiges Licht erhält man aber auch dann, wenn die positive Kohle aus irgendeinem Grund (bei unrichtiger Bemessung der Kohlenlänge, bei zu raschem Nachschub der positiven bzw. beschleunigter Abnützung der negativen Kohle) die negative überragt. Zwischen beiden Kohlenenden muß also bei richtiger Stellung ein nach vorn offener Winkel vorhanden sein. Die Lage der Kohlenenden zueinander wird durch ein Rauchglasfenster am Gehäuse von Zeit zu Zeit kontrolliert.

Beim Gebrauch der Kohlenbogenlampen müssen die Schaltungsverhältnisse, d. h. die Stromstärke, die Spannung und der Widerstand, stets in der für die Lampe vorgeschriebenen Weise eingehalten werden. Bei jeder Art von Gleichstromlampen muß zunächst Sorge dafür getragen werden, daß man in das Stromnetz mit dem richtigen Pol einschaltet (Markierung des negativen Pols an der Steckdose und am Kabel; in zweifelhaften Fällen Feststellung der Pole mit Polreagenspapier). Es ist ferner zu beachten, daß die metallenen Kohlenhülsen in gutem Kontakt mit den Kohlen stehen. Man soll die Kohlen wechseln, bevor sie ganz kurz abgebrannt sind. Beim Wechseln der Kohlen wird der Strom ausgeschaltet (durch Ausziehen des Steckers aus der Steckdose) und die abgebrannte, noch heiße Kohle mit einer Zange aus der Hülse entfernt.

c) Die Starkstromlampen. Die in der Mikroskopie und Mikrophotographie gebräuchlichen Kohlenbogenlampen sind zum größten Teil Schwachstromlampen, die bei den üblichen Netzspannungen von 110 oder 220 Volt 4—5 Amp. Stromstärke erfordern. Nur bei Momentaufnahmen (und mikrokinematographischen Aufnahmen) ultramikroskopischer Objekte benützt man

---

[1] Selbstregulierende Uhrwerklampen werden von den Firmen WEULE, Goslar, und KÖRTING & MATHIESEN, Leipzig, in guter Ausführung hergestellt.

Starkstromlampen mit höheren Ampèrezahlen. Bei solchen Lampen müssen natürlicherweise spezielle Kohlen vorhanden sein und eine Schalttafel, um aus der Netzleitung den erforderlichen Strom entnehmen zu können. Auch beim Gebrauch der Schwachstromlampen ist es vorteilhaft, wenn man die Schaltung der Lampe durch eine Schalttafel führt und die jeweilige Spannung an einem Voltmeter, die Stromstärke an einem Ampèremeter kontrolliert. Die Helligkeit des Lichts ist von der Temperatur der glühenden Kohlen, diese aber von der Stromstärke abhängig. Die für die Schwachstromlampen erforderliche Stromstärke von 4—5 Amp. setzt eine Klemmspannung von 45—50 Volt voraus; vorteilhafter ist jedoch eine etwas höhere Spannung von 55—60 Volt, da der Lichtbogen dann konstanter bleibt. Um diese Klemmspannung aus der Netzspannung zu entnehmen, werden die Kohlenbogenlampen mit Vorschaltwiderständen ausgerüstet und stets mit diesen Widerständen an die Netzleitung angeschlossen. Ist die Netzspannung bekannt (110 oder 220 Volt), so läßt sich nach dem Ohmschen Gesetz der nötige Widerstand leicht berechnen. Zunächst rechnet man die Größe der zu vernichtenden Netzspannung aus, dividiert diese durch die erforderliche Stromstärke und erhält dann den Widerstand in Ohm[1]. Während des Brennens wächst die Stromspannung, und dementsprechend sinkt dann (bei gleichbleibendem Widerstand) die Stromstärke. Die Selbstregulierung der Uhrwerklampen erfolgt, wie schon geschildert, infolge der Zunahme der Klemmspannung. Auch sonst können Schwankungen in der Stromstärke entstehen, so vor allem bei Änderungen der Netzspannung. Je nach der Belastung des Netzes brennt die Lampe heller oder weniger hell. Wo also die photographische Tätigkeit zu allen Tageszeiten ausgeübt wird und die Aufnahmen unter den gleichen Bedingungen öfters wiederholt werden müssen, bieten Schieberwiderstände wesentliche Vorteile, da man mit diesen stets die gleiche Spannung und Stromstärke erzielen kann. Bei höherer Stromstärke wandert der Krater der positiven Kohle hin und her. Die Starkstromlampen werden daher mit Dochtkohlen oder mit dünnen Kohlenstiften (4 mm bei 5 Amp., 5 mm bei 10 Amp.) ausgerüstet. Der Krater solcher dünnen Kohlen kann trotz des Wanderns besser zentriert werden, die Kohlenstifte brennen jedoch bei höheren Stromstärken rasch ab. Die Dochtkohlen erhalten den Krater ständig in ein und derselben Lage (vgl. a. S. 372).

d) Die Wechselstromlampen. Soweit es nur irgendwie möglich ist, soll man für Kohlenbogenlicht stets Gleichstromlampen verwenden. Bei den Wechselstromlampen leuchten beide Kohlen, da bald die eine, bald die andere die Anode ist. Das Licht ist deshalb nie vollkommen ruhig, und seine Helligkeit ist geringer als bei den Gleichstromlampen (vgl. Tabelle 10). Die geringere Flächenhelle hängt auch damit zusammen, daß der Krater, der jetzt an beiden Kohlenenden gebildet wird, wesentlich kleiner ist als an der positiven Kohle der Gleichstromlampen. Einen größeren Krater und damit eine größere Leuchtfläche erhält man nur dann, wenn man die Lampe stärker belastet und eine dickere negative Kohle wählt. So kann man einen Krater an der positiven Kohle erhalten, der etwa dem entspricht, was man an Gleichstromlampen bei 5 Amp. zu erhalten pflegt. Beim Dickenunterschied der Kohlen — ein für die Wechselstromlampen charakteristisches Merkmal — muß natürlich auch der Nachschub anders erfolgen als bei den Gleichstromlampen. Trotz der gleichen Lichtstärke (über 500 HK), die man bei höheren Stromstärken auch mit den Wechselstromlampen erhalten kann, ist das Licht zu mikrophotographischen Aufnahmen nicht günstig,

---

[1] Bei einer Netzspannung von 220 Volt ist z. B. die zu vernichtende Spannung 220—60 = 160 Volt, der Voltwiderstand muß also $\frac{160}{5} = 32$ Ohm stark sein.

und zwar teils wegen des schon erwähnten Wechselns der Pole, teils wegen des Wanderns des Kraters. Selbst wenn ein solches Wandern bei Benützung von Dochtkohlen verhindert wird, ist das gespendete Licht nicht vollkommen gleichmäßig, da der Docht eine andere Strahlung hat als die übrigen Teile der Kohle, und weist öfters bei der Inhomogenität seiner Substanz dunkle Stellen im Krater auf. Will man aber diese und die weiter noch zu erwähnenden Unbequemlichkeiten der Starkstromlampen vermeiden und benützt die Wechselstromlampen mit dem für die Gleichstromlampen vorgeschriebenen Schwachstrom, so läßt sich nur eine absolute Lichtstärke von etwa 200 HK erzielen, die man unter weit günstigeren Verhältnissen auch mit einer Punktlichtlampe für Wechselstrom (Type 4 W) erreichen kann.

e) Die Wärmestrahlung und ihre Abschirmung. Starkstromlampen sind schon wegen der starken Wärme unbequem, die sie bei langem Brennen entwickeln. Alle Bestandteile der Lampe und auch der Widerstand werden stark erhitzt, was bei der Handhabung der Lampe recht störend empfunden wird. Der Arbeitsraum, in dem man länger mit Kohlenbogenlampen arbeitet, muß eine gute Lüftung haben, da außer der Aufwärmung die Luft auch noch durch Dämpfe verunreinigt wird, die beim Abbrennen der Kohlen entstehen. Abgesehen von diesen Unbequemlichkeiten schadet die strahlende Wärme des Kohlenbogenlichtes auch den Objekten, namentlich wenn die Kondensorlinse die Strahlen in die Objektebene konzentriert. Benützt man also Kohlenbogenlicht, so müssen die Wärmestrahlen in jedem Fall durch Kühlküvetten (Wärmeschutz) zurückgehalten werden. Am besten eignet sich dafür eine 5proz. Lösung von Eisenchlorür (MOHRschem Salz), die man in größeren Flaschen vorrätig halten soll. Erst wenn nach längerem Stehen ein Bodensatz oder Wandbeschlag sich gebildet hat, soll man die überstehende Flüssigkeit in den Glastrog, der als Wärmeschutz dienen soll, womöglich filtriert eingießen. So vermeidet man die Trübung der Eisenchlorürlösung oder die Bildung eines Wandbeschlags in der Kühlküvette. Bei einer Schichtdicke von 5 cm werden die Wärmestrahlen auch bei längerer Beleuchtung sicher zurückgehalten. Die flüssigen Lichtfilter, die man ebenfalls in Küvetten zwischen Mikroskop und Lichtquelle aufzustellen pflegt, gewähren selbst in dickeren (5—10 cm) Schichten einen geringeren Schutz gegen die Wärmestrahlen, falls sie schon länger in Zimmertemperatur gestanden haben oder aber die Beleuchtung mit der Kohlenbogenlampe längere Zeit dauert. Beschränkt man aber das Bogenlicht nur auf die Zeit der Belichtung, so kann man einen einwandfreien Wärmeschutz auch mit reinem Wasser herstellen. Es ist dabei ratsam, die Kühlküvetten knapp vor der Einstellung mit kaltem Wasser zu füllen. Bei einer Schichtdicke von 5—10 cm gewährt solch kaltes Wasser einen ausreichenden Wärmeschutz, auch für Serienaufnahmen, vorausgesetzt, daß zwischen den Aufnahmen die Kohlenbogenlampe nicht brennt.

Einen guten Wärmeschutz erhält man auch mit fließendem Wasser, wofür entsprechende Küvetten mit Ein- und Ausflußrohr benützt werden. Neuerdings verwendet man auch feste Filter aus Wärmeschutzglas mit gutem Erfolg (s. a. S. 372).

Die Unterbringung der Flüssigkeiten erfolgt am besten in den zerlegbaren Küvetten (Porzellanbehältern) der Firma ZEISS, in denen man auch die flüssigen Lichtfilter zu halten pflegt (Abb. 30). Diese Küvetten haben allen früheren Formen gegenüber den Vorteil, daß man sie auseinandernehmen und die Glaswände bequem putzen kann. Die Flüssigkeitsschicht hat in der Küvette 5 cm Dicke. Der Wärmeschutz wird stets in nächster Nähe vor der Kollektorlinse bzw. der Lampe aufgestellt. Nach beendigter Arbeit sollen die Flüssigkeiten aus den Küvetten in ihre Aufbewahrungsflaschen zurückgegossen und die Küvetten mit fließendem Wasser ausgespült werden. So hält man die Glaswände der Küvette immer sauber.

Ohne entsprechenden Wärmeschutz werden bei Kohlenbogenlicht je nach der Art des Präparats verschiedene Übelstände auftreten. Lebende Objekte sind im allgemeinen sehr empfindlich gegen die Wärmestrahlen. Die meisten Protisten erleiden Schaden schon bei kurzen Belichtungszeiten, und auch die Gewebekulturen vertragen die Belichtung mit Kohlenbogenlicht ohne Wärmeschutz schlecht. Wieweit dabei außer den Wärmestrahlen auch die reichlich vorhandenen · chemischen Strahlen schädlich wirken, ist noch wenig geklärt. Bei manchen Protisten, z. B. bei Amoeba Proteus, bei Paramaecium caud. und verschiedenen Stentorarten beobachtet man öfters das rasche Absterben der Zellen, selbst dann, wenn man vorschriftsmäßig für Wärmeschutz gesorgt hat. Die Schädigung dürfte also in solchen Fällen mit der Wirkung der ultravioletten Strahlen zusammenhängen. Hier empfiehlt sich die Zwischenschaltung einer 2,5 bis 5proz. Chininsulfatlösung als Filter gegen die ultravioletten Strahlen. Bei Stromstärken über 10 Amp. ist es aber auch hier er-

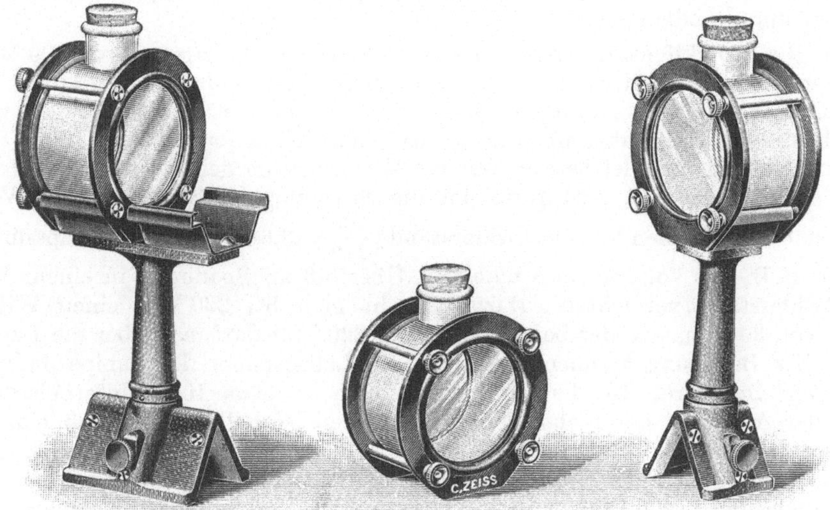

Abb. 30. Porzellangefäß mit Träger auf Reiter.

forderlich einen zweiten Trog mit MOHRscher Lösung oder ein Wärmeschutzglas in den Strahlengang einzuschalten. Bei fixierten und in Kanadabalsam eingeschlossenen Präparaten kann das Einschlußmittel verflüssigt werden, wobei im Präparat Blasen entstehen und das Objekt unter Schrumpfungserscheinungen zugrunde geht. Diese Schädigungen treten jedoch nur bei längerer Belichtung ohne Wärmeschutz auf. Selbst wenn man für einen ausreichenden Wärmeschutz gesorgt hat, ist es ratsam, bei Hellfeldbeleuchtung das Objekt nicht genau in den Brennpunkt des Kondensors zu stellen und die Leuchtfeldblende etwas zusammenzuziehen, was auch aus anderen Gründen (s. S. 56) schon empfehlenswert ist. Je enger nämlich der Beleuchtungskegel ist, um so geringer ist auch seine Wärmewirkung. Bei der Dunkelfeldbeleuchtung, wo ein beträchtlicher Teil des Lichtstroms ausgeblendet ist, ist auch eine Schädigung durch Wärmestrahlen weniger zu befürchten.

Das Licht der Kohlenbogenlampe ist für subjektive Beobachtungen nur bei Dunkelfelduntersuchung geeignet. Sonst ist das nicht abgedämpfte Licht für das Auge unerträglich. Ist die Kontrolle des mikroskopischen Bildes erforderlich, so empfiehlt es sich, ein Rauchglasscheibchen dem Okular aufzusetzen. Auch mit einer Kobaltglasscheibe vor der Lampe und einer Mattscheibe unterhalb des Kondensors läßt sich das Kohlenbogenlicht so weit abdämpfen. daß man auch subjektiv beobachten kann. Eine solche Beleuchtung wirkt aber bei längerer Dauer ermüdend auf das Auge, auch wird das Bild bei Vorschaltung mehrerer Mattscheiben so flau, daß man feinere Strukturen nur undeutlich wahrnimmt.

Trotz mancherlei Nachteile ist man unbedingt auf Kohlenbogenlicht angewiesen: erstens, wenn man bei starken Vergrößerungen oder bei Dunkelfeldbeleuchtung kurz belichten muß, zweitens aber, wenn die Lichtquelle in einer größeren Entfernung von der Mattscheibe aufgestellt werden muß, wie es bei den großen mikrophotographischen Apparaten mit langer optischer Bank und langem Kameraauszug der Fall ist. Da die Bildhelligkeit mit dem Quadrat der Entfernung und ebenso der Flächengröße des Bildes proportional abnimmt, sind die Gleichstrom-Kohlenbogenlampen auch heute noch die geeignetsten Lichtquellen für die großen mikrophotographischen Apparate. In allen anderen Fällen, vor allem bei der Arbeit mit kleinen Vertikalkammern oder mit den Aufsatzkammern, ist es ratsamer, Glühlampen sich anzuschaffen, entweder in der Form der Punktlichtlampen oder als Projektionsröhrenlampen, Niedervoltlampen und Bandlampen.

35. Die Projektionsröhrenlampen sind elektrische Glühlampen von 400 Watt mit einem in „Wendelform" aufgewundenen Wolframdraht. Ihr Licht ist dementsprechend weit stärker als das der zu subjektiven Beobachtungen vielfach benutzten Halbwattlampen (z. B. der Osram-Nitra-Lampen mit 100 Watt). Sie sind sowohl für Gleichstrom wie für Wechselstrom geeignet, und zwar mit einer Stromstärke von 3,64 Amp. Ist die Spannung im Stromkreis 110 Volt, so braucht man keinen Vorschaltwiderstand $\left(\frac{400}{110} = 3{,}64\right)$. Ist aber die Spannung größer, z. B. 220 Volt, so muß man den Überfluß an Spannung in einem Vorschaltwiderstand vernichten. Dazu braucht man bei 220 Volt einen Widerstand von 30 Ohm. Weder bei 110 noch bei 220 Volt darf man aber die Lampe mit voller Belastung brennen lassen, da die Lebensdauer der Lampe dadurch stark verkürzt wird. Die Lampe spendet auch bei etwa 10 % Unterbelastung trotz der Abnahme der Lichtstärke um 20 % ein so helles Licht, daß man — von speziellen Fällen abgesehen — mit der Beleuchtung gut auskommt. Die Lebensdauer wird aber dabei um 300 % zunehmen. Empfehlenswert ist es also, auch die Projektionsröhrenlampen nur in Verbindung mit einem fest einregulierten oder besser noch mit einem Schieberwiderstand in das Netz zu schalten und auch bei 110 Volt Netzspannung etwas von der Spannung abzunehmen.

Das Licht der Projektionsröhrenlampen (400 Watt) ist zu subjektiven Beobachtungen viel zu hell. Beim Aufsuchen und Einstellen des Präparats muß man also Kobaltglas oder Mattglas vorschalten. Der große Horizontalvertikalapparat der Firma C. Zeiss wird mit einer Projektionsröhrenlampe geliefert, die man abwechselnd mit einer geringeren und einer höheren Helligkeit einschalten kann. Erst wird das Präparat bei unterbelasteter Lampe, d. h. bei einem für das Auge angenehmen Licht eingestellt. Dann, zur Einstellung auf die Mattscheibe, dreht man den Schalter um und erhält das volle Licht bei der normalen Belastung der Lampe.

Ein Nachteil der Projektionsröhrenlampen den Punktlichtlampen gegenüber ist darin zu erblicken, daß bei der Form des gewundenen Wolframdrahtes ihre Leuchtfläche geringer ist als bei jenen. Um das Licht der Lampe richtig ausnützen zu können, muß man Sorge dafür tragen, daß die Ebene der Windungen stets der Öffnung des Gehäuses parallel stehe. Der Glaskolben und das dazu passende Gehäuse sind etwas größer als bei den Punktlichtlampen. Sie lassen sich deshalb am Arbeitstisch vor dem Mikroskop nur schwierig unterbringen. Im übrigen ist jedoch ihre Handhabung einfach, sicher und bequem.

36. Die Niedervoltlampen. Diese zu allen Arten der mikroskopischen Beleuchtung sehr geeigneten und in den letzten Jahren allgemein verbreiteten Lichtquellen bestehen in der Hauptsache aus einer sehr dicht aufgewundenen sog. Wendeldrahtlocke, welche beim starken Glühen fast wie eine Leuchtfläche von 2:3 mm Seitenlänge wirkt, mit einer Flächenhelligkeit von 12—22 HK je nach der Belastung. Im allgemeinen verwendet man Glühbirnen für 6 Volt und 5 Amp., die auch bei einer Überlastung bis zu 6 Amp. nicht durchbrennen und für eine Glühlampe ein ungemein starkes Licht liefern. Der Durchmesser der mit Gas gefüllten Glühbirnen ist bedeutend kleiner als die der Punktlicht- oder der Projektionsröhrenlampen; sie haben vielfach die Größe, die man als „Mignon"-Lampe zu bezeichnen pflegt. Dieser Umstand ist zu beachten, wenn man Lampengehäuse mit eingebautem Kollektor für Punktlicht- oder für Halbwattlampen zu den Niedervoltglühbirnen anpassen will. Als Beispiel einer bewährten Mikroskoplampe mit Niedervoltglühbirne sei hier die Universallampe „Monla" der LEITZ-Werke angeführt (Abb. 31). Das sehr handliche Lampengehäuse, senkbar und drehbar auf einem einfachen Stativ untergebracht, ist entweder mit einer im Schneckengang verstellbaren einfachen Beleuchtungslinse (für Mikroskopie) oder mit einer asphärischen Beleuchtungslinse ausgerüstet, die mit Zahn und Trieb genau zur Leuchtfläche eingestellt werden kann. Diese letztere Form eignet sich besonders gut zur Mikrophotographie. Merkwürdigerweise fehlt sowohl hier wie oft auch bei anderen Gehäusen der Niedervoltlampen die Kollektorblende. In dieser Hinsicht ist die Niedervoltlampe der Firma C. REICHERT, Wien, am zweckmäßigsten ausgerüstet, denn diese besteht aus dem früher schon geschilderten Lampengehäuse nach ROMEIS (s. S. 61), einer Niedervoltglühbirne angepaßt.

Abb. 31. Die LEITZ-Universallampe „Monla" mit Niedervolt-Glühbirne.
(Aus Druckschrift: Mikro D Nr. 2464.)

Die Niedervoltlampen sind mit Gleich- und Wechselstrom gleichermaßen gut verwendbar, was ebenfalls ein wesentlicher Vorteil ist. Beim Wechselstrom, wo man Spannung und Stromstärke mit einem kleinen Transformator regeln kann, hat man günstigere Bedingungen als beim Gleichstrom, wo man den zur Lampe gelieferten umfangreichen Widerstand benützen muß. Zumeist kommt man mit einem der Stromspannung angepaßten festen Widerstand gut aus, denn die Lampen haben eine lange Lebensdauer und vertragen mehrere 1000 Brennstunden Belastung auch bei voller Glühstärke. Ein weiterer Vorteil ist, daß sie prompt nach dem Einschalten aufglühen und sehr ruhig und gleichmäßig brennen. Sie eignen sich deshalb zu mikrokinematographischen Zeitrafferaufnahmen von allen Lichtquellen am besten (s. S. 378).

Neben so vielen Vorteilen haben sie jedoch den Punktlichtlampen und noch mehr den Kohlenlampen gegenüber den Nachteil der geringeren Flächenhelligkeit. Abgesehen aber von Momentaufnahmen bei starken Vergrößerungen oder von Dunkelfeldaufnahmen wird man bei jeglicher Art von mikrophotographischen Aufnahmen mit kleinen Vertikalapparaten oder Aufsatzkammern durch die

Niedervoltlampen eine geeignete Beleuchtung in recht einfacher und bequemer Weise erhalten.

37. Die Bandlampen. Für Wechselstrom eignen sich auch die den Niedervoltlampen sehr ähnlichen **Bandlampen** vorzüglich. Sie enthalten in ihrem Glaskolben ein 2 mm breites Band aus Wolfram, dessen mittlerer Teil das intensive helle Licht spendet. Das Brennen der Lampe erfolgt bei einer niedrigen Spannung und einer hohen Stromstärke (17—20 Amp., 6 Volt bei den Lampen von PHILIPS, Eindhoven, und 3 Volt bei denen von OSRAM, Berlin). Um die Lampen dementsprechend einschalten zu können, benutzt man also kleine Transformatoren, die von den Erzeugungsfirmen der Lampen zu beziehen sind. Auch bei den Bandlampen ist es zweckmäßig, einen Schieberwiderstand einzuschalten, um die Belastung der Lampen regeln zu können. Das Licht der Lampe ist außerordentlich hell und gerade für photographische Aufnahmen (selbst für Farbenphotographie) besonders geeignet. Auch sonst zeichnet sich die Lampe durch verschiedene Vorteile aus: sie nimmt wenig Platz in Anspruch, verbraucht wenig Strom und, einmal richtig eingeschaltet, ist ihre Bedienung sehr einfach. Allerdings wird das Band mit der Zeit brüchig und fällt leicht auseinander, wenn die Lampe Erschütterungen ausgesetzt wird. Das tritt dann besonders leicht ein, wenn die Lampe ständig bei voller Belastung brennt. Benützt man den Vorschaltwiderstand und sorgt dafür, daß außer der Belichtungszeit die Lampe nur unterbelastet brennt, so beträgt die Lebensdauer der Bandlampen ebenfalls einige 100 Stunden.

38. Seltener vorkommende Lichtquellen. Außer den hier aufgezählten künstlichen Lichtquellen sind in der Mikrophotographie noch eine Reihe anderer Lichtquellen bekannt (Kalklicht, Zirkonlicht, Azetylenlicht, AUER-Licht usw.), mit denen wir uns jedoch hier nicht eingehender befassen wollen, da sie nur für den Notfall, d. h. dort in Betracht kommen, wo kein elektrisches Licht vorhanden ist. Leider sind die NERNST-Lampen, welche sich in der Mikroskopie und der Mikrophotographie so vorzüglich bewährt haben[1], nicht mehr erhältlich. Dort, wo aus alten Beständen solche Lampen noch vorhanden sind, werden sie auch heute noch dieselben guten Dienste leisten wie die Punktlichtlampen. In Gegenden, wo kein elektrischer Strom zur Verfügung steht, wie das häufig bei Forschungsreisen der Fall sein dürfte, kann man mit Azetylenlampen gut auskommen, obzwar die Flächenhelle viel geringer ist als bei den elektrischen Lampen. Die Zölostaten und Heliostaten, welche in früheren Zeiten eine wichtige Rolle in der Mikrophotographie gespielt haben, werden heute, wo uns lichtstarke künstliche Lichtquellen in großer Auswahl zur Verfügung stehen, nur noch in optischen Versuchslaboratorien benutzt, wo man öfters das hellste Sonnenlicht zu der Aufnahme braucht.

IX. Die Ausführung der Aufnahme mit einer kleinen Vertikalkamera.

Die Vorkehrungen, welche man bei einer mikrophotographischen Aufnahme zu treffen hat, sind der Reihe nach die folgenden: 1. die Erzeugung des mikroskopischen Bildes, 2. die Ausleuchtung des Mattscheibenbildes, 3. die scharfe Einstellung auf der Mattscheibe, 4. die Erzielung der förderlichen Vergrößerung und 5. die Belichtung der photographischen Platte.

39. Das Ausrichten des Mikroskops. Angenommen, daß man zur Aufnahme die Vertikalkamera nach ROMEIS benützt, und daß das Mikroskop an der Grundplatte vorschriftsmäßig befestigt ist, richtet man zunächst die Kamera in der optischen Achse des Mikroskops aus. Man setzt dafür die Manschette mit der Unterfläche nach oben gekehrt auf den Tubus schwenkt die Kamera bis zum Anschlag in die optische Achse, senkt die Vorderwand der Kamera bis

---

[1] GREIL, A. (*1*).

etwa $^1/_2$ cm zum Tubus und klemmt sie in dieser Höhe fest. Nun wird der Rohrstutzen im Schneckengang heruntergedreht, bis seine Öffnung mit dem Rande der Lichtabschlußmanschette zusammenfällt. Stehen die zwei Öffnungen genau konzentrisch, so ist die Zentrierung richtig erzielt: ist aber dieses nicht der Fall, so müssen die Klemmbügel gelockert und das Mikroskop muß so lange verschoben werden, bis die Ränder der Rohrstücke genau zusammenfallen. Dabei muß darauf geachtet werden, daß Fußstück und Anschlag genau in Berührung bleiben. Ist eine Anschlagsleiste vorhanden, so steht das Mikroskop meistens schon zentriert, wenn sein Fußstück in der Anschlagsleiste eingepaßt ist.

Wo die Grundplatte keine Anschlagsleiste hat oder die Aufnahme mit einer improvisierten Vorrichtung erfolgt, zentriert man den Aufnahmeapparat am besten so, daß man das Mikroskop, mit einem schwachen Objektiv ausgerüstet, ohne Okular unter die Kamera stellt, die Kamera bis zum Tubus heruntersenkt und so die ganze Einrichtung durchleuchtet. Man muß auf der Mattscheibe bei gut zentrierter Lage ein kreisrundes beleuchtetes Bildfeld erhalten. Stehen aber Kamera und Mikroskop nicht koaxial, so wird das Bild des Leuchtfeldes vom Rand der Kameraöffnung überschnitten. Im letzteren Fall wird also das Mikroskop so lange hin und her geschoben, bis die Austrittspupille des Objektivs bzw. des ganzen Mikroskops in der Mitte der Mattscheibe abgebildet ist. Dann muß das Mikroskopstativ auf irgendwelche Weise in dieser Stellung festgehalten werden.

Nach Ausrichtung der Kammer kann man beim Apparat von Romeis den Rohrstutzen wieder zurückziehen und die Kamera zur Seite schwenken. Bei anderen Apparaten muß die Vorderwand der Kamera gehoben werden, um in das Mikroskop hineinschauen zu können. Die Lichtschutzmanschette wird nun in richtiger Stellung auf den Tubus aufgesetzt, und man schreitet zur nächsten Etappe: zum Ausleuchten des Mattscheibenbildes.

40. Das Leuchtfeldverfahren nach A. Köhler. Die mikroskopisch-optischen Grundlagen einer förderlichen Beleuchtung sind auf S. 22 und 46ff. schon eingehender geschildert worden. Hier sei kurz wiederholt, daß die Beleuchtung bei einer mikrophotographischen Aufnahme entscheidend beeinflußt wird 1. von dem Abstand zwischen Schirmebene und Ramsdenschem Kreis (der Austrittspupille des Mikroskops) und 2. von der Belichtungszeit, die womöglich kurz bemessen sein soll. Am besten bewährt sich zur Beleuchtung des mikrophotographischen Bildes das von A. Köhler (1) angegebene Leuchtfeldverfahren (1893), welches darin besteht, daß man nicht mit der Lichtquelle selbst, sondern mit ihrem vergrößerten und in die Öffnung des Kondensors projizierten Bild (Leuchtfeld) das Objekt beleuchtet.

a) Der Kollektor. Die vergrößerte Abbildung der Lichtquelle in der unteren (vorderen) Öffnung des Kondensors die gerade in der Ebene der Irisblende liegt, erfolgt durch die Kollektorlinse, welche entweder in das Gehäuse der Lampe fest eingebaut ist oder aber, wie bei den großen Kohlenbogenlampen und den 400-Watt-Lampen, in einer eigenen Fassung vor der Lichtquelle verstellbar aufgestellt wird. Die Fassung der Kollektorlinse ist mit einer Irisblende, der Kollektorblende, ausgerüstet und noch mit einem Schlitz versehen, um eine Mattscheibe oder Kobaltglasscheibe zwischen Linse und Blende (bei der Punktlichtlampe nach Romeis vor der Blende) einschalten zu können. Die ganze Einrichtung, d. h. Linse, Blende und Mattscheibe, wird als Kollektor bezeichnet. Je größer die Apertur der Kollektorlinse ist, um so heller wird das Bild der Lichtquelle in der Öffnung des Kondensors erscheinen; man trachtet also, der Kollektorlinse eine möglichst hohe Apertur zu geben. Dabei muß man jedoch berücksichtigen, daß die Brennweite der Linse derart zu bemessen ist, daß der abzubildende Leuchtkörper, welcher bei den Punktlichtlampen und Projektionsröhrenlampen in einen größeren Glaskolben eingeschlossen ist, in die Nähe des Brennpunkts falle. Mit der hohen Apertur muß also auch eine ziemlich lange Brennweite verbunden sein. Im allgemeinen benützt man Kollektorlinsen von der Apertur 0,4 mit einer Brennweite von 10—15 cm. Natürlicherweise ist die Strahlenvereinigung sehr mangelhaft, solange man als Kollektor eine einfache Linse benützt. Um eine bessere Strahlenvereinigung zu erhalten, pflegt man die Kollektorlinsen mit asphärischen Flächen herzustellen wie die asphärischen Linsen der aplanatischen Kondensoren (ZEISS) oder aus einer Sammellinse und einer Zerstreuungslinse zusammenzubauen, welche zueinander verstellbar sind und dadurch eine ausreichende Korrektion der sphärischen Abweichung gestatten (LEITZ). Solche Kollektoren liefern dann ein sehr lichtstarkes und gleichmäßig ausgeleuchtetes Leuchtfeld je nach der Brennweite des Linsensystems von etwa $1^1/_2$—4 mm Durchmesser.

b) Das Leuchtfeld, mit dem die eigentliche Beleuchtung erfolgt, wird folgendermaßen erzeugt: Man stellt zunächst die Lampe mit ihrem Gehäuse in die entsprechende Höhe und richtet sie so, daß das Licht auf die Spiegelfläche fällt. Sehr vorteilhaft ist es dabei, wenn die Zentrierung der Beleuchtung in einem verdunkelten Raum oder bei gedämpfter Zimmerbeleuchtung vorgenommen wird.

Es ist überhaupt ratsam, mit dem mikrophotographischen Apparat in einem nur schwach beleuchteten Raum zu arbeiten, weil alsdann das Bild an der Mattscheibe heller und schärfer erscheint. Vielfach werden die mikrophotographischen Aufnahmen in Dunkelkammern ausgeführt, was jedoch neben manchen Vorteilen auch seine Nachteile hat. Solche Dunkelkammern eignen sich nämlich nur für Aufnahmen fertiger Präparate, bei denen es nichts mehr zu schaffen gibt. Auch bei diesen wird allerdings oft angenehmer empfunden, wenn man sie im selben Raum, wo sie hergestellt und untersucht werden, auch gleich photographieren kann. Sollen aber frisch hergestellte Präparate mikrophotographiert werden, oder erfordert das Objekt gewisse Vorbereitungen zur Aufnahme, so gestaltet sich die Arbeit im verdunkelten Raum sehr unbequem. Das beste ist also, womöglich bei einer gedämpften Zimmerbeleuchtung zu arbeiten und den mikrophotographischen Apparat an einer Stelle aufzustellen, wo er kein direktes Licht erhält.

Ist die Lampe gut ausgerichtet, so wird an der Spiegelfläche (Planspiegel unter 45^0 geneigt) oder in der Öffnung des Kondensors (bei zugezogener Irisblende auf dieser) das Bild der Lichtquelle erscheinen (Abb. 32). Die Lage und Schärfe dieses Bildes beurteilt man am zweckmäßigsten an einem Stück weißen Papiers, das man auf die Spiegelfläche legt. Ist das Bild nicht scharf genug, so stellt man entweder die Kondensorlinse näher oder weiter auf der optischen Bank oder aber, wo der Kollektor fest sitzt wie bei den Punktlichtlampen, stellt man den Leuchtkörper mit der am Gehäuse dazu angegebenen Einrichtung in den richtigen Brennpunktabstand der Kollektorlinse. Was die Entfernung der Lichtquelle vom Mikroskopspiegel anlangt, so ist im allgemeinen darauf zu achten, daß der kürzeste Abstand eingehalten wird, bei dem zwischen Mikroskop und Lichtquelle die zu der Beleuchtung noch erforderlichen Ausrüstungsgegenstände (Wärmeschutz, Lichtfilter, Zentrierlinsen usw.) bequem unterzubringen sind. Bei Lichtquellen mit geringerer Flächenhelligkeit darf diese Entfernung nur gering sein (bei Punktlichtlampen der Type 2 G z. B. 30—40 cm), bei stärkeren Lichtquellen, wie den Projektionsröhrenlampen und Kohlenbogenlampen, erhält man auch aus einer Entfernung von 1—1,5 m reichliches Licht. In allen Fällen trachte man, die Beleuchtung so zu gestalten, daß man durch Regelung des Kollektorabstandes (s. S. 155) auf der Spiegelfläche das erreichbare hellste und schärfste Bild der Lichtquelle bekommt.

Bei der Abbildung der Lichtquelle auf der Spiegelfläche muß man ohne Mattscheibe arbeiten und die Kollektorblende eng zusammenziehen. Hat man auf diese Weise die Lichtquelle in der Mitte des Spiegels scharf abgebildet, so kann man die Blende wieder öffnen und die Mattscheibe einschalten. Bei sämtlichen künstlichen Lichtquellen erhält man mit der Mattscheibe ein gleichmäßiger

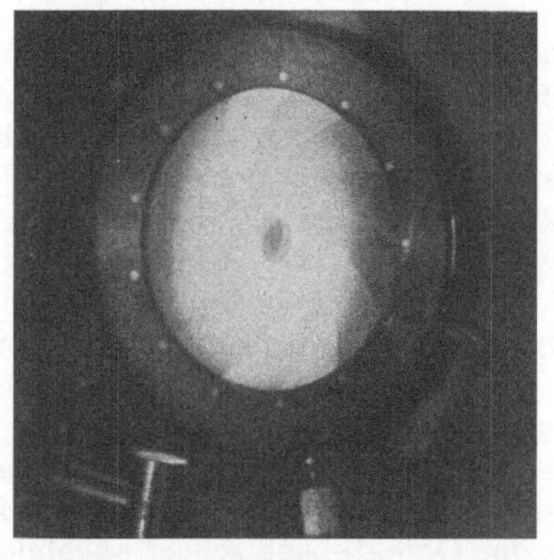

Abb. 32.

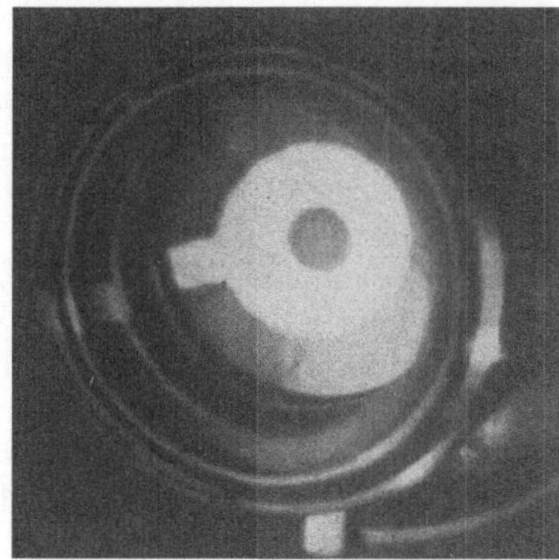

Abb. 33.

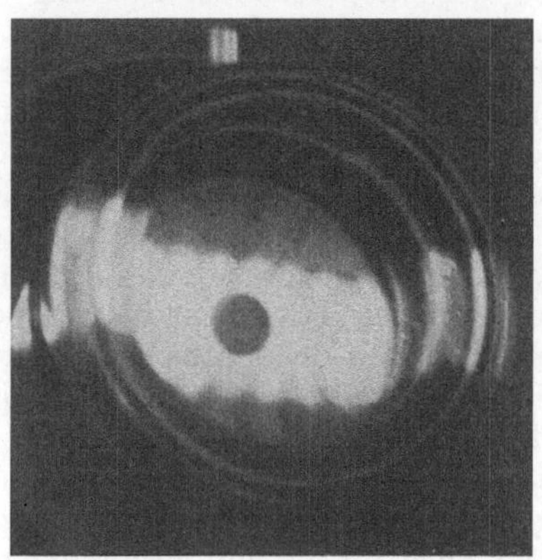

Abb. 34.

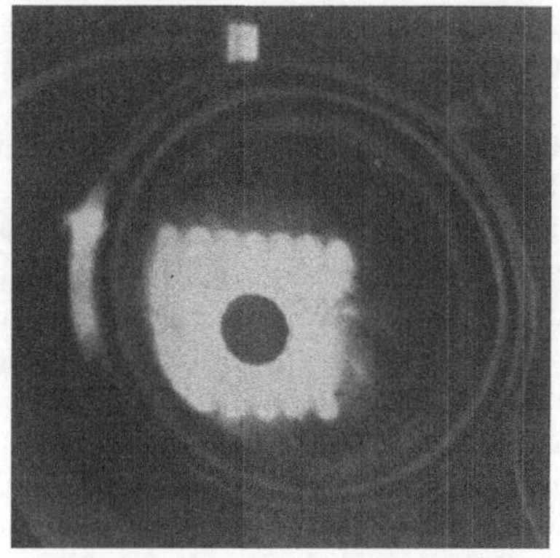

Abb. 35.

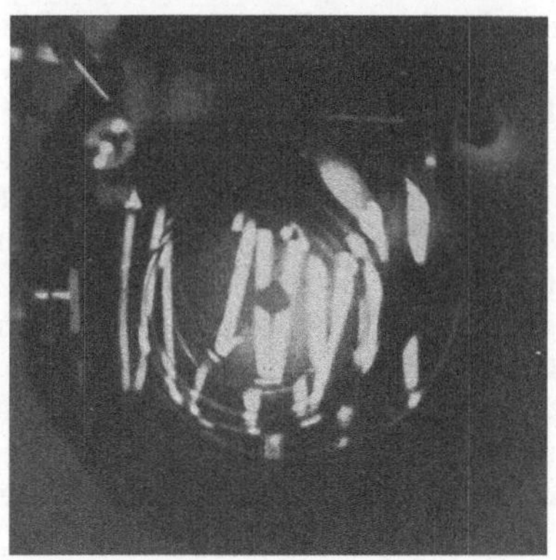

Abb. 36.

Abb. 32—36. Bilder verschiedener Lichtquellen, entworfen von einem Kollektor auf die Irisblende des ABBEschen Beleuchtungsapparates. (Aus HEIM u. SKELL [1, S. 22].)

32: Gleichstrom-Bogenlampe; 33: Punktlicht-Lampe; 34: Niedervolt-Lampe 6 V. 4,3 Amp.; 35: Niedervolt-Lampe 6 V. 5 Amp.; 36: Projektions-Nitralampe.

beleuchtetes Leuchtfeld, als ohne eine solche. Die Leuchtflächen der Bogen- (Kohlen- und Wolfram-) Lampen wie auch der Bandlampen können im großen und ganzen als gleichmäßig hell gelten, und man erhält auch ohne Mattscheibe eine gleichmäßige Beleuchtung, falls die Bildfläche verhältnismäßig klein ist (etwa 4 cm Durchmesser hat). Auch bei diesen Lampen wird die Beleuchtung ausgedehnter Bildflächen gleichmäßiger, wenn eine Mattscheibe vorgeschaltet ist. Bei Glühfadenlampen, so z. B. bei den Projektionsröhrenlampen, besteht aber die Leuchtfläche aus Windungen eines Glühfadens, dessen Bild eine sehr ungleichmäßige Beleuchtung liefert. Hier muß man also stets eine Mattscheibe vorschalten.

In früheren Abschnitten war wiederholt von den Unterschieden die Rede, die bei verschiedenen Vergrößerungen in der Handhabung des Beleuchtungsapparates zu beachten sind. Bei Aufnahmen mit schwachen (30—300fachen) Vergrößerungen benützt man also bekannterweise den Kondensor ohne Frontlinse, bei starken und stärksten Vergrößerungen aber den ganzen aplanatischen oder achromatischen Kondensor. Zunächst stellt man das Leuchtfeld mit einem schwachen Objektiv und einem schwachen Okular (z. B. Zeiss-Obj. 8fach, Ok. 5fach) subjektiv ein. Der Kondensor ohne Frontlinse wird dabei so lange gehoben oder gesenkt, bis man eine gute provisorische Beleuchtung erzielt. Dann prüft man genauer, ob das Leuchtfeld völlig ausgerichtet und scharf abgebildet im Sehfeld liegt. Man zieht dazu die Kollektorblende eng zusammen und bildet ihre Öffnung im Sehfeld ab[1]. Jetzt stellt man vorsichtig den Kondensor so ein, daß der Rand der Kollektorblende möglichst scharf erscheinen soll. Ist das geschehen, so hat man die Lichtquelle bzw. das Leuchtfeld in der Objektebene scharf abgebildet. Öfters wird das Bildchen der Kollektorblende, das Leuchtfeld, nicht ganz in der Mitte des Sehfeldes liegen. Es muß also bei entsprechender Stellung des Spiegels genau in die Mitte gebracht werden. Dann öffnet man die Kollektorblende nach und nach so weit, bis ihr Rand hinter dem Rand des Sehfeldes bzw. dem Rand der Okularblende (Sehfeldblende) verschwindet. Jetzt hat man also die Größe des Leuchtfelds bestimmt und das Sehfeld mit zentriertem Licht gleichmäßig beleuchtet. Dabei hat man selbstverständlich bei gedämpftem Licht gearbeitet mit einer unterbelasteten Lampe oder mit vorgeschaltetem Kobaltglasscheibchen. Will man sich aber von der Beleuchtung des Bildfelds auf der Mattscheibe überzeugen, so verbindet man den Tubus mit der Kamera und prüft die Lage und Helligkeit des Leuchtfeldes auf der Mattscheibe. Liegt das runde Bildfeld etwas asymmetrisch, so läßt es sich mit geringen Verstellungen des Spiegels in die Mitte bringen. Liegt jedoch das Bildfeld stark exzentrisch, so sind Kamera und Mikroskop nicht genügend ausgerichtet; man muß also zunächst das Mikroskop oder die Kamera genauer in die gemeinsame optische Achse stellen und dann mit der Zentrierung der Beleuchtung von vorn anfangen.

c) Der Einfluß der Kondensoren. Hat man einen gewöhnlichen Kondensor benützt, so bemerkt man bald, daß der Rand des Leuchtfeldes selbst bei schwachen Vergrößerungen nicht genügend scharf ist. Erst wenn man die Irisblende eng zusammengezogen hat, erscheint das Leuchtfeld scharf umrandet. Nun wird wiederum die Öffnung der Kollektorblende im Verhältnis zur Irisblende größer sein, als es nötig ist. Der Unterschied ist um so größer, je größer die Apertur des Kondensors und je stärker seine sphärische Aberration ist. Bei schwachen Vergrößerungen werden die Öffnungsfehler des nicht achromatischen Kondensors keine wesentlichen Störungen der Beleuchtung verursachen, da man die Irisblende bei der geringen Apertur der Abbildung ziemlich eng zusammenziehen und dadurch eine genügend scharfe Abbildung des Leuchtfelds erzeugen kann. Sobald man aber zu stärkeren Vergrößerungen übergeht und die volle Apertur des Kondensors ausnützen muß, erhält man infolge der mangelhaften Korrektion keine scharfe Abbildung des Randes der Kollektor-

---

[1] Die Schärfe der Abbildung der Lichtquelle durch den Kollektor kann man dabei so prüfen, daß man die Irisblende ausklappt und ein Blatt weißes Papier knapp unter den Kondensor hält (vgl. Abb. 32—36). Mit einem kleinen Spiegel betrachtet man das Bild der Lichtquelle auf dem Papier und, falls es nicht scharf genug ist, verschiebt man den Kondensor bzw. die Lampe.

blende. Die scharfe Abgrenzung des Bildfeldes ist jedoch das Zeichen dafür, daß die Beleuchtungsstrahlen aus dem Leuchtfeld ohne wesentliche Verluste und bei richtigem Strahlengang zur Bildebene gelangen. Aus diesem Grunde benützt man in der Regel für mikrophotographische Aufnahmen aplanatische oder achromatische Kondensoren (s. S. 51), und zwar bei schwachen Vergrößerungen ohne — bei stärkeren mit Frontlinse. Zu Aufnahmen mit starken und stärksten Apochromaten benützt man vorteilhaft den achromatischen Kondensor mit einer unteren Immersion.

d) **Das Verhältnis der Blendenöffnungen.** Hat man also die entsprechend korrigierten Kondensorsysteme, so weist der Vorgang der Beleuchtung bei stärkeren Vergrößerungen keine wesentlichen Unterschiede gegenüber der Beleuchtung bei schwachen Vergrößerungen auf. (Bezüglich der Verwendung der Brillenkondensoren bei schwächsten Vergrößerungen s. S. 194.) Allerdings wird beim Übergang von einer schwachen zu einer stärkeren Vergrößerung der Kondensor aus seiner Schiebhülse herausgenommen und nach Aufsetzung der Frontlinse in die Schiebhülse wieder eingesetzt. Dabei kann leicht etwas an der Spiegelstellung verändert werden, weshalb die Beleuchtung von neuem geprüft und nötigenfalls wieder ausgerichtet werden muß. Bei stärkeren Vergrößerungen tritt die Rolle der Kollektorblende als Leuchtfeldblende und diejenige der Irisblende als Aperturblende schärfer in Erscheinung. Das Zusammenziehen und das Öffnen der Kollektorblende wird nur die Größe des Leuchtfelds und des ausgeleuchteten Bildfeldes beeinflussen und ohne Einfluß auf die Helligkeit der Beleuchtung

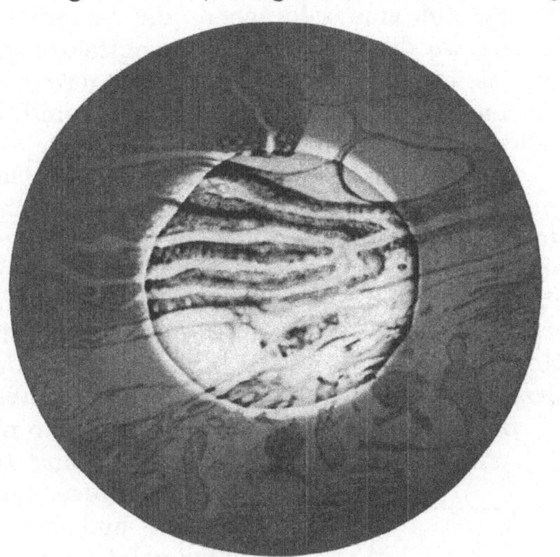

Abb. 37. Die Abbildung der Leuchtfeldblende und des von ihr begrenzten Sehfeldes. Um die ungünstige Wirkung der allzu engen Leuchtfeldblende zu zeigen, war diese bis zum Teilstrich 5 zugezogen, während die Aperturblende (Irisblende des ABBEschen Beleuchtungsapparates) bis zum Teilstrich 20 zugezogen war. Ein ähnliches Bild erhält man, wenn das Objekt-Leuchtfeld im Vergleich zu dem vom Objektiv gelieferten Gesichtsfeld zu gering ist (vgl. S. 55).

bleiben (Abb. 37). Die Änderungen in der Öffnung der Irisblende werden aber die Helligkeit der Beleuchtung beeinflussen, ohne dabei die Größe des Leuchtfeldes bzw. des Bildfeldes zu verändern. Das Gelingen einer mikrophotographischen Aufnahme ist weitgehend von dem richtigen Verhältnis dieser zwei wichtigen Blendenöffnungen abhängig. Für die Öffnung der Irisblende ist vor allem die Deutlichkeit des Mattscheibenbildes maßgebend. Man stellt das Bild bei der förderlichen Vergrößerung auf der Mattscheibe scharf ein (s. S. 88) und zieht dann die Irisblende so weit zu, bis die Grenzlinien überall, d. h. sowohl in der Mitte wie am Rande des Bildes deutlich sichtbar werden. Man wird dabei etwas stärker gezeichnete Bilder vorziehen, als man sie für die subjektive Beobachtung zu erzeugen pflegt. Man hüte sich jedoch, unnötigerweise von der wirksamen Apertur der Beleuchtung zu viel zu opfern und bei einer engeren Irisblende Strukturbilder mit breiten Grenzlinien oder mit Interferenzstreifen hervorzurufen. Die feinen Grenzlinien, die bei weitgeöffneten Beleuchtungsregeln aufzutreten pflegen, sind ebenfalls unerwünscht, da dadurch das photographische Bild trotz richtiger Einstellung und voller Beleuchtung kontrastarm wird. Die Öffnung der Kollektorblende muß jedenfalls der Größe des Sehfeldes angepaßt sein (Abb. 37). Dabei ist zu beachten, daß das Leuchtfeld nicht größer sein darf, als es für die gleichmäßige Beleuchtung des Sehfeldes gerade erforderlich ist (s. S. 78). Die passendste Größe des Leuchtfeldes erhält man, wie schon angegeben, dann, wenn der Rand der Leuchtfeldblende an der Grenze des Sehfelds gerade verschwindet. Ein etwas größeres Leuchtfeld schadet allerdings nichts. Ist aber das Leuchtfeld im Verhältnis zur Apertur der Beleuchtung oder, mit anderen Worten, die Öffnung der Kollektorblende im Verhältnis zur Irisblende sehr groß, so erhält man durch Überstrahlung ein flaues Bild. Ungünstiger ist es noch, wenn die Kollektorblende zu eng zusammengezogen ist, wie es manchmal vorkommt, wenn man die Kollektorblende nicht in der geschilderten Weise im Sehfeld selbst regelt oder aber beim Übergang von einer stärkeren Vergrößerung auf eine schwächere die neuerliche Kontrolle versäumt. In solchen Fällen, wo die Öffnung der Leuchtfeldblende im Verhältnis zur Aperturblende eng ist, erhält man nicht nur eine geringere Helligkeit, sondern auch eine ungleichmäßige Beleuchtung. Die Mitte und der Rand des Bildes erscheinen dann heller, die dazwischenliegende Zone aber dunkler.

41. Die Einstellung des Mattscheibenbildes. Ist das Präparat mit der Linsenfolge, bei der die Aufnahme gemacht werden soll, subjektiv scharf eingestellt, und ist das Verhältnis der Blendenöffnungen geregelt, so muß das volle Licht auf das Mikroskop geworfen und die Kamera mit der Lichtabschlußmanschette zusammengekoppelt werden. Bei Aufnahmen mit Homalen wird dabei verständlicherweise erst das Zwischenstück entfernt und das zum Objektiv passende Homal (s. S. 44) mit dem Paßstück in den Tubus eingesetzt. Bei Homalen sitzt die Lichtabschlußmanschette am Paßstück selbst.

Bei geöffneter Kamera betrachtet man nun das Bild auf der Mattscheibe, um sich von der Helligkeit der Beleuchtung zu überzeugen. Wie schon erwähnt, zentriert man das Leuchtfeld genau auf die Mitte der Mattscheibe und stellt das Mattscheibenbild scharf ein. Sowohl die Helligkeit wie die Schärfe des Bildes ändert sich mit dem Kammerauszug (Abstand zwischen Einstellebene und Mattscheibenebene). Bei ein und derselben Linsenfolge erhält man die günstigsten Verhältnisse bei einem Abstand von 44 cm, bei welchem das Mattscheibenbild ungefähr dieselbe Vergrößerung zeigt, wie man sie bei subjektiver Beobachtung (virtuelles Bild in der deutlichen Sehweite) zu betrachten pflegt. Das Sehfeld auf der Mattscheibe soll nun möglichst so hell erscheinen wie das mikroskopische Bild bei subjektiver Beobachtung. Dieses beurteilt man, wie schon erwähnt, am besten in einem schwach beleuchteten oder verdunkelten Raum und verzichtet auf das übliche dunkle Tuch der Photographen. Einen sehr praktischen Behelf zur Abschirmung der Mattscheibenebene hat neuerdings HEIM (1) angegeben (Abb. 38).

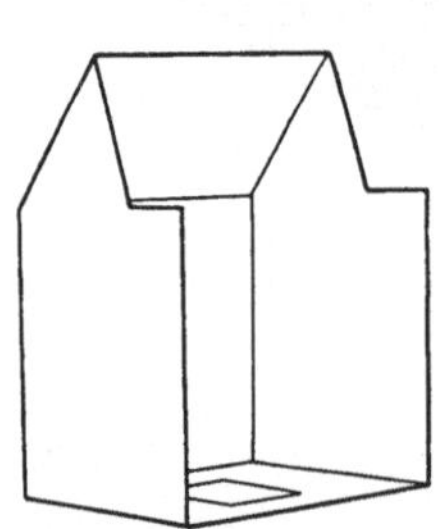

Abb. 38. Kasten aus Pappe zum Ersatz des Dunkeltuches. (Aus HEIM u. SKELL [1, S. 59].)

42. Die förderliche Vergrößerung. Bevor das Mattscheibenbild scharf eingestellt wird, hat man auch zu entscheiden, wie stark das Bild vergrößert werden soll. Der Abbildungsmaßstab des photographischen Bildes wird bei einer konstanten Tubuslänge und bei einer bestimmten Linsenfolge vom Objekt-Bild-Abstand, d. h. vom Kammerauszug (der Kammerlänge), entscheidend beeinflußt. Will man also die von ABBE angegebene förderliche Vergrößerung (s. S. 20) erhalten, so muß man den Kammerauszug der vorhandenen Okularvergrößerung so anpassen, daß der Abbildungsmaßstab auf der Mattscheibe ungefähr dem Fünfhundert- und Tausendfachen der num. Apertur des Objektivs entspricht.

Das Vergrößerungsmaß des Bildes läßt sich am einfachsten mit einem Objektmikrometer bestimmen. Solche Objektmikrometer, die in Form eines mikroskopischen Präparats eine Teilung zeigen, wo die Abstände 1, 0,5, 0,1 oder 0,01 mm bedeuten, werden mit dem Mikroskop auf die Mattscheibe abgebildet, und man mißt dann mit einem Millimetermaßstab die Länge einer bestimmten Anzahl von Teilungsstrichen. Sei z. B. die Länge von zehn Teilstrichen im Bild 10 mm, und weiß man, daß in Wirklichkeit der Strichabstand des Objektmikrometers 0,01 mm ist, so hat man eine hundertfache Vergrößerung vor sich. Im allgemeinen kommt man in den meisten Fällen mit einem Objektmikrometer aus, dessen Strichabstand 0,01 mm (10 μ) ist. Werden jedoch öfters Aufnahmen bei ganz schwachen Vergrößerungen gemacht, so ist es vorteilhaft, wenn das Objektmikrometer eine gröbere Teilung (Strichabstand 0,5 oder 0,1 mm) aufweist. Die Ausmessung auf der Mattscheibe erfolgt am besten mit einem Maßstab oder einem Meßband, das in seiner ganzen Länge glatt der Mattscheibe aufliegt. Bei der Ablesung schaut man senkrecht auf die Teilungen, um parallaktische Verschiebungen zu vermeiden. Gut eignen sich zu einer solchen Ablesung die Maßstäbe aus Spiegelglas oder die Maßstreifen aus Papier von SCHLEICHER und SCHÜLL.

Die entscheidende Frage ist nun, ob der erhaltene Abbildungsmaßstab der förderlichen Vergrößerung entspricht. Bei der subjektiven Beobachtung pflegt man diejenige Linsenfolge zu benützen, welche bei 160 mm Tubuslänge die förderliche Vergrößerung liefert. Behält man aber diese Linsenfolge auch bei der Aufnahme und benützt man eine größere Kameralänge als 45 cm, so wird verständlicherweise an der Mattscheibe die förderliche Vergrößerung mehr oder weniger überschritten. Man muß demnach zwischen zwei Verfahren wählen: entweder erzielt man die Bildvergrößerung mit dem Okular und stellt die Kamera so auf, daß das Mattscheibenbild ungefähr die Vergrößerung hat wie das subjektiv beobachtete, oder aber man benützt ein schwächeres Okular und erzeugt die förderliche Vergrößerung durch den Kammerauszug erst auf der Mattscheibe.

Bei jeder Bildvergrößerung mit dem Kammerauszug ist zu beachten, daß die stärkste und schärfste Vergrößerung, welche man rein durch die Verlängerung des Balges erzielen kann, bei den kleinen Balgkammern sich ungefähr so verhalten wie 3 : 1 (beim Apparat von ROMEIS nur ungefähr wie 2 : 1). Um also das im Mikroskop subjektiv beobachtete Bild auf das Doppelte zu vergrößern, muß man schon mit einem ziemlich langen Auszug arbeiten, was die scharfe Einstellung auf der Mattscheibe und sonstige Manipulationen am Mikroskop recht unbequem gestaltet. Auch werden die Bildschärfe und die Helligkeit durch eine Bildvergrößerung, welche rein mit dem Kammerauszug erzielt sind, ungünstiger beeinflußt als bei derselben Vergrößerung mit einem stärkeren Okular. Bei schwachen und mittelstarken Objektiven, die sehr lichtstarke Bilder erzeugen und mit denen man Übersichtsbilder in einem großen Gesichtsfeld aufzunehmen pflegt, läßt sich die förderliche Vergrößerung in der Hauptsache mit dem Kammerauszug herstellen. Bei starken Trockensystemen und Immersions linsen ist es jedoch zweckmäßiger, die Bildvergrößerung in der Hauptsache mit starken Okularen herzustellen und einen kurzen Auszug zu benützen. Dabei erhält man ein kleineres Bildfeld, in dessen Mitte aber die Abbildung besonders scharf ist.

Speziellen Verhältnissen begegnet man bei der Benützung von Homalen. Wie erinnerlich, besitzen die verschiedenen Typen dieser für die Mikrophotographie besonders geeigneten Okulare dieselbe Brennweite (2 cm) und dementsprechend auch dieselbe 12,5fache Lupenvergrößerung. Arbeitet man also mit Homalen, so erhält man stets denselben Grad der Okularvergrößerung, und erst durch den Kammerauszug wird die förderliche Vergrößerung erzielt. Mit den Homalen braucht man auch bei einem längeren Auszug keine Verschlechterung der Bildschärfe zu befürchten, denn die Bildfeldkrümmung wird durch sie ausgeglichen. Ähnliche Vorteile hat man auch von den periplanatischen und komplanatischen Okularen.

In welcher Weise man auch die gewünschte Bildvergrößerung erzeugt, wird es sich stets als nützlich erweisen, wenn man das mikrophotographische Bild etwas stärker vergrößert, als man das mikroskopische Bild subjektiv zu betrachten pflegt. Am besten wirken die Lichtbilder, wenn sie etwa anderthalbmal stärker vergrößert sind als das subjektiv beobachtete mikroskopische Bild. Hat man z. B. von einem Objekt ein 100 fach vergrößertes Bild im Mikroskop subjektiv beobachtet, so wird man am ehesten denselben Eindruck von seinem Lichtbild erhalten, wenn dieses das Objekt bei 150 facher Vergrößerung wiedergibt. Der Grund dafür liegt wahrscheinlich darin, daß man bei der subjektiven Beobachtung unmittelbar die Lichtstrahlen, welche von der Struktur ausgegangen sind, mit dem Auge empfängt. Man wird dabei die Auflösung der Struktur schon bei einer geringeren Bildvergrößerung wahrnehmen, da das Bild gewissermaßen selbst leuchtet und daher gut hell erscheint. Diese Lichtwirkung wird man natürlich von keiner noch so gut gelungenen Mikrophotographie erhalten, außer von Glasbildern, die stark durchleuchtet sind. Betrachtet man also eine Mikrophotographie auf Papier bei zerstreutem Licht aus der deutlichen Sehweite, so wird man bei derselben Vergrößerung weniger Einzelheiten wahrnehmen, als solche im Mikroskopbild sichtbar wurden. Die Auflösung der Struktur ist richtig vorhanden, denn betrachtet man es näher oder mit einer schwachen Lupe, so erkennt man darin alle Strukturen, die man subjektiv beobachtet hat. Die förderliche Vergrößerung, bei der die aufgelöste Struktur gut sichtbar wird, ist aber nicht erreicht worden, obzwar man für das subjektive Bild die förderliche Vergrößerung richtig erzielt hatte. Man soll stets dessen bewußt sein, daß das photographische Bild, sofern es kein Glasbild ist, nur ein objektähnliches Produkt der Lichtwirkung darstellt und nicht die Lichtwirkung selbst wiederholen kann, welche bei subjektiver Beobachtung vom Objekt auf das Auge ausgeübt wird. Wie weit man in diesem Bild aus der deutlichen Sehweite dasselbe erblicken wird, was man subjektiv beobachtet hat, hängt sehr stark davon ab, bei welcher Beleuchtung man die Photographie betrachtet. Je größer der Unterschied ist zwischen der mikroskopischen Beleuchtung und jener, bei der man die Photographie betrachtet, um so deutlicher müssen die Kontraste in der Photographie hervortreten, desto klarer müssen die Struktureinzelheiten voneinander getrennt sein, damit man denselben Eindruck erhalte wie vom subjektiven mikroskopischen Bild.

Durch Kombination der Linsenfolgen mit verschiedenen Kammerlängen erhält man eine reiche Auswahl von Vergrößerungen, unter denen dann die günstigste zu bestimmen ist. In Wirklichkeit wird man sich mit einigen gut bewährten Linsenfolgen und den dazu passenden Kammerlängen für schwache, mittelstarke und stärkste Vergrößerungen begnügen. Unter den ZEISS-Objektiven eignen sich gut für schwache Vergrößerungen der Achromat aa (6 fach), für mittelstarke der Achromat A (8 fach) und D (40 fach), für starke Vergrößerungen das Fluoritsystem hom. Imm. $^1/_{12}$ Fl (100 fach), mit den periplanatischen Okularen 8 fach und 12 fach (LEITZ) bzw. mit den entsprechenden Homalen I, III und IV. Dieselbe Vergrößerungsreihe erhält man bei höheren Aperturen mit den Apochromaten 30, 16 und 4 mm (Korrektionsfassung) und mit den hom. Imm. Apochromat 2 mm (Einzelvergrößerung 90 fach, num. Ap. 1, 3) oder dem Arbeitssystem 90 fach (frühere Bezeichnung $^1/_{12}$). Für mittelstarke Vergrößerungen eignet sich vor allem der Halbapochromat 50 fach ($^1/_7$), den man vorteilhaft an Stelle des Trockensystems D oder des Apochromats 4 mm benützen kann. Ein besonderer Vorteil dieser eigens für mikrophotographische Arbeiten gebauten Immersionslinse ist die mit einem großen, freien Arbeitsabstand (0,40 mm) verbundene hohe Apertur (0,85). Dazu kommen noch die Vorteile der homogenen Immersion. Eine gerade für die mikrophotographische Aufnahme sehr wertvolle Eigenschaft der Linse ist ferner ihre im Vergleich zum Trockenapochromat 4 mm größere Tiefenschärfe[1].

Was die Okulare anbelangt, empfiehlt es sich, nur Homale oder periplanatische bzw. komplanatische Okulare zu benützen (s. S. 43). Dort, wo man mit Apochromaten die Aufnahme ausführt und die Vorteile dieser Objektive restlos ausnützen will, wählt man statt der Kompensationsokulare die Homale. Es sei jedoch betont, daß die periplanatischen Okulare von LEITZ auch mit den Apochromaten gut zu gebrauchen sind, und zwar eignen sich dazu am besten die Okulare 8fach und 12fach. Die volle Leistung der ZEISSschen Immersionsapochromaten 2 mm und 1 1/2 mm erhält man in der Mikrophotographie immerhin in bester Form mit dem Homal IV. Für schwächere Achromate (z. B. ZEISS-Obj. 8fach und 20fach) eignen sich wiederum die komplanatischen (WINKEL) oder periplanatischen (LEITZ) Okulare besser, da sie keine den Apochromaten angepaßte Überkorrektion aufweisen wie die Homale. Auch bei den schwächsten Apochromaten (ZEISS-Obj. 5fach, Apochromate von WINKEL 40 und 24 mm) erhält man bessere Resultate mit periplanatischen Okularen (ROMEIS [1, S. 425]). Die um 2 cm kürzere Tubuslänge, die man bei der Benutzung der Homale erhält (140 statt 160 mm[2]) hat für die Bildvergrößerung keine weitere Bedeutung.

Abgesehen von den Homalen pflegt man das Bild zunächst bei einer Tubuslänge von 160 mm einzustellen wie sonst in der Mikroskopie. Bekanntlich fällt das Zwischenbild bei dieser Tubuslänge in den Brennpunkt des Okulars, und das so erzeugte mikroskopische Bild wird demzufolge virtuell. Um nun ein reelles Bild auf der Mattscheibe zu erzielen, muß man den vorderen Brennpunkt des Okulars vom Zwischenbild um eine Kleinigkeit weiter abrücken, d. h. man zieht den inneren Tubus um 1—2 mm heraus. Selbstverständlich darf auch die Kamera nicht früher mit dem Mikroskop verbunden werden, bis das Mattscheibenbild auf diese Weise annähernd scharf eingestellt worden ist.

Bei schwachen Okularen soll das Mattscheibenbild stets so annähernd scharf eingestellt werden. Nur zur letzten Schärfe benütze man dann die Mikrometerschraube. Bei stärkeren Okularen, welche der Korrektion der Objektive streng angepaßt sind, ist es dagegen ratsamer, die scharfe Einstellung in der Hauptsache mit der Mikrometerschraube zu erzielen, damit der für die Güte der Strahlenvereinigung wichtige Abstand zwischen Objektiv und Okular nicht geändert werde. Mit den sog. Projektionsokularen (s. S. 45) kann man das reelle Bild auf der Mattscheibe ohne Änderung der Tubuslänge in bequemer Weise erzielen. Besonders angenehm gestaltet sich die Arbeit mit den photographischen Okularen der Firma WINKEL, welche nach dem Prinzip der Projektionsokulare hergestellt sind (Abb. 16). Sie liefern durch Verstellung der verschiebbaren Augenlinse ein scharfes reelles Bild, das jedoch auf die Bildfeldkrümmung nicht korrigiert ist.

---

[1] Eine ähnliche Zusammenstellung erhält man mit den LEITZ-Objektiven: Achromat 2, 3, 6 und hom. Imm. 1/12a oder den Apochromaten 16, 4 und 2 mm (hom. Imm.). Dem ZEISSschen Immersionsachromat 1/7 entspricht das Fluoritsystem hom. Imm. 1/7a von LEITZ. Bei Objektiven der Firma REICHERT benützt man am besten Achromat 2, 3, 6 (gleichgültig, ob a oder b) und hom. Imm. 18 a 1/12 bzw. die Apochromate von derselben Bezeichnung wie bei den ZEISS- und LEITZ-Objektiven. Dem Immersionsachromat 1/7 von ZEISS dürfte unter den Objektiven von REICHERT die Öl-Immersionslinse 15 1/8 am nächsten kommen.

[2] Beim Homal 7 cm Brennweite nur 137 mm.

Hat man die gewünschte Vergrößerung auf der Mattscheibe erzielt, so muß der Objekt-Bild-Abstand festgestellt werden, damit man die Kammerlänge für eine bestimmte Vergrößerung bei ein und derselben Linsenfolge kennt. Dort, wo die Laufstange keine Teilung aufweist, erhält man sichere Angaben über den Kammerauszug, wenn man die Entfernung zwischen Objekt und Mattscheibe bestimmt. Bei Apparaten, wo die Laufstange mit einer Teilung versehen ist (mit dem Nullpunkt in der Ebene des Mikroskoptisches) genügt es, die Lage der oberen Gleithülse abzulesen, vorausgesetzt, daß man immer mit ein und demselben Stativ und mit Präparaten der üblichen Form zu tun hat. Ist das aber nicht der Fall, und sind z. B. Unterschiede in der Höhe des Mikroskoptisches oder der Präparate vorhanden, so muß man erst die Höhenlage der Tischebene oder des Präparates feststellen und dann von diesem Punkt aus die Stellung der oberen Gleithülse ablesen[1]. Wo die Laufstange keine Teilung besitzt, muß man den Objekt-Bild-Abstand mit einem Meßstab unmittelbar ausmessen.

Tabelle 12. Die mikrophotographische Bildvergrößerung
(Nach B. Romeis aus

Achromatische Objektive.

Objektiv[2]	Okular	Auszug[3]	Vergrößerung	Beleuchtungssystem
Achromat aa: 0,17 numerische Apertur, 26 mm Brennweite (neue Bezeichnung: Achromat 6, 0,17 numerische Apertur, 23,5 mm Brennweite)	Periplanat. Okular 8 ×	40 50 60	27,7 46,5 65,5	Kondensor ohne Front[4]
	Periplanat. Okular 12 ×	40 50 60	42 69 97	Desgl.
	Homal I	40 50 60	61 91 120	Desgl.
Achromat A: 0,20 numerische Apertur, 15 mm Brennweite (neue Bezeichnung: Achromat 8, 0,20 numerische Apertur, 18 mm Brennweite)	Periplanat. Okular 8 ×	40 50 60	52,5 85 117	Kondensor ohne Front[4]
	Periplanat. Okular 12 ×	40 50 60	78,5 125 172	Desgl.
	Homal I	40 50 60	113 164 213	Desgl.

[1] Beim Ablesen der Tischhöhe oder der Objekthöhe bedient man sich eines *T*-Lineals. Die Schichthöhe der üblichen mikroskopischen Präparate zwischen Objektträger und Deckglas kann bei der Feststellung des Objekt-Bild-Abstandes vernachlässigt werden. Bei Präparaten jedoch, wo die Einstellebene um $1/_2$ cm oder noch höher steht als die Tischebene des Mikroskopstativs (z. B. feste Körper bei Untersuchungen in auffallendem Licht oder mit dem Polarisationsmikroskop), muß der Objektbildabstand stets von der oberen Fläche des Objekts gemessen werden.

[2] Den Tabellen wurden die Zeissschen Objektive zugrunde gelegt; ob in der neuen oder in der älteren Fassung, ist daraus ersichtlich, daß der zur Messung verwendete Typus jeweils an der Spitze steht, während der entsprechende andere in Klammern gesetzt wurde. Die Unterscheidung war nötig, da sich die neuen Objektive in ihrer Brennweite von den älteren in einzelnen Fällen etwas unterscheiden.

Man zieht dazu die Mattscheibe zur Hälfte aus dem Rahmen heraus, öffnet den Verschluß der Kamera und entfernt die Linse aus dem Tubus (man kann auch den ganzen Tubus vom Stativ entfernen). Jetzt wird ein Maßstab durch die Kamera auf das Präparat gestellt mit dem Nullpunkt am Objekt, und so liest man am Maßstab die Entfernung bis zur oberen Fläche des Mattscheibenrahmens ab. Von dieser Zahl muß man noch die Hälfte der Dicke des Mattscheibenrahmens abziehen. Da es ziemlich zeitraubend ist, für alle in Betracht kommenden Vergrößerungen den Objekt-Bild-Abstand in dieser Weise zu ermitteln, so ist es praktischer, die Messung bei der höchsten Stellung der Mattscheibe vorzunehmen — wo die obere Gleithülse ganz am oberen Ende der Laufstange steht — und dann bei kürzeren Kammerauszügen von diesem Wert die Differenz bis zum oberen Ende der Laufstange abzuziehen.

Linsenfolge und Kammerlänge, bei denen die Aufnahme erfolgt ist, sollten nach jeder Aufnahme aufgeschrieben werden, um dasselbe Vergrößerungsmaß immer wieder leicht herstellen zu können. Eine recht praktische Zusammenstellung von Linsenfolgen und Kammerlängen für verschiedene Vergrößerungsmaße findet der Leser untenstehend in den von B. ROMEIS (*1*) stammenden Tabellen.

bei verschiedenen Linsenfolgen und Kammerlängen.
ROMEIS [*1*, S. 426—427].)

Apochromatische Objektive.

Objektiv	Okular	Auszug	Vergrößerung	Beleuchtungssystem
Apochromat 5 mm: 0,15 numerische Apertur, 30 mm Brennweite	Periplanat. Okular 8 ×	40 50 60	23 39 56	Kondensor ohne Front[4]
	Periplanat. Okular 12 ×	40 50 60	34,5 58,5 82	Desgl.
	Homal I	40 50 60	51,5 77 103	Desgl.
Apochromat 16 mm: 0,3 numerische Apertur, 16 mm Brennweite (neue Bezeichnung: Apochromat 10, 0,3 numerische Apertur, 16,2 mm Brennweite)	Periplanat. Okular 8 ×	40 50 60	57,5 94 130	Kondensor ohne Front[4]
	Periplanat. Okular 12 ×	40 50 60	86,5 138 190	Desgl.
	Homal I	40 50 60	124 180 237	Desgl.

Bei Verwendung von Objektiven anderer Firmen läßt sich aus einem Vergleich der Brennweiten ohne weiteres erkennen, wieweit die in der Tabelle angegebenen Vergrößerungszahlen auch für diese zutreffen.

[3] Die hier angegebenen Werte beziehen sich auf die Maßstabteilung der Laufstange. Sie besagen, daß die Gleithülse des Mattscheibenrahmens so eingestellt wurde, daß die untere Fläche der Mattscheibe in gleicher Höhe mit dem Teilungsstrich 40, 50 oder 60 der Laufstange lag. Der absolute Wert hängt natürlich von der Objekttischhöhe des verwendeten Mikroskopes ab. Im vorliegenden Fall war die Entfernung zwischen Objekt und Mattscheibe bei Auszug 40, 50 oder 60 gleich 37,5 cm, 47,5 cm bzw. 57,5 cm.

[4] Bei Verwendung eines achromatischen Kondensors muß am Blendenträger des Beleuchtungsapparates eine „Korrektionslinse" angebracht werden.

Tabelle 12

Achromatische Objektive.

Objektiv	Okular	Auszug	Vergrößerung	Beleuchtungssystem
Achromat C: 0,40 numerische Apertur, 7 mm Brennweite (neue Bezeichnung: Achromat 20, 0,4 numerische Apertur, 8,3 mm Brennweite)	Periplanat. Okular 8 ×	40 50 60	118 190 262	Kondensor ohne Front[1]
	Periplanat. Okular 10 ×	40 50 60	177 280 385	Desgl.
	Homal I	40 50 60	250 362 475	Desgl.
Achromat D: 0,65 numerische Apertur, 4,2 mm Brennweite (neue Bezeichnung: Achromat 40, 0,65 numerische Apertur, 4,4 mm Brennweite)	Periplanat. Okular 8 ×	40 50 60	212 345 475	Voller Kondensor
	Periplanat. Okular 12 ×	40 50 60	315 500 695	Desgl.
	Homal III	40 50 60	430 625 820	Desgl.
Achromat E[2]: 0,90 numerische Apertur, 2,8 mm Brennweite (neue Bezeichnung: Achromat 60, 0,90 numerische Apertur, 2,9 mm Brennweite)	Periplanat. Okular 8 ×	40 50 60	340 540 740	Voller Kondensor mit Immersion
	Periplanat. Okular 12 ×	40 50 60	500 790 1080	Desgl.
	Homal III	40 50 60	680 980 1270	Desgl.
Homogene Ölimmersion $^1/_{12}$-*Fl.:* 1,13 numerische Apertur, 1,8 mm Brennweite (neue Bezeichnung: H.I.Achromat 100, 1,30 numerische Apertur, 1,8 mm Brennweite)	Periplanat. Okular 8 ×	40 50 60	510 830 1140	Voller Kondensor mit Immersion
	Periplanat. Okular 12 ×	40 50 60	770 1220 1670	Desgl.
	Homal IV	40 50 60	1070 1560 2050	Desgl.

Die Kammerlänge zu einer bestimmten Vergrößerung läßt sich auch nach einem von A. Köhler (*8*, S. 1719) angegebenen Verfahren im voraus ermitteln, wenn man die Vergrößerung bei ein und derselben Linsenfolge mit dem längsten und dem kürzesten Kameraauszug kennt. Sei der Abstand vom oberen Ende der Laufstange bis zur Mattscheibenebene l_1 beim kürzesten und l_2 beim längsten Kamerazauszug, so gilt die Gleichung:

$$l_1 - l_2 = f \cdot (N_2 - N_1), \tag{10}$$

wo f die Brennweite des ganzen Mikroskops, N_1 die geringste und N_2 die stärkste Vergrößerung bei derselben Linsenfolge bedeuten. Bei Apparaten, deren Laufstangen mit einer Teilung versehen sind, erhält man mit der an der Teilung abgelesenen Zahl unmittelbar den Objekt-Bild-Abstand m_1 bzw. m_2, wobei zu

---

[1] Siehe Fußnote 4, S. 85.   [2] Mit Korrektionsfassung.

(Fortsetzung).

Apochromatische Objektive.

Objektiv	Okular	Auszug	Vergrößerung	Beleuchtungssystem
Apochromat 8 mm: 0,65 numerische Apertur 8 mm Brennweite (neue Bezeichnung: Apochromat 20, 0,65 numerische Apertur, 8,3 mm Brennweite)	Periplanat. Okular 8 ×	40 50 60	110 181 250	Voller Kondensor
	Periplanat. Okular 12 ×	40 50 60	165 266 365	Desgl.
	Homal III	40 50 60	226 330 435	Desgl.
Apochromat 4 mm²: 0,95 numerische Apertur, 4 mm Brennweite (neue Bezeichnung: Apochromat 40, 0,95 numerische Apertur, 4,3 mm Brennweite)	Periplanat. Okular 8 ×	40 50 60	217 355 495	Voller Kondensor
	Periplanat. Okular 12 ×	40 50 60	325 520 720	Desgl.
	Homal III	40 50 60	450 650 850	Desgl.
Apochromat 60²: 0,95 numerische Apertur, 2,9 mm Brennweite (alte Bezeichnung: Apochromat 3 mm; 0,95 numerische Apertur)	Periplanat. Okular 8 ×	40 50 60	320 510 710	Voller Kondensor mit Immersion
	Periplanat. Okular 12 ×	40 50 60	470 750 1040	Desgl.
	Homal III	40 50 60	640 940 1220	Desgl.
Homogene Ölimmersion, Apochromat 3 mm: 1,4 numerische Apertur (neue Bezeichnung: H. Ö. Apochromat 60, 1,4 numerische Apertur, 2,9 mm Brennweite)	Periplanat. Okular 8 ×	40 50 60	315 510 705	Voller Kondensor mit Immersion
	Periplanat. Okular 12 ×	40 50 60	480 750 1030	Desgl.
	Homal IV	40 50 60	660 960 1270	Desgl.

bemerken ist, daß $l_1 = s - m_1$ und $l_2 = s - m_2$ ist, wenn s die Länge der Laufstange bedeutet. Den Wert von f erhält man entweder aus der Gleichung:

$$f = \frac{f_1 \cdot f_2}{\varDelta}, \qquad (11)$$

wo f_1 die Brennweite des Objektivs und f_2 die des Okulars darstellt (s. S. 14), oder noch einfacher aus der Gleichung:

$$f = \frac{l_1 - l_2}{N_2 - N_1} \text{ bzw. } \frac{m_2 - m_1}{N_2 - N_1}. \qquad (12)$$

Soll nun aus den bekannten Werten für den kürzesten und längsten Kameraauszug die Kameralänge für eine Zwischenstufe, z. B. für die Vergrößerung N_3 ermittelt werden, so errechnet man diese aus der Gleichung:

$$l_1 - l_3 = f \cdot (N_3 - N_1) \text{ bzw. } m_3 - m_1 = f \cdot (N_3 - N_1). \qquad (13)$$

Der Sicherheit halber empfiehlt es sich, dieselbe Rechnung auch mit einer zweiten Gleichung durchzuführen:

$$l_3 - l_2 = f \cdot (N_2 - N_3) \quad \text{bzw.} \quad m_2 - m_3 = f \cdot (N_2 - N_3). \tag{14}$$

Da bei den in runden ganzen Zahlen angegebenen Werten von f und N Abweichungen zwischen den Resultaten nach Gl. (13) und Gl. (14) häufig vorkommen, wählt man das mathematische Mittel für den Wert von l_3 bzw. m_3.

Sei z. B. bei der Linsenfolge: ZEISS-Achromat 8fach, periplanat. Okular 12fach mit dem kürzesten Kameraauszug $m_1 = 40$ cm ($l_1 = 60$ cm) die Vergrößerung $(N_1) = 78$fach; mit dem längsten Kameraauszug $m_2 = 60$ cm ($l_2 = 40$ cm) die Vergrößerung $(N_2) = 172$fach, so erfolgt die Berechnung der Kameralänge (l_3) für eine Vergrößerung (N_3) von 125fach folgendermaßen:

$$60 - l_3 = f \cdot (125 - 78)$$

$$f = \frac{l_1 - l_2}{N_2 - N_1} = \frac{60 - 40}{172 - 78} = 20 : 94 = 0,21 \text{ cm}$$

$$l_3 = 60 - (0,21 \cdot 47) = 60 - 9,9 = 50,1 \tag{15}$$

oder, falls man statt l_1 und l_3 die Werte von m_1 und m_3 einsetzt:

$$m_3 - 40 = f \cdot (125 - 78) = 0,21 \cdot 47$$

$$m_3 = 9,9 + 40 = 49,9. \tag{16}$$

Nach der Gl. (14) ergibt sich dann folgendes Resultat:

$$l_3 - 40 = f \cdot (172 - 125) = 0,21 \cdot (47) = 9,9$$

$$l_3 = 40 + 9,9 = 49,9 \tag{17}$$

oder

$$m_2 - m_3 = 60 - m_3 = f \cdot (172 - 125) = 0,21 \cdot (47) = 9,9$$

$$m_3 = 60 - 9,9 = 50,1. \tag{18}$$

Wir sehen, daß die Ergebnisse bei den Gl. (15) und (18) wie auch bei (16) und (17) vollkommen übereinstimmen, zwischen den Gleichungspaaren jedoch eine Differenz von 0,2 vorhanden ist. Der Unterschied läßt sich gut erklären mit der Vernachlässigung von Bruchteilen bei der Ablesung von m_1 und m_2. Man nimmt daher als Kameralänge für die Vergrößerung 125fach (bei Objektiv 8fach und Okular 12fach) den Mittelwert $= 50$ cm (vgl. Tabelle 12).

43. Die scharfe Einstellung. Die endgültige Einstellung erfolgt erst, wenn man die förderliche Vergrößerung bzw. die für die Aufnahme günstige Vergrößerung mit dem Kammerauszug festgelegt hat. Es ist vorteilhaft, das Bild zuerst beim kürzesten Kammerauszug auf der Mattscheibe scharf einzustellen und erst dann den Balg weiter auszuziehen, denn nur so kann man richtig beurteilen, wieweit die Bildhelligkeit und -schärfe sich bei längeren Kammerauszügen ändern.

Leichtbegreiflicherweise ist die Güte der photographischen Aufnahme in hohem Maße davon abhängig, wieweit es gelungen ist, das Mattscheibenbild scharf einzustellen. Hierbei sei zunächst bemerkt, daß eine genügend scharfe Einstellung auf der Mattscheibe nur bei stark lichtbrechenden oder gefärbten Objekten (fixierten und gefärbten Präparaten) und auch bei diesen nur bis zu mittelstarken Vergrößerungen (etwa bis 300fach) erreicht werden kann. Die Körnelung der Mattscheiben läßt bei feineren Strukturen und bei stärkeren Vergrößerungen keine vollkommen scharfe Einstellung zu. Will man aber gerade in solchen Fällen eine richtige Bildschärfe erzielen, so muß man entweder die

Einstellupe oder, falls man auf die Mattscheibe angewiesen ist, das Verfahren der „pendelnden Scheibe" (von A. Köhler [*8*, S. 1710] angegeben) benützen.

Dieses besteht darin, daß man die Mattscheibe aus ihrem Rahmen einige Millimeter hinauszieht und während der Beobachtung rasch hin und her bewegt. Während dieses Pendelns verschwindet das Korn der Mattscheibe fast vollkommen, und das Bild kann scharf eingestellt werden. Übersichtsbilder bei mittleren Vergrößerungen lassen sich so recht gut einstellen, für sehr zarte Strukturfeinheiten ist jedoch das Verfahren nicht geeignet, da das Bewegen der Scheibe die Aufmerksamkeit des Forschers vom Bilde ablenkt. Auch die Betätigung der Mikrometerschraube ist etwas unbequem, wenn man inzwischen mit der anderen Hand die Mattscheibe hin und her bewegen muß.

Das Bild auf der Mattscheibe muß aus der deutlichen Sehweite, nicht zu nahe der Mattscheibe, betrachtet werden, und zwar möglichst so, daß man mit einem Blick das ganze Bild aufnehmen kann. Um die Bildschärfe richtig beurteilen zu können, muß die Blickrichtung in die optische Achse des Mikroskops fallen, sonst kann man sich leicht täuschen, besonders was die Helligkeit der Randteile anbelangt. Bei Übersichtsbildern wird am besten eine Einstellung gewählt, bei der die Bildschärfe überall, sowohl in der Mitte wie am Rande, gleich ist. Da die dazu gebräuchlichen Objektive eine verhältnismäßig große Tiefenschärfe haben, gelingt es mit den Homalen und periplanatischen (komplanatischen) Okularen mühelos, die gleiche gute Bildschärfe überall zu erhalten. Bei starken Vergrößerungen wird ein gleichmäßig scharfes Bild nur selten zu erhalten sein. Wieweit man ein solches überhaupt erzielen kann, hängt von Fall zu Fall von der Tiefenschärfe des Objektivs und der Beschaffenheit des Präparats ab. Die Randunschärfe des Bildes kann hervorgerufen werden 1. durch die Bildfeldkrümmung, 2. durch die sphärische Aberration und 3. durch den Astigmatismus. Hat man also mit periplanatischen (komplanatischen) Okularen oder den Homalen die Bildfeldkrümmung ausgeglichen, mit korrigierten Objektiven die sphärische Aberration und das Auftreten des Astigmatismus verhindert, so müßte man auch bei den stärksten Vergrößerungen ein einwandfreies Bild scharf im ganzen Sehfeld erzielen können. Tatsächlich erhält man aber ein scharfes Bild bei starken Vergrößerungen nur dann, wenn außer der Vollkommenheit des abbildenden optischen Systems auch das Objekt dafür geeignet, d. h. flächenhaft und dünn genug ist. Die günstigsten Bedingungen dafür bieten die dünnen Ausstrichpräparate (Bakterien-, Blut- und ähnliche Ausstriche). Je größer jedoch die Schichthöhe des Präparats im Vergleich zur Tiefenschärfe des Objektivs ist, um so kleiner wird der scharf einstellbare Teil in der Mitte des Sehfeldes sein.

a) Die stufenweise Einstellung. Zur Erzielung einer scharfen Aufnahme bei solchen dickeren Objekten leistet das Verfahren von Petersen (*1, 3*) mit stufenweiser Einstellung (Aufnahmen bei mehreren Einstellungen) vorzügliche Dienste[1]. Das Verfahren besteht darin, daß man das Präparat bei drei verschiedenen Einstellungen dreimal belichtet, und zwar so, daß die drei Belichtungszeiten zusammen eine leichte Überbelichtung ergeben. Ist z. B. die günstige Belichtungszeit für die Aufnahme 10 Sekunden, so belichtet man bei einer hohen, einer mittleren und einer tiefen Einstellung je 4 Sekunden lang und erhält eine leichte Überexponierung mit 12 Sekunden. Das stufenweise Einstellen in die Tiefe erfordert eine Mikrometerschraube mit geeichter

---

[1] Schon Capranica (*1*) hat 1888 mittels des Systems der „sukzessiven Pausen" Ähnliches versucht, und Bousfield (*1*) hat etwa um dieselbe Zeit Diatomeen mit 3 Aufnahmen nacheinander auf derselben Platte abgebildet. Ein ähnliches Verfahren verwendet auch A. Teitel-Bernard [*1*] zur Herstellung plastisch wirkender Diapositive, wobei die einzelnen Aufnahmen auf einzelnen Diapositivplatten gemacht werden, die man dann mit Kanadabalsam zusammenklebt.

Teilung, wie sie bei größeren Stativen allgemein vorhanden ist. So stellt man erst auf die höher liegende optische Ebene des Objekts scharf ein und fokussiert dann mit der Mikrometerschraube einige Teilstriche weiter nach unten, ebenso nach der zweiten Aufnahme. Selbstverständlich muß man dabei die Dicke des Präparats und den Wert der Teilstriche in μ-Werten genau kennen. Das Wesentliche bei der weiteren Behandlung der Platte ist, daß man das Bild mit einem gleichmäßig langsam wirkenden Standardentwickler, am besten mit einem Glyzinentwickler, hervorruft. Auch eignen sich dafür in der Hauptsache Präparate, welche gute graphische Kontraste zeigen (z. B. gut differenzierte Eisenhämatoxylinpräparate ohne Plasmafärbung), eine Voraussetzung, die auch sonst in der Mikrophotographie berücksichtigt werden soll (Abb. 39a und b). Das Verfahren von

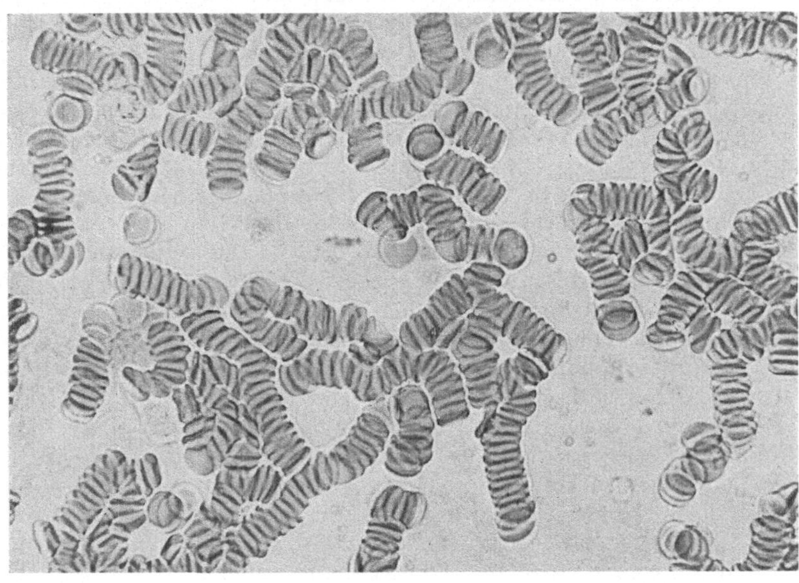

Abb. 39a. Aufnahme mit zwei Einstellungen. Menschliches Blut, frisch.
(Aus H. PETERSEN [7] Abb. 400, S. 335.) Photogr. Bildvergr.: 600fach.

PETERSEN eignet sich nicht allein für dicke oder dickere Präparate, sondern überall dort, wo die Schichthöhe der Objektive zur Tiefenschärfe des Objektivs in einem bestimmten Verhältnis steht. Man kann die geeignete Schichtdicke für verschiedene Vergrößerungen mit ausreichender Genauigkeit im voraus bestimmen, wenn man mit den Quotienten der Aperturen die Tiefenschärfe des stärksten Objektivs multipliziert und das Zehnfache der so erhaltenen Zahl als Schnittdicke wählt. Sei z. B. a_1 die Apertur der stärksten Linse unserer Objektivreihe (Fluoritsystem, hom. Imm. $^1/_{12}$) mit der Tiefenschärfe $T_f = 0{,}38\,\mu$. Wir wollen nun ermitteln, welche Schichtdicke (D) am besten passen würde zu der Tiefenschärfe des Objektivs Apochromat 4 mm mit der Apertur a_2

$$D = 10 \cdot \left(\frac{a_1}{a_2} \cdot 0{,}38\right) = 10 \cdot \left(\frac{1{,}3}{0{,}95} \cdot 0{,}38\right) = 10 \cdot (1{,}4 \cdot 0{,}38) = 5 \cdot 32\,\mu \text{ rund } 5\,\mu\,. \quad (19)$$

Beim Trockenachromat 40fach mit der Apertur 0,65 erhält man in ähnlicher Weise rund 7,5 μ und für ein schwaches Objektiv (z. B. LEITZ 3) mit der Apertur 0,25 = 19 μ (man wählt aber passender 20 μ). Über die Aufnahmen bei mehreren Einstellungen in der U.-V.-Photographie s. S. 303.

b) **Die Einstellung mit Lupe und Spiegelglasscheibe.** Eine weit bessere scharfe Einstellung als mit der Mattscheibe erhält man mit der Einstell-Lupe (Abb. 40) und einer Spiegelglasscheibe. Man setzt dafür an Stelle der Mattscheibe die Spiegelglasscheibe ein, welche auf ihrer dem Mikroskop zugekehrten Seite mit einem Kreuz versehen ist. Als Einstell-Lupe benützt man eine aplanatische Lupe von sechsfacher Vergrößerung, die in einer Hülse verstellbar ist und an der Fassung meistens auch eine Teilung besitzt. Viele Einstell-Lupen haben keine solche Teilung. Diese werden nach erfolgter Einstellung in ihrer Hülse festgeklemmt. Die Einstellung der Lupe erfolgt so, daß man sie, aus der Hülse etwas herausgezogen, auf die Glasscheibe stellt und dann so weit in ihre Hülse einschraubt (oder einschiebt), bis das Strichkreuz ganz scharf sichtbar wird. Um das Lupenbild gut überblikken zu können, muß man das Auge richtig auf den Augenkreis

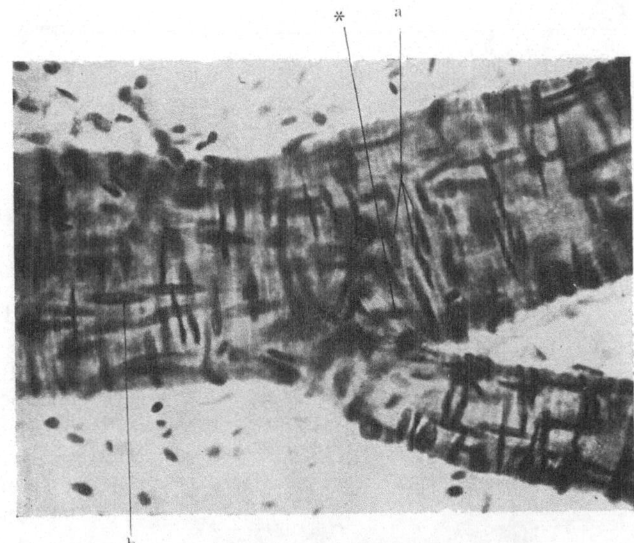

Abb. 39 b. Aufnahme mit drei Einstellungen.
Arterienverzweigung aus der Pia mater, Totalpräparat, Eisenhämatoxylin.
(Aus H. PETERSEN: Histologie und mikroskopische Anatomie, Abb. 371, S. 313.
Angabe über Vergrößerung fehlt.)
a, b Zellkerne aus verschiedenen Schichten gleichmäßig scharf abgebildet.
Bei * überzeichneter Kern.

(Austrittspupille) der Lupe stellen, was bei den verhältnismäßig starken Lupen, wo der Augenkreis ziemlich klein ist, einige Übung erfordert. Das Auge muß der Linse so nahe liegen, daß man das Lupenbild in voller Helligkeit sieht. Also sei angenommen, daß das Auge an die richtige Stelle gebracht worden sei. Das Bild, das man mit der Einstell-Lupe erblickt, ist das vom Okular (bzw. vom Homal) entworfene reelle Bild in der Ebene der unteren Glasfläche. Mit freiem Auge ist nichts vom Bild zu sehen; nur den Augenkreis des Okulars erblickt man als kleinen Lichtfleck durch die durchsichtige Glasscheibe. Das Bild wird erst sichtbar, wenn man die Strahlen mit einer Linse auffängt und zu einem vergrößerten virtuellen Bild vereinigt. Um das ganze Bild zu sehen, muß man die Lupe auf der Glasscheibe dem Bildfeld entsprechend herumschieben. Es ist zu beachten, daß das Lupenbild nie so scharf sein kann wie ein gut eingestelltes Mattscheibenbild.

Abb. 40.
Einstell-Lupe.

Das Lupenbild ist nämlich sechsmal stärker vergrößert als das Mattscheibenbild und ist deshalb stets verschwommen. Es genügt jedoch dieses Bild leidlich scharf einzustellen (man wählt die am wenigsten unscharfe Einstellung) und erhält so bei der Aufnahme, wo das Bild sechsfach verkleinert wird, die äußerste Schärfe. Bei Aufnahmen also, wo feine und feinste Strukturen abgebildet werden sollen, d. h. bei starken Vergrößerungen, bietet die Einstellung auf der Spiegelglasscheibe wesentliche Vorteile. Bei Aufnahmen mit schwachen Vergrößerungen und auch überall, wo Übersichtsbilder in einem großen

Gesichtsfeld erwünscht sind, stellt man dagegen zweckmäßiger auf der Mattscheibe ein. Man kann natürlich auch beide Verfahren abwechselnd benutzen, indem man erst auf der Mattscheibe das ganze Sehfeld scharf einstellt und dann mit der Lupe die wichtigen Stellen noch genauer nachstellt. In den meisten Fällen wird man wohl so vorgehen.

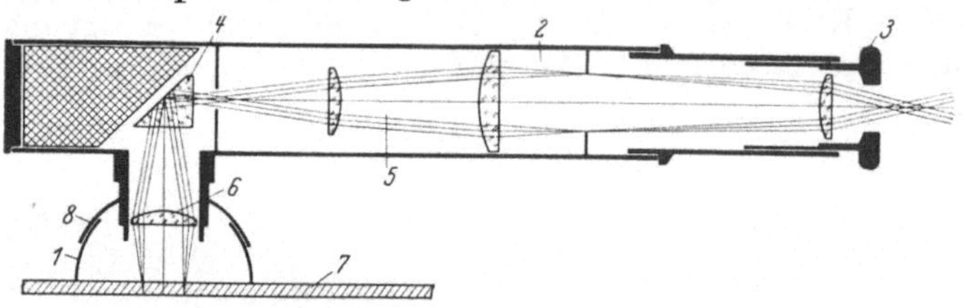

Abb. 41. Die geknickte Einstell-Lupe der Firma C. REICHERT.

1 = Sockel; *2* = waagerechter Tubus; *3* = Augenlinse; *4* = Prisma; *5* = Strahlengang durch die Sammellinsen; *6* = kurzer senkrechter Tubus; *7* = Spiegelglasscheibe; *8* = Kugelgelenk.

Einer besonderen und vervollkommneten Form begegnet man bei der geknickten Einstell-Lupe (Nr. 6225) der Firma C. REICHERT, Wien (Abb. 41). Sie besteht aus einem halbkugelförmigen Sockel, dann aus einem kurzen senkrechten und einem längeren waagerechten Rohr. In den Röhren sind die vier Sammellinsen so angeordnet, daß die divergenten Strahlen, welche aus der Austrittspupille des Mikroskops durch die Spiegelglasscheibe (Blankvisierscheibe) in den Sockel gelangen, einen konvergenten Strahlengang erhalten und vom Prisma in das waagerechte Rohr gelenkt, schließlich zu einem 4- bis 5fach vergrößerten Bilde vereinigt werden. Die Augenlinse ist am Ende des waagerechten Rohrs verschiebbar eingesetzt. Man stellt den Sockel auf die Mitte der Spiegelglasscheibe, verschiebt die Augenlinse, bis das Strichkreuz scharf erscheint, und verstellt dann beim Aufsuchen der randnahen Stellen die Lupe in ihrem Kugelgelenk so, daß die Achse des kurzen Vertikaltubus mit der Richtung der auf die betreffende Stelle fallenden Strahlen zusammenfällt. Ist das

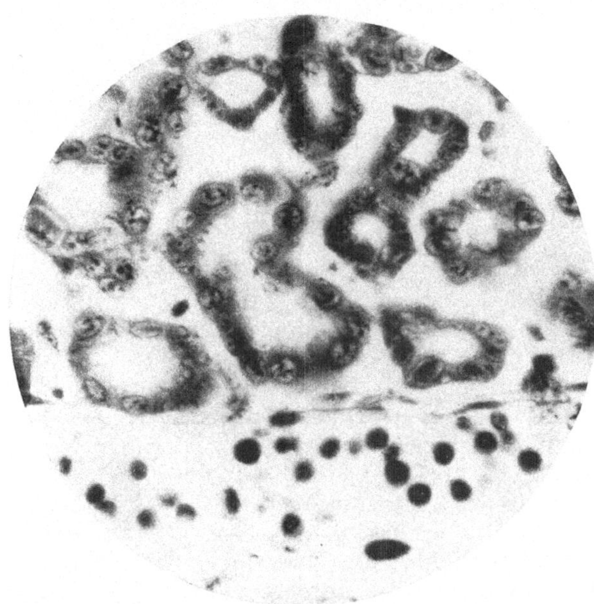

Abb. 42. Aufnahme mit starkem Okular bei kurzem Kammerauszug. Obj. ZEISS 40fach n. A. 0,65, kompl. Ok. 5fach, Kammerlänge 24 cm, Bildvergr. 325fach (förderl. Vergr.) (Schnittpräparat: Drüsen aus einer Salamanderlarve, Schnittdicke 7,5 μ, Färbung: Eisenhämatoxylin-Thiazinrot.)

nicht der Fall, so treten im Bildfeld blaue Segmente auf als Zeichen dafür, daß die Lupe in die entgegengesetzte Richtung zu schwenken ist. Liegt z. B. das blaue Segment in der rechten Bildhälfte, so muß die Lupe nach links geschwenkt werden usw. Mit der geknickten Einstell-Lupe kann man das Bild in der Mattscheibenebene auch bei Vertikalkammern mit einem langen Auszug recht bequem scharf einstellen, während man sonst beim Gebrauch von geraden Einstell-Lupen zu diesem Zweck auf Treppen (s. S. 162) steigen muß.

Ist man dann mit der Beleuchtung und der Bildschärfe zufriedengestellt, so setzt man an Stelle der Mattscheibe (Spiegelglas-Scheibe) die gefüllte Kassette, prüft nochmals, ob alle Klemmschrauben am Apparat richtig festgezogen sind und belichtet schließlich die Platte.

44. Die Plattengröße. Die Füllung der Kassette und die Behandlung der unbelichteten Platten erfolgt nach den allgemeinen Regeln der Photographie (s. dieses Handbuch Bd. II). Hier soll also nur die Frage der geeigneten Plattengröße näher erörtert werden. Geübte Photographen werden nach der Größe des Mattscheibenbildes rasch entscheiden können, welche Plattengröße für die Aufnahme in Betracht kommt. Anfänger werden jedoch gut tun, wenn sie zunächst mit unbrauchbaren Negativen, von denen die Schicht in heißem Wasser abgelöst wurde, die geeigneten Plattenformen aussuchen. Man nimmt also gereinigte Negative der handelsüblichen Formen $4^1/_2 \times 6$, 6×9, 9×12, 13×18 usw. und legt die durchsichtigen Platten auf das Mattscheibenbild. Die geeignete Plattengröße wird diejenige sein, bei welcher das Bildfeld auf der Platte gerade gut Platz findet, ohne vom Rand der Platte geschnitten zu werden. Das Bildfeld, das man auf der Mattscheibe erhält, hat, je nachdem ob man die förderliche Vergrößerung in der Hauptsache mit einem längeren Kameraauszug oder mit

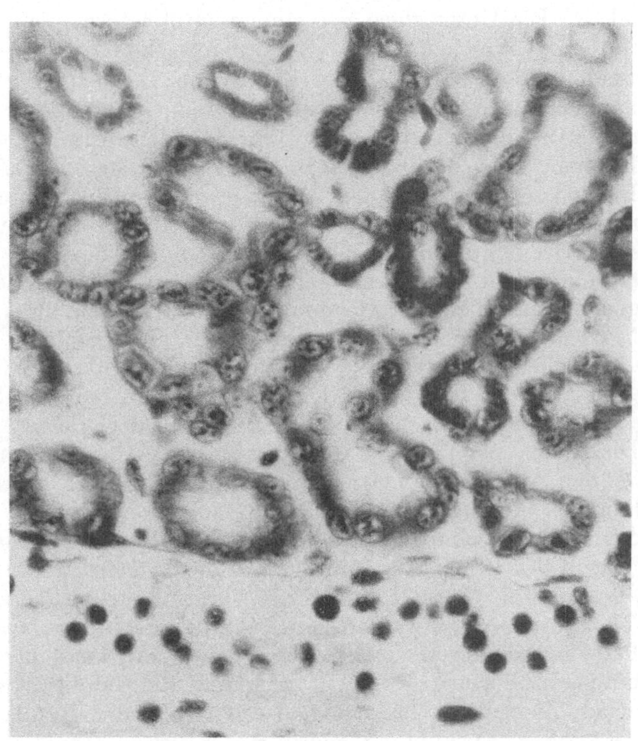

Abb. 43. Aufnahme mit schwachem Okular bei langem Kammerauszug. Obj. ZEISS 40fach n. A. 0,65, kompl. Ok. 3fach, Kammerlänge 64 cm, Bildvergr. 325 (förderl. Vergr.). Präparat wie bei Abb. 42.

einem stärkeren Okular erzielt hat, entweder eine viereckige Form mit mehr oder weniger abgerundeten Ecken oder eine kreisrunde Form (Abb. 42 u. 43). Das viereckige Bildfeld erhält man, wenn man den Balg so weit auszieht, daß der Mittelteil des (kreisrunden) mikroskopischen Sehfeldes nach und nach die ganze Mattscheibe bzw. die Plattenfläche bedeckt. Aus früheren Erörterungen (s. S. 81) ist bereits bekannt, daß man eine solche Begrenzung nur bei Aufnahmen von Übersichtsbildern wählen wird. Ein kreisrundes Bildfeld erzielt man auf der Platte (Mattscheibe), wenn die Aufnahme mit einem kurzen Kammerauszug erfolgt, wenn also die förderliche Vergrößerung hauptsächlich durch Okularvergrößerung erreicht wird. Bekanntlich hat eine starke Okularvergrößerung auch seine Nachteile (Verlust an Bildhelligkeit), obzwar, wie früher schon erwähnt, der Sinusbedingung der Abbildung mit einer Okularvergrößerung stets besser entsprochen wird als mit einer Bildvergrößerung durch den Kammerauszug. Man verwendet deshalb nur selten die stärksten Okulare[1] und wählt am besten eins von mittlerer Stärke (8fach oder 10fach). Die förderliche Vergrößerung wird dann auch hier mit dem Kammerauszug erreicht, nur braucht man dazu nicht so große Kammerlängen wie dort, wo man die Bildvergrößerung hauptsächlich mit dem Kammerauszug erzielt. Dementsprechend wird das Bildfeld nicht die ganze Platte bedecken, bleibt aber auch nicht kreisrund, denn die Plattenränder schneiden dann auch hier aus dem Sehfeld mehr oder weniger große Randteile ab. Legt man Wert darauf, das ganze Sehfeld in der Aufnahme zu erhalten, so muß man, der gewünschten Bildvergrößerung entsprechend, Platten aussuchen, deren Kurzseiten mindestens so lang sind wie der Durchmesser des runden Bildfeldes. Ein Unterschied von einigen Millimetern spielt natürlich keine Rolle.

Große Plattenformen wählt man schon aus Sparsamkeitsgründen nicht, wenn man nicht unbedingt auf solche angewiesen ist. Die kleinen Vertikalkammern sind im allgemeinen so gebaut, daß die größte Plattenform 9×12 ist. Mit Einlegerahmen von entsprechendem Ausschnitt kann man dann kleinere Formen, z. B. 6×9 und $4^{1}/_{2} \times 6$ verwenden. Für Aufnahmen mit größeren Platten als 9×12 eignen sich nur die großen mikrophotographischen Apparate. Es sei dabei bemerkt, daß man für wissenschaftliche Zwecke nur ganz selten größere Aufnahmen als die Form 9×12 braucht. Größere Platten kommen hauptsächlich dann in Betracht, wenn man 1. Übersichtsbilder von stark ausgedehnten Objekten anfertigt (z. B. von Schnittbildern ganzer Organe), 2. die Lichtbilder zu Lehrzwecken als Wandtafel benützen will oder 3. durch Verkleinerung eine besonders scharfe drucktechnische Wiedergabe eines möglichst großen Bildes bezweckt. Sonst wird sich in den meisten Fällen die Frage nur darum drehen, ob man Platten 9×12 oder kleinere Formate benützen soll. Die Größe $4^{1}/_{2} \times 6$ ist nur bei ganz geringer Kammerlänge, wie man sie bei den Aufsatzkammern zu treffen pflegt, gut zu gebrauchen. Bei einem etwas längeren Auszug wird der Randteil des Bildes schon bald von der Längsseite der Platte geschnitten. Es bleiben deshalb in der Hauptsache nur die Plattenformen 9×12 und 6×9 übrig, von denen man zu Übersichtsbildern vorteilhaft die Größe 9×12 und zu starken Vergrößerungen bei einem kleineren Gesichtsfeld die von 6×9 wählen wird. Wo der Plattenverbrauch groß ist und mit den Platten sparsam gewirtschaftet werden soll, kommt man auch allein mit dem billigeren Format 6×9 gut aus. Zu Reproduktionszwecken in wissenschaftlichen Zeitschriften eignet sich die Größe der Bildfläche am besten, die man bei voller Ausnützung einer 6×9-Platte erhalten kann. Falls man sich jedoch den Luxus von 9×12-Platten leisten kann, wird man besser verfahren, wenn man Mikrophotographien, die drucktechnisch vervielfältigt werden sollen, mit einer größeren Bildfläche auf diesen Platten aufnimmt und dann in kleinerer Form (etwa so groß, wie man sie auf einer 6×9-Platte erhalten würde) vervielfältigen läßt. Die Schärfe der Bildwiedergabe gewinnt dadurch ganz wesentlich.

Wieviel Kassetten man gefüllt vorrätig halten soll, richtet sich nach den Probeaufnahmen (s. S. 95), die zur Bestimmung der Belichtungs- oder Entwicklungszeit erforderlich sind. Daß man bei Objekten und Plattensorten, die man auf ihre photographischen Eigenschaften geprüft hat, mit wenigeren Platten auskommen wird als dort, wo die diesbezüglichen Erfahrungen fehlen, ist selbstverständlich. Besonders bei Aufnahmen von lebenden Objekten muß man von vornherein mit einem stärkeren Verbrauch an Platten rechnen.

---

[1] Die Homale haben trotz ihrer starken Lupenvergrößerung nicht die Nachteile der starken HUYGENSschen oder RAMSDENschen Okulare.

X. Die Belichtung und die Bestimmung der Belichtungszeit.

Was die technische Ausführung der Belichtung anbelangt, gelten auch hier die allgemeinen photographischen Vorschriften. Man öffnet also die Kassette und wartet noch einige Sekunden, bevor man belichtet, bis die Einrichtung nach einer durch das Öffnen der Kassette verursachten Erschütterung wieder in Ruhe kommt. Sollten aber während des Öffnens der Kassette stärkere Erschütterungen auftreten, so ist es besser, die Kassette zu schließen und von neuem auf der Mattscheibe zu prüfen, ob das eingestellte Bild noch an seinem früheren Platz in der gewünschten Einstellung geblieben ist. Falls alles in Ordnung ist, öffnet man nun den Verschluß[1] und belichtet, mit der Uhr in der Hand, eine bestimmte Zeit. Die Zeitdauer der Belichtung läßt sich am bequemsten und am sichersten mit einer Stoppuhr messen, die man zu Beginn der Belichtung in Gang setzt oder bei einer kurzen Belichtungszeit (1—4 Sekunden) schon früher laufen läßt, und mit der Belichtung erst beginnt, wenn der Zeiger bei einer bestimmten Ziffer (5, 10, 15 usw.) steht. Auch Taschenuhren mit Sekundenzeiger sind zu gebrauchen, doch ist die Ablesung an solchen Uhren etwas unbequemer. Das Abzählen der Belichtungszeiten, wie vielfach üblich ist (eins- und zwanzig, zwei und zwanzig usw.) kann bei sehr geübten Photographen ebenfalls zum Ziele führen; im allgemeinen ist es jedoch für mikrophotographische Aufnahmen nicht zu empfehlen.

Die richtige Bemessung der Belichtungszeit und die damit verbundene Entwicklung der belichteten Platte sind ausgesprochen photographisch-technische Angelegenheiten, bei denen die Übung und Erfahrung, zum gewissen Teil auch eine besondere Begabung, entscheidend mitspielen. Ein geübter Photograph wird also schon nach der Helligkeit des Mattscheibenbildes ungefähr die nötige Dauer der Belichtung voraussagen können. Allerdings wird ein auf makroskopischem Gebiet noch so geübter Photograph mit der Belichtung mikrophotographischer Aufnahmen manche Enttäuschungen erleben, wenn er rein seinem Gefühl nach vorgeht; denn die vielen zarten Kontraste im mikroskopischen Bild erfordern eine viel feiner und genauer abgestufte Belichtungsskala, als man sonst in der Photographie anzuwenden pflegt. Es kann also viel Zeit, Arbeit und Plattenmaterial erspart werden, wenn man die geeignete Belichtungszeit für die Aufnahme durch eine Belichtungsreihe ermittelt.

45. Die Belichtungsreihen. Solche Belichtungsreihen kann man auf verschiedene Art erhalten. Am meisten verbreitet ist das Verfahren mit einer Kassette für Belichtungsreihen, wie sie die optischen Firmen zu den Apparaten nach Wunsch fertig liefern. Wo man über solche Kassetten nicht verfügt, kann man an dem Kassettenschieber 5 Marken anbringen: eine in der Mitte der Längsseite und beiderseits davon zwei weitere in gleichen Abständen[2]. So erhält man 5 Marken und 6 Teilungen, denen 6 Streifen der Platte entsprechen werden. Sei die innerste Marke (auf der Seite der Kassette, die dem Griff des Kassettenschiebers gegenüberliegt) mit V und die weiteren der Reihe nach mit IV, III, II und I bezeichnet, so werden nur die entsprechenden Streifen der Platte belichtet, wenn man die Kassette nach und nach bis zu den Marken V, IV, III, II, I und

---

[1] Bei Kohlenbogenlampen reguliert man knapp vor der Belichtung oder wartet ab, bis das Uhrwerk die Kohlen eben einreguliert hat und diese gleichmäßig hell brennen.

[2] Für Aufnahmen mit Belichtungsreihen eignen sich am besten die billigen kleinen Platten. Für die Größe $4^1/_2 : 6$ paßt die Teilung in 6 Streifen zu je 1 cm gerade gut. Benützt man aber zur Probeaufnahme größere Platten, so empfiehlt es sich, die Abstände der Marken bzw. die Breite der Streifen entsprechend größer zu wählen. Zu Platten von 6 : 9 cm eignen sich Teilungen von $1^1/_2$ cm Abstand am besten.

schließlich vollkommen öffnet. Man wählt also für die Belichtung des ersten Streifens eine bestimmte Zeit und belichtet dann die folgenden Streifen immer halb so lang wie den vorangegangenen. Gewöhnlich benützt man die folgende Belichtungsreihe:

$$1'', \ 2'', \ 4'', \ 8'', \ 15'', \ 30'', \ 1', \ 2', \ 4', \ 8', \ 15' \ 30', \ 1\,h \ \ldots$$

Natürlich braucht man aus der Belichtungsreihe nur 6 Stufen auszuwählen, und die Wahl dieser Zahlen richtet sich nach der Helligkeit des beobachteten Mattscheibenbildes. Bei Aufnahmen, wo man voraussichtlich mit einer kurzen, aber nicht allzu kurzen Belichtung rechnen muß, wählt man z. B. als kürzeste Belichtung 2″ und erhält dann als längste 1 Minute. In einem anderen Fall, wo wahrscheinlich länger belichtet werden muß, fängt man mit 4″ an und gelangt schließlich zu 2′ Belichtung. Dabei ist zu beachten, daß der erste Streifen bei den darauffolgenden Belichtungen auch mitbelichtet und daher doppelt so lange exponiert wird, als man ursprünglich

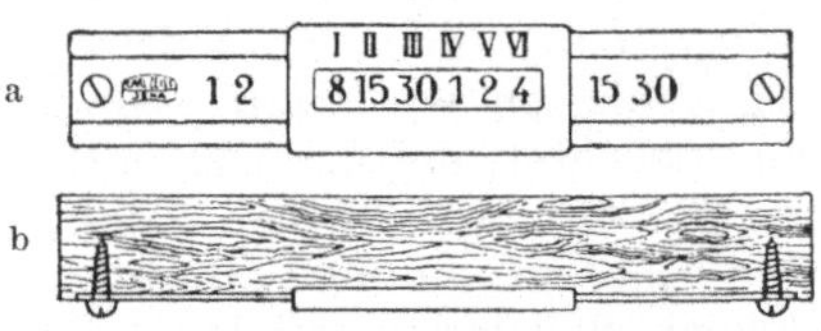

Abb. 44. Belichtungsanzeiger, von oben (a) und von der Seite (b) gesehen. (Aus ZEISS-Druckschrift: Mikro 376.)

für den Streifen berechnet hat. Man belichtet deshalb den ersten Streifen mit der Hälfte der längsten Belichtungszeit und die zwei letzten mit denselben kürzesten Belichtungszeiten. Sei z. B. die längste Belichtungszeit, die noch in Betracht kommt, 1 Minute, so wird der erste Streifen (beim Auszug des Schiebers bis zur Marke V) mit 30, der zweite mit 15, der dritte mit 8, der vierte mit 4, der fünfte mit 2 und der sechste (beim vollständigen Öffnen der Kassette) ebenfalls mit 2 Sekunden belichtet, wobei der erste Streifen tatsächlich 1 Minute und auch alle übrigen bis auf den letzten doppelt so lange belichtet wurden, als die an der Stoppuhr abgelesene Belichtungszeit beträgt. Rasch kann man die passende Belichtungsreihe ermitteln mit dem Belichtungsreihenanzeiger, den die Firma ZEISS mit ihren Kassetten liefert (Abb. 44). Hier ist auf einem Metallstreifen eine Teilung aufgetragen, und über diese gleitet, ähnlich wie bei einem Rechenschieber, ein Schlitten. Wie aus der Abb. 44 ersichtlich, ist der Schlitten ebenfalls mit sechs römischen Ziffern versehen, und stellt

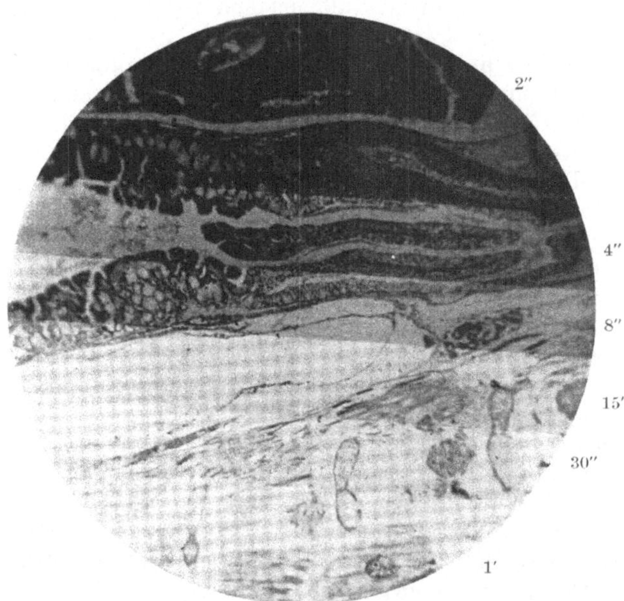

Abb. 45. Belichtungsreihe von 2″ bis 1′.
Obj. ZEISS 8fach n. A. 0,2, kompl. Ok. 5fach, Kammerlänge 40 cm, Azo-Lampe (Projektionsröhrenlampe), Planspiegel ohne Kondensor, Irisblende bei Teilstrecke 15, Agfa-Chromo-Iso-Rapid, Metol-Hydrochinon 1:5 (3 Minuten).
Schnittpräparat 7,5 μ, Salamanderlarve, Färbung: Eisenhämatoxylin-Thiazinrot.

man die Ziffer I auf eine beliebige Zahl der Teilung (z. B. auf die Zahl 8), so erhält man im Fenster des Schlittens sechs Zahlen für die sechs Belichtungszeiten, von denen die kürzeste bei I, die längste bei VI angegeben ist.

Das Wesentliche der Probeaufnahme mit einer Belichtungsreihe ist, daß man auf ein und derselben Platte verschieden lang belichtete Bilder erhält und aus den verschieden belichteten Streifen die für die Belichtung günstigste Zeit feststellen kann (Abb. 45, 46 u. 47). So einfach und verläßlich auch die Methode ist, einen Nachteil hat sie doch, und zwar besteht dieser darin, daß die Ergebnisse nur dort gut zu verwerten sind, wo das photographische Bild einen großen Teil der Platte bedeckt. Ist aber das abzubildende Objekt im Verhältnis zum Sehfeld klein, wie z. B. einzelne Bakterien-, Protisten- und Gewebezellen usw., so wird das Bild des Objekts nur in einem oder zwei Streifen zu finden sein, möglicherweise gerade in solchen Streifen, deren Belichtungszeiten von der günstigsten entfernt liegen. In solchen Fällen muß man also die Methode an die Größe des Objekts anpassen oder andere Hilfsmittel suchen. So kann man z. B. die günstige Belichtungszeit für kleine Objekte mit einer speziellen Schiebekassette nach RODERICH ZEISS bestimmen oder mit Einlegeblenden. Das einfachste ist jedoch, daß man die Teilung der Kassette, mit der man bei großen Bildflächen die Belichtungsreihe erzielt, noch feiner unterteilt.

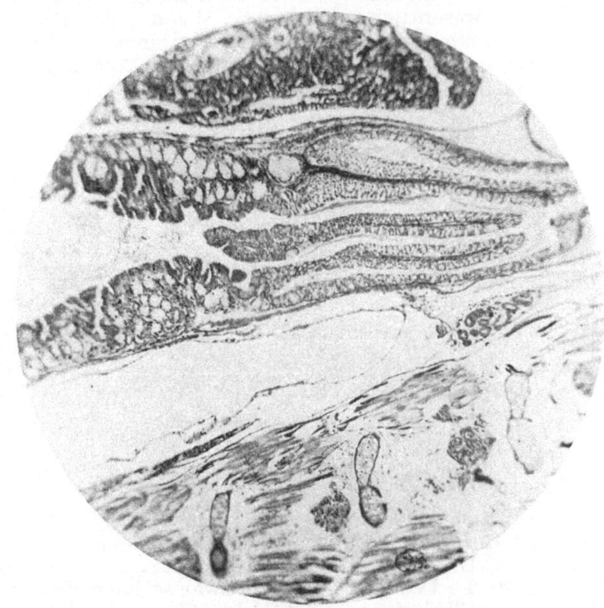

Abb. 46. Aufnahme nach der Belichtungsreihe (Abb. 45) bei 15″ Belichtungszeit.

Hat man als Objekt eine einzige kleine Amöbe in der Mitte des Gesichtsfeldes, und will man mit der üblichen Belichtungsreihe die günstige Belichtungszeit ermitteln für eine Vergrößerung von etwa 100fach, so erhält man mit den fünf Marken in 1 cm Abstand eine Streifenfolge, in welcher das Bild der Amöbe wahrscheinlich zwischen dem dritten und vierten Streifen liegen wird. Selbst wenn die so ermittelte Belichtungszeit ein brauchbares Bild liefern sollte, läßt sich schwer entscheiden, ob mit einer etwas kürzeren oder

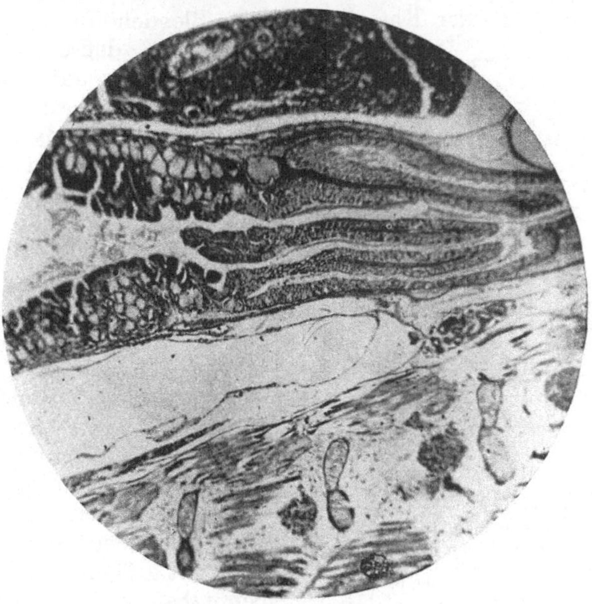

Abb. 47. Aufnahme nach der Belichtungsreihe (Abb. 45) bei 8″ Belichtungszeit.

längeren Belichtung nicht doch bessere Resultate zu erzielen wären. Teilt man jedoch die drei mittleren Streifen (z. B. 3, 4 und 5) noch mal in sechs Teile, indem man den Abstand zwischen den Marken halbiert, so erhält man halb so breite Streifen in doppelter Anzahl in der Mitte der Platte, und das Bild des Objekts wird jetzt nicht innerhalb zwei, sondern innerhalb vier Streifen liegen. Man hat demzufolge eine größere Auswahl in den Belichtungszeiten, was die Auswertung der Probeaufnahme wesentlich erleichtert. Wenn man also häufig von solchen kleinen Objekten Aufnahmen machen muß, wird man die Teilung der Kassette in der Mitte mit einer solchen Unterteilung versehen. Aus dem Mattscheibenbild läßt sich schon im voraus entscheiden, ob man die ganze Platte oder nur die feinere mittlere Teilung

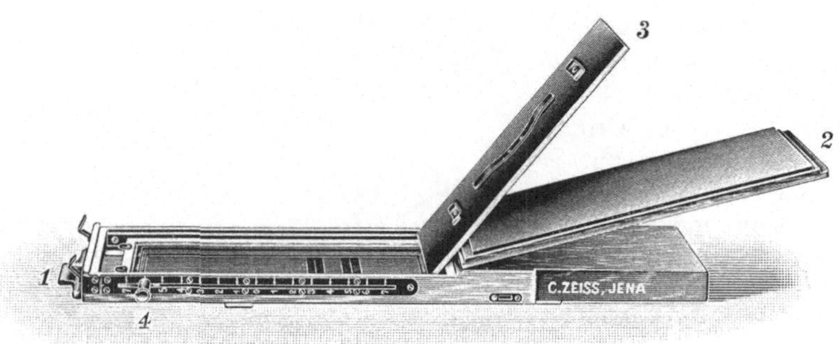

Abb. 48. Schiebekassette. (Aus der ZEISS-Druckschrift: Mikro 314.)

für die Belichtungsreihe benützen soll. Ist das letztere der Fall, so beginnt man mit der Belichtung in der oben angegebenen Weise dort, wo die feinere Teilung anfängt, z. B. bei der Marke IV, und hört dann bei der Marke I auf. Daß die Platte bis zur Marke IV ebenfalls, und zwar so lange belichtet wird wie der erste Streifen der feineren Teilung, schadet nicht.

Die Schiebekassetten (Abb. 48) nach R. ZEISS sind mit einer schmalen Spaltblende und mit einer Vorrichtung ausgerüstet, mittels welcher die Platte innerhalb der Kassette vor die Blendenöffnung geschoben werden kann. So kann man denselben Streifen des Gesichtsfeldes nebeneinander auf derselben Platte mit verschiedenen Belichtungszeiten abbilden, wobei am besten die früher angegebene Belichtungsreihe mit sechs Stufen benützt wird. Es ist nur zu beachten, daß es bei der Schiebekassette keine Rolle spielt, ob man mit der kürzesten oder längsten Belichtungszeit beginnt. Die Hauptsache ist, daß man die einzelnen Aufnahmen doppelt so lang belichten muß als bei Kassetten mit eingeteiltem Schieber, d. h. mit der ganzen Belichtungszeit, welche für die einzelnen Stufen angezeigt ist (bei einer Belichtungsreihe zwischen 2″ und 1′ belichtet man also mit 1′, 30″, 15″ usw.). Es wird nämlich in der Schiebekassette jeder Streifen für sich belichtet und dann wieder lichtdicht abgedeckt. Die Schiebekassetten, welche auch bei Stereoaufnahmen und Dreifarbenaufnahmen Verwendung finden, sind nur in Verbindung mit größeren Kammern (Plattenformat 13 × 18) benützbar, und schon aus diesem Grunde kommen sie für die kleinen Vertikalkammern nicht in Betracht.

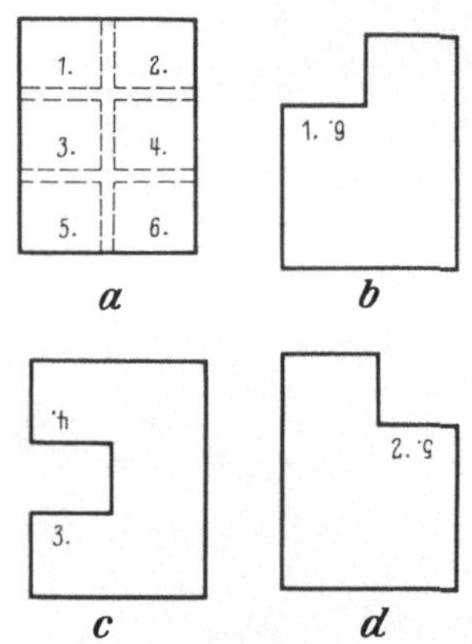

Abb. 49. Einlegeblenden.
a die sechs Felder der Bildfläche;
b die Blende für die Felder 1, 6, 2, 5 in der Stellung für das Feld 1;
d dieselbe Blende nach rechts gedreht für das Feld 2; c die Blende für die Felder 3, 4.
(Aus A. KÖHLER [8, S. 1727].)

Außer mit den Schiebekassetten kann man einzelne isolierte Bezirke des Sehfeldes mit Hilfe von Einlegeblenden auf derselben Platte nebeneinander mehrmals aufnehmen. Die Form solcher Einlegeblenden ist in Abb. 49 dargestellt. Wie aus der Abbildung ersichtlich, benützt man zwei verschiedene

Formen, die dann bei verschiedenen Stellungen sechs Felder der Platte herausblenden. Die Blenden werden in die flache Vertiefung unterhalb der Kassette eingelegt, und zwar üblicherweise zuerst die Blende für die Felder 1, 6, 2 und 5. Nach jeder Aufnahme dreht man die Blende um, zuerst von links nach rechts, dann von oben nach unten und schließlich wiederum von links nach rechts. Auch hier wird jedes Feld für sich belichtet und die Kassette nach jeder Belichtung geschlossen und entfernt, damit man die Blende umstellen kann. Sind die ersten vier Aufnahmen erfolgt, so legt man die zweite Blende für die Felder 3 und 4 ein und macht noch zwei Aufnahmen, bei denen der Blendenausschnitt erst nach links und dann nach rechts gestellt wird. Je nachdem, welches Feld der Platte belichtet wird, muß man natürlich auch das Objekt verstellen, was das Verfahren ziemlich umständlich gestaltet. Am zweckmäßigsten ist es dabei, die Felder auf der Mattscheibe mit einem weichen Bleistift so zu umreißen, wie die Abb. 49 zeigt, und dann in der angegebenen Reihenfolge das Objekt für die Felder einzustellen. Das bedeutet natürlich, daß man vor jeder Aufnahme die Mattscheibe von neuem auflegen und das Bild von neuem einstellen muß. Bei all diesen Umständen wird man lieber mit einer feineren Teilung des Kassettenschiebers sich behelfen, falls keine Schiebekassette vorhanden ist.

Die Belichtungsstärke, die zu einer Aufnahme erforderlich ist, läßt sich auch nach der Lichtintensität der Lichtquelle bestimmen. Da die Helligkeit der elektrischen Lichtquellen von der Belastung (von der Spannung oder Stromstärke) in hohem Maße abhängig ist, kann man die Belastung der Lichtquelle variieren und bei derselben Belichtungszeit mit abgestufter Belastung eine Belichtungsreihe erzielen. Das Verfahren, zu welchem eine einfache elektrometrische (Amperemeter und Voltmeter mit Schiebewiderstand) und eine improvisierte photometrische Einrichtung, schließlich auch die Schiebekassette erforderlich sind, kommt für die allgemeine mikrophotographische Praxis nicht in Betracht. Um so wichtiger ist es jedoch in allen Fällen, wo man die Empfindlichkeit der Platten genau bestimmen will (vgl. A. KÖHLER [8, S. 1728]).

Wann und wie oft soll die Belichtungszeit mit einer Belichtungsreihe bestimmt werden? Die Antwort auf diese Frage lautet einfach: in jedem Fall, wo man eine mikrophotographische Aufnahme bei Mitwirkung irgendeines bisher noch nicht geprüften optischen Faktors ausführen muß, sei es eine noch nicht geprüfte Lichtquelle, eine neue Linsenfolge, eine zum erstenmal benützte Plattensorte oder schließlich eine neue Art von Objekt. Der Anfänger wird in der ersten Zeit am besten vor jeder Aufnahme eine Belichtungsprobe in der geschilderten Weise ausführen und so die Erfahrungen sammeln, welche den geübten Mikrophotographen der allzu vielen Belichtungsproben entheben. Daß man mit der Zeit, wenn man ständig mit derselben Einrichtung und mit derselben Plattensorte arbeitet, die günstigen Belichtungszeiten für die verschiedenen Vergrößerungen und die verschiedenen Objekte auch ohne Belichtungsproben ungefähr richtig anzugeben lernt, versteht sich von selbst.

46. Berechnung der Belichtungszeit. Oft wird es vorteilhaft sein, die Belichtungszeit einer folgenden Aufnahme aus derjenigen einer früheren im voraus zu berechnen[1]. Dabei sei beachtet, daß die Beleuchtung B, gemessen durch den

---

[1] Eine rechnerische Methode zur Bestimmung der Belichtungszeit in der Photographie, wobei auch die Materialkonstanten der Plattensorte berücksichtigt werden, hat B. SCHULTZE-NAUMBURG (1) angegeben, die jedoch für mikrophotographische Zwecke nicht unmittelbar zu verwenden ist.

Lichtstrom, der auf die Flächeneinheit des N-mal vergrößerten Bildes fällt, durch die Gleichung ausgedrückt werden kann:

$$B = \pi H \cdot K \cdot \frac{a^2}{N^2} = \pi \cdot H \cdot K \cdot \frac{d^2}{f^2 \cdot N^2}, \qquad (20)^1$$

wo H die Flächenhelligkeit der Lichtquelle in Hefnerkerzen, K eine Konstante, welche z. B. den Lichtverlusten Rechnung trägt, a die Apertur der Abbildung, d der Durchmesser der Leuchtfeldblende, f die Brennweite der Kondensorlinse und N den Abbildungsmaßstab bedeuten. Der Wert von B bedeutet die Beleuchtungsstärke des negativen Bildes in Lux- oder Meterkerzen, wenn die Flächenhelligkeit für das qcm in Hefnerkerzen bestimmt ist. Die Beleuchtungsstärke steht in umgekehrtem Verhältnis zur Belichtungszeit.

Nun beleuchtet man aber bei mikrophotographischen Aufnahmen nicht mit der Lichtquelle selbst, sondern, wie früher gezeigt wurde, mit einem Leuchtfeld, das von dem Kollektor und dem Kondensor in die Objektebene entworfen wird. In die Gl. (20) muß daher an Stelle der Flächenhelle der Lichtquelle H die Beleuchtungsstärke des von der Lampe, dem Kollektor und dem Kondensor des gelieferten Leuchtfeldes B_1 eingesetzt werden.

$$B = \pi B_1 K \cdot \frac{a^2}{N^2}. \qquad (21)$$

Den Wert von B_1 erhält man nach derselben Gleichung wie den von B

$$B_1 = \pi H_1 K \cdot \frac{A^2}{N_1^2}, \qquad (22)$$

wo $H_1 K$ nun die Flächenhelligkeit der Lichtquelle, A^2 das Produkt der Quadrate von der Apertur des Kollektors und des Kondensors, und N_1^2 die Vergrößerung bedeutet, mit welcher die Lichtquelle bzw. die Öffnung der Leuchtfeldblende in der Objektebene abgebildet wird. Man kann also $A^2 = a_{\text{koll}}^2 \cdot a_{\text{kond}}^2$ schreiben oder, was hier zulässig und noch zweckmäßiger ist, man setzt statt A die Öffnungen der Leuchtfeld- und der Irisblenden d und d_1 dividiert durch die Brennweiten f und f_1 der Kollektor- und der Kondensorlinsen ein, wodurch dann Gl. (22) die folgende Form erhält:

$$B_1 = \pi H_1 \cdot K \cdot \frac{d^2 \cdot d_1^2}{f^2 \cdot f_1^2 \cdot N_1^2}. \qquad (23)$$

Führt man den so erhaltenen Wert von B_1 in die Gl. (21) ein, so ergibt sich:

$$B = \pi H_1 \cdot K \cdot \frac{d^2 \cdot d_1^2}{f^2 \cdot f_1^2 \cdot N_1^2} \cdot \frac{a^2}{N^2}. \qquad (24)$$

In dieser Gleichung sind sämtliche Faktoren enthalten, die wir in früheren Erörterungen als entscheidend für die Beleuchtung kennengelernt haben, nämlich die Apertur der Beleuchtung mit den sie bestimmenden Blendenöffnungen (d und d_1) und Brennweiten (f und f_1), die Apertur der Abbildung (a), der Abbildungsmaßstab des Leuchtfeldes (N_1) und des Bildes (N) und schließlich die Intensität oder Flächenhelligkeit der Lichtquelle selbst. Die Konstante K trägt den Lichtverlusten Rechnung, die beim Durchgang des Lichtstroms durch verschiedene Medien entstehen und erhält wechselnde Werte erst dann, wenn man

---

[1] Vgl. A. Köhler (8), S. 1730, Gl. (26) und (27), wo B die Beleuchtungsstärke des vom Kollektor gelieferten Bildes der Lichtquelle bedeutet und dem entsprechend a die Apertur, f die Brennweite des Kollektors darstellt. In der obigen Gl. (20) wurde der Inhalt der zitierten Gleichungen in einem allgemeineren Sinn ausgelegt, um Gl. (24) ableiten zu können. Der Gl. (26) von A. Köhler entspricht in dieser Ableitung die Gl. (22).

verschiedene Lichtfilter benützt. Wir finden demnach an der rechten Seite der Gl. (24) drei Glieder, den drei Faktorengruppen entsprechend, von denen $\pi H_1 \cdot K$ über die Lichtquelle, $\dfrac{d^2 \cdot d_1^2}{f^2 \cdot f_1^2 \cdot N_1^2}$ über die optischen Faktoren der Beleuchtung und $\dfrac{a^2}{N^2}$ über die für die Bildhelligkeit in Betracht kommenden Faktoren der Abbildung Aufschlüsse gibt. So läßt sich klar entnehmen, daß jede Änderung der mitwirkenden Faktoren die Beleuchtungsstärke des Bildes und im Zusammenhange damit die Belichtungszeit entscheidend beeinflussen wird, wobei schon die Änderung eines einzigen Faktors genügt — gleichgültig welchen —, um für die Belichtung wesentlich andere Verhältnisse zu erhalten. Wieweit man die Änderungen von K in Rechnung stellen muß, werden wir bei der Behandlung der Lichtfilterfrage näher kennenlernen. Angenommen, daß K einen konstanten Wert hat, ist es ohne weiteres klar, daß jede Schwankung im Wert von H_1, d. h. jeder Wechsel der Lichtquelle (bzw. bei elektrischen Lampen die Änderungen der Belastung) neue Beleuchtungsverhältnisse schaffen wird (s. auch S. 99). Erfolgen aber die Aufnahmen stets mit derselben Lichtquelle unter derselben Belastung, so wird in jedem Fall zu berücksichtigen sein, welche Werte den zwei übrigen Gliedern an der rechten Seite der Gl. (24) zukommen. Aus der Gl. (24) lassen sich auf diese Weise lehrreiche Aufschlüsse allgemeiner Art ablesen zur Beurteilung der Belichtungszeit bei verschiedenen Vergrößerungen und Linsenfolgen. Bei schwachen Vergrößerungen wird die Beleuchtungsstärke größer und die Belichtungszeit wesentlich kleiner als bei starken, da der Wert des 3. Gliedes $\left(\dfrac{a^2}{N^2}\right)$ vom Quadrat der Vergrößerung, und zwar im umgekehrten Verhältnis zu diesem abhängig ist. Beim Übergang von einer 100fachen Vergrößerung zu einer 200fachen kann man also bei sonst gleichen Verhältnissen mit einer Belichtungszeit rechnen, welche dem Quadrat der früheren entspricht. Hat man z. B. bei einer Aufnahme mit dem Achromat 8fach, periplanat. Ok. 12fach und 40,3 cm Kammerauszug, d. h. bei 80facher Vergrößerung $4''$ lang belichtet, so wird man bei einer 160fachen Vergrößerung, die man rein durch Verlängerung des Kammerauszuges auf 57 cm erzielt, etwa $16''$ lang belichten müssen. Anders verhält es sich natürlich, wenn die Vergrößerung nicht bei derselben Linsenfolge rein durch den Kammerauszug, sondern mit einem stärkeren Objektiv erzielt wird[1]. Denn in diesem Fall wird auch die höhere Apertur des stärkeren Objektivs eine Rolle spielen. Wie im 3. Glied an der rechten Seite der Gl. (24) ersichtlich ist, steht das Quadrat der Apertur mit der Belichtungsstärke in geradem und dementsprechend mit der Länge der Belichtungszeit in umgekehrtem Verhältnis. Daraus kann man also folgern, daß die Belichtungszeiten beim Wechseln der Vergrößerungen verschieden ausfallen werden, je nachdem, ob man die Vergrößerung durch Linsenwechsel oder durch Kameraauszug ändert. Im ersteren Fall wird man nicht mit so großen Unterschieden in den Belichtungszeiten rechnen müssen wie im letzteren. So braucht man bei einer 315fachen Vergrößerung, die man mit dem Achromat 40fach, Ap. 0,65, mit dem periplanat. Ok. 12fach und mit einem Kammerauszug von 40 cm Länge erzielt, nur eine etwa 1,5mal so lange Belichtungszeit wie bei einer etwa 80fachen Vergrößerung bei derselben Okularvergrößerung und demselben Kammerauszug mit dem Achromat 8fach, Ap. 0,20. Würde man durch den Kammerauszug allein eine entsprechende Vergrößerung des durch den Achromat 8fach gelieferten Bildes erstreben (was schon wegen des allzu langen

---

[1] Bei Okularwechsel wird die Belichtungszeit in ähnlicher Weise beeinflußt wie durch den Kameraauszug.

Kameraauszugs nicht zu verwirklichen ist), so müßte man ungefähr mit dem doppelten Wert des Quadrats der Belichtungszeit rechnen, die für die 80fache Vergrößerung notwendig war.

Der Einfluß der Objektivapertur auf die Belichtungszeit erhellt auch aus dem folgenden Beispiel: Man hat eine Aufnahme bei 80facher Vergrößerung in der schon geschilderten Weise erzielt (Obj.-Achrom. 8fach, Ap. 0,20, periplanat. Ok. 12fach, Kameraauszug 40 cm); nun geht man auf die stärkere Vergrößerung 315fach über mit dem Obj.-Achrom. 40fach, Ap. 0,65, unter sonst gleichbleibenden Bedingungen. Die Änderung in der Belichtungsstärke wird, falls alle sonstigen Faktoren unverändert geblieben sind, durch die Gleichung gegeben sein:

$$\frac{a_1^2}{N_1^2} : \frac{a_2^2}{N_2^2} = \frac{0{,}20^2}{80^2} : \frac{0{,}65^2}{315^2} \cdot \tag{25}$$

Führt man die Rechnung durch, so ergibt sich, daß die Belichtungsstärken ungefähr in einem Verhältnis stehen wie 3 : 2, d. h. daß die Belichtungsstärke des 315mal vergrößerten Bildes 1,5mal geringer ist als die des 80mal vergrößerten. Hat man das letztere Bild mit 4″ belichtet, so wird für das 315fach vergrößerte eine Belichtungszeit von 6″ entsprechen. Man kann jedoch eine ungefähr gleiche, und zwar 325fache Vergrößerung auch mit dem Apochromat 4 mm 40fach und unter sonst ungeänderten Verhältnissen erzielen. Die Apertur dieses Objektivs beträgt aber 0,95, und dem höheren Wert der Apertur entsprechend wird jetzt die Belichtungszeit wesentlich kürzer sein als bei dem Achromat von derselben Einzelvergrößerung. Die Gl. (25) wird nämlich jetzt für die Aperturen die folgenden Werte erhalten:

$$\frac{a_1^2}{N_1^2} : \frac{a_3^2}{N_2^2} = \frac{0{,}20^2}{80^2} : \frac{0{,}95^2}{315^2} , \tag{26}$$

(wo einfachheitshalber der kleine Unterschied zwischen 315 und 325 unberücksichtigt geblieben ist).

Nach Durchführung der Rechnung stellt es sich heraus, daß jetzt die Beleuchtungsstärke des stärker vergrößerten Bildes etwa 1,5mal größer ist als die des schwach vergrößerten. Man müßte dementsprechend mit einer um das 1,5fache kürzeren Belichtungszeit auskommen als früher beim 80fach vergrößerten Bild (nicht ganz 3″ statt 4″).

Dieser Einfluß der höheren Apertur auf die Belichtungszeit muß stets berücksichtigt werden, wenn man Apochromate benützt. Im allgemeinen wird man bei Apochromaten mit einer kürzeren Belichtungszeit rechnen als bei Achromaten von derselben Einzelvergrößerung und natürlich ebenso, wenn man Immersionslinsen statt Trockensystemen von derselben Einzelvergrößerung benützt. Man darf jedoch nicht vergessen, daß bei Aufnahmen mit verschiedenen Vergrößerungen nicht nur der Wert von a und dementsprechend der des dritten Gliedes Unterschiede aufweisen wird, sondern auch das zweite Glied der Gl. (24) wechselnde Werte erhalten muß. Die in dem vorangegangenen Beispiel durchgeführte Berechnung der Belichtungszeit hat, wie öfters betont wurde, nur dann ihre Gültigkeit, wenn beim Übergang von einer schwächeren zu einer stärkeren Vergrößerung tatsächlich nur die Apertur der Abbildung geändert wird, die Beleuchtung jedoch unverändert bleibt. Das wird jedoch kaum oder nur in den seltensten Fällen vorkommen, da die Bedingungen der förderlichen Beleuchtung bei schwachen Vergrößerungen andere sind als bei den starken. Man muß dann auch noch mit der Beschaffenheit der Präparate rechnen, denn je nachdem, ob man eine kontrastarme, ungefärbte, lebende Struktur oder ein kontrastreiches, fixiertes und gefärbtes Präparat abbilden will, wird man die Blenden mehr oder weniger verengern und die Apertur der Beleuchtung entsprechend herabsetzen müssen (s. S. 22). Bei all diesen der Natur des aufzunehmenden Bildes angepaßten Änderungen in der Beleuchtung wird selbstverständlich auch der Wert des zweiten Gliedes an der rechten Seite der Gl. (24) modifiziert (vgl. die Belichtungszeiten bei den Abb. 45, 46 u. 47 mit denen bei Abb. 50 u. 51). Die Gl. (24) ist vor allem deshalb von praktischem Wert, weil man sich danach am raschesten orientieren kann, wieweit die Belichtungszeit sich ändern wird, wenn man nach einer Probebelichtung am Kameraauszug, an den Blendenöffnungen oder sonst an irgendeinem Faktor der Beleuchtung noch etwas ändern muß. Werden aber von einer Aufnahme zur anderen mehrere Faktoren gleichzeitig geändert, so empfiehlt es sich, wie das auch bei den Ausnahmen Abb. 45 u. 50 geschehen ist, viel eher eine neue Belichtungsreihe zu machen, als die Belichtungszeit mit Hilfe der Gl. (24) aus einer früheren Aufnahme zu berechnen. Will man sich die allzu vielen Probebelichtungen und die damit verbundene photographisch-technische Arbeit ersparen, so wird man am besten die Belichtungszeit der folgenden Aufnahme mit Hilfe des Be-

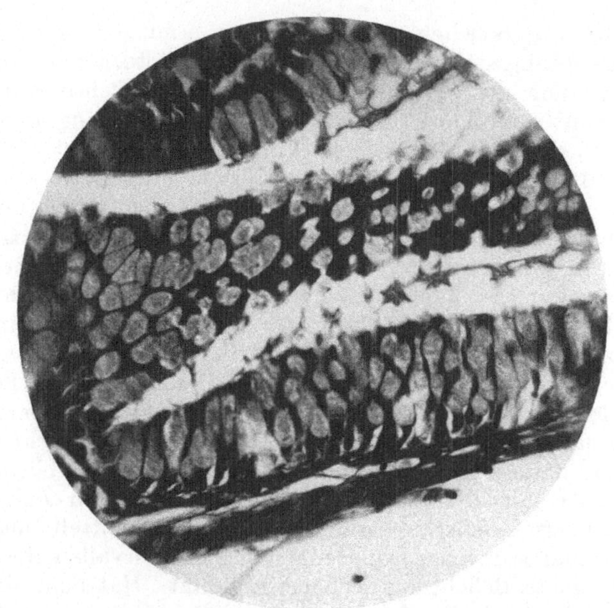

Abb. 50. Belichtungsreihe von 2″ bis 1′
(der Streifen für die Belichtungszeit: 1′ lag schon nicht mehr im Bildfeld). Bei 2″: Überbelichtung, bei 4″ schon Unterbelichtung.
Obj. ZEISS 40fach n. A. 0,65, Kompl. Ok. 3fach, Kammerlänge: 40 cm, Azolampe, Apl. Kondensor 1,4, Irisblende bei Teilstr. 20, Kollektorblende offen. Mattscheibe und Grünfilter (SCHOTT); Agfa-Chromo-Iso-Rapid. Metol-Hydrochinon 1:5 (3 Minuten).
Schnittpräparat 7,5 u, Salamanderlarve, knorplige Wirbelsäule und Darm in Längsschnitt. Färbung: Eisenhämatoxylin-Thiazinrot.

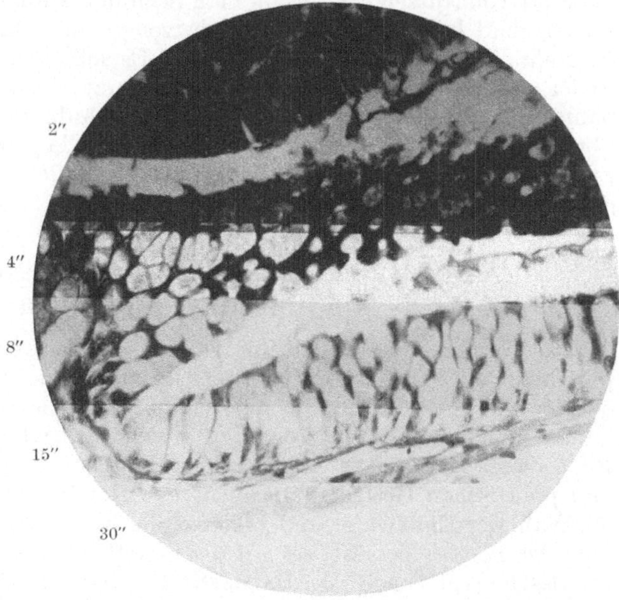

Abb. 51. Aufnahme nach der Belichtungsreihe (Abb. 50)
bei 3″ Belichtung.

lichtungsstabes aus der früheren ermitteln. Da jedoch zum Verständnis des Belichtungsstabes Grundbegriffe der Photochemie notwendig sind, soll die Berechnung der Belichtungszeit mit dem Belichtungsstab erst im nächsten Abschnitt geschildert werden, wo im Zusammenhang mit dem Entwicklungsvorgang auch die photochemischen Grundbegriffe, namentlich der Begriff des SCHWARZSCHILDschen Exponenten, erörtert werden.

Es gibt auch Fälle, wo statt der üblichen Belichtungsreihe eine mit kleineren Zeitintervallen vorteilhafter ist. Solchen Fällen begegnet man hauptsächlich bei Aufnahmen von beweglichen oder veränderlichen Objekten (Momentaufnahmen) und auch bei schwierigen Objekten, wo der Kontrast zwischen der Struktur und dem Hintergrund so gering ist, daß kleine Unterschiede von 1—2″ in der Belichtungszeit die Güte der Aufnahmen entscheidend zu beeinflussen vermögen. Man wird z. B. bei der Darstellung von Feinstrukturen in lebenden oder fixierten Zellen merkliche Unterschiede in der Kontrastwirkung finden, je nachdem, ob man 1—2″ länger oder kürzer belichtet hat. Am besten gelangt man dann zum Ziel, wenn man zuerst mit der üblichen Belichtungsreihe (d. h. immer mit dem doppelten Wert der früheren Belichtungszeit) ungefähr die günstigste Belichtungszeit, z. B. bei 4″, ermittelt und dann mit einer zweiten, diesmal stufengleichen Reihe von Zeitintervallen die für die Kontrastwirkung geeignete Belichtung genauer bestimmt. Hat man also die richtige Belichtung ungefähr bei 4″ gefunden, so macht man die zweite Belichtungsreihe mit 1, 2, 3, 4, 5, 6″ und wird z. B. finden, daß die Aufnahme bei 3″ Belichtung den Anforderungen am besten entspricht (Abb. 50 u. 51).

Nachdem so die richtige Belichtungszeit gefunden wurde, wechselt man die Platte und erzielt dann die endgültige Aufnahme. Nach der Belichtung schließt man zuerst den Verschluß der Kamera oder man schirmt das Mikroskop mit dem schwarzen Karton wieder ab, schiebt den Kassettenschieber in die Kassette ein und sorgt dafür, daß die Lampe bei geringer Belastung brennt. Es wird dann oft von Nutzen sein, wenn man nach der Aufnahme noch einmal das Mattscheibenbild betrachtet und sich überzeugt, ob während der Aufnahme an der Einstellung sich nichts geändert hat. Es soll auch als Regel gelten, daß man weder am Mikroskop noch an dem Präparat etwas ändert, bis man die Aufnahme auf der Platte geprüft hat. Läßt die Aufnahme noch etwas zu wünschen übrig, so ist sie leichter zu wiederholen, wenn die ganze Anordnung unverändert geblieben ist. Schon aus diesem Grunde empfiehlt es sich, das negative Bild gleich nach jeder Aufnahme zu entwickeln.

XI. Allgemeines über das Negativverfahren in der Mikrophotographie.

Das Ergebnis der Belichtung ist das sog. latente Bild auf der photographischen Platte, das photochemische Produkt des vom Objekt durchgelassenen oder reflektierten Lichtes in der lichtempfindlichen Schicht.

Die photochemischen Vorgänge, welche das latente Bild erzeugen, sind im Bd. 5 dieses Handbuchs eingehend geschildert worden, ebenso die theoretischen und praktischen Gesichtspunkte bei der Handhabung der Negative. Was also die Wahl der Entwickler und Fixierer, die Entwicklungsdauer und Nachbehandlung der Platten betrifft, sei auf die betreffenden Abschnitte dieses Handbuchs verwiesen (vgl. auch J. DAIMLER [1] und H. PETERSEN [6]). Da man jedoch die Mikrophotographie nur dann vollkommen beherrschen kann, wenn man über die Entstehung des Lichtbildes, von der Einstellung des Präparats bis zur Anfertigung der Abzüge eine einheitliche Vorstellung gewonnen hat, wenn man also die logischen Zusammenhänge zwischen Objektstruktur und mikroskopischem Bild, zwischen diesem und dem Mattscheibenbild und schließlich zwischen dem auf die lichtempfindliche Platte entworfenen Bild und seinem photochemischen Äquivalent, dem Negativ, genau kennt, so wollen wir auch hier einige grundsätzliche Fragen mit Rücksicht auf die Forderungen der Mikrophotographie etwas ausführlicher behandeln.

47. Das Bunsen-Roscoesche Gesetz und der Schwarzschildsche Exponent.

Das Endergebnis eines photochemischen Vorgangs ist bekanntlich von der Intensität der Lichtwirkung und von ihrer Dauer abhängig (Bunsen-Roscoesches Gesetz). Diese gesetzmäßige Abhängigkeit wurde schon bei der Aufstellung unserer Belichtungsreihen berücksichtigt, wo die Stärke der Belichtung gleichbleibend, die Dauer der Belichtung jedoch nach einer Belichtungsreihe abgestuft war[1]. Der von dem Bunsen-Roscoeschen Gesetz abhängige photochemische Vorgang erzeugt jedoch nur das latente, nicht aber das negative Bild. Dieses letztere ist vielmehr von den Wechselwirkungen abhängig, welche zwischen den in der lichtempfindlichen Schicht bei der Strahlung entstandenen „Keimen" und der reduzierenden Flüssigkeit während der Entwicklung auftreten und die Schwärzung der belichteten Stellen hervorrufen. Für das Zustandekommen des Lichtbildes ist begreiflicherweise die Schwärzung der Platte das wichtigste. So muß man vor allem die Faktoren dieses Vorganges ermitteln und feststellen, ob die Verteilung von Licht und Schatten, d. h. die Schwärzung am Negativ, dem Bunsen-Roscoeschen Gesetz entsprechend genau von der Belichtung abhängig ist, oder ob nicht auch besondere Eigenschaften der lichtempfindlichen Schicht und der Entwickler die Schwärzung in besonderer Weise beeinflussen. Tatsächlich entspricht der Grad der Schwärzung auf den photographischen Platten dem Bunsen-Roscoeschen Gesetz nicht ganz genau. Im Sinne dieses Gesetzes müßte nämlich die Gleichung gelten:

$$B_1 t_1 = B_2 t_2. \tag{27}$$

oder mit Worten: das Ergebnis des photochemischen Vorgangs müßte stets dasselbe bleiben, wenn das Produkt aus der Länge der Belichtung und der Stärke der Beleuchtung denselben Wert aufweist. Das ist jedoch nicht der Fall. Wenn man in der einen Belichtungsreihe nur die Zeitdauer, in einer zweiten aber nur die Stärke der Beleuchtung ändert, so findet man stets einen Unterschied zwischen den entsprechenden Schwärzungsstufen (Gradation) der zwei Belichtungsreihen. Am besten wird der Unterschied bemerkbar, wenn man das Ergebnis der Belichtungsreihen auf ein Koordinatensystem aufträgt, und zwar die Grade der Schwärzung photometrisch oder sensitometrisch gemessen auf der Ordinate, die Logarithmen

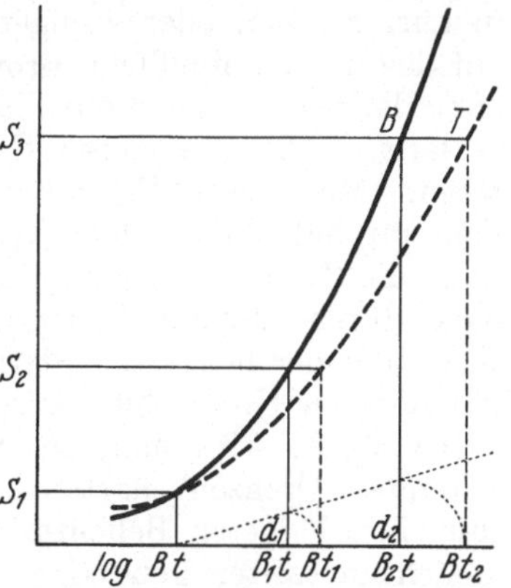

Abb. 52. Schwärzungskurven (Schema).
B = Intensitätskurve; T = Zeitkurve. An die Ordinate sind die Schwärzungen, an die Abszisse die Belichtungen aufgetragen. (Aus A. Köhler [8, Abb. 890, S. 1753].)

der Belichtungszeiten oder Beleuchtungsstärken aber auf der Abszisse. Man wird dann im selben Koordinatensystem zwei Schwärzungskurven erhalten (Abb. 52), eine Intensitätskurve und eine Zeitkurve, die etwas verschieden verlaufen. Beide schneiden sich in einem Punkt, und zwar dort, wo die Beleuchtungsstärke B

---

[1] In anderen Fällen (s. S. 99) kann die Dauer der Belichtung konstant bleiben, und die Beleuchtungsstärke, ausgedrückt durch die Belastung der elektrischen Lampe, wird stufenweise abgeändert.

und die Belichtungszeit t diejenigen Werte zeigen, welche in der einen Belichtungsreihe für B, in der anderen für t gleichbleibend waren. Von diesem Punkt aus
weichen die Kurven nach rechts und links voneinander ab, und es zeigt sich,
daß man den gleichen Grad der Schwärzung in der Intensitätskurve früher
erreicht als in der Zeitkurve. Der Unterschied läßt sich durch eine Zahl aus-
drücken, die man als Exponent in der Gleichung des BUNSEN-ROSCOEschen
Gesetzes einführt und daher als den SCHWARZSCHILDschen Exponenten p
zu bezeichnen pflegt. So erhält man bei der Schwärzung photographischer
Platten an Stelle der Gleichung des BUNSEN-ROSCOEschen Gesetzes die folgende
Gleichung:

$$B_1 t_1 = B_2 t_2^p. \tag{28}$$

Die Zahl p ist stets kleiner als 1. Ist sie gleich 1, so hat man die Gleichung des
BUNSEN-ROSCOEschen Gesetzes vor sich. Der Wert des SCHWARZSCHILDschen
Exponenten ist von der Plattensorte abhängig, bei ein und derselben Plattensorte aber so gut wie konstant. Sein Wert schwankt je nach der Plattensorte
zwischen 0,95 und 0,65.

Der SCHWARZSCHILDsche Exponent ist vor allem dann zu berücksichtigen,
wenn man auf der photographischen Platte photometrische Untersuchungen vornimmt, oder wenn man bei schwierigen Objekten die Belichtungszeit oder die
Beleuchtungsstärke nach der Formel $B_1 t_1 = B_2 t_2^p$ im voraus bestimmen will.
Uns interessiert jedoch die Zahl p hier hauptsächlich deshalb, weil man daraus
die komplizierten Zusammenhänge zwischen den photochemischen und photo-
technischen Wirkungen in der lichtempfindlichen Schicht am deutlichsten wahrnimmt. Wir sehen, daß die photochemische Arbeit, welche bei der Hervor-
rufung des latenten Bildes durch die Belichtung in der lichtempfindlichen Schicht
geleistet wird, Unterschiede aufweisen kann, je nachdem, ob mehr Lichtenergie
in kürzerer Zeit oder weniger Lichtenergie in einer entsprechend längeren Zeit
auf das lichtempfindliche Bromsilber einwirkte. Der Unterschied in der Schwärzung der belichteten Stellen läßt sich bei gleichartiger Entwicklung nur dadurch
erklären, daß im ersteren Fall sich die Keime rascher ausbilden als im letzteren. Mit dieser Eigentümlichkeit des photochemischen Vorganges in der
lichtempfindlichen Schicht muß man stets rechnen, wenn man überlegt, ob
man die Kontrastwirkung im Bild durch Steigerung der Beleuchtungsstärke
oder durch längere Belichtung erreichen soll. Ist der SCHWARZSCHILDsche
Exponent der benützten Plattensorte 0,95, d. h. fast 1, so wird es in der Praxis
kaum einen Unterschied ausmachen, welchen Weg man verfolgt. Ist dagegen
$p = 0,65$, so wird man bei Steigerung der Beleuchtungsstärke (innerhalb bestimmter Grenzen) härtere Bilder erzielen als bei geringerer Lichtintensität
mit einer längeren Belichtung. Besonders in solchen Fällen, wo man an kurze
Belichtungszeiten gebunden ist, wie z. B. bei beweglichen oder veränderlichen
Objekten, ist es gut zu wissen, daß, falls man bei der zulässigen kurzen Belichtungszeit (t_2) mit der gegebenen Helligkeit der Lichtquelle (B_2) noch keine
guten Kontraste (Gradation) erreichen konnte, diese mit einem stärkeren
Licht (B_1) und der entsprechend kürzeren Belichtungszeit (t_1) erreicht werden
können.

Man hat z. B. eine Punktlichtlampe 2 G (Flächenhelle 150 HK), und die Aufnahme soll bei einer bestimmten stärkeren Vergrößerung und einer bestimmten Plattensorte mit oder unterhalb 8″ erfolgen. Angenommen, daß die Belichtung mit 8″
keine günstigen Kontraste ergibt, so wird man die gewünschte Kontrastwirkung
in einer zweiten Belichtungsreihe sicherlich erhalten, wenn man an Stelle der 2 G-Lampe
eine Punktlichtlampe 4 G (Flächenhelle 350 HK) aufstellt und für diese die Belichtungszeit t_1 aus der Gleichung $B_1 t_1 = B_2 t_2^p$ berechnet. In unserem Beispiel sei
$p = 0,65$, $B_1 = 350$, $B_2 = 150$ und $t_2 = 8″$. Man erhält dann nach der Gleichung

$$\log B_1 - \log B_2 = p\,(\log t_2 - \log t_1)$$
$$\log 350 - \log 150 = 0{,}65\,(\log 8 - \log t_1)$$
$$\log t_1 = \frac{0{,}65 \log 8 + \log 150 - \log 350}{0{,}65}$$
$$t_1 = 2{,}25''. \tag{29}$$

Man erhält demnach bei einer Punktlichtlampe 4 G mit 2,25″ Belichtungszeit und bei sonst gleichen Verhältnissen denselben Grad der Schwärzung, wie bei einer Punktlichtlampe 2 G mit 8″ Belichtungszeit; exponiert man also etwa 3″ lang, so wird man die gewünschte kräftigere Schwärzung der belichteten Stellen erhalten.

48. Der Belichtungsstab. Zur Berechnung der Belichtungzeit einer Aufnahme aus einer anderen benützt man am vorteilhaftesten den Belichtungsstab, wie er von A. Köhler (*8*, S. 1877) angegeben wird[1]. Da bei der Handhabung des Belichtungsstabes der Schwarzschildsche Exponent eine wesentliche Rolle spielt, muß man seinen Wert für die benutzte Plattensorte kennen. Ist das der Fall, so wird man mit Hilfe des Belichtungsstabes in kurzer Zeit, ohne auf Logarithmentafeln angewiesen zu sein, die gewünschten Belichtungszeiten genau bestimmen können, wenn die Belichtungszeit einer früheren Aufnahme bekannt ist.

Die mathematische Grundlage für die Konstruktion des Belichtungsstabes, welcher dem Wesen nach eine besondere Art des Rechenschiebers darstellt, ergibt sich aus einer Gleichung, welche aus den Gl. (20) und (28) abgeleitet ist[2]:

$$p \cdot \log t_2 = p \cdot \log t_1 + 2 \log d_1 - 2 \log d_2 + 2 \log f_2$$
$$- 2 \log f_1 + 2 \log N_2 - 2 \log N_1 + z_1 \log r - z_2 \log r. \tag{30}$$

In dieser Gleichung sind die Belichtungszeiten t_1 und t_2 mit den Blendendurchmessern d_1 und d_2, den Brennweiten der Kondensoren f_1 und f_2, den Vergrößerungen N_1 und N_2 und schließlich mit der im optischen System gegebenen Anzahl von Reflexionsflächen z_1 und z_2 enthalten. Mit Ausnahme von z und r sind alle diese Faktoren entweder schon bekannt oder leicht zu ermitteln. Den Wert von r, der stets etwas kleiner als 1 ist, braucht man im voraus nicht zu kennen, denn die Werte von $\log r$ sind unmittelbar auf dem Belichtungsstab angegeben. Den Wert von z enthält man am besten, wenn man mit den zwei zu vergleichenden Objektivsystemen bei gleicher Vergrößerung, d. h. bei verschiedener Kameralänge, aber unter sonst denselben Versuchsbedingungen, eine Belichtungsprobe vornimmt. Die erste Aufnahme macht man mit dem schwächeren System, und zwar bei einer Belichtungszeit t_1, die ein etwas unterexponiertes

---

[1] Ähnliche gute Dienste leistet auch der Universal-Perutz-Belichtungsmesser von der Firma O. Perutz, München. Auch der Osram-Beleuchtungsmesser, ein Fettfleckphotometer mit Vergleichslicht (vgl. A. Hay [*1*]) könnte in angepaßter Form zur Messung der Beleuchtungsstärke dienstbar gemacht werden.

[2] Bei der Ableitung der Gl. (30) wird die Gl. (20) $B = H K \dfrac{d^2}{f^2} \cdot N^2$ in etwas anderer Form als: $B = \left(\dfrac{a}{N}\right)^2 r^z \cdot E$ geschrieben, wo E ein Integralwert der Flächenhelle H für verschiedene Wellenlängen und r statt K den Reflexionsverlust darstellt, welcher an z Reflexionsflächen des optischen Systems auftritt (r ist nur einer der integrierenden Bestandteile von K, nämlich derjenige, welcher dem Lichtverlust durch Reflexion entspricht). Der zweite Komponent, der den Verlust durch Absorption ausdrückt, a ist schon im Integral E einbegriffen, denn $E = \int\limits_{\lambda_1}^{\lambda_2} a\,dH$. Setzt man für die Berechnung der gesuchten Belichtungszeit t_2 aus einer schon bekannten t_1 laut Gleichung $\dfrac{t_2^p}{t_1} = \dfrac{B_1}{B_2}$ die Werte von B_1 und B_2 ein, so erhält man schließlich für t_2 bzw. $p \cdot \log t_2$ die Gl. (30).

Bild liefern soll. Die weiteren Aufnahmen erfolgen mit dem stärkeren System und bei steigenden Belichtungszeiten t_1, t_2, t_3 usw., die man in der gleich zu schildernden Weise mit dem Belichtungsstab ermittelt. Hat man die Belichtungsreihen entwickelt und fixiert, so vergleicht man die Schwärzung der Streifen mit derjenigen der ersten Aufnahme und sucht den Streifen aus, dessen Schwärzung der ersten Aufnahme am ehesten entspricht. War dieser z. B. mit der Belichtungszeit t_3 aufgenommen worden, so wird man den Wert von z_2, d. h. die Anzahl der Reflexionsflächen im stärkeren System, auf dem Belichtungsstab ablesen können dort, wo der Zeigerstrich stand, als man die Belichtungszeit t_3 gefunden hat.

Der Belichtungsstab (Abb. 53) besteht aus zwei festen Linealen und einem zwischen diesen beiden verschiebbaren, die auf beiden Seiten im ganzen zwölf verschiedene Teilungen aufweisen. Ein Läufer mit einem Zeigerstrich ist

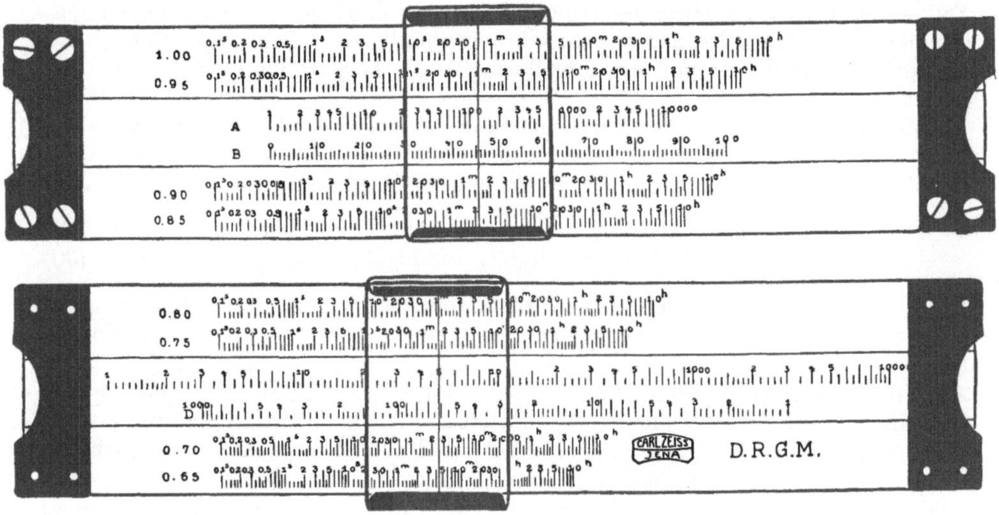

Abb. 53. Der Belichtungsstab von beiden Seiten. (Aus ZEISS-Druckschrift: Mikro 403.)

wie bei den üblichen Rechenschiebern über den Teilungen angebracht. Die zwei festen Lineale zeigen den Wert $p \cdot \log t$ für die Belichtungszeiten zwischen $t = 0{,}1$ Sekunden und 10 Stunden an, und zwar in acht verschiedenen Skalen für die verschiedenen Werte des SCHWARZSCHILDschen Exponenten von 1 bis 0,65. Das mittlere verschiebbare Lineal enthält die Teilungen A, B, C, D, je zwei an einer Seite des Lineals. A stellt eine Teilung dar, welche die Logarithmen der Zahlen von 1—10000 zeigt, wobei die Strecken der Teilung den Logarithmen entsprechen, während die Teilstriche mit den Numeri bezeichnet sind. Teilung B stellt eine Skala dar, wo jeder Abstand zwischen zwei Teilstrichen dem Wert von $\log r = \log 0{,}9$ entspricht. Auf der anderen Seite zeigt die Teilung C den doppelten Wert der Logarithmen von den Zahlen 1—10000, und zwar so, daß die Teilstriche mit den Quadratwurzeln der Numeri bezeichnet sind. Teilung D zeigt dasselbe wie Teilung C, nur mit dem Unterschied, daß die Numerierung der Teilstriche in entgegengesetzter Richtung erfolgt wie bei den übrigen, und die Skala nur von 1 bis 1000 reicht.

Hat man also eine gute Aufnahme bei einer 250fachen Vergrößerung mit der Belichtungszeit $t_1 = 30''$ erzielt, und wären die Werte von $d_1 = 8$ mm, $f_1 = 36$ mm und $z_1 = 7$, so wird man die Belichtungszeit t_2 für eine Aufnahme von einem ähnlichen Präparat bei 900facher Vergrößerung mit dem Belichtungsstab folgendermaßen finden, wenn bei der Aufnahme $d_2 = 5$ mm, $f_2 = 10,5$ mm, $z_2 = 11$ und der SCHWARZ-SCHILDsche Exponent der in beiden Fällen benützten Plattensorte $= 0,90$ ist: Man stellt den Zeigerstrich des Läufers auf den Teilstrich ein, wo an der Teilung für $p = 0,90$ die Belichtungszeit $t_1 = 30''$ steht. Nach Gl. (30) muß dazu noch $2 \cdot \log d_1$ hinzugerechnet und $2 \cdot \log d_2$ von der Summe abgezogen werden. Man findet diese Werte auf dem verschiebbaren Lineal auf der Teilung D. Durch Verschieben dieses Lineals stellt man also den Teilstrich 8 unter den Zeigerstrich, der in diesem Moment noch bei der Teilung 0,90 auf $30''$ eingestellt ist, und schiebt dann den Läufer mit dem Zeiger auf den Teilstrich 5 der Teilung D. Nun soll noch $2 \cdot \log f_1$ zu- und $2 \cdot \log f_2$ abgezählt werden. Diese ermittelt man auf der Teilung C (am beweglichen Lineal), indem man die Stelle, welche auf der Teilung C 36 bzw. 35 entspricht, zuerst unter den Zeigerstrich stellt und dann mit dem Läufer den Teilstrich 10,5 (die Mitte zwischen den Teilstrichen 10 und 11) auf der Skala C aufsucht. Ebenso erfolgt die Einstellung des Belichtungsstabes den Vergrößerungen 250 und 900 entsprechend. Beide Werte findet man mit Hilfe der Teilung C, und zwar so, daß man den Wert der Vergrößerung der früheren Aufnahme (in diesem Fall 250) durch Verschiebung des beweglichen Lineals, die Vergrößerung aber, auf die man übergehen will (900), durch Verschiebung des Läufers einstellt. Schließlich muß man den Zeigerstrich noch den Werten von z_1 und z_2 entsprechend einstellen. Wie schon erwähnt, findet man diese Werte auf der Teilung B. Man dreht also den Belichtungsstab um, stellt durch Verschiebung des Lineals den Teilstrich 7 der Teilung B zum Zeigerstrich und schiebt den Läufer auf den Teilstrich 11. Wird jetzt der Belichtungsstab umgedreht, so kann man auf der Teilung 0,90 für die bevorstehende Aufnahme als Belichtungszeit $2' 30''$ ablesen.

Erschwert wird die Benützung des Belichtungsstabes nur dadurch, daß man die Werte für z_1 und z_2 nur selten im voraus wissen kann, und daß man die Brennweiten der Kondensoren in den meisten Fällen nicht am Kondensor selbst ablesen kann. Die Brennweiten der Kondensoren sind jedoch in jedem Katalog der optischen Werke leicht aufzufinden, und die Werte für z_1 und z_2 lassen sich mit dem Belichtungsstab selbst bestimmen. In der alltäglichen Praxis begnügt man sich meistens mit Belichtungsreihen, solange man ständig mit derselben Einrichtung und derselben Plattensorte arbeitet. Geht man aber auf eine andere Plattensorte über, die einen anderen SCHWARZSCHILDschen Exponenten hat, so wird man in der ersten Zeit, bis man sich auf die Plattensorte eingearbeitet hat, viel Nutzen vom Belichtungsstab haben, und zwar um so mehr, als man mit dem Belichtungsstab auch den Maßstab der Vergrößerung, die Blendendurchmesser und Öffnungsverhältnisse, ferner die num. Ap. von Kondensoren und Objektiven berechnen kann. Bezüglich der Ausführung solcher Rechnungen sei auf die Druckschrift Mikro 403 der ZEISS-Werke hingewiesen.

49. Die Bedeutung der härteren oder weicheren Bilder in der Mikrophotographie. Bekanntlich unterscheidet man in der Photographie härtere Bilder, wo der Kontrast zwischen Licht und Schatten (die Gradation) stark ausgeprägt ist, und weichere Bilder, wo feiner abgestufte Übergänge vorhanden sind. Ebenso bekannt ist es, daß die Kontrastwirkung des Bildes vom Verhältnis zwischen der Belichtungszeit und der Dauer der Entwicklung abhängig ist. Eine kurze Belichtung mit längerer Entwicklung liefert härtere, eine lange Belichtung mit kürzerer Entwicklung weichere Bilder. In welcher Weise die Länge oder Kürze der Belichtungszeit festgestellt wird, haben wir schon eingehend kennengelernt. Es sei aber noch bemerkt, daß die eben gebrauchten Bezeichnungen „kurze" und „lange" Belichtung keineswegs mit einer zu kurzen oder zu langen Belichtung, mit Unterexponierung und Überexponierung, verwechselt werden dürfen. Die „kurze" Belichtung bedeutet in diesem Fall die kürzeste Zeit, bei der die Platte noch eine günstige Schwärzung zeigt, und ebenso die „lange" die längste Zeit, bei der dies noch der Fall ist. Hat man also auf einer Belichtungsprobe Schwärzungsstreifen bei 2, 4, 8, 15, $30''$ und schließlich $1'$ erzielt und liegt die beste

Schwärzung bei 8″, so wird man, um die Aufnahme härter zu bekommen, nicht etwa 4″ und für die weichere Aufnahme nicht 15″ mit entsprechend kürzeren oder längeren Entwicklungszeiten wählen, sondern man wird eine zweite Probe machen mit der Zeitreihe 4, 6, 8, 10, 12 und 15″ und wird finden, daß z. B. schon bei 6″ und auch bei 10″ die Schwärzung richtig auftritt. Dementsprechend wählt man dann für härtere Bilder 6″ als „kurze" und 10″ als „lange" Belichtungszeit mit der entsprechenden längeren oder kürzeren Entwicklung. Wie jeder erfahrene Photograph weiß, kann durch die Entwicklung manches in der Aufnahme verbessert werden, die Mängel der Belichtung, und zwar besonders die einer Unterbelichtung, lassen sich jedoch durch die Entwicklung nie ganz wettmachen.

Die Dauer der Entwicklung, d. h. die Zeit, bei der das photochemisch erzeugte metallische Silber vollständig reduziert wird, hängt wiederum von einer Reihe Faktoren ab, so z. B. von der chemischen Zusammensetzung, der Konzentration und der Temperatur der Entwicklerlösung. Die Entwicklungsdauer ist anders bei anorganischen als bei den organischen Entwicklern und auch bei den letzteren verschieden, je nach der chemischen Natur des zugefügten schwefligsauren Salzes (Natriumsulfit und Kaliummetabisulfit), mit welchem man den Entwickler vor der Oxydation zu schützen pflegt. Ebenso wird die Reduktion des Silbers beeinflußt durch den Grad der alkalischen Reaktion, bei welchem der Reduktionsprozeß stattfinden soll, d. h. von der Menge Alkali (Kalium- oder Natriumkarbonat), die man der Entwicklerlösung zusetzt. Es ist auch bekannt, daß Bromkalium den Entwicklungsprozeß verzögert, wenn man einige Tropfen einer Bromkaliumlösung dem Entwickler beimischt oder das Bromkalium im Laufe der Entwicklung im Entwickler selbst sich anhäuft („alte" Entwickler). Je mehr reduzierende Stoffe bei der nötigen alkalischen Reaktion im Entwickler vorhanden sind, und je geringer der Gehalt an hemmendem Bromkalium ist, um so energischer wird die Schwärzung auftreten und um so kürzer ist die Entwicklungszeit. Wie jeder chemische Vorgang, so ist auch die Entwicklung von der Temperatur abhängig, und zwar wird sie in der Wärme beschleunigt, in der Kälte verzögert. Das Verhältnis, in dem die Entwicklungsdauer bei einem Temperaturunterschied von 10^0 C sich ändert, nennt man den Temperaturkoeffizienten des Entwicklers. Sein Wert ist für die einzelnen Plattensorten und die einzelnen Entwickler verschieden. Es ist deshalb oft nötig, den Wert des Temperaturkoeffizienten nach bekannten Formeln auszurechnen oder aber mit dem Belichtungsstab zu bestimmen[1]. Im allgemeinen eignet sich 18—20° C Zimmertemperatur am besten zur Entwicklung. Hat der Entwickler bei Zimmertemperatur einige Zeit (15—30 Minuten) gestanden, so nimmt er ebenfalls diese Temperatur an[2]. 1—2° Unterschied nach unten oder nach oben spielen keine Rolle.

Die Kenntnis all dieser hier nur kurz erwähnten Faktoren vorausgesetzt, wollen wir also jetzt untersuchen, unter welchen Bedingungen man bei einer mikrophotographischen Aufnahme das bestmögliche negative Bild erhalten kann. Welche Entwickler, welche Entwicklungszeiten und was für Platten sollen wir

---

[1] Siehe A. Köhler (*8*, S. 1737—1739).

[2] Es ist deshalb ratsam, den Entwickler schon vor der Aufnahme bereit zu stellen und mit einem Deckel zugedeckt oder in einer verkorkten Flasche stehenzulassen, bis man mit der Aufnahme fertig ist. Wird der Entwickler knapp vor der Entwicklung vorbereitet und dabei mit fließendem kaltem Wasser verdünnt, so wird er eine bedeutend niedrigere Temperatur haben als der Arbeitsraum, was oft der Grund sein kann, daß man die Belichtungszeit falsch beurteilt und die späteren Aufnahmen, welche in dem inzwischen schon erwärmten Entwickler behandelt werden, überbelichten wird.

dazu wählen? Alle diese Fragen laufen letzten Endes auf die eine Kernfrage hinaus, ob man die im mikroskopischen Bild vorhandene Verteilung von Licht und Schatten durch ein härteres oder ein weicheres Lichtbild besser wiedergeben kann. Die Entscheidung dieser Frage wird also in der Hauptsache von der Beschaffenheit und den optischen Eigenschaften des Objekts abhängen.

Mit dem Auge des Graphikers beurteilt — und wie PETERSEN (4) es richtig betont, sind die Grundprobleme der mikrophotographischen Bildwiedergabe letzten Endes graphische Probleme —, ist das mikroskopische Bild im Vergleich zu den Objekten der Makrophotographie viel ärmer an ausgeprägten graphischen Kontrasten. Es enthält vor allem keine charakteristischen Schatten in dem Sinne, wie man solche an Lichtbildern körperlicher, im Raum angeordneter makroskopischer Objekte vorfindet. Von Ausnahmefällen abgesehen, wo auch die Makrophotographie zweidimensionale Objekte abbildet (z. B. bei der photographischen Wiedergabe von Bildern), verleihen der Makrophotographie stets die vorhandenen Schatten das charakteristische Gepräge. Von der Kontrastwirkung zwischen den belichteten Stellen und den Schatten wird der Photograph die Einstellung seines Objekts, die Belichtungs- und die Entwicklungszeiten abhängig machen. Dabei hat er aber im Gegensatz zum Mikrophotographen einen in der Mehrzahl der Fälle ziemlich weitgehenden Einfluß auf die Gestaltung dieser Schatten bzw. auf die Bildhaftigkeit und Kontrastwirkung des Objekts, denn er kann entweder die Perspektive oder die Beleuchtung für die Aufnahme so wählen, daß dabei gute graphische Kontraste entstehen. Die graphischen Kontraste im mikroskopischen Bild beruhen auf einer wesentlich anderen Grundlage, welche auf S. 20 schon erörtert wurden. In diesem Zusammenhang sei nochmals darauf hingewiesen, daß in der „Schwarzweiß‟-Photographie vom mikroskopischen Bild nur das Strukturbild, d. h. die durch Lichtinterferenz erzeugten Grenzlinien und nicht das Farbenbild richtig zum Ausdruck gelangt. Die graphische Wirkung einer nichtfarbigen Photographie wird also vor allem von der Definition dieser Grenzlinien abhängig sein. Es stehen zwar optische Mittel zur Verfügung, diese Grenzlinien durch engere Blendenöffnungen, durch Einschlußmittel von geringerer Brechungszahl (Luft, Wasser, Glyzerin usw.) oder durch eine Beleuchtung mit kurzwelligen Strahlen stärker hervortreten zu lassen, im allgemeinen ist jedoch bei der Natur des mikroskopischen Bildes an der Stärke dieser Grenzlinien nicht viel zu ändern (s. S. 22). Das ist mit einer der Gründe, weshalb die mikroskopische Forschung von gefärbten Präparaten einen so starken Gebrauch macht. Bei subjektiver Beobachtung wird der Mangel an graphischen Kontrasten durch die Farbenkontraste im mikroskopischen Bild reichlich aufgewogen. Die nichtfarbige Photographie wird natürlich diese für das gefärbte Präparat charakteristischen Farbenkontraste überhaupt nicht und selbst die Helligkeitsunterschiede zwischen den verschieden gefärbten Stellen meistens nicht ganz richtig wiedergeben (s. S. 130). Manchmal wird sogar die Färbung des Präparats, besonders bei mehrfach gefärbten Präparaten, mehr schaden als nützen (vgl. S. 392). Schließlich muß auch ein weiterer Umstand in der Mikrophotographie berücksichtigt werden, nämlich das Fehlen des geeigneten Hintergrundes, der in der Makrophotographie zur Wirkung des photographischen Bildes wesentlich beiträgt. In dieser Hinsicht kann man die mikroskopischen Bilder in zwei Gruppen teilen: in solche, welche viel freies oder leeres Sehfeld zeigen und in solche, bei denen das Sehfeld ganz oder zum größten Teil von den Strukturen bedeckt ist. Die Bedingungen zur Erzielung wirksamer graphischer Kontraste werden verständlicherweise günstiger sein in der ersten Gruppe mit viel leerem Sehfeld, wie das bei Aufnahmen einzeln verstreuter Zellen oder Bakterien der Fall ist.

Bedeckt jedoch die abgebildete Struktur das ganze Sehfeld (wie z. B. bei Aufnahmen histologischer Präparate oder bei stark vergrößerten Bildern einzelner Zellen), so wird die günstige graphische Wirkung zwischen einem hellen (bei Dunkelfeldbeleuchtung dunklen) Hintergrund und den Helligkeitsabstufungen im Objekt fehlen. Dieser Mangel an einem klaren, ruhigen und gleichmäßigen Hintergrund wird um so stärker spürbar sein, je dichter und feiner die Struktur ist, welche die Bildfläche bedeckt. Die Mikrophotographie, und gerade die mit der besten Optik erzielte scharfe Aufnahme, enthält nämlich einen außerordentlichen Reichtum an graphischen Einzelheiten, unter denen nur ganz geringe Form- und Helligkeitsunterschiede bestehen. Vielfach haben gerade diese letzten Feinheiten der Zeichnung die größte Bedeutung bei der Auswertung der Aufnahme (z. B. bei zytologischen Untersuchungen). In anderen Fällen wirken sie dagegen bei der wissenschaftlichen Analyse des Bildes eher störend. In beiden Fällen muß der Mikrophotograph bestrebt sein, durch besondere Kunstgriffe eine vorteilhafte Kontrastwirkung zu erzielen, durch welche bestimmte Einzelheiten aus der Fülle der Bildelemente schärfer herausgeholt und andere weniger augenfällig gestaltet werden.

Auch dort, wo das Mikrophotogramm viel leeres Sehfeld zeigt, wird dieser Umstand die graphische Kontrastwirkung nur für gröbere Strukturen, z. B. ganze Zellen oder Bakterien, begünstigen, während die Kontrastwirkung der feineren intrazellularen Strukturen davon kaum beeinflußt wird. Wichtig ist noch hier, zu wissen, daß die Helligkeit des freien Sehfelds im mikroskopischen Bild häufig anders erscheint als im Mikrophotogramm. Subjektiv empfindet man bei guter Beleuchtung das freie Sehfeld als die hellste Stelle des Hellfeldbildes (und die dunkelste des Dunkelfeldbildes). Die mikrophotographische Aufnahme wird dagegen oft innerhalb der Struktur Stellen zeigen, welche heller erscheinen als das freie Sehfeld. Noch wichtiger ist aber die Tatsache, daß das leere Sehfeld im Mikrophotogramm nur selten ganz hell erscheinen wird. Bei den meisten Aufnahmen erscheint im Abzug, selbst nach richtiger Belichtung und Entwicklung, auch das leere Sehfeld mehr oder weniger geschwärzt. Diese Erscheinung hängt mit der Absorption der Lichtstrahlen im Einschlußmittel zusammen und ist um so stärker ausgeprägt, je dunkler das Einschlußmittel gefärbt ist und je dicker die Schicht ist (vgl. auch S. 394). Da die meisten festen Einschlußmittel Harze sind, welche mit der Zeit bei Lufteinwirkung eine gelbliche oder bräunliche Färbung annehmen, wird das gelbe Licht, welches durch das Einschlußmittel auf die Platte fällt, auf einer orthochromatischen Platte eine intensive Schwärzung und dementsprechend im positiven Bild ein helles Sehfeld erzeugen, bei nichtsensibilisierten Platten jedoch nicht. Hier wird das leere Sehfeld der gelben Färbung des Einschlußmittels entsprechend dunkler erscheinen, als man es subjektiv beobachtet hat, und zwar um so mehr, je dicker die Schicht des Einschlußmittels war. Den Einfluß der Färbung des Einschlußmittels auf die Helligkeit des photographischen Hintergrundes muß man auch bei Aufnahmen von vital gefärbten Objekten berücksichtigen (s. S. 324).

Zurückkehrend zu der Frage, welche Gradation sich für die Wiedergabe der im mikroskopischen Bild vorhandenen Kontraste am besten eignet, sei nochmals betont, daß die Entscheidung darüber in jedem einzelnen Fall der geschilderten optischen Eigenheiten der Objekte gemäß getroffen werden muß. Dort, wo elektiv gefärbte oder stark lichtbrechende Gebilde im Lichtbild hervortreten sollen (Neurofibrillen, Chromosomen in gefärbten Präparaten, Querstreifung in frischen Muskelfasern usw.), gibt man einem härteren Bild den Vorzug (s. Abb. 198, 240). Wird dagegen Wert darauf gelegt, möglichst alle Strukturfeinheiten im Bild objektgetreu wiederzugeben, so erhält man bei einer weicheren

Bearbeitung ein günstigeres Bild (Abb. 54 u. 55). Histologische Übersichtspräparate (besonders solche von parenchymatösen Organen, wie Milz, Hoden, Speicheldrüsen u. ä.), ferner zytologische Objekte, bei denen die feinen Protoplasmastrukturen mit allen Einzelheiten abgebildet werden sollen, erfordern ein weicheres Bild, da bei einer härteren Bearbeitung ein Teil der vorhandenen Strukturen unterdrückt wird oder aber die starken Kontraste dem Bild ein unruhiges Gepräge verleihen (vgl. Abb. 237 u. 238). Ebenso läßt sich aber auch ein Allzuviel an nebensächlichen Bildelementen, welche die Aufmerksamkeit von dem eigentlichen Gegenstand der Abbildung ablenken könnten, durch die härtere Bearbeitung unterdrücken. Belichtet man mit dem Minimum der noch erforderlichen Lichtmenge, so werden alle Strukturen, welche das mikroskopische Bild beherrschen, im latenten Bild enthalten sein, und zwar um so stärker ausgeprägt, je stärker sie im mikroskopischen Bild hervortreten. Solche Strukturen aber, welche subjektiv betrachtet nur nach längerer Beobachtung, nachdem das Auge sich an das mikroskopische Bild gewöhnt hat, zur Wahrnehmung gelangen, werden schwach oder überhaupt nicht an der Erzeugung des latenten Bildes beteiligt sein, da sie nur bei längerer Belichtung das erforderliche Maß an photochemischer Wirkung hervorrufen. Beleuchtet man also mit dem Maximum der günstigen Belichtungszeit, so wird

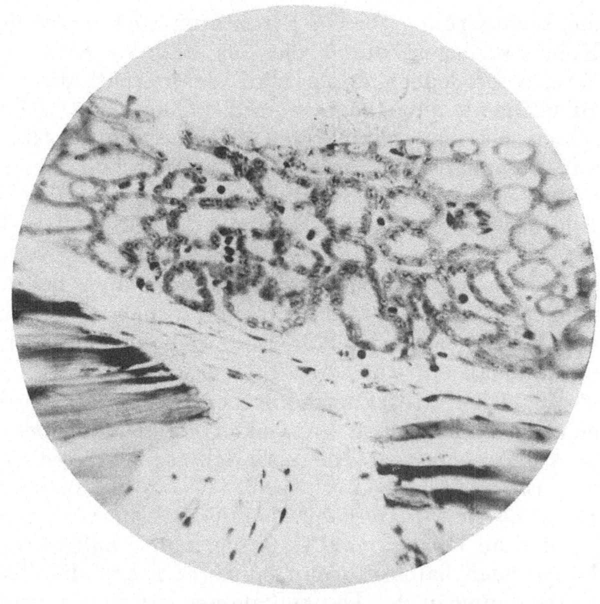

Abb. 54. Aufnahme mit Obj. Zeiss 40fach, n. A. 0,65, Kompl. Ok. 3fach, Kammerlänge 40 cm, Azolampe, Apl. Kondensor 1,4, Irisblende bei Teilstr. 15, Kollektorblende offen, Belichtung 4″, Agfa-Chromo-Isorapid, Metol-Hyrochinon 3′. Hartes Bild.
(Salamanderlarve, Drüsengewebe, Schnittpräparat 7,5 μ. Färbung: Eisenhämatoxilin-Thiazinrot.)

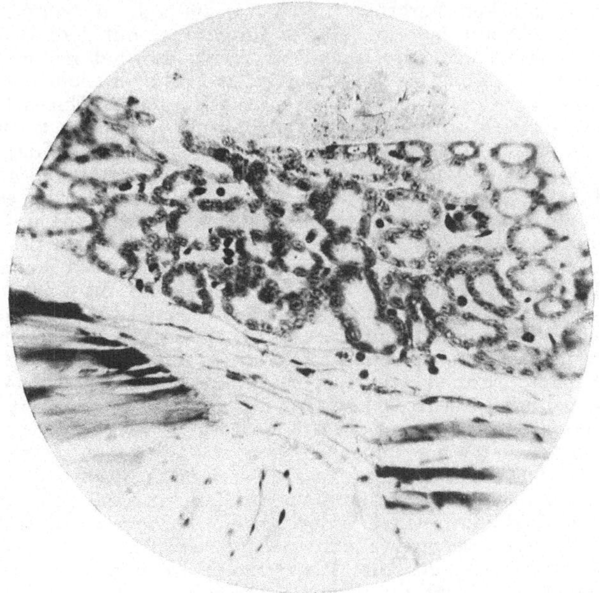

Abb. 55. Aufnahme vom selben Objekt wie in Abb. 54, mit denselben Linsen und unter denselben Verhältnissen bei einer Belichtung von 5′. Weicheres und besser durchgearbeitetes Bild als Abb. 54.

die Lichtwirkung solcher Strukturen auch in der lichtempfindlichen Schicht die Keime erzeugen, durch die das Bild an Strukturen reicher, an graphischen Kontrasten jedoch ärmer wird. Man erhält also gewisse Anhaltspunkte, welche Bildelemente eine härtere und welche eine weichere Bearbeitung erfordern, schon bei der subjektiven Beobachtung: Alle Strukturen, die sozusagen auf den ersten Blick im Sehfeld sichtbar sind, eignen sich für harte Bilder. Legt man Wert darauf, daß sie allein, gewissermaßen elektiv, im mikrophotographischen Bild erscheinen, so wird man mit dem Minimium der günstigen Belichtungszeit die Aufnahme machen und dann länger entwickeln. Handelt es sich aber um die Feinheiten des Strukturbildes, die man bei subjektiver Beobachtung nur nach und nach wahrnimmt, so kann man diese auch im photographischen Bild nur bei etwas längerer Lichteinwirkung zum Vorschein bringen, wobei dann naturgemäß ein weicheres Bild entsteht.

50. Die Entwicklungsproben. Man pflegt vorteilhafterweise dauernd mit einem und demselben Entwickler bei gleichbleibender Konzentration und Temperatur zu arbeiten. Hat man dann seinen bewährten Entwickler, so lassen sich die Entwicklungszeiten durch Entwicklungsproben empirisch ermitteln. Dazu benützt man nach dem Vorschlag von A. Köhler (*8*, S. 1735) Plattenstreifen im Format von 3×9, die man erhält, wenn man Platten von 6×9 der Länge nach halbiert. Man belichtet zuerst die Platte und halbiert sie vor der Entwicklung in der Dunkelkammer. In den meisten Fällen werden vier solche Streifen, d. h. zwei Aufnahmen, genügen, um die Entwicklungszeit zu bestimmen. Vorteilhafter ist es jedoch, drei Aufnahmen (bei derselben Belichtungszeit), d. h. sechs Streifen, zu entwickeln.

Der Gang und Zweck solcher Entwicklungsproben läßt sich an einem Beispiel am besten schildern. Man wünscht z. B. von einem Gewebezuchtpräparat bei einer mittelstarken Vergrößerung (etwa 200fach, Apochrom. 8 mm, periplan. Ok. 8fach) ein Lichtbild, wo ein Teil des Implantats mit dem Wachstumshof klar und deutlich dargestellt wird (vgl. auch Abb. 208). Man hat früher schon durch eine Belichtungsprobe die günstige Belichtungszeit bei 5'' Belichtung festgestellt. Dabei hat man üblicherweise einen der bekannten käuflichen Entwickler, z. B. Metol-Hydrochinon, in der vorschriftsmäßigen Verdünnung (1 : 5) zur Entwicklung der Belichtungsreihe benützt und entwickelt auch die endgültige Aufnahme mit dieser Lösung. Am Negativ wird man eine gute Gradation feststellen mit einer guten Deckung der Lichter. Hat man aber den Abzug vor sich, so zeigt es sich, daß das erhaltene Bild den Erwartungen nicht vollständig entspricht. Wie das bei photographischen Aufnahmen von Gewebezuchten häufig vorzukommen pflegt (s. S. 334), ist der Kontrast zwischen Implantat und den einzelnen Zellen des Wachstumshofes viel zu stark. Das Implantat stellt einen schwarzen Fleck dar, in welchem keine weiteren Einzelheiten sichtbar sind. Die einzelnen Zellen zeigen zwar bei genauerer Betrachtung eine gute Abbildung ihrer feineren Struktur, diese kommt jedoch nicht genügend zur Geltung, weil der starke schwarze Fleck ihre graphische Wirkung — wie man zu sagen pflegt — schlägt. Da man von einer Änderung in der Belichtungszeit kaum noch günstigere Ergebnisse erwarten kann, bleibt nur die Möglichkeit offen, durch eine besser angepaßte Entwicklung die Kontraste so zu mildern, daß das Bild des Implantats mehr ausgearbeitet erscheint, während die einzelnen Zellen ihre Zeichnung unverändert beibehalten. Um die dazu notwendige Entwicklungsdauer zu ermitteln, macht man nun zwei weitere Aufnahmen und halbiert die Platten vor der Entwicklung. War die Entwicklungsdauer bei der ersten Aufnahme, die das harte Bild erzeugt hatte, 3 Minuten, so entwickelt man nun die Plattenstreifen der Reihe nach 4, 6, 8 und 10 Minuten lang. Aller Wahrscheinlichkeit nach wird man bei einer Entwicklungsdauer von 5 Minuten die Entwicklungszeit erhalten, bei welcher das photographische Bild sowohl die Einzelheiten der isolierten Zelle als auch eine feiner abgestufte Zeichnung des Implantats zeigt.

Wir haben hier mit Absicht eins der schwierigsten mikrophotographischen Objekte als Beispiel gewählt, denn gerade an solchen Objekten, wo die Verschiedenheit in der Dicke und Dichte der Strukturen die Entstehung störender graphischer

Kontraste begünstigt, ist der Einfluß der Entwicklungsdauer und die Bedeutung der Entwicklungsproben am besten erkennbar. Ebenso verhält sich die Sache bei frischen Zupfpräparaten, bei Aufnahmen von ganzen Lebewesen (kleinen pflanzlichen oder tierischen Organismen) und überhaupt in allen Fällen, wo das Objekt kein Ausstrich- oder Schnittpräpart darstellt. Bei diesen letzteren genügt es gewöhnlich, die Entwicklungsdauer in üblicher Weise so lange auszudehnen, bis das Negativ an den belichteten Stellen eine kräftige Schwärzung zeigt. Bei Platten, wo die Wirkung des Entwicklers, d. h. die Schwärzung der Schicht, an der Rückseite sichtbar wird, läßt man den Entwickler bis zu diesem Moment einwirken. Es gibt aber bekanntlich manche Plattensorten, wo dieses Zeichen fehlt. Benützt man einen der bekannten handelsüblichen Entwickler, wie z.B. Rodinal oder Methol-Hydrochinon in den vorgeschriebenen Verdünnungen (bei Rodinal 1:20, bei Metol-Hydrochinon 1:4 oder 5), so wird nach einer günstigen Belichtungszeit die Entwicklung meistens binnen 5 Minuten beendet sein. Es ist bekanntlich stets vorteilhaft, wenn die Schwärzung der Platte im Entwickler nach und nach und nicht auf einmal stürmisch erfolgt. Die subjektive Beurteilung, wann die Entwicklung vollendet ist, wann also alle Feinheiten des latenten Bildes vom Entwickler herausgearbeitet worden sind, ist bei den mikrophotographischen Aufnahmen in den meisten Fällen schwieriger als bei den sonstigen photographischen Aufnahmen (vgl. S. 117, Verfahren nach ENGELKEN). Was man durch Beobachtung der Platte im Entwickler bei gedämpftem rotem Licht feststellen kann, ist lediglich, ob eine Schwärzung auftritt und wie rasch oder wie stark diese erfolgt. Tritt keine Spur der Schwärzung nach einer halben Minute auf (in einem 1:20 verdünnten Rodinal- oder in einem 1:5 verdünnten Metol-Hydrochinon-Entwickler), so ist die Aufnahme sicher unterbelichtet. Erfolgt aber die volle Schwärzung binnen 10 Sekunden, so hat man es ohne Zweifel mit einer überbelichteten Platte zu tun. Wie ROMEIS (*1*, S. 445) betont, ist das Erscheinen der ersten Bildspuren für die Bestimmung der Entwicklungszeit besonders wichtig. Kennt man die Zeit bis zum Auftreten der ersten Bildspuren, so kann man daraus die Entwicklungszeit berechnen, indem man die Zahl der so festgestellten Sekunden mit dem sog. Entwicklungsfaktor des Entwicklers multipliziert. Der Entwicklungsfaktor ist für den Methol-Hydrochinon-Entwickler = 15. Hat man also die ersten Bildspuren in einem solchen Entwickler nach 20 Sekunden erhalten, so braucht man 20:15 = 300″ oder 5′, um das Bild vollständig zu entwickeln.

Einzelheiten in der feineren Zeichnung des Bildes kann man bei Aufsicht im Negativ, solange dieses in der Entwicklerlösung liegt, selten wahrnehmen. Bei Durchsicht soll man aber die Platte während der Entwicklung lieber nicht prüfen (Gefahr einer Schleierbildung!). Schon aus diesen Gründen empfiehlt es sich also, die Entwicklungsdauer vorher durch Entwicklungsproben oder durch Ausrechnen mit dem Entwicklungsfaktor festzustellen und sich dann stets nach diesen Entwicklungszeiten zu richten. Im allgemeinen braucht man die genaue Entwicklungszeit nur für eine geringe Anzahl von Objekten im voraus zu bestimmen (vorausgesetzt, daß man ständig mit einer Plattensorte bei derselben Temperatur und mit demselben Entwickler arbeitet), so z. B. gesondert für gefärbte und für ungefärbte Präparate (lebende oder frische Objekte), für Aufnahmen in auffallendem Licht, bei Dunkelfeldbeleuchtung oder in polarisiertem Licht usw.[1]. Verschiedene Vergrößerungen brauchen keine verschiedenen Entwicklungszeiten, ebensowenig verschieden gefärbte Präparate. Auch die Lichtfilter haben

---

[1] Vorteilhafterweise schreibt man die so ein für allemal ermittelten Entwicklungszeiten nach dem Vorschlag von B. ROMEIS (*1*, S. 445) auf transparentes Papier und hängt dieses gut lesbar in der Nähe der Dunkelkammerlampe auf.

auf die Entwicklungszeit keinen merkbaren Einfluß. Wird ein anderer Entwickler oder eine andere Plattensorte gewählt, so müssen natürlich von neuem Entwicklungsproben angestellt werden. Vergesse man aber nie, vor der Entwicklung die Temperatur in der Dunkelkammer mit einem Zimmerthermometer zu kontrollieren (vgl. S. 110). Werden Schwankungen von 3—5° bemerkt, so muß man entweder für eine entsprechende Regelung der Temperatur sorgen (Aufwärmen bzw. Abkühlen der Entwicklerlösung auf 18—20° C) oder aber die Entwicklungsdauer der niedrigeren oder höheren Temperatur entsprechend länger oder kürzer halten.

51. Die Wahl der Entwickler und der Plattensorten. Die Entwicklung jeder mikrophotographischen Aufnahme wird grundsätzlich zwei Hauptbedingungen entsprechen müssen: nämlich 1. daß der Entwickler die lichtempfindliche Schicht gleichmäßig und vollkommen durchdringt und 2. daß die chemische Reaktion, welche zur Reduktion der Keime notwendig ist, restlos bis zu Ende geführt wird. Diese Forderungen werden also die Wahl des Entwicklers, die Konzentration der Entwicklerlösung, die Entwicklungsdauer und schließlich auch die Wahl der Plattensorte beeinflussen, denn sowohl die Durchtränkung der lichtempfindlichen Schicht wie auch das Tempo des Reduktionsvorganges ist von diesen Faktoren weitgehend abhängig. Verständlicherweise hat man bessere Aussichten zur Erfüllung dieser Bedingungen, wenn man die Möglichkeit hat, den Entwickler länger auf die Schicht wirken zu lassen. Das wird aber nur möglich sein, wenn der Entwickler nicht allzu kräftig wirkt und die Platte dem Entwickler gegenüber nicht allzu empfindlich ist. Es besteht bekanntlich ein Zusammenhang zwischen Korngröße und Empfindlichkeit der Platte (s. dieses Handbuch V, S. 66). Platten mit gröberer Körnelung, z. B. die sog. Momentplatten, sind sehr empfindlich und gestatten deshalb nur ein kurzes Verweilen in der Entwicklerlösung, während die sog. photochemischen Platten mit einer sehr feinen Körnelung viel länger mit demselben Entwickler behandelt werden können[1]. Konzentrierte oder aus sonstigen Gründen kräftig wirkende Entwickler greifen sehr rasch auch die unbelichteten Stellen der Schicht an und verdecken dadurch nach kurzer Entwicklungszeit schon die im latenten Bild vorhandenen feineren Abtönungen. Man wählt deshalb vorteilhaft — abgesehen von Momentaufnahmen — härter arbeitende Platten und Entwicklerlösungen von geringerer Konzentration oder gedämpfter Wirkung. Für die Auswahl der in Frage kommenden Plattensorten können hier verständlicherweise nur Ratschläge allgemeiner Art gegeben werden. Man arbeitet in der Regel mit orthochromatischen oder panchromatischen Platten. Diese sind heutzutage überall in so großer Auswahl und vorzüglicher Qualität erhältlich, auch ist der Preisunterschied den gewöhnlichen Platten gegenüber so gering, daß es sich kaum lohnen würde, die Arbeit mit nicht sensibilisierten Platten zu erschweren. Selbst für Aufnahmen von ungefärbten Objekten eignen sich sensibilisierte Platten besser, namentlich wenn die Lichtquelle an kurzwelligen Strahlen arm ist. Bei Aufnahmen rot gefärbter Objekte oder bei solchen, in deren Färbung das Rot eine charakteristische Rolle spielt (vitale Neutralrotfärbungen, rote Kernfärbungen usw.), eignen sich die

---

[1] Vgl. auch O. Sandvik (*1*) über die Zusammenhänge zwischen Auflösungsvermögen der lichtempfindlichen Schicht und dem graphischen Kontrast. Für besonders feinkörnige Platten, wie die photomechanischen Platten der Firma Perutz oder die Agfa-Normal- und Agfa-Kontrast-Platten, eignen sich vor allem die Glyzinentwickler mit Pottasche oder Ätzkali nach Hübl (im Handel überall erhältlich) und der Feinkornentwickler der Firma Perutz (in Patronenform). Der letztere gibt auch bei Silber-Eosin-Platten oft eine bessere Gradation als die Metol-Hydrochinon-Entwickler. Beide Entwickler werden zur Standentwicklung bevorzugt. Im allgemeinen empfiehlt es sich, zu den Platten der Firma Perutz die von derselben Firma hergestellten Perinal-Entwickler zu benützen.

panchromatischen Platten am besten, entweder so, wie man sie im Handel fertig beziehen kann (z. B. PERUTZ panchromatische Rapid-Platte oder panchromatische Agfa-Normal-Platte usw.), oder so, daß man mit Rot-Sensibilisatoren (bzw. Rot-Grün-Sensibilisatoren: Dicyanin, Orthochrom, Pinachrom, Pinacyanol usw.) die orthochromatischen Platten durch Baden rotempfindlich macht (s. dieses Handbuch VIII, S. 150). Bei der heutigen Vollkommenheit der Plattenfabrikation bleibt es ziemlich gleichgültig, welche Trockenplattenfirma man bevorzugt. Man mache es sich jedoch zum Grundsatz, womöglich mit einer oder einigen wenigen Plattensorten zu arbeiten und von diesen nur ausnahmsweise abzuweichen, wenn die Wahl einer anderen Plattensorte gewisse allein dieser anhaftende Vorteile für die Aufnahme bietet. So verwendet der Verfasser im allgemeinen nur die Chromo-Iso-Rapid-Platten der Agfa und die Perortho-Antihalo-Braunsiegel- oder die Silber-Eosin-Platten der Firma PERUTZ. Ob man ausgesprochen lichthoffreie Platten benützt oder nicht, spielt bei Hellfeldaufnahmen keine Rolle, bei Aufnahmen im Dunkelfeld im auffallenden Licht oder in der Polarisationsmikroskopie kann es aber unter Umständen sehr wichtig sein. Es ist daher ratsam, sich gleich auf lichthoffreie Plattensorten einzuarbeiten, da der Preisunterschied zwischen solchen und den nicht lichthoffreien (bei den kleinen und mittleren Formaten) ganz unwesentlich ist. Was die Korngröße betrifft, haben die obengenannten Platten und noch mehr die Silber-Eosin-Platten ein feines Korn, aber dabei eine gesteigerte Empfindlichkeit. Sie stehen also gewissermaßen in der Mitte zwischen den eigentlichen photomechanischen Platten (wie z. B. PERUTZ-Topo-Platte, PERUTZ-photomechanische Platte D oder PERUTZ-Spezial-Flieger-Platte, Agfa-Normal- und Kontrast-Platte usw.) und den Momentplatten (z. B. Agfa-Extra-Rapid, Agfa-Ultra-Spezial oder PERUTZ-Super-Rapid und Spezial-Porträt-Ultra-Rapid).

Über die Verwendung von Filmen in der Mikrophotographie s. S. 351.

J. GICKLHORN und R. KELLER (1) beschreiben ein Verfahren, bei welchem die zu drucktechnischer Wiedergabe bestimmten Mikroaufnahmen gleich auf Rasterplatten aufgenommen werden, was die drucktechnische Herstellung wesentlich vereinfacht. Man befestigt dafür ein Linienraster (z. B. Raster 60) einfach unterhalb der Schicht der unbelichteten Platte und belichtet gleich durch den Raster.

Zur Entwicklung der Platten empfiehlt es sich, im voraus schon eine bestimmte Zeit, z. B. 3 oder 5 Minuten, als Entwicklungsdauer zu wählen und seinen Entwickler so zu verdünnen oder durch Zusatz von Bromkalium so weit abzuschwächen, daß nach 3 oder 5 Minuten das Negativ vollständig ausgearbeitet sein soll. Auch wird man zuerst eine Entwicklungsprobe vornehmen, aber nicht nach der Zeitdauer — diese bleibt für alle Proben 3 oder 5 —, sondern nach dem Grad der Verdünnung (1 : 2, 1 : 4, 1 : 8, 1 : 16) oder nach der Zahl der zugefügten Bromkalitropfen (1, 2, 3, 4, 5, 6)[1]. Um die Schicht gleichmäßig mit dem Entwickler zu durchdringen, ohne zu lange entwickeln zu müssen, empfiehlt A. KÖHLER (8, S. 1977) das folgende Entwicklungsverfahren nach ENGELKEN:

1. Metol-Hydrochinon-Entwickler:

Destilliertes Wasser	1 l	Hydrochinon	10 g
Metol	7 g	Bromkalium	2 g
Kaliummetabisulfit	80 g		

2. Sodalösung:

Destilliertes Wasser	1 l	Soda wasserfrei	100 g

(Wenn man kristallisiertes Soda benutzt, gibt man 200 g Soda auf 900 ccm destilliertes Wasser.)

---

[1] Man verdünnt dabei den Entwickler laut Vorschrift und diese schon verdünnte Lösung in den angegebenen Verhältnissen weiter mit Leitungswasser oder noch besser mit einem alten Entwickler.

Man legt die belichteten Platten erst in die Metol-Hydrochinon-Lösung hinein und läßt sie darin liegen, bis die Gelatineschicht gequollen ist, was binnen 2 bis 3 Minuten sicher erfolgt. Ohne Spülung führt man jetzt die Platten in die 10proz. Sodalösung hinüber, und erst hier wird das Silber reduziert in dem Moment, wo das eindringende Alkali die Reaktion des schon eingedrungenen Entwicklers auslöst. In der zweiten Lösung soll dann die Platte während der Schwärzung hin und her bewegt werden. Binnen 3—5 Minuten wird die Entwicklung beendet sein. Die erste Lösung kann man wiederholt gebrauchen, da sie beim Einlegen der Platten nicht beeinflußt, nur bei längerem Stehen an der Luft etwas oxydiert wird. Die Sodalösung muß jedoch stets aus dem Behälter frisch genommen werden. Das Verfahren gewährt bei günstiger Belichtung eine sehr gleichmäßige Entwicklung, wobei auch die Schwärzung der feineren Strukturen gut zu verfolgen ist. Will man das Tempo der Entwicklung noch mehr verzögern, so gibt man 2—3 Tropfen einer 10proz. Bromkaliumlösung zum Metol-Hydrochinon-Entwickler hinzu.

Das Verfahren eignet sich besonders für die Entwicklung von größeren Platten (von der Größe 9×12 aufwärts), wenn also eine große Bildfläche dicht mit der mikroskopischen Struktur bedeckt ist. Sonst macht es im allgemeinen keinen wesentlichen Unterschied aus, ob man dieses Entwicklungsverfahren oder irgendeinen der in fertigem Zustand käuflichen Entwickler bzw. eine nach den verschiedenen Vorschriften zubereitete Entwicklerlösung benützt. Von diesen letzteren seien hier noch zwei zu mikroskopischen Zwecken besonders geeignete Vorschriften abgedruckt.

Pyrogallol-Entwickler (nach A. KÖHLER [8, S. 1977]).

1. Destilliertes Wasser	1 l	Natriumsulfit[1], wasserfrei	100 g
Kaliummetabisulfit	16,5 g	Pyrogallol	33 g

2. Sodalösung:

Destilliertes Wasser	1 l		Destilliertes Wasser	900 ccm
Soda, wasserfrei	100 g	oder	Soda, kristallisiert	200 g
Bromkalium	$4^{1}/_{2}$ g		Bromkalium	$4^{1}/_{2}$ g

Zum Gebrauch mischt man Lösung 2 . . . . 10 ccm
Lösung 1 . . . . 20 ccm
Leitungswasser . . 70 ccm

Metol-Hydrochinon-Entwickler (nach B. ROMEIS [1, S. 444]).

Ausgekochtes destilliertes Wasser	1 l	Hydrochinon	8 g
Metol	5 g	Kaliumkarbonat (Pottasche)	150 g
Kristallisiertes Natriumsulfit[2]	120 g	Bromkali	2 g

Zum Gebrauch wird diese Stammlösung 1:4 oder 5 mit Leitungswasser verdünnt. Die Auflösung der einzelnen Bestandteile erfolgt bei Vorbereitung der Entwickler am besten in siedendem Wasser, dem man die einzelnen Substanzen in der angegebenen Reihenfolge zufügt, wobei man jedesmal abwartet, bis die Substanz sich vollkommen aufgelöst hat. Löst man die Substanz kalt, so kann man sie rasch auflösen, wenn man sie in Siebdosen aus Porzellan in einen mit der entsprechenden Menge Wasser gefüllten Glaszylinder der Reihe nach einhängt.

Sonstige technische Einzelheiten der Entwicklung, wie z. B. der Gebrauch von Plattenhaltern, die Anwendung von Desensibilisatoren, von Verstärkern und Abschwächern brauchen hier nicht ausführlicher behandelt zu werden, da sie in der Mikrophotographie eine ganz ähnliche Rolle spielen wie bei jeder anderen photographischen Arbeit.

Was im besonderen die Nachbehandlung der Platte mit Verstärkern oder Abschwächern anbelangt (vgl. dieses Handbuch V, S. 342), wird man auch in der Mikrophotographie mehr Erfolg von den Abschwächern (namentlich bei zu dicht entwickelten Platten) als von den Verstärkern haben. Diese letzteren kommen nur bei zu kurz entwickelten Platten in Betracht, helfen jedoch bei Belichtungsfehlern so gut wie nichts. Im allgemeinen halte man sich an die alte Erfahrung, daß kein nachbehandeltes Negativ

---

[1] Natrium sulfurosum siccum = Na_2SO_3.   [2] $Na_2SO_3 + 7H_2O$.

die Verteilung von Licht und Schatten so fein abgestuft wiederzugeben
vermag wie eine richtig belichtete und entwickelte Platte. Es wird sich
also in vielen Fällen mehr lohnen, eine neue Aufnahme unter besseren Bedingungen zu machen, als durch Nachbehandlung eine mangelhafte Gradation
verbessern zu wollen. Die Wiederholung der Aufnahme ist allerdings davon
abhängig, ob die Präparate dazu einem ständig zur Verfügung stehen. Handelt
es sich aber um vergängliche Objekte oder um die photographische Abbildung
von Versuchsergebnissen, wo die Wiederholung der Aufnahme oft auf große
Hindernisse stößt, so wird man jede Möglichkeit begrüßen, die einmal gemachte
Aufnahme zu retten und durch Verstärkung oder Abschwächung, so gut es geht,
aus einem mangelhaften Negativ ein brauchbares Bild herauszuarbeiten (vgl.
H. SCHOEPF [1]).

52. Die Stand- und die Schalenentwicklung. Bekanntlich unterscheidet man
bei der technischen Ausführung der Entwicklung zwei Verfahren: die Schalenentwicklung, wo man die Platte in der Entwicklerlösung während der Schwärzung beobachten kann, und die Stand- oder Dosenentwicklung nach
Zeit (kurz Zeitentwicklung), wo man die Platten in lichtdicht verschließbaren
Behältern, den sog. Dosen (z. B. den Amato-Dosen von KINDERMANN & Co.,
Berlin, oder den Phoco-Dosen von E. WÜNSCHE, Dresden), aufstellt und
hier eine bestimmte Zeit lang entwickelt. In der Mikrophotographie benützt
man beide Verfahren abwechselnd. In einer Reihe von Fällen bietet die Schalenentwicklung, in anderen Fällen die Zeitentwicklung mehr Vorteile. Jede erste
Aufnahme einer Aufnahmereihe soll in der Schale entwickelt werden, denn nur
so kann man vom Gang und vom Tempo der Schwärzung unmittelbar Aufschluß erhalten. Auch wenn man nur wenige Platten (1—3) entwickeln will —
sei es, daß man überhaupt nur so wenige Aufnahmen macht, sei es, daß man
zwar mehrere Aufnahmen vor hat, sie jedoch an verschieden gearteten Objekten
vornehmen muß — ist die Schalenentwicklung zweckmäßiger als die Standentwicklung. Die meisten Vorteile, die man mit den Dosen erhält und weswegen
diese empfohlen werden: der Schutz vor unerwünschten Lichtwirkungen, das
längere Liegenlassen im Entwickler, sind ebensogut und ebenso einfach auch
bei der Schalenentwicklung zu erreichen. Mit einem Deckel oder einem Umsturz
aus Holz, schwarzem Karton oder emailliertem Blech kann man die Platten
ebenfalls sicher während der Entwicklung vor dem roten Licht der Dunkelkammer
schützen. Ist die Entwicklerlösung entsprechend verdünnt oder durch Bromkali
gedämpft, so können natürlich die Platten ebensogut in Schalen wie in Dosen
längere Zeit bleiben. Meistens benützt man dabei eine einfache Schaukelvor-
richtung, auf der die Schalen aufgestellt und nach Einlegen der Platten bzw.
nachdem die ersten Bildspuren sichtbar werden, mit dem Umsturz bedeckt
werden. Dann setzt man den Pendel der Schaukel in Bewegung und läßt die
Platten während der vorschriftsmäßigen Entwicklungszeit in der Schale liegen,
wo sie automatisch von dem Entwickler bespült werden. So hat man Zeit, inzwischen sonstigen Arbeiten nachzugehen, ebensogut, wie wenn man in Dosen
entwickeln würde. Allerdings kann man die Dosen, sobald sie geschlossen sind,
aus der Dunkelkammer mit in den hellen Arbeitsraum nehmen. Zweckmäßiger
ist es aber, die Platten während der Entwicklung in der Dunkelkammer zu belassen, eine eingestellte Weckeruhr in den Arbeitsraum mitzunehmen und in
der Zwischenzeit ruhig die sonstigen Arbeiten zu verrichten, bis der Moment
eintritt, wo die Entwicklung abgebrochen werden muß.

Die Standentwicklung in Dosen ist besonders dann von großem Vorteil,
wenn man eine größere Anzahl von Platten entwickelt, denn in den Dosen lassen
sich mehrere Dutzend Platten auf einmal bequem entwickeln. So günstige Ver-

hältnisse hat man aber nur dann, wenn die Aufnahmen von gleichartigen Objekten stammen, wie das in histologischen oder zytologischen Laboratorien oft der Fall ist, wo man ganze Reihen von Präparaten nach dem gleichen Verfahren herzustellen pflegt. Gelangen dann solche gleichartig behandelte Präparate in größerer Anzahl zur Aufnahme, so wird man selbstverständlich die belichteten Platten am zweckmäßigsten in Dosen entwickeln. Umgekehrt liegen die Verhältnisse in der mikrophotographischen Praxis des Kolloidchemikers, des Histophysiologen oder des experimentellen Zytologen, wo häufig Präparate von ganz verschiedenem optischem Charakter, bald im Hellfeld, bald im Dunkelfeld, zur Aufnahme gelangen und eine ständige Kontrolle bei der Entwicklung erfordern.

Die Art, wie man die belichteten Platten weiter behandeln soll, hängt also vielfach von der Richtung und dem Charakter der mikroskopischen Forschung ab. Bei Arbeiten, wo die Resultate in Form von Präparatenserien schon fertig vorliegen — wie meistens bei den histologischen oder zytologischen Untersuchungen — wird die Standentwicklung in Dosen die Methode der Wahl sein. Dort aber, wo man Versuchsergebnisse oder veränderliche Objekte im Lichtbild festhalten will, wird man nach jeder Aufnahme die Platten gleich in Schalen entwickeln.

53. Die Numerierung der Platten. Nach erfolgter Aufnahme pflegt man ordnungsgemäß sowohl die Kassetten mit den belichteten Platten wie auch die Platten vor der Entwicklung mit entsprechenden Nummern zu versehen. Die Numerierung der Kassetten erfolgt entweder an einer dafür angebrachten Marke mit Bleistift oder, wo eine solche Marke fehlt (Auflegekassetten), mit gelbem Fettstift oder Kreide. Die belichteten Platten bezeichnet man entweder auf der Schichtseite mit einem weichen Bleistift oder auf der Glasseite mit einem Ritzdiamant.

Das Fixieren, Auswaschen und Trocknen der Negative erfolgt in der Mikrophotographie nach denselben Regeln wie sonst in der Photographie (vgl. dieses Handbuch V, S. 332).

XII. Die Herstellung der positiven Bilder.

Dem allgemeinen Plan des Handbuches angepaßt werden hier die technischen Verfahren zur Herstellung von Abzügen auf Papier oder Glas nur so weit besprochen, als dabei besondere mikrophotographische Gesichtspunkte hervorzuheben sind. Eine ausführliche und einheitliche Darstellung des Positivverfahrens enthält der Bd. V des Handbuches.

54. Das Auskopierverfahren und die Entwicklungspapiere. Bekanntlich unterscheidet man unter den verschiedenen Arten des Positivverfahrens zwei Haupttypen: Das Auskopierverfahren und das Druckverfahren mit Entwicklungspapieren. Das Auskopierverfahren, wo das Auskopierpapier durch das Negativ mit zerstreutem Sonnenlicht belichtet wird, wird heutzutage in der Mikrophotographie selten benützt, da der Abzug mit Entwicklungspapieren einfacher ist und, vom Tageslicht unabhängig, jederzeit ausgeführt werden kann. So viele Vorteile die Entwicklungspapiere ohne Zweifel haben, kann man das Auskopierverfahren doch nicht als gänzlich überflüssig hinstellen, denn, wie A. KÖHLER (8, S. 1744) es richtig hervorhebt, in manchen Fällen, und zwar gerade dort, wo es sich um fein abgestufte Kontrastwirkungen zarter Strukturen handelt, vermag der zwangsläufige und dabei ständig kontrollierbare Gang des Auskopierens die Tonabstufungen getreuer wiederzugeben als das Drucken mit Entwicklungspapieren. Unter den Entwicklungspapieren wird der Mikrophotograph stets den Glanzpapieren den Vorzug geben. Matte Papiere kommen nur für das Zeichenverfahren nach Sobotta in Betracht (s. S. 399). Zwischen den verschiedenen Entwicklungspapieren der bekannten photographischen Firmen (z. B. Satrap-, Satrox-, Leonard-Papieren usw.) besteht im allgemeinen kein wesentlicher Unterschied, wenn man die Papiere genau nach den der Packung beigegebenen Vorschriften behandelt. Die Erfahrung lehrt jedoch, daß die Feinheiten, welche in der Zeichnung mikrophotographischer Aufnahmen enthalten sind, häufig von einer bestimmten Papiersorte besser wiedergegeben werden als von einer anderen. Worauf diese Erscheinung beruht, ist schwer zu sagen. Es empfiehlt sich deshalb, mehrere Sorten von Entwicklungspapieren vorrätig zu halten und es in schwierigen Fällen mit verschiedenen Sorten zu versuchen[1].

Die sehr empfindlichen Papiere mit einer Bromsilbergelatineschicht werden hauptsächlich dort verwendet, wo man Vergrößerungen von Aufnahmen anfertigt oder — was seltener vorkommen dürfte — zur Belichtung der Papiere nur eine lichtschwache Lampe zur Verfügung hat. Bequemer und sicherer ist die Arbeit mit den weniger empfindlichen Chromsilberpapieren, die man als „Gaslichtpapiere" zu bezeichnen pflegt.

Zur Belichtung werden nun die Papiere in entsprechende Kopierrahmen oder Kopierkästen mit den Negativen Schicht an Schicht eingepreßt und dann aus einer bestimmten Entfernung eine bestimmte Zeit lang belichtet. Die genaue Bemessung der Belichtungsstärke ist natürlich ebenso wichtig wie bei der Belichtung der Platten, wobei hier in der Hauptsache drei Faktoren: die Lichtstärke der Lampe, die Entfernung von der Lichtquelle und schließlich die Dauer der Belichtung zu berücksichtigen sind. Im allgemeinen läßt sich sagen, daß die Belichtungszeit mit dem Quadrat der Lichtstärke in umgekehrtem, mit dem Quadrat der Entfernung in geradem Verhältnis steht. Am zweckmäßigsten ist es, sowohl die Lichtstärke der Lampe wie den Abstand zwischen Lampe und Papier konstant zu halten, was am besten mit Kopierkästen (Belichtungskästen) zu erreichen ist. Mit solchen Kästen läßt sich dann auch die Belichtungszeit genau regeln. Wo keine solche Kästen zur Verfügung stehen, benützt man immer ein und dieselbe elektrische Glühlampe mit mattierter Birne, am besten von 75 Watt (keine Projektionslampe!). Sehr einfach und praktisch kann man eine Belichtungseinrichtung improvisieren mit einer Hängelampe und einem Ständer, wie man sie in chemischen Laboratorien zu benützen pflegt. Man klemmt die Hängelampe in die Klemme an der Stange des Ständers so hoch, daß die Entfernung von der Fußplatte 25, 50 oder 100 cm beträgt. Wählt man einen kürzeren Abstand, so wird man mit kürzeren, wählt man einen größeren Abstand, mit längeren Belichtungszeiten rechnen. Den Kopierrahmen mit Platte und Papier legt man waagerecht auf die Fußplatte, und so hat man bei derselben Lampe und demselben Abstand nur auf die Belichtungszeit zu achten.

Sehr häufig wird die Entfernung bei den Belichtungen nur nach Augenmaß bestimmt, während man den Kopierrahmen vor oder unter die Lampe hält. Dieses Verfahren ist aus mehreren Gründen unzulässig. Erstens ist der Abstand von der Lampe immer mehr oder weniger verschieden; zweitens wird der Kopierrahmen häufig schief gehalten, und drittens ist die genaue Ablesung der Belichtungszeit an der Stoppuhr erschwert.

Die Belichtungsproben erfolgen so, daß man die Glasseite des Kopierrahmens mit einem Karton oder einem Kassettenschieber bedeckt und dann nach und

---

[1] H. Petersen (6, S. 169) empfiehlt folgende Auswahl von Entwicklungspapieren: Lupex-Kontrast (100), Sidi, hart (85), Tuma, hart (75), Sidi, normal (50), Mimosa, Velotyp (40), Senvela (30). Die Zahlen in den Klammern geben das Verhältnis der Belichtungszeiten an, wenn man die günstige Belichtungszeit bei Lupex-Kontrast mit 100 bezeichnet.

nach wegzieht, so daß man wie bei den Platten 4 oder 6 verschieden belichtete Streifen erhält, von denen jeder doppelt so lange belichtet wurde als der davorstehende. Man fängt auch hier mit der Hälfte der für die Reihe längsten Belichtungszeit an und wiederholt die kürzeste Belichtungszeit zweimal (s. S. 96). Recht bequem kann man solche Belichtungsreihen von positiven Bildern erzielen, wenn man an der Glasseite des Kopierrahmens entsprechende Nuten anfertigen läßt, was mit zwei aufmontierten Messingstreifen rasch und einfach geschehen kann. Man kann dann in diesen Nuten einen Karton oder Kassettenschieber unterbringen und beim Herausziehen die Breite der Streifen ebenso regeln, wie wir das schon bei den Belichtungsproben der Platten gesehen haben (s. S. 95). Auch was für die Belichtungsproben bei den Platten gesagt wurde, gilt für die Papiere. Eigentlich sollte man, vom ganz schablonenmäßigen Arbeiten abgesehen, nie versäumen, vor der Herstellung des positiven Bildes eine Belichtungsprobe zu machen, denn der Ausfall des positiven Bildes läßt sich nie, selbst unter sonst konstanten Verhältnissen, mit Sicherheit voraussagen. Besonders die graphische Wirkung der fertigen Bilder ist bei mikrophotographischen Aufnahmen aus den Negativen nur selten im voraus richtig zu beurteilen. Sehr verbreitet ist die Sitte, daß man jedes positive Bild in zwei oder drei Kopien nach verschiedenen Belichtungszeiten herstellt und dann die geeignetste auswählt. Da ist es schon zweckmäßiger, mit einer Belichtungsreihe die gewünschte graphische Wirkung herauszusuchen. Daß bei der Belichtung der Papiere kleine Mängel an den Negativen bis zu einem gewissen Grad wettgemacht werden können, dürfte allgemein bekannt sein. Hauptsächlich trifft das für die etwas unterbelichteten, aber richtig entwickelten oder die richtig belichteten aber etwas zu stark gedeckten Negative zu. Kurze Belichtung der Papiere bei überbelichteten oder zu kurz entwickelten (dünnen) Negativen hilft in der Regel nichts.

Was die Entwicklerlösungen für die Papiere anbelangt, ist es das zweckmäßigste, denjenigen Entwickler und in einer solchen Verdünnung zu benützen, wie es für die betreffende Papiersorte von der herstellenden Firma vorgeschrieben ist. ROMEIS (*1*, S. 452) empfiehlt zwei verschiedene Entwickler für warmschwarze und für blauschwarze Töne, die sich für die Abzüge mikrophotographischer Aufnahmen gut eignen.

Für warmschwarze Töne:

Destilliertes Wasser	1 l	Hydrochinon	3 g
Metol	1 g	Kristallisiertes Soda	70 g
Kristallisiertes Natriumsulfid	25 g	Bromkali	1 g

Für blauschwarze Töne:

Destilliertes Wasser	1 l	Hydrochinon	7 g
Metol	$1\frac{1}{2}$ g	Kristallisiertes Soda	80 g
Kristallisiertes Natriumsulfid	45 g	Bromkali	3 g

Wie ROMEIS bemerkt, lassen sich weichere Bilder durch mehr Metol, härtere Bilder durch mehr Hydrochinon und Bromkali erzielen. Es sei noch daran erinnert, daß auch für die Entwicklung der Papiere eine Temperatur von 18—20° C die beste ist. Vor dem Einlegen in die Entwicklerlösung müssen die Papiere in der Dunkelkammer (bei rotem oder gelbem Licht) mit Wasser — und zwar lieber mit destilliertem als mit Leitungswasser — durchtränkt werden, damit sie den Entwickler gleichmäßig aufnehmen. Taucht man die trockenen Papiere in die Entwicklerlösung, oder legt man sie mit der Schichtseite auf die Oberfläche des Entwicklers, so können leicht Flecken entstehen dadurch, daß eine Stelle früher, die andere später mit dem Entwickler in Berührung kommt. In dem vorschriftsmäßig vorbereiteten Entwickler nach richtiger Beleuchtung der Papiere erfolgt die Schwärzung binnen 40 Sekunden bis 1 Minute. Ein längeres Verweilen in der Entwicklerlösung kann dem Bild nur schaden. Momentan wird der Entwicklungsprozeß unterbrochen durch Überführen in eine 5proz. Essigsäurelösung. Das Fixieren, Auswaschen und Trocknen erfolgt genau so wie bei den Platten.

Die fertigen Papierbilder gewinnen viel an Wirkung, wenn man sie mit einem Hochglanz versieht. Nicht bloß ästhetische Gesichtspunkte spielen dabei mit, sondern auch die Tatsache, daß feinere Strukturen und Abtönungen dadurch schärfer sichtbar werden. Es sei noch bemerkt, daß mit der Zeit die Papierbilder ohne Hochglanz etwas matter erscheinen als kurz nach der Herstellung, während die Bilder mit Hochglanz auch nach Jahren unverändert bleiben, wenn sie sorgfältig aufgehoben sind (in Papierumschlägen oder im Bilderalbum mit Seidenpapier bedeckt). Zur Erzeugung des Hochglanzes wurden bis vor kurzem allgemein Glas- oder Steinplatten benützt, die man dünn mit Wachs eingerieben hat. Die dazu nötige Wachslösung besteht aus $1^1/_2$—$2^1/_2$ g Wachs in 100 ccm Benzin oder Chloroform gelöst.

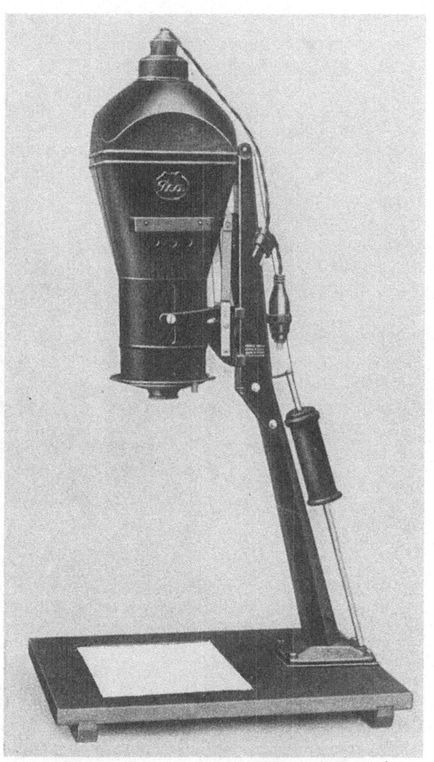

Abb. 56. Miraphot-Vergrößerungsapparat.
(Aus B. Romeis [1, Abb. 125, S. 453].)

Die Papierbilder werden naß auf die Wachsschicht aufgelegt und mit einem Gummiroller fest aufgequetscht. Ratsamer ist es, erst die Papierbilder trocknen zu lassen und sie dann vor dem Quetschen wieder aufzuweichen. Dabei empfiehlt es sich, das Papier noch mit Formol zu härten (5proz. Formollösung), damit beim Abheben von der Wachsschicht keine Sprünge oder Risse entstehen. Aus dem Formolbad kommen dann die Papiere auf 15—30 Minuten ins Wasser und werden so gequetscht. Man läßt sie dann vollkommen trocknen und hebt sie vorsichtig ab, indem man die eine Ecke anfaßt und langsam das ganze Blatt von der Platte abzieht. Sollte das Bild noch an der Platte kleben, so darf man keine Gewalt gebrauchen, sondern muß eine Zeitlang abwarten, ob nicht durch längeres Trocknen das Hindernis behoben wird.

Seit einiger Zeit sind Zellophan oder Zelloidinfolien in dem Handel erhältlich (z. B. die Lustra-Folie von der Firma Kodak), auf die man die nassen Papierabzüge ohne weiteres aufquetschen kann. Nach dem Trocknen fallen dann die mit Hochglanz versehenen Abzüge leicht herunter. Mit diesen billigen Zellophanfolien, die monatelang gut zu gebrauchen sind, läßt sich der Hochglanz in bequemerer Weise erzielen als mit der Wachsschicht auf den Glas- oder Steinplatten.

55. Die Vergrößerung der Abzüge (vgl. auch dieses Handbuch V, S. 277). Die Herstellung von Vergrößerungen oder Verkleinerungen erfolgt am besten mit den im Handel befindlichen Vergrößerungs- oder Verkleinerungsapparaten (z. B. mit dem Miraphot-Vergrößerungsapparat von Zeiss-Ikon (Abb. 56) oder dem Simplex-Universalapparat (Abb. 57) der Firma H. Traut, München (vgl. Dürck [1]). Sehr gut verwendbar sind auch in der Mikrophotographie die preiswerten Lumimax-Vergrößerungsapparate, falls man eine entsprechende photographische Kamera mit Balgauszug besitzt[1]. Hier empfiehlt es sich, statt Gaslichtpapieren die empfindlicheren Bromsilberpapiere zu benützen, um nicht allzu lange belichten zu müssen. Die Handhabung der Apparate erlernt man am besten aus den beigegebenen Druckschriften (vgl. auch A. SONNEFELD [1]). Wichtig ist, beim Gebrauch solcher Apparate das passende Vergrößerungsmaß und die nötige Belichtungszeit

Abb. 57. Simplex-Universalapparat der Firma H. TRAUT.

richtig zu treffen. Eine übermäßige Vergrößerung, bei der das Korn der Platte sichtbar wird oder die Grenzlinien des mikroskopischen Bildes unscharf werden, ist unbedingt zu vermeiden. Man pflegt zumeist das Maß der Vergrößerung bei der Einstellung des Bildes auf das lichtempfindliche Papier (bei rotem Licht) zu bestimmen. In manchen Fällen wird es aber vorteilhafter sein, die Vergrößerung, bei welcher das Bild am günstigsten wirkt, durch Proben zu ermitteln. Stets ist es ratsam, zu Beginn der Arbeit mit einem Vergrößerungsapparat für einige typische Vergrößerungen (z. B. 2:3, 1:2, 1:3, 1:4) den

---

[1] Hersteller: Ihagee, Kamerawerk, Dresden-Striesen.

Abstand zwischen dem Objektiv des Apparats und dem Papier aufzuzeichnen oder mit einem Zeichen am Gestell des Apparats kenntlich zu machen und dann die entsprechenden Belichtungszeiten durch Proben zu bestimmen. Werden die Aufnahmen mit Aufsatzkammern für kleine Platten ($4^1/_2 \times 6$) gemacht, so wird eine nachträgliche Vergrößerung der Aufnahme häufig gewünscht. Durch die Verbreitung der Aufsatzkammer hat also auch das Verfahren der Abzugsvergrößerung eine erhöhte Bedeutung erhalten und manche Vorteile für die Abbildung lebender Zellen (s. S. 319) gebracht. Wie schon erwähnt, darf man bei solchen und ähnlichen Vergrößerungen der Abzüge nie die Grenze überschreiten, wo die Vergrößerung nachteilig wird und auf Kosten der Abbildungsschärfe oder der graphischen Kontraste erfolgt. Für Aufnahmen mit dem Phocu (ZEISS) und der Plattengröße $4^1/_2 \times 6$ cm liegen diese Grenzen z. B. etwa zwischen den Vergrößerungen 2 : 3 und 1 : 2. Ferner sei auch beachtet, daß eine nachträgliche Vergrößerung des Abzuges nur selten von der gleichen Güte ist wie dasselbe Bild bei derselben Vergrößerung auf der Platte. Man kann durch die Vergrößerung 1 : 2 von einer Aufnahme auf einer Platte $4^1/_2 \times 6$ dieselbe Bildfläche erhalten wie von einer Aufnahme, die man durch verlängerten Kammerauszug in diesem Maßstab direkt auf einer Platte 9×12 erzielt hat. War das negative Bild auf der Platte $4^1/_2 \times 6$ scharf genug, so wird die Bildschärfe auch im vergrößerten Abzug genügend scharf erscheinen (vgl. Abb. 76 u. 77). Man wird jedoch bald merken, daß der Vergrößerung entsprechend auch die etwaigen Fehler in der Gradation oder sonstige Mängel des Negativs in erhöhtem Maß bemerkbar werden. Hart arbeitende Papiere (Aktographenpapier der Mimosa A.-G., Agfa- und Bromid-Kontrast-Papier u. ä.) ermöglichen öfters die Vergrößerung von Abzügen nach etwas flauen Negativen. Im allgemeinen erhält man jedoch von unvergrößerten Abzügen stets bessere graphische Kontraste als von den vergrößerten. Zu Vergrößerungen 1 : 4 eignen sich nur die besten Negative.

Wertvolle Hilfe leistet in der Mikrophotographie das Vergrößerungsverfahren überall dort, wo man entweder die Beleuchtungsstärke oder die Belichtungszeit über ein bestimmtes Maß hinaus nicht steigern kann und eine günstige Belichtung deshalb unter den gegebenen Verhältnissen nur bei einem kleinen Bildfeld zu erhalten ist (Dunkelfeldaufnahmen bei starken Vergrößerungen, Momentaufnahmen lebender Zellen usw. s. S. 349). In solchen Fällen und ebenso dort, wo man schwache Objektive mit großer Tiefenschärfe den starken Linsen mit geringer Tiefenschärfe vorziehen muß (Gewebekulturen), wird man auf der Platte das Bild bei einer schwächeren Vergrößerung mit einem kleinen Bildfeld aufnehmen und nachträglich im Abzug vergrößern (s. Abb. 138 u. 139).

56. Die Glasbilder (vgl. H. WACHS [*1*, S. 404], und in diesem Handbuch VI 1, VIII.). Zur Herstellung von Glasbildern benützt man die besonderen Diapositivplatten der verschiedenen photographischen Firmen (z. B. **Agfa-Isolar-** oder PERUTZ-**Diapositivplatten**, die von H. WACHS [*1*, S. 406] empfohlenen **Eisenberger Diapositivplatten** oder nach HANNEKE [*1*] die Diapositivplatten für farbige Tönung usw.). Man wählt möglichst die Größe, welche in die Träger des Projektionsapparats gut hineinpaßt, am häufigsten also die Plattengröße 9×12 oder die quadratische Form $8^1/_2 \times 8^1/_2$, welche den Vorteil hat, daß man für hochstehende und querstehende Bilder die gleichen Träger verwenden kann. Die Anfertigung der Glasabzüge (Belichtung, Entwicklung usw.) erfolgt in der gleichen Weise wie die der Papierabzüge. Auch hier ist auf die Reinheit der Schichtseiten peinlichst zu achten.

Man halte einen weichen Pinsel zum Abstauben der Platten bereit und staube damit vor dem Zusammenlegen die Schichtseiten des Negativs und der Diapositivplatte sorgfältig ab. Auch Fehler in der Glasschicht der Diapositive können der Güte des Bildes Abbruch tun. Es ist daher ratsam, die Diapositivplatten erst in Durchsicht zu prüfen, bevor man sie auf die Negative legt.

Bei der Entwicklung der Platte hat man die Möglichkeit, dem Bild eine angenehme Tönung zu verleihen. Während für Entwicklungspapiere eine tiefschwarze Tönung vorteilhafter ist, kann man die Glasbilder ebensogut in einer wärmeren Tönung halten (vgl. P. HANNEKE [1]). Mit einem lichtstarken Projektionsapparat wirken häufig die kalt getönten Bilder auf sehr weißen Projektionsflächen ermüdend, während Bilder mit einer warmen Tönung sehr angenehm sind und auch auf die Dauer nicht ermüden. Dauert die Vorführung länger, so wird es sich als vorteilhaft erweisen, wenn abwechselnd kalt und warm getönte Diapositive gezeigt werden. Bilder mit starken Kontrasten oder mit ausgedehnten dunklen Stellen (z. B. Furchungsstadien von Amphibieneiern, Schnittpräparate mit vielen Pigmentzellen u. ä.) wirken in warmen Tönen besser als in kalten. Schöne braune Töne erhält man, wenn man dem Entwickler tropfenweise Brenzkatechin (aus einer 5proz. Lösung) zusetzt. Eine warmschwarze Tönung erreicht man auch mit dem angegebenen Entwickler nach ROMEIS (s. S. 122). Glasbilder von ungefärbten lebensfrischen Objekten wirken dagegen besser, wenn sie in einem kaltschwarzen Ton gehalten sind.

Ist die Diapositivplatte entwickelt, fixiert, gewaschen und staubfrei getrocknet, so muß sie mit einer Deckscheibe vor Schädigungen geschützt werden. Nachdem man die zueinander gekehrten Glasflächen der zusammengehörenden Glasplatten mit dem weichen Pinsel nochmals sorgfältig abgestaubt hat, legt man gewöhnlich zwischen der Gelatineschicht der Diapositivplatte und der Deckscheibe eine Maske (Vignette) ein, welche nur die zu projizierende Bildfläche (Bildausschnitt) frei läßt. Die Masken haben eine doppelte Bedeutung: sie verhindern das unmittelbare Anliegen der Deckscheibe an die Gelatineschicht. Die Deckscheibe kann also nicht mit der Gelatine der Platte zusammenkleben, wenn diese bei einer längeren Projektion von der strahlenden Wärme der Lampe aufgeweicht wird. Zweitens aber steigert die Maske in hohem Maße die Kontrastwirkung des projizierten Bildes. Masken für verschiedene Plattengrößen und Bildausschnitte sind in dem Handel fertig zu haben.

Deckscheibe und Diapositivplatte werden zum Schluß durch Umklebung mit Klebstreifen, und zwar nach dem Vorschlag von H. WACHS (1, S. 408) mit den gummierten U-Form-Trockenklebstreifen, vereinigt, indem man die Trockenklebstreifen mit einer dafür konstruierten Plättzange rings um das Diapositiv herum andrückt. Die Klebmasse der Streifen wird dabei zum Schmelzen gebracht und kittet im Moment des Erstarrens die Glasplatten fest zusammen.

Sehr geeignet sind die Glasbilder zur Vorführung gefärbter Objekte. Die früher vielfach geübte Bemalung schwarz-weißer Glasbilder kommt heute nur selten zur Ausführung, am meisten noch bei der Herstellung von Glasbildern nach schematischen Zeichnungen, tabellarischen Zusammenstellungen, Funktionskurven, kurz bei Aufnahmen, die außerhalb des Gebietes der Mikrophotographie liegen. Zu den Glasbildern farbiger mikroskopischer Objekte eignen sich am besten die Aufnahmen auf Farben-Rasterplatten (s. dieses Handbuch VIII, 188 und diesen Band, S. 143). Die Farben Rasterplatten haben in der Mikrophotographie, wie auch allgemein in der wissenschaftlich angewandten Photographie gerade als Glasbilder ihre größte Bedeutung. Eine mit Lackschicht überzogene und mit der Deckscheibe geschützte Aufnahme auf einer Farben-Rasterplatte ist zugleich ein fertiges Glasbild zum Bildwurf. Es sei jedoch bemerkt, daß die Wirkung des Bildes auf dem Schirm von der Flächenhelle stark abhängig ist und die Farbenrasterplatten stets weniger Licht durchlassen als die schwarz-weißen Diapositivplatten. Nur mit lichtstarken Projektionsapparaten bei richtig belichteten (eher etwas über- als unterbelichteten) und nicht zu dicht entwickelten Farbenrasterplatten wird das günstige Farbenbild erscheinen.

Die Bedingungen einer geeigneten Projektion des Glasbildes und die hierbei mitwirkenden Faktoren sind in diesem Handbuch VI 1, S. 234, eingehend geschildert. Hier sei nur noch auf einen besonderen bei mikrophotographischen Aufnahmen wichtigen Umstand hingewiesen, daß nämlich Glasbilder mit einem größeren Bildfeld (z. B. solche mit einem Durchmesser von 9 cm) sich zu Projektionen aus größerer Entfernung besser eignen als solche mit einem kleinen Bildfeld (z. B. solche mit einem Durchmesser von 4 cm). Bleiben Schirmabstand und Objektivstärke konstant, wie das bei eingebauten oder schweren Apparaten der Fall ist, so werden auf dem Schirm die kleineren Glasbilder stärker übervergrößert als die größeren, was einen Verlust an Schärfe, Kontrastwirkung und Bildhelligkeit verursachen wird. Die Aufnahmen mit den Aufsatzkammern auf Platten von $4^1/_2 \times 6$ wirken deshalb als Glasbilder (einzeln oder zu mehreren auf einer Glasplatte 9×12 mit den entsprechenden Masken montiert) weit ungünstiger als die Aufnahmen in derselben Vergrößerung auf einer 9×12-Platte mit einem größeren Bildfeld. Das zweckmäßigste ist also, die Aufnahmen, die man in Lichtbildern vorführen will, gleich auf der geeigneten Plattenform mit einem großen runden Bildfeld (schwächerem Okular, längerem Kameraauszug) zu erzeugen oder dort, wo man Aufnahmen auf kleineren Platten verwenden muß, diese bei der Herstellung der Glasbilder der Plattengröße 9×12 (oder $8^1/_2 \times 8^1/_2$) entsprechend zu vergrößern. Außer für die Projektion kommen Glasbilder auch dann in Betracht, wenn man das mikroskopische Bild bei denselben Lichtverhältnissen wie im Mikroskop eingehender untersuchen oder anderen Personen vorführen will. Vom mikroskopischen Bild erhält man die einzig richtige photographische und überhaupt die beste Wiedergabe nur durch das Glasbild (vgl. S. 13). Das Papierbild vermag nur einen Bruchteil der Lichtwirkungen wiederzugeben, aus denen das mikroskopische Bild besteht, und selbst den besten farbigen Zeichnungen fehlen die feinen Unterschiede im Leuchten der Strukturen, welche für das mikroskopische Bild charakteristisch sind. Zur genaueren Betrachtung von Dunkelfeldaufnahmen erweisen sich die Glasbilder weit geeigneter als die Papierbilder, namentlich dann, wenn man ultramikroskopische Objekte (Ultrateilchen, Bakterien usw.) in einem Gesichtsfeld auszählen muß. Durchleuchtet man solche Glasbilder, so erhält man immer wieder das Dunkelfeldbild mit seiner charakteristischen Lichtwirkung so wie im Mikroskop. Dasselbe gilt auch für die Aufnahmen im polarisierten Licht.

XIII. Der Einfluß der Wellenlänge des Lichts auf das mikrophotographische Bild. Die Lichtfilter.

57. Die Empfindlichkeit der Platten für verschiedene Wellenbereiche. In den bisherigen Erörterungen wurde die Frage nach der Natur des Lichtes, mit dem die Belichtung erfolgt, noch nicht angeschnitten. Hier soll nun diese Frage (vgl. dieses Handbuch IV, 201, und VIII) eingehender beantwortet werden, und zwar nach zwei Richtungen hin, denn die Wellenlänge der beleuchtenden und abbildenden Lichtstrahlen wird 1. die Gradation auf der Platte, 2. aber auch die Auflösung des mikroskopischen Bildes (vgl. S. 19) entscheidend beeinflussen. Die Empfindlichkeit des Auges ist bekanntlich für die verschiedenen Spektralbereiche des zusammengesetzten (weißen) Lichtes anders geartet als die der photographischen Platte. Während das Auge für die gelbgrünen Strahlen (Wellenlänge: 589 bis 527 mμ), d. h. für den Spektrumbereich zwischen den FRAUNHOFERschen Linien D und E am empfindlichsten ist, liegt das Maximum der Empfindlichkeit für eine gewöhnliche nicht sensibilisierte photographische Platte im blauen Bereich (Wellenlänge: 431 mμ), der FRAUNHOFERschen Linie G entsprechend. Nicht nur das Maximum der Empfindlichkeit liegt in verschiedenen Spektralbereichen, sondern auch die Grenzen für das langwellige und kurzwellige Licht weisen charakteristische Unterschiede auf. So wurde festgestellt, daß das Auge für Lichtstrahlen unter 400 mμ (ultraviolett) und über 760 mμ (ultrarot) vollkommen unempfindlich ist, während die gewöhnliche photographische Platte auch im ultravioletten Gebiet deutlich geschwärzt wird. Im langwelligen Bereich erhält man nur bis zur FRAUNHOFERschen Linie F (Wellenlänge: 486 mμ) eine ausgeprägte Schwärzung auf der Platte, die dem roten Ende zu immer unempfindlicher wird (vgl. J. M. EDER [2]).

Über die Empfindlichkeit der photographischen Platten erhält man die nötigen Aufschlüsse am besten mit einem Spektrographen, der als Zusatzapparat zu den großen mikrophotographischen Apparaten von den optischen Firmen geliefert wird (vgl. A. KÖHLER [8, S. 1862]). Solche einfachen Spektrographen mit Prisma und Kollektiv, die etwa dasselbe leisten wie bei makroskopischen Beobachtungen die Handspektroskope, genügen vollkommen sowohl zur Bestimmung der Empfindlichkeit verschiedener Plattensorten den verschiedenen Wellenbereichen gegenüber als auch als Mikrospektralobjektive zur Ermittlung der Helligkeit gefärbter Präparate in den verschiedenen Spektralbereichen (Abb. 58).

Man stellt zuerst vor der Kollektorblende der Lampe (welche vollständig geöffnet sein soll) einen verstellbaren Keilspalt auf und befestigt in der Schiebhülse des ABBEschen Beleuchtungsapparats mit Hilfe der Zentrierfassung (s. S. 52) eingeradsichtiges Prisma und eine schwache aplanatische Linse, z. B. ein Planar oder Mikrotar 35 mm, welche als Kollektiv wirkt. Um das Prisma mit seiner Fassung, welche mit dem Anschraubgewinde der Objektive versehen ist, einschrauben zu können, muß man den Flansch der Schiebhülse entfernen. Ebenso entfernt man den Ring aus der Zentriervorrichtung, die zum Einschrauben der Objektivkondensoren dient und schraubt an dieser Stelle das Kollektiv ein. In die Zentriervorrichtung eingesetzt, dreht man das Schiebrohr so lange, bis die brechende Kante des Prismas mit dem Spiegelbild des Spaltes parallel steht. Das Licht der Lichtquelle, von dem Kollektor in die Ebene der Kondensorblende konzentriert, fällt durch den Spalt auf das Prisma, dieses zerlegt das Licht in ein Spektrum, welches vom Kollektiv in die Ebene des Objekttisches entworfen wird. Um das Spektrum genau in die Tischebene zu projizieren, stellt man das Kollektiv mit der Triebbewegung des Beleuchtungsapparats etwas unterhalb der Tischöffnung ein. Das so erhaltene Spektrum wird nun von einem schwachen Objektiv, Mikrotar 70 mm oder Mikroplanar 75 mm, auf die Mattscheibe der mikrophotographischen Kamera abgebildet und kann so photographiert werden. Zweckmäßig ist es, auch das Bild eines Objektmikrometers 10 mm, in Millimeter geteilt, gleichzeitig abzubilden, damit man nach den Teilungen die einzelnen Spektralbereiche markieren und bei verschiedenen Aufnahmen eine bestimmte Marke immer wieder auf dieselben Spektrallinien einstellen kann. Solche Linien erhält man entweder mit einer Natriumflamme, mit einer Quecksilberlampe oder aber mit einer Kohlenbogenlampe, wenn man

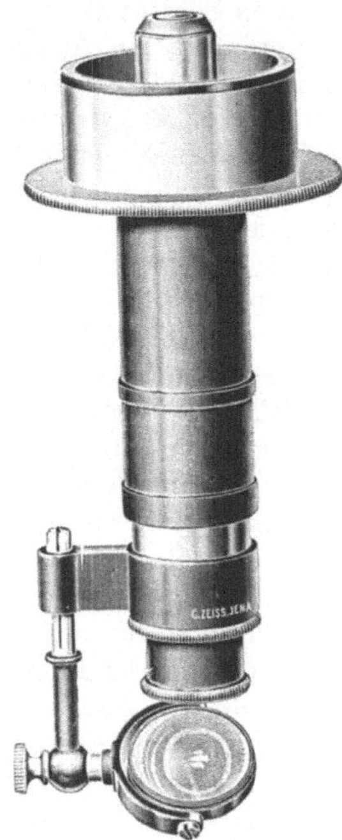

Abb. 58. Mikrospektralkondensor.
(Aus ZEISS-Druckschrift:
Mikro 400.)

das Licht des Lichtbogens zwischen den Kohlen zur Belichtung benützt. Auch die mit Neon gefüllten Wechselstrom-Punktlicht-Lampen eignen sich gut für Aufnahmen von einzelnen Spektrallinien, denn bei richtiger Zentrierung des Lichtbogens zwischen den zwei Wolframelektroden erhält man bei dem kontinuierlichen Spektrum der letzteren die einzelnen Linien des glühenden Neongases. Außer der geschilderten Anwendung der Vorkehrung als Mikrospektralkondensor kann man mit geringen Abänderungen dieselbe Einrichtung auch als vereinfachtes Mikrospektralobjektiv benützen in allen Fällen, wo man die Helligkeitskontraste gefärbter Präparate für die einzelnen Spektralbereiche prüfen will. Dazu entfernt man das Kollektiv und setzt statt des Mikrotars oder -planars 35 mm ein schwaches oder mittelstarkes Objektiv ein. Das Spektrum wird nun durch diese Linse in die Tischebene projiziert und fällt auf das dort befindliche Präparat. Man kann auf diese Weise das Bild des Objekts mit dem ganzen Spektrum entsprechend vergrößert beobachten und photographieren oder aber das Bild bzw. schmale Streifen desselben auf bestimmte Spektrumbereiche einstellen. Ein dem beschriebenen Apparat ähnlicher Mikrospektralkondensor wird neuerdings von der Firma ZEISS zur Prüfung der Farbfilter empfohlen. Dieser hat keine Zentriervorrichtung und weist als Kondensor ein dreiteiliges Objektiv auf. Je nachdem man das ganze Objektivsystem oder nur die zwei letzten bzw. nur die letzte Linse desselben benützt (die zwei vorderen Linsen sind abschraubbar), reicht das projizierte Spektrum für die Beobachtungsobjektive 40fach, Ap. 0,65, 20fach, Ap. 0,4, und 8fach, Ap. 0,20, aus.

Zu spektrophotographischen Aufnahmen für wissenschaftliche Zwecke, wo also auf die Einzelheiten in der Photographie des Spektrums Gewicht gelegt wird, muß man natürlich die dafür allein geeigneten Spektrographen, Spektralokulare und Spektralkammern benützen (vgl. dieses Handbuch VIII, 88 und A. KÖHLER [5]). Bei der uns hier beschäftigenden Frage handelt es sich jedoch nicht um das Spektrum als photographisches Objekt, sondern nur darum, daß wir mit dem geschilderten einfachen Spektralkondensor nachweisen, welche Lichtwellenbereiche des weißen Lichts die stärkste Schwärzung auf der photographischen Platte hervorrufen, welche Unterschiede diesbezüglich zwischen den verschiedenen Plattensorten zu bemerken sind, und wie weit sich die Unterschiede in der photochemischen (aktinischen) Wirkung der einzelnen Wellenbereiche durch die Lichtfilter abstufen oder steigern lassen.

Da müssen wir zunächst feststellen, daß sowohl das mikroskopische wie selbstverständlich auch das mikrophotographische Bild aus den Einzelbildern zusammengesetzt ist, welche die einzelnen Wellenbereiche des weißen Lichtes, d. h. die sichtbaren roten, gelben, gelbgrünen, blauen und violetten Strahlen, jede für sich, liefern und die sich in der Bildebene zu einem Gesamtbild vereinigen. Benützt man zur Beleuchtung monochromatisches Licht, entweder mit einem Monochromator oder durch Isolierung einzelner enger Spektralbereiche mit Lichtfiltern, so erhält man nur das Einzelbild, welches die Lichtstrahlen von dem betreffenden Wellenbereich (z. B. 614—574 mμ oder 540—505 mμ) erzeugen. Welches von diesen Einzelbildern das Gesamtbild beherrschen wird, hängt von der Wirkung ab, welche es auf die lichtempfindliche Schicht, sei es die Netzhaut des Auges oder die Bromsilberemulsion der photographischen Platte, ausübt. Je stärker diese Wirkung im Vergleich zur Wirkung der anderen Einzelbilder ist, je heller sie also von dem Auge empfunden wird oder je stärker die von ihr verursachte Schwärzung auf der photographischen Platte ist, um so größer wird der Einfluß des Einzelbildes auf den optischen Charakter des Gesamtbildes sein. Das Auge wird am schärfsten und am intensivsten das Einzelbild wahrnehmen, das die gelben und gelbgrünen Strahlen erzeugen; die gewöhnliche photographische Platte wird dagegen ein Bild zeigen, welches vom Einzelbild der kurzwelligen blauen und violetten Strahlen beherrscht ist. Dieser Unterschied in der Lage der maximalen Empfindlichkeiten (die sog. chemische oder aktinische Fokusdifferenz) hat vor der Einführung der apochromatischen Objektive (s. dieses Handb. I, 223) die Erzeugung eines scharfen Bildes auf der Platte sowohl in der Makro- wie auch in der Mikrophotographie — und zwar hier in erhöhtem Maße — erschwert, denn das subjektiv scharf eingestellte Bild erschien auf der Platte unscharf. Man stellt nämlich bei subjektiver Beobachtung stets auf das Einzelbild der gelben und gelbgrünen Strahlen scharf ein, das man am besten sieht und dessen Bildebene der Hauptebene des für das Auge achrcmatis´erten Mikroskopobjektivs etwas näher liegt als die Bildebene der kurzwelligen blauen und violetten Strahlen. Das Maximum der Empfindlichkeit liegt jedoch bei der photographischen Platte im Bereich der blauen und violetten Strahlen, demzufolge das Gesamtbild auf der Platte nur dann scharf abgebildet wird, wenn das von den kurzwelligen Strahlen erzeugte Einzelbild scharf eingestellt wurde. In früheren Zeiten, als die Apochromate und die sensibilisierten photcgraphischen Platten noch nicht bekannt waren, hat man in der Hauptsache durch eine Beleuchtung mit monochromatischem Licht die von der Fokusdifferenz herrührende Unschärfe des Bildes zu verhindern getrachtet (s. NEUHAUSS [1]). Auch heute noch empfiehlt es sich bei Aufnahmen mit Achromaten auf eine gewöhnliche (nicht sensibilisierte) photographische Platte, die scharfe Einstellung bei blauem Licht vorzunehmen. Am besten eignet sich dazu ein blaues Filter, und zwar ein blau-violettes Glas (z. B. das Kobaltglas der Firma SCHOTT, Jena) in Verbindung mit einer 15proz. Kupfersulfatlösung. Stellt man so auf das von den blauen Lichtstrahlen gelieferte Einzelbild scharf ein, so wird man auch dann eine scharfe Aufnahme erhalten, wenn man nachträglich das Lichtfilter entfernt. Erfolgt die Aufnahme mit Objektiven, die auf die Farbenabweichung genügend korrigiert sind und benützt man dabei orthochromatische oder panchromatische Platten, so sind die von der chemischen Fokusdifferenz verursachten Störungen vollständig ausgeschaltet. Seit der Zeit also, wo man in der Regel derart korrigierte Objektive und sensibilisierte Platten in der Mikrophotographie verwendet, hat die sog. chemische Fokusdifferenz ihre Bedeutung wesentlich eingebüßt. Auch heute mit den korrigierten Objektiven und den sensibilisierten Platten muß jedoch die Aplanasie des optischen Systems und das Verhältnis der Sensibilitätsmaxima der Platte in den verschiedenen Wellenbereichen genau berücksichtigt werden, wenn man von einem bestimmten Objekt bei einer bestimmten Vergrößerung die bestmögliche Bildschärfe erzielen will. So sei beachtet, daß man von ungefärbten Objekten bei schwachen und mittelstarken Vergrößerungen auf orthochromatischen Platten auch mit Achromaten leidlich scharfe Bilder erhalten kann, bei starken Vergrößerungen jedoch nur die Fluoritsysteme und die Apochromate mit den entsprechenden Kompensationsoder wölbungsmindernden Okularen und mit Homalen eine genügende Bildschärfe zu liefern vermögen. Die Wiedergabe gefärbter Objekte bei schwachen und starken Vergrößerungen erfordert stets die beste Korrektion des optischen Systems und die geeignetste Sensibilisierung der Platte (s. S. 24 u. 388).

58. Die tonrichtige Wiedergabe gefärbter Objekte mit sensibilisierten orthochromatischen Platten. Die durch die Färbung verursachten Helligkeitsunterschiede (denn auf diese kommt es natürlich bei allen nichtfarbigen photographischen Aufnahmen an) werden mit nicht sensibilisierten Platten nie richtig wiedergegeben, da diese für die Spektralbereiche von Gelbgrün bis Rot wenig oder überhaupt nicht empfindlich sind. Hat man also ein Präparat z. B. mit Azokarmin-MALLORY-Färbung eingestellt, wo die Muskulatur bei subjektiver Beobachtung rötlich-orangefarbig leuchtend hell, die sie umgebenden Bindegewebefasern aber blau gefärbt dunkel erscheinen, so wird man auf einer gewöhnlichen photographischen Platte, wenn das Licht der Lampe viel blaue und violette Strahlen enthält und kein Lichtfilter vorgeschaltet ist, genau die umgekehrte Wirkung erhalten, nämlich eine dunklere Tönung der

Muskulatur und eine hellere der Bindegewebsfasern. Noch weniger wird die Aufnahme gefärbter Präparate auf gewöhnlichen photographischen Platten befriedigen, wenn man das Präparat nur mit einer roten Farbe (z. B. Karmin, Karmalaun oder Fuchsinrot) oder rot und gelb (z. B. Pikrokarmin) gefärbt hat. Bei subjektiver Beobachtung erscheinen die Kontraste zwischen den rot gefärbten und den ungefärbten bzw. gelb gefärbten Stellen recht deutlich; in der photographischen Aufnahme erhält man jedoch ein flaues Bild, da die Platte für das Rot unempfindlich, für das Gelb aber nur sehr wenig empfindlich ist. Bei Vorschaltung entsprechender Lichtfilter kann man auch in solchen Fällen noch einigermaßen objektgetreue Kontraste erzielen; viel einfacher lassen sich natürlich in der Schwarz-weiß-Photographie die Farbenkontraste mit orthochromatischen oder panchromatischen, d. h. für mehrere Wellenbereiche sensibilisierten Platten richtig wiedergeben.

Die in der Mikrophotographie meist benutzten orthochromatischen Platten weisen ein Maximum der Empfindlichkeit im Blau und ein zweites — je nach der Art der Sensibilisierung verschieden hohes — Maximum im Gelb und Gelbgrün auf (s. dieses Handbuch V, S. 105). Abgesehen von Unterschieden in der Lage der Maxima bei orthochromatischen Platten verschiedener Herkunft, wird diese auch bei einer und derselben Plattensorte vom Gehalt des Lichts an kurzwelligen Strahlen stark beeinflußt. Beleuchtet man mit Sonnenlicht, Tageslicht oder mit einer Kohlenbogenlampe, deren Licht reich an blauvioletten und ultravioletten Strahlen ist, so wird die Schwärzung der Platte (bei einer spektrographischen Aufnahme) im blauvioletten Bereich des Spektrums viel stärker erscheinen als das Sensibilisationsmaximum im gelbgrünen und gelben Bereich. Bei Lichtquellen, deren Licht an kurzwelligen Strahlen verhältnismäßig arm ist, wie z. B. bei den Punktlichtlampen, Röhrenprojektionslampen und Bandlampen, kann man dagegen eine gleich starke Schwärzung im gelbgrünen Wellenbereich erhalten wie im blauen; hier und da sogar eine stärkere.

Was für Folgen haben diese Eigenschaften der Strahlen und der Platten für die Aufnahme gefärbter mikroskopischer Präparate? Wählen wir als erstes Beispiel ein Schnittpräparat mit Boraxkarmin nach Grenacher und dann ein solches mit Karmalaun nach P. Mayer gefärbt. Bei der Boraxkarminfärbung erhält man die Kerne kirschrot, die Zellkörper mehr oder weniger rosa gefärbt. Die Reinheit der Farbe kommt dem Spektralrot recht nahe, was so viel bedeutet, daß die rot gefärbten Strukturen ausschließlich rote Lichtstrahlen auf die Platte senden werden. Die Folge davon wird sein, daß die im subjektiven Bild deutlich vorhandenen Kontraste zwischen Zellkern und Zellkörper auf der orthochromatischen Platte, welche für Rot nicht sensibilisiert ist, kaum zum Ausdruck gelangen. Wir werden diesbezüglich keine wesentlichen Unterschiede zwischen einer Aufnahme auf orthochromatischer und einer anderen auf gewöhnlicher photographischer Platte bemerken. Ein wesentlicher Unterschied wird aber doch bemerkbar sein, nämlich der Kontrast zwischen den gefärbten Strukturen und dem freien Sehfeld. Für das weiße oder etwas gelbliche Licht des freien Sehfeldes ist nämlich die orthochromatische Platte sensibilisiert. Demzufolge werden diese Stellen im positiven Bild recht hell erscheinen, während die rot gefärbten Strukturen im Vergleich zum hellen Hintergrund dunkler erscheinen werden, als man sie subjektiv beobachtet hat. Eine gesteigerte Kontrastwirkung wird also im Bild auftreten, aber nicht zwischen den rot gefärbten Strukturen, sondern zwischen den letzteren und dem hellen Hintergrund. Besonders charakteristisch ist diese Erscheinung für Übersichtsbilder embryologischer Schnittpräparate, die mit Karmin gefärbt wurden, und bei denen zwischen den Strukturen viel freies Sehfeld sichtbar ist. Legt man auf zytologische Einzelheiten keinen besonderen Wert, wie das bei solchen Übersichtsbildern auch meistens der Fall ist, so wirkt der starke Kontrast zwischen den in ihrem Ganzen dunkel gehaltenen Keimblättern, Organanlagen und ähnlichen gröberen Formelementen des mikrophotographischen Bildes und dem hellen Hintergrund recht günstig.

Etwas anders gestaltet sich das mikrophotographische Bild, wenn man das Präparat mit Karmalaun gefärbt hat. Diese Färbung zeichnet sich bekanntlich dadurch aus, daß sie fast rein nur die Zellkerne färbt, und zwar diese in einem roten Ton mit einem bläulichen Schimmer. Außer roten Strahlen senden also die gefärbten Stellen auch blaue Strahlen, was zur Folge hat, daß man eine sehr gute Abbildung sowohl der gefärbten Stellen als auch des freien Sehfeldes auf der orthochromatischen Platte erhält.

Betrachten wir nun den Fall, wo man auf einer orthochromatischen Platte ein mit Azokarmin-MALLORY gefärbtes Präparat (s. S. 130) abbildet. Ist die orthochromatische Platte für die Spektralbereiche zwischen Gelb und Violett empfindlich genug, so wird man außer der Kernfärbung alle Helligkeitsabstufungen des mikroskopischen Bildes im Mikrophotogramm durch entsprechende Unterschiede in der Tönung wiederfinden. Besonders bei solchen Objekten, wo die Struktur nicht zu dicht ist und viel freies Sehfeld enthält (lockeres Bindegewebe, Übersichtspräparate von Larven und Embryonen) wird die Tönung des Bildes so erscheinen, wie man sie von der mikroskopischen Beobachtung her gewöhnt ist. Allerdings eignet sich die Azokarminfärbung zur photographischen Darstellung der Kerne nicht, denn bei der Unempfindlichkeit der orthochromatischen Platten für rotes Licht werden die Kerne ohne scharfe Zeichnung und dunkler dargestellt als im mikroskopischen Bild. Wo es sich also darum handelt, die Kernstruktur scharf abzubilden, wird man bei der MALLORY-Färbung oder den ähnlichen Doppel- und Dreifachfärbungen (Pikro-Blauschwarz, Alizarinrot S, Anilinblau und Orange usw.) die tiefblauen und schwarzen echten Kernfarbstoffe nach S. BECHER oder die Eisenhämatoxylinfärbung nach WEIGERT und M. HEIDENHAIN vorziehen (vgl. S. 393). Sollen die im Präparat rot gefärbten Stellen im schwarz-weißen Bild möglichst mit derselben Kontrastwirkung wie im mikroskopischen Bild wiedergegeben werden, so eignen sich dafür allerdings nur die panchromatischen Platten[1], die auch für den orangeroten Spektralbereich sensibilisiert sind.

Wie weit nun die orthochromatischen oder panchromatischen Platten die Helligkeitsunterschiede im gefärbten Präparat richtig wiedergeben werden, hängt, wie schon früher erwähnt, außer von der Sensibilisierung auch von der Zusammensetzung des Lichtes ab (vgl. K. FOIGE [1]). Sind blauviolette und ultraviolette Strahlen reichlich vorhanden, so wird im Gesamtbild das Einzelbild vorherrschen, das von diesen Strahlen geliefert wird. Die Helligkeitsunterschiede in den blau oder bläulich gefärbten Stellen werden kontrastreich abgebildet, während die gelb oder rötlich gefärbten Stellen flau und ohne Kontraste erscheinen. Bei Lichtquellen aber, deren Licht an kurzwelligen Strahlen ärmer ist (s. S. 133), erhält man eine den Helligkeitsunterschieden im Präparat entsprechende Abtönung sowohl für die gelb als für die blau gefärbten Stellen. Ist wiederum das benützte Licht stark gelb gefärbt, wie z. B. bei einer gewöhnlichen EDISON-Birne, so kann das Bild der blau gefärbten Stellen flau erscheinen. Dieser letztere Fall dürfte übrigens in der heutigen mikrophotographischen Praxis kaum mehr vorkommen. Gänzlich darf man jedoch auch diese Möglichkeit nicht außer acht lassen, da bei manchen orthochromatischen Platten die Sensibilisation in

---

[1] Die Entwicklung und Nachbehandlung der panchromatischen Platten erfolgt nach den Vorschriften, die den Packungen solcher Platten beigegeben sind (vgl. auch dieses Handbuch, Bd. V, S. 101 und Bd. VIII, S. 150 u. 153).

Gelb und in Blau so gleichmäßig gehalten ist oder sogar im Gelb noch stärker sein kann als im Blau, daß ein Mangel an kurzwelligen Strahlen die richtige Abtönung der blau gefärbten Strukturen ungünstig beeinflussen wird.

Über die Farbe der künstlichen Lichtquellen und ihren Gehalt an roten, grünen und blauen Strahlen befinden sich ausführliche Angaben in diesem Handbuch Bd. VIII, S. 72 ff. Wie dort v. HÜBL schreibt, enthält selbst das Licht der Bogenlampe nur 40% blaues Licht (wenn das weiße Tageslicht = 100 gesetzt ist) und ist also deutlich rotorange gefärbt, obwohl es uns im Vergleich mit den übrigen Lichtquellen weiß oder sogar bläulich erscheint. Alle unsere mikroskopischen und mikrophotographischen Lampen spenden also ein an kurzwelligen Strahlen verhältnismäßig armes Licht. Die Halbwattlampen enthalten 14% Blau, und nicht wesentlich größer dürfte der Gehalt an blauen Strahlen bei den Punktlichtlampen und Projektionsröhrenlampen sein. Soll das Maximum der Empfindlichkeit im blauen Bereich der Platte voll wirksam werden, wie das bei den Aufnahmen ungefärbter oder tiefblau gefärbter Objekte am vorteilhaftesten ist, so muß man entweder durch eine Beleuchtung mit anderen an blauen Strahlen reicheren Lichtquellen, z. B. Kohlenbogenlampen oder durch entsprechende Lichtfilter bzw. durch eine Beleuchtung mit monochromatischem Licht dafür sorgen, daß die Platte kurzwellige Strahlen in dem richtigen Verhältnis erhält.

Im Bd. VIII, S. 71 dieses Handbuchs gibt v. HÜBL zur Prüfung des weißen Tageslichts ein Instrument, den Lichtprüfer, an, ferner zur Beurteilung der Farbe künstlicher Lichtquellen eine einfache Einrichtung mit einem Spiegel oder rechtwinkligem Prisma und einem Fernrohr. Die letztere Einrichtung sollte eigentlich in keinem mikrophotographischen Laboratorium fehlen, denn die gewünschte Gradation auf den Platten und die dazu nötige Auswahl der Lichtfilter kann nur dann richtig erfolgen, wenn die Grundfarbenzusammensetzung der benützten Lichtquelle bekannt ist. Die subjektive Beurteilung der Farbe unserer Lampen wird selten ausreichend sein, da man nach längerem Mikroskopieren, namentlich in einem Raum, der ebenfalls mit elektrischem Licht beleuchtet ist, die Farbe der Sehfeldbeleuchtung nie richtig beurteilen kann.

59. Die Lichtfilter (Farbenfilter). Um den Einfluß von Lichtstrahlen verschiedener Wellenlänge zu regeln, benützt man die Lichtfilter, welche aus dem Lichtstrom nur bestimmte Spektralbereiche durchlassen und alle übrigen mehr oder weniger zurückhalten (Tabelle 13 u. 14). Die Bedeutung solcher Lichtfilter für die Photographie, ihre physikalischen Eigenschaften, ihre Herstellung und Verwendung, wurden schon in den Bänden IV und VIII dieses Handbuches eingehend geschildert.

In der Mikrophotographie benützt man hauptsächlich die Kontrastfilter und die Kompensationsfilter. Die übrigen Arten von Lichtfiltern, nämlich die Komplementärfilter, die Selektionsfilter und die monochromatischen Filter, kommen nur für besondere Fälle (Farbenphotographie) in Betracht. Wie die Namen schon sagen, benützt man Kontrastfilter bei solchen Aufnahmen, wo man die Kontraste, d. h. die Helligkeitsunterschiede, scharf zur Geltung bringen will, die Kompensationsfilter aber dort, wo man — wie bei mehrfach gefärbten Objekten — die Tönung des gefärbten Objekts in der schwarz-weißen Photographie objektgetreu wiederzugeben trachtet.

Als Kontrastfilter bezeichnet man also solche, welche nur diejenigen Spektralbereiche durchlassen, in denen die größten Helligkeitskontraste des mikroskopischen Bildes liegen. Ist das Präparat z. B. rot und blau gefärbt, so wird der mittlere Teil des Spektrums (Gelb und Grün) von den gefärbten Strukturen zurückgehalten. Wenn man daher den Helligkeitsunterschied zwischen gefärbten Strukturen und freiem Sehfeld möglichst scharf hervorheben will, wird ein Lichtfilter gute Dienste leisten, welcher aus dem von der Lichtquelle

Tabelle 13.
Durchlässigkeit verschiedener Farbgläser der Firma O. SCHOTT & GEN., Jena.
Schichtdicke 1 mm.

Lichtfarbe		Rotfilter F 4512	Kupferrubin F 2745	Gelbglas (dunkel) F 4313	Grünfilter F 4930	Blaufilter F 3873	Kobaltglas, durchlässig für das äußerste Rot F 3654
rot	644	0,90	0,48	0,98	0,18	—	—
gelb	578	0,03	—	0,97	0,45	0,01	0,03
	546	0,02	—	0,96	0,64	0,01	0,04
grün	509	—	—	0,89	0,62	0,16	0,14
	480	—	—	0,70	0,44	0,47	0,44
blau	436	—	—	0,19	0,11	0,74	0,86
violett	405	—	—	0,10	—	0,72	0,97
ultraviolett . .	366	—	—	—	—	0,43	0,97
	334	—	—	—	—	0,03	0,93
	313	—	—	—	—	0,01	0,64
	302	—	—	—	—	—	0,40
	281	—	—	—	—	—	0,04

Tabelle 14. Einfarbige Lichtfilter für weißes Licht. (Nach LANDOLT.)

Farbe	Schicht-dicke mm	Farbstoffe (wässerige Lösung)	Konz. %	Spektralber. des durchge-lassenen Lichtes mμ	Optischer Schwer-punkt mμ	FRAUN-HOFERsche Linien mμ
rot	20 20	Kristallviolett 5 BO Kaliummonochromat	0,005 10	718—639	665,0	C (656,3)
gelb	20 15 15	Nickelsulfat Kaliummonochromat Kaliumpermanganat	30 10 0,025	614—574	591,9	D (589,3)
grün	20 20	Kupferchlorid Kaliummonochromat	60 10	540—505	533,0	E (527,0)
hell-blau	20 20	Doppelgrün SF Kupfersulfat	0,02 15	526—458	488,5	F (486,1)
dunkel-blau	20 20	Kristallviolett 5 BO Kupfersulfat	0,005 15	478—410	448,2	G (430,8)

gespendeten Licht die gelben und gelbgrünen Strahlen durchläßt, die übrigen
aber zurückhält. Mit dem Kontrastfilter wird also der Mikrophotograph denjenigen Spektralbereich zur Beleuchtung auswählen, in welchem die gefärbten
Stellen des Präparats am stärksten absorbieren. Diese Spektralbereiche stellen
im allgemeinen die komplementären Farben zu den Farben der Strukturen dar.
So wird man für gelb oder braun gefärbte Präparate blaue oder violette, für
rot oder orange gefärbte grüne und für blau oder violett gefärbte gelbe oder
gelbgrüne Kontrastfilter wählen (vgl. auch S. 138). Bei Platten, die für Rot
gänzlich unempfindlich sind, bleibt es ziemlich gleichgültig — wenigstens was
die Kontrastwirkung anbelangt —, ob man mit dem Lichtfilter nur das blaue
oder auch das rote Licht zurückhält, d. h. ob man einen rein gelben oder einen
gelbgrünen Filter benützt. Da die rein gelben Lichtfilter mehr Licht durchlassen als die grünen, so wird man meistens diese als Kontrastfilter verwenden.
Die Kompensationsfilter sind genau so beschaffen wie die Kontrastfilter;
man kann daher einen und denselben Filter bald als Kontrast-, bald als Kompensationsfilter benützen. Nur die Indikation ist verschieden, je nachdem, ob
man den Kontrast zwischen den gefärbten Strukturen und dem Hintergrund
steigern oder aber die Unterschiede in der Tönung objektgetreu wiedergeben

will. Im letzteren Fall richtet sich die Auswahl der Lichtfilter nach dem Verhältnis, in welchem die Grundfarbenzusammensetzung des benützten Lichtes, die Sensibilisation der Platte und die Färbung der Präparate zueinanderstehen. Ist z. B. das Präparat mit drei Farben, Rot, Gelb und Blau, gefärbt, hat man weiter zur Aufnahme eine orthochromatische Platte mit dem normalen Maximum in Blau und dem Sensibilisationsmaximum in Gelbgrün, und beleuchtet man schließlich mit einer Punktlichtlampe, deren Licht etwa 20 % blaues, 50 % gelbes und 30 % rotes Licht enthält, so muß damit gerechnet werden, daß die Tönung der gelb gefärbten Stellen am besten, die der blau gefärbten weniger gut und die der rot gefärbten Stellen am wenigsten objektgetreu wiedergegeben werden, da die Platte für Gelb ebenso empfindlich ist wie für Blau, dagegen gänzlich unempfindlich für Rot, das benützte Licht aber weniger rote und noch weniger blaue Strahlen enthält als gelbe. Die Aufgabe des Mikrophotographen wird also darin bestehen, eine gewisse Harmonie durch Farbenfilter so zu erzielen, daß keine der Grundfarben gänzlich ausgeschaltet, nur in ihrer Wirkung abgestuft, d. h. durch die Wirkung der anderen kompensiert wird. Im angeführten Beispiel kann es sich nur um die Kompensierung der gelben Strahlen handeln, da für die objektgetreue Wiedergabe der rot gefärbten Stellen die Mittel, die uns die Lichtfilter bringen, bei den für das Rot unempfindlichen orthochromatischen Platten nicht ausreichen. Allerdings lassen viele rot gefärbte Strukturen auch blaue und violette Strahlen durch, so namentlich die mit Karmalaun, Säurefuchsin oder Benzopurpurin gefärbten. Nach solchen Färbungen wird auch das Teilbild rot gefärbter Stellen stärker zur Geltung kommen, wenn die Wirkung der blauen und violetten Strahlen durch entsprechende Lichtfilter gefördert wird. Handelt es sich jedoch um rote Färbungen, welche fast reines Spektralrot durchlassen (Neutralrot, Erythrosin, Azokarmin, Boraxkarmin, Thiazinrot usw.), so muß man, um die richtigen Tonunterschiede im photographischen Bild zu erzielen, rotempfindliche Platten benützen (s. S. 132). Anders liegen die Dinge wiederum, wenn die rot gefärbten Stellen neben Rot auch gelbes Licht durchlassen, wie z. B. nach Färbungen mit Eosin, Sudan-, Scharlachrot usw. Hier wird die Kompensierung des gelben Spektralbereichs mit blauen oder violetten Filtern in erster Reihe an der photographischen Wiedergabe der rot gefärbten Stellen bemerkbar sein, da diese viel dunkler erscheinen werden als ohne diese Lichtfilter. Angenommen, daß im gewählten Beispiel die rote Färbung von irgendeinem der Farbstoffe herrührt, welche auch blaue und violette Strahlen durchlassen, so wird ein gelbgrüner — oder wenn dieser noch verhältnismäßig zu viel gelbes Licht durchläßt — ein blauer Filter als Kompensationsfilter am Platz sein. Umgekehrt wird man einen gelbgrünen oder gelben Filter als Kompensationsfilter wählen, wenn man bei derselben Färbung und derselben orthochromatischen Platte eine Kohlenbogenlampe zur Aufnahme benützt, deren Licht 40 % blaue und nur 20 % gelbe Strahlen enthält. Würde man ohne Kompensationsfilter arbeiten, so würde in der photographischen Aufnahme das blaue Einzelbild vorherrschen und eine falsche Abtönung des Bildes hervorrufen. Noch ausgeprägter treten natürlich solche Verschiebungen in der Gradation des Gesamtbildes auf, wenn bei der benützten Plattensorte die Maxima der Empfindlichkeit für Gelb und Blau verschieden sind.

Wie aus dem angeführten Beispiel ersichtlich, kann die Auswahl und Anwendung der Kompensationsfilter manche Schwierigkeiten bereiten, da man mit einer größeren Anzahl von Faktoren rechnen muß als bei den Kontrastfiltern. Solange man aber orthochromatische Platten benützt und dabei auf die objektgetreue Wiedergabe in der Abtönung rot gefärbter Stellen zwangsläufig mehr oder weniger verzichten muß, wird sich die Frage praktisch nur darum drehen, ob man mehr das gelbe oder mehr das blaue Licht durch entsprechende blaue oder gelbe Filter abschwächen bzw. verstärken soll. Ist die Grundfarbenzusammensetzung der Lichtquelle bekannt und ebenso die Lage der Empfindlichkeitsmaxima auf der photographischen Platte, so wird man bald die nötigen Kompensationsfilter empirisch ermitteln können. Die Auswahl solcher Lichtfilter wird noch dadurch erleichtert, daß die meisten mikroskopischen Laboratorien an einigen wenigen erprobten Färbungsmethoden festhalten, und bei den mikrophotographischen Aufnahmen immer wieder dieselben Färbungen vorkommen. Selbst bei solcher Vereinfachung des Verfahrens erfordert die richtige Auswahl der Wellenbereiche viel Erfahrung. Da nicht nur die Farbe, sondern auch die Menge des durch den Filter auf die Platte gelangten Lichtes ausschlaggebend ist, muß außer der Farbe des Filters auch seine Dichte und Konzentration, kurz seine Durchlässigkeit für die verschiedenen Wellenbereiche genau berücksichtigt werden. Ein flüssiger gelber Filter von einer bestimmten Konzentration (z. B. Kaliummonochromat 5 : 1000) wird bei 5 cm Schichtdicke etwas blaues Licht noch durchlassen, während er bei 10 cm Schichtdicke so gut wie kein blaues Licht durchläßt, ebensowenig ein anderer Kaliummonochromatfilter von der Konzentration 80 : 1000 bei 5 cm Schichtdicke. Braucht man also die Wirkung der blauen Strahlen nur abzuschwächen, aber nicht vollkommen aufzuheben, so kann man die gelben Filterfarben in geringerer Konzentration oder aber die Filterlösung mit einer geringeren Schichtdicke vorschalten. Ist aber die Wirkung der blauen Strahlen unerwünscht stark abgeschwächt, so muß man wiederum Lichtfilter wählen, die sowohl gelbe wie blaue Strahlen durchlassen wie die grünen Filter nach ZETTNOW, wo eine wäßrige Kupfervitriol-Lösung das blaue, eine wäßrige Lösung von doppelchromsaurem Kali das gelbe Filter liefert. Je nachdem, ob man die gelbe oder die blaue Komponente solcher grünen Filter durch Erhöhung der Konzentration oder der Schichtdicke verstärkt, erhält man mehr gelbe oder mehr blaue Strahlen.

Die Konzentration des Filterfarbstoffs und die Dicke der als Filter wirkenden Schicht werden verständlicherweise auch die Belichtungszeit entscheidend beeinflussen. Jedes Medium von größerer Dichte als Luft, das man zwischen Objekt und Lichtquelle in den Weg der Lichtstrahlen schaltet, sei es auch durchsichtiges Glas oder Flüssigkeit, absorbiert einen bestimmten Teil des Lichtes, und zwar um so mehr, je größer seine Schichtdicke ist. Bei vollkommen durchsichtigen Medien, wie reinem Glas oder Wasser, wird der Verlust durch Absorption im Verhältnis zum durchgelassenen Lichtstrom so gering sein, daß er praktisch keine Bedeutung hat. Enthalten jedoch die Medien Stoffe, welche durch eine starke Absorptionsfähigkeit für bestimmte Wellenbereiche (Filterfarbstoffe) oder für das gesamte Spektrum des weißen Lichtes (Tusche und Pigmentgemische) ausgezeichnet sind, so werden sie schon einen merkbaren Teil des einfallenden Lichtstroms zurückhalten, und zwar um so mehr, je reicher sie an solchen Stoffen sind. Die Menge der in einem Lichtfilter vorhandenen lichtabsorbierenden Stoffe ist durch die prozentuale Konzentration in den Lösungsmitteln (bzw. Dispersionsmitteln) und durch die Schichtdicke bestimmt. Es ist klar, daß bei derselben Schichtdicke eine 10proz. Lösung mehr absorbierende Stoffe enthalten wird als eine 5proz. und bei derselben Konzentration eine Schichtdicke von 10 cm mehr als eine solche von 5 cm. Um den Einfluß der Lichtfilter auf die Belichtungszeit beurteilen zu können, müssen wir mit einigen an anderen Stellen dieses Handbuches (Bd. VIII) schon ausführlicher besprochenen Eigenschaften der Lichtfilter im klaren sein, und zwar mit der Farbstoffdichte und mit der Farbentransparenz.

Von Hübl bezeichnet mit Farbstoffdichte die Menge des Farbstoffes in Gramm, welche in einem Quadratmeter Filterfläche enthalten ist (vgl. dieses Handbuch VIII, S. 78). Die Farbstoffdichte gibt uns also ein Maß für die Intensität der Färbung des Filters oder, mit anderen Worten, den Grad der Absorption des Lichtfilters für einen bestimmten Spektralbereich. Es ist zu beachten, daß der Begriff der Farbstoffdichte nicht gleichbedeutend mit der Konzentration des Farbstoffes ist, obwohl beide Begriffe den Gehalt des Filters an absorbierenden Stoffen angeben. Der Unterschied besteht darin, daß die Farbstoffdichte die Menge des Farbstoffes nicht zum Volumen des Lösungsmittels, sondern zur Flächeneinheit angibt, die ein bestimmtes Volumen der Lösung bedeckt. Ist z. B. die Farbstoffdichte für Patentblau = 0,4, so bedeutet das so viel, daß 1 qm Fläche der Gelatineschicht 0,4 g Farbstoff enthält. Da erfahrungsgemäß zum Übergießen von 1 qdm Glasfläche etwa 7 ccm Gelatinelösung (6 %) benötigt werden, entspricht die Farbstoffdichte 0,4 einer 0,057 proz. Farblösung. Zur Herstellung von Filterfolien ist der Begriff der Farbstoffdichte besonders wichtig, da man dadurch nicht bloß den Gesamtgehalt der Filterlösung an absorbierenden Stoffen, sondern gleich einen exakten Maßstab erhält für die Verteilung dieser Stoffe in dem optischen Querschnitt, den der Lichtstrom durchdringen muß. Bei flüssigen Lichtfiltern ist der Begriff der Farbstoffdichte ebenfalls unentbehrlich, wenn man die Farbenintensität fester und flüssiger Lichtfilter miteinander vergleichen will. Von Hübl definiert die Farbstoffdichte bei flüssigen Lichtfiltern mit dem Farbstoffgehalt von 10 l Flüssigkeit, die notwendig ist, damit 1 qm Fläche mit einer 1 cm hohen Schicht bedeckt wird.

Es sei beachtet, daß man ein trockenes Farbfilter nicht ohne weiteres durch eine Filterlösung von derselben Farbstoffdichte ersetzen kann, denn die Wirkung der flüssigen Lichtfilter ist auch von der Weite des Behälters abhängig. Wie v. Hübl festgestellt hat, spielen Schwankungen in der Schichtdicke nur bei stark verdünnten Filterlösungen in dieser Beziehung eine gewisse Rolle, in der Praxis wird jedoch der Einfluß der Schichtdicke auf die Farbstoffdichte nicht bemerkbar sein. Anders verhält sich die Sache bei der Farbentransparenz. Mit dem Begriff der Lichtdurchlässigkeit oder Farbentransparenz bezeichnet man die Eigenschaft der Lichtfilter, daß sie die Intensität des durchfallenden Lichts in geringerem oder höherem Grad herabsetzen. Die Farbentransparenz ist eine stark komplexe physikalische Erscheinung, mit der wir uns hier nicht eingehend beschäftigen können (vgl. dieses Handbuch VIII, S. 79). Es sei jedoch bemerkt, daß es sich bei der Farbentransparenz nicht wie bei der Farbstoffdichte um das Zurückhalten von bestimmten Wellenbereichen handelt, sondern darum, daß die Strahlen, für welche der Filter durchlässig ist, beim Durchgang durch den Filter von ihrer Lichtintensität einbüßen. Blaue Strahlen im blauen oder gelbe Strahlen im gelben Filter verlieren stets etwas von ihrer Lichtstärke und wirken schwächer auf die Schicht der photographischen Platte, als sie einwirken würden, wenn sie ohne Lichtfilter unmittelbar auf die Platte einfallen würden. Es ist leicht verständlich, daß die Konzentration des Farbstoffes im Filter, wie auch die Länge des Weges, den die Strahlen in der Filterschicht zurückzulegen haben, auf die Farbentransparenz einwirken werden. Die Größe der Transparenz wird nach dem Verhältnis bestimmt, in welchem die Intensität des durchgelassenen Lichts (i) zur Lichtintensität (I) der Strahlen steht, die unmittelbar auf die Platte einwirken. Die Bruchzahl $\frac{i}{I}$ gibt uns dann das Maß der Transparenz an, die bei den Filtern, mit denen man die Grundfarben zu isolieren pflegt, verschieden ist. Im allgemeinen ist sie bei gleicher Schichtdicke am größten bei den gelben Filtern (0,90), bei den grünen Filtern am kleinsten (0,20); die Blaufilter sind etwas durchlässiger als die Grünfilter (0,25), während die Rotfilter eine Transparenz zeigen, die etwa zwischen den gelben und den blauen Filtern steht (0,50).

Wie schon früher erwähnt, hat die Farbstoffdichte, d. h. die Intensität der Färbung des Filters, auf die Farbentransparenz keinen Einfluß, wohl aber die chemische und physikalisch-chemische Natur der zum Filter verarbeiteten Farbstoffe. Von zwei Farbstoffen, welche dieselben Spektralbereiche absorbieren, wird zur Herstellung von Lichtfiltern stets derjenige sich besser eignen, welcher im Lösungsmittel feiner verteilt ist. Hochmolekulare oder kolloidale Stoffe eignen sich in dieser Hinsicht zur Herstellung von Lichtfiltern weniger, da sie die Transparenz herabsetzen. Darin liegt auch der Grund, warum Blaufilter aus Kupfervitriol (namentlich wenn das Kupfersalz statt in destilliertem

Wasser in 10 proz. Alkohol gelöst ist) eine bessere Transparenz zeigen als solche aus hochmolekularen Teerfarbstoffen, wie z. B. Methylenblau oder Anilinblau. Die Schichtdicke spielt bei der Transparenz fester Lichtfilter aus Glas oder Gelatinefolien insofern keine Rolle, weil die Filter an und für sich dünn sind und eine konstante Dicke haben. Bei flüssigen Lichtfiltern jedoch, die man in Küvetten von verschiedener Weite, öfters auch in mehreren Küvetten hintereinander, aufzustellen pflegt, wird dieser Faktor die Farbentransparenz und dadurch auch die Belichtungszeit wesentlich beeinflussen. Stellt man also die zwei Komponenten des ZETTNOWSchen Grünfilters gesondert auf in zwei Küvetten von je 5 cm Weite, so wird die Farbentransparenz geringer sein als in dem Fall, wenn sie zusammengemischt in ein und derselben Küvette von 5 cm Weite untergebracht sind. Die Belichtung erfordert dementsprechend im ersten Fall eine längere Zeit als im zweiten. Aus diesen Erwägungen allgemeiner Natur ergibt sich für den Mikrophotographen die Notwendigkeit, jedesmal wenn Lichtfilter benützt werden, den Einfluß des benützten Lichtfilters durch Probebelichtungen zu prüfen.

Die Ausführung solcher Belichtungsproben erfolgt in der schon bekannten Weise (s. S. 95). Am besten orientiert man sich erst in den dafür geeigneten Tabellen (s. Tabellen 13 und 14) über die Durchlässigkeit verschiedener Lichtfilter und wählt danach die in Betracht kommenden Lichtfilter aus. Will man zu einer Aufnahme auf einer für die Wellenbereiche 578—405 mμ sensibilisierten orthochromatischen Platte ein Kompensationsfilter wählen, das die Wirkung der im Licht der Kohlenbogenlampe reichlich vorhandenen kurzwelligen Strahlen kompensieren soll, so wird man z. B. das Gelbglas oder das Grünfilter der Firma SCHOTT, Jena, wählen. Wünscht man ein flüssiges Lichtfilter, so kann man nach der Tabelle 14 das Gelbfilter aus Nickelsulfat, Kaliummonochromat oder Kaliumpermanganat oder das Grünfilter aus Kupferchlorid und Kaliummonochromat wählen. Nun hat man zwei, in anderen Fällen sogar noch mehr Glas- oder Flüssigkeitsfilter, die für die Aufnahme in Betracht kämen. Die Entscheidung erhält man aus der Belichtungsprobe, die man erst mit dem einen, dann mit dem anderen Lichtfilter vornimmt.

Hat man keine entsprechenden tabellarischen Zusammenstellungen bei der Hand, so kann man die gewünschten Aufschlüsse aus spektrographischen Aufnahmen erhalten. Eine einfache spektroskopische Prüfung der Filter mit dem gewöhnlichen Taschenspektroskop gewährt in vielen Fällen schon eine allgemeine Orientierung. Viel zweckmäßiger ist jedoch dafür die mikrophotographische Aufnahme mit dem auf S. 128 geschilderten vereinfachten Spektralkondensor nach A. KÖHLER, denn so erhält man nicht nur über die Farbentransparenz des Filters, sondern gleichzeitig auch über die Wirkung der durchgelassenen Wellenbereiche auf die benützten Plattensorten genaue Auskunft.

Sehr einfach und bequem gestaltet sich die Arbeit mit den Lichtfiltern, wenn man nur zwei Filterlösungen verwendet, eine für gelbe und die andere für blaue Filter. Am besten eignen sich dafür die Lösungen aus Kaliumbichromat und Kupfersulfat, mit denen man die für mikrophotographische Aufnahmen sehr geeigneten ZETTNOWschen Lichtfilter zusammenstellt. Sowohl mit dem doppeltchromsauren Kalisalz wie mit dem Kupfervitriol bereitet man nach der Angabe von A. KÖHLER (8, S. 1767) eine Konzentrationsreihe vor, indem man Kupfervitriollösungen mit den Konzentrationen 200 : 1000, 100 : 1000, 50 : 1000, 20 : 1000 und 5 : 1000, Kaliumbichromatlösungen aber in den Konzentrationen 80 : 1000, 20 : 1000 und 5 : 1000 bereit stellt. Verwendet man so die zwei Lösungen in Küvetten von je 5 cm Weite, so kann man sehr enge Spektralbereiche isolieren, wobei die Änderung in der Konzentration der Kupfervitriollösung die Grenze der Farbendurchlässigkeit gegen Rot, die Konzentrationsänderung der Kalibichromatlösung aber gegen Blau verschieben wird. Nun kann man die zwei Filterlösungen gesondert als gelben oder als blauen Filter und kombiniert miteinander als grünen Filter benützen, wobei jede Kombination der verschiedenen Konzentrationen neue fein abgestufte Wirkungen des Lichtfilters ergeben wird. Hat man einmal für sämtliche Kombinationen, d. h. für die 5 Konzentrationen des blauen, für die 3 Konzentrationen des gelben Filters und für die 15 Kombinationen der 2 Lösungen miteinander die 23 Belichtungsproben ausgeführt (als Testobjekt wähle man kein Objektmikrometer, sondern ein rotgelb-blau gefärbtes Hämatoxylin-van-Gieson- oder Azokarmin-Mallory-Präparat), so hat man die Eigenschaften der Lichtfilter, mit denen man bei den meisten mikrophotographischen Arbeiten gut auskommen wird, ein für allemal ermittelt. Als Kompensationsfilter wird die Kombination der zwei Lösungen miteinander (und zwar je nach Bedarf eine konzentriertere Kaliumbichromatlösung mit einer weniger konzentrierten Kupfervitriollösung oder umgekehrt) für die richtige Wiedergabe der Tönungswerte in Gelb, Gelbgrün, Blau und Violett sich vorzüglich eignen. Als Kontrastfilter kann man wiederum die zwei Lösungen einzeln, und zwar in ihrer stärksten Konzentration verwenden, also 10- oder 20proz. Kupfervitriollösung als Kontrastfilter für rot, orange oder braun gefärbte und 8- oder 2proz. Kaliumbichromatlösung für blau gefärbte Präparate. Für den letzteren Zweck leistet öfters eine 1- oder 0,1proz. Kaliummonochromatlösung ebenfalls gute Dienste, da sie eine größere Transparenz hat als die Kaliumbichromatlösung. Der größeren Transparenz halber empfiehlt es sich auch in den Fällen, wo man das Zettnowsche Lichtfilter als Kompensationsfilter verwendet, die Kaliumbichromat- und Kupfervitriollösung in eine Küvette zusammenzugießen[1] und sie nicht in zwei Küvetten hintereinander aufzustellen.

Die geschilderten Eigenschaften des Zettnowschen Filters führen uns zur Frage, wann man in der Mikrophotographie den festen und wann man den flüssigen Lichtfiltern den Vorzug geben soll. Bekanntlich werden die Lichtfilter als Glasfilter, Gelatinefilter (Filterfolie) und als flüssige Filter benützt. Die zwei ersten Arten sind im Handel fertig zu haben; die flüssigen Lichtfilter bereitet man selbst und hält sie vorrätig. Auch die Filterfolien aus gefärbter Gelatine kann man selbst herstellen. Wie jedoch E. J. Wall in Bd. VIII dieses Handbuches ausdrücklich betont, ist es ratsamer, wenn der Mikrophotograph, der sich nicht ganz einer solchen Arbeit widmen kann und auch nicht über die nötigen Einrichtungen zum Trocknen der Filter verfügt, die gut bewährten Handelssorten fertig kauft.

Für diejenigen, welche selbsterzeugte feste Lichtfilter den käuflichen doch vorziehen, sei das Verfahren empfohlen, das P. Metzner (4, S. 155) in Anlehnung an E. G. Pringsheim (1) beschreibt. Es werden bei diesem Verfahren unbelichtete photographische Platten benützt, die man ausfixiert, gründlich wässert und dann mit gefilterten, nicht zu stark verdünnten Lösungen von Anilinfarbstoffen färbt. Als Farbstoff eignen sich Safranin, Bismarckblau, Tropäolin, Naphtholgrün, Malachitgrün, Berlinerblau (in der Schicht erzeugt) und Gentianaviolett. Ebenso können photographische Filme zu Filterfolien verarbeitet werden. Die gefärbte und getrocknete Schicht schützt man gegen Schädigungen entweder mit einer Deckplatte oder so, daß man zwei gefärbte Platten mit den Schichtseiten zusammenlegt und wie Diapositive umrandet (vgl. a. R. Schaede [1]).

Am meisten bekannt und geschätzt sind unter den festen Lichtfiltern die Filterfolien, wie sie von verschiedenen Firmen (Eastman Kodak Co., C. K. K. Mees, Lifa-Filterfabrik, Agfa) hergestellt und als Wrattenfilter oder

---

[1] Eine bewährte Vorschrift für das Zettnowsche Filter ist auch: 115 g Kupfersulfat, 11,5 g Kaliumbichromat und 3 ccm konzentrierte Schwefelsäure auf 1 l destilliertes Wasser. (Filtrieren!)

Lifafilter in den Handel gebracht werden. Die auf dem Kontinent sehr verbreiteten Lifafilter zeichnen sich sowohl durch die exakte Definition ihrer physikalischen und chemischen Eigenschaften (Farbstoffdichte, Absorptionsbereich, Farbentransparenz) wie auch durch ihre große Mannigfaltigkeit aus, was für die Auswahl der Filterkombination sehr vorteilhaft ist.

Die Lichtfilter aus gefärbtem Glas eignen sich nach dem Urteil von v. HÜBL (Bd. VIII, S. 78) nicht so gut zur Isolierung bestimmter Spektralbezirke, weil Glasmassen von bestimmten spektralen Eigentümlichkeiten technisch schwer herstellbar sind. Bei mikrophotographischen Aufnahmen bemerkt man jedoch keinen Unterschied, wenn man statt der Lifa- oder Agfa-Filter die Farbengläser von SCHOTT & GEN. benützt.

Die flüssigen Lichtfilter stellen Lösungen von farbigen Salzen oder Farbstoffen in bestimmten Konzentrationen dar, wie wir sie am Beispiel des ZETTNOWschen Lichtfilters schon kennengelernt haben. Die Auswahl der Farbstoffe für die drei Grundfarben ist ebenso groß wie die Anzahl der Vorschriften zur Herstellung solcher Lösungen. Einige bewährte Vorschriften für einfarbige flüssige Lichtfilter sind schon in der Tabelle enthalten, zwei andere Beispiele haben wir bei den Lösungen kennengelernt, aus denen der ZETTNOWsche Lichtfilter zusammengesetzt ist. Gute Gelbfilter können auch aus Pikrinsäurelösungen (0,2 %) hergestellt werden, aus denen man durch Beimischen von Kupfervitriol dann grüne Filter erzeugt (vgl. H. PETERSEN [2]). Eine bekannte Vorschrift für solche Grünfilter ist:

<pre>
Destilliertes Wasser . . . . 300 ccm
Kupfervitriol . . . .   10 g
Pikrinsäure . . . .   0,6 g
</pre>

Als Blaufilter wird sehr häufig, namentlich bei gewöhnlichen photographischen Platten, das Kupferoxydammoniakfilter benützt:

<pre>
Destilliertes Wasser . . . . 270 ccm
Ammoniak . . . .   30 ccm
Kupfervitriol . . . .   5 g
</pre>

Bei der Herstellung soll erst Kupfervitriol gelöst werden, dann die vorgeschriebene Menge Ammoniak nach und nach zugegossen werden, bis der anfänglich entstehende Niederschlag sich vollkommen auflöst.

Ebenso kann man eine ganze Reihe der in der Mikrotechnik bekannten Anilinfarbstoffe zu Filterlösungen verwenden. Es sei jedoch daran erinnert, daß die Transparenz des Filters durch hochmolekulare oder kolloidale Farbstoffe herabgesetzt wird, weshalb zu grünen oder blauen Filtern, deren Transparenz schon an und für sich gering ist, Anilinfarbstoffe sich weniger eignen als die Lösungen von anorganischen Salzen. Basische Farbstoffe werden zur Fabrikation von Filterfolien selten benützt, da sie nicht lichtbeständig sind und sich untereinander schlecht mischen. Aus denselben Gründen kann man sie auch zur Herstellung von flüssigen Lichtfiltern, die man längere Zeit vorrätig halten muß, nicht empfehlen.

Benützt man Anilinfarben zur Herstellung von flüssigen Filtern, so ist es vorteilhaft, dieselben Farbstoffe zu wählen, aus denen die Lifa-Filter hergestellt werden. So eignen sich zu Gelbfilterlösungen Filtergelb und Tetrazin (1—2 %), für Blaufilter Patentblau (0,5—1 %), für Rotfilter Säurerhodamin oder Bengalrosa (1—2 %) mit Tetrazinlösung gemischt (2 : 3). Auch die früher erwähnten von E. G. PRINGSHEIM (1) empfohlenen Teerfarbstoffe liefern in 0,5—1 proz. Lösungen gut brauchbare Lichtfilter.

Die festen Lichtfilter bieten den Vorteil, daß sie nicht vorbereitet zu werden brauchen, und daß sie wenig Raum beanspruchen, da man sie einfach in den

Blendenträger des Beleuchtungsapparates oder in die Fassung der Irisblende einsetzt. Man verschafft sich deshalb am besten kreisrunde Lichtfilterscheiben, welche in die Fassung der Irisblende gut hineinpassen. Ist der Filter größer und quadratisch, so kann man ihn auf die Fassung der Irisblende auflegen oder noch besser auf einem Blendenträger vor dem Spiegel aufstellen. Weitere Vorteile der festen Lichtfilter sind, daß ihre optischen Eigenschaften genau definiert und unveränderlich sind; man hat also mit einem schon geprüften Lichtfilter immer dieselben Verhältnisse, die man aus früheren Aufnahmen schon kennt. Demgegenüber ist die Herstellung, das Filtrieren und die Aufbewahrung der flüssigen Filter umständlicher. Sie erfordern bei ihrer Aufstellung besondere Küvetten. Ist die Aufnahme beendet, so muß man sie aus den Küvetten in die Vorratsflasche zurückgießen, die Küvetten reinigen usw. Sie haben jedoch einen großen Vorteil, nämlich ihre große Anpassungsfähigkeit an die mannigfaltigen Forderungen der mikrophotographischen Arbeit. Die fein abgestuften Wirkungen, die man schon durch die Kombination von den zwei Grundlösungen des ZETTNOWschen Filters erreichen kann, lassen sich mit festen Filtern nur bei einer größeren Reihe erzielen, und je mehr solche Filterscheiben man sich verschafft hat, um so schwieriger wird die Orientierung, welche Kombination die besten Aussichten für den gegebenen Fall bietet. In den meisten Fällen wird die Lichtfilterfrage zufriedenstellend gelöst, wenn man ein festes gelbes und ein blaues Filter (z. B. als Gelbfilter das Lifa-Filter Nr. 214 oder das mittlere Gelbfilter Nr. 3 der Agfa und als Blaufilter das Kobaltglas der Firma SCHOTT & GEN.) anschafft und dazu noch zwei flüssige Filter, einen gelben und einen blauen, vorrätig hält. Dort, wo man lediglich Kontrastfilter braucht, wird man von den festen Filtern mehr Vorteil haben, da ihre Handhabung einfacher ist, wogegen die flüssigen Filter sich für die Zusammenstellung von Kompensationsfiltern besser eignen.

60. Die Verwendung des rein monochromatischen Lichtes. Mit den Farbenfiltern wird man nur selten rein monochromatisches Licht, d. h. Lichtstrahlen einer einzigen Wellenlänge erhalten. Die isolierten Teile des Spektrums werden verschieden breit sein, denn die „Öffnung" der Filter ist verschieden und ihr Absorptionsvermögen nur ausnahmsweise auf ein einziges Wellenbereich begrenzt. Ganz enge Spektralbereiche (z. B. zwischen 515 und 535 mμ) lassen sich nur unter besonders günstigen Verhältnissen isolieren (vgl. dieses Handbuch III, S. 21 u. VIII, S. 79, F. WEIGERT u. H. STAUDE [1] und ELVEGARD, STAUDE und WEIGERT [1]).

Soweit es sich um die Steigerung der graphischen Kontraste oder um die richtige Abtönung der Helligkeitsunterschiede handelt, genügen für mikrophotographische Zwecke die Farbenfilter im allgemeinen vollkommen. Bei einer Reihe von mikroskopischen Untersuchungen, so z. B. bei manchen polarisationsmikroskopischen und kristalloptischen Arbeiten, vor allem aber zu Aufnahmen in Fluoreszenz- und ultraviolettem Licht ist jedoch die Beleuchtung mit einem streng definierten schmalen Bezirk des Spektrums unentbehrlich. Man ist dann auf spektrales monochromatisches Licht angewiesen, das man entweder aus den Bandenspektren einer Quarzlampe oder Quecksilberbogenlampe (s. Bd. III, S. 13, und Band IV, S. 30) mit entsprechenden Filtern isolieren oder aber durch einen Monochromator ohne Filter erzeugen kann.

Der Monochromator[1] ist einem Spektralapparat ähnlich gebaut, nur besteht er aus mehreren Linsen und Prismen. Er wird zwischen dem Mikroskopspiegel und

---

[1] Monochromatoren zu mikroskopischen Untersuchungen erhält man z. B. in passender Ausführung von den optischen Werkstätten FUESS, Berlin, LEITZ, Wetzlar, WINKEL, Göttingen.

der Lichtquelle (Hand-Regulier-Bogenlampe) aufgestellt (Abb. 59). Die Lichtstrahlen werden durch ein rechtwinkliges Prisma auf einen engen Spalt im vertikalen Rohr (Kollimator) des Apparats gelenkt und fallen durch diesen auf die erste Linse, welche die Strahlen parallel richtet und auf das Monochromatorprisma wirft. Dieses zerstreut das weiße Licht zu einem Spektrum, das von einer Linse in einem zweiten Spalt abgebildet wird. Schließlich entwirft eine dritte Linse (Beleuchtungslinse), die in der optischen Achse des Monochromators verstellbar ist, das spaltförmige Spektrumbild auf den Spiegel. Durch Regelung der Spaltbreite und durch Drehung des Prismas kann man bestimmte Spektrumbezirke in den Spalt einstellen und mit gut abgegrenzten Spektralfarben beleuchten.

Wann und zu welchem Zweck wird in der Mikrophotographie monochromatisches Licht benützt? Von den schon erwähnten Fällen abgesehen, kommt eine Beleuchtung mit einzelnen isolierten Wellenbereichen dann in Frage, wenn man die Kontrastwirkung zwischen Struktur und Hintergrund schärfer hervorheben oder aber das Auflösungsvermögen des Mikroskops steigern will. Es

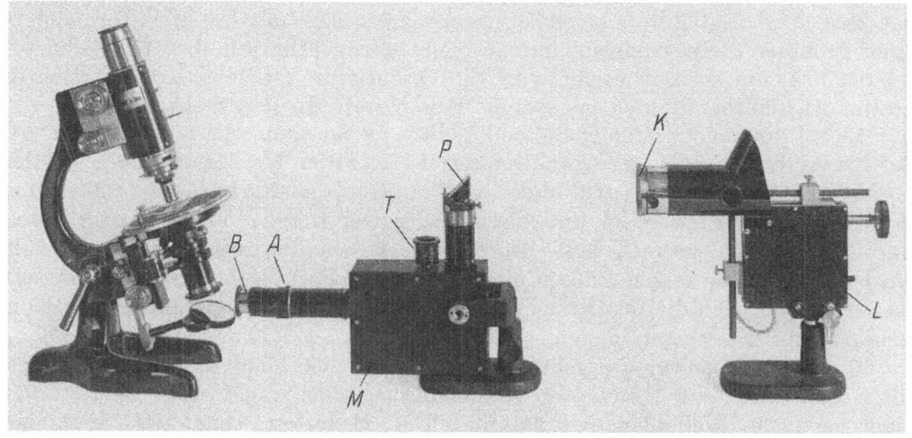

Abb. 59.
p = rechtwinkliges Prisma; K = Kollektor; M = Gehäuse für das Monochromatorprisma; A = waagerechtes Rohr mit Abbildungslinse B; L = Lampe. (Aus FUESS-Druckschrift: Mm 3.)

ist bekannt (s. S. 19), daß die Stärke der Auflösung zu der Wellenlänge der beleuchteten Lichtstrahlen im umgekehrten Verhältnis steht. An ungefärbten Objekten mit feinen periodischen Strukturen (Pleurosigma angulatum, Amphipleura pellucida, Schmetterlingsschuppen usw.) läßt sich dieser Zusammenhang zwischen der Wellenlänge der Beleuchtungsstrahlen und der Auflösung im mikrophotographischen Bild besonders eindrucksvoll nachweisen. Verfertigt man hintereinander drei mikrophotographische Aufnahmen des Pleurosigma angulatum mit einem Objektiv von sehr starker Apertur (Ap. 1,3) derart, daß man zur Belichtung der ersten Aufnahme nur rotes, zur zweiten nur grünes und zur dritten nur blaues Licht verwendet (orthochromatische Platten!), so wird man in der ersten Aufnahme nur die gröbere Struktur der Diatomeenschale, in der zweiten schon einen Teil der feineren Linien, in der dritten aber, bei blauem Licht, die ganze feine Struktur erhalten so weit aufgelöst, wie sie mit unseren mikroskopischen Mitteln überhaupt auflösbar ist. Ist man also vor die Aufgabe gestellt, Strukturen an der Grenze der mikroskopischen Sichtbarkeit abzubilden, so wird man die Wellenlänge der Strahlen, mit denen man beleuchtet, genauer berücksichtigen müssen. Man sollte meinen, daß diese Forderung schon bei der Einstellung des mikroskopischen Bildes erfüllt werden muß, da natürlicherweise die mikroskopische Auflösung der Struktur auch für die subjektive Beobachtung um so günstiger ist, je mehr kurzwellige Strahlen daran beteiligt sind. Für die subjektive Beobachtung bedeutet es jedoch keinen wesentlichen Vorteil, wenn man das Bild im monochromatischen blauen Licht betrachtet, denn das so stärker aufgelöste blaue Einzelbild wird bei der geringeren Empfindlichkeit des Auges für das blaue Licht nicht deutlicher wahrgenommen als das gelbe Einzelbild. Die günstige Wirkung der kurzwelligen Strahlen auf die Auflösung gelangt also in der Hauptsache nur bei der mikrophotographischen Aufnahme zu voller Geltung (s. S. 129). Besondere Vorteile bringt die Beleuchtung mit kurzwelligem monochromatischem Licht bei Aufnahmen ungefärbter Objekte (s. S. 324). Beleuchtet man mit einer an kurzwelligen Strahlen reichen Kohlenbogenlampe durch ein Kobaltglasfilter und eine 2proz. Kupfervitriollösung, so wird man im Lichtbild die feinen Granulationen der weißen Blutzellen, die Mitochondrien der Fibroblasten oder die Querstreifung der Muskelfasern in ungefärbtem Zustande deutlicher sehen als im Mikroskop bei subjektiver Beobachtung (s. Abb. 200). Bei den so in kurzwelligem monochromatischem Licht erfolgten Aufnahmen wird dann auch die Grenze der förderlichen Vergrößerung um so höher liegen, je kürzer die Wellenlänge der zur Beleuchtung verwendeten monochromatischen Strahlen und der Strahlen des Lichtes ist. Beleuchtet man etwa mit kurzwelligen Strahlen der FRAUNHOFERschen Linie G ($\lambda = 431$ mμ), so läßt sich die förderliche Vergrößerung rund auf das $1^{1}/_{2}$fache steigern im Vergleich zu einer Beleuchtung mit dem zusammengesetzten weißen Licht ($\lambda =$ im Mittel 589 mμ). Ist z. B. die Apertur des Beobachtungsobjektivs $= 1,3$, so wird die obere Grenze der förderlichen Vergrößerung bei einer Beleuchtung mit weißem Licht 1300fach sein. Isoliert man aber aus dem Lichtstrom nur das Spektrumbereich der FRAUNHOFERschen Linie G, so kann man die Vergrößerung bis auf 1950fach oder rund 2000fach steigern. Auch bei Aufnahmen von gefärbten Präparaten wird man deshalb von einer Beleuchtung mit kurzwelligem monochromatischem Licht wesentliche Vorteile haben, so z. B. bei der Abbildung von Kernteilungsfiguren, wo auf diese Art feinste Einzelheiten, wie die Spindelfasern, die Trennungslinien zwischen den Chromosomenpaaren usw., in einem stark vergrößerten Bild deutlicher sichtbar werden. Ähnlich verhält es sich bei der Darstellung sämtlicher feinen Fibrillenstrukturen und auch sonst überall, wo man bei einer sehr starken Bildvergrößerung die sog. leere Vergrößerung vermeiden will. Unter den gefärbten Präparaten eignen sich allerdings zu solchen Aufnahmen nur die schwarz oder dunkelblau gefärbten. Dcch von den mit Safraninrot gefärbten Kernstrukturen erhält man gute Lichtbilder, wenn man bei der Aufnahme kurzwelliges monochromatisches Licht (Blaufilter) verwendet.

Außer bei Aufnahmen mit den stärksten Objektiven hat die Wirkung des kurzwelligen monochromatischen Lichtes auf die Auflösung keine praktische Bedeutung. Benützt man also bei Aufnahmen mit schwachen und mittelstarken Objektiven (etwa bis zur Ap. 0,95) blaue Filter, so geschieht das, um die Kontraste zu heben oder das Bild richtig abzutönen, nicht aber um die Auflösung zu steigern.

61. Die photographische Wiedergabe des mikroskopischen Bildes in natürlichen Farben. Farbenphotographien sind in der Mikrophotographie vornehmlich zum Zweck einer farbigen Abbildung des Objekts in wissenschaftlichen Zeitschriften oder zu Vorführungszwecken erforderlich. Dafür eignen sich am besten die Aufnahmen auf den sog. Farbenrasterplatten (z. B. den Agfa-Farbenplatten, LUMIÈRE-Autochromplatten, Duplexplatten, Lignose-Farbenfilm usw.), deren Eigenschaften im Bd. VIII dieses Handbuches (S. 188) E. J. WALL eingehender schildert. An dieser Stelle genügt es, wenn darauf hingewiesen wird, daß für die Zwecke, die man im allgemeinen in der mikroskopischen Forschung mit einer farbigen Abbildung verfolgt, die Herstellung eines Positivbildes auf Papier das Verfahren unnötigerweise erschwert und deshalb auch überflüssig ist. Bei der drucktechnischen Wiedergabe der Farbenaufnahmen werden die Teilbilder am besten in der graphischen Anstalt durch entsprechende Filter isoliert und für den Zwei- oder Dreifarbendruck zu den notwendigen Druckstöcken (Klischees) verarbeitet[1]. Soll also ein farbiges oder gefärbtes Objekt mit seinen charakteristischen Farben naturgetreu im Druck wiedergegeben werden, so schickt man am besten ein Glasbild, d. h. eine Aufnahme auf einer Farbenplatte, zur Reproduktion[2]. Eine solche Aufnahme läßt sich dann ohne weiteres auch als Glasbild zum Bildwurf verwenden. So sparsam man mit den Farbenaufnahmen bei der Zusammenstellung des Abbildungsmaterials wirtschaften soll, so ausgiebig kann man von der Farbenphotographie bei der Herstellung der Diapositive Gebrauch machen. Die guten Farbenaufnahmen sind nämlich zur Vorführung gefärbter mikroskopischer Präparate mindestens so geeignet wie die Präparate selbst, ihr Bildwurf bereitet aber wesentlich geringere Schwierigkeiten als der eines mikroskopischen Präparats.

Soll die Farbenphotographie in einen Laboratoriumsbetrieb eingeführt werden, so ist es ratsam, sich auf eine bestimmte Sorte von Farbenplatten einzuarbeiten. Hier soll der Gang der Aufnahmen und die Behandlung der Platte am Beispiel der Agfa-Farbenplatten erörtert werden. Bei anderen Plattensorten werden verständlicherweise gewisse Abweichungen von den für diese Farbenplatten gültigen Vorschriften zu beachten sein, diese sind jedoch nicht erheblich und sind in den Anweisungen, die jeder Packung beigeschlossen sind, genau angegeben.

Alle Farbenplatten bestehen aus einer lichtempfindlichen Silberschicht, die ein normales schwarz-weißes Bild liefert, ferner aus dem dreifarbigen Farbraster, welcher zwischen der Glasplatte und der lichtempfindlichen Schicht liegt. Die feinen Körnchen des Rasters in den Grundfarben: Blau, Grün und Rot, lassen bei der Belichtung nur die Strahlen auf die Silberschicht wirken, deren Wellenlänge der Farbe der Rasterkörnchen entspricht. Ist z. B. die eine Stelle des Objekts blau, die andere rot gefärbt, so wird die Silberschicht der blauen Stelle entsprechend nur so weit geschwärzt, als die blauen Rasterkörnchen Strahlen durchlassen, und ebenso die rote Stelle der Wirkung der roten Rasterkörnchen entsprechend. Entwickelt man die belichtete Platte, so entsteht zunächst ein Negativbild, wo die Schwärzung der Silberschicht die Rasterkörnchen verdeckt. In der Durchsicht erhält man deshalb ein Negativ vom Objekt mit den komplementären Farben. Dieses wird nun im Umkehrbad zum Positivbild gestaltet, indem man das Silberbild auflöst und die bei der Aufnahme unbeeinflußt gebliebenen Stellen der Silberschicht zur völligen Schwärzung entwickelt.

Aus den hier kurz geschilderten Eigenschaften der Farbenrasterplatten ergibt sich, daß 1. die Belichtung der Platte — im Gegensatz zu sonstigen Aufnahmen — durch die Glasschicht erfolgen muß, 2. die belichtete Platte zunächst wie ein gewöhnliches Negativ entwickelt wird und erst dann das Umkehren und die Schwärzung oder Entwicklung des Positivbildes erfolgt. Man legt also die

---

[1] Vgl. dieses Handbuch Bd. V, S. 467, ferner Ruch (*1*) und Krüger (*1*).

[2] Auch an dieser Stelle soll vor einem Überfluß an farbigen Abbildungen gewarnt werden. Bei den erheblichen Kosten, die jede einzelne farbige Abbildung verursacht, muß man sich streng nur auf solche Fälle beschränken, wo die Farben für das Objekt oder die in Frage stehende Untersuchung ausschlaggebend sind und deshalb naturgetreu wiedergegeben werden müssen (vgl. Petersen [*5*]).

Platten in die Kassetten mit der Glasschicht der Kameraöffnung zugekehrt und beachtet dabei, daß die dünne lichtempfindliche Schicht mit ihrem schwarzen Karton, wie in der Packung, geschützt bleibt. Die Einstellebene der Platte wird demzufolge anders liegen als bei einer orthochromatischen Platte, und zwar liegt sie um die Dicke der Farbenplatte, d. h. $1^1/_2$ mm, höher als sonst bei den schwarz-weißen Aufnahmen. Die scharfe Einstellung kann also nur unter Berücksichtigung dieses Unterschiedes erfolgen, und zwar am einfachsten so, daß man die Mattscheibe mit der mattierten Seite dem Auge zukehrt. Ist das aus irgendeinem Grund nicht durchführbar, so wird das Mattscheibenbild wie gewöhnlich scharf eingestellt und dann der Kammerauszug um $1^1/_2$ mm verkürzt. Besondere Vorkehrungen sind aber in der Mikrophotographie notwendig, wenn man mit Aufsatzkammern (s. S. 166), wo keine Mattscheibe und keine Balgkamera vorhanden sind, sondern bei konstanter Kammerlänge durch eine seitliche Beobachtung das Bild scharf eingestellt wird, Farbenaufnahmen vornimmt. Hier benützt man die Vorsatzlinsen, welche gleichzeitig als Lichtfilter wirken (z. B. die Agfa-Lukor-Filter oder das Zeiss-A-Dukar-Filter für Agfa-Farbenplatten). Mit solchen Vorsatzlinsen kann man in der üblichen Weise wie bei einer schwarz-weißen Aufnahme einstellen. Es sei jedoch bemerkt, daß die erwähnten Vorsatzlinsen normalerweise in ihrer Farbendichte dem Farbenplattenfilter Nr. 20 (Agfa) angepaßt sind, d. h. einem Farbenfilter entsprechen, der sich nur zu Tageslichtaufnahmen eignet. Zu mikrophotographischen Aufnahmen, die fast ausschließlich bei künstlicher Beleuchtung erfolgen, muß man also die Vorsatzlinsen von den Bezugsquellen (z. B. Agfa oder Zeiss) unter Angabe der Beleuchtung (z. B. für die Osram-Punktlichtlampe oder die Kohlenbogenlampe) bestellen.

Die Lichtfilter, welche als Kompensationsfilter in den meisten Fällen zu den Farbenaufnahmen erforderlich sind, werden von den Herstellern der Farbenplatten auf die Farbenempfindlichkeit der Platten genau abgestimmt und mit verschiedenen Nummern geliefert. Die Nummern kennzeichnen in der Hauptsache die Farbendichte der Filter für bestimmte Wellenbereiche. Man darf Farbenplatten und Filter von verschiedener Herkunft nicht miteinander verwenden (z. B. Lumière-Autochromplatten mit Agfa-Farbenfiltern). Es ist ferner bekannt, daß bei der Wahl der Filter auch die Zusammensetzung des Lichtes und der Lichtquelle entscheidend ist (s. S. 132). Diesem Umstand muß man auch in der Farbenphotographie — hier sogar in erhöhtem Maße — Rechnung tragen und die Farbenfilter stets der zur Beleuchtung dienenden Lichtquelle entsprechend aussuchen. Unter den Agfa-Farbenfiltern sind Nr. 20, 21 und 22 nur für Tageslichtaufnahmen bestimmt und kommen deshalb für die Mikrophotographie kaum in Betracht. So wird man in der Mikrophotographie bei Farbenaufnahmen hauptsächlich nur zwei Farbenplattenfilter (Agfa) benötigen, und zwar Nr. 30 für Aufnahmen mit der Osram-Punktlichtlampe und Nr. 31 für Kohlenbogenlicht. Für letzteres eignet sich auch eine Lösung von Rapid-Filtergelb (Höchst) 1 : 100000 in einer Schicht von 1 cm Dicke. Beleuchtet man aber mit einer Niedervoltlampe, so braucht man zur Farbenaufnahme überhaupt kein Filter.

Die Belichtungszeit ist etwas länger als bei einer schwarz-weißen Aufnahme; bei der hohen Empfindlichkeit der im Handel befindlichen Farbenplatten ist jedoch der Unterschied nicht erheblich. So ist bei den Agfa-Farbenplatten die Belichtungszeit etwa $^1/_2$mal länger als bei einer Agfa-Chromo-Insolar platte mit vorgeschaltetem Grünfilter (z. B. Agfa-Grünfilter Nr. 41 oder einem dementsprechend konzentrierten Zettnowschen Filter).

Zur Entwicklung des Negativs bereitet man sich eine konzentrierte Vorratslösung aus „Metol" (13 g), Natriumsulfit (100 g wasserfrei oder 200 g kristallisiert) und Bromkalium (5,5 g). Die Salze werden in der angegebenen Reihe bei 30—35⁰ C in 900 ccm Wasser gelöst. Nach Abkühlung auf Zimmertemperatur fügt man noch dazu 30 ccm Ammoniaklösung (von spez. Gew. 0,91) und 100 ccm einer 4proz. Hydrochinonlösung. Die konzentrierte Vorratslösung ist filtriert und gut verschlossen aufzubewahren; zum Gebrauch wird sie mit der dreifachen Menge Wasser verdünnt. Für jede Negativ-Entwicklung muß die verdünnte Lösung frisch bereitet werden. Die einmal schon gebrauchte Lösung wird als Entwickler für die Positiventwicklung noch einmal verwendet[1].

Zur Negativ-Entwicklung ist Grünlicht erforderlich, da die Farbenplatten für Rot empfindlich sind. Man kann aber auch bei hellem Rotlicht entwickeln, falls man vorher, wie bei panchromatischen Platten, die Platte im Dunkeln mit Pinakryptolgelb desensibilisiert[2]. Bei richtiger Belichtung ist die Entwicklung in 3 Minuten beendet. Belichtungsfehler selbst geringen Grades sind durch entsprechend kürzere oder längere Entwicklung weit schwieriger auszugleichen als bei den schwarz-weißen Aufnahmen, und zwar deshalb, weil hier nicht nur die Helligkeits-, sondern auch die Farbenkontraste von der Belichtungszeit abhängig sind. So wird bei Überbelichtung der blaue, bei Unterbelichtung der rote Farbenton im Bild (namentlich im Hintergrund) vorherrschen. Es gibt auch kein härteres oder weicheres Bild in dem Sinn wie bei einer schwarzweißen Aufnahme, sondern nur ein mehr oder ein weniger durchsichtiges Bild. Die überbelichteten Platten sind (nach der Positiv-Entwicklung) zu stark und zu gleichmäßig durchsichtig, die unterbelichteten aber im ganzen mehr oder weniger undurchsichtig; in beiden Fällen erscheint das Farbenbild in Durchsicht undeutlich und flau. Alle diese Eigenschaften des Bildes lassen sich im Negativ-Entwickler nur bei einer längeren Übung und auch dann nur sehr ungenau beurteilen. Während der Negativ-Entwicklung kann man nur die Geschwindigkeit und den Grad der Schwärzung feststellen und daraus auf die Belichtung schließen. Es ist deshalb ratsam, die Entwicklungszeit ein für allemal festzusetzen (z. B. 3 Minuten) und die Belichtungszeit dieser genau anzupassen. Das geschieht am einfachsten mit einer Belichtungsreihe auf einer Farbenplatte.

Nach 3 Minuten wird also die Platte abgespült und in das Umkehrbad gebracht[3], wo das schwarze Silberbild aufgelöst wird. Als Umkehrbad für die Agfa-Farbenplatten benützt man eine Lösung von 50 g Kaliumbichromat und 100 ccm konzentrierter Schwefelsäure (pro Analyse) in 1 l Wasser gelöst[4]. Diese konzentrierte Vorratslösung ist zum Gebrauch mit der zehnfachen Menge Wasser zu verdünnen. Sowohl das Umkehrbad wie der Negativ-Entwickler sollen möglichst 18⁰ C warm sein, keinesfalls wärmer, da sonst die Schicht beschädigt wird.

Zunächst läßt man die Platte kurze Zeit (1—2 Minuten) im Umkehrbad bei der Dunkelkammerbeleuchtung, dann schaltet man weißes Licht ein und belichtet sie am besten mit einer mattierten Halbwattlampe (75 Watt) aus etwa $^1/_2$ m Entfernung. Hat man in Durchsicht festgestellt, daß das Silberbild ganz verschwunden ist, so wässert man die Platte in fließendem Wasser 15—30 Mi-

---

[1] Die Substanzen sind in geeigneter Zusammenstellung für die Agfa-Farbenplatten auch fertig im Handel erhältlich, und zwar in drei Größen für 4, 8 oder 20 Platten 9 × 12. Eine solche Zusammenstellung enthält die Vorratslösung des Negativ-Entwicklers, die Trockensubstanz zum Umkehrbad, Pinakryptolgelb und etwas Dammarlack.

[2] Selbstverständlich erfolgt auch das Einlegen der Platten entweder bei grünem Licht oder im Dunkeln.

[3] Am besten mit Plattenhaltern, weil das Umkehrbad die Haut etwas angreift.

[4] Die Säure soll in das Wasser geschüttet werden, nicht umgekehrt.

nuten lang und bringt sie schließlich in den Positiv-Entwickler (den schon einmal gebrauchten Negativ-Entwickler). Hier werden die Stellen der Schicht, welche erst im Umkehrbad Licht erhalten haben, bei hellem Licht bis zur völligen Schwärzung entwickelt (in etwa 3 Minuten). Die Platte erscheint dann in der Aufsicht gleichmäßig schwarz, während sie in der Durchsicht das Farbenbild zeigt. Damit ist die eigentliche Entwicklung beendet. Man wässert noch kurz (nicht länger als 2 Minuten) in fließendem Wasser und trachtet so rasch als möglich die Schicht zu trocknen. Kleine Handventilatoren mit warmer Luft (Föhn) sind dafür am besten geeignet. Öfters wird es auch vorteilhaft sein, die Platte noch vor dem Trocknen in das saure Fixierbad zu legen, damit die Brillanz der etwas zu stark gedeckten Stellen erhöht wird. Aus demselben Grund pflegt man bei allen Farbenaufnahmen die trockene Schicht mit Dammarlack (3 g Dammarharz in 100 ccm Benzol oder Tetrachlorkohlenstoff) dünn und gleichmäßig zu überziehen. Man gießt also eine geringe Menge des flüssigen Lackes auf die Platte und schwenkt diese hin und her, bis die Platte überall gleichmäßig mit Lack überzogen ist. Dann wird die getrocknete Schicht, wie bei den Glasbildern üblich, mit einer Deckplatte geschützt und umrandet (s. S. 126).

Sollte es sich bei der genauen Prüfung der getrockneten Platte (vor dem Lackieren!) herausstellen, daß sie nicht genügend oder etwas zu stark gedeckt ist, so wird man in nicht zu extremen Fällen durch Verstärkung oder Abschwächung eine Korrektur noch erzielen können. Zu diesem Zweck sind im Handel Verstärker und Abschwächer eigens für Farbenplatten mit den notwendigen Anweisungen erhältlich. Viel Hoffnung kann man allerdings auf eine solche Nachbehandlung nicht setzen, denn die Reinheit des Farbenbildes leidet meistens, namentlich bei der Abschwächung, merkbar darunter. Falls man aber auf die Nachbehandlung angewiesen ist, muß man damit im klaren sein, daß bei der Farbenplatte, welche ein Positivbild enthält, die zu starke Deckung eine Verstärkung und die ungenügende Deckung eine Abschwächung erfordert (vgl. S. 118), also umgekehrt wie bei der Nachbehandlung der gewöhnlichen Negative.

62. Das Aufnahmebuch. Zusammenfassung. Den ganzen Vorgang der Aufnahme mit den dazu benützten optischen und photographischen Hilfsmitteln pflegt man ordnungsgemäß in das Aufnahmebuch (Protokoll) einzutragen, wie das die Tabelle 15 zeigt.

Die Spalten eines solchen Protokolls enthalten nicht nur Einzelheiten, die man in Hinsicht auf spätere Aufnahmen in Erinnerung behalten will; sie bieten zugleich einen lehrreichen Überblick der Faktoren, welche bei der Entstehung des mikrophotographischen Bildes zusammenwirken und die man bei jeder Aufnahme berücksichtigen muß.

Unter diesen können wir drei Gruppen unterscheiden: 1. die mikroskopisch optischen Faktoren, welche in den Spalten I bis IX und X enthalten sind (Faktoren der mikroskopischen Abbildung und Beleuchtung); 2. die photographisch-technischen Faktoren, welche mit den mikroskopisch-optischen mannigfaltig verkoppelt sind (Spalten X und XI bis XIII); 3. schließlich die photographisch-technischen Faktoren, welche von den mikroskopisch-optischen vollkommen unabhängig sind (Spalten XIV und XV). Von größter praktischer Wichtigkeit ist es, festzustellen, welche Zusammenhänge zwischen den einzelnen Faktorengruppen bestehen und welche es sind, auf die man bei der Aufnahme die Aufmerksamkeit in erster Reihe richten soll. Am wenigsten braucht man sich bei der Aufnahme um die photographisch-technischen Handgriffe zu kümmern, welche mit der mikroskopischen Optik keine oder nur ganz lose Beziehungen haben (Spalten XIV und XV). Unter den übrigen können

Tabelle 15.

Protokoll-Nr.	Objekt	Objektiv	Okular	Kamera-auszug	Vergröße-rung	Lichtquelle	Kondensor	Irisblende
1	Pleurosigma ang. in Luft eingeschl.	Hom. Imm. Apochromat ZEISS, Ap. 1,3	Homal IV	50	1500	Kohlenbogenl. (Gleichstrom	Aplan. Kondensor, Ap. 1,4	25 mm Teilung 8)
2	Salamanderlarve, Azocarmin-MALLORY, 7,5 μ	ZEISS-Apochr. 16 mm	Peripl. Okular 8 $\times$	60	130	Punktlichtlampe 2 G	Apl.Kondensor ohne Front.	22 mm (Teilung 7)
3	Dasselbe	Dass.	Dass.	60	130	Dass.	Dass.	Dass.
4	Frisches Blutpräparat (Dunkelfeld)	Hom. Imm. ZEISS. spez. X.	Homal IV	50	960	Kohlenbogenlampe	Kardioidkond.	Offen
5	Dass.	Dass.	Dass.	50	960	Dass.	Dass.	Dass.
	I	II	III	IV	V	VI	VII	VIII

wir nun solche unterscheiden, welche schon vor der Aufnahme festgelegt sind und die Faktoren der mikroskopischen Bilderzeugung darstellen (primäre Faktoren I bis V). Diese sind von den photographisch-technischen Faktoren (XI bis XV) weitgehend unabhängig, während die letzteren von ihnen streng abhängen. Unter den mikroskopisch-optischen Faktoren stellt Spalte V einen Sammelfaktor, die förderliche Vergrößerung, dar, welcher als Produkt von Spalte II, III und IV aufgefaßt werden kann. Die Spalten VI, VII und VIII sind von diesem Faktor und ebenso von I abhängig. Der Filterfaktor (X) hängt streng von I, VI und XI ab, XI wiederum von I, VI und XII. Die Belichtungszeit (XII) ist von sämtlichen genannten Faktoren I bis XI abhängig; dasselbe läßt sich auch vom Faktor XIII (Entwicklung) sagen, der ja in der Hauptsache und unmittelbar von XII abhängt. Bei den wichtigsten Vornahmen: bei der Belichtung und Entwicklung, müssen also alle die hier angeführten 11 bis 12 Faktoren in gleichem Maße berücksichtigt werden. Es sei nochmals betont, daß für das Gelingen der Aufnahme alle diese Faktoren untereinander von gleicher Bedeutung sind; bei Änderung der Faktoren, auch wenn nur ein einziger von ihnen geändert wird, müssen daher die Belichtung und die Entwicklung den neuen Verhältnissen angepaßt werden.

btokoll.

ektor-nde	Lichtfilter	Platten-sorte	Belich-tung	Entwicklung	Nach-behandlung	Positiv-verfahren	Bemerkungen
mm	Kobaltglas (SCHOTT) 5 proz. Kupfervitriol	PERUTZ-Tonoplatte	12″	Metol-Hydrochinon 1:5, 5 Min.	—	Satrox, ultrahart, Glühbirne 75 W 50 Amp. 8″, Hochglanz	Gute graphische Kontraste
mm	ZELTNOW 5 proz. Kupfervitriol, 2 proz. Kalibichrom.	Agfa-Chromo-Iso-Rapid	5″	Dass.	—	Dass.	Muskulatur und Kerne etwas zu dunkel
mm	ZELTNOW 2 proz. Kalibichrom + 1 proz. Kupfervitriol	Agfa-Panchromatische Platte	5″	Desensibilisierung in Pinakryptolgrün, Metol-Hydrochinon 1 : 5, 5 Min.	—	Dass.	Objektgetreue Wiedergabe der Tonwerte
fen	—	PERUTZ, Silbereosin	40″	Metol-Hydrochinon 1 : 5 5 Min.	Agfa-Verstärker	Satrox, ultrahart, 25 Amp. 5″, Hochglanz	Weiße Blutzellen etwas flau
fen	1 proz. Kupfervitriol	Dass.	45″	Metol-Hydrochinon 1:10 10 Min.	—	Dass.	Auch die feinere Struktur der weißen Blutzellen deutlich sichtbar
X	X	XI	XII	XIII	XIV	XV	

XIV. Die großen mikrophotographischen Apparate.

63. Allgemeines. Den allgemeinen Gang der mikrophotographischen Aufnahme und die anschließende photographische Behandlung des Lichtbildes haben wir an einer kleinen Vertikalkamera kennengelernt, wie eine solche z. B. der mikrophotographische Apparat nach ROMEIS (REICHERT), die Vertikalkamera nach HEGENER (ZEISS), der mikrophotographische Apparat M. A. IV a der Firma LEITZ oder die Vertikalkamera Cam. R. der Firma REICHERT darstellen. Die zwei erstgenannten Apparate sind, wie schon erwähnt, mit Kammern für die Plattengröße 9×12 cm. ausgerüstet, die zwei letztgenannten aber mit solchen für Platten von 13×18. Da jedoch der Kameraauszug auch hier nur ungefähr so groß ist wie sonst bei den kleinen Vertikalkameras (50—75 cm), können auch diese noch zu den kleinen Vertikalapparaten gerechnet werden.

Für Aufnahmen auf große Platten sind in erster Reihe die großen mikrophotographischen Apparate bestimmt. Hier hat man die geeignete Balglänge (75—150 cm), um die Plattenfläche vollständig auszunützen. Je größer jedoch der Kammerauszug ist, um so strenger müssen die Bedingungen eingehalten werden, welche eine standfeste Aufstellung und eine lichtstarke Beleuchtung gewährleisten. Das Kameragestell wird dementsprechend auf Schienen verschiebbar aufgestellt, die optische Bank für die Beleuchtungseinrichtung wie auch die Fußplatte für das Mikroskop werden länger und die ganze Einrichtung muß schwingungsfrei auf einem eigenen Gestell (bzw. auf zwei Gestellen) oder auf einem eigens dafür angefertigten massiven Tisch untergebracht werden. Verständlicherweise erfordern dann solche großen Apparate einen eigenen Arbeitsraum für sich oder einen abgetrennten Platz, wo sie aufgestellt und in Ordnung gehalten werden.

Die großen mikrophotographischen Apparate bereiten, was ihre Unterbringung und Handhabung betrifft, mehr Schwierigkeiten als die kleinen Vertikalkameras. Daß ihr Kaufpreis dabei wesentlich höher ist als bei diesen letzteren, liegt auf der Hand. Man muß also genau prüfen, welche wesentlichen Vorteile die großen Apparate den kleinen gegenüber bieten, da bekanntlich auch die billigeren und bequemeren kleinen Apparate restlos zufriedenstellende Lichtbilder zu liefern vermögen. Hier ist zunächst hervorzuheben, daß die großen Apparate im wahren Sinne des Wortes die Universalapparate der Mikrophotographie darstellen. Es ist ja richtig, daß die kleinen Vertikalkammern in vielen Fällen vollkommen befriedigende Resultate liefern, und es viele Forscher gibt, die selten in die Lage kommen, auf einen großen mikrophotographischen Apparat angewiesen zu sein. Wenn man jedoch z. B. Bilder anfertigen muß, welche aus größeren Entfernungen betrachtet werden sollen (Wandtafeln u. ä.) und das Bild aus der größeren Entfernung ebenso scharf erscheinen muß wie aus der deutlichen Sehweite, so wird man zu solchen Aufnahmen kleine Vertikalkammern nicht gebrauchen können, sondern man wird auf die großen mikrophotographischen Apparate mit einem langen Auszug angewiesen sein. Ebenso hat man von dem langen Kammerauszug wesentliche Vorteile, wenn man das große Gesichtsfeld, welches uns die schwachen und schwächsten Objektive liefern, voll ausnützen muß, wie dies namentlich bei Aufnahmen von ganzen Organschnitten und ähnlichen Übersichtspräparaten der Fall ist (s. S. 193). Bei Balglängen von 50—70 cm wird man öfters ein kleineres Sehfeld mit einer geringeren Vergrößerung erhalten, als es dem Zweck der Aufnahme entspricht. Da die schwachen Objektive eine förderliche Vergrößerung gestatten, welche selbst bei 1—$1^1/_2$ m Balglänge nicht überschritten wird (s. S. 186), hat man bei den großen Apparaten die günstige Gelegenheit, Übersichtsbilder in stark vergrößerter Form aufzunehmen, ohne die Schärfe der Abbildung dadurch zu gefährden. Zu Aufnahmen von Übersichtsbildern bei schwachen Vergrößerungen (s. S. 196) eignen sich die großen Apparate also entschieden besser als die kleinen. Das wäre aber doch nicht das wichtigste. Wird eine kleine Vertikalkamera mit einem Mikroskop verbunden, das einen breiten Tubus hat und mit den entsprechenden Trichtern für die schwächsten Objektive ausgerüstet ist, so lassen sich in der Mehrzahl der Fälle auch bei schwächsten Vergrößerungen Aufnahmen mit den kleinen Vertikalkameras einwandfrei herstellen. Der wesentliche Vorteil der großen mikrophotographischen Apparate liegt jedoch darin, daß man mit ihnen das Höchstmaß dessen erhält, was heute die technische Herstellung auf diesem Gebiet zu leisten vermag. Dadurch, daß diese Apparate mit den mikroskopischen Wissenschaften zusammen die Entwicklung der letzten 40 Jahre mitgemacht haben, haben sie sich den mannigfaltigen Ansprüchen der Forschung ständig angepaßt und sich zu den Universalapparaten der Mikrophotographie entwickelt, bei denen erprobte Methoden, spezielle Einrichtungen und genaue Vorschriften vorhanden sind für alle Arten von Aufnahmen, die der Lehrer oder der Forscher bei schwachen und bei starken Vergrößerungen in durchfallendem oder auffallendem Licht an mikroskopischen oder makroskopischen Präparaten erzielen will. Während bei den kleinen Vertikalkameras die Invention der Mikrophotographen eine entscheidende Rolle spielt, und man mehr oder weniger umfangreiche Improvisationen an der Einrichtung vornehmen muß, sobald die Art der Aufnahme eine von der üblichen abweichende Anordnung erfordert, findet man an den großen Apparaten für alle in der mikrophotographischen Praxis überhaupt denkbaren Fälle Einrichtungen und Vorschriften fertig, die nur benützt zu werden brauchen, um sicher zu einem guten Erfolg zu gelangen. Selbst für makroskopische und Atelieraufnahmen lassen sich solche Apparate gut verwenden, wenn man das Mikroskop entfernt und die Kamera auf ihrem Gestell mit den entsprechenden photographischen Objektiven ausrüstet. In Instituten und Laboratorien also, wo bei einer vielseitigen und intensiven mikrophotographischen Arbeit auf einwandfreie mikro- und makrophotographische Aufnahmen Gewicht gelegt wird (Lichtbildsammlungen, Wandtafeln, Organschnitte bei Lupenvergrößerung, Abbildungen

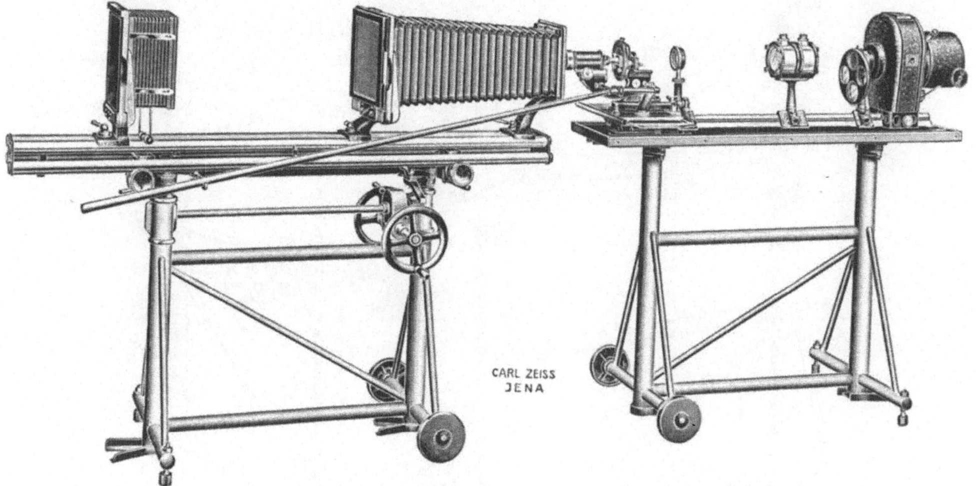

Abb. 60. Die große Horizontalkamera der Firma C. ZEISS. (Aus ZEISS-Druckschrift: Mikro 401.)

zu wissenschaftlichen Veröffentlichungen usw.), gehört der große mikrophotographische Apparat zu den unentbehrlichen wissenschaftlichen Ausrüstungsgegenständen. Allerdings ist es ratsam, erst mit einer kleinen Vertikalkamera die Erfahrungen zu sammeln, die zu der richtigen Handhabung der großen Apparate erforderlich sind.

64. Die große Horizontalkamera der Firma ZEISS (Abb. 60). (Vgl. auch die große Horizontalkamera für Metallurgie der Firma W. WATSON & SONS LTD., London, Abb. 154.)

a) **Grundsätze der Konstruktion.** Der Apparat ist dadurch ausgezeichnet, daß die Aufnahmekamera auf einem eigenen Gestell, vom Mikroskop und der Beleuchtungseinrichtung getrennt, waagerecht steht. Diese zwei grundsätzlichen Eigenschaften: die waagerechte Lage der Kamera und die voneinander getrennten zwei Gestelle (das Kameragestell und das Tischgestell), auf denen die Einrichtung untergebracht ist, beeinflussen den ganzen Bau und auch die Handhabung des Apparates. Die große Kamera für Platten bis zur Größe 24×30 besteht aus einem vorderen konischen und einem hinteren prismatischen Teil. Die zwei Teile sind voneinander leicht zu trennen, so daß der Vorderteil, allein mit Mattscheibe und Kassetten ausgerüstet, als Kamera benützt werden kann. Zu Kameralängen von 1 oder 1$^1/_2$ m wird der hintere Rahmen des vorderen

Teils an den vorderen Rahmen des hinteren Teils lichtdicht angeschlossen. Am häufigsten wird der vordere Teil allein benutzt, vor allem bei Aufnahmen mit mittelstarken und starken Objektiven. Der ganze Balgauszug, d. h. beide Teile zusammen, kommen hauptsächlich bei Aufnahmen mit den schwächsten Objektiven (s. S. 184) in Betracht.

b) Das Kammergestell. Die Kamera ist auf drei Balgenträgern, und diese sind auf den Laufschlitten aufgestellt. An diesen letzteren befindet sich die Zentimeter und Millimetereinteilung, mit der man die Länge des Balgauszuges bestimmt. Die Gleitschienen bestehen aus zwei unteren und zwei oberen parallelen

Abb. 61. Große Horizontalkamera bei senkrechtem Mikroskop mit Vertikalilluminator.
(Aus ZEISS-Druckschrift: Mikro 401.)

Rohren, von denen die unteren auf zwei Rollenpaare des Kameragestells gelagert sind und durch Drehung der Rollen sich in der Längsachse verschieben lassen. Die Rohrenpaare sichern die erschütterungsfreie Lage der Kamera, denn die unteren Rohre haben eine starke Federung und fangen die etwaigen Stöße von unten auf. Weiterhin bietet die Aufstellung der Kamera auf Rollen und auf Laufschlitten den Vorteil, daß man den Kammerauszug bald durch Verschiebung der Laufschlitten, bald, in mehr abgestufter Form, durch Drehung der Rollen regeln kann. Das Untergestell ist aus starken Rohren zusammengestellt und ruht auf vier Füßen, von denen die vorderen mit Rollen, die hinteren mit Schrauben versehen sind. Beim Fortbewegen des Gestells hebt man die hinteren Füße hoch und verschiebt das Gestell auf den Rollen der Vorderfüße. Außerdem werden sowohl das Kamera- wie das im großen und ganzen ähnlich gebaute Tischgestell mit je einem Paar eiserner Platten, sog. „Schuhen", ausgerüstet, welche die Gestelle in der gewünschten Stellung fixieren.

Dabei verfährt man folgenderweise: Man stellt zuerst das Tischgestell mit dem Mikroskop auf einem geeigneten Platz auf. Die Schuhe für das Tischgestell werden nun auf den Fußboden gelegt, so daß die Säulen des Gestells vorn und hinten in die Führungen der Schuhe gut hineinpassen. Dann werden die Schuhe an dem Fußboden befestigt und bilden ständig den Anschlag bei der Aufstellung des Tischgestells. Man rüstet dafür den Mikroskoptubus mit einem Trichter für schwache Objektive aus und nähert dann das Kameragestell so weit dem waagerecht gestellten Mikroskop, bis das Objektivbrett der Kamera — von dem man den Rohransatz des

Lichtschutzes zuvor entfernt — knapp am Rand des Trichters steht. So hat man die geringste Entfernung ermittelt, die zwischen Kamera- und Tischgestell in Betracht kommt. Man legt also die „Schuhe" unter die Säulen des

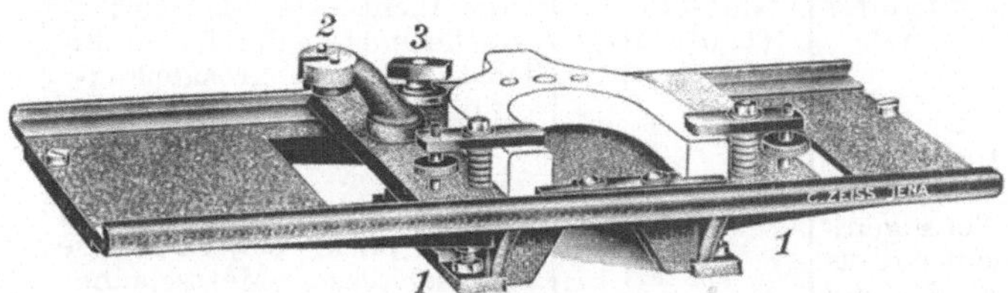

Abb. 62. Universalfußplatte. (Aus ZEISS-Druckschrift: Mikro 401.)

Kameragestells und befestigt sie am Fußboden. Die Stellung des Kameragestells zum Mikroskopgestell ist damit ein für allemal bestimmt, denn der so getroffene Abstand paßt auch für das Mikroskop mit innerem Tubus und für die 160 mm Tubuslänge. Sollte immerhin in Ausnahmefällen der Abstand zu kurz sein, so schiebt man das Objektivbrett der Kamera etwas zurück und rechnet die Kammerlänge von der Ziffer aus, bei der das Objektivbrett steht. In manchen Fällen, namentlich bei senkrechter oder waagerechter Anordnung mit einem Vertikalilluminator (s. S. 229), wird es notwendig sein, die zwei Gestelle nicht geradlinig, sondern senkrecht zueinanderzustellen (Abb. 61). Das Tischgestell bleibt dann an seinem früheren Platz, das Kameragestell wird dagegen aus den Schuhen herausgehoben und senkrecht zum Tischgestell bis zum Tubusende des Mikroskops vorgeschoben. Mit zwei weiteren Schuhen wird sein Platz auch in dieser Stellung festgelegt.

Für Aufnahmen mit senkrechtem Stativ ist das Kameragestell mit Trieben ausgerüstet, durch welche es bis zu einer Höhe von 41 cm gehoben werden kann.

c) Das Tischgestell ist in seinem Unterteil ähnlich gebaut wie das Kameragestell. Auf seiner Tischplatte trägt es die optische Bank, die Dreikantschiene, auf der die Mikroskopfußplatte und die Unterlagen für die Lampen angebracht sind. Die Fußplatten werden als einfache niedrige und hohe Fußplatten oder als sog. Universalfußplatten erzeugt. Bei den großen Apparaten werden meistens diese letzteren benützt. Die einfachen Fußplatten unterscheiden sich kaum von jener, welche wir an der kleinen Vertikalkamera von

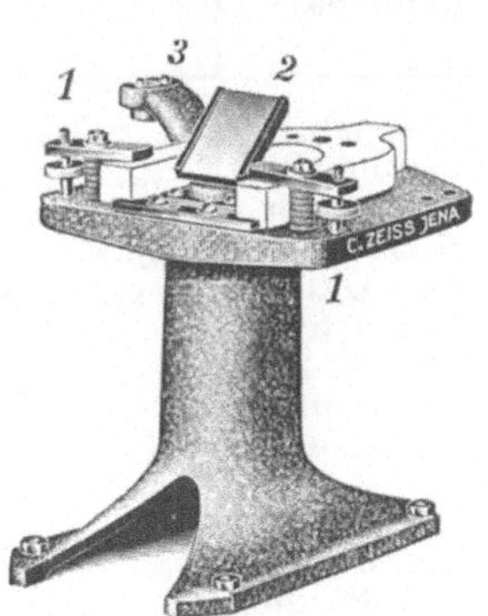

Abb. 63. Hohe Fußplatte mit Spiegel. (Aus ZEISS-Druckschrift: Mikro 401.)

ROMEIS kennengelernt haben. Die Universalfußplatte besteht aus zwei Stücken (Abb. 62), von denen das untere, größere, eine mit zwei Schienen versehene Grundplatte darstellt. In die Schienen werden die quadratischen Mikroskopplatten wie Schlitten eingeschoben. Die Mikroskopplatten führen die Anschlagsleiste und die Fußklemmen, mit denen das Mikroskop festgeschraubt wird. Ist die Mikroskopplatte in der Schlittenführung auf die richtige Stelle, d. h. in die optische Achse der Beleuchtungseinrichtung eingestellt, so wird sie hier mit einer Exzenterklemme festgeklemmt. Da die Mikroskopplatten genau quadratisch sind, lassen sie sich ebensogut um 90^0 gedreht in die Grundplatte einsetzen, d. h. so einstellen, daß die Symmetrieebene des Mikroskops senkrecht zur optischen

Tabelle 16. Beleuchtungseinrichtung der großen mikro-

Vergrößerungen und Leuchtfeld	Lichtquelle	Auf der optischen Bank			
		a	b	c	d
Starke Mikroskopvergrößerungen, Leuchtfeld etwa $^3/_4$ **mm** oder darunter (Abb. 64). **Mittlere** Mikroskopvergrößerungen, Leuchtfeld etwa **2—2$^1/_2$mm** und darunter (Abb. 64). **Ganz schwache** Mikroskopvergrößerungen, Leuchtfeld etwa **3—4 mm** und darunter (Abb. 65).	In der Regel **ohne Matt**scheibe verwenden, mit Ausnahme der Glühlampen (Halbwattlampen).	**Kollektor K,** verschieden je nach der Lichtquelle. Er bildet die Lichtquelle möglichst scharf auf die Blende J_3 des Mikroskopkondensors M ab, wenn er **allein** eingeschaltet ist. Die an dem Gehäuse der Lichtquelle angebrachten Einrichtungen (Zentrierschrauben, verstellbarer Arm usw.) gestatten, das Bild der Lichtquelle gegen die Blende zu **zentrieren.**	**Kollektorblende J_1,** an der Fassung des Kollektors angebracht. Sie wird durch den **Mikroskopkondensor M** in die Objektebene und dann mit dem Objekt auf die Mattscheibe abgebildet und ist stets so weit zu schließen, daß nur der abzubildende Teil des Objekts beleuchtet ist.	**Kein Hilfskollektor** hinter der Kollektorblende. **Hilfskollektor H 66,** verlegt das Bild der Lichtquelle auf die **Kondensorblende J_3.**	
Übersichtsbilder mit Planaren oder **Mikrotaren** ohne Okular, Leuchtfeld etwa **20 mm** und darunter (Abb. 66). Desgl. Leuchtfeld etwa **30 mm** und darunter (Abb. 67).	In der Regel **mit Matt**scheibe vor dem Kollektor K verwenden.		Desgl. Sie wird durch den **Kondensor auf Reiter K 20** in die Objektebene abgebildet und ist ebenfalls so weit als zulässig zu schließen.	**Hilfskollektor H 100,** verlegt das Bild der Lichtquelle auf die **Irisblende J_2** auf Reiter. **Hilfskollektor H 33,** verlegt das Bild der Lichtquelle auf die **Irisblende J_2** auf Reiter.	**Zentrierlinse Z 20.** Heben und Senken, sowie Neigen zentriert das Bild der **Kollektorblende** in der Objektebene und auf der Mattscheibe.

Zeichenerklärung, gemeinsam

K Kollektor; J_1 Kollektorblende; *H 66, H 100, H 33* Hilfskollektoren; *Fi* Lichtfilter; *Z 20,*
     ABBEschen Beleuchtungsapparates oder des Mikroskopkondensors; *B* Brillen-

Ebene der Beleuchtung steht. Eine solche Drehung des Mikroskops wird dann erforderlich sein, wenn man bei aufrecht stehendem Mikroskop den Vertikalilluminator benutzt. Das senkrecht stehende Mikroskop wird entweder auf

·ischen Apparate. (Aus Zeiss-Druckschrift: Mikro 394.)

Auf der optischen Bank				Am Mikroskop	
e	f	g	h	i	k
filter Fi ·ig oder ·oweit sie in den ·enträger ·Abbe- ·en Be- ·htungs- ·ats un- ·alb der ·nde (J_3) ·egt wer- ·len.	**Zentrierlinse Z 40.** Heben und Senken, sowie Neigen nach rechts und links zentriert das Bild der **Kollektorblende** in der Objektebene und auf der Mattscheibe gegen die Achse des Mikroskops.	**Irisblende J_2 auf Reiter** mit Teilung, wird nicht gebraucht, daher **völlig** öffnen.	**Zentrierlinse Z 70.** Heben und Senken, sowie Neigen nach rechts und links zentriert das Bild der **Kollektorblende** in der Objektebene und auf der Mattscheibe gegen die Achse des Mikroskops.	**Irisblende J_3 des Abbeschen Beleuchtungsapparats.** Sie regelt die **Apertur** der Beleuchtungskegel und ist nach Bedarf zu schließen. Die Apertur prüft man, indem man durch ein Blendglas nach Entfernen des Okulars auf die Hinterlinse des Objektivs blickt. Einzelne Kondensoren sind selbst mit einer Irisblende versehen, dan bleibt jene offen.	**Mikroskopkondensoren M mit** Frontlinse, die Apertur reicht bis zum Nennwert. **Desgl. ohne** Frontlinse, die Apertur reicht bis etwa 0,3 bis 0,4. — In beiden Fällen Kondensor mit dem Trieb so einstellen, daß die **Kollektorblende** möglichst scharf in der Objektebene und auf der Mattscheibe abgebildet wird.
		Irisblende J_2 auf Reiter nach Bedarf schließen. Sie regelt die **Apertur** der Beleuchtungskegel. Diese prüft man, indem man durch den Tubus auf die Objektivöffnung herabblickt. Dabei ein Blendglas verwenden!	**Kondensor K 20 auf Reiter;** er ist durch Verschieben auf der optischen Bank so einzustellen, daß er die **Kollektorblende J_1** möglichst scharf in der Objektebene und auf der Mattscheibe abbildet.	**Irisblende des Abbeschen Beleuchtungsapparats** wird nicht gebraucht, sie bleibt daher offen.	**Brillenglaskondensoren B.** Für **Planare:** 100 Kond. 10,5 75 ,, 7,5 50 ,, 5 35 ,, 3,5 20 ,, 2 Für **Mikrotare:** 70 Kond. 7,5 35 ,, 4 Sie stehen dicht vor dem Objekt.

.ie Abbildungen 64—67:

Z 70 Zentrierlinsen; J_2 Irisblende auf Reiter; *K 20* Kondensor auf Reiter; J_3 Irisblende des ·ondensor; *M* Mikroskopkondensor; *T* Objekttisch des Mikroskops.

den hohen Untersatz oder auf die hohe Fußplatte (Abb. 63) gestellt. In beiden Fällen wird es so hoch stehen, daß die Strahlen gerade auf den Spiegel fallen. Am anderen Ende der optischen Bank befindet sich die Unterlage für die Lampe, bei den großen Horizontalkameras also für eine Gleichstromkohlenbogenlampe mit automatischer Regelung. Das Gehäuse solcher Lampen ist mit drei Stellschrauben ausgerüstet, mit denen das Lampengehäuse genau waagerecht gestellt wird. Selbstverständlich muß auch die Tischplatte genau nivelliert werden. Beiderseits der optischen Bank ist der Tisch aus Holzplatten gebildet, auf denen man Präparate, Linsen usw. bereit stellt. Neben der optischen Bank

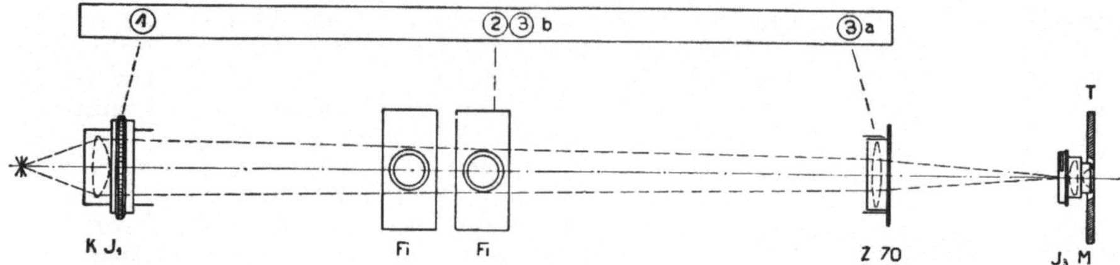

Abb. 64. Anordnung für schwache und starke Vergrößerungen ohne Hilfskollektor.

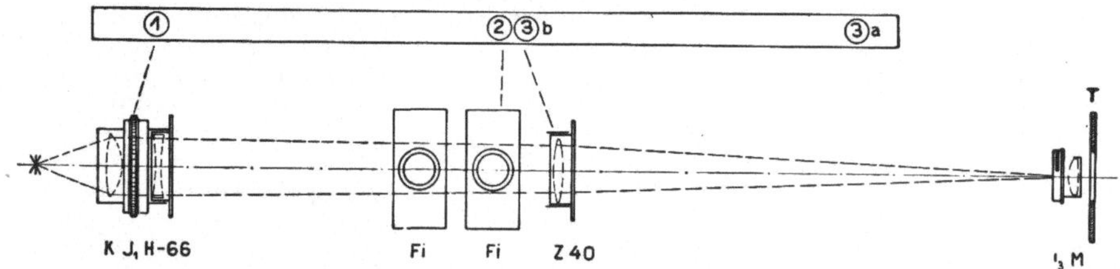

Abb. 65. Anordnung für schwache Vergrößerungen mit einem Hilfskollektor.

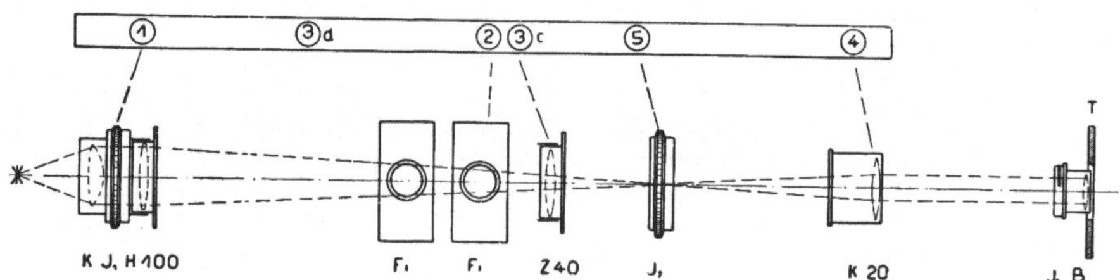

Abb. 66. Anordnung für Mikrotare und Planare.

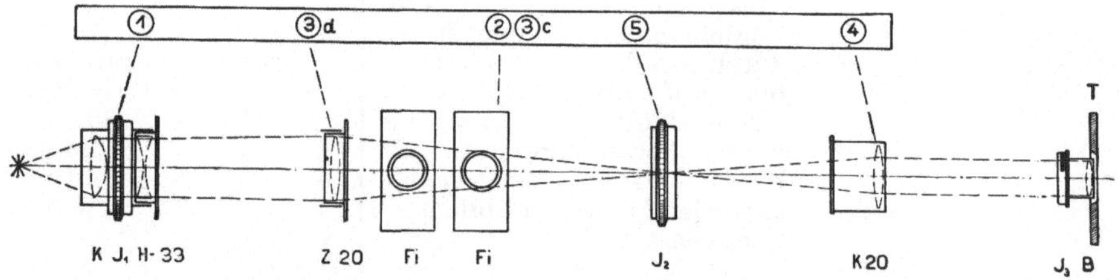

Abb. 67. Anordnung für Mikrotare und Planare und für besonders großes Sehfeld.

findet man meistens auch die sog. Lineale, welche, den Anweisungen der beigegebenen Druckschriften entsprechend, die Aufstellung von Hilfslinsen und Kollektoren erleichtern (s. Tabelle 16 und Abb. 64—67).

d) Die optische Ausrüstung. Als Mikroskop gehört zum großen Apparat unbedingt das mikrophotographische Stativ mit breitem Tubus (s. Abb. 3). Ratsam ist, das Mikroskop lieber mit Schlittenwechslern als mit einem Revolver auszurüsten. Zum großen Stativ wird man neben der notwendigen Anzahl von

Objektiven und Okularen bzw. Homalen auch die Stutzen für die schwächsten Objektive (s. S. 188) anschaffen. Als Bestandteile des Beleuchtungsapparates gehören dann zur Einrichtung ein aplanatischer oder achromatischer **Kondensor**, zwei **Brillenglaskondensoren**, ein **Hilfskollektor**, eine **Kollektorlinse**, eine **Irisblende**, zwei **Zentrierlinsen** (vgl. Tabelle 16). Die Kollektor- und Zentrierlinsen wie auch die Irisblende werden auf verstellbaren Reitern aufgestellt. Zur Beleuchtungseinrichtung gehört noch der **Küvettenständer** auf Reitern mit zwei auseinanderlegbaren Porzellanküvetten für Lichtfilter und Wärmeschutz. Schließlich wird man bei der großen Horizontalkamera das **Umkehrprisma** mit Lichtschutz und den **Umkehrspiegel** nicht entbehren können, welche die Aufnahme mit aufrecht stehendem Stativ ermöglichen. Ebenfalls braucht man für das aufrecht stehende Stativ einen **planen Spiegel in fester Fassung**, unter 45⁰ geneigt, oder ein ähnliches Prisma, um den Strahlengang genau zentrieren zu können (s. S. 160).

e) **Die Handhabung des Apparates bei waagerechter Anordnung.** Die große Horizontalkamera ist in der Hauptsache für Aufnahmen mit waagerecht gestelltem Mikroskop bestimmt, und so ist auch ihre Handhabung bei dieser Stellung des Mikroskops am bequemsten. Die geradlinige Anordnung der optischen Ausrüstung von der Lichtquelle bis zur Einstellebene der Kamera gilt theoretisch für die vorteilhafteste, denn man erhält auf diese Weise den Lichtstrom der Lichtquelle ohne Verluste durch Spiegelung in die Öffnung des Mikroskops und von hier aus in die Einstellebene der Kamera. Ferner bildet die waagerechte Anordnung bei einem langen Auszug die größte Bequemlichkeit zur Einstellung und Prüfung des Mattscheibenbildes. Bei einer Vertikalkamera wird die Kontrolle der Einstellebene um so unbequemer, je länger der Kammerauszug ist. Schon bei einer Balglänge von 75 cm ist man genötigt, entweder Treppen (s. S. 162) zu benutzen oder das Mikroskop mit der optischen Bank sehr niedrig aufzustellen, und noch unbequemer gestaltet sich die Arbeit bei Balglängen von 1 oder $1^1/_2$ m. Außerdem wird verständlicherweise auch die Standfestigkeit der Aufstellung verringert, wenn man das Kameragestell mit einem so langen Balgauszug senkrecht stellt. Alle diese Schwierigkeiten fallen fort, wenn die Kamera waagerecht angeordnet ist.

f) **Die Ferneinstellung.** Der große Abstand zwischen der Einstellebene der Kamera und dem Mikroskop, der infolge eines langen Kammerauszuges entsteht, erfordert — sowohl bei waagerechter wie senkrechter Anordnung — einen technischen Behelf, um aus der Mattscheibenebene die Mikrometerschraube des Mikroskops betätigen und das Mattscheibenbild scharf einstellen zu können. Zu diesem Zwecke bedient man sich der **Ferneinstellung** (Abb. 68). Diese besteht aus einem längeren Stab mit Gelenken, Zahnrädern und einem kappenförmigen Greifer (dem HOOKEschen Schlüssel). Der HOOKEsche Schlüssel, in den der Stab eingesteckt wird, ist auf einer verstellbaren sowohl für das aufrecht stehende wie für das umgelegte Stativ passenden Säule befestigt, die neben dem Mikroskop auf der Fußplatte steht. Der Greifer läßt sich sowohl auf dem Triebkopf der Mikrometerbewegung als auch auf dem Trieb der groben Einstellung befestigen. Bei Aufnahmen, wo man nur den Vorderteil des Kammerauszuges benützt, ist man nur selten auf die Ferneinstellung angewiesen.

Die Einstellung des Bildes erfolgt folgendermaßen: Erst stellt man die gewünschte Stelle des Präparates mit der gewählten Vergrößerung im aufrecht stehenden Mikroskop ein, wobei wie üblich das Licht durch den Spiegel in das Mikroskop geworfen wird. Eine einwandfreie optimale Beleuchtung wird dabei nicht angestrebt; es genügt, wenn man das Bild deutlich genug sieht, um die geeignete Stelle auszusuchen. Bei der großen Helligkeit der Kohlenbogenlampen wird man dabei natürlich Blauscheiben vorschalten oder eine Rauchglasscheibe auf das Okular aufsetzen. Dann entfernt man den Spiegel und stellt das Stativ genau waagerecht. Ist das geschehen, so setzt man den Rohransatz in die Lichtschutzmanschette ein[1] und trachtet nun, das Mattscheibenbild voll auszuleuchten.

g) Die Zentrierlinsen und die Hilfskollektoren. Zur Ausrichtung der Beleuchtung verwendet man die Zentrierlinsen und die Hilfskollektoren (vgl. Tabelle 16). Das Einspiegeln des Lichtkegels in die Öffnung des Kondensors fällt ja beim waagerecht gestellten Mikroskop weg und muß durch Linsen ersetzt werden, welche den Strahlengang auf den Kondensor konzentrieren. Ursprünglich hat man dazu den achromatischen Kondensor (R. ZEISS) benützt, den man

Abb. 68. Ferneinstellung für das Mikroskop. (Aus ZEISS-Druckschrift: Mikro 401.)
1 = Klemmbügel zum Festhalten der niedrigen Fußplatte; 2 = Klemmbügel zum Festhalten des Mikroskops; 3 = Arm mit Klemme und zwei Stiften; 4 = Säule mit Gelenk; 5 und 6 = Festklemmung des HOOKEschen Schlüssels (7).

mit Hilfe einer Zentrierfassung in der optischen Achse der Beleuchtung ausgerichtet hat. Das ist mit einem achromatischen Kondensor einwandfrei zu lösen, da hier die Irisblende zwischen den Linsen des Kondensors untergebracht ist, und ihre Lage sich also mit den Linsen gemeinsam ändert. Steht jedoch die Aperturblende des Beleuchtungsapparates vom Kondensor getrennt, wie das bei den gewöhnlichen und aplanatischen Kondensoren oder den Kondensorobjektiven der Fall ist, so wird die Verschiebung des Kondensors mit einer Zentrierfassung einen falschen Strahlengang erzeugen, da nur die optische Achse des Kondensors, nicht aber die der Irisblende verschoben werden kann. Aus diesem Grunde ist es also vorteilhafter, wenn man nicht den Kondensor zur optischen Achse des vom Kollektor gelieferten Lichtkegels ausrichtet, sondern umgekehrt diesen in die optische Achse des Kondensors lenkt. Das erfolgt am einfachsten mit einer

---

[1] Vielfach ist es auch üblich, ein Blatt weißen Papiers auf dem Objektivbrett aufzuspannen und das Bild erst hier scharf einzustellen, bevor man den Lichtschutz geschlossen hat.

Korrektionslinse, die das Bild des Leuchtfeldes in das Unendliche entwirft. Man stellt also eine solche Linse dicht vor dem Mikroskop auf, und zwar auf einem Reiter, der durch ein grobes Gewinde mit Gradführung gehoben oder gesenkt und mit einem Gelenk nach rechts oder links verstellt werden kann. Genau koaxial müssen die Linsen und der Kondensor nicht stehen. Fällt die Mitte der Leuchtfeldblende auf die Linse, so wird auch das Bild des Leuchtfeldes, das der Kondensor in der Objektebene erzeugt, zentrisch zur Achse des Kondensors stehen. Die Brennweite der Zentrierlinse entspricht etwa ihrem Abstand vom Kollektor und ist also bedeutend (20—70 mal) größer als diejenige des Kondensors. Je kleiner nun der Abstand zwischen Zentrierlinse und Kondensor im Verhältnis zur Brennweite der Zentrierlinse ist, um so weniger wird die Lage und Größe des Bildes, das der Kollektor von der Lichtquelle in die Öffnung des Kondensors entwirft, durch die Bewegungen der Zentrierlinse beeinflußt. Man wird die Zentrierlinse also auf der optischen Bank nahe am Mikroskop aufstellen und bewirkt so trotz der ziemlich groben Bewegungen der Zentrierlinse fein abgestufte Verschiebungen des Leuchtfeldes. Die Größe des Leuchtfeldes ändert sich jedoch nur dann, wenn man Zentrierlinsen von verschiedenen Brennweiten abwechselnd benützt und den Kollektor dementsprechend bald näher, bald weiter aufstellt. Da eine solche Verstellung des Kollektors gewisse Nachteile hat (so müßte z. B. auch die Lichtquelle verschoben werden), stellt man vorteilhafter dort, wo ein größeres Leuchtfeld erwünscht ist, einen Hilfskollektor in Verbindung mit der Zentrierlinse auf.

Die Hilfskollektoren bestehen aus einer verhältnismäßig schwachen Zerstreuungslinse, welche von der Lichtquelle aus betrachtet, unmittelbar hinter der Kollektorblende steht und demzufolge die Strahlen aus dem Kollektor von der optischen Achse ablenkt. Dadurch erreicht man dann, daß der Strahlengang auf die Öffnung des Kondensors gerichtet bleibt und nicht schon vor dieser Ebene vereinigt wird, wie das bei Zentrierlinsen mit kürzeren Brennweiten ohne Hilfskollektor der Fall wäre. Die Zusammenwirkung der Zerstreuungslinse des Hilfskollektors und der Zentrierlinse (Sammellinse) liefert das Bild eines ausgedehnten Leuchtfeldes in der Ebene der Irisblende (Kondensorblende) bei Zentrierlinsen von verschiedenen Brennweiten, bei Verstellung des Beleuchtungsapparates und der Irisblende, ohne daß man gezwungen wäre, an der Lage des Kollektors und der Lichtquelle etwas zu ändern.

Bei waagerechter Anordnung ist die Zentrierlinse stets unentbehrlich; Hilfskollektoren verwendet man jedoch nur dann, wenn man mit schwachen Vergrößerungen arbeitet. Im letzteren Fall wird man die Brennweite der Zentrierlinse je nach der Vergrößerung wählen und dementsprechend sowohl den Hilfskollektor wie auch den Kondensor. Bei starken Vergrößerungen besteht die Beleuchtungseinrichtung nur aus dem Kollektor, der Zentrierlinse (dicht vor dem Mikroskop) und dem Abbeschen Beleuchtungsapparat (Abb. 64). Bei schwachen mikroskopischen Vergrößerungen, wo der Abbesche Beleuchtungsapparat mit der Kondensorblende je nach der Brennweite der Brillenkondensoren oder der aplanatischen bzw. achromatischen Kondensoren ohne Frontlinse bald näher an der Tischöffnung, bald weiter davon steht, benützt man zweckmäßig eine Aufstellung mit einem Hilfskollektor und einer Zentrierlinse näher an der Lichtquelle (Abb. 65). Bei den schwächsten Vergrößerungen (s. S. 184) wird man den Hilfskollektor und die Zentrierlinse wie bei den schwachen mikroskopischen Vergrößerungen anordnen, nur kommen hier noch dazu hinter der Zentrierlinse (näher am Mikroskop) eine Irisblende und ein großer Kondensor auf Reitern, welche die Funktion des Abbeschen Beleuchtungsapparates in solchen Fällen übernehmen (Abb. 66 u. 67).

Die Zentrierlinsen und die Hilfskollektoren werden nach ihren Brennweiten als *Z 70*, *Z 40*, *Z 20* (Zentrierlinsen) oder *H 100*, *H 66*, *H 33* (Hilfskollektoren) bezeichnet. Bei starken Vergrößerungen, wo die Zentrierlinse dicht vor dem Mikroskop steht, benützt man die Linse *Z 70*, sonst in Verbindung mit einem Hilfskollektor die Linse *Z 40*. Die Linse *Z 20* kommt nur dann zur Verwendung, wenn man ein sehr großes Sehfeld von mehr als 2 cm Durchmesser erzeugen will. Von den Hilfskollektoren benützt man zu schwachen mikroskopischen Vergrößerungen in Verbindung mit *Z 40* den Hilfskollektor *H 66*, bei Lupenvergrößerungen aber *H 100* in Verbindung mit *Z 40* und einem Kondensor von langer Brennweite oder *H 33* in Verbindung mit *Z 20*, einem zweiten Hilfskollektor und einem Brillenglaskondensor[1].

Die **Küvetten** pflegt man hinter dem Kollektor bzw. dem Hilfskollektor etwa in der Mitte der optischen Bank aufzustellen.

h) **Die Handhabung des Apparates bei senkrecht gestelltem Mikroskop.** Frische Präparate, bei denen die Deckgläser oder die Objekte beim Umkippen des Stativs verrutschen könnten, eignen sich für Aufnahmen in waagerechter Anordnung nicht. In solchen Fällen wird man also die horizontale Kamera mit einem senkrecht gestellten Mikroskop verbinden müssen, entweder mit dem **Umkehrprisma** oder dem **Umkehrspiegel**.

Das Mikroskop wird auch hier ohne Spiegel auf die hohe Fußplatte gestellt, die mit dem festen, unter 45° geneigten Spiegel ausgerüstet ist. Der Vorteil eines solchen Spiegels oder Prismas liegt darin,

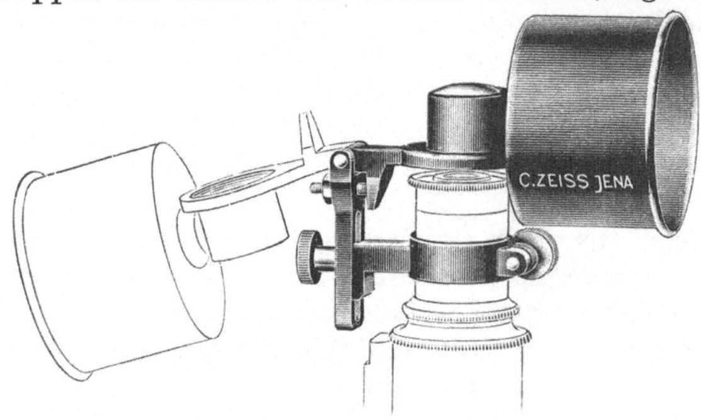

Abb. 69. Umkehrprisma mit Lichtverschluß.
(Aus ZEISS-Druckschrift: Mikro 401.)

daß die Beleuchtung stets auf eine festgelegte spiegelnde Fläche fällt, während sonst beim beweglichen Spiegel das Suchen nach der richtigen Neigung zeitraubend ist und die einmal gefundene günstige Stellung leicht gestört werden kann. Das Ausrichten der Beleuchtung erfolgt so mit Zentrierlinsen und Hilfskollektoren wie beim waagerechten Mikroskop, nur mit dem Unterschied, daß der Strahlenkegel von der Lichtquelle nicht unmittelbar in die Öffnung des Kondensors, sondern erst auf die Spiegelfläche gelenkt wird. Das obere Ende des Tubus wird mit einem Umkehrprisma (mit versilberter Hypotenusenfläche) ausgerüstet, das, der Kamera zugekehrt, eine Lichtschutzmanschette trägt (Abb. 69). Das Prisma mit der Manschette wird am Tubus abklappbar befestigt, so daß das Prisma knapp oberhalb des Okulars in der Ebene des RAMSDENschen Kreises steht. Das mikroskopische Bild wird also mit einer Ablenkung von 90° in die Öffnung der Horizontalkamera geworfen, wobei die rechte und linke Seite des Bildes unverändert bleiben, die obere und untere Seite aber miteinander vertauscht werden.

Ist der innere Tubus vom Stativ entfernt, wie stets beim Gebrauch von Homalen und den Stutzen zu den anastigmatischen Objektiven, so kann man

---

[1] Sehr praktisch sind zum Wechseln der Hilfskollektoren die drehbaren **Revolverscheiben** (s. Abb. 61), auf denen man alle drei Hilfskollektoren anbringen kann. Außer den Hilfskollektoren enthält die Revolverscheibe noch eine vierte leere Öffnung für die Arbeiten ohne Hilfskollektor. Die Revolverscheibe wird auf dem Reiter des Kollektors befestigt, hinter der Kollektorblende.

das Umkehrprisma nicht benützen, da die Austrittspupille des Mikroskops in solchen Fällen viel zu tief liegt. Hier benutzt man dann den **Umkehrspiegel mit Anschlußvorrichtung.** Als Spiegel dient eine auf der Vorderseite versilberte plane Glasplatte, deren spiegelnde Fläche durch einen ganz dünnen Lacküberzug geschützt ist.

Da die Lackschicht beim Reiben oder Wischen leicht beschädigt werden kann, muß der Spiegel sehr sorgfältig behandelt und vor etwaigen Schädigungen geschützt werden. Silberspiegel zeichnen sich durch ihr großes Reflexionsvermögen aus. Mehr Licht geht durch Reflexion verloren, wenn man statt des heikligen und teuren Silberspiegels die widerstandsfähigeren Metallspiegel aus rostfreiem Stahl benützt. Da man jedoch solche Umkehrspiegel in der Hauptsache nur bei schwachen Vergrößerungen zu verwenden pflegt, spielt bei der Helligkeit einer Kohlenbogenlampe der so entstandene Lichtverlust keine besondere Rolle. Allerdings wird man beim Gebrauch der Homale in Verbindung mit stärkeren Objektiven den Silberspiegel vorziehen.

Der Umkehrspiegel ist auf einem besonderen Objektivbrett befestigt in einem Gehäuse zum lichtdichten Anschluß an das Mikroskop (Abb. 70). Dieses Objektivbrett wird im gegebenen Falle gegen das gewöhnliche Objektivbrett der Kamera ausgetauscht.

Die Horizontalkamera muß in beiden Fällen, ob man das Prisma oder den Spiegel benützt, so hoch gekurbelt werden, daß die lichtdichte Verbindung zwischen Kamera und Lichtschutzmanschette des Prismas oder der Anschlußvorrichtung des Spiegels glatt hergestellt wird.

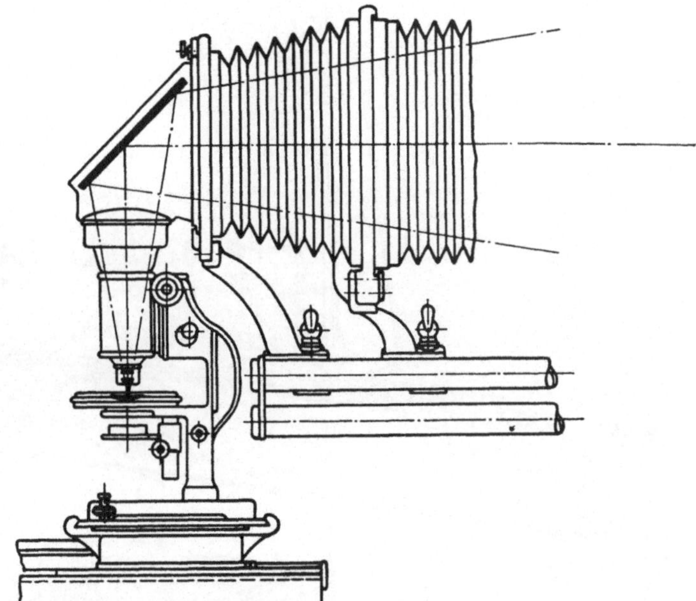

Abb. 70. Objektivbrett mit Spiegel für senkrechte Stellung des Mikroskops.
(Aus Zeiss-Druckschrift: Mikro 401.)

Ist das Objektivbrett der Kamera mit Spiegel und Anschlußvorrichtung ausgerüstet, so muß zunächst der untere Rand der Anschlußvorrichtung ein ge Zentimeter oberhalb des Mikroskops liegen. Dann schiebt man mit dem Laufschlitten das Objektivbrett auf das obere Ende des Mikroskoptubus hinüber und senkt die Kamera, bis der lichtdichte Anschluß erfolgt. Mit einer solchen umständlichen Einrichtung ist die Arbeit begreiflicherweise erschwert, und A. Köhler (8, S. 1811) betont auch deshalb mit Recht, daß die Nebenapparate zum aufrechten Stativ nur Notbehelfe darstellen, um im gegebenen Fall die große Horizontalkamera auch mit senkrecht gestelltem Mikroskop benützen zu können. In der Hauptsache ist jedoch die große Horizontalkamera für die waagerechte Anordnung bestimmt und leistet dementsprechend bei dieser Anordnung das Beste.

65. Die Horizontal-Vertikal-Apparate. a) Allgemeines. Die Nachteile der Horizontalkammern bei aufrecht stehenden Mikroskopen können am besten vermieden werden, wenn man Apparate benützt, wo die große Kamera sowohl senkrecht wie waagerecht gestellt und der Vorteil eines langen Kameraauszuges bei aufrechtem und bei umgekipptem Mikroskop gleichermaßen ausgenutzt werden kann. Das Kammergestell ist hier durch ein starkes Gelenk mit dem Tischgestell verbunden, so daß man die Gleitschiene mit dem ganzen Gerüst, das die Kamera trägt, je nach Bedarf horizontal umlegen oder aber senkrecht auf die Fußplatte des Mikroskops stellen kann. Selbstverständlich müssen diese Vorteile auf Kosten der Kammerlänge erlangt werden, da bei einem längeren Auszug (1—1$^1/_2$ m) die Sicherheit der Aufstellung bei vertikaler Anordnung gefährdet ist. Die Horizontalvertikalkammern haben also in der Regel einen kürzeren Auszug

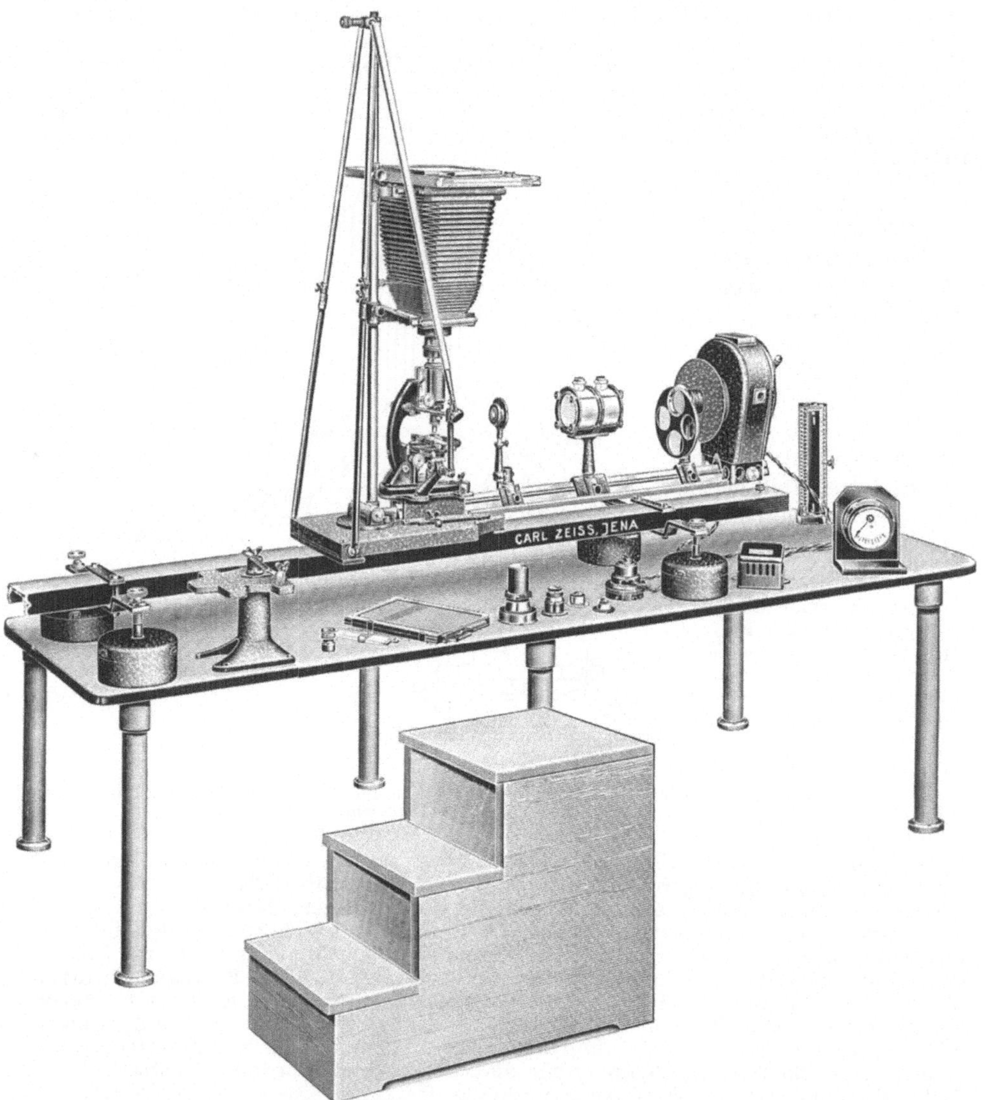

Abb. 71. Die Horizontal-Vertikal-Kamera 18 × 24 der Firma C. ZEISS. (Aus ZEISS-Druckschrift: Mikro 401.)

als die großen Horizontalkammern (etwa 80—95 cm). Der Unterschied ist jedoch im allgemeinen nicht wesentlich und spielt nur dann eine gewisse Rolle, wenn man die Bildfläche großer Platten (24×30) vollständig ausnützen soll. Auch der bewährte Grundsatz, das Kameragestell vom Tischgestell zu trennen, bleibt einer bequemeren Handhabung zuliebe unberücksichtigt, dafür wird aber die Einrichtung durch Federung des Tischgestells um so sorgfältiger vor Erschütterungen bewahrt.

Die Horizontal-Vertikal-Apparate sind ihrem Wesen nach eher umlegbare Vertikalkammern als aufstellbare Horizontalkammern und werden auch zumeist in senkrechter Anordnung benützt. Der Unterschied den kleinen Vertikalkammern gegenüber besteht nur darin, daß man das Kameragestell umlegen kann, und daß man eine größere Kamera zur Verfügung hat, welche die Verwendung von Plattenformen bis 13 × 18 (REICHERT), 18 × 24 (ZEISS) oder 24 × 24 (LEITZ) gestattet. Die Länge der Laufstange und des Kameragestells richtet sich nach der Größe der Kamera. Sonst unterscheidet sich die Ausrüstung und Handhabung von derjenigen einer großen Horizontalkamera kaum. Als typisches Beispiel eines solchen Apparates zeigt die Abb. 71 die Horizontal-Vertikal-Kamera der Firma ZEISS. Man sieht im Bild das Kameragestell, bestehend aus der Laufstange und zwei Streben, welche fernrohrartig ausziehbar sind und zur Festigung

Abb. 72. Großer mikrophotographischer Apparat „Uma" der Firma E. LEITZ in senkrechter Stellung.
(Aus LEITZ-Druckschrift: Liste Nr. 50.)

des Kameragestells bei vertikaler Anordnung dienen. Gegen Erschütterungen von unten her bieten die vier Untersätze mit Stoßfedern, auf denen das Kameragestell und die optische Bank stehen, eine vollkommen ausreichende Sicherung. Für bequemere subjektive Beobachtung kann das ganze Kameragestell aus der senkrechten Stellung etwas nach hinten gekippt werden.

b) Der große mikrophotographische Apparat der Firma LEITZ (Abb. 72 u. 73) ist ebenfalls als Horizontal-Vertikal-Kamera gebaut (vgl. M. BEREK [3]). Wir wollen uns hier mit diesem Apparat etwas eingehender befassen, da er von den großen Apparaten der Firma ZEISS in manchen Punkten abweicht und ebenso wie diese zu den technisch vollkommensten Apparaten der Mikrophotographie gehört. Die Einrichtung ist auf einem etwa 2 m langen Tisch mit eigenem durch Stellschrauben nivellier- und fixierbarem Gestell untergebracht. Die Längsachse des Tisches ist wie bei der Horizontal-Vertikal-Kamera der Firma ZEISS von der gemeinsamen optischen Bank (Dreikantschiene) gebildet, auf welcher sowohl die Beleuchtungseinrichtung mit dem Mikroskop als das umstellbare Kameragestell untergebracht sind. Durch eine sinnreiche Konstruktion läßt sich nun die ganze optische Bank von der Tischplatte lösen und bei Betätigung eines Hebels hochstellen, so daß sie dann auf einer Schwingvorrichtung ruht, welche einen weitgehenden Schutz vor Erschütterungen gewährt. Die große Kamera für Platten bis 24×24 ist aus zwei Teilen aufgebaut, aus einem hinteren quadratischen und einem vorderen konischen Teil. Der vordere Teil hat die übliche Form einer großen Balgkamera mit einer maximalen Balglänge von etwa 70 cm. Für beide Teile bildet die Einstellebene ein vollkommen weißer Schirm, der auf einem Schlitten am hinteren Ende der Gleitschiene aufgestellt wird. Die Schirmfläche ist der Lichtquelle (bzw. dem Mikroskop) zugekehrt, so daß man das projizierte Bild, beim Mikroskop stehend, gut beobachten kann. Das Stirnbrett, welches mit einem automatischen Verschluß für Zeit- und Momentaufnahmen ausgerüstet ist und auch eine seitliche Einblicköffnung zur Prüfung der Einstellung aufweist, wird mit Zahn und Trieb der optischen Achse entlang geschoben. Der lichtdichte Anschluß wird mit Stutzen und Lichtschutzmanschette in der schon bekannten Weise erzielt. Der hintere Teil der Kamera stellt einen Ansatzkasten mit festen Wänden dar, der auf Reitern vor- und zurückgeschoben werden kann, je nachdem, ob man die Balglänge durch Anschluß mit dem Ansatzkasten verlängern will oder nicht. Mit dem Ansatzkasten zusammen läßt sich ein Kameraauszug von etwa 95 cm Länge erreichen. Der Ansatzkasten ist nach den Grundsätzen einer Spiegelreflexkamera ausgerüstet und gestattet daher die Prüfung der Einstellung durch eine in der vorderen oberen Ecke des Kastens aufgesetzte Fernrohrlupe bis zum Moment der Belichtung. Diese seitliche Beobachtung hat viele und wesentliche Vorteile und gestaltet die Arbeit mit dem großen LEITZschen Apparat recht bequem. Man kann zunächst das Mattscheibenbild bis zum Augenblick der Aufnahme beobachten. Dann bietet die Fernrohrlupe dieselben Vorteile wie die Einstellupen ohne die Nachteile des Suchens auf einer Spiegelglasscheibe. Schließlich ist die Entfernung zwischen der Fernrohrlupe und dem Mikroskopstativ kurz genug, um bei der Einstellung die Mikrometerschraube des Mikroskops mit der Hand betätigen zu können. Gewöhnlich wird man also ohne Ferneinstellung arbeiten und die Ferneinstellung nur in den seltenen Fällen verwenden, wo der Kammerauszug sehr lang ist. Der Mechanismus der Ferneinstellung (des HOOKEschen Schlüssels) ist derselbe wie bei den ZEISSschen Apparaten. Auch was die mikroskopisch-optische Ausrüstung und die Beleuchtungseinrichtung anbelangt, ist kein grundsätzlicher Unterschied zwischen diesem und dem früher geschilderten großen ZEISSschen Apparat (s. S. 153 ff.). In Einzelheiten unterscheidet sich verständlicherweise die Ausrüstung der optischen Bank von der des großen ZEISSschen Apparates (Lampe, Spezialkollimator, Fußplatte des Mikroskops usw.). Dazu findet man die gewünschten Auskünfte in der Druckschrift Nr. 49 G der Firma LEITZ. Hier seien nur zwei besondere Einrichtungen erwähnt, die sind: ein Hilfstubus auf dem Mikroskopstativ, der die Kontrolle des Gegenstandes in der Einstellebene des Mikroskops gestattet, und eine Spiegelkonstruktion, mit welcher das Licht bei senkrecht gestelltem Stativ in die Öffnung des Kondensors eingespiegelt wird. Der Hilfstubus (s. Abb. 2) hat die Bedeutung, daß man das eingestellte Gesichtsfeld ständig subjektiv beobachten kann trotz lichtdichter Verbindung mit der Kamera. Man kann also das Bild, das photographiert werden soll, an drei Stellen ständig kontrollieren: 1. im Hilfstubus das Bild in der Einstellebene des Mikroskops, 2. durch die seitliche Öffnung am Objektivbrett das Bild in der Größe des Plattenformats und 3. schließlich mit der Fernrohrlupe das Bild in der Einstellebene des Ansatzkastens. Mit einer recht einfachen Vorrichtung kann man den Hilfstubus je nach Bedarf in den Strahlengang einschalten oder ausschalten. Beim Einstellen auf den Schirm wird natürlich der Hilfstubus ausgeschaltet.

Das Spiegelsystem kommt bei senkrechter Stellung des Mikroskops zur Anwendung und erspart also das Wechseln der Fußplatte beim Aufrichten des Stativs.

Der Übergang aus der horizontalen in die vertikale Anordnung der Kamera erfolgt durch ein starkes Gelenk, das mit dem Reiter, welcher das ganze Kameragestell trägt, fest verbunden ist. Zur Führung der Kamera dienen zwei Gleitschienen, die bei der senkrechten Stellung der Kamera mit einer Strebe unterstützt werden.

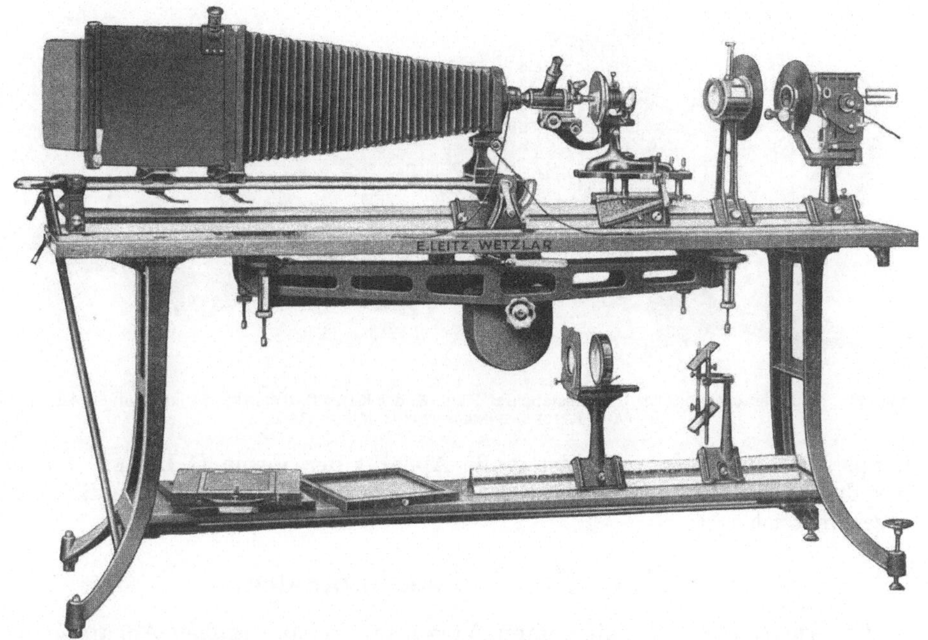

Abb. 73. Großer mikrophotographischer Apparat „Uma" der Firma E. LEITZ in waagerechter Stellung. (Aus LEITZ-Druckschrift: Liste Nr. 50.)

c) Ein drittes Beispiel der großen mikrophotographischen Apparate bietet der Universalapparat (Kam. N) der Firma REICHERT (vgl. E. WYCHGRAM [1]). Wie aus der Abb. 74 ersichtlich, gestaltet sich die Konstruktion sowohl des Kamera- wie des Tischgestells bedeutend einfacher als bei den bisher beschriebenen Apparaten. Die optische Bank ist kürzer als sonst bei den großen Apparaten, was teils damit zusammenhängt, daß alle wesentlichen Teile der Beleuchtungseinrichtung (außer der am Mikroskop selbst befindlichen) auf einem dreiarmigen Gestell untergebracht sind (Kollektor, Kollektorblende, Küvette, Periskopspiegel[1]), teils aber damit, daß der Kameraauszug kürzer ist. Die REICHERTsche Universalkamera ist nämlich nur für Plattengrößen bis 13 × 18 verwendbar, und dementsprechend beträgt auch die größte Balglänge nur etwa 80 cm. Der Apparat stellt also eigentlich eine Übergangsform dar zwischen den großen Apparaten und der Vertikalkamera nach ROMEIS.

---

[1] Eine Doppelspiegelkonstruktion mit einem in geneigter Stellung fixierten und einem beweglichen Spiegel. Sie dient bei waagerechtem Stativ zur Zentrierung des Strahlenganges statt der Zentrierlinsen; bei senkrechtem Stativ hat sie dieselbe Bedeutung wie das Spiegelsystem von LEITZ (vgl. R. SCHMEHLIK [1]).

Da die ganze Einrichtung auf jede beliebige genügend feste Unterlage aufgestellt werden kann und die Balglänge nicht allzu lang ist, kann man den REICHERT-schen Apparat auf einem niedrigeren Tisch unterbringen und bei senkrechter Anordnung auch ohne Treppen benützen. Zum ZEISSschen Apparat wird die Treppe mitgeliefert; beim LEITZschen Apparat wiederum gestattet die Fernrohrlupe aus der normalen Sehhöhe eine bequeme Beobachtung der Einstellebene.

Unter den Horizontal-Vertikal-Apparaten seien noch beispielshalber angeführt die sehr handliche kleine Horizontal-Vertikal-Kamera von der Firma WINKEL, Göttingen (vgl. PROELL [1]), die mit einer kleinen Kohlenbogen-

Abb. 74. Mikrophotographischer Universalapparat Kam. N. der Firma C. REICHERT in horizontaler Anordnung. (Aus REICHERT-Druckschrift: Mikro 114d.)

lampe ausgerüstet ist, und der große Apparat der Firma C. BAKER, London, der durch eine besonders gut gefederte, schwingungsfreie Konstruktion ausgezeichnet ist.

XV. Die Aufsatzkammern.

66. Allgemeines. Bei allen ihren Vorzügen sind die großen Apparate nicht dafür geeignet, daß man mit ihnen während der mikroskopischen Untersuchung Aufnahmen anfertigt. Bei den großen Apparaten müssen vielmehr die Forschungsergebnisse in Form von geeigneten Präparaten schon fertig vorliegen, und der Forscher muß für kürzere oder längere Zeit seine mikroskopischen Untersuchungen unterbrechen, wenn er die Lichtbilder mit einem großen Apparat, der in der Regel in einem besonderen Raum aufgestellt ist, anfertigen will. Mit den kleinen Vertikalkammern in der Form, wie wir sie z. B. bei dem ROMEIS-schen oder dem HEGENERschen Apparat kennengelernt haben, hat man schon bessere Bedingungen, um im Laufe der mikroskopischen Untersuchung Aufnahmen zu machen. Auch bei diesen kann jedoch das mikroskopische Gesichtsfeld nur bis zum Augenblick der Belichtung beobachtet werden und nicht mehr während der Aufnahme, wie das für die Momentaufnahmen am vorteilhaftesten ist (s. S. 344). Diese Möglichkeit einer Dauerbeobachtung des mikroskopischen Bildes auch während der Aufnahme hat man nur bei den Aufsatzkammern, die mit einer Fernrohrlupe ausgerüstet sind (der seitlichen Beobachtung).

a) **Spiegelreflexkameras für Momentmikrophotographie.** Über die Versuche von NACHET im Jahre 1886, der zu Momentaufnahmen und der dafür erforderlichen Dauerbeobachtung des mikroskopischen Gesichtsfeldes eine eigene Einrichtung gebaut hat, wurde schon auf S. 5 berichtet. In den Jahrzehnten um die Jahrhundertwende hat man in der Hauptsache bei Verwendung von Spiegelreflexkameras versucht, geeignete Apparate für die Momentmikrophotographie zu schaffen und hat tatsächlich einige solche gebaut, welche auch heute noch einwandfreie Momentaufnahmen zu liefern vermögen (z. B. die von SCHEFFER angegebene Kamera bei A. STEGEMANN, Berlin; die Mikroreflexkamera der Firma GOLTZ & BREUTMANN, Dresden; die von den optischen Werken C. REICHERT, Wien, und NETTEL, Sontheim a. Neckar, 1913 gemeinsam gebaute Spiegelreflexkamera; die Doppelkamera von VOIGTLÄNDER & SOHN A.-G., Braunschweig, usw.). Keiner von diesen Apparaten konnte jedoch eine allgemeinere Verbreitung finden. Erst mit der Einführung der Aufsatzkammern in der Form, wie sie beim photographischen Okular „Phoku" der Firma ZEISS nach den Angaben von H. SIEDENTOPF verwirklicht wurde (1922), haben sich die Aufsatzkammern in der mikrophotographischen Praxis tatsächlich eingebürgert und eine allgemeine Verwendung gefunden. Ihre Beliebtheit verdanken sie: 1. der handlichen Form, welche die Aufstellung der mikrophotographischen Einrichtung ungemein vereinfacht (dem Prinzip des Aufsetzens), 2. der kleinen Plattenform, für die sie gebaut sind und bei der an die Stärke der Beleuchtung keine besonderen Forderungen gestellt werden, und 3. der seitlichen Beobachtung, welche die ständige Kontrolle des mikroskopischen Bildes ermöglicht (dem Prinzip des photographischen Okulars). Jeder einzelne dieser Vorteile war oder ist in früheren und jetzigen Formen von kleinen Vertikalkammern schon zu finden gewesen, alle drei harmonisch vereinigt hat man jedoch erst mit den Aufsatzkammern erhalten, von denen hier erst das „Phoku" beschrieben werden soll.

67. Das „Phoku" (Abb. 75). Der Apparat besteht aus der kleinen Kamera für das Plattenformat $4\,^1/_2 \times 6$ und aus einem Aufsatzstück, das den waagerechten Tubus

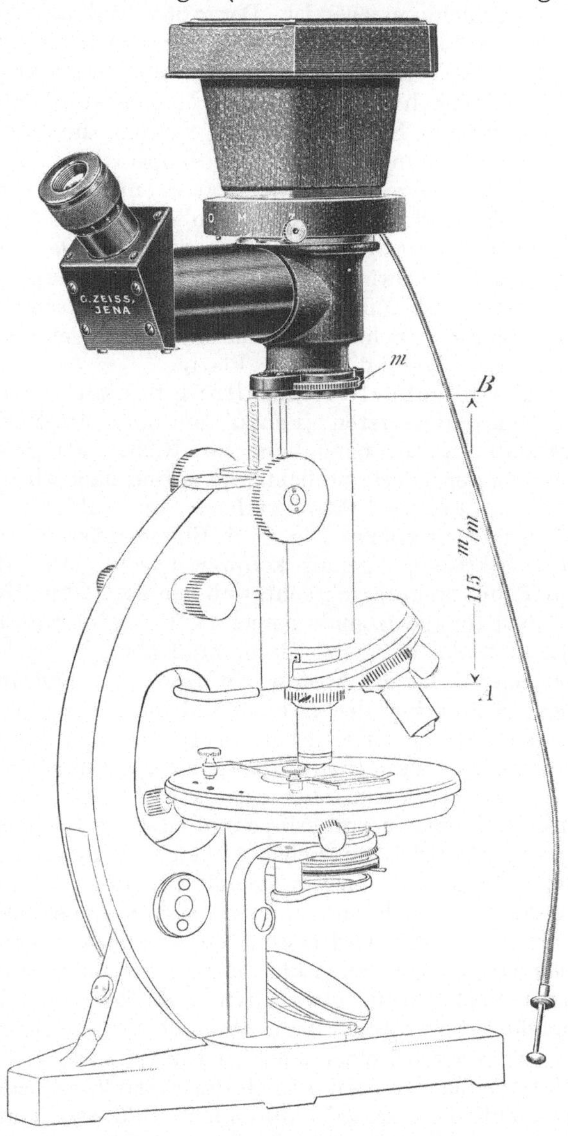

Abb. 75. Das „Phoku" der Firma C. ZEISS.
(Aus ZEISS-Druckschrift: Mikro 373.)

für die seitliche Beobachtung enthält und eine kürzere Hülse zur Unterbringung der Homale und zur Befestigung an dem Mikroskoptubus. Zwischen dem Beobachtungsrohr und der Hülse ist in einem eigenen Gehäuse das Prisma untergebracht, welches mit einer halb durchlässigen und halb reflektierenden Silberschicht versehen ist. Der größte Teil des vom Objektiv kommenden Lichtes (etwa 85%) wird durch die Silberschicht in die Kamera durchgelassen, der kleinere Teil in das Beobachtungsrohr abgelenkt. Zwischen Prisma und Kamera ist der Verschluß für Zeit- und Momentaufnahmen untergebracht. Der Apparat kann nur mit Homalen benutzt werden, die man in die Hülse einschraubt. Die feste Verbindung mit dem Mikroskopstativ erzielt man so, daß man das Auszugsrohr (den inneren Tubus) des Stativs entfernt und die Hülse des „Phoku" mit Hilfe eines Schlußringes in den äußeren Mikroskoptubus einschraubt. (Achtung, daß der Apparat beim Einsetzen der Hülse gerade gehalten wird und der Schlußring in das Gewinde des Tubus glatt hineinpaßt!) Die Verbindung zwischen „Phoku" und Mikroskop muß ganz fest sein. Ist die Hülse nicht bis zum Anschlag der Schraube in das Mikroskop eingeschraubt, so erhält man keine scharfe Abbildung auf der Platte.

a) Die scharfe Einstellung bei seitlicher Beobachtung. Wir haben so beim aufgesetzten „Phoku" ein optisches System vor uns, wo der Strahlengang durch das Prisma nach zwei Richtungen gesandt wird und dementsprechend zwei Bilder liefert, ein lichtstarkes Bild nach oben auf die photographische Platte und ein zweites lichtschwächeres, nur subjektiv sichtbares Bild zum Ende des Beobachtungsrohrs. Die zwei Bilder müssen jedes für sich zur Einstellebene des Mikroskops genau konjugiert sein. Die Homale sind dementsprechend im Tubus so untergebracht, daß das vom Objektiv gelieferte Zwischenbild genau in dem für die Homale berechneten Abstand (erheblich hinter dem Brennpunkt der Homale) entsteht. Dafür muß aber die optische Tubuslänge genau 115 mm betragen[1]. Ist der Abstand zwischen dem Schraubengewinde des Objektivs und dem Schlußring des „Phoku" kleiner (z. B. bei kleineren Stativen), so muß durch Zwischenringe dafür gesorgt werden, daß die vorschriftsmäßige optische Tubuslänge mit 115 mm (bzw. mit 101 mm) herbeigeführt wird.

Die scharfe Einstellung des subjektiven Bildes im Beobachtungsrohr erfolgt mit Hilfe einer Fernrohrlupe und einer im Beobachtungsrohr befindlichen Strichplatte. Dabei ist zunächst zu bemerken, daß das Beobachtungsrohr an seinem freien Ende mit einer Prismenkonstruktion ausgerüstet ist, die das zu beobachtende Bild nach oben in eine starke Lupe von etwa 20facher Vergrößerung wirft. Dadurch wird erstens die Möglichkeit geboten, das mikroskopische Bild bequem, sitzend, zu beobachten, zweitens aber sieht man das Bild bei subjektiver Beobachtung etwa viermal stärker vergrößert, als es auf der Platte abgebildet wird. Stellt man also das Bild scharf ein, so erreicht man ungefähr dasselbe wie bei einer scharfen Einstellung mit der Einstellupe auf der Spiegelglasscheibe, nur ist natürlich die Einstellung bedeutend bequemer und sicherer. Das subjektiv scharf empfundene Bild erscheint dann auf der Platte in verkleinertem Format derart scharf, daß es selbst bei einer nachträglichen zweifachen (linearen) Vergrößerung mit einem Vergrößerungsapparat von seiner Schärfe nichts einbüßen wird (s. Abb. 76). Die Voraussetzung für die scharfe Einstellung auf der Platte ist vor allem, daß, wie schon früher bemerkt, die Einstellebene der Kamera und das Schlußbild der Fernrohrlupe in einem genau gleichen Verhältnis zur Einstellebene des Mikroskops beide genau konjugiert sind. Die Längen der Kamera und des Beobachtungsrohrs sind daher aufeinander ein-

---

[1] Bei den neueren Stativen der Firma ZEISS D und E ist sie auf 101 mm verringert worden. Die mechanische Tubuslänge mit aufgesetztem „Phoku" beträgt 230 mm.

justiert. Man kann aus diesem Grunde das Beobachtungsrohr nur mit einer dazu
gehörigen Kamera benützen. Da jedoch bei der Feineinstellung auch die Unterschiede in der Sehweite des Beobachters berücksichtigt werden müssen, muß noch
eine Vorrichtung vorhanden sein, welche diesem subjektiven Moment Rechnung
trägt. Die Fernrohrlupe ist daher mit einer drehbaren Fassung versehen und kann
damit der Strichplatte (welche natürlich nur bei der subjektiven Betrachtung
sichtbar ist) etwas genähert oder von dieser etwas entfernt werden. Man muß
also zunächst die Einstellupe zum Auge des Beobachters so einstellen, daß man
die Teilstriche vollkommen scharf sieht.

Diese Einstellung erfolgt, bevor man das „Phoku“ aufsetzt. Man wendet die Hülse
(ohne Homale) dem Licht zu und dreht an der Fassung der Lupe so weit, bis die
Linien der Strichplatte scharf und schwarz erscheinen. Verschwommene, blasse
oder doppelt erscheinende Linien sind Zeichen einer falschen Einstellung. Hat man
die Fernrohrlupe für die subjektive Beobachtung scharf eingestellt, so kann man
sie dann ständig in dieser Stellung belassen oder, falls der Apparat von mehreren
Beobachtern benützt wird, die für eine bestimmte Person gültige Einstellung an der
Fassung der Fernrohrlupe anmerken.

b) Die Wahl der Bildvergrößerung, die man mit dem „Phoku“ erzielen
kann, ist durch die Homale und durch die gleichbleibende kleine Kameralänge
wesentlich eingeschränkt. Es werden zwar zwei Homale dem Apparat beigegeben,
eines für schwache (L) und eines für starke Objektive (H). Dieser Unterschied
bezieht sich jedoch nur auf die Korrektion der Sehfeldkrümmung, die je nach
der Stärke des Objektivs anders erfolgen muß (s. S. 44), und nicht auf die
Einzelvergrößerung der Homale. Diese ist bei beiden Homalen etwa 5fach
oder, mit anderen Worten, das mikroskopische Bild, das man in der Einstellebene des „Phoku“ erhält, ist etwa so vergrößert, wie wenn stets ein Okular
mit 5facher Vergrößerung (bei 160 mm Tubuslänge) eingesetzt wäre.
Das kleine Bildformat, das man mit dem „Phoku“ erhält, hat manche Vorteile und auch manche Nachteile. Um dies beurteilen zu können, darf man
nicht vergessen, daß der Apparat in erster Reihe für Momentaufnahmen von
beweglichen Objekten bestimmt ist, und dafür bietet das kleine Bildformat
den großen Vorteil, daß man kein allzu intensives Licht zur Belichtung benötigt
(s. S. 349). Man braucht also weder große Beleuchtungsapparate, wie sie sonst
zu Momentaufnahmen bei größeren Platten erforderlich sind, noch müssen die
gegen eine starke Bestrahlung meistens sehr empfindlichen Objekte einer solchen
schädlichen Wirkung ausgesetzt werden. Wird wiederum das „Phoku“ als
ständiger Nebenapparat der mikroskopischen Untersuchungen zur Registrierung
der Befunde angewandt, so sind alsdann die billigen kleinen Platten recht ökono-
misch. Besonders bei mikroskopischen Arbeiten an lebenden Objekten oder
auf Forschungsgebieten, wo man meistens keine Dauerpräparate anzufertigen
pflegt, wird man mit dem „Phoku“ das Tatsachenmaterial ohne große Kosten
und bequem in der Form von mikrophotographischen Aufnahmen sammeln
können. Liegen dann in dem so gesammelten photographischen Material Aufnahmen vor, von denen man stärkere Vergrößerungen wünscht, so kann man sie
mit einem Vergrößerungsapparat nachträglich noch vergrößern (Abb. 76). Es ist
daher zweckmäßig, zum „Phoku“ gleich einenVergrößerungsapparat anzuschaffen.
Einen geeigneten Apparat dafür hat R. Baecker (1) beschrieben. Wie
jedoch schon früher mehrfach erwähnt (s. S. 123), sind die nachträglich
vergrößerten Bilder, was Schärfe und Kontrastwirkung anbelangt, nur selten
den Aufnahmen gleichwertig, die man in der gewünschten Vergrößerung gleich
auf der Platte erzeugt. Man wird daher beim „Phoku“ den Mangel einer größeren
Bildfläche oft als Nachteil empfinden, namentlich bei Aufnahmen mit schwachen
Vergrößerungen. Selbstverständlich können Aufnahmen mit den schwachen

anastigmatischen Objektiven (und mit den dazu gehörigen Trichtern) nicht erzielt werden. Man kann jedoch das Homal mit 7 cm Brennweite für die schwächeren Trockensysteme benützen, wo es eine geringere Vergrößerung und ein größeres Sehfeld liefert. Mit diesem Homal lassen sich dann für die Aufnahmen bei schwachen Vergrößerungen günstige Kombinationen herstellen mit den Apochromaten 25 bis 40 mm von WINKEL oder den Achromaten 3-, 5- und 8fach von ZEISS. Von einigen speziellen Fällen abgesehen (Übersichtsaufnahmen von lebenden Protistenkulturen) eignet sich jedoch das „Phoku" weniger für Aufnahmen bei schwachen als für solche bei mittelstarken und stärksten Vergrößerungen.

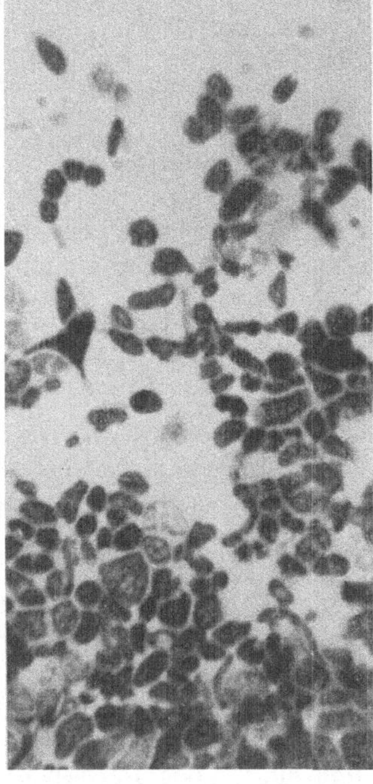

Abb. 76.   Aufnahme mit „Phoku" (Obj. ZEISS hom. Imm. 60fach). (Ausstrichpräparat einer Dysenteriebazillenkultur mit Pettenkoferien. Färbung nach GIEMSA.) Die Aufnahme entspricht den Streifen 10 und 20 der Abb. 77 und wurde beim Kopieren linear 2fach vergrößert.

Die Einstellung durch das Beobachtungsrohr wird auch in einer anderen Richtung oft als Nachteil empfunden. Dadurch, daß die Fernrohrlupe das Zwischenbild etwa 20fach vergrößert, erblickt der Beobachter das mikroskopische Bild in einer vergrößerten Form, wie er sein Objekt nie oder nur selten zu betrachten pflegt. Der Beobachter wird aber nicht nur die Bildvergrößerung ungewöhnlich stark, manchmal sogar als störend empfinden, sondern er wird auch schwer beurteilen können, wie das photographische Bild, d. h. das Bild auf der Platte, viermal verkleinert wirken wird. Es sei deshalb empfohlen, sich auch eine Mattscheibe zum „Phoku" anfertigen zu lassen und, namentlich im Anfang, bis man durch Übung den nötigen Blick zur Beurteilung der Vergrößerung an der Platte erworben hat, die Einstellung auch auf der Mattscheibe vorzunehmen. Dann wird man in der Lage sein, durch Auswahl des passenden Objektivs diejenige Vergrößerung auf der Platte zu erzielen, welche sich für den Zweck der Aufnahme am besten eignet. Der Mangel an entsprechenden Okularkombinationen wird trotzdem nie vollkommen wettgemacht, denn gerade bei der Abbildung der feinsten optischen Strukturen, wie Chromosomen, Mitochondrien, Zentrosomen usw., ist die günstige Wirkung des Bildes an ganz bestimmte Vergrößerungen gebunden, die nur durch sorgfältige Wahl der Linsenfolge oder durch den Kammerauszug ermittelt werden können. Es soll aber hier wieder daran erinnert werden, daß das „Phoku" und alle ähnlichen Aufsatzkammern keine Universalapparate sind. Man wird bei der Verwendbarkeit, die sie bei ihrer einfachen Konstruktion aufweisen, und bei den Bequemlichkeiten, die sie für die Mikrophotographie am Mikroskopiertisch bieten, nur leicht dazu verleitet, mehr von ihnen zu fordern, alls sie zu leisten imstande sind. Sie sind, und das wollen wir uns merken, keine Universalapparate wie die großen Apparate, sondern in erster Reihe Einrichtungen für Momentaufnahmen.

c) Die Beleuchtung und die Belichtungsproben mit dem GOLDBERGschen Graukeil. Bei dem kleinen Plattenformat und der kurzen Kamera stellt die Aufnahme mit dem „Phoku" der Beleuchtung gegenüber keine hohen Anforderungen. Man braucht also nicht unbedingt eine Beleuchtungseinrichtung mit einer optischen Bank, sondern man kann eine lichtstarke Mikroskopierlampe mit eingebautem Kollektor vor dem Mikroskop auf dem Arbeitstisch aufstellen. Am besten eignen sich dazu die Gleichstrompunktlichtlampen, deren Licht man mit dem dafür besonders geeigneten Lampengestell rasch und genau auf den Spiegel zentrieren kann. Gewöhnliche Mikroskopierlampen mit Glühbirnen, selbst wenn sie eine hohe Wattzahl aufweisen (OSRAM-Nitra-Lampe mit 100 Watt), sind für Aufnahmen mit dem „Phoku“ nicht geeignet. Man kann sie allerdings für Zeitaufnahmen bei entsprechend ausgedehnten Belichtungszeiten zur Not benützen.

Bedeutende Vorteile hat es, wenn man auch bei Aufnahmen mit dem „Phoku“ oder anderen Aufsatzkammern eine Grundplatte benützt, welche mit Klemmen und Anschlagleiste für das Mikroskop und einer optischen Bank zur Aufstellung der Lampe, der Küvette und sonstiger Nebenapparate ausgerüstet ist. Recht gut bewährt sich dabei die Grundplatte des Apparats von ROMEIS. Ob mit dieser oder einer anderen Grundplatte[1], stets ist es ratsam, das mit einer Aufsatzkammer ausgerüstete Mikroskop auf eine Unterlage zu stellen, wo es mit Klemmen befestigt werden kann.

Bei der Beleuchtung muß man nur darauf achten, daß das subjektiv beobachtete mikroskopische Bild einwandfrei beleuchtet sei (vgl. S. 75). Dadurch, daß man im Beobachtungsrohr nur etwa 15 % der Beleuchtungsstrahlen erhält, hat man kein allzu grelles Bild zur subjektiven Beobachtung. Die Helligkeit des Bildes im Beobachtungsrohr reicht trotzdem auch für die stärksten Vergrößerungen aus, vorausgesetzt, daß die Beleuchtung mit einer lichtstarken Lampe regelrecht erfolgt. Gerade diese knappe Beleuchtung des subjektiv beobachteten Bildes hat die gute Wirkung, daß man gezwungen ist, alle Mittel anzuwenden, um ein für das Auge angenehm helles Sehfeld zu erzeugen. Hat man dieses so weit ausgeleuchtet, wie man es sonst bei mikroskopischen Untersuchungen zu tun pflegt, so hat man auf der Platte das Maximum der erreich-

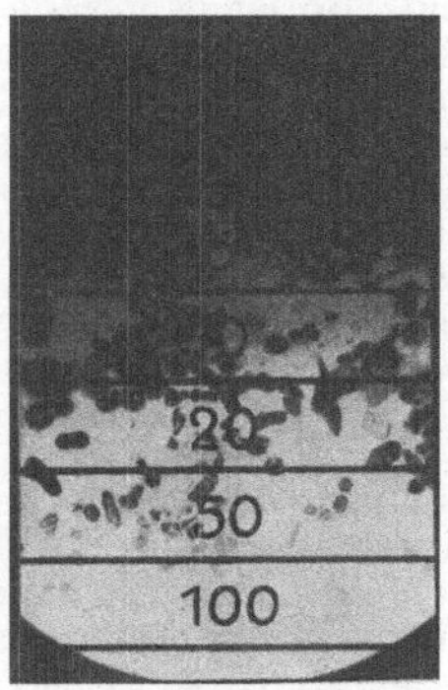

Abb. 77. Probebelichtung mit dem GOLDBERGschen Graukeil. Linsenfolge und Präparat wie die Abb. 76.

baren Helligkeit. Man darf sich nur nicht mit einem schlecht beleuchteten subjektiven Bild zufrieden geben in der falschen Annahme, daß es so sein muß, da das Prisma zur subjektiven Beobachtung einen geringen Teil der Beleuchtungsstrahlen zuläßt.

Die Belichtungszeit wird in einfacher Weise mit einem GOLDBERGschen Keil (Graukeil) bestimmt. Der Graukeil ist zwischen zwei Glasplatten in einer passenden Fassung in 7 Felder geteilt, die mit den Ziffern 1, 2, 5, 10, 20, 50, 100 die Prozentzahl an Licht angeben, welche von dem betreffenden Feld durchgelassen wird. Man setzt also den Graukeil in die Vertiefung unterhalb der Kassette ein und bestimmt die günstige Belichtungszeit mit einer einzigen Belichtung (Abb. 77). Man wählt dazu eine der Vergrößerung, der Lichtquelle und der Plattensorte angemessene maximale Belichtungszeit, am besten ganze oder halbe Minuten. Wenn zulässig, wähle man 100 Sekunden, um die Rechnung in Prozenten zu vereinfachen. Sei nun bei der Belichtung mit einer halben Minute das Bild in dem Feld mit der Ziffer 10 am besten sichtbar, so kann man daraus schließen, daß die günstige Belichtungszeit für die Aufnahme 3 Sekunden bedeutet. Bei der Auswertung der so erhaltenen Belichtungszeiten soll jedoch auch stets der SCHWARZSCHILDsche Exponent der Plattensorte berücksichtigt werden (s. S. 105), sonst erhält man leicht starke Überbelichtungen. Man muß erst

---

[1] Auch die Grundplatte eines Mikromanipulators eignet sich gut zu diesem Zweck.

den Logarithmus der mit dem GOLDBERG-Keil gefundenen Zahl mit dem SCHWARZ-SCHILDschen Exponenten multiplizieren und dann den dazu gehörenden Numerus aussuchen. Rascher und einfacher läßt sich natürlich die gesuchte Belichtungszeit mit dem Belichtungsstab ermitteln (s. S. 107). Hat man einmal diese Berechnung der Belichtungszeit mit dem SCHWARZSCHILDschen Exponenten für die ständig benutzte Plattensorte durchgeführt, so hat man bei Aufnahmen mit derselben Plattensorte stets einen Anhaltspunkt dafür, wieviel kürzer die Belichtungszeit bemessen werden muß, als der GOLDBERGsche Keil sie zeigt. Beträgt z. B. der SCHWARZSCHILDsche Exponent 0,9, so wird man statt 3 Sekunden nur etwa 2 Sekunden lang belichten müssen, bei Platten mit dem SCHWARZSCHILDschen Exponenten 0,75 sogar nur etwas über 1 Sekunde.

So praktisch und einfach auch das Verfahren mit dem GOLDBERGschen Keil erscheint, haften ihm dennoch manche Nachteile an, wie die eben geschilderte etwas umständliche Berechnung und dann auch die schon früher erwähnten Schwierigkeiten bei Probeaufnahmen von einzelnen kleinen Objekten in einem großen leeren Sehfeld. So ist es gerade bei den Objekten, die man mit dem „Phoku" namentlich bei Momentaufnahmen aufzunehmen pflegt, häufig recht schwierig, das Objekt im Feld der günstigsten Belichtung aufzufinden. Denjenigen also, die auf eine genaue Ermittelung der Belichtungszeit durch eine Probeaufnahme Gewicht legen, über einen Belichtungsstab jedoch nicht verfügen oder die rechnerischen Manipulationen mit Logarithmen sich ersparen wollen, sei geraten, zum „Phoku" ebenso einen Kassettenschieber mit fünf Marken zu versehen, wie das schon bei den Belichtungsproben nach Zeit angegeben wurde (s. S. 95), und die Probeaufnahme in der üblichen Weise mit mehreren Belichtungen zu erzielen. Was nun die Probebelichtung bei einzelnen kleinen Objekten, wie isolierten Zellen, Bakterien usw., anbelangt, kann auch folgender Kunstgriff gute Dienste leisten: Man wählt als Testobjekt Blutzellen (Menschenblut) in physiologischer Lösung, da die Objekte solcher Aufnahmen sich meistens in einem wäßrigen Medium befinden. Bei jeder Vergrößerung erhält man dann das Sehfeld dicht mit gleichförmigen Strukturen bedeckt. Macht man mit diesem Testpräparat eine Probeaufnahme entweder mit dem Graukeil oder mit dem eingeteilten Kassettenschieber, so fallen in jedes Feld Strukturen, an denen man die Belichtung beurteilen kann. Für Momentaufnahmen hat man beim „Phoku" nur eine einzige kurze Belichtungszeit, die je nachdem, ob man den Auslöser rasch. oder langsam betätigt, im Höchstfall $1/_{90}$—$1/_{100}$ Sekunde beträgt (A. CERNY [1]), Da man also keine Möglichkeit hat, unter verschiedenen Belichtungszeiten zu wählen, muß man aus einem einzigen Bild beurteilen, ob die Belichtungszeit für die Vergrößerung und bei der vorhandenen Lichtquelle genügt oder zu lange bzw. zu kurz ist. Das läßt sich bei der Probeaufnahme mit dem Blutpräparat für bewegliche Objekte in der Größenordnung der Protisten und Gewebezellen gut beurteilen. Für bewegliche Bakterien ist ein anderes Testobjekt vorteilhafter: Lampenruß mit $1/_2$proz. Gelatine zusammengeschüttelt und dann zwischen Deckglas und Objektträger zu einer dünnen Schicht ausgebreitet (die Rußteilchen zeigen eine lebhafte Molekularbewegung, solange die Gelatineschicht nicht vollständig erstarrt ist). Erweist sich die Momentbelichtung als zu kurz, so wählt man eben die kürzeste Zeitbelichtung. Schwieriger ist es, wenn die Momentbelichtung sich als zu lang erweist und infolgedessen das Bild überexponiert erscheint. Allerdings wird dieser Fall bei einer Punktlichtlampe und mit dem „Phoku", wo nur 80% der Beleuchtung auf die photographische Platte fallen, nur selten vorkommen. Hat man aber keine Punktlichtlampe, sondern eine Gleichstrom-Bogenlampe als Lichtquelle, so kann es öfters vorkommen, daß die Momentaufnahmen von Protisten bei schwachen Vergrößerungen mit einer Belichtungszeit von $1/_{100}$ Sekunde schon überbelichtet sind. Man hilft sich dann so, daß man die Kohlenbogenlampe mit einer Punktlichtlampe austauscht oder etwas mehr Widerstand einschaltet[1]. Bei Momentaufnahmen, wo die rasche Bewegung des Objekts eine sehr kurze Belichtung mit sehr intensivem Licht erfordert (z. B. Momentaufnahmen von lebenden Flimmerzellen bei starken Vergrößerungen), muß man selbstverständlich sehr lichtstarke Lampen wählen und nötigenfalls einen Verschluß benützen, der auch kürzere Belichtungen als $1/_{100}$ Sekunde gestattet. Man öffnet dann den Verschluß des „Phoku", stellt vor dem Mikroskopspiegel

---

[1] Es ließe sich die Belichtungszeit auch aus der Brennweite des Objektivs, der Entfernung des Objekts und der Geschwindigkeit der Bewegung errechnen, wie J. WARA (1) es für die Makromomentphotographie angegeben hat.

einen solchen Verschluß (z. B. einen Kompurverschluß) auf und löst diesen letzteren bei der Belichtung. Für Momentaufnahmen im Dunkelfeld genügt der Verschluß des „Phoku" für alle Fälle (vgl. auch S. 346).

Vor der endgültigen scharfen Einstellung und der Belichtung achte man besonders darauf, daß die Kassette richtig im Rahmen der Kamera liegt und von den Greifern festgehalten wird (vgl. auch S. 59). Die endgültige Einstellung soll stets nach Öffnen der Kassette erfolgen, da bei der festen Verbindung zwischen Kamera und Mikroskop kleine Erschütterungen nie zu vermeiden sind. Man kontrolliert dann durch die Fernrohrlupe, nachdem die Kassette schon aufgelegt und geöffnet wurde, ob das Präparat sich beim Öffnen der Kassette nicht verschoben oder der Tubus sich nicht etwa gesenkt hat. Die Aufsatzkammern haben ein sehr geringes Gewicht, so daß der Apparat das Stativ nicht wesentlich belastet. Immerhin eignen sich zur Arbeit mit Aufsatzkammern nur Stative, deren Zahn und Trieb einen festen Gang haben. Besondere Vorteile bieten in dieser Hinsicht die neuen Stative der Firma Zeiss D, E, F, G, wo der Gang der Grobbewegung regulierbar und ein Senken des Tubus ausgeschlossen ist. Auch bei anderen Stativen, deren Grobbewegung in

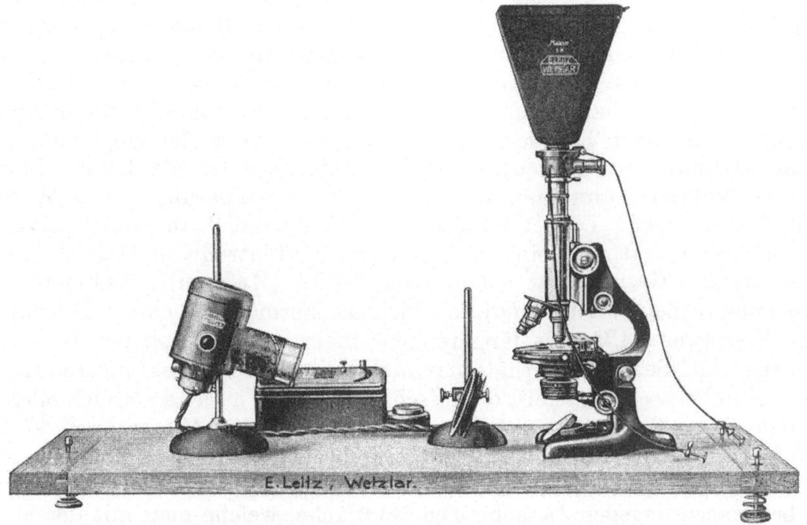

Abb. 78. Aufsatzkammer „Macca" der Firma E. Leitz mit Niedervoltlampe und Filterstativ auf Schwingbrett. (Aus Leitz-Druckschrift: Liste Mikrophoto 2329b.)

Ordnung ist, wird ein Senken des mit dem „Phoku" belasteten Tubus nicht bemerkbar sein. Die feine Einstellung kann jedoch beim Auflegen der Kassetten, namentlich wenn man sie etwas fester andrückt, leicht beeinflußt werden.

68. Die Aufsatzkammern der Firma Leitz „Macca" und „Makam" (Abb. 78) (vgl. H. Heine [1]). In der äußeren Form und auch in manchen Zügen der Konstruktion mit dem „Phoku" übereinstimmend, unterscheiden sich die Aufsatzkammern der Firma Leitz von dem „Phoku" grundsätzlich darin, daß sie das mikroskopische Bild, welches durch die Austrittspupille des Mikroskops zugänglich ist, durch eine photographische Linse (ein Teleobjektiv) in der Einstellebene der Kamera abbilden. Das Objektiv der Kamera ist mit einem selbstspannenden Ibsoverschluß für Zeit- und für Momentaufnahmen (von $^1/_{125}$ bis zu 1 Sek.) ausgerüstet[1]. Der Verschluß wird durch einen Drahtauslöser (Bobauslöser) wie beim Phoku betätigt, nur muß man acht geben, daß man den

---

[1] L. O. Dutton (1) setzt einfach eine Kodak-Box-Kamera mit auf „unendlich" gestelltem Objektiv auf die Augenlinse des Mikroskops und behauptet, daß die meisten Box-Kameras auch ohne besondere Vorrichtung fest genug auf dem Mikroskop sitzen. Auch besondere Vorrichtungen zur scharfen Einstellung des Mattscheibenbildes seien nicht notwendig.

richtigen Auslöser benützt, da auch ein zweiter ähnlicher Auslöser zum Ausschalten des Prismas am Apparat vorhanden ist. Ratsam ist deshalb, bei Momentaufnahmen den automatischen Auslöser zu benützen, in welchem die einzelnen Auslöser für Prisma und Verschluß vereinigt sind. Im Gegensatz zu allen bisher besprochenen mikrophotographischen Apparaten findet man also hier neben dem Mikroskopobjektiv auch noch ein photographisches Objektiv. Wie schon H. W. VOGEL festgestellt hat, bildet ein solches Objektiv das im „Unendlichen" entworfene mikroskopische Bild ebenso ab, wenn man die Eintrittspupille des Objektivs mit der Austrittspupille des Mikroskops zusammenbringt wie das auf „Unendlich" akkommodierte Auge. Infolge dieser Konstruktion können auch HUYGENSsche Okulare bei den Aufnahmen Verwendung finden, wobei an Stelle von Homalen die Sehfeldkrümmung mit periplanatischen Okularen korrigiert wird. Am besten eignet sich dafür das periplanatische Okular 8fach; es lassen sich aber auch stärkere und schwächere Okulare verwenden, wenn auch nicht mit demselben guten Erfolg. Bei schwächeren Okularen wird der Rand des Sehfeldes von den Okularblenden abgeschnitten, bei stärkeren Okularen dagegen wird die Platte nicht genügend ausgenützt, da man nur den mittleren Teil des subjektiv beobachteten Sehfeldes erhält. Die Auswahl in der Bildvergrößerung ist also auch bei diesen Aufsatzkammern trotz der Möglichkeit, verschiedene Okulare aufzusetzen, nicht bedeutend größer als beim „Phoku". Statt mit Okularen kann man jedoch die Bildvergrößerung durch Wechseln der Kammer steigern. Die Aufsatzkammer wird nämlich in zwei Größen ausgeführt, und zwar hat man eine kürzere Form für Platten von $4^1/_2 \times 6$ (Macca) und eine längere Kamera für solche von 9×12 (Makam)[1]. Der Länge der Kamera entsprechend rüstet man das kleinere Format mit einem Teleobjektiv von der Brennweite 125, das längere mit einem anderen von der Brennweite 250 mm aus. Auf diese Weise erhält man in der Einstellebene der längeren Kamera (Makam) ein ebenso großes mikroskopisches Bild, wie man es als virtuelles Bild in der deutlichen Sehweite im Mikroskop sehen würde. Mit anderen Worten: Die photographische Vergrößerung entspricht bei Makam, die von der Firma LEITZ für den allgemeinen Gebrauch empfohlen wird, einer Eigenvergrößerung 1fach, bei Macca dagegen $^1/_2$fach. Die Bildfläche, welche man mit der Makam erhält, nützt das Plattenformat 9 : 12 gerade gut aus. So braucht man für Reproduktionszwecke oder für Diapositive die Aufnahme nachträglich nicht zu vergrößern. Die kleinere Kamera Macca eignet sich hauptsächlich zu Momentaufnahmen.

Die Kamera wird mit Hilfe eines Halteringes an der Fassung der Okulare befestigt und mit diesem in der üblichen Weise in den inneren Tubus des Mikroskops eingesetzt. Oberhalb des Okulars und des Halteringes befindet sich das Prisma mit der halbdurchsichtigen Silberschicht, dessen Funktion die gleiche ist wie beim „Phoku". Zum Unterschied zum „Phoku" ist jedoch hier das Prisma ausschaltbar. Mit einem Drahtauslöser läßt sich das Prisma für die Zeit der Belichtung ausschalten, so daß die Platte das volle Licht der Beleuchtung erhält. Namentlich bei Momentaufnahmen wird das Ausschalten des Prismas vorteilhaft sein. Die vom Prisma abgelenkten Strahlen werfen ein Bild für die seitliche subjektive Beobachtung in ein kurzes (sogar etwas zu kurzes) Einblickfernrohr, das genau auf die Plattenebene abgestimmt ist und mit einem drehbaren Okular ausgerüstet ist. Die Einstellung des Okulars wird mit Hilfe eines im Fernrohr befindlichen Fadens ein für allemal der Sehweite des Beobachters angepaßt. Die Kürze des Fernrohrs und seine genau waagerechte Stellung

---

[1] Neuerdings wird auch das „Phoku" der Firma ZEISS mit einer Kamera für die Plattengröße 9×12 geliefert.

gestaltet die seitliche Beobachtung etwas unbequemer als beim „Phoku". Für
längere mikroskopische Untersuchungen eignet sich deshalb ein mit der Macca
oder Makam ausgerüstetes Mikroskop weniger als ein solches mit dem „Phoku".
Demgegenüber sei bemerkt, daß das Aufsetzen der Macca oder Makam rascher
vor sich geht als das des „Phoku", da man am Mikroskop nichts ändert
und nur das Okular in dem Haltering zu befestigen braucht. Man kann
also mit seinem Mikroskop wie gewöhnlich mikroskopieren, und wünscht
man irgendwelche photographische Aufnahmen zu machen, so bedeutet das Aufsetzen der Leitzschen Aufsatzkameras kaum mehr Arbeit als das Wechseln des
Okulars. Das Einblickfernrohr hat nicht dieselbe Wichtigkeit wie das Beobachtungsrohr am „Phoku". Die endgültige scharfe Einstellung vor der Aufnahme
und die Kontrolle des Bildes während der Aufnahme (insofern das Prisma nicht
ausgeschaltet ist) erfolgen natürlich auch hier im Einblickfernrohr. Für die Einstellung von Übersichtsbildern mit schwachen Objektiven (z. B. den Leitz-
Achromaten 1 und 2) eignet sich das Einblickfernrohr nicht. Solche Bilder müssen
daher auf einer Mattscheibe eingestellt werden, die zu den Apparaten mitgeliefert
wird. Auch hier empfiehlt es sich, namentlich für Anfänger, die Einstellung auch
sonst auf der Mattscheibe zu kontrollieren, obzwar bei den Leitzschen Aufsatzkammern kein solcher Unterschied in der Vergrößerung des subjektiv beobachteten und des auf der Platte abgebildeten Bildes besteht wie beim „Phoku".

Die endgültige scharfe Einstellung und die Belichtung (bzw. Probebelichtung)
erfolgt in der gleichen Weise wie beim „Phoku". Auch die Bemerkungen,
die dort bezüglich der Aufstellung des Mikroskops, der Beleuchtung, der
Probebelichtungen bei Momentaufnahmen usw. gemacht wurden, haben die
gleiche Gültigkeit für die Arbeit mit Macca oder Makam. Bei diesem letzteren muß man aber außerdem noch beachten, daß 1. die Kamera länger ist als
das „Phoku", 2. daß der Apparat in den Mikroskoptubus nur eingesetzt, aber
mit diesem nicht fest verbunden ist. Die Sicherheit der Aufstellung ist deshalb
geringer als beim „Phoku", was bei Manipulationen an den Mikroskopschrauben
mehr Vorsicht erfordert. Eine erschütterungsfreie Aufstellung des Mikroskops
mit Hilfe geeigneter Fußplatten ist also unbedingt notwendig. Die Leitzschen
Aufsatzkammern sind sehr leicht. So wiegt Macca, die etwa die Größe des „Phoku"
hat, ungefähr 300 g (mit gefüllter Kassette), die bedeutend größere Makam
525 g. Trotzdem muß man auch bei diesen Aufsatzkammern auf die Verläßlichkeit der Grobbewegung des Stativs achten und dazu noch ein
besonderes Augenmerk dem inneren Tubus zuwenden. Begreiflicherweise darf
dieser Tubus nicht zu leicht gehen, da er das Gewicht des Apparats unmittelbar
trägt. Ratsam ist es, auf jeden Fall das Auszugsrohr mit einem Gummiring zu
versehen (von der Firma mitgeliefert), denn sonst kann selbst dort, wo der Auszug fest genug ist, beim Auflegen oder Öffnen der Kassette eine Änderung in der
Tubuslänge hervorgerufen werden.

69. Die Mikrokammern nach Cerny (Abb. 79 u. 80). Eine Zwischenstufe
zwischen dem „Phoku" und den Aufsatzkammern der Firma Leitz stellt die
Mikrokamera „Mipon" oder „Michro" der Firma Reichert (nach Cerny) dar.
Mit dem Makam hat sie das größere Format der Aufsatzkammern (für Platten 9×12)
gemeinsam[1] und die Art der Befestigung in dem inneren Tubus des Mikroskops
durch das Okular. Diese Befestigung erfolgt jedoch durch einen Klemmring
und ist deshalb so stabil wie beim „Phoku". Der wesentliche Unterschied der
Makam gegenüber besteht darin, daß die Kamera nicht mit einem photogra-

---

[1] Sie wird in einer neueren Ausführung auch mit einer Kamera für $4^1/_2 \times 6$ Platten
geliefert.

phischen Objektiv ausgerüstet ist, das Bild also unmittelbar aus der Austrittspupille des Okulars durch die halbdurchlässige Silberschicht in die Einstellebene der Kamera fällt. Als Okulare werden sog. Zeiger-Doppel-Okulare — ein schwächeres und ein stärkeres — den Apparaten beigegeben, die wie sonst die Zeiger-Doppel-Okulare mit einem etwas schräg gestellten Beobachtungsrohr und einem Prisma ausgerüstet sind. Entfernt man den Kammeraufsatz, so können diese Bestandteile der REICHERTschen Mikrokammern auch selbständig zu Demonstrationen benützt werden. Bei der Aufnahme muß man allerdings aufpassen, daß

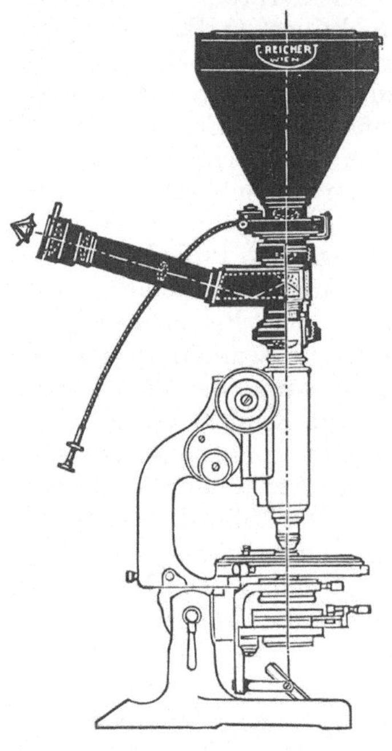

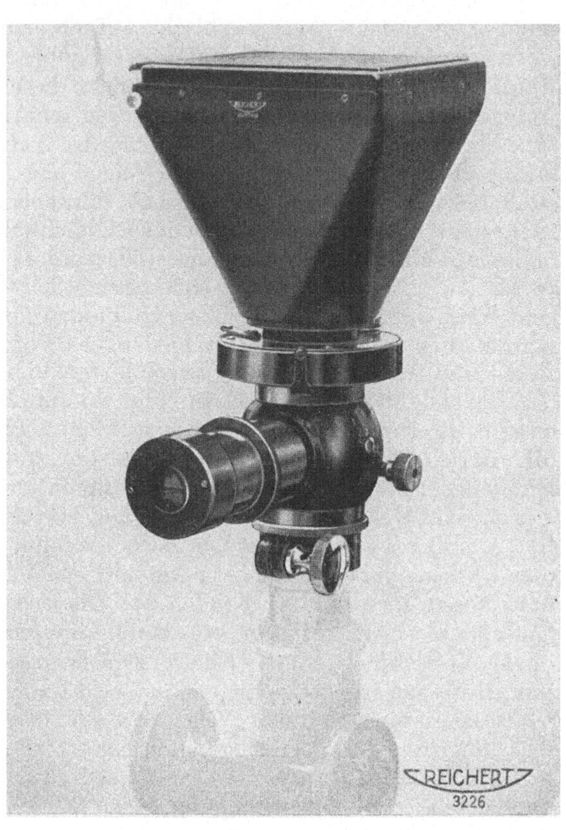

Abb. 79. Aufsatzkammer der Firma C. REICHERT nach CERNY. Schematischer Durchschnitt. (Aus REICHERT-Druckschrift: Mikro 114 d.)

Abb. 80. Aufsatzkammer der Firma C. REICHERT. Neue Ausführung mit einer kleinen Kamera.

man den Zeiger aus dem Gesichtsfeld rechtzeitig entfernt. Oberhalb des Prismas befindet sich auch hier der Zeit- und Momentverschluß, der Momentaufnahmen bis zu einer Belichtungszeit von $^1/_{100}$ Sek. (oder nach besonderen Wünschen auch bis $^1/_{250}$ Sek.) gestattet. Die Handhabung der Kamera unterscheidet sich sonst von der der früher geschilderten Aufsatzkammern nicht.

70. Die Mikrokamera der Firma E. BUSCH. Schließlich wollen wir hier noch die aufsetzbare Mikrokamera der Firma BUSCH, Rathenow, erwähnen (Abb. 81), die in ihren wesentlichen Zügen nach denselben Grundsätzen aufgebaut ist wie die Aufsatzkammern der Firma LEITZ, in manchen Einzelheiten jedoch recht praktische Neuerungen aufweist. Vor allem hat sie unter allen Aufsatzkammern die passendste Größe, nämlich für die Plattenform 6,5 × 9. Sie gestattet also Aufnahmen mit einer größeren Bildfläche als das Phoku oder die Macca und ist dabei doch handlicher als die größeren Kammern (Makam oder die Mikrokamera von Reichert). Ihre Befestigung an dem inneren Tubus erfolgt mit einer Klemmschraube. Wie bei den Aufsatzkammern der Firma Leitz wird das vom Mikroskop gelieferte Bild durch ein photographisches Objektiv (Brennweite 125 mm, Eigenvergrößerung $^1/_2$fach) in der Einstellebene der Kamera abgebildet. Die seitliche Beobachtung mit fest eingesetztem Prisma und Fernrohrlupe entspricht der Leitzschen Konstruktion, nur ist das Beobachtungsrohr etwas länger und daher auch bequemer. Die Kamera kann mit allen Okularen verwendet werden; am besten eignen sich jedoch nach Angabe der Firma die nach Art der periplanatischen Okulare hergestellten Ebnungsokulare der Firma Busch. Der Verschluß (für Zeit- und für Momentaufnahmen) gestattet Momentbelichtungen bis zu $^1/_{100}$ Sekunde.

71. Die Mikrokamera mit dem „Mikrophot“. Einen grundsätzlichen Unterschied finden wir zwischen all den bisher betrachteten Formen der Aufsatzkammern und der mikrophotographischen Einrichtung der Zeiss-Ikon-A.-G. Bei diesem Apparat (Abb. 82 u. 83) ist das Beobachtungsrohr in geradliniger Fortsetzung dem Mikroskoptubus aufgesetzt, während die Kamera auf einem eigenen Gestell seitlich aufgestellt ist. Das obere Ende des auf den inneren Tubus des Mikroskops aufklemmbaren Aufsatzrohrs „Mikrophot“ ist mit einem Okular zur subjektiven Beobachtung ausgerüstet, das wie beim „Phoku“ dem Auge des Beobachters angepaßt werden muß, wobei man auf eine im Fernrohr befindliche, mit Marken versehene Scheibe scharf einstellt, und zwar jedesmal auf bestimmte Marken, die der Größe der Platten entsprechen. Das Bild in der Einstellebene der Balgkamera ist nur dann scharf eingestellt, wenn die der Plattenform entsprechenden Marken subjektiv scharf sichtbar sind. Wie bei den Aufsatzkammern, besorgt auch hier ein teils durchlässiges, teils reflektierendes Prisma die Teilung des Strahlenganges, wobei aber hier der kleinere Teil in geradliniger Fortsetzung in das Fernrohr durchgelassen, der größere Teil aber durch ein seitlich angebrachtes Fensterchen in die Öffnung der Kamera gelenkt wird. Die seitliche Öffnung des „Mikrophot“ und das Stirnbrett der Kamera werden mit einem lichtdichten Anschluß besonderer Konstruktion verbunden (Abb. 83).

Als Kamera kann jede photographische Kammer mit Balgauszug benützt werden, nur darf man sie nicht auf ein gewöhnliches photographisches Stativ, sondern auf ein solides, der Länge des Mikroskops angepaßtes Gestell befestigen. Das Stirnbrett der Kamera muß auf jeden Fall mit der schon erwähnten Anschlußvorrichtung ausgerüstet werden. Das zweckmäßigste ist, für die Auf-

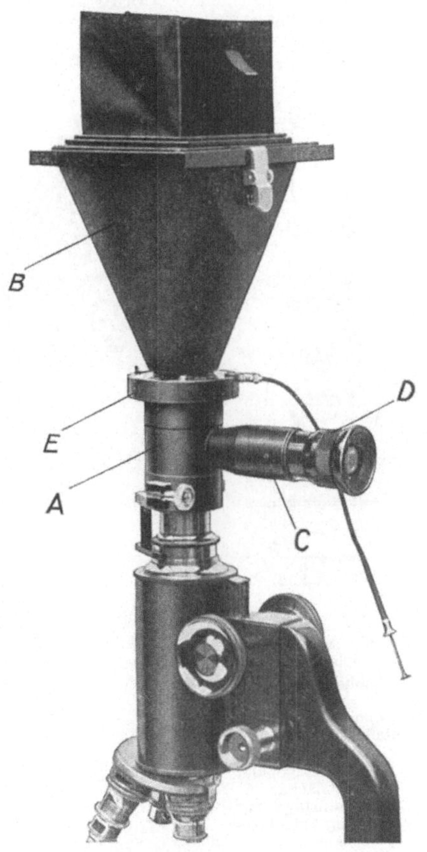

Abb. 81. Die Aufsatzkammer der Firma E. Busch A.-G. (Aus Busch-Druckschrift: Dr. 25.)
A = Zwischenstück mit Prisma und Klemmvorrichtung; B = Kamera; C = Einblickrohr; D = Fernrohrlupe; E = Verschlußvorrichtung.

nahmen diejenige Kamera zu benützen, welche von der erzeugenden Firma mit
dem „Mikrophot" zusammen geliefert wird. Diese Kamera kann dann bis zu
der Plattengröße 9×12 benützt werden.

Das Bild, welches, vom Prisma in die Kamera geworfen, auf der Mattscheibenebene entsteht, ist das mikroskopische Bild, welches von den Linsen des
Mikroskops geliefert wird. Es liegen daher dieselben optischen Bedingungen
zur photographischen Abbildung des mikroskopischen Bildes vor wie bei
den LEITZschen und REICHERTschen Aufsatzkammern
oder bei der Mikrokamera von BUSCH. Man muß nur
den „Mikrophot" in seinem Ganzen so weit heben oder
senken, bis die Austrittspupille des Mikroskops in die

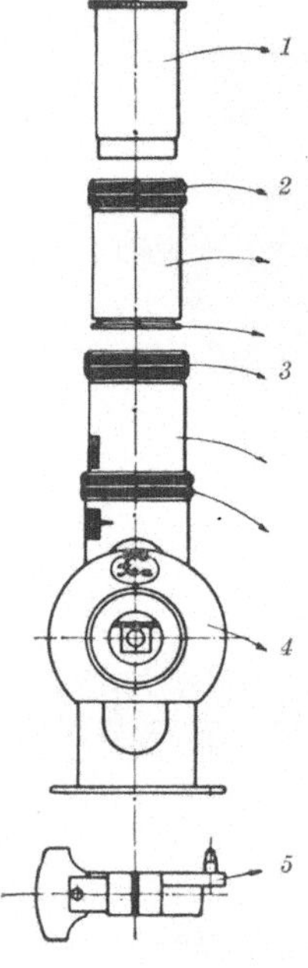

Abb. 82. „Mikrophot".
Schema.

1 = Beobachtungsoku-
lar; *2* = Oberteil des
Mikrophot mit der Ge-
sichtsfeldblende (bei *3*);
4 = Glaswürfel mit
versilberter diagonaler
Schnittfläche;
5 = Klemmring zur
Befestigung am Mikro-
skop.

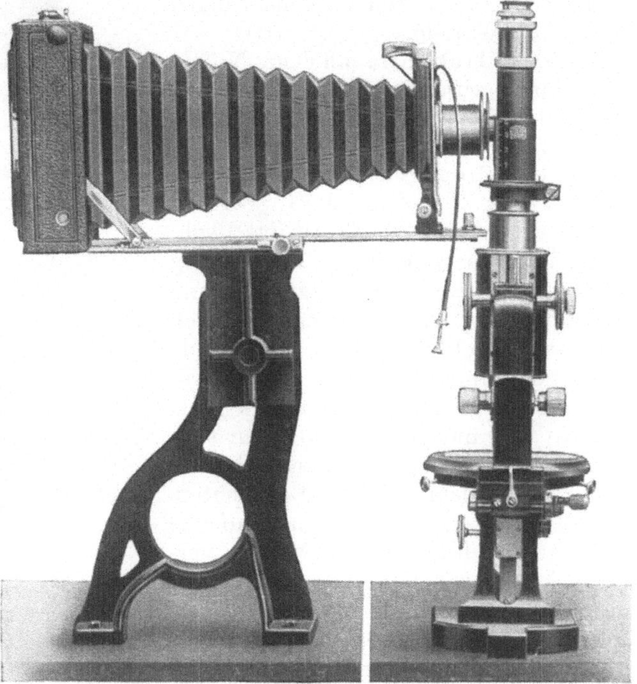

Abb. 83. Mikrophotographische Einrichtung der Firma ZEISS-Ikon
mit dem „Mikrophot" und einer Balgkamera.

Ebene der reflektierenden Prismafläche kommt. Man kann dann das erhaltene
Bild ebenso mit Teleobjektiven wie auch ohne solche photographieren. Ein Zeit-
und Momentverschluß mit automatischer Auslösung befindet sich am Objektivbrett der Kamera. Die photographische Einrichtung mit dem „Mikrophot",
welche mit der entsprechenden mikrokinematographischen Kamera auch unter
der Bezeichnung „Kinamo" bekannt ist (vgl. Abb. 231), kann zwar nicht als Aufsatzkamera bezeichnet werden, da sie nicht auf das Mikroskop aufgesetzt wird,
grundsätzlich leistet sie jedoch dieselben Dienste wie die Aufsatzkammern. Diesen
gegenüber weist sie den wesentlichen Vorteil auf, daß die Kamera und das
Mikroskop getrennt, wie bei der großen Horizontalkamera, aufgestellt werden
können (s. Abb. 83). Ein weiterer Vorteil ist die veränderliche Kameralänge,
wodurch man die geeignete photographische Vergrößerung ebenso bequem aufsuchen kann wie bei einer kleinen Vertikalkamera. Allerdings läßt sich der Balg-

auszug nur dann voll ausnutzen, wenn die Kamera nicht mit photographischen Objektiven ausgerüstet ist, denn bei diesen muß die Balglänge stets der Brennweite des benützten photographischen Objektives angemessen sein. Es ist auch zu beachten, daß man beim „Mikrophot" infolge der Reflexion an der Prismafläche ein spiegelverkehrtes Bild des Objekts auf der Platte erhalten wird, was aber kaum irgendeine praktische Bedeutung hat. Von großer Wichtigkeit ist jedoch der Umstand, daß durch den „Mikrophot" der Mikroskoptubus so stark verlängert wird, daß man das mikroskopische Bild subjektiv nur stehend beobachten kann oder so, daß man das Mikroskop und die Kamera auf entsprechend niedrigeren Tischen aufstellt, um auch sitzend in das „Mikrophot" hineinblicken zu können. Begreiflicherweise eignet sich also das mit dem „Mikrophot" ausgerüstete Mikroskop für dauernde Beobachtungen weniger als die Aufsatzkammern. Ist jedoch die Fernrohrlupe dem Auge des Beobachters einmal angepaßt, so wird man die Untersuchungen mit dem Mikroskop zunächst ohne Mikrophot betreiben und diesen nur dann aufsetzen, wenn eine Aufnahme erwünscht wird. Das Aufsetzen des Mikrophots und die Verkoppelung mit der Kamera kostet nicht mehr Zeit als das Aufsetzen der Makam oder der Mikrokamera nach Cerny.

XVI. Besondere Formen mikrophotographischer Apparate.

72. Der Skellsche Apparat. Nach den Angaben von F. Skell wurde von den optischen Werken G. Rodenstock, München, eine kleine Vertikalkamera gebaut, welche die Vorteile aufweist, daß 1. die ganze Grundplatte mit Mikroskop und Kamera zur bequemeren subjektiven Beobachtung schräg gestellt werden kann (wie dieses schon früher von H. Studnicka [1] angegeben wurde[1]) und 2. das Mattscheibenbild beim geneigten Mikroskop im Sitzen in einem durch Scharniere mit der Kamera verbundenen, vor dem Zutritt seitlichen Lichtes durch Backen geschützten Spiegel beobachtet und scharf eingestellt wird[2]. Die Grundsätze,

Abb. 84. Der Skellsche mikrophotographische Apparat in Winkelstellung.
(Aus Heim u. Skell [1, Abb. 19, S. 47].)

---

[1] Vgl. auch F. Holetz [1].

[2] Ein Spiegel zur bequemeren Beobachtung des Mattscheibenbildes wurde zuerst dem Universalapparat der Firma Reichert (s. S. 166) beigegeben und wird derzeit auch

nach denen der Apparat aufgebaut ist, und die technischen Mittel, welche die bequeme subjektive Beobachtung und die scharfe Einstellung bei schräg

gestelltem Stativ ohne seitliche Beobachtung ermöglichen, sind ohne weiteres aus der Abb. 84 ersichtlich. Dazu sei noch erwähnt, daß die Kamera mit starren Wänden für Platten bis zu 9 × 12 ungefähr 270 mm lang ist und mit verschiedenen Okularen benützt werden kann. Sie ist mit einem Verschluß ausgerüstet, der Zeitaufnahmen und Momentaufnahmen bis zu $^1/_{25}$ Sekunde gestattet. Die Beleuchtung erfolgt mit einer Niedervoltlampe von 8 Volt 1 Amp., die mit einem dreilinsigen aplanatischen Kollektor und einer Kollektorblende ausgerüstet ist. Erwähnenswert ist ferner der sehr mäßige Preis dieser allgemein verwendbaren und sauber gearbeiteten Einrichtung (vgl. L. HEIM u. F. SKELL [1]).

Abb. 85. Die Vertikalkamera nach VAN HEURCK der Firma WATSONS & SONS. (Aus der Druckschrift der genannten Firma: Photomicrographic and Projection Instruments, 32. Ed.)

73. Die mikrophotographischen Kästen der Firma W. WATSON & SONS, Ltd., London. Eine eigenartige, recht einfache Form zeigt die Vertikalkamera des genannten englischen optischen Werkes, welche auch heute noch nach den Grundsätzen gebaut wird, die VAN HEURCK im Jahre 1863 angegeben hatte (vgl. S. 2). Wie aus Abb. 85 ersichtlich, besteht der Apparat aus einem Kasten aus Mahagoniholz, dessen obere Wand für die Mattscheibe und die Kasetten eingerichtet ist, während das Mikroskop mit dem Boden des Kastens durch einen ledernen Auszug und eine Fassung aus Samt (in

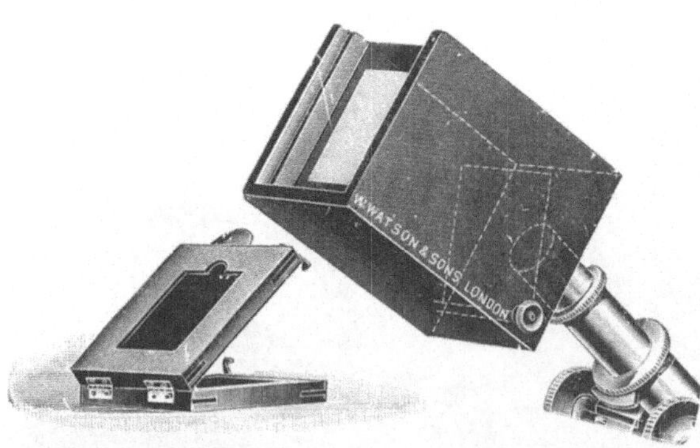

Abb. 86. Die Aufsatzkammer der Firma WATSON & SONS Ltd. („The Pocket Camera"). (Aus Druckschrift der genannten Firma: Photomicrographic and Projection Instruments, 32. Ed.)

Abb. 85 nicht sichtbar) lichtdicht verbunden wird. Die eine Wand des Kastens ist zu einer Tür ausgestaltet, durch welche man den Kopf in den Kasten stecken und so das mikroskopische Bild — bei lichtdichtem Anschluß des Tubus — scharf einstellen kann. Ist das geschehen, so schließt man die Tür lichtdicht zu und stellt endgültig noch mit Hilfe einer Feinschraube, die sich an der oberen Wand des Kastens befindet und die Mattscheibenebene in der Höhe verschiebt, auf der Mattscheibe scharf ein. Die Länge des Kastens beträgt etwa 45 cm, die Höhe des freien Raumes unterhalb des Kastens

bei den großen Apparaten der Firma ZEISS und LEITZ benützt, namentlich bei Aufnahmen mit schwacher Vergrößerung und langem Kameraauszug. Der runde Planspiegel wird in solchen Fällen hinter der Mattscheibe und unter 45° zu dieser geneigt aufgestellt.

(für das Mikroskop) ungefähr 42,5 cm. Die gleichbleibende Kammerlänge dürfte also ungefähr dem entsprechen, was man mit einer kleinen Vertikalkamera bei 50 cm Balgauszug zu erhalten pflegt. Dementsprechend werden mit dem Apparat die englischen größeren („half-plate“: $6^1/_2$ in. $\times$ $4^3/_4$ in., $16^1/_2$ cm $\times$ 12 cm) Platten benützt; es können aber auch kleinere („$^1/_4$-plate“) eingelegt werden.

In vereinfachter und verkleinerter Form wird ein solcher Kasten auch als Aufsatzkammer benützt, indem man ihn einfach dem aufrecht stehenden oder geneigten Mikroskopstativ aufsetzt, so wie Abb. 86 zeigt. Im eigentlichen Sinne entspricht nur diese Kamera dem Apparat von van Heurck, denn nur hier werden die mikrophotographischen Aufnahmen ohne Okular erzeugt, wie es van Heurck angestrebt hat. Dementsprechend ist dann auch die Leistungsfähigkeit beschränkt. (Bezüglich der Aufnahmen ohne Okular vgl. S. 2.)

Abb. 87. Das „Metaphot“-Modell 400. (Aus Busch-Druckschrift: Mikro 310.)

74. Das „Metaphot“-Modell 400 der E. Busch-A.-G., Rathenow. (Vgl. H. Pfeiffer [1]). Um auf möglichst geringem Raum die optische Ausrüstung eines großen mikrophotographischen Apparates so unterzubringen, daß man mit wenigen Handgriffen die Beleuchtung regeln, das Bild scharf einstellen und die

Belichtung vollziehen kann, hat die E. Busch-A.-G. die in Abb. 87 dargestellte neuartige Form der Einrichtung angegeben. Grundsätzlich bedeutet diese Form nichts anderes als die Verwendung einer in der Metallurgie schon bewährten Konstruktion (s. S. 254) für allgemeine mikrophotographische Zwecke[1]. Das Mikroskop ist also auch hier mit dem Objektiv nach oben auf einem Standfuß angebracht, der mit dem angebauten und etwas schräg gestellten Kamerakasten in Verbindung steht. Im Innern dieses Unterbaues befindet sich der Spiegel, welcher das vom Mikroskop kommende Licht auf die Mattscheibenebene lenkt.

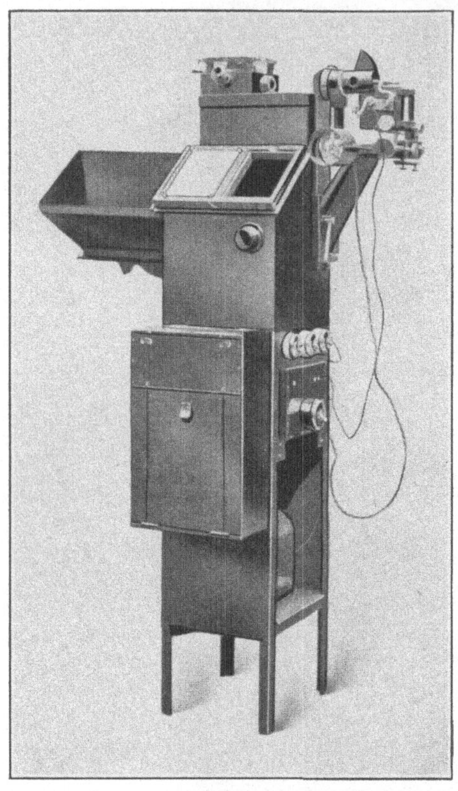

Abb. 88.   Das Vickerssche Projektionsmikroskop der Firma Watson & Sons, Ltd. (Aus Druckschrift der genannten Firma: „The Vickers Projection Microscope".)

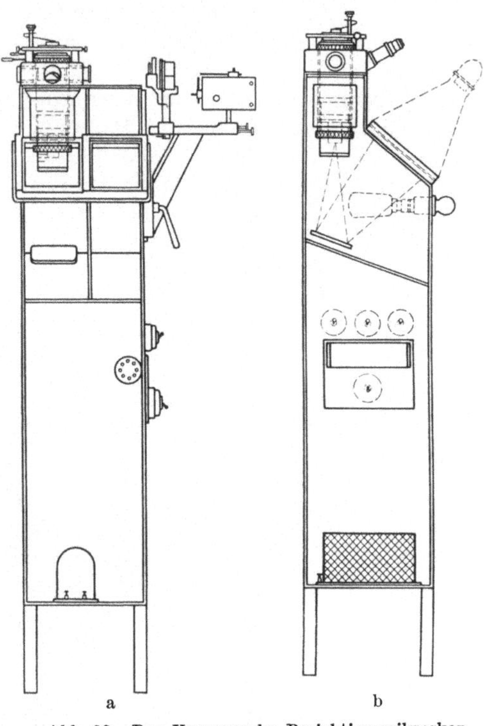

Abb. 89.   Das Vickerssche Projektionsmikroskop in schematischem Durchschnitt.

a Anordnung für Untersuchungen in Auflicht mit einem Vertikalilluminator und einer Kohlenbogenlampe; b Anordnung für Untersuchungen in Durchlicht mit einer Punktlichtlampe und einem Beobachtungsrohr. (Aus derselben Druckschrift wie bei Abb. 88.)

Die Beleuchtungseinrichtung, bestehend aus einer Niedervoltlampe und einem asphärischen Kollektor mit Blende ist an oberster Stelle über dem Abbeschen Beleuchtungsapparat und mit dem seitwärts geneigten Mikroskopspiegel in gleicher Höhe untergebracht. Der breite Mikroskoptubus ist ferner mit einem ausziehbaren Einblickrohr für die seitliche Beobachtung ausgerüstet. Hier kann die scharfe Einstellung des subjektiv beobachteten Bildes wie sonst bei den Auf-

---

[1] Als Vorläufer aller solcher mikrophotographischer Einrichtungen kann man das sog. „neue umgekehrte Mikroskop" oder chemische Mikroskop von Nachet aus den 60er Jahren des vorigen Jahrhunderts bezeichnen. (Abgebildet und beschrieben bei C. Nägeli u. S. Schwendener [1] und L. Dippel [1]). Auch der auf einen Teleskopstativ montierte Apparat von Benecke (1) weist in den Grundzügen die charakteristischen Merkmale der gestürzten mikrophotographischen Einrichtungen auf.

satzkammern erfolgen, und man braucht an der Mattscheibe, die ebenfalls sehr bequem zu beobachten ist, nur die letzten Korrekturen der Einstellung vorzunehmen. Der Apparat gestattet die Verwendung von Platten bis zur Größe 9×12. Die Belichtungszeit für Momentaufnahmen ist zwischen 1 und $^1/_{300}$ Sekunde regulierbar (Kompurverschluß). Mit entsprechenden Nebenapparaten (s. Druckschrift Mikro 310 des E. Busch-A.-G.) läßt sich die Einrichtung auch für Aufnahmen im Auflicht, in polarisiertem Licht und bei Dunkelfeldbeleuchtung verwenden (vgl. F. Hauser [1, 5] und J. Flügge [1]).

In seinen Grundsätzen dem „Metaphot“ ganz ähnlich gebaut, außer der Mikrophotographie jedoch auch als Zeichenprojektionsapparat verwendbar, ist das sog. „Vickers Projection Microscope der Firma W. Watson & Sons, Ltd., London, dessen Form und Aufbau aus den Abb. 88 und 89 am besten zu entnehmen ist. Der Apparat ist schon seit 1924 in England eingeführt und eignet sich sowohl für die Hellfeld- wie für die Dunkelfeldmikroskopie, für Aufnahmen im Auflicht und in polarisiertem Licht.

Spezieller Teil.

A. Aufnahmen mit besonderer optischer Einrichtung.

I. Die Mikrophotographie mit dem einfachen Mikroskop (Aufnahmen bei schwächsten Vergrößerungen).
(Vgl. zusammenfassende Darstellungen bei A. KÖHLER [8], B. ROMEIS [1].)

75. Die Wahl der Objektive. Das Wesen des mikroskopischen Übersichtsbildes besteht darin, daß man das Objekt oder gewisse Teile des Okjekts mit einem ausgedehnten Gesichtsfeld schwach vergrößert. Zur subjektiven Beobachtung benützt man einfache Mikroskope oder Lupen mit einem einfachen Stativ und mit Linsen von großer Brennweite. Die Verbindung eines einfachen Mikroskops mit einer mikrophotographischen Kamera ist jedoch ziemlich umständlich, vor allem deshalb, weil der lichtdichte Anschluß schwer herzustellen ist. Auch sind die Bedingungen für eine standfeste Aufstellung der Kamera und für eine regelrechte Zentrierung der Beleuchtung bei der üblichen Form der Lupenstative ungünstig. Will man also mikrophotographische Aufnahmen mit Lupen erzielen, so muß man dafür besondere, den mikrophotographischen Anforderungen angepaßte Stative bauen lassen (Abb. 90) (vgl. auch STAAR [1]). In den meisten Fällen ist es jedoch vorteilhafter, auch zu solchen Aufnahmen das zusammengesetzte Mikroskop zu verwenden. Wie weit man

Abb. 90. Mikrophotographische Einrichtung mit einer Spiegelreflexkammer (nach SCHEFFER) und einem Lupenstativ für Aufnahmen bei schwachen Vergrößerungen.) Besonders für Momentaufnahmen geeignet.)

nun das zusammengesetzte Mikroskop wird umbauen müssen, hängt in erster Reihe von der gewünschten Vergrößerung ab, daneben aber auch von den optischen Eigenschaften der in Betracht kommenden Objektive. Von den stärkeren Vergrößerungen herunter bis zu einer mikroskopischen Vergrößerung von etwa 30fach pflegt man das Bild mit Objektiv und Okular zu erzeugen, und zwar benutzt man dazu die schwachen Achromate des zusammengesetzten Mikroskops. Diese haben eine Brennweite von etwa 18—25 mm und einen freien Objektabstand von 9—19 mm, so daß man sie mit der Grobbewegung des Stativs bequem auf das Objekt einstellen kann. Man hat für die subjektive Beobachtung auch noch schwächere Achromate mit wesentlich längerer Brennweite zur Verfügung, die mit der Grobbewegung des Mikroskopstativs ebenfalls auf das Objekt eingestellt werden können. Vorteilhafter benützt man aber zu mikrophotographischen Aufnahmen bei Lupenvergrößerungen die schwachen Objektive mit langen Brennweiten, welche nach dem Typus der photographischen Objektive ein anastigmatisch geebnetes Sehfeld lie-

a   b

Abb. 91. Planar 35 cm (a) und Mikrotar 35 cm (b) der Firma C. Zeiss. (Aus Druckschrift: Mikro 401.)

fern. Ob man dabei die Mikroplanare und Mikrotare der Firma Zeiss (Abb. 91), die Mikrosummare der Firma Leitz, die Mikroluminare der Firma Winkel oder die Mikropolare der Firma Reichert benützt, bleibt im

Tabelle 17. Die Mikroplanare. (Aus B. Romeis [1, S. 431].)

Objektiv	Auszug[1]	Vergrößerung	Beleuchtungslinse[2]
Mikroplanar 20 mm[3] ,, ,,	40 50 60	16,3 21,3 21,3	Brillenglaskondensor 3,5 von Zeiss (a_1)[4] oder Beleuchtungslinse 16—70 von Winkel (a_2) oder Beleuchtungslinse 20 mm von Reichert (a_3).
Mikroplanar 35 mm[5] ,, ,,	40 50 60	8,6 11,3 14,3	a_1 oder a_2 oder Beleuchtungslinse 30 mm von Reichert (b_1)
Mikroplanar 50 mm[6] ,, ,,	40 50 60	5,5 7,5 9,5	Brillenglaskondensor 5 (c_1) von Zeiss oder a_2 oder Beleuchtungslinse 50 mm von Reichert (c_2).
Mikroplanar 70 mm[7, 8] ,, ,,	40 50 60	2,6 4,1 5,5	Brillenglaskondensor 7,5 von Zeiss (d_1) oder a_2 oder Beleuchtungslinse 70 mm von Reichert (d_2)

[1] Die hier angegebenen Werte beziehen sich auf die Maßabteilung der Laufstange. (S. a. Fußnote 3 bei Tabelle 12, S. 84.)

[2] Wenn nichts Besonderes angegeben ist, wird die zur Verwendung kommende Beleuchtungslinse bis zum Anschlag hochgekurbelt.

[3] Mikroplanar 20 mm wird an den Revolver, Schlittenwechsler oder nach Entfernung der Bodenplatte des Tubus am verlängerten Trichtereinsatz angeschraubt.

[4] In Verbindung mit Mikroplanar 20 mm wird der Zeisssche Brillenkondensor zuerst bis zum Anschlag in die Höhe geschraubt und dann um 1,7 cm gesenkt.

[5] Mikroplanar 35 mm kann an den Objektivschlitten oder an den Revolver angeschraubt werden; der Revolver kann aber bei eingesetztem Mikroplanar nicht gedreht werden. Für gewöhnlich wird das Objektiv nach Entfernung der Bodenplatte des Tubus an den verlängerten Trichtereinsatz angeschraubt.

[6] Mikroplanar 50 mm muß unter Verwendung eines entsprechenden Zwischenringes an den verkürzten Trichter angeschraubt werden.

[7] Mikroplanar 70 mm wird an den verkürzten Trichter angeschraubt.

[8] Zur Vergrößerung des gleichmäßig beleuchteten Gesichtsfeldes wird an der Lampe die hintere Vorsatzlinse oder die Mattscheibe eingeschaltet. Die dadurch bedingte Abschwächung der Lichtstärke wird durch längere Belichtung ausgeglichen.

allgemeinen ziemlich gleichgültig. Alle diese anastigmatischen Objektive erzeugen ein chromatisch bedeutend besser korrigiertes Bild als sonst die schwachen Achromate. Sie werden nach ihren Brennweiten bezeichnet, und man findet bei ihnen Systeme zwischen den Brennweiten 20 und 100 mm (Mikroluminare werden auch mit noch kürzeren Brennweiten gebaut). Das Öffnungsverhältnis der Systeme ist etwa $1 : 4^1/_2$ bis $1 : 5$, was einer num. Ap. von 0,1—0,11 entspricht. Je nach der Brennweite ist ihre Einzelvergrößerung verschieden. Bei 40 cm langem Kameraauszug erhält man mit dem System von 70 mm Brennweite eine etwa 3fache, mit dem System von 20 mm Brennweite eine etwa 20fache Bildvergrößerung. Durch weiteren Kammerauszug kann man die Bildvergrößerung bei der geringen Apertur der Objektive erheblich steigern, ohne die Grenze der förderlichen Vergrößerung zu überschreiten. Mit der geringen Apertur hängt auch die große Tiefenschärfe dieser Linsen zusammen. Zur Steigerung der Tiefenschärfe sind die Mikroplanare, Mikrosummare und Mikropolare (nach Wunsch auch die Mikroluminare) mit eingebauten Irisblenden versehen, die billigeren Mikrotare jedoch nicht. Die letzteren haben die Form der Mikroskopobjektive mit kurzer Fassung, während die übrigen mehr an die Form der photographischen Objektive erinnern. Die eingebaute Irisblende kommt hauptsächlich bei Aufnahmen zur Verwendung, wo man von körperlichen Objekten (Embryonen, ganzen Tieren und Pflanzen oder Gewebezuchten) plastisch wirkende Aufnahmen erhalten will. Bei Übersichtsbildern von mikroskopischen Schnittpräparaten bleibt dagegen die Irisblende ganz offen (Tabelle 17, 18, 19).

Tabelle 18. Die Mikropolare. (Aus B. Romeis [1, S. 432].)

Objektiv	Auszug[1]	Vergrößerung	Beleuchtungslinse[2]
Mikropolar 20 mm[3]	40	18,0	Beleuchtungslinse 20 mm von Rei-
,,	50	23,5	chert (a_1) oder Brillenglaskonden-
,,	60	28,7	sor 3,5 von Zeiss (a_2)[4] oder Beleuchtungslinse 16—70 von Winkel (a^3).
Mikropolar 30 mm[5]	40	9,6	Beleuchtungslinse 30 mm von Rei-
,,	50	12,4	chert (b_1) oder a_2 oder a_3.
,,	60	16	
Mikropolar 50 mm[5]	40	5,4	Beleuchtungslinse 50 mm von Rei-
,,	50	7,5	chert (c_1) oder Brillenglaskonden-
,,	60	9,5	sor 5 von Zeiss (c_2) oder a_3.
Mikropolar 75 mm[6, 7]	40	2,58	Beleuchtungslinse 75 mm von Rei-
,,	50	4,05	chert (d_1) oder Brillenglaskonden-
,,	60	5,4	sor 7,5 von Zeiss (d_2) oder a_3.

[1] Siehe Fußnote 1 der Tab. 17.

[2] Siehe Fußnote 2 der Tab. 17.

[3] Mikroplanar 20 mm wird in den Revolver, Schlittenwechsler oder nach Entfernung der Bodenplatte des Tubus an den verlängerten Trichter angeschraubt.

[4] Der Brillenglaskondensor 3,5 muß nach Hochstellen bis zum Anschlag wieder um 1,7 cm gesenkt werden.

[5] Mikropolar 30 und 50 mm können an Revolver, Schlittenwechsler oder an den verlängerten Trichter angeschraubt werden.

[6] Mikropolar 75 mm wird an den verkürzten Trichter angeschraubt.

[7] Zur Vergrößerung des gleichmäßig beleuchteten Gesichtsfeldes wird an der Lampe die hintere Vorsatzlinse oder die Mattscheibe vorgeschaltet.

Tabelle 19. Die Mikroluminare. (Aus B. Romeis [1, S. 430].)

Objektiv	Auszug[1]	Vergrößerung	Beleuchtungslinse[2]
Mikroluminar 8 mm[3]	40	36	Hinterlinse des Abbeschen Kondensors (a_1)[4] oder Beleuchtungslinse für Mikroluminar 10 von Winkel (a_2).
„	50	41	
„	60	56,5	
Mikroluminar 16 mm[5]	40	10,3	Beleuchtungslinse für Mikroluminare 16—70 mm von Winkel (b_1) oder Brillenglaskondensor 3,5 von Zeiss (b_2)[6] oder Beleuchtungslinse 20 mm von Reichert (b_3)
„	50	26	
„	60	32	
Mikroluminar 26 mm[5]	40	12,5	b_1 oder b_2 oder Beleuchtungslinse 30 mm von Reichert (c_1)
„	50	16	
„	60	19,6	
Mikroluminar 36 mm[5]	49	8,2	b_1 oder b_2 oder c_1
„	50	10,4	
„	60	13,5	
Mikroluminar 50 mm[5]	40	6,1	b_1 oder Brillenglaskondensor 5 von Zeiss (e_1) oder Beleuchtungslinse 50 mm von Reichert (e_2)
„	40	8,4	
„	60	10,5	
Mikroluminar 70 mm[7]	40	3,3	b_1 oder Brillenglaskondensor 7,5 von Zeiss (f_1) oder Beleuchtungslinse 70 mm von Reichert (f_2).
„	50	4,8	
„	60	6,4	

[1,2] Siehe die Fußnoten 1 u. 2 bei Tab. 17.

[3] Mikroluminar 8 mm muß an den Objektivschlitten oder an den Revolver angeschraubt werden, da man sonst nicht nahe genug an das Präparat herankommt. Neuerdings liefert Winkel statt des Mikroluminars 8 mm ein solches von 10 mm Brennweite. Dadurch erfahren die obigen Zahlen eine kleine Veränderung.

[4] Die Hinterlinse des Abbeschen Kondensors wird so weit gesenkt, bis die Kollektorblende in die Objektivöffnung abgebildet ist. Die Einstellung läßt sich am besten mit Hilfe eines Taschenspiegels vornehmen: Man stellt zuerst das Präparat mit dem Objektiv in gewohnter Weise ein, entfernt dann das Präparat und betrachtet in dem Taschenspiegel von unten her das Spiegelbild der Objektivöffnung. Dann kurbelt man den Beleuchtungsapparat so lange hin und her, bis das Bild der Blende in die Objektivöffnung scharf abgebildet ist, allenfalls hält man vor die Objektivöffnung ein Stückchen Karton oder dergleichen. Es ist zweckmäßig, dabei die Kollektorblende etwas zuzuziehen und das Grünfilter vorzuschalten, da sich dadurch das Bild besser beobachten läßt.

[5] Die Mikroluminare 16—50 mm werden gleich gewöhnlichen Objektiven in den Revolver oder Schlittenwechsler eingeschraubt. Statt dessen können sie nach Entfernung der Bodenplatte des Mikroskoptubus auch an den verlängerten Einsatztrichter angeschraubt werden.

[6] Der Zeisssche Brillenglaskondensor wird (in Verbindung mit Mikroluminar 16 mm) so weit gesenkt, daß wie bei Nr. 4 das Bild der Kollektorblende in die Objektivöffnung abgebildet ist.

[7] Mikroluminar 70 mm läßt sich in Verbindung mit dem Revolver eben noch verwenden, während bei Gebrauch eines Schlittenwechslers der Tubus nicht mehr weit genug in die Höhe geschraubt werden kann, um das Bild scharf zu bekommen. In diesem Falle entfernt man die ganze Schlittenvorrichtung und schraubt das Objektiv direkt in das Gewinde der Tubusbodenplatte ein. Bei Verwendung des Einsatztrichters wird es mittels Zwischenringes an den verkürzten Trichter angeschraubt, oder man entfernt den Mikroskoptubus ganz und schraubt den Einsatztrichter an das Verbindungsstück der vorderen Kamerawand. Im ersteren Fall erfolgt die Feineinstellung durch das Mikroskop, im letzteren durch Bewegen des Schneckenganges am Verbindungsstück.

76. Die Stutzen. Die anastigmatischen Objektive werden mit eigens dazu angefertigten Stutzen oder Trichtern (Abb. 92) ohne Okular benützt. Die stärkeren unter ihnen — bis etwa zu den Brennweiten 50 mm — lassen sich auch am Ende des Mikroskoptubus in üblicher Weise mit einem Revolver, einem Schlittenwechsler oder einem Zwischenring befestigen, da die Grobbewegung des Stativs noch ausreicht, um sie einstellen zu können. Auch ihr Anschraubgewinde entspricht der Norm. Solche mit einer längeren Brennweite als 50 mm eignen sich jedoch nicht mehr zum Anschrauben an den Revolver, teils weil die Grobbewegung des Mikroskops nicht mehr ausreicht, um sie einzustellen, teils weil die schwächsten Systeme über 70 mm Brennweite viel zu breit sind. Auch bei den stärkeren Systemen ist es jedoch vorteilhafter, sie ebenso wie die schwächeren mit einem Trichter zu benützen, und zwar aus dem Grunde, weil der innere Tubus einen Teil ihres großen Gesichtsfeldes abschneidet. Um also den Vorteil des großen Gesichtsfeldes voll ausnützen zu können, schraubt man den Schlußring am oberen Ende des Stativs ab und entfernt den inneren Tubus vollkommen. Die Schlußplatte am unteren Ende des Tubus muß ebenfalls entfernt werden. In das so übriggebliebene breite

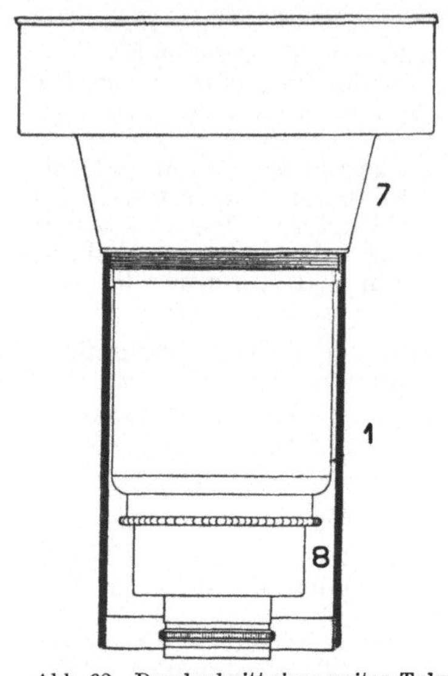

Abb. 92. Durchschnitt eines weiten Tubus (*1*) mit Trichter III-T (*7*) und einem zweiten kurzen Trichter (*8*) für Planar 50 mm. (Aus ZEISS-Druckschrift: Mikro 401.)

Rohr setzt man dann den Trichter ein, der an seinem unteren Ende eine weite Öffnung hat. In diese Öffnung werden die schwächsten Objektive von 70 mm Brennweite eingeschraubt und liegen also etwa in der Mitte des Tubus. Die stärksten mit den kürzesten Brennweiten werden mit passenden Zwischenringen so am unteren Ende des Trichters befestigt, daß die Linse gerade am unteren Ende des Tubus liegt (Abb. 93). Die mittelstarken (mit 30—50 mm Brennweite) können in ein Zwischengewinde eingeschraubt werden und liegen im Innern des Tubus. So lassen sich dann alle anastigmatischen Objektive mit der Grobbewegung des Mikroskopstativs gut einstellen. Am oberen Ende des Trichters sitzt der trichterförmige Aufsatz zur lichtdichten Verbindung mit der Kamera (Tabelle 20).

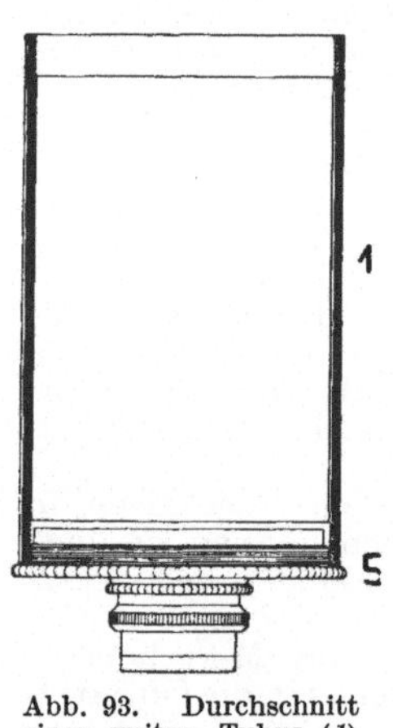

Abb. 93. Durchschnitt eines weiten Tubus (*1*) mit dem Ring O-T für Planar 35 mm und Mikrotar 35 mm. (Aus ZEISS-Druckschrift: Mikro 401.)

Bei den im Innern des Tubus untergebrachten Objektiven wird jedoch die Regelung der Öffnung mit der Irisblende erhebliche Schwierigkeiten verursachen, was recht störend empfunden wird, da von der entsprechenden genauen Regelung dieser Blendenöffnung die Güte der bei solchen schwachen Vergrößerungen aufgenommenen Bilder, d. h. die Schärfe, die Kontrastwirkung und, wo es darauf ankommt, auch die plastische Wirkung streng abhängig ist. Aus diesem Grunde eignen sich die neuen großen Mikroskopstative der ZEISS-Werke mit auswechselbarem Tubus zu den Aufnahmen am besten. Hier befindet sich in der Tubusführung eine Schlittenführung, die gewöhnlich an ihrer unteren Seite den Revolver, an der oberen Seite den monokularen oder bin-

Tabelle 20. Die Befestigung der Objektive und Okulare am Tubus der Stative I. (Aus ZEISS- Druckschrift: Mikro 349.)

Man sucht zunächst in Spalte b das zu benutzende optische System oder die Gruppe, in die es gehört (Okular, Objektiv). Bei den Mikroprojektionssystemen ist zu beachten, ob nur mit natürlichem, nicht polarisiertem Licht oder mit polarisiertem gearbeitet werden soll.

In Spalte c sind dann die Hilfsvorrichtungen angegeben, die am oberen Ende des weiten Tubushauptteils angebracht werden, in Spalte d dagegen diejenigen, welche am unteren Ende ihren Platz finden. Als „Trichter" sind stets hohe, an beiden Enden verschieden weite Zwischenstücke bezeichnet, als „Ringe" dagegen flache oder zylindrische Zwischenstücke. Trichter und Ringe sind unter sich wieder unterschieden durch Buchstaben und Ziffern, die die an dem Zwischenstück befindlichen Gewinde bezeichnen. T bedeutet das Gewinde des Tubushauptteils. Die Ziffern O bis III bedeuten die photographischen Rohrstutzengewinde O bis III. Das Rohrstutzengewinde O stimmt zugleich mit dem Anschraubgewinde der Mikroskopobjektive vollkommen überein. Bei den Objektivschlitten des großen Schlittenwechslers bedeuten die Ziffern O bis III ebenfalls die Anschraubgewinde; mit Z ist ein Objektivschlitten bezeichnet, der eine höhere, für sich zentrierbare, mit dem Anschraubgewinde O versehene Platte trägt.

Lediglich zur lichtdichten Verbindung zwischen Mikroskop und Kamera, aber nicht zum Anschrauben von Objektiven, dient der Trichter III—T, wenn außerdem noch ein Ring, Trichter oder Wechsler am unteren Tubusende angegeben ist. Dann nimmt dieser das Objektiv auf.

Einsteckrohre und Einsteckstutzen sind nur für Projektion, nicht für Mikrophotographie bestimmt.

a	b	c	d
Licht	Objektive und Okulare	Am oberen Ende des Tubushauptteils	Am unteren Ende des Tubushauptteils
natürliches	Planar 10 cm[1]	Trichter III—T Einsteckrohr	
	Planar 7,5 cm	Trichter III—T, daran Ring II—III Einsteckrohr	
	Mikrotar 70 mm	Trichter III—T, daran Ring II—III und O—II Einsteckrohr	
	Planar 5 cm	Trichter III—T, daran Trichter O—III Einsteckrohr	
	Planar oder Mikrotar 35 mm	Trichter III—T Einsteckrohr	Ring O—T Großer Tubusschlitten mit Objektivschlitten O
	Planar 2 cm	Trichter III—T Einsteckrohr	Trichter O—T Großer Tubusschlitten mit Objektivschlitten Z
polarisiertes	Planar 7,5 cm	Großer Analysator. (Bei mikrophotographischen Arbeiten mit angeschraubtem Trichter zur lichtdichten Verbindung zwischen Mikroskop und Kamera zu verwenden.)	Ring II—T Großer Tubusschlitten mit Objektivschlitten II
	Mikrotar 70 mm		Ring O—T Großer Tubusschlitten mit Objektivschlitten O
	Planar 5 cm		Ring O—T Großer Tubusschlitten mit Objektivschlitten O
	Planar oder Mikrotar 35 mm		Ring O—T Großer Tubusschlitten mit Objektivschlitten O
	Planar 2 cm		Trichter O—T Großer Tubusschlitten mit Objektivschlitten Z
natürliches oder polarisiertes	Mikroskopobjektive		Trichter O—T Großer Tubusschlitten mit Schlitten Z }{ Ring O—O Revolver Kleiner Schlittenwechsler
	Okulare[2]	Auszugstubus Einsteckstutzen Zwischenstück mit Paßstück für Homale	
natürliches	Homale[3]	Paßstück	

[1] Kann nicht mit dem großen Analysator benutzt werden, weil der Spielraum der groben Einstellung bei den Stativen I dafür nicht ausreicht.
[2] Ausgenommen sind einige Objektive besonderer Bauart, für die besondere Zwischenstücke vorgesehen sind.　　　[3] Vergleiche Mikro 390.

okularen Tubus trägt. Entfernt man den Mikroskoptubus, so kommt an seiner Stelle ein in die Tubusführung passender Trichter und in die Schlittenführung unten das gewünschte anastigmatische Objektiv mit einem besonderen Objektivschlitten, der einen Rohrstutzen mit Gewinde trägt (s. Abb. 94 u. 95).

Die Befestigung der Objektive an der Schlittenführung erfolgt den verschieden langen Brennweiten entsprechend verschieden, auch benützt man besondere Einrichtungen, wenn man mit solchen anastigmatischen Objektiven ohne Okular in polarisiertem Lichte photographische Aufnahmen macht (siehe

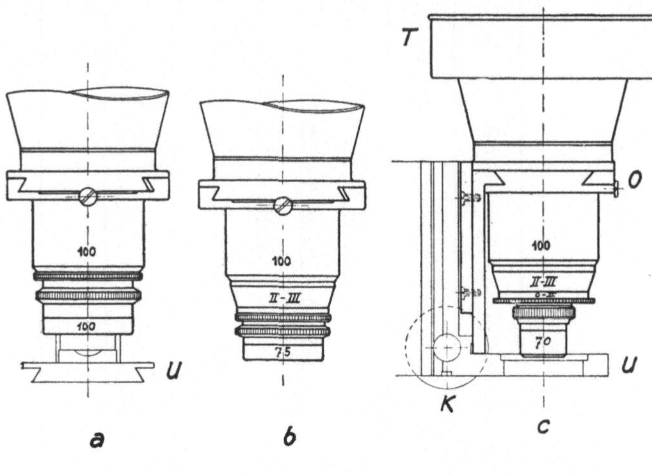

Abb. 94. Befestigung der schwachen mikrophotographischen Objektive an den Mikroskopstativen mit auswechselbarem Tubus.
T = Trichter; O = obere, U = untere Schlittenführung. (Aus ZEISS-Druckschrift: Mikro 422.)

S. 288). Objektive von 70—100 mm Brennweite werden nur mit dem Objektivschlitten in die Schlittenführung eingesetzt. Planar 100 wird dabei in das

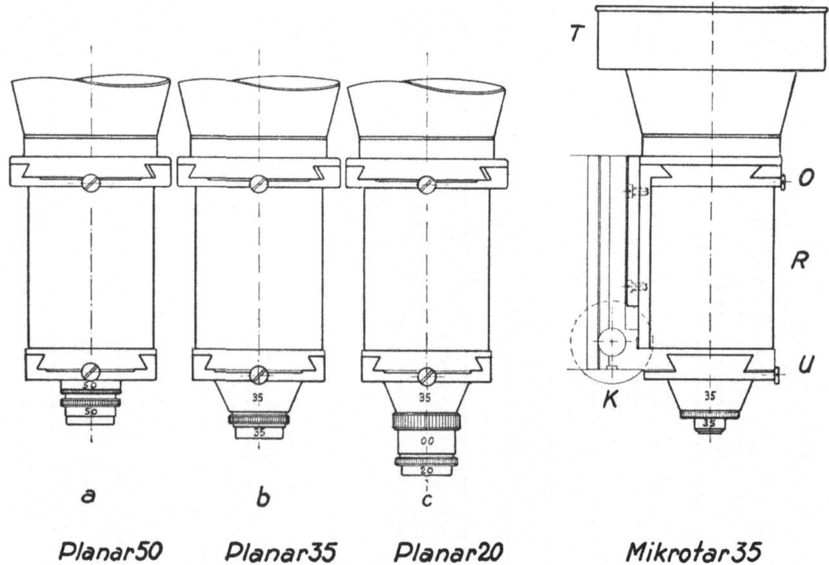

Abb. 95. Befestigung der schwachen mikrophotographischen Objektive an den Mikroskopstativen mit auswechselbarem Tubus.
R = Rohrstutzen. Beschriftung sonst wie bei Abb. 93. (Aus ZEISS-Druckschrift: Mikro 422.)

Rohrstutzengewinde eingeschraubt, Planar 75 und Mikrotar 70 aber mit entsprechenden Zwischenringen ausgerüstet und so an den Objektivschlitten befestigt

(Abb. 94). Bei Objektiven mit kürzeren Brennweiten verwendet man Objektivschlitten, deren Rohrstutzenlänge den Brennweiten der Objektive angepaßt ist
(Abb. 95).

Wo kein Stativ mit auswechselbaren Tuben oder mit einem breiten Tubus zur
Verfügung steht, muß man auf die anastigmatischen Objektive verzichten
und versuchen, mit schwachen Achromaten oder Apochromaten und den dazu
passenden Okularen oder Homalen die gewünschten schwachen Vergrößerungen
zu erzeugen. Auch für solche Fälle steht eine große Anzahl von entsprechenden
schwachen Trockensystemen zur Verfügung, so z. B. die Achromate von ZEISS
1,1—1,5; 1,5—2[1]; 3 und 5; die Achromate von LEITZ 1 und 2 oder die Apochromate von WINKEL 25 und 40 mm. Die letzteren sind besonders geeignet,
da sie eine vorzügliche sphärische und chromatische Korrektion aufweisen
und den schwachen Achromaten also weit überlegen sind. Als Okulare verwendet
man am besten die schwachen periplanatischen Okulare 4fach und 5fach, wobei
man als schwächste Vergrößerung (bei kleinstem Kammerauszug) eine etwa
10fache Bildvergrößerung erhalten kann (Tabelle 21 u. 22). Wünscht man
schwächere Vergrößerungen herzustellen, und hat man kein Stativ mit breitem
Tubus dazu, so bleibt nichts anderes übrig, als die gleich zu beschreibenden
schwächsten anastigmatischen Objektive zu benützen, die man am Objektivbrett
der Kamera in das dort befindliche Verbindungsstück einschraubt.

Alle Bilder, die man mit den schwachen mikroskopischen Objektiven und
mit einem engen Mikroskoptubus erzielt, haben im Vergleich zu den von den
anastigmatischen Objektiven gelieferten Bildern den Nachteil des beschränkten
Sehfeldes. Sonst ist die Abbildung bei den Apochromaten 40 und 25 mm
(WINKEL) ebensogut wie bei den anastigmatischen Objektiven. Sie ist dagegen bei den Achromaten infolge des Mangels an sphärischer Korrektion
weniger scharf.

Tabelle 21.
Die Verwendung von Mikroskopobjektiven der Firma WINKEL zu
Aufnahmen bei schwacher Vergrößerung. (Aus B. ROMEIS [1, S. 432—433].)

Objektiv	Okular	Auszug[2]	Vergrößerung	Beleuchtungslinse[3]
Apochromat 25 mm von WINKEL	Periplanat. Okular 5 ×	40 50 60	18,5[4] 30,5 43	Brillenglaskondensor 3,5 von ZEISS oder Beleuchtungslinse 20 mm von REICHERT
Apochromat 25 mm von WINKEL	Periplanat. Okular 8 ×	40 50 60	29,5 48 66	Brillenglaskondensor 3,5 von ZEISS oder Beleuchtungslinse 20 mm von REICHERT
Apochromat 40 mm von WINKEL	Periplanat. Okular 5 ×	40 50 60	8[4] 14,6 21,2	Brillenglaskondensor 3,5 von ZEISS oder Beleuchtungslinse 30 mm von REICHERT
	Periplanat. Okular 8 ×	40 50 60	13,0 20,5 33	Desgl.

[1] Bei diesen Objektiven ist die Linse in ihrer Fassung verstellbar, so daß man
durch Drehung an der Fassung die Einzelvergrößerung von 1,1fach bis zu 1,5fach
bzw. von 1,5fach bis zu 2fach steigern kann.

[2] Wie Anmerkung 1 bei Tab. 17.

[3] Wie Anmerkung 2 bei Tab. 17.

[4] Der Durchmesser des Gesichtsfeldes ist sehr klein, die Aufnahme daher nur
bedingt brauchbar.

Tabelle 22.
Die Verwendung von Mikroskopobjektiven der Firma ZEISS zu
Aufnahmen bei schwacher Vergrößerung. (Aus B. ROMEIS [*1*, S. 433].)

Objektiv	Okular	Auszug[1]	Vergrößerung	Beleuchtungslinse[2]
Achromat 5 von ZEISS (alte Bezeichnung a_3)	Periplanat. Okular 5 ×	40 50 60	17[6] 27,7 38,5	Brillenglaskondensor 3,5 von ZEISS[3] oder Beleuchtungslinse 30 mm von REICHERT[3]
	Periplanat. Okular 8 ×	40 50 60	26,5 42,7 59,0	Desgl.
Achromat 3 von ZEISS (alte Bezeichnung a_2)	Periplanat. Okular 5 ×	40 50 60	9[6] 15,5 22	Brillenglaskondensor 3,5 von ZEISS[3] oder Beleuchtungslinse 30 mm von REICHERT[3]
	Periplanat. Okular 8 ×	40 50 60	15 24,5 34,5	Desgl.
Achromat 1,5—2 von ZEISS (alte Bezeichnung a_1)[4]	Periplanat. Okular 5 ×	40 50 60	4,9[6] 9,6 14,0	Brillenglaskondensor 5 von ZEISS oder Beleuchtungslinse 50 mm von REICHERT
	Periplanat. Okular 8 ×	40 50 60	8,6 15 21	Desgl.
Achromat 1—1,5 von ZEISS (alte Bezeichnung a_0)[5]	ohne Okular	40 50 60	4,5[6] 6,4 8,2	Brillenglaskondensor 7,5 von ZEISS oder Beleuchtungslinse 30 mm von REICHERT

Welche Brennweiten soll man nun zu bestimmten Vergrößerungen wählen?
Schon an früheren Stellen haben wir erfahren (s. auch Tabellen 17—22), daß
man ein und dieselbe Vergrößerung
je nach dem Kammerauszug mit
Objektiven von verschiedener Brennweite erzielen kann. Da mit kürzerer
Brennweite die Apertur größer und
die Abbildungstiefe kleiner wird,
eignen sich solche in erster Reihe
für Aufnahmen von Schnittpräparaten, namentlich dort, wo man auf
eine scharfe Abbildung in der Mitte

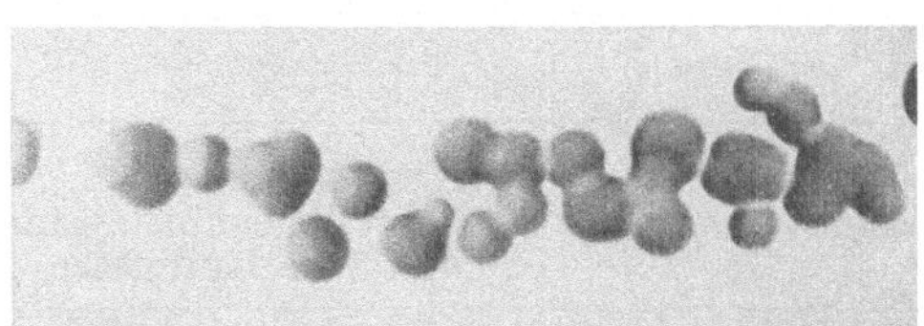

Abb. 96. Bakterienkolonien auf Agar-Nährboden
in durchfallendem Licht. (B. dysenteriae SHIGA.) Mikropolar 30 mm, Kammerlänge 40. Vergr. rund 10fach.

des Sehfelds Gewicht legt (Abb. 96). Die Objektive mit längeren Brennweiten
liefern eine gleichmäßige Abbildung auch an den Randteilen. Sie eignen sich

[1] Wie Anmerkung bei Tab. 17.   [2] Wie Anmerkung bei Tab. 17.
[3] Die Beleuchtungslinse wird nach dem Einstellen des Präparates auf das Matt-
scheibengläschen in der auf S. 187, Anm. 4, beschriebenen Weise so weit gesenkt, bis die
Kollektorblende auf die Aufsteckblende des Objektives scharf abgebildet ist. Dann
wird die Aufsteckblende entfernt.
[4] Bei der neuen Fassung des ZEISSschen Objektives läßt sich die Eigenvergrößerung
der Linse durch Verstellen von 1,5- auf 2fach verändern. Für die Aufnahme wird
das Objektiv durch Drehen bis zu der am Gewinde angebrachten Ringmarke auf
die Eigenvergrößerung 2 eingestellt.
[5] Das Objektiv wird für die Aufnahmen auf die Einzelvergrößerung 1 eingestellt.
[6] Der Durchmesser des Gesichtsfeldes ist sehr klein, weshalb diese Kombination
meist erst von einer Auszugslänge von 50 cm an brauchbar ist.

daher vor allem für Übersichtsbilder von Kulturpräparaten (Gewebe-, Protisten- und ähnliche Kulturen) und für die Abbildungen auf großer Bildfläche, die als Schaubilder verwendet oder bei der drucktechnischen Wiedergabe verkleinert werden sollen (Abb. 97). Hat man z. B. von embryologischen Schnittserien Aufnahmen von etwa 8—10 facher Vergrößerung anzufertigen, bei denen in der Mitte des Bildes bestimmte Organanlagen scharf hervorgehoben werden sollen, so wird man vorteilhafter das Mikroplanar 35 mm bei 40 cm Kameraauszug verwenden (Vergrößerung 8,6-fach), als das Mikroplanar 50 mm bei 60 cm Kameraauszug (Vergrößerung 9,5 fach). Sollen jedoch die Aufnahmen als Wandtafel Verwendung finden, so empfiehlt sich das umgekehrte Verfahren.

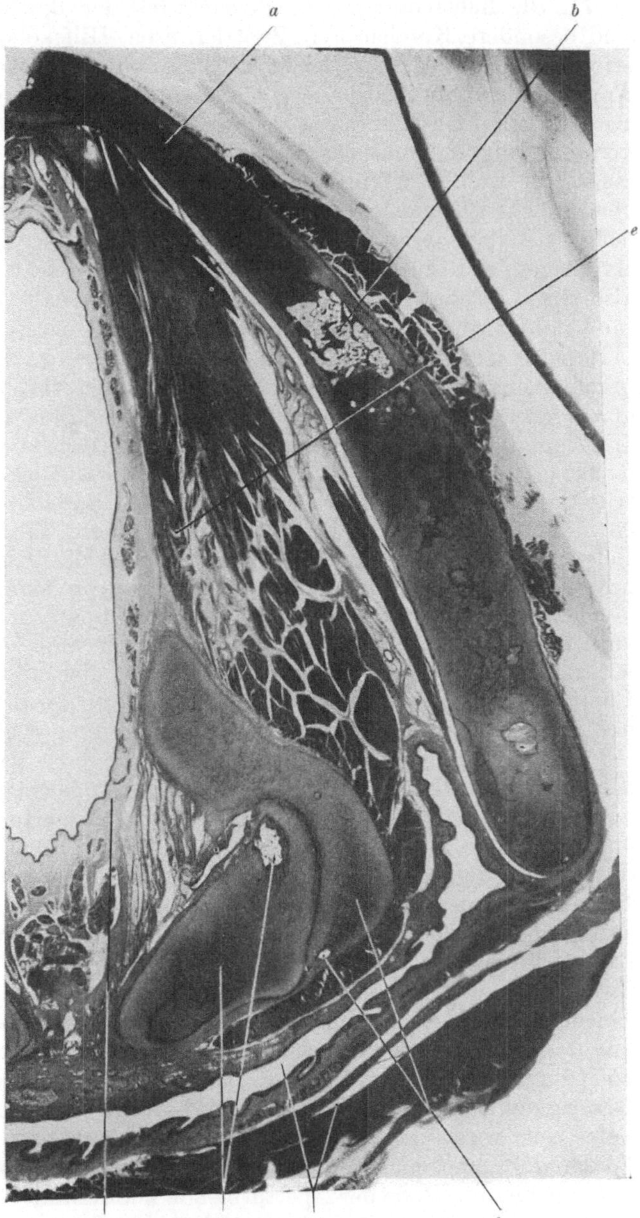

Den Vorteil des großen Sehfelds kann man am besten mit den großen mikrophotographischen Apparaten ausnützen, wo einem dazu Balgauszüge bis zu 1 oder $1^1/_2$ m Länge zur Verfügung stehen. Begnügt man sich mit einer kleineren Bildfläche, wie sie auf dem Plattenformat 9 : 12 zu erhalten ist, so lassen sich zu solchen Aufnahmen auch

Abb. 97. Schnittpräparat durch den Kehlkopf des Menschen. Färbung: Hämatoxylin-Eosin.

a, c, d = Knorpel, bläulichviolett; e = Muskel, rot; b = Verknöcherungsherd, rot; f und g = Schleimhaut, bläulichviolett. Phot. Vergr. 5 fach. Die blau und violett gefärbten Stellen sind tonrichtig, die rot gefärbten mit etwas dunklerer Tönung wiedergegeben.
(Aus H. PETERSEN [7, S. 554, Abb. 649].)

die kleinen Vertikalkammern gut verwenden. Für Aufnahmen von größeren Bildflächen eignet sich die waagerechte Anordnung besser als die senkrechte, da man die Einstellebene (Mattscheibe) besser überblicken kann.

77. Die Beleuchtung. Zur Beleuchtung der Bildfläche in der Einstellebene sind besondere Kondensoren, Zentrierlinsen, Hilfskollektoren oder Kollimatoren erforderlich, die auf S. 154 bei der Beschreibung der großen mikrophotographischen Apparate erwähnt wurden. Von diesen wollen wir uns zunächst mit den sog. Brillenglaskondensoren befassen, welche bei den Aufnahmen mit Lupenvergrößerung an Stelle des ABBEschen Kondensors in den Beleuchtungsapparat eingesetzt werden. Würde man nämlich den ABBEschen Apparat mit einem gewöhnlichen Kondensor benützen, so würde die Austrittspupille des Kondensors (selbst bei abgeschraubter Frontlinse) so weit vor der Eintrittspupille des Objektivs liegen, daß nur der mittlere Teil des Leuchtfelds wirksam wäre, und man also ein abgeschattetes (vignettiertes) Sehfeld erhalten würde. Die Beleuchtung muß richtig so erfolgen, daß der ganze Lichtstrom vom Leuchtfeld in die Eintrittspupille des Objektivs konzentriert wird. Das erzielt man mit einer bikonvexen oder plankonvexen Linse, die früher die Form eines dünnen Brillenglases hatte und daher der Brillenglaskondensor genannt wurde. Sie wird vor dem anastigmatischen Objektiv so aufgestellt, daß sie die Aperturblende des Kondensors (die Irisblende auf Reiter oder die Kollektorblende) nahe zur Eintrittspupille des Objektivs abbildet. Die Bezeichnung Brillenglaskondensor ist deshalb nicht ganz berechtigt, denn diese Linse konzentriert zwar die Beleuchtungsstrahlen in die Eintrittspupille des Objektivs, das Licht aber, mit dem das Objekt beleuchtet wird, wird von anderen vor dem Brillenglaskondensor aufgestellten Linsen auf das Objekt gelenkt. Bei Beleuchtungseinrichtungen, wo die Lichtquelle nicht allzu weit von der Objektebene steht, wie z. B. bei den kleinen Vertikalkammern, übernimmt die Kollektorlinse die Funktion eines Kondensors, und die Kollektorblende wird zur Aperturblende der Beleuchtung. Bei Verringerung ihrer Öffnung erhält man dann nicht mehr ein kleineres Leuchtfeld, sondern eine geringere Apertur und dementsprechend eine geringere Helligkeit der Beleuchtung. In solchen Fällen bildet der knapp vor dem Objekt aufgestellte Brillenglaskondensor in der Nähe der Objektivöffnung, die oft kleiner ist als das Sehfeld, diese Blendenöffnung ab. Bei den großen mikrophotographischen Apparaten jedoch, wo die verschiedenen Bestandteile der Beleuchtungseinrichtung auf einer langen optischen Bank aufgestellt werden, namentlich wenn die waagerechte Stellung des Stativs Zentrierlinsen und Hilfskollektoren erfordert, reicht der Kollektor zu diesem Zweck nicht mehr aus, und man besorgt die Beleuchtung des Objekts mit speziellen Beleuchtungslinsen (s. Abb. 66 u. 67). So wird von der Firma ZEISS zum Gebrauch mit den Brillenglaskondensoren ein großer Kondensor von 20 cm Brennweite (K 20) geliefert, welcher bei seiner Größe nicht mehr am Mikroskop befestigt werden kann und deshalb auf einem Reiter knapp vor dem Mikroskop aufgestellt wird. Vor ihm (der Lichtquelle zu), und zwar in der Nähe seiner vorderen Brennebene, stellt man dann auf einem zweiten Reiter eine Irisblende auf, die hier die Rolle der Aperturblende übernimmt. Bei den großen Apparaten der Firma LEITZ ist statt eines solchen Kondensors ein vertikaler Objekttisch mit einem verschiebbaren großen Kondensor auf einem Reiter aufgestellt. Zu Aufnahmen von Übersichtsbildern mit Summaren und Mikrosummaren wird also hier das ganze Mikroskopstativ entfernt, das Objekt auf dem mit Gesichtsfeldblenden ausgerüsteten Objekttisch befestigt und mit Objektiven abgebildet, die auf das Objektivbrett der Kamera aufgeschraubt werden (Abb. 98). Zur Einrichtung gehört noch eine kleinere Kondensorlinse, die von rückwärts in die Tischöffnung einhängbar ist, weiter eine Vorsatzlinse zum Anschrauben an den Kollimator, entsprechend der Kollektorlinse der ZEISSschen Einrichtung. Bei stärkeren Mikrosummaren (24, 35 und 42 mm Brennweite) werden der kleine und der große Kondensor zusammen benützt, jedoch ohne Vorsatzlinse; bei den schwächeren Objektiven (den Summaren von 64, 80 und 100 mm Brennweite) benützt man nur den großen Kondensor und rüstet den Kollimator mit der Vorsatzlinse aus. Bei der Leitzschen Einrichtung kommen Brillenglaskondensoren selbstverständlich nur in Verbindung mit den schwachen Mikroskopobjektiven (Nr. 1—5) zur Verwendung.

Die Brillenglaskondensoren unterscheiden sich äußerlich von den anderen Kondensoren des Abbeschen Apparats nur wenig. Wie diese sind sie ebenfalls in Schiebrohre eingefaßt, die in die Schiebhülse des Abbeschen Apparats hineinpassen. Sie unterscheiden sich voneinander durch ihre verschiedenen Brennweiten, welche den Brennweiten der mit ihnen benützten anastigmatischen Objektive angepaßt sind. So stellt die Firma Zeiss Brillenkondensoren von $10^1/_2$, $7^1/_2$, 5, 4, $3^1/_2$ und 2 cm Brennweite her, den Planaren 100, 75, 50, 35, 20 und dem Mikrotar 35 mm Brennweite entsprechend. Die größeren Brillenglaskondensoren (10 und $7^1/_2$ cm) haben eigene Schiebrohre, die kleineren (5—2 cm) ein gemeinsames Schiebrohr, auf das sie aufgeschraubt werden. Ähnliche Form und Konstruktion weisen auch die Brillenglaskondensoren der Firma

Abb. 98. Der große mikrophotographische Apparat „Uma“ der Firma E. Leitz mit einem Summar ausgerüstet. (Aus Leitz-Druckschrift Nr. 49 G.)

Leitz auf (ein kleiner für die Obj. 3a und 4 und ein großer für die Obj. 1 und 2), ebenso der Brillenglaskondensor I der Firma Reichert für Obj. von 8—40 mm Brennweite und der Brillenglaskondensor II für Obj. von 40—70 mm Brennweite. Wie aus den Tabellen 21 und 22 nach Romeis ersichtlich ist, werden die Brillenglaskondensoren auch bei Aufnahmen mit schwachen achromatischen und apochromatischen Objektiven als Beleuchtungslinsen benützt. Die Aufstellung bei den verschiedenen Typen der großen mikrophotographischen Apparate und die Verwendung der verschiedenen Kombinationen, aus Zentrierlinsen und Hilfskollektoren oder Kollimatoren je nach der Brennweite des Objektivs und des Brillenglaskondensors, sollen hier nicht eingehender beschrieben werden, da die technischen Einzelheiten bei jedem Typ anders sind und am besten den Gebrauchsanweisungen der Herstellungsfirmen (Zeiss, Leitz, Reichert usw.) zu entnehmen sind (vgl. z. B. Tabelle 16).

In welcher Weise und mit welcher Vorkehrung man auch die Beleuchtung des Gesichtsfeldes bei solchen schwächsten Vergrößerungen erzielt, soll man stets darauf achten, daß man die Kollektorblende (bzw. die Irisblende vor dem Kondensor 20 der Firma Zeiss), welche hier als Aperturblende wirkt, nicht stärker einenge, als es für die gleichmäßige und volle Beleuchtung des Sehfelds erforderlich ist. Arbeitet man mit Brillenglaskondensoren, so bringt man diese mit dem Abbeschen Apparat bis zur Tischöffnung und stellt dann das Objektiv auf das Präparat ein. Meistens ist damit schon die günstige Beleuchtung des Sehfelds erreicht. Ist das aber nicht der Fall, so ändere man nichts an der Stellung des Brillenglaskondensors, sondern trachte, durch geringe Verschiebungen des Kondensors 20 oder des Kollektors (bzw. Hilfskollektors oder der diesem entsprechenden Beleuchtungslinsen anderer Firmen) den Strahlengang zu verbessern.

Die schwächsten anastigmatischen Objektive mit Brennweiten von und über 100 mm benützt man ohne Mikroskopstativ und Trichter, weil sie selbst für den breiten Tubus zu groß sind. (Mit der auf S. 190 beschriebenen Einrichtung kann jedoch Mikroplanar 100 mm am Mikroskopstativ befestigt werden.)

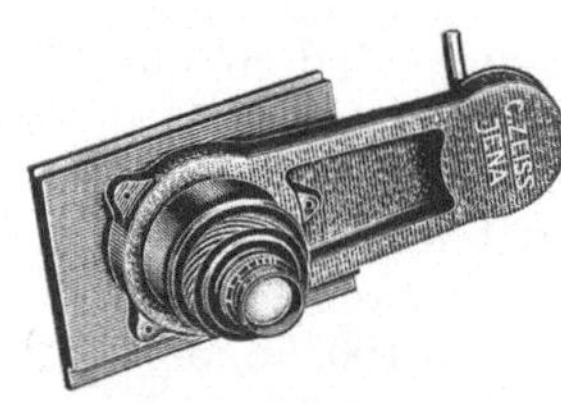

Abb. 99. Einstellvorrichtung für die an dem Objektivbrett angeschraubten Objektive. (Aus ZEISS-Druckschrift: Mikro 401.)

Sie werden also auf das Objektivbrett der Kamera geschraubt, entweder unmittelbar (Mikropolar 100) oder mit Hilfe eines Zwischenringes (Abb. 99), der auch als Einstellvorrichtung dient (Mikroplanar 100 und Mikroluminar 100). Gebraucht man noch schwächere Objektive, etwa mit einer Brennweite von 150 mm und mit dem Öffnungsverhältnis 1 : 6,3, so benützt man die entsprechenden photographischen Objektive. ELSNER V. GRONOW (1, 2, 3) empfiehlt die Verwendung von Teleobjektiven, um bei gleichem Kameraauszug und gleicher Vergrößerung vom Objekt weiter entfernt bleiben zu können (z. B. bei Aufnahmen von Objekten in Flüssigkeitsbehältern). Die Aufnahmeeinrichtung ohne Mikroskopstativ wird meistens bei Vergrößerungen angewandt, die dem Wert 1 sehr nahe liegen (1—5fach). Oft wird dabei ein langer Kameraauszug (1—1$^1/_2$ m) nötig sein, um das vom Objektiv gelieferte große Sehfeld voll auszunützen. In

Abb. 100. Horizontal-Vertikalkamera der Firma C. ZEISS für Aufnahmen großer Objekte mit einem photographischen Objektiv (z. B. Tessar 1 : 6,3) und mit Einstellvorrichtung ausgerüstet.
1 = Lampe; 2 u. 5 = Beleuchtungslinsen; 6 = Irisblende, zugleich als Träger für die Objekte; 7 = Objektiv. (Aus ZEISS-Druckschrift: Mikro 401.)

solchen Fällen muß man dann mit einer Ferneinstellung auf der Mattscheibe einstellen. Auf den Zwischenring, der das Objektiv trägt, wird eine Einstellvorrichtung nach Art des HOOKEschen Schlüssels (s. S. 157) befestigt, die mit einem Stab von der Mattscheibenebene her betätigt wird. Diese Einstellvorrichtung benützt man (in Verbindung mit den großen mikrophotographischen Apparaten der Firma ZEISS), wenn die Vergrößerung nicht ganz nahe bei 1 liegt (Abb. 100). Je geringer jedoch die Vergrößerung wird, um so weniger ändert die Verschiebung des Objektivs etwas an der Schärfe des Bildes; dafür ändert sie jedoch die Vergrößerung. Um also das Objektiv auf das Objekt scharf einstellen zu können, ohne an der Tubuslänge oder an der Vergrößerung etwas zu ändern, stellt man die ganze Kamera durch Verschiebung der Laufstange mit den Rollen (s. S. 152) dem Objekt näher, oder man entfernt sie von ihm. Dazu ist allerdings nur die große Horizontalkamera geeignet.

Der Nachteil der Ferneinstellung läßt sich nach L. Schabadasch (1) vermeiden, wenn man photographische Objektive mit einer kleinen Brennweite und einem großen Winkel benützt. Ein solches Objektiv wurde von der Firma Goerz unter der Bezeichnung Hypergon hergestellt. Mit dem Hypergon läßt sich z. B. bei 45 cm Kameraauszug und bei 5facher Vergrößerung eine Bildgröße von 14 cm × 18 cm erzielen. Das Objektiv würde also in erster Reihe für kleine Vertikalkammern in Betracht kommen.

78. Die Objekthalter. Es wurde soeben erwähnt, daß beim großen mikrophotographischen Apparat der Firma Leitz die Aufnahmen mit den Mikrosummaren und Summaren in der Regel ohne Mikroskopstativ nur mit den an der Kamera befestigten Objektiven erfolgen (vgl. Abb. 98 u. 100), wobei das Objekt auf einem besonderen Objekttisch aufgestellt wird. Andere mikrophotographische Apparate haben zu diesem Zweck andere Einrichtungen. Sind die Objekte große Organschnitte (z. B. Gehirnschnitte), so wird man sie vor der waagerechten Kamera mit Klemmen auf einer Irisblende befestigen. Bei vertikaler Anordnung eignen sich dafür einfache

Abb. 101. Aufnahmetisch nach B. Romeis der Firma C. Reichert.

Lupenstative mit einer Glasscheibe als Tischplatte oder in ähnlicher Form improvisierte Objekttische. Die improvisierte Unterlage muß jedenfalls so hoch sein, daß man einen Spiegel oder die reflektierende mattierte Fläche aus Glas, Gips, Papier usw. unterbringen kann. Am besten eignen sich dazu eigens für diesen Zweck angefertigte Aufnahmetischchen, z. B. der Aufnahmetisch der Firmen Busch, Leitz oder der nach den Angaben von B. Romeis von der Firma Reichert hergestellte Aufnahmetisch (Abb. 101). Dieser letztere hat einen parabolisch gebogenen Boden und eine Spiegelglasscheibe als Tischplatte. Die Beleuchtung erfolgt durch seitlich aufgestellte Soffitenlampen, deren Licht die parabolische Bodenfläche vollkommen diffus auf die Tischplatte wirft. Die Tischplatte kann gegen Blendeneinsätze mit verschieden großen Ausschnitten ausgetauscht werden, welche bei Schnittpräparaten das Gesichtsfeld scharf begrenzen, bei sonstigen Objekten aber (s. weiter unten) eine gute Möglichkeit bieten, die Petrischalen[1], Uhrgläser und ähnliche Behälter direkt, d. h. ohne die störende Glasplatte, aufzustellen. Ein solches Aufnahmetischchen ist anderen Improvisationen schon aus dem Grunde vorzuziehen, weil man damit das Objekt in günstigster Weise beleuchten kann, was sonst oft große Schwierigkeiten bereitet (s. S. 223).

Die Beleuchtung des Objekts erfordert bei Aufnahmen mit schwächsten Vergrößerungen ein großes und gleichmäßiges Leuchtfeld. Die geschilderten Beleuchtungseinrichtungen der großen Apparate (s. S. 154) liefern natürlich auch in solchen Fällen ein brauchbares Leuchtfeld, das in die Öffnung des Objektivs (an der Kamera) geworfen wird. Bei den großen Apparaten von Zeiss benützt man zwei sphärische Linsen, von denen die eine knapp vor dem Objekt steht (Linse II) und die andere (Linse I) knapp hinter der Lichtquelle so, daß diese in ihrer Brennebene steht (Abb. 100 bei *2* u. *5*). Der Abstand der beiden Linsen voneinander ist innerhalb weiter Grenzen gleichgültig, da die Strahlen zwischen ihnen etwa parallel laufen. Die Linse I wirft nun den Lichtstrom in die Öffnung der Linse II, und diese bildet die Lichtquelle in der Öffnung des Objektivs ab.

Die Öffnung der schwächsten anastigmatischen Objektive ist (s. S. 186) durch eine eingebaute Irisblende regulierbar. Zieht man also diese Blende etwas zusammen, so wird die Bildschärfe größer. Man muß jedoch beachten, daß bei der Zeissschen Beleuchtungsanordnung die Linsen I und II nur auf die sphärische, nicht aber auf die chromatische Abweichung korrigiert sind; es können daher farbige Flecke im Gesichtsfeld auftreten, namentlich dann, wenn die Öffnung des Objektivs so klein ist, daß nur gewisse Strahlen des Beleuchtungskegels durchtreten können, andere aber nicht. Dieser Fall tritt meistens auf, wenn man die Irisblende des Objektivs eng zusammenzieht, während man mit einer Lichtquelle von geringem Durchmesser beleuchtet. Ist die Leuchtfläche groß, wie z. B. bei vorgeschalteter Mattscheibe, so hat man von einer richtig eingeengten Blendenöffnung nur Nutzen.

Bei der Beleuchtungseinrichtung mit den Linsen I und II wird das Leuchtfeld direkt von der Lichtquelle geliefert. Eine Leuchtfeld- oder Aperturblende kommt nicht in Betracht, die leuchtende Fläche der Lichtquelle wirkt selbst als Aperturblende. Als Lichtquelle wählt man am besten eine solche mit verhältnismäßig kleiner Fläche und großer Helligkeit, in erster Reihe also die Gleichstrom-Kohlenbogenlampe oder die Punktlichtlampe. Ob man hinter der Lampe bzw. vor der Linse II eine Mattscheibe einschalten soll oder nicht, hängt von der Beschaffenheit des Objekts und der Größe der Bildfläche ab. Bei weniger durchsichtigen Objekten (z. B. bei Embryonen, die mit Kalilauge durchsichtig gemacht sind usw.), schaltet man vor das Objekt am besten eine Milchglasscheibe, die von der Firma Zeiss zu diesem Zweck in einer Kondensorfassung geliefert wird. Bei Aufnahmen mit einem großen Gesichtsfeld wird man ebenfalls immer eine Mattscheibe zwischen Lichtquelle und Linse I einschalten, um die schon erwähnten chromatischen Lichterscheinungen zu vermeiden.

---

[1] Für Unterbringung von Petrischalen und ähnlichen Kulturgefäßen eignet sich auch recht gut der Objekthalter von R. Müller (*1*).

Bei den kleinen Vertikalkammern, die man zu den Aufnahmen mit schwächsten Vergrößerungen verwendet, erzielt man die gleichmäßig diffuse und dabei doch lichtstarke Beleuchtung entweder mit dem Aufnahmetisch von ROMEIS oder, wo ein solcher fehlt, mit einer großen Mattscheibe, einer Gipsplatte oder einem Blatt weißen Zeichenpapiers, die man in entsprechender Weise unterhalb des Präparats aufstellt. Solche matt reflektierenden Flächen müssen natürlich recht intensiv beleuchtet werden. Ratsam ist es, hinter dem Kollektor der Lampe noch eine Zerstreuungslinse (Hilfskollektor) aufzustellen, um das große Sehfeld voll auszuleuchten.

Aufnahmen bei den schwächsten Vergrößerungen werden in durchfallendem Licht hauptsächlich von großen Schnittpräparaten (Gehirnschnitten u. ä.) angefertigt. Körperliche Objekte, z. B. mehr oder weniger durchsichtige pflanzliche oder tierische Körperteile, Plattenkulturen von Mikroorganismen (vgl. Abb. 96 u. 206), durchsichtige embryologische Präparate, Injektionspräparate, SPALTEHOLZsche Präparate usw., kommen jedoch ebenfalls dafür in Betracht. Zu diesen Aufnahmen eignet sich am besten die Vertikalkamera in Verbindung mit einem passenden Tischgestell. Der Aufnahmetisch von ROMEIS leistet gerade in solchen Fällen gute Dienste. Von großer Wichtigkeit ist es, die Unterlage für das Objekt richtig zu wählen, denn der Hintergrund des photographischen Bildes und der Kontrast im Bild ist stark von diesem Faktor abhängig. Stellt man die körperhaften Objekte auf die in ihrer ganzen Ausdehnung durchleuchtete Tischplatte auf, so wird man erstens einen mit Licht überfluteten Hintergrund und daher ein flaues Bild, zweitens aber störende Reflexe im Objekt erhalten, und schließlich kann von der großen leuchtenden Fläche der Glasplatte viel falsches Licht in das Objektiv gelangen. Man muß daher die durchsichtige Tischplatte mit Blendeneinsätzen aus Blech oder mit schwarzen Papiermasken bis auf einen angemessenen Ausschnitt abdecken. Der Aufnahmetisch von ROMEIS und der Objekttisch der Firma LEITZ sind schon mit fertigen Blenden oder Blendeneinsätzen ausgerüstet. Bei anderen Vorkehrungen lassen sich solche leicht improvisieren. Stets ist zu beachten, daß die Ausschnitte der Blendeneinsätze gewissermaßen die Leuchtfeldblenden darstellen; sie dürfen also weder zu groß noch zu klein bemessen sein. Die richtige Größe ist dann getroffen, wenn, wie bei der Leuchtfeldblende, der Rand des Ausschnitts sich mit dem Rand des vom Objektiv gelieferten Gesichtsfeldes deckt. Da kein lichtdichter Anschluß zwischen Kamera und Objekt vorhanden ist, empfiehlt es sich, in einem verdunkelten oder nur schwach beleuchteten Raum die Aufnahme vorzunehmen.

II. Die Mikrophotographie bei Dunkelfeldbeleuchtung.

(Zusammenfassende Darstellungen über Ultramikroskopie und Dunkelfeldbeleuchtung bei: M. BEREK [1, 2, 4, 6], E. HOFFMANN [1], O. HEIMSTÄDT [2], F. JENTZSCH [1, 2], A. M. SCHIRMANN [1], H. SIEDENTOPF [1, 2, 3, 4, 5, 6, 7, 9] und H. ZOCHER [1].)

Die Ableitung der optischen Gesetze, von denen die Bilderzeugung im Dunkelfeld abhängt, gehört in das Gebiet der mikroskopischen Optik (s. zusammenfassende Darstellungen). Hier werden diese mikroskopisch-optischen Grundlagen als bekannt vorausgesetzt. Die allgemeinen Kennzeichen des Dunkelfeldbildes, soweit sie für die Mikrophotographie von Bedeutung sind, wurden schon auf S. 20 und 23 kurz erörtert. Es genügt daher jetzt, nur daran zu erinnern, daß bei einer extremen schiefen Beleuchtung das Auflösungsvermögen des Mikroskops und die Kontrastwirkung durch Erzeugung eines positiven Bildes wesentlich gefördert wird.

Abb. 102. Ultramikroskopisches Bild. Rußteilchen, deren Größenordnung nach Auszählung und Berechnung (PERRINsche Methode) zwischen 15 und 40 mμ liegt, in Gelatine suspendiert (vgl. S. 217). Hom. Imm. ZEISS-Obj. 60fach, num. Ap. 0,85, Komp. Ok. 15fach, Kammerlänge: 41 cm, Bildvergr. 970fach. Paraboloid-Wechselkondensor, Belichtungszeit 2¹/₂ Min.

79. Die verschiedenen Arten der Dunkelfeldmikroskopie.

Nach den Zielen, die man dabei verfolgt und nach der Größenordnung der abzubildenden Formelemente unterscheidet man zwei Arten der Dunkelfeldmikroskopie: die Ultramikroskopie und die Dunkelfeldbeleuchtung mikroskopischer Formgebilde. Als Ultramikroskopie bezeichnet man das Verfahren, wenn die Formelemente, die im positiven Bild dargestellt werden, im Hellfeld selbst bei der stärksten Apertur der Abbildung nicht mehr sichtbar sind. Diese ultramikroskopischen oder submikroskopischen Formelemente (in der Größenordnung zwischen 0,1 und 100 mμ) bezeichnet man als Ultrateilchen oder Submikronen (Abb. 102). Sie bilden die letzten noch sichtbaren Elementareinheiten von kolloiden Strukturen. Bei der Dunkelfeldbeleuchtung mikroskopischer Formgebilde handelt es sich weniger um eine solche starke Steigerung des Auflösungsvermögens. Die Formelemente des Objekts sind auch im Hellfeld schon optisch auflösbar. Die Dunkelfeldbeleuchtung schafft hier hauptsächlich die günstige Kontrastwirkung, bei welcher äußerst zarte Formen und Strukturen (s. Abb. 103) besser sichtbar werden als das im Hellfeld der Fall ist.

Die Ausschaltung der Sehfeldstrahlen (s.

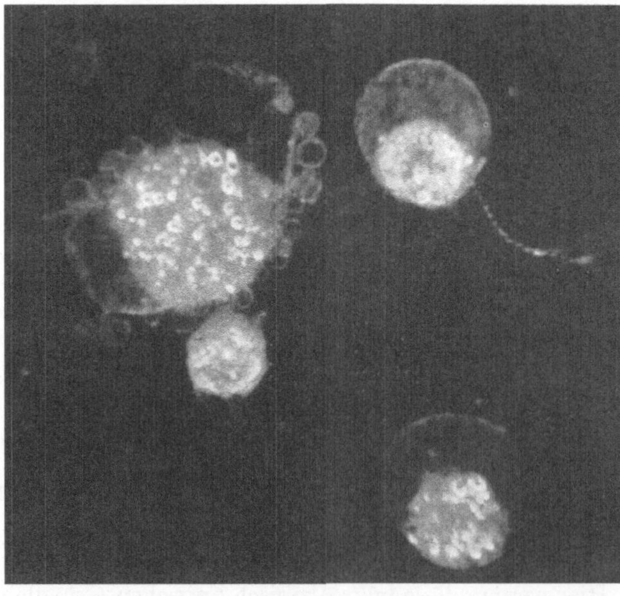

Abb. 103. Gezüchtete Blut-Monozyten mit einer Spirochäte, welche in die Zelle rechts oben gerade eindringt. LEITZ-Obj. ¹/₁₀ A. Fluor. 70fach, num. Ap. 1,3 (abgeblendet), peripl. Ok. 6fach, bizentrischer Kondensor 1,2 A. Mifilmca. Bildvergr. 850fach. (Originalaufnahme von FR. HIMMELWEIT.)

S. 23) erfolgt entweder mit einer extremen, einseitig-schiefen Beleuchtung (orthogonaler Beleuchtung, Dunkelfeldbeleuchtung mit beschränktem Azimut), bei welcher die optische Achse des schmalen Beleuchtungskegels senkrecht (orthogonal) auf die optische Achse des abbildenden Systems gerichtet ist oder aber so, daß man aus einem mit der optischen Achse des abbildenden Systems koaxialen und weit geöffnetem Lichtstrom die Beleuchtungsstrahlen der Objektivöffnung proportional ausblendet und das Objekt von allen Seiten nur mit den schiefen Randstrahlen beleuchtet (koaxiale, allseitig-schiefe oder ringförmige Beleuchtung). In beiden Fällen ist bei richtiger Gestaltung des Strahlenganges der unmittelbare Einfall von Beleuchtungsstrahlen in die Öffnung des Objektivs verhindert. Es können sowohl bei der orthogonalen wie bei der schiefen Richtung der Beleuchtungsstrahlen nur solche in das Objektiv gelangen, welche durch Beugung oder Brechung am Objektgefüge von ihrer ursprünglichen Richtung in die Öffnung des Objektivs gelenkt wurden. Eine dritte Möglichkeit, die Sehfeldbeleuchtung vollständig

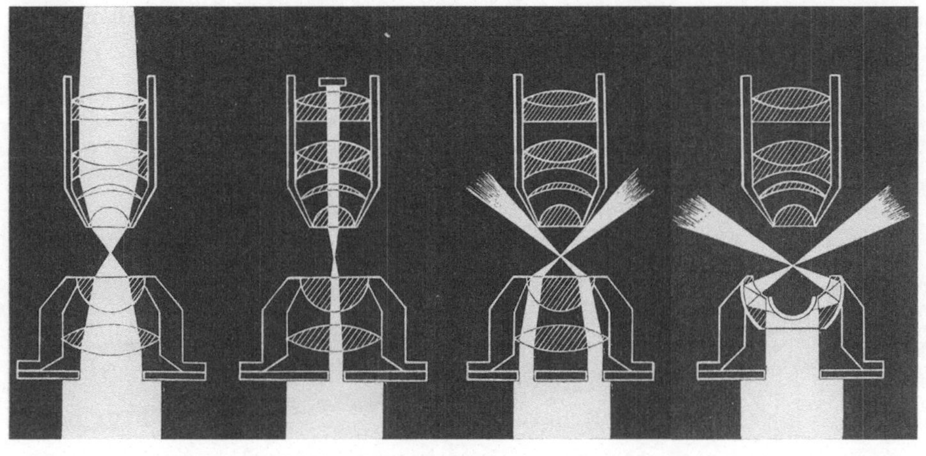

a   b   c   d

Abb. 104. Strahlengang bei der Hellfeldbeleuchtung und den verschiedenen Arten der Dunkelfeldbeleuchtung. a Hellfeldbeleuchtung; b Dunkelfeldbeleuchtung mit abgeblendetem Objektiv; c Dunkelfeldkondensor mit Zentralblende; d bizentrischer Kondensor. (Aus W. E. ANKEL [1, Abb. 2].)

auszuschalten, besteht darin, daß man zwar den ganzen Lichtstrom in die Eintrittspupille des Objektivs gelangen läßt, den zentralen Teil der Austrittspupille jedoch so weit abblendet, daß die Sehfeldstrahlen bei der Erzeugung des Zwischenbildes nicht mitwirken können (s. Abb. 104).

Die Dunkelfeldbeleuchtung wird allgemein nur mit den zwei erstgenannten Beleuchtungsarten erzielt, d. h. mit dem Spalt-Ultramikroskop und den Dunkelfeldkondensoren.

80. Das Spalt-Ultramikroskop. Wie aus der Abb. 105 ersichtlich, wird hier das Licht einer Bogenlampe oder eines Heliostaten durch ein Fernrohrobjektiv (f) auf eine Spaltblende gesammelt, deren Spaltweite und Spaltlänge durch Schrauben regulierbar sind. Eine zweite Fernrohrlinse (h) bildet den ausgeleuchteten Spalt in der Ebene des als Kondensor benützten Mikroskopobjektivs (m) ab. Die optische Achse des letzteren steht zur optischen Achse des Mikroskops (i) senkrecht. Mit Feinschrauben wird dann der Kondensor auf die zu untersuchende Schicht des Objekts (im Behälter l) genau eingestellt. Das so erzeugte Leuchtfeld ist das 36fach verkleinerte Bild des Spaltes. Je enger der Spalt ist, um so dünner wird die beleuchtete Objektschicht. Durch entsprechende Regelung der Spaltweite erzielt man also eine Beleuchtung in einem optischen

Querschnitt des Objekts. Die zu dieser Art der Ultramikroskopie geeignetste Beleuchtung mit einem schmalen Strahlenkegel erhält man bei Verringerung der Spaltlänge.

Das vom Spalt-Ultramikroskop gelieferte Dunkelfeldbild zeichnet sich durch seine große Lichtstärke[1] und die sehr weitgehende optische Auflösung aus. Die Lichtstärke ist durch die Helligkeit der Lichtquelle, die num. Apertur des Kondensors und die num. Apertur des Mikroskopobjektivs bestimmt. Die optische Auflösung hängt selbstverständlich ebenfalls von der num. Apertur des Beobachtungsobjektivs ab, sie wird aber durch den orthogenalen Lichteinfall in die Objektebene wesentlich gefördert. Den theoretischen Forderungen wird in vollkommenster Weise durch eine Beleuchtung mit dem Spalt-Ultramikroskop Genüge geleistet. Diese für die Dunkelfeldbeleuchtung so günstige Anordnung läßt sich jedoch nur auf Untersuchungsgegenstände anwenden, welche in der erforderlichen Höhe und mit der notwendigen Schichtbreite zwischen Beleuchtungs- und Beobachtungsobjektiv unterzubringen sind. Die mikroskopischen

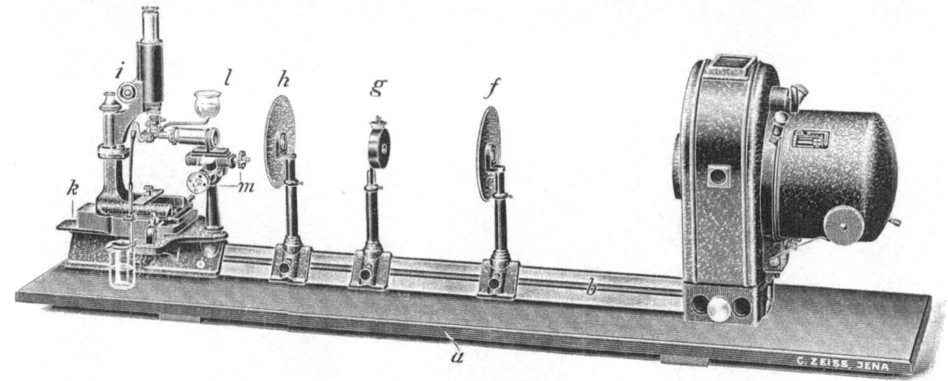

Abb. 105. Das Spalt-Ultramikroskop nach SIEDENTOPF und ZSIGMONDY.

Präparate eignen sich in ihrer üblichen Form aus diesem Grund zur Abbildung mit dem Spalt-Ultramikroskop nicht. Vorzugsweise untersucht man dagegen so Flüssigkeiten (Kolloide, Suspensionen und Emulsionen), die man in einem Behälter von besonderem Bau in den Strahlengang stellt (s. Abb. 105). Feste, durchsichtige Gegenstände (feste Gallerte, Glas, Kristalle usw.) können ebenfalls zwischen Beleuchtungs- und Beobachtungsobjektiv aufgestellt werden, wenn sie eine Würfelform oder mindestens zwei planparallele Flächen haben. Sie müssen dann in der entsprechenden Höhe ausgerichtet am Mikroskoptisch aufgestellt werden, was am zweckmäßigsten mit einem heb- und senkbaren Mikroskopobjekttisch erfolgt.

81. Die Dunkelfeldkondensoren. Die zweite, derzeit am meisten verbreitete Art der Dunkelfeldbeleuchtung ist die allseitig schiefe, koaxiale oder ringförmige Beleuchtung mittels der Dunkelfeldkondensoren (Abb. 106). Über die geschichtliche Entwicklung der Methode erhält man die gewünschten Auskünfte am besten aus H. SIEDENTOPF (3).

a) Die verschiedenen Formen der Dunkelfeldkondensoren und ihre optischen Eigenschaften. Der Grundplan jedes Dunkelfeldkondensors ist so angelegt, daß 1. die Sehfeldstrahlen im mittleren Bereich des Lichtstroms

---

[1] Die Kardioidkondensoren liefern jedoch ein noch lichtstärkeres Bild (vgl. H. SIEDENTOPF [4]).

ausgeblendet werden, 2. die zu den Gliedern des Kondensors gelangenden Randstrahlen unter großen Winkeln gegen die optische Achse des Mikroskops gelenkt werden und sich hier in einem sehr engbegrenzten, fast punktförmigen Raum (im Brennfleck) schneiden (Abb. 106). Je vollkommener die Sehfeldbeleuchtung ausgeschaltet ist, um so stärker tritt die Kontrastwirkung in Erscheinung; je größer der Neigungswinkel ist, den die auf das Objekt konzentrierten Randstrahlen mit der optischen Achse des Mikroskops einschließen, d. h. je größer die Öffnungswinkel der beleuchtenden Strahlenbündel und die Apertur des Kon

densors ist, um so heller und stärker aufgelöst erscheinen die Bildelemente. Von der Güte der Strahlenvereinigung in der Schnittebene (im Brennfleck) hängt dann die Schärfe der Abbildung und die Tiefenschärfe ab. Selbstverständlich spielen die Eigenschaften des abbildenden Systems: der Korrektionszustand und die num. Apertur der Objektive auch hier die gleiche Rolle wie in der Hellfeldmikroskopie. Während jedoch dort die Abbildungsschärfe (und Tiefenschärfe), die optische Auflösung und die Objektähnlichkeit in der Hauptsache von den Faktoren der Abbildung und in weit geringerem Grad von denen der Beleuchtung abhängig sind (vgl. S.14ff.), üben in der Dunkelfeldmikroskopie die Faktoren der Beleuchtung: der Korrektionszustand und die gleich zu erwähnenden Aperturbereiche der Dunkelfeldkondensoren auf die Eigenschaften des Bildes einen entscheidenden Einfluß aus.

Den Forderungen, die man einem Dunkelfeldkondensor

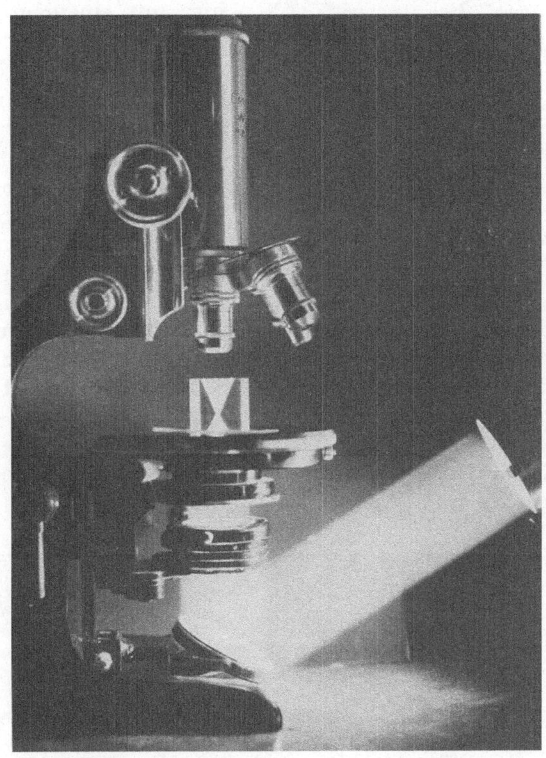

Abb. 106. Strahlengang im Dunkelfeldmikroskop. Der Strahlengang oberhalb des Kondensors wird durch einen Uranglaswürfel sichtbar gemacht. (Aus W. E. ANKEL [1, Abb. 1].)

gegenüber zu stellen pflegt, entsprechen am besten die Spiegelkondensoren, wo die Randstrahlen der Beleuchtung von spiegelnden Flächen des Kondensors in die Schnittebene gelenkt werden. Nach der Form der spiegelnden Flächen unterscheidet man kugelförmige, paraboloide oder kardioide Spiegelkondensoren. Die Strahlenvereinigung ist bei den kardioiden Spiegelkondensoren die beste, bei den paraboloiden weist sie Abweichungen von der punktförmigen Strahlenvereinigung in geringerem, bei den einfachen kugelförmigen Kondensoren jedoch in höherem Maße auf. Die meistgeeigneten Kondensoren zur Mikrophotographie im Dunkelfeld sind deshalb die Paraboloid- und die Kardioidkondensoren oder die ihnen gleichwertigen bizentrischen Kondensoren.

Der Winkel, den die Randstrahlen mit der optischen Achse einschließen und von welchem die Apertur des Kondensors bedingt ist, hängt nicht allein von der

Form, sondern auch von der Anzahl der Spiegelflächen ab, ferner von der Brechungszahl des Mittels zwischen Kondensor und Objekt und schließlich von der Größe des Kondensordurchmessers. Dieser letzterwähnte Faktor wird allerdings nur in Ausnahmefällen eine praktische Rolle spielen (z. B. beim großen Gaskondensor der Firma C. ZEISS, s. S. 211). Am zweckmäßigsten erzeugt man einen extrem schiefen, fast streifenden Einfall der Randstrahlen durch Anordnung von zwei spiegelnden Flächen hintereinander so, daß die in den Kondensor eingetretenen achsenparallelen Strahlen an der ersten Spiegelfläche erst von der optischen Achse weg auf die zweite Spiegelfläche — und nun von hier mit einem großen Einfallwinkel zur optischen Achse in die Schnittebene gelenkt werden (Abb. 107 u. 108). Solche Kondensoren, wo also die Randstrahlen hintereinander an zwei kugeligen oder kardioiden Flächen Spiegelungen erfahren, bezeichnet man als zweiflächige (bizentrische) oder Zweispiegelkondensoren. Hierher gehören die bizentrischen Kondensoren der Firma E. LEITZ (vgl. F. JENTZSCH [1] und M. BEREK [2]) und die Kardioidkondensoren der Firma C. ZEISS (der Kardioidkondensor und der Leuchtfeldkondensor).

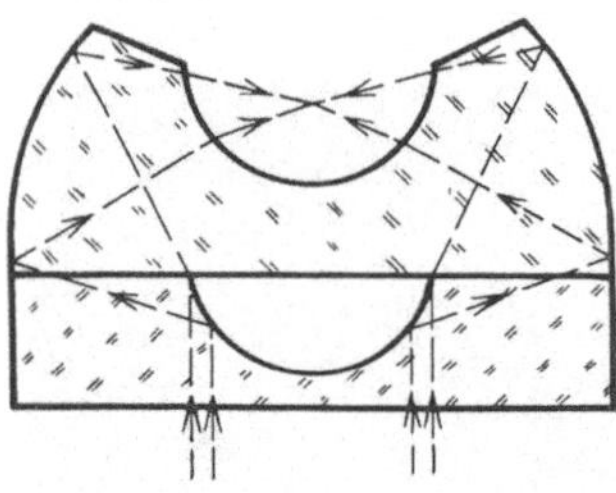

Abb. 107. Strahlengang im Ultrakondensor (konzentrischem Kondensor nach JENTZSCH). (Aus H. ZOCHER [1, Abb. 348].)

Diese stellen die vollkommenste Form der Dunkelfeldkondensoren mit den größten Aperturen dar. Eine Apertur über 1 ist auch hier nur mit einer unteren Immersion erzielbar. Die sog. Trockenkondensoren, welche nur ohne untere Immersion brauchbar sind, wie z. B. die Präparier-Wechselkondensoren (s. S. 210), haben durchwegs geringere Aperturen als die sog. Immersionskondensoren. Die untere Immersion hat jedoch hier nicht nur auf die num. Apertur eine fördernde Wirkung, sondern auch auf die Deutlichkeit

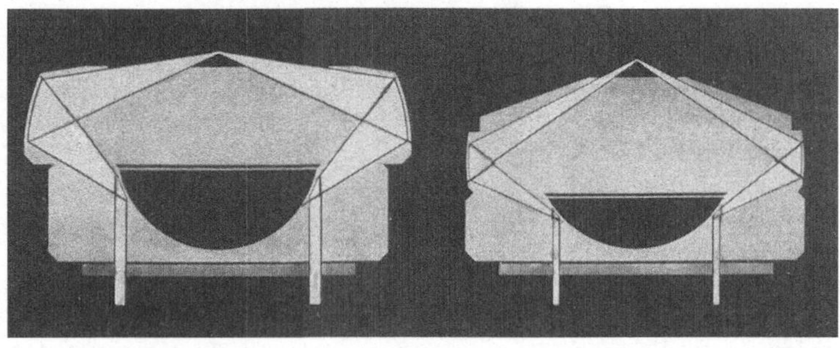

a   b

Abb. 108. Strahlengang im Leuchtfeld-Kondensor (a) und im Kardioidkondensor (b) nach H. SIEDENTOPF. (Aus H. ZOCHER [1, Abb. 350].)

des Dunkelfeldbildes, da sie vor Spiegelungen schützt, welche beim streifenden Gang der Randstrahlen an der Tragglas- oder Deckglasfläche auftreten könnten. Die zweiflächigen Kondensoren liefern überhaupt nur mit einer unteren Immersion ein brauchbares Bild.

Als Immersionsflüssigkeiten benützt man dieselben, welche schon bei den Immersionslinsen genannt wurden (s. S. 34 und 52). Auch die Maßregeln bei ihrem Gebrauch sind die gleichen. Es kann höchstens nur noch hinzugefügt werden, daß bei der starken optischen Auflösung und Kontrastwirkung im Dunkelfeld schon ganz geringe Verunreinigungen in der Immersionsflüssigkeit oder an den Glasflächen des Kondensors und des Präparates stark störend bemerkbar werden. Es ist deshalb auf die optische Reinheit der Immersionsflüssigkeit und der zur Präparatenherstellung benützten Gläser genauestens zu achten[1].

b) Die verschiedenen Aperturbereiche eines Dunkelfeldkondensors. Die Öffnung des Dunkelfeldkondensors wird durch die Zentralblende in zwei Bereiche geteilt, deren Bedeutung hier kurz geschildert werden soll. Der abgeblendete Bereich in der Mitte der Kondensoröffnung (a_z) muß zur Öffnung des Mikroskopobjektivs (a_0) in einem durch den Durchmesser der Zentralblende festgesetzten Verhältnis stehen, und zwar muß stets $a_z > a_0$ sein. Ist nämlich $a_z = a_0$, so wird die Beleuchtungsanordnung gegen kleinste Störungen, die durch die Objektschicht, die Deckglasdicke oder die Spiegelstellung verursacht sind, überaus empfindlich. Ist aber $a_z > a_0$, so schaltet man aus der Gesamtapertur des Kondensors (a_k) mehr heraus, als die Objektivapertur beträgt. Die Differenz $a_z - a_0$ ergibt den sog. toten oder unausgenützten Aperturbereich. Was nun von der Öffnung des Kondensors zum Eintritt der Randstrahlen übrigbleibt ($a_k - a_z$), heißt die nutzbare oder wirksame Apertur, welche bei der Beurteilung der Leistungsfähigkeit eines Dunkelfeldkondensors in erster Reihe maßgebend ist. Sie wird durch zwei Zahlen gekennzeichnet, von denen die eine die untere Grenzapertur, d. h. die Größe des toten Aperturbereiches (a_z), die andere die obere Grenzapertur, d. h. die Gesamtapertur oder die ganze Öffnungsgröße des Kondensors (a_k) angibt. Je geringer der Unterschied zwischen unterer und oberer Grenzapertur ist, um so enger bemessen ist der wirksame Aperturbereich. Demzufolge erhält man dann sehr schmale Bündel der schiefen Randstrahlen, was für die Strahlenvereinigung zwar recht vorteilhaft, in bezug auf die Helligkeit der Bildelemente jedoch ungünstig ist. Je größer wiederum der tote Aperturbereich ist, um so reiner und dunkler wird der Hintergrund, den man mit der Dunkelfeldbeleuchtung erhält. Die günstigsten Bedingungen wird man also von einer solchen optischen Anordnung erhalten, wo die Gesamtapertur des Kondensors beträchtlich größer ist als die Apertur des Objektivs, wo folglich die Größenunterschiede zwischen Objektivapertur und totem Aperturbereich, zwischen unterer und oberer Grenzapertur gut ausgeprägt sind. So günstige Verhältnisse hat man verständlicherweise nur beim Gebrauch von Objektiven mit einer entsprechend beschränkten Apertur. Die stärksten Apochromate mit den num. Aperturen 1,35—1,4 sind zur Dunkelfeldmikroskopie auch mit den stärksten Kondensoren im allgemeinen nicht geeignet[2]. Die optischen Werke liefern deshalb für ihre Dunkelfeldkondensoren zum Ersatz der stärksten Immersionsobjektive besondere Immersionslinsen, welche eine starke Einzelvergrößerung und eine dem Dunkelfeldkondensor angepaßte geringere num. Apertur haben. Besonders wertvoll sind unter diesen die starken Immersionslinsen mit einer Iris-Aperturblende (z. B. der Immersionsachromat 90fach [S. 35] oder der Immersionsapochromat 60fach [S. 36] der Firma C. ZEISS). Mit diesen läßt sich nämlich die Apertur der Abbildung der wirksamen Apertur des Kondensors am feinsten und genauesten anpassen.

---

[1] Das optische Zedernöl soll möglichst aus der gut verkorkten Flasche zur unteren und zur oberen Immersion entnommen werden. Vorteilhaft ist in vielen Fällen, namentlich bei Untersuchungen mit Trockenlinsen, statt Zedernöl Xylol oder nach besser Terpineol zur unteren Immersion zu nehmen. Trag- und Deckgläser sollen in Kaliumbichromatschwefelsäure mit nachträglicher Wässerung in fließendem Wasser geputzt werden. Am besten läßt man sie an einem staubfreien Ort an der Luft trocknen. Um die Glasfläche sauber zu halten, überzieht man sie mit Kollodium (käufliches Kollodium 1 Teil, Äther-Alkohol 3 Teile) und zieht das Kollodiumhäutchen erst vor der Präparatenherstellung mit einer spitzen Pinzette vom Tragglas und Deckglas herunter. Öfters geputzte Gläser sind tunlichst zu vermeiden.

[2] Mit dem Leuchtfeldkondensor (s. S. 206) kann man immerhin Objektive bis zur num. Apertur 1,3 einschließlich benützen.

An dem folgenden Beispiel lassen sich die Beziehungen zwischen der num. Apertur des Objektivs und den verschiedenen Aperturbereichen des Dunkelfeldkondensors noch klarer überblicken: Sei der Kondensor, mit dem die Dunkelfeldbeleuchtung erzeugt werden soll, ein Paraboloidkondensor mit dem wirksamen Aperturbereich zwischen 0,85 und 1,05. Stellt man das Bild mit einem mittelstarken Trockenobjektiv 40fach num. Apertur 0,65 ein, so erhält man ein kontrastreiches lichtstarkes Bild mit einem tiefschwarzen Hintergrund. Der tote Aperturbereich (zwischen 0,65 und 0,85) ist zur Erzeugung des dunklen Hintergrundes — und die Weite des wirksamen Aperturbereiches zur Erzeugung hell leuchtender Bildelemente in gleichem Maße günstig bemessen. Wird aber das Bild mit einem anderen Trockenobjektiv von der höheren num. Apertur 0,80 eingestellt (z. B. dem Trockenapochromat 40fach, num. Apertur 0,95, wo die Apertur durch eine Innenblende auf 0,80 beschränkt ist), so erhält man bei derselben Vergrößerung und optischen Auflösung ein ebenso lichtstarkes Bild, jedoch mit einer weit ungünstigeren Kontrastwirkung. Die Helligkeit der Bildelemente bleibt dieselbe wie früher, weil auch die wirksame Apertur des Kondensors (zwischen 0,85 und 1,05) dieselbe geblieben ist. Der tote Aperturbereich ist jedoch wesentlich kleiner geworden (0,85—0,8) und reicht nicht mehr aus zur Erzeugung eines tiefschwarzen Hintergrundes.

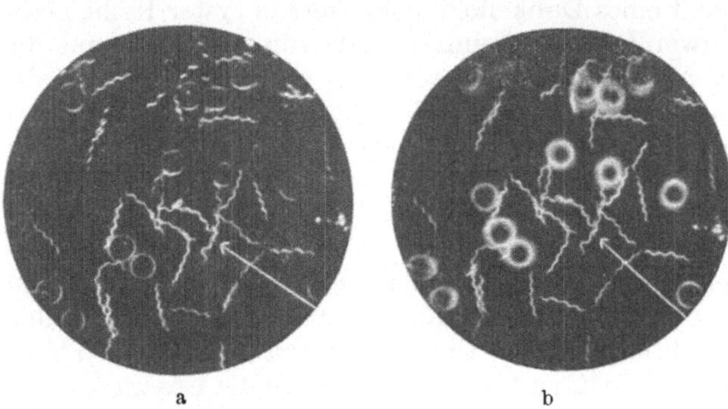

a   b

Abb. 109. Dunkelfeldaufnahmen mit dem Leuchtfeldkondensor und dem Immersionsapochromat num. Ap. 1,30.
Ausstrichpräparat mit roten Blutzellen und der Spirochaeta pallida. Bei a ist die Apertur des Objektivs auf num. Ap. 0,85 abgeblendet, bei b ist die Aufnahme bei der vollen Apertur ausgeführt.
(Aus Zeiss-Druckschrift: Mikro 406.)

Objektive mit einer höheren Apertur als 0,85 können mit dem beispielshalber angeführten Kondensor überhaupt nicht benützt werden. Zu solchen muß man dann Dunkelfeldkondensoren mit einer wirksamen Apertur zwischen 1,05 und 1,2 wählen, z. B. die Kardioidkondensoren oder die bizentrischen Kondensoren. Der tote Aperturbereich wird natürlich auch hier um so geringer, je mehr die Apertur des Objektivs sich der unteren Grenzapertur des Kondensors nähert. Bei Verwendung der stärksten Objektive muß man also auf die Zentrierung des Strahlenganges und auf die richtige Schichthöhe des Präparates genauestens achten. Für derartige Dunkelfelduntersuchungen werden deshalb die Kondensoren zweckmäßigerweise mit einer Zentriervorrichtung versehen oder in eine Zentrierfassung eingesetzt[1]. Auch so wird man Objektive höchstens bis zur num. Apertur 1,05 verwenden können. Noch stärkere Objektive bis zur num. Apertur 1,3 einschließlich sind allein mit dem Leuchtfeldkondensor der Firma C. Zeiss und dem bizentrischen Kondensor D 1,4 der Firma E. Leitz verwendbar. Mit den letztgenannten Kondensoren läßt sich also die höchste optische Auflösung bei einer allseitig schiefen Beleuchtung erreichen, allerdings nur bei Ausstrichpräparaten ohne Deckglas oder bei solchen, welche ohne Deckglas in einem ganz dünn ausgebreiteten Einschlußmittel mit der Brechungszahl: $n_D > 1{,}45$ eingebettet sind[2] (Abb. 109).

---

[1] Siehe für die Kardioidkondensoren die Zeiss-Druckschrift: Mikro 407, für die bizentrischen Kondensoren die Leitz-Druckschrift: Mikro 2494.
[2] Siehe Zeiss-Druckschrift: Mikro 406 und Leitz-Druckschrift: Mikro 2494.

c) **Die Beziehungen zwischen Kondensorschnittweite und Objektebene.** Bei einer orthogonalen Beleuchtung mit dem Spaltultramikroskop ist die Güte der Beleuchtung von der Schichtdicke des Objekts in verhältnismäßig weiten Grenzen unabhängig. Verwickelter sind die Verhältnisse bei der koaxialen oder ringförmigen Beleuchtung mit einem Dunkelfeldkondensor. Hier wirken stets drei Faktorengruppen engstens zusammen, nämlich 1. die Schnittweite des Kondensors und die räumliche Ausdehnung seines Brennfleckes, 2. die Tiefenschärfe des Objektivs und 3. die Schichthöhe des Objektes. Die Schnittweite des Kondensors, d. h. der Abstand der Strahlenvereinigungsstelle von der oberen Kondensorfläche ist um so kleiner, je schiefer die Randstrahlen in die Schnittebene fallen, je größer also die num. Apertur des Kondensors ist[1]. Eine störungsfreie Dunkelfeldbeleuchtung erhält man aber nur von jener Objektschicht, welche genau in der Schnittebene des Kondensors liegt. Da die Dunkelfeldkondensoren mit der Einstellschraube des ABBEschen Beleuchtungsapparates in der Höhe ebenso verstellbar sind wie die Hellfeldkondensoren, kann man durch Heben oder Senken die Schnittebene genau in die zu beleuchtende Objektebene einstellen, falls auch im Präparat die Bedingungen dafür vorhanden sind. Diese Bedingungen sind wiederum erfüllt, wenn die Tragglasdicke und die Höhe der eigentlichen Objektschicht der Schnittweite des Kondensors angepaßt sind. Bei Kondensoren mit großer Appertur und geringer Schnittweite, wie z. B. den Kardioidkondensoren, darf die Tragglasdicke höchstens 1,2 mm betragen und die Schicht zwischen Tragglas und Deckglas muß ganz dünn sein (etwa bis 5 μ). Bei den Paraboloidkondensoren und den bizentrischen Kondensoren D 1,20 AA kann die Gesamtschichthöhe des Präparates (Tragglas und Objektschicht) ungefähr 2 mm sein. Die Deckglasdicke hat nur insofern eine besondere Bedeutung, weil die von einer anormalen Deckglasdicke verursachten Abweichungen (S. 133) im Dunkelfeld stärker bemerkbar sind als im Hellfeld. Statt Trockenobjektive verwendet man deshalb vorteilhafter Immersionslinsen, bei denen die Deckglasdicke eine geringere Rolle spielt und auch die Störungen behoben sind, die sonst beim Austritt der Strahlen in die Luft durch Spiegelungen an der Deckglasfläche entstehen könnten.

Hat man so eine der Schnittweite des Kondensors angepaßte Schichthöhe und liegt die Schnittebene der Strahlen richtig in der Objektschicht, auf die das Objektiv eingestellt ist, so ist die Güte der Beleuchtung und die Deutlichkeit des Dunkelfeldbildes ferner noch von dem Verhältnis abhängig, in welchem die Tiefenschärfe des Objektivs zur räumlichen Ausdehnung der Strahlenvereinigungsstelle steht. Bei ganz dünnen Objektschichten und bei Kondensoren, deren Strahlenvereinigung fast punktförmig ist, hat man diesbezüglich die günstigsten Verhältnisse, denn das Objekt wird gewissermaßen nur in einer optischen Ebene beleuchtet, und von diesem allein erhält man Bildelemente mit einer gleichmäßigen Abbildungsschärfe. Die Tiefenschärfe des Objektivs hat also in solchen Fällen eine nebensächliche Bedeutung. Um so größer ist jedoch ihre Bedeutung in allen Fällen, wo die Strahlenvereinigung nicht punktförmig, sondern in Form eines mehr oder weniger ausgedehnten Brennfleckes erfolgt (s. Abb. 106), und ebenso dort, wo die Objektschicht verhältnismäßig hoch ist. In beiden Fällen werden nämlich die Formelemente des Objekts nicht bloß in einem optischen Querschnitt, sondern in mehreren übereinander gelagerten Ebenen beleuchtet, und ihre scharfe Abbildung ist von der Tiefenschärfe des Objektivs in hohem Maße abhängig. Hat das Objektiv eine geringe Tiefenschärfe, so erhält man nur von jenen beleuchteten Formelementen scharfe Bilder, welche genau in der Einstellebene des

---

[1] Auch bei den Hellfeldkondensoren mit starken Aperturen hat man eine ähnliche kurze Schnittweite. Hier ist es jedoch im allgemeinen nicht erforderlich, daß die Objektebene genau in der Schnittebene des Kondensors liegen soll (s. S. 50).

Objektivs liegen, von den darüber oder darunterliegenden aber nur Zerstreuungsscheibchen[1] (s. Abb. 199). Deutliche Dunkelfeldbilder mit gleichmäßig scharfer Abbildung aller beleuchteter Formelemente erhält man unter solchen Verhältnissen nur bei genügend großer Tiefenschärfe des Objektivs. Schon aus diesem Grund wird man nicht vollkommen korrigierte Dunkelfeldkondensoren (z. B. die Einspiegelkondensoren) nur mit Objektiven benützen, welche eine geringe num. Apertur und dementsprechend eine größere Tiefenschärfe haben. Dasselbe gilt für die Dunkelfeldbeleuchtung von dickeren Objektschichten.

d) **Die Azimutfehler.** Fallen die Randstrahlen nicht aus allen Richtungen unter den gleichen Neigungswinkel in die Objektebene, sondern aus bestimmten Richtungen (Azimuten) schiefer, aus anderen wiederum steiler, so erhält man als häufigste Störung in der Dunkelfeldbeleuchtung den sog. Azimutfehler. Dieser wird bei sonst einwandfrei gebauten Dunkelfeldkondensoren vorwiegend dann entstehen, wenn die Beleuchtungsstrahlen nicht streng koaxial in die Kondensoröffnung fallen, d. h. wenn das Licht der Lampe nicht genau auf die Mitte des Mikroskopspiegels gerichtet ist. Man erzeugt dann eine fehlerhafte Mischform zwischen einer einseitig schiefen und einer allseitig schiefen Beleuchtung, bei welcher alle Formelemente der beleuchteten Objektschicht in einer bestimmten Richtung, und zwar senkrecht zur Richtung des exzentrisch einfallenden Lichtstroms länglich verzerrt und unscharf abgebildet erscheinen. Eine andere ähnliche Störung erhält man auch bei gut ausgerichtetem (koaxialem) Strahlengang, wenn die eingestellte Objektivebene nicht genau in der Vereinigungsstelle der Beleuchtungsstrahlen, sondern oberhalb oder unterhalb dieser steht und so mit Strahlenbündeln von begrenzten aber entgegengesetzten Azimuten beleuchtet wird. Man erblickt dann ein Dunkelfeldbild, wo die Formelemente nach verschiedenen Richtungen länglich verzerrt sind, je nachdem aus welchem begrenzten Azimut sie Strahlen erhalten haben.

e) **Die Handhabung der Dunkelfeldkondensoren.** Um solche und ähnliche Fehler zu vermeiden, soll der Strahlengang von der Lichtquelle bis zur Eintrittspupille des Objektivs koaxial ausgerichtet sein. Man stellt also die Lichtquelle von möglichst großer Flächenhelligkeit (am besten eine Gleichstrombogenlampe[2]) vor dem Mikroskopspiegel (Planspiegel!) so auf, daß das Licht genau zentrisch auf die unter 45⁰ geneigte Spiegelfläche falle (s. Abb. 106). Vorteilhaft ist, wenn die ganze Spiegelfläche gleichmäßig ausgeleuchtet ist und ebenso die Öffnung des Kondensors, die man im Spiegel gut beobachten kann. Die Abbildung der Leuchtfläche am Spiegel ist dagegen nicht ratsam.

Zur Prüfung der Lichtverhältnisse in der Objektebene eignet sich am besten eine Linsenfolge aus einem schwachen Objektiv und einem schwachen Okular. Man befestigt also das mit sorgfältig gereinigten Gläsern hergestellte Präparat am Objekttisch und hebt den Kondensor, dessen obere Fläche (falls es sich um einen Immersionskondensor handelt) mit einem großen Tropfen Immersionsflüssigkeit bedeckt ist, bis zum Anschlag. Der dünne Spalt zwischen Tragglas und Kondensorfläche muß gleichmäßig und luftblasenfrei mit der Immersion ausgefüllt sein. Wird nun auf die Objektebene scharf eingestellt, so erblickt man im Sehfeld einen kleinen runden Lichtfleck, dessen Lage und die darin sichtbaren

---

[1] Im Hellfeld hat man natürlich die gleichen Verhältnisse, nur bemerkt man im Dunkelfeld infolge der stärkeren Lichtwirkung der im positiven Bild hell leuchtenden Bildelemente den störenden Einfluß tiefer oder höher liegenden Objektebenen unvergleichlich stärker als im Hellfeld.

[2] Für die subjektive Beobachtung und ebenso für Dunkelfeldaufnahmen mikroskopischer Formgebilde reicht auch die Lichtstärke der Niedervoltlampen und der Punktlichtlampen aus; zu ultramikroskopischen Aufnahmen ist jedoch das Bogenlicht am meisten geeignet.

Lichterscheinungen zur Beurteilung der Güte der Beleuchtung maßgebend sind. Zunächst sei bemerkt, daß bei einer und derselben Linsenfolge die Größe des Lichtfleckes von dem Korrektionszustand des Kondensors abhängig ist. Je genauer aplanatisch die Strahlenvereinigung erfolgt, um so kleiner ist bei der gegebenen mikroskopischen Vergrößerung der Lichtfleck und um so schärfer ist er von dem übrigen dunklen Teil des Sehfeldes abgegrenzt. Liegt er genau in der Mitte des Sehfeldes und ist er gleichmäßig hell, so ist sowohl die Zentrierung als auch die Einstellung des Kondensors richtig. Liegt der Lichtfleck jedoch im Sehfeld exzentrisch, so ist das ein Zeichen der mangelhaften Zentrierung; erscheint aber die Mitte des Lichtfleckes dunkel, so ist der Kondensor nicht vorschriftsmäßig auf die Objektebene eingestellt. Bei einer exzentrischen Lage dieser dunklen Stelle bringt man sie zunächst mit dem Spiegel in die Mitte des Lichtfleckes; dann hebt oder senkt man den Kondensor so weit[1], bis der ganze Lichtfleck vom Licht gleichmäßig ausgefüllt ist. Schließlich muß man den Strahlengang der Abbildung und der Beleuchtung genau zueinander ausrichten, d. h. den Lichtfleck in die Mitte des Sehfeldes bringen. Dafür ändert man nichts mehr an der Spiegelstellung, sondern führt dieses mit Hilfe der Zentriervorrichtung des Kondensors oder mit der Zentrierfassung aus. Dort, wo der Kondensor keine eigene Zentriervorrichtung oder Zentrierfassung hat, muß das Objektiv zum Lichtfleck ausgerichtet werden. Das erfolgt am besten mit Objektiven in Schlittenwechslern.

f) **Die Frage der Bildvergrößerung.** Die starke Kontrastwirkung und die optische Auflösung im Dunkelfeld schaffen recht günstige Bedingungen für die weitere Vergrößerung des Zwischenbildes. Man kann deshalb durchweg stärkere Okulare benützen als im Hellfeld, namentlich wenn die Bildelemente stark leuchten, wie das im Bogenlicht bei schwachen und mittelstarken Objektiven der Fall ist. Eine starke Okularvergrößerung ist oft auch deshalb schon erwünscht, weil die Spiegelungen und Lichtschleier, die von der Deckglasfläche oder von der ungünstigen Objektschichthöhe verursacht sind, bei der geringeren Helligkeit des stärker vergrößerten Bildes weniger in Erscheinung treten.

Bei mikrophotographischen Aufnahmen läßt sich eine vorteilhafte Bildvergrößerung auf verschiedene Weise erzielen, je nachdem, ob man die Aufnahme mit einer Balgkamera oder einer Aufsatzkamera ausführt. Bei einer Balgkamera wählt man am besten ein mittelstarkes Okular (z. B. komp. Ok. 10fach oder peripl. Ok. 8fach) und erzeugt die weitere Bildvergrößerung durch den Kammerauszug. Bei Aufnahmen mit den Aufsatzkammern wählt man dagegen, insofern man eine Auswahl zwischen mehreren Okularvergrößerungen hat, stets die schwächste und vergrößert das Bild nachträglich beim Kopieren (s. Abb. 103). So erhält man die günstigsten Bedingungen für die scharfe Einstellung und für die Belichtung.

g) **Die Wechselkondensoren und die Präparierwechselkondensoren.** Zu Dunkelfeldaufnahmen mikroskopischer Formgebilde, insbesonders der biologischen Objekte, eignen sich in erster Reihe die Wechselkondensoren, und zwar 1. weil man mit ihnen recht einfach und bequem das Objekt abwechselnd in Hellfeld und in Dunkelfeld beobachten kann, 2. weil sie gegen die Schichthöhe des Objekts weniger empfindlich sind als die starken bizentrischen oder kardioiden

---

[1] Manchmal läßt sich der Kondensor nicht hoch genug aufkurbeln und die dunkle Stelle verschwindet auch dann nicht, wenn der Kondensor bis zum Anschlag gehoben ist. Solche Schwierigkeiten entstehen hauptsächlich, wenn man Stative und Kondensoren, die nicht aufeinander angepaßt sind, benutzt, oder wenn der Mikroskoptisch eine Lochblende hat und diese nicht entfernt wurde. Am häufigsten liegt jedoch der Grund solcher Störungen darin, daß man den Dunkelfeldkondensor nicht ganz genau in die Schiebhülse des Beleuchtungsapparates eingesetzt oder ihn hier nicht stark genug befestigt hat.

Dunkelfeldkondensoren. Sie werden als Paraboloidkondensoren (C. ZEISS) oder als bizentrische Kondensoren (E. LEITZ) hergestellt und mit einem schwachen Hellfeldkondensor ausgerüstet, der im unbenützten Aperturbereich untergebracht wird. Die Zentralblende wird beim Paraboloid-Wechselkondensor nach H. SIEDENTOPF mit der in den Kondensor eingebauten Irisblende so gekoppelt, daß beim Öffnen bis zum toten Aperturbereich die Zentralblende automatisch vor den Hellfeldkondensor eingeschaltet — beim Schließen der Irisblende jedoch nach Überschreitung des toten Aperturbereiches sie wieder ausgeschaltet wird. So kann man einen sehr fein abgestuften Übergang zwischen Hellfeld- und

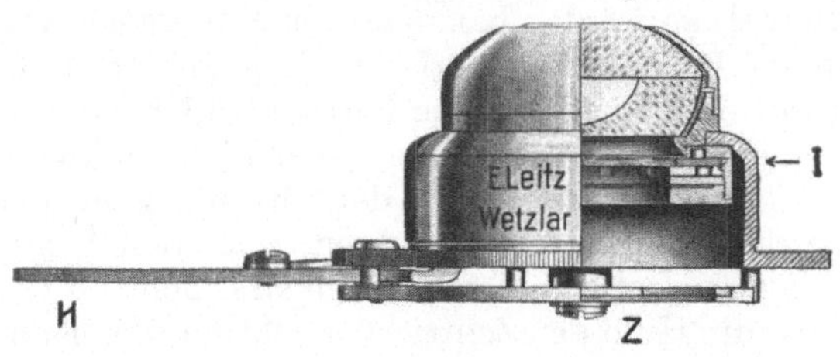

Abb. 110. Bizentrischer Kondensor für Hell- und Dunkelfeldbeleuchtung nach M. BEREK. (Aus H. ZOCHER [1, Abb. 349].)

Dunkelfeldbeleuchtung erzielen, was bei der Wahl der Beleuchtung und beim Aufsuchen der für die Abbildung günstigsten Stelle wesentliche Vorteile hat (s. Abb. 215). Ähnlicherweise ist auch der bizentrische Kondensor der Firma E. LEITZ für Hell-Dunkelfeld nach M. BEREK gebaut (Abb. 110).

Als Präparier-Wechselkondensoren bezeichnet man jene, welche eine verhältnismäßig große Schnittweite (10 oder 4,5 mm) haben und demzufolge auch dort eine Dunkelfeldbeleuchtung ermöglichen, wo die Objektebene in einer solchen beträchtlichen Höhe oberhalb der Tischöffnung liegt. Sie eignen sich also hauptsächlich zu Zelloperationen im Dunkelfeld und ebenso zur Dunkelfeldbeleuchtung aller Arten von Objekten in hohlgeschliffenen Objektträgern oder Mikrokammern (s. S. 330). Mit ihrer langen Schnittweite hängt ihre geringere Apertur zusammen.

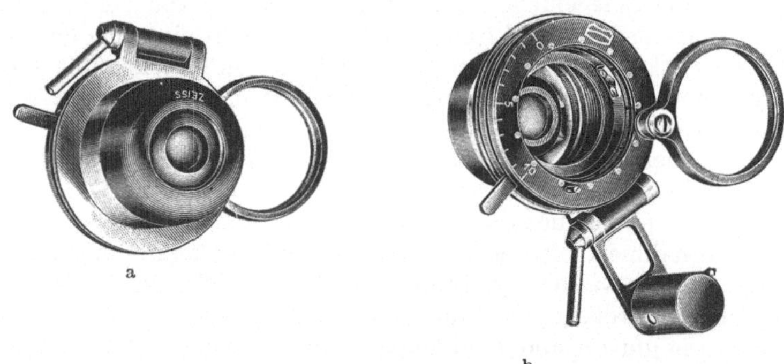

Abb. 111. Präparier-Wechselkondensoren der Firma C. ZEISS, a von oben, b von unten gesehen.
(Aus ZEISS-Druckschrift: Mikro 400.)

Der Präparier-Wechselkondensor der Firma C. ZEISS mit einer Schnittweite 10 mm hat dementsprechend nur eine wirksame Apertur zwischen 0,4 und 0,5 und eignet sich ausschließlich zu schwachen Objektiven bis zur num. Apertur 0,3 einschließlich. Zur Dunkelfeldbeleuchtung bei mittelstarken Objektiven bis zur num. Apertur 0,65 einschließlich wird von der Firma C. ZEISS ein anderer Präparier-Wechselkondensor von 4,5 mm Schnittweite und mit der wirksamen Apertur zwischen 0,7 und 0,8 geliefert (vgl. T. PÉTERFI [1]). Beide Kondensoren sind Trockenkondensoren, deren Spiegelflächen besonders geformte Rotationsflächen darstellen. Den Übergang vom Hellfeld zum Dunkelfeld und umgekehrt erzielt man mit einer ein- und ausklappbaren Zentralblende (Abb. 111). Der Präparier-Wechselkondensor der Firma E. LEITZ ist nach der Art der bizentrischen

Kondensoren aufgebaut mit einer Schnittweite von 10 mm. Seine wirksame Apertur entspricht jedoch etwa dem stärkeren Präparier-Wechselkondensor der Firma C. ZEISS.

Außer den genannten Präparier-Wechselkondensoren eignen sich ferner zur Dunkelfeldmikroskopie von Objekten in höher gelegenen Objektebenen die einfachen Dunkelfeldkondensoren, wie z. B. der Planktonkondensor nach NATHANSON der Firma C. ZEISS, der Kegelkondensor der Firma C. REICHERT oder der Plankton-Spiegelkondensor der Firma VOIGTLÄNDER. Die zwei erstgenannten sind nur zu Objektiven bis zur num. Apertur 0,3 einschließlich, der Plankton-Spiegelkondensor aber auch zu solchen bis zur num. Apertur 0,6 einschließlich geeignet. Die stärkste Apertur bei einer verhältnismäßig großen Schnittweite (4,5 mm) weist der große Gaskondensor der Firma C. ZEISS auf. Dieser Dunkelfeldkondensor mit der wirksamen Apertur zwischen 0,96 und 0,98, der also auch mit Objektiven bis zur num. Apertur 0,85 benutzt werden kann, hat einen außergewöhnlich großen Durchmesser und muß von oben in die Schiebhülse des Beleuchtungsapparates eingesetzt werden. Dementsprechend muß auch der Objekttisch eine besondere, große Öffnung haben.

Alle Trockenkondensoren mit einer großen Schnittweite sind gegen Unregelmäßigkeiten im Strahlengang äußerst empfindlich; bei ihrer Verwendung muß also die Beleuchtung mit besonderer Sorgfalt ausgerichtet sein, was unter Umständen manche Schwierigkeiten kostet, weil die Kondensoren in ihrer Fassung nicht zentrierbar sind.

82. Die Dunkelfeldbeleuchtung durch Abblendung der Sehfeldstrahlen im Objektiv. Die Versuche, eine Dunkelfeldbeleuchtung durch Abblendung des Mittelbereichs in der Austrittspupille des Objektivs — etwa der TÖPLERschen Schlierenmethode analog — zu erzeugen (vgl. H. SIEDENTOPF [4], W. GEBHARDT [2]), haben heutzutage nur mehr eine geschichtliche Bedeutung. Nach SIEDENTOPF (4) wird bei Verwendung von Zentralblenden im Mikroskopobjektiv sowohl das Auflösungsvermögen des Objektivs als auch die Helligkeitsverteilung auf den einzelnen leuchtenden Bildelementen ungünstig beeinflußt. Es treten ferner Spiegelungen auf, welche den schwarzen Hintergrund mit einem Lichtschleier überziehen. Trotzdem hat G. SPIERER (1, 2, 3) in neuerer Zeit (1927) eine Beleuchtungseinrichtung anfertigen lassen, welche mit einem in seinem mittleren Aperturbereich abgeblendeten Objektiv ausgerüstet ist und sowohl für Hellfeld wie für Dunkelfeld, bei Durchlicht und bei Auflicht gleichermaßen zu gebrauchen sei. Die Vorrichtung besteht aus einem Glas- oder Quarzkondensor, dessen mittlerer Teil einen selbständigen Kondensor von beschränkter Apertur (0,4) darstellt, ferner aus einem LIEBERKÜHNschen Spiegel (s. S. 228) und schließlich aus dem Objektiv, dessen Apertur der Apertur des schwachen Kondensors (0,4) entsprechend abgeblendet ist. Der LIEBERKÜHNsche Spiegel ist zwar hauptsächlich für die Auflichtmikroskopie bestimmt, er soll jedoch auch bei der Durchlichtmikroskopie Vorteile bieten, weil die schief von oben reflektierten Strahlen — etwa wie bei einem bizentrischen Kondensor (s. Abb. 107) — die wirksame Apertur der Dunkelfeldbeleuchtung steigern. G. SPIERER (2, 3) und W. SEIFRIZ (1) haben tatsächlich mit dieser Methode kolloide Strukturen im Dunkelfeld mit starken Immersionslinsen (z. B. mit hom. Imm. Obj. 90fach) abgebildet. Da man dabei von der Schichthöhe des Präparats weitgehend unabhängig ist, eignet sich das Verfahren hauptsächlich zu Zelloperationen im Dunkelfeld (W. SEIFRIZ [1]). Einwandfreie mikrophotographische Aufnahmen wird man jedoch mit dieser Beleuchtung schwerlich erhalten, weil die Kontrastwirkung auch hier durch Spiegelungen gestört ist, und das positive Bild wird meistens von einem Lichtschleier überzogen. Durch die Einführung der neuen Auflichtgeräte für Dunkelfeld

14*

(s. S. 239) hat die Methode auch für die subjektive Beobachtung von höher gelegenen Objektschichten an Bedeutung wesentlich eingebüßt.

83. Die Wahl zwischen Hellfeld und Dunkelfeld. Während ultramikroskopische Strukturen nur bei der entsprechenden Dunkelfeldbeleuchtung sichtbar werden, lassen sich bekanntlich die mikroskopischen Objekte ebenso im Hellfeld wie im Dunkelfeld abbilden. Es muß also zunächst die Frage gestellt werden, wann man bei solchen Objekten für die photographische Aufnahme statt einer Hellfeldbeleuchtung die Dunkelfeldbeleuchtung wählen soll. Die Entscheidung hängt von der Natur des Objekts und in zweiter Reihe auch von der Wirkung ab, die man mit dem photographischen Bild erzielen will. Da im Dunkelfeld geringe Brechungsunterschiede am Objekt stärker zum Ausdruck gelangen als im Hellfeld, wird die Dunkelfeldbeleuchtung der Hellfeldbeleuchtung dort stets vorzuziehen sein, wo das Strukturbild bei allzu geringen Brechungsunterschieden schlecht definiert ist oder nur bei stark zugezogener Irisblende auf Kosten der Helligkeit eine bessere Definition zeigt. So ist die Dunkelfeldbeleuchtung am besten geeignet für mikrophotographische Aufnahmen von lebenden Zellen und Geweben (s. S. 318). Die sehr feinen und in lebendem Zustand bei Hellfeldbeleuchtung kontrastarmen Zellstrukturen: Kerne, Flimmerhaare, Zellfortsätze und ähnliche werden im Dunkelfeldbild oft deutlicher sichtbar als im Hellfeld (Abb. 103 u. 109). Der starke Kontrast zwischen dem schwarzen Hintergrund und den leuchtenden Strukturen bietet vielerlei Vorteile sowohl für die Beobachtung als für die photographische Abbildung. Daraus ist z. B. die Wirkung zu erklären, die weder mit der Auflösung noch mit der Güte der Abbildung unmittelbar zusammenhängt, daß nämlich die Strukturen lebender Zellen und Gewebe im Dunkelfeld plastischer, durchsichtiger erscheinen und von der natürlichen Beschaffenheit des Objekts eine bessere Vorstellung geben als auf dem Hellfeldbild (vgl. Abb. 103). Diese günstige graphische Wirkung erklärt es, warum Dunkelfeldlichtbilder lebender Strukturen in der drucktechnischen Wiedergabe oder beim Bildwurf stets wirkungsvoller sind als die entsprechenden Bilder bei Hellfeldbeleuchtung. Mit der günstigen Kontrastwirkung hängt auch der Vorteil zusammen, daß man Strukturelemente schon bei einer geringeren mikroskopischen Vergrößerung sichtbar machen kann als im Hellfeld. Bakterien, Cilien, Mitochondrien und sonstige Körnchen in den Zellen, zu deren Sichtbarmachung man bei Hellfeldbeleuchtung Linsensysteme von hohen Aperturen (0,85—1,3) benötigt, lassen sich im Dunkelfeld schon mit mittelstarken oder schwachen Objektiven (num. Ap. 0,2—0,65) gut darstellen. Diese Erscheinung hängt also nicht mit einer stärkeren Auflösung zusammen, denn in solchen Fällen und bei solchen mikroskopischen Strukturen kann man von der Dunkelfeldbeleuchtung keine stärkere Auflösung erwarten als im Hellfeld (vgl. S. 200). Sie ist rein die Folge des stärkeren Kontrastes, bei welchem die leuchtenden Strukturen auf dunklem Hintergrund bei einer verhältnismäßig geringen Vergrößerung schon für das Auge deutlich sichtbar werden. Da Systeme von niedrigeren Aperturen ein größeres Sehfeld mit größerer Tiefenschärfe liefern, erhält man im Dunkelfeld bei verhältnismäßig schwachen Objektiven ein Bild, das von der Objektstruktur ebensoviel zeigt als ein wesentlich stärker vergrößertes Bild im Hellfeld bei denselben Vergrößerungen, aber mehr Einzelheiten aufweist als das Hellfeldbild. So werden mit der Linsenfolge Apochromat 16 mm (oder Achromat 8fach) und Kompensationsokular 15fach (oder periplan. Ok. 12fach), d. h. mit einer etwa 120fachen Vergrößerung, Spirillen, Trypanosomen, Leishmanien und sonstige Mikroorganismen von ähnlicher Größe im Dunkelfeld schon sichtbar. Wünscht man eine stärkere Bildvergrößerung, so kann man das Bild durch einen längeren Kameraauszug, oder wenn man eine Aufsatzkammer benützt, die Aufnahme mit dem Miraphot und ähnlichen Apparaten (s. S. 123) weiter vergrößern. Liegen die Objekte in der dem Dunkelfeldkondensor angepaßten niedrigen Objektschicht, so kann man Kondensoren mit großen Aperturen verwenden; in erster Reihe kommen dafür die Wechselkondensoren in Betracht, mit denen man die graphische Wirkung des Hellfeld- und des Dunkelfeldbildes gut vergleichen und die Wahl zwischen Hellfeld und Dunkelfeld leicht treffen kann (s. S. 210 und Abb. 215). Ist aber die Objektschicht höher, wie das gerade bei der Untersuchung lebender Zellen oft unvermeidlich ist (Gewebekulturen, Präparate im hängenden Tropfen usw.), so benützt man die Präparierwechselkondensoren. Man wird jedoch oft auch lebende Strukturen besser bei Hellfeldbeleuchtung abbilden, namentlich dann, wenn man eine besonders scharfe Abbildung von den Strukturen wünscht (vgl. auch S. 344). Die Grenzlinien erscheinen nämlich im Dunkelfeld trotz genauester Fokussierung nie so scharf wie bei einer richtig eingestellten Hellfeldbeleuchtung, eine Erscheinung, die ebenfalls in der psycho-physiologischen Wirkung des Dunkelfeldbildes ihre Erklärung hat und nicht mit der Güte der mikroskopischen Abbildung zusammenhängt. Bei Anwendung von achromatischen Objektiven wird diese Unschärfe stärker bemerkbar und das hat nun seinen objektiven Grund in der geringeren Korrektion des Objektivs, welche im Dunkelfeld deutlicher erkennbar ist als im Hellfeld. Während man im Hellfeld diese Fokusdifferenz der Achromate mit Lichtfiltern ausgleichen kann, wird man bei Dunkelfeldaufnahmen solche Lichtfilter selten anwenden, da dadurch die Belichtungszeit allzusehr verlängert werden müßte. Am besten eignen sich deshalb zu solchen Aufnahmen die Apochromate und die Fluoritsysteme.

84. Der Einfluß des Objektes. Ein weiterer Umstand, der bei der Wahl der Beleuchtungsart — ob Hellfeld oder Dunkelfeld — entscheidend mitspricht, ist die Beschaffenheit des Präparats. Während einzelne Zellen oder gleichmäßig verteilte Gruppen sich für die Dunkelfeldaufnahme gut eignen, erhält man von Präparaten, in welchen einzelne Zellen, größere Zellhaufen, Gewebestückchen usw. nebeneinander liegen, keine guten Bilder. Solche ungleichmäßig dichte Stellen reflektieren allzuviel Licht, und so wird ein Teil des Dunkelfelds überstrahlt. Im Lichtbild erzeugen dann die reflektierenden dichten Stellen weiße Flecke, welche die graphische Wirkung des Bildes weit ungünstiger beeinflussen als die entsprechenden dunklen Flecken im Hellfeld (vgl. Abb. 199). Diese letzteren sind nämlich stets besser „durchgearbeitet" und zeigen mehr Struktureinzelheiten als die entsprechenden weißen Flecke des Dunkelfeldbildes. Bei Aufnahmen von Protistenkulturen oder von Zupfpräparaten ist dieser Umstand stets zu berücksichtigen.

Für Dunkelfeldaufnahmen bei stärkeren Vergrößerungen gelten alle Vorschriften, die schon an anderen Stellen mitgeteilt wurden (s. S. 208). Als Objekte kommen aus dem mikroskopischen Bereich hauptsächlich Zell- und Gewebestrukturen in Betracht, wenn sie nicht allzu dicht sind. Die Mehrzahl der lebenden Zellen hat einen ziemlich flüssigen Zellkörper und eignet sich daher zu Dunkelfeldaufnahmen gut, falls die Schichtdicke des Objekts der Schnittweite des Kondensors angepaßt ist. Dichte Gewebe, wie z. B. nichtfixierte Gefrierschnitte von parenchymatösen Organen (Leber, Pankreas, sonstigen Drüsen usw.), bieten selbst in dünnen Schnitten keine günstigen Objekte zu Dunkelfeldaufnahmen. Sehr schöne Dunkelfeldbilder erhält man dagegen von den durchsichtigen Geweben der Süßwasser- oder Meeresorganismen und vom lockeren Bindegewebe der Wirbeltiere (Abb. 199). Am besten eignen sich natürlich Zell-

suspensionen, lebende Bakterien (vgl. METZNER [3], NEUMANN [1, 2, 3], REI-
CHERT [1]), Ausstrichpräparate und dünne Gewebekulturen.

Von fixierten Objekten oder von gefärbten Schnittpräparaten Dunkelfeldaufnahmen zu machen, hat wenig Sinn. Die allzu starke Beugung und Reflexion
erzeugen ein unruhiges Bild, das schlecht definiert ist und weniger Struktur-
einzelheiten zeigt als das Hellfeldbild. Auch bei unfixierten frischen oder lebenden
Objekten von mikroskopischer Größenordnung erhält man bei der subjektiven
Beobachtung meistens ein unruhiges und grelles Bild, namentlich wenn die
Objekte eine dichtere kolloide Struktur haben und das Licht, wie es für Dunkel-
feldbeleuchtung meistens gebraucht wird, sehr intensiv ist. So ungünstig solche
Bilder für die subjektive Beobachtung sind, schaden sie der photographischen
Abbildung bei richtig getroffener Belichtung nichts. Stellt man also solche
Bilder subjektiv ein, so wird man am besten eine Mattscheibe vorschalten
und diese vor der Belichtung entfernen. Man erhält dann auf der Platte eine
Zeichnung des Bildes, wie man sie subjektiv bei vorgeschalteter Mattscheibe
beobachtet hat. Läßt man die Mattscheibe auch bei der Aufnahme stehen, so
erhält man ein Dunkelfeldbild mit weniger Struktureinzelheiten, ein Bild also,
das etwa dem Hellfeldbild bei derselben Vergrößerung entspricht. Solche
Dunkelfeldbilder sind dort erwünscht, wo man von den Objekten fein gezeichnete weiße Grenzlinien auf dunklem Hintergrund erhalten will ohne überflüssige oder störende Teilchen, die im Dunkelfeldbild zwischen den Zellen bei
etwas stärkeren Vergrößerungen stets sichtbar werden. Auch dort, wo die Beleuchtungsverhältnisse, wie früher erwähnt, infolge der Dicke oder der Dichte
der Struktur für das Dunkelfeldbild ungünstig sind, kann man mit einer Mattscheibe (die man am besten in Rundform in die Fassung der Irisblende einlegt) die störenden Reflexionen abdämpfen und ein gleichmäßig beleuchtetes
Bild erzielen. Noch besser bewährt sich bei photographischen Aufnahmen zu
solchen Zwecken eine helle Gelbscheibe, wobei natürlich beachtet werden muß,
daß die Belichtungszeit länger bemessen werden muß als ohne solche Scheibe.

Bei Gitterstrukturen, wo kreuzende Fasersysteme dicht übereinanderliegen
und dadurch die Dunkelfeldwirkung stören, leisten oft die Azimutblenden[1] vorzügliche Dienste. Man stellt den Spalt der Azimutblende senkrecht zur Richtung
der Liniensysteme, die man im Bilde mit aller Schärfe darzustellen wünscht.
Dadurch löscht man das Bild der parallel zum Spalt gestellten Liniensysteme aus.

85. Einstellung und Belichtung. Die Einstellung des Mattscheibenbildes
bereitet bei Aufnahmen im Dunkelfeld oft erhebliche Schwierigkeiten, namentlich bei stärkeren Vergrößerungen, wo das Mattscheibenbild recht lichtschwach
ist. Am zweckmäßigsten stellt man in einem verdunkelten Raum scharf auf
die Mattscheibe ein, bei längerem Kammerauszug wird das Mattscheibenbild
jedoch auch hier noch so lichtschwach bleiben, daß man feinere Strukturen
allein mit der Spiegelglasscheibe und der Einstellupe wird scharf einstellen können.
Aus diesem Grunde eignen sich die Aufsatzkammern zu den Dunkelfeldaufnahmen
am besten, denn die seitliche Beobachtung gestattet in bequemster Form eine
regelrechte scharfe Einstellung. Dort, wo die Okularvergrößerung nicht beliebig
gesteigert werden kann (Phoku), müssen die Aufnahmen nachträglich vergrößert
werden, was gerade bei scharf eingestellten Dunkelfeldaufnahmen mit bestem
Erfolg geschehen kann.

Die Aufnahmen im Dunkelfeld erfordern allgemein eine wesentlich längere
Belichtung als bei derselben Lichtquelle, derselben Linsenfolge und demselben
Kammerauszug im Hellfeld. Aus diesem Grunde eignen sich zu Dunkelfeld-

---

[1] Vgl. SZEGVÁRI (1).

aufnahmen nur Lichtquellen von größter Helligkeit (Gleichstrom-Kohlenbogen-lampe, Punktlichtlampe, Niedervoltlampe). Da die Irisblende keine Verwendung hat, wird man auch die Kollektorblende ganz offen lassen. Die Belichtungszeit muß stets durch Belichtungsproben ermittelt werden. Im Gegensatz zu den Hell-feldbildern erhält man eine bessere Kontrastwirkung von solchen Dunkelfeldauf-nahmen, die länger belichtet und entsprechend kürzer entwickelt wurden. Das gilt vor allem für Aufnahmen bei starken Vergrößerungen, wo die lichtschwachen Strukturfeinheiten bei einer etwas kurzen Belichtung kaum oder überhaupt nicht im Bild erscheinen. Über Momentaufnahmen im Dunkelfeld s. S. 349.

86. Aufnahmen von ultramikroskopischen Strukturen. Die Bedingungen bei den Aufnahmen von ultramikroskopischen Strukturen sind im großen und ganzen dieselben, die wir eben für die mikroskopischen Objekte im Dunkelfeld kennengelernt haben. Natürlich müssen hier die Vorschriften zur Erzielung einer günstigen Dunkelfeldbeleuchtung ohne Azimutfehler und mit guter Kon-trastwirkung noch sorgfältiger eingehalten werden (Abb. 102). Vor allem muß man auf die Objektschicht achten, da das Gelingen der Aufnahme bei sonst günstigen optischen Bedingungen stark von diesem Faktor abhängig ist. Am besten benützt man zu solchen Aufnahmen die speziellen Dunkelfeldkammern, welche von den optischen Firmen zu den betreffenden Kondensoren geliefert werden. Wenn man die kolloide Struktur biologischer Objekte abzubilden wünscht und die Objekte in den Dunkelfeldkammern nicht gut unterbringen kann, wählt man dünnere Objektträger und Deckgläser und drückt vorsichtig auf das Deck-glas, bis das Objekt ohne Schädigung flach ausgebreitet ist (am besten unter der Kontrolle einer Lupe). Bei sehr empfindlichen Objekten (lebenden Protisten, Eizellen usw.), die man keiner Druckwirkung aussetzen darf, empfiehlt es sich, als Objektträger ein größeres Deckglas zu benützen. Zu solchen Objekten sind am besten die Paraboloidkondensoren geeignet (s. S. 207).

Die Beleuchtung und die Belichtung erfolgen stets ohne Mattscheibe, da die Ultrateilchen unsichtbar werden, sobald man die Mattscheibe vorschaltet. Je feiner die Ultrateilchen sind, um so länger muß belichtet werden. Eine Über-belichtung ist dabei weit weniger zu befürchten als bei Hellfeldaufnahmen, da von den lichtspendenden Ultrateilchen verhältnismäßig schwache Lichtwirkungen ausgeübt werden. Sie erfordern deshalb eine längere Zeit, um auf der Platte scharf ausgeprägte photochemische Wirkungen hervorzurufen. Die Vorbedingung einer längeren Belichtung ist aber, daß außer von den Ultrateilchen kein Licht in das Sehfeld einfalle. Ist das Sehfeld nicht dunkel genug und werden Strahlen — wenn auch in geringer Menge — von dem Hintergrund aus auf die Platte geworfen, so wird man bei längerer Belichtung einen helleren Hintergrund im photographischen Bild erhalten, als man ihn subjektiv wahrgenommen hat. Alles, was den Dunkelfeldeffekt ungünstig beeinflussen könnte: falsche Fokus-sierung des Kondensors, falsche Spiegelstellung, zu große Dicke der Objektträger, muß bei Aufnahmen von ultramikroskopischen Strukturen peinlichst vermieden werden, da noch so geringe Beleuchtungsfehler bei längeren Belichtungszeiten auf der photographischen Platte viel auffälliger in Erscheinung treten als bei der subjektiven Beobachtung. Für das Gelingen der Aufnahme ist es ziemlich gleichgültig, ob man ein Spaltultramikroskop oder einen Dunkelfeldkondensor benützt. Bequemer arbeitet man jedenfalls mit einem Kondensor.

87. Die Wahl der Platten. Obzwar die Präparate in der Mehrzahl der Fälle ungefärbt sind, empfiehlt es sich doch, sensibilisiertes Plattenmaterial zu den Aufnahmen zu verwenden. Dafür eignen sich orthochromatische, lichthof-freie Platten am besten. Auch bei Dunkelfeldaufnahmen mikroskopischer Strukturen soll man stets lichthoffreie Platten verwenden, denn die scharfe

Abbildung von leuchtenden Strukturen erfolgt auf solchen weit besser als auf Platten, die nicht ausdrücklich als lichthoffrei bezeichnet sind. (Die Silbereosinplatten der Firma PERUTZ können auch hier als lichthoffrei betrachtet werden.) Bekanntlich erscheinen die Ultrateilchen ihren Größenordnungen entsprechend in verschiedenen Farben des Spektrums leuchtend und werden daher nur dann objektgetreu auf der Platte abgebildet, wenn diese wenigstens für die gelben und gelbgrünen Strahlen sensibilisiert ist. Noch besser treten die Helligkeitsunterschiede im photographischen Bild auf, wenn man panchromatische Platten benützt. Da rot leuchtende Teilchen verhältnismäßig seltener aufzutreten pflegen als gelbe und blaue, genügen meistens die guten orthochromatischen Platten (z. B. Andresa-Platte der Agfa, Braunsiegel-Ortho-Antihalo-Platte der Firma PERUTZ).

88. Die Abzüge. Eine besondere Rolle spielt in der Herstellung von Dunkelfeldphotogrammen das Kopieren der Negative, denn nur bei einer bestimmten

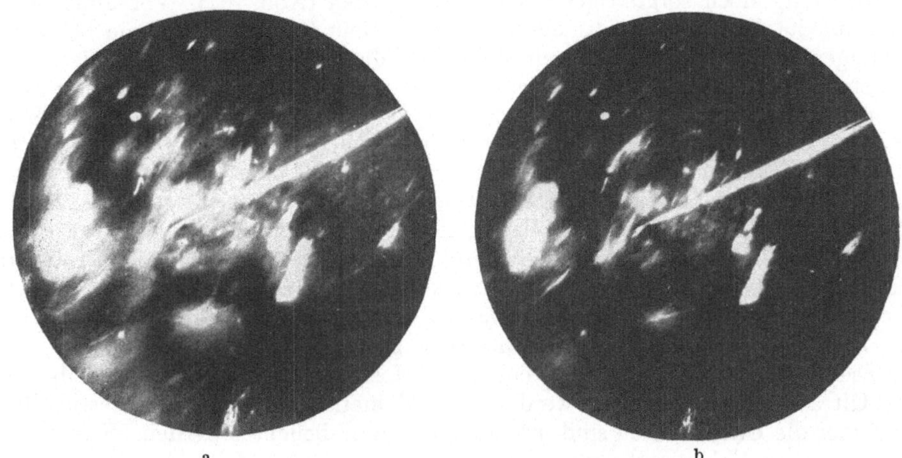

a   b

Abb. 112. Eine und dieselbe Aufnahme eines Vanadinpentoxyd-Sols im Dunkelfeld. Bei a ist der Abzug unterbelichtet, bei b richtig belichtet.
Glyzerin-Immersion ZEISS spez. V, 60fach, num. Ap. 0,85, komp. Ok. 10fach, Kardioid-Kondensor. Bogenlampe, Schichthöhe des Präparats 1,1 mm. Es wurde auf die Mitte des Sehfelds scharf eingestellt, wo ein Stäbchen mit einer Mikronadel berührt wird. Belichtungszeit 54″.

Belichtungszeit gelangt der Dunkelfeldeffekt in der Kopie richtig zum Ausdruck. Die für die Entwicklungspapiere für Hellfeldbeleuchtung angegebenen Belichtungszeiten sind für Dunkelfeldbilder fast immer zu kurz. Je nachdem, ob man beim Kopieren kürzer oder länger belichtet, bringt man mehr oder weniger Einzelheiten des Bildes zum Vorschein und erzielt dabei ganz verschiedene Lichtbilder mit einer mehr oder weniger ausgeprägten Kontrastwirkung (Abb. 112). Das weichere oder härtere Kopieren von Hellfeldbildern wird bei sonst richtigen Negativen nur die graphische Wirkung des Bildes beeinflussen, bei den Dunkelfeldbildern dagegen ändert es den ganzen optischen Charakter des Bildes. Jeder Abzug muß dementsprechend darauf geprüft werden, ob er tatsächlich dem subjektiv im Mikroskop beobachteten Bild entspricht. Aus der Kopie allein ist nachträglich kaum zu entscheiden, ob die Dunkelfeldbeleuchtung als solche fehlerhaft war oder nur die Kopie mißlungen ist. Umgekehrt kann die Kontrastwirkung des subjektiv beobachteten Bildes durch ein entsprechendes Kopieren bis zu einem gewissen Grad gesteigert werden, namentlich bei Aufnahmen, wo ein Schleier von Amikronen die Erzielung eines tiefschwarzen Hintergrundes erschwert (z. B. bei Aufnahmen von auf Blutplasma gezüchteten Zellen, Bakterien in Fleischbrühe, Kolloiden mit amikronischem Schleier usw.). Hier kann man durch längere Belichtung der Kopie die von dem amikronischen Schleier herrührende Aufhellung zum Verschwinden bringen und den Kontrast zwischen den hervorzuhebenden Strukturen und dem Hintergrund steigern. Im allgemeinen ist die graphische Wirkung der Kopie dann am besten, wenn der Hintergrund ebenso schwarz wird wie der leere Rand des Entwicklungspapiers. Ist das der Fall und erscheinen die darzustellenden Strukturen noch nicht kontrastreich genug, so liegt der Fehler in der Belichtung oder in der Dunkelfeldbeleuchtung, d. h. im Negativ oder im eingestellten mikroskopischen Bild. Bei sehr zarten Strukturen, wie dem amikronischen Schleier gewisser Stäbchensole oder Fädchen und Körnchen im Protoplasma (Mitochondrien in vivo), wird eine dunklere Kopie diese Gebilde unterdrücken; man muß also dort, wo gerade diese im Bild sichtbar gemacht werden sollen, bei der Kopie die Belichtung eher kürzer als länger bemessen. In jedem Fall gelingt es nur nach wiederholten Versuchen die bestgeeignete Kopie zu erhalten, am einfachsten mit Belichtungsreihen (s. S. 121). Eine günstige graphische Wirkung erhält man nur auf hartem Entwicklungspapier, und zwar dann, wenn es mit Hochglanz versehen ist. Man muß dabei besonders darauf achten, daß während der Herstellung des positiven Bildes die Schichtseiten des Negativs und des Papiers vollkommen staubfrei bleiben, da man sonst feine weiße Pünktchen in der Kopie erhalten kann, die Ultrateilchen vortäuschen könnten.

89. Die Molekularbewegung. Eine von der Natur des Objekts abhängige Erscheinung erschwert die Aufnahme von Ultrateilchen erheblich, nämlich die Molekularbewegung der Ultrateilchen (s. SIEDENTOPF [*10*]). Liegen die Strukturen in einem flüssigen Medium, so wird man bei stärkeren Vergrößerungen im Dunkelfeld stets Ultrateilchen in rascher BROWNscher Molekularbewegung vorfinden. Gleichgültig, ob diese die eigentlichen Objekte der Aufnahme bedeuten (z. B. die Ultrateilchen des untersuchten Hydrosols) oder nur nebensächliche Strukturelemente des Dunkelfeldbildes sind (Ultrateilchen der physiologischen Flüssigkeit zwischen den Zellen), können solche Teilchen bei ihren raschen Bewegungen die Schärfe der Aufnahme stark gefährden. Wie weit diese Störung sich beheben läßt, hängt in erster Reihe von der Natur des Objekts ab. Man kann sie, wie schon erwähnt, bei Aufnahmen von mikroskopischen Strukturen im Dunkelfeld einfach durch Einschalten einer Mattscheibe oder Gelbscheibe unsichtbar machen, sofern bei der Aufnahme die ultramikroskopischen Strukturen keine Bedeutung haben. Ist aber letzteres der Fall, so muß man trachten, soweit es geht, die Objekte statt in einer Flüssigkeit in einer Gelatine- oder Agargallerte unterzubringen (vgl. Abb. 102). Die Kontrastwirkung zwischen den Strukturen und dem dunklen Hintergrund ist bei solchen in Gallerten eingeschlossenen Präparaten jedoch nie so gut wie bei einem flüssigen Medium. So bleibt in vielen Fällen die einzige Möglichkeit, um zu einer scharfen photographischen Abbildung der Dunkelfeldbilder zu gelangen, die Momentaufnahme übrig, die jedoch eine sehr intensive Lichtquelle erfordert und deshalb oft nur schwer durchführbar ist.

Bei Aufnahmen von Kolloiden mit Ultrateilchen in BROWNscher Bewegung läßt sich natürlicherweise das Medium nur selten in der geschilderten Weise beeinflussen, denn man muß ja in den meisten Fällen die kolloide Substanz in ihrer natürlichen flüssigen oder gallertigen Beschaffenheit untersuchen und abbilden (s. BECHHOLD und VILLA [*1*]). Man kann aber oft eine an das Deckglas oder an den Objektträger adsorbierte Schicht der Teilchen zu der Aufnahme verwenden, wo die Teilchen schon unbeweglich sind. In manchen Solen hört die Molekularbewegung der Teilchen mit der Zeit auf, wenn man das Präparat stehenläßt. Allerdings ist das schon ein Zeichen von der Veränderung des Sols und daher eine Veränderung des ursprünglichen flüssigen Zustandes. Wo man Wert darauf legt, die ursprüngliche ultramikroskopische Beschaffenheit des betreffenden Sols abzubilden, kann man also den Stillstand der Teilchen nicht abwarten, sondern man muß bei sehr intensiver Beleuchtung Momentaufnahmen machen. Es sei dabei bemerkt, daß die Wärmestrahlen die BROWNsche Molekularbewegung beschleunigen. Bei manchen Objekten wird also die Bewegung schon dadurch wesentlich gemildert, daß man ein Filter für die Wärmestrahlen in den Strahlengang einschaltet. Ein solcher Wärmeschutz ist bei den Dunkelfeldaufnahmen auch schon deshalb vorteilhaft, weil die Wärme des künstlichen Lichtes Strömungen im flüssigen Medium hervorrufen kann, namentlich wenn das Präparat nicht umrandet oder nicht in speziellen Dunkelfeldkammern eingeschlossen ist.

III. Die Mikrophotographie in auffallendem Licht.

(Vgl. zusammenfassende Darstellungen bei F. HAUSER [*2*, *4*], A. KÖHLER [*8*], B. ROMEIS [*1*], P. VONWILLER [*3*, *4*]).

a) Aufnahmen mit einseitig auffallendem Licht.

90. Allgemeines. Fällt das Licht auf das Objekt von oben und gelangen die Strahlen von den so beleuchteten Strukturen durch Brechung, Beugung oder Reflexion in die Eintrittspupille des abbildenden Systems, so hat man eine Beleuchtung in auffallendem Licht erzeugt. Die theoretischen Gesetze der Abbildung und Bilderzeugung bleiben dabei grundsätzlich dieselben wie bei einer Beleuchtung mit durchfallendem Licht (s. S. 9). Ein wesentlicher Unterschied liegt nur darin, daß bei der Beleuchtung mit auffallendem Licht ein großer Teil der Beleuchtungsstrahlen durch diffuse Reflexion oder durch Absorption verlorengeht. Die volle Ausnutzung der Apertur, namentlich bei Objektiven von größeren Aperturen, ist daher mit bedeutenden Schwierigkeiten verbunden.

Man pflegt so körperliche Objekte zu untersuchen, die in ihrem natürlichen Zustand undurchsichtig sind oder sich in ihrer natürlichen Lage („in situ") für eine mikroskopische Untersuchung im durchfallenden Licht nicht eignen. Die Mikroskopie in auffallendem Licht findet also eine allgemeine Verwendung hauptsächlich in der Metallographie und Mineralogie (s. S. 249), in der Textil- und Papierindustrie, dann in den biologischen Wissenschaften zur Abbildung ganzer Organismen (Insekten, Pflanzen und Pflanzenteile, Embryonen usw.) schließlich zur Sichtbarmachung mikroskopisch-anatomischer Gebilde, die unterhalb der Körperoberfläche nicht tiefer als etwa 50—80 μ liegen und daher noch einer Untersuchung in auffallendem Licht zugänglich gemacht werden können (Hornhautmikroskopie, Kapillarmikroskopie usw.[1]).

Auch die üblichen histologischen Schnitte können in auffallendem Licht untersucht werden, vorausgesetzt, daß sie nicht mit einem Deckglas bedeckt sind. Oft wird eine solche Untersuchung sogar vorteilhaft sein, so z. B. bei Knochen- oder Zahnschliffen, bei Geweben, die viel anorganische Einschlüsse aufweisen (z. B. Lungengeweben oder Bronchialdrüsen, die mit Kohle- oder Staubteilchen imprägniert sind, oder bei Aschenbildern (Mikroveraschung, Spodographie) (Abb. 113 u. 114). Man braucht dazu nur die Tischöffnung mit einem Stück schwarzen Papiers zu bedecken und das Präparat auf dieser schwarzen Unterlage mit einem LIEBERKÜHNschen Spiegel, dem Vertikalilluminator (Opakilluminator) oder dem Schräglichtkondensor von oben zu beleuchten. Im

---

[1] Vgl. H. BECHER (*1*), PH. ELLINGER und A. HIRT (*1*), P. VONWILLER (*1*, *2*), P. VONWILLER und R. ALLEMANN (*1*), P. VONWILLER und A. VANNOTTI (*2*).

allgemeinen wird man natürlich solche durchsichtigen Objekte vorteilhafter mit durchfallendem Licht im Hellfeld oder Dunkelfeld abbilden und die Beleuchtung in auffallendem Licht nur bei Objekten anwenden, welche das Licht überhaupt nicht oder nur in geringem Maße durchlassen.

91. Die geeigneten Objekte. Die Beleuchtung mit auffallendem Licht kann im allgemeinen auf zwei Arten erfolgen, entweder als einseitig auffallende schiefe Beleuchtung oder als allseitig auffallende schiefe und steile Beleuchtung. Die Vorbedingung zu der einseitigschiefen Beleuchtung ist, daß der Objektabstand groß genug sei. Diese Forderung ist bekanntlich nur bei schwächeren Objektiven erfüllbar. Mit den Objektivpaaren der binokularen Präpariermikroskope (s. S. 257) und den dazu gehörigen stärkeren Okularen lassen sich allerdings mikroskopische Bilder bis zu 336facher Vergrößerung (Objektivpaar 12-, orthoskopisches Okularpaar 28fach) bei schiefer Beleuchtung in Aufsicht noch gut beobachten, da der freie Objektabstand hier 17 mm beträgt. So starke Vergrößerungen wird man aber nur selten brauchen, da die so erzeugten Bilder allzu lichtschwach sind. Für mikrophotographische Aufnahmen kommen nur schwächere Vergrößerungen in Betracht, denn nur bei diesen bietet die auffallende schiefe Beleuchtung wesentliche Vorteile. Man pflegt also meistens kleine, aber mit freiem Auge schon sichtbare Objekte, wie Furchungsstadien, Keimlinge, kleine Tiere und Pflanzen oder mikroskopisch-anatomische Gebilde größerer Organismen, z. B. Blätter, Wurzeln oder

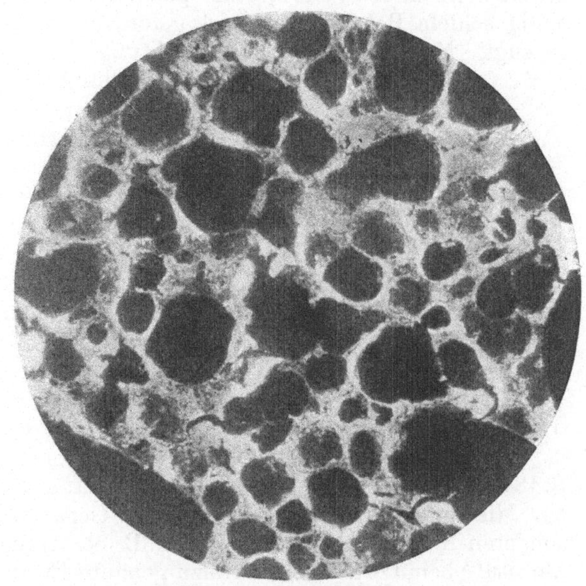

Abb. 113. Spodogramm.
Lunge, Meerschweinchen, LEITZ-Obj. 2, „Phoku“. Bildvergr. etwa 50fach. Im auffallenden Licht. (Aus E. TSCHOPP [*1*, Abb. 17, S. 584].)

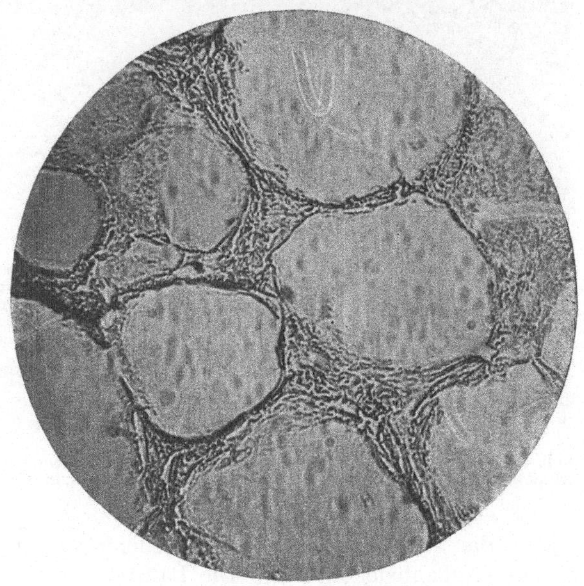

Abb. 114. Spodogramm.
Lunge, Meerschweinchen, ZEISS-Obj. 4 mm, num. Ap. 0,95, „Phoku“, Bildvergr. etwa 200fach. Im durchfallenden Licht. (Aus E. TSCHOPP [*1*, S. 585, Abb. 18].)

Blüten von Pflanzen, Schuppen, Haare, Federn von Tieren, die Knochenspongiosa
oder das Schleimhautrelief usw., so abzubilden, um plastisch wirkende Bilder zu
erhalten (Abb. 115 u. 116). Die plastische Wirkung wird nämlich durch die einseitig schiefe Beleuchtung stark gefördert, da diese charakteristischen Schatten
erzeugt. Man wird dabei die Richtung des Lichteinfalls durch entsprechende
Stellung der Lichtquelle oder des Objekts so
bestimmen, daß man eine graphisch wirksame Verteilung von Licht und Schatten erzielt, bei der die Schatten wesentliche Teile
des Objekts nicht bedecken und das Körper-
hafte gut zum Ausdruck bringen.

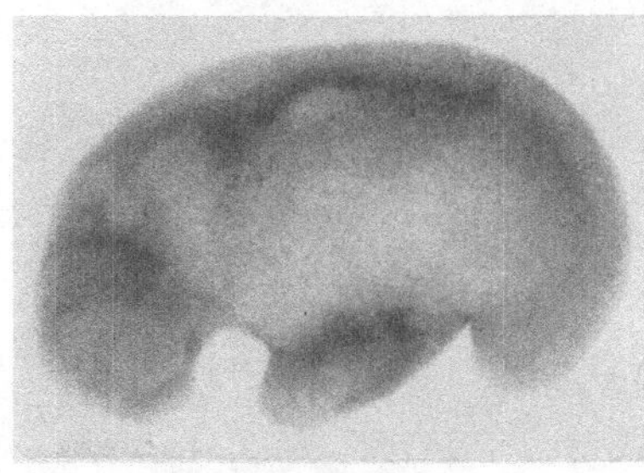

Abb. 115. Triton-Keimling mit eingepflanztem
Stückchen an der Bauchseite. Planar 35 mm
(1 : 4,5), Bildvergrößerung 30fach. (Originalaufnahme von O. MANGOLD.)

Je nach der gewünschten Vergrößerung
erzielt man die Aufnahmen ohne Mikroskopstativ mit einer an der Kamera befestigten
photographischen Linse, mit den anastigmatischen mikrophotographischen Objekten oder
den schwächeren Mikroskopobjektiven, wie
das bei den Aufnahmen mit schwachen
Vergrößerungen schon angegeben wurde (s.
S. 184). Das Teleobjektiv soll sich nach KAHLER (1) und ELSNER v. GRONOW (1,2,3)
zur Mikrophotographie kleiner opaker Gegenstände besonders eignen. Bei besonderen Aufgaben und Objekten (z. B. bei Aufnahmen von lebenden Strukturen
„in situ") benützt man eigens dazu gebaute Einrichtungen (Hornhautmikroskope,
Kapillarmikroskope).

92. Die Beleuchtung.
Zur Beleuchtung eignet
sich am besten die Gleich-
strom-Punktlicht-
lampe, die das nötige
helle Licht spendet und
auf ihrem Gestell in jeder
gewünschten Richtung
leicht eingestellt werden
kann. Auch Niedervolt-
lampen und kleine Hand-
bogenlampen (z. B. die
Liliputbogenlampen
der Firmen LEITZ oder
BUSCH) sind gut brauch-
bar. Eine sehr vorteil-
hafte doppelseitige Be-
leuchtung läßt sich mit
den Beleuchtungslampen
nach GREIL (1) erzielen,

Abb. 116. Birken-Fruchtschuppen und Samen auf schwarzem Hintergrund bei 9,5facher Vergrößerung. BUSCH-Mikro-Glyptar 35 mm (F : 3,5).
(Aus M. WOLFF [1, Fig. 12, S. 17].)

wobei die eine Lampe (Hauptbeleuchtung) stärkeres Licht spendet als die
andere (Nebenbeleuchtung). Die Lampen sind Halbwattlampen, bei der Haupt-
beleuchtungslampe mit Kollektor und Kondensor, bei der Nebenbeleuchtung nur mit Kondensor ausgerüstet. Die Lichtquelle muß möglichst nahe
am Objekt stehen, um nicht zu viel Licht einzubüßen, denn trotz intensiver
Beleuchtung geht für die Abbildung ein großer Teil des Lichtes unvermeidlich
verloren. Aus diesem Grunde muß auch das Licht von der Lichtquelle möglichst
restlos auf das Objekt konzentriert werden und dort, wo die Lampe mit einer

Beleuchtungslinse nicht ausgerüstet ist, eine solche hinter der Lampe aufgestellt werden. Erfordert die Beleuchtung des Objekts ein größeres Leuchtfeld, so wird noch ein Hilfskollektor (z. B. H 100) aufgestellt. Die speziellen Beleuchtungseinrichtungen, die man zu der subjektiven Beobachtung bei schief auffallendem Licht zu benützen pflegt und die mit Niedervoltglühbirnchen ausgerüstet sind (Mignonlampen in verschiedener Ausführung), sind für mikrophotographische Zwecke zu lichtschwach.

Mit den eingangs erwähnten Lichtquellen kann man sowohl bei den großen horizontalen und vertikalen wie auch bei den kleinen vertikalen Kammern die erforderliche lichtstarke Beleuchtung erzielen. Sind die kleinen Vertikalapparate mit einer optischen Bank ausgerüstet, wie z. B. der Apparat von ROMEIS, so schiebt man die Lampe und den Kollektor so nahe an das Objekt, als es erforderlich ist, damit das Licht schief von oben auf das Objekt fällt[1]. Dann konzentriert man das Licht auf das Objekt, bei Punktlichtlampen durch Verstellung der Lampenfassung in ihrem Führungsrohr, bei Kohlenbogenlampen mit eingebauter Kollektorlinse durch Verschieben des ganzen Lampengehäuses und bei Lichtquellen, wo der Kollektor selbständig verstellbar ist, durch Verschieben der Kollektorlinse. Falls das so erzeugte scharf begrenzte Leuchtfeld für die Aufnahme zu klein ist, stelle man den Hilfskollektor auf.

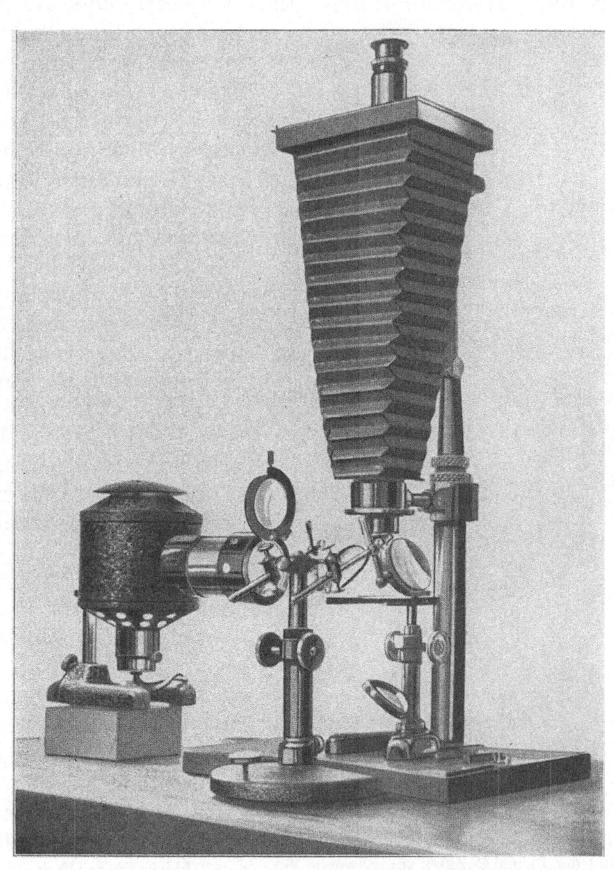

Abb. 117. Mikrophotographische Einrichtung der Firma E. BUSCH A.-G. für Auflicht bei schwachen Vergrößerungen. (Aus M. WOLFF [1, S. 15, Abb. 11].)

Die günstige Schattenbildung und die dadurch bedingte plastische Wirkung ist auch von der Öffnung der Kollektorblende und von der Stellung des Objekts stark abhängig. Hat man nur bestimmte Bezirke einer größeren Oberfläche aufzunehmen, so muß man die Kollektorblende so weit schließen, daß das Leuchtfeld auf den aufzunehmenden Bezirk begrenzt bleibt. Man erhält verschleierte oder kontrastarme Bilder, wenn auch die Umgebung hell beleuchtet

---

[1] Die kleine Vertikalkamera nach HEGENER ist zu Aufnahmen in schief auffallendem Licht nicht geeignet.

ist. Bei körperhaften Objekten, die als Ganzes abgebildet werden sollen, ist meistens eine indirekte Beleuchtung mit einer vorgeschalteten Mattscheibe und einem hinter dem Objekt aufgestellten Spiegel oder mit zwei Spiegeln (Schaum [2]) am besten geeignet, da man dadurch die Bildung von störenden Schlagschatten verhindern kann. Sowohl der Spiegel (Plan- oder Hohlspiegel) als auch die Mattscheibe sind auf besonderen Haltern, in verschiedenen Richtungen verstellbar und neigbar, so angebracht, daß man sie mit ihren Haltern auf dem Mikroskopstativ oder auf der Laufstange der Kamera

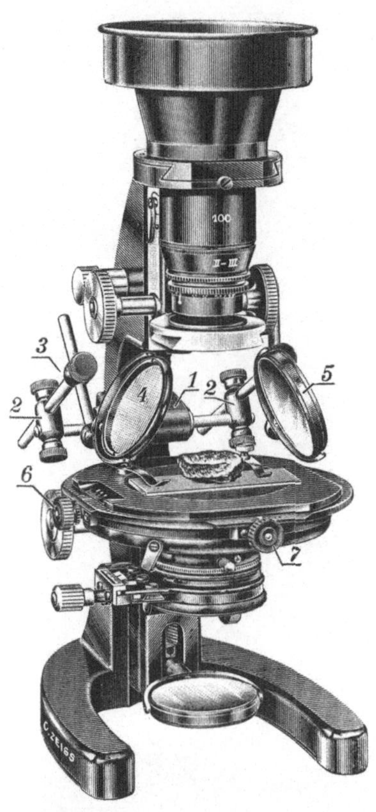

befestigen kann (Abb. 117 u. 118). Durch entsprechende Neigung der Mattscheibe und des Spiegels lassen sich die Schatten in der gewünschten Form verstärken oder aufhellen. Bei den großen mikrophotographischen Apparaten der Firma Zeiss erfolgt z. B. die Beleuchtung des Objekts durch schief auffallende Lichtstrahlen mit Spiegeln und Mattscheibe (Abb.118). Die sonstige Beleuchtungseinrichtung: Lampe, Beleuchtungslinse usw. bleibt wie gewöhnlich auf der optischen Bank aufgestellt, nur benützt man zweckmäßig Hilfskondensoren oder Kollimatoren, d'e für die schwachen Vergrößerungen vorgeschrieben sind. Durch entsprechende Höheneinstellung dieser Linsen lenkt man den Strahlengang auf das Objekt, das stets so hoch aufgestellt werden muß, daß die Strahlen der Lampe von der Mattscheibe und dem Spiegel aufgefangen und auf das Objekt reflektiert werden können. Mit entsprechenden Fußplatten oder Tischen auf Reitern läßt sich das Objekt sowohl bei Aufnahmen mit Mikroskopstativ wie auch bei solchen ohne Stativ in der gewünschten Höhe aufstellen. Das Licht fällt dann zuerst genau zentriert in waagerechter Richtung auf die vor dem Objekt aufgestellte, mehr oder weniger geneigte Mattscheibe. Erst diese wirft einen Teil des Lichtes schief nach unten, während der übrige Teil auf den Spiegel hinter dem Objekt fällt und von hier aus wieder schief nach unten reflektiert wird. Die schiefe Beleuchtung von oben wird also hier nur indirekt erzeugt. Eine direkte doppelseitige schiefe Beleuchtung von oben erzielt man ent-

Abb. 118. Mikrophotographische Einrichtung der Firma C. Zeiss für schwache Vergrößerungen im Auflicht mit Mattscheibe und Spiegel auf Haltern.
(Aus Zeiss-Druckschrift: Mikro 401.)

weder mit den Greilschen Lampen oder mit der Opakbeleuchtungseinrichtung der Firma Leitz, die aus einer horizontal und vertikal verstellbaren, dreh- und neigbaren Tischplatte und aus zwei Glühlampen von 200 Watt besteht (Abb. 119). Die Lampen sind mit reflektorartig ausgebauten Schirmen versehen und auf Gelenkarmen befestigt, so daß sie in verschiedenen Richtungen eingestellt werden können. Statt der Glühlampen können in ähnlicher Weise auch zwei Liliputlampen mit Uhrwerkregulierung und mit Beleuchtungslinsen benützt werden. Die letzteren eignen sich für kleinere Objekte bei verhältnismäßig starken Vergrößerungen (10—30fach), die Glühlampen dagegen dort, wo ausgedehnte Flächen bei ganz schwachen Vergrößerungen aufgenommen werden sollen. Bei der Reichertschen Einrichtung erzielt man das schief auffallende

Licht ebenfalls direkt mit Hilfe eines Periskopspiegels. Allzu starke Schatten können dabei mit dem Schlagschattenreflektor (einer Spiegeleinrichtung auf beweglichem Arm) ausgeglichen werden. In neuester Zeit (1929) haben F. Hauser und L. Mohr (1) eine universelle Beleuchtungsanordnung angegeben für Übersichtsaufnahmen opaker Objekte. Diese besteht aus einem viereckigen Blechrahmen, der hinter seinen ausgehöhlten Wänden Soffitenlampen trägt. Der Rahmen wird mit zwei Tischstativen über den Objekttisch gestellt, so daß die Vertikalkamera im Ausschnitt des Rahmens auf das Objekt eingestellt werden kann. Mit starken Photoklammern lassen sich Streifen aus Milchglas, Papier usw. in den Rahmen einhängen und dämpfen dann gleichmäßig das auffallende Licht der Soffitenlampen. Da diese letzteren einzeln schaltbar sind, kann man das Objekt sowohl allseitig wie auch aus bestimmten Richtungen schief beleuchten. Zur Vermeidung starker Schlagschatten und zur gleichmäßigen Beleuchtung gewölbter Oberflächen (z. B. bei Aufnahmen von Käfern) stellt man zweckmäßig noch einen Spiegel unterhalb des Soffitenrahmens auf und beleuchtet so das Objekt auch noch schief von unten her.

Eine recht handliche und einfache Vorrichtung zum Beleuchten kleiner Gegenstände (Insekten, Mücken u. ä.) bei schwacher Vergrößerung im auffallenden Licht stammt von H. Ruge und H. Plett (1). Die Einrichtung besteht aus einem kleinen Doppelspiegel nach Plett (hergestellt bei P. Martini G. m. b. H., Hamburg) und wird am Objekttisch

Abb. 119. Einrichtung für Beleuchtung opaker Gegenstände der Firma E. Leitz.
(Aus Leitz-Druckschrift Nr. 51 G. d.)

hinter dem Objekt aufgestellt. Die Spiegel stehen rechtwinklig zueinander. In den so gebildeten Winkel wird das Objekt gestellt und von zwei Lichtquellen doppelseitig so beleuchtet, daß die Strahlen der Lampen sich kreuzen und senkrecht auf die Spiegel fallen.

93. Die Objekthalter. Es ist leicht erklärlich, daß bei der Eigenart der durch das schief auffallende Licht erzeugten Bilder, in denen die Schatten und Reflexe den plastischen Charakter des Bildes bestimmen, dem Hintergrund bzw. der Unterlage eine erhöhte Bedeutung zukommt. Die Unterbringung oder Aufstellung des Objekts gehört daher mit in die Methodik der Beleuchtung, und meistens läßt sich eine zweckmäßige Beleuchtung nur dann erzielen, wenn das Objekt zwischen Beleuchtungseinrichtung und abbildendem System in entsprechender Weise untergebracht ist. In dieser Hinsicht wollen wir zunächst zwei Gruppen unter den für solche Aufnahmen in Betracht kommenden Objekten unterscheiden: 1. die Objekte, welche nur in Luft und 2. solche, welche nur in Flüssigkeiten untergebracht werden können. In die erste Gruppe gehören z. B. anorganische Objekte (Gesteine, Kristalle u. ä.), frische oder getrocknete

Pflanzen oder Pflanzenteile (soweit sie keine Wasserorganismen sind), Hartgebilde von Tieren, kleine Insekten usw. Die zweite Gruppe enthält dann die Wasserorganismen, Embryonen und die Weichteile der Tiere. Hierher gehören weiter sämtliche anatomischen Präparate, die feuchte reflektierende Oberflächen aufweisen. Die Objekte werden zunächst, gleichgültig, zu welcher Gruppe sie gehören, auf eine Unterlage gestellt, die bei Aufnahmen ohne Mikroskop entweder die Grundplatte des mikrophotographischen Apparats sein kann oder ein besonderer Aufnahmetisch, bei Aufnahmen mit dem Mikroskopstativ aber der Mikroskoptisch selbst. Die Unterlage muß eine gleichmäßig getönte Oberfläche haben, von welcher sich die Objekte in vorteilhafter Weise abheben. Diese Oberfläche liefert nämlich den Hintergrund des Bildes, von dem die graphische Wirkung abhängt. Am besten eignet sich als Tischplatte eine dickere Mattscheibe mit etwas grauer Tönung. Ganz schwarze und ganz weiße Unterlagen sollte man tunlichst vermeiden ,die ersteren deshalb, weil ein Teil der von der Körperform bedingten Schatten verlorengeht, die letzteren aber deshalb, weil sie die Bildung von Schlagschatten und von allzu grellen Kontrasten begünstigen. Als schwarze Unterlage eignet sich noch am besten schwarzer Samt oder das billigere Samtpapier. Meistens wählt man aber als Hintergrund eine dunklere oder hellere Unterlage aus grauem, grünem, rotem oder blauem Papier, je nachdem ob das Objekt hell auf dunklem oder dunkel auf hellem Hintergrund erscheinen soll. Grüne Unterlagen wirken bei Aufnahmen auf orthochromatischen Platten heller als graue, hellblaue noch heller, fast wie weiß, ohne jedoch allzu grelle Kontraste zu erzeugen. Rote Unterlagen liefern einen tiefdunklen Hintergrund, lassen jedoch die Körperschatten besser erkennen als die schwarzen Unterlagen. Die stark pigmentierten Furchungsstadien oder Larven von Amphibien sind z. B. am besten auf einem Hintergrund aus Mattglas oder hellblauem Papier, die hellen Entwicklungsstadien von Petromyzon oder menschlichen Embryonen sind besser auf einem dunkleren Hintergrund aufzunehmen und zeigen eine gute Kontrastwirkung, wenn die Unterlage rot oder dunkelgrau war.

Trockne Objekte stellt man vorteilhaft auf einer Platte aus Mattglas auf, und zwar möglichst so, daß sie nicht unmittelbar der Platte aufliegen. Je nach der Natur des Objekts wird man die Aufstellung verschieden und mit verschiedenen Hilfsmitteln vornehmen müssen. So wird man z. B. Käfer, Schmetterlinge usw. mit Stecknadeln auf Kork oder auf Holzklötzchen befestigen, flächenhafte Objekte, wie Blätter, Schmetterlingsflügel, Federn, Schuppen usw., stellt man am besten auf kleinen Glasplatten auf, die man mit Plastilinfüßchen auf Mattglas befestigt. Die Glasplatten müssen natürlich immer kleiner sein als die Objekte und dürfen im photographischen Bild nicht sichtbar werden.

Eine für solche Objekte ausgesprochen geeignete mikrophotographische Einrichtung wurde in letzter Zeit (1930) von MARSHALL (1) angegeben (Abb. 120). MARSHALL hat den Apparat für Aufnahmen an Insekten[1] verwendet; die Anordnung läßt sich jedoch auch bei anderen ähnlichen Objekten zu Aufnahmen bei schwachen Vergrößerungen in auffallendem Licht vorteilhaft benützen.

Die Objekte in Flüssigkeiten bringt man in ihren Glasbehältern auf die Tischplatte. Sehr vorteilhaft erweist sich dabei ein Verfahren, das von ROMEIS. stammt und darin besteht, daß man ein kleineres Gefäß mit dem Objekt in einem größeren Gefäß auf zwei Metallwinkeln (oder auf Glasringen) aufstellt (Abb. 121).

---

[1] Ein anderer, ebenfalls zur Photographie von Insekten bestimmter Apparat stammt von A. I. NICHOLSON (1).

Auch das größere Gefäß wird mit Flüssigkeit gefüllt, und zwar je nach der gewünschten Kontrastwirkung mit einer roten, blauen, gelben oder grünen Farblösung. Man kann solche Aufnahmegefäße leicht herstellen mit einer größeren Petrischale von 14—15 cm Durchmesser und $4^{1}/_{2}$—5 cm Höhe, mit zwei Metallrahmen zur Paraffineinbettung und dann mit einer kleineren Petrischale von 9—10 cm Durchmesser und 2—3 cm Höhe. Mit dieser Einrichtung läßt sich die Tönung des Hintergrundes je nach der Konzentration der Farblösung in bester Weise abstufen, auch kann man die Tischplatte des Mikroskops oder des Lupenstativs ohne weiteres benützen.

Noch besser eignet sich bei Aufnahmen mit oder ohne Mikroskopstativ für die Unterbringung des Objekts die schon erwähnte Beleuchtungsanordnung von Hauser und Mohr (s. S. 1) oder das Aufnahmetischchen von Romeis (vgl. Abb. 101). Dieses Tischchen ist nämlich zur Beleuchtung in

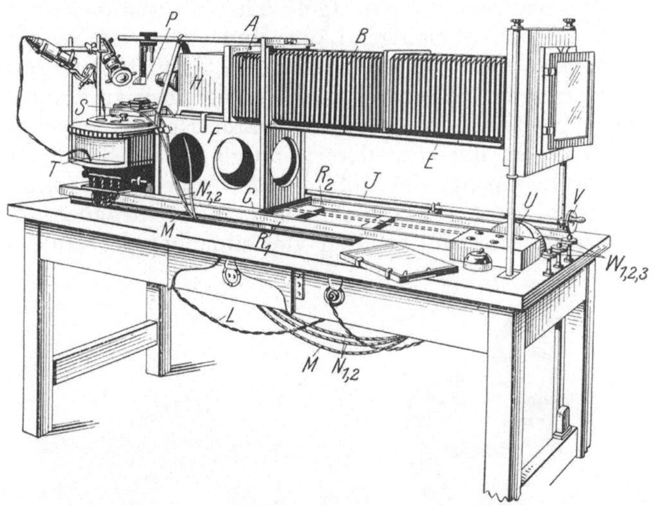

Abb. 120. Apparat zur Photographie von Insekten.

R_1 u. R_2 = Leitschienen; C = Chassis mit dem Wagen F; U = Handrad; H = Aufnahmekammer; T = Wagen für den Objekttisch S; P = Umkehrprisma; A u. B = Balgauszüge; V = Handrad; J = Welle zum Kammerauszug; M, $N_{1,\,2}$, $W_{1,\,2,\,3}$ = Vorrichtungen zur Drehung des Objekttisches in verschiedenen Richtungen.
(Aus J. F. Marshall [1, Fig. 1].)

auffallendem Licht mit zwei Reflektorlampen und einer Abblendevorrichtung ausgerüstet, wodurch man die Beleuchtung und die Schattenbildung in der gewünschten Weise regeln kann.

Das Gefäß, in welchem das Objekt oder die Objekte liegen, muß einen ebenen Boden haben. Beim Aufstellen auf die Tischplatte achte man darauf, daß die Außenseiten vollkommen trocken sind und keine nassen Flecke zwischen Gefäßboden und Tischplatte entstehen. Den Innenwänden oder dem Objekt anhaftende Luftblasen müssen selbstverständlich entfernt werden. Wichtig ist weiterhin, daß das Objekt mit der Flüssigkeit gut bedeckt ist, d. h. seine Oberfläche nirgends aus der Flüssigkeit herausragt, aber andererseits die Flüssigkeitsschicht oberhalb des Objekts nicht zu hoch ist. Im ersteren Fall

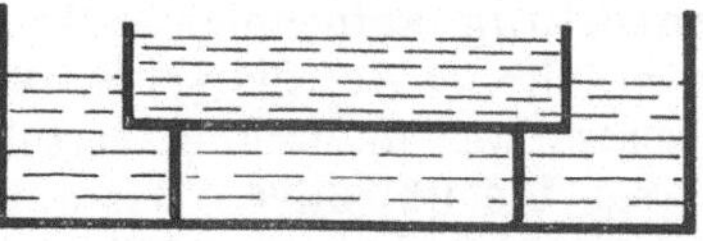

Abb. 121. Schematische Darstellung der Aufnahmevorrichtung nach B. Romeis im Durchschnitt.
(Aus B. Romeis [1, Abb. 115, S. 437].)

werden störende Reflexe entstehen, im letzteren leidet die Schärfe der Abbildung. Am besten wählt man nur so tiefe Gefäße, daß das Objekt gerade gut mit der Flüssigkeit bedeckt ist, wenn man sie fast bis zum Rande füllt. Die Oberfläche der Flüssigkeit muß natürlich ganz glatt und ruhig liegen. Schöne Aufnahmen erhält man von Präparaten in Aufsicht, wenn man das Gefäß vollständig mit Flüssigkeit füllt und mit einer Glasplatte luftblasenfrei zudeckt. Bei Objekten, die sich leicht bewegen können, namentlich wenn sie rundliche Form haben, gießt man den Boden des Gefäßes mit Wachs oder einer Mischung von Wachs und weichem Paraffin aus; in kleinen seichten Vertiefungen, die mit einem heißen Glasstab in die Wachsschicht eingedrückt werden, bekommen dann die Objekte genügenden Halt. Solche Wachsschichten geben dann in ihrem natürlichen Zustand einen hellen, mit Ruß oder Ölfarbe gemischt einen dunklen Grund. Auch für anatomische Situspräparate, die unter Flüssigkeit aufgenommen werden, benützt man solche mit Wachs ausgegossenen Schalen und spannt die Präparate mit Nadeln, Igel- oder Kaktusstacheln in der gewünschten Weise aus. Bei zweckmäßiger Länge und Farbe der Nadeln kann man die so mit dem Präparat abgebildeten Nadeln als Orientierungslinien für die Abbildungserklärungen verwenden. Auch pflegt man zu ähnlichen Zwecken dünne Drähte oder bei feinen und zarten Objekten Roßhaare und Zwirnfäden auf das Präparat aufzulegen, um besonders wichtige Stellen damit zu markieren. Es lohnt sich allerdings nicht, viel Mühe für die Anbringung solcher Orientierungslinien anzuwenden, denn die Linien, die man nachträglich in das photographische Bild einzeichnen kann, erfüllen viel einfacher denselben Zweck. Wichtiger ist, daß

Abb. 122. Mikrophotographische Einrichtung der Firma C. ZEISS zur Kapillarmikroskopie.
1 = Kohlenbogenlampe mit Uhrwerk; 2 = Wärmeschutz; 3 = Kollektor; 4 = Aufstellbares Grünfilter;
5 = Phoku; 6 = Fingerhalter; 7 = Tischblende. (Aus ZEISS-Druckschrift: Mikro 373.)

man gleichzeitig mit dem Objekt auch eine neben das Objekt gelegte Millimetereinteilung aufnehmen sollte, um im Bild einen Maßstab der Vergrößerung zu erhalten. ROMEIS (1, S. 436) verwendet dazu ein kleines Stück eines mit geschwärzter Maßteilung versehenen Stahlbandes.

94. Die Objektive. Das abbildende optische System bleibt dasselbe, das wir bei den Aufnahmen mit schwachen und schwächsten Vergrößerungen (S. 185 ff.) kennengelernt haben. Bei der Wiedergabe niedriger Oberflächenreliefs (feinerer Kutikulargebilde von Pflanzen oder Tieren) verwendet man die schwächsten Achromate und Apochromate mit Okularen oder die stärkeren anastigmatischen Systeme ohne Okular. Handelt es sich jedoch um höhere Oberflächenreliefs (z. B. Darmzotten) oder um Körper von ausgeprägter Plastik, so eignen sich für die Aufnahme die schwachen anastigmatischen Objektive und die photographischen Objektive besser, da sie eine bessere Abbildungstiefe haben. Mit der eingebauten Irisblende solcher Objektive muß man dann die Öffnung so gestalten, daß oberflächliche und tiefer gelegene Stellen gleich scharf erscheinen. Zu weit geöffnete Blenden sind ebenso ungünstig wie zu enge. Erst stelle man bei vollständig geöffneter Blende auf eine mittlere Schicht ein und ziehe dann die Blende so weit zu, daß die oberhalb und unterhalb liegenden Schichten ebenfalls scharf erscheinen. Über die Aufnahmen mit einem binokularen Präpariermikroskop in auffallendem Licht s. S. 257.

95. Die Kapillarmikroskopie. Die Aufnahmen mit einem Hornhaut- oder Kapillarmikroskop bedeuten spezialisierte Arten der Mikrophotographie mit schief auffallendem Licht (Abb. 122 u. 123). Sowohl bei der Hornhaut- wie der Kapillarmikroskopie handelt es sich um mikroskopische Gebilde, die in situ an ma-

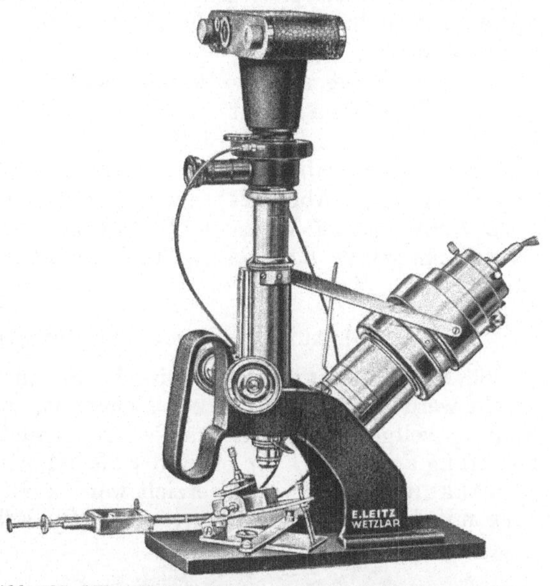

kroskopischen Objekten untersucht werden müssen und zur Aufstellung des Objekts und der Vorkehrung besondere Einrichtungen erfordern (zur Hornhautmikroskopie vgl. L. KOEPPE [1], KNÜSEL und VONWILLER [1], REDWAY [1]). Zur subjektiven Beobachtung kann man ein binokulares Präpariermikroskop auf geeignetem Stativ benützen und das Objekt (Finger, Augen, ganze Köpfe usw.) vor den Objektpaaren in besonderen Haltern unterbringen. Zu solchen subjektiven kapillarmikroskopischen Untersuchungen eignet sich besonders das Hautmikroskop von OTTFRIED MÜLLER (1), ein monokulares Mikroskop mit einem schwachen Apochromat (10fach, Ap. 0,3) oder einem Objektiv 6fach in

Abb. 123. Mikrophotographische Einrichtung der Firma E. LEITZ zur Kapillarmikroskopie mit der „Mifilmca".

Sonderfassung. Als Lichtquelle benützt man dann entweder die in das Stativ eingebaute Mignonlampe oder die weit lichtstärkeren Punktlichtlampen und Liliputbogenlampen mit Beleuchtungslinse und mit einer Küvette für den Wärmeschutz. Zu mikrophotographischen Zwecken eignet sich jedoch das Hautmikroskop wegen

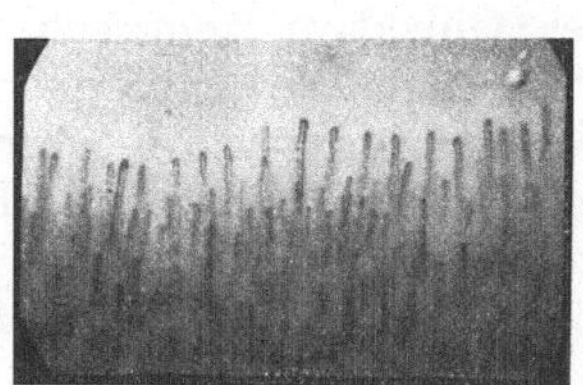 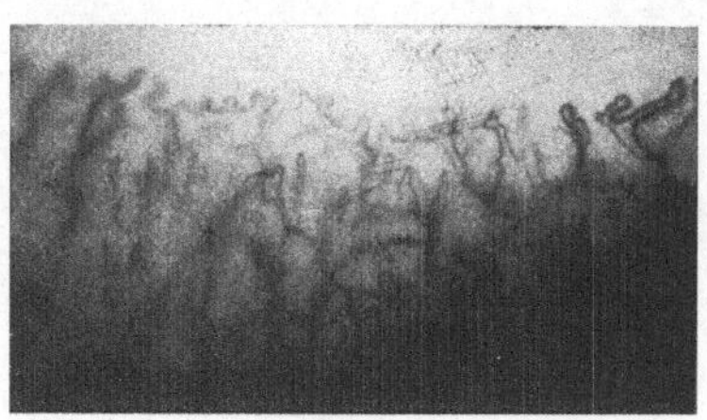

Abb. 124. Kapillaren am Nagelfalz bei zwei älteren Kindern, aufgenommen mit der in Abb. 123 sichtbaren Einrichtung. Bildvergrößerung 60fach. (Originalaufnahme von W. JAENSCH.)

seiner geringen Stabilität schlecht. In den ZEISS-Werken wurde deshalb eine besondere mikrophotographische Einrichtung gebaut zu kapillarmikroskopischen Aufnahmen an Nagelfalzkapillaren mit einem „Phoku" (s. S. 167), einer Mikro-Uhrwerk-Bogenlampe und einer geneigten Sammellinse, die das schief auffallende Licht auf das Objekt konzentriert (Abb. 122). Diese Linse stellt mit der dazugehörigen Irisblende den Kollektor der Beleuchtungseinrichtung dar. Bei Untersuchungen am Nagelrand wird der Finger in einen anklemmbaren

Fingerhalter gelegt. Für die Hornhautmikroskopie besitzt man eine besonders geeignete Beleuchtungseinrichtung in der Spaltlampe nach GULLSTRAND. Als Kamera eignet sich auch hier das „Phoku" oder irgendeine andere Aufsatzkammer am besten. Die mikrophotographische Einrichtung der Firma ZEISS für Kapillaraufnahmen eignet sich auch zu beliebigen anderen Objekten, die man bei schwachen und mittelstarken Vergrößerungen (bis etwa 100 fach) in schief auffallendem Licht photographieren will. Man entfernt dann nur den Fingerhalter und stellt dann das Objekt in einem entsprechenden Behälter auf den Mikroskoptisch.

Ebenso eignet sich zu kapillariskopischen und sonstigen Aufnahmen in schief auffallendem Licht die Aufsatzkamera „Mifilmca" der Firma LEITZ (Abb. 123), da das kleine Bildformat (24 × 36 mm²) recht günstig ist für eine schärfere Wiedergabe der an und für sich schwer scharf einstellbaren Hautkapillaren (vgl. Abb. 124) (zur Kapillarmikroskopie vgl. H. BRIEGER [1], G. L. BROWN und F. W. LAMB [1], M. COMEL [1], W. JAENSCH [1], G. MAGNUS [1], O. MÜLLER [1], W. REDISCH [1], P. VONWILLER [5, 6], P. VONWILLER und A. VANNOTTI [1], E. WEISS [1]).

b) Aufnahmen mit allseitig auffallendem Licht.

96. Der LIEBERKÜHNsche Spiegel. Sollen Aufnahmen von Oberflächen gemacht werden, die keine starken Reliefs haben, oder wünscht man die Schattenbildung weitgehend einzuschränken, so wendet man eine allseitig auffallende Beleuchtung an. Diese kann entweder als allseitig schiefe Beleuchtung mit dem LIEBERKÜHNschen Spiegel erzielt werden oder als eine allseitige steile Beleuchtung mit dem Vertikalilluminator (Opakilluminator). Der LIEBERKÜHNsche

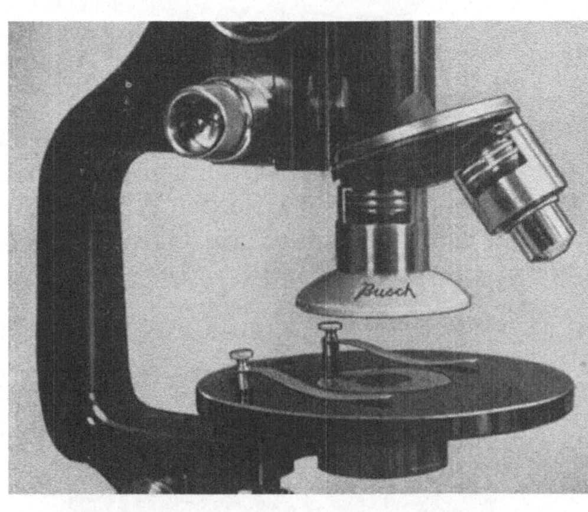

Abb. 125. Der LIEBERKÜHNsche Spiegel. (Aus BUSCH-Druckschrift: Anleitung zum Gebrauch von Mikroskopen und Nebenapparaten für Untersuchungen in auffallendem Licht.)

Spiegel[1] (Abb. 125) stellt einen Aluminiumhohlspiegel dar, dessen Mitte durchbohrt ist (vgl. W. HORN [1]). Man kann ihn bei dieser Bohrung auf die Fassung des Objektivs schrauben oder aber mit einem Halter auf einem doppelten Kugelgelenk zwischen Objektiv und Objekt so aufstellen, daß seine Bohrung zur Öffnung des Objektivs zentrisch steht. Nur solche Objektive lassen sich mit dem LIEBERKÜHNschen Spiegel verwenden, deren Brennweiten nicht kürzer sind als 7 bis 8 mm. Auch die Öffnung des Mikroskoptisches muß einen Durchmesser von mindestens 30 mm haben, und das Objekt darf keinen größeren Durchmesser als 16 mm aufweisen, damit die Lichtstrahlen neben dem Objekt zum LIEBERKÜHNschen Spiegel gelangen und von hier auf das Objekt reflektiert werden. Das Objekt wird mit einer Glaseinlage auf die Tischöffnung gestellt und von unten mit dem Mikroskopspiegel beleuchtet. Die zentralen Strahlen werden vom Objekt aufgefangen; neben dem Objekt gelangen jedoch Strahlen zu

---

[1] In seiner Urform mit einem Hohlspiegel zuerst von LIEBERKÜHN (1738) angewandt.

den reflektierenden Flächen des LIEBERKÜHNschen Spiegels und werden von hier aus unter verschiedenen Winkeln auf die Oberfläche des Objekts zurückgeworfen Abb. 126). Dort, wo die Tischöffnung enger ist als 30 mm, rüstet man das Objekt mit einer Objektauflage aus, die eine unter 45° geneigte reflektierende Scheibe mit einer zentralen Bohrung darstellt. In diese wird dann das Objekt eingesetzt. Der LIEBERKÜHNsche Spiegel wird von den Firmen BUSCH, Rathenow, und O. HIMMLER, Berlin, hergestellt, welche auch spezielle Objektivsysteme zum aufschraubbaren Spiegel liefern. Wird der Spiegel mit dem Kugelgelenk aufgestellt, so kann man auch andere Objektive verschiedener Firmen benützen, falls sie die nötige lange Brennweite haben. Da bei kürzerer Brennweite kein Platz zum Aufstellen des Spiegels vorhanden ist, so ist die Anwendung des LIEBERKÜHNschen Spiegels auf die Untersuchungen und mikrophotographischen Aufnahmen bei ganz schwachen Vergrößerungen beschränkt. Beleuchtet man mit einer lichtstarken Lichtquelle (Punktlichtlampe, Liliputbogenlampe von LEITZ oder BUSCH), so erhält man sehr geeignete Bilder von geschliffenen Oberflächen, z. B. von Metall-, Holz oder Knochenschliffen, dann von kleinen Organismen mit zarter Struktur, bei deren Abbildung stärkere Schatten unerwünscht sind.

Statt Aluminium empfiehlt PRESTON Vulkanit zur Herstellung des LIEBERKÜHNschen Spiegels, um eine größere Lichtstärke zu erzeugen (solche Spiegel wurden hergestellt von FLATTERS & GARNETT, Manchester). Zweifelsohne eignet sich für eine lichtstärkere Beleuchtung der Parabolspiegel von P. METZNER (6) am besten, der nach der Art des LIEBERKÜHNschen Spiegels gebaut ist, jedoch nicht mit einer kugligen, sondern mit einer paraboloiden Hohlspiegelfläche. Von besonderer Bedeutung ist die Stärke des vom LIEBERKÜHNschen Spiegel reflektierten Lichts bei Luminiszenzanalysen in auffallendem Licht (s. S. 311), und gerade hier bewährt sich der Parabolspiegel recht gut.

97. Der Vertikalilluminator. Für Untersuchungen und mikrophotographische Aufnahmen in auffallendem Licht bei verschieden starken Vergrößerungen pflegt man allgemein die Beleuchtung mit steil auffallenden Lichtstrahlen zu benützen, so wie man sie mit den Vertikalilluminatoren (Opakilluminatoren) erzielt. Die ein

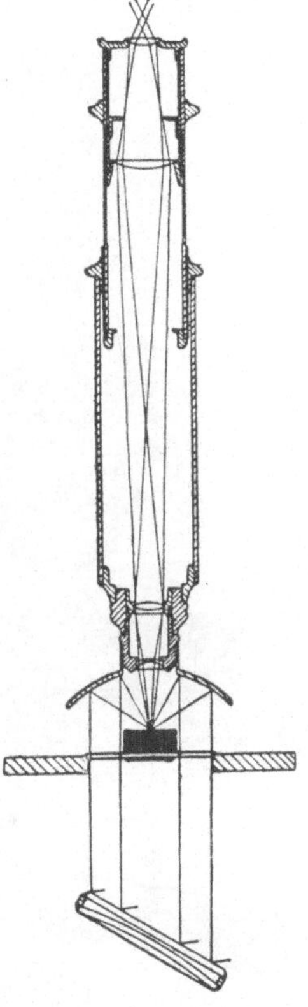

Abb. 126. Der Strahlengang bei Anwendung des LIEBERKÜHNschen Spiegels. (Aus derselben Quelle wie Abb. 125.)

fachste Art einer solchen Einrichtung kann man mit einer planparallelen Glasplatte herstellen, indem man die Glasplatte unter 45° geneigt zwischen Objekt und Objektiv aufstellt und dann von der Seite her beleuchtet (Abb. 127). Die Lichtstrahlen werden von der Glasplatte steil von oben auf das Objekt geworfen, und von hier aus wirft sie die Oberfläche des Objekts durch das durchsichtige Glas in die Öffnung des Objektivs zurück. Die optischen Firmen pflegen solche Spiegelglasscheiben für die Mikroskopie in auffallendem Licht schon fertig mit den geeigneten Haltern zu liefern; wie P. METZNER (4, S. 285) angibt, kann man aber auch ein Deckglas mit einem improvisierten Halter aus Blech verwenden. Nach dem Prinzip dieser einfachen Beleuchtungseinrichtung, die selbstverständlich nur zu Untersuchungen bei schwachen Vergrößerungen geeignet ist, sind auch die Vertikal- oder Opakilluminatoren gebaut. Jede optische Werkstatt baut ihre eigenen Vertikalilluminatoren, die jedoch im Prinzip alle auf zwei Grundformen zurückzuführen sind, nämlich auf den Vertikalilluminator nach Beck und den Vertikalilluminator nach Nachet. Beim Opakilluminator nach Beck (Abb. 128 A) finden wir die reflektierende Glasplatte nicht mehr zwischen Objekt und Objektiv, sondern oberhalb des letzteren in einem zylindrischen Zwischenstück so angebracht, daß sie um eine horizontale Achse herumgedreht und auf verschiedene Neigungswinkel eingestellt werden kann. Das Zwischenstück wird auf das untere Tubusende geschraubt und trägt unten ein Gewinde zum Anschrauben der Mikroskopobjektive. Die Beleuchtung erfolgt durch eine seitliche Öffnung des Zwischenstücks, die in einem Ansatz liegt und mit einer eingebauten Irisblende regulierbar ist. Dieser Öffnung gegenüber ist die Glasplatte durchbohrt oder mit einem dünnen Platinbelag versehen, damit keine Reflexe auf der Glasoberfläche entstehen. Trotzdem werden Reflexe beim Beckschen Opakilluminator nie ganz zu vermeiden sein. Das Bild ist stets etwas verschleiert und nie so klar wie im durchfallenden Licht. Dabei geht der größte Teil des Lichts verloren. Schärfere Bilder erhält man bei besserer Ausnützung der Beleuchtung, wenn man statt der Glasplatte ein rechtwinkliges Prisma benützt, wie wir es beim Vertikalilluminator nach Nachet vorfinden (Abb. 128 B). Das Prisma ist ebenfalls drehbar angebracht und liegt so, daß es die Hälfte der Austrittspupille einnimmt. Zwischenstück und Ansatz mit eingebauter Irisblende sind ganz ähnlich gebaut wie beim Vertikalilluminator nach Beck. Der wesentliche Unterschied zwischen den zwei Einrichtungen besteht darin, daß, während beim Beckschen Vertikalilluminator die ganze Apertur des Objektivs ausgenützt werden kann, bei der Einrichtung nach Nachet nur die eine Hälfte der Apertur für die Beobachtung zur Verfügung steht. Die einfallenden Strahlen gelangen nämlich nach der Reflexion am Prisma durch die eine Hälfte der Austrittspupille des Objektivs zum Objekt und werden dann durch die andere vom Prisma nicht eingenommene Hälfte in das Auge des Beobachters bzw. auf die photographische Platte zurückgeworfen. Zu Untersuchungen mit schwachen Objektiven benützt man also den Vertikalilluminator nach Nachet, während man den Opakilluminator nach Beck bei starken Aperturen, namentlich bei Immersionslinsen, vorteilhafter verwenden wird. Neuerdings werden beide Typen miteinander so kombiniert, daß man Glasplatte und Prisma gegeneinander rasch vertauschen kann. So sind z. B. der Vertikalilluminator von der Firma Busch und der Opakilluminator der Firma

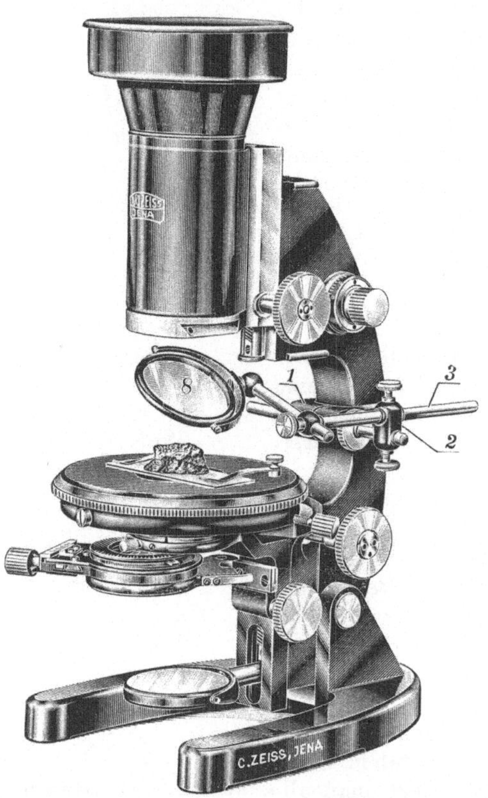

Abb. 127. Beleuchtungseinrichtung für steil auffallendes Licht mit einer planparallelen Glasplatte (8) auf Haltern (1, 2, 3). (Aus Zeiss-Druckschrift: Mikro 401.)

LEITZ gebaut (Abb. 129). Die letztgenannte Firma baut auch den **Spalt-Opak-Illuminator** nach den Angaben von P. VONWILLER, der zu Beobachtungen in

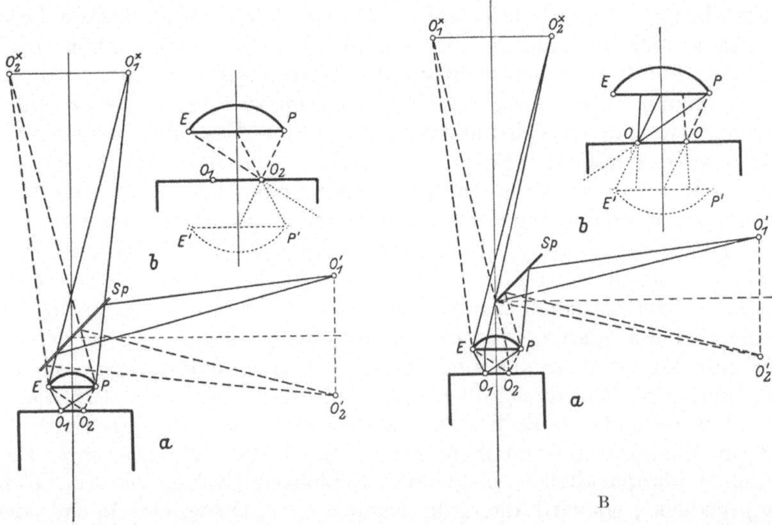

Abb. 128.   Schema des Strahlenganges bei dem Vertikalilluminator nach BECK (A a) und beim Vertikal-illuminator nach NACHET (B a).

$O_1 O_2$ = Einstellebene; $O_1^* O_2^*$ = Bildebene; $O_1' O_2'$ = Leuchtfläche; $E\,P$ = Eintrittspupille des Objektivs; Sp = Halbdurchsichtiger Spiegel oder (in B) das Prisma. Bei A b und B b = Beleuchtung eines spiegelnden Objekts. (Aus A. KÖHLER [*9*, Abb. 235 und 238, S. 292 und 294].)

auffallendem Licht bei starken Vergrößerungen besonders geignet ist, da er scharf definierte Bilder liefert. Das Prinzip, das GULLSTRAND mit der Spalt-

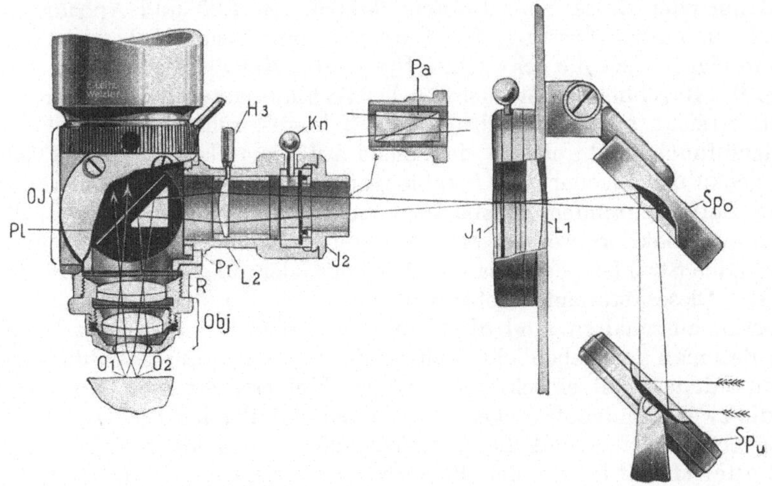

Abb. 129.   Der große Opakilluminator der Firma E. LEITZ.   Schematisch, teilweise im Schnitt.   Eine entsprechende Lichtquelle ist rechts zu denken.

Sp_o, Sp_u = Spiegelvorrichtung; L_1 und L_2 = Sammellinsen; J_1 und J_2 = Irisblenden; Pr = Prisma; Pl = Glasplatte; OJ = Zwischenstück; $O_1 O_2$ = Einstellebene; Pa = Polarisator zu Untersuchungen in polarisiertem Auflicht. (Aus LEITZ-Druckschrift Mikro D 2046a.)

lampe in die Hornhautmikroskopie eingeführt hatte, wurde hier für die Beleuchtung des Opakilluminators nutzbar gemacht (vgl. VONWILLER [*4*, S. 466]).

Es würde den Rahmen dieser Ausführungen weit überschreiten, wollten wir die theoretischen Grundlagen der Bilderzeugung im auffallenden Licht eingehender erörtern (vgl. A. Köhler [9, S. 291], Metzner [4, S. 284]). Auch hier muß jedoch Erwähnung finden, daß man mit dem Vertikalilluminator besondere Objektive in kurzer Fassung benutzen muß, denn die Austrittspupille des Objektivs fällt nur bei solchen richtig auf die reflektierende Ebene des Prismas oder der Glasplatte. Die optischen Firmen haben zu diesem Zweck eine Reihe von Achromaten und Apochromaten mit kurzer Fassung hergestellt. Von den Objektiven der üblichen Form und Fassung sind nur die schwächeren gut zu gebrauchen, wie z. B. Zeiss Achrom. 8fach oder Leitz Achrom. 2 und 3. Bei subjektiven Beobachtungen genügen zur Not auch mittelstarke Trockensysteme mit längerer Fassung; für mikrophotographische Aufnahmen kommen jedoch solche nicht in Betracht. Infolge des etwa $1^1/_2$—2 cm langen Zwischenstückes und bei der kurzen Fassung der Objektive wird die Tubuslänge anders sein als die, bei der man in durchfallendem Licht zu beobachten pflegt. Die Objektive mit kurzer Fassung sind daher auf eine Tubuslänge von 190 mm korrigiert, und ihre Einzelvergrößerung ist ebenfalls für diese Tubuslänge angegeben. Von besonderer Bedeutung ist es, daß man die Präparate in unbedecktem Zustand untersuchen muß. Sind die Objekte mit Deckglas und ähnlichen planparallelen spiegelnden Schichten (Kanadabalsam, Dammar lack usw.) bedeckt, so wird das Bild verschleiert. Dementsprechend sind die Objektive in kurzer Fassung auf eine Schichtdicke ohne Deckglas korrigiert. Benützt man Ölimmersion, so stört das Deckglas nicht, vorausgesetzt, daß das Einschlußmittel eine ähnliche Brechung hat wie das Glas. Bei Untersuchungen mit starken Vergrößerungen benützt man vorteilhafter statt Trockensystemen Immersionslinsen, von denen die Wasserimmersionssysteme (z. B. Zeiss Apochrom. 74fach, Ap. 1,25 in kurzer Fassung) zu Untersuchungen an unbedeckten Objekten, die homogenen Ölimmersionssysteme (z. B. Leitz Ölimmersion 18 mm und 8 mm oder Zeiss Fluoritsystem 95fach, Ap. 1,25 und Apochrom. 94fach, Ap. 1,30 in kurzer Fassung) für Präparate mit Deckglas bestimmt sind. Als Okulare eignen sich die schwachen Systeme besser als die starken.

98. Die Regelung der Blenden des Vertikalilluminators. Selbst mit den besten Linsen erreicht man aber schwerlich ein klares, schleierfreies Bild, wenn die Blendenöffnungen, durch die das Licht auf die reflektierenden Flächen fällt, nicht genau der Eigenart des Strahlenganges angepaßt sind. Die verschiedenen an die Luft grenzenden Glasflächen, an denen die einfallenden Lichtstrahlen wiederholt reflektiert werden, erzeugen stets Nebenlicht, das dann mit den bilderzeugenden Strahlen gemeinsam in das Auge oder auf die photographische Platte gelangt. Dieses störende Nebenlicht läßt sich bei den Vertikalilluminatoren nie restlos ausschalten, und die Kunst der Beleuchtung besteht hauptsächlich darin, daß man das Nebenlicht, welches die Verschleierung des Bildes hervorruft, auf ein Mindestmaß einschränkt. Dieses Ziel erreicht man am besten, wenn man die zwei Blendenöffnungen, welche den einfallenden Lichtstrom abgrenzen: die Leuchtfeldblende und die Aperturblende, so eng als noch zulässig zuzieht. Die Leuchtfeldblende der Beleuchtungseinrichtung ist auch hier die Irisblende, welche als Kollektorblende in das Lampengehäuse eingebaut oder knapp hinter der Lampe aufgestellt ist. Die Aperturblende befindet sich im Ansatz des Vertikalilluminators in Form einer kleinen Irisblende, welche die seitliche Öffnung des Zwischenstücks begrenzt. Begreiflicherweise kann man die Aperturblende über ein bestimmtes Maß hinaus nicht zuziehen, ohne wesentliche Bezirke der Apertur und damit sowohl die Helligkeit des Bildes als seine Auflösung zu beeinträchtigen. Man kann aber die Leuchtfeldblende stärker verengern, denn man opfert so höchstens nur die Randbezirke des Gesichtsfelds, ohne die Helligkeit oder die Auflösung des Bildes zu beeinflussen.

99. Beleuchtung und Einstellung. Die Beleuchtung und Einstellung des mikroskopischen Bildes mit einem Vertikalilluminator — gleichgültig, welches System man auch benützt — erfolgt nun in dieser Weise: Man stellt die Lichtquelle etwa 35 cm vor dem Mikroskop auf, so daß die Lichtstrahlen von

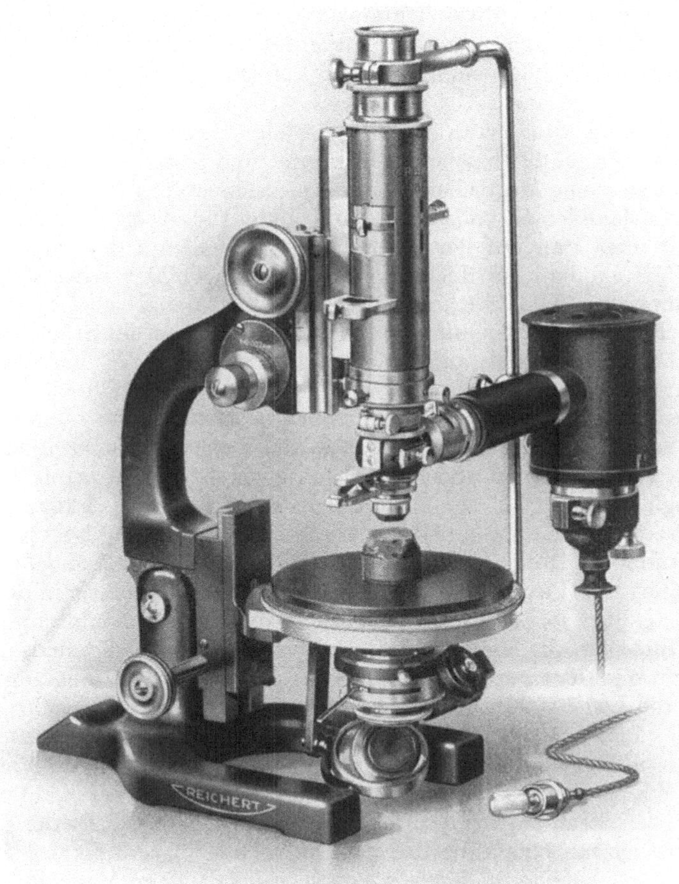

Abb. 130. Opakilluminator der Firma C. REICHERT.

der Lampe in den Ansatz des Vertikalilluminators fallen. Punktlichtlampen, Liliputbogenlampen lassen sich auf ihrem Fußgestell in die entsprechende Höhe stellen; andere zum Vertikalilluminator angefertigte Lampen (z. B. die Mikroskopierlampe der Firma ZEISS zum Vertikalilluminator) sind mit einer Kollektorlinse ausgerüstet, die gehoben oder gesenkt werden kann. Am besten arbeitet man aber mit einem Mikroskopstativ, dessen Objekttisch heb- und senkbar ist (sog. metallographischem Stativ, s. Abb. 178). Beim Objektivwechsel kann an solchen Stativen die grobe Einstellung durch Heben und Senken des Objekts erfolgen, und die Lichtquelle braucht nicht verstellt und neu zentriert zu werden wie stets dort, wo beim Objektivwechseln der Mikroskoptubus gesenkt oder gehoben werden muß. Die Höhenunterschiede infolge Betätigung der feinen Einstellung haben auf die erfolgte Zentrierung der Beleuchtung keine störende Wirkung mehr.

Dort, wo kein senkbarer Mikroskoptisch zur Verfügung steht, vermeidet man die Unannehmlichkeiten der Ausrichtung der Lichtquelle nach jedem Objektivwechsel am besten durch Vertikal- oder Opakilluminatoren mit eingebauter Lichtquelle. Solche werden von den optischen Firmen FUESS, Berlin (s. S. 251) und C. REICHERT, Wien, gebaut. Die REICHERTsche Einrichtung zeichnet sich durch eine genau ausgerichtete lichtstarke Beleuchtung aus (Abb. 130) (vgl. VANNOTTI [1]), die sich auch zu mikrophotographischen Aufnahmen eignet. Eingebaute Niedervoltlämpchen sind jedoch in der Hauptsache nur für subjektive Beobachtungen bestimmt.

Die Ausrichtung des Strahlenganges erfolgt zweckmäßig in einem verdunkelten oder nur mäßig beleuchteten Raum, und man benützt zur Kontrolle des Strahlenganges eine Mattscheibe oder ein Stück weißes Papier. Erst öffnet man die Leuchtfeldblende vollständig und zieht die Aperturblende ganz zu. Jetzt trachtet man, daß auf der Aperturblende (bzw. auf der vor die Blende gehaltenen Mattscheibe) die Lichtquelle scharf abgebildet wird (Mattscheibe zwischen Lampe und Kollektorlinse entfernen!). Ist das geschehen, so schließt man die Leuchtfeldblende bis auf einen kleinen Kreis, legt ein Stück Papier, am besten ein Stück rotes Papier, auf das man mit Tusche ein Zeichen gemacht hat, auf den Mikroskoptisch, öffnet die Aperturblende vollständig und stellt das schwächste Objektiv auf das Papier ein, bis das Leuchtfeld scharf und hell auf der Papierfläche erscheint. Nun kann man in das Mikroskop hineinschauen und die Blendenöffnungen wie auch die Stellung des Prismas (bzw. der Glasplatte) und des Ansatzes endgültig regeln. Man stellt dazu die Schrift oder das Kreuz in das Sehfeld ein und beobachtet, ob das beleuchtete Sehfeld groß genug ist, ob es konzentrisch zur Öffnung des Objektivs steht, ob es hell erscheint und schließlich, ob die Abbildung scharf ist. Liegt der helle Kreis des Leuchtfelds richtig in der Öffnung der Linse, ist jedoch so klein, daß wesentliche Teile des Sehfelds unbeleuchtet bleiben, so öffnet man die Leuchtfeldblende, bis die Teile des Sehfelds, auf deren Abbildung man Wert legt, gerade ausgeleuchtet sind. Weiter als unbedingt notwendig soll man die Leuchtfeldblende nicht öffnen, selbst auf die Gefahr hin nicht, daß Randteile eines größeren Sehfelds — wie man solches bei schwachen Objektiven erhält — unbeleuchtet bleiben. Liegt der helle Kreis exzentrisch rechts oder links im Sehfeld, so ist das ein Zeichen, daß der Ansatz des Vertikalilluminators nicht genau in den Strahlengang der Beleuchtung eingestellt ist. Da der Ansatz auf dem Zwischenstück mit einem drehbaren Ring versehen ist, dreht man an diesem Ring, bis die Leuchtfläche im Sehfeld zentrisch liegt. Beim Vertikalilluminator nach NACHET kann das beleuchtete Sehfeld auch nach oben oder nach unten exzentrisch liegen, wenn das Prisma nicht genau unter 45⁰ geneigt ist. Bemerkt man also etwas Derartiges, so dreht man am Drehknopf des Prismas und stellt es dadurch mit seiner reflektierenden Fläche in den Strahlengang ein. Sowohl beim Vertikalilluminator nach NACHET wie bei jenem nach BECK hängt die Kontrastwirkung des Bildes vom Neigungswinkel der reflektierenden Flächen vielfach ab. Man muß also durch kleine Drehungen am Prisma oder auf der planparallelen Glasplatte die günstigste Stellung ermitteln, bei der die abzubildende Struktur sich von der Unterlage am schärfsten und klarsten abhebt. Man wird dann bald bemerken, daß trotz genauer Einstellung der Objektivlinse und trotz Drehung an dem Prisma oder der Glasplatte das Bild keine vollkommene Schärfe und Klarheit zeigt, solange die Aperturblende zu weit geöffnet ist.

Testobjekte mit einer roten Farbe sind gerade deshalb sehr geeignet, weil man an diesen leicht bemerken kann, wann die Öffnung der Aperturblende zu weit ist. In letzterem Fall wird man nämlich die rote Farbe kaum erkennen, und das ganze Sehfeld scheint wie mit einem weißen Schleier bedeckt. Je mehr man die Aperturblende zuzieht, um so leuchtender tritt die rote Farbe des Testobjekts hervor. Man engt also die Aperturblende dementsprechend ein und läßt sie in dieser mit dem Testobjekt ermittelten Lage. Bei Objektiven von verschiedenen Aperturen wird selbstverständlich die günstige Öffnung der Aperturblende verschieden groß sein, ein Umstand, der beim Wechseln des Objektivs stets beachtet werden soll. Mit dem Vertikalilluminator nach NACHET wird man selbst bei günstigster Beleuchtung nur die Mitte des Sehfelds klar und scharf erhalten, die Randteile werden stets weniger hell und weniger

scharf erscheinen. Beobachtet man also mit dem Vertikalilluminator nach NACHET, so muß man nachträglich noch die Leuchtfeldblende so weit zuziehen, bis die Beleuchtung nur auf den Mittelteil des Sehfelds begrenzt ist. Bei den schwachen Vergrößerungen, zu denen man diese Vertikalilluminatoren zu benützen pflegt, genügt auch das so verringerte Sehfeld für die Untersuchungen oder zu den photographischen Aufnahmen. Wünscht man jedoch ein größeres Sehfeld bei einer schwachen Vergrößerung, so empfiehlt es sich, statt des Vertikalilluminators das einfache Planglas (s. S. 229) zur Beleuchtung im auffallenden Licht zu benützen. Bei Untersuchungen oder mikrophotographischen Aufnahmen mit starken oder stärksten Vergrößerungen erhält man, wie schon früher erwähnt, mit einer spaltförmigen Leuchtfeldblende (Spalt-Opak-Illuminator nach P. VONWILLER) die schärfsten Bilder mit dem geringsten (kaum bemerkbaren Anteil) an Nebenlicht.

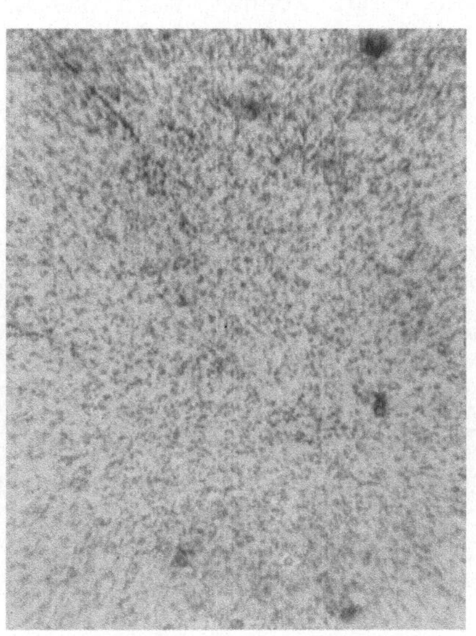

Abb. 131. Körnelung einer entwickelten photographischen Platte. BUSCH-Vertikalilluminator mit Prisma. BUSCH-Obj. Em (46,3 fach), Homal IV, Kammerlänge 40 cm. Punktlichtlampe 2 W, Belichtung 2 Min.

Aus der Konstruktion des Vertikalilluminators ist klar ersichtlich, daß die Lichtstrahlen zwar steil, aber doch schief von allen Seiten her auf das Objekt fallen. Mit dem Vertikalilluminator nach BECK kann man allerdings bei genau unter 45° gestellter Glasplatte eine Beleuchtung erzielen, wo die Strahlen nahe der optischen Achse fast senkrecht auf das Objekt fallen. Mit dem Vertikalilluminator nach NACHET erhält man aber stets eine schiefe Beleuchtung, wenn auch der Einfallwinkel und der Reflexionswinkel der Lichtstrahlen geringer sind als bei einem LIEBERKÜHNschen Spiegel. Dementsprechend geht auch vom reflektierten Licht weniger verloren, und die Helligkeit des Bildes ist größer als bei den sonstigen Arten von schiefer Beleuchtung. Die Helligkeit eines bei derselben Vergrößerung mit durchfallendem Licht gut beleuchteten mikroskopischen Bildes erreicht man aber mit einem Vertikalilluminator nie.

100. Die graphische Wirkung des Auflichtbildes. Das Bild, das man erhält, entspricht einem Hellfeldbild insofern, als man die abgebildeten Strukturen auf einem leuchtenden hellen Grund erblickt. Der Kontrast zwischen Strukturbild und Hintergrund hängt von der Färbung der Oberfläche und dem Grad der Reflexion am Oberflächenrelief ab (Abb. 131). Helle Strukturen auf dunklem Grund werden also hell (einem Dunkelfeldbild ähnlich), dunkle auf hellem Grund aber dunkel erscheinen (einem Hellfeldbild ähnlich). Der Unterschied in der Lichtabsorption spielt für die Bilderzeugung eine weit größere Rolle als bei einer Beleuchtung mit durchfallendem Licht. Noch wichtiger ist jedoch die Rolle der Brechung und Beugung, welche die Lichtstrahlen an den mikroskopischen Rauheiten der Oberfläche (Oberflächenrelief) erfahren. Ist dieses Oberflächenrelief genügend ausgebildet, so erhält man scharfe und anschauliche Bilder mit dem Vertikalilluminator (z. B. von geätzten Metalloberflächen [s. Abb. 155], Schnittflächen von pflanzlichen oder tierischen Organen usw.). Zeigt aber die Oberfläche keine im mikroskopischen Sinne ausgeprägten Reliefstrukturen, so wird der Vertikalilluminator nur dann ein objektähnliches Bild liefern können, wenn das Zeichnungsmuster der Oberfläche aus einem Mosaik von matten und glänzenden oder von ganz dunklen und ganz hell gefärbten Teilchen besteht. Bei polierten und glänzenden Oberflächen werden in jedem Fall wesentliche Züge des Zeichnungsmusters unsichtbar bleiben und nur zufällige Ritze oder sonstige Beschädigungen der Oberfläche im Bild scharf erscheinen. Die Politur der Oberfläche oder eine spiegelnde Flüssigkeitsschicht an der Oberfläche werden nämlich das Licht von der ganzen Oberfläche zurückwerfen, so daß der größte Teil des auffallenden Lichts gar nicht zur Struktur gelangen kann,

Abb. 132. Beleuchtungsanordnung für Auflichtmikroskopie mit dem Schräglichtilluminator nach F. HAUSER. (Aus BUSCH-Druckschrift: Gebrauchsanweisung für den Schräglichtilluminator, Abb. 1.)

und selbst der Teil der Lichtstrahlen, der bis zur eigentlichen Struktur durchdringt und hier in verschiedenem Maße absorbiert oder mit verschiedenen Wellenphasen zurückgeworfen wird, kann seine bilderzeugende Wirkung nicht entfalten, da das Reflexlicht der Oberfläche die bilderzeugenden Strahlen überstrahlt.

101. Der Schräglichtilluminator. Zur Untersuchung und mikrophotographischen Abbildung solcher glatten Oberflächen, bei denen die Strukturelemente sich nur durch ihre Färbung voneinander unterscheiden, eignet sich besonders gut der Schräglichtilluminator von HAUSER (3), der von der Firma BUSCH hergestellt wird. Die Beleuchtung mit diesem Apparat ist, wie schon die Benennung zeigt, eine ausgesprochen einseitig (oder auch doppeltseitig) schiefe Beleuchtung, die man bei schwachen wie bei starken Vergrößerungen anwenden kann (Abb. 132). Der Apparat wird an der Fassung des Objektivs so befestigt, daß das Licht von der Lichtquelle (einer Kohlenbogen- oder Punktlichtlampe) waagerecht auf die plane Eintrittsfläche einer Prismenkonstruktion fällt. Die andere, der Frontlinse zugewandte Fläche des schräg gestellten Prismas ist zu einer Linsenfläche geschliffen, so daß sie als Kondensor funktioniert und die durch das Prisma abgelenkten Strahlen genau unterhalb der Frontlinse konzentriert. Die ganze Einrichtung ist so klein, daß man sie mit einem Schraubgewinde an einem zwei-

oder vierteiligen Revolver (dem Beobachtungsobjektiv gegenüber) befestigen oder mit einer Klammer zwischen Tubus und Objektiv einklemmen kann. Alle Objektive, deren Brennweite nicht größer als 25 mm ist, können mit dem Schräglichtilluminator gut benützt werden, so auch Immersionslinsen, z. B. die Objektive von LEITZ, Ölimmersion 16 und 8 mm. Als Trockensysteme haben sich nach den Erfahrungen von VONWILLER und VANNOTTI (1) die Objektive der Firma BUSCH Am, Bm, Cm gut bewährt.

Eine Hauptbedingung zum Gebrauch des Schräglichtilluminators namentlich für mikrophotographische Aufnahmen ist eine sehr intensive Beleuchtung der spiegelnden Fläche. Am besten stellt man die Beleuchtungseinrichtung, d. h. eine Gleichstrombogenlampe, eine Kühlküvette und eine Irisblende auf der optischen Bank vor dem Mikroskop auf (Abb. 132). Die Gleichstrombogenlampe, mit einem asphärischen Kondensor ausgerüstet, befindet sich etwa 40 cm vom Mikroskop entfernt. Die Kühlküvette, mit MOHRscher Salzlösung gefüllt, ist hauptsächlich bei hitzeempfindlichen Objekten (z. B. bei Untersuchungen an Hautkapillaren) notwendig, da das konzentrierte Licht eine hohe Temperatur verursacht und die Objekte schädigen kann. Mit der Küvette verbunden oder auf einem eigenen Reiter hinter der Küvette befindet sich die Irisblende, welche hier die Leuchtfeldblende darstellt, und deren Öffnung von der Sammellinse des Schräglichtilluminators scharf auf das Objekt abgebildet werden

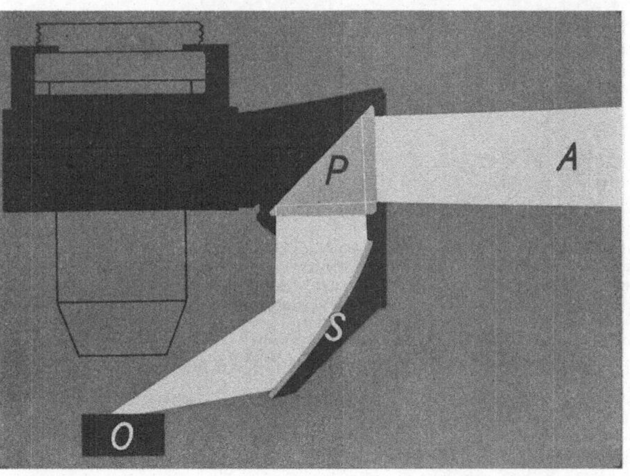

Abb. 133. Der Schräglichtilluminator der Firma C. REICHERT.
A = Lichtstrom von der Lichtquelle; P = Prisma; S = Hohlspiegel; O = Objekt. (Aus REICHERT-Druckschrift: Liste 312.)

soll. Um das zu ermöglichen, muß die Blende 65 mm vor der Eintrittsfläche des Schräglichtilluminators entfernt stehen. Was das Mikroskopstativ anbelangt, so eignen sich auch zu den Untersuchungen mit dem Schräglichtilluminator am besten solche, die mit einem heb- und senkbaren Tisch ausgerüstet sind (s. S. 233). Auch hier wird natürlich die Eintrittsfläche des Schräglichtilluminators bei jeder Änderung der Einstellung mit der Grobbewegung des Mikroskoptubus aus dem Strahlengang der Beleuchtung verschoben, und sie muß von neuem durch Hebung oder Senkung der Lichtquelle oder des Schräglichtilluminators in den Strahlengang eingestellt werden.

Der Schräglichtilluminator der Firma C. REICHERT, Wien (Abb. 133), stellt einen ähnlichen sehr handlichen Apparat dar, bei dem jedoch die von einem Prisma nach unten gelenkten Strahlen nicht durch eine Linse (einem Kondensor) schräg auf das Objekt konzentriert werden wie beim Apparat von HAUSER, sondern mit einer kleinen hohlgeschliffenen Spiegelfläche. Sonst ist die Handhabung die gleiche wie beim Schräglichtilluminator der Firma BUSCH.

Wie die Erfahrungen von HAUSER (3) und P. VONWILLER u. A. VANNOTTI (1) beweisen, vereinigt der Schräglichtilluminator die Vorteile der einseitig schiefen Beleuchtung mit denen des Vertikalilluminators (Abb. 134). Dadurch, daß man mit dem Schräglichtilluminator kein gespiegeltes, sondern nur ein diffus reflektiertes Licht von den horizontalen Flächen des Objekts in die Öffnung des Objektivs bekommt, erzielt man bei kapillarmikroskopischen Untersuchungen feinere Kontrastwirkungen, und bei Untersuchungen auf stark spiegelnden Flächen, wo der Vertikalilluminator versagt, erhält man eine tonrichtige Wiedergabe des farbigen Zeichnungsmusters (auf orthochromatischen Platten). HAUSER hat mit dem Schräglichtilluminator Momentaufnahmen von lebenden Blutkapillaren bei 70facher Vergrößerung mit einer Belichtungszeit von $^1/_{25}$ Sekunde und auch einwandfreie mikrokinematographische Aufnahmen erzielt.

Abb. 134. Körnelung einer entwickelten photographischen Platte bei einer Aufnahme mit dem Schräglichtilluminator der Firma E. BUSCH. Linsenfolge, Lichtquelle und Belichtungszeit wie bei der Abb. 131.)

Der Schräglichtilluminator kann auch mit einem LIEBERKÜHNschen Spiegel oder einem zweiten Schräglichtkondensor kombiniert werden, wobei man eine gemeinsame Haltevorrichtung für beide Schräglichtkondensoren benützt. Die Kombination mit einer allseitigen schiefen Beleuchtung (LIEBERKÜHNscher Spiegel) hat in manchen Fällen den Vorteil, daß allzu starke Schatten ausgeglichen werden; die Beleuchtung mit zwei Schräglichtilluminatoren steigert wiederum die Helligkeit der Beleuchtung in hohem Maße.

102. Der Auflicht-Dunkelfeldkondensor. Da auch das mit dem Schräglichtkondensor erzeugte Bild einem einseitig schief beleuchtetem Hellfeldbild entspricht, so haben wir bisher nur die Möglichkeit kennengelernt, wie man die Objekte im Hellfeld mit auffallendem Licht abbilden kann. Es gibt jedoch auch Einrichtungen zur Erzeugung von Dunkelfeldbildern in auffallendem Licht, nämlich den Auflicht-Dunkelfeldkondensor nach HAUSER (von der Firma BUSCH hergestellt), die Dunkelfeldeinrichtung nach SPIERER, das Ultropak nach HEINE von der Firma LEITZ und die Auflichtgeräte der Firma C. ZEISS.

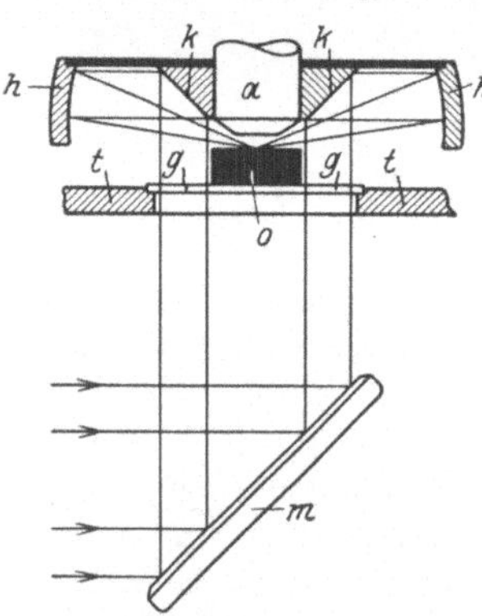

Abb. 135. Dunkelfeldkondensor nach F. HAUSER für Auflicht.

a = Objektiv des Mikroskops; k = kegelstumpfförmiger Spiegel; h = ringförmiger Hohlspiegel; o = Objekt; g = Glasplatte; t = Tischplatte; m = Mikroskopspiegel.
(Aus BUSCH-Druckschrift.)

Das Prinzip der Beleuchtung ist beim Auflichtkondensor von HAUSER (1) und ebenso bei der SPIERERschen Einrichtung dasselbe wie beim LIEBERKÜHNschen Spiegel (Abb. 135). Das Objekt wird auf eine Glasplatte auf der breiten Tischöffnung gestellt (bei etwas durchscheinenden Objekten nimmt man eine schwarzglänzend lackierte Glasplatte als Unterlage) und von unten mit dem Mikroskopspiegel so beleuchtet, daß die Lichtstrahlen neben dem Objekt auf die spiegelnde Fläche des Auflichtkondensors von HAUSER oder bei der SPIERERschen Einrichtung auf den LIEBERKÜHNschen Spiegel, mit dem man das Objektiv ausgerüstet hat, gelangen. Beim Auflichtkondensor hat man, wie Abb. 135 zeigt, einen inneren kegelstumpfförmigen Spiegel rings um das Objekt herum. Erst fallen die Beleuchtungsstrahlen auf diesen Spiegel, und von hier aus werden sie radial nach außen auf die Hohlspiegelfläche geworfen. Die Strahlen werden dann von dieser unter sehr großem Einfallwinkel fast streifend auf das Objekt geworfen und erzeugen auf einem dunklen Hintergrund leuchtende Strukturbilder des Oberflächenreliefs (Abb. 156). Der Auflichtkondensor läßt sich nur bei schwachen und mittelstarken Vergrößerungen anwenden, da bei Objektiven von kurzen Brennweiten der Außenrand des Kondensors auf die Tischplatte stößt. Man braucht aber auch keine stärkere Vergrößerung als etwa 70—75fach (Objektiv Em Busch, Ok. 5fach) zu den Objekten, die man mit dieser Art von Beleuchtung vorteilhaft untersuchen kann, z. B. bei Untersuchungen an Metallen, Textilwaren, Papier usw. (vgl. Klughardt [1]). Selbst dort, wo man die kolloide Struktur an den Oberflächen von Flüssigkeitsschichten oder Gallerten mit diesem Apparat untersuchen will, erhält man schon bei der erwähnten Linsenfolge ein für den Zweck der Untersuchung ausreichendes Dunkelfeldbild (A. Küntzel [1]). P. Vonwiller und A. Vannotti (1) haben den Auflichtkondensor auch zu kapillarmikroskopischen Untersuchungen am Nagelrand des Menschen adaptiert und das kreisende Blut im Dunkelfeld bei stärkeren Vergrößerungen (Leitz Obj. hom. Imm. 8 mm, Ok. 5fach) untersucht.

Mit dem zentral abgeblendeten Objektiv nach Spierer (s. S. 211) in Verbindung mit einem Lieberkühnschen Spiegel erhält man ebenfalls brauchbare Dunkelfeldbilder bei stärkeren Vergrößerungen[1]. Die Beleuchtung erfolgt mit dem Spierer-schen Kondensor oder mit einem gewöhnlichen Kondensor von geringer Apertur und langer Brennweite (z. B. mit einem aplan. Kondensor ohne Frontlinse). Obzwar man mit der Spiererschen Einrichtung so stärker vergrößerte Bilder im Dunkelfeld erzeugen kann als mit dem Auflichtkondensor, ist der Dunkelfeldeffekt nicht so ausgeprägt wie beim letzteren. Namentlich in mikrophotographischen Aufnahmen erscheint der Hintergrund nicht dunkel und deshalb das Dunkelfeldbild nicht kontrastreich genug.

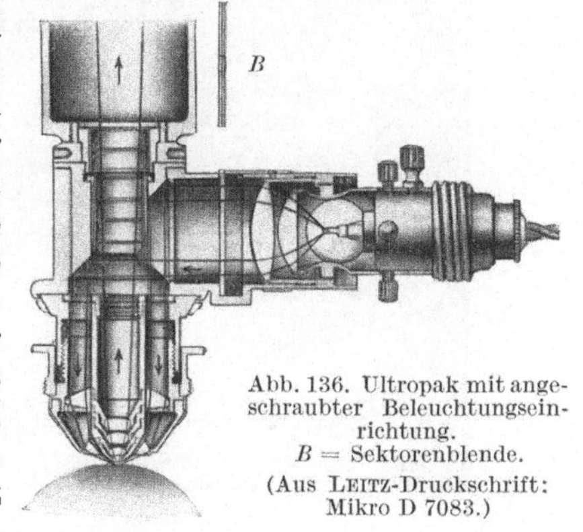

Abb. 136. Ultropak mit angeschraubter Beleuchtungseinrichtung.
B = Sektorenblende.
(Aus Leitz-Druckschrift: Mikro D 7083.)

103. Das Ultropak (vgl. H. Heine [2]). In neuester Zeit (1931) hat die Firma Leitz eine optische Einrichtung für die Ultrabeleuchtung im Auflicht geschaffen, das Ultropak nach Heine, welche den Forderungen nach allen Richtungen hin in bester Weise entspricht. In der Konstruktion lassen sich zwei Hauptteile unterscheiden: die Beleuchtungseinrichtung und das spezielle optische System mit Ringkondensor, durch deren Zusammenwirken das Dunkelfeld im Auflicht erzeugt wird. Die Beleuchtungseinrichtung (Abb. 136) besteht aus einem Kondensorsystem mit Sektorenblende in dem von den Vertikalilluminatoren her bekannten waagerechten Ansatzrohr. Durch diesen Kondensor wird das einfallende Licht auf spiegelnde Flächen konzentriert, welche die Strahlen senkrecht nach unten auf den Ringkondensor des Objektivsystems lenken. Das Objektivsystem ist nämlich so gebaut (Abb. 137) — und darin besteht das grundsätzlich Neue der Konstruktion[2] —, daß in seiner Mitte in einer eigenen engen Fassung die abbildenden Linsen untergebracht sind, in einer breiteren äußeren Fassung aber ein

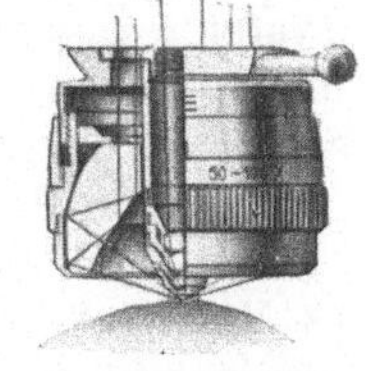

Abb. 137. Spezial-Spiegelkondensor zum Ultropak. (Aus Leitz - Druckschrift: Mikro D 7083.)

---

[1] Bisher ist nur das Immersionssystem $^1/_{12}$ von Leitz oder Zeiss mit einer Zentralblende ausgerüstet worden.

[2] Das Grundprinzip stammt von Chapman und Alldridge.

Spiegelkondensor eingesetzt ist, dessen Brennweite genau derjenigen des abbildenden Systems angepaßt ist. Die von der Beleuchtungseinrichtung nach unten gelenkten Strahlen können nur in den Innenraum der äußeren Fassung gelangen und fallen so auf den Ringkondensor, von dem sie in den Brennpunkt des abbildenden Systems konzentriert werden. Da die zentralen Strahlen auf diese Weise nicht zur Beleuchtung gelangen können — die Mitte des Spiegel-

kondensors ist ja von der Fassung des abbildenden Systems eingenommen, die hier die Rolle einer zentralen Blende erfüllt — erfolgt also die Beleuchtung nur mit allseitig schief auffallenden Randstrahlen und erzeugt ein Dunkelfeld. Die Apertur der schief auffallenden Randstrahlen ist von der Brennweite des Ring-

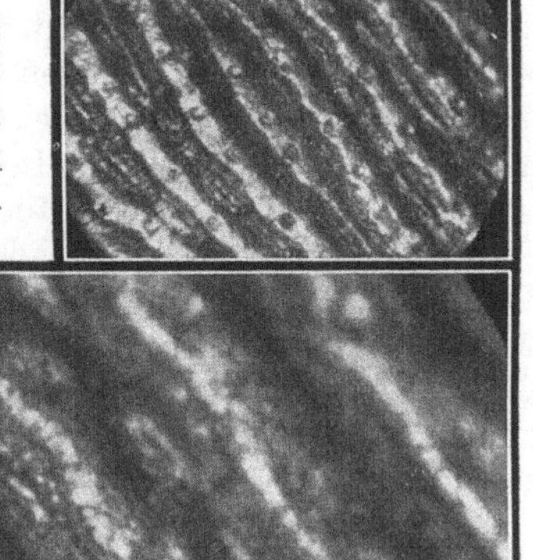

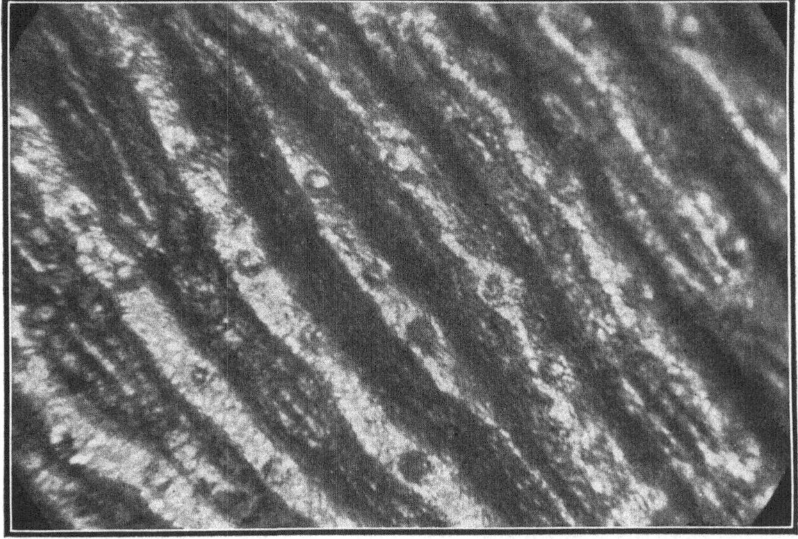

Abb. 138. Schweißdrüsenöffnungen an der Kuppe des linken Mittelfingers. U-O (Ultropaksystem) 3,8fach, periplan. Ok. 8fach. Vergr. 30,4fach. Belichtungszeit 2″. (Aus LEITZ-Druckschrift: Mikro D 7083.)

kondensors bedingt und der Brennweite oder der Apertur des abbildenden Systems angepaßt. So erzeugt man mit den entsprechenden Ultropakobjektiven in Verbindung mit passenden Okularen[1] von den schwächsten bis zu den stärksten Vergrößerungen einwandfreie Dunkelfeldbilder und Dunkelfeldphotogramme im Auflicht (Abb. 138 und 139).

Als Lichtquelle wird von der Firma LEITZ ein Niedervoltglühlämpchen (8 Volt, 0,8 Amp.) geliefert, das in das Aufsatzrohr vor den Kondensor eingeschraubt wird. Seine Lichtstärke genügt zur subjektiven Beobachtung vollkommen und gestattet sogar photographische Aufnahmen mit den Aufsatzkammern von kleinem Format („Mifilmca", „Makam"). Zu mikrophotographischen Aufnahmen verwendet man jedoch zweckmäßiger das stärkere Licht von Bogenlampen und setzt dafür an Stelle des Niedervoltlämpchens den trichterförmigen Beleuchtungsansatz. Hinter dem Beleuchtungskondensor befindet sich ein Schlitz im Aufsatzrohr, durch welchen man je nach Bedarf Filter in den Strahlengang einschalten kann.

---

[1] Siehe LEITZ-Druckschrift: Mikro D 7083 und H. HEINE (2).

Die Einstellung des Objektivs erfordert keine besonderen Maßnahmen, zur richtigen Erzielung der für das Objekt günstigsten Dunkelfeldbeleuchtung muß man jedoch den Ringkondensor genau in die Höhe stellen, von wo aus die schief auffallenden Strahlen das Objektfeld gleichmäßig beleuchten. Dafür lassen sich die Ringkondensoren in ihren Fassungen durch einen Ring in ähnlicher Weise verstellen wie die Korrektions-linsen an einer Korrektionsfassung. Die mittlere Stellung ist für jedes Objektiv angezeigt; bei jedem Objekt muß dann die günstigste Stellung durch Probieren festgestellt werden.

Eine besondere und für die Untersuchung lebender Objekte sehr vorteilhafte Wirkung der

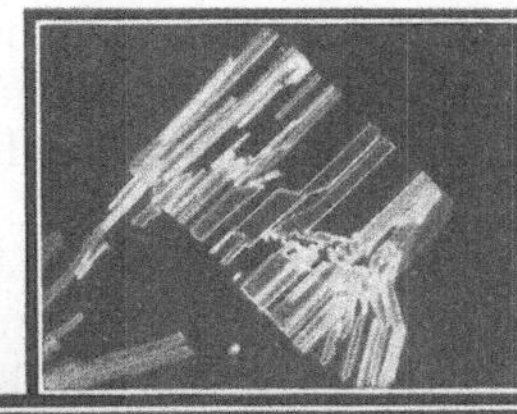

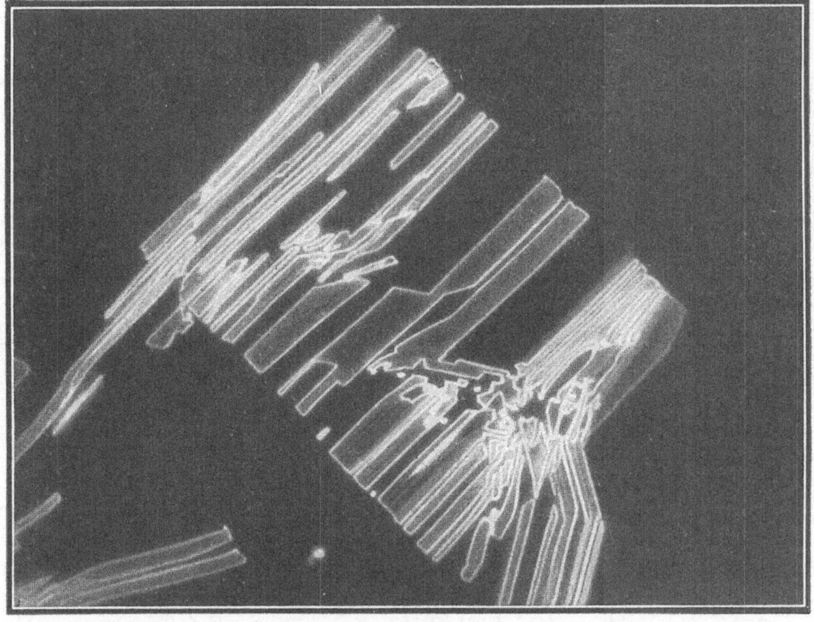

Abb. 139. Einschlüsse im Glimmer (Tiefenbeobachtung). U-O 100fach, periplan. Ok. 10fach. Vergr. 1000fach. Belichtungszeit 30″. (Aus LEITZ-Druckschrift: Mikro D 7083.)

Ultropakbeleuchtung liegt darin, daß man in verschiedenen Tiefen des Objekts Schichten elektiv beleuchten kann, ohne daß die darüberliegenden Schichten optisch stören würden (Tiefenbeobachtung). Einer solchen Tiefenbeobachtung sind natürlich ziemlich enge Grenzen gezogen, immerhin kann man aus den unter der (durchsichtigen!) Oberfläche liegenden Schichten bedeutend bessere Bilder erhalten als dies bisher mit anderen Arten der Auflichtmikroskopie möglich war. Vorteilhaft für die Tiefenbeobachtung sind die Immersions-objektive. Man soll möglichst mit einem kleinen Immersionstropfen arbeiten, da die Form und Größe des Tropfens den Dunkelfeldeffekt ungünstig zu beeinflussen vermag.

Wie beim Vertikalilluminator wird man auch mit dem Ultropak vorzugsweise Objekte ohne Deckglas untersuchen (die Objektive sind auf Objekte ohne Deckglas korrigiert), wobei jedoch bemerkt sei, daß eine Verschleierung des Bildes durch Deckglasreflexe hier weit weniger zu befürchten ist als bei den Vertikalilluminatoren. Der Hauptvorteil des Ultropaks besteht ja eben darin, daß man von lebenden und leblosen Objekten in ihrer natürlichen Beschaffenheit bei verschieden starken und bis zu den stärksten Vergrößerungen Dunkelfeldbilder erhalten kann, und so wird man auch das Ultropak in der Hauptsache bei solchen Objekten anwenden.

Die mikrophotographischen Vorschriften bleiben dieselben wie bei einer Dunkelfeldaufnahme (s. S. 212 ff.). Ist der Strahlengang von der Lichtquelle bis zur Objektebene gut zentriert, so erhält man ein lichtstarkes Dunkelfeldbild, dessen photographische Aufnahme keine längere Belichtungszeit erfordert (4—30 Sekunden mit Bogenlicht) als eine Dunkelfeldaufnahme in durchfallendem Licht.

104. Die Auflichtgeräte für Dunkelfeldbeleuchtung der Firma C. Zeiss (die Epi-Lampen, Epi-Spiegel und Epi-Kondensoren)[1]. Ende 1932 sind im Handel auch die Auflichtgeräte der Firma C. Zeiss für Dunkelfeldbeleuchtung erschienen. Bei ihrem Bau war, wie beim Ultropak, die Erfahrung von ausschlaggebender Bedeutung, daß die Mängel der mit einem Vertikalilluminator im Hellfeld erhaltbaren optischen Bilder am einfachsten und sichersten durch eine Beleuchtung mit Auflicht im Dunkelfeld zu vermeiden sind. Dadurch läßt sich nämlich die Überstrahlung des Bildes infolge von Spiegelungen an glänzenden Oberflächenschichten verhindern, und man kann unbedeckte wie auch mit Deckglas bedeckte Objekte gleichermaßen gut abbilden. Bei der vielseitigen Anwendung der Auflichtmikroskopie auf verschiedenen Forschungsgebieten und bei der Mannigfaltigkeit der zur Untersuchung gelangenden Objekte hat es sich als zweckmäßig erwiesen, keinen Universalapparat für alle in Betracht kommenden Fälle zu bauen, sondern mit drei der Beschaffenheit der Objekte angepaßten Arten von Geräten die gestellten optischen Aufgaben zu lösen. In Hinsicht auf die Auflichtmikroskopie lassen sich bekanntlich (S. 219 u. 236) die Objekte in zwei große Gruppen ordnen: 1. in solche, welche eine ausgesprochene Oberflächenreliefstruktur aufweisen (z. B. Leder, Textilstoffe, Bakterienkulturen usw.), und 2. in solche, wo kein Oberflächenrelief vorhanden ist, oder wo die Struktur in der Hauptsache nach der Linienführung untersucht werden soll (z. B. glatte Schnittflächen und Anschliffe, pflanzliche oder tierische Körperoberflächen von glatter Beschaffenheit; aber auch Stoffe, Papier usw.). Für die erste Gruppe wird sich am besten eine einseitig schiefe Beleuchtung (eine Dunkelfeldbeleuchtung mit begrenztem Azimut) eignen, weil dadurch die Schattenbildung eine plastische Wirkung erzeugt, die dem Bild eine größere Objektähnlichkeit verleiht. Bei der zweiten Gruppe, wo eine ausgeprägte Oberflächenreliefstruktur fehlt, wird man dagegen von einer allseitig schiefen Beleuchtung größere Vorteile haben, weil bei dieser die für das Objekt charakteristischen Linien des Strukturbildes ohne Verzerrung durch einen Azimuteffekt und unbeeinflußt durch etwaige Schatten (bei Objekten von unebener Oberfläche) mit der gewünschten Deutlichkeit hervortreten.

Zur Dunkelfeldbeleuchtung mit begrenztem Azimut sind die Epi-Lampen bestimmt, und zwar je nach Bedarf mit einer einfacheren (Epi-Lampe 3) oder mit einer vollkommeneren Ausrüstung (Epi-Lampe 8). In beiden Arten der Ausführung besteht die Einrichtung aus einem Niedervoltlämpchen mit einstellbarer Kollektorlinse (Abb. 140). Die Lampenfassung wird mit einem Tragstück am unteren Ende des Tubus so untergebracht, daß das Licht ganz schief, fast streifend, auf das Objekt fällt, um einen Dunkelfeldeffekt zu erzielen. Die Tragstücke sind schwenkbar gestaltet. Man kann also das für den einseitig schiefen Lichteinfall geeignete Azimut von Fall zu Fall aussuchen. Die Epi-Lampe 3 ist ein Zystoskoplämpchen für 3 Volt Spannung, das den nötigen Strom am zweckmäßigsten

---

[1] Vgl. Druckschrift der Firma C. Zeiss: Mikro 476 und F. Hauser (5).

von einer Trockenbatterie erhält. Das ringförmige Tragstück wird vermittels eines dünnen Ansatzstückes zwischen Objektiv und Linsenwechsler (Revolver oder Schlittenwechsler) festgeklemmt. Da die Epi-Lampe 3 demzufolge bei jedem Objektivwechsel abgenommen und wieder aufgesetzt werden muß, eignet sich diese einfache Form hauptsächlich zu Untersuchungen, bei denen man ständig mit gleichbleibenden Linsenfolgen arbeitet (z. B. bei Politurprüfungen, Staubuntersuchungen usw.). Für die Mikrophotographie ist die zweite Form, die Epi-Lampe 8 (Abb. 140), schon aus dem Grund besser geeignet, weil man hier ein weit helleres Licht erhalten kann. Das Niedervoltlämpchen ist hier für 8 Volt und 0,6 Amp. bestimmt und wird über einen Vorschaltwiderstand (bei Wechselstrom über einen Transformator) an die Lichtleitung angeschlossen. Das Lämpchen ist in einen Zentriersockel eingesetzt und mit einer asphärischen Kollektorlinse so ausgerüstet, daß die Lampenfassung zur genaueren Fokussierung gegen den Kollektor verschiebbar ist. Außerdem läßt sich auch das ganze Lampengehäuse in dem kreisbogenförmigen Tragstück verschieben, wodurch der Einfallswinkel der schiefen Beleuchtung von etwa 22 bis zu 45° geändert werden kann.

Bei der Epi-Lampe 8 ist nun der Objektivwechsel rasch und glatt durchführbar, denn das ringförmige Tragstück wird hier zwischen dem Tubus und dem Objektivwechsler angeschraubt. Die Objektive oder die Objektivwechsler werden dann in ein Gewinde eingesetzt, das in die Innenseite des Tragringes eingeschnitten ist. Die lichtstarke Beleuchtung genügt auch für mittelstarke Vergrößerungen. So läßt sich die Epi-Lampe 8 zu mikrophotographischen Aufnahmen

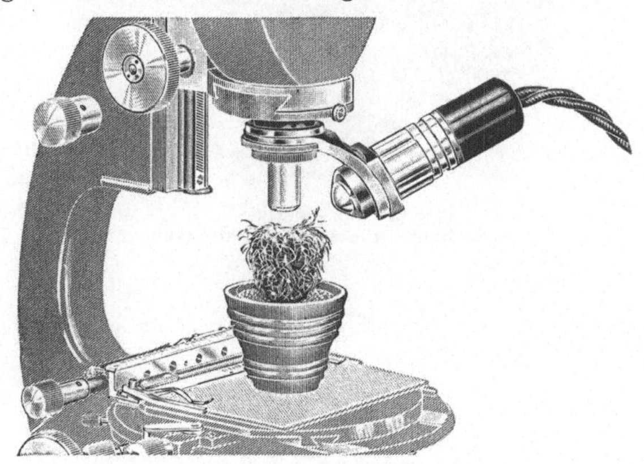

Abb. 140.   Die Epi-Lampe 8. (Aus Zeiss-Druckschrift: Mikro 476.)

bei Untersuchungen an Stoffen, Kulturpräparaten, pulverförmigen Substanzen oder Kleinlebewesen (auch wenn diese in kleinen zylindrischen Glasgefäßen untergebracht sind) gut verwenden. Zwischen Lämpchen und Kollektor läßt sich bei solchen Aufnahmen ein Filter (Mattglas, Farbenfilter oder Wärmeschutzglas) einschalten. Es ist ferner zu beachten, daß durch geeignete Wahl der Objektunterlage (s. S. 224) die Kontrastwirkung der Bilder wesentlich gefördert werden kann.

Zu den Epi-Lampen empfiehlt die Herstellerfirma die Objektive: Achrom. 6fach (Ap. 0,17), 8fach (Ap. 0,20), 10fach (Ap. 0,30). Apochrom. 10fach (Ap. 0,30), ferner die neuen achromatischen Epi-Objektive 20fach (Ap. 0,40) und 40fach (Ap. 0,65). Die ersten vier Objektive sind die normalen Mikroskopobjektive der Firma C. Zeiss für bedeckte und unbedeckte Objekte, die neuen Epi-Objektive sind ausdrücklich für den Gebrauch mit den Epi-Lampen und dem Epi-Kondensor D zur Beobachtung unbedeckter Objekte bestimmt.

Die Dunkelfeldbeleuchtung mit allseitig schief auffallendem Licht wird mit dem Epi-Spiegel und den Epi-Kondensoren erzielt.

Über die Form, Aufstellung und Wirkungsweise des Epi-Spiegels geben die Abb. 141 u. 142 den nötigen Aufschluß. Es handelt sich also hier in der Hauptsache um denselben Grundsatz wie bei einem Lieberkühnschen Spiegel, mit dem Unterschied, daß der Hohlspiegel nicht auf dem Objektiv, sondern auf dem Objekttisch befestigt wird. Nach oben, dem Tubus zu, ist er weit geöffnet, was den großen Vorteil hat, daß man ohne Änderung der Beleuchtungsanordnung von einer Objektivvergrößerung zu einer anderen übergehen kann. Auch ist das Objekt leicht zugänglich. Der Hauptvorteil ist aber, daß man durch die weite Öffnung starke Trockenlinsen und Immersionsobjekte einstellen kann, was bisher mit den LIEBERKÜHNschen Spiegeln und den Auflichtkondensoren (s. S. 228 u. 238) nicht möglich war. Zur subjektiven Beobachtung wird das Licht von einer Niedervoltlampe, 6 Volt 1,1 Amp., geliefert, die mit ihrer Fassung in die Kondensorhülse des Mikroskops eingesetzt wird. So läßt sich dann die Lampe in einfacher Weise in der Höhe verstellen, und man kann die günstigste Stellung zur Dunkelfeldbeleuchtung je nach der Schichthöhe des Objekts durch Heben oder Senken der Lampe aufsuchen. Der Dunkelfeldeffekt wird mit einer Zentralblende erzeugt, deren Ausmaße so berechnet sind, daß die neben der Blende auf den ringförmigen Hohlspiegel fallenden Strahlen von der Spiegelfläche ganz schief, fast streifend auf das Objekt geworfen werden. So wird die Oberflächenstruktur nur von ganz schief einfallenden Randstrahlenbündeln allseitig beleuchtet, was bekanntlich ein Dunkelfeldbild erzeugt. Die Apertur des allseitig schief einfallenden Lichtstroms ist wiederum so groß, daß man auch bei Immersionslinsen von hoher Apertur mit dem Epi-Spiegel ein einwandfreies und kontrastreiches Dunkelfeldbild erzeugen kann (vgl. Abb. 143).

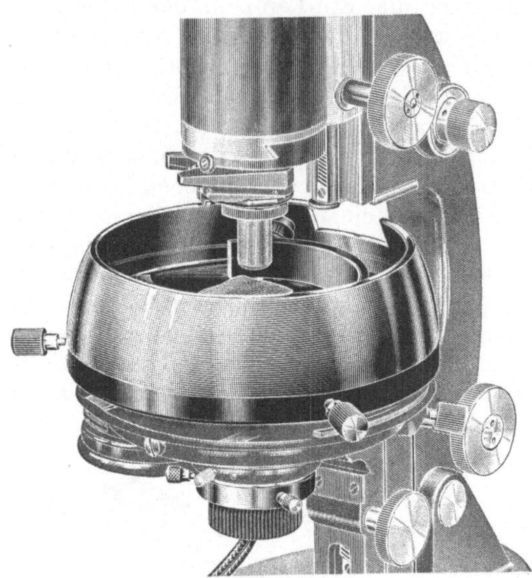

Abb. 141. Der Epi-Spiegel.
(Aus ZEISS-Druckschrift: Mikro 476.)

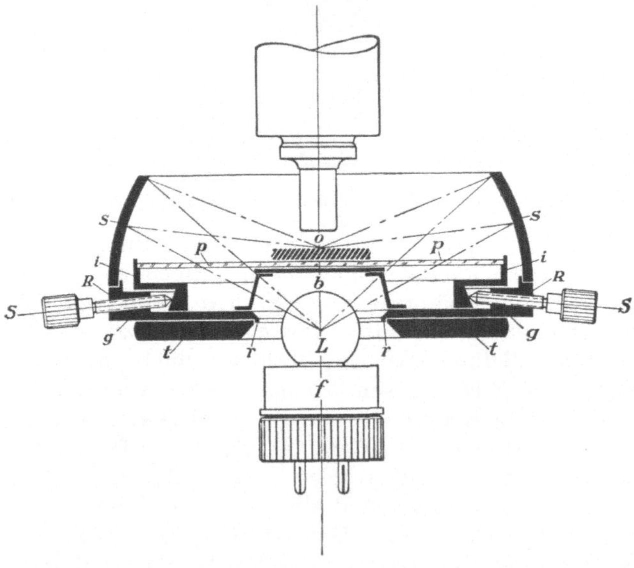

Abb. 142. Schematischer Durchschnitt des Epi-Spiegels.
gg = kreisrunde Grundplatte; *tt* = Tischplatte; *rr* = Rand der Grundplatte zum Einsetzen in die Tischöffnung; *RR* = äußerer Ring für den ringförmigen Hohlspiegel *SS*; *pp* = Glas-Objektträger aus wärmeabsorbierendem Glas; *o* = Objekt; *ii* = Haltering, bewegbar durch die Schrauben *SS*; *L* = Lampe mit Fassung (*f*). (Aus F. HAUSER [5]).

Der Epi-Spiegel ist zur Abbildung von opaken Objekten aller Art geeignet, deren Größe 45 mm im Durchmesser und 11—12 mm in der Höhe nicht überschreitet. Die klarsten Bilder mit der kräftigsten Beleuchtung erhält man dann, wenn die Beleuchtungsstrahlen genau auf die eingestellte Objektebene konzentriert sind. Wie schon erwähnt, erreicht man dieses durch eine entsprechende Verstellung der Lampe. Zur subjektiven Beobachtung reicht die Lichtstärke der Niedervoltlampe vollkommen aus auch bei Untersuchungen mit starken Immersionslinsen. Für mikrophotographische Aufnahmen bei starken Vergrößerungen eignet sich jedoch die Beleuchtung mit einer Kohlenbogenlampe besser. Man setzt dann den Spiegel und den Kondensor in den Abbeschen Beleuchtungsapparat wieder ein und beleuchtet mit dem Leuchtfeldverfahren von A. Köhler (1) in der üblichen Weise.

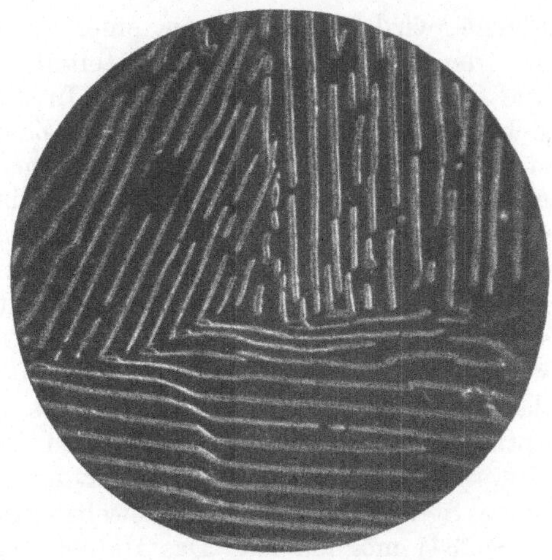

Abb. 143. Lamellarer Perlit. Vergr. 940fach. (Aus F. Hauser [5].)

Untersuchungen mit starken Immersionslinsen wird man nur selten bei einer Beleuchtung durch den Epi-Spiegel vornehmen, weil der geringe Objektabstand solcher Objektive hier, von besonders geeigneten Fällen abgesehen (z. B. glatten, geschliffenen oder polierten Flächen), Schwierigkeiten bereiten kann. Zu solchen Untersuchungen oder mikrophotographischen Aufnahmen eignen sich die Epi-Kondensoren besser, unter denen der Epi-Kondensor W

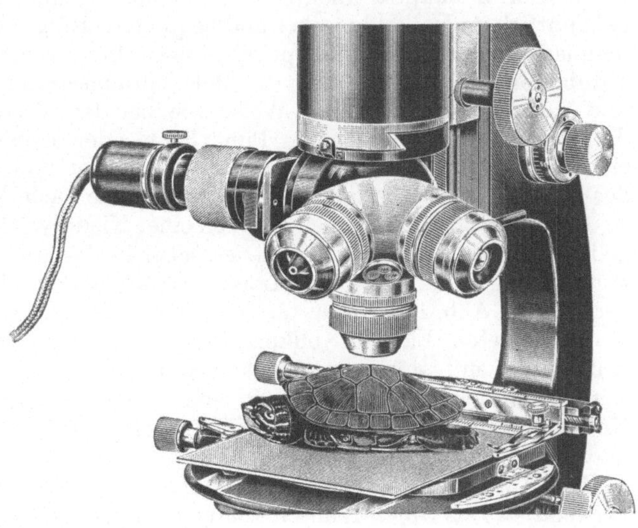

Abb. 144. Der Epi-Kondensor W. (Aus Zeiss-Druckschrift: Mikro 476.)

(Abb. 144) die denkbar vielseitigste und handlichste Einrichtung für die Auflichtmikroskopie darstellt. Zunächst ist er sowohl für Dunkelfeld- als auch für Hellfeldbeleuchtung geeignet, was in seiner Bezeichnung als Wechselkondensor (W) zum Ausdruck gelangt. Die Erzeugung der Dunkelfeldbeleuchtung erfolgt nach dem gleichen Grundsatz wie beim Ultropak mit einer spiegelnden Fläche, welche die Strahlen auf den ringförmigen Kondensor lenkt, in dessen Mitte die Objektivlinse eingefaßt ist (Abb. 145).

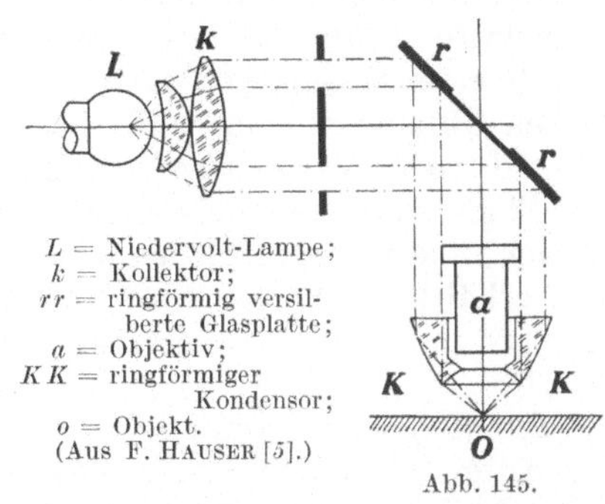

L = Niedervolt-Lampe;
k = Kollektor;
rr = ringförmig versilberte Glasplatte;
a = Objektiv;
KK = ringförmiger Kondensor;
o = Objekt.
(Aus F. Hauser [5].)

Abb. 145.

Hier ist jedoch durch besondere Vorkehrungen die Möglichkeit geschaffen worden, abwechselnd Hell- oder Dunkelfeld zu erzeugen. Die spiegelnde

Fläche wird nämlich von einer unter 45⁰ geneigten Glasplatte gebildet, um deren durchsichtigen Mittelteil herum der Randstreifen versilbert ist und so einen Ringspiegel bildet. In das Ansatzrohr vor der Glasplatte lassen sich nun mit einem Schieber eine Zentralblende und ferner eine Sammellinse einsetzen. Wird die Zentralblende vorgeschoben, so blendet sie den durchsichtigen mittleren Teil ab, und nur die vom Ringspiegel nach unten gelenkten Strahlen gelangen zum Objekt. Dadurch erhält man das klare Dunkelfeld. Wird dagegen die Sammellinse vorgeschoben, so sammelt diese die Lichtstrahlen nach Art eines Kondensors auf den Mittelteil der Glasplatte, so daß der Ringspiegel keine Strahlen erhält, und das Objekt nur von Strahlen beleuchtet wird, welche wie bei einem Vertikalilluminator nach BECK von der Glasplatte durch das Objektiv zu ihm gelangen. Das so erzeugte Hellfeld hat also denselben optischen Charakter wie jenes von einem Vertikalilluminator, nur mit dem Unterschied, daß hier die Apertur- und die Leuchtfeldblende fehlen und deshalb keine Steigerung der Kontrastwirkung durch Regelung der Blendenöffnungen (s. S. 234) möglich ist. Das Hellfeld hat jedoch, wie F. HAUSER (5) es betont, nur einen behelfsmäßigen Charakter und dient bei Arbeiten mit dem Epi-Kondensor W hauptsächlich zum Aufsuchen geeigneter Stellen des Objekts, was bekanntlich im Hellfeld rascher und bequemer erfolgt als im Dunkelfeld. Wünscht man jedoch das Hellfeldbild optisch einwandfrei wie bei einem Vertikalilluminator abzubilden, so entfernt man die Beleuchtungseinrichtung des Epi-Kondensors und beleuchtet in derselben Weise wie bei den Vertikalilluminatoren mit den dafür geeigneten Niedervolt-, Punktlicht- oder Kohlenbogenlampen, d. h. mit einer lichtstarken Lampe durch einen Kollektor und eine vor dem Aufsatzrohr des Epi-Kondensors aufgestellte Aperturblende nach dem KÖHLERschen Prinzip.

Sonst wird das Licht auch hier von einer Niedervoltlampe von 8 Volt 0,6 Amp. geliefert, welche mit einem Zentriersockel in das Ansatzrohr oder den Lampenstutzen eingesetzt wird. Die Lampe ist mit einem eingebauten Kollektor ausgerüstet (s. Abb. 145). Für die subjektive Beobachtung ist die Helligkeit des so gespendeten Lichtes vollkommen ausreichend, bei mikrophotographischen Aufnahmen mit stärkeren Objektiven ist es jedoch auch hier angezeigt, das Lämpchen zu entfernen und mit einer auf der optischen Bank ausgerichteten Kohlenbogenlampe nach dem KÖHLERschen Prinzip (durch einen Kollektor und eine Aperturblende) zu beleuchten.

Der Epi-Kondensor ist in Verbindung mit allen normalen Mikroskopstativen verwendbar; als Objektivlinsen kommen jedoch nur Sonderobjektive in Betracht, welche, mit den Ringkondensoren ausgerüstet, auf unendlich korrigiert sind und die abbildenden Strahlen im telezentrischen Strahlengang durch die Mitte der Glasplatte in den Tubus senden. Hier, oberhalb der Glasplatte, im Anpaßstück des Kondensorgehäuses fallen dann die Strahlen auf ein Fernrohrobjektiv, dessen Brennweite auf eine Tubuslänge von 160 mm abgeglichen ist. Diese „Sonderobjektive für den Epi-Kondensor W" sind als Achromate oder als Fluoritsysteme mit verschiedener Einzelvergrößerung (von 5,3fach bis zu 50fach) und mit verschieden hoher num. Ap. (von num. Ap. 0,14 bis zu num. Ap. 1,0) erhältlich. Es gibt unter ihnen eine Wasserimmersionslinse 30fach, num. Ap. 0,55 und zwei Öl-Immersionslinsen: 33fach (num. Ap. 0,85) und 50fach (num. Ap. 1,0).

Die Objektive werden mit ihren charakteristischen kurzen Fassungen in einen dreiteiligen Revolver eingesetzt (s. Abb. 144), und zwar vermittels ringförmiger Glasscheiben, welche in die Anschraubstutzen der Kondensoren gefaßt sind. Bei dieser besonderen Art der Anbringung erhält man eine vollkommen ununterbrochene allseitige Beleuchtung. Wird aber aus irgendeinem Grunde eine ein-

seitig schiefe Beleuchtung gewünscht, so läßt sich auch eine solche mit dem
Epi-Kondensor erzielen (z. B. bei Untersuchungen an Objekten mit einer ausgeprägten Oberflächenreliefstruktur), denn man kann zwischen dem Blenden-
schieber und dem Lampenkollektor auch noch eine Azimutblende einsetzen.
Bei mikrophotographischen Aufnahmen (bei allseitiger Beleuchtung) können
an Stelle der Azimutblende Farben- oder Wärmeschutzgläser angebracht werden.

Die Ausrüstung des Epi-
Kondensors W mit dem Re-
volver ist selbstverständlich
ein großer Vorteil, denn dadurch ist der Übergang von
einer Objektivvergrößerung zu
einer anderen auch bei der
Auflichtbeleuchtung so bequem und rasch durchführbar
wie sonst bei der gewohnten
Beleuchtung in durchfallendem
Licht. Ein weiterer Vorteil
dieser optischen Einrichtung
liegt noch darin, daß man mit
ihr opake Objekte von beliebiger Größe (soweit sie unter-

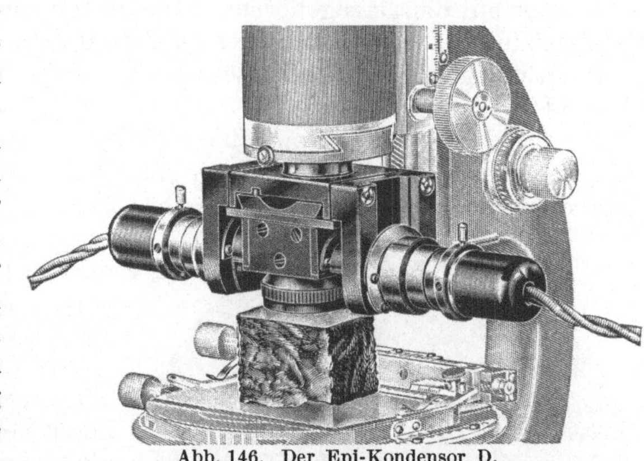

Abb. 146. Der Epi-Kondensor D.
(Aus ZEISS-Druckschrift: Mikro 476.)

halb des Tubus auf dem Mikroskoptisch Platz haben) in Auflicht untersuchen
kann. Man findet also im Epi-Kondensor W eine Universaleinrichtung, welche die
Leistungsfähigkeit der Vertikalilluminatoren, Epi-Lampen und Epi-Spiegel in
vervollkommneter Form vereinigt. Dementsprechend ist natürlich sein Preis höher
als bei den erwähnten Auflichtgeräten mit enger begrenzter Leistungsfähigkeit.

Vor allem wird der Kaufpreis der Einrichtung dadurch erhöht, daß man
zum Epi-Kondensor W die Sonderobjektive anschaffen muß. Es war deshalb

wünschenswert, einen
zweiten Epi-Kondensor
zu bauen (Epi-Kon-
densor D), mit welchem
man wenigstens die
schwächeren normalen
Objektive verwenden
kann (Abb. 146). Diese
haben jedoch einen ziem-
lich breiten Anschraub-
ring, so daß dann dem-
entsprechend die reflek-
tierende Glasscheibe und
folglich das ganze Kon-
densorgehäuse in einem

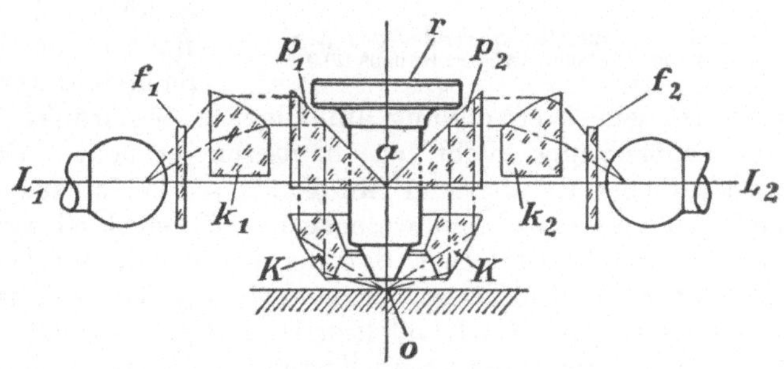

Abb. 147.

$L_1 L_2$ = Niedervolt-Lampen; $k_1 k_2$ = halbringförmige Kollektoren;
$p_1 p_2$ = Prismen; $K K$ = ringförmiger Paraboloid-Kondensor; a = Objektiv
mit Paßring (r); $f_1 f_2$ = Aussparungen für Blenden, Filter usw.
(Aus F. HAUSER [5].)

größeren Maßstab hätte ausgeführt werden müssen, was wiederum für die
Anbringung des Gerätes auf dem Mikroskoptubus hinderlich gewesen wäre.
Diese Schwierigkeiten wurden so behoben, daß man an Stelle der reflektierenden Glasplatte zwei Prismen mit versilberten Hypotenusenflächen auf-
stellte, wie das aus Abb. 147 ersichtlich ist. Man erhält so statt eines Ring-
spiegels zwei gegeneinander um 45° geneigte Halbringspiegel, zwischen denen
in einen kreisförmigen Ausschnitt das Objektiv eingesetzt wird. Natürlich
muß das Licht dann von zwei Seiten aus zwei Lampen auf die spiegelnden

Prismenflächen fallen. Zwischen den Lichtquellen und den Prismen befinden sich die halbkreisförmigen Kollektoren, welche das einfallende Licht zu einem Lichtstrom aus nahezu parallelen Strahlen von halbkreisförmigem Querschnitt gestalten. Von den spiegelnden Prismenflächen wird dann dieses Licht in Form eines Strahlenzylinders auf einen ringförmigen Paraboloidkondensor gelenkt, der die Strahlenbündel schließlich auf das Objekt konzentriert. Prismen und Kondensor mit den dazugehörigen Kollektoren sind in ein nahezu würfelförmiges Metallgehäuse eingefaßt, welches beiderseits die Lampenstutzen trägt. Diese letzteren sind genau so ausgerüstet wie der Lampenstutzen des Epi-Kondensors W (Abb. 144).

Die Objektive werden mit einem Paßring ausgerüstet und so in das Metallgehäuse, d. h. in den kreisförmigen Ausschnitt zwischen den Prismen und dem Paraboloidkondensor eingehängt. Das Prismengehäuse hat seinerseits einen Schwalbenschwanz, der in die Führung der am Mikroskoptubus befestigten Tragplatte eingesetzt wird. Für schwache Vergrößerungen kann man so die normalen ZEISS-Objektive bis zu 10facher Einzelvergrößerung benützen, zu stärkeren Vergrößerungen muß man jedoch die schon bei den Epi-Lampen erwähnten Epi-Objektive 20fach und 40fach verwenden. Diese letzteren sind allerdings nur für unbedeckte Objekte bestimmt. Mit dem Epi-Kondensor D wird man aber in der Hauptsache nur unbedeckte Objekte untersuchen, namentlich solche mit einer ebenen Oberfläche (z. B. Anschliffe, Papiere, Stoffe usw.). Da bei seiner eigenartigen Bauart der Epi-Kondensor D ziemlich flach und breit auf dem Objekt auf-

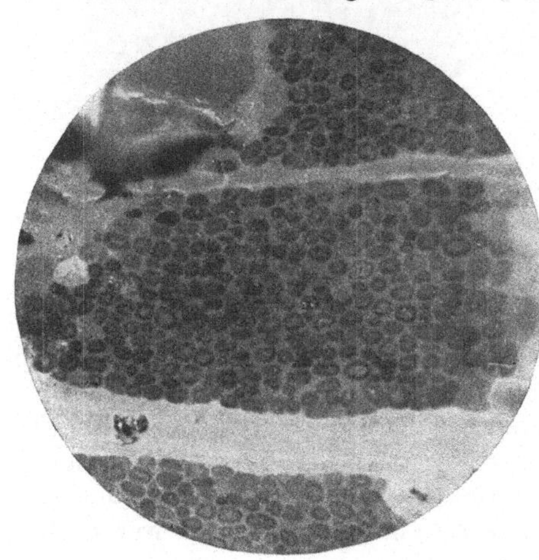

Abb. 148. Anschliff an verkieseltem Holz. Vergr. 200fach. (Aus F. HAUSER [5].)

sitzt, ist seine Verwendung auf Objekte beschränkt, an denen man während der Beobachtung nicht zu hantieren braucht. Daß der Objektivwechsel umständlicher ist als beim Epi-Kondensor W, ist aus der geschilderten Bauart leicht zu verstehen. Ein wesentlicher Unterschied zwischen den Epi-Kondensoren D und W ist ferner, daß der Epi-Kondensor D nur für die Dunkelfeldbeleuchtung bestimmt ist. Seine Leistungsfähigkeit ist also in jeder Hinsicht im Vergleich zum Epi-Kondensor W und gewissermaßen auch im Vergleich zum Epi-Spiegel beschränkt. Sein Vorteil besteht darin, daß man mit ihm für Untersuchungen auf einem bestimmten und geeigneten Arbeitsgebiet (z. B. bei metallographischen, geologischen oder mineralogischen Untersuchungen an Anschliffen; bei Materialprüfungen in der Papier- oder Textilindustrie usw.) ein handliches und preiswertes optisches Gerät erhält, welches sehr klare Dunkelfeldbilder liefert (vgl. Abb. 148).

105. Kammergestell und Plattenmaterial. Zu Aufnahmen mit allseitiger schiefer oder steiler Beleuchtung (LIEBERKÜHNschem Spiegel, Vertikalilluminator, Aufsichtkondensor usw.) kann man im Hellfeld und Dunkelfeld alle bekannten Formen der mikrophotographischen Einrichtung benützen, die kleinen Kammern ebensogut wie die großen. Bei diesen letzteren wird die Beleuchtung des Vertikalilluminators eine besondere Aufstellung erfordern, falls man die Aufnahmen mit einer waagerechten Anordnung vornimmt. Es lassen sich auch bei einer solchen

Anordnung Aufnahmen mit dem Vertikalilluminator erzielen, das Verfahren kommt jedoch heute kaum mehr in Betracht, da man in einfacher und bequemer Weise mit der senkrechten Anordnung besser zum Ziel kommt. Wo nur eine große Horizontalkamera zur Verfügung steht, muß man natürlich das Kammergestell senkrecht zur Längsachse des Tischgestells richten (Abb. 61), um den Vertikalilluminator bei einem waagerechten Mikroskop beleuchten zu können. Bei aufrecht stehendem Mikroskop benützt man, wie üblich, das Umkehrprisma oder den Spiegel. Daß man bei Aufnahmen mit dem Vertikalilluminator das aufrecht stehende Stativ auf einem dazu passenden Fußgestell (Universalfußgestell, s. S. 153) mit seiner Symmetrieebene senkrecht zum Beleuchtungskegel so aufstellen muß, daß die Beleuchtungsstrahlen in die seitliche Öffnung des Vertikalilluminators einfallen, versteht sich von selbst. Bei der Entscheidung, ob man kleinere Apparate mit kürzeren Auszügen oder größere mit längeren Auszügen wählen soll, sei beachtet, daß die Helligkeit der Bilder in auffallendem Licht wesentlich geringer ist als in durchfallendem Licht. Bei den schwachen Vergrößerungen, mit denen man bei einseitig schiefer Beleuchtung zu arbeiten pflegt, kommt man mit der Helligkeit der Beleuchtung bei längeren, jedoch nicht allzu langen Kameraauszügen noch gut aus. Bei stärkeren Vergrößerungen, wie man sie mit dem Vertikalilluminator zu erzeugen pflegt, empfiehlt es sich jedoch, womöglich kurze Kameraauszüge zu wählen, selbst dort, wo sehr lichtstarke Lampen zur Verfügung stehen. Abgesehen davon, daß die mäßige Helligkeit des Sehfelds die Belichtungszeit erheblich verlängern wird, vermeidet man längere Kameraauszüge, d. h. eine stärkere Bildvergrößerung, in diesen Fällen schon deshalb, weil die dem Bild anhaftenden optischen Fehler, die vom Nebenlicht verursachte Unschärfe des Bildes oder die schwache Kontrastwirkung, weit auffälliger in Erscheinung treten als im subjektiv beobachteten virtuellen Bild. Sehr gut bewähren sich deshalb für die Arbeiten mit dem Vertikalilluminator die kleinen Vertikalkammern und die Aufsatzkammern.

Als Plattenmaterial wählt man lichthoffreie, orthochromatische Platten mit hohen Scheinerzahlen (Momentplatten), damit man nicht lange zu belichten braucht. Lichtfilter sind überall vorteilhaft, wo die Oberfläche ein farbiges Zeichenmuster zeigt, vor allem, wenn die Kontraste im Bild allein von den farbigen Unterschieden bedingt sind, wie z. B. bei Objekten mit glatten Oberflächen. Bei kapillarmikroskopischen Aufnahmen erhält man besonders scharfe und kontrastreiche Bilder mit einem Grünfilter. Die Belichtungszeit muß stets durch Belichtungsreihen festgestellt werden, will man nicht umsonst Zeit und Plattenmaterial opfern. Das subjektive Empfinden täuscht gerade bei der Beleuchtung in auffallendem viel häufiger als im durchfallenden Licht.

Über Polarisationsmikroskopie in auffallendem Licht s. S. 289, Ultraviolettmikrophotographie in auffallendem Licht s. S. 304 und Lumineszenzmikroskopie in auffallendem Licht s. S. 311.

IV. Die Mikrophotographie in der Metallographie und Faserstofforschung.

(Vgl. zusammenfassende Darstellungen bei MONYPENNY [1], RAPATZ und MEYER [1], HERZOG [1].)

Eine besondere Bedeutung hat die Mikroskopie und Mikrophotographie in auffallendem Licht in der Metallographie erlangt, wo sie seit Anfang des Jahrhunderts Verwendung findet als Prüf- und als Forschungsmethode beim Nachweis bestimmter Gefügearten, Einschlüsse, Seigerungen, Verformungen, Kristallisationen und sonstiger Umwandlungen, ferner bei der Feststellung der Reaktionsformen auf die Ätzmittel (vgl. HEYN und BAUER [1], PREUSS [1], SCHNEIDER-HÖHN [1]).

Von dem Grobgefüge der Rohmetalle und ihrer Legierungen pflegt man mit den Verfahren der Makrophotographie Bilder zu erzeugen und bedient sich dabei

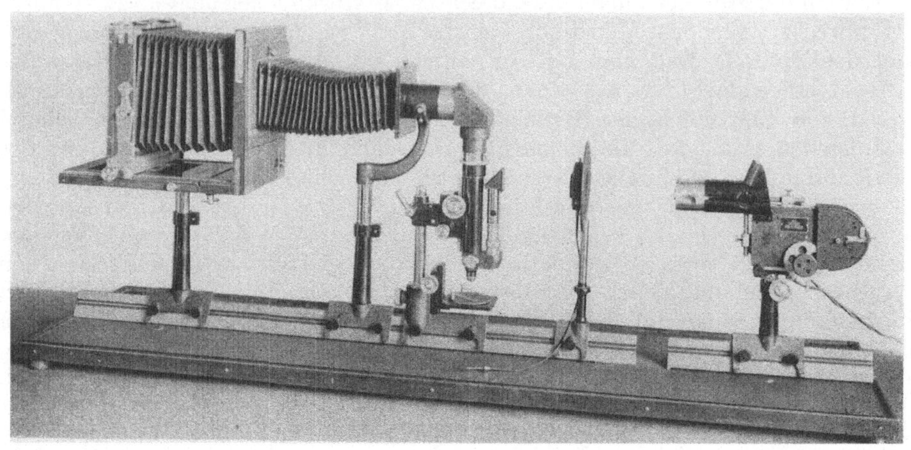

Abb. 149. Große mikrophotographische Einrichtung der Firma R. FUESS in Verbindung mit Werkstoffmikroskop.

einer Kamera mit photographischen Objektiven von 120—210 mm Brennweite. Vorteilhafter ist natürlich, wenn ein mikrophotographischer Apparat zur Ver-

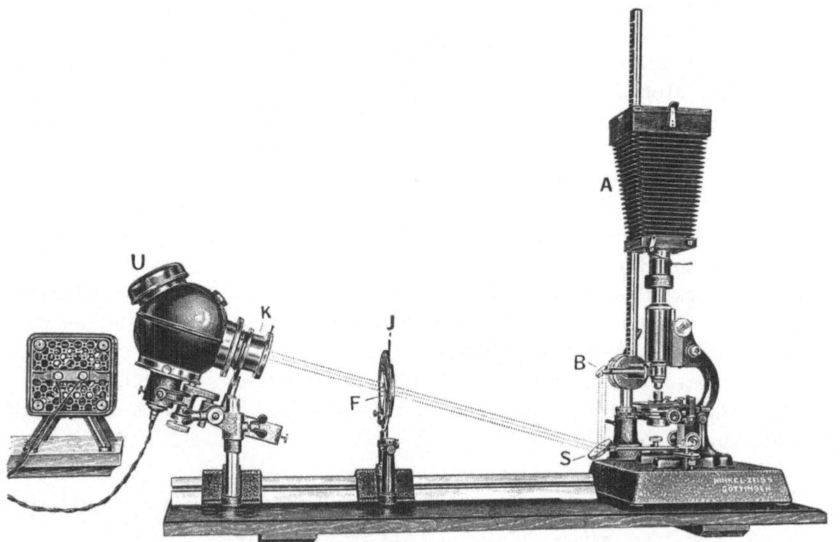

Abb. 150. Mikrophotographische Einrichtung der Firma R. WINKEL für auffallendes Licht.
A = Kamera; B = Spiegel zur Lenkung der Lichtstrahlen in den Vertikalilluminator; S = Mikroskopspiegel; J = Irisblende; K = Kollektor; U = Punktlichtlampe. (Aus WINKEL-Druckschrift: Nr. 230.)

fügung steht, mit dessen Kamera allein — ohne Mikroskop — die schwach vergrößerten oder verkleinerten Aufnahmen, in Verbindung mit dem Mikroskop aber Bilder in der gewünschten schwächeren oder stärkeren mikroskopischen Vergrößerung erzeugt werden, und zwar sowohl in gewöhnlichem auffallendem als auch in polarisiertem Licht (vgl. Sachs [1]), in ultraviolettem (Fr. F. Lucas [1], s. S. 304) und in Lumineszenzlicht (vgl. Danckwortt [1]).

106. Die kleinen metallographischen Einrichtungen. Die Form und der Aufbau solcher den metallographischen Zwecken angepaßten mikrophotographischen Apparate ist verständlicherweise von der Größe und der Form der Objekte bedingt. Handelt es sich um kleine Stücke, die auf dem Tisch des normalen Mikroskops gut unterzubringen sind, so wird man auch die speziellen metallographischen Untersuchungen mit denselben Einrichtungen durchführen und

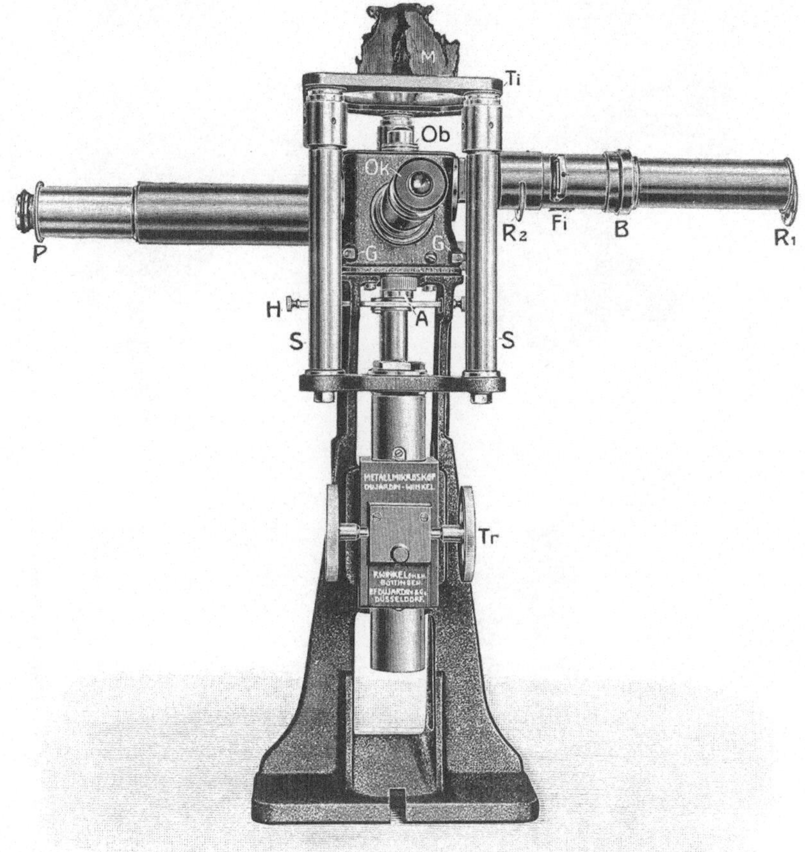

Abb. 151. Großes Metallmikroskop nach Le Chatelier der Firma R. Winkel.
Ti = Objekttisch; *Tr* = Triebräder; *GG* = Rollen; *SS* = Stützen des Objekttisches; *Ob* = Objektiv; *M* = Präparat; R_1 = Aperturblende; *B* = Beleuchtungslinse; *Fi* = Schlitz für Filter usw.; R_2 = Gesichtsfeldblende; *P* = Photographisches Okular. (Aus Winkel-Druckschrift: Nr. 238.)

photographisch festhalten können, die im vorangehenden Abschnitt für biologische Objekte angegeben wurden. In Werkstätten, Prüfungsämtern und Forschungslaboratorien der Metallindustrie benötigt man jedoch vielfach auch Mikroskope, mit denen man größere Stücke des Rohmaterials oder die fertige Ware in ihrer speziellen Form untersuchen und im Auflicht photographieren kann. Solche Metallmikroskope oder Werkstoffmikroskope unterscheiden sich von einem normalen mit Vertikalilluminator ausgerüsteten Stativ grundsätzlich nur dadurch, daß das Mikroskopstativ mit einer eigenen Lichtquelle (Niedervoltlampe) ausgerüstet ist und der Mikroskoptisch zum Halten des Objekts entsprechend geformt ist als Plantisch oder als Kugelkalotte (Abb. 149). Es gibt auch Fälle, wo nicht das Objekt auf den Mikroskoptisch, sondern umgekehrt

Abb. 153. Großes Metallmikroskop der Firma E. Leitz.
(Aus Leitz-Druckschrift: Metallo 51 B I.)

Abb. 152. Großes Metallmikroskop der Firma C. Zeiss.
(Aus Zeiss-Druckschrift: Mikro 460.)

dieser auf das Objekt — z. B. ein Werkstück auf der Drehbank oder Schleifma-schine — aufgesetzt wird. Verbindet man das Okular des Werkstattmikroskops mit einer Aufsatzkammer oder einer großen Horizontalkammer[1], so erhält man das mikrophotographische Bild. Die Leistungsfähigkeit der Werkstoffmikroskope ist jedoch auf schwache Vergrößerungen beschränkt. Zu Forschungszwecken eignen sich daher besser die Metallmikroskope, wie sie z. B. die Firma R. WINKEL, Göttingen, anfertigt, weil man hier die Vergrößerung in geeigneter Weise bis zur Grenze der mikroskopischen Sichtbarkeit steigern kann. Die Metallmikroskope können sowohl in auffallendem als auch in durchfallendem Licht benützt werden und sind auch zu polarisationsmikroskopischen Untersuchungen im Auflicht geeignet. Für mikrophotographische Aufnahmen gibt es eigens dazu gebaute Einrichtungen (Abb. 150), man kann aber auch jeden anderen mikrophotographischen Apparat in Verbindung mit diesen Mikroskopen verwenden.

Ein Nachteil solcher und ähnlicher Metallmikroskope, die in ihrem Bau der normalen Form recht nahe stehen, bleibt immerhin der Umstand, daß man in vielen Fällen das Objekt am Mikroskoptisch nicht standfest unterbringen kann, namentlich wenn man mit größeren und sperrigen Stücken zu tun hat. In der Mehrzahl der Fälle untersucht und photographiert man geschliffene Flächen. Um diese genau

Abb. 154. WATSONS großer „Metallograph". (Aus Druckschrift der Firma WATSON & SONS, Ltd., „Supplement A to Catalogue 4".)

---

[1] In diesem Fall muß das Niedervoltlämpchen aus der Schiebhülse entfernt werden und die Beleuchtung mit einer Kohlenbogenlampe und Umkehrprisma (s. Abb. 149) erfolgen.

senkrecht in der optischen Achse des Mikroskops aufzustellen, muß man auch die dem Mikroskoptisch aufliegende Fläche schleifen, und zwar planparallel mit der zu beobachtenden Oberfläche, was begreiflicherweise die Untersuchungen erschwert und verzögert. Dort also, wo fortlaufende Untersuchungen an einem mannigfaltigen Material ausgeführt werden, müssen, wie das in den Prüfräumen größerer Fabriken, in metallographischen Forschungslaboratorien oder in Materialprüfungsstellen der Fall ist, verwendet man die großen Metallmikroskope, bei denen beliebig große Stücke mit der geschliffenen Oberfläche dem Objekttisch aufliegend standfest untergebracht werden können.

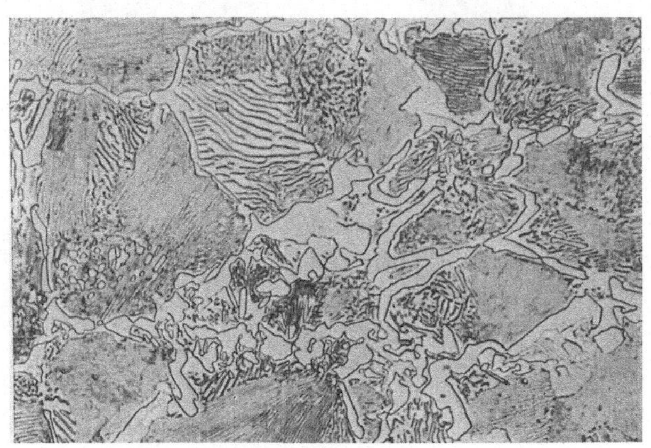

Abb. 155. Streifiger Perlit (Grundmasse) mit Zementit (breites Netz). Vergr. 500fach. (Originalaufnahme von H. HANEMANN. Aus H. HANEMANN und A. SCHRADER [1, Taf. 75, Abb. 535].)

107. Die großen metallographischen Einrichtungen. Die großen Metallmikroskope (Abb. 152, 153 und 154), welche alle nach dem Prinzip des Metallmikroskops von LE CHATELIER (Abb. 151) gebaut sind, weichen in ihrer Form von der normalen Form wesentlich ab; sie sind nämlich gestürzte Mikroskope, bei denen der Objekttisch am oberen Ende des Tubus aufgestellt ist und die Anordnung der abbildenden Linsensysteme vollkommen umgekehrt ist (Objektiv oben, Okular unten). Man beobachtet also das Objekt durch den Ausschnitt des Objekttisches mit einem Fernrohrokular, das, seitlich und schief nach oben gestellt, durch eine Prismenkonstruktion in den Strahlengang eingeschaltet ist. Senkrecht zur optischen Achse des Tubus (etwa wie die waagerechten Arme eines Kreuzes) findet man, der Lichtquelle zugewandt, den Tubusaufsatz des mit einem auswechselbaren Prisma und Planglas versehenen Vertikalilluminators, in entgegengesetzter Richtung aber den Tubus für Photographie,

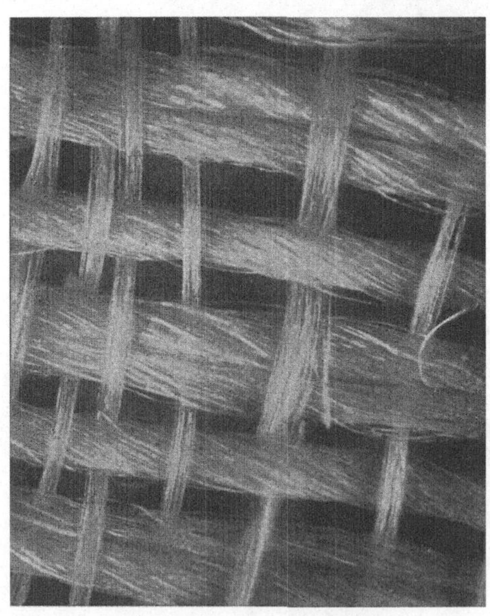

Abb. 156.   Mischgewebe aus *Bromelia* (Ananasfaser), Seide und Baumwolle. Vergr. 35fach. Auflicht-Kondensor (Aus A. HERZOG [1, Abb. 12].)

an welchem die große Horizontalkammer angeschlossen wird (Abb. 154). Die Einzelheiten in der Handhabung der Apparate von verschiedener Form sind am besten aus den Schriften der Herstellungsfirmen (ZEISS, LEITZ, DUJARDIN, WINKEL, WATSON) zu entnehmen. Hier sei es bemerkt, daß man zwar grundsätzlich auch die optische Ausrüstung der normalen Mikroskope verwenden kann, vorteilhafter jedoch die Linsen verwenden wird, die, auf die veränderte Tubuslänge, bei Trockensystemen für Objekte ohne Deckglas, korrigiert in passenden kurzen Fassungen zu den großen Metallmikroskopen geliefert werden. Mit den Kombinationen von Objektiven und Okularen lassen sich mikroskopische Vergrößerungen von 30fach bis etwa 1600fach erzielen (Abb. 155). Zu Aufnahmen bei ganz schwachen Vergrößerungen (mit Mikroplanaren) hat ZEISS auch ein Sonderstativ gebaut.

Auch in der Faserstoffindustrie bietet die Mikroskopie und die Mikrophotographie zur Untersuchung von Textil- und Papierfasern in durchfallendem und in auffallendem Licht wesentliche Vorteile. Hier ist die Ausübung und Verwertung des mikrophotographischen Verfahrens dadurch bedeutend erleichtert, daß man keine besonderen Einrichtungen wie in der Metallographie benötigt, sondern mit dem normalen Mikroskop und seinen Nebenapparaten die gestellten Aufgaben lösen kann. Sollen die Faserstoffprodukte in durchfallendem Licht untersucht werden, so behandelt man sie wie sonstige mikroskopische Präparate. Zu der Mikrophotographie in auffallendem Licht verwendet man, wie A. HERZOG (1), es beschrieben hat den LIEBERKÜHNschen Spiegel, den Vertikalilluminator, den Schräglichtilluminator oder den Dunkelfeld-Auflichtkondensor (s. S. 238) in der schon bekannten Weise (Abb. 156).

V. Die Stereo-Mikrophotographie.
(Vgl. dieses Handbuch Bd. VI, 1. Teil, S. 1 bis 100.)

(Zusammenfassende Darstellungen bei A. KÖHLER [9], LAUBENHEIMER [1], SCHEFFER [2], SCHMEHLIK [2].)

108. Das stereoskopische Bild (vgl. auch dieses Handbuch, Bd. VI 1). Das binokulare Sehen und der damit verbundene stereoskopische Effekt bietet auch in der Mikroskopie viele und wesentliche Vorteile. Hat man nicht gerade Untersuchungen von sehr dünnen Schnittpräparaten vor, wo nur einzelne optische Querschnitte des Objekts den Forscher interessieren, sondern will man von den körperlichen und räumlichen Verhältnissen ein räumliches mikroskopisches Bild erhalten, so wird man binokulare Mikroskope benützen und mit diesen stereomikroskopische Bilder erzeugen (s. v. ROHR [1], LIHOTZKY [1]). Zwei grundsätzlich verschiedene Untersuchungsmethoden stehen dabei zur Verfügung: Entweder betrachtet man mit zwei Augenlinsen zwei Zwischenbilder, das von einem Objektiv geliefert wird (monoobjektiv-binokulares Mikroskop) (Abb. 157), oder aber man erhält von zwei Objektiven zwei Zwischenbilder, die jedes durch ein Okular betrachtet erst in der Sehsphäre des Beobachters zu einem stereoskopischen Bild vereinigt werden (biobjektiv-binokulares Mikroskop). Es braucht hier nicht weiter erklärt zu werden, daß nur bei der letzterwähnten Art in derselben Weise stereoskopische Bilder entstehen, wie man sie mit freiem Auge zu sehen pflegt. Bei der anderen Art der Abbildung mit einem Objektiv und zwei Okularen muß man, abweichend von dem gewöhnlichen Sehvorgange, durch besondere Okularblenden ein linkes und ein rechtes Teilbild erzielen, die dann, von den Augen aufgefangen, in der Sehsphäre vereinigt werden. Die damit erzeugte Wirkung bietet jedenfalls in doppelter Hinsicht Vorteile für die mikroskopische Beobachtung. Zunächst ist das Betrachten des mikroskopischen Bildes mit zwei Augen durch das ABBESche stereoskopische Okular, durch einen binokularen Tubusaufsatz (Bitumi oder noch besser Bitukuni der Firma ZEISS, oder durch binokulare Tubusaufsätze der Firmen LEITZ und REICHERT) bequemer und weniger ermüdend als die monokulare Beobachtung; dann aber erhält man mit den zu den binokularen Tubusaufsätzen gehörenden

Aufsatzblenden (welche links die rechte, rechts die linke Hälfte des RAMSDEN-schen Kreises abdecken) einen stereoskopischen Effekt, bei dem man eine ausgezeichnete Tiefenwirkung erhält und die Strukturelemente viel plastischer wahrnimmt als sonst mit einem Okular (s. LIHOTZKY [1], SCHEFFER [5]).

Abb. 157. Monoobjektiv-binokulares Stativ D der Firma C. ZEISS. (Aus ZEISS-Druckschrift: Mikro 404.)

Selbstverständlich wird es vergeblich sein, von dem mehr oder minder stark vergrößernden binokularen Mikroskop eine raumtreue Wiedergabe derart zu erwarten, daß man richtige Tiefenmessungen (etwa zur Schichtdicke eines Präparats oder zur Höhenlage bestimmter Gefügeteile innerhalb eines Schnittes) im Dingraum erhalten könnte. Vielmehr wird man sich mit der Tiefenrichtigkeit des zutreffend angelegten binokularen Mikroskops begnügen müssen: man nimmt eben wahr, was im Schnitte höher und was tiefer liegt. Bei der gewöhnlichen mikroskopischen Beobachtung liefert die beschränkte Abbildungstiefe für die räumliche Anordnung sicherlich Anzeichen, die man bei subjektiver Beobachtung durch die Bewegung der Feinschraube aufs beste verwerten kann, doch kommt Verschiebung des Objektivs bei der Mikrophotographie nicht in Betracht; hier wird die Deutung der Zerstreuungskreise nur auf Grund der Tiefenvorstellung erfolgen, die nie die Sicherheit der Tiefenwahrnehmung im richtig benutzten

binokularen Mikroskop erreicht, wo beide Augen verschiedene Halbbilder erhalten und sie ganz wie verschiedene Perspektiven verschmelzen. Wo man die in jedes der beiden Augen gelangenden, abbildenden Bündel beschränkt, ob im Dingraum (wie bei den Mikroskopen mit zwei gesonderten Objektiven) oder im Augenraum (wie im ABBEschen Okular), ist für die Tatsache der Tiefenwahrnehmung ganz gleichgültig.

Natürlich versteht es sich von selbst, daß die nach H. GREENOUGH benannten schwach vergrößernden Präpariermikroskope mit ihren auch dem bloßen Auge deutlich räumlich gegliederten Objekten eine lebhaftere Tiefenwahrnehmung vermitteln als die stärker oder stark vergrößernden Mikroskope mit stereoskopischen Okularen von den flachen, fast tiefenlosen Gebilden in einem dünnen mikroskopischen Schnitt.

109. Die binokularen Präpariermikroskope nach GREENOUGH (Abb. 158). Über die Linsen dieser Mikroskope genügt hier festzustellen, daß sie mit Objektivpaaren ausgerüstet sind, die aus sphärisch und

Abb. 158. Durchschnitt eines binokularen Präpariermikroskops nach GREENOUGH. (Aus dem Katalog 1929 der SPENCER Lens Comp.)

achromatisch korrigierten Linsen von langen Brennweiten zusammengesetzt sind. Die Fassung der Linsenpaare ist mit einer Zentriervorrichtung und mit

Tabelle 23. Vergrößerung, freier Objektabstand und objektives Sehfeld. (Aus der ZEISS-Druckschrift: Mikro 375, 1925.)

Objektivpaar	②		③		④		⑥		⑦ = Pl		⑧		⑫	
Freier Objektabstand in mm	75		56		45		32		35		24		17	
Okularpaar	Vergr.	Sehfeld	Vergr.	Sehfeld	Vergr.	Sehfeld	Vergr.	Sehfeld	Vergr.	Sehfeld	Vergr.	Sehfeld	Vergr.	Sehfeld
HUYGENS 4×	8	12,1	12	8,2	16	6,1	24	4,0	28	3,3	32	3,0	48	2,0
HUYGENS 5×	10	11,6	15	7,8	20	5,8	30	3,9	35	3,1	40	2,9	60	1,9
HUYGENS 7×	14	9,6	21	6,4	28	4,8	42	3,2	49	2,6	56	2,4	84	1,6
HUYGENS 10×	20	6,9	30	4,7	40	3,5	60	2,3	70	1,9	80	1,7	120	1,2
HUYGENS 15×	30	4,3	45	2,8	60	2,1	90	1,4	105	1,15	120	1,1	180	0,7
Orthosk. 12,5×	25	9,5	37,5	6,4	50	4,7	75	3,1	87,5	2,6	100	2,4	150	1,6
Orthosk. 17×	34	7,0	51	4,7	68	3,5	102	2,3	119	1,9	136	1,7	204	1,2
Orthosk. 28×	56	3,3	84	2,2	112	1,6	168	1,1	196	0,9	224	0,8	336	0,55

einem Schlitten ausgerüstet, der in die entsprechende Schlittenführung am Doppeltubus eingeschoben wird. Die Linsen sind auf ihren Schlitten genau zueinander zentrierbar; jede Hälfte des Doppeltubus enthält ein bildaufrichtendes PORROsches Prisma, wodurch man im Präpariermikroskop ein aufrecht stehendes Bild erzeugt. An den Enden des Doppeltubus werden die HUYGENSschen oder die orthoskopischen Okularpaare eingesetzt. Über die Einzelvergrößerung der Objektiv- und Okularpaare wie auch über die mit ihnen erreichbaren mikroskopischen Vergrößerungen enthält Tabelle 23 die nötigen Angaben.

Der stereoskopische Effekt hängt wesentlich von dem Konvergenzwinkel ab, unter welchem die Strahlen von rechts und links in die Augen einfallen. Um diesen individuell verschiedenen Konvergenzwinkel richtig herzustellen, sind die beiden Rohre des Doppeltubus auf dem Stativ drehbar angebracht, so daß man durch Drehen der Trommeln, welche die PORROschen Prismen enthalten, die Okulare und die Prismen, in die Sehachse des Beobachters einstellen kann. Der Spielraum bei der Drehung der Rohre um ihre Achsen ist je nach der Stärke der Okularpaare verschieden (zwischen 49 und 78 mm). Durch Drehen der Rohre, d. h. durch Einstellen der Okulare in die Sehachse, ist natürlich der stereoskopische Effekt noch nicht vollständig erreicht, falls nicht auch die Linsen der Objektivpaare genau in diese Achse eingestellt sind. Man muß also mit den Schrauben der Zentriervorrichtung die Objektivpaare so lange zueinander regulieren, bis das Auge rechts und links genau denselben Sehfeldinhalt sieht. Am besten eignet sich zur Zentrierung der Objektivpaare als Testobjekt der Objektmikrometer, an dem man mit einem Blick bald in das linke, bald in das rechte Rohr leicht feststellen kann, ob beide Gesichtsfelder denselben Inhalt an Teilungsstrichen zeigen.

110. Die DRÜNERsche Kamera. Die so erhaltenen Bilder, welche durch ein verhältnismäßig großes Sehfeld und eine große Tiefenwirkung ausgezeichnet sind, lassen sich ohne besondere Schwierigkeiten photographisch abbilden, wenn man statt des Doppeltubus eine Stereokamera nach DRÜNER (1)[1] auf dem Stativ anbringt und diese mit den Objektivpaaren ausrüstet (Abb. 159). Das Objektivbrett der DRÜNERsche Kamera ist dafür mit einer Schlittenführung und die hintere Wand mit einer Zahnleiste ausgerüstet, welch letztere in den Trieb der Grobbewegung hineinpaßt. Der Oberteil der Kamera ist dachförmig gestaltet, und zwar so, daß seine beiden Hälften, d. h. die linke und die rechte Einstellebene, senkrecht zur optischen Achse der Objektivlinse (der betreffenden Seite) stehen und einen dem Konvergenzwinkel der Blickrichtung (14^0) koordinierten Winkel einschließen. Auf diese dachartig gestaltete Einstellebene wird nun die entsprechend geformte Zwillingskassette oder der Rahmen mit Mattscheiben und Spiegelglasscheiben aufgelegt. Die Belichtung erfolgt durch Öffnen eines Zeit- und Momentverschlusses, der oberhalb der Schlittenführung des Objektivpaares untergebracht ist, so daß beim Öffnen des Verschlusses mit einem Drahtauslöser gleichzeitig beide Teilbilder der stereoskopischen Aufnahme belichtet werden.

Man wird mit dieser Einrichtung sehr häufig lebende Objekte photographieren, z. B. Planktonorganismen oder Protisten, die sich rasch bewegen und daher nur zu Momentaufnahmen eignen. Um den günstigen Augenblick der Belichtung bestimmen zu können, ist es daher notwendig, die DRÜNERsche Kamera mit einem Hilfsmikroskop auszurüsten, welches dann, wie Abb. 159 zeigt, die seitliche Beobachtung vor, während und nach der Aufnahme gestattet. In dieser Form entspricht die DRÜNERsche Kamera einer Aufsatzkamera für Stereo-

---

[1] Eine der DRÜNERschen Kamera ähnliche Einrichtung hat auch W. HUTH (1) beschrieben.

mikrophotographie. Wie beim „Phoku" wird die Bildvergrößerung dadurch eingeschränkt, daß die Aufnahme ohne Okular und mit einer Kamera erfolgt, welche starre Wände, d. h. einen konstanten und recht kurzen Kammerauszug hat. Die Vergrößerung an der Mattscheibe entspricht also der Einzelvergrößerung

Abb. 159. Stereoskopkamera nach Drüner mit (B) und ohne (A) Vergrößerungsaufsatz.
(Aus Zeiss-Druckschrift: Mikro 257.)

der Objektivpaare. Für solche schwachen Vergrößerungen (stärkste Vergrößerung etwa 12fach) genügen Platten im Format 6×6, für welche die Zwillingskassetten eingerichtet sind. Man kann jedoch mit der Drünerschen Kamera die Bildver-

Abb. 160. Vergrößerungsaufsatz (A) und Zwillingskassette zur Drünerschen Kamera.
(Aus Zeiss-Druckschrift: Mikro 257.)

größerung wesentlich dadurch steigern, daß man sie durch einen Vergrößerungsaufsatz ergänzt (Abb. 160). Dieser kegelstumpfförmig gestaltete Aufsatz, der mit dem hinteren Rahmen der Drünerschen Kamera verkoppelt wird, ist mit zwei Negativlinsen nach Art der Homale ausgerüstet und weist eine Einstellebene auf, in welcher zwei Platten im Format von $8^1/_2 \times 8^1/_2$ oder 6×9 untergebracht werden können. Durch den verlängerten Kameraauszug und noch mehr durch die Negativlinsen werden die vom Objektivpaar gelieferten Teilbilder vergrößert. Man erhält so das vierfach vergrößerte Bild desjenigen ohne Vergrößerungsaufsatz. Bei der Form des Vergrößerungsaufsatzes kann man zur seitlichen Beobachtung das Hilfsmikroskop nicht in gerader Stellung benützen, sondern es muß in einem Gelenk geknickt werden. Auch mit dem Vergrößerungsansatz lassen sich nicht so starke Vergrößerungen erzielen, wie man bei subjektiver Beobachtung durch geeignete Kombination von Okular- und Objektivpaaren (bis zu 336fach) zu erhalten pflegt. Die stärkste Vergrößerung mit der DRÜNERschen Kamera beträgt etwa 48fach (s. Tabelle 24).

Tabelle 24. Vergrößerungen der DRÜNERschen Kamera mit und ohne Aufsatz. (Aus der ZEISS-Druckschrift: Mikro 257, 1927.)

Objektivpaare	②	③	④	⑥	⑦ Pl.	⑧	⑫
ohne Aufsatz	2	3	4	6	7	8	12
mit Aufsatz	8	12	16	24	28	32	48
Sehfeld auf Platte $8^1/_2 : 8^1/_2$ in mm	10 : 10	6,6 : 6,6	5 : 5	3,3 : 3,3	2,9 : 2,9	2,5 : 2,5	1,7 : 1,7

111. Die Mikrostereokamera (LEITZ). Eine stärkere Bildvergrößerung läßt sich mit der Mikrostereokamera der Firma LEITZ erzielen, die ebenfalls eine Zwillingskamera darstellt, jedoch mit einem Balgauszug[1]. Die Kamera ist auf einer Gleitstange, diese in einer Säule befestigt, welche seitwärts geneigt werden kann. Das binokulare Mikroskop befindet sich, wie bei der subjektiven Beobachtung üblich, mit einem Objektivpaar und mit Okularen ausgerüstet, unter der Kamera. Erst stellt man das stereoskopische Bild subjektiv ein und schwenkt dabei das Kameragestell seitwärts, dann wird die Kamera senkrecht gestellt und das Objektivbrett mit zwei Stutzen auf die Okulare bzw. in die Lichtschutzmanschetten eingestellt. Man erhält auf diese Weise in der Einstellebene das subjektiv beobachtete Bild und kann es mit dem Balgauszug noch weiter vergrößern. Die Einstellebene ist auch hier dachförmig gestaltet und steht links und rechts senkrecht zu den Objektivachsen. Da die Kassetten in der Einstellebene in einem unveränderlichen Abstand zueinanderliegen, kann man den Balg nicht beliebig lang ausziehen, und so ist auch hier die Vergrößerung beschränkt (schwache und mittelstarke Vergrößerungen). Die Kamera ist mit einem Zeit- und Momentverschluß, nicht aber mit einem seitlichen Beobachtungsrohr ausgerüstet. Momentaufnahmen sind also zwar auch mit dieser Einrichtung zu erzielen; bei rasch beweglichen Objekten hängt es jedoch stets nur vom Zufall ab, ob das Objekt im Moment der Aufnahme richtig im Sehfeld liegt (vgl. P. METZNER [4, S. 472]).

112. Die Aufsatzkammer „Lukam" (LEITZ). Zu Momentaufnahmen mit dem binokularen Mikroskop hat die Firma LEITZ auch noch eine andere Einrichtung gebaut, nämlich die Aufsatzkammer „Lukam", welche ganz die Form und Konstruktion hat wie die Aufsatzkammern „Macca" oder „Makam", nur fehlt ihr das seitliche Beobachtungsrohr (Abb. 161). Dieses wird durch das eine Rohr des binokularen Mikroskops ersetzt, mit welchem man das Bild subjektiv beobachten kann, während man auf dem anderen Rohr mit der Aufsatzkamera das photographische Bild erzeugt. Selbstverständlich werden die so erzielten Aufnahmen keine stereo-mikroskopischen Bilder liefern, in vielen Fällen genügen

---

[1] Wird derzeit nicht mehr hergestellt. Die Herstellerfirma empfiehlt an ihrer Stelle die Aufsatzkammer „Lukam".

sie jedoch auch so, um die Beobachtungen mit dem binokularen Mikroskop festzuhalten. Die Vorbedingung dazu ist, daß das Objektivpaar gut zentriert und das Sehfeld in beiden Tubushälften gleichartig beleuchtet sei. Auch richtige stereo-mikroskopische Aufnahmen lassen sich erzielen, wenn man an jedes Tubus-ende des binokularen Mikroskops eine „Lukam" aufsetzt. Allerdings fehlt dann die Möglichkeit der seitlichen Beobachtung, und das Gelingen der Aufnahme ist bei rasch beweglichen Objekten ebenso unsicher wie mit der Mikrostereo-kamera. Die geschilderten Apparate der Firma LEITZ bieten den Vorteil, daß man das photographische Bild mit denselben optischen Mitteln erzielt, mit denen man das Bild subjektiv beobachtet hat.

113. Der Schärfen-raum bei Apparaten mit gekreuzten Ein-stellebenen. Bisher haben wir nur eine Art der stereo-mikrophoto-graphischen Aufnahme kennengelernt, näm-lich das Verfahren mit gekreuzten Einstell-ebenen, wo die Ein-stellebenen der Zwil-lingskamera zur Sym-metrieachse des Mikro-skops geneigt stehen und sich kreuzen wür-den, falls man die ein-zelnen Halbbilder ver-längert vorstellt. Die Einstellebenen der Halbbilder sind also so schief gestellt, daß der Strahlengang des op-tischen Systems rechts und links gerade senk-recht auf diese Ebenen fällt, ähnlich wie die Strahlen von der rech-

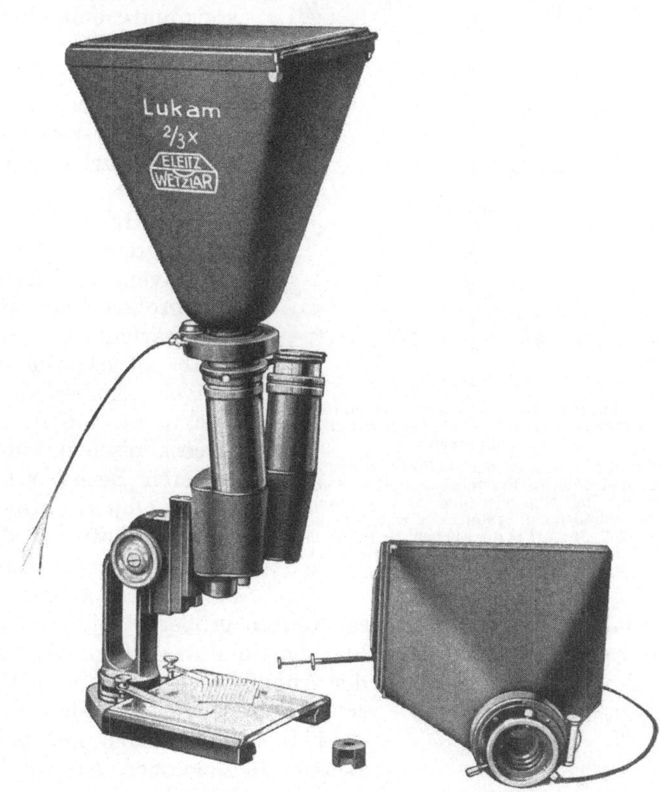

Abb. 161. Die Aufsatzkamera „Lukam" mit einem binokularen Präparier-mikroskop der Firma E. LEITZ. (Aus LEITZ-Druckschrift: Mikrophoto 2329.)

ten und linken Seite eines körperlichen Objekts in die zum binokularen Sehen konvergierten Augen (Abb. 162). Im Prinzip bleibt es dabei gleichgültig, ob man beide Halbbilder gleichzeitig auffängt, wie bei der DRÜNER-Kamera und der Mikrostereokamera, oder die zwei Halbbilder hintereinander photographiert, wie es zuerst 1902 SCHEFFER (1) angegeben hat. In letzterem Fall benützt man die „Lukam", die Mikrostereokamera nach SCHMEHLIK (von der Firma HIMMLER, Berlin) oder die stereomikrophotographische Kamera nach SCHEFFER (von der Firma FUESS, Berlin). Sind die Halbbilder einmal richtig erzielt, so erhält man im Stereoskop einen stereoskopischen Effekt, gleichgültig, ob die Belichtung gleichzeitig oder nacheinander erfolgt ist. In praktischer Hinsicht bietet eine Zwillingskamera den Vorteil, daß man mit dieser auch von beweglichen Ob-jekten stereoskopische Momentaufnahmen erzielen kann. Ein grundsätz-licher Mangel haftet jedoch allen Apparaten mit gekreuzten Einstellebenen an, und zwar ist dieser von der eigentümlichen Gestalt des Schärfenraumes bedingt. Der Ort, wo das Objekt noch mit genügender Schärfe abgebildet wird, ist nicht eine geometrische Ebene, sondern ein Raum, der je nach der Abbildungstiefe des Objektivs mehr oder weniger ausgedehnt ist und von zwei parallelen Flächen begrenzt wird, die oberhalb und unterhalb der Einstellebene liegen. Die beiden Schärfenräume der Halbbilder überschneiden sich aber in der Symmetrieachse des Mikroskops, und es entsteht also in der Überkreuzung ein beiden Halbbildern gemeinsamer Schärfenraum, der im optischen Querschnitt eine rhombische Form zeigt (Abb. 163). Nur der Bezirk des stereoskopischen Bildes wird genügend scharf erscheinen, welcher aus dem gemeinsamen Schärfenraum stammt, aus dem Teil der Halbbilder also, die in dem rhombisch begrenzten Raum liegen. Bei schwachen Objektiven, wo die geringere Apertur mit einer großen Abbildungstiefe einhergeht, ist der Schärfenraum des stereoskopischen Bildes stärker ausgedehnt als bei den starken Objektiven. Außerdem hat auch die Form des Objekts Einfluß darauf, ob man in seinem stereoskopischen Abbild einen größeren oder kleineren Bezirk scharf wahrnehmen wird. Kleine Objekte, die in allen Dimensionen gleich beschaffen sind, oder solche, die nur in einer Richtung stärker ausgedehnt sind, werden in ihrer ganzen Ausdehnung scharf abgebildet; flächenhaft ausgebreitete größere Objekte zeigen jedoch im Abbild nur einen schmalen Streifen scharf und das übrige unscharf. Auch Verzerrungen der Abbildung sind öfters zu beobachten, die von der schiefen Lage der Einstellebene herrühren.

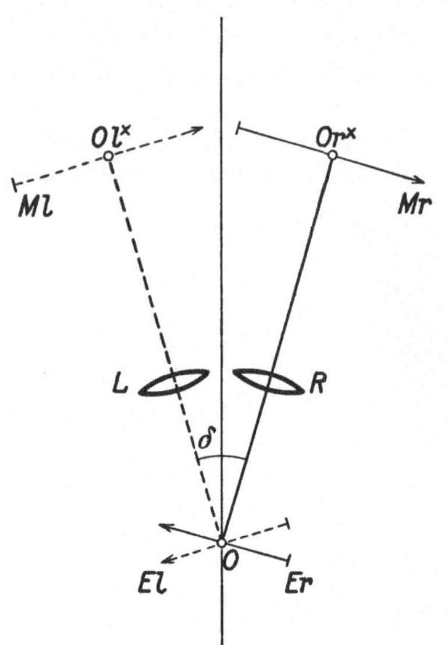

Abb. 162. Die Entstehung der stereoskopischen Halbbilder bei gekreuzten Einstellebenen.

L und R = Linsen der abbildenden Systeme; Er und El = die Einstellebenen; O = Schnittpunkt der Einstellebenen und der Achsen der abbildenden Systeme; δ = Konvergenzwinkel; Mr, Ml = die Ebenen der Halbbilder; Or^*, Ol^* = Bildpunkte des Objektpunktes O. (Aus A. KÖHLER [9, Abb. 264, S. 367].)

114. Die Methoden mit gekreuzten Objektebenen.

Bessere Bedingungen der Abbildung erhält man, wenn man die Halbbilder nicht durch gekreuzte Einstellebenen, sondern durch gekreuzte Objektebenen erzielt. Für den stereoskopischen Effekt bleibt es im wesentlichen gleichgültig, ob man das horizontal liegende Objekt auf zwei dem Konvergenzwinkel entsprechend schief gestellten Einstellebenen (Platten) von rechts und links abbildet und die zwei Halbbilder dann zu einem Raumbild vereinigt oder umgekehrt mit waagerecht gestellten Einstellebenen (Platten) die zwei Halbbilder so erzielt, daß man das Objekt bald in die Blickrichtung des rechten, bald in die des linken Auges einstellt. Man muß also das Objekt bald nach der einen, bald nach der anderen Seite so schief stellen,

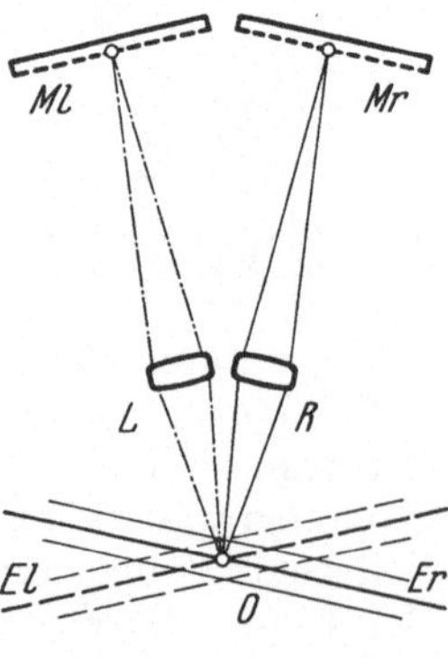

Abb. 163. Der gemeinsame Schärfenraum der Halbbilder bei Aufnahme eines körperlichen Objekts. (Aus A. KÖHLER [8, Fig. 951a, S. 1954].)

wie es nötig ist, damit die Sehachse des rechten Auges auf das linksgestellte und die des linken auf das rechtsgestellte Objekt senkrecht fällt. Wohlgemerkt spielt es bei dieser Art der Stereomikrophotographie keine Rolle, ob man subjektiv das im Mikroskop sichtbare Bild binokular oder monokular betrachtet. Das Wesentliche ist, daß die Halbbilder nur mit einem Objektivsystem und nicht mit Linsenpaaren erzeugt werden. Man kann auch, wie P. METZNER (*4*, S. 473) beschreibt, stereo-mikrophotographische Aufnahmen mit einem binokularen monoobjektiven Mikroskop erzielen, indem man eine größere Kamera, deren Stirnbrett mit zwei Öffnungen versehen ist, auf den binokularen Aufsatz der Firma ZEISS oder LEITZ stellt. Man verwendet also zu den Aufnahmen ein monokulares oder auch binokulares und monoobjektives Stativ und erzeugt die photographischen Halbbilder vom Objekt mit einer stereoskopischen Wippe (s. SCHEFFER [*2*], SCHMEHLIK [*1, 2*]), auf der das Objekt nach der rechten und der linken Seite hin geneigt werden kann. Die stereoskopische Wippe (Abb. 164) besteht aus einer Drehscheibe auf einer Kippachse und ist sowohl bei Aufnahmen in durchfallendem wie bei solchen in auffallendem Licht zu gebrauchen. Im letzteren Fall erweist sich die Kombination der Wippe mit einem großen LIEBERKÜHN-schen Spiegel als sehr vorteilhaft (SCHMEHLIK [*1, 2*]), denn auf diese Weise wird das Objekt in jeder Neigung gleichmäßig beleuchtet, während sonst, z. B. mit einem

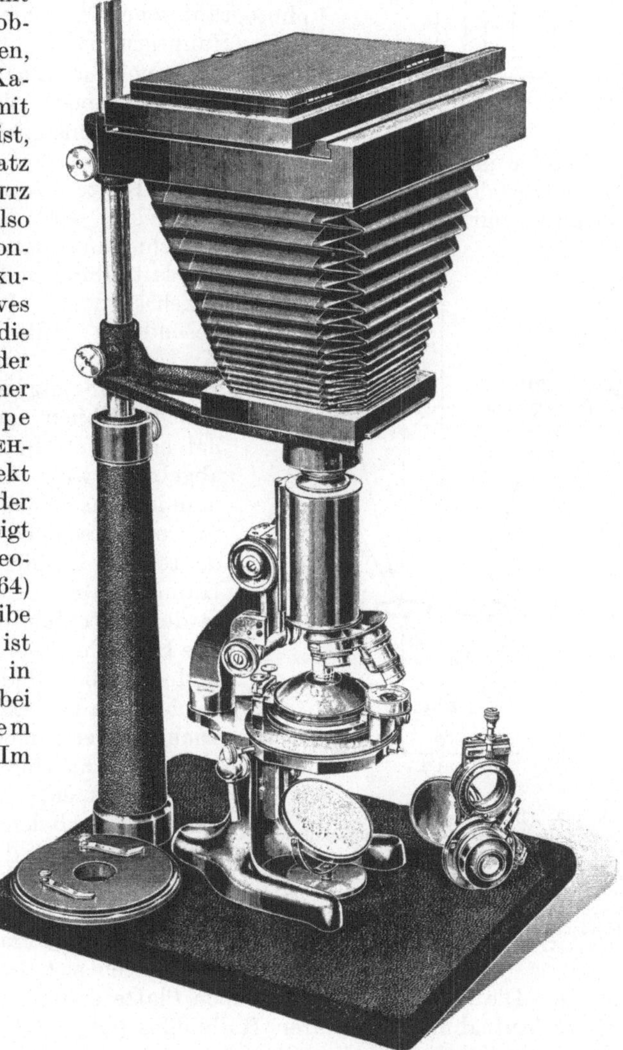

Abb. 164. Wippe für mikrostereoskopische Aufnahmen.
A Wippe im Längsschnitt. B Lager der Wippe in der Ansicht.
a = Grundplatte; b, c = die Lager der Wippe; d = Rahmen; e, f = Zapfen; g = Ring zum Halten des Objektträgers h; i = Hebel; k = Zeigerwerk; m, m = Stellschrauben zur Regelung.
(Aus der Gebrauchsmusteranmeldung der Firma O. HIMMLER.)

Abb. 165. Mikrophotographische Einrichtung der Firma O. HIMMLER mit der Wippe. (Aus dem Prospekt P. 1909 der genannten Firma.)

Vertikalilluminator, die Beleuchtung mit dem Objekt gleichsinnig geneigt werden müßte, um kein Wandern der Schatten auf der Oberfläche des Objekts

zu erhalten (Abb. 165). Solche Wippen, wie sie zuerst von v. Babo und Moitessier (1) angegeben und dann erst von Fritsch (2), später von Schmehlik (1)
in einer recht praktischen Form ausgearbeitet wurden, eignen sich nur für
Aufnahmen in einem großen Gesichtsfeld, d. h. bei schwachen Objektiven. Ist
das Sehfeld enger begrenzt, so wandert das Objekt beim Kippen aus dem Gesichtsfeld heraus. Bei stärkeren Objektiven gestattet schon der kurze Objektabstand nicht, daß man das Objekt auf einer Wippe unter der Linse aufstellt.

115. Die Methoden mit zusammenfallenden Einstellebenen. Die Verfahren mit
gekreuzten Einstellebenen (Zwillingskamera) und mit gekreuzten Objektebenen
(stereoskopischer Wippe) stellen nach A. Köhler
(8, S. 1949) die erste Hauptgruppe der stereo-mikrophotographischen Methoden dar, der gegenüber eine
zweite Hauptgruppe zu unterscheiden ist, bei welcher
die photographische Einstellebene und die mikroskopische Objektebene planparallel bleiben (zu-
sammenfallende Einstellebenen) (Abb. 167). Die
Halbbilder der stereoskopischen Aufnahmen werden hier entweder durch die
Parallelverschiebung des Objekts oder der Platte erzeugt. Im ersteren Fall, beim
Verfahren mit dem Verschieben des Objekts, wird das rechte Halbbild durch

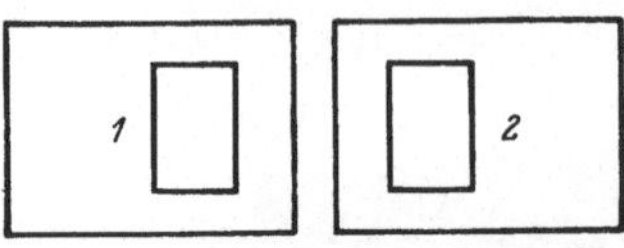

Abb. 166. Sehfeldblende für Stereoaufnahmen.

Verschiebung des Objekts nach links von
der Mittellinie und das linke Halbbild umgekehrt erzielt. Dazu braucht man keine
besonderen Hilfseinrichtungen, nur einen
Kreuztisch oder Objektführer und, was die
Hauptbedingung ist, ein so großes Sehfeld,
daß das Objekt auch im rechten oder linken
halben Sehfeld in seiner ganzen Ausdehnung
abgebildet wird. In vielen Fällen muß man
nämlich das Objekt innerhalb des Sehfelds
so weit verschieben, daß bei der Aufnahme
des rechten Halbbildes der rechte, beim linken
Halbbild aber der linke Rand des Objekts
in der Mittellinie oder ihr nahe liegen soll.
Die Halbbilder werden am häufigsten auf ein
und derselben Platte aufgenommen, und in
solchen Fällen dürfen sich die Halbbilder
auch teilweise nicht überdecken. Es wird
aber stets zu einer Überdeckung der Halbbilder kommen, wenn sie bei der Aufnahme
mit ihren medialen Rändern über die Mittellinie hinaus nach der anderen Seite hin über-
greifen. Ist das Objekt zu weit von der
Symmetrieachse entfernt, so stehen die Halbbilder auf der Platte zu weit voneinander
und lassen sich im Stereoskop schwer ver-

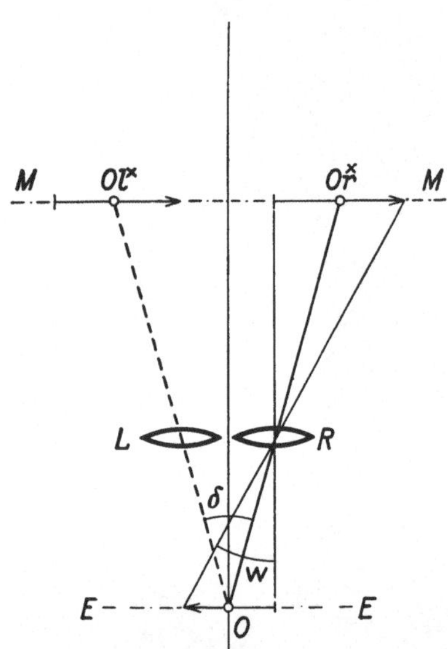

Abb. 167. Die Entstehung der stereoskopischen Halbbilder bei zusammenfallenden
Einstellebenen.

W = Winkel, den die Strahlen aus dem in
der Richtung des Pfeiles verschobenen Objektpunkte mit der optischen Achse des einen
abbildenden Systems (hier *R*) einschließen.
(Aus A. Köhler [9, Abb. 265, S. 368].)

einigen. Die Halbbilder auf derselben Platte erzielt man entweder so, daß man
bei der Aufnahme des rechten Halbbildes (Objekt nach links geschoben) die
linke, beim linken Halbbild (Objekt nach rechts geschoben) die rechte Hälfte der
Platte durch eine Einlegeblende mit seitlich angebrachtem Ausschnitt verdeckt.

116. Die stereo-mikrophotographischen Einlegeblenden. Es gibt zwei Arten
von Einlegeblenden, und zwar mit einem zentrischen und einem exzentrischen
Ausschnitt. Die zentrischen Blenden benützt man bei Aufnahmen mit schiefem

Licht (s. S. 267); in den hier besprochenen Fällen werden aber die exzentrischen Blenden eingelegt (Abb. 166), welche für Aufnahmen auf einer Platte 9 : 12 cm einen Ausschnitt von 54 mm, bei größeren Platten einen solchen von 70 mm aufweisen. Da die Bilder in den Abzügen umgekehrt liegen als das mikroskopische Bild, muß man sie bei der Betrachtung mit einem Stereoskop um 180° drehen, und zwar so, daß man den Abzug mit den zwei Halbbildern zerschneidet und jedes für sich (nicht beide gemeinsam) umdreht. Man kann natürlich ebensogut die Halbbilder auf einer Platte mit der Schiebekassette erhalten (s. S. 98 und SKELL [1]). Die Schiebekassette bietet den Vorteil, daß man dann die Kopie im ganzen umdrehen kann und sie nicht in die zwei Halbbilder zu zerschneiden braucht.

Mit diesen Methoden der Stereo-Mikrophotographie lassen sich Stereoaufnahmen auch bei stärkeren Vergrößerungen herstellen. Zu beachten ist jedenfalls, daß das Verschieben der Objekte eine gewisse Größe des Sehfelds bedingt und die Größe des Sehfelds von der Brennweite des Objektivs abhängig ist. Andererseits hängt auch der stereoskopische Effekt von der Brennweite des Objektivs derart ab, daß man von Objektiven mit kürzerer Brennweite bei gleicher Verschiebung des Objekts und gleicher Vergrößerung des Bildes eine bessere Stereowirkung erhält als von solchen mit längerer Brennweite.

Die Erzeugung von stereoskopischen Halbbildern durch Parallelverschiebung der Kammerachse, wie sie in der Stereo-Makrophotographie vielfach üblich ist, wird in der Mikrophotographie nur selten ausgeübt. Das Verfahren besteht darin, daß man das photographische Objektiv (oder die entsprechenden anastigmatischen Objektive) mit dem Stirnbrett der Kamera aus der Mittellinie etwas nach rechts und dann nach links verstellt. Das Maß der Verschiebung des Objektivs soll dabei möglichst klein bleiben, da der Konvergenzwinkel, mit dem man dann die Halbbilder betrachten muß, schon bei geringeren Verschiebungen stärker ausfällt als bei einer Verschiebung des Objekts. Der Unterschied wird allerdings um so weniger bemerkbar, je stärker die Vergrößerungen sind. Stärkere Vergrößerungen kommen jedoch für das Verfahren mit der Verschiebung der Kameraachse schon deshalb nicht in Betracht, weil man mit Objektiven, die man an dem Objektivbrett der Kamera befestigt, nur die schwächsten Vergrößerungen zu erzielen pflegt. Bei solchen Aufnahmen, namentlich in auffallendem Licht, bietet das Verfahren aber den Vorteil, daß die Störungen in der Beleuchtung, die beim Verschieben des Objekts vorkommen, hier vermieden werden.

Die dritte Hauptgruppe der stereo-mikrophotographischen Methoden enthält solche Verfahren, bei denen sowohl die photographische Einstellebene wie die Objektebene unverändert und planparallel zueinander bleiben, dagegen die Richtung der Beleuchtung so verändert wird, daß man das Objekt einmal von der rechten und dann von der linken Seite her schief beleuchtet (Abb. 168). Man erhält dann zwei Halbbilder, die von zwei entgegengesetzten Seiten her beleuchtet sind und, im Stereoskop vereinigt, einen stereoskopischen Effekt erzeugen können (GEBHARDT [1]). Die schiefe Beleuchtung der Halbbilder läßt sich nun auf zwei Arten herstellen: entweder schiebt man in die Eintrittspupille des Beleuchtungsapparats eine Lochblende nach GEBHARDT oder die zugezogene Irisblende hintereinander nach rechts und nach links, oder aber man stellt den Spiegel einmal nach der rechten und dann nach der linken Seite. Die seitliche Verschiebung der Kondensoröffnung ist überall leicht auszuführen, wo das Mikroskop mit dem ABBEschen Apparat ausgerüstet ist, dessen Irisblende auf ihrem Träger mit einem Trieb nach beiden Seiten mindestens um 4—5 mm verschoben werden kann. Es ist dabei vorteilhaft, wenn der Blendenträger auch eine

Millimeterteilung hat, auf der man die seitliche Verschiebung genau ablesen kann. Die Firma ZEISS verfertigte auch einen speziellen Kondensor mit einer Stereoblende (Abb. 169). Mit der Verschiebung der Stereoblende nach zwei Richtungen kann man in doppelter Weise eine schiefe Beleuchtung erreichen. Photographiert man also das Objekt einmal bei schiefer Beleuchtung von rechts und dann mit einer solchen von links (mit rechtshin und danach linkshin verschobener Stereoblende), so erhält man die beiden Halbbilder zu einer stereo-

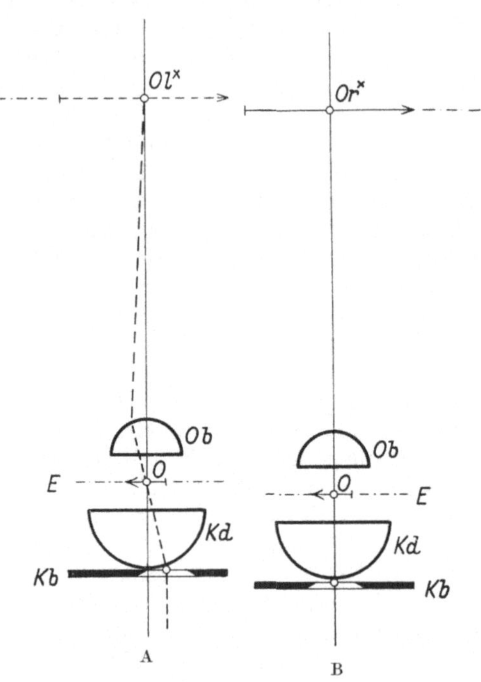

Abb. 168. Die Entstehung der stereoskopischen Halbbilder bei schiefem Licht.

A Strahlengang bei exzentrischer Stellung der Kondensorblende *Kb*; B bei zentraler Stellung der Kondensorblende. *Kd* = Kondensor; *Ob* = Objektiv.
(Aus A. KÖHLER [9, Abb. 267, S. 370].)

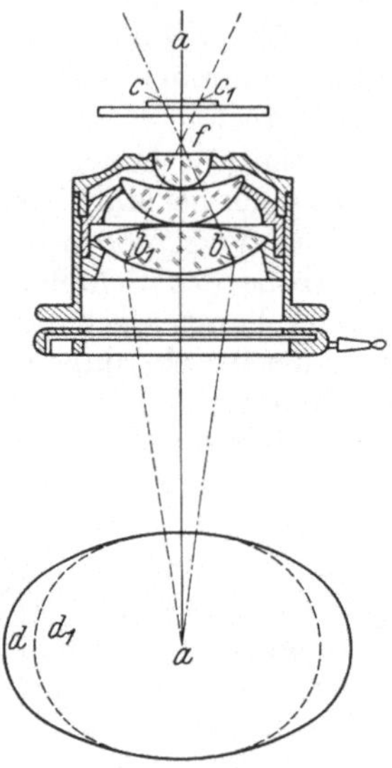

Abb. 170. Strahlengang im Kondensorsystem des ABBESchen Beleuchtungsapparates.

$f = 8$ mm, Schnittweite 1,8 mm, Ap. 1,4; aa = zentrales Strahlenbündel; abc = dasselbe nach rechts; ab_1c_1 = dasselbe nach links abgelenkt; d = Spiegel in zentraler; d_1 = in seitlich geneigter Stellung; cc_1 = Weg des Blendenbildchens in die Objektebene verlegt; bb_1 = Weg des Strahlenbündels auf der untersten Linsenfläche des Kondensors. (Aus F. PFEIFFER V. WELLHEIM [1, Abb. 1].)

Abb. 169. Stereoblende mit Kondensor.
(Aus ZEISS-Druckschrift: Mikro 401.)

skopischen Betrachtung (s. SKELL [1]). Wie weit man dabei die Blende seitlich verschieben soll, um den besten stereoskopischen Effekt zu erzielen, muß jeweils durch Versuche ermittelt werden.

Genau dieselbe Wirkung tritt ein, wenn man nichts am Beleuchtungsapparat verändert, sondern nur den Spiegel unter einem bestimmten Winkel schief stellt, das eine Mal nach rechts, das andere Mal nach links (Abb. 170). Bei diesem Verfahren, welches zuerst von PFEIFFER VON WELLHEIM (1) und KAISERLING (1, 2) ausgearbeitet wurde, wird die Blendenöffnung zuerst eng zusammengezogen und zentrisch im Sehfeld abgebildet. Dann neigt man den Spiegel nach der einen Seite, wobei das Bild der engen Blendenöffnung nach der entgegengesetzten Richtung wandert. Man beurteilt den Grad der schiefen Beleuchtung an einer engen Blende, die man in das Okular einsetzt, und hört mit der Neigung des Spiegels auf, wenn das Bild der Irisblende vom Rand der Okularblende gerade halbiert wird. Dann entfernt man die enge Okularblende oder wechselt das Okular und geht zur eigentlichen Aufnahme über. Dazu wird aber die Irisblende vollständig geöffnet und nur die Kollektorblende (auf 5—10 mm Öffnungsdurchmesser) zugezogen. Blickt man ohne Okular in den Tubus, so erscheint jetzt nur die linke oder nur die rechte Seite der Austrittspupille des Objektivs ausgeleuchtet. Die ausgeleuchtete Seite liefert dann das Halbbild, das man auf der photographischen Platte auffangen will. Beim zusammengesetzten Mikroskop, wo das Bild aufrecht entsteht, erhält man von der rechten Hälfte der Austrittspupille, d. h. bei nach links gestelltem Spiegel, das rechte und von der linken Hälfte das linke Halbbild, beim einfachen oder beim Mikroskop mit Homalen umgekehrt. Das zweite Halbbild wird ebenso erzeugt, nur wandert dabei das Bild der Irisblende natürlich in der entgegengesetzten Richtung. Man kann auch im voraus bestimmen, unter welchem Grad der Spiegel für die zweite Aufnahme geneigt werden muß, wenn man schon das erste Halbbild richtig schief beleuchtet hat. Der Mikroskopspiegel ist nämlich mit einer Vorrichtung ausgerüstet (Abb. 171), die genau die Spiegeldrehung regelt bald in der einen bald in der anderen Richtung.

Bei starken Vergrößerungen wird man stereo-mikrophotographische Aufnahmen am besten mit dem Verfahren der schiefen Beleuchtung erzielen. Abgesehen davon, daß hier keine besonderen Nebenapparate erforderlich sind, liegen die optischen Verhältnisse so, daß man gerade mit den großen Aperturen der mittleren und starken Objektive den zum stereoskopischen Sehen notwendigen Konvergenzwinkel (etwa 14^0) leicht erhalten wird. Ebenso leicht erhält man aber auch bedeutend größere Konvergenzwinkel, die dann die Vereinigung der Halbbilder zu einem Raumbild wesentlich erschweren. Diesen Nachteil ver-

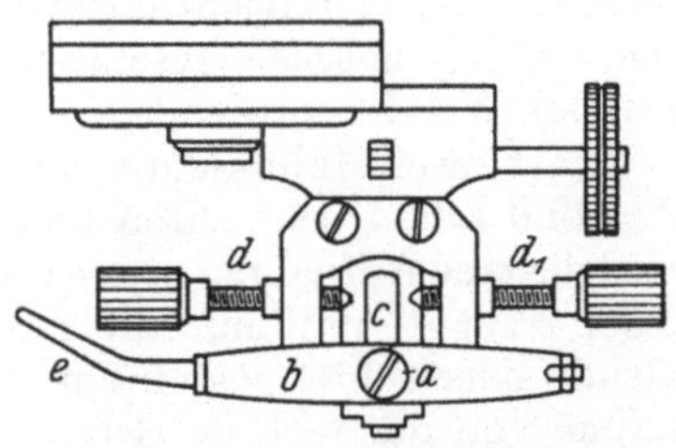

Abb. 171. Anschlagvorrichtung für die Fixierung des Maßes der Spiegeldrehung. a = Stift mit aufgesteckter Hülse, die den Aufhängebogen b des Spiegels trägt; c = Zunge; d und d_1 = Schrauben, welche die Größe des Ausschlages der Spiegeldrehung regeln bzw. fixieren; e = Hebel zur Spiegeldrehung.
(Aus F. Pfeiffer v. Wellheim [1, Abb. 3].)

meidet man einfach dadurch, daß man die optische Achse des Beleuchtungskegels nicht allzu schief stellt, d. h. die Irisblende oder den Spiegel nur so weit seitlich verstellt, daß das Bild der Blendenöffnung, die Austrittspupille der Beleuchtung, noch in der Austrittspupille des Objektivs, vom Rande dieser letzteren weit genug absteht. Eine allzu große seitliche Verschiebung der Blendenöffnung ist auch schon deshalb schädlich, weil man dadurch einen Teil der Beugungsspektra, die nach der Abbeschen Theorie das Strukturbild erzeugen, aus der Apertur des abbildenden Systems ausschaltet, und zwar rechts und links in verschiedener Weise.

Die so erzeugten Halbbilder können, wie schon bei den früheren Methoden angegeben, entweder auf zwei gänzlich getrennten kleineren Platten oder auf zwei getrennten Gebieten einer größeren Platte aufgenommen werden. Im letzteren Fall muß man natürlich entweder eine Schiebekassette benützen oder die gewöhnliche Kassette mit der exzentrischen Blende. Benützt man eine Schiebekassette, so bleibt das Objekt bei den Aufnahmen unverändert in der Mitte des Gesichtsfelds eingestellt, und die Platte wird entsprechend in die optische Achse der Kamera verschoben. Dazu muß die Kassette mit einer zentrischen Einlegeblende ausgerüstet sein. In welcher Richtung man die Platte mit der Schiebekassette verschieben soll, damit man die Halbbilder auf der richtigen Seite erhält, hängt davon ab, ob man mit dem zusammengesetzten Mikroskop ein aufrecht stehendes Bild oder mit dem einfachen oder dem Mikroskop mit Homalen ein umgekehrtes Bild erzielt. Liegt das mikroskopische Bild auf der Einstellebene der Kamera umgekehrt, so wird man die Platte in der Schiebekassette stets in umgekehrter Richtung verschieben müssen, als man die Stereoblende verschoben oder den Spiegel schief gestellt hat. Werden aber die Aufnahmen mit aufrecht stehenden Halbbildern erzeugt, so verschiebt man die Platte stets in derselben Richtung wie die Stereoblende. Benützt man aber eine gewöhnliche Kassette und eine einzige Platte zu beiden Halbbildern, so muß man für jedes Halbbild auch das Objekt etwas nach rechts oder nach links von der Mitte des Sehfelds verschieben (immer in der entgegengesetzten Richtung wie die Kondensorblende steht). Die Platte wird mit einer exzentrischen Einlegeblende geschützt, die man zwischen den zwei Aufnahmen umdrehen muß. Auf welche Seite man den Ausschnitt der exzentrischen Blende stellen soll, um das rechte oder das linke Halbbild aufzufangen, hängt ebenfalls von der aufrechten oder umgekehrten Stellung des mikroskopischen Bildes ab. Bei aufrecht stehend erzeugten Bildern wird der Ausschnitt der Blende auf derselben Seite liegen wie das Objekt und in entgegengesetzter Richtung wie die Kondensorblende; bei umgekehrten Bildern aber auf der entgegengesetzten Seite wie das Objekt und auf der gleichen Seite mit der Kondensorblende.

Statt zwei Halbbildern mit schiefer Beleuchtung kann man auch nur ein Halbbild schief beleuchten und das andere in geradem Licht aufnehmen. Dann wird die eine Aufnahme in der üblichen Weise mit einem zentrischen Beleuchtungskegel erzeugt, und nur die zweite Aufnahme erfolgt bei seitlich verschobener Blende oder schief gestelltem Spiegel. Fällt das Licht bei dieser letzteren Aufnahme von der rechten Seite her schief auf das Objekt, so wird die Aufnahme das rechte Halbbild liefern und das in geradem Licht erzeugte das linke. Solche Stereoaufnahmen werden hauptsächlich dort gewünscht, wo man das eine Halbbild zur drucktechnischen Vervielfältigung oder sonst zur monokularen Betrachtung verwenden will. Im Stereoskop wird so die räumliche Wirkung des Bildes begreiflicherweise weniger ausgeprägt sein als bei den Halbbildern mit beiderseitig schiefer Beleuchtung.

Wir haben also sechs verschiedene Methoden der stereo-mikroskopischen Aufnahmen kennengelernt, die nach ihrer optischen Natur in drei Gruppen geteilt werden, dies sind: 1. die Methode der gekreuzten Einstellebenen; 2. die Methoden mit paralleler Verschiebung des Objekts oder der Kamera und 3. die Methoden mit beiderseitig schiefer Beleuchtung des Objekts. Nur eine einzige Methode, und zwar die mit gekreuzten Einstellebenen der Kameras, gestattet praktisch eine gleichzeitige Aufnahme von beiden Halbbildern; nur mit dieser kann man also Stereoaufnahmen von beweglichen Objekten erhalten (Momentaufnahmen). Zu Aufnahmen mit starken Objektiven eignen sich nur die Methoden der 3. Gruppe; die Verfahren der zwei anderen Gruppen benützt man bei ganz schwachen bis mittleren Vergrößerungen. Mit allen sechs Methoden kann man die Stereoaufnahmen sowohl in durchfallendem wie auch in auffallendem Licht erzeugen. Für Stereoaufnahmen in auffallendem Licht bei einseitig schiefer Beleuchtung eignet sich zunächst die DRÜNERsche Kamera oder die Mikrostereokamera der Firma LEITZ, für solche mit allseitig schiefer Beleuchtung die stereoskopische Wippe nach SCHMEHLIK in Verbindung mit einem LIEBERKÜHNschen Spiegel.

117. Die Belichtung und die weitere Behandlung der Aufnahme. Was die Belichtung und die photographische Behandlung der Aufnahmen anbelangt, so müssen selbstverständlich beide Halbbilder in der gleichen Weise belichtet und weiterbehandelt werden. Werden die Halbbilder hintereinander belichtet, so muß man für die erste Aufnahme die Belichtungszeit durch eine Belichtungsreihe ermitteln und die zweite Aufnahme bei derselben Belichtungszeit ausführen. Ebenso muß auch die Entwicklungszeit und die Art der Entwicklung für beide Halbbilder die gleiche sein. Es ist z. B. nicht angängig, daß man die Entwicklerlösung vor der Behandlung des zweiten Halbbilds verdünnt oder mit Bromkali dämpft. Gerade bei der Entwicklung stereoskopischer Aufnahmen bewährt sich die Methode der Entwicklungsproben (s. S. 114) vorzüglich. Man trachte also, eine bestimmte Konzentration der Entwicklerlösung (z. B. Rodinal 1 : 20) und eine bestimmte Entwicklungszeit (z. B. 3 oder 5 Minuten) festzusetzen und aus der Belichtungsreihe diejenige Belichtungszeit zu wählen, bei welcher das Negativ die günstigste Gradation zeigt. Ist nämlich ein Unterschied in der Gradation der Halbbilder bemerkbar, so kann man diesen beim positiven Verfahren schwer ausgleichen, und die Kopien der Halbbilder werden im Stereoskop keinen richtigen stereoskopischen Effekt ergeben. Es sei dabei bemerkt, daß etwas härtere Negative sich zu stereoskopischen Bildern besser eignen als weichere.

Es braucht wohl nicht besonders betont zu werden, daß die Halbbilder auch beim Drucken eine vollkommen gleiche Behandlung erfordern. Am besten kann man dieses Ziel erreichen, wenn die Negative auf derselben Platte erzeugt wurden, und man beide auf einem Blatt Entwicklungspapier mit einer einzigen Belichtung kopiert. Auch bei Aufnahmen auf zwei Platten kann man die Drucke aber vollkommen gleich belichten, wenn man für einen entsprechend großen Kopierrahmen sorgt, in welchem beide Platten gemeinsam Platz finden. Sonst muß man peinlichst darauf achten, daß die Kopie des einen Halbbildes genau so lange und aus derselben Entfernung belichtet wird wie die andere, was noch am besten in einem Belichtungskasten erfolgt.

Von entscheidender Bedeutung für den stereoskopischen Effekt ist die Lage der Halbbilder bei der stereoskopischen Betrachtung (vgl. dieses Handbuch VI, Teil 1). Das Raumbild oder das körperliche Sehen wird erst dann erzielt, wenn man die Halbbilder in einem Stereoskop aufstellt, und zwar in derselben Lage, wie sie im Objekt gelegen sind, d. h. das von der linken Seite aufgenommene Bild links und das von der rechten erhaltene rechts, dabei aber in einer Entfernung voneinander, bei welcher die Augen des Beobachters unter dem normalen Konvergenzwinkel auf die Halbbilder gerichtet werden können. Sind die Halbbilder irgendwie vertauscht oder liegen sie umgekehrt zum Objekt (auf den Kopf gestellt), so wird man einen sog. pseudoskopischen Effekt erhalten (s. dieses Handbuch VI, Teil 1, 72), wo man das, was im Objekt hinten lag, im Bild vorn sieht und umgekehrt (negative Plastik). Ist aber der Abstand zwischen den zwei Halbbildern bei der Betrachtung im Stereoskop zu groß, so werden die Augen bei der Vereinigung des Halbbildes allzusehr angestrengt. Am einfachsten liegen die Verhältnisse dort, wo man mit einer Zwillingskamera zwei aufrecht stehende Halbbilder gleichzeitig auf zwei Platten erzeugt hat. Hier braucht man die Abzüge nur so aufzustellen, daß sie auf der richtigen Seite stehen und das linke Halbbild vom linken, das rechte vom rechten Auge betrachtet wird. Dort aber, wo die Bilder auf einer Platte nebeneinander oder auf zwei Platten hintereinander aufgenommen werden, müssen die Aufnahmen numeriert oder mit irgendeiner Marke versehen werden, damit man nach dieser Marke die Stellung der Halbbilder für die stereoskopische Betrachtung feststellt. Man benützt dazu das von A. Köhler (8, S. 1973) angegebene Verfahren und schreibt auf die Schichtseite der Platte vor der Aufnahme eine Nummer mit einem weichen Bleistift. Bei Kassetten, deren Schieber seitlich nach rechts oder links gestellt ist, bezeichnet man die untere linke Ecke der Platte (Abb. 172). In der Einstellebene wird nun die Zahl, von oben betrachtet, in der oberen linken Ecke liegen, und zwar auf den Kopf gestellt, im Spiegelbild. Hält man das Negativ so, daß dieses Spiegelbild in der linken oberen Ecke liegt, so erhält man stets das linke und das rechte Halbbild in derselben Lage, wie sie vom Mikroskop auf die Platte projiziert wurden. Beim Aufkleben der Abzüge verfährt man verschieden, je nachdem, ob man ein aufrecht stehendes Bild (zusammengesetztes Mikroskop mit positiven Okularlinsen) oder ein umgekehrtes Bild (einfaches Mikroskop oder zusammengesetztes mit Homalen) erzielt hat. Bei aufrecht stehenden Halbbildern bleibt die Numerierung auf dem Abzug an derselben Stelle, wo sie am Negativ stand (in der linken oberen Ecke). Bei umgekehrten Halbbildern muß man aber die Kopien einzeln um 180⁰ drehen und die Bilder so aufstellen, daß die Nummer in diametral entgegengesetzter Richtung liegt wie auf dem Negativ. Bei Kassetten, deren Schieber nach vorn oder nach hinten gerichtet ist, muß die Lage der Marke dementsprechend bestimmt werden. Die Marke, welche man in der unteren linken Ecke der Platte angebracht hat, wird hier z. B. in der unteren rechten Ecke des Negativs liegen (im Spiegelbild); sonst behandelt man die Abzüge in der gleichen Weise wie oben geschildert. Dort, wo man beide

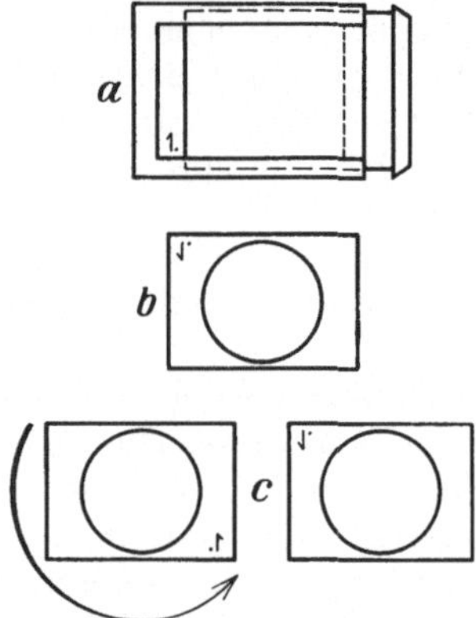

Abb. 172. Bezeichnung der Platte in einer von rechts einzuschiebenden Kassette und Orientierung der Abzüge beim Aufkleben.

a = Lage der Platte in der Kassette; b = Lage der Platte bei der Aufnahme des Negativs; c = richtige Lage des Abzuges bei umgekehrtem Bild (links) und bei aufrechtem Bild (rechts). (Aus A. KÖHLER [8, Fig. 962, S. 1973].)

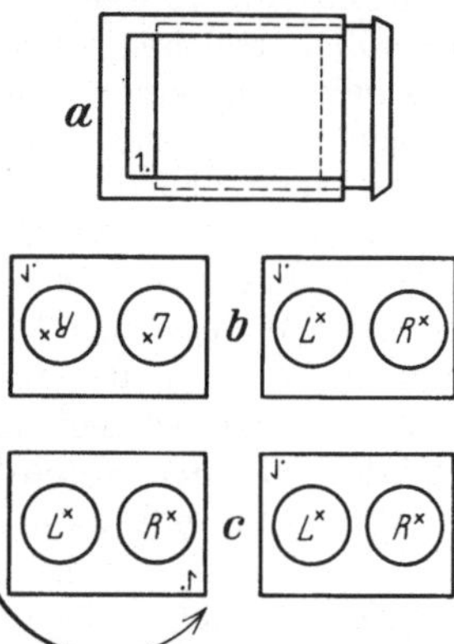

Abb. 173. Bezeichnung der Platte und Lage der beiden auf einer und derselben Platte aufgenommenen Halbbilder.

a = Lage der Platte in der Kassette; b = Lage der umgekehrten und der aufrechten Halbbilder bei der Aufnahme des Negativs; c = richtige Lage der positiven Abzüge bei umgekehrtem Bild (links) und bei aufrechtem Bild (rechts). (Aus A. KÖHLER [8, Fig. 964, S. 1975].)

Negative gemeinsam auf einer Platte aufgenommen hat, hat man natürlich nur eine Marke für beide Halbbilder (Abb. 173). Sind diese in umgekehrter Lage auf die Platte projiziert worden, so wird man den Abzug beider Bilder gemeinsam um 180⁰ drehen müssen, falls man die Halbbilder mit einer Schiebekassette, nicht aber mit exzentrischen Einlegeblenden auf der Platte erhalten hat. Im letzteren Fall muß man den gemeinsamen Abzug zerschneiden, jedes Halbbild für sich um 180⁰ drehen und dann beide wieder nebeneinander aufkleben. Die Entfernung, in welcher die Halbbilder nebeneinander aufgestellt bzw. aufgeklebt werden müssen, ermittelt man am besten so, daß man das Maß des schmalen Steges, der die zwei Halbbilder auf der Platte trennt, feststellt und die Abzüge dementsprechend nebeneinander klebt. Der Abzug der aufrecht stehenden Halbbilder wird in derselben Lage aufgeklebt, wie die Bilder auf dem Negativ standen (Marke am Negativ und auf dem Abzug an derselben Stelle).

Die Abzüge von Negativen, die man mit einer Zwillingskamera erzeugt hat, werden eigentlich erst dann die günstigste Raumwirkung hervorrufen, wenn man sie in einem Spiegelstereoskop (s. dieses Handbuch VI, Teil 1) mit gekreuzten Bildebenen betrachtet. Namentlich die Aufnahmen mit einer DRÜNERschen Kamera für stärkere Vergrößerungen (Vergrößerungsansatz mit Homal) wirken bedeutend besser in einem solchen Spiegelstereoskop als in dem gewöhnlichen Stereoskop, wo die Halbbilder in einer Ebene angeordnet sind. Daß auch bei den Aufnahmen mit einer Zwillingskamera die Negative und die Abzüge entsprechend bezeichnet werden müssen (z. B. mit 1 R und 1 L usw.), damit man die zusammengehörenden Halbbilder nicht verwechselt, braucht nicht eingehend erörtert zu werden.

Die Tabelle 25 soll einen zusammenfassenden Überblick von den verschiedenen Arten der stereo-mikrophotographischen Aufnahmen und ihren Indikationen bei verschiedenen Vergrößerungen wie auch bei verschiedenen Beleuchtungsverhältnissen bieten.

Tabelle 25. Mikrostereoaufnahmen. (Aus ZEISS-Druckschrift: Mikro 386.)

A. Aufrechtes Bild.

a) Schwache Vergrößerung und gerades Licht		b) Starke Vergrößerung und schiefes Licht	
α) Gewöhnliche Kassette	β) Schiebekassette[1]	α) Gewöhnliche Kassette[1]	β) Schiebekassette[1]
Erste Aufnahme: Exzentrische Einlegeblende. Die Zahl 1 steht aufrecht		Zentrische Einlegeblende	
Das Bild durch Verschieben des Objektes in den Blendenausschnitt bringen		Platte nach links verschieben	
Rechtes Halbnegativ aufrecht auf die linke Seite des Positivs kopieren	Platte nach rechts verschieben	Kondensorblende nach links verschieben	
Zweite Aufnahme: Exzentrische Einlegeblende. Die Zahl 2 steht aufrecht		Zentrische Einlegeblende	
Das Bild durch Verschieben des Objektes in den Blendenausschnitt bringen		Platte nach rechts verschieben	
Linkes Halbnegativ aufrecht auf die rechte Seite des Positivs kopieren	Platte nach links verschieben	Kondensorblende nach rechts verschieben	

B. Umgekehrtes Bild.

a) Schwache Vergrößerung und gerades Licht		b) Starke Vergrößerung und schiefes Licht	
α) Gewöhnliche Kassette	β) Schiebekassette[1]	α) Gewöhnliche Kassette[1]	β) Schiebekassette[1]
Erste Aufnahme: Exzentrische Einlegeblende. Die Zahl 1 steht umgekehrt		Zentrische Einlegeblende	
Das Bild durch Verschieben des Objekts in den Blendenausschnitt bringen		Platte nach rechts verschieben	
Linkes Halbnegativ umgekehrt auf die linke Seite des Positivs kopieren	Platte nach links verschieben	Kondensorblende nach links verschieben	
Zweite Aufnahme: Exzentrische Einlegeblende. Die Zahl 2 steht umgekehrt		Zentrische Einlegeblende	
Das Bild durch Verschieben des Objekts in den Blendenausschnitt bringen		Platte nach links verschieben	
Rechtes Halbnegativ umgekehrt auf die rechte Seite des Positivs kopieren	Platte nach rechts verschieben	Kondensorblende nach rechts verschieben	

[1] Die Aufnahmen können ohne weiteres unzerschnitten kopiert werden.

Daß das binokulare Sehen und der damit erhaltene stereoskopische Effekt für die subjektive Beobachtung wesentliche Vorteile bringt, wurde schon einleitend betont[1]. Wir müssen uns aber fragen, ob der Zweck, den man mit stereomikrophotographischen Aufnahmen verfolgt, zu dem großen Aufwand an Arbeit und Hilfsmitteln in einem angemessenen Verhältnis steht. Da wird man feststellen müssen, daß dies nur bei gewissen speziellen Objekten und Forschungsrichtungen der Fall ist. Es dürfte ohne weiteres verständlich sein, daß man von körperlichen Objekten, von solchen mit einem ausgesprochenen Oberflächenrelief oder von kapillarmikroskopischen Untersuchungen weit anschaulichere Vorführungsbilder erhalten wird mit der Stereo-Mikrophotographie als ohne diese. Bei Furchungsstadien, Embryonen, ganzen Pflanzen und Tieren bzw. einzelnen Organen derselben, die bei schwachen und schwächsten Vergrößerungen in auffallendem Licht abgebildet werden, erhält man aus einem stereoskopischen Bild weit bessere Vorstellungen als aus dem optischen Querschnitt, den man bei monokularer Betrachtung erhalten kann. Die im photographischen Bild sichtbaren Lichter und Schatten kommen erst bei stereoskopischer Betrachtung richtig zur Geltung als naturgegebene Erscheinungen an einem körperlichen Objekt. Anders steht es jedoch mit Objekten, die man bei stärkeren Vergrößerungen in durchfallendem Licht zu untersuchen pflegt, vor allem also bei Schnittpräparaten. Auch hier soll nicht bestritten werden, daß das Stereobild dem üblichen monokularen gegenüber manche Vorteile aufweisen wird (vgl. SKELL [2]), namentlich was die Klarheit und die Schärfe der Abbildung anbelangt. Man ist aber vielfach geneigt, die Stereobilder histologischer Präparate aus dem Grunde vorzuziehen, weil sie über die räumlichen Verhältnisse im Präparat angeblich bessere Auskunft liefern. Was diesen Punkt anbelangt, sei bemerkt, daß man in dicken Schnitten (von 25 μ, 50 μ und noch dickeren) mit schwachen Objektiven tatsächlich bei der großen Fokustiefe des Objektivs gute und tiefenrichtige Vorstellungen von den räumlichen Verhältnissen im Präparat erhalten wird, wenn man Stereobilder von ihnen anfertigt. Davon wird ein jeder überzeugt, wenn er einen Schnitt von einer injizierten Niere oder einem GOLGI-Präparat erst monokular und dann stereoskopisch betrachtet. Bei starken Vergrößerungen wird jedoch der stereoskopische Effekt in dem Sinne nicht objektgetreu erscheinen können, da man in der Tiefe nicht dasselbe Vergrößerungsmaß erhält wie in den zwei anderen Achsen der optischen Ebene. Die Tiefenwirkung hängt hier hauptsächlich vom Konvergenzwinkel ab, unter welchem man die Halbbilder betrachtet. Ob Neurofibrillen tatsächlich auf der Oberfläche von Nervenzellen oder in der Randschicht dieser Zellen liegen, wird man auch mit stereo-mikrophotographischen Aufnahmen nicht sicherer entscheiden als mit einem gewöhnlichen Mikrophotogramm, obzwar im Stereobild die Nervenzellen sich vom Hintergrund recht plastisch abheben werden. Ebenso liegen die Verhältnisse bei allen ähnlichen feinhistologischen Strukturen. Die Auflösung der Struktur erfolgt nämlich stets nur zweidimensional und nicht dreidimensional, da das Auflösungsvermögen mit der Fokustiefe in umgekehrtem Verhältnis steht. Die räumlichen Entfernungen zwischen den Feinstrukturen werden daher trotz körperlichen Sehens nicht deutlicher als sie schon bei der Auflösung der Struktur in der monokularen Beobachtung waren. Daraus folgt, daß es sich kaum lohnen wird, Stereoaufnahmen bei starken Vergrößerungen,

---

[1] Von solchen Vorteilen abgesehen, bietet die Verwendung binokularer Tubusaufsätze auch in Form der sog. Brückenokulare einen wesentlichen Vorteil, nämlich den, daß man in demselben Sehfeld zwei Bilder nebeneinander betrachten kann, die von zwei Mikroskopen (d. h. zwei Objektiven) erzeugt wurden. Solche Vergleichsbilder hat F. TOBLER [1] photographisch abgebildet.

namentlich in durchfallendem Licht, von histologischen Schnittpräparaten anzufertigen. Auch dort, wo das Stereobild vom Objekt eine anschaulichere Vorstellung bieten mag als das monokulare (vgl. SKELL [2]), wird man stets bedenken müssen, daß man die Aufnahmen nur zu Vorführungen verwenden kann entweder mit Stereoskopen oder mit der stereoskopischen Projektion[1]. Auch zu Reproduktionszwecken, wofür die überwiegende Mehrzahl der Mikrophotogramme hergestellt wird, kann man natürlich die stereoskopischen Aufnahmen benützen, indem man das eine Halbbild verwendet. Ist aber die drucktechnische Wiedergabe der ausschließliche oder Hauptzweck der Aufnahme, so erreicht man ihn einfacher mit einer einzigen Aufnahme in der üblichen Weise. Bei der Entscheidung der Frage, ob man einfach oder stereoskopisch projizieren soll, sei daran erinnert, daß man sowohl bei der episkopischen wie noch mehr bei der diaskopischen Projektion von einem einzigen Bild schon plastische Wirkungen erhalten kann, wenn das Bild genügend scharf und kontrastreich ist, d. h. eine günstige Verteilung von Licht und Schatten zeigt, und die Linse des Projektionsapparats einwandsfrei ist.

Aus diesen Gründen ist es auch erklärlich, daß die Verfahren der Stereo-Mikrophotographie heute noch wenig verbreitet sind und bei einer Reihe von mikroskopischen Untersuchungen keine größere Bedeutung haben. Von besonderem Vorteil sind sie bei Lichtbildvorführungen histo-physiologischer und entwicklungsmechanischer Experimente. Einen Defekt- oder Transplantationsversuch an Amphibienkeimen, Regenerationsvorgänge an größeren Protistenzellen oder an kleinen Wasserorganismen, das Verhalten künstlich gereizter Blutkapillaren usw. werden z. B. unvergleichlich anschaulicher wirken mit der Stereoprojektion als ohne eine solche. Noch wichtiger ist es vielleicht, daß man mit Stereokammern auch dort Mikroaufnahmen und sogar Momentaufnahmen von lebenden Objekten erhalten kann, wo die sonstigen mikrophotographischen Apparate versagen, nämlich bei Untersuchungen mit einem binokularen Präpariermikroskop. Hier bietet die DRÜNERsche Kamera, die Mikrostereokamera oder die Aufsatzkamera Lukam die beste Möglichkeit, das subjektiv beobachtete Bild, ohne an der Einstellung etwas zu ändern, photographisch abzubilden, gleichgültig, ob man die Halbbilder zur drucktechnischen Wiedergabe oder zu einer Stereoprojektion benötigt. Denselben Vorteil hat man natürlich auch bei Untersuchungen mit einem binokularen Tubusaufsatz. Auch hier wird man, wie P. METZNER (4, S.473) es gezeigt hat, mit einer Zwillingskamera das mikroskopische Halbbild von jedem Okular auffangen und weiter zur drucktechnischen Vervielfältigung oder zur stereoskopischen Projektion verwerten

---

[1] Zur stereoskopischen Projektion benützt man entweder das Verfahren von D'ALMEIDA mit komplementär gefärbten Lichtfiltern oder dasjenige von ROLLMANN mit rot und grün gefärbten Diapositiven. Die mit zwei Projektionslinsen ausgerüsteten Projektionsapparate liefern dann zwei Halbbilder, die in komplementären Farben (Rot und Grün) erscheinen. Der Beobachter muß diese Halbbilder mit einer rotgrünen Brille betrachten, und zwar so, daß das Brillenglas vor dem Auge die komplementäre Farbe zum Halbbild derselben Seite haben soll. Ist z. B. das linke Halbbild grün, so muß die Brille mit dem roten Glas vor das linke und mit dem grünen vor das rechte Auge gestellt werden (vgl. dieses Handbuch VI 1, S. 77).

Ein sehr bequemes, auf A. KÖHLER zurückgehendes Verfahren, ohne Stereoskop die Augenachsen gleichzurichten, veröffentlichte M. VON ROHR (1, S. 240); es ist besonders für Kurzsichtige wohlgeeignet. Eine Scheibe gewöhnlichen Fensterglases wird unter etwa 45° Neigung so über das waagrecht liegende Stereogramm gehalten, daß ein entfernter Gegenstand an den unbelegten Flächen gespiegelt wird und unter der Ebene des Stereogramms erscheint. Faßt man dies meistens ziemlich lichtschwache Spiegelbild ins Auge, richtet indessen seine Aufmerksamkeit auf die beiden Halbbilder, auf die auch akkommodiert werden muß, so verschmelzen diese auch Ungeübten ziemlich leicht zu einem Sammelbilde.

können. Da die binokulare Beobachtung eine berechtigt rasche Verbreitung unter
den Mikroskopikern erfahren hat, wird auch die Stereo-Mikrophotographie mit
der Zwillingskamera eine allgemeinere Verwendung finden, selbst dort, wo man
keinen besonderen Wert auf eine nachträgliche stereoskopische Betrachtung legt.

VI. Die Aufnahmen im polarisierten Licht.

(Vgl. zusammenfassende Darstellungen über Polarisationsmikroskopie bei AMBRONN
und FREY [1], A. KÖHLER [7, 8], J. KÖNIGSBERGER [1], LEISS und SCHNEIDERHÖHN [1],
W. J. SCHMIDT [1, 5].)

118. Allgemeines über das polarisierte Licht. Polarisiertes Licht entsteht fast
in allen Fällen, wo die Lichtfortpflanzung eine Änderung erfährt. Die Licht-
schwingungen erfolgen dann nicht mehr nach allen Richtungen, sondern nur in
einer Ebene, der sog. Schwingungsebene (Abb. 174). Die Lichtenergie wird
in zwei Anteile, in ordentliche und außerordentliche Strahlen, zerlegt, und
zwar entsteht bei der Brechung und Reflexion an einfach brechenden Stoffen
polarisiertes Licht, dessen Schwin-
gungsebenen zur Einfallsebene parallel oder senkrecht, zueinander also
senkrecht gestellt sind. Beide Strahlen sind „ordentliche“, insofern sie
das SNELLIUSsche Brechungsgesetz befolgen. Bei einachsigen doppelbrechenden Körpern wird das Licht in
einen ordentlichen und einen außerordentlichen Strahl zerlegt, während
bei doppelbrechenden zweiachsigen

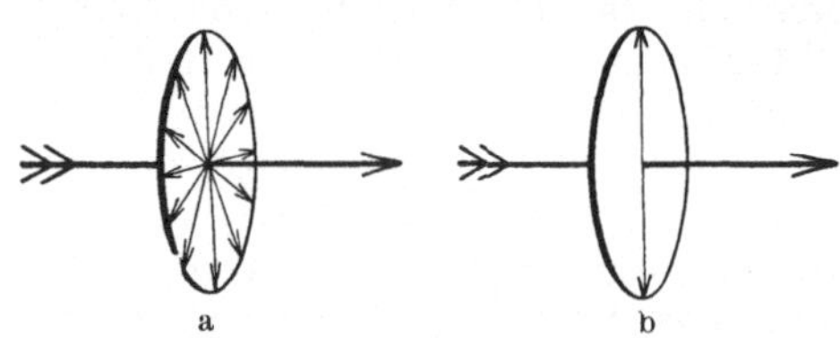

a   b

Abb. 174. Schematische Darstellung des gewöhnlichen (a)
und des linear polarisierten (b) Lichtes.
Großer Pfeil = Fortpflanzungsrichtung.
Kleinere Pfeile = Schwingungsrichtungen.
(Aus W. J. SCHMIDT [5, Abb. 277, S. 381].)

Kristallen beide Strahlen „außerordentliche“ sind, welche im allgemeinen das
SNELLIUSsche Gesetz nicht befolgen. Fängt man das aus dem Medium austretende
Licht auf, so erhält man zwei Lichtwirkungen an zwei verschiedenen Stellen, d. h.
zwei Abbildungen von dem Ding, in welchem der Lichtstrahl in seine zwei Anteile
polarisiert wurde. Solche Dinge nennt man anisotrop oder doppelbrechend.

Man erhält polarisiertes Licht sowohl durch Brechung als auch durch Spiegelung. Die Stärke der Polarisation hängt von der Größe des Einfallswinkels bzw.
des Brechungswinkels ab. Bei der Lichtbrechung der nicht doppelbrechenden
(isotropen) Objekte ist der Lichtanteil, welcher polarisiert wird, im Vergleich
zum nicht polarisierten so gering, daß man ihn ohne besondere Kunstgriffe nicht
wahrnehmen kann. Stärker tritt die Polarisation des Lichts bei der Reflexion
an spiegelnden Flächen auf, vorausgesetzt, daß die Spiegel nicht aus Metall
bestehen. Liegen die spiegelnden Flächen übereinander geschichtet, so erhält
man stärker polarisiertes Licht mit größerer Helligkeit. Man kann daher zu
polariskopischen Untersuchungen das polarisierte Licht in einfachster Weise durch
Reflexion an einem Satz von Glasplatten (z. B. gereinigten photographischen
Platten) erzeugen. Auch durch Beugung an Gitterstrukturen kann Lichtpolari-
sation entstehen, wie das z. B. bei der sog. Stäbchendoppelbrechung der Fall ist.

Die optischen Firmen liefern zu polariskopischen Einrichtungen schon Glasplattensätze in geeigneter Form und Zusammenstellung, mit denen man in das
Mikroskop polarisiertes Licht reflektieren kann. Bei Verwendung der Glasplattensätze wird der Mikroskopspiegel natürlich nicht benützt. Der Vorteil solcher
Glasplattensätze den Polarisationsprismen gegenüber ist, daß sie die Apertur
der Beleuchtung nicht einschränken (s. S. 284), die Helligkeit des von ihnen
gespendeten Lichts ist jedoch geringer als die des durch Prismen polarisierten

Lichts. P. Metzner (*1*) beschreibt eine improvisierte polariskopische Einrichtung, wo das polarisierte Licht von einem Glasplattensatz in das Mikroskop geworfen und das Bild durch einen zweiten Glasplattensatz (aus Deckgläschen im Okular aufgestellt) betrachtet wird. Die beiden wesentlichen Bestandteile einer polariskopischen Einrichtung: der Polarisator und der Analysator (s. weiter unten), werden also hier aus Glasplattensätzen hergestellt.

119. Die Nikols. Die meist angewandte und wohl auch sicherste Art, polarisiertes Licht von beträchtlicher Intensität herzustellen, ist die Polarisierung des Lichts mit den Nikols (Abb. 175). Zu polariskopischen Untersuchungen benützt man meistens zwei Prismen aus doppelbrechenden Kristallen, in der Regel aus vierseitigen Kalkspatprismen[1], welche in der Diagonale des Prismas in zwei dreiseitige Hälften zerschnitten und mit den polierten Schnittflächen durch Kanadabalsam wieder zusammengekittet werden. Solche Kalkspatprismen haben eine längliche Gestalt, indem sie etwa dreimal so lang als breit sind. Ihre Endflächen sind an den Schmalseiten etwas schräg gestellt. Die beiden Längsseiten werden mit schwarzem Lack überzogen und gewöhnlich in eine Metallhülse gefaßt. Wie aus der Abb. 175 ersichtlich, wird das natürliche Licht, welches auf eine der Endflächen fällt, in einen ordentlichen und einen außerordentlichen Strahl zerlegt, von denen der ordentliche an der Kittstelle des Prismas, d. h. an der Grenzfläche zwischen Kalkspat und Kanadabalsam, total reflektiert und von den geschwärzten Seitenwänden verschluckt wird, während der außerordentliche Strahl, der unter einem geringeren Winkel gebrochen wird (der Kalkspat ist negativ doppelbrechend), die Kittschicht unverändert durchdringt und mit einer geringen parallelen Verschiebung als linear polarisiertes Licht am oberen Prismenende heraustritt.

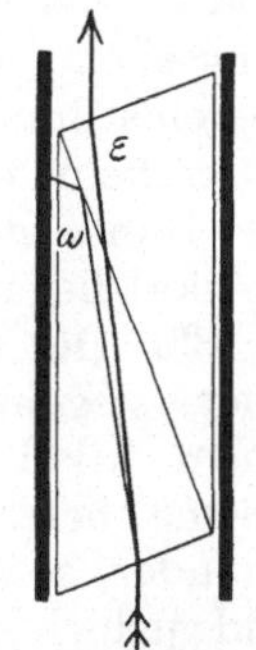

Abb. 175.
Durchschnitt eines Nikols.

ε = durchgelassener außerordentlicher; ω = reflektierter und absorbierter ordentlicher Strahl. (Aus W. J. Schmidt [5, Abb. 290, S. 386].)

Die als Nikols bekannten Polarisationsprismen aus Kalkspatkristallen wurden zuerst von Nicol benützt; mit der Zeit hat man alle nach der Art der Nicolschen Prismen geschaffenen Polarisationsprismen als Nikols bezeichnet, selbst solche, welche in ihrer Form oder Konstruktion von den ursprünglichen Nicolschen Prismen mehr oder weniger abweichen. So werden außer den eigentlichen Nicolschen Prismen (mit schrägen Endflächen und länglicher Gestalt) öfters auch Polarisationsprismen nach Foucault und Glan (Glan-Thompson) oder nach Ahrens benützt. Beide Konstruktionen haben vor den Nicolschen Prismen den Vorteil, daß sie kleiner bzw. kürzer sind und senkrecht zur Achse des Prismas gerichtete Endflächen haben, was namentlich die Unterbringung des Nikols am Polarisationsmikroskop erleichtert. Beim Foucault-Glanschen Prisma sind die Prismenhälften ohne Kanadabalsam miteinander vereinigt, so daß eine dünne Luftschicht sich zwischen den polierten Schnittflächen befindet. Diese Prismenkombination liefert jedoch ein geringeres Gesichtsfeld als die Nikols. Ein größeres Gesichtsfeld erhält man mit den Ahrensschen Prismen oder mit den nach ähnlichen Prinzipien gebauten Prismen von Grosse, die aus einem einheitlichen mittleren Prisma und zwei seitlichen Halbprismen zusammengesetzt sind, so daß man eine V-förmige Kittfläche erhält. Zwischen den Schnittflächen der Prismenbestandteile kann entweder Kanadabalsam oder Luft sein. Diese eigenartige Zusammensetzung wirkt jedoch,

---

[1] Zu speziellen Zwecken können die Polarisatoren auch aus Bergkristall oder aus Turmalin hergestellt werden.

wenn man solche Prismen als Analysatoren benützt, auf die Güte der mikroskopischen Abbildung ungünstig.

Die Schwingungsebene des so erhaltenen polarisierten Lichts bezeichnet man als die Schwingungsebene des Nikols. An den meisten NICOLschen Prismen ist die Schwingungsebene auf der Fassung schon gekennzeichnet, bei anderen nicht; bei manchen wiederum ist nicht die Schwingungsebene, sondern die dazu senkrechte Polarisationsebene angezeigt. Da man bei allen polariskopischen Untersuchungen die Schwingungsebene des Nikols kennen muß, bestimmt man sie dort, wo sie nicht an der Fassung gekennzeichnet ist, in folgender Weise: Man betrachtet eine horizontal liegende spiegelnde Fläche (Glasplattensatz, Tischplatte usw.) mit einem Nicol, den man vor das Auge hält und etwa unter 30^0 auf die horizontale Fläche richtet. Beim Drehen des Nikols wird das von der spiegelnden Fläche reflektierte und polarisierte Licht bald in das Auge durchgelassen, bald ausgelöscht, je nachdem, ob die Schwingungsebene des polarisierten Lichts mit der Schwingungsebene des Nikols übereinstimmt oder nicht. Stehen die Schwingungsebenen senkrecht zueinander, so erscheint die spiegelnde Fläche dunkel, im umgekehrten Fall aber hell. Bei der Dunkelstellung wird die Schwingungsebene des Nikols vor dem Auge vertikal liegen und kann dementsprechend an der Fassung bezeichnet werden.

120. Der Polarisator und der Analysator. Ähnlich wie bei der Betrachtung einer spiegelnden Fläche durch einen Nikol liegen die Dinge, wenn man das von einem Nikol durchgelassene polarisierte Licht mit einem zweiten NICOLschen Prisma betrachtet. Stehen die Schwingungsebenen der Nikols parallel zueinander, so wird Licht in das Auge gelangen, und man empfindet Helligkeit; sind jedoch die Schwingungsebenen senkrecht zueinandergestellt (gekreuzte Nikols), so kann kein Licht in das Auge des Beobachters gelangen (Dunkelstellung, Auslöschstellung). Bei dieser Stellung kann Licht durch das Prismensystem nur dann in das Auge des Beobachters gelangen, wenn zwischen den gekreuzten Nikols in einer bestimmten Lage ein doppelbrechendes (anisotropes) Objekt sich befindet (s. Zusammenfassende Darstellungen). Zu polariskopischen Untersuchungen werden also meistens zwei Nikols benützt. Von den zwei NICOLschen Prismen heißt das eine, welches unterhalb des Objekts (oder vor dem Objekt steht), der Polarisator, das andere, das oberhalb des Objekts (oder hinter dem Objekt) sich befindet, der Analysator. Der Polarisator ist also das Prisma, welches das polarisierte Licht zur Beleuchtung des Objekts liefert, der Analysator aber dasjenige, durch welches man das Objekt betrachtet.

Je nach der Lage der beiden senkrecht zueinanderliegenden Schwingungsebenen eines doppeltbrechenden Objekts — der Achsen der Indexellipse — treten im allgemeinen zwei senkrecht polarisierte Strahlen durch das Objekt hindurch. Das Auge vermag jedoch an diesem Licht erst dann Unterschiede gegenüber dem einfallenden oder dem natürlichen Licht wahrzunehmen, wenn der Beobachter dieses Licht durch den Analysator in sein Auge fallen läßt. Diese Unterschiede sind dann durch den Polarisationszustand bedingt. Einfach zu erklären ist nur der Fall, wo das einfallende Licht, das linear polarisiert in das Objekt einfällt, auch linear polarisiert bleibt, und höchstens die Lage der Schwingungsebene sich geändert hat. Dann kann man solches Licht stets durch Drehen des Analysators auslöschen; man weiß dann, daß seine Schwingungsebene senkrecht zu der des Analysators ist. Das ist ein Verfahren, das man nur bei der Untersuchung drehender, optisch aktiver Substanzen anwendet. Läßt man aber den Analysator in der gekreuzten Stellung, wie das bei der Mehrzahl der hier in Frage kommenden Untersuchungen der Fall ist, dann ist ohne weiteres nur einzusehen, daß das Objekt dunkel, wie das freie Sehfeld oder ein isotropes Objekt erscheint, wenn das vom Polarisator kommende Licht unverändert hindurchtritt, d. h. linear polarisiert bleibt, und wenn auch die Lage der Schwingungsebene unverändert bleibt. Das ist dann der Fall, wenn eine der beiden Schwingungsebenen des Objekts parallel zur Schwingungsebene des Polarisators gerichtet ist. Das sind die beiden Auslöschungslagen, bei welchen kein Licht durch das Objekt hindurch in das Auge gelangt. In allen anderen Lagen treten zwei Schwingungen durch das Objekt hindurch, welche infolge der verschieden starken Brechung in den verschiedenen Schwingungsebenen des Objekts mit verschiedenen Phasen oder Gangunterschieden in die Bildebene des abbildenden Systems gelangen. Da beide Schwingungen oder Lichtanteile kohärente Strahlen sind, erzeugen sie in der Bildebene Lichtinterferenzen, welche die charakteristische Helligkeits- oder Farbenunterschiede im polarisationsmikroskopischen Bild hervorrufen.

Wie im einzelnen die Gangunterschiede im Interferenzbild je nach der Stärke der Doppelbrechung oder der Dicke der doppelbrechenden Schicht charakteristische Maxima und Minima (bei monochromatischem Licht) oder Polarisationsfarben (bei weißem Licht) erzeugen, gehört nicht mehr in den Rahmen dieser kurzen Zusammenfassung; ebenso müssen wir hier von einer eingehenderen Beschreibung der Verfahren absehen, mit denen man die Brechbarkeit und Absorption der beiden linear polarisierten Lichtanteile mit einem Nikol, dem Polarisator, bestimmt oder aber die Lage der Indexellipse, die Stärke der Doppelbrechung und den positiven oder negativen Charakter der Anisotropie mit zwei gekreuzten Nikols, dem Polarisator und dem Analysator, feststellt. Forscher, die ihre polariskopischen Untersuchungsergebnisse mikrophotographisch abbilden wollen, sind über die optischen Gesetze der Bildentstehung im polarisierten Licht genau orientiert und wissen bereits, was sie im mikrophotographischen Bild anschaulich darstellen wollen und wie sie dazu das Objekt am besten einstellen und beleuchten müssen. Denjenigen aber, die sich mit der Methodik der Polariskopie und speziell mit der Polarisationsmikroskopie eingehender befassen wollen, sei das Studium der einschlägigen Literatur empfohlen (s. Zusammenfassende Darstellungen, ferner W. J. Schmidt [3, 4]).

121. Das Polarisationsmikroskop. Zum Verständnis der mikrophotographischen Einrichtung, wie man sie zu einer polariskopischen Aufnahme benötigt, sind allgemeine Kenntnisse über die theoretischen Grundlagen der Methodik schon deshalb unentbehrlich, weil man sonst das Polarisationsmikroskop nicht richtig beleuchten und die Forderungen, welche die Eigenart des mikroskopisch-optischen Systems der photographischen Einrichtung gegenüber stellt, nicht genügend berücksichtigen könnte. Man kann im allgemeinen mit jedem Mikroskopstativ, mit kleinen und mit großen, polarisationsmikroskopische Untersuchungen ausführen, sobald man dafür gesorgt hat, daß der Beleuchtungsapparat polarisiertes Licht liefert, und daß — in der Regel — zwischen dem Objekt und dem Beobachter ein Analysator in den mikroskopischen Strahlengang eingeschaltet wird. Das erzeugte Bild wirkt jedoch um so besser, je besser das abbildende und beleuchtende optische System des Mikroskops der Eigenart des Strahlengangs zwischen den zwei Nikols angepaßt ist. Die Durchführung von verschiedenen Untersuchungen zur Bestimmung der optischen Eigenschaften doppelbrechender Objekte erfolgt daher um so bequemer und liefert um so genauere Angaben, je mehr die Forderungen der Polariskopie in der Konstruktion des Mikroskopstativs berücksichtigt wurden. Am besten eignen sich aus diesem Grund zu Untersuchungen und zu mikrophotographischen Aufnahmen in polarisiertem Licht die eigens dafür konstruierten Polarisationsmikroskope (vgl. W. J. Schmidt [2]).

Als Beispiel eines solchen sei hier das große Polarisationsmikroskop der Firma LEITZ angeführt (Abb. 176 und 177). Das Stativ ist sowohl für monokulare wie für binokulare Beobachtungen geeignet, und zwar kann man mono-

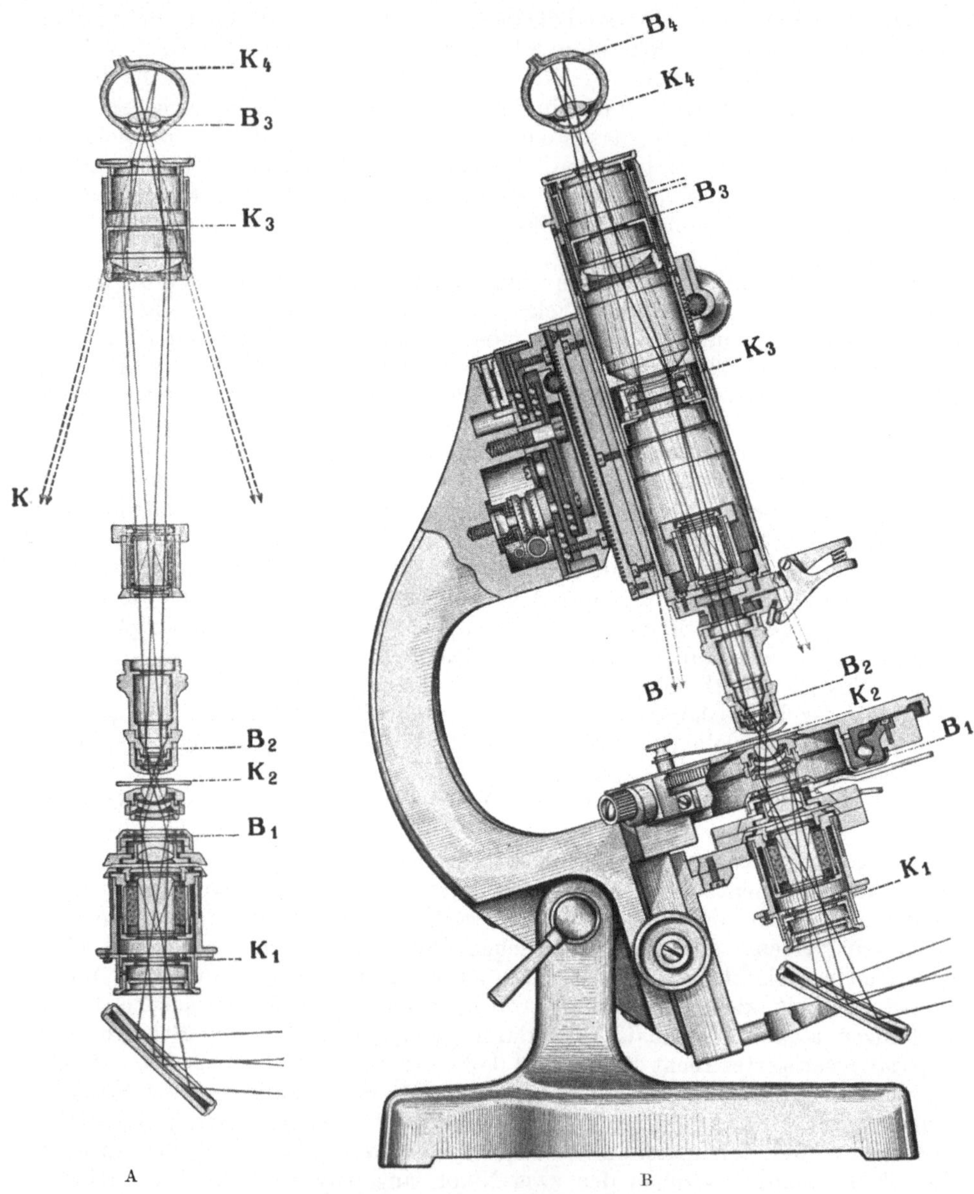

Abb. 176. Strahlengang im Polarisationsmikroskop.

A Orthoskopischer, B konoskopischer Strahlengang. In den Ebenen *K* liegt das Bild des Kristalls, in den Ebenen *B* liegt das Achsenbild. (Aus LEITZ-Druckschrift: Liste 51 Pol.)

und binokular ebensogut in natürlichem wie in polarisiertem Licht das Stativ benützen. Der Polarisator ist unter dem zentrierbaren ABBEschen Kondensor untergebracht und mit dem Kondensor durch ein Scharniergelenk verbunden. Will man in natürlichem Licht einstellen (was namentlich beim Aufsuchen der zu polariskopischen Beobachtungen geeigneten Stellen sehr vorteilhaft ist, da es die Orientierung im Präparat erleichtert), so klappt man den Polarisator im Scharniergelenk aus. Der Analysator (ein GLAN-THOMPSONsches Prisma) liegt oberhalb der Objektivlinse im Tubus drinnen und kann mit einem Schieber aus- und eingeschaltet werden. Da solche dicken Kalkspatprismen, wie der Analysator, den Strahlengang im Tubus ungünstig beeinflussen und eine Fokusdifferenz der bilderzeugenden Strahlen hervorrufen (Astigmatismus), wurde

der Analysator mit einem Linsensystem ausgerüstet, das die Fokusdifferenz ausgleicht (anastigmatischer Tubusanalysator). Der Mikroskoptisch ist drehbar und zentrierbar und zur Feststellung der jeweiligen Lage des Objekts mit einer Gradeinteilung und Nonius versehen. Am Tubus zwischen Objektiv und Tubusanalysator befindet sich noch ein seitlicher Schlitz, worin man die sog. Kompensatoren (Plättchen oder Keile aus stark doppelbrechenden Substanzen, z. B. Gips, Glimmer, Quarz oder Kalkspat) mit einem Schieber einführt. An dieser Stelle können wir uns nicht eingehender mit der Bedeutung der Kompensatoren und den Indikationen ihrer Anwendung befassen; die Interessenten müssen die einschlägige Literatur zu Rate ziehen. Da aber die Kompensatoren, wie schon erwähnt, wesentliche Bestandteile der polarisationsmikroskopischen Einrichtung darstellen, muß dafür gesorgt werden, daß man sie in den mikroskopischen Strahlengang an der richtigen Stelle und in richtiger Weise einschalten kann. Was die Lage der Kompensatoren am Mikroskopstativ anbelangt, gibt es drei Möglichkeiten: entweder bringt man sie zwischen dem

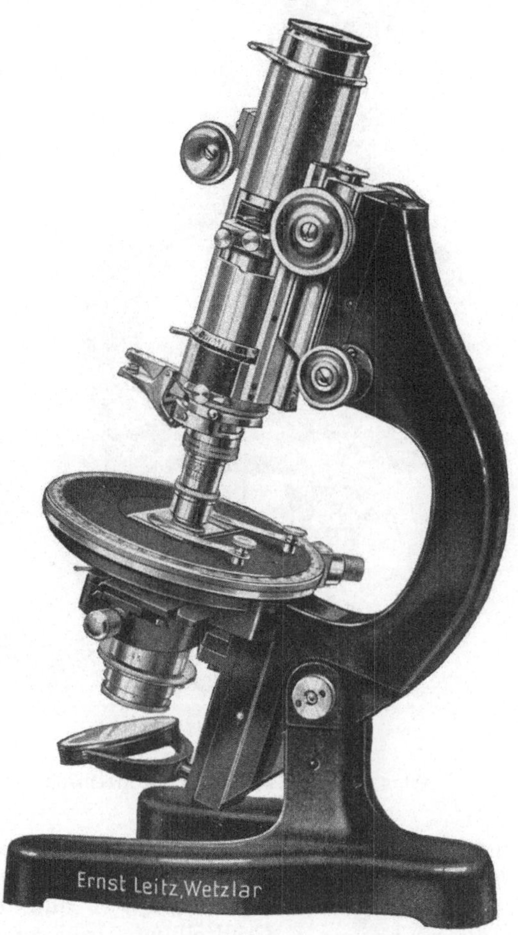

Abb. 177. Großes Polarisationsmikroskop, Stativ CM der Firma E. LEITZ. (Aus LEITZ-Druckschrift: Liste 51 Pol.)

Polarisator und dem Kondensor an oder zwischen Analysator und Augenlinse oder schließlich zwischen dem Objektiv und dem Analysator. Diese letzterwähnte Lösung findet man an den Polarisationsmikroskopen mit einem Tubusschlitz. Die Lage des Kompensators im Strahlengang, ob vor oder hinter dem Objekt, hat keine grundsätzliche Bedeutung. Um so wichtiger ist es aber, die Kompensatoren in einer genau definierten Richtung zu orientieren, während man sie in eine dafür angefertigte Pfanne oder mit dem Schieber in den Tubusschlitz einsetzt. In der Regel liegen sie so, daß die große Achse ihrer Indexellipse, d. h. die Schwingungsrichtung des stärker gebrochenen Strahls, in einer von unten links nach oben rechts verlaufenden Diagonale und 45° geneigt zur Schwingungsrichtung des Analysators liegt. Die große Achse der Indexellipse ist bei den Kompensatoren stets gekennzeichnet durch einen Pfeil oder Strich. Ist der Kompensator drehbar (Pfanne), so kann er dadurch ausgeschaltet werden, daß man die bezeichnete Achse der Schwingungsebene des Analysators oder Polarisators genau parallel stellt oder dadurch, daß man ihn herausnimmt. Ist der Kompensator fest, nicht drehbar unter 45° in einen Schieber eingelegt, so kann er nur durch Herausziehen des Schiebers ausgeschaltet werden.

Einen ähnlichen, zum Teil noch komplizierteren Bau weisen die mineralogischen Mikroskope (Abb. 178) auf, bei deren Konstruktion die speziellen Forderungen der Polariskopie weitgehende Berücksichtigung finden.

122. Verschiedene Formen des Polarisators und des Analysators. Man kann aber auch jedes größere Stativ, das man sonst zu Beobachtungen in natürlichem Licht zu verwenden pflegt, mit einem Polarisator, einem Analysator und, falls die Art der Untersuchung es erfordert, einem Kompensator ausrüsten und so für die polariskopischen Untersuchungen oder Aufnahmen an-

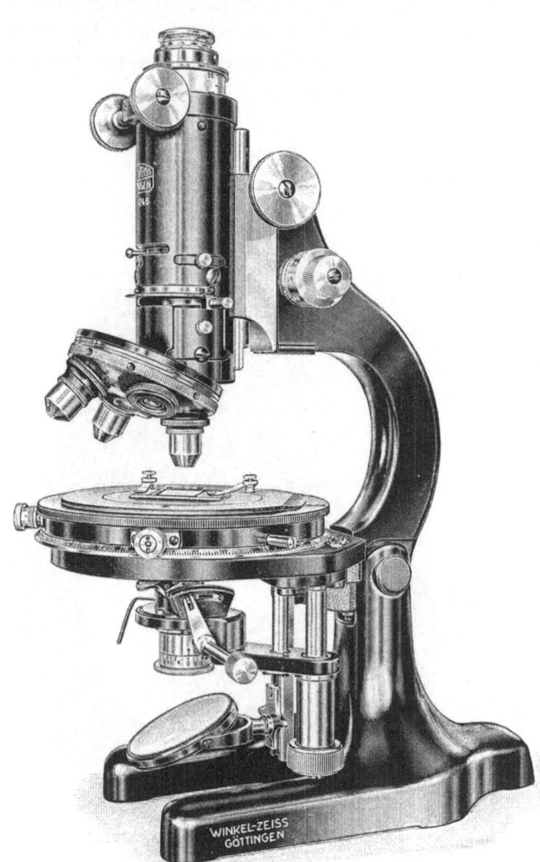

Abb. 178. Großes mineralogisches Arbeitsstativ der Firma R. WINKEL.

zupassen. Der Mikroskoptisch braucht nicht zentrierbar zu sein, es ist jedoch vorteilhaft, wenn die Tischplatte eine Drehung des Objekts in der Horizontalebene gestattet und der Grad dieser Drehung auf einer Gradteilung abzulesen sei. Die optischen Firmen liefern geeignete Zusammenstellungen aus Polarisationsprismen und Kompensatoren (meistens Gipsplättchen mit Pfannen) als polarisationsmikroskopische Ausrüstung zu den üblichen Mikroskopstativen.

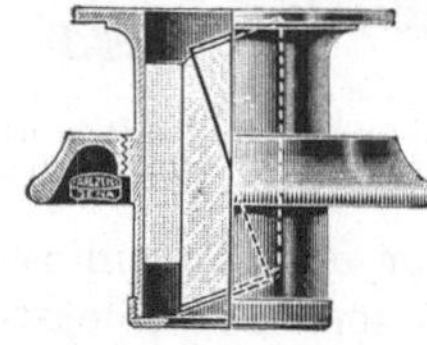

Abb. 179. Polarisator mit Pfanne und Deckel zum Einhängen in den Diaphragmenträger. (Aus ZEISS-Druckschrift: Mikro 400.)

In seiner einfachsten Form besteht der Polarisator aus einem NICOLschen Prisma in einem Rohrstutzen (Abb. 179). Das obere Ende des Rohrstutzens ist tellerartig geformt, um den Kompensator mit der Pfanne bequem auflegen zu können. Ein solcher Polarisator wird einfach in den Blendenträger oder in die geöffnete Irisblende des Beleuchtungsapparats eingehängt und darin mit einer von unten gegen den Blendenträger aufgeschraubten Mutter festgehalten.

Benützt man einen Polarisator, der in den Beleuchtungsapparat gut hineinpaßt, so wird dieser einen verhältnismäßig kleinen Querschnitt haben und daher
auch eine kleine Apertur. Er wird auf die Apertur des Kondensors wie eine Irisblende mit zu kleiner Öffnung wirken. Diesem
Nachteil kann man in zweierlei Weise begegnen, indem man
entweder ein großes NICOLsches Prisma vor dem Mikroskop
aufstellt (Abb. 180) oder aber das Prisma in einen besonderen
zweiteiligen Kondensor mit verhältnismäßig kleiner Brennweite
einbaut (Abb. 181). Solche Polarisationskondensoren
zeichnen sich besonders durch einen
genau zentrierten Strahlengang aus,
im Gegensatz zu einem in den Beleuchtungsapparat eingehängten Polarisator. Ist das mit dem Polarisationskondensor erzielte Leuchtfeld
wegen der kleinen Brennweite zu
klein, wie es bei Untersuchungen mit
schwachen Objektiven meistens der
Fall ist, so schraubt man die Frontlinse ab und erhält dadurch ein grö-

Abb. 180.
Großer Polarisator
auf Reiter.
(Aus ZEISS-Druck-
schrift: Mikro 401.)

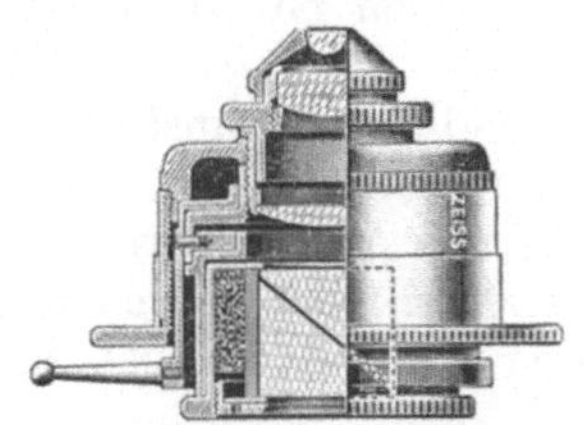

Abb. 181. Polarisationskondensor
der Firma C. ZEISS mit Irisblende
und abziehbarer Frontlinse.

ßeres Gesichtsfeld, aber eine kleinere Apertur. Der Polarisationskondensor
enthält oberhalb des Polarisators auch die Irisblende, so daß die Regelung der
Blendenöffnung in bequemster Weise geschehen kann.

Bei der üblichen Form der Mikroskopstative pflegt man im Gegensatz
zu den Polarisationsmikroskopen, wo ein Tubusanalysator vorhanden ist
(s. S. 279), den Analysator oberhalb des Okulars anzubringen (Abb. 182).
Im einfachsten Fall setzt man den Analysator,
der in ein Röhrchen gefaßt ist, in eine breitere
Schiebhülse und stellt
ihn mit dieser unmittel-
bar auf das Okular (ein-
facher Aufsatzanalysa-
tor, Analysator mit Auf-
satzkappe). Von großem
Vorteil ist es, wenn die
Schiebhülse, in welche
der Analysator einge-
setzt wird, mit einem
Mutterstück auf den
Rand der Okularfassung
festklemmbar ist und

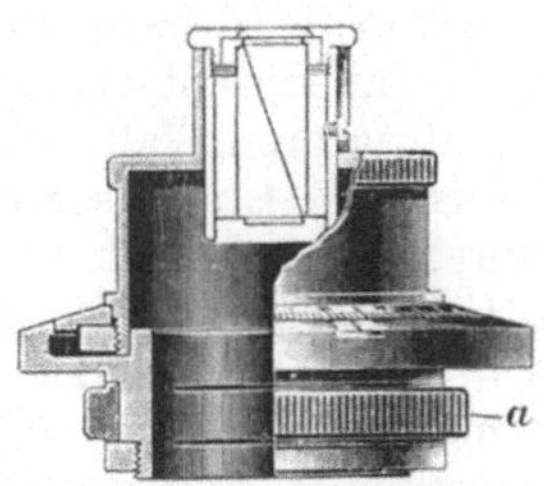

Abb. 182. Analysator mit Teilkreis.
a = Ring zum Aufklemmen.
(Aus ZEISS-Druckschrift:
Mikro 400.)

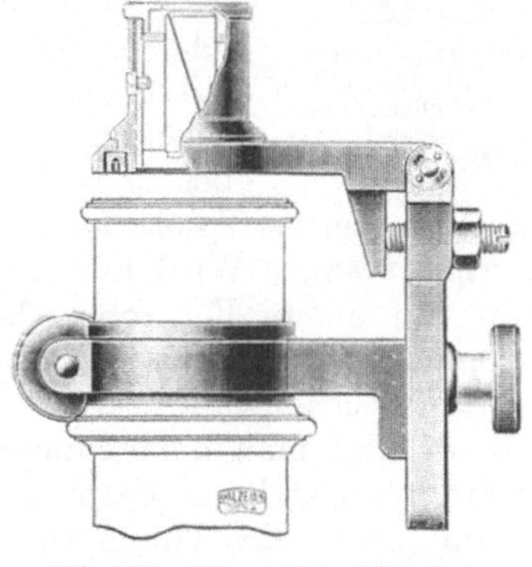

Abb. 183. Ein- und ausklappbarer
Analysator der Firma C. ZEISS.

einen Teilkreis aufweist, auf dem man die Schwingungsrichtung bei der jeweiligen Stellung des Analysators ablesen kann (Aufklemmkappe mit Teilkreis).
Unentbehrlich ist ein solcher Teilkreis am Analysator, wenn man die Drehung
der Polarisationsebene im Präparat durch Drehung des Analysators messen will.
Auch dort, wo man das mikroskopische Bild nacheinander ohne Analysator
und dann bei gekreuzten Nikols betrachten will, ist es viel leichter, den Analysator
wieder genau in seiner früheren Stellung aufzusetzen, wenn er mit einer Aufklemmkappe und Teilkreis versehen ist. Ein rasches Wechseln erreicht man auch
mit einem ein- und ausklappbaren Aufsatzanalysator, wo das Prisma
genau justiert von einem Gelenkarm getragen wird und dem Okular nicht unmittelbar aufliegt (Abb. 183).

Alle Aufsatzanalysatoren haben den Nachteil, daß sie das Sehfeld einschränken, namentlich wenn man Okulare mit einem großen angularen Sehfeld benützt. Bei Okularen mit einem kleinen Sehfeld merkt man dagegen diesen Nachteil nicht. In der Mikrophotographie wählt man also in der Regel schwache Okulare mit einem kleinen Sehfeld zu Aufnahmen mit einem Aufsatzanalysator und stellt die gewünschte Bildvergrößerung durch einen längeren Kameraauszug her. Bei Tubusanalysatoren, die also nicht oberhalb, sondern unterhalb des Okulars liegen, merkt man natürlich nie, selbst bei Okularen mit großem Sehfeld, eine Abblendung des Sehfelds. Deshalb bevorzugt man zu Untersuchungen mit starken und stärksten Vergrößerungen die Tubusanalysatoren, obzwar diese (soweit sie nicht anastigmatisch sind) für die mikroskopische Abbildung ungünstiger sind (s. S. 279) als die Aufsatzanalysatoren. Bei Stativen, die keinen Tubusanalysator haben, kann man für Untersuchungen mit starken Objektiven statt eines Aufsatzanalysators einen sog. Innennikol benützen, der dieselben Dienste leistet wie ein Tubusanalysator (Abb. 184). Das Analysatorprisma ist hier in ein drehbares Zwischenstück eingefaßt, das

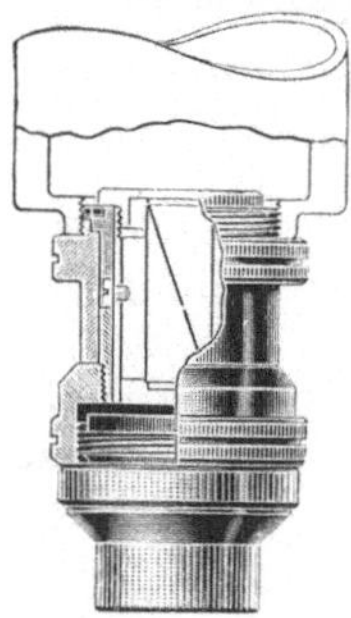

man auf das Gewinde am unteren Ende des Tubus schraubt. Das untere Ende des Zwischenstücks ist seinerseits mit einem Gewinde zum Anschrauben der Objektive versehen. So liegt der Analysator im Zwischenstück oberhalb des Objektivs und in nächster Nähe zu diesem, was für die Abbildung von wesentlichem Vorteil ist. Durch Drehung des Zwischenstücks (wobei auch das Objektiv mitgedreht wird) stellt man die Schwingungsebene des Analysators in die gewünschte, parallele oder gekreuzte, Stellung zum Polarisator.

Enthält das Zwischenstück außer des Innennikols auch noch eine Korrektionslinse, welche den Strahlengang des Objektivs auf eine unendlich ferne Bildebene korrigiert (statt auf 160 mm Tubuslänge), so hat man dem Astigmatismus vorgebeugt, der beim Innennikol ebenso aufzutreten pflegt wie bei den Tubusanalysatoren, falls diese nicht, wie z. B. der

Abb. 184. Analysator VI (Innennikol) in Zwischengewinde. (Aus ZEISS-Druckschrift: Mikro 401.)

anastigmatische Tubusnikol der Firma E. LEITZ, schon auf den Astigmatismus korrigiert sind. Wird nun das durch den Innennikol ins Unendliche entworfene Bild mit einem Fernrohr oder Hilfsmikroskop betrachtet, so erhält man ein astigmatismusfreies Zwischenbild in der Sehfeldblende des Okulars. Der Tubus der Polarisationsmikroskope und mineralogischen Stative ist von vornherein so gebaut, daß man den Tubusanalysator in Verbindung mit einem solchen bei unendlich gestelltem Fernrohr benützt.

Im Innern des Tubus wird zur Beobachtung von Achsenbildern (s. S. 287) auch die ein- und ausschaltbare AMICI-BERTRAND-Linse untergebracht, ein Hilfsobjektiv von langer Brennweite (30 mm), die man meistens mit einem Triebwerk, das oben vorn an dem nicht ausziehbaren Tubus liegt, auf die Austrittspupille des Mikroskopobjektivs stellt und das so entstandene Bild dann am Tubusende beobachtet. Auch die üblichen Mikroskopstative lassen sich mit einer AMICI-BERTRAND-Linse ausrüsten. Man schraubt das Hilfsobjektiv mit langer Brennweite (z. B. ZEISS-Obj. 3fach) auf das untere Ende des Auszugsrohres und stellt die Linse durch Ausziehen oder Einschieben des Innentubus auf die Austrittspupille des Objektivs ein.

123. Die Einstellung des polariskopischen Bildes. Die Einstellung des Analysators zum Polarisator bei Untersuchungen mit gekreuzten Nikols erfolgt folgendermaßen: Man entfernt zunächst die ganze optische Ausrüstung vom Stativ (Okular, Objektiv und Kondensor) und setzt den Polarisator in den Blendenträger ein. Beim Einsetzen des Polarisators achte man darauf, daß die Markierungslinie an seiner Fassung, welche die Richtung der Schwingungsebene anzeigt, möglichst parallel mit der Achse des Kondensortriebs liegen soll. Damit hat man die Schwingungsebene des polarisierten Lichts, mit dem das Objekt beleuchtet wird, ein für allemal festgesetzt. Dann setzt man den Analysator auf und dreht ihn so, daß das helle Sehfeld vollkommen verdunkelt wird. Es ist dabei zweckmäßig, für die letzte Korrektion der Einstellung sehr helles Licht zu verwenden. Bei der Stellung, wo die maximale Dunkelheit auftritt, sind die Nikols richtig gekreuzt. Da auch der Analysator an seiner Fassung mit einer Markierungslinie versehen ist, kann man die Schwingungsebene des Analysators schon im voraus schätzungsweise quer zur Schwingungsebene des Polarisators stellen. Hat man aber einen Aufsatzanalysator mit Teilkreis, so kann man die Schwingungsebene der Polarisationsprismen noch bequemer und genauer kreuzen, indem man zuerst die Schwingungsebene des Analysators so einstellt, daß sie quer auf die Symmetrieebene des Mikroskops von rechts nach links, d. h. parallel mit dem Durchmesser der Kreisteilung, zwischen 90^0 und 270^0 liegen soll. Da die Schwingungsebene des Analysators auf diese Weise sehr genau definiert ist, stellt man diejenige des Polarisators — umgekehrt wie im früher geschilderten Fall — zu dem Analysator ein. Bei mineralogischen und polarisationsmikroskopischen Stativen ist die Stellung des Analysators zum Polarisator ein für allemal durch die Richtung des Tubusschlitzes festgelegt.

Von großem Nutzen ist es, wenn man bei der Beobachtung des mikroskopischen Bildes im polarisierten Licht die Schwingungsebenen der gekreuzten Nikols ständig vor Augen hat. Sehr bequem erreicht man das mit einem Fadenkreuzokular[1]. Das Okular setzt man in den Tubus so ein, daß der eine Faden genau in der Sagittalrichtung (in der Symmetrieebene des Mikroskops), der andere senkrecht dazu liegt. Sind die Polarisationsprismen richtig gekreuzt, so wird die Schwingungsebene des Polarisators mit dem Faden in sagittaler, die Schwingungsebene des Analysators aber mit jenem in transversaler Richtung zusammenfallen. Ob das tatsächlich der Fall ist, prüft man am besten mit einem stark doppelbrechenden faserförmigen Objekt, z. B. mit einem in Kanadabalsam eingebetteten Anhydridspaltstückchen, das liniengerade Risse zeigt. Einen solchen Riß stellt man genau parallel erst mit dem einen, dann mit dem anderen Faden und beobachtet, ob das Bild des Objekts in beiden Stellungen „ausgelöscht" wird, wie es bei gekreuzten Nikols der Fall sein soll. Tritt das nicht ein, so müssen die Nikols etwas nachgedreht werden.

Bekanntlich braucht man zu polariskopischen Untersuchungen nicht immer gekreuzte Nicols, sondern man untersucht oft auch nur mit dem Polarisator oder dem Analysator allein. Namentlich bei pleochroitischen Objekten sind die charakteristischen Polarisationserscheinungen schon deutlich sichtbar, wenn man nur einen Nikol, und zwar den Polarisator benützt. Dann sind natürlich auch die Bedingungen einer fehlerfreien Abbildung besser erfüllbar als mit den gekreuzten Nikols. Sonst verwendet man stets beide Nikols.

124. Der Strahlengang (vgl. Abb. 176). Wir haben uns bisher hauptsächlich mit dem Einfluß des Analysators auf die Abbildung befaßt, da die Entscheidung, ob man einen Aufsatz- oder Tubusanalysator (bzw. Innennikol) benützen soll, vielfach von den Eigenschaften des Analysators abhängig ist. Auch beim Polarisator wurde aber schon erwähnt, daß er auf die Apertur der Beleuchtung einwirkt. Zusammenfassend können wir also feststellen, daß der Strahlengang des Mikroskops durch die Nikols in zweifacher Weise beeinflußt wird, indem 1. die Strahlen-

---

[1] Zur Not kann man auch ein Strichkreuzglas auf die Blende eines gewöhnlichen Okulars legen.

begrenzung des in das Mikroskop einfallenden und von dort heraustretenden Lichts Veränderungen erfährt, 2. aber die Strahlenvereinigung im Zwischenbild eine Störung erleiden kann, wenn der Analysator vor der Ebene des Zwischenbildes ohne die entsprechenden Korrektionslinsen aufgestellt wird. Die Beeinflussung der Strahlenbegrenzung erklärt sich folgendermaßen: Der Querschnitt des Polarisators wird in richtiger Weise durch den Kondensor in der Eintrittspupille des Objektivs abgebildet. Diese quadratische oder rhombische Fläche wird also den Kreis der Eintrittspupille in allen Fällen einengen, wo die Apertur des Objektivs größer ist als die des Kondensors mit Prisma. Blickt man ohne Okular (und ohne Analysator) auf die Austrittspupille des Objektivs, so wird man dort statt des hellen Kreises ein quadratisch oder rhombisch beleuchtetes Feld sehen: Das Bild des Prismenquerschnitts. Ist die untere (vordere) oder freie Öffnung des Polarisators mit einer Blende ausgerüstet, so wird man natürlich auch in der Austrittspupille des Objektivs stets einen hellen Kreis sehen, der kleiner ist als sonst die Austrittspupille des Objektivs. In allen diesen Fällen wirkt also die Öffnung des Polarisators ähnlich wie eine Aperturblende, und die Irisblende des Mikroskops hat auf die Strahlenbegrenzung nur dann eine Wirkung, wenn man sie ganz eng zusammenzieht. Wie weit nun der Polarisator die Apertur des Mikroskops beeinflussen wird, hängt erstens ab von dem Durchmesser der freien Öffnung des Polarisators, zweitens aber hat die Polarisatoröffnung eine verschiedene Wirkung als Aperturblende je nach der Brennweite des Kondensors[1]. Drittens ist die Stellung des Kondensors von Einfluß. Wird insbesondere der Kondensor so tief gesenkt, daß das Bild der Polarisatoröffnung in die Objektebene und nicht in die Eintrittspupille des Objektivs fällt, so kann die Polarisatoröffnung natürlich nicht die Apertur begrenzen, sie wird Leuchtfeldblende.

Kondensoren von kurzer Brennweite — etwa 1 cm — und großer Apertur — etwa 1,4 — liefern so auch bei verhältnismäßig kleiner Polarisationsöffnung Beleuchtungskegel von großer Apertur, die allerdings nicht den Wert erreicht, den derselbe Kondensor bei normaler Einstellung liefert. Beim aplanatischen Kondensor num. Ap. 1,4 ist ferner zu berücksichtigen, daß er in einer solchen gesenkten Stellung keine aplanatische Abbildung liefert und also keinen größeren Nutzen bringt als der einfache Kondensor num. Ap. 1,4. Man sollte diese Einstellung des Kondensors auch bei starken Objektiven nur in den Fällen wählen, wo man wirklich größere Aperturen braucht, als der Kondensor bei normaler Einstellung liefert, und bei schwachen Objektiven, wo man auch vielfach ohne Kondensor oder mit einem Kondensor ohne Frontlinse gut zum Ziele kommt.

Während der Polarisator im allgemeinen die Apertur des Mikroskops beeinflußt, wirkt der Analysator auf die Größe des Gesichtsfeldes in allen Fällen, wo er oberhalb des Okulars steht. Die Austrittspupille des Okulars, den RAMSDENschen Kreis, betrachtet man ja durch den Analysator, ein Prisma also, das ebenso eine Eintritts- und Austrittspupille hat wie eine Linse. Die Öffnung des Analysators, der meistens unten und oben noch mit einer Blende ausgerüstet ist, wird das mikroskopische Bild begrenzen, wenn mindestens eine von den beiden Öffnungen des Analysators oder beide nicht am Ort des RAMSDENschen Kreises liegen und den von diesem Kreis ausgehenden Strahlenkegel begrenzen und abschatten, wenn sie zu klein sind. Der Grad der Einschränkung des Gesichtsfelds wird hier von drei Faktoren abhängen, nämlich 1. von dem angularen Sehfeld des Okulars, 2. von der Lage des RAMSDENschen

---

[1] Die Formel, welche die Abhängigkeit der Apertur von dem Polarisator und der Brennweite des Kondensors ausdrückt, lautet: $a = \dfrac{d}{2f}$, wo a die Apertur, d den größten Durchmesser der Nikolöffnung und f die Brennweite des Kondensors darstellt.

Kreises im Analysator und 3. dem angularen Sehfeld des Analysators. Das unter den gegebenen Verhältnissen größte Sehfeld erhält man durch einen Analysator dann, wenn der RAMSDENsche Kreis etwa in der Mitte des Prismas liegt. Liegt er aber dem oberen oder dem unteren Ende näher, so wird das Sehfeld immer kleiner. Daraus ist zu entnehmen, daß man den Analysator stets so hoch auf das Okular stellen muß, daß der RAMSDENsche Kreis auf seine Mitte fällt. Beim wegklappbaren Analysator läßt sich diese Einstellung am leichtesten und genauesten bewerkstelligen; aber selbst bei den einfachen Aufsatzanalysatoren kann man den Nikol in der Hülse so weit parallel der Längsachse verschieben, daß er die günstigste Stellung erreicht. Schwierigkeiten entstehen nur bei starken Okularen, wo der RAMSDENsche Kreis sehr nahe zur Augenlinse liegt. Dann wird auch die Austrittspupille des Mikroskops stets in der Nähe des unteren Nikolendes liegen, und man erhält, selbst wenn der RAMSDENsche Kreis kleiner als die Öffnung des Analysators ist, ein kleineres Sehfeld als mit dem Okular allein.

125. Besondere Forderungen an das Abbildungssystem, den Spiegel und den Linsenwechsler. Zwei wichtige Vorbedingungen der polarisationsmikroskopischen Untersuchungen müssen hier anschließend noch hervorgehoben werden, nämlich daß man auf eine genaue Zentrierung des Strahlengangs besonders achten soll, und daß alles aus dem Strahlengang entfernt werden muß, was außer den Polarisationsprismen und dem Objekt Polarisationserscheinungen hervorrufen könnte. Was die Ausrichtung des Strahlengangs betrifft, sorgt man natürlich in erster Reihe für die genaue Zentrierung der Objektive zur optischen Achse der Beleuchtung mit polarisiertem Licht. Man benützt deshalb meistens Objektive in zentrierbaren Schlittenwechslern oder den zentrierbaren Zangenwechsler, die ein rasches Wechseln der Objektive gestatten. Bei allen schwierigen polariskopischen Arbeiten wird man aber auch Wert darauf legen, daß man den Kondensor mit einer zentrierbaren Vorrichtung genau in die optische Achse des Mikroskops stellt. Wesentlich ist ferner, daß das Drehungszentrum des Objekttisches so weit gegen die Mikroskopachse zentriert ist, daß auch kleine Objekte, wenn man den Tisch dreht, in der Mitte des Sehfelds bleiben.

In hohem Maße wird das Polarisationsbild gestört, wenn im optischen System irgendwo zwischen dem Polarisator und dem Analysator unabhängig vom Untersuchungsgegenstand noch doppeltbrechende Stoffe liegen, deren Gangunterschied und Orientierung nicht — wie bei den Kompensatoren — bekannt ist. Alle optischen Bestandteile also, die das Licht polarisieren könnten, müssen entfernt und durch solche ersetzt werden, die keine Polarisation des Lichts hervorrufen. Spiegel, die nicht aus Metall bestehen oder nicht amalgamiert sind, und ebenso Prismen können das schon polarisierte Licht im optischen System beeinflussen, ein Umstand, der bei der Zusammenstellung der Optik zu polariskopischen Untersuchungen stets berücksichtigt werden muß. Der Mikroskopspiegel jedoch, der mit einer Amalgamfläche versehen ist, reflektiert kein polarisiertes Licht. Am häufigsten tritt störendes polarisiertes Licht auf an den Objektiven, die doppelbrechende Substanzen enthalten, wie z. B. alle Fluoritsysteme, Apochromate, Quarzlinsen usw. Diese müssen also durch Objektivsysteme ohne Flußspat ersetzt werden, namentlich wenn es sich um genaue Messungen an schwächer doppelbrechenden Objekten handelt. Als doppelbrechungsfreie Objektive benützt man dann an Stelle von Fluoritsystemen und Apochromaten starke Achromate oder eine spezielle hom. Immersionslinse von LEITZ („Achsenbildimmersion") mit einem entsprechenden Immersionskondensor. Für Beobachtungen an biologischen Objekten bewährt sich auch die hom. Immersionslinse, ZEISS 50fach ($^1/_7$) vorzüglich. Bei Apochromaten bemerkt man infolge der eigenen Doppelbrechung stets eine Aufhellung des Sehfelds bei gekreuzten Nikols[1], was keine erhebliche Störung verursachen wird, so lange sie nicht stark ausgeprägt ist oder wenn die Doppelbrechung des Objekts stark ist. Tritt jedoch eine stärkere Aufhellung auf, so sind solche Apochromate und Fluoritsysteme für polariskopische Arbeiten nicht verwendbar. Auch solche Objektive können nicht benutzt werden, die eine sog. Spannungsdoppelbrechung zeigen. Sind die Linsen so eingefaßt, daß die Fassung eine Spannung des Glases und diese eine Doppelbrechung hervorruft, so werden die vom Objekt herrührenden Polarisationserscheinungen merkbar gestört. Man soll daher die Objektive (und auch die Kondensorlinsen, in denen eine Spannungsdoppelbrechung ebenfalls auftreten kann), vor den polariskopischen Untersuchungen prüfen, ob sie spannungsfrei sind und keine Eigendoppelbrechung besitzen. Die Prüfung erfolgt so, daß man bei gekreuzten Nikols ohne Okular auf die Austrittspupille des Objektivs schaut und beobachtet, ob eine Aufhellung bemerkbar wird. Tritt eine Aufhellung in bestimmten Azimuten auf, wenn man das Objektiv in seinem Ansatzgewinde dreht (oder den Kondensor in der Schiebhülse), so ist das ein Zeichen der vorhandenen Spannungsdoppelbrechung. Die Eigendoppelbrechung der Linse im Objektivsystem verrät sich durch eine mehr oder weniger ausgeprägte gleichmäßige Aufhellung der ganzen Austrittspupille. Es ist dabei zu beachten, daß auch die hohe Apertur des Objektivs allein, d. h. die stark gekrümmte Linsenfläche, das einfallende Licht polarisieren kann, namentlich wenn man mit einem breiten Beleuchtungskegel, d. h. mit einem starken Kondensor und vollständig geöffneter Irisblende beleuchtet. Das Bild der aufgehellten Austrittspupille unterscheidet sich aber von jenem, das man bei doppelbrechenden Objektiven erhält, dadurch, daß darin ein dunkles Kreuz sichtbar wird, dessen Arme den Schwingungsebenen des Nikols parallel stehen.

126. Die konoskopische Methode. Diese Beobachtungen an der Austrittspupille des Objektivs, die man ohne Okular zur Prüfung der Objektive vorzunehmen pflegt, führen uns zu einer speziellen Art der polariskopischen Untersuchungen hinüber, die man als konoskopische Methode bezeichnet, und die darin besteht, daß man in der Austrittspupille des Objektivs ohne Okular die Lichterscheinung betrachtet. Man wird dabei natürlich keine mikroskopische Abbildung erhalten, wohl aber charakteristische Interferenzerscheinungen, aus denen man die optische Achse im doppelbrechenden Objekt und den Charakter der Doppelbrechung feststellen kann. Diese Interferenzerscheinungen entstehen folgendermaßen (vgl. A. KÖHLER [7, S. 1050]): An jedem Punkt der Austrittspupille des Objektivs treffen sich alle Strahlen, die im Objektraum, vor dem Objektiv ein Bündel paralleler Strahlen bilden und mit der Achse des Objektivs einen bestimmten Winkel einschließen. Mittelpunkt der Austrittspupille sind z. B. die Strahlen, welche der Achse parallel laufen, an jedem Punkt des Randes der Austrittspupille aber Strahlen, deren Winkel mit der Achse gleich dem halben Öffnungswinkel ist. Was man also in der Austrittspupille beobachtet, repräsentiert lediglich verschiedene Richtungen innerhalb des Objektraumes, aber nicht verschiedene Punkte innerhalb der Objektebene (vgl. Abb. 185).

Wenn nun das einfallende Licht polarisiert ist und mit dem gekreuzten Analysator die Austrittspupille betrachtet wird, so ist die Lichtverteilung, die

---

[1] Zum Teil rührt die Aufhellung von den stark gekrümmten Linsenflächen her und hängt nicht mit der Eigendoppelbrechung oder Spannungsdoppelbrechung der Objektive zusammen.

man sieht, das Ergebnis der Interferenz der Strahlen eines solchen parallel-
strahligen Bündels. Je nach dem Gangunterschied, den sie auf dem Weg durch
das Objekt erfahren, treten Maxima und Minima der Helligkeit auf, bei weißem
Licht auch die bekannten Polarisationsfarben. Diese Lichterscheinung nennt
man Achsenbild. Vom Vergrößerungsvermögen und von der num. Ap. des
Objektivs hängt nun der lineare Durchmesser des Achsenbildes ab und die
Größe des Neigungswinkels — oder die Apertur — derjenigen parallelstrahligen
Bündel des Objektraums, die noch zum Achsenbild beitragen.

Das konoskopische Bild oder Achsenbild (Abb. 185) des doppelbrechenden
Objekts kann man dann in verschiedener Weise beobachten. Am einfachsten
geschieht das, wenn man — wie schon erwähnt —, ohne Okular in den Tubus
hineinschaut (Methode von LESAULX). Ist der lineare Durchmesser des Achsenbildes klein, so beobachtet man es durch Vergrößerungslinsen, d. h. entweder
durch das sog. CZAPSKISCHE Okular (vgl. A. KÖHLER [7, S. 1065]), oder durch eine
Hilfslupe, die man in Verbindung mit einem Okular benützt und auf den RAMSDEN-
schen Kreis des Okulars stellt (Verfahren nach KLEIN). Am häufigsten pflegt
man jedoch die Achsenbilder mit der schon früher geschilderten AMICI- BERTRAND-
schen Linse oder einem Hilfsmikroskop (zusammengesetztes Konoskop)

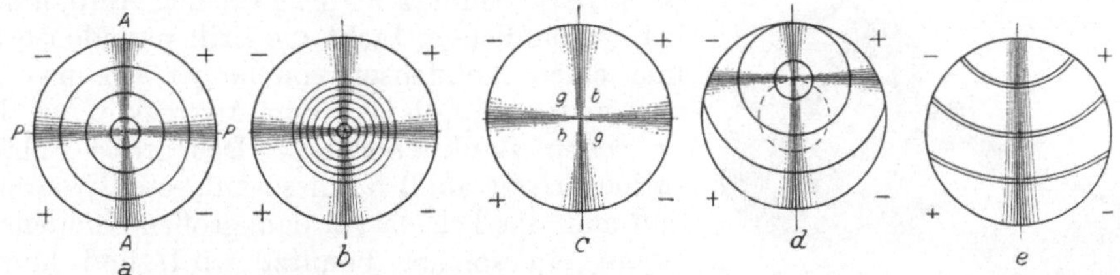

Abb. 185. Konoskopbilder optisch einachsiger Objekte.
a—c bei Parallelität von optischer und Mikroskopachse, d und e bei Neigung der optischen gegen die Mikroskopachse. (Aus W. J. SCHMIDT [5, Abb. 325, S. 408].)

zu betrachten und zu photographieren. Ist das Hilfsmikroskop oder die Hilfslupe zur Beobachtung der konoskopischen Bilder mit einer EHRLICHSchen oder
einer Irisblende ausgerüstet (an Stelle der Okularblende), so kann man aus dem
Bild des Objekts, das man aber bei der konoskopischen Beobachtung gar nicht
sieht, denjenigen Teil herausblenden, dessen Achsenbild man untersuchen will
und alle anderen Teile abblenden (vgl. A. KÖHLER [7, S. 1064]).

127. Die mikrophotographische Einrichtung. Die photographische Einrichtung zu den Aufnahmen im polarisierten Licht unterscheidet sich nur wenig
von der Vorrichtung, die man zu den Aufnahmen im natürlichen Licht zu benützen pflegt. Eine Vorbedingung ist selbstverständlich die lichtstarke Beleuchtung mit weißem oder mit monochromatischem Licht. Zu subjektiven
Beobachtungen bevorzugt man das weiße Tageslicht, das durch Filter oder
Monochromatoren (s. S. 141) nach Bedarf monochromatisch gestaltet wird. Bei
photographischen Aufnahmen ist man natürlich auf künstliche Lichtquellen
angewiesen, unter denen es einige zu polariskopischen Aufnahmen besonders
geeignete Formen gibt, wie z. B. die „Tageslicht- und Monochromatorlampe‟
der Firma LEITZ. Im übrigen sind die Kohlenbogenlampen, Punktlichtlampen
und Projektionsröhrenlampen auch hier die geeigneten Lichtquellen.

Daß die vertikale Anordnung für polariskopische Aufnahmen wesentlich bequemer ist als die horizontale, liegt auf der Hand. Legt man jedoch
auf die Zentrierung des Strahlenganges einen besonderen Wert, und will man
die etwaige, auch noch so geringe Polarisation des Lichts, die am Mikroskopspiegel auftreten könnte, vollkommen ausschalten, so wird man viel-

fach doch der Horizontalkamera den Vorzug geben, namentlich dann, wenn das Polarisationsprisma vor dem Mikroskop aufgestellt ist (z. B. bei Aufnahmen mit schwachen Vergrößerungen in einem großen Gesichtsfeld). Wird aber das Mikroskop waagerecht gestellt, so muß man streng darauf achten, daß die Polarisationsprismen in ihrer zentrierten Lage verbleiben. Ist der Polarisator in dem Blendenträger des ABBEschen Apparats eingesetzt, so muß man ihn hier fest anschrauben. Unter den Aufsatzanalysatoren kann man nur solche benützen, die eine aufklemmbare Fassung haben, wie z. B. der Aufsatzanalysator mit Teilkreis oder der wegklappbare Analysator. Die Tubusanalysatoren und Innennikols sind bei waagerecht und senkrecht gestelltem Mikroskop gleichermaßen verwendbar.

Besondere Vorkehrungen sind nötig, wenn man Aufnahmen in polarisiertem Licht bei ganz schwachen Vergrößerungen, d. h. mit den anastigmatischen Objektiven ohne Okular, erzeugen will (Aufnahmen mit dem einfachen Mikroskop). Hier wird zunächst vorteilhaft sein, statt des gewöhnlichen in den Beleuchtungsapparat eingehängten Polarisators ein großes Polarisationsprisma (s. Abb. 180) vor dem Mikroskop aufzustellen, damit das Gesichtsfeld nicht eingeengt werde. Wie an einer anderen Stelle schon angegeben wurde

Abb. 186. Großer Analysator für Stative mit weitem Tubus. (Aus ZEISS-Druckschrift: Mikro 401.)

(s. S. 194), benützt man zu solchen Aufnahmen bei gewöhnlichem Licht die Brillenkondensoren und einen Kondensor von langer Brennweite, den man ebenfalls vor dem Mikroskop auf der optischen Bank anordnet. Das große Polarisationsprisma muß dann so aufgestellt werden, daß man das Prisma vor dem großen Kondensor (wenn ein solcher benützt wird) und hinter der Aperturblende (Irisblende des großen Kondensors) aufstellt. Bei der Wahl der Brillenkondensoren muß man beachten, daß die Öffnung des Polarisators nicht in der Eintrittspupille des Objektivs abgebildet werden kann, weil der Analysator dann das Leuchtfeld abschatten würde, sondern so weit hinter der Objektivöffnung, daß sie auf den Analysator fällt. Man wählt also immer Brillenkondensoren mit beträchtlich längerer Brennweite als die des benützten anastigmatischen Objektivs, z. B. einen Brillenkondensor mit 50 mm Brennweite bei Mikroplanaren von 25—30 mm Brennweite usw. Ist man bei der Aufnahme auf eine kleine Vertikalkamera mit einer kurzen optischen Bank angewiesen, wo man für das große Polarisationsprisma keinen genügenden Platz hat (z. B. bei der HEGENERschen Kamera), so wird man natürlich den Polarisator in der üblichen Form unterhalb des Brillenkondensors in den Beleuchtungsapparat einhängen müssen. Statt eines Polarisators kann man aber zu Aufnahmen mit einer kleinen Vertikalkamera auch die Glasplattensätze benützen, die in diesen Fällen ein ausreichend helles polarisiertes Licht liefern.

Der Analysator wird mit dem Trichter möglichst nahe zum Objektiv in den Tubus eingeführt, falls das Mikroskopstativ dafür mit dem weiten Tubus ausgerüstet ist. Die optischen Firmen liefern zu diesem Zweck eigens konstruierte sog. große Analysatoren (Abb. 186). Hat man keinen solchen großen Analysator, oder hat das Mikroskop keinen breiten Tubus, so wird man die Aufnahme mit schwachen Mikroskopobjektiven (s. S. 191) und mit Okularen[1] erzeugen

---

[1] Bei schwachen Mikroskopobjektiven (mit Okular oder Homal) ist das Sehfeld — mit der Brennweite des Objektivs verglichen — nicht mehr so groß wie bei Planaren und dergleichen. Daher gilt hier das oben über die Aufnahmen mit dem einfachen Mikroskop Gesagte nicht mehr in vollem Umfang.

müssen, wobei man dann auch die Aufsatzanalysatoren benützen kann. Man kann auch in solchen Fällen einen Innennikol mit Zwischenstück als Analysator zu wählen. Allein auf den Innennikol mit Zwischenstück ist man dort angewiesen, wo man zur Aufnahme ein Homal benützt. Die Aufnahmen im polarisierten Licht mit einem „Phoku" und bei gekreuzten Nikols können daher nur mit einem Innennikol erzielt werden. Bei anderen Typen von Aufsatzkammern, die zur Not auf die Fassung eines Aufsatzanalysators aufgeklemmt werden können, ist es ratsamer, entweder den Innennikol oder den Tubusnikol zu benützen.

Auch mit dem Analysator allein pflegt man mikrophotographische Aufnahmen zu machen. Dabei läßt sich eine bedeutend größere Apertur der Beleuchtung erzielen. Von besonderer Bedeutung ist das Verfahren bei der Abbildung von doppelbrechenden Strukturen, die in verschiedenen Richtungen der Objektebene angeordnet sind. Benutzt man eine drehbare Schlitzblende (Azimutblende), die zwischen das Objekt und den Beleuchtungsapparat eingeschaltet wird, so kann man je nach der Lage der Schlitzblende bestimmte Strukturelemente aus dem Netzwerk hervorheben und die übrigen im optischen Bild unterdrücken. Außer einem breit geöffneten Beleuchtungskegel ist es aber zu solchen Untersuchungen auch erforderlich, daß die doppelbrechenden Strukturen in einem Einschlußmedium liegen, dessen Brechungsindex gleich ist mit dem des weniger oder des stärker gebrochenen Strahls. Stellt man den Spalt parallel der Schwingungsrichtung desjenigen Strahles, dessen Brechzahl mit der des Einschlußmittels übereinstimmt, so verschwinden diejenigen Fasern fast vollständig, die senkrecht zur Richtung des Spaltes verlaufen.

Die konoskopischen Achsenbilder werden zur photographischen Abbildung mit dem zusammengesetzten Konoskop erzeugt. Man muß daher Sorge dafür tragen, daß das Bild in der Austrittspupille des Objektivs durch die Linse des Hilfsmikroskops scharf auf die Einstellebene der Kamera projiziert wird. Das läßt sich durch verschiedene Verfahren erreichen. Am einfachsten ist es, wenn man das ganze zusammengesetzte Mikroskop so stehenläßt, wie man es bei der subjektiven Beobachtung benützt hat, und nur die Augenlinse des Hilfsmikroskops etwas aus dem Tubus herauszieht, bis das Achsenbild in der Einstellebene der Kamera scharf erscheint. Arbeitet man mit einem Projektions- oder photographischen Okular (s. S. 45), so kann man durch die Fokussierung der Augenlinse das reelle konoskopische Bild sehr genau auf der Mattscheibe bzw. der Platte einstellen. Ratsam ist, die einmal ermittelte Stellung des Okulars zu markieren (bei den Projektionsokularen und photographischen Okularen ist die Stellung der Augenlinse durch eine Zahl der drehbaren Fassung schon gekennzeichnet), damit man sie immer wieder leicht finden kann. Daß bei Aufnahmen von konoskopischen Bildern jede kleinste Verunreinigung an den Linsen des Objektivs sehr störend im Bild bemerkbar wird, und man daher auf die Reinigung der Linsen (mit einem weichen Pinsel) besonders achten muß, versteht sich von selbst.

Auch in auffallendem Licht können polariskopische Bilder erzeugt werden, was in der Mineralogie und Metallographie oft von Bedeutung ist. Bei der einseitig schiefen Beleuchtung stellt man das Polarisationsprisma einfach auf einem Reiter in den Weg des auf das Objekt einfallenden Lichts. Beleuchtet man mit einem LIEBERKÜHN-Spiegel (Amalgamspiegel) von oben, so läßt sich der Polarisator auch in den Blendenträger des Kondensors einsetzen. Für Untersuchungen mit dem Vertikalilluminator im polarisierten Licht eignen sich besonders die Vorrichtungen der Firmen C. REICHERT und R. WINKEL, bei welchen der Polarisator in drehbarer Fassung unmittelbar mit dem Vertikalilluminator verbunden ist[1]. Der Analysator wird in der üblichen Weise als Aufsatz- oder Tubusanalysator bzw. Innennikol benützt.

128. Die graphische Wirkung. Die graphische Wirkung der Aufnahmen im polarisierten Licht wird nach alledem, was wir über die Bildentstehung erfahren haben, in erster Reihe davon bestimmt, ob man die Aufnahme bei gekreuzten Nikols oder mit ungekreuzten Nikols bzw. mit einem Polarisationsprisma er-

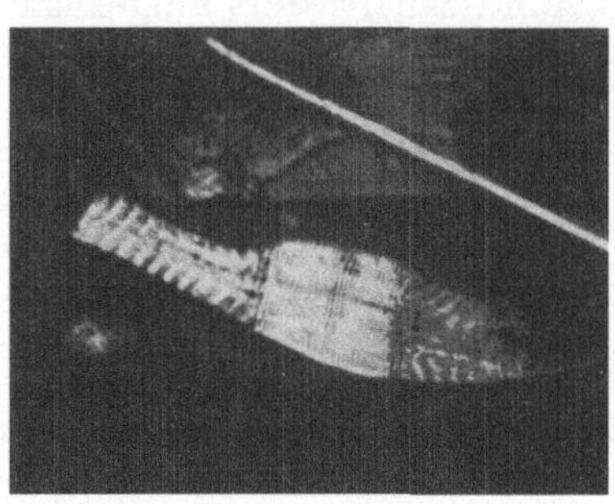

Abb. 187. Isolierte, quergestreifte Muskel-faser einer Fliege bei gekreuzten Nikols auf-genommen. Obj. ZEISS 20fach, Ok. 10fach, Kammerlänge 40 cm, beim Kopieren 1,5fach linear vergrößert. Bogenlicht. Belichtung: 6 Sek. Anisotrope Streifen und in der Mitte der Faser eine Kontraktionswelle hell.

zeugt. Im ersteren Fall wird die graphische Wirkung, ob sie mehr der eines Dunkelfeld- oder eines Hellfeldbildes ähnlich ist, von den Brechungsunterschieden zwischen Objekt-strukturen und Umgebung, ferner von der Lage der Schwingungsebenen des Objekts zu den Schwingungsebenen der gekreuzten Nikols abhängig sein. Gelangen Lichtwir-kungen in die Bildebene bei gekreuzten Nikols nur von bestimmten anisotropen Formele-menten und von den übrigen Teilen des Objekts überhaupt nicht, so erhält man ein Bild, das in seiner graphischen Wirkung stark an ein Dunkelfeldbild erinnert (Abb. 187). Ist das aber nicht der Fall und gelangt Licht auch bei gekreuzten Nikols von der ganzen Objektschicht in die Bildebene, so wird das Objekt (z. B. die dichroischen und pleochroischen Objekte) wie im Hellfeld ab-gebildet. Bei nicht gekreuzten Nikols hat das Bild stets den Charakter eines Hellfeldbildes mit stark ausgeprägten Interferenzerscheinungen (Abb. 188). Die Deutlichkeit ist natürlich von den Interferenzerscheinungen bedingt, die im Bild

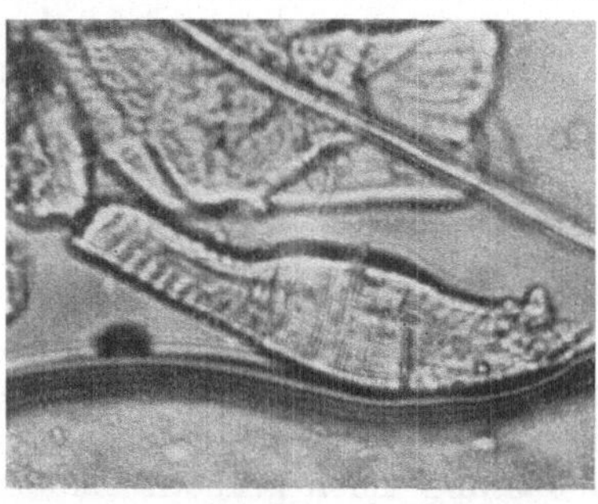

Abb. 188. Dieselbe Faser bei nicht gekreuzten Nikols. Linsenfolge, Kammerlänge und Bild-vergrößerung wie bei Abb. 187. Bogenlicht. Belichtung: 4 Sek.

die Verteilung von Licht und Schatten be-stimmen. Daß dabei der Grad der Doppel-brechung in erster Reihe maßgebend ist, braucht nicht weiter betont zu werden. Es ist aber zu beachten, daß auf die Entstehung der Interferenzerscheinungen und somit auch auf den Charakter des Interferenzbildes noch zwei weitere Faktoren einwirken, nämlich die Brechung des Einschlußmediums und die Höheneinstellung des Objektivs. Je nach dem Verhältnis, in welchem der Brechungsindex des Einschlußmittels zu denen der im Objekt gebrochenen Lichtstrahlen steht, ändert sich in einem bestimmten optischen Querschnitt der Charakter des Bildes (vgl. A. KÖHLER [7, S. 1079] und K. SPANNENBERG [1]). Hat man z. B. ein doppelbrechendes Objekt in einem Medium, dessen Brechung geringer ist als die des Objekts, so wird das Objekt bei hoher Einstellung (d. h. bei der höchsten Einstellung, die von ihm noch eine scharfe Abbildung liefert) hell erscheinen, im umgekehrten Fall dunkel. Die von der Lichtinterferenz bedingte helle Grenzlinie (BECKEsche Linie) wird beim Heben des Tubus (hohe Einstellung) in das Einschlußmittel wandern, falls dieses stärker lichtbrechend ist als das Objekt, im entgegengesetzten Fall

---

[1] Auch beim Opak-Illuminator der Firma E. LEITZ ist der Polarisator ins Aufsatz-rohr anzubringen (vgl. Abb. 129).

aber in das Objekt. Wo man die Wahl des Einschlußmittels hat, wird man meist Medien wählen, deren Brechzahl den beiden Brechzahlen des Objekts möglichst nahe liegt. So erhält man die durch die Doppelbrechung bewirkten Interferenzerscheinungen (Farben, Helligkeitsunterschiede) in reinster Form. Biologische Objekte, die man am häufigsten in nichtfixiertem Zustande polariskopisch zu untersuchen pflegt (Zupfpräparate, Schliffe, Gefrier- oder Rasiermesserschnitte), können und werden am besten in physiologische Flüssigkeiten oder Luft (Schliffe) eingedeckt. Bei mineralogischen oder physikalisch-chemischen Objekten hat man oft ebenfalls die Wahl, ob man als Einschlußmittel Luft, wäßrige Lösungen oder Gallerte und Harze nehmen soll. In vielen Fällen ist das Einschlußmittel jedoch von der Natur des Objekts schon fest bestimmt. Fixierte Schnittpräparate eignen sich im allgemeinen zu den Untersuchungen weniger als frisches Material. Die histologische Färbung stört die polariskopische Beobachtung erheblich. Das polarisationsmikroskopische Bild ist manchmal deutlicher ausgeprägt, wenn die Schnitte statt in Kanadabalsam in Glyzeringelatine eingeschlossen sind. Selbstverständlich muß die Einbettungssubstanz, Paraffin oder Zelloidin, restlos aus den Schnitten entfernt werden.

In allen Fällen, wo man doppelbrechende Objekte im Hellfeld, d. h. in einem ausgeleuchteten Sehfeld, beobachtet und photographiert (wie z. B. bei der Bestimmung der Brechungsindizes mit Vergleichsflüssigkeiten), erhält man eine bessere graphische Wirkung, wenn die Apertur der Beleuchtung klein ist. Meistens engt schon der Polarisator die Apertur der Beleuchtung so weit ein, daß die Kontraste zwischen Minima und Maxima im Bilde gut sichtbar sind. Bei Objekten aber, deren Brechungsunterschiede keine so ausgeprägten Interferenzen erzeugen, wird es oft nötig sein, auch die Aperturblende (Irisblende) enger zusammenzuziehen. Auch die Öffnung der Kollektorblende (Leuchtfeldblende) muß in solchen Fällen so eng gestaltet werden, als es des Sehfelds wegen zulässig ist.

Das Bild, das man bei gekreuzten Nikols erhält, hat in der Regel, namentlich wenn das freie Sehfeld dunkler ist als die abgebildeten Objekte, eine günstige graphische Wirkung. Eine gute graphische Wirkung zeigen auch die konoskopischen Bilder. Bei all diesen Bildern, die in den verschiedenen Abstufungen von Hell und Dunkel erscheinen, wird nicht nur die Güte der Abbildung, sondern auch die Kontrastwirkung des Bildes gefördert, wenn die Beleuchtung eine ausreichend große Apertur hat. Ist aber die Apertur größer, als es die Ausdehnung des Achsenbildes erfordert, so wird meistens der Kontrast herabgesetzt, weil dann Kondensor und Objektiv (wegen ihrer größeren Apertur) mehr Linsen haben als für diesen Zweck nötig sind. Durch partielle Reflexion an diesen Linsenflächen wird also das Bild verschleiert. Bei Aufnahmen mit gekreuzten Nikols muß dafür gesorgt werden, daß die Kollektorblende nur so weit geöffnet sei, daß ihr Bild gerade das Objekt deckt, dessen Achsenbild beobachtet werden soll.

129. Die Aufnahmen von Objekten mit Polarisationsfarben. Die photographischen Aufnahmen von Objekten mit Polarisationsfarben (Interferenzfarben zwischen Polarisator und Analysator mit Kompensatoren und die Farben pleochroitischer Objekte[1]) bieten meistens, soweit keine Farbenphotographien hergestellt werden, ähnliche Bilder, wie man sie bei subjektiver Beobachtung in monochromatischem Licht erhält[2]. Es werden deshalb vielfach die Aufnahmen unter Verzicht auf die tonrichtige Wiedergabe in monochromatischem Licht erzeugt (s. S. 287), wobei die reinen Helligkeitsunterschiede oft schärfer hervortreten als bei Aufnahmen in weißem Licht. Die beste Me-

---

[1] Vgl. A. Köhler (7, S. 1088).
[2] Für die Aufnahme dichroitischer Objekte genügt oft der Polarisator allein (vgl. A. Köhler [8, S. 1839]).

thode, solche Farbenbilder zu erzielen, namentlich zur Projektion von Bildern mit Polarisationsfarben, ist jedoch die Farbenphotographie (s. S. 143). Falls man sich mit Schwarz-Weiß-Photogrammen begnügt, erhält man die verhältnismäßig noch beste Wiedergabe der Farbenerscheinungen auf panchromatischen Platten mit geeigneten Lichtfiltern. Die Wahl der Filter richtet sich je nach dem Wellenbereich der im mikroskopischen Bild sichtbaren Polarisationsfarben und dabei auch (bei den nicht vom Pleochroismus bedingten sog. Interferenzfarben) noch nach den Gangunterschieden, die die Farbeninterferenzen bedingen (Ordnung I zwischen 0—1 λ Gangunterschied, Ordnung II zwischen 1—2 λ Gangunterschied usw.). Dabei ist zu beachten, daß die in Erscheinung tretenden Polarisationsfarben (von den schwarzen und grauen Tönungen abgesehen) Rot, Gelb und Blau je nach der Ordnung der Polarisationsfarben von verschiedener Intensität sind, und zwar sind sie am intensivsten in der niedrigsten und weniger intensiv in den höheren Ordnungen. Zeigt also das erzeugte Bild z. B. die Polarisationsfarben Rot, Gelb und Blau I. Ordnung, so muß man im schwarz-weißen Bild die Helligkeitsunterschiede dieser Interferenzfarben möglichst genau wiedergeben, wobei die blauen Stellen am dunkelsten, die gelben am hellsten und die roten in einem mittleren Ton zum Ausdruck gelangen müssen. Wie weit das gelingen wird, hängt natürlich streng von der Sensibilisierung der Platten für die verschiedenen Spektrumbereiche ab. Bei panchromatischen Platten, die auch für das rote Spektrum sensibilisiert sind, liegen die Verhältnisse am günstigsten, da man hier nur darauf achten muß, daß die blaue Strahlenwirkung gedämpft wird, was mit einem orange gefärbten oder starken Gelbfilter ohne Schwierigkeiten zu erreichen ist. Ist man aber auf orthochromatische Platten angewiesen, so wird man die Abtönung zwischen Rot, Gelb und Blau nie richtig wiedergeben können, da die roten Stellen immer dunkler erscheinen werden als Gelb und Blau. Immerhin wird man mit Gelbfiltern die blauen Strahlen so weit dämpfen können, daß die im Bild hellsten gelben Stellen auch im Photogramm als solche erkennbar bleiben. Farbenbilder, in denen keine rote Farbe auftritt, sondern nur die gelben, grünen, blauen und violetten Farben der verschiedenen Ordnungen, können natürlich auch auf orthochromatischen Platten in ihren Helligkeitsabstufungen richtig wiedergegeben werden, wenn man mit gelben Filtern die Wirkung der blauen Strahlen dämpft. Die Dämpfung der blauen Strahlen muß aber unter allen Umständen erfolgen, da bekanntlich die photographischen Platten für blaues Licht besonders empfindlich sind und so die blauen Polarisationsfarben, welche bei subjektiver Beobachtung weit dunkler erscheinen als die gelben, im Photogramm ebenso hell, sogar noch heller wiedergegeben werden als die gelben. Nun ist aber bei der Wahl der Filter, wie schon erwähnt, auch die Ordnung der Polarisationsfarben zu berücksichtigen, da unter den Polarisationsfarben höherer Ordnung die Helligkeitsunterschiede auch bei der subjektiven Beobachtung nur sehr gering sind. Während man also bei einer Aufnahme von Farben I. Ordnung mit panchromatischen Platten (z. B. Agfa-Kontrastplatten, Panchrom., Perutz-Perchromo-B-Platte) ein Orangefilter (z. B. Nr. 5 der Agfa) und mit orthochromatischen Platten (z. B. Perutz, Perortho-Antihalo-Braunsiegelplatte, Agfa-Chromo-Iso-Rapid) ein starkes Gelbfilter (z. B. Nr. 4 der Agfa) benützen wird, wählt man hellere Orange- bzw. Gelbfilter, sobald die Polarisationsfarben höherer Ordnung sind. Im letzteren Fall wird man von Flüssigkeitsfiltern, deren Farbe und Konzentration jeweils der Helligkeit der Polarisationsfarben angepaßt werden kann, mehr Vorteil haben als von festen Filtern. Ob die Farbenerscheinungen des polariskopischen Bildes bei parallel gestellten oder gekreuzten Nikols ohne Kompensatoren oder mit einem solchen photographisch abgebildet werden, und ob im letzteren Fall der Kompensator mit seiner optischen Achse der Schwingungsebene des stärker oder des schwächer gebrochenen Strahls parallel gestellt ist, hat auf die rein photographische Arbeit keinen Einfluß.

130. Belichtungszeit und Entwicklung. Aufnahmen im polarisierten Licht erfordern im allgemeinen eine längere Belichtung als bei derselben Vergrößerung in natürlichem Licht, namentlich die Aufnahmen bei gekreuzten Nikols. Die Belichtungszeit muß für jedes Objekt und jede Art der Einstellung (ob mit einem Polarisationsprisma, mit gekreuzten Nikols, mit Kompensatoren usw.) durch eine Probebelichtung festgestellt werden, da die subjektive Einschätzung nie verläßlich ist. Besonders wichtig ist die genaue Ermittlung der Belichtungszeit in allen Fällen, wo man vom selben Objekt zwei Aufnahmen unter genau gleichen Bedingungen, aber bei verschiedener Stellung des Objekts erzeugen will. Will man z. B. die Objekte einmal in der Schwingungsebene des stärker, einmal in der des schwächer gebrochenen Lichtanteils aufnehmen, so muß man hintereinander zwei Aufnahmen machen, wobei das Objekt zur zweiten Aufnahme mit seiner optischen Achse senkrecht zu der Richtung gestellt wird, in der es während der ersten Aufnahme gestanden ist. Ebenso liegen die Dinge, wenn man das Objekt erst bei parallel gestellten und dann bei gekreuzten Nikols oder mit und ohne Kompensatoren usw. darstellen muß. In allen solchen Fällen ist zu beachten, daß die Belichtungszeit der zwei zusammengehörenden Aufnahmen recht verschieden sein kann (vgl. Abb. 187 und 188) und deshalb für beide Aufnahmen gesondert durch Belichtungsreihen ermittelt werden muß. Bei Aufnahmen dichroitischer Objekte sollten jedoch die Belichtungen gleich sein in den beiden Lagen, wenn die Bilder eine richtige Vorstellung von der Stärke des Dichroismus geben sollen.

Was die Entwicklung anbelangt, empfiehlt es sich, polariskopische Aufnahmen eher weich als hart zu entwickeln, da bei einer harten Entwicklung charakteristische Helligkeitsunterschiede im Interferenzbild leicht unterdrückt werden können. Bei vielen Objekten sind die Kontraste zwischen Hell und Dunkel schon im mikroskopischen Bild so stark ausgeprägt (z. B. Achsenbilder von doppelbrechenden anorganischen Substanzen), daß eine harte Entwicklung dem Bild nur schaden würde.

VII. Die Aufnahmen im ultravioletten Licht.

(Vgl. zusammenfassende Darstellungen bei J. E. BARNARD [2, 3], A. KÖHLER [8, 9], FR. F. LUCAS [2].)

Die Zusammenhänge zwischen der Wellenlänge des Lichts und der Auflösung des mikroskopischen Bildes wurde schon in früheren Kapiteln wiederholt erörtert (s. S. 19). So haben wir schon im Zusammenhang mit den Lichtfiltern auf die Tatsache hingewiesen, daß man mit kurzwelligen blauen oder violetten Strahlen die förderliche Vergrößerung steigern kann, da die Auflösung vollkommener wird als im weißen Licht. Noch weiter kann aber das Auflösungsvermögen des Mikroskops gesteigert werden, wenn man das Objekt mit ultravioletten Strahlen ($\lambda = 275$—280 mμ) beleuchtet.

Dieses Verfahren erfordert eine besondere Einrichtung, welche drei Hauptforderungen entsprechen muß, und zwar sind diese: 1. eine Lichtquelle, die intensives und möglichst reines ultraviolettes Licht spendet; 2. eine optische Einrichtung aus Quarz, welche die ultravioletten Strahlen nicht absorbiert, und 3. eine Einrichtung zur Sichtbarmachung und Einstellung des subjektiv nicht wahrnehmbaren ultravioletten Bildes. Der nach den Angaben von

A. Köhler (2) zuerst 1904 in den Zeiss-Werken gebaute mikrophotographische Apparat ist diesen Forderungen gemäß gebaut und besteht aus zwei voneinander getrennten Teilen, aus dem Beleuchtungsapparat und dem Aufnahmeapparat mit dem Mikroskop (Abb. 189 und 190).

131. Der Beleuchtungsapparat. Der Beleuchtungsapparat (Abb. 191) enthält die Lichtquelle und die kurze optische Bank mit daraufgestellten Prismen, dem Kollektor und dem Spalt. Das ultraviolette Licht wird durch Kondensatorentladung zwischen zwei Kadmiumelektroden gewonnen. Die eigentliche Lichtquelle ist also die 2—4 mm lange Funkenstrecke zwischen den zwei Elektroden. Die zur Erzeugung der Funken nötige Spannung erhält man mit einem Transformator, der die niedere Spannung der Netzleitung (z. B. 110 oder 220 Volt) auf 10000 Volt transformiert. Während also die Aufladung der Elektroden vom Transformator aus erfolgt, ist für die Entladung durch die Elektroden oder, falls der Abstand der Kadmiumelektroden nicht richtig geregelt werden sollte, durch zwei Messingelektroden, die Funkensicherung, gesorgt, die mit Kondensatoren (Leydner-Flasche oder Minosplatten-

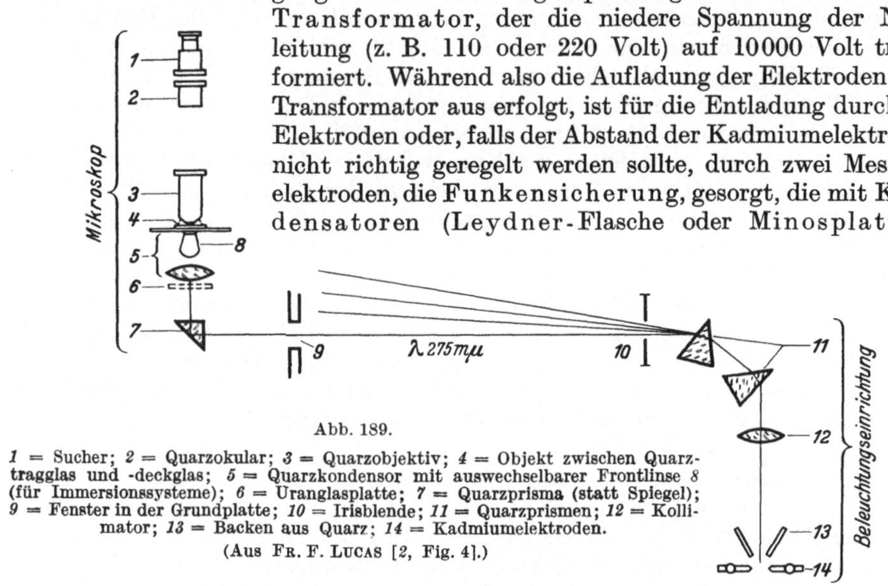

Abb. 189.

1 = Sucher; 2 = Quarzokular; 3 = Quarzobjektiv; 4 = Objekt zwischen Quarztragglas und -deckglas; 5 = Quarzkondensor mit auswechselbarer Frontlinse 8 (für Immersionssysteme); 6 = Uranglasplatte; 7 = Quarzprisma (statt Spiegel); 9 = Fenster in der Grundplatte; 10 = Irisblende; 11 = Quarzprismen; 12 = Kollimator; 13 = Backen aus Quarz; 14 = Kadmiumelektroden.
(Aus Fr. F. Lucas [2, Fig. 4].)

verdichter von je 10000 cm Kapazität) leitend verbunden sind. Der Transformator und die Minosplattenverdichter sind in einem Holzkasten untergebracht, über dessen Rand zwei Querbalken befestigt sind, die die optische Bank tragen. Die Anordnung der Beleuchtungseinrichtung auf der optischen Bank und die Schaltungsverhältnisse lassen sich am besten an der Abb. 191 erklären (vgl. auch Abb. 189). Wir wählen dabei als Ausgangspunkt den Schalter (*Sch*) des Stromkreises, der in der linken vorderen Ecke des Holzkastens an dem vorderen Querbalken (L_2) liegt. Auf demselben Querbalken, dem Schalter also am nächsten, liegt die eine Stellschraube der optischen Bank, die hier auf einer glatten Unterlage gleitet. Gleich hinter dieser Schraube befindet sich auf einem Reiter der Funkenständer (*F*), der auf zwei isolierenden Porzellansäulen die Metallklemmen für die Elektroden trägt. Die Klemmen sind nach den Seiten hin mit Kupferblechfortsätzen versehen, um die Wärme abzuleiten. Dem einen Kupferblech ist ein Schirm aus Vulkanfiber lose aufgesetzt, damit das Licht des Funkens beim Einstellen des Bildes nicht stört. Die Elektroden bestehen aus etwa 1 mm dicken und 8 mm breiten Blechstreifen, und zwar werden sowohl Kadmium- wie auch Magnesiumelektroden dem Apparat beigegeben[1]. Die Magnesiumelektroden spenden ein ultraviolettes Licht von der mittleren Wellen-

---

[1] Neuerdings werden kreisrunde Elektroden verwendet. Über die Vorteile solcher Elektroden und auch über sonstige Neuerungen in der optischen Ausrüstung vgl. A. Köhler (10).

länge 280 mμ. Dieses Licht erzeugt im Uranglas eine starke Fluoreszenz und wirkt auch besonders stark auf die photographische Platte, es hat jedoch den Nachteil, daß es nicht streng monochromatisch ist (das Spektrum in Ultraviolett besteht aus sehr nahe nebeneinander liegenden Linien). Mit den Monochromaten, die streng auf eine bestimmte Wellenlänge korrigiert sind, erhält man im Magnesiumultraviolett keine vollkommen scharfe Abbildung. Das UV-Licht der Kadmiumelektroden mit der Wellenlänge von 275 mμ ist deshalb zu den Monochromaten besser geeignet, denn hier läßt sich ein bestimmtes Wellenbereich (Kadmiumlinie Nr. 17) aus dem Spektrum ohne besondere Schwierigkeiten aussondern. Allerdings ist die

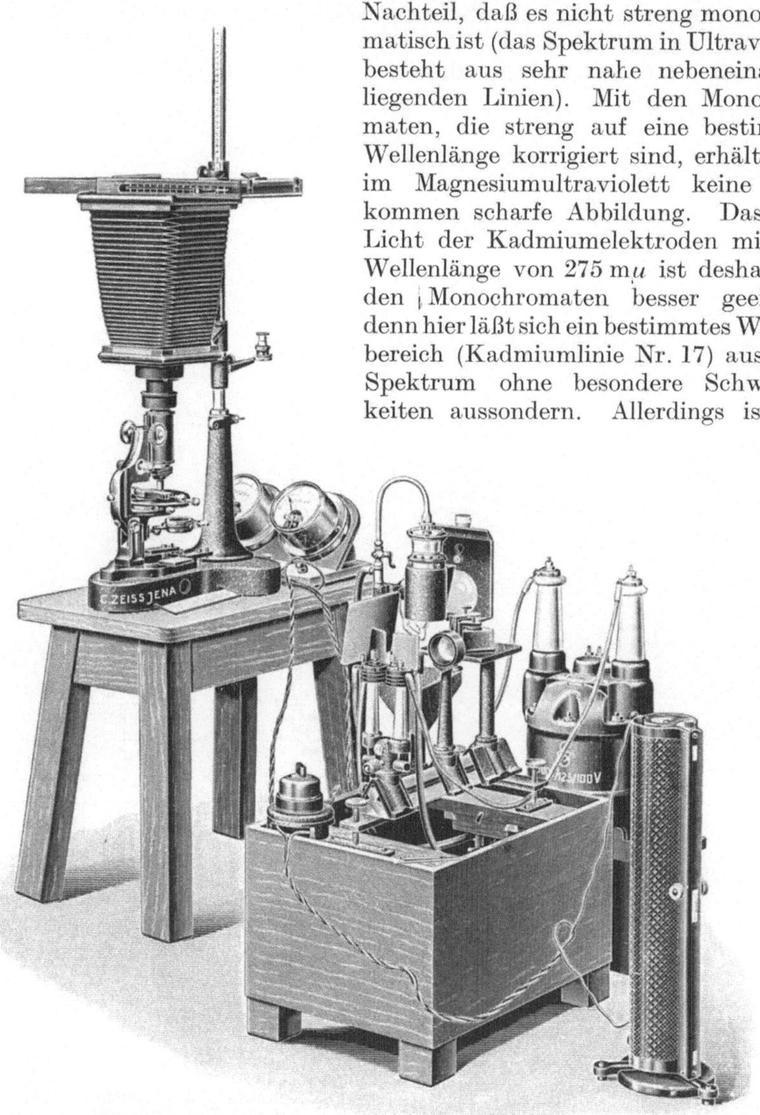

Abb. 190. Einrichtung für Mikrophotographie mit ultraviolettem Licht.
(Aus A. KÖHLER [8, Fig. 944 S. 1934].)

Wirkung der Wellenlänge 275 mμ auf die photographische Platte nicht so stark wie die des 280 mμ, auch erzeugt das Kadmiumultraviolett keine so helle Fluoreszenz wie das Magnesiumlicht.

BARNARD hat mit Vorteil die Wellenlänge von 283 mμ zur UV-Beleuchtung verwendet in Verbindung mit einem Dunkelfeldkondensor aus Quarz und Magnalium (einer Aluminium-Magnesium-Legierung) (s. S. 306). TRIVELLI und LINCKE (1) haben bei ihren Versuchen mit langwelliger UV-Strahlung gefunden, daß man auch mit der Linie 312 mμ gute UV-Mikrophotographien erhalten kann. Die Linsen des Mikroskops müssen auch hier aus Quarz bestehen, das Objekt kann dagegen zwischen einem Objektträger und einem Deckglas aus Glas untergebracht sein, da für diese Wellenlänge auch das Glas eine genügende Durchlässigkeit besitzt. Auch manche Kanadabalsamsorten können als Einschlußmittel Verwendung finden (vgl. S. 307). Aus dem gesetzmäßigen

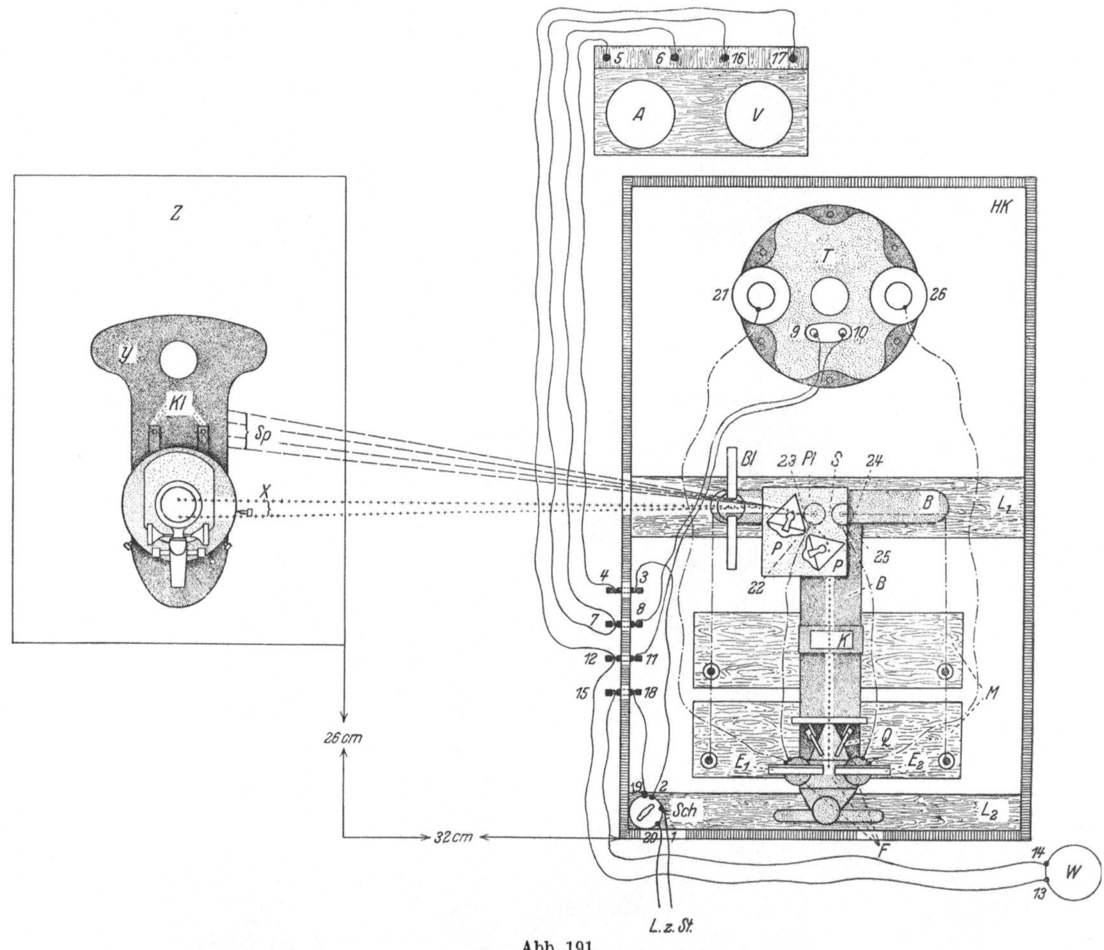

Abb. 191.

Rechts: Beleuchtungseinrichtung. A = Ampèremeter; V = Voltmeter; B = optische Bank; Bl = Blende; E_1 und E_2 = Elektroden; F = Funkständer; HK = Holzkasten; K = Kollimator; $L_1 L_2$ = Holzleisten; M = Minosplattenverdichter; P = Quarzprismen; Pl = Platte; Q = Quarzbacken; Sch = Schalter; S = Sicherheitsfunkenstrecke unter L_1 liegend; T = Transformator; W = Widerstand. Die Zahlen bedeuten die Klemmen für die elektrischen Leitungen.
Links: Der Unterbau der mikroskopischen Einrichtung. Kl = Klemme; Sp = Sichtbares Spektrum; X = Lichtkanal; Y = Grundplatte; Z = Holzblock; ——— Gang der sichtbaren Strahlen; ······· Gang der ultravioletten Strahlen.
(Originalzeichnung von O. Mangold, ursprünglich zur Erklärung des Strahlenstichapparats.)

Zusammenhang zwischen Wellenlänge und Auflösung folgt jedoch mit genügender Deutlichkeit, daß man zur Erzielung der höchsten Leistungsfähigkeit der Methode nur die kurzwellige UV-Strahlung mit Vorteil wird anwenden können, und zwar die Wellenlänge 275 mμ dort, wo eine besonders scharfe Abbildung in einer optischen Ebene gewünscht wird (vgl. Lucas [2]), die Wellenlängen 280—283 mμ wiederum dort, wo eine bessere Tiefenwirkung vorteilhaft erscheint. UV-Strahlen von längeren Wellen sind vor allem für die Lumineszenz-mikroskopie von Vorteil (s. S. 308).

Da die Elektrodenenden bei der Funkenentladung ziemlich rasch abgenützt werden, ist der Funkenständer mit einer Stellschraube ausgerüstet, die die Elektroden scherenartig bewegt und ihre Nachstellung auf eine 2—4 mm lange Funkenstrecke ermöglicht. Sind die Elektroden stark abgenützt, so kann man sie leicht auswechseln. Das Licht des zwischen den Kadmiumelektroden erzeugten Funkens zeigt im Spektroskop ein typisches Funkenspektrum aus zahlreichen einzelnen Linien, von denen möglichst genau die Wellenlänge von 275 mμ (Kadmiumlinie Nr. 17 nach MASCART) ausgesondert werden muß. Die Isolierung dieser Wellenlänge erfolgt nun mit der übrigen Ausrüstung auf der optischen Bank. Zunächst finden wir hinter dem Funkenständer den Spalt (Q), d. h. zwei in einem Winkel von etwa 60° gegeneinander senkrecht aufgestellte undurchsichtige Platten (Spaltbacken) aus geschmolzenem Quarz, die einen Schlitz von etwa 2 mm zwischen sich fassen. Das Licht der Funkenstrecke fällt also durch diesen engen Spalt auf den hinter dem Spalt aufgestellten Quarzkollektor von 16 mm Brennweite (K), der ein Bild der Lichtquelle, d. h. des beleuchteten Quarzspaltes, entwirft. Ehe es zustande kommt, durchlaufen die Strahlen die auf der Prismenplatte (Pl) stehenden Quarzprismen[1], die, wie aus der Abb. 191 ersichtlich, so gegeneinander aufgestellt sind, daß das Licht von dem ersten vorderen Prisma in das zweite hintere und von hier aus seitwärts zum Mikroskop abgelenkt wird. An beiden Seiten der Prismenplatte befinden sich zwei Stellschrauben der optischen Bank, von denen die linke in einer kegelförmigen Vertiefung sitzt, die andere aber auf eine glatte Unterlage gleitet. Die Prismen besorgen nicht bloß die Ablenkung des Lichts zum seitlich aufgestellten Mikroskop, sondern — was ihre Hauptbedeutung ist — sie zerlegen das aus verschiedenen Wellenlängen zusammengesetzte Licht in die einzelnen Wellenbereiche, aus denen dann die der ultravioletten Strahlen von dem Beleuchtungsapparat des Mikroskops aufgefangen werden. Bevor wir uns aber diesen zuwenden, müssen wir noch die Schaltungen am Beleuchtungsapparat etwas näher ins Auge fassen.

Der Strom wird von einer Steckdose der Netzleitung entonmmen und zum Schalter geleitet (in der Abb. 191 zu *20* u. *1*). Von hier aus wird nun mit Hilfe der an dem Holzkasten befindlichen Klemmschrauben ein Regulierwiderstand (W), ein Ampèremeter (A) und der Transformator (T) hintereinander, dann ein Voltmeter V), das die Spannung an den Primärklemmen des Transformators anzeigt, parallel geschaltet. Die Zahlen *2, 3, 4, 5, 6, 7* — Schaltung zum Ampèremeter —, *8, 9, 10, 11* — Schaltung des Transformators —, und *12, 13, 14, 15, 18, 19* — Schaltung des Widerstandes — zeigen den primären Stromkreis zur Ladung des Transformators, während die Zahlen *7, 16, 17, 12* die Parallelschaltung des Voltmeters anzeigen.) In diesem Schaltungskreis ist die Spannung verhältnismäßig niedrig (Niederspannungskreis), so daß man zu den Leitungen die gewöhnlichen Leitkabel benutzt. Erst von den Sekundärklemmen des Transformators wird der Hochspannungsstrom durch starke, mit Gummi isolierte Drähte zu den Elektroden geführt (in Abb. 191 E_1 und *21*, E_2 und *26*), und ebenso sind die Elektroden mit dem Kondensator verbunden). (Die Zahlen *22, 23*, dann *24, 25* stellen in Abb. 191 die Klemmen unterhalb der Querleiste L_1 dar, welche die Leitung zu den parallel geschalteten Minosplattenkondensatoren führen.) Von den Klemmen *23* und *24* leiten zwei blanke starke Kupferdrähte zu den Kondensator-

---

[1] Neuerdings werden vorteilhafter Hohlprismen mit Quarzwänden, mit destilliertem Wasser gefüllt, verwendet. Auch die Form, in welcher die Quarzprismen zu einem Monochromator für ultraviolettes Licht zusammengestellt werden, ist in letzter Zeit vervollkommnet worden (vgl. A. KÖHLER [10]).

platten; es wird dadurch eine Funkensicherung (S) mit Messingelektroden in festen Abstand parallel zur Kadmiumfunkenstrecke geschaltet, die es ermöglicht, daß auch dann eine Entladung der Spannung im Funkenkreis erfolgt, wenn die Kadmiumelektroden abgenützt sind und nicht nachgestellt werden. Sicherheitshalber erdet man noch die optische Bank mit einem blanken Kupferdraht.

Die geschilderte Anordnung gilt vor allem für Wechselstrom. Bei Gleichstrom muß man statt des Transformators ein Induktorium einschalten, das von der Firma KLINGELFUSS geliefert wird. In den Primärkreis des Induktoriums wird außer dem Regulierwiderstand auch ein SIMONscher Unterbrecher eingeschaltet, und zwar möglichst so, daß der Unterbrecher außerhalb des Arbeitsraums oder wenigstens vom Aufnahmeapparat weit entfernt liegen soll, denn das von ihm verursachte Geräusch und die Säuredämpfe wirken bei der Arbeit mit dem Apparat sehr lästig. Mit Wechselstrom arbeitet man weit angenehmer und bequemer als mit Gleichstrom.

Wir haben den Strahlengang von der Funkenstrecke bis zu dem Punkt verfolgt, wo er das Mikroskop erreicht. Der Lichteinfall erfolgt nun bei einem runden Fenster, das in der Grundplatte, auf der das Mikroskop aufgestellt wird, an der einen der optischen Bank zugekehrten Seite angebracht ist. Hinter diesem Fenster befindet sich ein drehbares, total reflektierendes Quarzprisma, das die Funktion des abmontierten Mikroskopspiegels übernimmt und die von den Prismen der optischen Bank gespendeten ultravioletten Strahlen senkrecht nach oben in die Öffnung des Quarzkondensors reflektiert. Dieser Quarzkondensor wird mit einer Zentriervorrichtung in den ABBESCHEN Apparat an Stelle des gewöhnlichen Kondensors eingesetzt. Er besteht aus vier Bergkristallinsen und einer eingebauten Irisblende, von denen die zu einem aplanatischen Duplex vereinigten zwei oberen Linsen abgenommen und gegen eine einfache Quarzfrontlinse ausgewechselt werden können. Mit der Duplexfront hat der Kondensor eine Brennweite von 4 mm und eine num. Ap. von 1,30, mit der einfachen Front eine Brennweite von 7 mm und eine num. Ap. von 0,80. Ohne Frontlinsen erhält man einen Kondensor von der Brennweite 17 mm mit der num. Ap. 0,30. Man kann den Quarzkondensor auch zu kurzwelligem sichtbarem monochromatischem Licht verwenden, nur muß man dabei die Dicke der Objektträger genau berücksichtigen. Bei Glasobjektträgern von 0,5 mm ist der Quarzkondensor ohne weiteres verwendbar. Ist aber der Objektträger dicker (1—1,5 mm), so muß die Frontlinse entfernt werden. Bei Aufnahmen, die eine Beleuchtung in sichtbarem Licht von hoher Apertur erfordern, ersetzt man ihn dann durch einen kleinen Glaskondensor mit größerem Objektabstand, der oberhalb der Irisblende aufgeschraubt wird.

Nun ist zu beachten, daß die Funktion der Leuchtfeld- oder Kollektorblende von der Öffnung des hinteren Prismas (auf der Prismenplatte) ausgeübt wird. Das Bild dieser quadratischen Fläche mit abgerundeten Ecken (der Rand des Kollektors rundet sie nämlich ab) muß also bei richtigem Strahlengang vom Quarzkondensor in die Objektebene geworfen werden. Die richtige Einstellung der Beleuchtung werden wir später kennenlernen; jetzt verfolgen wir einstweilen noch den Strahlengang, der durch den Quarzkondensor zum Objekt gelangt. Dieses liegt zwischen einem Objektträger aus Bergkristall oder aus UV-Glas und einem Deckglas aus geschmolzenem Quarz eingeschlossen. Die Bergkristallplättchen, 25 : 30 mm groß und 0,5 mm dick, die man als Objektträger benützt, werden in Metallfassungen eingelegt, um sie bequemer handhaben zu können (Objektträger nach HEIDENHAIN).

132. Die Quarzlinsen. Das abbildende System, in dem man das mikroskopische Bild im ultravioletten Licht erzeugt, besteht aus den von M. v. ROHR berechneten und in den ZEISS-Werken hergestellten **Monochromatobjektiven** (kurz Monochromaten) und aus HUYGENSschen oder RAMSDENschen Okularen, welche aus amorphem Quarz, d. h. aus geschmolzenem Bergkristall, geschliffen werden (s. KÖHLER und v. ROHR [*1*]). Die Monochromate enthalten eine Anzahl von Quarzlinsen (aus geschmolzenem Quarz), so daß sie eine tadellose sphärische, jedoch keine chromatische Korrektion aufweisen. Sie können nur in streng monochromatischem Licht, so z. B. bei der Beleuchtung mit UV-Strahlen, den Forderungen einer einwandfreien mikroskopischen Abbildung Genüge leisten, was durch ihre Bezeichnung als Monochromate zum Ausdruck gebracht wird. Man erhält von der Firma ZEISS die Monochromatobjektive und die dazugehörigen Quarzokulare in folgender Zusammenstellung:

Tabelle 26: Die Monochromatobjektive der Firma CARL ZEISS.

Monochromat 16 mm, num. Ap. 0,2 , Trockensystem
Monochromat 6 mm, num. Ap. 0,35, Trockensystem
Monochromat 2,5 mm, num. Ap. 0,85, Glyzerinimmersion
Monochromat 1,7 mm, num. Ap. 1,25, Glyzerinimmersion
Quarzokular 5
Quarzokular 7
Quarzokular 10
Quarzokular 14
Quarzokular 20

Als Immersionsflüssigkeit benützt man **Glyzerin** mit Wasser so verdünnt, daß sein Brechungsverhältnis n (für UV-Strahlen von der Wellenlänge 275 mμ berechnet), mit der des Quarzglases übereinstimmt. Zedernöl ebenso wie Kanadabalsam halten den größten Teil der UV-Strahlen zurück. Es ist stets vorteilhaft, die Immersionslinse 1,7 mm mit einer Kondensorimmersion zu benützen. Da die Beleuchtung mit UV-Strahlen die Grenze der förderlichen Vergrößerung etwa um das Doppelte erhöht, erhält man mit den Monochromaten der oben angegebenen Reihe entsprechend (s. Tabelle 26) 400-, 600-, 1700- und 2600fache Vergrößerungen. Mit den zwei Immersionsmonochromaten lassen sich bei einer gesteigerten Auflösung der Strukturen weit stärkere Vergrößerungen erzielen als mit den stärksten Apochromaten in natürlichem Licht. Die zwei Trockensysteme liefern zwar Vergrößerungen, die auch in weißem Licht erreichbar sind; die mit den Monochromaten im UV-Licht erzielte Vergrößerung entsteht jedoch bei einer viel geringeren Apertur als dieselbe Vergrößerung in weißem Licht, was für die **Tiefenschärfe** der Abbildung von großem Vorteil ist. So erhält man mit den Monochromaten bei derselben Vergrößerung und Auflösung Bilder von größerer Tiefenschärfe als mit den Achromaten oder Apochromaten. Die Tiefenschärfe der Abbildung wird noch erhöht, wenn man kein Kadmium-, sondern Magnesiumlicht ($\lambda = 280$ mμ) verwendet. Bei Aufnahmen an dickeren Objekten (20—30 μ) benützt man also statt der Kadmiumelektroden die Magnesiumelektroden.

Die Okulare mit Bergkristallinsen sind Korrektionsokulare zu den Monochromaten und daher nur mit diesen verwendbar. Durch die Quarz- und Bergkristall-Linsen, aus der der Beleuchtungsapparat und das abbildende System aufgebaut sind, können also die bilderzeugenden UV-Strahlen zur Einstellebene der Kamera gelangen und dort das ultraviolette Bild erzeugen. Dieses Bild bleibt jedoch für das Auge, dessen Netzhaut den UV-Strahlen gegenüber unempfindlich ist, unsichtbar, was sowohl die Einstellung des Bildes als auch die Kontrolle der Beleuchtung wesentlich erschwert. Da die Quarzlinsen Strahlen von längeren Wellen ebenso durchlassen wie die ultravioletten, kann man sich so helfen, daß man erst die Beleuchtung, d. h. den Strahlengang, durch Kollektor,

Prismenplatte, totalreflektierendes Prisma und Kondensor bei weißem Licht ausrichtet, das Präparat ebenso bei weißem Licht einstellt und erst dann die Aufnahme bei UV-Licht erzeugt. Ein solches Vorgehen kann jedoch aus zweierlei Gründen keine einwandfreien Aufnahmen liefern: 1. weil die UV-Strahlen bei der Dispersion durch die Prismen anderswo liegen als die übrigen Wellenbereiche des dispergierten Lichts, die Einstellung des Beleuchtungsapparates bei sichtbarem Licht also für diejenige mit UV-Strahlen nicht maßgebend ist, 2. aber, weil in der Bildebene zwischen den UV-Strahlen und den sichtbaren Strahlen eine Fokusdifferenz besteht. Das subjektiv scharf eingestellte Bild wird deshalb auf der photographischen Platte bei UV-Licht unscharf erscheinen. Man kann jedoch sichtbares monochromatisches, d. h. grünes oder gelbes Licht zum Aufsuchen und Einstellen bestimmter Stellen benützen. Zu diesem Zweck ist neben der optischen Bank eine Quecksilberlampe (z. B. eine Hageh-Lampe) oder eine Natriumlampe auf einem drehbaren Halter so befestigt, daß sie leicht vor die Prismenplatte eingeschaltet und dann beim Gebrauch des UV-Lichts ausgeschaltet werden kann. Die Kontrolle des Strahlengangs mit UV-Licht erfolgt dann mit Hilfe einer Uranglasplatte, die im UV-Licht aufleuchtet, da die UV-Strahlen im Uranglas Fluoreszenz erzeugen.

133. Zentrierung und Einstellung. Die Zentrierung der Beleuchtung erfolgt also folgendermaßen: Man schaltet erst die Hilfslampe ein und zentriert den Kondensor mit der Zentriervorrichtung zum Objektiv, das mit einem Schlittenwechsler ebenfalls zentrierbar angebracht ist. Zu dieser vorläufigen Zentrierung braucht man keine Monochromate, sondern man arbeitet mit einem schwachen Achromat. Nun werden mit Hilfe der Zentrierschrauben Objektiv und Quarzkondensor so zueinander justiert, daß das Bild der eng zusammengezogenen Irisblende in der Mitte des Sehfelds liegt[1]. Öffnet man dann die Irisblende und hebt den Kondensor mit dem Trieb des ABBEschen Apparats, so wird statt der Irisblende das Bild der Hageh- oder Natriumlampe oder bei seitwärts geschwenkter Lampe das der Quarzprismen erscheinen. Um die Öffnung der Prismen genau in die Mitte des Sehfelds zu bringen, braucht man nichts weiter zu tun, als das totalreflektierende Prisma etwas zu drehen oder an den Zentrierschrauben des Kondensors ganz wenig nachzuhelfen.

Zur endgültigen Zentrierung schaltet man jetzt das grüne oder gelbe Licht aus und beleuchtet mit UV-Strahlen. Bei den ersten Versuchen mit der Einrichtung wird man aber statt der Kadmiumelektroden die Magnesiumelektroden einschalten, da das von diesen gespendete Licht an der Uranglasplatte eine stärkere Fluoreszenz erzeugt. Die UV-Strahlen werden zuerst am Fenster der Grundplatte mit dem Uranglas aufgefangen. Das Funkenspektrum besteht aus einzelnen, einfarbigen Bildern des Funkens oder des Spaltes, die im ultravioletten Bereich das Uranglas aufleuchten lassen. Die letzte Linie des Spektrums erzeugt im Uranglas ein besonders stark fluoreszierendes Licht: sie ist die Linie der UV-Strahlen des Wellenbereiches von 280 mμ. Liegt nun diese Linie höher oder tiefer als das Fenster der Grundplatte, so muß man mit Hilfe der Stellschraube hinter dem zweiten (hinteren) Prisma das Linienspektrum soweit heben oder senken, daß die stark fluoreszierende Linie gerade in die Höhe des Fensters fällt. Hat man mit der Stellschraube die Prismenplatte in die richtige Höhe gestellt, so kann man die Linie des Wellenbereichs von 280 mμ auf das Fenster und auf das hinter ihm stehende totalreflektierende Prisma fallen lassen, wenn man die ganze optische Bank um die etwa unter der letzten Prismenfläche

---

[1] Sind die Schlittenwechsler der Monochromate schon aufeinander zentriert, so muß der Kondensor zum Objektiv, im entgegengesetzten Fall aber umgekehrt das Objektiv zum Kondensor zentriert werden.

liegende Stellschraube als Achse dreht. Jetzt legt man eine Uranglasplatte mit Ringmarke in den Blendenträger des Abbeschen Apparats und prüft weiter, ob das helle Funkenbild richtig zentrisch zur Ringmarke und damit in der Öffnung des Quarzkondensors liegt. Da der Kondensor schon früher bei gelbem Licht so hoch gestellt wurde, daß das Bild des Leuchtfelds in der Objektebene entworfen wird, muß man jetzt mit dem auf die Objektebene fokussierten Objektiv das quadratische Bildchen der Prismenöffnung im Fluoreszenzlicht erblicken, wenn man die Uranglasplatte aus dem Blendenträger herausnimmt, sie mit der Marke nach unten auf den Mikroskoptisch legt und das Objektiv auf die Marke einstellt. Erscheint das Leuchtfeldbild nicht scharf begrenzt, so muß der Kondensor nachgestellt werden; liegt es nicht zentrisch im Sehfeld, so ändert man nichts an den Zentrierschrauben des Kondensors, sondern sucht zunächst das Bild durch Drehung des totalreflektierenden Prismas in die Mitte zu bringen; erst den Rest korrigiert man mit den Zentrierschrauben des Kondensors. Noch genauer läßt sich das UV-Leuchtfeld in die Objektebene mit dem folgenden Verfahren einstellen: Man läßt den Beleuchtungsapparat so stehen, wie es eben geschildert wurde, und bringt ein fadenförmiges Objekt (Haare, Kokonfäden u. ä.) zwischen Quarzplättchen auf das Mikroskop. Bei gelbem oder grünem Licht der Hilfslampe stellt man jetzt mit dem schwächsten Monochromat und einem schwachen Okular das Bild scharf ein, wobei die Irisblende eng zusammengezogen wird. Dann schaltet man UV-Licht ein, die Irisblende wird ganz geöffnet, das Okular entfernt, und auf das obere Tubusende legt man die Uranglasplatte. Man erblickt nun einen fluoreszierenden Lichtfleck auf dem Uranglas, an dessen Stelle das Bild des Objekts erscheinen wird, sobald der Tubus etwas gesenkt wird. Wird aber der Kondensor gehoben, so erhält man in der genau fokussierten Einstellebene des Objektivs das scharfe Bild der quadratischen Prismenöffnung mit den abgerundeten Ecken. Damit wäre die Beleuchtung genau auf die Objektebene fokussiert und zur optischen Achse des Mikroskops zentriert; man könnte also zur Einstellung des Bildes auf die Mattscheibe und zur Aufnahme schreiten. Bei ganz schwachen Vergrößerungen braucht man tatsächlich nur an Stelle der Mattscheibe eine fluoreszierende Einstellscheibe aufzulegen, das Bild im Fluoreszenzlicht scharf einzustellen und es dann auf der Platte abzubilden. Abgesehen davon, daß man so selbst bei den schwächsten Vergrößerungen nur nach mehreren Probeaufnahmen eine scharfe Abbildung erhalten kann, ist das mikroskopische Bild im Fluoreszenzlicht so lichtschwach, daß man bei etwas stärkeren Vergrößerungen das Bild kaum sehen wird. Man benutzt daher zur Einstellung auf die Mattscheibe zwei andere Verfahren. Nach dem einen, das von Swingle u. Briggs (1, vgl. dazu A. Köhler [3]) empfohlen und von Walkhoff (1, 2) genauer ausgearbeitet wurde, stellt man das Bild auf der Mattscheibe bei grünem oder gelbem Licht der Hilfslampe scharf ein, und zwar so, daß man den Tubus mit der Mikrometerschraube — die zu diesem Zweck mit einer Drehscheibe und Kreisteilung ausgerüstet wird (s. Abb. 192) — bis zur oberen Grenze der Tiefenschärfe hebt. Jetzt wird UV-Licht eingeschaltet, und man erzeugt mehrere Aufnahmen hintereinander, wo bei jeder Aufnahme der Tubus um einen bestimmten Betrag, z. B. um $^1/_2$ oder $1\,\mu$, gesenkt wird. Der Betrag, um den man den Tubus senkt, läßt sich an der Kreisteilung der Drehscheibe genau ablesen (vgl. auch Lucas, S. 303). Entwickelt man die Platten, so kann man aus der Aufnahmenreihe die Einstellung ermitteln, bei der die UV-Strahlen das schärfste Bild liefern. Mit diesem Verfahren wird also die Fokusdifferenz zwischen den ultravioletten und den sichtbaren grünen oder gelben Strahlen empirisch ausgeglichen. Die Vereinigungsstelle der UV-Strahlen liegt natürlich immer tiefer als die der grünen oder gelben Strahlen; wie groß jedoch der Unterschied, d. h. die Fokusdifferenz ist, läßt sich im voraus schwer bestimmen, denn sie wechselt je nach der Stärke der benutzten Objektive und Okulare. Sogar die Sehschärfe des Beobachters hat auf diese Fokusdifferenz einen merkbaren Einfluß. Hat man also mit einer Aufnahmenreihe festgestellt, daß die scharfe Einstellung im UV-Licht z. B. 1,5 μ tiefer liegt als im grünen oder gelben Licht, so hat dieser Befund nur für die benützte Linsenfolge Geltung. Wechselt man Objektiv und Okular, so muß von neuem die scharfe Einstellung in der beschriebenen Weise bestimmt werden. Da jedoch die Zahl der Kombinationen bei der geringen Auswahl an Monochromaten und den dazu passenden Okularen beschränkt ist, so hat man durch Probeaufnahmen den Betrag bald festgestellt, um welchen der Tubus gesenkt werden muß, damit nach einer subjektiven Einstellung in sichtbarem Licht die Aufnahme im ultravioletten Licht genügend scharf erscheint.

134. Der Sucher. Das zweite Verfahren ist bequemer und sicherer als das eben geschilderte; es erfordert jedoch eine besondere optische Einrichtung, eine Art Einstellupe im Fluoreszenzlicht, den sog. Sucher (vgl. Abb. 192). Dieser besteht aus zwei Quarzlinsen, deren Brechung einem hypermetropischen Auge von etwa 3 D entspricht. In ihrem hinteren Brennpunkt befindet sich eine Uranglasplatte als Auffangeschirm und hinter dieser eine starke Lupe. Stellt man den Sucher auf die Austrittspupille des Mikroskops, also auf die Stelle, wo man bei subjektiver Beobachtung das Auge zu stellen pflegt, so wird der Sucher gewissermaßen ein künstliches hypermetropes Auge darstellen, dessen Netzhaut durch die Uranglasplatte vertreten ist und das Bild im Fluoreszenz zeigt. Man wird also mit der Mikrometerschraube den Tubus so weit senken oder heben, bis auf der Uranglasplatte das mikroskopische Bild scharf erscheint. Die Größe des so erhaltenen Bildes entspricht etwa der des Zwischenbildes; es ist daher ziemlich klein und so hell, daß man es auch im Fluoreszenzlicht selbst durch die Lupe zwölfmal vergrößert noch deutlich sehen und einstellen kann. Entfernt man den Sucher und stellt die Kamera auf das Mikroskop, so muß beachtet werden, daß das eingestellte Bild — einer Hypermetropie von 3 D entsprechend — nur in 33 cm Entfernung auf dem Auffangeschirm scharf erscheinen wird. Dementsprechend wählt man einen Kameraauszug von etwa 33 cm; ist er aber um einige Zentimeter länger, so schadet es auch nichts. Der Betrag, um den die Fokussierung der UV-Strahlen korrigiert werden muß, ist nämlich von der Kameralänge weitgehend unabhängig. Hat man mit dem Sucher das Bild auf der Uranglasplatte der Sehweite eines 3 D hypermetropen Auges entsprechend scharf eingestellt, so wird es auch scharf bleiben, wenn man statt 33 cm 35 cm oder 40 cm Kameralänge wählt. Der Sucher ist aber nicht nur das künstliche Auge, um das UV-Bild wahrzunehmen, sondern gleichzeitig auch die photographische Einstellupe. Wie diese auf die spiegelnde Glasscheibe, so muß die Augenlinse des Suchers auf ein Strichkreuz an der Uranglasplatte genau eingestellt sein, damit das subjektiv gesehene Bild ebenso scharf auf der Platte erscheinen soll. Vollkommen scharf wird man allerdings das Fluoreszenzbild nie einstellen können, und zwar deshalb nicht, weil die Lichterregung in der Uranglasplatte nicht auf eine einzige optische Ebene beschränkt ist, sondern von ein und demselben ultravioletten Strahl in verschiedenen optischen Ebenen hervorgerufen wird. Die von der fluoreszierenden Uranglasplatte entsandten Lichtstrahlen werden also nicht von scharfen Bildpunkten ausgehen, sondern von einem kleinen Lichtkegel, dessen Querschnitt man als Lichtscheibchen erblicken wird, ähnlich den Lichtflecken, die man bei sphärisch mangelhaft korrigierten Linsensystemen zu erhalten pflegt. Diese von der Fluoreszenz bedingte Unschärfe wird um so stärker erscheinen, je dicker die Uranglasplatte ist und je stärker das Bild durch die Lupe vergrößert wird. Die Unschärfe stört natürlich nur bei der subjektiven Einstellung mit dem Sucher; ist aber das so sichtbare Bild auf der Uranglasplatte möglichst scharf, und fällt dann das Bild auf die photographische Platte, so wird man das photographische Bild mit einer hervorragenden Schärfe erhalten.

Der Sucher wird zu dem Apparat von der Firma Zeiss mitgeliefert, und zwar steht er auf einem drehbaren Arm auf der Gleitstange der Kamera in der Höhe des Okulars befestigt. Eine sinnreiche Einrichtung sorgt dafür, daß man rasch hintereinander den Sucher und die Öffnung der Kamera über dem Okular einstellen kann, ohne daß dabei das Mikroskop auch im geringsten erschüttert wird. Die Öffnung der Kamera ist nämlich mit einer Klappe versehen, die durch einen Hebel von außen geöffnet oder geschlossen werden kann. Will man zur Aufnahme schreiten, so stellt man erst den Hebel „zu", öffnet den Kassetten- schieber und stellt mit dem Sucher das Bild scharf ein. Nachdem das erfolgt ist, schwenkt man den Sucher zur Seite, senkt das Objektivbrett der Kamera, bis der Trichter in die Lichtschutzmanschette hineingleitet, und öffnet dann mit dem Hebel die Klappe. In diesem Moment beginnt die Belichtung, und das ein- gestellte Bild wird auf die Platte entworfen. Diese Einrichtung ist deshalb von großem Vorteil, weil schon ganz geringe Erschütterungen des Mikroskops die scharfe Einstellung so beeinflussen können, daß die UV-Strahlen nicht mehr genau auf der Platte vereinigt werden.

So große Vorteile auch der Sucher bietet, bürgt er für die Schärfe des UV- Bildes aus den bereits schon angeführten Gründen doch nicht unbedingt. Über die Abbildungsschärfe der Strukturen also, die in ultraviolettem Licht erst auf der photographischen Platte sichtbar werden, vermag uns auch der Sucher keinen Aufschluß zu bieten. Handelt es sich also um solche Strukturfeinheiten — und gerade ihretwegen werden im UV-Licht am häufigsten Aufnahmen gemacht — so ist man ebenfalls auf Probeaufnahmen angewiesen, wobei man vier Aufnahmen auf derselben Platte erzielt mit je 1 μ Unterschied in der Ein- stellung. Zu diesem Zweck benützt man am besten eine Schiebekassette, in welcher man zwei 9 × 12 Platten für vier Aufnahmen 4,5 × 6 cm² unterbringt und dann nacheinander belichtet. Dadurch erspart man sich das Wechseln der Kassetten und die dabei unvermeidliche neuerliche scharfe Einstellung mit dem Sucher.

135. Die Reihenaufnahmen in UV-Licht nach Fr. F. Lucas. In neuester Zeit (1930) hat Fr. F. Lucas (2) eine Einrichtung zu mikrophotographischen Auf- nahmen in ultraviolettem Licht beschrieben, welche sich bei metallographischen und zytologischen Untersuchungen bestens bewährt hat. Der Apparat ent- spricht im wesentlichen der Köhlerschen Anordnung. Als technische Neuerung kommt nur ein Gradmesser (Protraktor) dazu, dessen Zeiger, wie Abb. 192 zeigt, an der feinen Einstellschraube, der Halbkreis aber am Mikroskopstativ befestigt ist. Im Vergleich zu dem ähnlichen Gradmesser von Walkhoff hat dieser den Vorteil, daß man den graduierten Kreisbogen vor dem Zeiger ver- schieben kann. Eine Teilung (zwischen zwei Teilstrichen) entspricht einer Vertikalbewegung der Mikrometerschraube von $\frac{1}{4}\,\mu$. Hat man also mit dem Sucher das sichtbare Bild mit leidlicher Schärfe eingestellt, so dreht man den Kreisbogen vor dem Zeiger auf den ersten Teilstrich. Jetzt können nacheinander mehrere Aufnahmen mit Unterschieden von $\frac{1}{4}\,\mu$ in der Einstellung vorgenommen werden, indem man den Zeiger um je eine Teilung weiter dreht. Auch feinere Bewegungen der Mikrometerschraube bis zu $\frac{1}{16}\,\mu$ sind erzielbar, denn die Teilungen sind verhältnismäßig breit. Die Vorbedingung dafür ist allerdings, daß der Mechanismus der Feineinstellung ohne toten Gang prompt funktioniert und jede noch so geringe Senkung des Mikroskoptubus (etwa durch Wärmeausdehnung, Gravitation usw.) vollkommen ausgeschlossen bleibt. Vier Aufnahmen, in Abständen von $^1/_4\,\mu$ auf verschiedenen Einstellebenen fokussiert, genügen vollkommen, um die Einstellebene des schärfsten Bildes zu finden. Man kann aber diese Methode, die A. Köhler (2) schon 1904 angegeben hat, in bester Weise auch dazu verwenden, optische Serien von einer und derselben Zelle zu erzielen. Bei der genauen Korrektion der Monochromate und der großen Apertur des abbildenden Systems in UV-Licht ist die Tiefenschärfe so gering, daß optische Ebenen, die $^1/_2$—2 μ oberhalb oder unterhalb liegen, das Bild der genau fokussierten Ebene in keinerlei Weise stören, vorausgesetzt, daß man mit den Strahlen der Kadmiumlinie Nr. 17 beleuchtet. Man erhält dabei äußerst klare und scharfe Bildserien aus verschiedenen optischen Ebenen einer lebenden Zelle (Abb. 193).

Abb. 192. Der Gradmesser (Protraktor) an der feinen Einstellschraube. S = Sucher. (Aus Fr. F. Lucas [2, Fig. 3].)

Fr. F. Lucas (1) hat das ultraviolette Licht auch zur Mikrophotographie im Auflicht angewandt und dadurch die Methode für die Metallurgie dienstbar gemacht. Die Beleuchtung muß zu solchen Zwecken durch einen mit Quarzplatten oder Quarzprismen ausgerüsteten Vertikalilluminator erfolgen bei passender Zentrierung des Strahlenganges in die Blendenöffnung des Vertikalilluminators.

Wir haben bisher nur die Vorteile der Lumineszenzerscheinungen, welche die UV-Strahlen im Uranglas erregen, und die die Kontrolle der Beleuchtung wie auch die scharfe Einstellung des Bildes ermöglichen, kennengelernt. Nachteilig wirkt jedoch die Lumineszenz auf das Bild ein, wenn sie im Objekt oder außerhalb des Objekts im abbildenden System des Mikroskops entsteht. Die Monochromate und die zugehörigen Okulare sind schon so beschaffen, daß in ihnen kein Lumineszenzlicht auftreten kann (Quarz zeigt im Gegensatz zu Glas im UV-Licht keine Lumineszenz). Dagegen wird öfters im Objekt eine Lumineszenz bemerkbar sein, da viele anorganische oder organische Substanzen (so z. B. Eisen, Zellulose, Chlorophyll usw.) in ultraviolettem Licht fluoreszieren, und zwar um so stärker, je intensiver die Beleuchtung mit UV-Strahlen erfolgt und je dicker die Objektschicht ist. Da im allgemeinen das Fluoreszenzlicht viel zu schwach ist, um auf die photographische Platte in der Zeit, während man die Aufnahme im UV-Licht macht, einzuwirken, so wird es in den meisten Fällen auch nicht stören. Ist es jedoch stärker, so wird es ratsam sein, aus dem fluoreszierenden Objekt ein dünneres Präparat herzustellen.

136. Die Belichtungszeit. Die Belichtungszeit muß stets durch eine Belichtungsreihe festgestellt werden, da man die Erfahrungen aus der Mikrophotographie mit sichtbarem Licht nicht gut verwerten kann. Wie das bei der Empfindlichkeit der photographischen Platten nicht anders zu erwarten ist, werden im allgemeinen kurze Belichtungszeiten notwendig sein; die Dicke des Objekts und die Absorption der UV-Strahlen im Objekt, worüber im folgenden noch die Rede sein wird, beeinflussen jedoch die Belichtungszeit bei verschiedenen Aufnahmen sehr verschieden. Im übrigen ist die Abhängigkeit der Belichtungszeit von der Öffnung der Blenden, der Apertur der Objektive und der Stärke der linearen Vergrößerung (dem Okular und dem Kameraauszug) dieselbe wie bei Aufnahmen in sichtbarem Licht. Was die Öffnung der Irisblende anbelangt, empfiehlt es

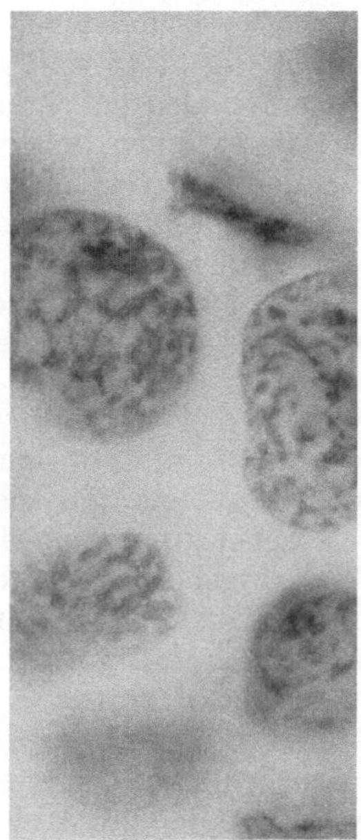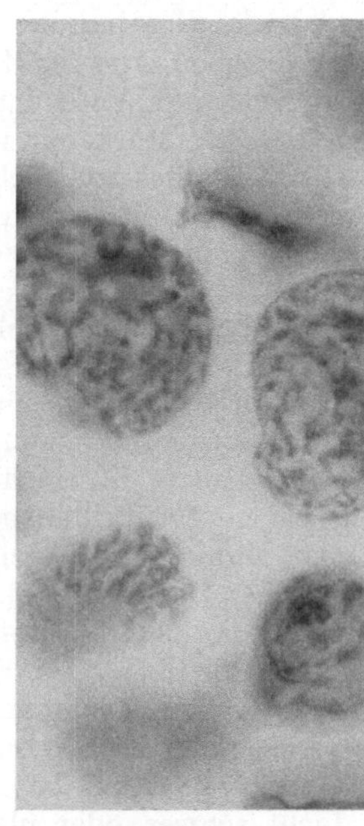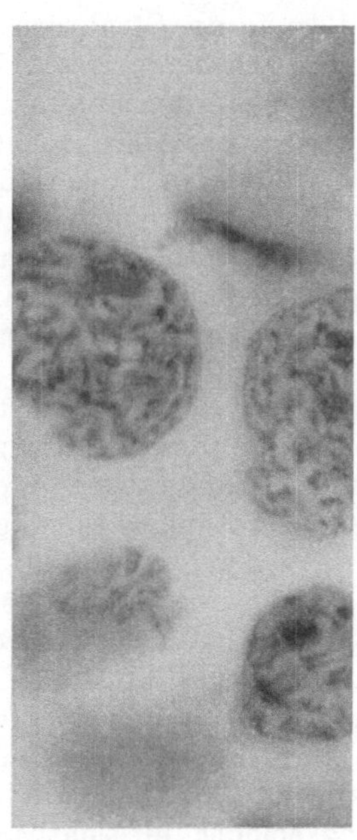

Abb. 193. Drei optische Ebenen einer und derselben Gruppe von lebensfrischen Zellen (Mäusegeschwulstzellen) mit $^1/_4\,\mu$ Unterschied in der Einstellung. Vergr.: 1800fach. Bild 4 : 5 verkleinert. (Originalaufnahme von Fr. F. Lucas.)

sich, einige Probeaufnahmen von ein und demselben Objekt bei verschieden weiten Blendenöffnungen vorzunehmen, denn die Wirkung der Blendenöffnung auf die Deutlichkeit des Bildes läßt sich nur so und nicht nach subjektiver Beobachtung in sichtbarem Licht beurteilen. Am besten erhält man die nötige Auskunft über die Wirkung der hier geschilderten verschiedenen Faktoren, wenn man erst mit einem geeigneten Testpräparat, und zwar mit einem nativen Blutpräparat (menschliche Blutzellen in physiologischer Lösung) einige Probeaufnahmen macht. Es werden vielfach auch Probeaufnahmen von Diatomeenschalen, die zwischen Quarzplättchen in Luft eingeschlossen sind, vorgenommen. Solche Aufnahmen mögen zwar die stark gesteigerte Auflösung im ultravioletten Lichts eindrucksvoll darstellen, eignen sich aber nicht gut als Proben zu Aufnahmen, die man von protoplasmatischen, d. h. weniger lichtbrechenden Strukturen, zu erzielen wünscht. Hat man aber an Blutzellen bei verschiedenen Vergrößerungen, verschieden hohen Einstellungen und bei verschieden weiten Blendenöffnungen die Technik der Aufnahmen in UV-Licht eingeübt und die

  20

Bedingungen kennengelernt, bei denen man das schärfste und deutlichste Bild erhalten kann, so wird man auch für weitere Aufnahmen an verschiedenen zytologischen Objekten sichere Anhaltspunkte gewinnen.

Die UV-Strahlen erzeugen auf der photographischen Platte im allgemeinen ein weicheres Bild als die sichtbaren Strahlen unter denselben Beleuchtungsverhältnissen. Es ist daher angezeigt, hart arbeitende Platten zu verwenden (z. B. PERUTZ, Photomechanische Platte D oder Topoplatte; Agfa-Kontrastplatten) und hart zu entwickeln.

137. Die Vorteile der UV-Mikrophotographie. Die graphische Wirkung des ultravioletten Lichtbildes entspricht der eines in sichtbarem Licht erzielten Hellfeldbildes (vgl. Abb. 193). Drei Vorzüge zeichnen dieses ultraviolette Bild vor sonstigen mikrophotographischen Abbildungen aus, dies sind: 1. die stärkere Auflösung des Strukturbildes, d. h. die Sichtbarmachung von Strukturelementen, die in sichtbarem Licht bei der gleichen Apertur der Abbildung nicht wahrgenommen werden könnten; 2. die schärfere Vereinigung der Strahlen des streng monochromatischen Lichtes und 3. die stärkeren Kontraste zwischen helleren und dunkleren Stellen des Strukturbildes in solchen Fällen, wo das mikroskopische Bild in sichtbarem Licht kontrastarm erscheint. Es ist daraus leicht zu entnehmen, daß die Mikrophotographie in ultraviolettem Licht in erster Reihe bei der Untersuchung von frischen oder lebenden zytologischen Objekten wesentliche Vorteile bietet, und zwar nicht allein als Abbildungsverfahren, sondern auch als eine mikroskopische Untersuchungsmethode, mit deren Hilfe man die Analyse der Form- und Struktureinheiten in den elementaren Lebewesen über die Grenzen hinaus ausdehnen kann, die der Auflösung in sichtbarem Licht gezogen sind. Es werden im UV-Licht auf der photographischen Platte Protoplasmastrukturen, Elementarfibrillen oder -körnchen sichtbar, die sonst weder bei Hellfeld- noch bei Dunkelfeldbeleuchtung in Erscheinung treten und wenn doch, dann nie mit solcher Deutlichkeit (vgl. V. FRANZ [1], O. WALKHOFF [1, 2], W. WEIMANN [1], H. MARCUS [1, 2], PH. STÖHR jun. [1, 2], DAMIANOVITSCH und PIROSKY [1], FR. F. LUCAS [2], FR. F. LUCAS und E. STARK [1]). Auch kleinste Bakterienformen, die in ungefärbtem, oft auch in gefärbtem Zustand nicht zu sehen sind, lassen sich im UV-Licht deutlich abbilden (vgl. KRUIS [1], SAXL [1], W. STEMPELL [1]). Eine besondere Methode zur Abbildung solcher in sichtbarem Licht schwer oder überhaupt nicht darstellbarer Mikroorganismen und Virusarten haben GYE (1) und BARNARD (1) ausgearbeitet, bei der das Aufsuchen und die subjektive Einstellung der Objekte dadurch erleichtert wird, daß man im Dunkelfeld einstellt und dann das so eingestellte Objekt mit UV-Strahlen photographiert. Der Quarzkondensor des ZEISSSchen UV-Apparats wurde dafür zentrisch in einen Dunkelfeldkondensor eingebaut, so daß die Öffnung des Quarzkondensors (wie bei einem Wechselkondensor die Linse für die Hellfeldbeleuchtung) mit einer Blende verdeckt werden kann, wenn man das Objekt in sichtbarem Licht, und zwar bei Dunkelfeldbeleuchtung, betrachten will. Schaltet man UV-Strahlen ein und ist die Öffnung des Quarzkondensors frei, so erhält man ein UV-Bild im Hellfeld. Mit diesem Verfahren haben GYE und BARNARD einen filtrablen Virus (Ultravirus) sichtbar gemacht, den sie als den Erreger der Krebskrankheit betrachten. Es sei betont, daß die Dunkelfeldbeleuchtung nur die Einstellung des Objekts erleichtert, auf die Abbildung mit UV-Strahlen hat sie jedoch keinen Einfluß. Zu ähnlicher Verwendung eignet sich auch der Dunkelfeldkondensor von SPIERER (s. S. 211), falls seine Linse zur Hellfeldbeleuchtung aus Quarz hergestellt wird.

Außer den Form- und Strukturelementen, die nur in UV-Aufnahmen sichtbar werden, erhält man mit der Methode auch von Strukturen, die schon in natürlichem Licht sichtbar sind, bessere Abbildungen. Am schönsten tritt dies dort in Erscheinung, wo das Objekt periodische, d. h. ausgesprochen gitterarige Strukturen enthält, wie das bei Diatiomeenschalen, Schmetterlingsschuppen, quergestreiften Muskelfibrillen (s. H. MARCUS [1, 2]) oder lamellar aufgebauten Stützsubstanzen (Chitin, Knochen, Schmelz, Zement usw., vgl. WALKHOFF [1, 2]) der Fall ist. Auch dort, wo die Strukturelemente im Objekt nicht periodisch angeordnet sind, wie z. B. die elementaren Nervenfibrillen oder die NISSL-Schollen in einer Nervenzelle (s. WEIMANN [1] und PH. STÖHR jun. [2]), wird man eine bessere Auflösung erhalten. Die Deutung der so erhaltenen Bilder wird manchmal nur dadurch erschwert, daß die Absorption der ultravioletten Strahlen, von der die Kontraste im Bild hier hauptsächlich bedingt sind, in den verschiedenen Zellbestandteilen ganz verschieden und auch in einer anderen Weise erfolgen kann, als man sie in sichtbarem Licht an ungefärbten und gefärbten Präparaten zu sehen gewöhnt ist. Man erzeugt ferner im UV-Licht infolge der besseren Strahlenvereinigung überaus scharfe Bilder, die man in natürlichem Licht bei ungefärbten frischen Objekten mit Objektiven von hohen Aperturen nie so scharf erhalten kann. Es sei schließlich nochmals darauf hingewiesen, daß bestimmte Strukturen in den Zellen die UV-Strahlen stärker, andere dagegen weniger oder überhaupt nicht absorbieren. Dieser Unterschied in der Lichtabsorption erzeugt dann im photographischen Bild so deutliche Kontraste, wie wenn das Objekt in dunkleren und helleren Tönen gefärbt wäre. So werden z. B. die Zellkerne, die NISSL-Schollen der Nervenzellen und die Querstreifung der Muskelfasern dunkel erscheinen wie in einem mit Eisenhämatoxylin gefärbten Präparat, da die Chromatin- und die NISSL-Substanz oder die Z- und Q-Streifen der Muskelfasern im Gegensatz zum Protoplasma die UV-Strahlen stark absorbieren[1] (vgl. Abb. 193). Daß dieser Umstand bei der Abbildung von lebensfrischen Zellen und Geweben sehr vorteilhaft ist, braucht nicht besonders betont zu werden. Es ist jedoch bei Aufnahmen von lebenden Zellen zu beachten, daß manche von ihnen den UV-Strahlen gegenüber stark empfindlich sind und schon bei kurzen Belichtungszeiten geschädigt oder abgetötet werden können (z. B. Amöben, Spermien, Eizellen, weiße Blutzellen usw.). Gewebezellen sind im allgemeinen weniger empfindlich als die Bakterien, die Protisten oder die Geschlechtszellen. Selbst die Zellen der Gewebekulturen können im UV-Licht photographiert werden (auf Quarzplättchen, womöglich mit wenig Plasma und viel RINGER-LOCKE-Lösung gezüchtet, in hohlgeschliffenen Quarz-Objektträgern eingeschlossen), ohne daß ihr Wachstum dadurch merkbar gehemmt würde, vorausgesetzt, daß die Belichtung nur einige Sekunden dauert. Die günstigsten Objekte für die Aufnahme bieten aber überlebende pflanzliche oder tierische Gewebe in physiologischen Lösungen als Zupf- oder Quetschpräparate.

Die Zellen können sowohl in nichtfixiertem und ungefärbtem Zustande wie auch vitalgefärbt oder fixiert und ungefärbt zur Aufnahme gelangen. Als Fixierungsmittel eignen sich Alkohol, Äther-Alkohol, Formalin oder das CARNOYsche Gemisch (Chloroform-Essigsäure), dagegen keine pikrinsäure- oder sublimathaltigen Lösungen. Zum Eindecken eignen sich Wasser und physiologische Lösungen, Glyzerin und Vaselinöl oder Paraffinum liquidum (vgl. TRIVELLI und LINCKE [1]).

---

[1] Eigentümlicherweise zeichnen sich die Neurofibrillen dadurch aus, daß sie die ultravioletten Strahlen nur schwach absorbieren und deshalb im UV-Licht äußerst durchsichtig erscheinen (ORUETA, TELLO [beide zitiert nach WEIMANN], WEIMANN [1]).

VIII. Die Lumineszenzmikroskopie.

(Vgl. zusammenfassende Darstellungen bei DANCKWORTT [1], HÁDJIOLOFF [1], KÖGEL [2, 3, 4], KÖHLER [8, 9], METZNER [5, 7], PLOTNIKOW [1]).

138. Das Lumineszenzlicht. Anschließend wollen wir noch eine mikroskopische Untersuchungsmethode erwähnen, bei welcher man ebenfalls mit ultravioletten Strahlen beleuchtet, das Bild jedoch nicht mit UV-Strahlen, sondern mit sichtbaren Strahlen erzeugt. Wir haben schon im vorigen Kapitel wiederholt erwähnt, daß das UV-Licht in einer Reihe von anorganischen und organischen Substanzen Lumineszenz erzeugt, und da das erregte Licht im Sinne des STOCKESschen Gesetzes eine größere Wellenlänge hat als das erregende, werden die so entstandenen Lichterscheinungen vom Auge wahrgenommen. Die Auswertung

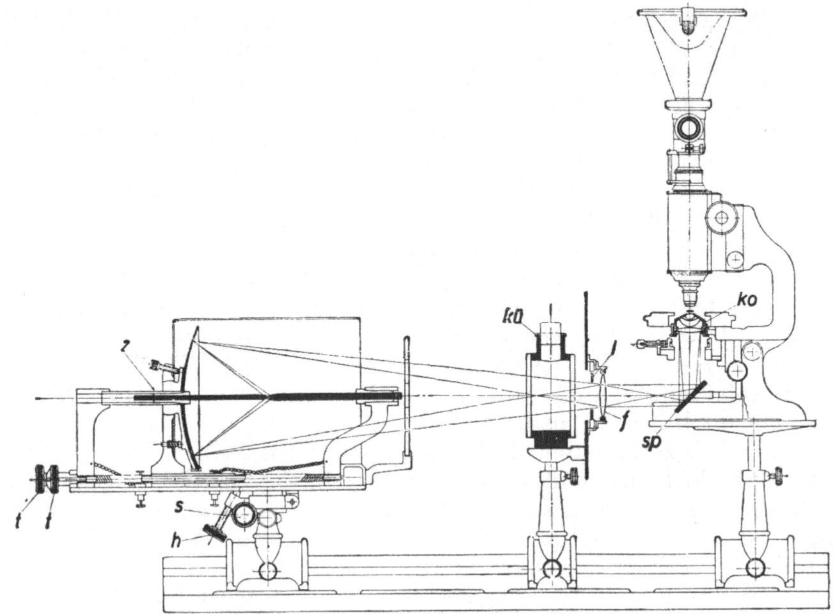

Abb. 194. Einrichtung der Firma E. BUSCH zur Lumineszenzmikroskopie.

, t = Triebknöpfe zur Regelung der Kohlen; z = Zentrierschraube; h, s = Einstellschrauben der Spiegellampe; kü = UV-Küvette; i = Blende; f = Feldlinse (40 cm von der Lampe entfernt); sp = Spiegel; ko = Kondensor. (Aus H. NAUMANN [5, S. 23].)

dieser Erscheinung für die mikroskopische Forschung ist nach H. LEHMANN (1), der ein dafür geeignetes Mikroskop angegeben hat, an folgende Bedingungen geknüpft: Die Belichtung muß mit reinem UV-Licht erfolgen; man benützt also entweder den schon geschilderten Beleuchtungsapparat der ZEISSschen UV-Einrichtung oder eine Kohlenbogenlampe, die mit Nickeldochtkohlen, mit einem Kollektor aus Uviolglas und einem Filter aus dem UV-Strahlen durchlassenden Kobaltglas ausgerüstet ist. Am besten eignet sich nach G. KÖGEL (4) zu Aufnahmen im Lumineszenzlicht die Spiegelbogenlampe (BUSCH) (Abb. 194), man erzielt aber auch gute Aufnahmen bei nicht allzu langen Belichtungszeiten mit Kondensorbogenlampen. Punktlichtlampen und Niedervoltlampen eignen sich nur zur subjektiven Beobachtung. Bei photographischen Aufnahmen erfordert das von ihnen erzeugte Fluoreszenzlicht lange Belichtungszeiten. So beträgt die Belichtungszeit nach H. NAUMANN (4, 5) bei Glühlampen mindestens 2 bis 3 Stunden, bei gewöhnlichen Kohlenbogenlampen (Kondensorbogenlampen) mindestens $^1/_4$ Stunde, bei Spiegellampen 3—20 Minuten. Mit der Vorkehrung von HAITINGER gelingt es, Aufnahmen auch nach 1 bis 2 Minuten Belichtung zu erhalten (s. Abb. 196). Zur Beleuchtung benützt man nach P. METZNER (7) nicht die Anode, sondern den an UV-Strahlen besonders reichhaltigen Lichtbogen zwischen den Kohlen. Hinter der Lampe und vor dem Mikroskop ist dann das eigentliche ultraviolette Filter aufgestellt, das nach H. LEHMANN (1) eine Doppelküvette aus drei blauen Uviolglasscheiben ist. Die eine Abteilung der Küvette wird mit einer 25proz. Kupfersulfatlösung, die andere mit einer Lösung von Nitrosodimethylamin (1 : 7500) gefüllt.

G. KÖGEL (1, 4) verwendet eine kleine Küvette, deren eine Seite aus Uviol-, die andere aus Uvetglas besteht, und die mit 5proz. Kupfersulfatlösung gefüllt wird. E. JÜRGENS (1) benützt als Filter eine Küvette mit 1proz. Zerammoniumnitratlösung in Verbindung mit Schwarzglasfilter oder das Trockenfilter von SCHOTT u. GEN. GG 4,2 mm. Das ultraviolette Licht wird mit einer Analysenlampe erzeugt, deren Leuchtfaden in der Brennlinie eines Zylinderhohlspiegels steht. JÜRGENS stellt dabei fest, daß ultraviolettes Licht von größerer Wellenlänge als 366 mμ vom Glas noch gut durchgelassen wird; spezielle Quarzlinsen braucht man also nur bei Arbeiten mit UV-Strahlen von kleineren Wellenlängen als 366 mμ (vgl. auch TRIVELLI und LINCKE [1]).

Das so hergestellte Filter absorbiert dann alle Lichtstrahlen außer den ultravioletten. Mit diesen allein wird also das Mikroskop und das Objekt beleuchtet. Damit die Strahlen zum Objekt gelangen, muß das Mikroskop statt eines normalen Spiegels mit einem total reflektierenden Quarzprisma oder dem UV-Spiegel der Firma BUSCH und statt des gewöhnlichen Kondensors mit einem Kondensor aus Quarz oder UV-Glas ausgerüstet sein. Die Objekte müssen auch hier auf Quarzobjektträgern oder auf Uviolglas liegen. Zum Eindecken wird man aber keine Quarzplättchen, sondern Deckgläser aus Euphosglas benützen (H. LEHMANN [1], P. METZNER [4, S. 282]), das alle UV-Strahlen zurückhält und in UV-Licht nicht fluoresziert.

139. Die Ausschaltung der UV-Strahlen. Eine Hauptbedingung der Lumineszenzmikroskopie ist nämlich, daß keine UV-Strahlen in das Auge oder auf die photographische Platte gelangen und ferner, daß das Lumineszenzlicht, das vom Auge wahrgenommen wird, ausschließlich vom Objekt herstammt. Würde das Deckglas UV-Licht durchlassen, wie z. B. die Quarzplättchen, so würde erstens an den Glaslinsen der Objektive und Okulare (vor allem an den Kittstellen mit Kanadabalsam) Lumineszenz entstehen oder, falls man Monochromate mit Quarzlinsen benützt, die UV-Strahlen in das Auge des Beobachters gelangen und dort in den Augenmedien Fluoreszenz erzeugen. Das zerstreute Licht, das man dadurch empfindet, wird dann natürlich die Lumineszenz des Objekts überdecken. Ebenso wird diese Erscheinung verdeckt, wenn das Deckglas selbst fluoresziert. Alle diese störenden Einflüsse werden in bester Weise mit den Euphosdeckgläschen ausgeschaltet. Die Strahlen dieses Lichts können ungehindert durch das Euphosgläschen in die Öffnung des Mikroskops fallen und dann zu einem objektgetreuen Bild vereinigt werden. Ein anderes Verfahren zur Verhinderung der nicht vom Objekt erzeugten Fluoreszenz besteht darin, daß man auf das Okular ein UV-Filter (Sperrfilter der Firma BUSCH) legt (H. NAUMANN [5], G. KÖGEL [4]) oder bei photographischen Aufnahmen knapp unterhalb der Platte eine mit 0,5proz. Triphenylmethanlösung (in 70proz. Alkohol) gefüllte Küvette unterbringt (G. KÖGEL [4]).

140. Das abbildende System und die Objekte. Da die abbildenden Strahlen größere Wellenlängen haben als die ultravioletten, kann man zur Abbildung die Glaslinsen benützen. Das im Objekt erregte Fluoreszenzlicht ist nach seiner Stärke und Farbe für das Objekt oder die Struktur spezifisch. Die fluoreszierenden Stellen erscheinen mehr oder weniger hell und farbig glänzend auf einem grauen oder dunklen Hintergrund. Anorganische Substanzen, z. B. eisen-, kupfer- oder schwefelhaltige Einschlüsse, dann eine Reihe von organischen Substanzen, wie lipoide Stoffe, Chlorophyll, Hämoglobin und seine Derivate usw. erzeugen gut sichtbare Fluoreszenzbilder in typischen Farben. Je kleiner das Objekt ist, um so schwächer tritt die Fluoreszenz auf, denn diese nimmt mit der Schichtdicke sehr rasch ab. Andererseits wird die Abbildung um so schärfer, je dünner die Objektschicht ist. Von dickeren Objekten erhält man nur eine mangelhafte Abbildung wie bei sphärisch nicht korrigierten Objektiven. Man wird deshalb weder allzu dünne noch allzu dicke Präparate wählen und diese mit schwachen oder mittelstarken Objektiven untersuchen, bei denen die geringe Helligkeit der

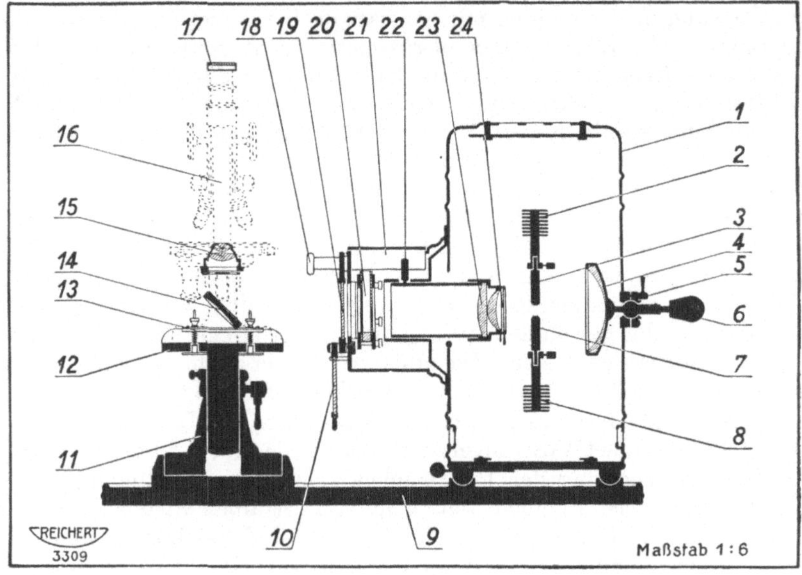

Abb. 195. Schema der gesamten Einrichtung zur Fluoreszenzmikroskopie.

1 = Gehäuse; *2* = oberes Kühlfutter; *3* = obere Elektrode; *4* = Reflektor; *5* = Kugelgelenk; *6* = Handgriff; *7* = untere Elektrode; *8* = unteres Kühlfutter; *9* = Grundplatte; *10* = Opalglasscheibe; *11* = Mikroskopsockel; *12* = Mikroskopgrundplatte; *13* = Klemmvorrichtung; *14* = Mikroskopspiegel; *15* = Hell-Dunkelfeldkondensor; *16* = Mikroskop; *17* = Okularsperrfilter; *18* = Periskopspiegel; *19* = Schwarzglasfilter; *20* = Filterküvette; *21* = Beleuchtungsstutzen; *22, 23* = Kollektor; *24* = Schutzglas. (Aus K. REICHERT [*2*, Abb. 3].)

Beleuchtung weniger stört als bei starken Systemen. Zu stärkeren Vergrößerungen eignen sich Immersionssysteme am besten. Bei Immersionsobjektiven empfiehlt sich, auch zwischen Kondensor und Objektträger eine untere Immersion herzustellen. Während aber zur oberen Immersion Zedernöl ebensogut wie Wasser oder Glyzerin verwendet werden kann, kommt als untere Immersion auch hier, wie in der UV-Mikrophotographie, das Zedernöl nicht in Betracht, da es die UV-Strahlen, die im Objekt die Lumineszenz erzeugen sollen, zurückhalten würde. Man benützt also zu diesem Zweck Wasser oder Glyzerin.

Bei Untersuchungen mit schwachen Vergrößerungen erzielt man vorteilhaft eine Dunkelfeldbeleuchtung mit Zentralblenden, welche die Mitte des Kondensors abschirmen (H. NAUMANN [*5*]). Wie schon erwähnt, erhält man aber bei stärkeren Vergrößerungen ohne Abschirmung der zentralen Strahlen ebenfalls einen dunkleren, wenn auch nicht tiefschwarzen Hintergrund infolge der sehr geringen Lichtwirkungen in den zur Lumineszenz nicht angeregten Teilen des Objekts. Die Einrichtung zur Lumineszenzmikroskopie wurde zuerst von

HEIMSTEDT (*1*) und dann von LEHMANN (*1*) angegeben, nachdem A. KÖHLER bei der Ausarbeitung der Methodik der Ultraviolettmikroskopie die in UV-Licht auftretenden Lumineszenzerscheinungen genau untersucht hatte. Mit dieser Methode haben sich außer den schon Genannten STÜBEL (*1*), SORGENFREI (*1*) (tierische Gewebe), WASICKY (*1*) (Drogen), v. PROWACEK (*1*) (Mikroorganismen), W. LENZ (*1*) (Mikrochemie), TRÖTHANDL (*1*) (Bakteriologie), WILSCHKE (*1*) und NOAK (*1, 2*) (Botanik), besonders eingehend G. KÖGEL (*2, 3, 4*) (Mikrochemie) und P. METZNER (*1, 5, 7*) (Botanik) befaßt. Von G. KÖGEL stammt auch die Methode der Fluoreszenzmikroskopie in auffallendem Licht, und zwar mit Hilfe eines LIEBERKÜHNschen Spiegels, der, wie KÖGEL festgestellt hat, die UV-Strahlen vorzüglich reflektiert. Noch besser eignet sich dazu nach P. METZNER (*6*) ein Paraboloidspiegel an Stelle des LIEBERKÜHNschen Spiegels. Mit dem Spiegellumineszenzmikroskop nach G. KÖGEL lassen sich an opaken Objekten in Lumineszenzlicht wertvolle mikrochemische Untersuchungen durchführen (Fluoreszenzanalyse nach G. KÖGEL). Vielfach und eingehend wurde die Lumineszenzanalyse auf mikrochemischem Gebiet von P. W. DANCKWORTT (*1*) und seinen Mitarbeitern angewandt, wobei zur Erzeugung des filtrierten ultravioletten Lichts die Quecksilberanalysenlampe der Hanauer Quarzlampengesellschaft verwendet wurde.

141. Die Fluoreszenzmikroskope. Neuerdings (1931) hat M. HAITINGER (*1*) eine Anordnung für ein lichtstarkes Fluoreszenzmikroskop angegeben, das von der Firma C. REICHERT, Wien, gebaut wird (Abb. 195).

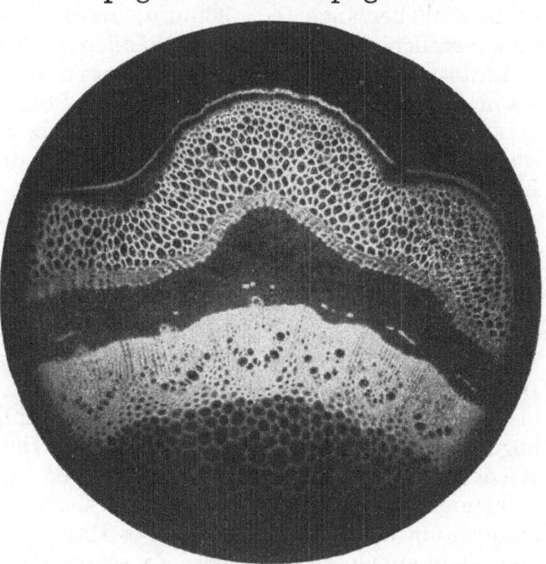

Abb. 196. Berberiszweig. quer. Fluoreszenzaufnahme. REICHERT-Obj. Apochrom. 16 mm, komp. Ok. 4. Vergr.: 45fach. Belichtung: 2 Min. (Aus M. HAITINGER [*1*, Fig. 2].)

Nach den mikroskopischen Aufnahmen von HAITINGER beurteilt (Abb. 196), ist mit dieser Einrichtung tatsächlich ein Fluoreszenzmikroskop geschaffen worden, bei welchem die Lichtstärke der Luminiszenzbilder Aufnahmen auch bei normalen kurzen Belichtungszeiten gestattet. Als Lichtquelle wird eine Reflektorbogenlampe mit Eisenelektroden verwendet, wo das ruhige Brennen der Lampe durch Kühlung und das prompte Zünden durch eine Dochtfüllung in der zentralen Bohrung der Elektroden gesichert werden konnte. Das Licht wird dann mit einer Kondensorlinse aus Quarz konvergent gemacht und durch ein UV-Filter aus Kupfersulfatlösung (in einer Schwarzglasküvette) filtriert. Die Strahlen fallen bei Untersuchungen in durchfallendem Licht unmittelbar auf den Mikroskopspiegel, der vorteilhaft aus ultraviolett-durchlässigem Glas mit einem das UV-Licht besonders gut reflektierenden chromierten Eisenbelag hergestellt werden kann; für Untersuchungen in auffallendem Licht gelangen die Strahlen auf ein Periskopspiegelsystem und vom oberen Spiegel dieses Systems auf das Objekt. In durchfallendem Licht erfolgt die Beleuchtung des Objekts durch einen Hell-Dunkelfeldkondensor aus Quarz, wodurch die Kontraste im Lumineszenzbild gesteigert und die Möglichkeit, daß UV-Strahlen in das abbildende System gelangen, stark verringert wird. Immerhin ist auch hier der Sperrfilter am Okular bei photographischen Aufnahmen unbedingt notwendig. Als Sperrfilter verwendet HAITINGER ein kombiniertes Filter, das die ultravioletten Wellenbereiche zwischen 300 und 400 mμ zurückhält. Was die Herstellung der Präparate anbelangt, empfiehlt HAITINGER Glyzerin und Paraffinum liquidum purissimum als Einschlußmittel und bemerkt, daß man Dauerpräparate vorteilhafter im Dunkeln aufbewahren soll, da die Fluoreszenz, namentlich die des Chlorophylls, unter der Einwirkung des Lichtes leidet.

Eine von den bisher beschriebenen etwas abweichende Methode der Lumineszenzmikroskopie stammt von POLICARD, der statt der UV-Strahlen des Kohlenbogenlichts die Fluoreszenz mit dem sog. WOOD-Licht[1] im Objekt erregt (ausführliche Schilderung der Methodik bei HADJIOLOFF [1]). Diese Strahlen haben eine größere Wellenlänge ($\lambda = 360$ mμ) als die üblichen ultravioletten und sind für Gewebezellen vollkommen unschädlich (vgl. dazu JÜRGENS [1] und TRIVELLI u. LINCKE [1]). Auch soll die von ihnen erregte Fluoreszenz lichtstärker sein als im UV-Licht. In WOOD-Licht haben POLICARD (1), DERRIEN u. TURCHINI (1), BEER (1) u. a. hauptsächlich die Fluoreszenz von tierischen Geweben in frischem Zustand oder nach Mikroveraschung in durchfallendem und auffallendem Licht untersucht.

Die photographischen Aufnahmen können sowohl mit kleinen Vertikalkammern wie auch mit den Aufsatzkammern erfolgen. Die letzteren sind unbedingt vorzuziehen, weil die scharfe Einstellung des lichtschwachen Bildes durch die seitliche Beobachtung bedeutend leichter ist als auf der Spiegelglasscheibe mit der Einstellupe. Benutzt man eine Balgkammer, so wird man in Anbetracht der geringen Lichtstärke des Lumineszenzbildes nur einen kurzen Balgauszug und schwache Okulare verwenden. Auch so wird man mit verhältnismäßig langen Belichtungszeiten rechnen müssen, wenn man keine Reflektorbogenlampe mit Eisenelektroden benutzt. Die Farbenphotographie, die sich zur Wiedergabe der Luminiszenzerscheinungen am besten eignen würde, ist bisher nicht angewandt worden, vor allem deshalb nicht, weil man die zu solchen Aufnahmen notwendigen Filter (s. dieses Handbuch VIII, S. 135 ff.) in den Strahlengang nicht gut einschalten kann. Zwischen Objekt und Lichtquelle (in den ultravioletten Strahlengang) darf man keine weiteren Filter einschalten (H. NAUMANN [5]), zwischen Objekt und Bildebene ist wiederum kein geeigneter Platz zur Unterbringung des Filters. Selbst wenn man im Tubus oder oberhalb des Okulars die vorgeschriebenen Kompensationsfilter unterbringen könnte, würde die Aufnahme auf eine Rasterplatte (Autochromplatte u. ä.) viel zu lange Belichtungszeiten erfordern. Zu der Schwarz-Weiß-Photographie eignen sich orthochromatische und panchromatische Platten mit hohen SCHEINER-Zahlen. Die Empfindlichkeit der Platten hat in der Methode der Fluoreszenzanalyse eine entscheidende Bedeutung (G. KÖGEL [4]).

IX. Die Mikrophotographie in infrarotem Licht.

Seit einigen Jahren wird in der Photographie auch das unsichtbare langwellige Gebiet des Spektrums, das Wellenbereich zwischen 690 und 740 mμ, bei speziellen Untersuchungen mit Vorteil verwendet (s. JÜRGENS [1]). Das an roten Strahlen reiche Licht gewinnt man von einer Glühbirne oder vom Strahl-

---

[1] Das WOOD-Licht wird mit einer Quecksilberlampe erzeugt, deren Strahlen durch inen Filter aus Nickeloxydglas (WOODsches Filter) zurückgehalten werden bis auf die Wellenlängen bei etwa 365 mμ, d. h. auf ein Bereich, das knapp an der Grenze des sichtbaren Spektrums liegt, aber nicht mehr sichtbar ist.

körper einer elektrischen Heizlampe. Die Aufnahmen erfolgen auf eigens für Infrarot sensibilisierten Platten, so z. B. auf den im Handel befindlichen Agfa-Platten Infrarot-Rapid 730, Infrarot-Rapid 810 oder Infrarot-Hart 730[1]. Die infraroten Strahlen zeichnen sich durch ihr starkes Durchdringungsvermögen aus (s. P. KRAFT [1, 2]); sie können z. B. durch mehrere Lagen Papier noch durchdringen. Selbst bei makrophotographischen Aufnahmen auf stark sensibilisierten Platten dauert die Belichtung aber etwa 20 mal länger als im Tageslicht.

Für histologische Zwecke haben 1927 E. CALZAVARA und I. BERTRAND (1) (vgl. auch BERTRAND und JUSTIN-BESANÇON [1, 2]) ein Verfahren ausgearbeitet, mit welchem sie scharfe und kontrastreiche Bilder von der Feinstruktur verschiedener Gewebe (Flimmerzellen, Nerven-, Nierengewebe) erhalten konnten. Das Verfahren besteht darin, daß die Schnitte mit einer Farbstofflösung aus Kryptocyanin gefärbt werden, die man zur Sensibilisierung der Platten auf rotes Licht zu verwenden pflegt. Die so erzielte Färbung wirkt also im Objekt wie ein selektives Filter, das in der Hauptsache diejenigen Strahlen zurückhält, auf welche die Platte am stärksten sensibilisiert ist.

Zum Verfahren eignen sich alle Fixierungsmittel, ausgenommen solche, welche Chromsäure oder Chromsalze enthalten (z. B. MÜLLER, FLEMMING, ZENKER usw.); die BOUINsche Lösung wird ausdrücklich empfohlen. Die Schnitte müssen ganz glatt aufgeklebt und dürfen nicht dicker sein als 5μ. Es kommt daher hauptsächlich nur die Paraffineinbettung in Betracht. Als Färbungsmittel verwendet man eine frisch bereitete Lösung von Kryptocyanin (1 : 2000) mit Anilinwasser, und zwar in einem Mischungsverhältnis von 1 : 2. Die Färbung erfolgt bei 50°, wobei der Objektträger mit dem Farbstoff bedeckt auf einem Heiztisch erwärmt wird, bis Dämpfe aufsteigen. Nach Waschen mit absolutem Alkohol wird über Xylol in Kanadabalsam eingedeckt. Der Schnitt erhält eine bläulichgrüne Farbe, die jahrelang unverändert bleibt, wenn die Präparate unter Lichtabschluß aufbewahrt werden. Zur Photographie eignen sich frisch gefärbte Präparate weitaus besser als die älteren. Zu beachten ist weiter, daß man möglichst dünne Objektträger und Deckgläser wählen soll. Von entscheidender Bedeutung ist dann — namentlich bei Anwendung von Immersionsapochromaten —, daß die Frontlinse auf das Deckglas keinen merkbaren Druck ausübt. Selbst dort, wo der Druck der Frontlinse auf das Deckglas im normalen Licht keinerlei sichtbare Wirkungen zeigt, können im ultraroten Licht durch Schlierenbildungen im Balsam störende Erscheinungen auftreten. Bei der photographischen Aufnahme kommen nur Platten in Betracht, die in einer äthylalkoholischen oder methylalkoholischen Lösung von Kryptocyanin sensibilisiert worden sind. Die Vorschrift für den Sensibilisator mit Äthylalkohol ist: Äthylalkohol 33% 1000 ccm, Kryptocyanin (1 : 2000) 5 ccm; die für den Sensibilisator mit Methylalkohol: Kryptocyanin (1 : 2000) in Methylalkohol 1 ccm, Wasser 500 ccm. Zum letzteren Sensibilisator gibt man tropfenweise 1 proz. Essigsäure, bis die Lösung farblos wird. Die mit Äthylalkohol vorbereiteten Platten trocknet man ohne Abwaschen 5 Minuten lang bei einem starken Ventilator. Die mit der methylalkoholischen Lösung behandelten Platten kommen erst in ein Bad von 2 proz. Borax oder in eine Lösung von Ammoniak (28% Ammoniak 4 ccm; Wasser 100 ccm). Etwa 1 Minute müssen die Platten in diesem Bad verweilen und werden dann bei einem starken Ventilator getrocknet. Die Senisibilisierung der Platten erfolgt natürlich

---

[1] Die Zahlen geben das Sensibilisierungsmaximum in $m\mu$ an. M. CZERNY (1) hat nachgewiesen, daß man die Empfindlichkeit der Platten bis zur Wellenlänge 1μ ausdehnen kann. Für die Mikrophotographie kommen auf längere Wellenlängen als 810 mμ sensibilisierte Platten praktisch nicht in Betracht, wohl aber für die Spektrographie.

bei vollständiger Dunkelheit. Die Aufnahmen erfordern eine lange Belichtungszeit (45 Sekunden bis 15 Minuten). Die Präparate müssen daher am Mikroskoptisch gut befestigt sein; auch muß die Einrichtung vollkommen erschütterungsfrei aufgestellt werden. Die genaue scharfe Einstellung läßt sich nur empirisch erzielen, da zwischen dem in weißem Licht sichtbaren und dem infraroten Bild eine deutliche Fokusdifferenz vorhanden ist. Im allgemeinen stellt man 1 μ höher ein als im weißen Licht. Als Filter haben BERTRAND und seine Mitarbeiter die WRATTEN-Filter 88, 88A und 87 verwendet, die das Spektrum bis zu den Wellenlängen 690, 720 und 740 abblenden. Die Entwicklung und Fixierung erfolgen bei völligem Lichtabschluß. Man ist deshalb auf gleichmäßig arbeitende Entwickler angewiesen. Sowohl die Fixierung wie das Wässern sollen lange dauern. Die Bilder, die man mit diesem Verfahren erhält, zeichnen sich auch bei sehr starken Vergrößerungen durch ihre ausgeprägten Kontraste aus. Ihre graphische Wirkung läßt sich am besten mit Aufnahmen von einwandfreien Eisenhämatoxylinpräparaten vergleichen. Das Verfahren wurde bisher von I. BERTRAND und seinen Mitarbeitern, ferner in der Paläontologie von P. KRAFT [1, 2] angewandt. Aus den Abbildungen von I. BERTRAND (Abb. 197) gewinnt man den Eindruck, daß die Feinstrukturen — selbst bei stärksten Vergrößerungen — schärfer und klarer zum Ausdruck gelangen als sonst bei Aufnahmen in weißem Licht mit entsprechenden Lichtfiltern.

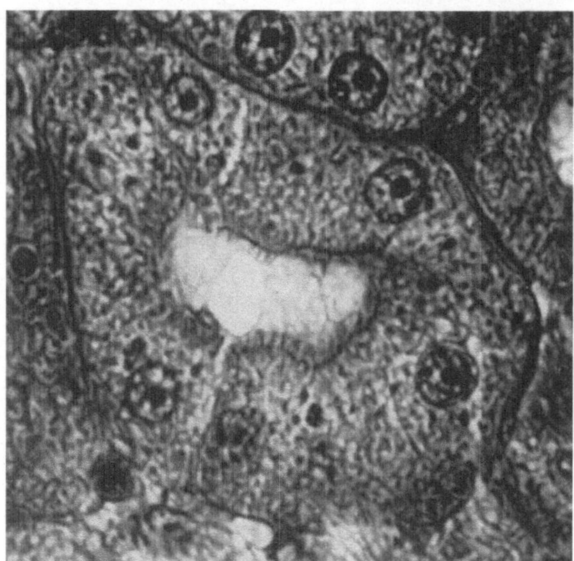

Abb. 197. Mikrophotographie in infrarotem Licht. Nierenkanälchen der Eidechse (*Lacesta viridis*) mit Bürstensaum. (Originalaufnahme von I. BERTRAND.)|

Vor allem erscheinen die Zellen durchsichtiger, was auf die selektive Wirkung der mit Kryptocyanin gefärbten Strukturen zurückzuführen ist. Immerhin stammen die so gewonnenen Bilder von fixierten und gefärbten Präparaten, und diese lassen sich bei geeigneter Färbung und richtiger Beleuchtung vorzüglich photographieren, namentlich wenn die Schnitte so dünn sind, wie BERTRAND es für sein Verfahren vorschreibt. Ganz andere Bedeutung hat also die UV-Photographie, mit deren Hilfe man von ungefärbten, lebenden Objekten so scharfe und kontrastfreie Bilder erhalten kann wie von dünnen, selektiv gefärbten Schnittpräparaten. Auch wird bei der UV-Photographie das Auflösungsvermögen des Mikroskops stark gefördert, was bei der infraroten Mikrophotographie keineswegs der Fall ist. Allerdings kann die Grenze der förderlichen Vergrößerung auch bei infraroten Aufnahmen etwas überschritten werden, aber nur deshalb, weil durch die selektive Filterwirkung die gefärbten Strukturen so kontrastreich erscheinen, daß hier das mikroskopische Bild eine stärkere Übervergrößerung verträgt als die im weißen Licht erzeugten. Die infrarote Mikrophotographie stellt also eine sinnreiche Methode der Beleuchtung dar mit einem engbegrenzten Wellenbereich, wobei das Filter unmittelbar in den bilderzeugenden Strukturen liegt, und die zurückgehaltenen Strahlen genau den Wellenlängen entsprechen, für welche die Platten sensibilisiert sind. Außerdem durchdringen die infraroten Strahlen (Wärmestrahlen) Hartgebilde, wie Chitin, fossile Sedimente und sonstige dunkle Objekte der Geologie oder Paläontologie weit besser als die Strahlen des sichtbaren oder des ultravioletten Lichtes. Wie P. Kraft (1, 2) es festgestellt hat, haben sie bei solchen mikroskopischen Objekten ein Durchdringungsvermögen, das etwa den Röntgenstrahlen ähnlich ist. Dadurch, daß die geeigneten sensibilisierten Platten schon fertig im Handel erhältlich sind (s. S. 313) und man über gute Infrarotfilter verfügt (so außer dem genannten Wratten-Filter ist der Infrarotfilter nach Kraft von der Firma C. Zeiss überall leicht beziehbar), wird die Ausübung der Methode wesentlich vereinfacht.

X. Die Mikroradiographie.

Seit den Anfängen der Röntgenologie hat es nicht an Versuchen gefehlt, auch Strahlen mit bedeutend geringeren Wellenlängen als das ultraviolette Licht zur Erzeugung mikroskopischer Bilder anzuwenden (vgl. Radiguet [1], Barnard [3]). Obzwar schon im Jahre 1913 P. Goby (1) eine Vorkehrung und eine Methode zur Mikrophotographie mit Röntgenstrahlen angegeben hat, konnte bis jetzt die Mikroradiographie keine allgemeine Verwendung finden, weil bei allen bisher angegebenen Methoden das vergrößerte Bild des Objekts nur durch die Vergrößerung des Röntgenbildes und nicht durch die vergrößerte Abbildung des Objekts zu erhalten ist. Wenn auch begreiflicherweise nur im letzteren Falle die gewünschte Steigerung des Auflösungsvermögens erzielt werden könnte, hat dennoch die Mikroradiographie selbst in ihrer heutigen Form vielerlei Vorteile und kann, wie P. Metzner (2, 4) es angibt, recht vielseitige Anwendung finden.

P. Metzner (2) benutzt zu den mikroradiographischen Aufnahmen eine kleine Röntgenröhre (10 cm Kugeldurchmesser und Osmoregulierung), als Stromquelle einen Universalinduktor mit einer Funkenlänge von etwa 9 cm. Auch andere größere oder kleinere Röntgenröhren mit der zugehörenden Einrichtung können ebensogut verwendet werden. Zu beachten ist jedoch, daß die Röntgenröhre mit einem passenden Stativ so aufgestellt wird, daß das Strahlenzentrum genau senkrecht nach unten auf das Objekt falle. Ist nämlich die Strahlung nicht genau senkrecht auf das Objekt ausgerichtet, so erhält man verzerrte Schattenbilder. Um dies zu vermeiden, stellt Metzner das Objekt auf den Boden eines mit Bleiblech belegten Holzrahmens. Die obere Wand des Rahmens trägt ein 15 cm langes und 3 cm breites Kupferrohr (Wanddicke 2 mm), unter welchem das Objekt sich befindet. Die obere Öffnung des Kupferrohres ist von einer Blende aus Holz und doppelter Bleiauflage eingenommen, so daß die Röntgenstrahlen nur durch die Öffnung dieser Blende in Form eines schmalen Bündels zum Objekt gelangen können. Von Fall zu Fall muß die Größe der Blendenöffnung bestimmt werden. Metzner hat bei seinen Aufnahmen meistens eine Öffnung von 5 mm Durchmesser benutzt.

Der Strahlengang wird genau senkrecht nach unten mit Hilfe eines Leuchtschirmes eingestellt. Der kleine quadratische Leuchtschirm trägt in der Mitte eine Kreisscheibe aus schwarzem Papier, und legt man den Leuchtschirm unter dem Kupferrohr auf den Boden des Holzrahmens, so wird man im verdunkelten Zimmer während der Tätigkeit der Röntgenröhre das Leuchten des Schirmes um die Kreisscheibe kaum bemerken. Der Rahmen muß nun so eingestellt werden, daß die schwarze Kreisscheibe ringsum von einem gleich breiten und gleichmäßig leuchtenden Ring umgeben sei. Ist das geschehen, so entfernt man den Leuchtschirm und legt das Objekt auf eine kleine photographische Platte, welche entweder frei (bei Aufnahmen in verdunkeltem Raum) oder in einer improvisierten Kassette genau auf die Stelle gebracht wird, wo die Kreisscheibe des Leuchtschirms lag. Man muß feinkörnige Platten wählen, da die Bilder nachträglich stark vergrößert werden. Die empfindlicheren und dementsprechend grobkörnigen Spezialplatten der Röntgenologie sind daher nicht gut zu gebrauchen. Metzner hat photomechanische Graphosplatten benutzt, und zwar das Format 6×9 cm² in vier gleiche Teile zerschnitten. Die Belichtungszeit hat 3—5 Minuten betragen.

Mit diesem Verfahren hat Metzner von Schneckengehäusen, Foraminiferenschalen, Chitinskeletten Aufnahmen und sogar stereoskopische Bilder erzielt, die dann weiter vergrößert wurden. Er empfiehlt die Methode bei Untersuchungen an kleinen undurchsichtigen Objekten, bei denen von Natur aus große Dichteunterschiede vorhanden sind. Man kann aber ebensogut wie in der Makroradiologie, durch Kontrastmittel, wie Wismutbrei, solche Dichteunterschiede erzeugen, indem man die Hohlräume, Gedärme, Gefäße oder Spaltensysteme des Objekts mit dem Kontrastmittel ausfüllt.

In letzter Zeit (1930) hat A. Dauvillier (1) eine auch auf Schnittpräparate anwendbare mikroskopische Methode beschrieben. Das Verfahren besteht im wesentlichen darin, daß man dünne Gewebeschnitte ($1—5 \mu$) auf die Schicht photographischer Platten — wie auf Objektträger — aufklebt, sie mit Röntgenstrahlen durchleuchtet und das auf der Platte so enthaltene Bild dann weiter vergrößert. Dazu benötigt man erstens spezielle Plattensorten mit feingekörnelter Schicht (nach Lippmann), die den Röntgenstrahlen gegenüber etwa 1000 mal weniger empfindlich sind als die gewöhnlichen grobkörnigen Platten. Dann benützt man zur Bestrahlung eine von Dauvillier konstruierte Röntgenröhre, die mit vier Fensterchen aus dünnen Aluminiumfolien (5μ) ausgerüstet ist. Mit diesen Fensterchen stehen die Kassetten in Verbindung, die ihrerseits luftleer gemacht oder mit Wasserstoff gefüllt werden müssen. Zur Bestrahlung eignen sich weiche Röntgenstrahlen besser als die harten. Als Beispiel eines solchen Mikroradiogramms zeigt Dauvillier eine Abbildung von einem Schnitt aus dem Knochenmark bei 600 facher Vergrößerung. Selbstverständlich muß der Schnitt von der Platte vor der Entwicklung abgelöst werden. Bei der Vergrößerung stört die Körnelung der Schicht fast nicht, die Dichte der Schwärzung muß aber durch einen Silberverstärker gesteigert werden, um brauchbare vergrößerte Bilder zu erhalten.

Anschließend an die Mikroradiographie sei auch von einigen Versuchen berichtet, bei denen man nach dem Verfahren von Russel (1907) rein durch die Kontaktwirkung der Objekte Schwärzung der photographischen Platte und dementsprechend Bilder erzielt hat. Es handelt sich dabei gewissermaßen um eine Photographie im Dunkeln (Mazurkiewicz und Bukowiecki [1]), die mit der Mikroradiographie insofern Ähnlichkeit zeigt, daß man auch hier die so erhaltenen Bilder auf der Platte nachträglich vergrößert. Mit einem solchen Verfahren haben G. Wolff (1) vom Schmetterlingsflügel, Mazurkiewicz und Bukowiecki von pflanzlichen Geweben Photogramme erhalten im Hinblick auf die Lokalisation photoaktiver Stoffe innerhalb der betreffenden Strukturen.

B. Die Objekte der biologischen Forschung und ihre mikrophotographische Darstellung[1].

In den vorangegangenen Kapiteln war der Stoff nach der Eigenart der bei den Aufnahmen benutzten Linsen eingeteilt und behandelt worden. In dem Folgenden soll jetzt untersucht werden, welche besonderen Forderungen die verschiedenen Objekte der biologischen Forschung stellen, und in welcher Form die Mikrophotographie diesen am besten entsprechen kann. Bei der Wahl der mikrophotographischen Mittel werden natürlich jene optischen Eigenschaften des Objektes ausschlaggebend sein, von denen die graphische Wirkung des mikroskopischen und mikrophotographischen Bildes abhängig ist. An einer früheren Stelle (s. S. 25) sind die Unterschiede schon hervorgehoben worden, welche diesbezüglich zwischen den lebensfrischen Objekten und den fixierten Dauerpräparaten feststellbar sind. Dementsprechend soll auch hier die Mikrophotographie lebender oder lebensfrischer Objekte und die der fixierten Dauerpräparate gesondert behandelt werden.

XI. Die Mikrophotographie im Dienste der mikroskopischen Lebendbeobachtung.

Eine der wichtigsten Aufgaben des mikrophotographischen Verfahrens ist die Abbildung lebender (lebensfrischer) Objekte, denn bei diesen läßt sich eine vollkommen objektive und objektähnliche Wiedergabe des im Mikroskop beobachteten Bildes mit keinem anderen Verfahren erzielen. Die Schwierigkeiten jedoch, die man zu überwinden hat, bis man die gewünschte scharfe und kontrastreiche Aufnahme erhält, sind gerade bei den lebenden Objekten am größten. Die Kontraste sind in der Hauptsache von Brechungsinterferenzen, seltener von Beugungsinterferenzen (z. B. bei den periodischen Strukturen der Diatomeenschalen, Chitingebilden, Fibrillenstrukturen usw.) und nur ausnahmsweise durch selektive Lichtabsorption (bei pigmenthaltigen pflanzlichen und tierischen Zellen) bedingt. Die Brechungsunterschiede zwischen der abzubildenden Struktur und ihrer Umgebung sind aber bei biologischen Objekten häufig sehr gering, namentlich innerhalb der lebenden Zellen. Bilder mit guten Kontrasten, wo die Strukturen sich deutlich vom Hintergrund abheben, wird man also nur bei einer der optischen Natur des Objekts genau angepaßten Beleuchtung und oft nur mit besonderen Beleuchtungsarten erzielen. Bekanntlich werden die Interferenzbilder (Strukturbilder im Sinne von ABBE) bei einer Beleuchtung mit schmalen, zentralen Lichtbündeln deutlicher. So pflegt man dementsprechend nichtfixierte und ungefärbte Präparate mit eng zugezogener Irisblende zu beobachten und auch zu photographieren (s. S. 23).

142. Die Frage der optischen Auflösung. Zur richtigen mikrophotographischen Darstellung der lebenden Objekte genügt jedoch die starke Einengung der Aperturblende allein, wie sie oft schematisch vorgenommen wird, noch keineswegs. Man muß vor allem die Frage beantworten, wie die richtige Auflösung der darzustellenden Strukturen am besten und am zweckmäßigsten erreichbar ist.

Die Auflösung der im lebenden Zustand sichtbaren mikroskopischen Strukturen erfordert keine allzu hohen Aperturen dort, wo es sich nur um die Abbildung der äußeren Form handelt oder um solche Strukturelemente, deren Abstand voneinander in μ meßbar ist. Die nötige optische Auflösung erreicht man hier

---

[1] Vgl. Fußnote auf S. 25.

schon mit Objektivsystemen von mittelstarken Aperturen (etwa bis num Ap. 0,95). Kommt man mit diesen im Hellfeld nicht zum Ziel, so werden auch die Objektive mit stärkeren Aperturen wenig nützen, denn die schlechte Sichtbarkeit oder völlige Unsichtbarkeit rührt in diesen Fällen nicht von der ungenügenden Auflösung her, sondern von den allzu geringen Brechungsunterschieden und den dadurch bedingten schwachen Kontrasten. So wird man in lebenden Zellen auch mit den stärksten Apochromaten die aus fixierten Präparaten bekannte Struktur des Zellkerns, das Zytozentrum oder die Nervenfibrillen nicht darstellen können, entweder weil solche in lebendem Zustand überhaupt nicht vorhanden sind, oder weil ihre Lichtbrechung mit der des Zytoplasmas fast vollständig übereinstimmt. Sind aber bemerkbare Brechungsunterschiede zwischen den Strukturelementen und ihrer Umgebung vorhanden, wie das z. B. bei den Mitochondrien der lebenden Zellen der Fall ist, so braucht man zur optischen Auflösung solcher Strukturen nicht die stärksten Apochromate, die man zur Beobachtung derselben in fixiertem und gefärbtem Zustande zu benutzen pflegt. Soweit man ein scharfes Bild von lebenden Strukturen dieser Art im Hellfeld überhaupt erhalten kann, wird man es auch mit Objektiven von mittelstarken Aperturen erhalten (z. B. mit num. Ap. 0,85), und zwar meistens schärfer und kontrastreicher als mit den stärksten Aperturen (z. B. num. Ap. 1,3 oder 1,4). Vielfach, aber nicht immer und überall, erhält man kontrastreiche Abbildungen solcher Strukturen mit der Dunkelfeldbeleuchtung, und zwar, wie auf S. 212 schon bemerkt wurde, nicht infolge der stärkeren Auflösung, sondern dank der besseren Kontrastwirkung im Dunkelfeld. Die Vorteile des ultravioletten Lichtes beruhen ebenfalls in den meisten Fällen bei der Abbildung solcher im Bereich der mikroskopischen Größenordnung befindlichen lebenden Strukturen nicht allein auf

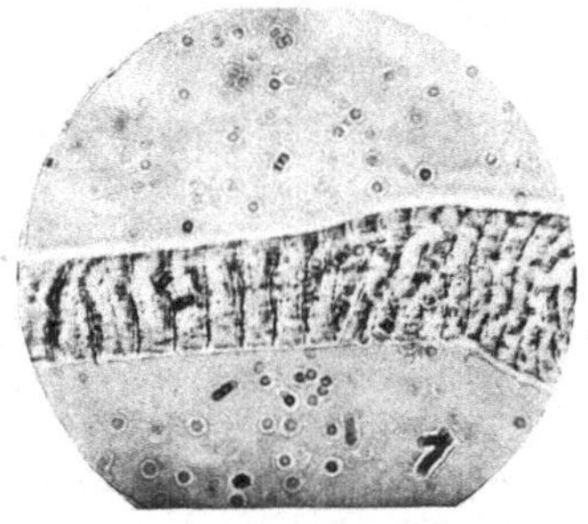

Abb. 198.   Quergestreifte Insektenmuskelfaser. Zupfpräparat. Hom. Imm. ZEISS 60 fach num. Ap. 0,85, „Phoku", Kondensor 1,4 ohne Frontlinse, Irisblende bei 20.

der stärkeren Auflösung, sondern in demselben Maß auf den Folgen der stärker ausgeprägten selektiven Absorption der UV-Strahlen (s. S. 307).

Es gibt natürlich eine Reihe von Objekten, welche auch in nicht gefärbtem und unfixiertem Zustand feinste periodische Strukturen aufweisen, zu deren optischen Auflösung die stärksten Apochromate notwendig sind. Außer den schon mehrfach erwähnten Diatomeenschalen, Schmetterlingsschuppen und ähnlichen Strukturen in pflanzlichen oder tierischen Hartsubstanzen begegnet man solchen in typischer Form in der Querstreifung der Muskelfaser (Abb. 198) oder bei den Flimmerhaaren und Geiseln der Bakterien und Protisten. Hier, wie überall, wo der Abstand zwischen den einzelnen Strukturelementen etwa 1 μ oder kleiner als 1 μ ist (so z. B. auch zwischen den Chromosomen in der Äquatorialplatte sich teilender Zellen), läßt sich die richtige optische Auflösung nur bei stärksten Aperturen erzielen sowohl im Hellfeld wie im Dunkelfeld oder im UV-Licht.

Sind nun die Zwischenräume in der optisch aufzulösenden Struktur von submikroskopischer Größenordnung, so ist man zwangsläufig auf die Ultramikroskopie angewiesen (s. S. 200).

Die geeignetste Art der mikrophotographischen Abbildung hängt also bei den lebenden Objekten vielfach von der Größenordnung dieser Objekte und der darzustellenden Strukturen ab. In den meisten Fällen wird man, wie schon erwähnt, es mit Strukturen zu tun haben, deren optische Auflösung im Hellfeld schon bei mittelstarken Aperturen erreichbar ist (mit ganzen Zellen, Zellverbänden, Fasern usw.), oder aber mit solchen, die nur ultramikroskopisch sichtbar sind (der kolloiden Struktur des Protoplasma, den Feinstrukturen der Bakterien und Mikroorganismen). Seltener wird man Gelegenheit haben, in den lebenden Objekten Strukturen abzubilden, die sich an der Grenze der mikroskopischen Sichtbarkeit befinden, denn die lebenden Zellen enthalten nur ausnahmsweise Feinstrukturen, welche durch ihre stärkere Lichtbrechung hervortreten. Die schon angeführten Beispiele (Diatomeenschalen, Flimmerhaare usw.) dürften so ziemlich alle in diese Kategorie gehörenden Objekte umfassen.

143. Das Vergrößerungsmaß. Außer der Frage der Auflösung hat auch das Vergrößerungsmaß einen entscheidenden Einfluß auf die Bildschärfe und die Kontrastwirkung der Mikrophotogramme bei den lebenden Objekten. Begreiflicherweise spielt dieser Faktor nur bei Strukturen von mikroskopischer Größenordnung, die auch im Hellfeld schon gut auflösbar sind, eine maßgebende Rolle. Hier wird man stets die Erfahrung machen, daß die verhältnismäßig schwächeren Objektive schärfere und vor allem kontrastreichere Bilder ergeben als die stärkeren. Man wird z. B. von der Form einer Protistenzelle oder einer isolierten Muskelfaser ein plastischeres Bild mit einem Objektiv von längerer Brennweite und größerer Tiefenschärfe erhalten als mit einem solchen von kürzerer Brennweite und geringerer Tiefenschärfe. Die günstigeren Kontraste im Bild sind wiederum darauf zurückzuführen, daß die schwachen Objektive ein stark beleuchtetes Gesichtsfeld liefern, bei dem man die Aperturblende erheblich einengen und so den Kontrast zwischen dem Hintergrund und den Grenzlinien wesentlich steigern kann. Hat man also bei der Aufnahme die Wahl zwischen einem schwächeren und einem stärkeren Objektiv, so wähle man stets das schwächere und trachte dann, durch die Bildvergrößerung das Bild, wenn nötig, weiter zu vergrößern (mit einem stärkeren Okular, mit längerem Kameraauszug oder durch Vergrößerung beim Kopieren). Ein Beispiel möge dieses noch besser erläutern: eine größere Amöbenart (Amoeba verrucosa, dubia oder sphaeronucl.) soll abgebildet werden. Mit dem Abbildungssystem Objektiv 8fach und Okular 10fach wird man alle in der lebenden Zelle unterscheidbaren Strukturelemente: den Kern mit dem Karyosom, die Vakuolen, das Ekto- und das Entoplasma wie auch die Zellfortsätze gut wahrnehmen können. Noch besser, da stärker vergrößert, werden diese Bestandteile der Zelle mit dem Objektiv 20fach und Okular 10fach sichtbar. Kommt es aber auf die genauere Beobachtung der Kernstruktur oder Körnelung im Zytoplasma an, so stellt man mit dem Objektiv 40fach und dem Okular 10fach ein. Die Frage ist nun, wieweit diese Linsenfolgen bei der mikrophotographischen Aufnahme beizubehalten sind oder nicht. Vorausgesetzt, daß es sich dabei nicht gerade um Strukturfeinheiten handelt, welche nur mit dem Objektiv 40fach sichtbar werden, sondern um das Vergrößerungsmaß 400fach oder 200fach, so wird man bei der Aufnahme vorteilhafter die Linsenfolge Objektiv 20fach mit Okular 15fach (statt Objektiv 40fach, Okular 10fach) oder Objektiv 10fach mit Okular 15fach (statt Objektiv 20fach, Okular 10fach) und die entsprechende Kammerlänge wählen.

Wie einem jeden Zytologen bekannt ist, sind in zahlreichen Fällen die darzustellenden Strukturen nur bei bestimmten Linsenfolgen gut sichtbar, und daran läßt sich auch bei der mikrophotographischen Aufnahme kaum etwas ändern. Solchen Fällen begegnet man jedoch fast ausnahmslos in der Kategorie der Strukturen, die an der Grenze der mikroskopischen Sichtbarkeit liegen. Bei diesen ist man selbstverständlich an die stärksten Objektive gebunden. Von diesen abgesehen soll man aber in der Mikrophotographie lebender Objekte möglichst die Regel beachten, daß man die Aufnahme bei dem schwächsten Objektiv ausführen soll, welches die darzustellende Struktur noch deutlich sichtbar macht. Besonders wichtig ist diese Regel bei der photographischen Abbildung von Zellen und Geweben, die sich von dem Medium, in dem sie untergebracht sind, nur schwach abheben. Solche werden wir in den Gewebekulturen noch näher kennenlernen und auf die Bedeutung der schwächeren Objektive in diesem Zusammenhang noch zurückkommen (s. S. 339)[1].

144. Die Form und Art der Präparate. Die weiteren Bedingungen für die graphisch wirksame Abbildung sind in der Hauptsache von der Form und der Art der Präparate abhängig. Was die Form der Präparate anbelangt, so kann man zwei Gruppen hier abgrenzen:

1. solche, bei denen die Objekte in der üblichen Form der mikroskopischen Präparate zwischen Tragglas und Deckglas in einer dünnen planparallelen Schicht liegen, und

2. bei denen die Objektschicht entweder nicht planparallel oder nicht so dünn ist wie sonst (hängende Tropfen, Flüssigkeiten in Uhrgläschen usw.).

Die erste Form wird als natives Präparat bezeichnet und enthält lebensfrische oder lebende Objekte ohne vorherige mikrotechnische Behandlung in einem physiologischen Einschlußmittel (s. a. S. 25). Bei dieser Form wird die Abbildung von der Objektschicht nur in der Weise beeinflußt, wie das bei den mikroskopischen Präparaten allgemein der Fall ist (s. S. 33). Ist die Schicht dünn, so werden darin auch die Objekte so dünn sein, daß sie auch mit Objektiven von höheren Aperturen und geringer Tiefenschärfe gut abgebildet werden; jedenfalls nicht schlechter als in Dauerpräparaten von ähnlicher Schichthöhe (30—50 μ). Ist aber die Schichthöhe größer, wie das bei nativen Präparaten aus Suspensionen von größeren Zellen (lebenden Protisten oder Eizellen) meistens der Fall ist, so treten unvermeidliche optische Störungen auf, welche in der mikrophotographischen Aufnahme weit ungünstiger wirken als bei der subjektiven Beobachtung. Zunächst wird die Korrektion des abbildenden Systems durch die anomale Schichthöhe ungünstig beeinflußt (vgl. S. 33), und man erhält bei sonst einwandfreier Linse keine scharfen Grenzlinien. Dann pflegen in solchen Präparaten die Objekte je nach ihren biologischen Eigenschaften oder ihrem spezifischen Gewicht in verschiedenen Höhen (Tiefen) sich zu lagern, selbst dann, wenn sie sonst unbeweglich sind (über Objekte mit eigener Bewegung s. S. 344 ff.). Bei dieser Schichtung sammeln sich bestimmte Körnchen, Zellen und ähnliches näher an der Deck-

---

[1] Es ist ein allgemeiner und begreiflicher Fehler der meisten Zytologen, welche sich mit der Mikrophotographie lebender Objekte nicht eingehender befaßt haben, daß sie in den Fällen, wo ihr Untersuchungsobjekt in vivo photographisch dargestellt werden soll, die Linsenfolgen beizubehalten wünschen, mit denen sie bei der subjektiven Beobachtung die günstigsten Bilder erzielt haben. Diese Linsenfolgen bestehen fast allgemein aus einem Objektiv, dessen Apertur weit höher ist als zur Auflösung der in vivo sichtbaren Strukturen erforderlich und einem schwächeren Okular. Zur subjektiven Beobachtung ist eine solche Linsenfolge tatsächlich besser geeignet als umgekehrt ein schwächeres Objektiv und ein stärkeres Okular, und zwar deshalb, weil man so bei derselben Vergrößerung ein lichtstärkeres Bild erhält. Man hat auch nicht die Unbequemlichkeit einer Schlüssellochbeobachtung, die bei stärkeren Okularen öfters aufzutreten pflegt. Die Mängel der geringeren Tiefenschärfe werden kaum empfunden, da man hintereinander mehrere optische Ebenen scharf einstellen und ein subjektiv scharfes Bild aus mehreren Einstellungen rekonstruieren kann. Das ist es aber eben, was man bei der photographischen Aufnahme nicht tun kann, und deshalb erhält man dann so oft von den lebenden Objekten bei einer Linsenfolge, an die man von der subjektiven Beobachtung her gewöhnt ist, unbefriedigende, weil unscharfe und kontrastarme Lichtbilder. Oft plagt man sich dann lange Zeit mit verschiedenen Beleuchtungsarten und Beleuchtungszeiten umsonst, bis man die speziellen Bedingungen und auch die speziellen Möglichkeiten für die Mikrophotographie lebender Objekte kennenlernt, nämlich, daß man hier zu einer niedrigen Apertur heruntergehen kann, um bei einer noch ausreichenden Auflösung scharfe und kontrastreiche Bilder zu erhalten.

glasfläche, andere tiefer. Selbst in nativen Blutpräparaten von etwas größerer Schichtdicke sind solche Schichtbildungen deutlich bemerkbar. Stellt man also auf die Objekte in der oberflächlichen Schicht scharf ein, so werden die tiefer liegenden unscharf abgebildet und umgekehrt. In beiden Fällen erhält man Zerstreuungsscheibchen und störende Flecken bei der Aufnahme. Am häufigsten treten diese bei Objektiven von mittleren Aperturen (etwa zwischen 0,4 und 0,85) auf, da diese eine mittlere Tiefenschärfe haben, bei der noch Objekte 10 bis 20 μ oberhalb und unterhalb der Einstellungsebene zwar unscharf, aber doch abgebildet werden. Bei Objektiven von geringer Tiefenschärfe, wie man sie unter den starken Apochromaten (von der Apertur 0,85 aufwärts) findet, treten diese störenden Unschärfen im Bild selten auf. Hier wird aber wiederum der Umstand Schwierigkeiten bereiten, daß solche Objektive meistens einen sehr geringen freien Arbeitsabstand haben, und man sie daher nur auf Objekte scharf einstellen kann, welche in den oberflächlichsten Schichten in der Nähe der Deckglasfläche liegen. In gesteigertem Maße treten die hier geschilderten Störungen auf bei Objekten, die nicht in Präparaten der üblichen Form, sondern in besonderen Glasgefäßen von einer Flüssigkeitsschicht bedeckt liegen. Hier wird man die speziellen Objektive mit großem Arbeitsabstand, großer Tiefenschärfe und der Schichtdicke angepaßter Korrektion mit bestem Erfolg verwenden (Planktonsucher, Wassertauchlinsen usw., s. S. 38). Vielfach kann man auch mit dem Binokular-Präpariermikroskop vorzügliche Aufnahmen erzielen. Man verfertigt dann die Aufnahme entweder mit dem Lukam (s. S. 260) oder mit der DRÜNERschen Kamera (s. S. 258).

Die hängenden Tropfen, in denen man lebende Objekte häufig zu untersuchen pflegt, zeigen bei der photographischen Aufnahme teils dieselben optischen Eigentümlichkeiten, von denen eben die Rede war, zum Teil treten aber noch neue störende Momente dazu. Vor allem wird die freie Kugelfläche des Tropfens zu Spiegelungserscheinungen Anlaß geben, welche je nach Größe des Tropfens, der Stärke des abbildenden Systems und der Richtung der Beleuchtung mehr oder weniger in Erscheinung treten. Sind die Tropfen im Verhältnis zu dem vom abbildenden System gelieferten Gesichtsfeld klein und ausgesprochen halbkugelförmig, und ist die Beleuchtung nicht genau ausgerichtet, so wird auf der einen Seite ein ausgeprägter Schatten, auf der anderen Seite ein Lichtreflex erscheinen, welche die hier liegenden Objekte optisch verhüllen und dadurch ihre scharfe Abbildung verhindern können.

Am stärksten wirken diese von der Kugelfläche des Tropfens bedingten Spiegelungen bei Aufnahmen im Dunkelfeld (s. Abb. 219 B)[1]. Ist die äquatoriale Zone des Tropfens, die als eben betrachtet werden kann, so breit, daß die Eintrittspupille des Objektivs nur Strahlen aus diesem Bereich empfängt, so werden selbstverständlich die erwähnten Störungen nicht bemerkbar sein. Je flacher der Tropfen und je geringer der Durchmesser des vom Abbildungssystem gelieferten Sehfeldes ist (nicht zu verwechseln mit der Bildflächengröße), um so besser gelingt die gleichmäßige Ansleuchtung des Sehfeldes. Bei den größeren hängenden Tropfen, wie man sie zur Untersuchung von Protistenzellen verwendet, ist dieser Bedingung leichter zu entsprechen als bei den kleineren hängenden Tropfen, in denen man Bakteriensuspensionen zu untersuchen pflegt. Da man aber hier wiederum meistens starke Objektive benutzt, die nur ganz geringe, als planparallele Schichten wirkende Ausschnitte des Tropfens abbilden, so wird in der Mehrzahl der Fälle die Kugelform des Tropfens auch hier keinerlei störenden Einfluß auf die Beleuchtung ausüben. Erfahrungsgemäß

---

[1] Vgl. T. PÉTERFI (*1*) und K. B. EISENBERG (*1*).

ergeben sich jedoch häufig Fälle, wo die Tropfen im Verhältnis zum Vergrößerungsvermögen des Objektivs zu klein sind und eine gekrümmte Grenzfläche haben, welche Spiegelungen erzeugt. Dann versucht man bessere Beleuchtungsbedingungen so zu erzielen, daß man entweder stärkere Objektive (Okulare) benutzt oder, wo das nicht tunlich ist, einen neuen flachen Tropfen auf das Deckglas legt. Es sei bemerkt, daß man mit einer Öse immer flachere Tropfen auf das Deckglas anbringen kann als mit einer Pipette. Selbstredend muß auch die Benetzbarkeit des gereinigten Deckglases zur Herstellung des hängenden Tropfens geeignet sein, und zwar so, daß der Tropfen auf der Glasfläche weder zerläuft noch sich stark abkugelt. Am besten erzielt man eine solche Oberfläche, wenn man nach sorgfältiger Reinigung und Trocknung das Deckglas vor der Auflegung des Tropfens zwei- oder dreimal durch die Flamme zieht.

Eine weitere störende Erscheinung bei allen in hohlgeschliffenen Objektträgern oder ähnlichen Mikrokammern luftdicht eingeschlossenen hängenden Tropfen bedeuten die Wassertröpfchen, welche sich auf der Oberfläche des Hohlschliffes niederschlagen. Am häufigsten begegnet man ihnen dort, wo, wie das bei Kulturpräparaten häufig der Fall ist (s. S. 336), der hängende Tropfen bei einer höheren Temperatur gehalten und bei einer niedrigeren mit dem Mikroskop untersucht wird. Auch bei solchen, die bei Zimmertemperatur gehalten werden, bilden sich mit der Zeit an den Glaswänden der Kammer Tröpfchen aus Kondenswasser. Schon bei subjektiver Beobachtung wirken diese recht störend, noch störender jedoch bei der mikrophotographischen Aufnahme. Am einfachsten entfernt man sie so, daß man das Deckglas abhebt und die Tröpfchen abwischt oder, wo das aus irgendwelchem Grund nicht ratsam erscheint, das Präparat auf einem mäßig erwärmten Heiztisch beobachtet. Oft genügt es bei Präparaten, die bei Zimmertemperatur gehalten wurden, wenn man 2—3 Minuten abwartet, bis die Wärmestrahlen der Beleuchtung das Tragglas etwas aufwärmen, denn die Tröpfchen verdunsten in solchen Präparaten schon bei ganz geringer Erwärmung.

Betrachten wir jetzt, inwiefern die Art der Präparate bessere oder schlechtere Bedingungen für die Abbildung der lebenden Objekte schafft. Das hängt unmittelbar mit der weiteren Frage zusammen, ob die Brechungsunterschiede im Präparat durch passende Wahl des Einschlußmediums günstiger gestaltet werden können oder nicht. In dieser Beziehung unterscheiden sich die nativen Präparate, bei denen die Objekte in ihrem lebenden oder lebensfrischen Zustand nur für die verhältnismäßig kurze Zeit der mikroskopischen Beobachtung gehalten werden müssen von den Kulturpräparaten, in denen die Objekte ihre volle Lebenstätigkeit längere Zeit aufrechterhalten. Bei den nativen Präparaten, die entweder Zupf- oder Quetschpräparate oder Zell- und Bakteriensuspensionen darstellen, muß das Medium nur die biologischen (bakteriologischen) Forderungen erfüllen, die man allgemein den isosmotischen, chemisch neutralen physiologischen Lösungen gegenüber zu stellen pflegt. Unter mehreren solchen physiologischen Einschlußmitteln kann man dann das optisch geeignetste, d. h. jenes aussuchen, dessen Lichtbrechung mit der des Objektes die günstigsten Kontraste erzeugt.

Bei den Zupf- und Quetschpräparaten erhält man mit den üblichen physiologischen Lösungen bei enger Aperturblende so deutliche Strukturbilder, daß man es nicht nötig hat, nach anderen Medien zu suchen. Diese Art der nativen Präparate läßt sich also ohne besondere mikrotechnische Behandlung sowohl im Hellfeld wie im Dunkelfeld, mit polarisiertem und mit ultraviolettem Licht mikrophotographisch gut abbilden (Abb. 199, vgl. auch Abb. 187 und 188).

Für Zell- und Bakteriensuspensionen eignen sich aus optischen Gründen manchmal kolloide Flüssigkeiten oder isotonische Gallerten besser als die reinen

Salzlösungen. So erhält man von roten Blutkörperchen in einer isotonischen $1^1/_2$—2 proz. Gelatinelösung besser definierte Grenzlinien als in RINGER- oder TYRODE-Lösung. Noch besser eignet sich zu mikrophotographischer Abbildung der lebensfrischen Blutkörperchen das Blutplasma als Einschlußmittel. Auch bei manchen Protistenzellen, welche den Einschluß in ein gallertiges Medium vertragen, so z. B. bei den meisten Ciliaten, wird die Abbildung in der Gallerte besser als in der Kulturflüssigkeit (selbstverständlich muß die Gallerte chemisch vollkommen neutral sein). Wo das gallertige Medium dem Objekt irgendwie schädlich ist, soll man es mit einer isotonischen Zuckerlösung versuchen, deren Brechung höher ist als die der physiologischen Salzlösungen. Infolge des größeren Brechungsunterschiedes werden dann z. B. die Flagellen von Flagellaten in einer solchen Zuckerlösung deutlicher sichtbar. Bei Bakteriensuspensionen erhält man im Hellfeld ebenfalls günstigere Bilder, wenn das Medium Fleischbrühe oder eine stark verdünnte Gelatine bzw. Agargallerte ist; für Dunkelfeldaufnahmen eignen sich umgekehrt die Salzlösungen besser, da hier die Ultrateilchen nicht stören, welche in der Fleischbrühe und in den Gallerten stets enthalten sind (vgl. auch S. 330).

145. Die Steigerung der Kontraste innerhalb der lebenden Zellen. Man ist bei der geschilderten Art der nativen Präparate durch passende Wahl des Einschlußmittels meistens in der Lage, die geringen optischen Kontraste zu steigern. Weit schwieriger ist es, in den Zellen zwischen dem Zytoplasma und den darin ent-

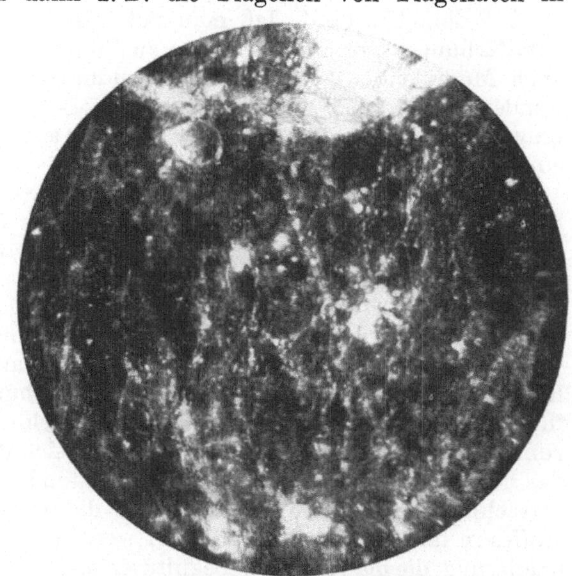

Abb. 199. Lockeres Bindegewebe aus dem Unterhautgewebe der Maus. Zupfpräparat in Normosallösung.

Oben links: Fettzelle; rechts: dichtere Stelle mit starker Überstrahlung. Im Sehfeld sind elementare Kollagen- und elastische Fädchen einzeln oder in Bündeln sichtbar. Stellenweise zeigen sie eine ultramikroskopische Struktur aus Ultrateilchen. Hom. Imm. ZEISS Obj. 60 fach, num. Ap. 0,85, ,,Phoku", Paraboloid-Wechselkondensor nach SIEDENTOPF.

haltenen Strukturen günstige Kontraste zu erzielen. Abgesehen von den metaplasmatischen Körnchen und den kontraktilen Fäserchen, welche auch ohne besondere optische Hilfsmittel deutlich genug in Erscheinung treten (vgl. Abb. 198), wird man von den auch im lebenden Zustand sichtbaren Organellen und sonstigen Zellstrukturen schwer kontrastreiche Bilder erhalten, selbst dann, wenn man sie subjektiv deutlich gesehen hat. Man wird z. B. den Kern eines Amoeba Proteus oder sphaeronucl. im photographischen Bild selten so deutlich und mit derselben Kontrastwirkung erblicken, wie man ihn im Mikroskop wahrgenommen hat (vgl. Abb. 201). In manchen Fällen, so z. B. bei der auf Agar, Gelatine oder Blutplasma gezüchteten Mikroorganismen treten intrazellulare Strukturen bei einer sog. Zwischenfeldbeleuchtung oder einer einseitig schiefen Beleuchtung deutlicher auf. In anderen Fällen wird die Vitalfärbung gute Dienste leisten. Die Färbung mit Neutralrot hebt allerdings in der Hauptsache Körnchen hervor, welche auch ohne Färbung schon gute Kontraste ergeben. Da jedoch der Kern sich nicht mitfärbt, wird er im Bild dadurch hervorgehoben, daß er zwischen den dunkleren Körnchen hell bleibt. Denselben Vorteil hat man, wenn man lebende Bakterien vor der Aufnahme mit Neutralrot oder anderen roten Vitalfarbstoffen (Phenol- und Kresolrot) oder Nervenzellen mit Methylenblau färbt. Zur schärferen Darstellung der Mitochondrien verwendet man, wie üblich, Janusgrün.

Bei allen Vitalfärbungen, die man zur Hebung der Kontraste vor der Aufnahme ausführt, sind zwei Umstände zu berücksichtigen:

1. daß man die gewünschte elektive Wirkung in der Mikrophotographie schon mit geringeren Konzentrationen erzielen kann als bei einer subjektiven Beobachtung,

2. aber, daß jede elektive Wirkung der Färbung verlorengeht oder wesentlich herabgesetzt wird, wenn auch das Einschlußmittel Farbstoff enthält.

Aus dem Umstand, daß man mit sehr stark verdünnten Farblösungen die Vitalfärbungen vor der Aufnahme ausführen kann, folgt, daß man ohne Gefahr auch Methylenblau, Janusgrün, Toluidinblau oder Nilblausulfatlösungen verwenden kann[1] und auch dann eine merkliche Steigerung der Kontraste im photographischen Bild erhält, wenn bei der subjektiven Beobachtung noch kaum eine Färbung bemerkbar ist.

Hat man aber die Objekte mit den vitalen Farblösungen behandelt, so muß dafür Sorge getragen werden, daß kein Farbstoff im Medium zurückbleibt. Bei Suspensionen von größeren Zellen (Infusorien, Seeigeleiern usw.) ist es verhältnismäßig leicht, die Objekte erst zu färben und dann in reines Wasser oder in die reine Kulturflüssigkeit zu überführen. Schwieriger ist es dieser Forderung nachzukommen, wenn die Objekte sehr klein sind, wie z. B. die Bakterien, oder wenn man sie aus dem fertigen Präparat nicht mehr entfernen kann. Gewöhnlich führt man bei solchen Objekten die vitale Färbung so aus, daß man zur Kulturflüssigkeit oder zum physiologischen Einschlußmittel die vitalen Farbstoffe zumischt und abwartet, bis die Strukturen sich deutlich gefärbt haben, während das Medium für den subjektiv Beobachtenden farblos bleibt. Vielfach wird tatsächlich das Medium farblos, indem die darin enthaltenen Spuren des Farbstoffes in farblose Form übergeführt werden. So wird z. B. die vitale Methylenblaulösung, die man den Gewebekulturen oder einem mit Infusorien dicht besetzten Tropfen zugibt, innerhalb weniger Minuten vollkommen farblos, während die mit der blauen Farbe gefärbten Strukturen die Färbung längere Zeit (bis 10 oder 15 Minuten) behalten. Rote vitale Farbstoffe, wie Neutralrot, Phenolrot usw., stellen sehr empfindliche Indikatoren dar für die Wasserstoffionenkonzentration und färben also in roter Farbe nur bei sauerer Reaktion, bei alkalischer dagegen in einer hellgelben Farbe. Da die allermeisten physiologischen Lösungen eine neutrale Reaktion haben, bei etwa $p_H = 7$, wird die hellgelbe Farbe des Mediums keine nennenswerte Wirkung auf den Hintergrund des photographischen Bildes ausüben, und die rot gefärbten Strukturen werden sich dann kontrastreich von einem hellen Hintergrund abheben. Färbt sich jedoch auch das Medium in rötlicher Farbe mit, so verdunkelt sich der Hintergrund des photographischen Bildes in dem gleichen Maße wie die Strukturen. Besonders stark wirkt die von dem Neutralrot verursachte rote Farbe auf das photographische Bild selbst in solchen Fällen, wo man bei der subjektiven Beobachtung kaum irgendwelche Färbung des Mediums wahrgenommen hat (s. S. 112).

Die Wirkung der Farbenfilter. In ähnlicher Weise wie die vitalen Färbungen wirken auch die Farbenfilter, vor allem die blauen und grünen

---

[1] Diese gelten in den Konzentrationen, bei welchen sie rasch und deutlich färben (1 : 10000 oder 20000) für die lebenden Zellen noch als schädlich; in den unschädlichen Konzentrationen aber (1 : 100000 oder 150000) färben sie für das Auge sehr langsam und schwach.

Filter (s. S. 142). Man ist vielfach geneigt, die günstige Wirkung solcher Filter auch bei den lebenden Objekten auf eine bessere Auflösung infolge der Beleuchtung mit kurzwelligen Strahlen zurückzuführen. Sie hängt jedoch hier weniger mit der Auflösung als vielmehr mit der selektiven Absorption zusammen. Bekanntlich entstehen die starken Kontraste in den Strukturbildern der im lebenden Zustand mit ultraviolettem Licht photographierten Zellen infolge der selektiven Absorption der kurzwelligen UV-Strahlen durch bestimmte Zellstrukturen. Es ist anzunehmen — leider sind exakte Messungen darüber bisher nicht angestellt worden —, daß auch im Bereich des sichtbaren Spektrums die Strahlen mit kürzeren Wellenlängen anders absorbiert werden als die mit längeren. Die Erfahrung lehrt wenigstens, daß zarte, ungefärbte Strukturen, die im weißen Licht kaum sichtbar sind, sofort schärfer und kontrastreicher erscheinen, wenn man ein grünes oder blaues Filter vorschaltet (Abb. 200). Für die Mikrophotographie solcher Feinstrukturen sind besonders die blauen Filter[1] (oder das entsprechende monochromatische blaue Licht) wertvoll. Dabei sei beachtet, daß, während die Feinstrukturen mit einem Grünfilter auch subjektiv schon schärfer erscheinen, dieses mit einem Blaufilter nicht der Fall ist. Hier wirkt das mit dem Blaufilter subjektiv beobachtete Bild meistens flauer als ohne Filter. Es ist also ratsam, bei Anwendung von blauen Filtern das Bild erst subjektiv ohne Filter scharf einzustellen und dann vor der Aufnahme das Filter einzuschalten. Bei Apochromaten braucht man an der scharfen Einstellung auch nach Einschaltung des blauen Filters nichts mehr zu ändern, bei Fluoritsystemen und Achromaten empfiehlt es sich dagegen, etwas nach unten zu fokussieren, bis die BECKEsche Linie (s. S. 290) um die Zellen herum gerade in Erscheinung tritt.

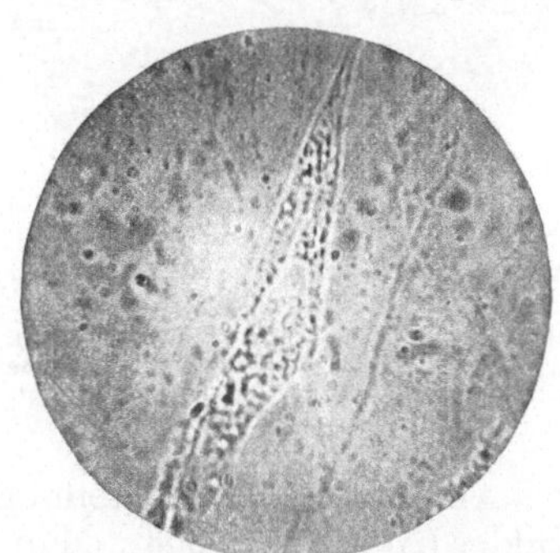

Abb. 200. Gezüchtete, embryonale, quergestreifte Muskelzelle (Myoblast).

Hom. Imm. ZEISS Obj. 90 fach, num. Ap. 1,25, „Phoku“, Kondensor 1,4 ohne Frontlinse, Irisblende bei 20, Punktlichtlampe 2 W. Blaufilter F 3873 (O. SCHOTT & GEN.).

Sonst erhält man infolge der Fokusdifferenz zwischen gelben und blauen Strahlen eine überfokussierte und demzufolge weniger scharfe Aufnahme von dem in weißem Licht scharf eingestellten Bild.

146. Einstellungsregeln. Die scharfe Einstellung der Feinstrukturen, Zellgrenzen und ähnlicher linearer Strukturelemente ist bei lebenden Objekten stets mit größeren Schwierigkeiten verbunden als bei fixierten Präparaten. Dabei wollen wir hier nicht auf die mikroskopisch-optischen Schwierigkeiten eingehen, welche durch die größere Schichtdicke, die plastische Form und sonstige für die Abbildung ungünstige Eigenschaften des Objektes bedingt sind (s. S. 320 ff.), sondern uns nur mit der Frage befassen, welche Einstellung innerhalb des Bereichs der scharfen Einstellung für die graphische Wirkung die günstigste sein wird. Bekanntlich gibt es innerhalb dieses Bereichs Grenzen nach oben und unten, wo die Einstellung noch im großen und ganzen als scharf gelten kann, die Kontraste im Bild jedoch sehr verschieden ausfallen, je nachdem, ob man etwas mehr nach oben, etwas mehr nach unten oder auf eine mittlere Ebene scharf eingestellt hat. Diese Unterschiede in den Kontrasten rühren im Sinne der WELKER-

---

[1] Als blaues Filter kann man für mikrophotographische Zwecke nicht die mattierte Kobaltglasscheibe benutzen, die man für subjektive Beobachtung oft verwendet, sondern nur ein richtiges Blaufilter mit guter Transparenz (vgl. S. 134), z. B. das Blaufilter der Firma SCHOTT u. GEN. (F 3878), das Kobaltglasfilter derselben Firma oder das Blaufilter der Agfa Nr. 40.

schen Einstellregel (vgl. A. Köhler [*9*, S. 346]) davon, daß kugel- oder zylinderförmige Objekte von höherer Brechungszahl in einem Medium von geringerer Brechung bei höherer Einstellung heller und schärfer, bei tieferer Einstellung dunkler und weniger scharf erscheinen. Die als Beckesche Linie bekannte Interferenzerscheinung (s. S. 290) an der Grenze zwischen zwei Medien von verschiedener Brechungszahl ist ebenfalls von der Höheneinstellung ab-

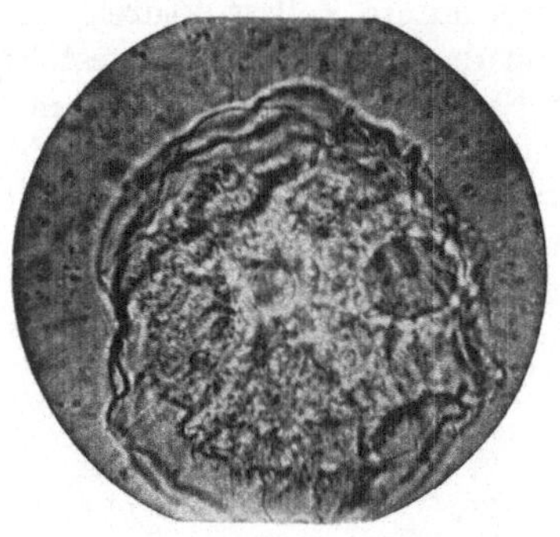

Abb. 201. Amoeba sphaeronucl. auf Agar gezüchtet (Deckglaskultur).
Hom. Imm. Zeiss Obj. 60 fach, num. Ap. 0,85, „Phoku", Kondensor 1,4 ohne Frontlinse, Irisblende bei 20, Punktlichtlampe 2 W.

hängig, denn der helle Streifen wandert beim Heben des Tubus in das stärker brechende, beim Senken in das schwächer brechende Medium. Diese Erscheinungen haben nun bei der scharfen Einstellung lebender Objekte, wo die graphischen Kontraste vorwiegend von den Brechungszahlen der abzubildenden Strukturen abhängen, eine erhöhte Bedeutung, und zwar um so mehr, je feiner die Strukturen sind und je stärker die Objektive, mit denen man sie abbilden soll. Sind die Brechungsunterschiede zwischen Objekt und Umgebung gut ausgeprägt, so wird man bei einer mittleren Einstellung schon scharf gezeichnete Grenzlinien und wirksame Kontraste im Bild erhalten (Abb. 201). Von größeren Protistenzellen, Eizellen oder von Zupf- und Quetschpräparaten erhält man bei einer solchen Einstellung die schärfsten und auch graphisch günstigsten Bilder (Abb. 202 u. 203). Man trachtet dabei die Grenzlinien des Objektes so einzustellen, daß die Beckesche Linie gar nicht oder nur kaum in Erscheinung tritt. Ist sie schon ganz in Erscheinung getreten, so ist das photographische Bild sicher

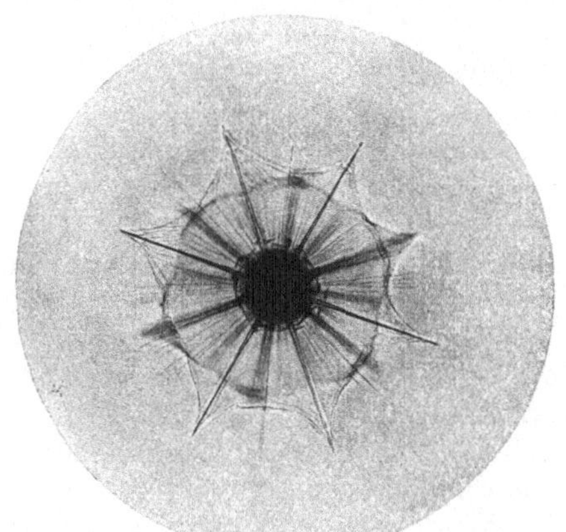

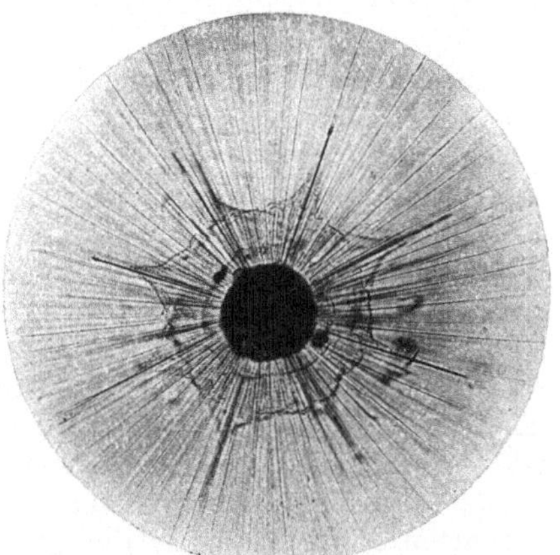

Abb. 202.   Acanthonidium Serratum (Radiolar), lebend. Vergr. 39 fach. (Aus K. Bělař [*2*, Abb. 2].)

Abb. 203.   Acanthometra spec. (Radiolar), lebend Vergr. 39 fach. (Aus K. Bělař [*2*, Abb. 3].)

unscharf, d. h. über die Grenzen der scharfen Einstellung nach oben oder nach unten fokussiert. Die Unschärfe bemerkt man meistens erst in der mikrophotographischen Aufnahme deutlich, denn bei der subjektiven Beobachtung wird sie teils durch Akkommodation kompensiert, teils aus psychischen Gründen nicht wahrgenommen.

Es gibt allerdings Fälle, wo die Beckesche Linie auch bei sonst scharfer Einstellung sichtbar wird und das photographische Bild allzu kontrastreich

und unruhig gestaltet (vgl. Abb. 205). Das ist stets der Fall, wenn die Irisblende des Beleuchtungsapparates enger als erforderlich zugezogen ist, wie dies
oft der Fall sein wird, wenn man die kontrastarmen Feinstrukturen durch Zu-
ziehung der Irisblende schärfer hervorheben will. Die BECKEsche Linie ist
bekanntlich eine Interferenzerscheinung, welche bei einer Beleuchtung mit
engen Strahlenbündeln stärker in Erscheinung tritt. Bemerkt man also, daß
bei ganz geringen Änderungen der Höheneinstellung die BECKEsche Linie schon
neben den scharf gezeichneten Grenzlinien deutlich bemerkbar wird, so ist das
stets ein Zeichen dafür, daß die Apertur der Beleuchtung zu klein ist, und daß
man, um deutliche Bilder zu erhalten, die Irisblende so weit öffnen muß, bis die
BECKEsche Linie verschwindet.

Anders verhält sich die Sache bei Objekten und Strukturen, wo die Brechungszahl sich von der der Umgebung kaum unterscheidet. Am häufigsten begegnet
man solchen in den Gewebezüchtungen (s. S. 339), wo die Grenzen der flachen,

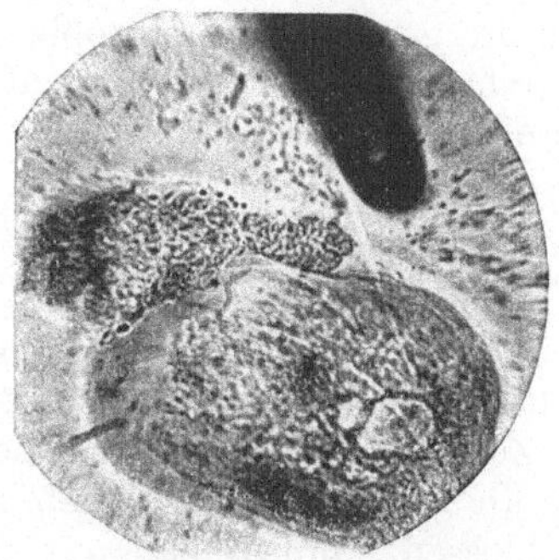

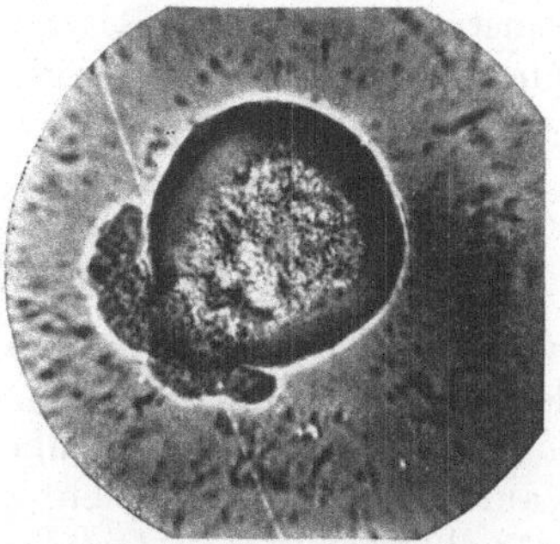

Abb. 204. Amoeba sphaeronucl. auf Agar-Nährboden (Deckglaskulturen). Obj. ZEISS Achr. 40 fach, num. Ap. 0,65, „Phoku", Irisblende: offen. Die Amöbe ist abgeflacht, rechts jedoch etwas dicker als links. Da bei der mikroskopischen Untersuchung die Agarschicht höher liegt als das Objekt, ist die Einstellebene auf den Agarboden die höhere. Es wurde auf die Bak-teriengruppe neben der Amöbe links scharf eingestellt. Im flachen Zellteil (links) erscheinen die Körnchen noch schwarz, im rechten Zellteil, neben der Vakuole, hell. Rechts oben die Mündung einer Mikropipette.

Abb. 205. Dieselbe Amöbe, wie in Abb. 204 vor der experimentellen Beeinflussung, in stark abgekuppel-tem Zustand. Linsenfolge und Beleuchtung wie bei Abb. 204. Es wurde auf die Kuppe der abgerundeten Zelle scharf eingestellt. Bakterienhaufen links unten unscharf, stark ausgeprägte BECKEsche Linie (die scharf eingestellte Ebene liegt bedeutend tiefer als die Agarschicht und also auch tiefer als die Einstell-ebene in Abb. 204).

durchsichtigen Zellen im Blutplasma oder die Zellstrukturen im Zytoplasma oft
kaum sichtbar sind. Ein weiteres Zusammenziehen der Irisblende hat dann
nicht viel Zweck, um z. B. die Zellgrenzen eines jungen Fibroblasten oder die
Endverzweigungen eines Nervenfortsatzes schärfer hervorzuheben. Die schon
erwähnte Anwendung eines blauen Lichtfilters wird manchmal auch hier etwas
kräftigere Kontraste erzeugen, doch werden auch diese stets von der Art der
Einstellung abhängig sein. Für die Einstellung erweisen sich nun die folgenden
praktischen Kunstgriffe als zweckmäßig:

Handelt es sich um eine bessere Hervorhebung der Zellgrenzen, so hebe man
den Tubus, bis die BECKEsche Linie im Zellkörper (der stets eine etwas höhere
Brechungszahl hat als das Blutplasma) nahe der Zellgrenze gerade in Erscheinung
tritt. Sollen aber in den Zellen die Körnchen, Fäserchen oder sonstigen
Strukturen scharf hervorgehoben werden, so stelle man so ein, daß diese,
welche fast immer stärker lichtbrechend sind als das undifferenzierte Zytoplasma,
in einer helleren Umgebung dunkel erscheinen (Abb. 204). Verfährt man umgekehrt, so wirkt das Bild zwar ebenfalls kontrastreich, jedoch unruhiger und, was
das Entscheidende ist, weniger scharf (Abb. 205). Bei einer mittleren Einstellung

erhält man allerdings die schärfsten, d. h. am feinsten gezeichneten Grenzlinien, diese sind jedoch infolge ihrer Feinheit graphisch nicht wirksam und eignen sich zu einer drucktechnischen Wiedergabe sehr schlecht.

147. Die Verwendung von polarisiertem Licht. Wenn man, wie oben geschildert wurde, die vorhandenen geringen Brechungsunterschiede schon in nichtpolarisiertem Lichte bei richtiger Anwendung der WELKERschen Einstellregel vorteilhaft ausnutzen kann, so lassen sich diese in polarisiertem Licht oft noch besser hervorheben. Das polarisierte Licht wird stets die Kontrastwirkung fördern, namentlich zwischen faserförmigen Gebilden oder länglichen Körnchenreihen und ihrer Umgebung, wo die linearen Gebilde — die stets eine mehr oder weniger ausgeprägte Formdoppelbrechung aufweisen — zu der Schwingungsebene des außerordentlichen Strahls parallel liegen. Man schaltet also den Polarisator in den Gang der Beleuchtungsstrahlen ein und dreht ihn herum, bis die für die Kontrastwirkung günstigste Stellung gefunden ist. Man wird auf diese Weise oft überraschend scharfe und kontrastreiche Aufnahmen erzielen von Feinstrukturen, so z. B. von Mitochondrien in gezüchteten Fibroblasten, von kontraktilen Fibrillen in gezüchteten Muskelfasern oder von Nervenfortsätzen in Nervenkulturen), welche auf jede andere Art schwer darzustellen sind.

XII. Die Kulturpräparate.

Zur mikroskopischen Beobachtung lebender Objekte und der an ihnen sich abspielenden Lebensvorgänge eignen sich die Kulturpräparate am besten[1]. Man bezeichnet als solche hauptsächlich Bakterien-, Zell- oder Gewebezüchtungen, welche auf einer dünnen Schicht von Nährboden an Deckgläsern untergebracht und, in hohlgeschliffenen Objektträgern eingeschlossen, unmittelbar mit dem Mikroskop untersucht werden können. Es lassen sich jedoch auch Bakterien- oder Zellkulturen in ihren Kulturgefäßen mikroskopisch untersuchen und mikrophotographisch abbilden. Wir müssen daher bei der Betrachtung der Bedingungen, unter denen diese Objekte am besten abzubilden sind, die zwei Formen als **Deckglaskulturen** und als **Schalenkulturen** gesondert behandeln. Ein allgemeines Kennzeichen der Kulturpräparate in mikroskopischer Hinsicht ist, daß sie, was scharfe Abbildung und günstige Kontrastwirkung anbelangt, zu den schwierigsten Objekten der Mikrophotographie gehören. Von sonstigen, bei allen lebenden Objekten gemeinsamen Schwierigkeiten abgesehen — von denen in dem vorangegangenen Abschnitt schon die Rede war —, zeichnen sich die Kulturpräparate auch dadurch noch aus, daß man die Brechungsunterschiede zwischen Objekt und Medium nicht einmal in jenen engen Grenzen steigern kann, wie dies bei den nativen Präparaten noch der Fall war. Die Aufrechterhaltung der Lebensbedingungen, unter denen die Kultur wächst und gedeiht, ist in den meisten Fällen an bestimmte Nährböden gebunden, so daß man an diesen nur selten Änderungen vornehmen kann, die durch Steigerung oder Abschwächung der Kontraste auf das photographische Bild günstig einwirken könnten.

Ebenfalls einen allgemeinen, d. h. sowohl bei den Deckglas- wie bei den Schalenkulturen entscheidenden Faktor in bezug auf die Beleuchtung, das Vergrößerungsmaß und die Abbildungsschärfe stellt die Schicht des Nährbodens dar. Verhältnismäßig selten werden Bakterien- und Zellkulturen, die zur photographischen Aufnahme gelangen sollen, in flüssigen Medien gezüchtet. Wo das

---

[1] Über die Methodik der Kulturpräparate siehe Handbuch der mikrobiologischen Technik (KRAUS-UHLENHUTH [1], E. KÜSTER [1], K. BĚLAŘ [3]).

doch der Fall ist, gelten für diese dieselben Vorschriften wie für die Präparate in Form von hängenden Tropfen (S. 321). Viel häufiger werden jedoch die Objekte auf festem Nährboden, d. h. auf einer Gallerte aus Gelatine, Agar, Kieselsäure oder Blutplasma gezüchtet. Liegt nun diese Gallertschicht zwischen dem Objekt und dem abbildenden System, wie das bei den Deckglaskulturen der Fall ist, so wird sie je nach ihrer Dicke, Dichte, Transparenz und Brechungszahl auf die Abbildung einwirken, liegt sie aber zwischen Objekt und Beleuchtung wie bei den Schalenkulturen, so wirkt sie entscheidend auf die Beleuchtung ein.

148. Die Deckglaskulturen. Der Nährboden der Deckglaskulturen ist in der Regel so dünn, daß die mikroskopische Untersuchung oder die mikrophotographische Aufnahme in durchfallendem Licht auch mit stärksten Vergrößerungen ohne besondere Schwierigkeiten durchführbar ist. Die Gallertschicht darf allerdings nicht dicker als etwa 1—1,5 mm sein. Für Aufnahmen mit starken Objektiven, namentlich mit Immersionsapochromaten, eignen sich die Deckglaskulturen natürlich um so besser, je dünner die Gallertschicht ist (vgl. Abb. 201), da bei der kurzen Brennweite und dem noch geringeren freien Arbeitsabstand dieser Objektive schon ein 1—1,5 mm dicker Nährboden — wenn man auch die Deckglasdicke noch mitrechnet — Schwierigkeiten bei der scharfen Einstellung bereiten wird. Aus den üblichen Nährsubstanzen ließen sich natürlich äußerst dünne Schichten auf dem Deckglas ausstreichen, nur sind diese zu Züchtungszwecken nicht gut geeignet, weil sie zu rasch austrocknen oder sich erschöpfen, so daß die Kultur bald abstirbt, falls sie sich überhaupt ansetzen konnte.

Eine weitere Forderung ist, daß die freie Oberfläche der Gallerte möglichst glatt und eben sei. Ist sie uneben, wie das meistens bei den nicht glatt fließenden oder nicht gleichmäßig ausgebreiteten Gallerten der Fall ist, so erhält man im photographischen Bild störende Flecken, welche oft gerade die wichtigsten Stellen des Objekts verdecken. Auch die Verunreinigungen, die in der käuflichen Gelatine und im Agar stets vorhanden sind (seltener in der Kieselgallerte und fast nie im Blutplasma), muß man natürlich vor der Anlegung der Gallertschicht durch Filtrieren sorgfältig entfernen. Die von der kolloidalen Beschaffenheit bedingte optische Inhomogenität wird man allerdings stets in Kauf nehmen müssen, diese stört aber bei Hellfeldaufnahmen nie, und auch bei Dunkelfeldaufnahmen läßt sie sich durch besondere Kunstgriffe (s. S. 331) auf ein Mindestmaß beschränken.

Für die graphische Wirkung des Bildes, das man von solchen Deckglaskulturen erhalten wird, ist der Umstand entscheidend, daß die Objekte an der freien Oberfläche der Gallertschicht liegen und so an die Luft grenzen. Die Brechungsunterschiede zwischen Objekt und Medium sind daher meistens so stark ausgeprägt, daß man auch bei verhältnismäßig weit geöffneter Irisblende die Grenzlinien scharf und kontrastreich wahrnehmen wird (vgl. Abb. 201). Je kleiner und je feiner die Objekte sind, um so auffälliger ist die günstige Wirkung des großen Brechungsunterschieds zwischen dem an der Oberfläche der Kultur liegenden Objekt und der Luft. Mikrophotogramme von so gezüchteten Bakterien sind deshalb stets wirkungsvoller als solche, die man von Bakteriensuspensionen in Flüssigkeiten erhalten kann. Auch bei größeren Zellen, wie bei den auf KNOOP-Agar gezüchteten Amöben, Myxomyzeten, Sporozoen usw., wird die äußere Form plastisch und scharf im Bild erscheinen (vgl. Abb. 204), namentlich wenn man durch Verstellung des Spiegels oder der Irisblende das Objekt etwas schief beleuchtet. Auch mit der Zwischenfeldbeleuchtung erhält man recht wirkungsvolle Bilder. Man wird öfters jedoch gerade infolge der plastischen Form der Objekte und des großen Brechungsunterschieds zwischen Objekt und Medium (Luft) Schwierigkeiten haben bei der photographischen Abbildung der inneren

Struktur solcher gezüchteter Zellen. Es kommt nämlich häufig vor, daß bei größeren Objekten von kugeliger oder zylindrischer Form (z. B. Amoeba sphaeronucl., Myxomyzeten u. ä.) die Randteile vollkommen dunkel erscheinen und nur ein schmaler mittlerer Streifen so hell bleibt, daß man in ihm die innere Struktur noch wahrnehmen kann (Abb. 205).

Noch weit störender wirken natürlich die von der plastischen Form und dem großen Brechungsunterschied bedingten Spiegelungen im Dunkelfeldbild. Bei der Dunkelfeldbeleuchtung der Deckglaskulturen sind in der Hauptsache drei spezielle Faktoren zu berücksichtigen, die sind: 1. das Verhältnis der Schichthöhe zur Schnittweite des Kondensors, 2. die Form der allseitig schief beleuchteten Objektschicht und 3. die optische Beschaffenheit der Nährbodens. Was den ersten Faktor anbelangt, so liegen die Objekte bei den meisten Deckglaskulturen etwa 3—4 mm oberhalb der Ebene des Mikroskoptisches. Da sie in holhgeschliffene Objektträger eingeschlossen sind, liegt in der Regel eine Luftschicht zwischen dem Objekt und dem Kondensor. Zur Dunkelfeldbeleuchtung solcher Präparate kann man also nur Trocken-Dunkelfeldkondensoren benützen mit einer Schnittweite von wenigstens 4 mm, wie z. B. die Präparierwechselkondensoren der Firma ZEISS und LEITZ oder den großen Glaskondensor der Firma ZEISS (s. S. 209). Wie schon öfters erwähnt, weisen die Dunkelfeldkondensoren mit einer längeren Schnittweite und ohne Immersion eine geringere Apertur auf als die Paraboloid- oder Kardioidkondensoren, die man mit Immersion zu benützen pflegt. Sollen also, wie das von Bakterienaufnahmen oder bei Protoplasmastrukturen oft erforderlich ist, die Aufnahmen von den Deckglaskulturen im Dunkelfeld eine stärkere Auflösung der Strukturen zeigen, so müssen die Kulturpräparate den optischen Forderungen angepaßt werden, denen man bei der Dunkelfeldbeleuchtung mit Paraboloid- oder Kardioidkondensoren begegnet. Die Objekte dürfen also nicht höher als 1—1,5 mm oberhalb der Tischebene liegen, und der Zwischenraum muß mit einem Medium von höherer Brechung als Luft ausgefüllt sein.

Man pflegt zu solchen Zwecken die Deckglaskultur auf ein dünnes Tragglas (0,6 mm) mit zwei Streifen eines dünnen Deckglases (0,2—0,4 mm) oder mit entsprechend dünn ausgezogenen Glaskapillaren als Stützen aufzustellen, den kapillaren Raum zwischen Tragglas und Deckglas mit einem Tropfen Kulturflüssigkeit (physiologischer Lösung) auszufüllen und dann mit Paraffin zu umranden. Als untere Immersion verwendet man dann zweckmäßig Wasser. Bei einer Reihe von Deckglaskulturen läßt sich allerdings dieses Verfahren nicht anwenden, weil die Objekte sich von dem festen Nährboden ablösen, sobald sie mit einer Flüssigkeitsschicht in Berührung kommen (z. B. die auf Agar gezüchteten Amöben, viele Bakterienkolonien usw.). Bei diesen läßt sich ein Dunkelfeldbild mit stärkerer Auflösung allein durch das SPIERERsche Verfahren (s. S. 211) oder mit den Auflichtgeräten für Dunkelfeldbeleuchtung (Ultropak, Epi-Kondensor W) erzielen.

149. Die Dunkelfeldbeleuchtung. Sowohl bei der subjektiven Beobachtung wie bei der mikrophotographischen Aufnahme wird natürlich das Dunkelfeldbild wesentlich von der ultramikroskopischen Struktur des Nährbodens beeinflußt. Richtige Dunkelfeldbilder mit starken Kontrasten erhält man nur, wenn die Schicht, in der oder auf welcher die Objekte liegen, optisch leer ist. Solche optisch leeren Gallertschichten findet man aber in den Deckglaskulturen nur selten (z. B. bei sorgfältig filtrierten Kieselgallerten und beim frischen Blutplasma). Sowohl die Gelatine wie die Agarschichten, wie man sie gewöhnlich zu Kulturzwecken benützt, sind voll von helleuchtenden Körnchen und Fädchen, die bei der subjektiven Untersuchung und bei der photographischen Aufnahme gleichermaßen stören. Es ist jedoch wichtig festzustellen, daß diese Körnelung

zum größten Teil nicht von der kolloiden Beschaffenheit der Gelatine oder Agargallerte bedingt ist, sondern von Verunreinigungen herrührt, welche nach
A. Besson (*1*) auf folgende Weise entfernt werden können: Man rührt den
aufgelösten Agar (oder Gelatine) mit geschlagenem Eiweiß zusammen (100 g
Eiweiß auf 1000 g Agar) und läßt die Mischung einige Stunden im Autoklaven
bei 120° stehen. Hier wird das Eiweiß vollständig ausgeflockt, und die im flüssigen
Agar oder Gelatine schwebenden Körnchen werden durch diese Flockung mit-
gerissen. Man filtriert also nachher in einem Wärmetrichter (bei 110—115°) die
Nährgallerte und erhält einen optisch fast leeren Nährboden (Abb. 207).

Das Blutplasma, das man am häufigsten zu Gewebekulturen, manchmal
auch zu Bakterienkulturen als Nährboden benützt, ist in frischem Zustand
optisch fast leer. Durch Altern, und zwar in verhältnismäßig kurzer Zeit (etwa
nach 24 Stunden), tritt jedoch auch hier eine sehr dichte Körnelung auf, so daß
man infolge dieser kolloiden Ultrastruktur von dem Blutplasma älterer Deckglaskulturen nie einen richtigen dunklen Hintergrund für die Dunkelfeldaufnahme
erhalten wird (s. auch S. 344).

Hat man die Dunkelfeldbeleuchtung bei der gewünschten optischen Auflösung erzielt, und gelang es auch, die Objekte auf einem im Dunkelfeld optisch
leeren Nährboden zu züchten, so müssen noch schließlich die optischen Störungen
vermieden werden, welche von der Form der Objektschicht verursacht werden.
Abgesehen von solchen Fällen, wo man zwischen der Objektschicht und dem
Objektträger Flüssigkeit einschalten kann, ist die Ebene, die man allseitig schief
beleuchtet, eine an der Luft grenzende freie Ebene mit einem mehr oder weniger
ausgeprägten Oberflächenrelief. Diese von der plastischen Form der gezüchteten
Objekte bedingte Unebenheiten und ferner der ausgeprägte Brechungsunter-
schied zwischen den Objekten und der Luft werden starke Spiegelungen im
Dunkelfeld verursachen, welche zum Teil die feineren Strukturen in den Objekten selbst, zum Teil die Umgebung der Objekte überstrahlen und in jeder
Weise die graphische Wirkung des Bildes stören. Die Stärke der so verursachten
Störungen hängt zunächst von der Größe der Objekte ab. Bei gleichmäßig
wachsenden Bakterienschichten ist sie kaum bemerkbar (Abb. 207), bei größeren
Zellen dagegen (Amöben, Myxomyzeten) meistens stark ausgeprägt. Wie weit
sie im photographischen Bild störend empfunden wird, hängt vielfach auch von
dem Vergrößerungsvermögen des Objektivs ab. Bei Aufnahmen mit schwachen
Objektiven wird sie weniger stören als bei solchen mit mittelstarken. Ist man
auf diese letzteren angewiesen, so muß man durch Verstellung des Spiegels
die günstige Richtung des Lichteinfalls so lange suchen, bis die eingestellte Stelle
möglichst allseitig schief beleuchtet und die Spiegelung nur auf einen schmalen
Randstreifen beschränkt ist, der dann nicht weiter stört und in manchen Fällen
sogar eine günstige plastische Wirkung erzeugt (vgl. Abb. 219).

150. Die Schalenkulturen. Die Deckglaskulturen mit festem Nährboden
sind nicht lange haltbar. Dort, wo man also Dauerkulturen anlegen muß, bereitet man in Glasschalen, z. B. in den meist benützten Petri-Schalen, eine
höhere Schicht festen Nährbodens vor. Bei schwachen Vergrößerungen kann
man die Kulturen auch in den Schalen mikroskopisch untersuchen. Das durchfallende Licht wird bei gut durchsichtigen Gelatine- und Agargallerten noch
immer genügen, um selbst bei mittelstarken Vergrößerungen durch eine Schicht
von 3 mm Dicke die an der Oberfläche liegenden Objekte wahrzunehmen. Zu
mikrophotographischen Aufnahmen eignen sich jedoch solche Kulturschalen
weniger. Gute Aufnahmen kann man nur bei Lupenvergrößerung, d. h. mit
den schwächsten anastigmatischen Objektiven, erhalten, was in den meisten
Fällen, wo man Kulturen in Schalen zu photographieren pflegt, auch vollkommen

genügt (Abb. 206). Man wird ja hauptsächlich nur die Abbildung der Form oder der Größe und Anordnung der Kolonien bezwecken. Sollen auch feinere Einzelheiten zur Darstellung gelangen, und ist man dazu auf stärkere Vergrößerungen angewiesen, so wird man vorteilhaft von den verschiedenen Arten der Auflichtphotographie Gebrauch machen. Dabei ist zu beachten, daß alle Kulturen auf festen Nährböden mit einer dünnen Flüssigkeitsschicht (dem Kondenswasser) überzogen sind. Diese Flüssigkeitsschicht schmiegt sich eng dem Oberflächenrelief der Kultur an und erzeugt oft störende Spiegelungen, falls das Oberflächenrelief stärker ausgeprägt ist. Wo man also die Oberfläche mit einer physiologischen Flüssigkeit nicht gleichmäßig bedecken kann (s. S. 330), wird man am besten zu Aufnahmen in Auflicht den LIEBERKÜHNschen Spiegel, den Schräglichtilluminator, das Ultropak oder die Epi-Geräte benützen. Besonders anschauliche Bilder erhält man in Auflicht auch mit der DRÜNERschen Kamera (s. S. 258). Die mikrophotographischen Aufnahmen von Schalenkulturen pflegt man, wie schon erwähnt, nur bei schwachen Vergrößerungen im Hellfeld zu machen. Als Objektive kommen dabei in Betracht die photographischen Objektive oder die anastigmatischen Mikroskopobjektive (s. S. 184). Schwache Achromate und Apochromate mit starken Okularen und einer entsprechenden Kameralänge liefern Bildvergrößerungen, bei denen man schon feinere Einzelheiten

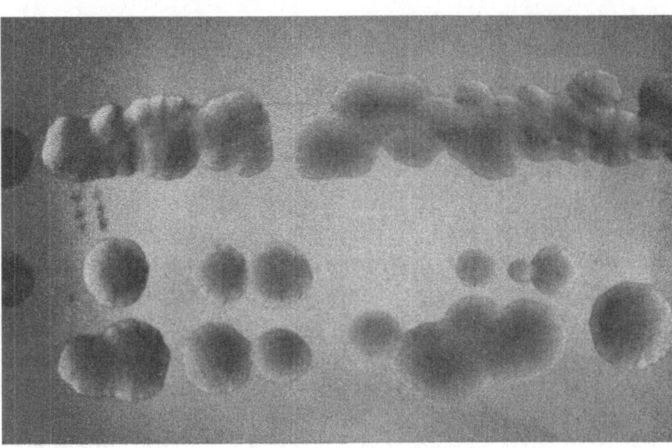

Abb. 206. Bakterienkultur auf Agar-Nährboden (Schalenkultur; B. dysenteriae, SHIGA). Mikropolar 20 mm, Beleuchtungslinse 20 mm, von REICHERT (a_1), Kammerlänge 50 cm. Das Bild gibt die Unterschiede in der Transparenz einzelner Kolonien (von verschiedenen Formen: „R" oder „G") gut wieder.

in der Kultur, manchmal sogar die innere Struktur in den gezüchteten Zellen wahrnehmen kann (Amöbenkulturen auf KNOOP-Agar gezüchtet). Für stärkere Vergrößerungen in Durchlicht eignet sich am besten ein mittelstarkes Objektiv von der Apertur 0,4—0,5 mit 20facher Vergrößerung. Objektive mit einem sehr geringen freien Objektabstand können bei der Einstellung leicht mit der Oberfläche der Kultur in Berührung kommen und dadurch verunreinigt werden. Schon aus diesem Grunde kommen bei den Aufnahmen stärkere Objektive nicht in Betracht. Der Achromat 20fach (frühere Bezeichnung C) der Firma ZEISS oder die entsprechenden Objektive der anderen optischen Firmen werden in den Fällen, wo man von den Objekten der Schalenkultur ein stärker aufgelöstes Bild zu erhalten wünscht, stets die besten Dienste leisten. Das Bild, das man bei stärkeren Achromaten und Apochromaten erhält, ist in der Regel so lichtarm, daß man von der stärkeren Vergrößerung keinen Vorteil hat. Selbst die Nährböden, welche die beste Transparenz haben, wie eine filtrierte Gelatine- oder Kieselgallerte, verschlucken in einer Schicht von 3—4 mm Höhe einen wesentlichen Teil des durchfallenden Lichts. In solchen dickeren Schichten tritt natürlich auch die von der kolloiden Beschaffenheit bedingte optische Inhomogenität, welche bei den dünnen Schichten der Deckglaskulturen noch nicht stört (s. S. 229), so stark in Erscheinung, daß man schon mit einem Achromat 40fach keine einwandfreie photographische Aufnahme wird erzielen können.

In einigen Ausnahmefällen, wenn der Nährboden der Schalenkultur oder die Objekte sehr durchsichtig sind, kann man allerdings auch mit Wasser- oder Öl-Immersionslinsen Aufnahmen in durchfallendem Licht erzielen. So hat z. B. K. BĚLAŘ (1) feinste Zellstrukturen in den sehr durchsichtigen Würmern (Rhabditisarten), die er in PETRI-Schalen auf Agar gezüchtet hat, mit den stärksten Immersionsapochromaten beobachtet und photographiert Bei der Verwendung von Immersionslinsen wird die Stelle, auf die man einstellt, mit einem Deckglas bedeckt. Sonst würde das Immersionsöl den lebenden Objekten schaden, in den Wassertröpfchen aber, die man bei Wasserimmersionen unmittelbar auf die Kulturoberfläche gibt, quillt bald die Nährgallerte, oder die Objekte lösen sich von dem Nährboden ab.

Die Dunkelfelduntersuchung und die Dunkelfeldphotographie war bis vor kurzem bei Schalenkulturen aus leicht verständlichen Gründen nie angewandt worden. In letzter Zeit gelang es jedoch[1], ein Verfahren zu finden, bei welchem Bakterien oder Protisten längere Zeit auf festen Nährböden gezüchtet auch im Dunkelfeld beobachtet und photographiert werden können. Zu diesem Zweck füllt man den Hohlschliff des hohlgeschliffenen Objektträgers mit der Gelatine- oder Agargallerte aus, welche in der schon geschilderten Weise von den im Dunkelfeld störenden Ultrateilchen befreit wurde. Auf diesen Nährboden von 2—3 mm Schichthöhe legt man die Kultur an, bedeckt sie mit einem Deckglas (eine Paraffinumrandung ist stets zweckmäßig, aber bei Protisten oder Thallophytenkulturen nicht unbedingt erforderlich) und stellt sie dann mit den dafür geeigneten Dunkelfeldkondensoren von entsprechender Schnittweite bei Dunkelfeldbeleuchtung ein. Da die so angelegten

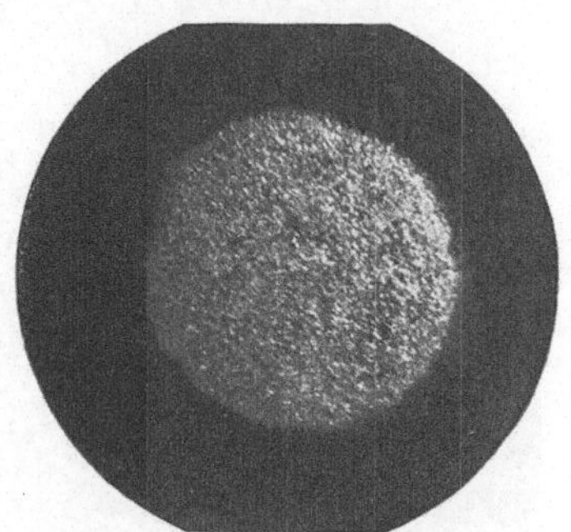

Abb. 207. Eine aus einem einzigen Bazillus entstandene Kolonie von B. dysenteriae SHIGA. Obj. ZEISS Apochr. 10fach (16 mm), „Phoku", Präparier - Wechselkondensor (ZEISS), num. Ap. 0,17—0,8. (Aus T. PÉTERFI u. M. BERGONZINI [1]).

Kulturen mehrere Tage hindurch gut gedeihen, läßt sich auf diese Weise die Entwicklung der Bakterienkulturen im Dunkelfeld gut verfolgen und photographisch abbilden (Abb. 207). Ihrer Form nach kann man diese Kulturen natürlich keine Schalenkulturen in dem üblichen Sinn nennen, ihrem Wesen nach stellen sie doch in verkleinerter Form Schalenkulturen dar, auf denen die Züchtungen länger gehalten werden können als auf Deckglas. Diesen letzteren gegenüber weisen sie namentlich bei der Dunkelfeldbeleuchtung den großen Vorteil auf, daß der Raum zwischen dem Kondensor und dem Objekt von einem Medium ausgefüllt ist, dessen Lichtbrechung derjenigen des Glases näher liegt, und diese Objektschicht zwischen Deckglas und Tragglas durch planparallele Ebenen begrenzt ist. Die störenden Spiegelungen, von denen bei den Deckglaskulturen die Rede war, treten daher hier nur ausnahmsweise auf.

XIII. Die Gewebekulturen.

Unter den Kulturpräparaten erfordert die Mikrophotographie der Gewebekulturen eine besondere Behandlung, weil bei der speziellen Art der Herstellung und der besonderen Form der Präparate hier optische Erscheinungen auf die Güte der photographischen Aufnahme einwirken, denen man bei sonstigen

[1] Vgl. PÉTERFI u. BERGONZINI (1).

Kulturpräparaten nicht begegnet. Die allgemeine Verbreitung der Gewebezüchtung in der zytologischen und histologischen Forschung, ferner der Umstand, daß zur Wiedergabe der Forschungsergebnisse die Mikrophotographie sich am besten eignet, haben dazu geführt, daß in den letzten Jahrzehnten die Mikrophotographie kaum auf einem anderen biologischen Gebiet so ausgiebig gepflogen wurde wie gerade in der Gewebezüchtung. Es ist daher berechtigt und zweckmäßig, wenn die optischen Bedingungen, unter denen die Aufnahmen von Gewebekulturen erfolgen, in einem eigenen Abschnitt zusammengefaßt werden.

151. Die Anlegung von Gewebekulturen und ihre verschiedenen Arten. Um die im Objekt vorhandenen optischen Faktoren und die in der Gewebezüchtung gebräuchlichen Fachausdrücke kennenzulernen, soll zunächst die Technik in ihren Grundzügen geschildert werden[1]. In der Hauptsache handelt es sich bei jeder Art von Gewebezüchtung um das Überführen (Explantation) von lebensfrischen Gewebestückchen (Implantat) aus dem lebenden Organismus in ein geeignetes Nährmedium, wo sie dann unter vollkommen sterilen Bedingungen ihre Lebenstätigkeit weiter entfalten, d. h. sich vermehren und wachsen können. Ein Teil der Zellen des Implantats geht nach kürzerer oder längerer Zeit zugrunde, ein anderer Teil wandert aber aus dem Implantat in das Nährmedium heraus und bildet, indem er sich teilt, einen **Wachstumshof** um das Implantat herum (Abb. 208 u. 209). Das „in vitro" gezüchtete Gewebe ist stets nur im Wachstumshof enthalten. Hier wachsen, teilen und differenzieren sich die Zellen je nach der Beschaffenheit des Nährbodens und nach der Art der gezüchteten Gewebe ein paar Tage lang oder auch länger. Nach einer bestimmten Zeit erschöpft sich jedoch die Kultur und muß überimpft werden. Dann schneidet man einen Teil des gezüchteten Gewebes aus der alternden Kultur heraus und überführt ihn in das frische Nährmedium. So gelingt es, monate- und jahrelang dasselbe Gewebe weiterzuzüchten.

Zur Züchtung eignen sich am besten die Gewebe von Embryonen oder ganz jungen Lebewesen, welche noch zahlreiche teilungsfähige Zellen enthalten. Es

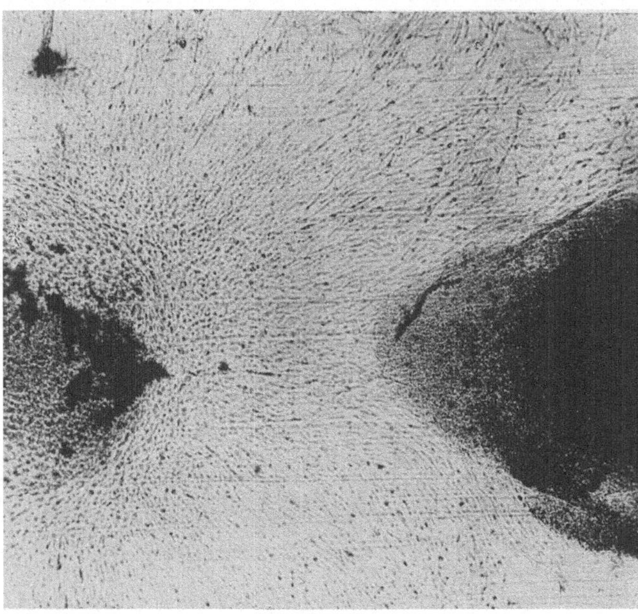

Abb. 208. Gewebekultur (Deckglaskultur) mit einem Implantat aus embryonalem Gehirn (rechts) und aus embryonalem Herz (links). Zwischen den Implantaten breitet sich der Wachstumshof der Fibroblasten aus. Obj. Apochrom. WINKEL 40 mm, Homal I, Kammerlänge 52 cm, Kondensor 1,4 ohne Frontlinse, Irisblende bei 20, Punktlichtlampe 2 W., Agfa-Gelbfilter.

---

[1] Vgl. A. FISCHER (*1*), RH. ERDMANN (*1*), G. LEVI (*1*), FR. DEMUTH (*1*), E. C. CRACIUN (*1*), wo die Technik der Gewebezüchtung eingehend geschildert ist.

ist jedoch öfters gelungen, auch aus erwachsenen Lebewesen Gewebe zu züchten. Als Nährboden verwendet man entweder physiologische Salzlösungen (flüssige Kulturen nach M. R. und W. H. Lewis) oder das Blutplasma (Plasmakulturen, zuerst von G. R. Harrison [1906] angegeben). Was die Form der Kulturen anbelangt, unterscheidet man zwischen Deckglaskulturen und Flaschenkulturen. Die Deckglaskulturen werden in der Form eines hängenden Tropfens auf einem Deckglas oder einem Glimmerplättchen („Mica") angelegt und in hohlgeschliffenen Objektträgern luftdicht eingeschlossen (Abb. 210). In den Deckglaskulturen mit flüssigem Medium wandern dann die Zellen aus dem Implantat auf die Deckglasfläche und bilden hier die Schicht des gezüchteten Gewebes. Die Deckglaskulturen mit Blutplasma wer-

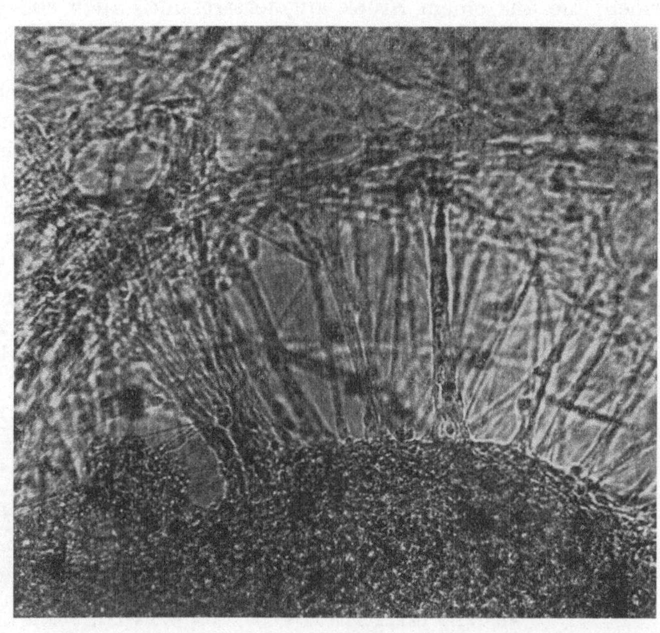

Abb. 209. Randzone einer Nervengewebekultur mit ausgespannten und ausgewanderten Neuroblasten und Mesenchym.
Obj. Zeiss Apochr. 10fach (16 mm), Homal I, Kammerlänge 51 cm, Kondensor 1,4 ohne Frontlinse, Irisblende bei 30, Punktlichtlampe 2 W, Grünfilter.

den mit einem Tropfen noch flüssigen Plasmas angelegt. Das Implantat wird in einem Tropfen Ringer-, Ringer-Locke- oder Tyrode-Lösung, der etwas Embryonalextrakt beigemischt ist, in den Plasmatropfen untergebracht. Dieser letztere gerinnt dann leicht und gleichmäßig infolge der Berührung mit dem Implantat und der Wirkung des Embryonalextrakts. Das Implantat liegt dann in einer optisch fast vollkommen homogenen zarten Gallerte aus frisch gewonnenem Blutplasma, auf deren Oberfläche der Wachstumshof sich bildet.

Die Flaschenkulturen werden in den sog. Carrel-Flaschen (Abb. 211) an-

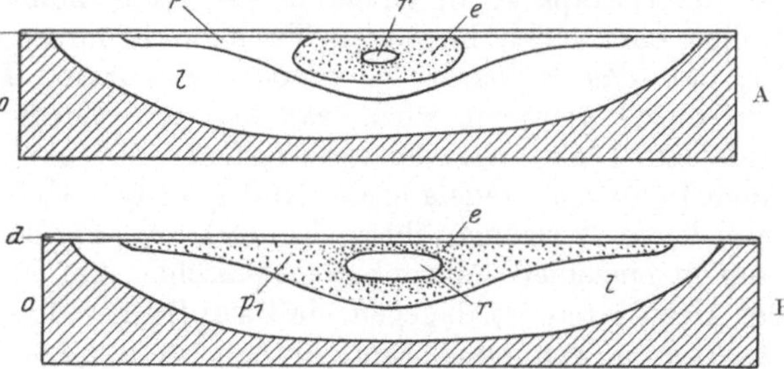

Abb. 210. Schematische Darstellung einer Deckglaskultur im medianen Längsschnitt. Etwa 4 mal vergr.
A kurz nach der Herstellung der Kultur; B 2 Tage später. d = Deckglas; c = hohlgeschliffener Objektträger; p = Plasmatropfen; l = Luftkammer; e = Explantat; r = rückgebildeter Teil des Explantats; p_1 = Wachstumshof. (Aus G. Levi [1, Abb. 359a, b, S. 498].)

gelegt, die die praktischste Form der Kulturschalen für Dauerkulturen darstellen. Wie aus der Abb. 211 ersichtlich ist, besteht im einfachsten Fall der Boden und die Decke der Carrelschen Flasche aus einem Stück. Sie sind ganz flach, aber nicht vollständig eben. Die Flaschen sind rund-scheibenförmig, können

aber verschieden groß und verschieden hoch sein. Von ganz großen Formen
abgesehen, ist ihr Durchmesser meistens so gewählt, daß sie auf dem Mikroskoptisch
bequem untergebracht werden können. Ihre Höhe schwankt zwischen 1 und
$2^1/_2$ cm. Auch der Bau der Flaschen zeigt insofern Unterschiede, als man neben
Formen, die aus einem Stück angefertigt sind, auch solchen begegnet, wo die
Decke oder der Boden oder beide aus besonderen Glasscheiben gebildet werden.
Vielfach können diese Glasscheibchen in einer Vertiefung, d. h. näher zum Boden
der Flasche, liegen, was für die Einstellung bei stärkeren Vergrößerungen vorteilhafter ist. Flaschen mit Einlegestücken aus Glas bieten überhaupt günstigere
optische Bedingungen, weil die dünnen Deckgläschen optisch vollkommen rein
und eben sind. Ob dann die Flasche einen „Hals" oder zwei einander gegenüber-
liegende „Hälse" hat, ist bei der mikrophotographischen Arbeit gleichgültig.
Wichtiger ist dagegen die Schichthöhe des Nährbodens. Daß diese durchschnittlich höher sein wird als bei den Deckglaskulturen, ist leicht verständlich; handelt
es sich doch um Nährböden, auf denen die Kultur wochenlang wachsen soll.
Die Plasmaschicht mit der Kultur wird noch mit einer RINGER-LOCKE- oder
TYRODE-Lösung und Embryonalextrakt bedeckt, die dann in bestimmten
Zeitabständen gewechselt werden muß.

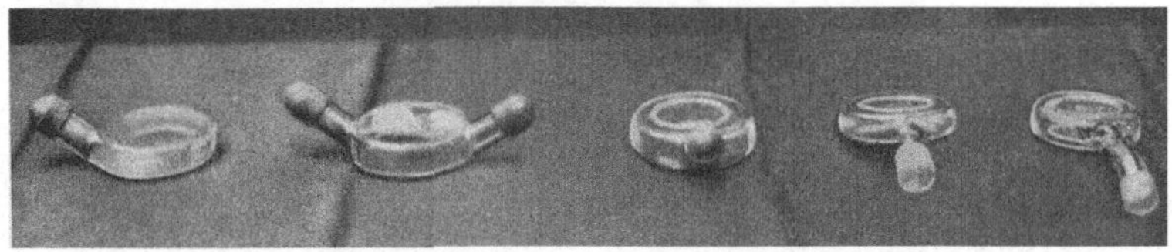

Abb. 211. CARRELsche Flaschen. (Aus G. LEVI [*1*, Abb. 371, S. 538].)

152. Die heizbaren Kästen, Tische und Kammern. Wird der Mikrophotograph vor die Aufgabe gestellt, eine Gewebekultur mikrophotographisch abzubilden, so wird zunächst festzustellen sein, ob das Kulturpräparat bei Zimmertemperatur auf dem Mikroskoptisch liegen kann oder ob besondere Vorkehrungen
getroffen werden müssen, um das Präparat bei einer konstanten Temperatur
zu halten. Im letzteren Fall wird man genötigt sein, entweder das ganze Mikroskop
mit dem Präparat in einem eigens dafür konstruierten Heizkasten aufzustellen oder einen heizbaren Tisch zu benützen. Der Vorteil der Heizkästen
ist, daß das Präparat ganz von der warmen Luft umgeben und nicht nur
von unten gewärmt wird, was bei der schlechten Wärmeleitung des Glases
und der Dicke der hohlgeschliffenen Objektträger stets unverläßlich ist.
Auch kann man tagelang die Kultur in den Heizkästen halten und so die verschiedenen Vorgänge ihrer Entwicklung fortlaufend in Zeitrafferaufnahmen
oder in einzelnen mikrophotographischen Aufnahmen festhalten. Ein Nachteil
der Heizkästen ist dagegen, daß sie die Handhabung der Mikroskopschrauben
erschweren, wenn auch Einrichtungen vorhanden sind, um die Einstellschrauben
von außen her betätigen zu können. Ist aber etwas an der Spiegelstellung,
am Kondensor oder am Präparat zu ändern, so wird man schwer zu diesen
gelangen, und vor allem ist die Verschiebung des Präparats mit den Kreuztisch-
schrauben erschwert. Ein anderer Mangel der meisten Heizkästen ist weiter,
daß die Temperatur im Kasten nicht gleichmäßig ist, und man nie genau
wissen kann, ob die Temperatur, die das Thermometer zeigt, auch für das Präparat am Mikroskoptisch gilt. Die verschiedenen Konstruktionsformen der
Heizkästen lernt man am besten aus den schon erwähnten Lehr- und Handbüchern kennen.

Die heizbaren Objekttische, die ebenfalls verschiedene Konstruktionstypen zeigen und von Jahr zu Jahr vervollkommnet werden, hindern natürlich nicht bei der Handhabung des Mikroskops, manchmal jedoch bei der Anwendung von Dunkelfeldkondensoren, da sie den Objektabstand vom Kondensor wesentlich erhöhen und dabei oft eine so kleine Öffnung haben, daß der Kondensor nicht hoch genug gehoben werden kann. Alle diese Mängel ließen sich jedoch beheben[1], ein grundsätzlicher Nachteil ist aber, daß die Temperatur in der Ebene des Heiztisches meistens höher ist als in der Ebene der Deckglaskultur. Man kann die Vorteile der Heizkästen mit denen der Heiztische vereinigen und die Nachteile ausschalten, wenn man die Kultur in einer Heizkammer unterbringt, wie PÉTERFI (2) sie zu mikrurgischen Arbeiten (s. S. 350) angegeben hat. Die Heizkammer umfaßt nur das Präparat, nicht aber das Mikroskop, welches also ebenso benutzt werden kann wie sonst bei der mikroskopischen Arbeit. Da wiederum in der Heizkammer das ganze Präparat von gleichmäßig erwärmter Luft umgeben ist und nicht nur einseitig von unten erwärmt wird, so ist die Temperatur im Präparat stets die gleiche, die das Thermometer der Heizkammer zeigt.

In sehr vielen Fällen wird man jedoch auf die Heizkästen und Heiztische ruhig verzichten und die Aufnahmen bei Zimmertemperatur ausführen können, denn eine niedrigere Temperatur schadet während der verhältnismäßig kurzen Zeit der Aufnahme (selbst wenn die Vorbereitungen bis zu einer Stunde dauern) gar nichts. Nur bei Aufnahmen, die länger dauern — seien es kinematographische oder mikrophotographische Serienaufnahmen — und bei denen die Lebensvorgänge in der Kultur in ihrem natürlichen Ablauf registriert werden sollen, ist man unvermeidlich auf Heizkästen, Heiztische oder Heizkammern angewiesen. Verzichtet man aber während der Aufnahme auf die Einrichtungen, mit denen man die Temperatur während der mikroskopischen Einstellung auf derselben Höhe halten kann, bei welcher die Kultur gezüchtet wird, so treten in der Regel die Tröpfchen auf, von denen schon früher die Rede war (s. S. 322). Wie man dann ihre störende Wirkung auf das Bild vermeiden soll, ist ebenfalls auf S. 322 schon angegeben worden.

153. Die optischen Eigenschaften der Deckglaskulturen (vgl. S. 114). Die erste Frage bei der mikrophotographischen Aufnahme einer Deckglaskultur ist, ob sie auf Glas oder auf Glimmer angelegt wurde. Die Glimmerplättchen haben für den Gewebezüchter so viele Vorteile, daß sie deshalb sehr verbreitet sind. Sie sind billiger und weniger zerbrechlich als die Deckgläser, lassen sich bequem auf den Objektträgern befestigen oder von dort abheben, und die Kulturen wachsen recht gut auf Glimmer. Zu mikrophotographischen Aufnahmen sind sie jedoch weniger geeignet als die Deckgläser, und zwar 1. weil sie optisch nicht rein sind, sondern fast immer Kratzer und Spalten aufweisen (vgl. Abb. 212), 2. aber, weil sie aus feinen Plättchen einer doppelbrechenden Substanz bestehen, die den Strahlengang in verschiedener Weise beeinflussen kann. Selbst dann, wenn die einzelnen Blätter des Plättchens fest zusammenkleben und keine Luft oder Flüssigkeit zwischen ihnen eingedrungen ist, wird der Einfluß, den der Glimmer auf die Strahlenvereinigung ausübt, daran zu merken sein, daß die Objektive eine weniger scharfe Abbildung liefern, als man von den gleichen Objektiven mit Deckgläsern zu erhalten pflegt. Solche rein von den Störungen in der Strahlenvereinigung verursachten optischen Mängel werden immerhin weniger auffallen als die gröberen Verunreinigungen des Glimmers, nämlich die Kratzer oder das

---

[1] Mit dem Heiztisch von K. B. EISENBERG (2) kann man in Hellfeld ebensogut wie in Dunkelfeld einstellen. Der Apparat weist auch verschiedene andere Vorteile anderen Heiztischen gegenüber auf.

Abblättern der einzelnen Schichten (bei öfters gebrauchten und gereinigten Glimmerplättchen besonders stark bemerkbar!). Wo es nur möglich ist, sollten also die Kulturen für mikrophotographische Aufnahmen gleich auf Deckgläsern angelegt werden. Manchmal lassen sich die Kratzer an den Glimmerkulturen dadurch beseitigen, daß man ein dünnes Deckglas mit einem Tropfen Immersionsöl auf die Stelle des Glimmers auflegt, wo die Aufnahme stattfinden soll. Ebenso kann man das Glimmerplättchen mit Dammarlack dünn überstreichen.

Gleichgültig, ob die Kultur auf Glimmer oder Glas angelegt wurde, soll die freie Oberfläche vor der Aufnahme stets sorgfältig gereinigt werden. Diese allgemeine Maßnahme hat bei den Deckglaskulturen deshalb eine erhöhte Bedeutung, weil hier infolge der Umrandung mit heißem Paraffin recht häufig kleine Paraffintröpfchen vorkommen. Eine optisch saubere Oberfläche erhält man also sicher nur nach vorheriger Reinigung mit Xylol, Chloroform usw., wobei man natürlich vermeiden muß, Paraffin von der Umrandung auf die Glas- oder Glimmerfläche zu verschmieren.

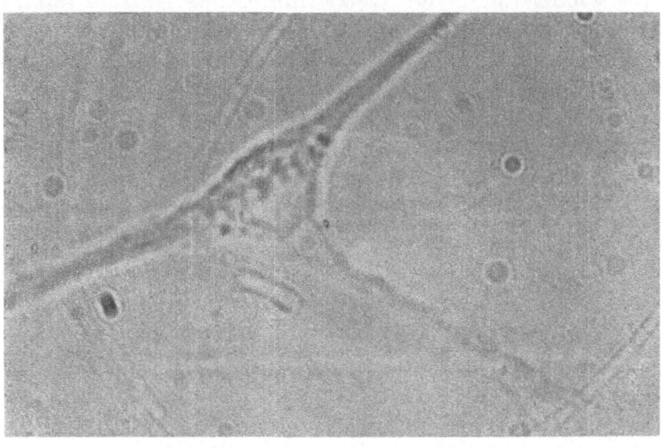

Ob man nun das Präparat in Hellfeld- oder Dunkelfeldbeleuchtung, bei schwacher oder starker Vergrößerung einstellt, wird die Tropfenform der Kultur die scharfe Einstellung stets mehr oder weniger beeinflussen. Die gezüchteten Zellen und Gewebe liegen an verschiedenen Stellen der Kultur, in verschiedenen Ebenen: in der Mitte, wo das Implantat liegt, am mei-

Abb. 212. Pluripolare Nervenzelle (Neuroblast) aus einer 36 Stunden alten Deckglaskultur.
Hom. Imm. ZEISS Obj. 90fach, num. Ap. 1,25, Homal IV, Kammerlänge 46 cm, Kondensor 1,4 ohne Frontlinse, Irisblende bei 25, Punktlichtlampe 2 W., Grünfilter, Belichtung 60″, Negativ nachträglich verstärkt. (Die im freien Sehfeld sichtbaren Linien sind von Glimmerplättchen verursacht.)

sten von der Deckglasoberfläche entfernt, am Rande des Wachstumshofs dieser am nächsten. Dazu kommt noch, daß bei gut wachsenden Kulturen nach kurzer Zeit die Zellen nicht nur auf der Oberfläche der Plasmaschicht weiterwachsen, sondern auch in das Plasma eindringen und mehrere übereinander gelagerte Schichten bilden (vgl. Abb. 210 u. 213). Aus diesen Eigenheiten der Deckglaskulturen folgt also, daß man eine günstige scharfe Einstellung im ganzen Sehfeld nur schwerlich wird erzielen können, und zwar bei dichtbewachsenen Kulturen, bei kugligen Plasmatropfen und bei starken Vergrößerungen schwieriger als bei noch mäßig entwickelten Kulturen, bei flach gestalteten Plasmatropfen oder bei schwachen Vergrößerungen. Die Tiefenschärfe der Objektive wird natürlicherweise auch hier eine entscheidende Rolle spielen. Diesbezüglich und was den freien Arbeitsabstand der Objektive anbelangt, sei auf die Ausführungen S. 319 hingewiesen. Günstige optische Bedingungen findet man in Kulturen, die von vornherein in Form von flachen Tropfen angelegt wurden, möglichst so, daß das Implantat von einer ganz dünnen Plasmaschicht umgeben ist. Ist man nicht an eine bestimmte, in der Nähe des Implantats liegende Stelle gebunden, so kann man für die Aufnahme den Rand des Wachstumshofs wählen, wo die Zellen in einer fast planparallelen dünnen Schicht liegen. Hier wird man selbst mit den stärksten Apochromaten die Zellstruktur scharf einstellen können.

Die Kontraste in den photographischen Aufnahmen von Deckglaskulturen werden sehr verschieden sein je nach den Vergrößerungen, mit denen man arbeitet (vgl. Abb. 208 u. 209), nach der Art des gezüchteten Gewebes (vgl. Abb. 103, 212, 213, 214) und nach dem biologischen Zustand der Kultur (vgl. Abb. 213). Im allgemeinen ist stets damit zu rechnen, daß die biologisch wertvollsten Elemente der Kultur, die jungen teilungsfähigen Zellen, in frischem Zustand optisch fast leer sind und sich vom Medium optisch kaum abheben (Abb. 212, 215). Der Brechungsunterschied zwischen Zellkörper und Plasma ist bei solchen Zellen stets so gering, daß es oft Mühe kostet, die Grenzlinien des Zellkörpers deutlicher sichtbar zu machen. Noch schwieriger ist unter diesen Umständen, Strukturen innerhalb der Zelle in lebendem Zustand darzustellen, denn schon die Umrisse des Zellkerns sind in jungen und gesunden Zellen der Kultur nur sehr undeutlich sichtbar (vgl. Abb. 212, 215).

Günstigere graphische Bedingungen bieten die gezüchteten Zellen und Gewebe, wenn sie etwas älter sind oder durch bestimmte Versuchsbedingungen (Temperatureinflüsse, chemische Wirkungen, pathologische Vorgänge) ausgesprochene Strukturveränderungen zeigen (Abb. 213). Bei allen Wirkungen, die das normale Zelleben irgendwie ungünstig beeinflussen — selbst wenn die Bedingungen des Zellebens dadurch nicht abnorm geändert werden — reagiert die Zelle in charakteristischer Weise durch Erzeugung von Körnchen in ihrem Protoplasma, die zuerst fein und klein die Zelle mehr und mehr ausfüllen, später zu größeren Kugeln oder Tröpfchen anwachsen und miteinander zusammenfließen. Ihre Brechung wie ihre Größe sind recht verschieden, es werden also im Bild einige von ihnen stärker, andere schwächer hervortreten. In allen Fällen bietet eine solche gekörnelte Zelle ein an graphischen Kontrasten reicheres Objekt als die jungen Zellen. Vor allem wird der Kern als eine runde oder ovale strukturlose Stelle zwischen den Körnchen deutlicher sichtbar (Kernhof). Ähnliche Vorteile wie bei älteren und degenerierten Zellen hat man in bezug auf die graphischen Kontraste bei gezüchteten Zellen, die in ganz normalem Zustand schon Pigmentkörnchen oder andere Zelleinschlüsse enthalten, wie z. B. die Pigmentepithelzellen der Retina, Sarkom- und Karzinomzellen, Makrophagen, Mesenchymzellen von Wirbellosen usw. (Abb. 214).

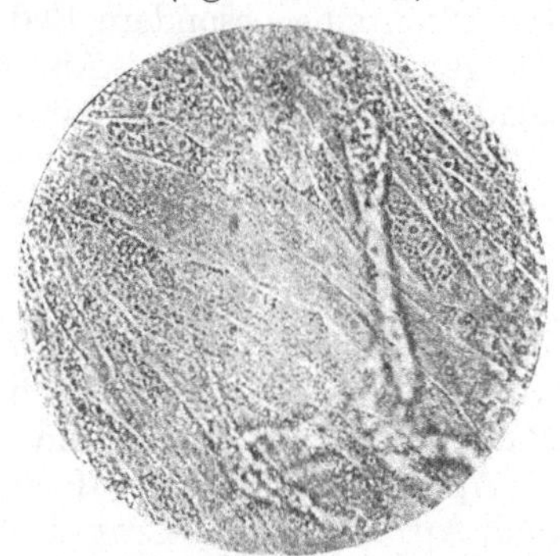

Abb. 213. Gezüchtete embryonale, quergestreifte Muskelzellen (Myoblasten). 3 Tage alte Deckglaskultur. Die Zellen sind stark gekörnelt, stellenweise auch die Kerne sichtbar. Unterhalb der scharf eingestellten Ebene erscheinen tiefer liegende Fasern unscharf. Obj. ZEISS, Apochr. 40fach, num. Ap. 0,95 (4 mm), „Phoku", Kondensor 1,4 ohne Frontlinse, Irisblende bei 25, Grünfilter, Punktlichtlampe 2 W, Belichtung 25".

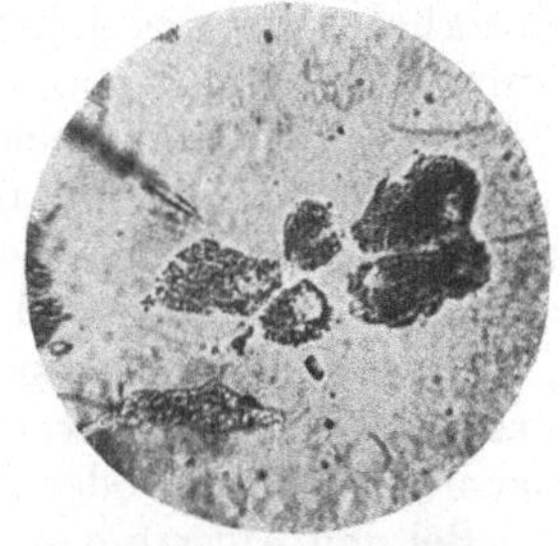

Abb. 214. Gezüchtete Pigmentzellen aus der Retina des Hühnchens. 2 Tage alte Deckglaskultur. Obj. ZEISS, Achr. 40fach, „Phoku", Kondensor 1,4 ohne Frontlinse, Irisblende offen. Oben links die Spitze einer Mikronadel.

154. Die Wahl der Objektive. Selbstverständlich ist auch hier bei den Gewebekulturen das Vergrößerungsmaß auf die Kontrastwirkung des photographischen Bildes von demselben entscheidenden Einfluß wie allgemein bei jedem lebensfrischen Objekt (s. S. 319). Auch bei der Wahl der Apertur des abbildenden Systems sind dieselben Gesichtspunkte maßgebend, welche für die lebenden

Objekte allgemein gelten (s. S. 317 ff.). Gerade in der Mikrophotographie der
Gewebekulturen wird man am häufigsten die Erfahrung machen, daß die Aufnahmen, die man mit einem schwächeren Objektiv und nachträglicher Bildvergrößerung (durch Kameraauszug oder Vergrößerung beim Kopieren) erzielt,
bessere graphische Kontraste liefern als die stärkeren Objektive bei derselben
Bildvergrößerung. Diese Tatsache hat hauptsächlich bei Aufnahmen mit starken
Objektiven eine besondere Bedeutung, doch darf sie gerade hier nicht kritiklos
verallgemeinert werden. Am besten werden die hier mitwirkenden und entscheidenden Faktoren aus einigen Beispielen erkennbar.

Soll die Form der gezüchteten Zellen mit ihren feinen, flachen und durchsichtigen Fortsätzen scharf abgebildet werden, so hat man die Auswahl zwischen
starken Achromaten, starken Trockenapochromaten und den Immersionslinsen. Angenommen, daß z. B. eine stark verzweigte Mesenchymzelle mit
feinen Fortsätzen das Objekt der Aufnahme darstellt und diese Fortsätze nicht
ganz genau in derselben optischen Ebene liegen, so wird man mit dem Achromat
40fach (num. Ap. 0,65) und Ok. 15fach ein günstigeres Bild erhalten als
mit Apochrom. 4 mm (40fach, num. Ap. 0,95) oder mit hom. Imm. 60fach
(num. Ap. 0,85), und zwar deshalb, weil bei der geringeren Tiefenschärfe der
letzterwähnten Objektive ein Teil der Zellfortsätze, soweit sie nämlich nicht
genau in der Ebene der scharfen Einstellung liegen, unscharf abgebildet
werden. Noch auffallender wird der Unterschied, wenn man die Aufnahme mit
Achromat 40fach und Ok. 10fach ausführt, sie beim Kopieren linear $1^{1}/_{2}$fach
vergrößert und dieses Bild mit einer Aufnahme vergleicht, die man mit hom.
Imm. 60fach und Ok. 15fach (bei derselben Kammerlänge) erzielt hat. Denselben Unterschied zugunsten des schwächeren Objektivs bemerkt man, wenn
man gezüchtete Neuroblasten mit ihren Fortsätzen bei einer starken Vergrößerung photographieren will. Hier ist man auf Immersionslinsen angewiesen,
da die Fortsätze so fein sind, daß manche wichtige Einzelheiten bei schwächeren
Objektiven überhaupt nicht zur deutlichen Abbildung gelangen. Unter den
Immersionslinsen hat man immerhin die Wahl zwischen solchen, deren Apertur
unterhalb oder bei 1 liegt, und solchen, die die stärksten Aperturen (1,3—1,4)
aufweisen. Wählt man die ersteren, so wird man von der ganzen Zelle mit ihren
Fortsätzen ein zwar nicht vollkommen scharfes, aber gleichmäßig scharfes Bild
erhalten, während mit den stärksten Apochromaten eine bestimmte Stelle, auf
die man scharf eingestellt hat, zwar vollkommen scharf, andere Teile jedoch
unscharf erscheinen und dadurch die Wirkung des Bildes ungünstig beeinflussen.
Im allgemeinen eignen sich für Aufnahmen von einzelnen Zellen in Plasmakulturen
bei starken Vergrößerungen am besten die hom. Immersionslinsen 60fach mit
der num. Ap. 0,85 oder die Wasserimmersionslinsen 60fach mit der num. Ap. 1,2.

Bei den Aufnahmen von Zellstrukturen innerhalb der Zellen werden die oben
erwähnten Immersionslinsen gleichfalls gute Dienste leisten. Oft, und zwar gerade
bei der Abbildung der feinsten Strukturen (der Mitochondrien und Fibrillen
in den Zellen, der undulierenden Membran der Makrophagen u. ä.), sind jedoch
die Immersionslinsen mit den stärkeren Aperturen denen von den schwächeren
Aperturen unbedingt überlegen. Man muß natürlich unter mehreren Systemen
desselben Aperturbereichs das mit der verhältnismäßig längeren Brennweite
wählen, denn die mit der kürzeren Brennweite können bei der scharfen Einstellung Schwierigkeiten bereiten oder sie ganz und gar vereiteln. Recht
augenfällig ist hier der Unterschied zugunsten des stärkeren Objektivs, wenn
man z. B. die Mitochondrien in jungen Herzfibroblasten das eine Mal mit
dem Immersionsobjektiv 60fach, num. Ap. 0,85 und Ok. 15fach, das andere
Mal mit dem Immersionsobjektiv 90fach, num. Ap. 1,25 (frühere Bezeichnung

$^1/_{12}''$) und Ok. 10fach bei derselben Kammerlänge (oder mit demselben Homal IV und derselben Kammerlänge) photographiert. Auch im ersterwähnten Fall sind die Mitochondrien, und zwar im selben Vergrößerungsmaß, sichtbar, jedoch bedeutend unschärfer und deshalb auch weniger wirksam abgebildet als im zweiten. Benützt man aber die starken Immersionslinsen, so darf das von ihnen gelieferte Bild nicht allzu stark weiter vergrößert werden. Die untere Grenze der förderlichen Vergrößerung sollte man keinesfalls überschreiten. Abgesehen davon, daß bei der körperlichen Form der Objekte, der gekrümmten Oberfläche der Kultur und der geringen Tiefenschärfe der Objektive die Bedingungen der scharfen Abbildung nie einwandfrei erfüllbar sind und die dadurch bedingten Fehler der Abbildung der Bildvergrößerung entsprechend gesteigert werden, erhält man von den an und für sich kontrastarmen Strukturen um so schwächer ausgeprägte graphische Kontraste, je stärker die Bildvergrößerung. Recht scharfe Bilder mit guten Kontrasten erhält man z. B. von gezüchteten Neuroblasten mit der hom. Immersionslinse 90, num. Ap. 1,25 und dem Phoku (Homal H, Eigenvergrößerung 5,4) im Bildformat 4,5 × 6. Vergrößert man das Bild beim Kopieren auf das Format 6 × 9, so bleibt zwar die Abbildung noch scharf genug, die Kontraste erscheinen jedoch weniger ausgeprägt. Dieselbe Aufnahme mit dem Objektiv hom. Imm. 60fach, num. Ap. 0,85 läßt sich dagegen ohne Einbuße an Kontrasten auf das Format 6 × 9 vergrößern.

155. Die Kontraste zwischen Objekt und Hintergrund. Bezüglich der Hebung der Kontraste durch eine Beleuchtung mit engen zentralen Lichtbündeln (eng zusammengezogener Irisblende) oder durch Vitalfärbungen und Farbenfilter, wurde das Nötige auf S. 323 ff. schon gesagt. Was die Öffnung der Aperturblende betrifft, sei jedoch hier bemerkt, daß eine allzu enge Blendenöffnung öfters ungünstige Wirkungen haben wird, denn die Struktur des Blutplasmas, namentlich die dichte Körnelung und die Fädchen in 2—3 Tage alten Kulturen, werden bei einer solchen Beleuchtung schärfer sichtbar und liefern für das Bild einen unruhigen Hintergrund (Abb. 200). Es ist überhaupt eine der schwierigsten Aufgaben bei Aufnahmen von Deckglaskulturen den Hintergrund rein und hell zu halten. In den meisten Aufnahmen erscheinen kleine Flecken und Schatten auch dann, wenn man solche während der subjektiven Beobachtung gar nicht wahrgenommen hat. Sie rühren zum Teil von der kolloiden Struktur des Blutplasmas her, zum Teil von tiefer liegenden Zellen oder Zelltrümmern (vgl. Abb. 213 und 216 B). Liegen sie unterhalb der eigentlichen Objekte, so werden sie natürlich die Deutung des Bildes wesentlich erschweren, sind sie aber zwischen den Zellen sichtbar, so wird dadurch das Bild unruhig. Selten wird es gelingen, sie aus dem Bild vollkommen auszuschalten, am besten noch bei ganz jungen Plasmakulturen. Da sie bei einer engen Blende stärker hervortreten als bei einer weiten Blendenöffnung, wird man bei der Einstellung die Irisblende nicht weiter zusammenziehen, sobald im Medium eine Struktur bemerkbar wird. Sind die Kontraste noch nicht genügend ausgeprägt, so versuche man lieber auf andere Weise sie zu heben (durch Farbenfilter, polarisiertes Licht!).

In diesem Zusammenhang sei auch ein anderer Umstand erwähnt, welcher oft dafür verantwortlich ist, daß der Hintergrund im photographischen Bild nicht hell genug erscheint und deshalb keine günstigen graphischen Kontraste entstehen können. Das Blutplasma, auf dem die Zellen photographiert werden, verschluckt nämlich einen Teil der Beleuchtungsstrahlen, und zwar am stärksten gerade die kurzwelligen. Je höher also die Plasmaschicht ist, durch welche die Strahlen zum Objektiv gelangen, um so mehr wird von ihnen im Medium zurückgehalten werden. Subjektiv bemerkt man bei einer günstigen Beleuchtung kaum etwas von diesem Lichtverlust, oft sogar verzichtet man auf die volle

Leuchtkraft der Beleuchtung, um in einem gleichmäßig hellen Gesichtsfeld die Strukturfeinheiten besser wahrnehmen zu können. Die photographische Platte ist jedoch in dieser Hinsicht weit empfindlicher als das Auge und gibt von einer Plasmaschicht, die das Auge noch recht hell empfunden hat, einen schon als dunkel wirkenden Hintergrund. Diese Eigenschaft des Blutplasmas muß man daher sowohl bei der Wahl der Präparate wie bei der Wahl der Platten und der Bemessung der Belichtungszeit berücksichtigen. Einen gleichmäßig hellen Hintergrund erhält man also am besten bei flachen Deckglaskulturen (oder am Rande des Wachstumshofes) auf orthochromatischen Platten, die für die gelben Strahlen stark sensibilisiert sind (z. B. Silbereosinplatten, PERUTZ, Agfa Extra-rapid), und bei etwas längerer Belichtungszeit als der optimalen für ein Dauer-präparat bei derselben Vergrößerung und Beleuchtung.

Alle diese hier zuletzt erwähnten Schwierigkeiten fallen weg, wenn das Medium der Deckglaskulturen eine Flüssigkeit ist. Die Kulturen in Nährlösungen nach LEWIS eignen sich daher aus optischen Gründen zur Mikrophotographie weit besser als die Plasmakulturen. Leider weisen sie dafür andere Nachteile auf (so sind sie z. B. nicht überimpfbar), die ihre allgemeinere Verbreitung bisher verhindert haben. Auch in den Plasmakulturen kommen jedoch des öfteren verflüssigte Stellen (Verflüssigungshöfe) vor, wo die Zellen in einer optisch homogenen Flüssigkeit liegen (z. B. bei Neuroblasten-, Sarkom- und Makro-phagenkulturen). Solche Stellen eignen sich dann aus den erwähnten Gründen zu mikrophotographischen Aufnahmen besonders gut.

156. Die Flaschenkulturen. Sie werden seltener zu mikrophotographischen Aufnahmen verwendet und auch dann, wenn solche stattfinden, wünscht man in der Regel nur Übersichtsbilder bei schwachen Vergrößerungen (bis 30- oder 40fach). Zu diesen Aufnahmen eignen sich auch die Flaschenkulturen trotz der verhältnismäßig hohen Gallertschicht und der spezifischen Form des Kultur-gefäßes. Die Beschaffenheit des Glases, aus dem die Flaschen erzeugt werden, wird natürlich auch hier einen gewissen Einfluß auf die Güte der Abbildung ausüben. Flaschen, deren obere Wand aus einem Deckglas gebildet ist, eignen sich daher zu den Aufnahmen weit besser als solche, die aus einem Stück ge-blasen sind. Ist aber bei den letzteren die Wand aus dünnem, optisch homogenem Glas und liegt die dem Objektiv zugewendete Fläche in einer Ebene[1], so erhält man auch so leidlich scharfe Bilder bei den schwächsten Vergrößerungen. Für Aufnahmen bei stärkeren Vergrößerungen (bei Objektiven von 20fach aufwärts, kommen nur Flaschenkulturen mit Deckglaseinlagen in Betracht. Selbst mit Immersionsobjektiven kann man von den Flaschenkulturen Mikrophotogramme erhalten, wenn der Boden der Flasche aus einem Deckglas gebildet ist und die Schicht des Nährbodens nicht allzu hoch ist. Man kehrt dann bei der Aufnahme die Flasche mit dem Boden nach oben und stellt durch die Gallertschicht auf die Kultur ein, wie bei einer Deckglaskultur. Daß der freie Arbeitsabstand des Objektivs die Höhe und Durchsichtigkeit des Nährbodens bei der Ein-stellung und der Abbildung dieselbe Rolle haben wird wie bei den Deckglas-kulturen, versteht sich von selbst, ebenso, daß man die Flaschen bei der Auf-nahme auf dem Mikroskoptisch in einer passenden Unterlage standfest unter-bringen muß.

157. Besondere Beleuchtungsarten. Für Aufnahmen mit Dunkelfeldbeleuch-tung (Abb. 103 und 215c) oder im polarisierten Licht (Abb. 216) eignen sich nur die Deckglaskulturen, deren Abbildung im Dunkelfeld unter denselben Be-

---

[1] Gewöhnlich entsprechen die Kulturflaschen, wenn man sie nicht eigens so bestellt, diesen Forderungen nicht.

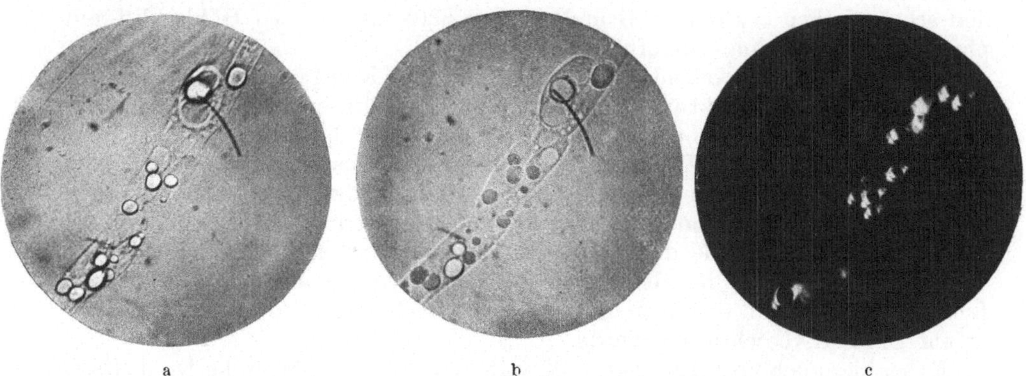

Abb. 215. Die Kontrastwirkung bei den verschiedenen Beleuchtungsarten.
Dieselbe gezüchtete Fibroblastzelle a im Hellfeld (bei eng zusammengezogener Irisblende); b im Zwischen-
feld; c im Dunkelfeld. Die hellen runden Gebilde sind Fetttröpfchen. Bei c sieht man deutlich den Einfluß
der Einstellung (WELKERsche Regel). Die scharf eingestellten Tröpfchen erscheinen dunkel, die höher liegenden
(oder größeren) hell. Hom. Imm. ZEISS 60fach, num. Ap. 0,85, „Phoku", Paraboloid-Wechselkondensor nach
SIEDENTOPF.

dingungen erfolgt wie es auf
S. 330 ff. geschildert wurde.
Man kann also je nach der
Auflösung, mit der das Objekt im Dunkelfeld abgebildet werden soll, die Gewebekulturen entweder mit Trok-
kenkondensoren allseitig
schief beleuchten oder aber
die Immersionskondensoren
mit kurzer Schnittweite benützen und dann die Deck-
glaskultur in einer entsprechend niedrigen mit physiologischer Flüssigkeit gefüllten Glaskammer (s. S. 330)
verschließen. Bekanntlich
gibt es unter den hohlge-
schliffenen Objektträgern
Sorten, welche einen flachen
Hohlschliff haben, und wo
die Kammerhöhe bis zur Kultur nicht mehr als 1,5 mm
beträgt. Gewebezüchtungen
mit solchen Objektträgern
eignen sich dann ohne weiteres zu Dunkelfeldaufnahmen mit den Paraboloid-
wechselkondensoren. Zu dem
bizentrischen Kondensor
oder dem Kardioidkonden-

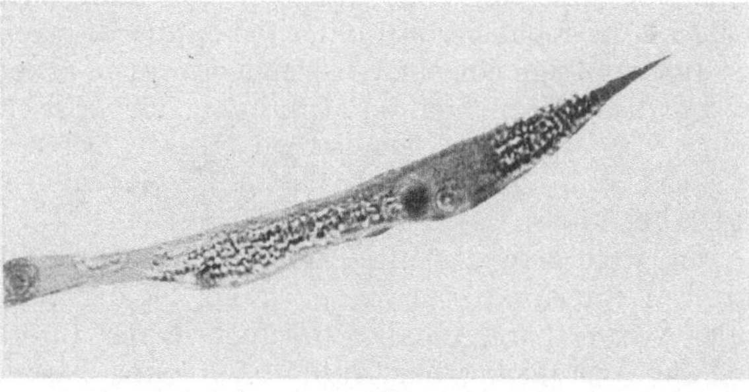

A

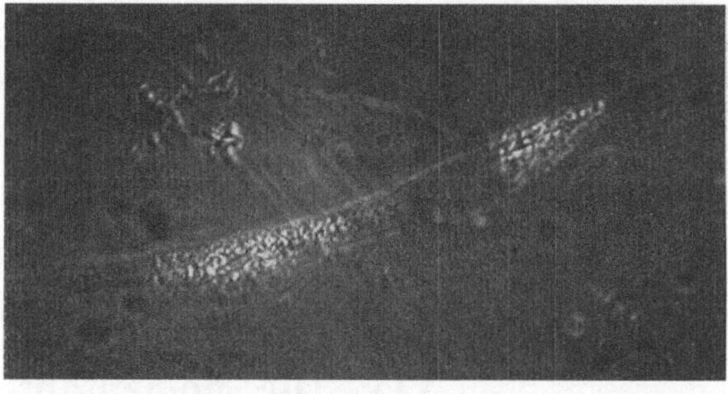

B

Abb. 216. Gezüchtete quergestreifte Muskelzelle (Myoblast) in polarisiertem Licht.
A bei paralleler Stellung der Nikols; B: bei gekreuzten Nikols.
Hom. Imm. ZEISS Obj. 60fach, num. Ap. 0,85, Homal IV, Kammerlänge 40 cm, Kohlenbogenlicht. Bei A ist das freie Sehfeld am Negativ
mit einer dünnen Schicht Eosingelatine überzogen worden, bei B nicht.
Hier sind auch die schwach doppelbrechenden Nervenfortsätze,
welche zu der Faser hineingewachsen sind, sichtbar, ebenso aber
Körnchen und Tröpfchen in den tiefer liegenden Plasmaschichten.

sor müssen eigene noch niedrigere Kammern angefertigt werden. Auch dort,
wo man mit den Trockenkondensoren von Gewebekulturen der üblichen Form
(einer Kammerhöhe von etwa 4 mm) Dunkelfeldaufnahmen macht, ist es aus

den schon früher erwähnten Gründen (s. S. 330) ratsam, den Hohlschliff mit physiologischer Lösung auszufüllen[1].

Ein optimales Dunkelfeld, d. h. die erwünschte Kontrastwirkung, zwischen den helleuchtenden Strukturen und dem tiefdunklen Hintergrund wird man auch unter den günstigsten optischen Verhältnissen nur bei flüssigen Kulturen (LEWIS), bei ganz jungen Plasmakulturen oder bei solchen erhalten, wo die abzubildenden Zellen in einem Flüssigkeitshof liegen. Ist das Blutplasma gekörnelt oder infolge des Alterns und durch die Stoffwechselprodukte optisch inhomogen geworden, so werden alle diese kolloiden Ultrastrukturen im Dunkelfeld noch weit stärker stören als im Hellfeld (s. S. 331). Zu Aufnahmen in polarisiertem Licht verwendet man dieselben Einrichtungen nach denselben Vorschriften, wie es auf S. 274ff. beschrieben wurde.

Es sei hier auch noch bemerkt, daß, während in vielen Fällen die Dunkelfeldaufnahmen von Gewebekulturen den Hellfeldaufnahmen — was graphische Kontraste anbelangt — unbedingt überlegen sind (vgl. Abb. 103), sie in anderen Fällen ärmer an Struktureinzelheiten erscheinen und manchmal sogar ein fremdartiges, ungewohntes und schwer deutbares Bild liefern (Abb. 115c). Das ist meistens der Fall bei den Dunkelfeldaufnahmen von jungen Kulturen, deren Zellen an Strukturen sehr arm sind. Da auch die Brechungsunterschiede zwischen Zellkörper und Medium recht gering sind, bleiben die Zellgrenzen zum Teil unsichtbar, und nur aus der Lage einzelner Körnchengruppen erkennt man, wo die Zellen liegen. Fehlen diese Körnchen, so sieht man den optisch leeren Zellkörper überhaupt nicht. Von solchen im Dunkelfeld optisch leer erscheinenden Zellen erhält man oft gute, d. h. graphisch wirksame Bilder mit einer Zwischenfeldbeleuchtung (vgl. Abb. 115b).

Wie weit man das ultraviolette Licht zur Mikrophotographie der Gewebekulturen vorteilhaft verwenden kann, ist derzeit noch kaum geklärt, jedenfalls fehlen verwertbare Angaben darüber in der Literatur. Man müßte annehmen, daß die Ausführung der Aufnahmen ohne besondere Schwierigkeiten möglich wäre, am besten bei den flüssigen Kulturen, aber auch bei den Plasmakulturen, obzwar in diesen ein wesentlicher Teil der UV-Strahlen verschluckt wird. Vielleicht hat das Bedenken, daß das UV-Licht den gezüchteten Zellen schaden könnte, die Gewebezüchter davon abgehalten, die Aufnahmen im UV-Licht zu versuchen. Dieses Bedenken wird wohl in den meisten Fällen unbegründet sein, denn eine kurze Bestrahlung mit UV-Licht schadet den Kulturen im allgemeinen nicht.

C. Die Mikrophotographie beweglicher Objekte.

XIV. Die Momentaufnahmen.

(Vgl. zusammenfassende Darstellungen bei A. KÖHLER [8] und A. CERNY [1]).

In den vorangegangenen Abschnitten wurden die lebenden Objekte als unbeweglich betrachtet und die Bedingungen der mikrophotographischen Abbildung unter dieser Voraussetzung erörtert. In Wirklichkeit gibt es unter den lebenden Objekten nur selten solche, welche als vollkommen unbeweglich gelten könnten, wie z. B. die nativen Zupf- und Quetschpräparate. Diese sind aber auch keine

---

[1] Der Einschluß in einer solchen, mit physiologischer Lösung ausgefüllten Kammer schadet den Gewebekulturen nichts, und man kann sie so mehrere Tage lang weiterzüchten. Oft wird man dabei die Beobachtung machen, daß die in der Flüssigkeit eingeschlossenen Kulturen besser wachsen als ohne die Flüssigkeit.

richtigen lebenden, sondern nur überlebende oder lebensfrische Objekte. Das Leben der Zellen und Zellverbände, die man in hängenden Tropfen oder in Kulturen mit dem Mikroskop betrachtet, hängt innigst mit Form- und Ortsänderungen zusammen, und die Geschwindigkcit, mit der sich diese Veränderungen vollziehen, wird begreiflicherweise die ganze mikrophotographische Arbeit, vor allem aber die Belichtungszeit, entscheidend beeinflussen.

158. Einteilung der Objekte nach der Geschwindigkeit des Form- und Ortswechsels. Was die Geschwindigkeit der Veränderungen anbelangt, so findet man unter den Objekten der mikroskopischen Forschung alle denkbaren Abstufungen. Um nur beim biologischen Material zu bleiben[1], begegnet man z. B. in den Gewebezüchtungen Wachstumsvorgängen, welche erst nach mehreren Stunden oder Tagen merkbare Änderungen hervorrufen; bei der Pseudopodienbildung oder der Vakuolenentleerung der Amöben wiederum solchen, wo die Form- und Strukturveränderungen sich innerhalb einiger Minuten abspielen, und schließlich hat man es beim Flimmerschlag, bei der Zuckung kontraktiler Elemente (Vorticellastiel, Muskelfaser) oder bei den Ortsveränderungen freibeweglicher Zellen mit Vorgängen zu tun, deren Ablauf sich in Bruchteilen der Sekunde vollzieht. Im alltäglichen Sprachengebrauch pflegt man eigentlich nur die letzterwähnten Objekte, d. h. solche als beweglich zu bezeichnen, welche ihre Lage im Raum rasch wechseln und deshalb immer wieder aus unserem Augenkreis verschwinden. Der Mikrophotograph wird aber den Begriff der Beweglichkeit etwas weiter fassen müssen und jedes Objekt als beweglich bezeichnen, das während einer angemessenen Belichtungszeit Form- oder Ortsänderungen unterworfen ist. Wir haben dementsprechend in der Mikrophotographie für die Beurteilung der Beweglichkeit lebender Objekte keinen absoluten, sondern nur einen relativen Maßstab, nämlich das Verhältnis zwischen der Geschwindigkeit der im mikroskopischen Bild sich abspielenden Änderungen und der Belichtungszeit. Da bekanntlich die letztere von einer Anzahl mikroskopischoptischer Faktoren abhängig ist, wird oft ein und dasselbe Objekt bei einer bestimmten Linsenfolge oder Beleuchtungsart noch als unbeweglich, bei einer anderen aber schon als beweglich gelten. Die Protoplasmaströmung in einer Amoeba proteus oder einem Myxomyzet wird z. B. bei einer Zeitaufnahme mit schwachen Objektivsystemen und einer lichtstarken Beleuchtung (Punktlichtlampe) keine merkliche Störung der Bildschärfe hervorrufen, denn die veränderlichen Strukturelemente erscheinen im schwach vergrößerten Bild so klein, daß die Verschiebungen, welche sie in der verhältnismäßig sehr kurzen Belichtungszeit (1—2 Sekunden) erfahren, auf der Platte kaum zum Ausdruck gelangen. Bei stärkeren Vergrößerungen dagegen erfordert die geringere Lichtstärke der Beleuchtung eine längere Belichtungszeit, und die veränderlichen Strukturelemente wie auch ihr Ortswechsel erscheinen in einem vergrößerten Maßstab, bei dem man mit einer Zeitaufnahme kein scharfes Bild mehr erzielen kann. Als unbewegliche Objekte der mikrophotographischen Aufnahmen können bei jeder Linsenfolge und jeder Beleuchtungsart die Zellen und Zellverbände gelten, welche keine Eigenbewegung haben und gleichmäßig langsame Wachstumserscheinungen zeigen, wie z. B. die meisten Gewebekulturen oder die lebenden Gewebe in vivo und in situ (ausgenommen die Blutkapillaren mit strömendem Blut). Bei diesen wird man die Aufnahme stets als Zeitaufnahme ausführen und die günstigste Belichtungszeit unabhängig vom Objekt bestimmen

---

[1] Die Bewegungserscheinungen in veränderlichen Objekten der leblosen Natur (Vorgänge der Mikrokristallisation, Strukturbildungen in Kolloiden, Brownsche Molekularbewegung usw.) fallen unter dieselben mikrophotographischen Gesichtspunkte wie die der lebenden Objekte.

können, gerade so wie bei den Zupf- und Quetschpräparaten oder den Dauerpräparaten.

Von relativ beweglichen Objekten sprechen wir dort, wo bei der gegebenen Geschwindigkeit der Veränderungen die Zeitaufnahme nur innerhalb einer bestimmten Belichtungszeit möglich ist. Hierher gehören die schon erwähnten Beispiele der Pseudopodienbildung an amöboiden Zellen (Rhizopoden, Leukozyten usw.), dann alle Arten der Protoplasmaströmungen, ferner die Zellen mit kontraktilen Vakuolen, durchsichtige Planktonorganismen mit pulsierenden Herzen oder mit einer Peristaltik des Verdauungstraktes usw. Es sei hier auch erwähnt, daß das starke Licht, dem die lebenden Objekte während der Belichtung ausgesetzt werden, die Protoplasmabewegungen und auch sonstige Bewegungserscheinungen in der Regel stark zu beschleunigen pflegt. Die Protoplasmaströmung in einer Elodeazelle oder in einem Amoeba sphaeronucleus, die man beim Licht einer 75-Watt-Glühbirne so träge gefunden hat, daß man ohne Bedenken eine Zeitaufnahme mit 5 Sekunden Belichtungszeit noch zulässig hält, erscheint im Kohlenbogenlicht oder im konzentrierten Licht einer Punktlichtlampe derart beschleunigt, daß nunmehr allein die Momentaufnahme in Betracht kommen kann.

Wenn die Aufnahmen nur mit einer Belichtungszeit in Bruchteilen der Sekunde, d. h. als Momentaufnahmen, durchführbar sind, dann pflegt man die Objekte in der Mikrophotographie als ausgesprochen beweglich zu bezeichnen, gleichgültig, ob sie eine Eigenbewegung zeigen wie die Bakterien, Spirillen, Protisten, Sporen und Gameten, oder aber nur bewegliche Organellen aufweisen wie die festsitzenden Vorticellen, die Flimmerepithelzellen usw.

Die genauere Analyse der in den Objekten sich abspielenden Bewegungserscheinungen und die Abgrenzung der hier aufgestellten drei Kategorien hat in der Mikrophotographie lebender Objekte deshalb eine große praktische Bedeutung, weil die ganze Ausrüstung zur Aufnahme davon abhängen wird, in welcher Kategorie das aufzunehmende Objekt einzureihen ist. Für die Kategorie, welche die unbeweglichen Objekte umfaßt, gelten dieselben Vorschriften, die man allgemein bei Zeitaufnahmen zu befolgen pflegt. Wir brauchen uns also hier mit dieser Kategorie nicht weiter zu beschäftigen.

159. Die Einrichtungen zu Momentaufnahmen. In erster Reihe interessieren uns begreiflicherweise von den drei Kategorien die ausgesprochen beweglichen Objekte, da diese den Mikrophotographen vor Aufgaben stellen, die von den üblichen Zeitaufnahmen verschieden sind. In der Hauptsache kommen bei Momentaufnahmen solcher beweglichen Objekte folgende besondere Maßnahmen und Einrichtungen in Betracht[1]:

1. Ein Kameraverschluß für Momentaufnahmen, welcher für mehrere Geschwindigkeiten in feinen Abstufungen verläßlich gebaut ist. Im allgemeinen genügt ein Kompurverschluß mit Einteilungen von $1/4$ Sekunde bis $1/100$ Sekunde. Vorbildlich ist in dieser Hinsicht der Verschluß an der REICHERTschen Mikrokamera oder der an der Spiegelreflexkamera von SCHEFFER (s. S. 167). Weniger leistungsfähig sind die Momentverschlüsse, welche sich nur mit einer bestimmten Geschwindigkeit öffnen und schließen, wie das z. B. beim Phoku und auch bei der ROMEISschen Kamera der Fall ist (vgl. dieses Handbuch II, V).

2. Eine Lichtquelle mit einer für die kurze Belichtungszeit genügenden Lichtstärke. Diese Frage ist selbstverständlich eng mit der Frage des Vergrößerungsmaßes der Abbildung und der Bildvergrößerung verknüpft. Das Licht einer Punktlichtlampe Typ 2 G (oder 2 W) wird auch zu Momentauf-

---

[1] Vgl. E. NAUMANN (*1, 2*) und M. RIKLI (*1*).

nahmen mit $^1/_{100}$ Sekunde noch vollkommen genügen, wenn die Aufnahmen mit Anastigmaten oder schwachen Mikroskopobjektiven (bis zu der Eigenvergrößerung 10 fach) und bei einem kurzen Kameraauszug erfolgen. Unzureichend wird es sein bei Momentaufnahmen mit Objektiven über eine Einzelvergrößerung von 20 fach und mit einem längeren Kameraauszug. Hat man also Momentaufnahmen bei stärkeren Vergrößerungen und für ein größeres Bildformat vor, so ist man auf Kohlenbogenlicht angewiesen. Für Hellfeldaufnahmen sind die Schwachstromlampen noch lichtstark genug, für Dunkelfeldmomentaufnahmen jedoch, namentlich für die stärkeren Vergrößerungen (bewegliche Bakterien und Spirillen), muß man Kohlenbogenlampen von 15 bis 20 Amp. Stromstärke verwenden.

3. Eine seitliche Beobachtung, mit der man das mikroskopische Gesichtsfeld wenigstens bis zum Moment der Belichtung, vorteilhafter jedoch auch während der Aufnahme, prüfen kann.

Allen diesen Forderungen entsprechen am besten die Aufsatzkammern, wie sie von den optischen Werkstätten von Zeiss, Leitz, Reichert, Busch oder Fuess geliefert werden. Wie an einer früheren Stelle (s. S. 170) schon hervorgehoben wurde, eignen sich diese Kammern in erster Reihe und ausgesprochen zu Momentaufnahmen an lebenden, beweglichen Objekten. Frühere Konstruktionen von Spiegelkammern, die heute im Handel nicht mehr erhältlich sind, in manchen Laboratorien jedoch noch gute Verwendung finden, bewähren sich auch bei Momentaufnahmen von beweglichen Objekten vorzüglich, wie z. B. die Doppelspiegelreflexkamera von Scheffer (vgl. Abb. 90). Das mikroskopische Bild kann auch hier subjektiv beobachtet werden bis zur Zeit der Belichtung, und das genügt in den meisten Fällen, da während der Momentbelichtung keine störenden Änderungen zu befürchten sind. Falls keine Aufsatzkamera zur Verfügung steht, können auch die großen und kleineren mikrophotographischen Apparate mit senkrechter Anordnung zu Momentaufnahmen verwendet werden, vorausgesetzt, daß sie mit einem Momentverschluß ausgerüstet sind. (Ist ein Momentverschluß am Stirnbrett der Kamera nicht angebracht, so stellt man ihn mit einem Reiter auf die optische Bank.) Besonders vorteilhaft ist es dann, wenn man auch hier das Bild durch die Austrittspupille des Mikroskops bis zum Moment der Belichtung kontrollieren kann, wie das beim großen Universalapparat der Firma Leitz möglich ist. Sonst ist der Erfolg der Momentaufnahmen an beweglichen Objekten mit den Kammern ohne seitliche Beobachtung stets unsicher, denn während der Zeit, bis man die gefüllte Kassette anbringt, kann sich das Objekt aus dem Gesichtsfeld fortbewegen oder sonst irgendwie eine für die Aufnahme ungünstige Veränderung erfahren.

Selbst dann, wenn man mit Aufsatzkammern arbeitet und das Bild in der seitlichen Beobachtung scharf einstellt, mache man sich zur Regel, daß man zuerst die Kassette auflegen und den Kassettenschieber bis zum Rand ausziehen soll. Bei geöffneter Kassette soll dann der günstige Zeitpunkt zur Belichtung abgewartet werden. Befürchtet man, daß die Platte in der geöffneten Kassette während der Einstellung und des Wartens auf den günstigen Moment Licht erhalten könnte (bei älteren, nicht ganz lichtdicht schließenden Kassetten wird häufig der zur Lichtquelle gekehrte Rand der Platte geschwärzt), so empfiehlt sich, einen Streifen schwarzen Papiers an dem Griff des Kassettenschiebers als Lichtschutz für den Kassettenmund zu befestigen.

160. Die Objekte mit raschem Ortswechsel. Wie weit eine Kontrolle des Gesichtsfeldes während der Aufnahme unbedingt erforderlich ist, hängt zum großen Teil von der Geschwindigkeit ab, mit der das Objekt sich im Gesichtsfeld bewegt. Objekte mit rascher Bewegung, die in kurzer Zeit aus dem Gesichtsfeld verschwinden, erfordern zwangsläufig einen mikrophotographischen Apparat mit seitlicher Beobachtung. Dabei ist nicht allein die Geschwindigkeit der Bewegung, sondern auch die Größe des Objekts im Verhältnis zum Umfang des Gesichtsfeldes maßgebend. Es ist leicht verständlich, daß Paramäzien und ähnliche Infusorien rascher aus dem Gesichtsfeld fortschwimmen werden als Spirillen mit noch so raschen Bewegungen. Ferner sei bemerkt, daß Linsenfolgen, welche ein größeres Gesichtsfeld liefern, auch in dieser Hinsicht bessere Bedingungen zu den Aufnahmen bieten als umgekehrt (vgl. E. NAUMANN [2]).

Ist nun das Objekt im Verhältnis zu einem gegebenen Gesichtsfeld so klein, oder ist seine Bewegung so langsam, daß es erfahrungsgemäß in der Zeit, bis man die Mattscheibe mit der gefüllten Kassette wechselt, aus dem Gesichtsfeld nicht verschwindet, so kann man die Vertikalkammern zu den Momentaufnahmen fast so gut benützen wie die Aufsatzkamern mit seitlicher Beobachtung. Allerdings wird man von dem ausziehbaren Balg, um die Beleuchtungsstärke nicht zu verringern, kaum Gebrauch machen.

Abb. 217. Schwimmende Artemia salina. Momentaufnahme Mikropolar 20fach, Ok. 10fach, Spiegelreflexkamera (s. Abb. 90), Belichtung $^1/_{200}$ Sekunde. (Originalaufnahme von F. GROSS.)

161. Das Festhalten der Objekte. Wo es zulässig ist, kann man größere oder rasch bewegliche Objekte durch mikrotechnische Kunstgriffe in ihrer Beweglichkeit so weit hemmen, daß sie sich nur langsam bewegen und während einiger Minuten sicher in einem und demselben Gesichtsfeld verbleiben. In der Methodik der Protistenkunde[1] sind eine Anzahl solcher Kunstgriffe bekannt: leichte Pressung der Objekte zwischen Tragglas und Deckglas, stark zähflüssige physiologische Einschlußmittel, wie Quittenschleim, Karraghenschleim, Eiweiß, 2- bis 3proz. neutralisierte Gelatinelösungen usw. Man kann ferner kleine Zwinger aus Haarschlingen, Glasfäden u. ä. am Tragglas einrichten oder in winzigen Paraffintröpfchen mit einer feinen Nadel (unter der Lupe) Löcher bohren und in diesen die Objekte unterbringen (TCHACHOTINE [1]). Schließlich ließen sich größere frei bewegliche Infusorien (Stentor, Paramäcien, Suktorien u. ä.) mit sehr schwach konzentrierten Lösungen von Chloralhydrat-, Kokain- oder Nikotin betäuben. Solche Betäubungsmittel schaden jedoch den Zellen fast immer. Sind nun die Objekte auf die eine oder die andere Art gehindert, sich aus dem Gesichtsfeld zu entfernen, so kann die Momentaufnahme auch mit einer Vertikalkamera und ohne seitliche Beobachtung erfolgen.

Den Zwecken, die man mit Momentaufnahmen an beweglichen Objekten verfolgt (Aufnahmen von lebenden Infusorien, Planktonorganismen, Würmern, Larven usw.), genügen in der Regel schwache mikroskopische Vergrößerungen (Abb. 217). Seltener ist man auf stärkere Linsensysteme angewiesen, wie z. B. bei Aufnahmen von Flimmerhaaren, kleinen Flagellaten, Trypanosomen, Spermien, Bakterien usw. Im letzteren Fall eignen sich die Dunkelfeldaufnahmen weitaus besser als die im Hellfeld, wobei man auch den Vorteil hat, daß man mit schwächeren Objektiven und dementsprechend in einem größeren Gesichtsfeld kontrastreiche Bilder erhalten wird[2]. Schon bei mittelstarken Objektiven (z. B. Obj. 40fach) erfordern die Momentaufnahmen im Dunkelfeld eine sehr licht-

---

[1] Vgl. APÁTHY (1), BĚLAŘ (3), P. METZNER (4).
[2] Vgl. R. ROCKWOOD und CH. SHEARD (1).

starke Beleuchtung, der selbst die Schwachstrom-Kohlenbogenlampen nur selten Genüge leisten.

162. Die Wahl der Linsen und die Beleuchtungsfrage. Bei der Wahl des abbildenden Systems ist außer den schon erwähnten Momenten (Vorteile des größeren Sehfeldes, günstigere Beleuchtungsverhältnisse bei schwächeren Objektiven) auch die Tiefenschärfe des Objektivs zu berücksichtigen. Dieser Faktor spielt bei den Aufnahmen von frei beweglichen Objekten deshalb eine besondere Rolle, weil die Bewegungen selten auf eine Ebene beschränkt sind, und das Objekt bald in tiefere Schichten untertaucht, bald in höhere aufsteigt. Diese Vertikalbewegungen erschweren natürlich die scharfe Einstellung ohne seitliche Beobachtung in hohem Maße. Hat man eine seitliche Beobachtung, so ist es leicht, den Moment zu wählen, wenn das Objekt im Sehfeld gerade scharf sichtbar auftaucht; bei Vertikalkammern ohne eine solche Einrichtung wird man jedoch nie mit Sicherheit darauf rechnen können, daß das Objekt im Moment der Belichtung in der Ebene der scharfen Einstellung bleibt und nicht nach oben oder nach unten ausgewichen ist. Mit Objektiven, die eine große Tiefenschärfe haben, wird diese wechselnde Höhenlage des Objekts weit weniger stören, und schon aus diesem Grund empfiehlt sich also, zu den Momentaufnahmen möglichst schwache Objektive zu wählen. Glücklicherweise sind es gerade die größeren Objekte, welche solche ausgeprägte schlängelnde Bewegungen zeigen (z. B. Stentoren, Paramäcien, Planktonorganismen), und von diesen erhält man schon mit schwachen Objektiven und mit improvisierten Momentapparaten (s. E. Naumann [*1, 2*]) deutliche Bilder, die dann weiter vergrößert werden können.

Bei Objekten, deren Sichtbarmachung nur mit starken Objektiven erfolgen kann, wie z. B. bei Spermien oder Spirillen, sind die Höhenunterschiede in der Lage des sich bewegenden Objekts meistens — der Feinheit des Objekts entsprechend — recht gering. Sie genügen allerdings, damit das Bild eines Spermiums, das man mit einem Immersionsapochromat von 2 mm scharf eingestellt hat, im nächsten Moment schon vollkommen unscharf erscheint, doch erhält man mit starken Objektiven, die eine größere Tiefenschärfe aufweisen, wie z. B. die Immersionslinse Zeiss 50 fach oder 60 fach (frühere Bezeichnung $^1/_7$, spez. X) oder trotz der schlängelnden Bewegung im Moment der Belichtung leidlich scharfe Bilder. Für Momentaufnahmen solcher feineren und frei beweglichen Objekte eignen sich im allgemeinen der Achromat 40 fach und das Immersionssystem 60 fach (für Dunkelfeld der Apochromat 8 mm statt Achromat 40 fach) aus diesem Grund besser als die entsprechenden oder noch stärkeren Apochromate.

Die Frage, ob man Lichtfilter benützen soll oder nicht, hängt streng von der Stärke der Lichtquelle ab. Ist diese für die Linsenfolge stark genug, so wird man die Lichtfilter bei den Momentaufnahmen mit denselben Vorteilen anwenden können wie sonst allgemein in der Mikrophotographie lebender Objekte. Reicht jedoch das Licht zur Momentaufnahme nur gerade aus, so wird man auf die Lichtfilter verzichten müssen. Ähnlich verhält es sich mit der Öffnung der Irisblende. Eine so enge Blendenöffnung wie bei Zeitaufnahmen wähle man bei Momentaufnahmen nur dann, wenn man mit sehr lichtstarken Lampen arbeitet, sonst soll die Blende stets breiter geöffnet sein als bei den Zeitaufnahmen. Das bezieht sich allerdings hauptsächlich auf die größeren Objekte. Bei feineren Objekten — soweit sie nicht besser im Dunkelfeld abgebildet werden — muß die Irisblende auch bei den Momentaufnahmen so stark zusammengezogen werden wie bei den Zeitaufnahmen. Die Blendenöffnung muß so eng sein, daß man ohne Rücksicht auf die Belichtungszeit erst ein gut definiertes mikroskopisches Bild vom Objekt erhält. Dann muß man eben für eine Lichtquelle sorgen, welche auch bei einer so engen Blendenöffnung noch zu der

Momentaufnahme lichtstark genug ist. Daß man zu den Momentaufnahmen stark sensibilisierte Platten mit möglichst hohen SCHEINER-Zahlen wählen wird, versteht sich von selbst.

Nachdem die Bedingungen der Momentaufnahmen an den ausgesprochen beweglichen Objekten geschildert wurden, können wir uns bezüglich der relativ beweglichen Objekte kurz fassen. Soweit sie sich zu Zeitaufnahmen eignen, gleicht ihre mikrophotographische Behandlung vollkommen derjenigen der unbeweglichen, und eignen sie sich überhaupt nur zu Momentaufnahmen, so gilt auch für sie das bei den beweglichen Objekten Gesagte. Diesen letzteren gegenüber bieten sie allerdings den Vorteil, daß sie sich aus dem Gesichtsfeld überhaupt nicht oder nur sehr langsam fortbewegen. Ihre Bewegungen, Struktur und Formänderungen bleiben auch fast ausschließlich auf die Einstellebene beschränkt. Man kann deshalb zu Momentaufnahmen an diesen Objekten die Vertikalkammern oder improvisierte Einrichtungen fast ebensogut verwenden wie die Aufsatzkammern.

Wir haben bisher die Aufnahmetechnik beweglicher lebender Objekte nur von dem einen Gesichtspunkt aus betrachtet, wie weit man von solchen scharfe Aufnahmen erhalten kann trotz der Beweglichkeit oder der Veränderlichkeit des Objekts. Es handelte sich einfach um Aufnahmen von Objekten, welche die besondere — für den Mikrophotographen nicht gerade günstige — Eigenschaft der Beweglichkeit oder Veränderlichkeit zeigen und deshalb eine besondere mikrophotographische Behandlung, d. h. die Momentaufnahme, erfordern.

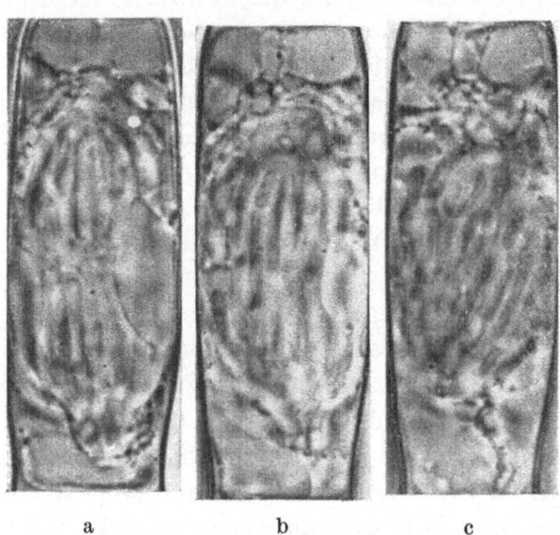

a   b   c

Abb. 218. Lebende Zellen aus den Staubfäden von Tradescantia Virg.
a Kernteilung 17 Uhr 5 Sekunden, b 10 Sekunden später, c 24 Sekunden später. Vergr. 900fach. (Aus K. BĚLAŘ [6, Taf. III, Abb. 13, 14, 15.])

Eine wesentlich andere Aufgabe bedeutet in der Mikrophotographie, die Veränderungen am Objekt als solche in ihrer zeitlichen Reihenfolge festzuhalten, und zwar entweder in einer Bildreihe von charakteristischen stationären Zuständen oder aber von dem Vorgang selbst in seiner dynamischen Erscheinung.

163. Reihenphotographie. Die erste Art der Abbildung solcher an den mikroskopischen Objekten wahrnehmbaren Form- und Ortsveränderungen besteht darin, daß man während des Verlaufs des biologischen Vorgangs oder auch jeder anderen Veränderung am Objekt in bestimmten charakteristischen Momenten eine Zeit- oder eine Momentaufnahme erzielt. Stellt man die Bilder in der zeitlichen Reihenfolge der Aufnahmen auf, so gewinnt man aus den Einzelbildern gewisse Aufschlüsse über den ganzen Verlauf des Vorgangs. Am bequemsten und einfachsten erzielt man solche Serienaufnahmen mit den Aufsatzkammern, ist aber der Verlauf der Veränderungen nicht allzu rasch, so erhält man auch mit Vertikalkammern gute Reihenphotogramme. So hat z. B. K. BĚLAŘ (6) seine schönen Bildreihen von den Zellteilungen in lebenden Zellen erhalten (Abb. 218). Eine besondere Rolle spielen die Reihenaufnahmen in der experimentellen Zellforschung, namentlich in der Mikrurgie[1]. Um die

---

[1] Als Mikrurgie (aus μιϰϱός: klein und ἔργον: das Werk, das Hantieren) wird die Methode bezeichnet, welche mit Hilfe des Mikromanipulators und feiner Nadeln, Pipetten oder Elektroden im mikroskopischen Gesichtsfeld das unmittelbare Experi-

experimentell hervorgerufenen Veränderungen objektiv und naturgetreu darstellen zu können, muß das Objekt vor, während und in bestimmten Zeitabständen nach dem Eingriff photographiert werden (Abb. 219 u. 220). Ähnlicherweise können aufeinanderfolgende Stadien der Formänderungen und des Ortswechsels einer Leukozyte oder einer Wanderzelle in der Reihenphotographie festgehalten werden. Die Beispiele kann man natürlich aus den verschiedenen Gebieten der Naturwissenschaften noch beliebig vermehren. Liegt ein gewisser größerer Zeitabstand zwischen zwei charakteristischen, für die Darstellung wichtigen Stadien, so daß man Zeit hat, die Kassetten zu wechseln und scharf einzustellen, so wird man mit den Aufsatzkammern und ihren Kassetten ohne weiteres zum Ziele kommen. Folgen aber die einzelnen Stadien der Veränderung rasch hintereinander und soll möglichst keines von diesen aus der Reihenaufnahme fehlen, so werden selbst die Aufsatzkammern in ihrer heutigen Form nicht mehr genügen (Vertikalkammern kommen natürlich gar nicht in Betracht), und man ist auf die Mikrokinematographie angewiesen auch dann, wenn man mit den Aufnahmen keine eigentliche mikrokinematographischen Ziele verfolgt, sondern nur rasch hintereinander (z. B. in jeder halben Minute) Momentbilder vom Objekt zu erhalten wünscht.

Vor kurzem wenigstens stand die Lage der Dinge so. In letzter Zeit hat jedoch die Firma Leitz mit der Aufsatzkamera Mifilmca (s. S. 228 und Abb. 123) den Mikrophotographen die Möglichkeit verschafft, auch die rasch aufeinanderfolgenden Momente des abzubildenden Vorgangs in Serien festzuhalten, ohne die bedeutend höheren Kosten und die sonstigen Schwierigkeiten einer mikrokinematographischen Aufnahme (s. S. 352 ff.) in Kauf nehmen zu müssen[1]. Man kann mit der Mifilmca hintereinander 36 Aufnahmen erzielen, und das genügt auch vollkommen bei den meisten biologischen, pathologischen oder physikalisch-

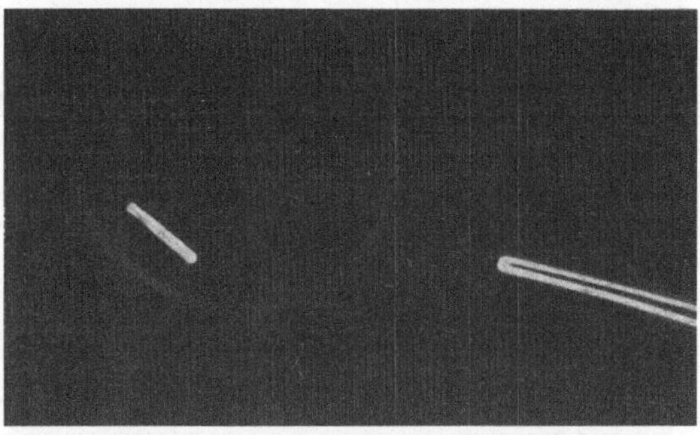

A

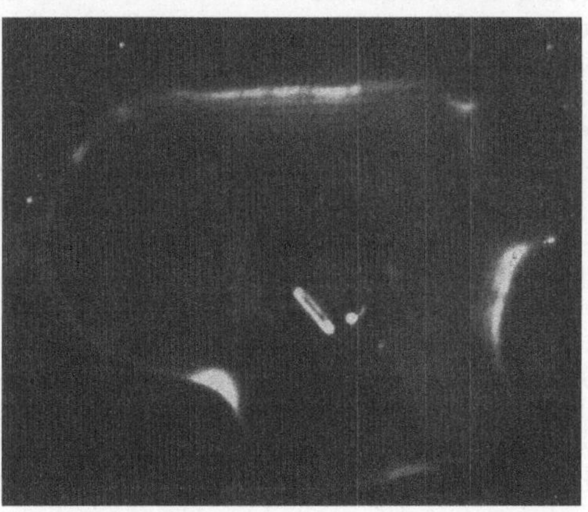

B

Abb. 219. Mikrurgischer Versuch an einem Bazillus (Bac. Mazun). Dunkelfeldaufnahme.

A Isolierter Bazillus in einem Tröpfchen mit der Mikronadel. B Derselbe Bazillus nach erfolgter Operation, wo ein Stückchen, das neben dem Bacillus liegt, abgeschnitten wurde. Obj. Winkel-Zeiss, Fluorit-Trockensyst. 3 mm, num. Ap. 0.95 mit Iris-Innenblende auf num. Ap. 0,65 abgeblendet, „Phoku“, Präparier-Wechselkondensor (Zeiss), num. Ap. 0,7—0,8. Abzug nachträglich vergrößert. Bildvergr. etwa 1250fach. (Aus L. Wámoscher [1, Taf. III, Abb. 23, 24.])

mentieren am Objekt ermöglicht. So werden Operationen an einzelnen Zellen ausgeführt, elektrische Reizungen ausgeübt, einzelne Zellen oder Bakterien isoliert usw.

[1] Zur Herstellung von Positiven und Diapositiven nach den Filmnegativen hat W. Kuhl (1) einen einfachen Apparat angegeben.

chemischen Vorgängen, die für solche Reihenaufnahmen in Betracht kommen.
Schon früher, als die Mifilmca in den Handel gebracht wurde, hat A. CERNY (1)
seine Aufsatzkammer zu Reihenaufnahmen mit einer Rollfilmkassette ausgerüstet.
Obzwar diese Kassetten (ohne Kassettenwechsel) nur 6 oder 12 Aufnahmen hintereinander gestatten und auch der Filmwechsel nicht so rasch und bequem erfolgt
wie bei der Mifilmca, bietet die Einrichtung von CERNY mit der Rollfilmkassette
den großen Vorteil, daß man die Aufnahmen nachträglich nicht vergrößern
muß, wie das bei der Mifilmca der Fall ist. Es wäre wünschenswert, wenn auch
die anderen Aufsatzkammern so gebaut würden, daß man je nach der Art der
Aufnahmen bald Platten, bald Filme verwenden könnte, und bei den Vorteilen,
welche die Rollfilmkassette zu den Reihenaufnahmen bietet, nur dort auf die
Mikrokinematographie angewiesen wäre, wo es sich tatsächlich um mikrokinematographische Aufgaben, nämlich um die Wiedergabe eines dynamischen
Vorgangs, handelt.

XV. Die Mikrokinematographie.

(Vgl. zusammenfassende Darstellungen bei J. COMMANDON [1], W. R. HESS [1],
K. HÖFER [1], FR. KÖHLER [1], H. NAUMANN [2], W. SCHEFFER [4] und F. SCHE-
MINZKY [3].)

164. Grundbegriffe. Die photographische Darstellung eines Bewegungs-
vorganges erfolgt bekanntlich so, daß man den Vorgang in eine Reihe von Einzelbildern aufteilt und diese rasch hintereinander vorführt. Sieht man innerhalb
einer Sekunde 16 solche Bilder oder mehr hintereinander, so vermag das Auge die
einzelnen Bilder nicht mehr auseinanderzuhalten, und diese verschmelzen dann
zum Gesamtbild, welches den Eindruck erweckt, als ob der Bewegungsvorgang
sich mit seinen charakteristischen dynamischen Erscheinungen am Projektionsschirm abspiele. Die Kinematographie besteht demnach aus zwei technisch
verschiedenen, miteinander jedoch innigst verknüpften Verfahren: aus der Aufnahmetechnik und der Projektionstechnik. Die Aufnahmetechnik ist im Grunde
genommen dieselbe wie bei jeder Momentaufnahme auf einem Rollfilm. Nur der
Umstand, daß man zu der naturgetreuen Wiedergabe einer Bewegung mindestens
16 Teilbilder in der Sekunde erzielen muß, erfordert besondere Aufnahmeapparate
für einen entsprechend längeren Rollfilm mit einem Werk für den raschen Filmwechsel (Filmtransport) und mit einer Einrichtung, welche die Serienbelich-
tungen in der erforderlichen Geschwindigkeit und synchron mit dem Filmwechsel ermöglicht. Das Ergebnis der Aufnahme ist auch hier eine Bildreihe
von statischen Zuständen, die, einzeln betrachtet, ebensowenig den Eindruck
des dynamischen Vorgangs erwecken können wie sonstige Reihenaufnahmen
(vgl. Abbildungsreihe 220 a—e). Der Eindruck des dynamischen Geschehens
und die Empfindung des Bewegungssehens wird erst bei der Vorführung der
Aufnahmen mit der erforderlichen Geschwindigkeit durch die dafür geeigneten
kinematographischen Vorführapparate hervorgerufen. Während also auf den
meisten Gebieten der Photographie das Ergebnis der geleisteten Arbeit fast
ausschließlich von rein photographischen Faktoren, d. h. von der Aufnahmetechnik, abhängt, ist das Ergebnis der kinematographischen (und mikrokinematographischen) Aufnahme erst bei der Vorführung ersichtlich und wird von der
letzteren entscheidend beeinflußt. Nur in der Stereophotographie begegnet man
einer ähnlichen Erscheinung, wo der stereoskopische Effekt erst bei der Betrachtung
der Bilder, häufig mit besonderen dafür bestimmten optischen Geräten, entsteht.

Diese allgemeinen Betrachtungen über die Entstehung des kinematographischen Bildes lehren, daß die Darstellung von Bewegungsvorgängen grundsätzlich von dem Verhältnis abhängt, in welchem die Geschwindigkeit der Reihen-

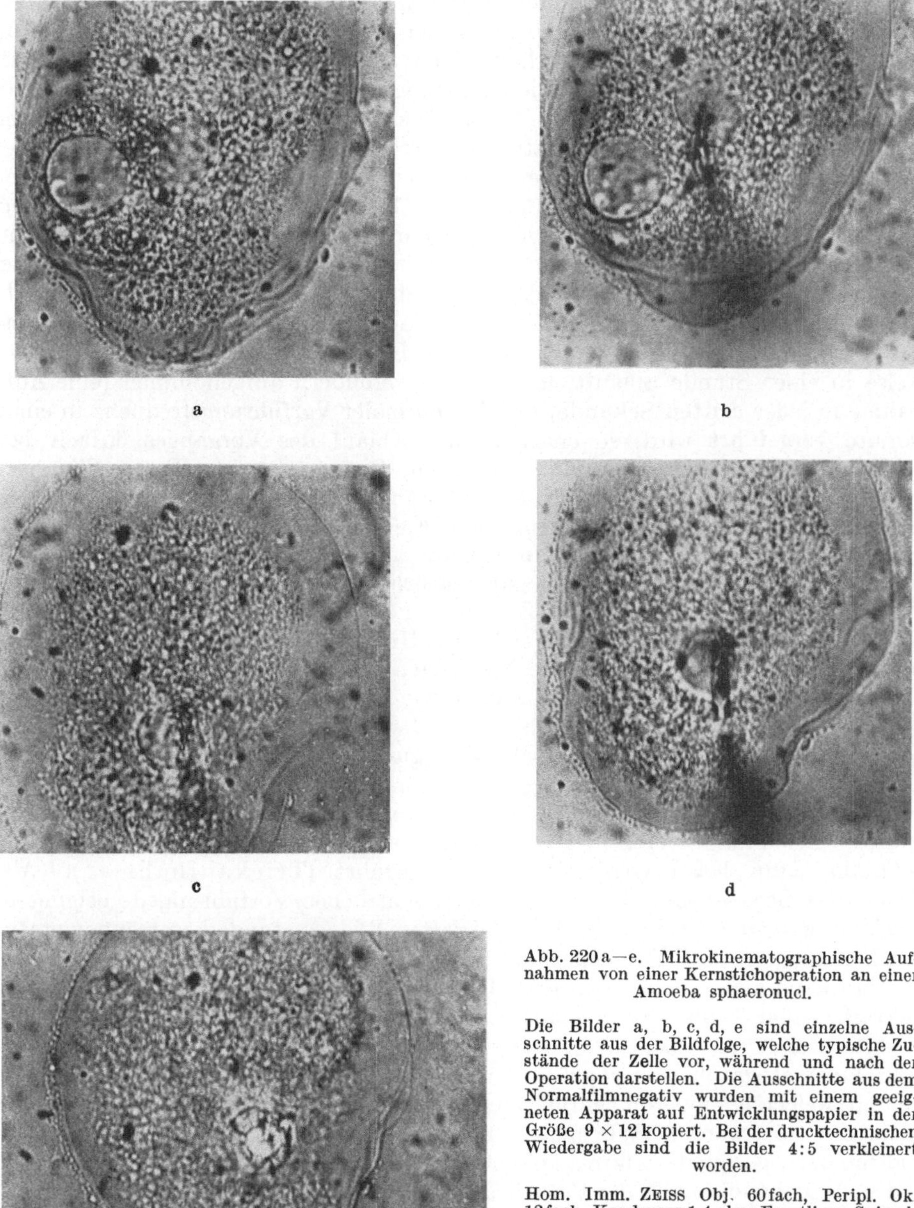

Abb. 220 a—e. Mikrokinematographische Aufnahmen von einer Kernstichoperation an einer Amoeba sphaeronucl.

Die Bilder a, b, c, d, e sind einzelne Ausschnitte aus der Bildfolge, welche typische Zustände der Zelle vor, während und nach der Operation darstellen. Die Ausschnitte aus dem Normalfilmnegativ wurden mit einem geeigneten Apparat auf Entwicklungspapier in der Größe 9 × 12 kopiert. Bei der drucktechnischen Wiedergabe sind die Bilder 4:5 verkleinert worden.

Hom. Imm. ZEISS Obj. 60fach, Peripl. Ok. 12fach, Kondensor 1,4 ohne Frontlinse, Spiegel-Kohlenbogenlampe (HAHN-GOERZ), Grünfilter, Aufnahmefrequenz 20 pro Sekunde.

(Aus T. PÉTERFI und A. NAVILLE [*1*, Taf. 10, Abb. 1—5].)

belichtungen (Aufnahmefrequenz) zur Geschwindigkeit der Vorführung (Vorführungsfrequenz) steht. Bei einem bestimmten Verhältnis wird die Darstellung des Vorganges richtig naturgetreu erscheinen. Das ist der Fall bei einer Aufnahmefrequenz von 16 bis 20 pro Sekunde und einer ebenso hohen Vorführungsfrequenz. Ist die Aufnahmefrequenz etwas höher als die Vorführungsfrequenz (bis 40 pro Sekunde), so erscheinen die Bewegungen noch natürlicher, weil sie einen gleichmäßigeren Verlauf zeigen; ist sie aber etwas niedriger (z. B. 12 bis 15 pro Sekunde), so werden die Bewegungen sprunghaft und erwecken einen unruhigen und unnatürlichen Eindruck. Die normale Vorführungsfrequenz der meisten größeren Vorführapparate ist durchschnittlich 20 pro Sekunde, bei kleineren Apparaten 16. Bei einer geringeren Vorführungsfrequenz als 16 oder 15 Bilder pro Sekunde zerfällt das Gesamtbild in die Einzelaufnahmen, und man erhält keine kinematische Wirkung mehr. Anders verhält es sich, wenn die Vorführungsfrequenz die normale bleibt, die Aufnahmefrequenz jedoch von der normalen wesentlich abweicht. Ist die Aufnahmefrequenz wesentlich geringer als die Vorführungsfrequenz, so erscheint die Bewegung beschleunigt, im entgegengesetzten Fall aber verlangsamt. Wenn z. B. ein Vorgang, welcher normalerweise in einer Stunde abläuft, mit 1200 Einzelbildern aufgenommen (eine Aufnahme in jeder dritten Sekunde) und bei normaler Vorführungsfrequenz in einer Minute vorgeführt wird, so erscheint der Ablauf des Vorganges 60fach beschleunigt. Wird aber eine rasche periodische Bewegung, wie z. B. der Flimmerschlag, 6 Sekunden lang mit einer Aufnahmefrequenz von 200 pro Sekunde (statt 20) aufgenommen und bei normaler Frequenz vorgeführt, so wird die Zeit von 6 Sekunden auf 1 Minute ausgedehnt. Dementsprechend erscheint dann auch die Bewegung im Vergleich zum natürlichen Ablauf 10fach verlangsamt. Im ersten Fall hat man eine Zeitraffer-, im zweiten eine Zeitlupen- oder Zeitdehneraufnahme vor sich. Mit Hilfe des Zeitraffers lassen sich langsam und gleichmäßig verlaufende Vorgänge, welche bei kürzerer Betrachtung keinerlei kinetische Erscheinungen zeigen, wie z. B. die Wachstumserscheinungen gezüchteter Zellen oder Kristalle[1], als Bewegungsvorgänge darstellen, umgekehrt mit der Zeitlupe sehr rasche Bewegungen in ihre einzelnen Stufen zerlegen und dadurch genauer verfolgen. Man kann schließlich mit dem Zeitraffer künstliche Bewegungsbilder von sonst unbeweglichen Objekten erzeugen, indem man die Zeichnungen einzelner Bewegungsmomente kinematographiert und die Bildreihe dann bei normaler Frequenz vorführt (Trickaufnahmen). Als einfachstes Beispiel solcher auch zu wissenschaftlichen Vorführungen geeigneten Trickaufnahmen seien hier die im projizierten Bilde zustande kommenden statistischen Kurven und Treppen erwähnt.

Man kann also je nach dem Verhältnis der Frequenzen 1. die normalen, 2. die Zeitraffer- und 3. die Zeitlupenaufnahmen unterscheiden.

Alle drei Arten von kinematographischen Aufnahmen werden auch in der Mikrokinematographie durchgeführt, und es soll im folgenden näher untersucht werden, welche besonderen Einrichtungen unter welchen besonderen Bedingungen dazu verwendet werden. Wir müssen dabei im einzelnen 1. den Aufnahmeapparat und die dazu geeignete mikroskopisch-optische Ausrüstung, 2. das Filmmaterial und seine Behandlung, 3. die Vorkehrungen kennenlernen, welche zur Erlangung einwandfreier Mikrofilme notwendig sind.

165. Der Aufnahmeapparat. Der wesentliche Unterschied zwischen einer mikrophotographischen und einer mikrokinematographischen Einrichtung besteht eigentlich nur darin, daß bei der letzteren das Mikroskop statt der photographischen mit einer kinematographischen Kamera verbunden wird. Die Aufstellung des Mikroskops und der Beleuchtungseinrichtung bleibt grundsätzlich dieselbe, wie das schon für die Mikrophotographie angegeben wurde, ebenso die Bedingungen einer optimalen Beleuchtung und Abbildung. Was vielleicht in

---

[1] Vgl. H. NAUMANN (*1, 3*).

diesem Zusammenhange noch unterstrichen werden muß, ist die Feststellung, daß die Mikrokinematographie noch wesentlich höhere Forderungen an die Erschütterungsfreiheit der Vorkehrung, an die Zentrierung der Linsenfolgen und an die Güte der Beleuchtung stellt als die Mikrophotographie. Eine weitgehende Sicherung gegen Erschütterungen ist erforderlich wegen der mechanischen Arbeit, welche knapp vor den Belichtungen beim Filmtransport geleistet wird. Wird durch diese Arbeit die Aufnahmekamera in Schwingungen gesetzt und pflanzen sich diese dann auch auf das Mikroskop weiter,

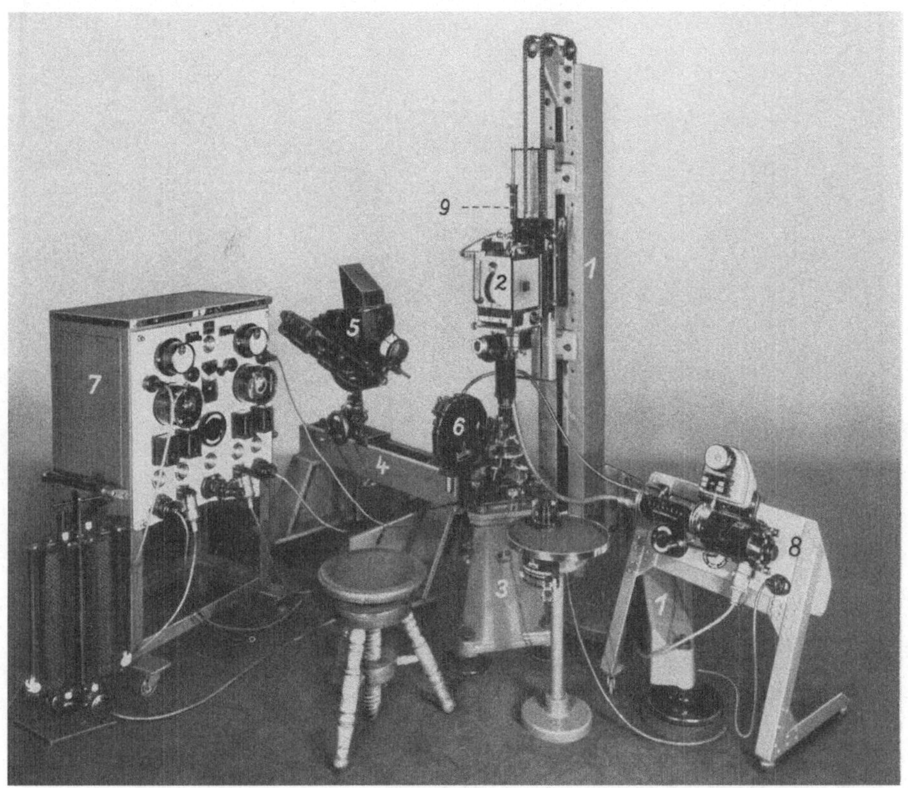

Abb. 221. Großer mikrokinematographischer Apparat der Askania-Werke nach K. HÖFER.
1 = Gerüst; *2* = Aufnahmekamera; *3* = Mikroskopsockel; *4* = optische Bank; *5* = Bogenlampe; *6* = Zwischenblende; *7* = Schaltpult; *8* = Zeitraffervorrichtung. (Aus K. HÖFER [2].)

so wird selbstverständlich jegliche scharfe Abbildung vereitelt. Eine besonders genaue Zentrierung ist schon deshalb unbedingt notwendig, weil die Fläche, auf welcher das Bild in der Kamera entsteht, viel enger bemessen ist als sonst in der Mikrophotographie. Ist das Mikroskop zur Kamera nicht genau ausgerichtet, so verliert man wesentliche Teile des mikroskopischen Bildes. Was schließlich die Beleuchtung anbelangt, so müssen hier zwei besondere Umstände berücksichtigt werden, und zwar sind diese die von der Aufnahmefrequenz bedingte kurze Belichtungszeit und die starke Bildvergrößerung bei der Vorführung durch die Projektion. Mit diesen beiden Faktoren werden wir uns noch wiederholt und eingehend beschäftigen müssen, weil die Besonderheiten der Mikrokinematographie zum großen Teil von ihnen bedingt sind.

23*

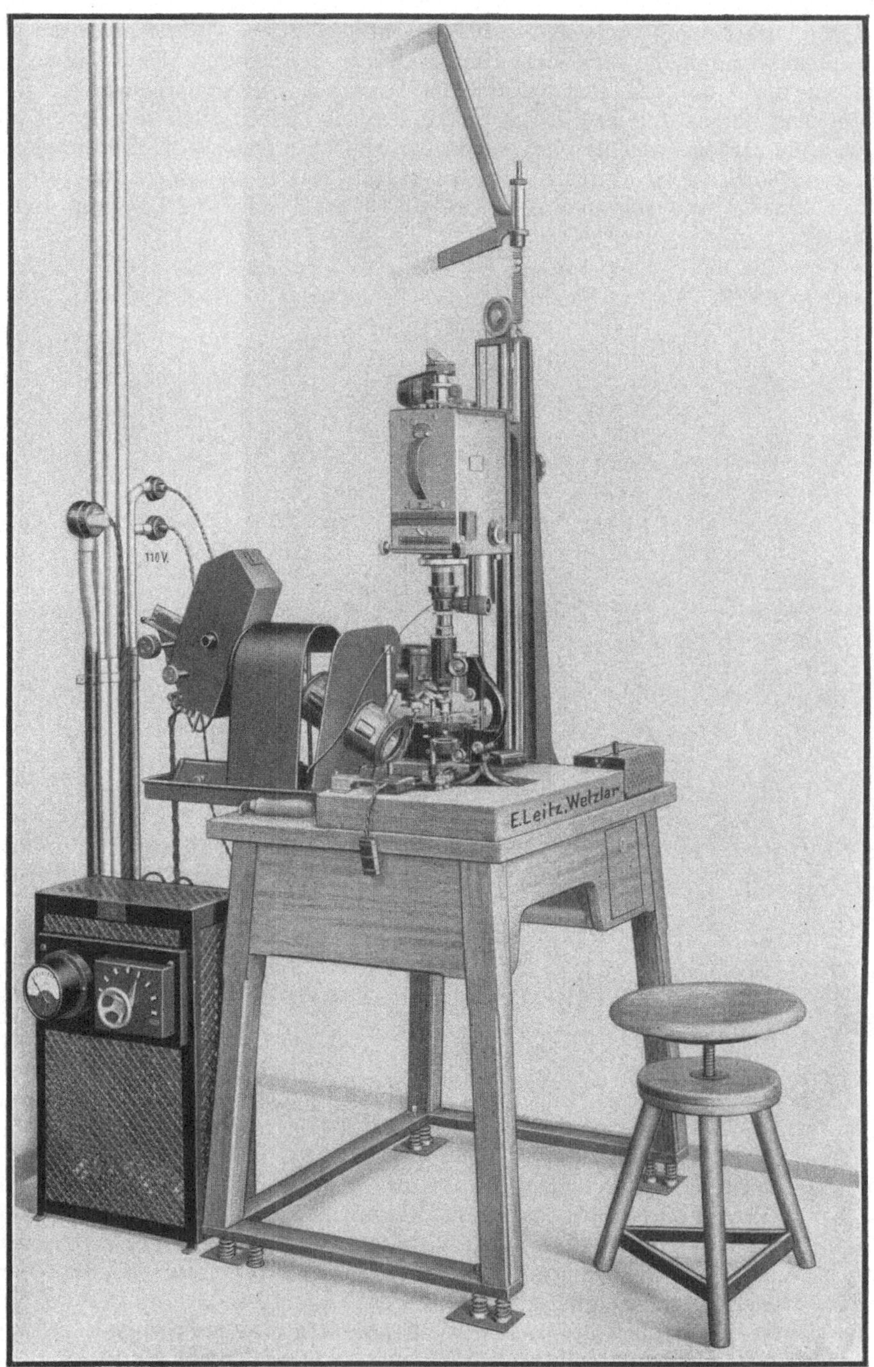

Abb. 222. Mikrokinoeinrichtung (geschlossen) der Firma E. LEITZ.

Während vor ein oder zwei Jahrzehnten einwandfrei funktionierende mikrokinematographische Einrichtungen große Seltenheiten waren, und die Aufnahmen,

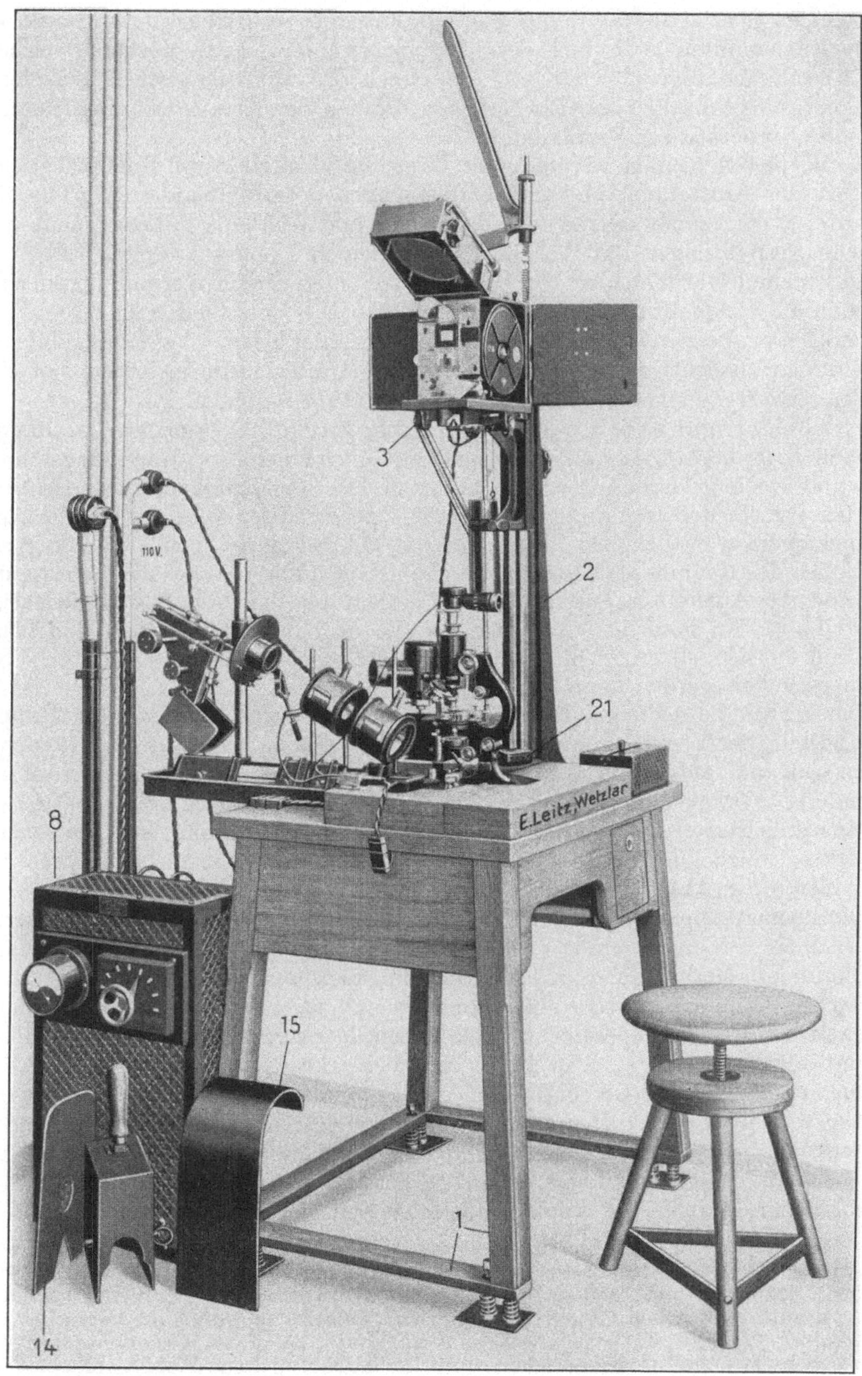

Abb. 223. Mikrokinoeinrichtung (geöffnet) der Firma E. Leitz.

1 = Holztisch und Unterlagerahmen mit Federn; *2* = Stativsäule und federnde Aufhängevorrichtung; *3* = hochklappbarer Träger für den Aufnahmeapparat; *8* = Regulierwiderstand mit Ampèremeter für die Bogenlampe; *14* = Blendscheibe vor dem Mikroskop; *16* = Lichtschirm vor dem Spiegelstativ; *21* = Druckschalter.

von einigen Speziallaboratorien abgesehen, mit improvisierten Einrichtungen erzielt werden mußten[1], steht uns heute, dem großen Interesse entsprechend, welchem die Mikrokinematographie auf allen Gebieten der mikroskopischen Forschung begegnet, eine Anzahl von verschiedenen Formen der eigens dafür bestimmten Aufnahmeapparate zur Verfügung.

Unter diesen können wir nach der Leistungsfähigkeit der Aufnahmekamera, der Art der Aufstellung und den Größenmaßen des Filmbandes 1. große eingebaute, 2. große bewegliche (transportable) und 3. kleine mikrokinematographische Einrichtungen unterscheiden. Die kleinen Apparate, welche selbstverständlich alle leicht transportabel sind, werden entweder für Normalfilm oder für Schmalfilm (Schmalfilmapparate) eingerichtet. Die Einzelheiten in ihrem Aufbau und ihrer Ausrüstung sind am besten aus den hier beispielshalber angeführten Abbildungen ersichtlich. Die grundsätzlichen Unterschiede zwischen den einzelnen Haupttypen fassen wir in dem Folgenden zusammen.

Großen eingebauten Apparaten (Abb. 221 u. 224) begegnet man hauptsächlich in Laboratorien, welche eigens zur Mikrokinematographie eingerichtet sind, und wo die größten Anforderungen an die Leistungsfähigkeit der Einrichtung bei den verschiedensten Aufgaben gestellt werden. Hier wird sowohl die Aufnahmekamera wie auch das Gestell für das Mikroskop an einer Wand oder am Fußboden des Raumes erschütterungsfrei befestigt. Von der Art der Befestigung und von der Aufstellung im Raume erhält man aus der Abb. 224 eine richtige Vorstellung. An manchen Orten ist nur die Aufnahmekamera fest eingebaut, während das Gestell mit dem Mikroskop von verschiedenen Seiten her an diese herangeschoben werden kann.

Die großen beweglichen Einrichtungen sind so aufgebaut, daß die Hauptbestandteile der Vorkehrung nach Belieben von einem Raum in einen anderen übertragen und aufgestellt werden können. Einmal aufgestellt, sind sie dank besonderer Vorkehrungen (s. Abb. 222 u. 223) ebenso erschütterungsfrei wie manche eingebauten Apparate. Einige Beispiele für die Zusammenstellung solcher Apparate, welche derzeit in der Mikrokinematographie am meisten verbreitet sind, bieten die Abb. 222 u. 223.

Die kleinen Apparate zeichnen sich den größeren gegenüber vor allem durch das kleinere Fassungsvermögen ihrer Aufnahmekammern aus. Diese kleinen Kinokammern sind vielfach, was Aufbau und Präzisionsmechanik anbelangt, den großen Aufnahmeapparaten vollkommen ebenbürtig, nur ist ihre Leistungsfähigkeit dadurch herabgesetzt, daß sie wesentlich kürzere Filmrollen enthalten als die letztgenannten (s. Abb. 231). Mit dieser Frage werden wir uns im Zusammenhange mit der Beschaffenheit des Filmmaterials noch näher befassen. Ebenso wird über den Aufbau dieser kleinen transportablen Einrichtungen noch Weiteres zu sagen sein bei der Beschreibung der sog. Schmalfilmapparate (Abb.229).

Gleichgültig, welchem Typ er angehört, besteht ein vollkommen ausgerüsteter mikrokinematographischer Apparat aus folgenden vier Hauptbestandteilen:

---

[1] Die wissenschaftlichen Grundlagen der Kinematographie stammen von E. J. MAREY (1) (1892—1894), die der Mikrokinematographie von J. COMMANDON (1903 bis 1905). Schon im Jahre 1888 hatte ST. CAPRANICA (1) versucht, Serienmomentaufnahmen von mikroskopischen Objekten zu erzielen. Es seien hier auch die Versuche von K. REICHER (1) und V. v. WIDAKOWITSCH erwähnt, die statt Mikrophotogramme, Zelloidinschnittserien abrollen ließen und damit eine optische Rekonstruktion des zerlegten Organs (Rückenmark und Gehirn, REICHER) oder eines Embryos (WIDAKOWITSCH) erzielt haben. Die eigentlichen Bahnbrecher der Mikrokinematographie waren in den Jahren 1905—1913 neben J. COMMANDON (1), H. SIEDENTOPF, L. CHEVRETON (1) und F. VLES (1), L. BULL (1), J. AUE (1), CH. A. FRANÇOIS-FRANK (1), R. NEUHAUSS (2), J. RIES (1), W. SCHEFFER (4) u. a. m. (Vgl. zur Geschichte der Kinematographie G. M. COISSAC [1] und W. DOST [1].)

1. der Aufnahmekamera,

2. dem Gestell für die mikroskopisch-optische Ausrüstung (Gestell für das Mikroskop und optische Bank für die Beleuchtung),

3. der Kraftquelle zum Betreiben der Filmkamera,

4. der Schalttafel mit einem Voltmeter und einem Ampèremeter sowie den nötigen Vorschaltwiderständen.

Dazu kommen noch bei Zeitrafferaufnahmen:

5. der Zeitraffer und

6. Vorrichtungen für die Zeitmarkierung.

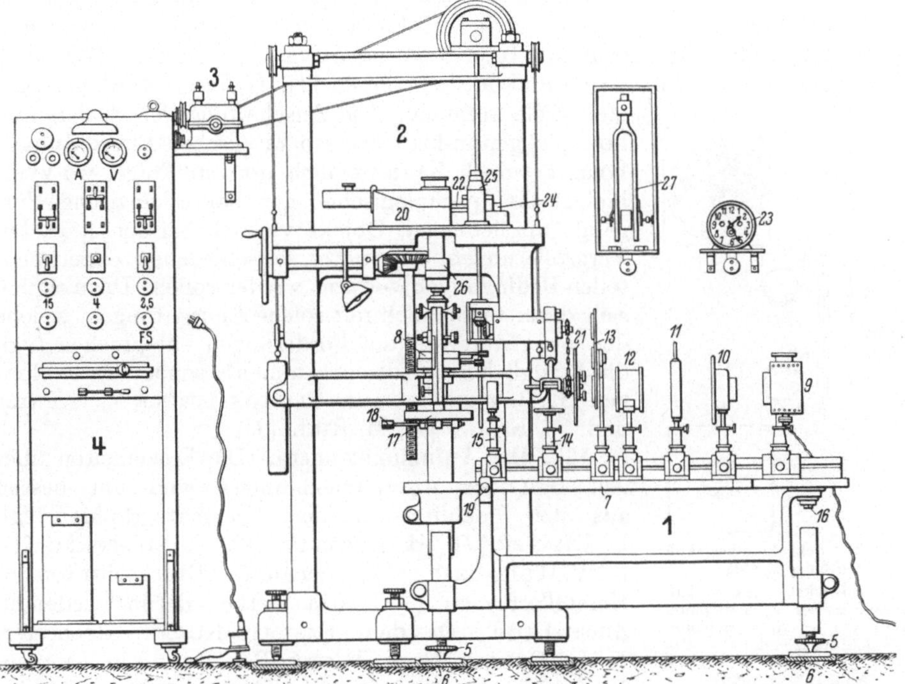

Abb. 224. Schematische Darstellung des mikrokinematographischen Apparates von H. ROSENBERGER.

1 = optische Bank; *2* = Kameragestell; *3* = Motor; *4* = Schalttafel; *5, 6* = Stellvorrichtung für die optische Bank; *7* = Tisch für die Beleuchtung; *8* = Mikroskop; *9* = Lichtquelle; *10, 11, 12, 13, 14, 15* = Teile der Beleuchtungseinrichtung; *16* = Stellschraube für die Beleuchtungseinrichtung; *17* = Mikroskopgestell; *18, 19* = Schraube zum Ausrichten des Mikroskopgestells; *20* = Aufnahmekamera; *21* = rotierende Scheibe; *22* = elektrische Unterbrecher bei niederen Frequenzen; *23* = Uhr als Zeitmarkierer; *24, 25* = Übersetzungsgetriebe; *26* = lichtdichte Verbindung; *27* = Stimmgabel-Zeitmarkierer. (Aus H. ROSENBERGER [*1*].)

Am klarsten ist der Aufbau einer solchen Einrichtung aus der Abb. 224 zu ersehen, welche die Bestandteile des großen mikrokinematographischen Apparats von H. ROSENBERGER zeigt (ROCKEFELLER-Institut, Abteilung Dr. A. CARREL, New York). Die Einrichtung soll, wie H. ROSENBERGER (*1, 2*) angibt, folgenden Forderungen entsprechen: 1. Sie soll vollkommen fest und erschütterungsfrei sein. 2. Sie soll dabei bequem zu transportieren sein. 3. Bei einer großen Leistungsfähigkeit soll sie doch einfach und übersichtlich sein. 4. Sie soll bei den verschiedensten Laboratoriumsarbeiten verwendbar sein. 5. Man soll mit ihr bei den verschiedensten Aufnahmefrequenzen von 1 Aufnahme in der Stunde bis zu 32 Aufnahmen in der Sekunde arbeiten können. 6. Sie soll sich zu den verschiedenen Formen der üblichen Mikroskopstative, den verschiedenen Beleuchtungsarten (auffallendem Licht, polarisiertem Licht, Dunkelfeld) und den heute oft angewandten Methoden der experimentellen Zell- und Gewebeforschung eignen. 7.. Die Beobachtung des mikroskopischen Sehfeldes soll ständig kontrollierbar sein.

Diese Forderungen gelten auch allgemein für alle mikrokinematographischen Einrichtungen, die man ständig — und nicht nur von Fall zu Fall — in den Laboratorien der mikroskopischen Forschung zu verwenden wünscht. Handelt es sich nur um einzelne Fälle, wo das Objekt, die mikroskopische Vergrößerung und die Aufnahmefrequenz keine höheren Forderungen an die Leistungsfähigkeit der Kamera stellt, wie das bei Aufnahmen an Planktonorganismen, Protisten usw. mit ganz schwachen Vergrößerungen öfters vorliegt, so braucht man natürlich nicht alle diese Forderungen zu berücksichtigen und wird auch mit ganz einfachen Apparaten oder sogar mit Improvisationen (vgl. P. METZNER [4, S. 491], A. LEMMEL, H. LÖWENSTÄDT und M. SCHÖSSLER [1], O. TRÖTHANDL [1]) gut zum Ziele kommen.

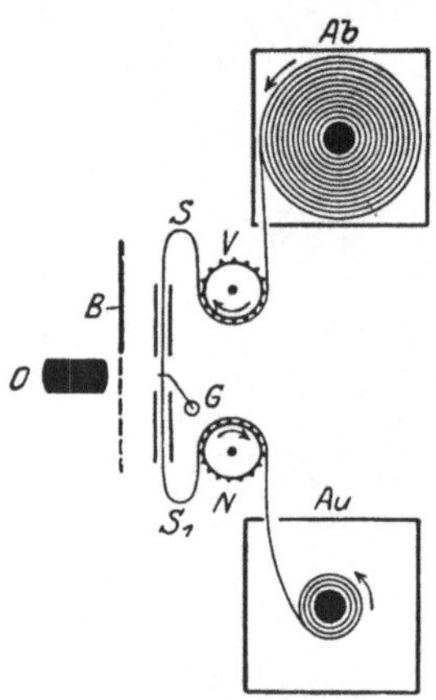

Abb. 225. Schema eines Aufnahmeapparates.

Ab = Abwickel-; *Au* = Auf-wickelkassette; *V, N* = Zahntrommeln; *S, S₁* = Schleife; *B* = Sektorenblende; *O* = Objektiv. (Aus K. HÖFER [1, Abb. 127, S. 456].)

Die Anschaffung der großen und kostspieligen mikrokinematographischen Einrichtungen kommt jedoch hauptsächlich dort in Frage, wo zyto-biologische, pathologische oder bakteriologische Vorgänge am lebenden Objekt vielfach bei den stärksten Vergrößerungen und unter verschiedenen experimentellen Bedingungen verfilmt werden sollen. Dazu eignen sich dann tatsächlich nur solche Einrichtungen, welche den oben aufgestellten Forderungen entsprechen (vgl. diesbezüglich neben den zusammenfassenden Darstellungen: ST. BAYNE-JONES und CLIFTON-TUTTLE [1], H. FRIES und W. EWALD [1], M. RIKLI [1]).

166. Die Aufnahmekamera. Die Einzelheiten über den Bau der Aufnahmekammern sind am besten aus der Fachliteratur der Kinematographie (vgl. E. DEGNER [1], H. LEHMANN [2], P. LIESEGANG [1], K. W. WOLF-CZAPEK [1]) oder aus den Druckschriften der Herstellerfirmen (Askania-Werke, Berlin-Friedenau, ZEISS-Ikon, Dresden, EASTMAN-KODAK, Rochester, N. J., DEBRIE, Paris, PATHÉ, Paris, usw.) zu ersehen. Die Abb. 229 u. 232 zeigen Aufnahmegeräte von einfacherem Bau, die Abb. 222 u. 233 die allen Anforderungen der modernen Filmtechnik angepaßten sog. Berufsaufnahmeapparate. Die Grundzüge der Konstruktion sind aus der Abb. 225 ersichtlich. Vor der Lichtöffnung der Kamera, dem sog. Bildfenster, liegt der Filmstreifen in der Greifervorrichtung eingepaßt (Abb. 226). Der Filmstreifen oder das Filmband verläuft zwischen den zwei Filmbehältern so, daß er zwischen der Abwickelkassette und der Aufwickelkassette eine Schlinge bildet, die vom Greifer gehalten wird. Metallzähne greifen in die Lochung (Perforation) des Filmbandes ein und schieben es dann während der Tätigkeit des Greifermechanismus um eine Bildfläche in die Richtung der Aufwickelkassette. Durch das Zusammenspiel des Greifermechanismus mit dem Abrollen und Aufrollen des Filmbandes in den Kassetten erfolgt der mit den Belichtungen gleichzeitige und auf bestimmte Frequenzzeiten geregelte Transport des Films. Die Rolle des unbelichteten Films wird in der Dunkelkammer auf den feststehenden Metallkern der Abwickelkassette, im allgemeinen Bobbi genannt, aufgepreßt oder aufgewickelt. Das freie Ende der Filmrolle wird nun durch das Kassettenmaul nach außen geleitet, in die Bezahnung des Greifers (Vorwicklertrommel) eingepaßt, dann in Form einer Schleife durch die federnde Haltevorrichtung (Filmtür mit

Federdruck) vor das Bildfenster geführt, auf die Nachwicklertrommel des Greifers aufgelegt und schließlich durch das Maul der Aufwickelkassette an dem Bobbi befestigt. Dieser letztere ist drehbar und steht mit dem Kurbelmechanismus unmittelbar in Verbindung. Dreht man also den Bobbi der Aufwickelkassette, so werden auch die Trommeln des Greifers in Bewegung gesetzt, der Filmstreifen wird vom Bobbi der Abwickelkassette abgerollt, ruckweise vor das Bildfenster geschoben und dann auf den Bobbi der Aufwickelkassette aufgespult. Im Moment der Belichtung muß natürlich der Film stillstehen. Das wird dadurch erreicht, daß die Zähne des Greifers nur in bestimmten Momenten, d. h. während des Filmtransports, aus einem Schlitz der Trommel heraustreten und in die Perforation eingreifen, im Moment der Belichtung aber zurückgezogen werden. Das Hervortreten und Zurückziehen der Zähne hängt mit bestimmten Drehungsmomenten der Trommel zusammen. Der Filmtransport erfolgt demzufolge nur ruckweise, und zwischen zwei Drehmomenten der Trommel kann also die Belichtung am stillstehenden Filmband erfolgen. Es muß jedoch auch für eine Vorrichtung gesorgt werden, die es verhindert, daß der Film auch während des Transports belichtet wird. Diese Aufgabe fällt der Sektorenblende oder Flügelblende zu. Diese stellt eine kreisrunde Metallscheibe dar mit einem Sektorenausschnitt. Steht der Ausschnitt vor dem Bildfenster, so kann Licht auf den Film fallen, sonst aber nicht. Von der Größe des Ausschnittes

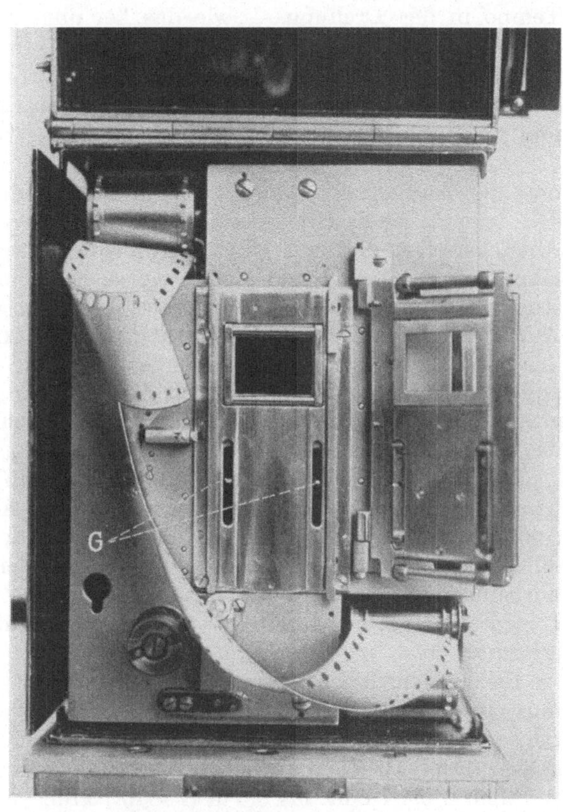

Abb. 226. Filmkanal, geöffnet, mit Bildfenster und Greifer (G). (Aus K. HÖFER [1, Abb. 129, S. 457].)

— die in den Winkelgraden des Sektors angegeben wird — und der Geschwindigkeit, mit der die Blende gedreht wird, hängt sowohl die Belichtungszeit wie die Frequenz der Aufnahmen in der Sekunde ab. Die Unterbringung der Blende kann bei verschiedenen Apparaten verschieden sein. Heute findet man am häufigsten eine Innenblende zwischen Bildfenster und Filmstreifen, es gibt jedoch Einrichtungen, wo die rotierende Blende auf der optischen Bank zwischen Mikroskop und Lichtquelle aufgestellt wird (COMMANDON, H. ROSENBERGER), was namentlich für biologische Objekte gewisse Vorteile hat (s. S. 373).

Die Drehung der Blende und der Filmtransport sind zwangsläufig miteinander verkoppelt und werden von einem und demselben Mechanismus betrieben, nämlich von einer Kurbel, welche — bei einem größeren Kurbelkasten — mit zwei Übersetzungsgetrieben, der sog. Einserwelle und der Achterwelle, ausgerüstet ist.

Bei der Einserwelle erfolgt eine einzige Belichtung (Öffnung der Blende) bei einer ganzen Umdrehung der Kurbel, bei der Achterwelle aber achtmal. Mit einer besonderen Einrichtung (Tachymeter) ist dann die Geschwindigkeit der Kurbeldrehung regulierbar, und so erhält man je nach der Größe des Blendenausschnitts verschieden lange und verschieden rasch aufeinanderfolgende Belichtungen.

Die Kurbel kann sowohl mit der Hand wie durch einen Elektromotor betrieben werden. Bei den kleinen Apparaten pflegt man häufig den Kurbelkasten mit der Hand zu drehen, was stets eine größere Übung erfordert und nur zu kurzen Aufnahmen (bis zu 1 Minute) ratsam ist. Bei einem ungleichmäßigen Tempo in der Drehung — wie das bei ungeübten Kinematographen oder bei längeren Aufnahmen vorzukommen pflegt — erhält man eine ungleichmäßige Belichtung der Einzelbilder, was bei der Vorführung stark störend bemerkbar sein wird. Es ist daher vorteilhafter, die Achterwelle mit einem Rad auszurüsten und sie durch einen kleinen Motor (eine kleine Dynamomaschine mit $^1/_{12}$ PS) zu drehen. Bei zweimaliger Umdrehung in der Sekunde erhält man schon die normale Aufnahmefrequenz. Die großen modernen Aufnahmeapparate (z. B. der Apparat nach HÖFER von den Askania-Werken) sind sogar mit mehreren Antriebswellen und mit einer Vorrichtung ausgerüstet, die es ermöglicht, daß man auch zwischen 1 und 8 Bildwechsel pro Umdrehung verschiedene Zwischenstufen (z. B. einen Zweier- oder einen Vierergang) einschaltet. Unter den kleineren Apparaten ist z. B. das Universal-Kinamo (ZEISS-Ikon) so eingerichtet. Dadurch lassen sich bei entsprechender Regelung der Motorgeschwindigkeit auch andere Frequenzzahlen erzielen als die normalen, was gerade bei mikrokinematographischen Aufnahmen, bei schwierigen Beleuchtungsverhältnissen (s. S. 372) des öfteren vorteilhaft ist.

Die Einserwelle wird bei Trickaufnahmen und bei Zeitrafferaufnahmen benützt. Im ersteren Fall pflegt man sie mit einer Kurbel aus freier Hand zu drehen, für Zeitrafferaufnahmen eignet sich jedoch auch hier besser der Antrieb mit einem Elektromotor. Man kann auch bei Zeitrafferaufnahmen mit der Hand kurbeln, wenn die Aufnahmen nur eine kurze Zeit (1—2 Stunden) dauern und keine höheren Aufnahmefrequenzen als eine Aufnahme in jeder halben Minute erfordern.

Bei verschiedenen kleinen Apparaten findet man statt des Kurbelmechanismus ein Federwerk (ZEISS-Ikon) oder ein Uhrwerk (PATHÉ), das den Filmtransport besorgt und die Aufnahmefrequenz regelt. Wird das gespannte Federwerk gelöst (durch Drücken auf einen Knopf) oder das Uhrwerk in Bewegung gesetzt, so rollen 6 bis 7 oder bis 8,5 m (PATHÉ) Film vor dem Bildfenster vorbei. Dann muß das Federwerk von neuem gespannt bzw. das Uhrwerk aufgezogen werden.

Über das Beobachtungsfenster mit und ohne Fernrohrbeobachtung s. S. 374.

167. Das Filmmaterial. Drei Eigenschaften des Filmmaterials haben für die Mikrokinematographie in erster Linie Bedeutung, und zwar sind diese: 1. das Filmformat, 2. die Filmlänge und 3. die Korngröße der lichtempfindlichen Schicht.

Das Filmformat ist von den Ausmaßen der Bildfläche bestimmt, welche der Reihe nach im Bildfenster belichtet wird. Die Größe dieser länglich viereckigen Fläche setzt sich aus den Werten der Bildhöhe und der Bildbreite zusammen (Abb. 227). Neben den Bildflächen oder Bildfeldern der Einzelaufnahmen liegt beiderseits ein Saum (Randleiste) für die Lochreihen des Films (Perforation). Zwischen den einzelnen Bildfeldern befindet sich der schmale Trennungsstrich oder Bildstrich. Ist nun das Filmformat so bemessen, daß die ganze Breite des Films mit dem Lochungssaum rund 35 mm beträgt, so spricht man von einem Normalfilm, weil die meisten großen Aufnahmeapparate (Berufsapparate) für ein solches Format eingerichtet sind[1]. Das Bildfeld stellt am Normalfilm eine Fläche von 24 × 18 qmm dar (Abb. 227).

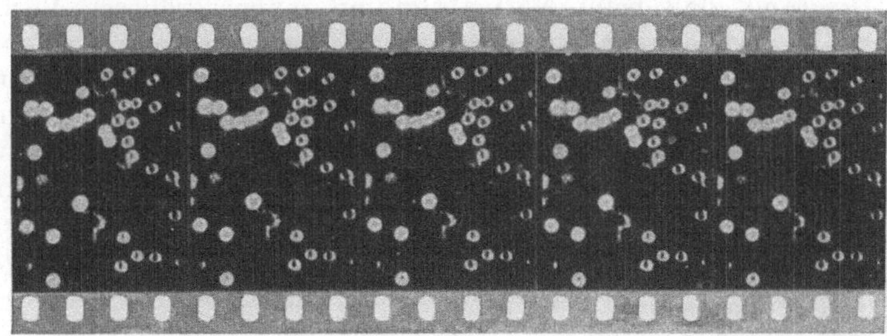

Abb. 227. Stück eines Filmstreifens (Positivfilm, Dunkelfeldaufnahme: Das Trypanosom bohrt ein Blutkörperchen an). (Aus Druckschrift des ZEISS-Ikon A.-G.: Universal Kinamo, W. 220.)

Die sog. Schmalfilme (Abb. 228) sind, wie schon der Name zeigt, in der Hauptsache schmaler als die Normalfilme. Dabei sei aber auch gleich bemerkt, daß dementsprechend auch die Bildfelder kleiner sind, und zwar sowohl in der Breite wie auch in der Höhe. Die Breite der Schmalfilme ist bei den verschiedenen Handelssorten verschieden. Am meisten bekannt sind zwei Formate: der 16 mm breite und der 9,5 mm breite Schmalfilm. Der 16 mm breite Schmalfilm wird von den meisten großen Filmherstellerfirmen (EASTMAN-KODAK, Agfa, PERUTZ, GEVAERT usw.) geliefert und ist ebenso mit perforierten Randleisten versehen wie der Normalfilm. Das 9,5-mm-Format wird dagegen von PATHÉ hergestellt und zeigt die Eigenheit, daß die Lochung in der Mitte zwischen zwei Einzelbildern angebracht ist, um die Filmfläche besser ausnützbar zu gestalten (Abb. 228). Tatsächlich ist dadurch die nicht ausgenützte Fläche dieses Schmalfilms nur 10% der ganzen, während sie beim Normalfilm und dem 16-mm-Film etwa 35% darstellt. Das Bildfeld des 16-mm-Formats ist 7,5 × 10,5 qmm, beim 9,5-mm-Film aber 6,5 × 8,5 qmm.

Die Größe des Bildfeldes wirkt logischerweise auf die Länge des Filmbandes ein, die man bei einer bestimmten Aufnahmefrequenz in einer bestimmten Zeit erhalten wird. Es ist deshalb für den Mikrokinematographen wichtig, im voraus schon zu wissen, wieviel Filmmaterial er zu der beabsichtigten Aufnahme brauchen wird. Wie aus den verschiedenen Größen der Bildfelder ersichtlich ist, wird er

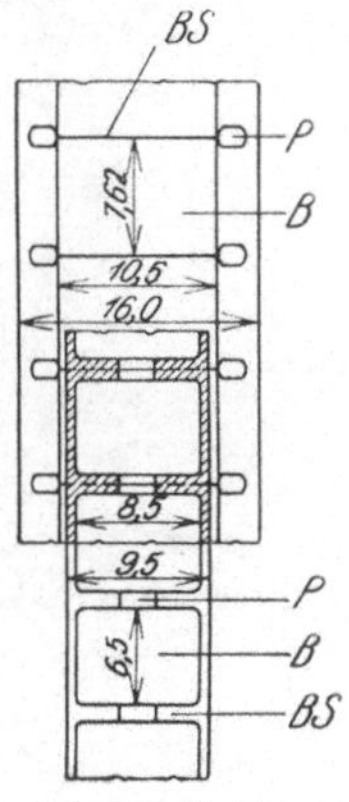

Abb. 228. Stück eines 16-mm-Schmalfilmes im unteren Teil mit einem Stück 9,5-mm-Film überdeckt.

B=Bild; BS=Bildstrich; P = Perforation. (Aus F. SCHEMINZKY [3, Abb. 2, S. 344].)

Tabelle 27. Verhältnis der Laufzeit und der Filmlänge zum Filmformat. (Zusammengestellt nach Angaben von F. SCHEMINZKY [3].)

Format	Bildzahl in	Laufzeit bei 1 m ungefähr	Filmlänge bei 1 Minute Laufzeit ungefähr	Filmbreite	Bildfeld
	1 m	Sekunden	m	mm	qmm
Normalfilm	52	3	18	35	24 × 18
16 mm Schmalfilm . .	133	8	8	16	10,5 × 7,6
9,5 mm Schmalfilm . .	133	8	8	9,5	8,5 × 6,5

[1] Die Tonfilme haben ein anderes, und zwar wegen des Tonstreifens ein wesentlich breiteres Format.

bei dem Normalformat mehr Film verbrauchen, d. h. in derselben Zeit weniger Bilder erzielen (bei derselben Aufnahmefrequenz) als bei den Schmalfilmen (s. Tabelle 27).

Dem Umstand, daß beim Normalfilm mit einem größeren Verbrauch an Filmmaterial zu rechnen ist als bei den Schmalfilmen, wird schon bei der handelsüblichen Packung der Filme Rechnung getragen. Den Normalfilm erhält man in Rollen von 60 oder 120 m Länge, den 16-mm-Schmalfilm in solchen von 10 oder 30 m und den PATHÉ-Schmalfilm (9,5 mm) in Packungen von 3 Rollen zu je 8,5 m.

Abb. 229. Kinokamera, Universalstativ und Einblickokular nach F. SCHEMINZKY.

K = Kamera; F = Ersatzlinse; L = Lichtschutzkappe; E = Einblickrohr mit Okular (O); T = Trieb; Z = Zeiger des Schlittens. (Aus F. SCHEMINZKY u. S. KANN [1].)

168. Die Schmalfilmtechnik. Offenkundig bedeutet die Verwendung des Schmalfilms eine Ersparnis an Filmmaterial und gleichzeitig wesentliche Ersparnisse an Ausgaben bei der Herstellung der Negativ- und Positivfilme (vgl. HESS [1], F. SCHEMINZKY [3], F. SCHEMINZKY u. S. KANN [1] und W. FERK [1]). W. R. HESS benützt einen Schmalfilm von 16 mm Breite (Kodak-Safety-Film) mit einer Nutzfläche (für das Einzelbild) von nur 79 qmm. Auch von der Agfa sind 16 mm breite Schmalfilme zu beziehen. Während bei einem Normalfilm die laufende Minute etwa 24,50 RM. kostet, ist der Preis eines 16-mm-Schmalfilms pro laufende Minute nicht mehr als 6,50 RM. Bei Gebrauch des von SCHEMINZKY benutzten PATHÉ-BÉBÉ-Films (10 mm breit) kostet die laufende Minute noch weniger, nämlich 4,65 RM. (das Positivbild wird durch direktes Umkehrverfahren hergestellt). Es ist daraus ersichtlich, daß man bei ständiger Arbeit, namentlich bei Zeitraffer- und Zeitlupenaufnahmen, beträchtliche Summen am Schmalfilm ersparen kann.

Ein weiterer Vorteil des Schmalfilms liegt darin, daß man mit ihm die kleinen, handlichen und billigeren Apparate, wie z. B. das Cine-KODAK-Modell der EASTMAN-KODAK-Co., Rochester, N.Y., die PATHÉ-BÉBÉ-Kamera, die Cine-GEYER-Kamera, GEYER, Berlin, das Normalmodell der Firma BELL & HOWELL Co., Chikago, die Bolex-Kamera der Firma BOL, Genf, oder das Universal-Kinamo für Schmalfilm der ZEISS-Ikon-A.-G., Dresden, verwenden kann. Eine besonders geeignete Aufnahmevorkehrung zu mikrokinematographischen Arbeiten mit Schmalfilm stammt von F. SCHEMINZKY (Abb. 229). Der Apparat, von der Firma REICHERT, Wien, hergestellt, besteht aus einer PATHÉ-BÉBÉ-Kamera, die auf einem massiven Universalstativ befestigt ist und ähnlich wie der Mikroskoptubus mit einem Trieb gehoben oder gesenkt werden kann. Das ganze Stativ läßt sich dabei auf Schlitten auch nach den Seiten hin bewegen. Schließlich kann man den Apparat quer zur Längsachse der Tischplatte (d. h. in sagittaler Richtung) verstellen, so daß also in allen drei Hauptrichtungen des Raums die Aufnahmekamera verstellbar ist und sowohl zu einem waagerechten wie einem senkrechten Mikroskop angepaßt werden kann. Dabei nimmt die ganze Einrichtung einen so geringen Raum in Anspruch, daß man sie bequem auf dem Arbeitstisch unterbringen kann. Ist der Tisch fest genug, so wird auch die Stabilität der Aufstellung nichts zu wünschen übrig lassen, denn bei den geringen Ausmaßen des Schmalfilms genügt schon ein Federantrieb, der mit weit geringerer Erschütterung arbeitet als der Greifermechanismus der Normalapparate. Man könnte befürchten, daß bei einer Bildfläche von 55 qmm (8,5 × 6,5 qmm) weniger Einzelheiten zur Abbildung gelangen als beim Normalfilm; das ist aber nicht der Fall. Erstens lassen sich selbst auf einer solchen kleinen Bildfläche die Vorgänge abbilden, die sich an einzelnen Zellen oder Geweben bzw. an Planktonorganismen abspielen (Abb. 230), und zweitens zeichnet sich der Schmalfilm durch ein feineres Silberkorn aus, so daß am Negativ alle Einzelheiten feiner gezeichnet entstehen als beim Normalfilm. Allerdings muß man berücksichtigen, daß bei der feineren Körnelung die Empfindlichkeit geringer ist und die Belichtung mehr Zeit erfordert. Verwendet man aber ein an kurzwelligen Strahlen reiches Licht (z. B. die Quecksilberquarzlampe oder eine Starkstrombogenlampe), so lassen sich auch Zeitlupenaufnahmen mit Schmalfilmapparaten erzeugen.

Ein Nachteil des Schmalfilms ist darin zu erblicken, daß die fertigen Filme nur mit eigenen Vorführungsapparaten (Kodaskop, GEYER-Projektor, Bolex-Projektor) projiziert werden können, was bei Vorführungen auf Reisen oder beim Verleih und Austausch von Demonstrationsfilmen Schwierigkeiten verursachen wird. Dazu kommt noch, daß zu Projektionen auf längere Entfernungen, also zu Vorführungen in größeren Vortragssälen, sich die kleine Bildfläche schlecht eignet. Das Licht, welches durch eine solche kleine Bildfläche auf die Projektionsfläche geworfen wird, ist viel zu schwach. diese genügend auszuleuchten, wenn man von mehreren Metern Entfernung projizieren muß[1]. Stellt man aber den Projektionsapparat nahe an den Schirm, so daß das Bild

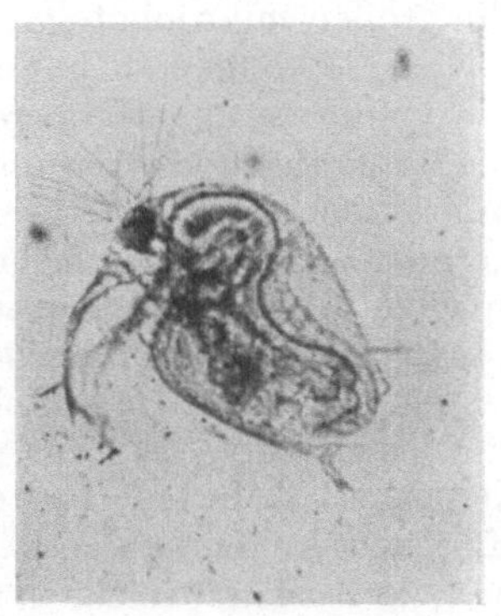

Abb. 230. Bosmina.
REICHERT Obj. 3, Ok. IV. Aufgenommen auf PATHÉ-9,5-mm-Schmalfilm. Kopie gegenüber dem Negativ etwa 8 mal vergrößert. (Aus F. SCHEMINZKY [3, Abb. 21, S. 363].)

hell und gut ausgeleuchtet erscheint, so bleibt wiederum das Projektionsbild so klein, daß die Zuschauer aus einer größeren Entfernung die Einzelheiten nicht wahrnehmen werden. Alle diese Hindernisse bei der Vorführung des Schmalfilms können behoben werden, wenn man den Negativschmalfilm auf einen Positivnormalfilm umkopieren läßt. Ebenso kann man Normalfilmnegative auf Schmalfilme kopieren lassen.

Was das Positivverfahren anbelangt, sei hier erwähnt, daß man oft von Schmalfilmaufnahmen keine Kopien anfertigt, sondern den Negativfilm im Umkehrverfahren direkt zum Positivfilm verarbeitet. Natürlich kann man aber ebensogut eine Kopie auf Positivschmalfilm oder -normalfilm erhalten. Zum Kopieren von Schmalfilmen hat SCHEMINZKY einen einfachen, vom Universitätsmechaniker CASTAGNA hergestellten Kopierapparat benützt, mit welchem man sowohl die 9,5-mm- wie die 16-mm-Schmalfilme kopieren kann. Die Herstellung des Projektionsfilms durch eine Kopie des Negativs hat den Vorteil, daß man gewisse Mängel der Belichtung wettmachen kann. Auch ist es stets nützlich, die Negative der wertvollen wissenschaftlichen Aufnahmen aufzubewahren, damit von neuem Abzüge davon gemacht werden können, falls der

---

[1] Auf die verschiedenen Konstruktionsformen der Projektionsapparate und ihre Handhabung kann hier nicht näher eingegangen werden (s. K. HÖFER [1] und E. DEGNER [1]).

Positivfilm bei der Projektion abgenützt wird oder sonst irgendwie zugrunde geht. Das Umkehrverfahren, d. h. die direkte Umwandlung des Negativfilms in den Positiven, hat wiederum den Vorteil, daß die letzten Feinheiten des Negativs beim Kopieren nicht verlorengehen, wie das sonst bekanntlich manchmal vorkommt. Daß man dabei auch die Ausgaben für die Herstellung des Positivs erspart, versteht sich von selbst.

Wir haben uns hier mit der Schmalfilmmethode ausführlicher befaßt, weil die Erleichterungen, die sie in finanzieller wie technischer Hinsicht schafft, allem Anschein nach sie zur mikrokinematographischen Methode der Zukunft bestimmen. Die kleinen Schmalfilmapparate, etwa in der Anordnung, wie Scheminzky sie getroffen hat, dürften in nicht allzu ferner Zukunft dieselbe Rolle in der mikrokinematographischen Praxis der biologischen Laboratorien spielen wie die Aufsatzkammern in der Mikrophotographie. Wie diese letzteren die großen mikrophotographischen Apparate nicht vollkommen zu ersetzen vermögen, so können auch die kleinen Schmalfilmapparate die großen Kinoapparate nie vollkommen verdrängen; sie bieten jedoch die Möglichkeit, mit verhältnismäßig geringen Kosten und einfachen Mitteln die höchst wertvolle Methode der Mikrokinematographie weit ausgiebiger zu wissenschaftlichen Forschungen heranzuziehen, als es bisher der Fall war, solange man ausschließlich auf kostspielige große Apparate angewiesen war.

169. Die Korngröße und die Empfindlichkeit der Filme. Das unbelichtete Filmmaterial wird als Rohfilm bezeichnet. Man unterscheidet dann Rohfilme für das negative und das positive Bild. Fast alle Rohfilme für das Negativbild der meistbekannten Herstellerfirmen (Agfa, Goerz, Lignose, Perutz, Geyer, Filmwerke Düren u. a. in Deutschland, Pathé, Eastman-Kodak, Gevaert u. a. im Ausland) zeichnen sich durch ihre hohe Empfindlichkeit und eine günstige Gradation aus. Sie sind auch weitgehend für Grün und Gelb sensibilisiert, etwa im selben Grad wie die Silbereosinplatten. Die Schmalfilme sind zwar im allgemeinen weniger orthochromatisch als die Normalfilme, es gibt jedoch auch unter ihnen neuerdings orthochromatische oder panchromatische Sorten (z. B. der panchromatische Film von Kodak). Für bestimmte Farben stärker sensibilisierte Negativfilme werden öfters bei kapillarmikroskopischen Aufnahmen (Jaentsch [1]), ferner bei Aufnahmen an vitalgefärbten Objekten oder bei chlorophyllhaltigen Pflanzenzellen benützt. So eignen sich zur tonrichtigen kinematographischen Wiedergabe rotgefärbter Objekte besondere rotempfindliche Filme (vgl. J. Buder [1]) oder kombiniert mit einem Grünfilter die grünempfindlichen (z. B. der Aerochromfilm laut Angaben von L. Gräper 1]). Von solchen Objekten abgesehen hat jedoch die Orthochromasie des Filmmaterials bei den mikrokinematographischen Aufnahmen keine besondere Bedeutung, denn in der Mehrzahl der Fälle sind die Objekte ungefärbt, und diese werden auch bei einem Filmmaterial mit geringerer Orthochromasie richtig abgebildet, wenn man, wie weiter noch ausgeführt wird, apochromatische Objektive und zur Beleuchtung ein an kurzwelligen Strahlen reiches Licht benützt.

Eine höhere Bedeutung muß bei der Kürze der Belichtungszeiten der Empfindlichkeit des Filmmaterials beigemessen werden. Die Empfindlichkeit des Negativfilms beträgt durchschnittlich 15—18° Scheiner. Außer solchen Rohfilmen mit normaler Empfindlichkeit können auch noch empfindlichere Filme bezogen werden (z. B. von den Firmen Agfa, Gevaert, Perutz usw.), deren Empfindlichkeit 20—25° Scheiner hoch ist. Zu Dunkelfeldaufnahmen und Zeitlupenaufnahmen eignen sich diese hochempfindlichen Filme besonders gut, zu Normalaufnahmen wird man jedoch lieber auf sie verzichten, weil sie, von ihrem bedeutend höheren Preis auch abgesehen, weniger haltbar sind als die Negativfilme mit normaler

Empfindlichkeit, und nach etwa drei Wochen ihre Empfindlichkeit schon merklich einbüßen.

Die Positivfilme sind stets bedeutend weniger empfindlich als die Negativfilme. Ihre Empfindlichkeit verhält sich zu jener des Negativfilms etwa so wie die einer Extrarapidplatte zu der eines normal arbeitenden Gaslichtpapiers.

Das Verhältnis der Belichtungszeiten ist etwa 1 (Negativ) zu 12 (Positiv); mit anderen Worten: die Kopie muß etwa 12mal so lange belichtet werden wie das Negativ. Alle diese Unterschiede hängen mit der Korngröße zusammen, welche bei den Negativfilmen wesentlich anders ist als bei den positiven. Die Negativfilme müssen, um die hohe Empfindlichkeit zu erhalten, mit einem verhältnismäßig groben Korn hergestellt werden, während umgekehrt die Positivfilme mit einem möglichst feinen Korn erzeugt werden, damit das Korn durch die starke Bildvergrößerung bei der Projektion nicht in Erscheinung trete. Deshalb liefern dann die Positivfilme auch meistens härtere Bilder als die normalen Gaslichtpapiere von demselben Negativfilm, ein Umstand, der sowohl bei den Anweisungen an die Kopieranstalt berücksichtigt werden muß (s. S. 378) wie auch dann, wenn man von einer Filmaufnahme zur drucktechnischen Wiedergabe einzelne Bilder auf Papier kopieren muß (s. Abb. 220).

Im allgemeinen gelten die Filmrollen als in hohem Maße feuergefährlich. Deshalb müssen sie, und zwar sowohl das Rohfilmmaterial wie die Negative und Positive, feuersicher aufbewahrt werden. Bekanntlich müssen sowohl bei der Bearbeitung des Rohfilmmaterials in den filmtechnischen Werkstätten wie auch bei der Vorführung der Filme bestimmte feuerpolizeiliche Vorschriften eingehalten werden (vgl. P. SCHROTT [1]). Arbeitet man jedoch mit den sog. feuersicheren oder unverbrennlichen Filmen, wie sie hauptsächlich zu Positivfilmen hergestellt werden (z. B. der Zellitfilm der Firma BAYER, „Pathé-Inflammable" usw.), so braucht man die Feuergefahr weniger zu befürchten. Es sei jedoch bemerkt, daß auch die feuersicheren Zellitfilme verbrennbar sind, nur entzünden sie sich bei wesentlich höheren Temperaturen als die Zelluloidfilme. Sie schmelzen bei 200⁰ C, ohne zu entflammen, während die Zelluloidfilme sich schon bei etwa 160⁰ C entzünden.

170. Die mikroskopisch-optische Einrichtung. Es wurde schon früher erwähnt (s. S. 354), daß zwischen der mikroskopisch-optischen Ausrüstung eines mikrokinematographischen und der eines mikrophotographischen Apparates kaum welche wesentlichere Unterschiede bemerkbar sind. Die Wahl des abbildenden Systems, die Regelung der Beleuchtungsfragen und die lichtdichte Verbindung der Kamera mit dem Mikroskopstativ erfolgen hier wie dort nach den gleichen Grundsätzen (s. S. 25). Auf gewisse Umstände, welche bei der Zusammenstellung der mikroskopisch-optischen Ausrüstung für eine mikrokinematographische Aufnahme stärker berücksichtigt werden müssen, wollen wir jedoch etwas näher eingehen.

Im allgemeinen lassen sich die verschiedensten Formen der monokularen Mikroskopstative — größere und kleinere[1] — zu den Filmaufnahmen verwenden, ebenso die verschiedenen Linsenfolgen. Höheren Anforderungen entspricht jedoch nur ein großes mikrophotographisches Stativ mit einem weiten Tubus, einem zentrierbaren Tisch, einem großen Kreuztisch oder mikrophotographischen Kreuztisch und mit einer Einrichtung zum Heben und Senken des Mikroskoptisches. Vorzüglich geeignet ist zur Mikrokinematographie z. B. das Stativ des großen metallographischen Mikroskops (SCE 290) der Firma

---

[1] K. HÖFER (1) hat sogar mit dem kleinen Mikroskopstativ „Protami" der Firma HENSOLT, Berlin, mikrokinematographische Aufnahmen erzielt.

Zeiss, das neben den sonstigen Einrichtungen eines großen photographischen Stativs auch einen heb- und senkbaren Mikroskoptisch hat. Das Heben und Senken des Tisches ist nämlich deshalb wünschenswert, damit man das Bild scharf einstellt, ohne etwas an dem Mattscheibenabstand ändern zu müssen. Diese Forderung ist vor allem wichtig, wenn man zur seitlichen Beobachtung eine Fernrohrvorrichtung nach der Art der am Phoku befindlichen mit Homalen benützt.

Unter den Objektivsystemen wird man stets den Apochromaten den Vorzug geben, weil diese die bestmögliche Abbildungsschärfe liefern. Auf die Abbildungsschärfe der Aufnahme muß nämlich bei der starken Übervergrößerung, die das Filmbild durch die Projektion erfährt, doppelt geachtet werden.

171. Der Einfluß der Projektion auf die förderliche Vergrößerung. Die Bilderzeugung bei einer mikrokinematographischen Aufnahme unterscheidet sich gerade in dem einzigen grundsätzlichen Punkt von derjenigen einer mikrophotographischen Aufnahme, daß bei der Mikrophotographie die förderliche Vergrößerung — ähnlich und noch stärker als bei der Projektion von Diapositiven — neben den mikroskopisch-optischen Faktoren auch noch von der Entfernung abhängig ist, in der das Bild projiziert wird. Da diese Entfernung selten kleiner als 2 m, häufig aber (bei den großen Vorführapparaten) noch wesentlich größer ist, so wird die Aufnahme stets so gewaltig übervergrößert, daß selbst die schärfsten Aufnahmen mehr oder weniger unscharf erscheinen müssen. Bekanntlich merkt man diese Unschärfen um so weniger, je weiter vom Projektionsschirm man das Bild betrachtet. War jedoch die Aufnahme an und für sich schon unscharf, so erscheint sie beim raschen Bildwechsel von einiger Entfernung schon so verschwommen, daß man, namentlich in den mikrokinematographischen Aufnahmen, gar keine Einzelheiten mehr wahrnehmen kann. Die starke Überschreitung der Grenzen der förderlichen Vergrößerung wird also zur Folge haben, daß alle Mängel der Aufnahme, jede Unschärfe oder jeder Beleuchtungsfehler, die man bei subjektiver Beobachtung im Mikroskop oder an der Filmfläche noch kaum wahrgenommen hat, auf dem Lichtschirm bei der Projektion hundertfach vergrößert und vergröbert in Erscheinung treten. Dieser Umstand, welcher unmittelbar mit der zum Anfang schon hervorgehobenen eigenen Natur des kinematographischen Bildes zusammenhängt (s. S. 352), wirkt entscheidend sowohl auf die Wahl der abbildenden Linsenfolgen wie auf die Vorkehrungen, die man treffen muß, um das Bild auf dem Film mit äußerster Schärfe einzustellen. Auch bei der Festlegung des Vergrößerungsmaßes muß mit der Wirkung der Projektion gerechnet werden. Dazu ist zunächst zu bemerken, daß die Mattscheibenebene des Aufnahmeapparats, das ist der Filmstreifen knapp hinter dem Filmfenster, der Austrittspupille wesentlich näher liegt, als das üblicherweise bei der kürzesten Kammerlänge der mikrophotographischen Apparate der Fall ist. (Nur bei der Aufsatzkamera „Mifilmca" liegen die Verhältnisse ähnlich wie in der Mikrokinematographie.) Demzufolge wird das Bild auf der Filmfläche mit freiem Auge betrachtet kleiner erscheinen als das subjektiv beobachtete virtuelle Bild im Mikroskop. Die auf dem Film erzielte Bildgröße stellt die mikrokinematographische Vergrößerung dar und entspricht dem, was man im Projektionswesen[1] als Glasbildgröße (g) zu bezeichnen pflegt. Das Vergrößerungsmaß kann man für eine gegebene Linsenfolge genau feststellen, wenn man die Abbildung einer Mikrometerteilung — ähnlich wie in der Mikrophotographie im

---

[1] Vgl. in diesem Handbuch VI, 1. Teil, F. P. Liesegang: Das Projektionswesen, S. 241.

Mattscheibenbild — hier auf dem entwickelten oder schon kopierten Film mit einem in Millimeter eingeteilten Meßband ausmißt. Dieses Bild wird also durch die Projektion weiter vergrößert zum Schirmbild, dessen Größe (s) von dem Apparatabstand (a) und der Brennweite der Projektionslinse abhängig ist laut Gleichung: $\dfrac{f}{g} = \dfrac{a}{s}$ oder $s = \dfrac{a \cdot g}{f}$.

Das Schirmbild wird also um so größer sein als das Filmbild, je größer die Entfernung ist, aus der das Filmbild projiziert wird, und je stärker die Linse des Projektionsapparats ist. Es ist sehr empfehlenswert, in allen Fällen, wo eine mikrokinematographische Einrichtung regelmäßig und für verschiedene mikroskopische Aufnahmen benützt wird, die Mühe nicht zu scheuen und das Vergrößerungsmaß am Filmbild bei den meist üblichen Linsenfolgen in der geschilderten Weise zu bestimmen und dann mit einem dazu geeigneten Projektionsapparat das Filmbild der Mikrometerteilung aus verschiedenen Abständen zu projizieren. Wird das Schirmbild ebenfalls gemessen, so erhält man eine richtige Vorstellung von dem Einfluß der Projektion auf die kinematographische Bildvergrößerung und wird sowohl den günstigen Projektionsabstand zur Vorführung der Mikroaufnahmen leichter feststellen wie auch die zu der gewünschten Vergrößerung geeignete Linsenfolge richtig treffen.

Nach diesen Feststellungen dürfte es leicht verständlich sein, daß bei einer mikrophotographischen Abbildung weniger das Vergrößerungsmaß des Filmbildes als viel eher die Schärfe und die optische Auflösung dieses Bildes die Hauptrolle spielen. Enthält das kleine Filmbild schon alle Feinheiten scharf abgebildet, so erscheinen die Strukturen auch bei einer sehr starken Übervergrößerung weitgehend ausgelöst und von befriedigender Schärfe (s. Abb. 220). Deshalb sollte auch bei der Auswahl der Objektive die Korrektion und die num. Ap. in erster Reihe beachtet werden. Die Stärke oder die Einzelvergrößerung der Objektive ist, von speziellen Fällen abgesehen, weit weniger wichtig als die num. Ap., von der die Abbildungsschärfe und die Auflösung unmittelbar abhängig sind. Man erhält z. B. eine unvergleichlich bessere Wirkung von Aufnahmen mit einem Apochromat 4 mm, 40fach, num. Ap. 0,95 als mit dem Achromat 40fach, num. Ap. 0,65. So wählt man für jede Objektivvergrößerung stets das Linsensystem, welches in diesem Vergrößerungsbereich die größte num. Ap. aufweist. Man beachte ferner, daß der Eindruck des vergrößerten Bildes, den man bei der subjektiven Beobachtung mit einer Linsenfolge von bestimmter Stärke zu erhalten pflegt, in der Mikrokinematographie stets mit Linsenfolgen von bedeutend geringerer Stärke erreicht wird. So wird man in der Regel von einer Aufnahme mit Apochromat 25 mm (WINKEL) und komp. Okular 10fach bei der Projektion denselben Eindruck erhalten wie bei der subjektiven Beobachtung von einem durch den Achromat 8fach und das Okular 10fach gelieferten Bild. Behält man aber diese letztere Linsenfolge auch zur Aufnahme, so wirkt das projizierte Filmbild etwa so, wie man es mit einem Objektiv 20fach oder 40fach und dem Okular 10fach im Mikroskop wahrzunehmen pflegt.

172. Die Größe des Gesichtsfeldes. Diese Erscheinung ist nicht allein von der durch die Projektion bewirkten Bildvergrößerung abhängig, wie man zunächst anzunehmen geneigt ist, sondern fast in gleichem Maße auch von dem Verhältnis, in welchem die Größe des abgebildeten Objekts zu der des abgebildeten Gesichtsfeldes steht. Nun wird bei der kinematographischen Abbildung mikroskopischer Objekte nur ein viereckiger Ausschnitt aus dem kreisrunden Gesichtsfeld des Mikroskops auf dem Film abgebildet (entsprechend den Ausmaßen des Bildfensters und dem Abstand des Filmstreifens vom RAMSDENschen Kreis), und folglich wird in dem so verringerten Gesichtsfeld das Bild des Objekts verhältnismäßig größer erscheinen. Die von der kinematographischen Aufnahmetechnik bedingte Einschränkung des Gesichtsfeldes ist für die Wahl der Aufnahmelinsen vielfach von entscheidender Bedeutung. So wird man vor allem bei der Abbildung frei beweglicher Objekte (Planktonorganismen, Protisten, Bakterien) das Größenverhältnis, in welchem das Objekt zum freien Gesichtsfeld stehen soll, sorgfältig prüfen und zu den Aufnahmen stets wesentlich schwächere Linsenfolgen anwenden, als man sie bei der mikroskopischen Beobachtung benützt hat. Erfolgen die Bewegungen in einem im Verhältnis zum Objekt allzu eng bemessenen Bildfeld, so wirkt die kinematographische Vorführung, trotz sonstiger optischer Vorzüge der Aufnahmen, weit weniger eindrucksvoll als dann, wenn die Bewegungen in einem der Objektgröße angemessenen Gesichtsfeld dargestellt werden. Ob nun diese Bewegungen von Copepoden und sonstigen Planktontieren ähnlicher Größenordnung, von größeren Infusorien und ähnlichen Protisten oder von kleinen Flagellaten (z. B. Trypanosomen), Spirillen und Bakterien ausgeführt werden, immer beachte man die Regel, daß die Aufnahme mit einem schwächeren Objektiv von einer höheren Apertur erfolgen soll, als man es von der mikroskopischen Praxis her gewöhnt ist.

Die längere Brennweite des Objektivs bewirkt dann, daß das bewegliche Objekt aus dem Gesichtsfeld während der Aufnahmen nicht so rasch verschwinden kann, und man also nicht gezwungen ist, den Kreuztisch zu bewegen, was — sollte es während der Aufnahmen erfolgen — meistens sehr ungünstige Folgen hat. Im übrigen wendet man auch bei den mikrokinematographischen Aufnahmen dieselben Kunstgriffe an, um das Objekt im Gesichtsfeld zu halten, wie bei der Momentphotographie (s. S. 348).

173. Die Okularvergrößerung. Aus all dem, was über die Größe des Filmbildes und die dadurch bedingte Einschränkung des Gesichtsfeldes bisher festgestellt wurde, folgt leichtverständlicherweise, daß die Okularvergrößerung in der Mikrokinematographie nur eine untergeordnete Rolle spielt. Stärkere Okulare kommen nur in Betracht, wenn man bei der Einstellung wegen der Form des Objektbehälters oder der Höhe der Objektschicht gezwungen ist, schwächere Objektive mit größerer Tiefenschärfe zu wählen (s. S. 349) und die gewünschte Bildvergrößerung (auf dem Film) erst durch ein stärkeres Okular erzielt. Im übrigen wählt man stets Okulare mit einer schwachen Einzelvergrößerung und verzichtet lieber ganz auf die starken. Auch die Frage der Bildebnung spielt bei der Kleinheit der Bildfläche nicht die wichtige Rolle, wie das in der Mikrophotographie der Fall ist. Es wird ja am Filmband nur ein Viereck aus der Mitte des Gesichtsfeldes abgebildet, und so können die von der Bildfeldkrümmung verursachten Randunschärfen nicht in Erscheinung treten, gleichgültig, ob man Homale und Periplanate benützt oder nicht. Wichtiger ist natürlich, daß man zu den Apochromaten die passenden Kompensationsokulare benützt. Die periplanatischen Okulare können — namentlich mit den Objektivlinsen der LEITZ-Werke — mit dem gleichen Vorteil verwendet werden wie die Kompensationsokulare. Gewöhnliche HUYGHENSsche Okulare werden den hohen Forderungen, die man bei mikrokinematographischen Aufnahmen aus schon erwähnten Gründen bezüglich Abbildungsschärfe stellen muß, nie vollkommen entsprechen, selbst bei Aufnahmen mit den schwächsten Apochromaten (40 und 24 mm, WINKEL) nicht. Die Homale I—IV, die in der Mikrophotographie sonst so vorzügliche Dienste leisten, eignen sich wegen ihrer starken Eigenvergrößerung (12fach) für mikrokinematographische Aufnahmen weniger. Hier kommen dafür die Homale L und H in Betracht, die man bei der Aufsatzkamera „Phoku" zu benützen pflegt. Bei ihrer Verwendung muß man allerdings erst für ihre vorschriftsmäßige Unter bringung im Mikroskoptubus sorgen und die Filmebene des Aufnahmeapparates genau in dem den Brennweiten der Homale angepaßten Abstand einstellen. Am besten erreicht man dieses, wenn man die Homale in der Vorrichtung zur seitlichen Beobachtung in ähnlicher Weise unterbringt wie beim Phoku (s. S. 168).

174. Die lichtdichte Verbindung zwischen Mikroskop und Aufnahmekamera erfolgt nach denselben Grundsätzen wie allgemein in der Mikrophotographie. Ob man dabei eine starre Lichtschutzmanschette mit Rohrstutzen benützt wie sonst in der Mikrophotographie oder die Verbindung statt des Rohrstutzens mit einem kleinen Balgauszug herstellt, wie es bei einigen mikrokinematographischen Apparaten (z. B. bei dem Apparat nach v. Rothe) der Fall ist, hat für die Aufnahmetechnik keine größere Bedeutung. Ein Balgauszug, dessen Öffnung, unten durch einen Metallring versteift, glatt in die Rinne der Lichtschutzmanschette hineinpaßt, hat den Vorteil, daß man mehr Spielraum hat, den Mikroskoptubus während der Aufnahme nach oben und nach unten zu verstellen, was bei Aufnahmen von größeren, rasch beweglichen Objekten wegen der scharfen Einstellung oft erforderlich ist. Aus mikroskopisch-optischen Gesichtspunkten ist es jedoch günstiger, wenn der Abstand zwischen der Filmebene und der Austrittspupille des Mikroskops während der Aufnahme nahezu unverändert bleibt. Es ist ohne weiteres klar, daß jede größere Änderung dieses Abstandes die Bildvergrößerung am Filmband beeinflussen wird. Beim Heben des Tubus wird das Bild des Objekts kleiner und beim Senken größer. Ein solches Wechseln des Vergrößerungsmaßes wirkt aber bei der Vorführung ungemein störend, namentlich bei etwas stärkeren Vergrößerungen; ganz abgesehen davon, daß in der Zeit, während man von einer Einstellebene in die andere gelangt, eine Reihe von Einzelbildern vollkommen unscharf abgebildet werden. Man vermeidet deshalb möglichst jede gröbere Verstellung des Mikroskoptubus und trachtet, durch Heben und Senken des Mikroskoptisches, das Objekt in der Ebene der scharfen Einstellung zu halten. Geringe Änderungen des Objekt-Bildabstandes während der Aufnahme, wie solche durch die feine Einstellschraube verursacht werden, schaden im allgemeinen nicht. Immerhin werden auch hier in der Zeit der Fokussierung Bildreihen unscharf abgebildet, und die Frage, wieweit dann solche unscharfen Einzelbilder bei der Vorführung störend empfunden werden, hängt von der Tiefenschärfe des Objektivs und von dem Höhenunterschied zwischen zwei aufeinanderfolgenden Einstellungen ab. Geringe Verstellungen der optischen Achse entlang gestattet der Rohrstutzen mit der Lichtschutzmanschette ebensogut wie der Balgauszug.

175. Die Beleuchtungseinrichtung. Die Besonderheiten der Beleuchtung sind im wesentlichen alle dadurch bedingt, daß 1. die kurzen Belichtungszeiten eine sehr lichtstarke Beleuchtung erfordern, 2. aber die aufeinanderfolgenden Einzelbilder möglichst gleichartig belichtet werden müssen. Diesen Forderungen entspricht man am besten, wenn man eine Beleuchtungseinrichtung, wie man sie zu den großen mikroskopischen Kammern zu verwenden pflegt, auf einer optischen Bank genau ausgerichtet aufstellt. Bei der Verwendung von Kollektoren, Hilfskollektoren, Zentrierlinsen, Brillenkondensoren usw. gelten dieselben Vorschriften wie in der Mikrophotographie[1] (s. S. 154 ff.). Der Schwerpunkt der ganzen Beleuchtungsfrage liegt bei der Lichtquelle (vgl. H. Lux [1]). Die Forderungen, die

---

[1] Zur besseren Zentrierung des Strahlenganges wird vielfach ein rechtwinkliges Prisma benützt statt des Mikroskopspiegels (vgl. auch S. 160). Die ersten Bahnbrecher der Mikrophotographie (L. Bull [1], K. Reicher [1], W. Scheffer [4]) und in neuerer Zeit auch Fr. Köhler (1, S. 1147) messen der Frage, ob man Prisma oder Spiegel zur Beleuchtung verwenden soll, eine größere Bedeutung zu, als ihr in der allgemeinen mikrokinematographischen Praxis in Wirklichkeit zukommt.

man an die Leistungsfähigkeit der Lichtquelle stellt, sind 1. von der Aufnahmefrequenz, 2. von der Apertur des Objektivs, 3. von der Art der mikroskopischen Beleuchtung (ob im Hellfeld, im Dunkelfeld, im polarisierten oder im auffallenden Licht) und schließlich 4. von der Dauer der Aufnahme abhängig. Bei Aufnahmen mit schwachen Vergrößerungen im Hellfeld oder bei einer niedrigen Aufnahmefrequenz genügen die Schwachstromkohlenbogenlampen, die Punktlichtlampen Typ 2G oder die Niedervoltlampen vollkommen, vorausgesetzt, daß das Licht regelrecht auf das Objekt konzentriert ist. Bei starken Vergrößerungen im Hellfeld, bei allen Aufnahmen im Dunkelfeld, Auflicht oder polarisiertem Licht, ferner bei höheren Aufnahmefrequenzen als den normalen (Zeitlupenaufnahmen) ist man auf Starkstromkohlenbogenlampen mit automatischer Regelung angewiesen.

Meistens wird ein Strom von 12—15 Amp. erforderlich sein; zu Dunkelfeldaufnahmen bei starken Vergrößerungen (z. B. von Spirochaeta pallida), zu Aufnahmen in auffallendem Licht (z. B. Blutkapillaren des Nagelfalzes bei 70facher Vergrößerung) und selbstverständlich auch zu Zeitlupenaufnahmen muß man jedoch einen bedeutend stärkeren Strom (bis zu 50—60 Amp.) anwenden. Bei solchen starken Strömen sind nur Dochtkohlen oder Mantelkohlen verwendbar, z. B. die mit einem Kupferüberzug versehenen GOERZ-Dochtkohlen nach BECK. Allen Forderungen, die man bei mikrokinematographischen Aufnahmen stellen kann, entsprechen die kleinen Projektionslampen (Modell EGM II) der Firma KÖRTING & MATHIESEN, Leipzig-Leutzsch, für Gleichstrom und die Kandem-Mikroprojektionsbogenlampen (Modell KEG derselben Firma für Wechselstrom) sehr gut (s. Abb. 29). Wegen ihres starken und ruhigen Lichtes wird auch die automatisch regulierbare Bogenlampe der Firma GOERZ, Leipzig-Leutzsch, sehr geschätzt. Sie ist eine Gleichstrombogenlampe, die bis zu einer Stromstärke von 25—30 Amp. benutzt werden kann. Das Lampengehäuse ist mit einem Kondensor aus UV-Glas ausgerüstet, wodurch das Licht, das in das Mikroskop einfällt, reich an aktinischen Strahlen bleibt. Sehr gut bewährt haben sich auch die sog. Spiegellampen, bei denen das von den Kohlen erzeugte Licht durch einen nach Art eines Reflektors in das Lampengehäuse eingebauten Kugel- oder Ellipsenspiegel auf den Kollektor der Lampe konzentriert wird. Solche Spiegellampen, die bisher hauptsächlich in der Makrokinematographie benutzt werden, aber ebensogut für die Mikrokinematographie brauchbar sind (H. NAUMANN [4]), werden von den Firmen HAHN-GOERZ, Kassel, KRUPP-ERNEMANN und anderen gebaut.

Ein Nachteil der Starkstrombogenlampen ist bekanntlich (s. S. 70) der, daß die konzentrierten Strahlen in der Objektebene überaus hohe Temperaturen erzeugen. Je näher die Bogenlampe am Mikroskop steht, um so stärker wird die schädliche Wirkung der Wärmestrahlen bemerkbar sein. Schon aus diesem Grunde soll man die Starkstrombogenlampen auf eine längere optische Bank ($1-1^1/_2$ m) aufstellen und das fahrbare Gestell der Beleuchtungseinrichtung dem Mikroskop nicht zu nahe stellen. Dann sorge man für einen verläßlichen Wärmeschutz (s. S. 70). Es wurden früher vielfach Wasserbehälter mit Zirkulation oder Küvetten mit ammoniakalischer Kupfersulfatlösung dazu verwendet; das Verläßlichste ist jedoch, zwei Küvetten mit MOHRscher Salzlösung hintereinander aufzustellen. H. NAUMANN (4) empfiehlt das Wärmeschutzglas der deutschen Spiegelglas-A.-G. Grünenplan-Ahlfeld, das sich recht gut bewähren soll. Einen gewissen Wärmeschutz bietet auch die Vorschaltung einer Mattscheibe, die man aber nicht unmittelbar vor der Starkstromlampe aufstellen darf, denn hier könnte sie leicht platzen, sondern entweder mit einem Reiter bzw. dem Kollektor auf der optischen Bank oder in dem Blendenträger des ABBEschen Apparates. Man kann die Objekte vor den Wärmestrahlen auch so schützen, daß man die Kinoblende aus der Kamera herausnimmt und vor dem Objekt, d. h. zwischen Lichtquelle und Mikroskop aufstellt. So war z. B. die erste große mikrokinematographische Einrichtung gebaut, mit der COMMANDON anfangs des Jahrhunderts seine unübertroffenen mikrokinematographischen Aufnahmen gemacht hat. Da die rotierende Verschlußscheibe nur in einem Sektor offen ist, dessen Winkel maximal 180° beträgt, so wird das Objekt nur im Moment der Belichtung den Wärmestrahlen ausgesetzt, während sonst, wenn die Kinoblende hinter dem Objekt steht, dieses die ganze Zeit, also auch zwischen den Belichtungen, bestrahlt wird. Bei verläßlichen Wärmefiltern lohnt es sich kaum, diesen umständlichen Umbau des Aufnahmeapparates vorzunehmen. Zweckmäßiger ist es, um die Objekte vor übermäßiger Lichtwirkung zu schützen, zur subjektiven Einstellung eine Hilfslampe aufzustellen oder die Vorbereitungen zur Aufnahme bei einer Unterbelastung der Bogenlampe durchzuführen.

Die Hitze des Kohlenbogenlichts wirkt nicht nur auf das Objekt, sondern auch auf die im Raum beschäftigten Personen schädlich. Arbeitet man mit einem 40 Amp. starken Strom länger, so wird die Hitze im Aufnahmeraum fast unerträglich. Daß auch die Luft durch Verbrennungsgase in kurzer Zeit recht ungesund wird, liegt auf der Hand. Für eine gute Ventilation sollte jedenfalls Sorge getragen werden.

Ein grundsätzlicher Mangel der Kohlenbogenlampe besteht auch darin, daß ihr Licht trotz der automatischen Regelung nicht vollkommen gleichmäßig ist. Im Moment des Kohlennachschubes sinkt nämlich die Spannung und demzufolge auch die Lichtintensität (s. S. 69). Wenn auch diese Schwankung in der Lichtstärke nur einige Sekunden lang bemerkbar ist, so genügt sie doch, um die Belichtung des Aufnahmefilms ungleichmäßig zu gestalten. Da die Regelung meistens nur in Intervallen von einigen Minuten erfolgt, lassen sich kinematographische Aufnahmen, die 2—3 Minuten dauern, ohne Störung durchführen, wenn man mit der Aufnahme knapp nach erfolgtem Kohlennachschub beginnt. Zu Zeitrafferaufnahmen eignen sich jedoch die Kohlenbogenlampen schlecht, und man hat selbst mit den verläßlichsten Bogenlampen viel Mühe (muß das Licht während der ganzen Dauer der Aufnahme überwachen), wenn man auf diese angewiesen ist (Zeitrafferaufnahmen im Dunkelfeld bei starken Vergrößerungen [CANTI, 1] oder in auffallendem Licht [GRÄPER, 1]). Unvergleichlich bequemer arbeitet man mit den Glühlampen oder Punktlichtlampen. Das Licht der Punktlichtlampe ist natürlich bedeutend schwächer als das der Starkstromkohlenbogenlampe; es genügt jedoch schon vollkommen zu Aufnahmen bei schwachen Vergrößerungen mit einer Aufnahmefrequenz von 16 Bildern in der Sekunde. Da in vielen Fällen die Objekte, bei denen man Zeitrafferaufnahmen von mehreren Tagen zu machen pflegt, (wachsende Gewebekulturen, embryonale Entwicklung), keine allzu starken Vergrößerungen erfordern, eignen sich die Punktlichtlampen zu Zeitrafferaufnahmen im allgemeinen recht gut, denn mit ihnen bleibt die Belichtung tagelang unverändert. Bei ihrer Verwendung zu Zeitrafferaufnahmen muß man jedoch stets die Konstruktion des Zeitraffers genauestens berücksichtigen. COMMANDON [1] weist darauf hin, daß bei einer Frequenz von 20 Bildern in der Minute (1 Bild alle 3 Sekunden) schon die Helligkeit einer Glühfadenlampe genügt, falls die Fadenanordnung möglichst punktförmig ist. Zu solchen und ähnlichen Aufnahmen genügen schon die Niedervoltlampen (LEITZ) oder die Halbwattbirnen der Firma REICHERT vollkommen.

Häufig werden Lampen vorgeschaltet, deren Licht an kurzwelligen blauen und zu ultravioletten Strahlen besonders reich ist. So empfiehlt W. R. HESS (1, S. 2321) Aufnahmen mit Schmalfilm die Quecksilberquarzlampe nach JESIONEK (System Hanau), die von 1—1¹/₂ m Entfernung ein Licht von etwa 5000 Kerzen liefert[1]. Dieses an UV-Strahlen reichhaltige Licht wirkt bei Schmalfilmaufnahmen um so günstiger, als dadurch die vom feineren Korn herrührende geringe Empfindlichkeit des Films wettgemacht und dabei die Auflösung des Bildes bedeutend gefördert wird. Der letztere Umstand müßte eigentlich bei allen mikrokinematographischen Aufnahmen, wo ein sehr kleines Bildformat durch Projektion stark vergrößert werden muß — in erster Reihe natürlich bei den Schmalfilmaufnahmen — besonders berücksichtigt werden. Es wird zwar oft empfohlen, kurzwelliges Licht zu den Aufnahmen zu verwenden, in Wirklichkeit jedoch gelangt nur ein ganz geringer Bruchteil der UV-Strahlen auf die lichtempfindliche Schicht. Es ist leicht verständlich, daß bei einer Einrichtung mit Glaslinsen fast alle UV-Strahlen verschluckt werden und von den kurzwelligen Strahlen nur die sichtbaren blauen und violetten auf die lichtempfindliche Schicht einwirken werden. Selbst dort, wo die Lampe mit einem UV-Kollektor ausgerüstet ist (wie z. B. die Kohlenbogenlampe der Firma GOERZ, Leipzig-Leutzsch), verliert das Licht den größten Teil seines Gehalts an UV-Strahlen, während es durch die Glaslinsen der Beleuchtungseinrichtung, durch den Objektträger und das Deckglas und schließlich durch die Glaslinsen des Mikroskops zum Film gelangt. Das ist in vielen Fällen von Vorteil, denn eine Reihe biologischer Objekte (z. B. Infusorien und sonstige Protisten) vertragen keine Beleuchtung mit UV-Strahlen, selbst auf die Dauer von einigen Sekunden nicht. Das Vorschalten einer Mattscheibe gewährt in den meisten Fällen schon einen ausreichenden Schutz gegen die UV-Strahlen; wo man aber die Stärke der Beleuchtung durch die Mattscheibe nicht verringern will (Zeitlupenaufnahmen, Aufnahmen bei starken Vergrößerungen) oder für das UV-Licht sehr empfindlichen Objekten empfiehlt es sich, eine Küvette mit 5proz. Chininsulfatlösung vorzuschalten.

Für die Kontrastwirkung des mikrokinematographischen Bildes sind dieselben Faktoren maßgebend, die schon in der Mikrophotographie lebender Objekte — um solche handelt es sich ja meistens auch in der Mikrokinematographie — eingehend gewürdigt wurden. Bezüglich der Fragen der Blendenöffnung der Lichtfilter, der Vitalfärbungen und ähnlichem beachte man das dort Gesagte.

Bei Aufnahmen im Dunkelfeld (Abb. 227), in polarisiertem Licht und im Auflicht sind ebenfalls und allgemein dieselben Vorschriften zu befolgen wie in der Mikrophotographie (s. S. 199, 274, 218), nur erfordern die Aufnahmen bei Normalfrequenzen eine sehr hohe Lichtintensität (s. S. 372). Zu Zeitrafferaufnahmen mit solchen besonderen Beleuchtungsarten genügt jedoch auch hier das Licht der Punktlichtlampe. Wertvolle Angaben über die Aufnahmetechnik im Dunkelfeld erhält man bei CANTI (1), über die Zeitrafferaufnahmen im Auflicht und über die Stereomikrokinematographie im Auflicht bei GRÄPER (1).

176. Die scharfe Einstellung und die Kontrolle. Im Zusammenhang mit der Frage der lichtdichten Verbindung haben wir bereits einiges über die Einstellung des Bildes erfahren, was noch mit weiteren Einzelheiten ergänzt werden muß. In der Mikrokinematographie gibt es zwei Arten von Einstellungen des Bildes, die man als direkte und indirekte Einstellung unterscheiden kann. Die direkte Einstellung auf den Film erfolgt bei dem schon erwähnten Beobachtungsfensterchen, in welchem das Bild auf dem Film sichtbar wird, sobald die Öffnung der Kamera durch den offenen Sektor der Blende freigegeben wird. Im Beobachtungsfenster stellt man also das Bild, das man aufnehmen will, auf der Schicht des Filmbandes oder bei manchen Apparaten, wo das Bildfenster

---

[1] Ähnliche Dienste leistet auch die Hageh-Lampe der Firma SCHOTT u. GEN. oder die Quecksilberlampe der Verrerie scientifique, Paris. Die letztere Lampe zeichnet sich bei gleichem Stromverbrauch wie die JESIONEK-Quarzlampe durch eine etwa doppelt so starke photographische Wirkung aus.

mit einer Mattscheibe ausgerüstet ist, auf dieser direkt ein. Erfolgt die Einstellung mit freiem Auge, so läßt sich das Bild auf einer Mattscheibe schärfer einstellen als auf dem Filmband, denn im letzteren Fall muß man durch die ganze Dicke des Films hindurchblicken, was trotz der geringen Dicke des Films störend ist, da man dabei durch die Emulsion der photographischen Schicht beobachten muß. Meistens pflegt man jedoch das Bild nicht mit freiem Auge, sondern mit einer 4—8fachen Einstellupe scharf einzustellen, was natürlich nur auf der Filmschicht und nicht auf einer Mattscheibe erfolgen kann. Bei der Benützung der Fernrohrlupe, die zu den größeren Aufnahmeapparaten mitgeliefert wird und vielfach auf dem Fensterchen schon befestigt ist, gelten dieselben Vorschriften

wie in der Mikrophotographie (s. S. 91). Ob das Fensterchen mit einer Fernrohrlupe ausgerüstet ist oder nicht, stets soll es lichtdicht verschließbar sein.

Die direkte Einstellung hat zwei wesentliche Nachteile: Erstens ist das Bild im Fensterchen schon bei mittelstarken Vergrößerungen ziemlich lichtschwach, da man, wie schon erwähnt, durch die opake Schicht der Emulsion beobachten muß. Noch lichtschwächer wird natürlich dieses Bild durch die starke Einstellupe erscheinen, und daran hilft selbst die Verdunklung des Aufnahmeraums nur wenig. Der zweite Nachteil ist aber, daß man am rollenden Filmband kein ruhiges Bild beobachten kann, da die rotierende Blende ein Flimmern verursacht, was die Beobachtung feinerer Einzelheiten verhindert. Nur bei ganz schwachen Ver

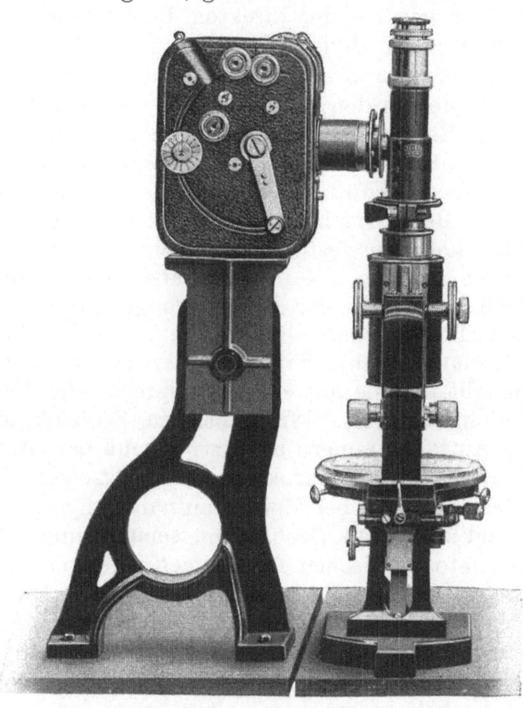

Abb. 231. Universalkinamo mit Mikrophot der Firma Zeiss-Ikon A.-G. (Aus Druckschrift der genannten Firma: W 220.)

größerungen, wo man höchstens die Abbildung der äußeren Form oder der gröberen Struktur von Objekten in der Größenordnung von Askariseiern, Daphnien oder Planktonorganismen, kann man die Aufnahme direkt am rollenden Filmband mit der Fernrohrlupe beobachten, ebenso selbstverständlich bei allen Zeitrafferaufnahmen.

Aus den angeführten Gründen ist eine seitliche Beobachtung zur indirekten Einstellung des Bildes und zur ständigen Kontrolle der Aufnahme in der Mikrokinematographie so gut wie unentbehrlich. Zu einer mikrokinematographischen Einrichtung, mit der man systematisch wissenschaftliche Arbeit leisten will, gehört als wesentlicher Bestandteil die seitliche Beobachtung. Die meisten größeren mikrokinematographischen Apparate werden schon mit einem seitlichen Beobachtungsrohr geliefert, so z. B. die Einrichtung nach Höfer (Askania-Werke) und die mikrokinematographische Einrichtung der Leitz-Werke. Unter den kleineren dient beim Universal-Kinamo (Zeiss-Ikon) das Mikrophot als seitliche Beobachtung (Abb. 231). Die Schmalfilmeinrichtung von

SCHEMINZKY ist mit einem Einblickokular der Firma REICHERT, Wien, ausgerüstet (vgl. Abb. 229). Wo eine solche Beobachtungsvorrichtung fehlt (wie z. B. bei der Einrichtung von H. ROSENBERGER, dem ERNEMANN-Apparat u. a. m.), dort läßt man am besten eine solche nach Art der an den Aufsatzkammern befindlichen anfertigen.

Zwei Bauarten scheiden hier grundsätzlich aus: 1. solche, durch welche man das mikroskopische Bild nicht durch die Austrittspupille, sondern im Bildfenster beobachtet, 2. solche, wo das Beobachtungsrohr nicht mit dem Mikroskoptubus, sondern mit der Aufnahmekamera verbunden ist[1]. Wird nämlich das Bild im Bildfenster beobachtet, so erscheint hier natürlich die rotierende Blende ebenso sichtbar wie bei der direkten Beobachtung im Beobachtungsfenster, und das Flimmern des Bildes wird ebenso stören wie dort[2]. Die starre Verbindung des Beobachtungsrohres mit der Kamera, wie sie verschiedentlich versucht wurde, hat wiederum den Nachteil, daß die Austrittspupille des abbildenden Systems, die bei Benützung von Beobachtungsrohren in das Prisma verlegt wird, während des Filmtransports mit der Kamera mitschwingt, was ebenso schädlich ist, als wenn die Erschütterungen der Kamera auf das Mikroskop übertragen würden.

Bie Beobachtungseinrichtung zur seitlichen Beobachtung muß also mit dem Mikroskoptubus fest verbunden und von der Kamera unabhängig untergebracht werden, etwa so, wie man es haben würde, wenn man bei einer Aufsatzkammer die Kamera von der Beobachtungsvorrichtung trennen und auf einem Gestell für sich allein aufstellen würde. Ebenso könnte man das Mikrophot auch zu größeren Aufnahmekammern verwenden, wenn man die Kamera waagerecht aufstellt und sie mit einem entsprechenden Zwischenstück zur lichtdichten Verbindung versieht. Wird aber ein Beobachtungsrohr gewählt, wie man es bei den Aufsatzkammern benützt, so muß beachtet werden, daß man bei der Dauerkontrolle der mikrokinematographischen Aufnahme mehr Bequemlichkeit haben muß als bei Momentaufnahmen mit einer Aufsatzkammer. Aus diesem Grund kommt als Beobachtungseinrichtung für seitliche Beobachtung bei mikrokinematographischen Aufnahmen in erster Reihe das Beobachtungsrohr in Betracht, wie man es beim „Phoku" hat. Der Nachteil, daß man mit ihm nur Homale und nicht die von der subjektiven Beobachtung her gewöhnten Okulare benützen kann, stört in der Mikrokinematographie nicht im geringsten (s. S. 170).

Das Beobachtungsrohr wird man zweckmäßig so herstellen lassen, daß man das Umkehrprisma ausschalten kann, damit man bei Aufnahmen, die eine sehr intensive Beleuchtung erfordern, das volle Licht auf den Film werfen kann. Natürlich wird man bei ausgeschaltetem Prisma die seitliche Beobachtung nicht benützen können; bei den Aufnahmen jedoch, wo man auf ein solches Verfahren angewiesen ist, kann man getrost auf die seitliche Beobachtung während der Aufnahme verzichten, da entweder die Bewegungen der Objekte sehr gering sind (z. B. die Molekularbewegung der Ultrateilchen oder die Fortbewegung der Spirochaeta pallida) oder die Dauer der Aufnahme sehr kurz ist (Zeitlupenauf-

---

[1] Die Beobachtungsvorrichtung beim HÖFERschen Apparat (vgl. K. HÖFER [2]) ist zwar mit der Aufnahmekamera verbunden; diese letztere arbeitet jedoch so erschütterungsfrei, daß die Austrittspupille des abbildenden Systems ständig in der optischen Achse verbleibt.

[2] Das Verfahren von J. AUE (1), wo der verschlossene Teil der rotierenden Blende weiß angestrichen wird, und man also das Bild auf der weißen Fläche der Blende beobachten kann, hebt diesen Nachteil auf, gestattet aber keine genaue scharfe Einstellung. Wir wollen uns hier nicht länger mit solchen Konstruktionen befassen, da sie heute, wo man viel einfacher und dabei besser das mikroskopische Bild durch die Austrittspupille des Mikroskops während der Aufnahme beobachten kann, nur noch eine historische Bedeutung haben.

nahmen). Abgesehen von den Dunkelfeldaufnahmen bei starken Vergrößerungen oder den Zeitlupenaufnahmen wird man bei intensiver Beleuchtung selten das Umkehrprisma ausschalten müssen. Erfordern jedoch die Aufnahmen stärkste Lichtintensität und dabei eine fortlaufende Kontrolle des mikroskopischen Bildes (z. B. mikrurgische Operationen im Dunkelfeld), so empfiehlt es sich, statt eines Prismas mit einer planparallelen Glasscheibe (Deckglas) die Teilung der Lichtstrahlen zu erzielen (vgl. F. Scheminzky [3]). Fast 98% des Lichtes werden dann auf die Filmfläche gelangen und nur sehr wenig Licht dient zur subjektiven Beobachtung. Die subjektive Beobachtung im Dunkelfeld bei stärkeren Vergrößerungen ist deshalb mit einer solchen Einrichtung manchmal recht anstrengend.

Weiterhin empfiehlt es sich, in der Fernrohrlupe, mit der man das Bild durch die Austrittspupille beobachtet, neben der Skala oder dem Fadenkreuz zur scharfen Einstellung auch noch ein Viereck anzubringen, das die Größe der Nutzfläche im Verhältnis zum mikroskopischen Sehfeld zeigt. Man soll darauf achten, daß das Objekt innerhalb dieses viereckigen Feldes verbleibt, denn nur dieses wird am Film abgebildet; der übrige Teil des bei einem etwa 20fachen Okular verhältnismäßig großen Gesichtsfelds kommt für die Aufnahme nicht weiter in Betracht. Ist das Beobachtungsrohr — wie beim „Phoku“ — nur auf Homale berechnet, so muß die Einstellebene der Aufnahmekamera in einem genau festgelegten Abstand[1] zur Austrittspupille des Mikroskops stehen (vgl. S. 168), und die Vergrößerung durch die Fernrohrlupe muß selbstverständlich, wie bei jeder seitlichen Beobachtung, derjenigen an der Filmfläche streng kongruent sein. Man achte deshalb bei den Aufnahmen sehr genau darauf, daß die Marken, welche in den Fernrohrlupen zur Kontrolle der vorschriftsmäßigen Einstellung dienen (s. S. 169), haarscharf erscheinen.

Die Einstellung des Präparats und die scharfe Einstellung des Bildes gestaltet sich mit einer guten seitlichen Beobachtung am Mikroskop ziemlich einfach und sicher, wenn die Fernrohrlupe der seitlichen Beobachtung dem Auge des Beobachters richtig angepaßt ist. Man stellt erst durch die Fernrohrlupe das Präparat scharf ein, wobei man trotz der intensiven Beleuchtung in einem angenehmen, nicht zu grellen Sehfeld arbeiten kann. Hat man keine Beobachtungseinrichtung am Mikroskop, wo die versilberte Prismenfläche nur einen geringen Teil der Beleuchtungsstrahlen in die Fernrohrlupe lenkt, sondern muß man, wie z. B. beim Apparat von H. Rosenberger und ähnlichen Einrichtungen, direkt in das Mikroskop hineinschauen, so muß man natürlich entweder dem Okular eine Rauchglasscheibe aufsetzen (was für die scharfe Einstellung feiner Strukturen nicht ganz geeignet ist) oder statt der lichtstarken Beleuchtungseinrichtung eine Hilfslampe für die subjektive Einstellung benutzen. Ist das Präparat eingestellt, so senkt man die Kamera bis zur vorgeschriebenen Entfernung auf das obere Ende des Mikroskops und stellt die lichtdichte Verbindung her. Jetzt empfiehlt es sich, die Bildschärfe und vor allem die Lichtstärke auch am Film zu prüfen. Man öffnet also das Beobachtungsfensterchen und dreht so lange an der Kurbel, bis durch den offenen Blendensektor Licht auf das Filmband fällt. Jetzt kann mit freiem Auge oder mit der Einstellupe die Bildschärfe am Film beurteilt und — wenn nötig — noch durch Fokussieren verbessert werden. Die Beurteilung, wieweit die Helligkeit des Bildes, die man am Beobachtungsfenster wahrnimmt, für eine bestimmte Auf-

---

[1] Diesen vorgeschriebenen Abstand, in welchem das Bildfenster zur Austrittspupille oder, noch praktischer, zur unteren Fläche der Lichtschutzmanschette eingestellt werden soll, erfährt man am besten von dem optischen Werk, von dem man die Beobachtungsvorrichtung bezieht.

nahmefrequenz ausreicht, kann nur nach einiger Übung und Erfahrung richtig erfolgen.

177. Die Probeaufnahmen. Dafür wie auch für die endgültige Prüfung der ganzen optischen Einrichtung müssen Probeaufnahmen angefertigt werden, die man erzielt, indem man 1—2 Sekunden lang den Film laufen läßt. Je nach der Dauer der Probeaufnahme und der Aufnahmefrequenz erhält man einen kürzeren oder längeren Filmstreifen, den man gleich in der Dunkelkammer entwickeln muß. Meist pflegt man nur das Ende des so belichteten Streifens zu entwickeln, d. h. 4—5 Einzelbilder, aus denen man die Gradation schon beurteilen kann. Zur Prüfung des entwickelten Negativs benützt man vorteilhaft eine 4—5mal vergrößernde Lupe. Ist die Probeaufnahme gut, so kann man mit der eigentlichen Aufnahme beginnen. Zeigt aber die Probeaufnahme ein zu hartes oder zu weiches Bild, so wird man der Entwicklungs- und Kopieranstalt, der man die Entwicklung der belichteten Filmrolle und die Herstellung von Kopien überläßt, die entsprechenden Weisungen erteilen. Falls eine ausgesprochene Über- oder Unterbelichtung vorliegt, muß die Helligkeit der Lichtquelle oder die Aufnahmefrequenz herabgesetzt bzw. gesteigert werden. Die Beleuchtung läßt sich natürlich viel leichter dämpfen als steigern. Wo die Helligkeit der Lampe nicht weiter gesteigert werden kann, bleibt natürlich nichts anderes übrig, als die Aufnahmefrequenz zu verringern, was bei mikrokinematographischen Aufnahmen meistens ohne Schaden durchzuführen ist.

178. Die Zeitrafferaufnahmen. Zum Teil recht verschieden von der Aufnahmetechnik, die für Normalfrequenzen in dem Vorangegangenen geschildert wurde, erfolgen die Aufnahmen, die man als Zeitrafferaufnahmen zu bezeichnen pflegt (s. S. 354). In der Mikrokinematographie haben solche Aufnahmen eine ganz besondere Bedeutung, weil sie für langsam fortschreitende Vorgänge (Zell- und Gewebewachstum, Zellteilung, embryonale Entwicklung) die geeignetste Forschungsmethode mit den anschaulichsten Resultaten bedeuten. In der Hauptsache unterscheiden sich die Zeitrafferaufnahmen von den Normalaufnahmen nur darin, daß man zum Betreiben des Kurbelkastens die Einserwelle und meistens auch noch einen elektrisch betriebenen Zeitraffer (Abb. 232) verwendet. Da bei einer Umdrehung der Einserwelle nur ein Bild entsteht, kann man die Drehung mit der Hand oder automatisch auf bestimmte Zeiten einregeln, wobei stets darauf zu achten ist, daß die Belichtung bei stehendem Film, d. h. in den Pausen zwischen zwei Drehungen, erfolgt. Vom Tempo der Drehung hängt also sowohl der Zeitabstand zwischen den Teilaufnahmen wie auch die Belichtungszeit ab. Dreht man die Kurbel der Einserwelle mit der Hand, so muß zuerst die Kurbelstellung ermittelt werden, bei der die Verschlußscheibe das Bildfenster vollständig verdeckt. Nun kann man von Abblendung zu Abblendung gleichmäßig und kontinuierlich drehen, z. B. einmal in 10 Sekunden oder in 1 Minute usw., wobei man eine dem Tempo der Drehung angemessene kürzere oder längere Belichtung erhält. Bequemer und verläßlicher arbeitet man jedoch, wenn man diskontinuierlich dreht, d. h. zwischen zwei Abblendungen so lange mit dem Drehen aussetzt, als es für eine richtige (längere) Beleuchtung nötig ist. Man muß dazu natürlich auch genau die Kurbelstellung kennen, bei welcher der offene Sektor der Blende vor dem Fenster steht. Werden zwischen zwei Teilbildern längere Pausen eingeschaltet, so ist es oft schwer oder sogar unmöglich, jedesmal wieder mit der gleichen Geschwindigkeit die Kurbel zu drehen. In solchen Fällen empfiehlt sich das folgende Verfahren: Man rüstet die Aufnahmekamera mit einem Momentverschluß aus. Ist das Zeitintervall zwischen zwei Teilaufnahmen verstrichen, so dreht man an der Kurbel so lange, bis der offene Sektor im Bildfenster erscheint. Dann betätigt man den Momentverschluß und belichtet nach der Zeit, auf die man diesen eingestellt hat. Nach erfolgter Belichtung dreht man die Kurbel weiter, bis der Film mit einer Bildhöhe weitergerückt ist, wartet die festgesetzte Zeitspanne zwischen den Aufnahmen ab und beleuchtet wieder die nächste Aufnahme usw. Dauert die Zeitrafferaufnahme länger, so wird man am besten einen automatisch funktionierenden Apparat, den Zeitraffer, benützen, der in bestimmten Zeitabständen den Filmtransport in Gang setzt und eine vollkommen gleichmäßige Belichtung der Teilaufnahmen gewährt. Da die biologischen Vorgänge, von denen man Zeitrafferaufnahmen zu erzeugen pflegt, im allgemeinen mehrere Stunden oder Tage lang dauern, arbeitet man in der Mikrokinematographie fast ausschließlich mit

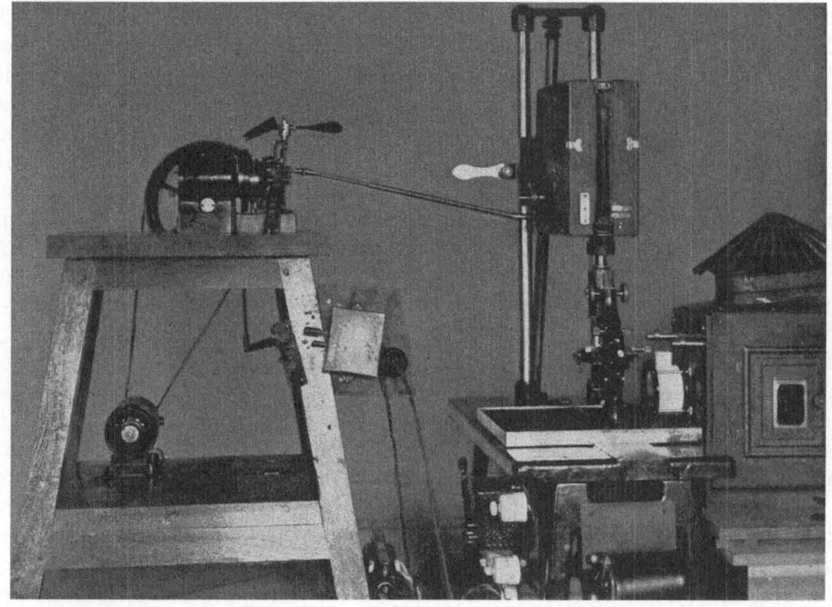

Abb. 232. Zeitraffereinrichtung mit einem Zeitraffer von DEBRIE und dem mikrokinematographischen Apparat der Firma ERNEMANN. (Aus K. HÖFER [*1*, Abb. 134, S. 467].)

automatischen Zeitraffern, von denen mehrere gut bewährte Typen im Handel erhältlich sind (z. B. der Zeitraffer von DEBRIE oder von PATHÉ). Die erste Konstruktion eines Zeitraffers stammt von J. RIESS (*1*), der 1919 im Institut MAREY die erste Zeitrafferaufnahme von der Befruchtung und Zellteilung gemacht hat. Fast zur gleichen Zeit haben CHEVRETON und VLÉS (*1*) im Laboratorium von FRANÇOIS-FRANCK einen anderen Zeitraffer gebaut, und seither sind dann mehrere Konstruktionen entstanden, bei denen entweder eine Kontaktuhr oder ein FOUCAULTscher Regulator für die automatische Belichtung oder den Filmtransport sorgt. Bei anderen Typen, wie z. B. bei dem von ATHANASIU benützten Zeitraffer, wird die Aufnahmefrequenz durch die Wirkung eines Elektromagneten geregelt. In neuerer Zeit haben P. METZNER, H. ROSENBERGER und L. GRÄPER gut bewährte Konstruktionen für Zeitraffer angegeben, bei denen die automatische Regulierung ebenfalls entweder mit einem Elektromagneten und einer Wasserwippe (wie beim Apparat von ATHANASIU) oder mit einer Kontaktuhr erfolgt. Der Zeitraffer von L. GRÄPER (*1*), mit dem er die ganze Entwicklung des Hühnchenembryos fortlaufend aufgenommen hat, arbeitet mehrere Tage ununterbrochen vollkommen einwandfrei.

Für die naturgetreue Wiedergabe der Form und Ortsveränderungen ist es besonders wichtig, daß man das Tempo der Zeitrafferaufnahmen richtig bestimmt, und dieses mit der Vorführungsfrequenz in Einklang bringt. Der häufigste Fehler wissenschaftlicher Zeitrafferaufnahmen (so z. B. auch der sonst mustergültigen Aufnahmen CANTIS von Gewebekulturen) ist, daß man Vorgänge, die mehrere Stunden dauern, in wenige Minuten zusammenrafft, wobei der Vorgang leicht ins Groteske verzerrt wird und statt einer anschaulichen Rekonstruktion des Vorganges ein schon an eine Trickaufnahme erinnerndes Bild des Vorgangs geboten wird. Man soll sich hüten, eine solche in der Natur nie vorkommende, übertrieben beschleunigte Wiedergabe von zytologischen oder embryologischen Vorgängen vorzuführen, so sensationell auch gerade solche auf die Zuschauer wirken mögen, denn die Vorstellungen über den biologischen Vorgang, die man daraus gewinnt, sind oft gänzlich falsch und können dann zu ebensolchen falschen Folgerungen führen. Wird z. B. eine Zellteilung, die 4—6 Stunden dauert, innerhalb 3 Minuten vorgeführt, so erhält man Erscheinungen im Bild, als ob das Protoplasma eine siedende Flüssigkeit wäre und von gewaltigen inneren Kräften in zwei Hälften auseinandergezerrt würde. Daß dieses Bild nicht naturgetreu sein kann, sondern durch die übertrieben beschleunigte Vorführung zu einer Trickaufnahme gestaltet wurde, wird ein jeder erkennen, der die Vorgänge der Zellteilung an dem Objekt selbst beobachtet hat. Die historische Rekonstruktion von biologischen Vorgängen vermittels der Zeitrafferaufnahmen erfüllt ihren Zweck vollkommen, wenn sie den mit dem Auge sonst in seinem Verlauf nicht verfolgbaren Vorgang als dynamische Erscheinung eben wahrnehmbar gestaltet. Eine weitere Steigerung oder Übertreibung der Geschwindigkeit wird in vielen Fällen dem wissenschaftlichen Inhalt der Aufnahme nur schaden. Es fragt sich aber, wie man die Aufnahme- und Vorführungsgeschwindigkeit bei solchen Aufnahmen miteinander in Einklang bringen soll. Als Ausgangspunkt halte man an der Angabe fest, daß die normale Vorführungsgeschwindigkeit 20 Bilder in der Sekunde und 1200 Bilder in der Minute bedeutet (s. S. 354). Hat man eine Vorführung von 10 Minuten Dauer, so werden 12000 Bilder hintereinander abgerollt. Diese Anzahl von Bildern muß man also auf die Zeitspanne verteilen, in welcher man den biologischen Vorgang mit dem Zeitraffer aufnehmen will. Angenommen, daß der aufzunehmende Vorgang 10 Stunden dauert (eine für Zellteilungsvorgänge z. B. nicht ungewöhnlich lange Zeitdauer), so erhält man als Aufnahmegeschwindigkeit 18 Belichtungen in der Minute oder 1 Aufnahme in jeder dritten Sekunde. In diesem Fall verhält sich die Aufnahmegeschwindigkeit zur Vorführungsgeschwindigkeit wie $1 : (3 \times 20 = 60)$. Bei diesem und noch bis zu einem Verhältnis von $1 : 140$ (jede 7. Sekunde 1 Aufnahme) wird man nie die Verzerrung des abgebildeten Vorgangs befürchten müssen; das kinematographische Bild wird, falls auch die sonstigen Bedingungen erfüllt sind, eine naturgetreue und anschauliche Wiedergabe des biologischen Geschehens bieten. Dauert der Vorgang länger, so muß man vor allen Dingen eine längere Vorführungszeit in Erwägung ziehen. Aus dem obigen Beispiel ist leicht ersichtlich, daß man zur kinematographischen Vorführung selbst von Vorgängen, die 36 Stunden — also etwa $1\,^1/_2$ Tage — dauern, keine längeren Vorführungszeiten braucht, als man sie in den Rahmen eines einstündigen Vortrags einfügen könnte. Es sei hier auch betont, daß bei wissenschaftlichen Vorführungen von mikrokinematographischen Zeitrafferaufnahmen der Grundsatz gelten soll, nicht auf Kosten der naturgetreuen Wiedergabe an Zeit sparen und die Vorführungsgeschwindigkeit übertrieben steigern zu wollen. Allerdings wird man des öfteren lange Zeitrafferaufnahmen auch bei einer viel kürzeren Vorführungszeit abrollen lassen können, als es dem Verhältnis 1 : 60 oder 1 : 140 entspricht. Gerade bei biologischen Vorgängen des Orts- oder Formwechsels, die mehrere Stunden oder Tage dauern, verläuft der Vorgang nur selten ganz gleichmäßig, und es gibt mehrere längere oder kürzere Abschnitte, wo das biologische System fast vollkommen in Ruhe ist. In solchen Ruheperioden — die man natürlich im voraus genau kennen muß — kommt man dann mit größeren Zeitabständen und weniger Aufnahmen aus.

Arbeitet man in solchen Fällen auch mit verhältnismäßig langen Unterbrechungen (z. B. eine Belichtung in jeder 5. oder jeder 10. Minute), so darf man nie in dem festgesetzten Zeitintervall nur eine Aufnahme machen, sondern stets zwei oder drei hintereinander. Die Zeitrafferaufnahmen wirken bei der Vorführung sehr unruhig und unausgeglichen, wenn die Teilbilder in größeren Zeitintervallen einzeln aufeinanderfolgen. Die Einheiten der Aufnahmen, aus denen das Kinobild zusammengerafft wird, sollen mindestens aus zwei Teilbildern, besser noch aus drei oder fünf solchen, bestehen. Zu den Aufnahmen, bei denen also in Intervallen von n-Sekunden oder Minuten zwei bis drei oder mehrere Teilbilder in der Sekunde erzeugt werden, muß natürlich für eine entsprechende Koppelung des Zeitraffers mit dem Greifermechanismus gesorgt werden. Selbstverständlich wirken bei der Vorführung Zeitrafferaufnahmen, die mit größeren Zeitintervallen, z. B. mit je 5 Minuten erzielt wurden, stets unausgeglichen. In vielen Fällen wird aber die Verkürzung der Perioden, in denen das Objekt keine Veränderungen zeigt, ohne schädliche Folgen bleiben, und man wird also auf diese Weise sowohl Filmmaterial bei den Aufnahmen wie Zeit bei der Vorführung sparen.

Die Zeitrafferaufnahmen mit größeren Intervallen führen uns zu einer anderen Art von Kinoaufnahmen hinüber, die man als Periodenaufnahmen bezeichnen kann, indem sie nur bestimmte Perioden eines Vorgangs festhalten und diese dann zusammenhängend vorführen. Von den übrigen Zeitrafferaufnahmen unterscheiden sie sich nur dadurch, daß die Zeitintervalle zwischen den Teilaufnahmen größer sind, z. B. 10, 15, 30 Minuten usw. Will man z. B. die Lebensweise von Stentoren in einem Film darstellen, so wird man 1—2 Minuten lang ihr freies Schwimmen in dem Wassertropfen filmen, dann mit der Aufnahme aussetzen, bis sie sich irgendwo festgesetzt haben, und wieder 1—2 Minuten lang das Ausstrecken des trompetenförmigen Zellkörpers, das Schlagen der Zilien an der adoralen Spirale oder das plötzliche Zusammenziehen des kontraktilen Körpers aufnehmen. Je nachdem, welche Momente des Protistenlebens noch im Film festgehalten werden sollen, wird man auf weitere günstige Zeitpunkte warten, bis die Vorgänge des Beutefangs, der Nahrungsaufnahme oder der Teilung in Erscheinung treten. So wird man charakteristische Ausschnitte aus dem Leben des Objekts festhalten und fortlaufend vorführen können, ohne eigentliche Zeitrafferaufnahmen machen zu müssen. Genau in gleichen Zeitintervallen fortlaufend durchgeführte Zeitrafferaufnahmen sind nur bei der Mikrokinematographie von Wachstumsvorgängen unentbehrlich und müssen dann oft mehrere Tage hindurch ununterbrochen fortgesetzt werden.

179. Die Zeitlupe (Zeitdehneraufnahmen). Umgekehrt wie bei den Zeitrafferaufnahmen wird die Aufnahmefrequenz bei den Zeitlupenaufnahmen stark gesteigert, so daß die Bildreihe, welche man bei der normalen Vorführungsgeschwindigkeit abrollen sieht, einen um so stärker verlangsamten Verlauf des Vorganges zeigen wird, je größer die Aufnahmegeschwindigkeit war im Vergleich zur Vorführungsgeschwindigkeit. Erzielt man statt 18 Bilder in der Sekunde 180, so wird man bei der Vorführung den Vorgang, der z. B. 1 Minute gedauert hat, auf 10 Minuten ausdehnen. Zur Erzielung so hoher Frequenzen ist man auf besondere Konstruktionen, auf die Hochfrequenzapparate angewiesen (Abb. 221

u. 233). Der Hauptunterschied der normalen Aufnahmetechnik gegenüber besteht hier darin, daß man zur Erzeugung der hohen Frequenzen (100—250 in der Sek.) auf die Hochfrequenzapparate angewiesen ist, Grande-Vitesse-Kamera, DEBRIE, Paris, Hochfrequenzkamera, Askania-Werke, ERNEMANN, Dresden usw.)[1]. Zu Zeitlupenaufnahmen von mikrobiologischen Objekten genügt schon vollkommen eine Aufnahmefrequenz von 100—150 Bildern in der Sekunde, wie man sie z. B. mit der Hochfrequenzkamera der HÖFERschen Einrichtung (Askania-Werke) erzielen kann. Die Methodik solcher Zeitlupenaufnahmen hat O. STORCH (1) ausgearbeitet, wobei er die Hochfrequenzkamera der Askania-Werke benützt hat. Die Kamera wurde hier mit waagerechter Achse an der Wand befestigt und das Mikroskop mit der Beleuchtungseinrichtung auf einem fahrbaren Tisch vor der Kamera aufgestellt. Es konnten sowohl mit waagerechtem als auch mit senkrechtem Mikroskop (bei Zwischenschaltung eines Umkehrprismas) Aufnahmen bei einer Frequenz von 100—120 Bildern in der Sekunde erzielt werden. Die Belichtungszeit war dabei $1/_{3600}$ Sekunde, und trotz dieser außerordentlich kurzen Belichtungszeit waren die Bilder scharf und kontrastreich. Allerdings handelte es sich dabei um kleine planktonische Krebse, die schon mit schwachen anastigmatischen Objektiven (Mikropolaren der Firma REICHERT, Wien) abgebildet werden konnten. Selbst bei solchen lichtstarken Objektiven — und bei stärkeren Objektiven natürlich noch mehr — braucht man Lichtquellen von der größten erreichbaren Intensität. Bei einer Vorführungsgeschwindigkeit von 16 Bildern in der Sekunde hat O. STORCH eine $7^1/_2$malige Verlangsamung erzielt, bei größerer Aufnahmefrequenz (bis 150) und noch etwas mehr verlangsamter Vorführungsgeschwindigkeit kann man aber sogar eine zehnfache Zeitdehnung erzielen. Der Zeitdehnung wird jedoch bald eine Grenze gesetzt durch die sinkende Belichtungszeit einerseits und anderer-

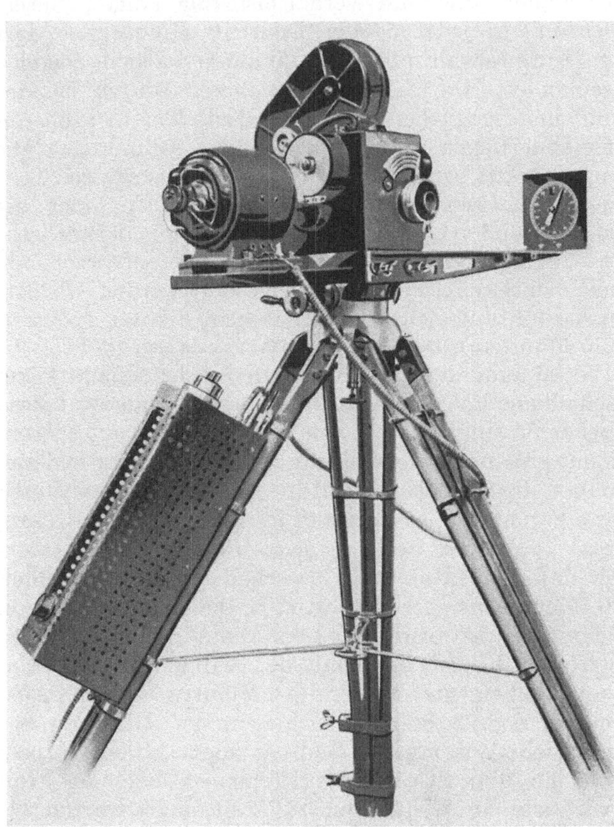

Abb. 233. Hochfrequenzberufskamera („Grande vitesse DEBRIE") in waagerechter Stellung mit elektrischer Uhr zur Zeitmarkierung. (Aus K. HÖFER [1, Abb. 132, S. 465].)

---

[1] E. HUGUENARD und A. MANGAN (1) haben mit einer Aufnahmekamera von 2000—3000 Belichtungen in der Sekunde gearbeitet und so die bisher größte Aufnahmefrequenz erzielt.

seits durch die Tatsache, daß bei stärkerer Verminderung der Vorführungsfrequenz — etwa bei 10—12 Bildern in der Sekunde — das Kinobild in die einzelnen Teilaufnahmen zerfällt.

Sowohl die Zeitraffer wie die Zeitlupenaufnahmen gewinnen stark an Wirkung bei der Vorführung, wenn sie mit einer Zeitmarkierung versehen sind, an der man die Dauer des dargestellten Vorgangs ablesen kann. Zu dieser Zeitmarkierung wird das Zifferblatt einer Uhr verkleinert in der oberen rechten Ecke der Teilbilder mit aufgenommen (Abb. 234). Man stellt die Uhr auf einen Ausleger des Kameragestells oder auf einen entsprechenden Halter so, daß von ihr Lichtstrahlen in eine seitliche Öffnung der Kamera einfallen sollen. Vermittels eines Prismas und einer sich hier befindlichen Linse werden die Strahlen zu dem verkleinerten Bild am Filmband vereinigt. Man muß natürlich dann für eine hinreichende Beleuchtung des Zifferblattes sorgen. Auch achte man darauf, daß bei längeren Zeitrafferaufnahmen das Zifferblatt den 24stündigen ganzen Tag und nicht nur den 12stündigen Halbtag anzeigen soll.

Auch andere Arten der Zeitmarkierung sind bekannt. So hat J. BULL (1) eine Zeitmarkierung mit einem kleinen Chronometerrad angegeben, dessen Zähne in Schattenbildern auf dem Filmband sichtbar werden. H. ROSENBERGER bringt die Zeitmarkierung auf dem Filmband bei höheren Aufnahmefrequenzen mit einer elektrisch angetriebenen Stimmgabel an (vgl. Abb. 224).

180. Die filmtechnische Behandlung der belichteten Filmrollen. Die Entwicklung und die Herstellung der Kopien erfolgt am besten in einer verläßlichen Anstalt, die über die dazu nötige Einrichtung verfügt. Auch dem Mikrokinematographen wird es aber wesentliche Vorteile bieten, wenn er nicht nur über die Aufnahmetechnik, sondern auch über die weitere Behandlung des Filmmaterials eingehende Kenntnis besitzt. In kurzen Zügen geschildert, gestaltet sich die Fertigstellung der Kinobilder in den Anstalten folgendermaßen: Die belichteten Filmbänder werden auf Rahmen spiralig aufgewickelt und so in die Entwicklungströge eingetaucht (Rahmenentwicklung). Vielfach wird statt der Rahmenentwicklung neuerdings das sog. Correx-Verfahren angewandt, wo man den belichteten Film nicht auf einem Rahmen, son

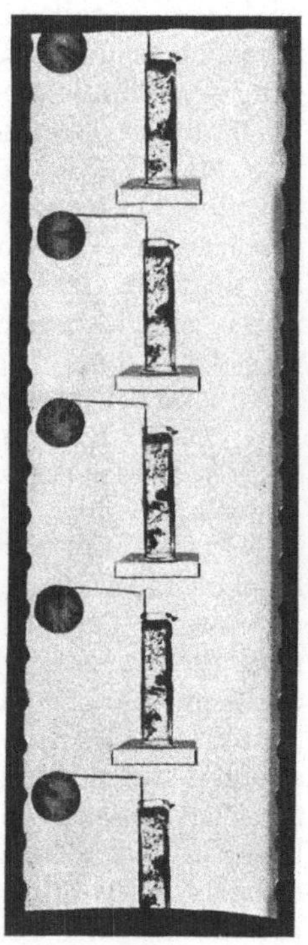

Abb. 234. Zeitlupennegativ mit Zeitmarkierung (Uhr). (Aus K. HÖFER [1, Abb. 133, S. 466].)

dern auf einer Trommel mit einem Einlageband aus Zelluloid aufrollt, entwickelt, fixiert und wässert. Das Zelluloidband trägt kleine Knöpfchen, die die Windungen des Films auseinanderhalten und so das Eindringen der Flüssigkeit zwischen den Windungen ermöglichen. Das Correx-Verfahren erfordert einen kleineren Entwicklungsraum und auch geringere Mengen an Flüssigkeiten, was bei kinematographischen Aufnahmen auf Forschungsreisen von großem Vorteil ist. Werden die Filme auf Rahmen entwickelt, so können sich an den oberen Umschlagstellen Luftblasen ansammeln, die durch Klopfen entfernt werden müssen, da sie sonst am Negativ weiße Flecken verursachen. Nach der nötigen Entwicklungsdauer wird die Entwicklung in einem Eisessigbad prompt unterbrochen und dann wird ausfixiert. Nach vollendeter Fixierung werden die Filme in fließendem Wasser gewaschen und in einem staubfreien Trockenraum auf rotierenden Holztrommeln getrocknet, wobei sie zwischen feuchtem Leder noch poliert werden. Das

Positiv wird mit Belichtungsmaschinen hergestellt, wobei Negativ- und Positiv-film Schicht an Schicht zusammengepreßt vor einem Bildfenster abrollen und durch eine elektrische Lampe belichtet werden. Die Geschwindigkeit des Abrollens ist der Belichtungszeit angepaßt und automatisch reguliert. F. Scheminzky hat, wie bereits erwähnt, einen einfachen Kopierapparat für Schmalfilme bauen lassen, der mit geringen Abänderungen auch für kürzere Normalfilmaufnahmen zu ver-wenden wäre.

Enthält die Filmrolle verschiedene Aufnahmen, so ist es zweckmäßig, durch Lochung oder Markierung Trennungslinien anzubringen, um die einzelnen zusammengehörenden Bildreihen voneinander abzugrenzen, damit sie in der Ent-wicklungsanstalt auseinandergetrennt und den verschiedenen Belichtungen ent-sprechend einzeln behandelt werden. Bei jeder Aufnahmekamera ist zur Markie-rung des Filmbandes eine eigene Vorrichtung vorhanden. Ist die Filmrolle durch Trennungsstriche nicht in einzelne Abschnitte geteilt, so wird die ganze Filmrolle, z. B. 60 m Film, auf einem Rahmen aufgewickelt und auf einmal behandelt. Daß bei einer Aufnahmereihe, wo man z. B. mit verschiedenen Vergrößerungen ge-arbeitet hat, das gemeinsame Entwickeln für einen Teil der Bilder unvorteilhaft ist, liegt auf der Hand. Es ist daher sehr zu empfehlen, durch Markierung die unter verschiedenen optischen Bedingungen erzielten Aufnahmen abzugrenzen und der Kopieranstalt die nötigen Anweisungen zur Entwicklung (ob einzelne Aufnahmen härter oder weicher entwickelt werden sollen usw.) genau anzugeben. Hat man z. B. Aufnahmen von Amöben vor, zunächst bei einer schwachen und dann bei einer starken Vergrößerung (im ersten Fall mit einem Kondensor ohne Frontlinse, im zweiten mit dem ganzen aplanatischen Kondensor), so wird man, bevor man mit der endgültigen Aufnahme beginnt, zwei Probebelichtungen machen müssen, eine bei der schwachen und eine bei der starken Vergrößerung. Die zweite Probebelichtung kann man allerdings auch dann vornehmen, wenn man die Aufnahme mit dem einen Objektiv beendet hat und nun mit einem anderen Objektiv oder mit einer anderen Beleuchtung die weiteren Aufnahmen ausführen will. Ein solches Verfahren ist jedoch stets umständlich und zeitraubend, da man die Kamera öffnen, das Filmband zerschneiden, den belichteten Film-streifen in der Dunkelkammer verpacken und das Filmband in die Aufwickel-kassette wieder einfädeln muß, um für die zweite Probebelichtung vom Ende des unbelichteten Filmbandes einen kurzen Streifen zu bekommen. Da ist es schon praktischer, die Probebelichtungen hintereinander durchzuführen, was — von Ausnahmefällen abgesehen — ohne Schwierigkeit geschehen kann, da der Plan, nach welchem die Aufnahmen hintereinander erfolgen sollen, schon zu Beginn der Aufnahme genau ausgearbeitet vorliegen muß.

Verzichtet man auf die Markierung der einzelnen unter verschiedenen optischen Bedingungen erfolgten Aufnahmen und auf die entsprechenden Angaben über die Entwicklung, so wird eine gute Entwicklungs- und Kopieranstalt zwar die Film-rollen im ganzen entwickeln, die etwaigen Ungleichmäßigkeiten in der Dichte des Negativfilms aber beim Kopieren auszugleichen trachten; man wird also die Filmrollen je nach der Dichte des Negativs in mehrere Stücke zerschnitten zurück-halten mit den entsprechenden Rollen vom Positivfilm. Die schwarzen Stellen, die durch Überbelichtung bei der Einstellung oder durch Nebenlicht bei der Öffnung der Kassette am Film entstehen, werden schon in der Anstalt entfernt.

Die von der Anstalt zurückerhaltenen fertigen Negative und Positive muß man selbst durchprüfen (vgl. Th. Florsheim [1]); zunächst, ob das ganze Material richtig zerschnitten wurde, dann, ob die Aufnahmen fehlerfrei genug sind[1].

---

[1] Will man bei unsicheren Aufnahmen die Kosten der Kopie ersparen und drängt es mit der Fertigstellung des Films nicht, so ist es ratsam, erst den fertigen Negativ-

Weiß man, wieviel belichteter Film zur Verarbeitung verschickt wurde (die Menge des belichteten Films muß entweder nach der Länge oder nach dem Gewicht angegeben werden), so ist die Kontrolle nicht schwer, denn die Anstalt pflegt auch den Abfall an Film (nebenbelichtete und überbelichtete Stellen, Schwarzfilm) mitzuschicken. Man braucht also nur nachzuwiegen oder — da der Preis der filmtechnischen Behandlung nach Meterzahl berechnet wird — mit einer Filmmeßmaschine nachzumessen. Die Durchsicht des fertigen Filmmaterials nimmt man am besten in eigens dazu konstruierten Apparaten, z. B. beim Lytaklebetisch (Apparatenbau, Freiburg) vor. Erst überprüft man den Positivfilm und dann vergleicht man das Negativ mit ihm, indem man die zwei Filmstreifen Schicht an Schicht zusammenlegt. Die häufigsten Fehler sind 1. die schon erwähnten weißen Flecken, die von nicht entfernten Luftblasen in der Entwicklerlösung herrühren; 2. Wasserflecke, die durch anhaftende Tropfen entstehen können, wenn beim Trocknen die Polierung mangelhaft war; 3. Schlieren, die auf ungenügendes Wässern oder auf Verunreinigungen des Entwicklers zurückgeführt werden können; 4. Blitzfiguren, die durch elektrische Entladungen bei sehr trockenen Filmrollen auftreten können, infolge der Reibung beim Filmtransport in der Aufnahmekamera. Am häufigsten kommen jedoch Schrammen, Kratzer und ähnliche Schädigungen der Schicht vor, die von Staubteilchen verursacht werden, wenn das Bildfensterchen oder die Schicht des Films nicht vollkommen staubfrei sind. Wohl wird meistens das Bildfensterchen staubfrei gehalten; viel schwieriger ist es jedoch, dasselbe bei den Kassetten zu erreichen, die mit Samt lichtdicht gefüttert sind und daher nie ganz staubfrei sind, namentlich nicht das sog. Kassettenmaul, wo der Film aus der Kassette heraustritt.

Auch die Lochung (Perforation) des Filmbandes muß genau überprüft werden, denn oft wird diese entweder schon während der Aufnahme oder in der Anstalt beschädigt, und fehlt dann die Perforation auf einer längeren Strecke, so hat man bei der Vorführung erhebliche Schwierigkeiten.

Bei der Korrektur der Filme verfährt man mit dem Negativ und dem Positiv gleichartig, d. h. was am Negativ entfernt wurde, entfernt man ebenso auch im Positiv. Sind jedoch Fehler im Positiv vorhanden, die erst durch das Kopieren entstanden sind (Blitzfiguren, Schlieren, Flecke), so muß die Anstalt eine neue fehlerfreie Kopie liefern.

Nach Überprüfung der fertigen Filmstreifen müssen die Aufnahmen in der Reihenfolge zusammengeklebt werden, wie man sie vorzuführen wünscht. Dabei klebt man an beide Enden der Filmrolle ein Stück Abrollfilm („Schwänze) aus Blankfilm und zwischen die einzelnen Aufnahmen ebenfalls Blankfilmstreifen oder, falls solche angefertigt wurden, die entsprechenden Textpositive ein. Zum Kleben der Filmstreifen verwendet man ein fertig erhältliches Klebemittel (z. B. Filmin u. ä.), eine Klebelade, um die Filmenden zusammenzupressen, ein Schabemesser und ein Lineal oder eine kleine Messingplatte. Die Filmenden, die zusammengeklebt werden sollen, müssen erst von der Schicht befreit werden. Man schabt also mit dem Messerchen entweder die trockene oder aufgeweichte Schicht ab, quer zur Längsrichtung des Films, und schneidet dann mit einer Schere das Filmband so durch, daß ein 2—3 mm breiter, schichtfreier Saum übrigbleibt. Dann streicht man auf den Saum des einen Filmendes das Klebemittel und legt rasch das andere Filmende mit der Glanzseite nach

---

film zur Überprüfung sich schicken zu lassen und dann, wenn dieser überprüft ist, eine oder mehrere Kopien zu bestellen. Allerdings können nur Geübtere aus dem Negativ die Güte der Aufnahme richtig beurteilen. Man pflegt daher meistens mit dem Negativ gleich eine Kopie, die sog. Musterkopie, zu bestellen und an dieser die Kontrolle der Aufnahmen durchzuführen.

oben darauf und preßt die zusammengekitteten Enden in die Klebelade. Falls das Abschaben der trockenen Schicht Schwierigkeiten bereitet, läßt man die Gelatine aufquellen, indem man das Lineal oder die Messingplatte bis zu der Stelle, von wo an die Schicht angefeuchtet werden soll, auf den Film legt, von hier aus die Schicht mit Wasser aufweicht und sie dann mit dem Messer oder einem Spatel abschabt. Beim Kleben der Streifen soll genau darauf geachtet werden, daß die Klebestelle nicht zu dick ist, da sonst beim Abrollen des Films hier Hindernisse entstehen, die bei Vorführungen eine Hemmung oder das Zerreißen des Filmbandes verursachen können. Man schneide also mit einer Schere alle vorspringenden Kanten und Ecken an der Klebestelle ab und sorge auch dafür, daß alles überflüssige Klebemittel mit einem Lederlappen entfernt wird, bevor noch die Enden in der Klebelade zusammengepreßt werden. Es ist weiter vorteilhaft, so zu kleben, daß das bei der Projektion nachfolgende Filmende über dem vorangehenden liegt. Für den Mikrokinematographen kommt hauptsächlich das Zusammenkleben von fertigen Negativen oder Positiven in Betracht, was er bequem am Lytaklebetisch vornehmen kann, da dieser, wie schon sein Name zeigt, die dazu nötige Einrichtung enthält. Das umständliche Verfahren beim Zusammenkleben von unbelichteten oder belichteten und noch nicht entwickelten Filmstreifen, das in der Dunkelkammer vorgenommen werden muß, sollte lieber den Anstalten überlassen werden, von denen man die Filme bezieht, oder wo man sie entwickeln läßt.

181. Die Überprüfung der Aufnahmen. Die Filme, die man am Lytaklebetisch oder ähnlichen Vorrichtungen gesichtet und dann zusammengeklebt hat, können nach dieser ersten filmtechnischen Überprüfung mit den Fahnenkorrekturen verglichen werden, die man aus den Druckereien bekommt, nachdem ein Korrektor sie auf die gröbsten Druckfehler schon durchgelesen hat. Eine weitere Korrektur, nämlich die Kontrolle des Filmbildes auf seinen Inhalt und seine optische Wirkung, muß erst jetzt erfolgen, indem man das Positiv mit einem Projektionsapparat vorführen läßt, wobei die Stellen, die noch störende Kopierfehler aufweisen oder irgendwie sonst ungünstig wirken, entfernt werden, soweit das ohne Schaden durchführbar ist. Bei der Projektion werden nämlich die Mängel der Aufnahme und vor allem die Fehler des Positivs deutlich sichtbar. Es läßt sich auch erst bei dieser Vorführung genauer beurteilen, ob die Regie der ganzen Aufnahme richtig getroffen wurde und die Vorgänge, die man im Film festhalten wollte, anschaulich und charakteristisch zum Ausdruck gelangen. Oft wird es sich herausstellen, daß man manche Momente viel zu lang, andere wiederum zu kurz aufgenommen hat. Bei jenen wird die Vorführung eintönig wirken, da längere Zeit nichts Wesentliches am Film vor sich geht, bei diesen wiederum werden die Zuschauer in den paar Sekunden, während der Vorgang sich am Film abspielt, die charakteristischen Erscheinungen gar nicht richtig bemerken können. Die Stellen, wo der Vorgang einen schleppenden Verlauf zeigt, kann man getrost kürzen, dabei wird das Kinobild an Wirkung nur gewinnen. Zu kurz geratene Aufnahmen wichtiger Momente läßt man mehrfach kopieren (als Dubletten) und fortlaufend kleben, damit man bei der Vorführung den Eindruck erwecke, als ob der Vorgang sich hintereinander mehrmals wiederholte. So haben dann die Zuschauer Zeit, ihre Aufmerksamkeit auf wesentliche Punkte des Kinobildes zu konzentrieren. Allerdings sei hier bemerkt, daß allzu kurz gedrehte Vorgänge auch dann nicht deutlicher werden, wenn man sie in Dubletten mehrere Male hintereinander vorführt. Anders ist es, wenn der Vorgang normalerweise von sehr kurzer Dauer ist und nur nach öfterer Betrachtung die charakteristischen Momente in seinem Ablauf erkennen läßt. Es soll z. B. die Funktion der kontraktilen Vakuole einer Amoeba Proteus aufgenommen werden. Je nach dem biologischen Zustand der

Amöbe werden auch 2—3 Minuten vergehen, bis die kontraktile Vakuole in Funktion tritt. Die Entleerung der Vakuole vollzieht sich aber verhältnismäßig sehr schnell. Nun wird die Amöbe bei der Vorführung 2—3 Minuten lang, d. h. für eine ziemlich lange Projektionsdauer, auf dem Film sichtbar sein, ohne den Vorgang, auf den es ankommt, zu zeigen. Das braucht natürlich für die Wirkung des Kinobildes nicht unbedingt nachteilig zu sein. Wirkt es aber eintönig, so kann man den Film hier kürzen, die kurze Strecke aber, wo die Entleerung der Vakuole in Erscheinung tritt, mehrmals kopieren.

Von solchen Korrekturen hängt vielfach die Wirkung ab, die man bei der Vorführung der Kinoaufnahmen erzielt. Man scheue daher nicht die Zeit und die Mühe, die Musterkopie wiederholt vorführen zu lassen und an der Bildfolge oder der Anordnung der Aufnahme soviel als möglich zu verbessern. Bei Zeitraffer- und Zeitlupenaufnahmen läßt sich begreiflicherweise aus dem Film nichts oder nur wenig herausschneiden. Man kann dagegen bei der Probevorführung die Vorführungsgeschwindigkeit genau feststellen, bei welcher eine Zeitraffer- aufnahme am besten wirkt. Falls die Aufnahmefrequenz der Aufnahmen nicht ganz richtig getroffen wurde (s. S. 380) und die Vorführung bei Normalfrequenz einen unnatürlich beschleunigten Verlauf zeigt, kann man mit geeigneten Pro- jektionsapparaten die Vorführungsgeschwindigkeit etwas bremsen.

Hat man auf diese Weise Negativ und Positiv gleichartig durchkorrigiert, gekürzt und zusammengeklebt, so ist der Film zur Vorführung fertig. Man hebt das Negativ und die Kopie gesondert in dafür angefertigten Behältern aus Holz mit Zinkeinlagen oder in Blechbüchsen auf. Beim Aufbewahren der Negative ist es vorteilhaft, die Schichtseite mit Streifen aus Seidenpapier zu bedecken und das Filmband so aufzurollen. Auf dem Blankfilm der „Schwänze" kann man dann Datum, Inhalt, mikroskopisch-optische oder filmtechnische Angaben aufzeichnen bzw. wenn Protokolle über die Aufnahmen geführt werden — was in allen mikrokinematographischen Laboratorien systematisch erfolgen muß — die be- treffenden Protokollnummern angeben. Die Filme müssen in einem trockenen Raum nicht nur feuersicher, sondern auch vor Wärme geschützt, aufbewahrt werden. Besitzt man eine größere Sammlung von Negativen und Vorführungsfilmen, so läßt man am besten eigene feuersichere Schränke für die Sammlung anfertigen.

182. Der Plan der Aufnahmen (Drehmanuskript). Zum Schluß sei aus- drücklich empfohlen, zu jeder wissenschaftlichen kinematographischen Auf- nahme und ganz besonders zu den mikrokinematographischen einen Plan bis ins feinste auszuarbeiten, wo die Linsenfolgen, die Beleuchtungsfragen (Hell- feld oder Dunkelfeld, Stromstärke, Lichtfilter, Blendenöffnungen usw.), die Aufnahmefrequenz und die Dauer der Aufnahme auf Grund von früheren Er- fahrungen oder vorangehenden richtigen „Proben" mit dem Objekt aufgezeichnet sind. Oft wird man die Aufnahmen in mehrere Akte einteilen müssen und zwischen den einzelnen Akten die Linsenfolge, das Gesichtsfeld oder die Versuchsanordnung wechseln. Die Schwierigkeiten der mikrokinematographischen Aufnahmen sind nur zum Teil optischer oder filmtechnischer Natur, zum Teil sind sie psycho- logisch bedingt dadurch, daß man im Moment, wo der Film zu laufen beginnt, von einer gewissen „Spannung" befallen wird, und bis man diese durch Gewöhnung nicht verloren hat, stets etwas hastig arbeitet. Dieses psychische Moment spielt natürlich bei Aufnahmen von den im mikroskopischen Gesichtsfeld ausgeführten Versuchen eine größere Rolle; vielfach führt es jedoch auch bei anderen Auf- nahmen, wo der Forscher nur das Bild zu kontrollieren hat, dazu, daß man die Aufnahmedauer zu kurz wählt. Aufnahmen mit kürzerer Vorführungszeit als 1,5 Minute lassen die Zuschauer meistens unbefriedigt. Diese Gesichtspunkte und dementsprechend auch die Filmlänge zu den einzelnen Aufnahmen sollen also im Plan stets berücksichtigt werden. Sehr wichtig ist ferner, alle Hilfsapparate, die man während der Aufnahmen zur Unterbringung der Objekte oder zur Ausführung bestimmter Versuche benötigt (Heizkasten für die Gewebekulturen, Mikrobehälter für Protisten und Planktontiere mit oder ohne Zirkulation, Mikromanipulator usw.) vorerst genau zu prüfen und die Maßnahmen, die man bei ihrer Anwendung einhalten soll, im Plan aufzuzeichnen.

Die glatte Durchführung eines gut getroffenen Planes ist natürlich dann am besten gesichert, wenn man mit einer eingeübten Hilfskraft zusammen arbeiten kann, die nicht allein die Kinokamera bedienen, sondern auch das Bild am Filmband prüfen und die Beleuchtung regeln muß. Bei schwierigen Aufnahmen, wie z. B. bei Zelloperationen und ähnlichen Versuchen im mikroskopischen Sehfeld, wo der Forscher mit der Ausführung des Versuchs voll beschäftigt ist, wird es einen großen Vorteil bedeuten, wenn auch eine dritte Person noch bei der Aufnahme mitwirkt und das mikroskopische Bild ständig scharf einstellt. Für solche Aufnahmen zu dritt, wie sie im mikrokinematographischen Laboratorium der ZEISS-Werke bei der erstmaligen Verfilmung von mikrurgischen Zelloperationen unter persönlicher Leitung von H. SIEDENTOPF stattgefunden haben (1922), war die seitliche Beobachtung mit einem Doppelokular ausgerüstet. In dem einen Okular konnte der Experimentator die Ausführung der Versuche verfolgen, in dem anderen aber der Mitarbeiter das mikroskopische Bild in der gewünschten Schärfe einstellen. Währenddessen hat ein zweiter Mitarbeiter die Aufnahmekamera bedient und das Bild im Beobachtungsfenster von Zeit zu Zeit geprüft.

D. Die Mikrophotographie der gefärbten Dauerpräparate.

(Vgl. zusammenfassende Darstellung bei H. PETERSEN [6].)

183. Die optischen und graphischen Eigenschaften der Objekte. Unter den Objekten der mikroskopischen Forschung werden den Mikrophotographen am häufigsten die gefärbten Dauerpräparate beschäftigen. Aus dem, was über die Wirkung der mikrotechnischen Behandlung auf das mikroskopische Bild an früheren Stellen schon angeführt wurde (s. S. 25 u. 111), ist es verständlich, daß die scharfe Abbildung der Zellstrukturen leichter an solchen Präparaten gelingt, die gehärtet, elektiv gefärbt und in einem vollkommen durchsichtigen Medium eingeschlossen sind, als bei frischen oder lebenden Objekten (vgl. Abb. 235). Aus diesem Grunde waren gefärbte Schnittpräparate von jeher bevorzugt, wenn es sich darum handelte, die Leistungsfähigkeit der Mikrophotographie vorzuführen. Sie eignen sich neben den mikroskopischen Testpräparaten aus Diatomeenschalen tatsächlich am besten zur Prüfung der optischen Eigenschaften einer mikrophotographischen Einrichtung, da man von ihnen die schärfsten, hellsten und deutlichsten Bilder erzeugen kann. Es sei jedoch gleich hier hervorgehoben, daß diese Eignung zur mikrophotographischen Arbeit nicht unmittelbar mit der Färbung als solcher, d. h. nicht mit den im Präparat subjektiv bemerkbaren Farbenunterschieden zusammenhängt, sondern der ganzen mikrotechnischen Behandlung zu verdanken ist, welcher die Präparate von der Fixierung bis zum Eindecken unterworfen sind. Für die subjektive Beobachtung haben natürlich die Farbenunterschiede im Präparat eine hervorragende Bedeutung; in der Schwarz-Weiß-Photographie, auf die man in der Mehrzahl der Fälle angewiesen ist, werden jedoch die Farbenunterschiede gar nicht wiederzugeben sein. Wie PETERSEN (4) es klar erblickt und betont hat, kommt es auch bei den gefärbten Objekten nur darauf an, wieweit man durch die Färbung der Strukturen ihre graphische Wirkung heben kann. Von farbenphotographischen Aufnahmen abgesehen, handelt es sich also nicht um die Wiedergabe des Farben-

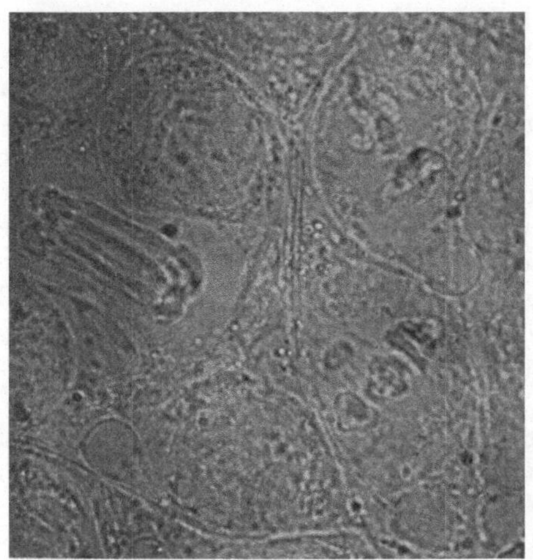
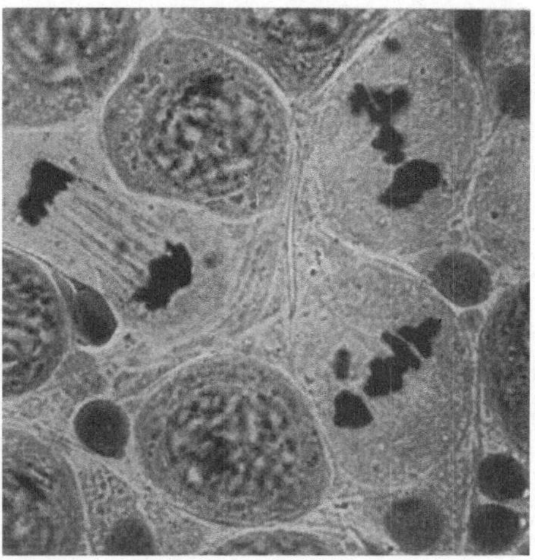

A   B

Abb. 235. Ausstrichpräparat von den Samenzellen einer Heuschrecke (Stenobothrus lineatus).
A Lebende Zellen (zum Teil in Teilung begriffen); B Dieselbe Stelle nach Fixierung und Färbung.
Vergr. 680fach. (Aus K. BĚLAŘ [5, Abb. 4 u. 5].)

bildes, aus dem der Forscher seine Beobachtungen schöpft, sondern um die schärfere Zeichnung und bessere Kontrastwirkung der Strukturfeinheiten, welche die Folge einer mikrotechnischen Färbung sind (Abb. 236). Die schärfere Zeichnung wird dadurch begünstigt, daß als Vorbereitung zur Färbung die Strukturen fixiert und gehärtet werden (s. S. 25). In diesem Zustand binden sie die Farbstoffe an sich, so daß sie sich von der Umgebung klar abheben, Sie sind dann auch auf der Mattscheibe oder Spiegelglasscheibe mit der Einstellupe weit deutlicher sichtbar als in ungefärbtem Zustand,

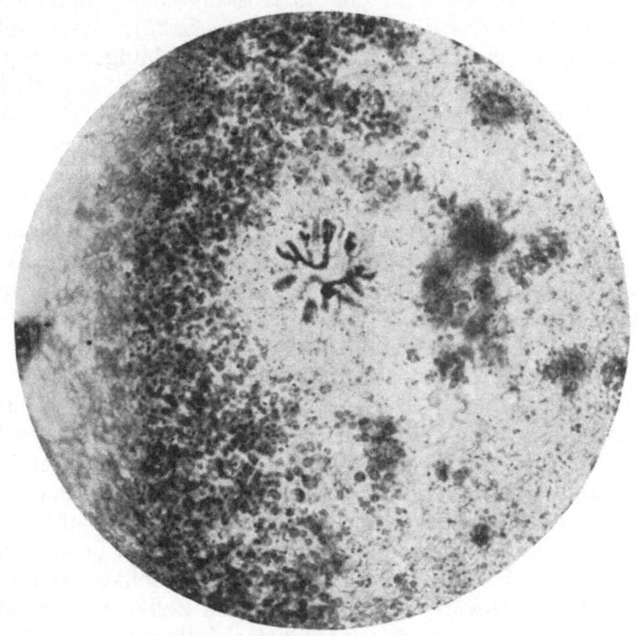

Abb. 236. Gefärbtes Schnittpräparat. Axolotl-Ei, weiblicher Vorkern in der zweiten Reifeteilung, Telophase mit Chromosomen an dem einen Spindelpol. Schnittdicke: 7,5 μ, Färbung: Hämatein-Eosin. Obj. ZEISS, Apochr. 40fach, num. Ap. 0,95, Homal III, Kammerlänge 42 cm.

und man kann das Bild auch in der photographischen Einstellebene mit der denkbar größten Schärfe einstellen. Dazu kommt noch, daß man die Schichtdicke der Präparate genau der Tiefenschärfe des abbildenden Systems anpassen (s. S. 90) und so dünne Schnitte oder Ausstrichpräparate herstellen kann, die selbst bei stärksten Vergrößerungen im ganzen Gesichtsfeld ein klares und scharfes Bild liefern. Die bessere Kontrastwirkung, die in den Hellfeldaufnahmen von gefärbten Dauerpräparaten im Gegensatz zu solchen von frischen Präparaten deutlich hervortritt, ist zunächst der Färbung mit zu verdanken, welche diese oder jene Struktur elektiv hervorhebt. Dann aber erhält man das strukturlose Sehfeld, den graphischen Hintergrund der abzubildenden Strukturen, stark ausgeleuchtet, da die meisten Einschlußmittel, wie Kanadabalsam, Dammarlack, Lävulose usw. die Strahlen ebenso wie Glas durchlassen. Auf diesem hellen Untergrund werden die Objekte schärfer und stärker hervortreten als z. B. bei Kulturpräparaten, wo der Nährboden einen Teil der einfallenden Strahlen absorbiert (s. S. 340). Daß dabei die Bedingungen für die förderliche Beleuchtung und scharfe Einstellung bei den in Kanadabalsam eingeschlossenen dünnen Dauerpräparaten am leichtesten zu erfüllen sind, braucht nicht besonders hervorgehoben zu werden.

184. Die Wahl der Färbung. Mit einer geeigneten optischen Einrichtung und mit entsprechend hergestellten Präparaten wird also ein sonst geübter Photograph bei den Aufnahmen von gefärbten Dauerpräparaten des Erfolges sicher sein, was man bei lebenden Objekten keineswegs behaupten kann. Was unter geeigneter optischer Einrichtung zu verstehen ist, wurde in den früheren Abschnitten schon ausführlich behandelt, denn die gebotenen Schilderungen von dem Werkzeug, der Optik und Methodik der Mikrophotographie beziehen sich in erster Reihe auf gefärbte Dauerpräparate. Auch die Grundzüge der Präparatenherstellung, soweit sie mit der mikroskopischen Bilderzeugung zusammenhängen, wurden schon früher geschildert (s. S. 25). Hier wollen wir nur noch einige Momente aus dem mikrotechnischen Färbungsvorgang hervorheben, die wegen ihres Einflusses auf die graphische Wirkung von Bedeutung sind.

Vom Gesichtspunkt des Graphikers wird das Wichtigste sein, daß die Bildelemente, auf deren Wiedergabe Wert gelegt wird, dunkel auf hellem Hintergrund oder hell auf dunklem kontrastreich hervortreten. Durch welche Farbstoffe die Kontraste zwischen hell und dunkel erzielt werden, wird ihm gleichgültig sein, solange er mit einer Schwarz-Weiß-Technik arbeitet. Dem Mikrotechniker ist zwar die Farbe nicht gleichgültig; in vielen Fällen ist sie sogar das Entscheidende bei der Auswahl des mikrotechnischen Färbungsmittels. Immerhin strebt auch er im allgemeinen dahin, daß die darzustellenden Strukturen dunkler erscheinen als die Umgebung. Elektiv gefärbte Zellorgane, wie Zellkerne, Mitochondrien, GOLGI-Apparate, Körnchen und Fibrillen pflegt man stets als dunklere Bildelemente in einer helleren gefärbten oder ungefärbten Umgebung hervorzuheben. Für die subjektive Betrachtung begnügt man sich dabei nicht mit den reinen Helligkeitsunterschieden, sondern strebt nach den optisch wirksameren Farbenunterschieden, d. h. man färbt auch die Umgebung in einer Kontrastfarbe zur hervorzuhebenden Struktur. Der Mikrotechniker wird also für seine Zwecke dieselbe oder eine noch bessere Kontrastwirkung erzielen, wenn er z. B. den Zellkern grün und den Zellkörper rosa oder orange färbt, statt den Kern schwarz zu färben und den Zellkörper ungefärbt zu lassen. Da das Verfahren der Doppel- oder Mehrfachfärbungen, von den rein optischen Gesichtspunkten abgesehen, große Vorteile für die Kennzeichnung verschiedener Zellbestandteile und Gewebearten bietet, werden zu Untersuchungszwecken am häufigsten mehrfach gefärbte Präparate verwendet. Die Kerne und die Zellorgane erscheinen dann meistens in einer dunkleren Farbe, das undifferenzierte Protoplasma oder die Grundsubstanz der Stütz- und Bindegewebe aber (einfarbig oder mehrfarbig) heller gefärbt (Protoplasmafärbung).

Die so erzielten Farbenkontraste wird der Mikrophotograph aus einem ganz anderen Gesichtspunkt beurteilen als der Mikrotechniker, nämlich nur daraufhin, wie die farbigen Stellen in einer schwarz-weißen Wiedergabe wirken. So wird er z. B. finden, daß eine Doppelfärbung, wo die Kerne grün, die Zellkörper rosa erscheinen, keine so günstigen Kontraste im Lichtbild erzeugt als eine einfache Kernfärbung, wo die Kerne dunkelblau oder schwarz in den ungefärbten hellen Zellen dargestellt werden. Man kann andererseits nicht verallgemeinern und also behaupten, daß dunkelgefärbte Strukturen in ungefärbter Umgebung stets die besten graphischen Wirkungen hervorrufen. Die Dinge sind nicht so einfach, und die Beantwortung der Frage, ob zur photographischen Wiedergabe des Objekts eine einfarbige elektive Färbung sich besser eignet als Kontrastfärbungen in zwei oder mehreren Farben, hängt auch noch von der Beschaffenheit des Objekts und von der Vergrößerung ab, mit der man es abbildet. Würde man z. B. ein Übersichtsbild von einem Leberpräparat aufnehmen, das nur mit einem Kernfarbstoff behandelt wurde, so wäre das Lichtbild zur Darstellung der histologischen Verhältnisse kaum geeignet trotz der günstigen graphischen Kontraste, die man darin wahrnehmen kann. So wie in diesem Beispiel, verlangt man von allen Übersichtsbildern, die einen größeren Reichtum an Formelementen enthalten, daß sie feiner abgestufte und mannigfaltiger gestaltete Kontraste zeigen als die Präparate, welche nur mit einer einzigen Farbe elektiv gefärbt sind. Ausnahmen sind natürlich auch hier vorhanden. Sind die elektiv gefärbten Bildelemente dicht genug im Sehfeld verteilt, wie z. B. die Nervenzellen und Nervenfasern in den mit Methylenblau oder nach GOLGI, nach RAMÓN Y CAJAL und nach BIELSCHOWSKY behandelten Präparaten, so genügt die einfache elektive Färbung, um ein anschauliches Übersichtsbild zu liefern. Im allgemeinen wird eine Doppelfärbung, d. h. eine Kern- und eine Plasmafärbung, bei allen Übersichtsbildern vorteilhaft sein, wo man die Anordnung der Zellen in ihrem Verhältnis zum Bindegewebe oder zu anderen benachbarten Geweben darstellen will. Bei der Abbildung der Strukturfeinheiten in den Zellen ist es dagegen meistens gleichgültig, ob man neben der elektiv gefärbten Struktur auch die anderen Teile der Zelle färbt oder nicht. Eine helle Kontrastfärbung der Zellkörper wird jedoch auch hier vorteilhafter wirken, denn die ungefärbten Zellen erscheinen in Kanadabalsam viel zu hell und durchsichtig, und die Zellgrenzen werden nicht deutlich genug sichtbar. Benutzt man aber statt Kanadabalsam Lävulose oder Glyzerin, so sind die Zellgrenzen auch ohne Plasmafärbung deutlich zu sehen; allerdings haben dann diese Einschlußmittel andere Nachteile gegenüber dem Kanadabalsam.

Zur photographischen Darstellung der wichtigsten oder charakteristischen Strukturen im Präparat eignen sich, wie auch an anderen Stellen schon betont wurde, hauptsächlich schwarze und dunkelblaue Färbungen, wie man sie mit den verschiedenen Hämatoxylinlackfärbungen, mit einigen Beizfarbstoffen nach S. BECHER, mit Blauschwarz und Kernschwarz oder durch Silber- und Goldimprägnierungen am besten erhalten kann. Die Farben sollen möglichst lichtecht und rein sein, d. h. außer einem engen Spektralbereich alle übrigen Wellenbereiche des weißen Lichts absorbieren. Viele in der Mikrotechnik sehr verbreiteten blauen Farbstoffe, so z. B. Methylenblau, Thionin, Toluidin, lassen außer den blauen Strahlen auch rote Strahlen durch, ebenso Gentianaviolett außer den violetten Strahlen auch rote. Die Wirkung der mit solchen metachromatischen Farbstoffen gefärbten Stellen ist auf der photographischen Platte nie so scharf und genau definiert wie die der farbreinen (lichtechten) Stoffe.

Als Kontrastfärbung dazu wählt man am besten gelbe Farben, wie Pikrinsäure, Martiusgelb, Alizaringelb usw. Die roten und rosa Farben, die in der mikrotechnischen Praxis als Plasmafarbstoffe sehr verbreitet sind (Eosin, Erythrosin, Säurefuchsin, Bordeaux usw.) kommen nur in zweiter Reihe in Betracht, und zwar in der Hauptsache nur für Übersichtsaufnahmen von Präparaten, welche aus mehreren Gewebearten zusammengesetzt sind, wo also die Helligkeitsunterschiede rot, gelb und blau die einzelnen Gewebe auch im photographischen Bild besser kennzeichnen. Das Übersichtsbild von einem Querschnitt des Darmkanals wird z. B. von der Schichtung der Darmwand ein anschaulicheres Bild geben, wenn die Schleimhaut, das Bindegewebe und die Muskelschicht in drei verschiedenen Farben gefärbt sind, nämlich in Violett, Rot und Gelb, als wenn Bindegewebe und Muskelschicht dieselbe gelbe Farbe zeigen. Sind aber im Präparat Strukturen rot gefärbt, so erhält man davon nur mit panchromatischen Platten tonrichtige Aufnahmen. Die Aufnahmen auf panchromatischen Platten geben zweifelsohne die beste schwarz-weiße photographische Wiedergabe eines mehrfach gefärbten Dauerpräparates, da die histologischen Färbungen zum größten Teil Mehrfachfärbungen sind, bei denen die eine Farbe stets rot ist (z. B. bei der Hämatoxylin-, van Gieson-, der Giemsa-, der „Azan"- oder der Flemmingschen Dreifachfärbung usw.). Es müßte also eigentlich als Regel gelten, daß man zu gefärbten Dauerpräparaten die panchromatischen Platten verwendet und die orthochromatischen nur für die speziellen Fälle bereit hält, wenn Präparate zur Aufnahme gelangen, die in den Kontrastfarben Schwarz-Gelb oder Blau-Gelb bzw. Violett-Gelb gefärbt sind. Da in der Praxis der Zytologen, Histologen und Bakteriologen solche Färbungen viel seltener vorkommen als Doppel- und Dreifachfärbungen mit einer roten Komponente, so wäre eine solche Forderung nur logisch und gut begründet. Nun sind aber die panchromatischen Platten nicht unerheblich teurer als die orthochromatischen; andererseits aber weicht auch ihre photographisch-technische Behandlung, die Desensibilisierung und die Entwicklung bei grünem Licht usw., von dem gewohnten Gang der photographischen Arbeit ab, Umstände also, die bei einem Massenbetrieb, wie man ihm gerade in histologischen und bakteriologischen Laboratorien häufig begegnet, die Ausübung der mikrophotographischen Methode erschweren. Schon aus diesen Gründen trachte man so weit als möglich mit orthochromatischen Platten zu arbeiten, und hier ist dann der Rat von Petersen sehr zu beherzigen, daß man die Objekte, die man photographieren will, schon bei ihrer Herstellung den Forderungen der Mikrophotographie entsprechend behandeln soll. In vielen Fällen erzielt man mit solchen den photographischen Forderungen angepaßten Präparaten, die, subjektiv beobachtet, weitaus nicht so farbenprächtig wirken, bessere Bilder als umgekehrt, wenn man die Präparate so, wie sie zur subjektiven Untersuchung verwendet wurden, unter die Kamera stellt. Oft lassen sich von Präparaten, die sich zu Untersuchungszwecken sehr gut eignen, auf orthochromatischen Platten nur durch allerlei Kunstgriffe brauchbare photographische Bilder erzeugen, und selbst diese mit vieler Mühe gewonnenen Photogramme werden nicht restlos befriedigen. Selbst wenn man den Grundsatz befolgt, daß man die Präparate von vornherein schon zur Aufnahme vorbereitet, werden einem die Schwierigkeiten bei der tonrichtigen Wiedergabe gefärbter Dauerpräparate auf orthochromatischen Platten nicht gänzlich erspart bleiben. Meistens sind nämlich bei den Untersuchungen, deren Ergebnisse photographiert werden sollen, die mikrotechnischen und nicht die mikrophotographischen Gesichtspunkte maßgebend, und die Fälle, wo das mikrophotographische Verfahren den Eigenheiten der gefärbten Präparate angepaßt werden muß und nicht umgekehrt, sind häufig genug. So wird oft der Forscher auf spezifische Kernfärbungen in grüner oder roter Farbe (z. B. mit Methylgrün, mit Safranin oder Azokarmin) schwerlich verzichten und sie mit schwarzen oder blauen Färbungen vertauschen können. Ebensowenig wird man in bestimmten Fällen auf die Vorteile der ALTMANN-KULLschen Granula- und Mitochondrienfärbung mit Pikrofuchsin oder auf die Fettfärbung mit Sudan verzichten, obzwar diese sich zu mikrophotographischen Aufnahmen auf orthochromatischen Platten weniger eignen als die schwarz oder dunkelblau gefärbten Präparate (z. B. für Granula und Mitochondrien die Eisenhämatoxylinfärbung nach M. HEIDENHAIN, die Chromhämatoxylinfärbung nach O. SCHULTZE oder die Alizarin-Gentiana-Violettfärbung nach BENDA; für Fette und Lipoide die Osmiumreaktion oder die Nilblausulfatfärbung). Wo man aber wählen kann zwischen zwei im mikrotechnischen Sinn gleichwertigen Färbungen, von denen die eine der Struktur eine rote Färbung, die andere eine gelbe bzw. eine dunkelblaue oder schwarze verleiht, wähle man die letztere. Sehr oft beruht die Gewohnheit, das Protoplasma rot zu färben, rein auf Tradition. Färbt man die Zelle statt mit Eosin mit einem gelben Farbstoff, oder läßt man den Zellkörper überhaupt ungefärbt, so kann man die photographische Arbeit ohne Nachteil für die wissenschaftliche Verwertung des Präparates wesentlich erleichtern. Wie aus diesen Ausführungen ersichtlich, wird die mikrophotographische Arbeit mit gefärbten Dauerpräparaten sich leichter oder schwieriger gestalten, je nachdem die Präparate zielbewußt von vornherein mit Rücksicht auf mikrophotographische Gesichtspunkte behandelt wurden oder nicht. Es handelt sich also hauptsächlich darum, ob man schon bei der Herstellung der Präparate sich darüber im klaren ist, wieweit sie für eine mikrophotographische Aufnahme in Betracht kommen. Ist die photographische Aufnahme vorauszusehen, so wird es bei der Mannigfaltigkeit der mikrotechnischen Färbungsverfahren keine Schwierigkeiten bereiten, eine im photographischen Sinne geeignete Färbung herauszufinden. So ist bekanntlich eins der besten Färbungsverfahren die Eisenhämatoxylinfärbung nach M. HEIDENHAIN, welche sich zu Untersuchungszwecken ebenso vorzüglich eignet wie zu der mikrophotographischen Aufnahme. Fast die gleichen Vorteile hat man im allgemeinen von der WEIGERTschen Eisenhämatoxylin- oder der Chromhämatoxylinfärbung nach R. HEIDENHAIN und nach O. SCHULTZE. Man braucht meistens bei diesen Färbungen überhaupt keine Plasmafärbung; jedenfalls ist die übliche Nachfärbung in hellroten Farben für mikrophotographische Zwecke überflüssig und sogar nachteilig. Das Protoplasma und die Zellgrenzen erscheinen in den so gefärbten und gut differenzierten Präparaten ohne jede Kontrastfärbung kontrastreich genug. Man trachte also, überall wo Hämatoxylinlacke anwendbar sind, diese den sonstigen mikrotechnischen Färbungsmitteln vorzuziehen. Auch die Hämateinfärbungen eignen sich allein oder in Verbindung mit einer gelben Plasmafärbung sehr gut und können die Karmin-, Azokarmin- oder Safraninfärbungen überall ersetzen. Bei Fettfärbungen wird man öfters statt Sudan die Osmiumreaktion und für Lipoide das Nilblausulfat anwenden können, wenn auch, wie schon erwähnt, bei solchen spezifischen histochemischen Färbungen die Wahl einer bestimmten, im photographischen Sinne günstigen Färbung nicht immer frei steht. Ebenso schwer ist es, für photographische Zwecke geeignete Färbungen für das Blut und blutbildende Gewebe zu finden. Alle polychromatischen und metachromatischen Blutfärbungen enthalten eine rote Komponente, und gerade die roten oder rötlich gefärbten Stellen haben im Präparat einen besonderen diagnostischen Wert (eosinophile und pseudoeosinophile Granulation usw.). Ähnlich liegen die Dinge bei Bakterienpräparaten, die mit Karbolfuchsin oder nach GRAM gefärbt werden müssen. In allen diesen Fällen hat es keinen Sinn, nach anderen Färbungen zu suchen, sondern man verwendet eben die panchromatischen Platten, mit denen sich auch die roten oder rötlich gefärbten Strukturen tonrichtig wiedergeben lassen.

Gelangen nun gefärbte Dauerpräparate zur Aufnahme, die, ohne Rücksicht auf eine mikrophotographische Verwendung hergestellt, ein Farbenbild zeigen, welches die Aufnahme auf orthochromatischen Platten erschwert (und leider ist das in einer großen Prozentzahl der histologischen Präparate der Fall), so wird noch immer zu überlegen sein, ob man nicht besser aus demselben Material neue Schnitte anfertigen und in einer geeigneten Weise färben soll als mit Lichtfilterkombinationen und panchromatischen Platten die photographische Arbeit zu komplizieren. An und für sich darf man natürlich solche Schwierigkeiten nicht scheuen, wenn sich die Mühe lohnt, oder wenn kein anderer Ausweg vorhanden ist. Es ist aber zu bedenken, daß häufig die Herstellung neuer Präparate weniger Arbeit kostet, und daß selbst bei bestem photographischem Können die Aufnahme eines ungeeignet gefärbten Präparates Mängel aufweisen wird, die man durch eine geeignetere Färbung leicht hätte vermeiden können. Es wird selten vorkommen, daß das Material zur Herstellung neuer Präparate fehlt bzw. nicht angeschafft werden kann. So wird man z. B. aus einem Material, das man in Schnitten mit der Azokarmin-MALLORY-Färbung („Azan"-) untersucht hat, neue Präparate herstellen können, wo die Kerne statt mit Azokarmin mit Hämatoxylin gefärbt sind und daher im photographischen Bilde besser zur Darstellung gelangen (vgl. auch S. 132). Bei einem seltenen Material oder bei launenhaften mikrotechnischen Reaktionen bleibt einem natürlich nichts anderes übrig, als die Präparate so zu photographieren wie sie sind (vgl. K. JOHN [1]).

185. Schnittdicke und Einschlußmittel. Die Vorteile eines den mikrophotographischen Forderungen angepaßten Dauerpräparates liegen jedoch nicht ausschließlich darin, daß man das Farbenbild zu einer schwarz-weißen Wiedergabe günstig gestalten kann. So wertvoll auch die dadurch bedingte Erleichterung der mikrophotographischen Arbeit sein mag, lassen sich mit Lichtfiltern und panchromatischen Platten fast von allen bekannten Arten der bewährten mikrotechnischen Färbungen einwandfreie schwarz-weiße Photogramme erzielen, wenn auch bei den einen leichter als bei den anderen. Ebenso wesentlich, oft sogar noch wesentlicher, ist aber der Vorteil, daß man auch die Schnittdicke von vornherein der Tiefenschärfe des abbildenden Systems anpassen und auch sonstige Momente der Präparatbehandlung strenger berücksichtigen kann, als das bei der Vorbereitung des Materials zu Untersuchungszwecken meistens geschieht. So wird man bei gefärbten Präparaten, die photographiert werden sollen, viel genauer auf das Auswaschen nach der Färbung achten müssen, denn die graphischen Kontraste zwischen elektiv gefärbten Strukturen und Umgebung können bei der Empfindlichkeit der Platten schon durch ganz geringe Farbstoffreste, die im Protoplasma zurückgehalten wurden und bei subjektiver Betrachtung kaum bemerkbar sind, beeinflußt werden. In den nicht weitgehend ausgewaschenen oder differenzierten Präparaten erscheint deshalb der Zellkörper im photographischen Bild meistens dunkler als im Mikroskop. Aus diesem Grunde eignen sich auch solche Präparate besser zu photographischen Aufnahmen, die mit einer dünnen Farblösung langsam gefärbt wurden als jene, die man mit konzentrierten Lösungen rasch übergefärbt und dann differenziert hat. Bei Eisen- und Chromhämatoxylinfärbungen stört die etwas bräunliche oder graue Tönung der Zellkörper nicht, die nach einer gründlichen Differenzierung noch zurückbleibt; nur darf man dann keine weiteren Protoplasmafärbungen anwenden, vor allem keine rote Färbung. Sehr wichtig für die Erzielung reiner und deutlicher Kontraste ist, daß das Einschlußmittel möglichst farblos sei. Die meisten alten Kanadabalsampräparate, zu denen man in Xylol oder Benzol gelösten Balsam verwendet hat, zeigen eine dunkelgelbe Farbe, was für die Helligkeit des Hintergrundes im Photogramm nachteilig ist. Daß gelb gefärbte Strukturen in einer solchen Umgebung nicht genügend hervortreten werden, dürfte ohne weiteres einleuchten. Je dicker die Kanadabalsamschicht ist, um so stärker tritt natürlich ihre Färbung in Erscheinung. Alle diese Momente kann man im voraus schon berücksichtigen und regeln, wenn man die Präparate zielbewußt zu den Aufnahmen vorbereitet. Man wird z. B. für die gefärbten Dauerpräparate, die zur Aufnahme gelangen sollen, statt des gewöhnlichen, in Xylol oder Benzol gelösten Kanadabalsams eine kleine Flasche Balsam im Chloroform gelöst und zu gleichen Teilen mit optischem Zedernöl gemischt, bereit halten. Dieser Balsam ist fast farblos und auch sonst von bester optischer Qualität; sein einziger Nachteil ist, daß er viel langsamer erstarrt als der gewöhnliche, was bei der Anwendung von Immersionslinsen beachtet werden muß. Die optimalen Verhältnisse erhält man, wenn man die gefärbten Schnitte in reinem optischem Zedernöl photographieren kann und sie dann später in Kanadabalsam einschließt. Auch die in Lävulose und Glyzerin eingeschlossenen Präparate haben den Vorteil, daß das Einschlußmittel vollkommen farblos ist. Das Gegenteil findet man bei Präparaten, die in Glyzeringelatine eingeschlossen wurden, denn dieses Einschlußmittel zeichnet sich durch eine bräunliche Farbe aus. Allerdings braucht man die gelbliche Färbung des Einschlußmittels nicht in allen Fällen als Schaden anzusehen. Die Empfindlichkeit der orthochromatischen Platten ist den gelben Strahlen gegenüber hoch genug, daß man bei richtiger Beleuchtung auch dann einen sehr hellen Hintergrund erhält, wenn das Einschlußmittel gelblich gefärbt ist. Sind die Strukturen blau, violett oder schwarz gefärbt, so kommen sie auf der photographischen Platte ebensogut zur Geltung wie bei vollständig farblosem Einschlußmittel. Die Farblosigkeit des Einschlußmittels ist aber von wesentlichem Vorteil, wenn im Präparat orange, gelb oder grün gefärbte Strukturen vorkommen, wie das bei histologischen Präparaten häufig der Fall ist (EHRLICH-BIONDI-Färbung, Hämatoxylin — VAN GIESON usw.).

186. Die Behandlung des Negativs und des Abzuges. Die Fragen der Beleuchtung, der Anwendung von Lichtfiltern und der Entwicklung und speziell in Hinsicht auf die gefärbten Dauerpräparate wurden schon an früheren Stellen (s. S. 109 u. 130) ausführlich behandelt. Auf einige besondere Momente wollen wir jedoch auch hier noch eingehen. Zunächst sei beachtet, daß die Aufnahmen von gefärbten Dauerpräparaten eine etwas weichere Bearbeitung besser vertragen als eine härtere. Vor allem wirken Übersichtsbilder, hart bearbeitet, recht ungünstig (Abb. 237 u. 238). Auch bei Aufnahmen mit starken Vergrößerungen, wo es sich also um Strukturfeinheiten innerhalb der Zelle handelt, kommen diese nur dann richtig zum Vorschein, wenn die Platte gut durchgearbeitet ist. Man soll daher keine kurze, sondern eine normale Belichtungszeit wählen (d. h. das Mittel zwischen den noch günstigen kürzesten und längsten Belichtungszeiten) und lange entwickeln. Verdünnte Entwicklerlösungen bei lange dauernder Entwicklung ergeben bessere Resultate als stärkere bei kurzer Einwirkungsdauer. Die Methode der Wahl ist bei der Entwicklung gefärbter Dauerpräparate die Standentwicklung. Als solche bewähren sich die Glyzinentwickler bei ihrer gleichmäßig langsamen Wirkung vorzüglich; man kann jedoch auch irgendwelche der sonstigen gebräuchlichen Metol-, Hydrochinon- oder Pyrogallolentwickler ebensogut benützen, wenn man durch Entwicklungsproben die Konzentration und die Entwicklungszeit ermittelt hat.

Für die positiven Bilder eignen sich weicher und härter arbeitende Papiere gleich gut. Dafür und ob man die Kopien mit Hochglanz versehen soll oder nicht, gibt es keine allgemeinen Regeln. Die schönsten Bilder gefärbter

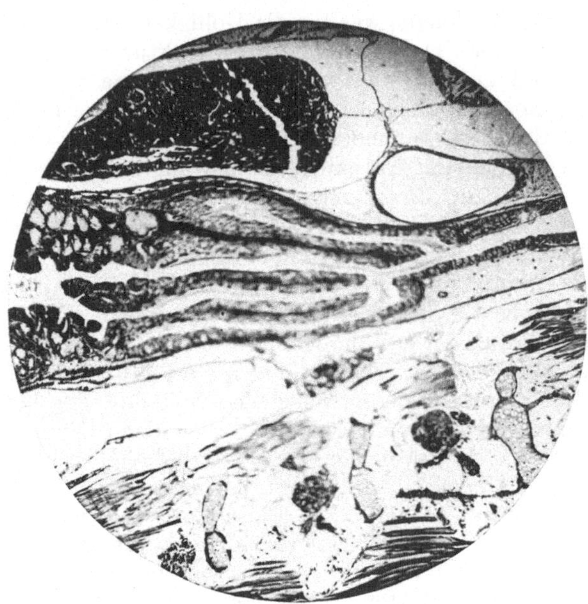

Abb. 237. Übersichtsbild, hart bearbeitet, Salamanderlarve, Schnittpräparat 7,5 μ, Eisen-Hämatoxylin-Thiazinrot.
Obj. ZEISS, Achrom. 8fach, num. Ap. 0,2, kompl. Ok. 5fach, Kammerlänge 40 cm, Hohlspiegel, Irisblende bei 15, Azo-Lampe, Agfa-Chromo-
Iso-Rapid, Belichtung 2 Sekunden, Metol-Hydrochinon 1:5 (3 Minuten).

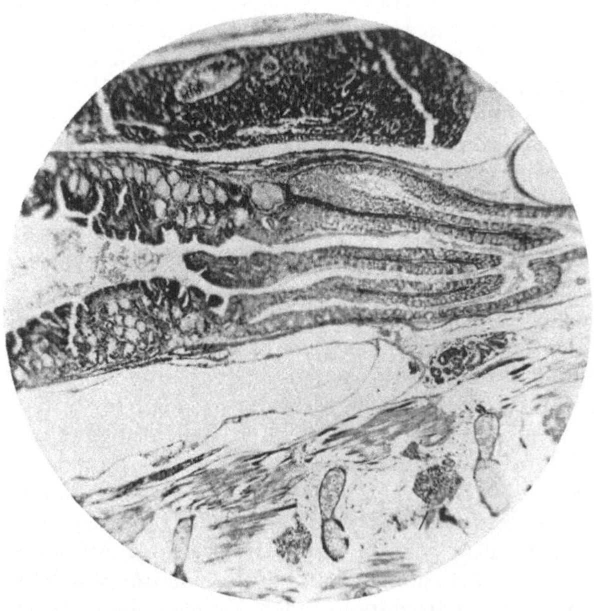

Abb. 238. Übersichtsbild, weicher bearbeitet. Dasselbe Präparat mit
derselben Linsenfolge und Beleuchtung wie bei Abb. 237. Belichtung
4 Sekunden, Metol-Hydrochinon 1:5 (3 Minuten).

mikroskopischer Präparate erhält man natürlich mit Hilfe der **Farbenphotographie** (vgl. S. 143).

187. Die farbigen Abbildungen. Wann aber für eine solche farbige Wiedergabe tatsächlich die Notwendigkeit besteht, muß von Fall zu Fall genau geprüft werden. Bei der Wiedergabe histochemischer Reaktionen, wie z. B. der verschiedenen **Fett-** und **Lipoidfärbungen,** der **Glykogen-** und **Amyloidfärbungen,** der **Oxydasereaktion** usw. ist man unbedingt auf eine farbentreue Abbildung des Präparats angewiesen. Kernstrukturen, undifferenziertes Protoplasma, Fibrillenpräparate und ähnliches werden dagegen in einem einfachen schwarz-weißen Bilde genau so anschaulich wirken wie in dem farbigen, vorausgesetzt, daß die Unterlagen zur Reproduktion — Zeichnung oder Photogramm — graphisch sonst einwandfrei sind. Ein nicht zu unterschätzender Vorteil des Schwarz-Weiß-Verfahrens ist auch daran zu erblicken, daß es den Zeichner oder Mikrophotographen zwingt, mehr Sorgfalt bei der Wiedergabe des Objekts zu entfalten, als dies vielleicht bei einer farbigen Abbildung nötig ist, wo die Farben einen größeren ästhetischen Genuß bieten und deshalb leicht zu einer flüchtigeren Darstellung der Einzelheiten verführen. Selbst dort, wo die farbengetreue

Wiedergabe charakteristischer Stellen im Präparat unbedingt erforderlich
scheint, wird man in den allermeisten Fällen mit zwei Farben, d. h. mit einer

schwarz-weißen Abbildung und der Farbe, in welcher die charakteristische Stelle hervorgehoben werden soll, vollkommen zufriedengestellt sein.

188. Die Wahl zwischen zeichnerischer und mikrophotographischer Abbildung. Im Anschluß an diese Erörterungen müssen wir nun auch die weitere Frage besprechen, wann man bei der Abbildung gefärbter Dauerpräparate die Mikrophotographie einer zeichnerischen Darstellung vorziehen und wann umgekehrt die Zeichnung gewählt werden soll. Gerade bei den gefärbten Dauerpräparaten ist diese Frage begründet, denn hier sind die Bedingungen für die zeichnerische Arbeit wie für die mikrophotographische Aufnahme in gleicher Weise günstig. Während man bei frischen Präparaten oder lebenden Objekten auf die Mikrophotographie angewiesen ist, teils weil die Präparate leicht veränderlich sind, vor allem aber, weil nur auf photographischem Wege ein objektives, überzeugendes Dokument von dem Zustand des vergänglichen Präparates im Moment der Untersuchung zu erhalten ist, kommt bei gefärbten Dauerpräparaten der mikrophotographischen Methode diese Bedeutung nicht mehr zu. Die eigentlichen Belege der Untersuchungen stellen hier die Präparate selbst dar, und diese lassen sich ruhig und genau abzeichnen. Auch die strenge Objektivität der Abbildung, welche die wertvollste Eigenschaft des Lichtbildes ist, spielt keine solche entscheidende Rolle mehr, denn die Präparate können immer wieder vorgeführt oder ausgeliehen werden. Den Ausschlag für die Wahl des Abbildungsverfahrens werden also hier nur rein praktische Gesichtspunkte geben, nämlich die Erwägung, mit welchem Verfahren man am wirtschaftlichsten zu dem gewünschten Ziele kommt. Zu Übersichtsbildern bei schwachen und mittelstarken Vergrößerungen wird man unbedingt der Mikrophotographie den Vorzug geben, denn sie liefert in kürzester Zeit in allen Teilen vollkommen durchgearbeitete Bilder, und zwar von solcher Schärfe und graphischer Wirkung, wie man sie mit der Zeichnungsmethode nur von künstlerisch geübten Personen und auch von diesen nur nach langer, anstrengender Arbeit erhalten könnte (vgl. Abb. 238). Für die Abbildung der Objekte bei starken Vergrößerungen wird sich umgekehrt die Zeichnung besser eignen, vor allem deshalb, weil man die Strukturfeinheiten, auf deren Wiedergabe es bei solchen Abbildungen ankommt, mit einer Tuschezeichnung schärfer und deutlicher darstellen kann, als selbst mit der bestgelungenen photographischen Aufnahme. Bei entsprechender Übung wird es auch kaum besondere Schwierigkeiten bereiten, das Gesichtsfeld bei einer starken Vergrößerung objektgetreu abzuzeichnen, wobei man noch den wesentlichen Vorteil hat, daß man frei darüber verfügen kann, ob man durch Vernachlässigung nebensächlicher Einzelheiten den eigentlichen Gegenstand graphisch besser hervorheben soll oder nicht. Es werden allerdings gerade bei zytologischen Streitfragen, deren Lösung nur mit den stärksten Apochromaten unternommen werden kann, als objektgetreue und einwandfreie Unterlagen öfter Photogramme erforderlich sein, wie solche z. B. von R. GOLDSCHMIDT (*1*) zu seinen Untersuchungen am Nervensystem der Askaris (Abb. 239), von J. SEILER (*1*) bei der Darstellung der Reifeteilung der Schmetterlingseier (Abb. 240) oder von K. BĚLAŘ (*5*) zum Nachweis der Wirkung von Fixierungsmitteln auf die Kernteilungsfiguren in vorbildlicher Weise geliefert wurden (Abb. 235). Außer solchen Photogrammen von dokumentarischem Wert wird aber in allen Fällen, wo man nur ein anschauliches Bild der Zellstrukturen zu geben wünscht, der Mikrophotographie sich die Zeichnung überlegen erweisen (vgl. Abb. 241). Sie bietet dem Forscher die Möglichkeit, das Bild in einer der drucktechnischen Wiedergabe günstigen Art als Punktzeichnung, Strichzeichnung oder in Sepiamanier zu gestalten und die charakteristischen Kontraste scharf hervorzuheben, wobei man, was das Wesentliche ist, subjektive Beobachtungen mit verschiedenen Einstellungen in einer einzigen graphischen Ebene vereinigen kann. Bei der sehr geringen Fokustiefe der starken Objektive wird man in einem photographischen Bild bei einer bestimmten Einstellung nur in einer einzigen optischen Ebene die Zellstrukturen scharf abbilden können, und alles, was darunter oder darüber liegt, muß dann unscharf erscheinen (vgl. Abb. 241 b u. c). Selbst die bestgelungenen photographischen Aufnahmen von den dazu geeignetsten dünnen und elektiv gefärbten Präparaten werden deshalb im Vergleich zu den Tuschezeichnungen stets unscharf und etwas verschwommen wirken. Diese durch die geringe Fokustiefe des Objektivs bedingte Unschärfe läßt sich allerdings mit dem Verfahren von PETERSEN, d. h. durch eine Aufnahme mit mehreren Einstellungen bis zu einem gewissen Grad vermeiden (s. S. 89); eine gleiche Schärfe des Bildes wie in der Tuschezeichnung wird man jedoch selbst mit diesem Verfahren nicht erreichen.

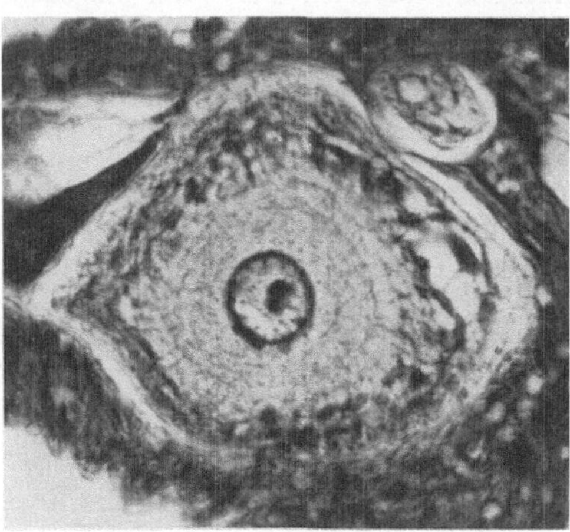

Abb. 239. Nervenzelle des *Ascaris lumbric.* mit Fibrillenstruktur. Hom. Imm. ZEISS Obj., Apochr. 90fach, num. Ap. 1,4 (2 mm), Projektionsokular 1. (Aus R. GOLDSCHMIDT [*1*, Taf. 25, Abb. 121].)

Ob man mit einer Aufnahme in UV-Licht nicht auch von gefärbten Präparaten wesentlich schärfere und dabei stärker aufgelöste Bilder erzielen könnte als im weißen Licht, ist noch nicht untersucht worden. Aller Wahrscheinlichkeit nach würde sich ein solcher Versuch lohnen gerade bei Zellstrukturen, wie z. B. den Chromosomen, Mitochondrien und GOLGI-Apparaten.

Zum Schluß sei noch bemerkt, daß man das mikrophotographische Verfahren oft auch als Hilfsmittel zur Herstellung von Zeichnungen vorteilhaft verwenden kann[1]. Man kann dabei auf verschiedene Weise vorgehen, entweder so, daß man eine normale Kopie auf mattem Gaslichtpapier mit Tusche überzeichnet und dann das reduzierte Silber aus der Kopie herauslöst, oder aber so, daß man von der Platte eine stark unterbelichtete Kopie auf mattem Gaslichtpapier herstellt und diese dann als Unterlage benützt, um darauf das mikroskopische Bild mit Tusche genau auszuarbeiten. Normale, d. h. richtig belichtete Kopien, eignen sich nur zu

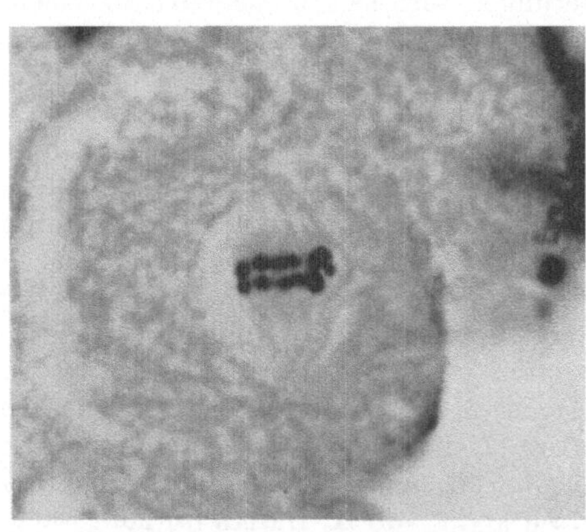

Abb. 240. Chromosomen der Äquatorialplatte bei der zweiten Reifeteilung einer Schmetterling-Eizelle. (Originalaufnahme von J. SEILER.)

Federzeichnungen, da das schon vorhandene photographische Bild die richtige Wiedergabe der Helligkeitsunterschiede mit Pinsel und Tusche verhindert. Ist die Tuschezeichnung auf der Kopie getrocknet, so daß die Tusche gewissermaßen in die Schicht des Gaslichtpapiers eingedrungen ist, so bringt

---

[1] Vgl. K. BĚLAŘ (*4*, S. 497).

man sie in eine etwa 10 proz. Jod-jodkalilösung und hält sie dort so lange, bis das schwarze photographische Bild einen gelblichen Ton angenommen hat. Nun wird die Kopie in das saure Fixierbad übergeführt, wo sie innerhalb 15—30 Minuten die Tuschezeichnung auf einem weißen Untergrund zeigen soll. Nach gründlichem Waschen und Trocknen ist dann die Zeichnung fertig. Ein Nachteil des Verfahrens ist, daß beim Wässern auch die Tuschezeichnung leicht ausgewaschen wird, falls sie an der Schicht des Papiers nicht gut angetrocknet war oder die Schicht des Papiers zum Festhalten der Tusche ungeeignet ist. Man soll daher die Federzeichnung erst nach 24 Stunden mit Flüssigkeiten in Berührung bringen, und falls auch dann noch etwas Tusche im Wasser ausgelöst wird, suche man sich ein geeignetes Papier.

Die Gefahr, daß man die Tuschezeichnung von der Kopie abwäscht, läßt sich auch dadurch vermeiden, daß man die Kopie nicht auf gewöhnlichem Gaslichtpapier, sondern auf sog. Blaueisenpapier anfertigt. Die blauen Stellen der Kopie braucht man dann gar nicht zu entfernen; in der drucktechnischen Anstalt werden nur die mit Tusche gezeichneten Stellen berücksichtigt und alle übrigen weiß reproduziert.

Das Überzeichnen stark unterbelichteter Kopien, wie Sobotta (1) es angegeben und vielfach ausgeübt hat, bietet den Vorteil, daß man auf dem blassen photographischen Bilde nicht nur Striche zeichnen, sondern auch die Helligkeitsunterschiede in Sepiamanier fein und genau ausarbeiten kann. Gerade die leichten grauen Töne in der unterbelichteten Kopie erleichtern die zeichnerische Wiedergabe des undifferenzierten Protoplasmas oder der Grundsubstanz.

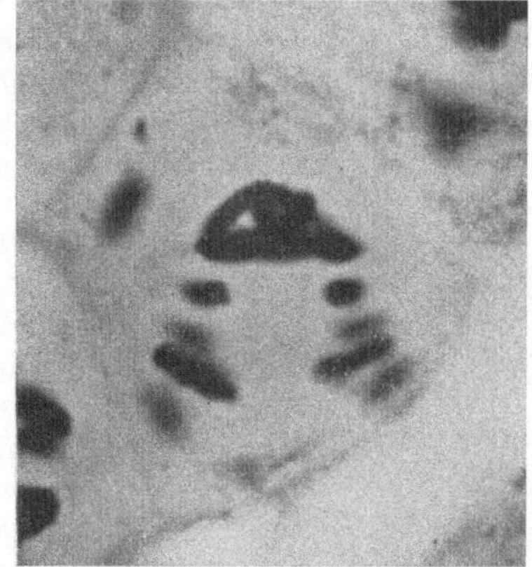

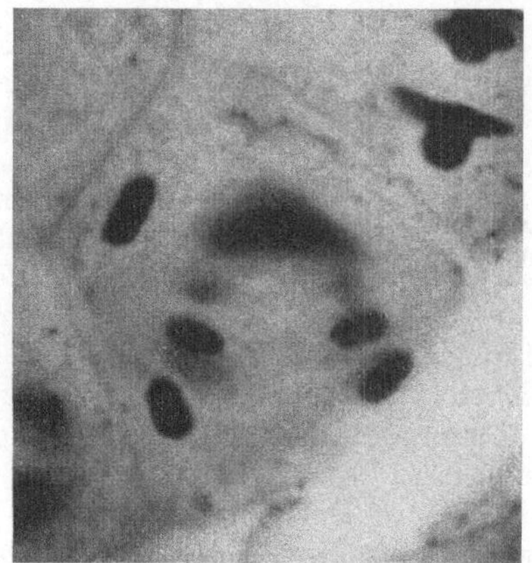

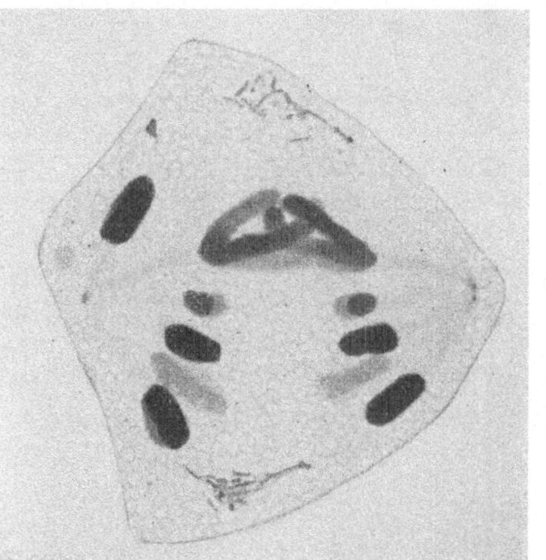

Abb. 241. Samenzelle der Heuschrecke *Stenobrothus lineatus.* a Zeichnung in Sepiamanier; b Mikrophotographie bei hoher Einstellung; c bei tiefer Einstellung. Hom. Imm. Zeiss Obj., Apochr. 90 fach, num. Ap. 1,3 (2 mm), komp. Ok. 20 fach. Vergr. etwa 23 200. Zeichenblatt in Objekttischhöhe und dementsprechend die Kammerlänge. (Aus K. Bĕlař [4, Abb. 151, 154 a u. b, S. 494 u. 497].)

Man hat so schon den Grundton, von welchem sich die Zeichnung vorteilhaft abheben wird. Die Schwierigkeit besteht nur darin, bei der Herstellung der Kopie den Grad der Unterbelichtung genau zu treffen. Ist die Kopie zu dunkel gelungen, so wird die Tuschezeichnung sich nicht gut abheben, Man kann sich allerdings in solchen Fällen damit helfen, daß man das photographische Bild in der schon erwähnten Weise mit Jodjodkalilösung entfernt. Ist wiederum die Kopie zu stark unterbelichtet, so hat man keine brauchbare Unterlage für die Zeichnung, denn man wird sich in den allzu blassen Abzügen nur schwer zurechtfinden. Man muß also mehrere Kopien mit verschiedenen Belichtungszeiten anfertigen, was natürlich das Verfahren etwas umständlicher macht. Hat man aber die richtig abgeschwächte Kopie gefunden, so wird man die angewandte Mühe nicht bereuen, denn man wird dann eine Abbildung erhalten, welche die Schärfe und die graphischen Kontraste der Zeichnung mit den fein abgestuften Helligkeitsunterschieden des photographischen Bildes harmonisch vereint. Besonders eignet sich das SOBOTTAsche Verfahren

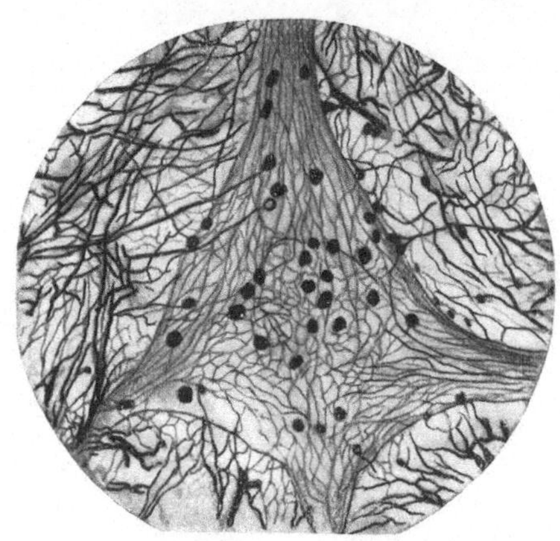

Abb. 242. Nervenzelle mit Neurofibrillen, Nervenfasernetz und Endkolben. Schnittpräparat nach RAMÓN Y CAJAL behandelt.
Hom. Imm. ZEISS 90fach, num. Ap. 1,25, „Phoku". Tuschezeichnung auf einem unterbelichteten Abzug.

zur Abbildung lebender Zellen, so z. B. gezüchteter Gewebezellen, die mit einem Zeichenapparat ebenso schwer abzubilden sind wie mit der photographischen Kamera, ferner zur Darstellung feinster Zellstrukturen in Dauerpräparaten bei stärksten Vergrößerungen. Von Chromosomen, GOLGI-Apparaten und Neurofibrillen erhält man auf diese Weise Bilder, die objektgetreuer wirken als die Zeichnung und graphisch wirkungsvoller sind als die Lichtbilder (Abb. 242).

Namen- und Quellenverzeichnis.

Die Abkürzung der Zeitschriftentitel ist nach den Periodica Medica (herausgeg. von der Vereinigung der Deutschen Medizinischen Fachpresse, 1928) durchgeführt. Das Zeichen † steht für Abbildung.

Bei den Verweisungen ist bei den Ordnungszahlen der Quellen in den meisten Fällen nur die betreffende Seite (bei den Quellen steht sie zum Abstich von der Anfangsseite der Quelle kursiv) des Textes angegeben worden. Stand die Ordnungsziffer der Arbeit in der Erklärung einer Textabbildung, so ist als Hinweis beispielsweise geschrieben worden 152 †61, und das ist zu lesen Seite 152 unter Bild 61. Gegebenenfalls ist — etwa 185 Tab. 17 — die Ordnungszahl der Tabelle aufgenommen worden, und die Anmerkungszahl, wenn, wie etwa in 337[1], die Quelle in der 1. Anmerkung angeführt wurde.

Weicht die Schreibung des Namens oder Vornamens von der im Text gebrauchten ab, so erschien die hier aufgenommene dem Herausgeber als die richtigere.

ABBE, E.: (*1*) Beiträge zur Theorie des Mikroskops und der mikroskopischen Wahrnehmung. Gesammelte Abhandlungen 1,45. Jena: G.Fischer 1904 *19*[1]
ABBEscher Beleuchtungsapparat 10 †2, 11 †3, 47 †17, seine Sinusbedingung 16, sein stereoskopisches Okular 255.
ABBES förderliche Vergrößerung 80.
Agfa-Platten 116[1], 117, 125, 216, 292, 306, 313, 342, -Papiere 125, -Filterfolien 139, Gelbfilter Nr. 3 141, -Farbenplatten 144, Entwicklungs-Lösungen dafür im Handel 145.
Agfa-Lukor-Filter 145, -Farbenfilter 145, -Blaufilter Nr. 40: 325[1], -Gelbfilter 334 †208, ihr 16 mm breiter Schmalfilm 363, Rohfilme 366, empfindlicherer Film 366.
Agfa-Vorsatzlinsen 145.
AHRENSische Polarisationsprismen 275.
AINSLIE, M. A.: (*1*) Contribution to the discussion in the formation of the microscopical image. J. microsc. Soc. 49, 129 (1929) *19*[1]
ALLDRIDGE s. u. CHAPMAN & A. 239[1].
ALLEMANN, R.: s. u. P. VONWILLER.
D'ALMEIDA, J. CH., sein Verfahren zur stereoskopischen Projektion 273[1].
ALTMANN-KULLsches Färbungsverfahren 393.
AMBRONN, H., u. A. FREY: (*1*) Das Polarisationsmikroskop. Leipzig: Akad.Verlags-Ges. 1926 *274*
AMICI, G. B., regt F. CASTRACANE zu Aufnahmen mit kurzwelligen Strahlen an 4.
AMICI-BERTRANDsche Linse 282, 287.
ANKEL, E. W.: (*1*) Dunkelfeldmikroskopie. Natur u. Museum **1932**, 3 *201 †104, 203 †106*
APÁTHY, ST. V.: (*1*) Die Mikrotechnik der tierischen Morphologie. Abt.I. Braunschweig: H. Bruhn 1896; Abt. II. Leipzig: S. Hirzel 1901 *1*[1], *348*[1]
APÁTHYS zunächst ablehnende Stellung zur Mikrophotographie 7.
ARCHER, F. SC., sein nasses Kollodiumverfahren 2.
ASKANIA-Werke, ihr großer mikrokinematographischer Apparat 355 †221, 360, 362, 375, ihre Hochfrequenzkamera 382.

ATHANASIU, Zeitraffer nach ihm 379.
AUE, J.: (*1*) Beobachtungsvorrichtungen für mikrophotographische Aufnahmen. Kastalia. Z. f. wiss. u. Unterrichtskinematogr. **1913**, 4 *358*[1], *376*[2]

BAECKER, R.: (1) Ein Vergrößerungsapparat für 4$^1/_2$ × 6-Negative (ZEISS-Phoku). Z. Mikrosk. 45, 485 (1928) *169*
BAKER C., sein Horizontal-Vertikal-Apparat 166.
BARNARD, J. E.: (*1*) The microscopical examination of filterable viruses associated with malignant new growths. Lancet 209, 117 (1925) *306*
— — (*2*) Some aspects of ultraviolet microscopy. J. microsc. Soc. 49, 91 (1929) *293*
— — (*3*) Resolution and visibility in medical microscopy. Ebenda 50, 1 (1930) *293, 315*
BARNARD, J. E., u. V. FR. WELCH: (*1*) Practical Photo-Micrography, 2. Aufl. London: E. Arnold & Co. 1925 *1*
BARNARD, J. E., seine Verwendung von Licht von $\lambda = 283\,m\mu$ 295, seine Aufnahme (gemeinsam mit W. E. GYE) von Ultravirus 306.
BAUER, O.: s. u. E. HEYN.
BAYERscher Zellitfilm 367.
BAYNE-JONES, ST., u. CL. TUTTLE: (*1*) An apparatus for motion photo-micrography of the growth of bacteria. J. Bacter. 14, 157 (1927) *360*
BECHER, H.: (*1*) Über die Verwendung des Opak-Illuminators zu biologischen Untersuchungen nebst Beobachtungen an den lebenden Chromatophoren der Fischhaut in auffallendem Licht. Z. Mikrosk. 46, 89 (1929) *218*[1]

BECHER, S.: (*1*) Über eine auf die Struktur des Echinodermenskelettes gegründete neue Methode zur Herstellung von polarisiertem Licht. Zool. Anz. **44**, 122 (1914) *41*

— — (*2*) Über Anisol als Immersionsmittel und über andere leicht entfernbare und restlos verdunstende Immersionsflüssigkeiten. Z. Mikrosk. **42**, 295 (1925) Anführung der Quellennummer im Text vergessen. *41*

BECHER, S., seine Immersionsflüssigkeit 41.
— — sein Färbungsverfahren 132, 391.

BECHHOLD, H., u. L. VILLA: (*1*) Die Sichtbarmachung subvisibler Gebilde. Z. Hyg. **105**, 601 (1926) *217*

BECK, C.: (*1*) Notes on the ABBE Theory. J. microsc. Soc. **49**, 127 (1929) *19*[1]

BECK, sein Vertikalilluminator 230, 231 †128, 234, 246.
BECKEsche Linie, die 290, 325, 326, 327 †205.

BEER, S.: (*1*) Osservazioni sulla fluorescenza presentata dagli organi interni del baco da seta sotto l'acione della luce di Wood. Boll. Soc. ital. Biol. sper. **5**, 1 (1930) *312*

BĚLAŘ, K.: (*1*) Die Cytologie der Merospermie bei freilebenden Rhabditis-Arten. Z. Zellenlehre 1, 1 (1924) *333*

— — (*2*) Aus meiner Photographiensammlung. Naturforscher **1926/27**, 51 *326 †202* u. *†203*

— — (*3*) Untersuchung der Protozoen. Methodik wiss. Biol. 1, 735 (1928) *328*[1], *348*[1]

— — (*4*) Zeichentechnik. Ebenda 2, 480 (1928) *7*[1], *398*[1], *399 †241*

— — (*5*) Über die Naturtreue des fixierten Präparats. Z. indukt. Abstammungs- u. Vererbungslehre, Suppl.-Bd. 1, 404, 192 (1928) *389 †235, 397*

— — (*6*) Beiträge zur Kausalanalyse der Mitose III. Z. Zellforsch. **10**, 73 (1929) *350 †218*

BELL & HOWELL Co., ihr billiges Normalmodell 364.
BENDAsche Alizarin-Gentiana-Violettfärbung 393.
VAN BENEDEN, E., seine mikrophotographischen Aufnahmen 6.

BENECKE, B.: (*1*) Die Photographie als Hilfsmittel mikroskopischer Forschung. Nach dem Französischen von A. MOITESSIER deutsch bearb. und durch zahlreiche Zusätze erweitert. Braunschweig: F. Vieweg & Sohn 1868 *3, 182*[1]

BEREK, M.: (*1*) Bemerkungen zu der Mitteilung des Herrn J. GEORGI: Die Schärfentiefe des Mikroskops. Z. Mikrosk. **37**, 120 (1920) *17*[1], *199*

— — (*2*) Zur Theorie der Spiegelkondensoren für Dunkelfeldbeleuchtung und Ultramikroskopie. Ebenda **40**, 225 (1923) *199, 204*

— — (*3*) I. Analytische Entwicklungen zur Frage rationeller Beleuchtungsanordnungen für Mikrophotographie und Mikroprojektion. II. Bericht über einen neuen mikrophotographischen Apparat der optischen Werke E. LEITZ. Ebenda **40**, 241 (1923) *163*

BEREK, M.: (*4*) Betrachtungen zur Darstellung des Abbildungsvorganges im Mikroskop und zur Frage des Auflösungsvermögens im Hellfeld und Dunkelfeld. Ebenda **41**, 1 (1924) *9*[1], *199*

— — (*5*) On the extent to which real image formation can be obtained in the microscope. J. microsc. Soc. **49**, 240 (1929) *19*[1]

— — (*6*) Abbildung eines ultramikroskopischen Elements mit rotationssymmetrischem Störungsfeld durch ein Mikroskop beliebiger Apertur im Dunkelfeld. Ann. Physik (5) **4**, 285 (1930) *199*

BEREK, M., sein bizentrischer Kondensor 210 †110.
BERGONZINI, M.: s. u. T. PÉTERFI.

BERLINER, A.: (*1*) Lehrbuch der Physik, Berlin: Julius Springer, 3. Aufl. 1924, und 4. Aufl. 1928 *41 †14*

BERTRAND, I., u. L. JUSTIN-BESANÇON: (*1*) La micrographie en lumière infrarouge. Application à la cytologie rénale. Bull. Histol. appl. **6**, 376 (1929) *313*

— — — — (*2*) La micrographie en lumière infra-rouge. Paris: Masson & Cie 1929 *313*

BERTRAND, I.: (*1*) Cytologie nerveuse en lumière infra-rouge. Rev. d'Actinol. **5**, 673 (1929) *313*

— — s. a. unter E. CALZAVARA.

BERTRAND, I., verwendet WRATTENsche Filter für ultrarote Aufnahmen 314, erzielt sehr günstige Ergebnisse 314.
BERTRAND s. u. AMICI-B.

BESSON, A.: (*1*) Technique microbiologique et sérothérapique. Paris: A. J. BAILLIÈRE 1928 *331*

BIELSCHOWSKY, Präparat nach ihm 391.
BIONDI s. u. EHRLICH-B. 395.

BOEGEHOLD, H.: (*1*) Das zusammengesetzte Mikroskop. CZAPSKI-EPPENSTEIN, 3. Aufl., S. 469/70. Leipzig: Joh. Ambr. Barth 1924. *13*[1], *19*[1]

BOEGEHOLD, H., u. A. KÖHLER: (*1*) Das Homal, ein System, welches das mikrophotographische Feld ebnet. Z. Mikrosk. **39**, 249 (1922) *44*

BOAS, H.: (*1*) Über die optische Abbildung von Nichtselbstleuchtern. Bemerkungen zur Arbeit von Herrn SIEDENTOPF. Z. Physik **52**, 287 (1928) *19*[1]

BOL, seine Bolex-Kamera 364, sein Bolex-Projektor 365.
BOUINsche Lösung 313.

BOURMANS: (*1*) Les Mondes **19**, 115 (1869). S. a. Brit. J. Phot. **16**, 287 (1869) *5*

BOUSFIELD, E. C.: (*1*) Guide to the science of photomicrographie, 2. Aufl. London: Churchill 1892 *89*[1]

BREUTMANN s. u. GOLTZ & B. 167.

BRIEGER, H.: (*1*) Zur Anwendung der Capillarmikroskopie nach JAANSCH-HÖPFNER-WITTNEBEN. Klin. Wschr. **1929** I, 296 *228*

BRIGGS, L. J., s. u. W. T. SWINGLE.

BROWN, G. L., and F. W. LAMB: (*1*) Apparatus for the observation and photography of the skin capillaries in man. J. Physiol. **65, IV** (1928) *228*

BUDER, J.: (*1*) Kinematographische Registrierung mit dunkelstem Rot und kurzer Belichtung. Ber. dtsch. bot. Ges. **44**, 47 (1926) *366*

BUKOWIECKI, H., s. u. L. MAZURKIEWICZ.

BULL, L.: (*1*) La chronophotographie microscopique. J. Physiol. et Path. gén. **15**, 499 (1913) *358[1], 371[1], 383*

BUNSEN-ROSCOES Gesetz 105ff.

BURGESS, A. S.: (*1*) Note on resolution with dark-field illumination. J. microsc. Soc. **49**, 237 (1929) *19[1]*

BUSCH, E.:

seine Druckschriften

Dr 25: 177 †81

Mikro 310: 181 †87, 183

Für auffallendes Licht: 228 †125, 229 †126

Gebrauchsanw. für Schräglicht: 236 †132

X: 238 †135

Seine Objektive und Zusammenstellungen: 235 †131, 237, 239.

seine Horizontalkammer 8, seine Aufsatzkammer 8, 176, 177 †81, 347, seine Vertikalkammer 58, seine Ebnungsokulare 177, sein Metaphot, Modell 400: 181 †87, sein Aufnahmetisch 197, sein Mikro-Glyptar 220 †116, seine Liliputbogenlampe 220, seine mikrophotographische Einrichtung für Auflicht 221 †117, sein LIEBERKÜHNscher Spiegel 229, sein Vertikalilluminator 230, 235 †131, sein Schräglichtilluminator 236 †132, 238 †134, sein Dunkelfeldkondensor für Auflicht 238 †135, seine Einrichtung zur Lumineszenzmikroskopie 308 †194, sein UV-Spiegel 309, sein Sperrfilter 309.

CALZAVARA, E., et I. BERTRAND: (*1*) Emploi des sensibilisateurs photographiques en micrographie histologique. Rev. opt. **6**, 397 (1927) *313*

CANTI, R. G.: (*1*) Dark ground cinematography of cells in tissue cultures. Arch. exper. Zellforschg. **8**, 133 (1929) *373, 374*

CAPRANICA, ST.: (*1*) Fotographia istatanea dei preparati microscopici. Rendic. d. Accad. d. Lincei. 4. Ref. in Z. Mikrosk. **5**, 228 (1888) *9, 89[1], 358[1]*

CARNOYsches Gemisch 307.

CARREL, A., Abteilungsvorsteher von H. ROSENBERGER 359.

CARRELsche Flaschen 335, 336 †211.

CASTAGNAs Kopierapparat 365.

CASTRACANE, F.: (*1*) Su la illuminazione monocromatica del microscopio e la fotomicrografia e loro utilita. Atti Accad. Pontif. d. nuovi Lincei **24**, 1871 *4*

CASTRACANE, F., verwendet künstliches Licht zur Mikrophotographie 4.

CERNY, A.: (*1*) Mikrophotographische Schnell- und Serienaufnahmen. Photogr. Praktikum, herausgeg. von A. HAY. 189, 1930 *172, 344, 352*

CERNYsche Mikrokammern 8, Mipon oder Michro 175 mit Rollfilmkassette 352.

CHAPMAN & ALLDRIDGE, ihre Auflichtbeleuchtung 239[1].

CHEVRETON, L.: (*1*) Dispositif pour les instantannées et la chronophotographie microscopique. Technique des prises de vues. C. r. Soc. Biol. **56**, 340 (1909) *358[1]*

CHEVRETON, L., et F. VLÈS: (*1*) La cinématique de la Segmentation de l'œuf et la chronophotographie du développment de l'oursin. C. r. Acad. Sci. **149**, 806 (1909) *358[1], 379*

COEHN, A., Handbuchbeitrag 60.

COISSAC, G. M.: (*1*) Histoire du cinématographe de ses origines à nos jours, 1. Ed. Paris: Gauthier-Villars 1925 *358[1]*

COMEL, M.: (*1*) Problemi di morfologia cutanea: Cappilariscopia e cutiscopia da morphogenesi dei capillari cutanei. Giorn. ital. Dermat. **71**, 2114 (1930) *228*

COMMANDON, J.: (*1*) La microcinematographie. Protoplasma **6**, 627 (1929) *352, 358[1], 373*

COMMANDON, J., seine ersten mikrokinematischen Aufnahmen 9, 358[1], seine Anordnung der rotierenden Blende 361.

CRACIUN, C. E.: (*1*) La culture des tissus en biologie expérimentale. Paris: Masson & Cie 1931. *334[1]*

CURTIS, Frühe Aufnahmen mit kurzwelligem Licht 4.

CZAPSKI, S., u. O. EPPENSTEIN: (*1*) Grundzüge der Theorie der optischen Instrumente nach ABBE, 3. Aufl. Leipzig: J. A. Barth 1924 *13[1]*

CZERNY, M.: (*1*) Über Photographie im Ultrarot. Z. Physik **53**, 1 (1929) *313[1]*

DAIMLER, J.: (*1*) Die Grundlagen der photographischen Negativ- und Positivverfahren. Photograph. Praktikum, herausgeg. v. A. HAY, 33, 1930 *104*

DAMIANOVICH, H., u. J. PIROSKY: (*1*) Verwendung der Mikrophotographie mit ultraviolettem Licht, um Veränderungen durch die Reagenzien in der Histologie aufzudecken. An. Inst. Modelo Clin. med. **10**, 147 (1927) *306*

DANCER, J. B., seine frühen Versuche mit der Mikrophotographie 1.

DANCKWORTT, P. N.: (*1*) Die Lumineszenz-Analyse im filtrierten ultravioletten Licht, 2. Aufl. Leipzig: Akad. Verlags-Ges. 1929 *251, 308, 311*

DAUVILLIER, A.: (*1*) Réalisation de la microradiographie intégrale. C. r. Acad. Sci. Paris **190**, 1287 (1930) *316*

DAUVILLIERS Röntgenröhre 316, Knochenmarkaufnahme damit 316.

DAVY, H., Vorläufer der Mikrophotographie 1.

DEBRIE, seine Mikrokinokammer 360, sein Zeitraffer 379 †232, seine Hochfrequenzberufskammer 382, 382 †233.

DEFLANDRE, G.: (*1*) Microscopie pratique. (Encyclopédie prat. du naturaliste, Bd. 25.) Paris: Lechevalier 1930. Anführung dieser Quelle im Text vergessen. *1*

DEGNER, E.: (1) Medizinische Kinematographie. Photograph. Praktikum, herausgeg. v. A. HAY, 303, 1930 *360, 365*[1]

DEMUTH, FR.: (1) Praktikum der Züchtung von Warmblütergewebe in Vitro. München: R. Müller 1929. *334*[1]

DERRIEN, E., et J. TURCHINI: (1) Sur l'accumulation d'une porphyrine dans la glande de HARDER des rongeurs du genre mus et sur son mode d'excretion. C. r. Soc. Biol. 91, 637 (1924) *312*

DIPPEL, L.: (1) Das Mikroskop. 1. u. 2. der 2. umgearbeiteten Aufl. Braunschweig: F. Vieweg & Sohn 1882 u. 1883 *1*[1], *3*[1], *5*[1], *13*[1], *182*[1]

DONNÉ, A., seine Daguerreotypien mikroskopischer Objekte 1.

DOST, W.: (1) Geschichte der Kinematographie, 1. Aufl. Halle a. d. S.: W. Knapp 1925 *358*[1]

DRÜNER, L.: (1) Über Mikrostereoskopie und eine neue vergrößernde Stereoskopkamera. Z. Mikrosk. 17, 281 (1900) *258*

DRÜNERsche Stereoskopkamera 258ff., 259 †159 u. †160, 268, Vergrößerungen mit und ohne Aufsatz, 260 Tab. 24, 273, 321.

DUBOSCQ, seine trocknen Kollodiumplatten 3.

DUJARDINsche metallographische Einrichtung 254.

DÜRCK: (1) Demonstration eines photographischen Universalgerätes für wissenschaftliche Abbildung. Zbl. Path., 37, Erg.-H. 325 (1926) *123*

DÜREN, Filmwerke, ihr Rohfilm 366.

DUTTON, L. O.: (1) A simple method of making microphotographs. J. Labor. a. clin. Med. 16, 831 (1931) *173*[1]

EASTMAN s. unter KODAK.

EDER, M. J.: (1) Ausführliches Handbuch der Photographie, Bd. 1. Halle: W. Knapp 1912 *1*[1]

— — (2) Vergleichende Tabelle der spektralen Farbenempfindlichkeit von Brom-, Jod- und Chlorsilber und der Wirkung der wichtigsten Farbensensibilisatoren. Z. wiss. Photogr. 24, 139 (1926/27) *128*

EDISONsche Birne 132.

EDISWAN:Punktlichtlampen 62[1].

EHRLICH-BIONDIsche Färbung 395.

EHRLICHsche Blende 287.

EISENBERG, K. B.: (1) Über eine neue Methode zur Darstellung des hängenden Tropfens im Dunkelfeld mit Immersionsobjektiv. Zbl. Bakter., Abh. I 105, 306 (1928) *321*[1]

— — (2) Über einen neuen heiz- und kühlbaren Mikroskopobjekttisch mit selbsttätiger Regulierung (für alle optischen Bedingungen der Beobachtung). Zbl. Bakter., Abh. I 107, 315 (1928) *337*[1]

ELLINGER, PH., u. A. HIRT: (1) Eine Methode zur Beobachtung lebender Organe mit stärksten Vergrößerungen in Luminiszenzlicht (Intravitalmikroskopie). Handb. biol. Arbeitsmethod. (ABDERHALDEN), Abt. V, Tl. 2. Berlin-Wien, Urban & Schwarzenberg 1930 *218*

ELSNER V. GRONOW, H.: (1) Zur Mikrophotographie opaker Gegenstände bei schwacher Vergrößerung. Z. Photogr. 24, 426 (1926/27) *196, 220*

— — (2) Ein neues mikrophotographisches Objektiv für Amateure. Photogr. Korresp. 64, 15 (1928) *1, 96, 220*

— — (3) Zur Benützung des Teleobjektivs in der Mikrophotographie. Ebenda 64, 211 (1928) *196, 220*

ELVEGARD, E., H. STAUDE u. F. WEIGERT: (1) Über monochromatische Lichtfilter. II. Zur Anwendung des Spektrodentograph von GOLDBERG. Z. physik. Chem. 2. Abt. B, 149 (1929) (I. s. bei WEIGERT) *141*

EMMERICH s. u. MÖLLER & E. 5.

ENGELKENscher Entwickler 115, 117.

ENGLISCH, L.: s. u. R. RUSS.

Enzyklopädie der mikroskopischen Technik. (1) Begr. von P. EHRLICH, R. KRAUSE und M. MOSSE. Herausgeg. v. R. KRAUSE, 1, 2 u. 3. Berlin-Wien: Urban & Schwarzenberg 1926/27 *25*[1]

EPPENSTEIN, O.: s. u. S. CZAPSKI.

ERDMANN, Rh.: (1) Praktikum der Gewebepflege oder Explantation besonders der Gewebezüchtung, 2. Aufl. Berlin: Julius Springer 1930 *334*[1]

ERNEMANN s. u. KRUPP-E. 372.

— sein mikrokinematographischer Apparat 376, 379 †232, seine Hochfrequenzkammer 382.

EWALD, W.: s. u. H. FRIES.

FAYEL, Ch., seine mikrophotographischen Aufnahmen 5.

FERK, FR. W.: (1) Der Schmalfilmer. Berlin: G. HACKEBEIL 1929 *364*

FISCHER, A.: (1) Die Gewebezüchtung, 3. verm. Ausg. München: R. Müller 1930 *334*[1]

FITTING, H.: (1) Über Wasserimmersionen mit Fassungen aus rostfreiem Stahl. Z. Mikrosk. 44, 478 (1927) *38*

FLATTERS & GARNETT, ihre LIEBERKÜHNschen Spiegel aus Vulkanit 229.

FLEMMINGsche Dreifachfärbung 392.

— sches Fixierungsmittel 313.

FLORSHEIM, TH.: (1) Fertig zur Vorführung. Kinematogr. Rdsch. (in Photogr. Rdsch.) 64, 57 (1927) *384*

FLÜGGE, J.: (1) Die Systemwahl bei der Mikrophotographie. Z. Mikrosk. 48, 367 (1931) *183*

FOIGE, K.: Über den Einfluß der Lichtart auf Farbtonwerte und Filterfaktor. Photogr. Rdsch. 63, 96 (1926) *132*

FORMSTECHER, F., Handbuchbeitrag 60.

FOUCAULD, der Helfer A. DONNÉs 1.

FOUCAULT-GLANsche Polarisationsprismen 275.

FOUCAULTscher Regulator für selbsttätige Belichtung oder Filmvorschiebung 379.

FRANCOIS-FRANK, L.: Dispositif pour la microphotographie et la microcinematographie biologiques. C. r. Acad. Sci. 184, 1005 (1927) *358*[1]

Handbuch der mikrobiologischen Technik, (*1*) herausgeg. v. R. KRAUS u. P. UHLENHUTH, 1, 2 u. 3. Berlin-Wien: Urban & Schwarzenberg 1923 bis 1924　　　　　　　*328[1]*

HANEMANN, H., u. A. SCHRADER: (*1*) Atlas Metallographicus. Berlin: Gebr. Bornträger 1927　　　　*254 †155*
HANEMANNsche Aufnahme 254 †155.

HANNEKE, P.: (*1*) Neue Diapositivplatten für farbige Tönung durch Entwicklung. Photogr. Rdsch. **63**, 346 (1926)　　　　　　　　　*125, 126*
HARRISON, G. R., seine Plasmakulturen 335.

HARTING, P.: (*1*) Das Mikroskop, 2. Aufl., 1, 2 u. 3, übersetzt v. W. THIELE. Braunschweig: F. Vieweg & Sohn 1866　　　　　　*1[1], 4, 5*
HARTRIDGEs Immersionsflüssigkeit 41.

HAUER, M.: (*1*) Grundzüge der Mikrophotographie. Leipzig: H. Wigand 1882　　　　　　　　　　　*5*

HAUSER, F.: (*1*) Dunkelfeldbeleuchtung im auffallenden Licht. Dtsch. opt. Wschr. **11**, 185/87 (29. März 1925) *183, 238*

— — (*2*) Hilfsmittel für die Mikroskopie im auffallenden Licht bei biologischen Untersuchungen. Z. Mikrosk. **42**, 281 (1925)　　　　　　　　*218*

— — (*3*) Ein Schräglicht-Illuminator für Opakbeleuchtung. Z. Instrumentenkde **49**, 496 (1929)　　　*236, 237*

— — (*4*) Zur Systematik der Auflichtbeleuchtung. Z. Mikrosk. **48**, 63 (1931)　　　　　　　　　*218*

— — (*5*) Neue Geräte für die Beleuchtung mikroskopischer Objekte mit auffallendem Licht. ZEISS-Nachrichten **1932**, Heft 2 und **1933**, Heft 3 *183, 242[1], 244 †142, 245 †143 u. †145, 246, 247 †147, 248 †148*
HAUSER, sein Schräglichtilluminator 236 †132, sein Dunkelfeldkondensor für Auflicht 238 †135.

HAUSER, F. u. L. MOHR: (*1*) Eine universelle Beleuchtungsanordnung für Übersichtsaufnahmen opaker Objekte. Z. Mikrosk. **46**, 392 (1929)　　　*223*
HAUSER u. MOHR, ihre Beleuchtungsanordnung 225.

HAY, A.: (*1*) Über die Verwendung des Osram-Beleuchtungsmessers im Dienste der Photographie. Photogr. Korresp. **64**, 69 (1928)　　*107[1]*

— — s. a. unter Photographisches Praktikum.
HEFNER-Kerzen für das Φ leuchtender Flächen 17.
HEGENERsche Vertikalkamera 58 †24, 60, 149, 166, 221[1], 288.
HEIDENHAIN, M., sein Färbungsverfahren 132, 393. — R., seine Objektträger 298, seine Chromhämatoxylinfärbung 393.

HEIM, L.: (*1*) Hilfsmittel für Mikrophotographie im nicht verdunkelten Raum. Bl. Untersuch.- u. Forschungsinstr. **2**, 43 (1928)　　　　　　*80*

HEIM, L., u. FR. SKELL: (*1*) Anleitung zur Mikrophotographie usw. Jena: G. Fischer 1931　　*27 †8, 77 †32, 80 †38, 179 †84, 180*

HEIMSTÄDT, O.: (*1*) Das Fluoreszenzmikroskop. Z. Mikrosk. **28**, 330 (1911)　　　　　　　　　　　*311*

— — (*2*) Apparate und Arbeitsmethoden der Ultramikroskopie und Dunkelfeldbeleuchtung. Handb. d. mikrosk. Technik (Mikrokosmos). Stuttgart: Franckhsche Verlagshdlg. 1915　*199*

HEINE, H.: (*1*) Mikroskop-Aufsatzkamera zur vereinfachten Herstellung mikrophotographischer Aufnahmen. Z. Mikrosk. **42**, 307 (1925)　　　*173*

— — (*2*) Der Ultropak. Ebenda **48**, 450 (1932)　　　　　　　　*239, 240[1]*
HEINE, H., sein Ultropak 238, 239 †136 u. †137.
HENSOLT, sein Protami 367[1].

HERZOG, A.: (*1*) Über die Verwendung des auffallenden Lichtes bei der mikroskopischen Untersuchung von Textilien und Papieren. Bl. Unters.-u. Forschungsinstr. **3**, 57 (1929) *249, 254 †156, 255*

HESS, W. R.: (*1*) Die Verwendung des Schmalfilms für biologische Zwecke. Im Handb. biol. Arbeitsmethod. (ABDERHALDEN), Abt. II, Tl. 2. Berlin-Wien: Urban & Schwarzenberg 1929 *352, 364, 373*

HEURCK, H. VAN: (*1*) La lumière électrique appliquée aux recherches de la micrographie. Bull. Soc. Belge Microsc. **1881/82** und J. Microgr. **7**, 244 (1883)　　　　　　　　　*6[1]*

— — (*2*) Le Microscope, sa construction, son maniement, la technique microscopique en général; la photomicrographie; le passé et l'avenir du microscope. Anvers et Bruxelles: Ramlot 1891　　　　　　　　　　　*2*
VAN HEURCKs Vertikalkammer 180 †85.

HEYN, E., u. O. BAUER: Metallographie. Sammlung Göschen Nr. 432—433 *250*
HIMMELWEIT, FR., seine Mikroaufnahme 200 †103.

HIMMLER, O.:
seine Druckschriften
　Musterschutzschrift: 263 †164
　Prospekt P. 1909: 263 †165
sein LIEBERKÜHNscher Spiegel 229, seine Mikrostereokammer nach R. SCHMEHLIK 261, seine mikrophotographische Einrichtung mit der Wippe 263 †164 u. †165, 263/4.

HIRT, A.: s. u. PH. ELLINGER.

HIS, W.: (*1*) Über das Photographieren von Schnittreihen. Arch. f. Anat. Abt. **1887**, 174　　　　　　　*5*
HIS, W., Vertreter der Mikrophotographie 7.

HOCHSTÄTTER, F.: (*1*) Über eine Abänderung des Objektträgers der von GREIL angegebenen Einrichtung zur photographischen Aufnahme der Oberfläche von Embryonen bei schwacher Vergrößerung. Z. mikrosk.-anat. Forschg. **26** (Festschrift f. SCHAFFER), 309 (1931)　　　　　　　　　*26[1]*

HÖFER, K.: (*1*) Kinematographie und Mikrokinematographie. Methodik d. wiss. Biol. **2**, 456 *352, 360 †225, 361 †226, 365¹, 367¹, 379 †232, 382 †233, 383 †234*
— — (*2*) Ein neues mikrokinematographisches Aufnahmegerät. Z. Mikrosk. **49**, 1 (1932) *355 †221, 376¹*
HOFFMANN, E.: (*1*) Die als Leuchtfeldmethode bezeichnete Art der Dunkelfelduntersuchung. Handb. d. mikrobiol. Technik (KRAUS u. UHLENHUT) **1**, 70. Berlin-Wien: Urban & Schwarzenberg 1923 *199*
HOLETZ, F.: (*1*) Ein neuer mikrophotographischer Apparat. Z. Mikrosk. **45**, 182 (1928) *179¹*
HOLLBORN, Prüfung saurer Reaktion des Immersionsöls 40¹.
HOLMGREN, E., Vertreter der Mikrophotographie 7.
HOOKEscher Schlüssel beim FRITSCHischen Apparat 4, bei der ZEISSischen Horizontalkamera 157, 158 †68, beim LEITZischen Apparat Uma 164, bei der ZEISSischen Horizontal-Vertikal-Kamera196 †100.
HORN, W.: (*1*) Über den LIEBERKÜHNschen Spiegel. Bl. Untersuch.- u. Forschungsinstr. **1** (1927) *228*
HOWELL s. u. BELL & H. 264.
HÜBLscher Glyzinentwickler 116¹, Lichtprüfer 133.
v. HÜBL, A., Zur Farbe künstlicher Lichtquellen 133, Einführung der Farbstoffdichte 137, Urteil über Glasfilter 140.
HUGUENARD, E., et A. MAGNAN: (*1*) Sur un cinématographe ultra-rapide de 2000 à 3000 images par seconde. C. r. Acad. Sci. **192**, 1370 (1931) *382¹*
HUTH, W.: (*1*) Eine neue Stereoskopkamera für das binokulare Präpariermikroskop. Z. Mikrosk. **28**, 321 (1911) *258¹*
HUYGENsische Okulare 42ff.

IHAGEE, sein Vergrößerungsapparat 124¹.

JAENSCH, W., u. Mitarbeiter: (*1*) Die Hautmikroskopie. Halle: Marbold 1929 *228, 366*
JAENSCH, W., Aufnahmen von Kapillaren am Nagelfalz 227 †124.
JENTZSCH, F.: (*1*) Über Dunkelfeldbeleuchtung. (Der konzentrische Kondensor.) Verh. dtsch. phys. Ges. **12**, 975 (1910) *199, 204* auch *†107*
— — (*2*) Handb. d. mikrobiol. Technik, Ultramikroskopie und Dunkelfeldbeleuchtung (KRAUS u. UHLENHUT) **1**, 49 (1922) *19¹, 199*
— — (*3*) Grenzen der Mikroskopie. Beginn der Molekularoptik. Z. Mikrosk. **47**, 145 (1930) *19¹*
JENTZSCHens konzentrischer Kondensor 204 †107.
JESERICHs Eintreten für Kalklicht 6.
JESIONEKsche Quecksilberquarzlampe 373, 374¹.
JOHN, K.: (*1*) Über ein Verfahren zur Erzielung guter Mikrophotographien von weniger guten Präparaten. Z. Mikrosk. **44**, 470 (1927) *394*
JOHNSON, B. K.: (*1*) Some introductory dealing with a quantitative method of determining the resolving power of microscope objectives. J. Microsc. Soc. **48**, 144 (1928) *19¹*
JUNG, G., Handbuchbeitrag 60.
JÜRGENS, E.: (*1*) Photographische Aufnahmen im Ultraviolett und Ultrarot. Kriminal. Mh. **5**, 173 (1931) *309, 312*
JUSTIN-BESANÇON, L.: s. u. I. BERTRAND.

KAHLER, F.: (*1*) Über Mikrophotographie opaker Gegenstände bei schwacher Vergrößerung. Z. Photogr. **24**, 361 (1927) *220*
KAISERLING, C.: (*1*) Die mikrophotographischen Apparate und ihre Handhabung. Stuttgart: Franckhsche Verlagsanstalt 1918 *1, 266*
— — (*2*) Mikrophotographie in Enzyklopädie d. mikroskopischen Technik, Bd. II *1, 266*
KAISERLING, C., Handbogenlampe 66, sein stereoskopisches Verfahren mit Spiegeldrehung 266.
KANN, S.: s. u. F. SCHEMINZKY.
KATZNELSON, Z. S.: (*1*) Mikrophotographie ohne Photokamera. Z. Mikrosk. **47**, 216 (1930) *2¹*
KELLER, R.: s. u. J. GICKLHORN.
KELLNERsche Okulare 42ff.
KIESER, K., s. u. P. LIESEGANG (*1*).
KINDERMANN & Co., ihre Amato-Dosen 119.
KLEINsches Verfahren für Achsenbilder 287.
KLINGELFUSSisches Induktorium 298.
KLUGHARDT, A.: (*1*) Mikrophotographische Dunkelfeldaufnahmen von Papieren und Geweben. Bl. Untersuch.- u. Forschungsinstr. **1** (1927) *239*
KNOOPS Agar 329.
KNÜSEL, V., u. P. VONWILLER: (*1*) Vitale Färbungen am menschlichen Auge. Berlin: Karger 1928 *227*
KOCH, R.: (*1*) Zur Untersuchung von pathogenen Mikroorganismen. Mitt. Reichsges.amts **1**, 1 (1880/81) *5*
KOCH, R., benutzt den FRITSCHischen Apparat 5, Vertreter der Mikrophotographie 7.
KODAK, seine Lustra-Folie 123, seine Filterfolien 139, seine Mikrokinokammern 360, sein 16 mm breiter Schmalfilm 363, Safety-Film 364, sein Cine-Kodak-Modell 364, sein Kodaskop 365, sein Roh-, sein panchromatischer Film 366.
KÖGEL, G.: (*1*) Über eine neue Vorrichtung zur Photographie von Luminiscenzerscheinungen. Photogr. Korresp. **64**, 12 (1928) *309*
— — (*2*) Die äquimensurale Ultraviolett- und Fluorescenzphotographie. Handb. biol. Arbeitsmethoden (ABDERHALDEN), Abt. II, Tl. 2, H. 7, Liefg. 258. Berlin-Wien: Urban & Schwarzenberg 1928 *308, 311*
— — (*3*) Über die neuesten Verbesserungen des Luminescenzmikroskops. Biol. generalis. **5**, 665 (1929) *308, 311*
— — (*4*) Die Fluorescenzanalyse. Handbuch d. Pflanzenanalyse, herausgeg. v. G. KLEIN **1**, 401. Wien: Julius Springer 1931 *308, 309, 311, 312*

Köhler, A.: (*1*) Ein neues Beleuchtungsverfahren für mikrophotographische Zwecke. Z. Mikrosk. **10**, 433 (1893) *6, 75, 245*
— — (*2*) Mikrophotographische Untersuchungen im ultravioletten Licht. Ebenda **21**, 129, 273 (1904) *294, 304*
— — (*3*) Swingles Einstellverfahren für die Mikrophotographie mit ultraviolettem Licht. Ebenda **24**, 360 (1907) *301*
— — (*4*) Methoden zur Prüfung der Lichtbrechung von Flüssigkeiten für homogene Immersion und Beschreibung einer Mikroskopierlampe für Natriumlicht. Z. Mikrosk. **37**, 177 (1920) *40*
— — (*5*) Die Aufnahme von Spektren mit der mikrophotographischen Kamera. Ebenda **41**, 167 (1925) *129*
— — (*6*) Das Mikroskop und seine Anwendung. Handb. d. biol. Arbeitsmethoden (Abderhalden), Abt. II, Tl. 2. Berlin-Wien: Urban & Schwarzenberg 1925 *1, 13, 16[1]*
— — (*7*) Die Verwendung des Polarisationsmikroskops für biologische Untersuchungen. Ebenda, Abt. II. Berlin-Wien: Urban & Schwarzenberg 1926 *274, 286, 287, 290, 291[1]*
— — (*8*) Mikrophotographie. Ebenda, Abt. II, Tl. 2. Berlin-Wien: Urban & Schwarzenberg 1927 *1, 45, 67, 86, 89, 98 †49, 99, 100[1], 105 †52, 107, 110[1], 114, 117, 118, 120, 128, 138, 161, 184, 218, 262 †163, 264, 269, 270 †172 u. †173, 274, 291[2], 293, 295 †190, 308, 344*
— — (*9*) Allgemeine mikroskopische Optik. Method. wiss. Biol. **1**, 363 (1928) *1, 13, 14[1], 17[1], 18[1], 19[1], 19[2], 30[1], 31 †10, 33 †12, 40[1], 41, 47 †17, 231 †128, 232, 255, 262 †162, 264 †167, 266 †168, 293, 308, 326*
— — (*10*) Neuerungen auf dem Gebiet der Mikrophotographie mit ultraviolettem Licht. Naturwiss. **21**, 165 (1933) *294[1], 297[1]*
Köhler, A., sein vereinfachter Spektralkondensor 138, sein Verfahren zur Halbbildbezifferung 269, zur Betrachtung eines Stereogramms die Augenachsen gleichzurichten 273[1].
Köhler, A., u. M. v. Rohr: (*1*) Eine mikrophotographische Einrichtung für ultraviolettes Licht. Z. Instrumentenkde **24**, 341 (1904) *299*
Köhler, A., s. u. H. Boegehold.
Köhler, Fr.: (*1*) Mikrokinematographie und biologische Filmaufnahmen. Handb. d. biol. Arbeitsmethoden (Abderhalden), Abt. II, Tl. 2, 1109. Berlin-Wien: Urban & Schwarzenberg 1926 *65 Tab. 10, 352, 371[1]*
Königsberger, J.: (*1*) Methoden zur Erkennung submikroskopischer Strukturen. Z. Mikrosk. **28**, 34 (1911) *274*

Koeppe, L.: (*1*) Die biophysikalischen Untersuchungsmethoden der normalen und pathologischen Histologie des lebenden Auges. Handb. d. biol. Arbeitsmeth. (Abderhalden), Abt. V, Tl. 6. Berlin-Wien: Urban & Schwarzenberg 1920 *227*
Körting & Mathiesen Preisblatt 8665: 67 †29.
— — selbstregulierende Uhrwerklampen 68[1], Projektionslampen (Modell EGM II) 372.
Krafft s. u. Seibert & K. 5.
Kraft, P.: (*1*) Ontogenetische Entwicklung und Biologie von Diplograptus und Monograptus. Paläontol. Z. **7**, H. 4 (1926) *313, 314, 315*
— — (*2*) Neue optische Wege in der Mikrophotographie und Mikroskopie im Dienste der Geologie und Paläontologie. Z. dtsch. geol. Gesellsch. **84**, 651 (1932) *313, 314, 315*
Kraft, P., seine Infrarotfilter 315.
Krüger, O.: (*1*) Die Illustrationsverfahren. Leipzig: F. A. Brockhaus 1929 *144[1]*
Kruis, K.: (*1*) Mikrophotographie der Strukturen lebender Organismen, insbesondere der Bakterienkerne, mit ultraviolettem Licht. Bull. internat. Acad. Sci. Bohême **1913**. Referiert in: Z. Mikrosk. **30**, 211 (1913) *306*
Krupp-Ernemannsche Spiegellampen 372.
Kuhl, W.: (*1*) Ein einfacher Apparat zur schnellen Herstellung von Diapositiven nach Kinofilmnegativen, im besondern geeignet für Mikroaufnahmen auf Kinofilm. Z. Mikrosk. **47**, 211 (1930) *351[1]*
Kull s. u. Altmann-K. 393.
Küntzel, A.: (*1*) Die Verwendung auffallenden Lichts bei mikroskopischen Lederuntersuchungen. Bl. f. Untersuch.- u. Forschungsinstr. **5**, 6 (1931) *239*
Küster, E.: (*1*) Kultur der Algen und Pilze. Methoden wiss. Biol. **2**, 315 (1928) *328[1]*

Lamb, F. W.: s. u. G. L. Brown.
Landolt, Durchlässigkeit flüssiger Lichtfilter 134 Tab. 14.
Lasaulxsches Verfahren für Achsenbilder 287.
Laubenheimer, K.: (*1*) Lehrbuch der Mikrophotographie und Mikroprojektion, 2. Aufl. Berlin-Wien, Urban & Schwarzenberg 1931 *1, 255*
Le Chatelier, Anlage eines großen Metallmikroskops 251 †151, 254.
Lehmann, E.: (*1*) Drei praktische Mikroskopierlampen. Dtsch. opt. Wschr. **12**, 97 (1926) *62[1]*
— — (*2*) Die Punktlichtlampe. Z. Mikrosk. **43**, 247 (1926) *62[1]*
Lehmann, H.: (*1*) Das Luminiscenzmikroskop, seine Grundlagen und seine Bedeutung. Z. Mikrosk. **30**, 417 (1913) *308, 309, 311*
— — (*2*) Die Kinematographie, 2. Aufl., besorgt von W. Merté. Leipzig-Berlin: B. G. Teubner 1919 *360*

NEUHAUSS, R.: (*1*) Lehrbuch der Mikrophotographie, 3. Aufl. Leipzig: S. Hirzel 1903 *1, 1 †1, 1¹, 6²*
— — (*2*) Mikrokinematographische Aufnahmen. Photogr. Rdsch. 50, 374 (1913) *358¹*
NEUMANN, F.: (*1*) Die Sichtbarmachung von Bakteriengeißeln am lebenden Objekt im Dunkelfeld. Zbl. Bakter., Abh. I 96, 250 (1925) *214*
— — (*2*) Die Sichtbarmachung von Bakteriengeißeln am lebenden Objekt im Dunkelfeld. II. Ebenda, Abh. I 109, 143 (1928) *214*
— — (*3*) Die Gründe der Sicht- bzw. Unsichtbarkeit der Bakteriengeißeln im Dunkelfeld. Ebenda, Abh. I 110 192 (1929) *214*
NEYT, A., seine mikrophotographischen Aufnahmen 6.
NICHOLSON, A. J.: (1) Methods of photographing living insects. Bull. entomol. Res. 22, 307 (1931) *224¹*
NICOLsche Polarisationsprismen 275 ff., 275 †175.
NIÉPCE DE ST. VICTOR, seine lichtempfindliche Eiweißschicht auf Glasplatten 2.
NISSL, FR., Vertreter der Mikrophotographie 7.
NISSLsche Schollen 307.
NOAK, K. L.: (*1*) Weitere Untersuchungen über das Wesen der Buntblättrigkeit bei Pelargonien. Verh. physik.-med. Ges. Würzburg, N. F. 50, 47 (1925) *311*
— — (*2*) Der Zustand des Chlorophylls in der lebenden Pflanze. Biochem. Z. 183, 135 (1927) *311*

OHMsches Gesetz 69.
ORUETA, beobachtet die Durchlässigkeit der Neurofibrillen für UV-Licht 307¹.
OSRAM:
seine Druckschrift
Liste 19: 61 †27
seine Punktlichtlampe 60, 62¹, seine NITRA-Lampe 171, seine Bandlampen 74, sein Beleuchtungsmesser 107¹.

PATHÉ, sein kleiner mikrophotographischer Apparat 9, 360, Apparate mit Uhrwerk 362, sein Bébé-Film 364, seine Bébé-Kamera 364, sein 9,5 mm-Schmalfilm 365 †230, sein Rohfilm 366, Film inflammable 367, sein Zeitraffer 379.
PERRINsches Zählverfahren 200 †102.
PERUTZ, O., sein Belichtungsmesser 107¹, seine Plattenarten 116¹, 117, 125, 216, 292, 306, 342, sein Feinkornentwickler 116¹, sein 16 mm breiter Schmalfilm 363, sein Rohfilm 366, empfindlicherer Film 366
PÉTERFI, T.: (*1*) Die Präparierwechselkondensoren und ihre Handhabung bei Dunkelfeldmanipulationen. Z. Mikrosk. 43, 186 (1926) *210, 321¹*
— — (*2*) Die heizbare feuchte Kammer. Ebenda 44, 296 (1927) *337*
PÉTERFI, T., u. A. NAVILLE: (*1*) Die Wirkung des Kernanstiches auf das Protoplasma der Amoeba sphaeronucl. Protoplasma 12, 524 (1931) *353 †220*
PÉTERFI, T., u. M. BERGONZINI: (*1*) L'isolamento dei microrganismi con l'aiuto del micromanipolatore. Boll. Soc. Biol. sper. 7, 1 (1932) *333 †207, 333¹*

PÉTERFI, T., s. u. Methodik usw.
PETERSEN, H.: (*1*) Photographie dicker Objekte bei mehreren Einstellungen. Z. Mikrosk. 41, 365 (1924) *89*
— — (*2*) Mikroskopie in gefärbtem Licht. Ebenda 41, 365 (1924) *140*
— — (*3*) Neues über Stufenphotogramme. Ebenda 42, 74 (1925) *89*
— — (*4*) Mikrophotographie als graphisches Problem. Verh. physik.-med. Ges. Würzburg, N. F. 52, 45 (1927) *111, 388*
— — (*5*) Das Problem der wissenschaftlichen Abbildung und der Preis unserer wissenschaftlichen Bücher und Zeitschriften. Klin. Wschr. 8, 745 (1929) *144²*
— — (*6*) Die Photographie in der Histologie. Photograph. Praktikum, herausgeg. von A. HAY 148, 1930 *104, 121, 388*
— — (*7*) Histologie und mikroskopische Anatomie, 4. u. 5. Abschnitt. München: J. F. Bergmann 1931 *90 †39a, 91 †39b, 193 †97*
PETERSENsches Einstellverfahren 89/90, 398.
PETERSENsche Warnung, schon bei der Herstellung die Präparate im Hinblick auf die Aufnahme zu behandeln 392.
PETRIsche Schalen 331, 333.
PFEIFFER, H.: (*1*) Das Metaphot als Universalinstrument für mikroskopische sowie mikro- und makrophotographische Arbeiten im auffallenden und durchfallenden Licht. Z. Mikrosk. 49, 100 (1932) *181*
PFEIFFER, R., s. u. C. FRAENKEL.
PFEIFFER v. WELLHEIM, F.: (*1*) Über Stereoaufnahmen. Z. Mikrosk. 30, 1 (1913) *266, 266 †170, 267 †171*
PFEIFFER VON WELLHEIMs stereoskopisches Verfahren mit Spiegeldrehung 266.
PHILIPS Wolframbogenlampen 62¹.
— Bandlampen 74.
Photographisches Praktikum für Mediziner und Naturwissenschaftler, (*1*) herausgeg. von A. HAY. Wien: Julius Springer 1930.
PIROSKY, J., s. u. H. DAMIANOVICH.
PLETT, H., s. u. H. J. RUGE.
PLETT, H., sein Doppelspiegel 223.
PLOTNIKOW, I.: (*1*) Photochemische Arbeitsmethoden im Dienste der Biologie. Handb. biol. Arbeitsmethoden (ABDERHALDEN). III., Tl. 2. Berlin-Wien: Urban & Schwarzenberg 1930 *308.*
POHL, J. J. (u. PH. WESELSKY): (*1*) Studien aus dem Gebiete der Megatypie. Handb. der gesamten Photographie, herausgeg. von A. MARTIN, 4. Aufl. Wien: Gerold & Sohn 1854 *2*
POLICARD, A.: (*1*) Application de la spectrophotometrie aux recherches de fluorescopie histologique (Microspectrophotometrie). Bull. Histol. appl. 2, 1 (1925) *312*

POLICARD, seine Verwendung von WOODschem Licht 312.

POLIMANTI. O., s. u. P. LIESEGANG (1).

PORROsche Prismen im GREENOUGHschen Präpariermikroskop 258, 257 †158.

PORTER, A. W.: (1) The formation of images and the resolving power of microscope. J. microsc. Soc. 49, 245 (1929)   19[1]

PRESTON, J. M.: (1) A new toplight illuminator. J. microsc. Soc. 51, 115 (1931)   229
Anführung der Quellennummer im Text versehentlich unterlassen.

PREUSS, E.: (1) Die praktische Nutzanwendung der Prüfung des Eisens durch Ätzverfahren und mit Hilfe des Mikroskops. Berlin: Julius Springer 1913   250

PRINGSHEIM, E. G.: (1) Über die Herstellung von Gelatinefarbenfiltern für physiologische Versuche. Ber. dtsch. bot. Ges. 37, 184 (1919)   139, 140

PROELL: (1) Ein Universalapparat für Mikrophotographie. Z. Mikrosk. 44, 42 (1927)   166

PROWACEK, S. v.: (1) Über Fluorescenz der Zellen. Kleinwelt 6, (1914)   311

RADIGUET: (1) Fluorescence des matières vitrifiées sous l'action des rayons Röntgen. C. r. Acad. Sci. 124, 179, (1897) 315

RAMÓN Y CAJAL, Präparate nach ihm 391, 400 †242.
RAMSDENscher Kreis 12 †4, 14, 284 ff., 369.
RAMSDENsche Okulare 43 ff.

RAPATZ, F., u. A. MEYER: (1) Apparate und Arbeitsverfahren der Metallmikroskopie. Handb. d. mikroskop. Technik (Mikrokosmos). Stuttgart: Franckhsche Verlagsanstalt 1927 249

READE, J. B., seine frühen Versuche mit der Mikrophotographie 1, verwendet künstliches Licht dafür 4.

REDISCH, W.: (1) Zur Capillarmikroskopie und Capillarphotographie. Z. Kreislaufforschg. 22, 561 (1930)   228

REDWAY, L. D.: (1) Photomicrography of the living eye. Amer. J. Ophthalm. 11, 357 (1928)   227

REICHARDT, O., u. C. STURENBERG: (1) Lehrbuch der mikroskopischen Photographie. Mit Rücksicht auf naturwissenschaftliche Forschungen. Leipzig: Quandt & Händel 1868   5

REICHE, F., s. u. O. LUMMER.

REICHER, K.: (1) Mikrokinematographische Aufnahmen bei Dunkelfeldbeleuchtung und Makrokinematographie. Berl. klin. Wschr. 47, 484 (1910)   358, 371[1]

REICHERT, C.: seine Druckschriften Mikro 114d: 47 Tab. 8, 166 †74, 176†79. Liste 312: 237 †133.
seine Objektive, allgemeine Zusammenstellungen mit ihnen: 37 Tab. 6, 42 Tab. 7, 83[1], 311 †196, 348 †217, 365 †230,
seine Einzelobjektive oder Einzellinsen: 185 Tab. 17, 186 Tab. 18, 187 Tab. 19, 191 Tab. 21, 192 Tab. 22,

REICHERT, C.:
seine Okularbezeichnung: 46, seine kleine Vertikalkamera 57 †23 a u. b, seine Punktlichtlampe 64, seine Niedervoltlampe 73, seine Einstellupe 6225 mit geknicktem Rohr 92 †41, sein mikrophotographischer Apparat Cam R nach ROMEIS 149, sein Horizontal-Vertikal-Apparat 8, 163, sein Universalapparat (Kam N) 165, 166 †74, sein Periskopspiegel 165[1], 179[2], seine Mikroreflexkammer 167, seine Aufsatzkammern Mipon und Michro nach CERNY 8, 175, 176 †79 u. †80, 347, seine Zeiger-Doppel-Okulare 176, seine Mikropolare 185, 186 Tab. 18, 332 †206, 382, seine Brillenglaskondensoren mit den passenden Objektiven 195, sein ROMEISischer Aufnahmetisch 197 †101, sein Kegelkondensor 211, sein Opakilluminator 233 †130, sein Opakilluminator mit eingebauter Lichtquelle 234, sein Schräglichtilluminator 237 †133, sein binokularer Tubusaufsatz 255, sein drehbarer Polarisator für Auflicht 289, sein lichtstarkes Fluoreszenzmikroskop 311, 310 †195, sein vorbildlicher Verschluß an der Mikrokamera 346, F. SCHEMINZKYs Vorkehrung zu mikrokinematischen Arbeiten 364 †229, 376, seine Halbwattbirne 373.

REICHERT, K.: (1) Über die Sichtbarmachung der Geißeln und die Geißelbewegung der Bakterien. Zbl. Bakter. Abt. 1 51, 14 (1909)   214
— — (2) Neue Methoden der Mikrofluoreszenzuntersuchung. „Optik" 1932, Nr. 819. (Als Sonderdruck Druckschrift der Firma C. REICHERT.)   310 †195

RHEINBERG, J.: (1) The mode of formation of the image in the microscope. J. microsc. Soc. 49, 132 (1929)   19[1]

RIES, J.: (1) Kinematographie der Befruchtung und Zellteilung. Arch. mikrosk. Anat. u. Entw.mechan. 74, 1 (1909)   358[1], 379

RIKLI, M.: (1) Mikromomentphotographie und Mikrokinematographie. Photogr. Korresp. 62, 139 (1926)   346[1], 360

RINGERsche Lösung 323, 335.
RINGER-LOCKEsche Lösung 307, 335, 336.
ROBIQUET, seine trocknen Kollodiumplatten 3.
ROCKEFELLERsches Institut fördert H. ROSENBERGERS Arbeiten 359.

ROCKWOOD, R., and CH. SHEARD: (1) Instantaneous photomicrography of the blood platelets with comments of their morphology. Arch. Path. a. Labor. Med. 1, 742 (1926)   348[1]

RODENSTOCK, G., seine kleine Vertikalkammer 179 †84, mit Beobachtungsspiegel 179.

RODMANN, H. G.: (1) Die Mikrophotographie, aus dem Sammelwerk: Die Photographie in Wissenschaft und Praxis. Deutsche Ausg. von A. HAY. Leipzig-Wien: Deuticke 1929   1

ROHR, M. v.: (1) Die binokularen Instrumente, 2. Aufl. Berlin: Julius Springer 1920   255, 273[1]
— — (2) Die optischen Instrumente, 4. Aufl. Berlin: Julius Springer 1930   13[1]
— — s. a. unter A. KÖHLER.

ROLLMANN, W., sein Verfahren zur stereoskopischen Projektion 273[1].

ROMEIS, B.: (1) Mikrophotographie in Methodik d. wissensch. Biologie, 2, 411. Berlin: Julius Springer 1928   1, 57

†*23, 58, 61 †26, 83, 84/5 Tab. 12, 85,
115, 115¹, 118, 122, 123 †56, 184, 185
Tab. 17, 186 Tab. 18, 187 Tab. 19, 191
Tab. 21, 192 Tab. 22, 218, 225 †121, 226*
ROMEIS, B.: (*2*) Taschenbuch der mikroskopischen Technik, 14. Aufl. München: Oldenbourg 1933   *25¹*
ROMEISens kleine Vertikalkamera 57 †23, 60, 149,
166, 221.
— Punktlichtlampe 75.
— Tabellen 21 u. 22 für Brillenglaskondensoren mit
den passenden Objektiven 191/2, Aufnahmetisch
197 †101, 199, sein Verfahren für Objekte in flüssig-
keitsgefüllten Glasbehältern 224/5, 225 †121, sein
Aufnahmetischchen 225.
ROOD, O. N.: (*1*) On the practical application of photography to the microscope. Sill. J. (2) **32**, 186 (1861) und
Quart. J. microsc. Soc., N. Ser. **2**,
261 (1862)   *2*
ROSCOE S. u. BUNSEN-R.
ROSENBERGER, H.: (*1*) A standard
cinematographic apparatus. Science
(N. Y.) (2) **69**, 672 (1929 I) *359 †224*
— — (*2*) A microcinematographic apparatus for the owner of a 16 mm motion
picture camera. Science (N. Y.) (2)
71, 266 (1930 I)   *359*
ROSENBERGER, H., seine besondere Anordnung der
rotierenden Blende 361, das fehlende Einblickrohr 376, 377, sein Zeitraffer 379, seine Zeit-
zeichen mit der Stimmgabel 383, 359 †224.
v. ROTHE, sein mikrokinematischer Apparat 371.
RUCH (*1*)   *144¹*
s. RUSS, R. u. L. ENGLISCH (*1*).
RUGE, H. J., u. H. PLETT: (*1*) Ein einfaches Hilfsmittel zu mikrophotographischen Aufnahmen von kleineren
Gegenständen bei schwacher Vergrößerung und auffallendem Licht.
(Doppelspiegel nach PLETT.) Klin.
Wschr. 1929 I, 454   *223*
RUSS, R., u. L. ENGLISCH: (*1*) Handbuch
der modernen Reproduktionstechnik.
Frankfurt a. M.: Klimsch 1927   *144¹*
RUSSELL, C., seine Sensibilisierung mit 4 proz. Tannin-
lösung 3.

SACHS, G.: (*1*) Gefügebeobachtungen im
polarisierten Licht. Z. Metallkde
17, 299 (1925)   *251*
SANDVIK, O.: (*1*) The dependence of the
resolving power of a photographic
material upon the contrast in the
object. Photogr. J. **68** = (2) **52**, 313
(1928)   *116*
SAXL, E.: (*1*) Extremste Mikroskopie.
Photogr. Korresp. **63**, 131 (1927) *306*
SCHABADASCH, A.: (*1*) Anwendung von
photographischen Objektiven mit kurzer Brennweite für kleine Vergrößerungen. Z. Anat. **86**, 505 (1928) *197*
SCHAEDE, R.: Über die Herstellung von
Farbfiltern aus photographischen Platten. Ber. dtsch. bot. Ges. **41**, 343
(1923)   *139*
SCHAUM, K.: (*1*) Mikrophotographische
Aufnahmen im Tubus. Z. Mikrosk.
41, 93 (1924)   *2, 46²*

SCHAUM, K.: (*2*) Über einen einfachen
Horizontal-Illuminator. Ebenda **41**,
94 (1924)   *222*
SCHEFFER, W.: (*1*) Beiträge zur Mikrophotographie. Z. Mikrosk. **19**, 289
(1902)   *261*
— — (*2*) Beiträge zur Mikrostereophoto-
graphie. Ebenda **39**, 300 (1922) *255,
263*
— — (*3*) Die Anwendung der Photographie in der Mikroskopie. Handb. d.
mikrobiol. Arbeitsmeth. (KRAUS u.
UHLENHUTH) **1**. 1923   *1*
— — (*4*) Die Mikrokinematographie.
Ebenda **1**. 1923   *352, 358¹, 371¹*
— — (*5*) Über einen neuen mikro-stereo-
photographischen Okularaufsatz des
LEITZ-Werkes für Belichtung in auffallendem und durchfallendem Licht.
Z. Mikrosk. **43**, 235 (1926)   *256*
SCHEFFER, W., seine Spiegelreflexkammer 167, 184
†90. 347, seine stereomikrophotographische Kammer 261, sein vorbildlicher Verschluß an der
Spiegelreflexkammer 346.
SCHEINERsche Zahlen 350, 366.
SCHEMINZKY, F.: (*1*) Ein einfacher Kopierapparat für den PATHÉ-Schmalfilm. Z. Mikrosk. **45**, 34 (1928)
363 Tab. 27
SCHEMINZKY, F., u. FR. SCHEMINZKY:
(*2*) Die Anwendung der Wolfram-
Bogenlampe (Punktlichtlampe) in der
Biologie. Protoplasma **3**, 302 (1928)
62 Tab. 9, 62¹, 63
SCHEMINZKY, F.: (*3*) Mikrokinematographie. Photogr. Praktikum, heraus-
geg. von A. HAY, 336. 1930 *65 Tab. 11,
352, 363 †228, 364, 365 †230, 377*
SCHEMINZKY, F., u. S. KANN: (*1*) Die
Verwendbarkeit des PATHÉ-Schmal-
films für wissenschaftliche Zwecke,
besonders für Mikrokinoaufnahmen.
Beschreibung einiger neuer Hilfs-
apparate für die wissenschaftliche
Mikrokinematographie. Z. Mikrosk.
45, 11 (1928)   *364, 364 †229*
SCHIRMANN, A. M.: (*1*) Ultramikroskopie.
Handb. d. biol. Arbeitsmethoden
(ABDERHALDEN), Abt. II, Tl. 2, 775.
Berlin-Wien: Urban & Schwarzen-
berg 1928   *199*
SCHLEICHER u. SCHÜLL, ihre Maßstreifen aus Papier 81.
SCHMEHLIK, R.: (1) Ein neues Instrument
für wissenschaftliche Photographie.
Photogr. Korresp. **63**, 39 (1927)
165¹, 263, 264
——— (*2*) Stereoskopische Arbeitsmetho-
den. Handb. d. biol. Arbeitsmetho-
den (ABDERHALDEN), Abt. II, Tl. 2.
Berlin-Wien: Urban & Schwarzen-
berg 1928   *255, 263*
SCHMEHLICK, R., seine Mikrostereokammer mit der
Wippe 261, 268.
SCHMIDT, W. J.: (1) Die Bausteine des
Tierkörpers in polarisiertem Lichte.
Bonn: F. COHEN 1924   *274*

SCHMIDT, W. J.: (*2*) BMP von E. LEITZ, Wetzlar, ein Polarisationsmikroskop für Biologen. Z. Mikrosk. **42**, 313 (1925) *277*

— — (*3*) Die Bedeutung des polarisierten Lichtes für histologische Untersuchungen. Arch. exper. Zellforsch. **2**, 205 (1925) *277*

— — (*4*) Der submikroskopische Bau der Gewebe, erschlossen aus der Polarisationsoptik. Ebenda **6**, 350 (1928) *277*

— — (*5*) Polarisationsmikroskopie. Methodik wiss. Biologie **1**. 1928 *274, 274 †174, 275 †175, 287 †185*

SCHNEIDERHÖHN, H.: (*1*) Anleitung zur mikroskopischen Bestimmung und Untersuchung von Erzen. Berlin: Selbstverl. d. Gesellsch. Deutscher Metallhütten- u. Bergleute 1922 *250*

— — s. u. C. LEISS.

SCHOEPF, H.: (*1*) Zur chemischen Korrektur von Negativen in der Mikrophotographie. Photogr. Korresp. **63**, 171 (1927) *119*

SCHÖSSLER, M., s. u. A. LEMMEL.

SCHRADER, A., s. u. H. HANEMANN.

SCHOTT & GEN., Durchlässigkeit von Farbglas 134 Tab. 13, ihr Gelbglas und ihr Grünfilter 138, ihr Kobaltglas 141, 325[1], ihr Trockenfilter GG 309, ihr Blaufilter F 3873: 325 †200, 325[1], ihre Hageh-Lampe 374[1].

SCHROTT, P.: (*1*) Leitfaden für Kinooperateure und Kinobesitzer, 6. Aufl. Berlin-Wien: Julius Springer 1928 *367*

SCHROTT, P., Tabelle 11: 65.

SCHÜLL s. u. SCHLEICHER u. SCH.

SCHULTZE, A. H., seine frühen Vorarbeiten 1.

SCHULTZE, O., seine Chromhämatoxylinfärbung 393.

SCHULTZE-NAUMBURG, B.: (1) Eine rechnerische Methode zur Bestimmung der Belichtungszeit in der Photographie. Z. Wiss. Photogr. **24**, 385 (1926/27) *99[1]*

SCHWARZSCHILDS Exponent 105 ff., 171 ff.

SEIBERT u. KRAFFT arbeiten für G. FRITSCH 5.

SEIFRIZ, W.: (1) The Spierer lens and what it reveals in cellulose and protoplasm. J. phys. Chem. **35**, 118 (1931) *211*

SEILER, J.: (*1*) Geschlechtschromosomenuntersuchungen an Psychiden. Z. ind. Abst.- u. Vererbungslehre **18**, 81 (1917) *397*

SEILERsche Aufnahme von Chromosomen 398 †240.

SHEARD, CH., s. u. R. ROCKWOOD.

SHIGAsche Bakterien 192 †96, Bakterienkultur 332 †206, Kolonie 333 †207.

SHURLOCK, F. W.: (*1*) Experimental studies in diffraction. J. microsc. Soc. **51**, (III) 24 (1931) *19[1]*

SIEDENTOPF, H., u. R. ZSIGMONDY: (*1*) Über Sichtbarmachung und Größenbestimmung ultramikroskopischer Teilchen, mit besonderer Anwendung auf Goldrubingläser. Ann. Physik **10** (4), 1 (1903) *199*

— — — (*2*) Paraboloidkondensor, eine neue Methode für Dunkelfeldbeleuchtung zur Sichtbarmachung und zur Moment-Mikrophotographie lebender Bakterien usw. (insbesondere auch für Spirochaeta pallida). Z. Mikrosk. **24**, 104 (1907) *199*

SIEDENTOPF, H.: (*3*) Die Vorgeschichte der Spiegelkondensoren. Ebenda **24**, 382 (1907) *199, 202*

— — (*4*) Über ultramikroskopische Abbildung. Ebenda **26**, 391 (1909) *199, 202[1], 211*

— — (*5*) Über das Auflösungsvermögen der Mikroskope bei Hellfeld- und Dunkelfeldbeleuchtung. Z. Mikrosk. **32**, 1 (1915) *19[1], 199*

— — (*6*) Über den Kontrast im mikroskopischen Bilde. Verh. dtsch. pathol. Ges. **1921** *24[1], 199*

— — (*7*) Über die optische Abbildung von Nicht-Selbstleuchtern. Z. Physik **50**, 297 (1928) *19[1], 199*

— — (*8*) On the quality of the image and resolving power in the microscope. J. roy. microsc. Soc. **49**, 231 (1929) *19[1]*

— — (*9*) On the theory of the reflecting condensor for darkfield illumination. Ebenda **49**, 349 (1929) *199*

— — (*10*) Molecularbewegung im Leuchtbild-Ultramikroskop. Kolloid-Z. **52**, 257 (1930) *217*

SIEDENTOPF, H., seine frühen mikrokinematischen Aufnahmen 9, sein photographisches Okular Phoku 167, sein Leuchtfeld- und sein Kardioidkondensor 204 †108, sein Paraboloid-Wechselkondensor 323 †199, 343 †215, bahnbrechende Leistungen für die Mikrokinematographie 358[1], seine Leitung bei der Verfilmung mikrurgischer Zelloparationen 388.

SIMONscher Unterbrecher 298.

SKELL, F.: (*1*) Stereomikrophotographie bei stärkerer Vergrößerung und ein Mikrostereoptanigraph. Mikrokosmos (1923/24) 17 *265, 266*

— — (*2*) Stereomikrophotographischer Beitrag zur Kenntnis der Reifeteilungen im Hoden des Grottenolms (Proteus anguineus) und des Feuersalamanders (Salamandra maculosa). Z. mikrosk.-anat. Forsch. **13**, 1 (1928) *272, 273*

— — s. u. L. HEIM.

SKELLS kleine Vertikalkammer 179 †84.

SNELLsches Brechungsgesetz 274.

SLONIMSKI, P.: (*1*) Sur les nouveaux liquides d'immersion. Bull. d'Hist. appl. **2**, 395 (1925) *41[1]*

SOBOTTA, J.: (*1*) Über eine einfache Methode farbiger Reproduktion mikroskopischer Präparate. Z. Mikrosk. **27**, 209 (1910) *399*

SOBOTTA, J., Vertreter der Mikrophotographie 7, sein Zeichenverfahren 121, 400.

SONNEFELD, A.: (*1*) Welche optischen Hilfsmittel braucht man mindestens bei der Bildvergrößerung? Photogr. Korresp. **63**, 197 (1927) *124*

SORGENFREI, C.: (*1*) Luminescenzphotographie der lebenden Kaninchenhornhaut. Z. wiss. Photogr. **27**, 169 (1929/30) *311*

SPALTEHOLZische Präparate 199.

SPANGENBERG, K.: (*1*) Erscheinungen an der Grenze von dünnen Objekten im Mikroskop. Z. Mikrosk. **38**, 1 (1921) *290*

SPENCER LENS CO., Tabelle 6: 37.

— — — Katalog von 1929: 257 †158.

SPENKE, E.: (*1*) Beitrag zur Formbestimmung mikroskopischer und ultramikroskopischer Objekte. Ann. Physique **1** (V), 829 (1929) *19*[1]

— — (*2*) Das mikroskopische Hellfeld. Ebenda **2** (V), 537 (1929) *19*[1]

SPIERER, C.: (*1*) Ultramikroskop mit zweiseitiger Beleuchtung. Z. Mikrosk. **44**, 16 (1927) *211*

— — (*2*) Mehrseitige Beleuchtung im Dunkelfelde. Kolloid-Z. **51**, 162 (1930) *211*

— — (*3*) Über Dunkelfeld-Mikroskopie bei mehrseitiger Beleuchtung. Ebenda **53**, 88 (1930) *211*

SPIERERsche Dunkelfeldeinrichtung 238, 330, brauchbare Dunkelfeldbilder bei stärkeren Vergrößerungen 239.

STAAR, G., (*1*) Ein Hilfsgerät zur Herstellung von Lupenaufnahmen. Z. Mikrosk. **45**, 188 (1928) *184*

STARK, E., s. u. F. FR. LUCAS.

STAUDE, H., s. u. E. ELVEGARD.

STEGEMANN, A., seine Spiegelreflexkammer 167.

STEMPELL, W.: (*1*) Über die Auflösung feinster organischer Strukturen durch Mikrophotographie mit ultraviolettem Licht. Z. physik. Chem. **67**, 203 (1909) *306*

STÖHR, PH. JR.: (*1*) Zur Architektur der Nervenzellen im ultravioletten Mikrophotogramm. Verh. anat. Ges., 32. Vers. Heidelberg **1923**, 154 *306*

— — (*2*) Studien am menschlichen Kleinhirn mit O. SCHULTZES Natronlauge-Silbermethode und mit der ultravioletten Mikrophotographie. Z. Anat. **69**, 181 (1923) *306, 307*

STORCH, O.: (*1*) Über eine Einrichtung für mikroskopische Zeitdehneraufnahmen und über die wissenschaftliche Auswertung von Filmaufnahmen. Z. Mikrosk. **46**, 21 (1929) *382*

STUDNICKA, H.: (*1*) Eine mikrophotographische Kamera zum Arbeitsmikroskop. Z. Mikrosk. **41**, 501 (1924) *179*

STÜBEL, H.: (*1*) Die Fluorescenz tierischer Gewebe im ultravioletten Licht. Pflügers Arch. **142**, 1 (1911) *311*

STURENBERG, C., s. u. O. REICHARDT.

SWINGLE, W. T., and L. J. BRIGGS: (*1*) Improvements on the ultraviolet microscope. Science (N. Y.) (2) **26**, 180 (1907 II) *301*

SZEGVÁRI, A.: (*1*) Über die Anwendung einer Beleuchtungsazimutblende bei koaxialer Dunkelfeldbeleuchtung. Physik. Z. **24**, 91 (1923) *214*[1]

TALBOT, H. F., seine frühen Versuche mit der Mikrophotographie 1.

TAUPENOT, seine trocknen Kollodiumplatten 3.

TCHAHOTINE, S.: (*1*) La radiopuncture microscopique des cellules mobiles. C. r. Acad. Sci. **172**, 1679 (1921) *348*

TEITEL-BERNARD, A.: (*1*) Sur une technique de reconstruction microphotographique. C. r. Soc. Biol. **106**, 985 (1931) *89*[1]

TELLO beobachtet die Durchlässigkeit der Neurofibrillen für UV-Licht 307[1].

THOMPSON s. u. GLAN-THOMPSON.

TOBLER, F.: (*1*) Aufnahmen von zwei Vergleichsbildern mit einem Okular. Faserforschg **6**, 239 (1928) *272*[1]

TÖPLERS Schlierenmethode 211.

TRAUT, H., sein Simplex-Universalapparat 123, 124 †57.

TRIVELLI, A. P. H., u. E. LINCKE: (*1*) Photomikrographie mit 312 mμ Wellenlänge. Z. Photogr. **30**, 85 (1931/32) *295, 307, 309, 312*

TRÖTHANDL, O.: (*1*) Die Mikrokinematographie in der Biologie. Über eine einfache mikrokinematische Apparatur für biologische Zwecke. Z. Mikrosk. **48**, 30 (1931) *311*

— — (*2*) Über Photographie von Leuchtbakterien im eigenen Licht. Photogr. Korresp. **64**, 359 (1928) *360*

TSCHOPP, E.: (*1*) Die Lokalisation anorganischer Substanzen in den Geweben (Spodographie). Handb. d. mikrosk. Anatomie d. Menschen, herausgeg. von W. v. MÖLLENDORFF, Bd. 1, T. 1. Berlin: Julius Springer 1929 *219* †113 u. †114

TURCHINI, J., s. u. E. DERRIEN.

TUTTLE, C., s. u. ST. BAYNE-JONES.

TYRODEsche Lösung 323, 335, 336.

VANNOTTI, A.: (*1*) Die REICHERTsche Apparatur zur Beobachtung im auffallenden Licht. Z. Mikrosk. **48**, 91 (1931) *234*

— — s. u. P. VONWILLER.

VILLA, L., s. u. H. BECHHOLD.

VLÈS, F., s. u. L. CHEVRETON.

VOGEL, H. W., Bemerkung zum Strahlengang bei einem Mikroskop nachgeschalteten Aufnahmelinsen 174.

VOIGTLÄNDER & SOHN, ihre Doppelkammer 167, ihr Plankton-Spiegelkondensor 211.

VONWILLER, P.: (*1*) Neue Wege der Gewebelehre, I. Zbl. Path. (Festschr. f. M. B. SCHMIDT) **33**, 291 (1923) *218*

— — (*2*) Neue Wege der Gewebelehre, II—III. Z. Anat. **76**, 498 (1925); **84**, 478 (1927) *218*

— — (*3*) Histologische Methoden und Ergebnisse der Mikroskopie im auffallenden Licht. Handb. d. biol. Arbeitsmethoden (ABDERHALDEN), Abt. V, T. 2. Berlin-Wien: Urban & Schwarzenberg 1926 *218*

— — (*4*) Lebenduntersuchung im auffallenden Licht. Methodik wiss. Biol. Bd. 1, 460 (1928) *218, 231*

Sachverzeichnis.

Bei Verweisungen auf Personennamen ist das Quellen- und Namenverzeichnis einzusehen.

Das Zeichen † steht für Abbildung, so daß also 326 †203 zu lesen ist Seite 326, Bild 203.

Eine Anmerkung ist durch Hinaufrücken ihrer Nummer kenntlich gemacht.